林业基础知识教程
（上）

主　审　宋丛文
主　编　白　涛
副主编　肖创伟　王丽珍　李万德　周火明
参　编　胡先祥　章承林　佘远国　周忠诚
　　　　汪　鹏　张霁明　钱　庆　刘　谊
　　　　赵玉清　杨杰峰　朱艾红　钦　松

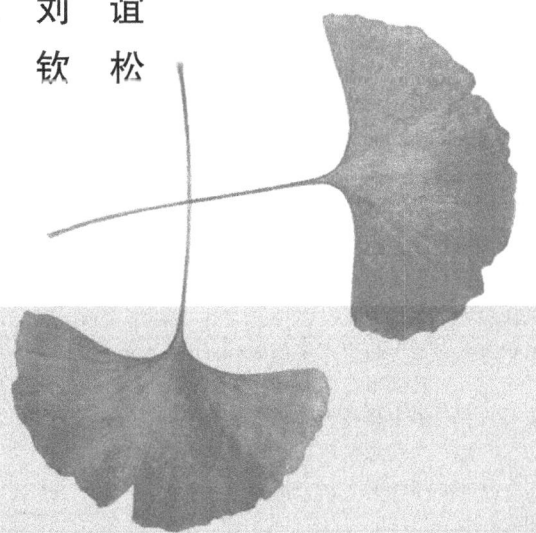

华中科技大学出版社
http://www.hustp.com
中国·武汉

内容简介

本书围绕林业生产和管理环节必须掌握的知识要点来规划编写,内容包括林业基础、森林培育技术、森林资源管理、森林保护与利用、拓展领域五大知识模块。在熟悉林业专业知识之前,了解常见树木的识别,森林生态、树木生理、林木育种的基本知识和原理是必不可少的;林木种苗生产技术、森林营造技术、森林经营技术、经济林栽培技术是森林培育过程中的关键技术;在森林资源管理中介绍了森林调查技术和森林资源经营管理的内容;在森林保护与利用方面介绍了常见林木病虫害识别及防治、森林防火、林业政策与法规、林下经济、森林旅游等内容;为开阔视野,特增加了与林业专业有关的拓展领域内容,包括园林规划设计、湿地保护、野生动物保护、木材工业概述等项目。全书力求简单明了,注重实用,开阔视野,针对性和可操作性强。

本书可作为林业干部职工的培训教材,也可作为高职高专院校、中等职业学校相关专业的教学参考书。

图书在版编目(CIP)数据

林业基础知识教程:全2册/白涛主编. —武汉:华中科技大学出版社,2018.11(2025.7重印)
ISBN 978-7-5680-4343-4

Ⅰ.①林…　Ⅱ.①白…　Ⅲ.①林业-基本知识-教材　Ⅳ.①S7

中国版本图书馆 CIP 数据核字(2018)第 245193 号

林业基础知识教程(上、下) 　　　　　　　　　　　　　　　白　涛　主编
Linye Jichu Zhishi Jiaocheng

策划编辑:彭中军
责任编辑:舒　慧
封面设计:孢　子
责任监印:朱　玢
出版发行:华中科技大学出版社(中国·武汉)　　电话:(027)81321913
　　　　　武汉市东湖新技术开发区华工科技园　　邮编:430223
录　　排:华中科技大学惠友文印中心
印　　刷:武汉邮科印务有限公司
开　　本:787mm×1092mm　1/16
印　　张:41.25
字　　数:1083千字
版　　次:2025年7月第1版第5次印刷
定　　价:90.00元(含上、下册)

本书若有印装质量问题,请向出版社营销中心调换
全国免费服务热线:400-6679-118　　竭诚为您服务
版权所有　侵权必究

前　言

党的十九大报告指出："建设生态文明是中华民族永续发展的千年大计。必须树立和践行绿水青山就是金山银山的理念……坚定走生产发展、生活富裕、生态良好的文明发展道路……"在生态文明建设中，林业承担着首要任务，广大务林人要充分认识到大力推进生态文明建设的重大意义，同时要深切感受到努力推动现代林业又好又快发展，为建设生态文明和美丽中国贡献力量的一份责任和担当。

发展现代林业、建设生态文明、推动科学发展是新时期林业建设的总方针、总要求。只有大力发展生态林业、民生林业、科技林业、法制林业、开放林业，才能全面开创现代林业发展新局面。加强林业人才和干部队伍的培养，特别是提升基层林业干部职工队伍的综合素质，用新型务林人才经营林业、管理林业，是现代林业建设的根本保障。

近年来，随着林业建设步伐的加快，林业事业对林业人才的需求越来越大，要求越来越高。林业行政部门和基层单位的人才现状已经不能满足林业发展形势的需要，基层务林人对林业知识的渴求越来越强烈。加强和改进林业干部职工队伍的培训教育工作，全面提升基层林业干部的综合素质和创新能力，成为当前林业工作面临的一个重要课题。基于此，我们组织了相关林业教育专家，围绕林业生产和管理环节设定知识模块，编写完成了林业干部培训教材《林业基础知识教程》。

本书包括林业基础、森林培育技术、森林资源管理、森林保护与利用、拓展领域五大知识模块，力求简单明了，注重实用，开阔视野，针对性和可操作性强。

本书由湖北生态工程职业技术学院相关教师编写。白涛担任主编，肖创伟、王丽珍、李万德、周火明担任副主编，胡先祥、章承林、佘远国、周忠诚、汪鹏、张霁明、钱庆、刘谊、赵玉清、杨杰峰、朱艾红、钦松参编。具体分工如下：常见树木识别、森林调查技术部分由周火明编写，森林生态基础、经济林栽培技术部分由佘远国编写，树木生理部分由王丽珍编写，林木育种部分由周忠诚编写，林木种苗生产技术、林下经济（除林菌种植案例）、森林旅游部分（除森林人家的品牌建设与促销）由章承林编写，森林旅游中的森林人家的品牌建设与促销由钦松编写，森林营造技术部分由白涛编写，森林经营技术、森林防火部分由张霁明编写，森林资源经营管理部分由汪鹏编写，常见林木病虫害识别及防治部分由赵玉清编写，林业政策与法规部分由钱庆编写，林下经济中的林菌种植案例由李万德编写，园林规划设计部分由肖创伟、胡先祥编写，湿地保护部分由杨杰峰编写，野生动物保护部分由朱艾红编写，木材工业概述部分由刘谊编写。全书由白涛提出编写提纲并统稿，王丽珍参与统稿修订。

本书由二级教授宋丛文（湖北生态工程职业技术学院）担任主审，对书中内容进行了审阅，并提出了许多宝贵意见。在编写过程中，本书参阅和引用了有关专家、学者的专著、论文及教材等，在此一并致以最诚挚的谢意！

鉴于编者水平有限，书中难免有错漏之处，敬请专家、读者批评指正。

编　者
2018.4

目 录

模块一 林业基础

项目 1 常见树木识别 ………………………………………………………… (3)
  1.1 植物基础认知 ………………………………………………………… (3)
  1.2 植物识别 ……………………………………………………………… (21)
  【复习思考题】 …………………………………………………………… (49)

项目 2 森林生态基础 ………………………………………………………… (50)
  2.1 认识森林生态 ………………………………………………………… (50)
  2.2 生物与环境 …………………………………………………………… (53)
  2.3 森林种群 ……………………………………………………………… (71)
  2.4 森林群落 ……………………………………………………………… (75)
  2.5 森林生态系统 ………………………………………………………… (84)
  【复习思考题】 …………………………………………………………… (86)

项目 3 树木生理 ……………………………………………………………… (87)
  3.1 树木的水分代谢 ……………………………………………………… (87)
  3.2 植物的矿质营养 ……………………………………………………… (95)
  3.3 树木的光合作用 ……………………………………………………… (102)
  3.4 树木的呼吸作用 ……………………………………………………… (112)
  【复习思考题】 …………………………………………………………… (117)

项目 4 林木育种 ……………………………………………………………… (118)
  4.1 林木育种基础 ………………………………………………………… (118)
  4.2 优树选择 ……………………………………………………………… (123)
  4.3 种源试验 ……………………………………………………………… (125)
  4.4 引种 …………………………………………………………………… (126)
  4.5 杂交育种 ……………………………………………………………… (129)
  4.6 新技术育种简介 ……………………………………………………… (133)
  【复习思考题】 …………………………………………………………… (136)

模块二 森林培育技术

项目 1 林木种苗生产技术 …………………………………………………… (139)
  1.1 苗圃的建立与耕作 …………………………………………………… (139)
  1.2 林木种子生产 ………………………………………………………… (144)
  1.3 播种育苗 ……………………………………………………………… (152)
  1.4 营养繁殖育苗 ………………………………………………………… (160)

1.5　设施育苗 ……………………………………………………………… (172)
1.6　苗木移植 ……………………………………………………………… (176)
1.7　苗木出圃 ……………………………………………………………… (178)
【复习思考题】 ………………………………………………………………… (182)

项目 2　森林营造技术 …………………………………………………………… (183)
2.1　认识人工林 …………………………………………………………… (183)
2.2　造林作业设计 ………………………………………………………… (188)
2.3　造林施工 ……………………………………………………………… (203)
2.4　营造林工程项目管理与监理 ………………………………………… (220)

项目 3　森林经营技术 …………………………………………………………… (224)
3.1　森林抚育间伐 ………………………………………………………… (224)
3.2　低产低效林改造 ……………………………………………………… (240)
3.3　森林主伐更新 ………………………………………………………… (258)
3.4　封山育林 ……………………………………………………………… (275)
【复习思考题】 ………………………………………………………………… (284)

项目 4　经济林栽培技术 ………………………………………………………… (285)
4.1　认识经济林 …………………………………………………………… (285)
4.2　乌桕栽培 ……………………………………………………………… (289)
4.3　油茶栽培 ……………………………………………………………… (292)
4.4　枣树栽培 ……………………………………………………………… (296)
4.5　板栗栽培 ……………………………………………………………… (299)
4.6　核桃栽培 ……………………………………………………………… (304)
4.7　柑橘栽培 ……………………………………………………………… (309)
4.8　梨栽培 ………………………………………………………………… (316)
4.9　桃栽培 ………………………………………………………………… (322)
【复习思考题】 ………………………………………………………………… (327)

模块一 林业基础

项目1 常见树木识别

1.1 植物基础认知

1.1.1 植物营养器官

植物营养器官通常是指植物的根、茎、叶等器官,其基本功能是维持植物生命。总体功能包括植物营养的吸收、合成、转化、运输和贮藏等。

1. 根

1)根的发生

植物种子萌发,胚发育成为新一代个体,新个体的根来自于胚根的发育和生长。胚根首先形成的是主根,主根直接与茎相连。主根上再产生的根为侧根。主根和侧根都是直接或间接由胚根生长出来的,具有一定的生长部位,又称定根。有些根不从主根产生,从茎、侧茎基部、叶产生,它们的产生没有固定位置,因此又称为不定根。一般单子叶植物的须根和扦插繁殖产生的根都是不定根。

2)根的生理功能

根通常是植物体向下伸长的部分,用以固着和支持植物体,吸收土壤中的水分、二氧化碳和溶解于水中的无机盐。某些植物体的根还具有贮藏、合成作用,至少有十余种氨基酸以及植物碱在根内合成。此外,植物的根还具有广泛的食用、药用和工业价值。

3)根与根系的类型

(1)根的类型(见图1-1-1)。

依据根发生的情况,根可分为:

①主根:种子萌发出的最初的根,形成根系的主轴。

②侧根:主根的分支。

③须根:种子萌发不久,主根萎缩而发生的许多成簇的根。

依据根的生存时间,根可分为:

①一年生根:在一年内,从植物种子萌发至开花结果后即枯死的根。

②二年生根:从第一年植物种子萌发越冬至翌年开花结果后即枯死的根。

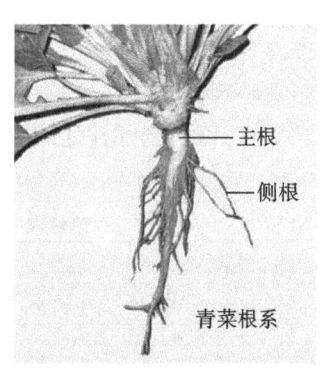

图1-1-1 根的类型

③多年生根:生存三年以上的根,如常见的乔木和灌木的根。一些多年生草本,其地上部分冬季枯死,地下部分越冬,次年春再发芽生长。

依据根的生长场所,根可分为:
①地生根,生于地下,如大多数陆生乔灌木的根;
②水生根,生于水中,如池杉、落羽杉等的根;
③气生根,生于地面以上,如榕树的根等;
④寄生根,伸入寄主植物组织中,如寄生植物桑寄生和槲寄生等的根。

(2)根系的类型。

根系是一株植物根的总称,包括:
①直根系,具有明显的主根和侧根之分的根系;
②须根系,由须根组成,无明显主根,如玉米的根系。

4)根的变态

有些植物的根,在形态、结构和生理功能上,都出现了很大的变化,这种变化称为变态。变态是长期适应环境的结果,这种特性形成后可以相继遗传。根的变态主要有以下几种类型。

(1)贮藏根。根因为贮藏了大量的营养物质而变得肥大。贮藏根根据来源不同又可分为肉质直根和块根两种类型(见图1-1-2和图1-1-3)。

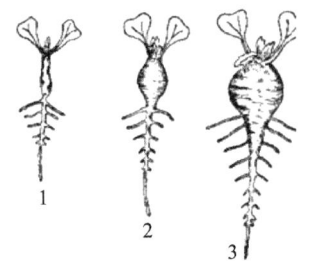

图1-1-2 萝卜肉质直根的发育过程

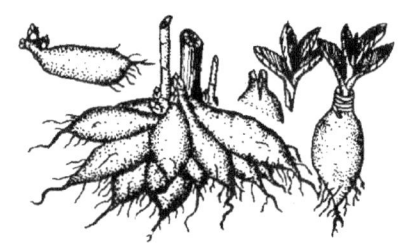

图1-1-3 大丽花块根

(2)气生根(见图1-1-4)。凡露出地面,生长在空气中的根均称为气生根。气生根根据其行使的生理功能不同,又可分为支持根、攀缘根及呼吸根等。

①支持根。某些植物从茎节上生出不定根伸入土中,并继续产生正常的侧根,显著增强了根系对植物体的支持作用,因此,称为支持根,如榕树、玉米等的根。

②攀缘根。一些藤本植物茎的一侧产生许多短的不定根,固着在其他植物的树干、山石或墙壁等的表面攀缘上升,这类气生根称为攀缘根。常见的具有攀缘根的植物有爬山虎、络石、常春藤等。

③呼吸根。一些生长在沼泽或热带海滩地带的植物,可产生一些垂直向上生长、伸出地面的呼吸根,可将空气输送到地下供地下根呼吸,如红树、水松等的根。

图1-1-4 气生根

左:常春藤的攀缘根;右:红树的支持根和呼吸根

(3)寄生根(见图1-1-5)。一些寄生植物利用不定根钻入寄主体内,吸收所需的水分和有机营养物质,这种根称为寄生根,如菟丝子、桑寄生等具有寄生根。

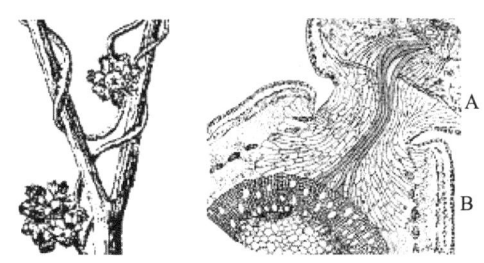

图 1-1-5　菟丝子寄生根(A:寄生根；B:寄生茎)

左:缠绕在寄主茎上的菟丝子;右:寄生根与寄主部分结构解剖

2. 茎

1)茎的生理功能

茎是植物的叶、花等器官着生的轴,联系地下根系与地上器官。其主要功能是支持地上器官,输送水分和养料,有些植物的茎还贮藏大量的营养物质,另有不少的植物的茎可以形成不定根和不定芽,以供繁殖。

2)茎的形态特征

(1)茎的外形多数呈圆柱形,可是有些植物,它们的茎却呈方柱形,如蚕豆、金钱草等草本植物;少数植物的茎呈扁平状,如仙人掌、竹节蓼等;也有呈三棱柱形的,如莎草等。

(2)茎的表面可能有棱或沟槽,也可能被覆各种类型的毛状结构或刺,各种形状的皮孔是木本植物茎表面常见的结构。

(3)茎通常在顶端或在叶腋处生有芽,由芽发生茎的分支即枝条,茎上着生叶的部位叫节,各节之间的距离叫节间。枝条上叶片脱落后留下的疤痕即为叶痕。枝条顶芽萌发后,芽鳞脱落,在枝条上留下的痕迹称为芽鳞痕。有些树种具有两种不同形态的枝条,一种是节间特别短的短枝,一种是节间较长的长枝。

枝条形态如图1-1-6所示。

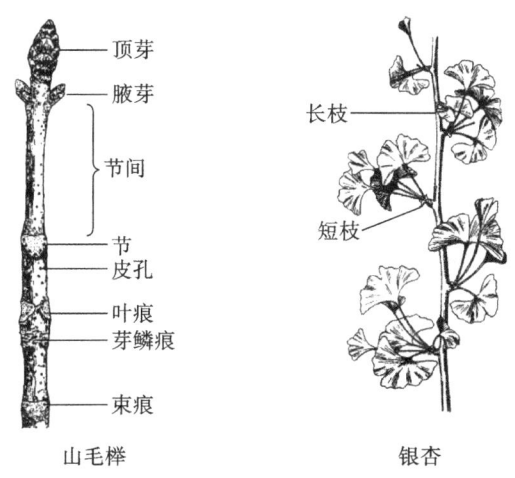

图 1-1-6　枝条形态

3）芽的类型

（1）依据芽的位置划分，芽分为定芽和不定芽两类。

①定芽：顶芽和腋芽在固定位置发生。

②不定芽：在老根、老茎、叶上长出的芽，其发生位置不固定。

（2）依据芽的性质划分，芽分为枝芽、花芽和混合芽。

①枝芽：将来发育成枝和叶的芽。

②花芽：将来发育成花或花序的芽。

③混合芽：可以同时发育成枝、叶和花或花序的芽。

（3）依据芽鳞的有无划分，芽分为鳞芽和裸芽。

①鳞芽：有些芽的外围有芽鳞片包被，保护芽体越冬，这种有芽鳞片包被的芽称为鳞芽。

②裸芽：芽的外面无芽鳞片的芽。

（4）依据芽的生理活动状态划分，芽分为活动芽和休眠芽。

①活动芽：能在当年生长季节萌发生长的芽。

②休眠芽：在生长季节仍处于休眠状态的芽。

芽的类型如图 1-1-7 所示。

图 1-1-7　芽的类型

4）茎的生长习性和分枝

（1）茎的生长习性。

根据茎的生长习性，茎可分为以下 7 种：

①直立茎：垂直于地面，为最常见者。

②斜升茎：最初偏斜，而后变为直立。

③斜倚茎：基部斜倚地上。

④平卧茎：平卧地上，节上不生根。

⑤匍匐茎：平卧地上，但节上生根。

⑥攀缘茎：用卷须、吸盘等特有卷附器官攀缘于他物上。

⑦缠绕茎：螺旋状缠绕于他物上，有左旋者及右旋者。

茎的形态如图 1-1-8 所示。

（2）茎的分枝。

植物的顶芽和侧芽存在着一定的生长相关性。当顶芽活跃地生长，侧芽的生长则受到一定的抑制。如果顶芽因某些原因而停止生长，侧芽就会迅速生长。由于上述原因及植物的遗传特性，不同植物有不同的分枝方式。茎的分枝方式可分为以下 4 种。

①单轴分枝：从幼苗开始，主茎的顶芽不断向上生长形成一个直立的主轴，而侧芽发育成侧枝，不发达。单轴分枝方式的植株呈塔形，如松、杉、银杏等。

②合轴分枝：植株的顶芽生长一段时间后停止生长，而靠近顶芽的一个腋芽迅速发展为新

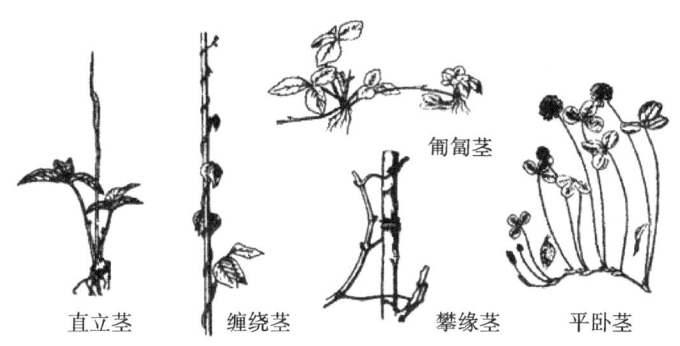

图 1-1-8 茎的形态

枝,代替主茎生长一定时间后,其顶芽又同样被其下方的侧芽替代生长的分枝方式。合轴分枝的主轴除了很短的主茎外,其余均为各级侧枝分段连接而成,因此,茎干弯曲,节间很短,而花芽较多,如苹果、桃、桑等。

③假二叉分枝:某些具有对生叶序的植物,其顶芽形成一段枝条后停止发育,由顶芽下方对生的两个侧芽同时发育为新枝的分枝方式,如石竹、茉莉、丁香等。

茎的分枝类型如图 1-1-9 所示。地上茎变态类型如图 1-1-10 所示。

图 1-1-9 茎的分枝类型　　图 1-1-10 地上茎变态类型

④分蘖:常见于禾本科植物。禾本科植物的分枝主要集中于主茎的基部,其特点是主茎基部的节较密集,节上生出许多不定根,分枝的长短和粗细相近,呈丛生状态,这样的分枝方式称为分蘖。

5)茎的变态

(1)地上茎变态(见图 1-1-10)。

①肉质茎,为肥厚的地上茎,可贮藏水分和养料,还可进行光合作用,如仙人掌、莴苣等的肉质茎。

②茎刺,为茎变态形成的具有保护功能的刺,如皂荚、山楂、柑橘等的茎刺。

③茎卷须,为细长的卷须状茎,以缠绕其他物体攀缘生长,常见于攀缘植物,如黄瓜、南瓜等的茎卷须。

④叶状茎,为扁平叶片状茎,绿色,行使光合作用的功能,如蟹爪兰、假叶树、竹节蓼等的叶状茎。

(2)地下茎变态(见图 1-1-11 和图 1-1-12)。

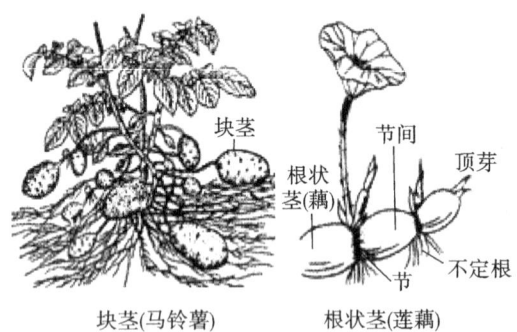 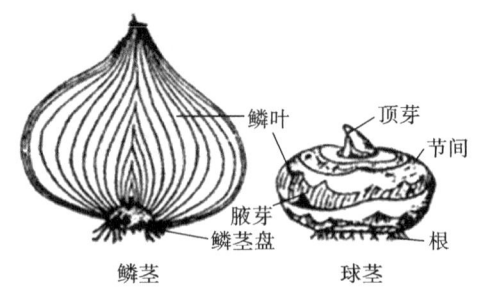

图 1-1-11　地下茎变态类型之块茎和根状茎　　　　图 1-1-12　地下茎变态类型之鳞茎和球茎

①块茎,为短而肥厚的地下茎,有些植物的假鳞茎也应归于此类。
②根状茎,为直立或匍匐的多年生地下茎,有时极细长,有节和节间。
③鳞茎,为球体或扁球体,有肥厚的鳞片(即鳞叶),基部的中央有一基盘,即退化的茎。
④球茎,为短而肥厚、肉质的地下茎,外有干膜质鳞片,芽藏于鳞片内。

3. 叶

1) 叶的生理功能

叶是植物体进行光合作用的主要场所,能合成植物体所需的有机物。叶片的另一重要生理功能是蒸腾作用,水分的蒸腾带动根系吸收土壤中的水分和矿物质。少数植物的叶,还具有繁殖能力,如落地生根,在叶边缘上生有许多不定芽或小植株,脱落后掉在土壤上,就可以长成一新个体。

2) 叶的组成

一片完全的叶由叶片、叶柄和托叶组成,如图 1-1-13 所示。

(1) 叶片,是叶的主要部分,一般为绿色扁平体,也有少数为针状或管状。

(2) 叶柄,是叶片与茎的连接部分,是叶片与茎之间的物质运输通道,主要起输导与支持作用。

(3) 托叶,是叶柄基部两侧着生的小型叶状物,常起保护幼叶的作用。

具有叶片、叶柄和托叶三部分的叶称为完全叶,仅有其中之一或有其中两项的叶为不完全叶。不完全叶中缺托叶的情况最普遍,如茶、白菜等植物的叶;也有少数植物缺少叶柄,例如荠菜、莴苣的叶;个别几种植物缺少叶片,由叶柄特化行使叶片的功能,例如相思树、竹节蓼等的叶。有些单子叶植物的叶片基部扩大成叶鞘,并具有叶耳、叶舌等附属物,如禾本科植物的叶(见图 1-1-14)。

3) 叶的类型

根据叶柄上着生叶片的数目,可将叶分为单叶和复叶两种类型:

(1) 单叶,单个叶柄上只着生一片叶片,如桃、李、梅等的叶片;

(2) 复叶,一个叶柄上生有两片或两片以上叶片,如月季、槐树、栾树等的叶片。复叶的叶柄称为总叶柄或叶轴,总叶柄上着生的叶称为小叶,小叶的叶柄称为小叶柄。小叶在总叶柄上的排列有一定的规律,根据其不同的排列方式,将复叶分为羽状复叶、掌状复叶、三出复叶、单身复叶四种类型。

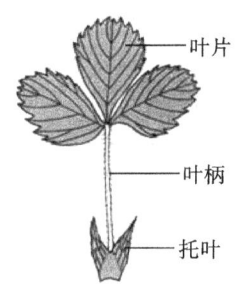

图 1-1-13　完全叶（双子叶植物）

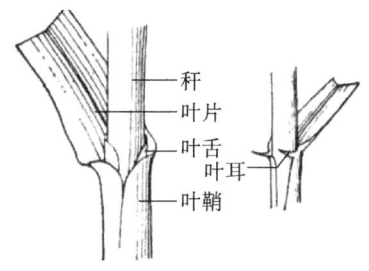

图 1-1-14　禾本科植物叶的结构

①羽状复叶，小叶在叶轴的两侧排列成羽毛状。若有顶生小叶，即是奇数羽状复叶；若无顶生小叶，则是偶数羽状复叶。在羽状复叶中，如果叶轴不分枝，称为一回羽状复叶；如果叶轴分枝一次，称为二回羽状复叶；如果叶轴分枝两次，称为三回羽状复叶。

②掌状复叶，叶轴缩短，在其顶端集生了三片以上小叶，呈掌状展开，小叶都生在叶轴顶端，排列如掌状，如大麻、七叶树、发财树的复叶。

③三出复叶，仅有三片小叶着生在总叶柄的顶端，三出复叶又有羽状和掌状之分。若顶端的小叶柄较长，则为羽状三出复叶；如果叶轴上的三片小叶柄等长，则为掌状三出复叶。

④单身复叶，形似单叶，但其叶柄与叶片之间有明显的关节，可能由三出复叶中两个侧生小叶退化、仅留一顶生小叶所成，代表植物有橘、橙、柚。

被子植物常见复叶的类型如图 1-1-15 所示。

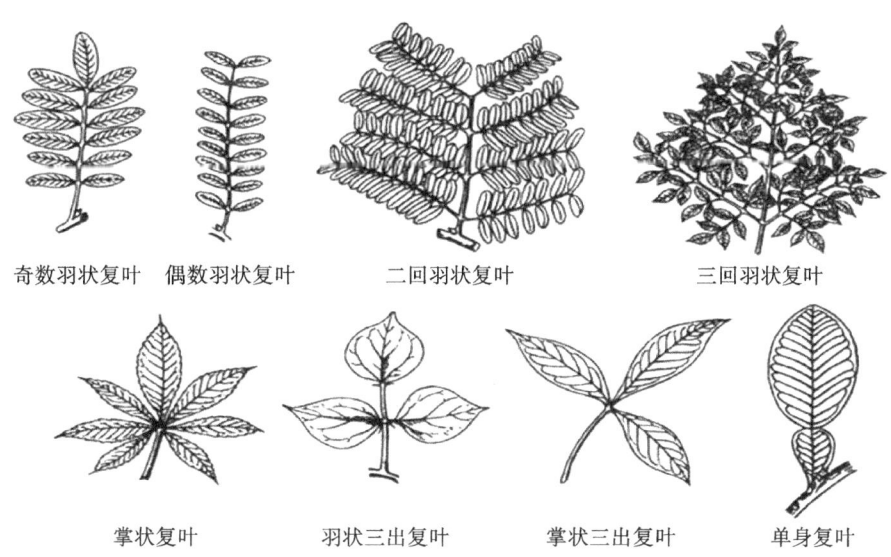

图 1-1-15　被子植物常见复叶的类型

4）叶的形态

虽然叶的形态多种多样，但每一种植物的叶片的形态均比较稳定，因此叶的形态可以作为识别植物和分类的依据。叶的形态通常从叶形、叶尖、叶基、叶缘、叶裂和叶脉等方面描述。

(1)叶形(见图 1-1-16)，即叶片的轮廓。下列术语用于描述叶形，也适用于萼片、花瓣等器官：

①针形，细长而顶尖，截面略为圆形、三角形或菱形。

②条形，长为宽的 5 倍以上，全长略等宽。

③披针形,长为宽的 3 至 5 倍,最宽处在中部以下,向上下两端渐狭;若最宽处在中部以上,则称为倒披针形。

④椭圆形,长为宽的 1.5 至 3 倍,两侧边缘呈弧形;若两侧略平行,则称为矩圆形。

⑤卵形,形如鸡卵,中部以下较宽;若较宽处在中部以上,则称为倒卵形。

⑥心形,长宽比例如卵形,但基部宽圆而凹;若顶部宽圆而凹,则为倒心形。

⑦三角形,基部宽且呈平截形,三边几乎相等。

⑧菱形,即等边的斜方形。

⑨圆形,形如圆盘。

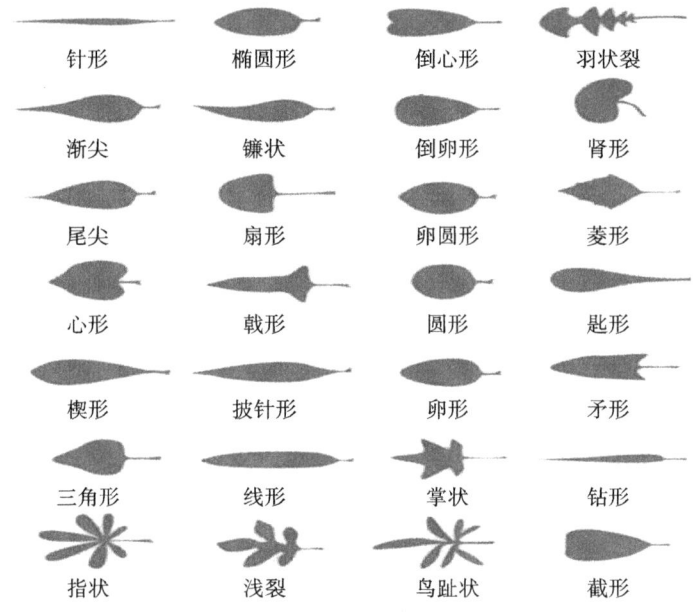

图 1-1-16　各种叶形

(2)叶尖(见图 1-1-17),即叶片的顶端,其形状有:

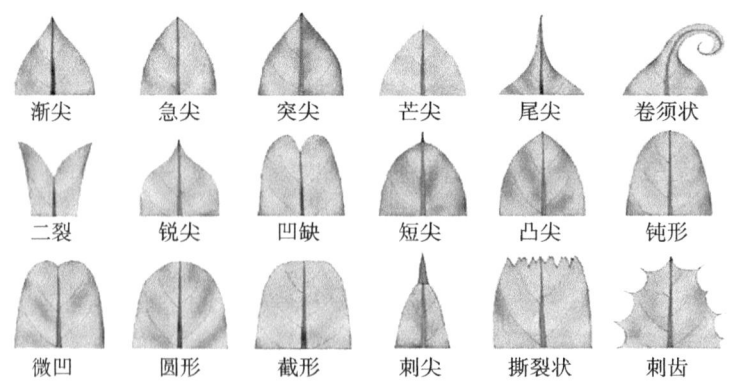

图 1-1-17　叶尖类型

①渐尖,叶尖较长,或逐渐尖锐,如菩提树的叶;

②急尖,尖头较短,如荞麦的叶;

③具骤尖,尖而硬,如虎杖、吴茱萸的叶;

④凹缺,倒心形,有较深的凹缺,如酢浆草的叶;
⑤短尖,具有突然生出的小尖,如树锦鸡儿、锥花小檗的叶。
⑥钝形,钝而不尖,或接近圆形,如厚朴的叶;
⑦微凹,具浅凹缺,如苋、苜蓿的叶;
⑧截形,呈平切状,如鹅掌楸、蚕豆的叶;

(3)叶基(见图 1-1-18),即叶片的基部,其形状除可采用与上述类似的术语描述外,还有耳形、箭形、戟形等:

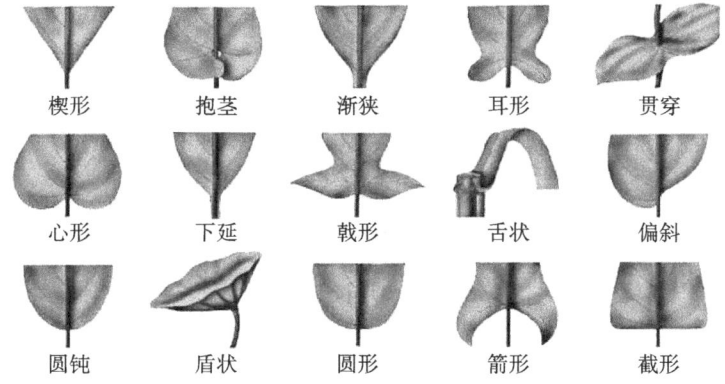

图 1-1-18　叶基类型

①楔形,基部两边的夹角为锐角,两边较平直,如枇杷的叶;
②渐狭,基部两边的夹角为锐角,两边弯曲,如樟树的叶;
③耳形,基部两边的夹角明显大于平角,下端略呈耳形,如白英的叶;
④心形,基部两边的夹角明显大于平角,下端略呈心形,如苘麻的叶。
⑤戟形,基部两边的夹角明显大于平角,下端略呈戟形,如打碗花的叶;
⑥圆钝,基部两边的夹角为钝角,或下端略呈圆形的叶基,如蜡梅的叶;
⑦箭形,基部两边的夹角明显大于平角,下端略呈箭形,如慈姑的叶;
⑧截形,基部近于平截面,或略近于平角的叶基,如金线吊乌龟的叶。

(4)叶缘(见图 1-1-19),即叶片的边缘,其形态主要有:

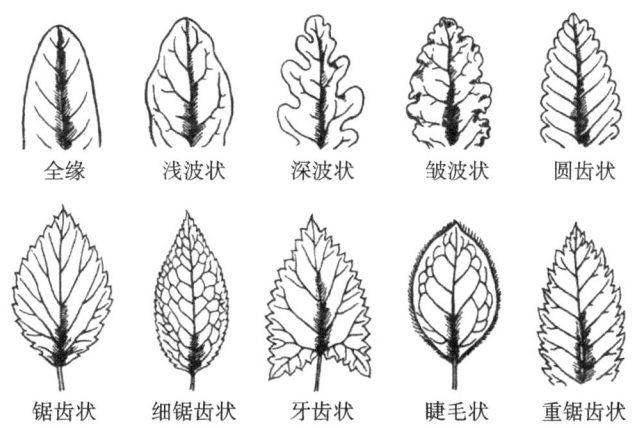

图 1-1-19　叶缘

①全缘,平滑而不具任何齿或缺刻;
②波状,稍具凹凸或起伏而呈波纹状;
③齿状,凹凸较细且密,又有牙齿、锯齿、重锯齿等类型;
④缺刻状,凹凸较为宽大,缺刻深不及叶片 1/3 者称为浅裂,缺刻深为叶片 1/2 左右者称为深裂,缺刻深达叶片 2/3 以上者则称为全裂。

(5)叶脉(见图 1-1-20),叶片上可见的脉纹。叶脉的排列方式称为脉序,主要有三类:

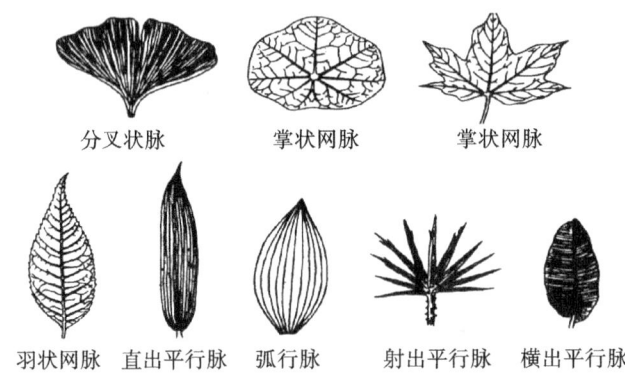

图 1-1-20　常见叶脉种类

①网状脉序,具有明显的主脉,主脉、侧脉和细脉互相连接形成网状,是双子叶植物脉序的特征,按侧脉分出方式的不同,还可以分为羽状脉序和掌状脉序;
②平行脉序,多数主脉不显著,各叶脉从叶片基部大致平行延伸至叶尖,是单子叶植物叶脉的特征;
③分叉脉序,各条叶脉均呈多级的二叉状分枝,普遍存在于蕨类植物中,裸子植物银杏也具有典型的分叉脉序。

5)叶序

叶序(见图 1-1-21),即叶在茎上的排列方式,通常分为互生、对生、轮生、簇生四种类型。

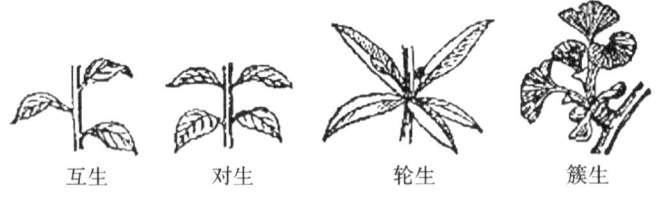

图 1-1-21　叶序

(1)互生,每一节仅着生一片叶。
(2)对生,每一节有两片叶相对着生。
(3)轮生,每一节有三片或更多的叶排为一轮。
(4)簇生,每一节有三片或更多的叶,单生于一侧。

6)叶的变态类型

叶的变态类型如图 1-1-22 所示。

(1)苞片和总苞。生在单朵花或花序下面的变态叶,称为苞片。苞片一般较小,绿色,也有大型且呈现各种颜色的,如一品红、叶子花、珙桐的苞片。苞片数多而聚生在花序外围的,称为

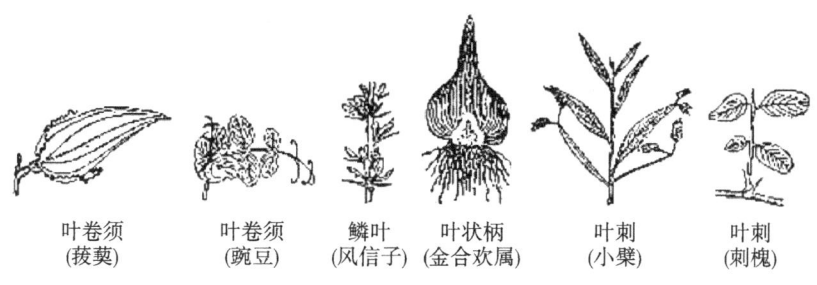

图 1-1-22 叶的变态类型

总苞。苞片和总苞有保护花和果实的作用。

(2)鳞叶。叶退化成鳞片状,称为鳞叶。按照着生部位不同,鳞叶又可以分为两种:一种生于木本植物鳞芽外围,呈褐色,具有茸毛或黏液,起到保护鳞芽的作用,这种鳞叶称为芽鳞;另一种则是生于地下茎上的鳞叶,有肉质鳞和膜质鳞之分,肉质鳞叶肥厚多汁,储存丰富的养料,膜质鳞叶呈褐色干膜状。

(3)叶刺。叶或叶的一部分变态成为刺状,称为叶刺,如刺槐的托叶变态而成的叶刺,仙人掌科植物的叶刺。

(4)叶卷须。叶的一部分变态成为卷须状,有攀缘的作用,如豌豆、菝葜的卷须叶。

(5)叶状柄。叶柄变为扁平的叶片状,并行使叶的功能,如台湾相思树以及金合欢属的某些植物后期长出的叶,小叶退化,仅存叶状柄。

1.1.2 植物繁殖器官

种子植物自萌发起,便进行根、茎、叶等营养器官的生长,到一定程度后,经过一段时间,在光、温度等因素的作用下,开始形成花芽,此时进入生殖生长阶段,而后经过开花、传粉、受精作用,产生果实和种子。花、果实和种子是与植物的生殖相关的器官,称为繁殖器官。

1. 花

1)花的概念

第一个为花下定义的是德国的博物学家歌德,他提出植物地上部分的器官是统一的,是一种器官的多方面变态,而花这种器官则是变态的、短缩的、行使生殖功能的短枝。

2)花的组成

花一般由花柄、花托、花被、雄蕊群、雌蕊群组成,具有以上五个部分的花称为完全花(见图 1-1-23),缺少其中一至三个部分的花称为不完全花。

(1)花柄(花梗)。单生花的柄或花序中每朵花着生的小枝。植物通过花柄向花运输营养物质。花柄的长短因植物种类而异,有的植物无花柄,如贴梗海棠。

(2)花托。指花柄的顶端略微膨大的部分。花的其他部分按照一定的方式着生于花托上。不同种类的植物的花托形状各异。

(3)花被。是花萼和花冠的总称。一朵花如果同时具有花萼和花冠,称为双被花;只有花萼没有花冠或者花萼、花冠分化不明显的花,称为单被花;既无花萼也无花冠的花,称为无被花。

(4)花萼。是一朵花中所有萼片的总称,位于花的最外层,一般是绿色,样子类似小叶。在花朵尚未开放时,起着保护花蕾的作用。有部分植物的花萼大,颜色鲜艳,呈花瓣状,如乌头。而草莓、棉等的花除花萼外,外面还有一轮绿色的瓣片,称为副萼,也称为苞片。

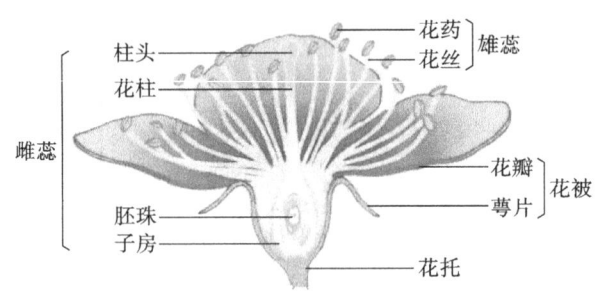

图 1-1-23　植物完全花剖面图

凤仙花的距如图 1-1-24 所示。菊科植物的冠毛如图 1-1-25 所示。

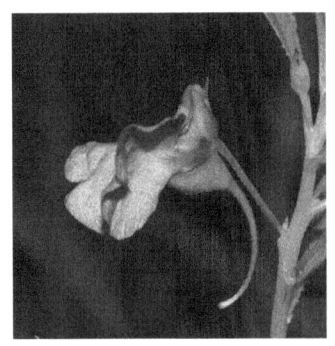
图 1-1-24　凤仙花的距

图 1-1-25　菊科植物的冠毛

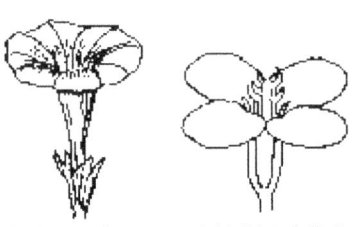
图 1-1-26　合瓣花冠和离瓣花冠

（5）花冠（见图 1-1-26），是一朵花中所有花瓣的总称，位于花萼的上部或者内部，排列成一轮或多轮，多具有鲜亮的颜色。

①依据花瓣是否分离，花冠分为：

◆ 离瓣花冠，花瓣完全分离，如桃花、梨花等；每一片花瓣上部较宽大的部分称为瓣片，下部较狭长的部分称为瓣爪。

◆ 合瓣花冠，花瓣联合在一起，如牵牛花、丁香花等。合瓣花冠合生的部分叫冠筒，分离的部分叫花冠裂片。

②依据花瓣形态和排列的不同，花冠可分为：

◆ 十字形花冠，有花瓣 4 片，离生，排列成十字形，如油菜、白菜等的花冠。

◆ 蝶形花冠，有花瓣 5 片，离生，外形似蝶，最上一片花瓣最大，称为旗瓣；侧面两片通常较旗瓣小，且与旗瓣不同形，称为翼瓣；最下两片最小，状如龙骨，称为龙骨瓣。蝶形花冠常见于豆科植物中，如大豆、豌豆等的花冠。

◆ 筒状花冠，花冠大部分合生成筒状，裂片向上伸展，如菊花、向日葵的盘花。

◆ 漏斗状花冠，花冠下部合生成筒状，向上渐渐扩大成漏斗状，常见于旋花科植物，如牵牛花、打碗花等。

◆ 高脚碟形花冠，花冠筒狭长，上部忽然水平扩展成碟状，常见于报春花科、木樨科植物，如报春花、迎春花等。

◆ 钟状花冠，花冠筒短粗，上部扩展成钟状，常见于桔梗科植物，如桔梗、沙参等。

◆ 轮状花冠,花冠下部合生形成一短筒,裂片由基部向四周扩展,状如车轮,常见于茄科植物,如西红柿、马铃薯、辣椒等。

◆ 唇形花冠,有花瓣五片,基部合生,上部裂为二唇状,上唇由两瓣片合生,下唇由三瓣片合生,常见于唇形科植物,如薄荷、黄芩、丹参等。

◆ 舌状花冠,花冠基部合生形成一短筒,上部合生向一侧展开如扁平舌状,常见于菊科植物,如蒲公英、苦荬菜的头状花序的全部小花。

花冠的形态如图 1-1-27 所示。

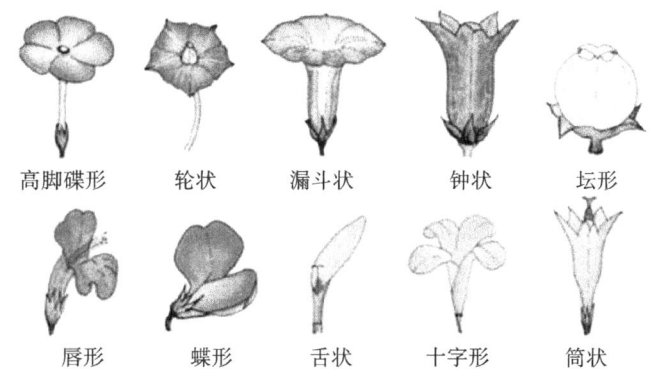

图 1-1-27　花冠的形态

③依据花的对称性,花分为:

◆ 辐射对称花,即整齐花,通过花的中心可作出几个对称面,如梅花、茄的花;

◆ 两侧对称花,通过花的中心仅可作出一个对称面,如刺槐、金鱼草的花;

◆ 不对称花,花无对称面,如美人蕉的花。

(6)雄蕊群,是一朵花中雄蕊的总称。雄蕊群位于花冠内侧,着生在花托上。每一雄蕊由花丝和花药构成,花丝细长如丝,花丝顶部连接花药,花药膨大呈囊状。花药中含有大量的花粉粒,花粉成熟时,花药开裂,花粉释放而出,完成传粉。花药开裂的方式有纵裂、孔裂、瓣裂等。根据花丝或花药结合与否,常将雄蕊群分为以下几种类型:

①离生雄蕊,花中雄蕊是彼此分离的;一朵花中组成雄蕊群的雄蕊数目因植物种类不同而异。花丝长短也随植物种类而异,一般同一花中花丝是等长的,也有不等长的。如紫罗兰共有 6 枚雄蕊,4 长 2 短,为典型的四强雄蕊;再如泡桐等植物的花中共有 4 枚雄蕊,2 长 2 短,为典型的二强雄蕊。

被子植物各种雄蕊形态结构如图 1-1-28 所示。

②合生雄蕊,花中雄蕊部分或全部合生,根据合生程度不同,又分为如下 4 种:

◆ 单体雄蕊,一朵花中花丝全部结合在一起;

◆ 二体雄蕊,因花丝结合而成二束;

◆ 多体雄蕊,花丝结合成多束;

◆ 聚药雄蕊,仅花药结合而花丝分离。

(7)雌蕊群(见图 1-1-29),是一朵花中雌蕊的总称。每一雌蕊包括柱头、花柱、子房三个部分。柱头是雌蕊顶端接受花粉的部分,通常膨大成球状、圆盘状或分枝羽状;花柱是连接柱头和子房的细长管道,柱头接受的花粉通过该管道进入子房;子房是雌蕊基部的膨大部分,外壁称子房壁,内腔称子房室,每室有一至多枚胚珠。受精后花柱和柱头多萎缩,子房发育成果实,

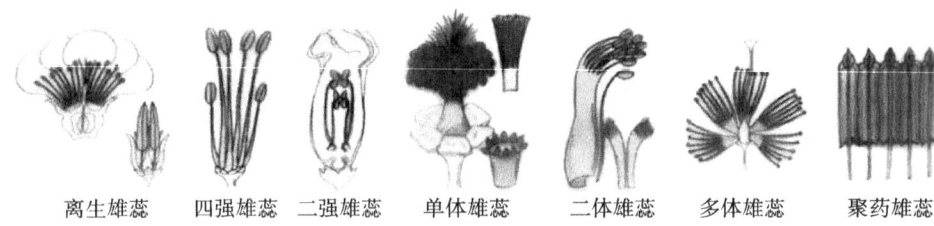

离生雄蕊　四强雄蕊　二强雄蕊　单体雄蕊　二体雄蕊　多体雄蕊　聚药雄蕊

图 1-1-28　被子植物各种雄蕊形态结构

胚珠发育成种子。每一个雌蕊实际又是具有繁殖功能的变态叶——心皮卷合而成,边缘愈合线称为腹缝线,胚珠着生在腹缝线上。

①根据心皮组成方式,可将雌蕊群分为三种类型:
- 单雌蕊,一朵花中的雌蕊仅有一心皮;
- 复雌蕊,一朵花中有两个或更多心皮,合生为一雌蕊;
- 离生心皮雌蕊,一朵花中有若干彼此分离的心皮,它们各自形成一个雌蕊。

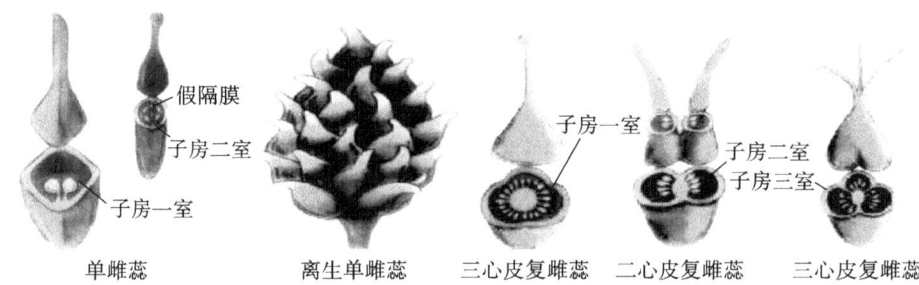

单雌蕊　离生单雌蕊　三心皮复雌蕊　二心皮复雌蕊　三心皮复雌蕊

图 1-1-29　雌蕊群类型

②根据子房(见图 1-1-30)与花托的合生情况及其与花其他部分的相对位置不同,子房可分为 3 种类型:
- 上位子房,子房仅以底部着生于花托顶端,子房、花托不愈合;
- 中位子房,子房的下半部分陷于花托中,与花托愈合,也叫半下位子房;
- 下位子房,子房完全被花托包围,并与花托愈合。

③子房中着生胚珠的位置称为胎座(见图 1-1-31),胎座常有以下类型:
- 边缘胎座,单心皮形成子房,胚珠生于腹缝线上;
- 侧膜胎座,心皮合生,子房一室,胚珠生于相邻心皮之间相结合的腹缝线上,成若干纵列;
- 中轴胎座,心皮合生且各成一室,胚珠处于子房的中轴上;
- 特立中央胎座,心皮合生,子房一室,胚珠生于子房中央的中轴上;
- 悬垂胎座,单心皮或多心皮,子房一室,胚珠一个,生于子房顶部;
- 基生胎座,单心皮或多心皮,子房一室,胚珠一个,生于子房基部。

3)花序

花序(见图 1-1-32)是指花在花枝上的排列情况。整个花枝的轴叫作总花轴或花序轴。花序按花的开放顺序的先后可分为无限花序和有限花序。

(1)无限花序,花序轴下部或花序边缘的花先开放。无限花序按其结构形式,可分为:
①穗状花序,花多数,无梗,排列于一不分枝的主轴上;
②总状花序,与穗状花序相似,但花有接近等长的梗;

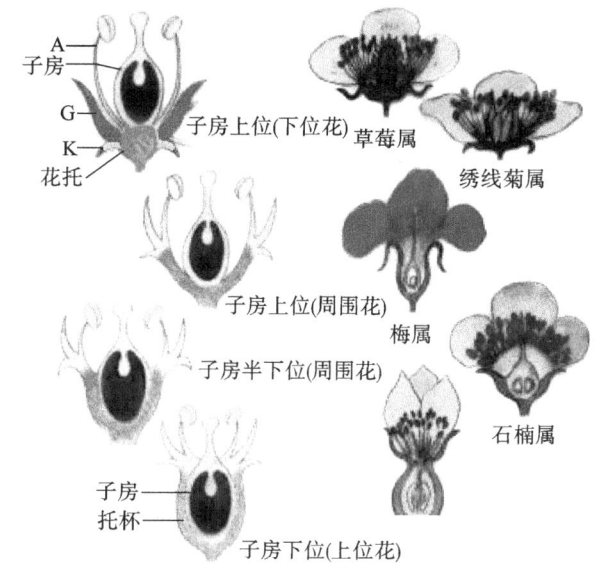

图 1-1-30　子房类型

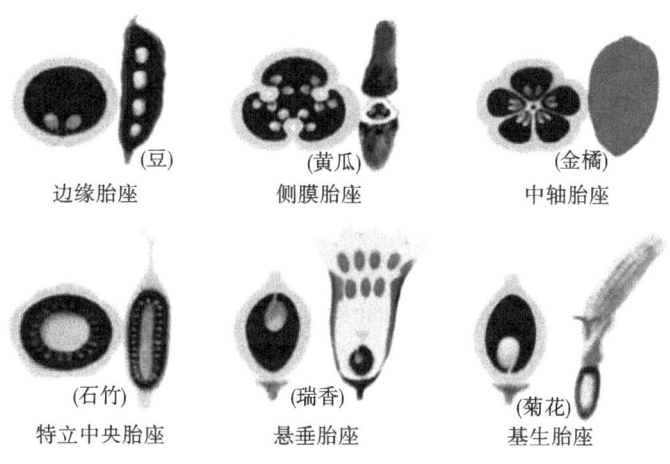

图 1-1-31　胎座类型

③柔荑花序,由单性花组成的穗状花序,常因花序轴纤弱而下垂;

④伞房花序,花梗排列于总轴上不同高度的各点,因最下的最长,渐上递短,使花序顶部呈一平头状;

⑤伞形花序,花梗接近等长,从花序梗顶端一点发出,形似张开的伞,若每一伞梗复生一伞形花序,即为复伞形花序;

⑥头状花序,花无梗或接近无梗,密集于一平坦或隆起的总花托上而成头状;

⑦肉穗花序,结构同穗状花序,但花序轴肉质肥厚,有时由佛焰苞所包围,可称为佛焰花序;

⑧圆锥花序,花序轴分枝复生总状或穗状花序,或泛指分枝疏松、形如塔状的花丛;

⑨隐头花序,花序轴特别肉质而凹陷,花隐没其内,仅留小孔与外面相通。

(2)有限花序,花序轴上部或花序中央的花先开放,而后渐及两侧,依每级分歧数目的多少又分为:

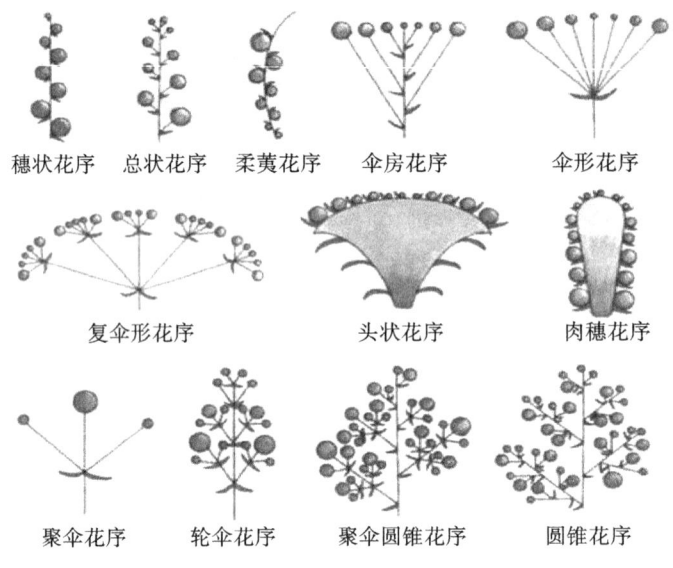

图 1-1-32 被子植物各种花序

①单歧聚伞花序,顶花下的主轴下面一侧形成侧枝,分枝顶端生花,花下又生一侧枝,整个花序为合轴分枝,根据分枝方向的不同又可分为螺状聚伞花序和蝎尾状聚伞花序;

②二歧聚伞花序,顶花下的主轴向二侧各分生一枝,分枝顶端生花,每枝再在二侧分枝,如此反复;

③多歧聚伞花序,顶花下的主轴产生三个以上分枝,每一分枝又自成一小聚伞花序。

2. 果

1)果实的结构

果实是受精后的子房发育形成的结构,如图 1-1-33 所示。一般果实包含了果皮和种子两个部分。果皮常分为外果皮、中果皮和内果皮三层,由子房壁发育而成;种子则由胚珠发育而成,其中珠被发育成种皮。

纯粹由子房发育成的果实为真果;有些植物的果实形成有子房以外的部分参与,这些果实则为假果,例如草莓肥厚多汁的部分是由花托膨大而成的,无花果的肉质部分是由花轴发育而来的。

2)果实的类型

果实可分为三大类:

(1)单果,由一朵花中的一个子房或一个心皮形成的单个果实。依据果皮的质地,单果又可分为肉质果和干果两大类。

①肉质果,果实成熟后肉质多汁,其种类主要包括如下 5 种类型:

◆ 核果,外果皮薄,中果皮肉质,内果皮坚硬;

◆ 浆果,外果皮薄,中果皮和内果皮肉质;

◆ 柑果,特指柑橘类的果实,外果皮革质,中果皮纸质,内果皮膜质并向子房室内形成指状绒毛;

◆ 梨果,特指蔷薇科苹果亚科的果实,由下位子房形成,花托与子房壁愈合并肉质化,是一类假果;

图 1-1-33 被子植物果实形态

◆ 瓠果,特指瓜类的果实,由下位子房形成并有花托参与,1 室,多种子,也是假果。

②干果,果实成熟后果皮干燥,根据果实成熟后闭合或开裂与否,分为闭果和裂果两种类型:

◆ 闭果,果实成熟后,果皮不开裂。闭果包括瘦果、坚果、颖果、翅果、双悬果几种类型:
· 瘦果,似坚果,但稍瘦小,果皮常紧包种子,有时为下位子房形成并有萼筒参与;
· 坚果,果皮坚硬,1 室,1 种子;
· 颖果,子房 1 室,1 种子,果皮与种皮愈合而不能分离;
· 翅果,瘦果状,有翅;
· 双悬果,由两心皮形成,成熟时分开,悬于心皮柄顶部。

◆ 裂果,果实成熟后,果皮开裂。裂果分为蓇葖果、荚果、蒴果、角果几种类型:
· 蓇葖果,单心皮发育而成,沿腹缝或背缝开裂;
· 荚果,单心皮发育而成,多沿背缝、腹缝同时开裂,也有具有此结构而并不开裂者;
· 蒴果,由 2 个或更多心皮合生而成,子房以上或多室,开裂方式有纵裂(室间开裂和室背开裂)、孔裂和周裂;
· 角果,两心皮合生,从心皮之间相连处开裂,细长形者称为长角果,长宽比几乎相等者称为短角果。

(2)聚合果,一朵花中若干离生心皮各自形成一单果,聚集成一整体。
(3)聚花果,由整个花序发育成的整体。

3. 种子

1)种子的概念

种子(见图 1-1-34):由胚珠受精后发育而成,是种子植物特有的器官。种子由种皮、胚、胚乳三部分组成。

2)种皮

包闭种子的外部结构称为种皮。种皮通常有两层:外种皮由外珠被发育而成,一般较坚韧;内种皮由内珠被发育而成,一般较薄。

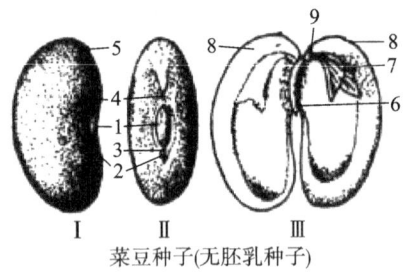 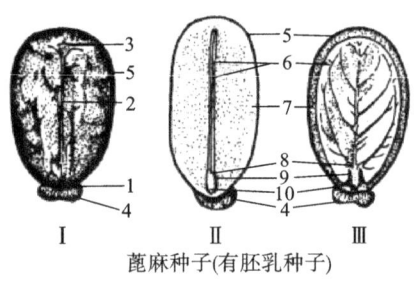

菜豆种子(无胚乳种子)
Ⅰ.菜豆外形；Ⅱ.菜豆外形,示种孔、种脊、种脐、合点；Ⅲ.菜豆的构造剖面(已除去种皮)
1.种脐；2.合点；3.种脊；4.种孔；5.种皮；6.胚根；7.胚芽；8.子叶；9.胚茎

蓖麻种子(有胚乳种子)
Ⅰ.外形；Ⅱ.与子叶垂直面纵切；Ⅲ.与子叶平行面纵切
1.种脐；2.种脊；3.合点；4.种阜；5.种皮；6.子叶；7.胚乳；8.胚芽；9.胚茎；10.胚根

图1-1-34 被子植物种子形态

种皮内的幼小植物体称为胚。种子的形状、大小、色泽、表面纹理等随着植物种类不同而异。

种皮表面构造如下：

(1)种脐：种子成熟后,从种柄或胎座上脱落后留下的疤痕,豆类种子特别明显。

(2)种孔(发芽孔或萌发孔)：胚珠的珠孔存留在种皮上的遗迹,种子萌发多由于种孔吸收水分,胚根伸出,故又称萌发孔。

(3)种脊：胚珠的珠脊发育而成,是种脐到合点间的隆起线,内含维管束。直生胚珠发育而成的种子,因种脐和合点位于同一位置,故不见种脊。

(4)合点：胚珠的合点。

(5)种阜。有些植物种子的外种皮,在珠孔处由珠被扩展成海绵状突起物,将种孔掩盖,叫作种阜,如蓖麻。

(6)假种皮：由珠柄或胎座部位的组织发育而成,多为肉质,如龙眼、荔枝的可食部分。也有成干膜质的。

(7)种子附属物：有些种子外面有附属物,如柳、棉种皮上的表皮毛、种缨、瘤刺等。

3)胚

胚由卵细胞受精(也称合子)发育而成,是种子中尚未发育的幼小植物体,包藏在种皮和胚乳内,是种子最重要的部分。大多数植物的种子成熟时,胚已分化成胚根、胚茎(胚轴)、胚芽和子叶四部分。

(1)胚根：幼小未发育的根,种子萌发时,胚根最先生长,从种孔伸出,发育成植物的主根。

(2)胚茎(胚轴)：连接胚根、子叶、胚芽的部分,向上生长成为根与茎相连接的部分。

(3)胚芽：胚顶端未发育的地上枝,以后发育成为植物的主茎。

(4)子叶：胚吸收养料或贮藏营养物质的器官,占胚的大部分,单子叶植物常有1枚子叶,双子叶植物常有2枚子叶,裸子植物具有2枚到多枚子叶。种子植物中的被子植物根据胚所具有的子叶数目,可将种子分为单子叶种子和双子叶种子。

4)胚乳

胚乳是极核受精后发育而成的,通常位于胚的周围,呈白色。胚乳细胞中含有丰富的营养物质。有些种子在发育过程中,珠心未被完全吸收,形成营养组织,包围在胚乳和胚的外部,称为外胚乳。

(1)无胚乳种子:某些植物种子在胚形成发育时,胚乳被胚全部吸收,将营养贮存在子叶里,例如花生、蚕豆、大豆、白菜、柑橘、茶、棉花、慈姑、泽泻等植物。

(2)有胚乳种子:种子成熟时具有发达的胚乳,例如玉米、小麦、蓖麻、烟草、西红柿、柿等植物。

1.2 植物识别

1.2.1 乔木识别

1. 银杏(*Ginkgo biloba*,图 1-1-35)

别名:白果树、公孙树。
科属:银杏科、银杏属。
形态特征:落叶乔木,高可达 40 m,胸径可达 4 m,幼树树皮接近平滑,浅灰色,大树树皮为灰褐色,不规则纵裂,有长枝与生长缓慢的距状短枝。叶互生,在长枝上辐射状散生,在短枝上 3~5 枚成簇生状,有细长的叶柄,扇形,两面淡绿色。雌雄异株,稀同株,球花单生于短枝的叶腋;雄球花成柔荑花序状;雌球花有长梗,梗端常分 2 叉(稀 3~5 叉)。一般 4 月开花,9—10 月果实成熟。

图 1-1-35 银杏

生长习性:喜光树种,适宜土壤为黄壤或黄棕壤,pH 值 5~6。初期生长较慢,萌蘖性强,不耐积水之地,较能耐旱,耐寒性颇强。

分布:为我国特有树种,被称为生物活化石,主要分布在山东、浙江、安徽、福建、江西、河北、河南、湖北、江苏、湖南、四川、贵州、广西、广东、云南、台湾等省。

繁殖:播种、扦插、嫁接等方法繁殖。

应用:是我国一级重点保护植物,有中国国树之称,是世界五大行道树之一。中国以银杏古群落为主题的公园是湖北省安陆市的古银杏国家森林公园和随州市的中国千年银杏谷。可作庭荫树、行道树或独赏树。种子可供食用和药用,木材优质。不易生病虫害,寿命长,可达 3000 年以上。夏天降温效果是柳树的 3 倍。

2. 巴山冷杉(*Abies fargesii*,图 1-1-36)

别名:鄂西冷杉、太白冷杉。
科属:松科、冷杉属。
形态特征:常绿乔木,高达 30 m。树皮常剥裂成近方形块片,暗灰褐色。一年生枝红褐色或褐色,冬芽有树脂。叶条形,长 1~2.5 cm,宽 0.15~0.2 cm,背面有 2 条白粉带,叶的排列较密,枝条下面的叶排成 2 行,枝条上面的叶斜展或直立,叶柄短,干后为黄色。雌雄同株,雄球花下垂,雌球花直立。球果为长圆形或圆柱状卵圆形,长 5.5~7 cm,径约 3.5 cm,熟时为黑色、紫黑色,常直立,单生于叶腋。

图 1-1-36 巴山冷杉

生长习性：喜温凉湿润气候及石英岩等母质发育的酸性棕色森林土或山地棕色森林土；耐阴性强，生长慢。

分布：分布于中国甘肃南部、陕西南部、四川东北部、湖北西部，河南有分布。

应用：木材可供建筑和做家具用。

3. 落叶松（*Larix gmelinii*，图 1-1-37）

图 1-1-37 落叶松

别名：富士松、金钱松、金松。

科属：松科、落叶松属。

形态特征：落叶乔木，高达 30 m，胸径 1 m，树皮为暗褐色，纵裂呈鳞片状脱落，大枝平展，树冠塔形。1 年生枝为淡黄色或淡红色，有白粉，2 至 3 年生枝为灰褐色或黑褐色。叶为倒披针状条形。球果为广卵圆形或圆柱状卵形，种子为倒卵圆形。花期为 4 月下旬，球果 9—10 月成熟。

生长习性：为喜光树种，浅根系，抗风力差，对气候的适应性强，对土壤的肥力和水分比较敏感，在气候干旱、土层贫瘠的地方生长受限，在气候湿润、土层深厚肥沃的地方生长较快。

分布：原产日本，1909 年前后引入山东，现主要分布在东北地区、河北、河南、山东、湖北、江西、四川等省也有栽培。

繁殖：嫁接和扦插两种方式一般只在品种改良和遗传育种上采用，而生产上一般采用播种繁殖。

应用：树干端直，姿态优美，叶色翠绿，适应范围广，生长初期较快，抗病性较强，是优良的园林树种，应用十分广泛。

4. 雪松（*Cedrus deodara*，图 1-1-38）

别名：香柏、宝塔松、番柏、喜马拉雅山雪松。

科属：松科、雪松属。

形态特征：常绿乔木，高达 50 m，胸径达 3 m；树皮为深灰色，裂成不规则的鳞状块片；枝平展、微斜展或微下垂，基部宿存芽鳞向外反曲，小枝常下垂，一年生枝呈淡灰黄色，密生短绒毛，微有白粉，二、三年生枝呈灰色、淡褐灰色或深灰色。叶在长枝上散生，在短枝上簇生，针形，坚硬，呈淡绿色或深绿色，先端锐尖，下部渐窄，常呈三棱形，叶之腹面两侧各有 2～3 条气孔线，背面有 4～6 条，幼时气孔线有白粉。雄球花为长卵圆形或椭圆状卵圆形，雌球花为卵圆形。10—11 月开花，球果为椭圆状卵形，翌年成熟，成熟前为淡绿色，微有白粉，熟时为红褐色。

图 1-1-38 雪松

生长习性：喜暖温带至中亚热带气候，在中国长江中下游一带生长最好；抗寒性较强，大苗可耐 −25 ℃ 的短期低温；较喜光，幼年稍耐庇荫；深厚、肥沃、疏松的土壤最适宜其生长，耐干旱，不耐水湿；浅根性，抗风力差。

分布：产于亚洲西部、喜马拉雅山西部和非洲、地中海沿岸，现在长江流域各地多有栽培。

繁殖：一般用播种、扦插等方法繁殖。

应用：世界著名的三大珍贵观赏树种之一,也是世界五大公园树种之一;树冠塔形,树姿端庄,雄伟壮丽,挺拔苍翠,可作成片或成行栽植,观赏效果均佳;亦可材用和药用。雪松对二氧化硫和氟化氢这两种气体很敏感,当雪松针叶出现发黄、枯焦现象时,说明周围可能有二氧化硫或氟化氢污染。

5. 华山松（*Pinus armandii*,图 1-1-39）

图 1-1-39 华山松

别名：五须松、青松、五叶松。

科属：松科、松属。

形态特征：常绿乔木,高达 35 m,胸径 1 m;幼树树皮呈灰绿色或淡灰色,平滑,老树树皮则呈灰色,裂成方形或长方形厚块片,固着于树干上,或脱落;5 针一束,稀 6~7 针一束,长 8~15 cm,径 1~1.5 mm,边缘有细锯齿,仅腹面两侧各有 4~8 条白色气孔线;球果呈圆锥状长卵圆形,花期 4—5 月,球果第二年 9—10 月成熟。

生长习性：阳性树,但幼苗略喜一定庇荫,喜温和、凉爽、湿润气候,能适应多种土壤,最适宜深厚、湿润、疏松的中性或微酸性土壤,不耐盐碱土。

分布：主要产于中国中部和西南部高山上,分布于西北、中南及西南各地,主要分布地区有山西、河南、陕西、甘肃、青海、西藏、四川、湖北、云南、贵州、台湾等。

繁殖：采用播种繁殖。

应用：高大挺拔,针叶苍翠,冠形优美,生长迅速,是优良的庭院绿化树种。华山松在园林中可用作园景树、庭荫树、行道树及林带树,亦可用于丛植、群植,并系高山风景区之优良风景林树种。

图 1-1-40 马尾松

6. 马尾松（*Pinus massoniana*,图 1-1-40）

别名：青松、山松、枞松。

科属：松科、松属。

形态特征：常绿乔木,一年生枝条呈淡黄褐色,无毛,冬芽呈褐色。针叶每束 2 根,细长而柔韧,边缘有细锯齿,长 12~20 cm,先端尖锐;树脂管 4~7 个,边生;叶鞘膜质。花单性,雌雄同株;雄花序无柄,柔荑状,腋生在新枝的基部,雄蕊呈螺旋状排列;雌花序呈球形,一至数个生于新枝的顶端或上部。球果呈长圆状卵形,长 4~8 cm,直径 2.5~5 cm,成熟后呈栗褐色;种鳞的鳞片盾平或微肥厚,微有横脊;鳞脐微凹,无刺尖,很少有短刺尖。种子呈长卵圆形,有翅。花期 4—5 月,果期 9—10 月。

生长习性：不耐庇荫,喜光、喜温,对土壤要求不严格,喜微酸性土壤,但怕水涝,不耐盐碱,在石砾土、沙质土、黏土、山脊和阳坡的冲刷薄地上,以及陡峭的石山岩缝里都能生长。

分布：分布极广,遍布于华中、华南各地,主要分布在海拔 800 m 以下的低山丘陵。

繁殖：用种子繁殖,培养容器苗成活率高。

应用：树形高大雄伟,是长江流域和华南地区的普遍绿化及造林的主要树种,树干可割取松脂,为医药、化工原料,松油脂及松香、叶、花粉、根、茎节、嫩叶等可入药。

7. 湿地松（*Pinus elliottii*，图1-1-41）

图1-1-41　湿地松

别名：外国松、美国松、北美松、国外松。

科属：松科、松属。

形态特征：常绿乔木，树皮呈灰褐色，纵裂成鳞状大片剥落，枝条每年生长3～4轮，小枝粗壮。冬芽呈红褐色，粗壮、圆柱状、先端渐窄。针叶2针一束与3针一束并存，长18～30 cm，粗硬，深绿色，有光泽。球果常2～4个聚生，圆锥形，有梗，鳞盾肥厚，鳞脐呈瘤状，种子呈卵圆形，略具3棱。花期3月中旬，果熟翌年9月。

生长习性：喜光树种，极不耐阴，适生长于夏雨冬旱的亚热带气候地区，在中性以至强酸性红壤丘陵地和沙黏土地均生长良好，抗风力强。

分布：原产于美国东南部，中国山东平邑以南广大地区内多处试栽均表现良好。

繁殖：用播种法繁殖。

应用：速生，适应性强，材质好，松脂产量高，长江以南的园林中可作庭园树或丛植、群植，宜植于河岸池边。

8. 杉木（*Cunninghamia lanceolata*，图1-1-42）

别名：沙木、沙树。

科属：杉科、杉木属。

形态特征：常绿乔木，树高可达30～40 m，胸径可达2～3 m。从幼苗到大树单轴分枝，主干通直圆满。侧枝轮生，向外横展，幼树冠呈尖塔形，大树树冠呈圆锥形。叶呈螺旋状互生，侧枝之叶基部扭成2列，线状披针形，先端尖而稍硬，长3～6 cm，边缘有细齿，上面中脉两侧的气孔线较下面的少。雄球花簇生枝顶，雌球花单生，或2～3朵簇生枝顶，呈卵圆形，种子扁平，长6～8 mm，褐色，两侧有窄翅，子叶2枚。

图1-1-42　杉木

生长习性：较喜光，但幼时稍能耐侧方蔽荫，对土壤的要求较高，最适宜肥沃、深厚、疏松、排水良好的土壤，而嫌土壤瘠薄、板结及排水不良。

分布：分布于我国秦岭以南各地区。

繁殖：播种或扦插繁殖。

应用：材质优良，轻软而芳香，耐腐而不受白蚁蛀食，不翘裂，易加工，为我国南方重要用材树种之一；树皮含单宁10%，可制栲胶；全株可入药，主治慢性气管炎、胃痛、风湿关节痛、跌打损伤、烧烫伤、过敏性皮炎、漆疮、脚气、乳痛、疝气等。

9. 柳杉（*Cryptomeria fortunei*，图1-1-43）

别名：长叶孔雀松。

科属：杉科、柳杉属。

形态特征：常绿乔木，高达40 m，胸径可达2 m多；树皮呈红棕色，纤维状，裂成长条片脱落；大枝近轮生，平展或斜展；小枝细长，常下垂，绿色，枝条中部的叶较长，常向两端逐渐变短；

叶为钻形,略向内弯曲,先端内曲,四边有气孔线,长1~1.5 cm,果枝的叶通常较短,幼树及萌芽枝的叶长达2.4 cm;球果呈圆球形或扁球形;花期4月,球果10月成熟。

生长习性:生于海拔400~2500 m的山谷边、山谷溪边潮湿林中;幼时能稍耐庇荫,在温暖、湿润的气候和土壤酸性、肥厚而排水良好的山地生长较快,在寒凉较干、土层瘠薄的地方生长不良;根系较浅,抗风力差;对二氧化硫、氯气、氟化氢等有较好的抗性。

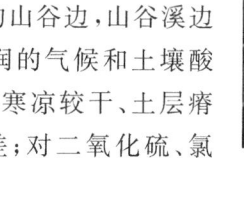

图1-1-43 柳杉

分布:为中国特有树种,分布于长江流域以南至广东、广西、云南、贵州、四川等地。

繁殖:采用种子繁殖和嫁接繁殖。

应用:树姿秀丽,纤枝略垂,孤植、群植均极为美观,是一种良好的绿化、用材树种。

10. 池杉(*Taxodium ascendens*,图1-1-44)

别名:池柏。

科属:杉科、落羽杉属。

图1-1-44 池杉

形态特征:落叶乔木,高达25 m,常有屈膝状呼吸根,在低湿地生长者"膝根"尤为显著。树皮呈褐色,纵裂,成长条片脱落;枝向上展,树冠常较窄,呈尖塔形;当年生小枝呈绿色、细长,常略向下弯垂。叶多为钻形,略内曲,常在枝上呈螺旋状伸展,下部多贴近小枝,基部下延。花期3月,雌雄同株,雄球花多数,聚成圆锥花序,集生于下垂的枝梢上,雌球花单生枝顶。球果呈圆形或长圆状球形,有短梗,种子呈不规则三角形,略扁,呈红褐色,边缘有锐脊,11月成熟,熟时呈黄褐色。

生长习性:强阳性树种,不耐庇荫;喜温暖、湿润环境,稍耐寒,能耐短暂-17 ℃低温;适生长于深厚、疏松的酸性或微酸性土壤,苗期在碱性土壤中种植时黄化严重,生长不良,长大后抗碱能力增强;耐涝,也能耐旱;生长迅速,抗风力强,萌芽力强。

分布:原产于美国东南部,常于沿海平原地沼泽及低湿地海拔30 m以下之处见到,现已在许多城市尤其是长江南北水网地区作为重要造林树种和园林树种。

繁殖:播种或扦插繁殖。

应用:树形婆娑,枝叶秀丽,观赏价值高,又适生于水滨湿地,可在河边和低洼水网地区种植,或在园林中作孤植、丛植、片植配置,亦可列植作道路的行道树,同时也是良好的用材树种。

11. 水杉(*Metasequoia glyptostroboides*,图1-1-45)

别名:梳子杉。

科属:杉科、水杉属。

形态特征:落叶乔木,高可达40 m,胸径可达2.4 m;幼树树冠呈尖塔形,老树则为广圆头形;树皮呈灰褐色或深灰色,裂成条片状脱落;大枝近轮生,小枝对生或近对生,下垂,1年生枝呈淡褐色,2~3年生枝呈灰褐色,枝的表皮层常成片状剥落,侧生短枝长4~10 cm,冬季与叶

图 1-1-45 水杉

俱落；叶交互对生，在绿色脱落的侧生小枝上排成羽状二列，呈扁平条形，柔软，几乎无柄，通常长 1.3～2 cm，宽 1.5～2 mm，上面沿中脉凹下，下面沿中脉两侧有 4～8 条气孔线；雌雄同株，雄球花单生叶腋或苞腋，呈卵圆形，雌球花单生侧枝顶端；球果下垂，当年成熟，果为蓝色，近球形或长圆状球形，微具四棱，长 1.8～2.5 cm；种鳞极薄，透明；苞鳞木质，呈盾形，背面为横菱形，有一横槽，熟时呈深褐色；种子呈倒卵形，扁平，周围有窄翅，先端有凹缺；花期 2 月，果实 11 月成熟。

生长习性：喜光，喜湿润环境，生长快，稍耐贫瘠和干旱，适宜温度为 $-8 \sim 38$ ℃。

分布：原产于四川石柱县，湖北利川市以及湖南龙山县、桑植县等地，现我国南北各地及国外 50 个国家均有引种栽植。

繁殖：常用播种和扦插繁殖。

应用：水杉为我国一级重点保护植物，被称为生物活化石，是湖北省省树，武汉市市树，树冠呈塔形，树形优美，秋叶变黄或橙红，是良好的园林绿化树种及用材树种。

12. 侧柏（*Platycladus orientalis*，图 1-1-46）

别名：黄柏、香柏、扁柏、扁桧、香树、香柯树。

科属：柏科、侧柏属。

形态特征：常绿乔木，高达 20 m，胸径 1 m；树皮薄，呈浅灰褐色，纵裂成条片；枝条向上伸展或斜展，幼树树冠呈卵状尖塔形，老树树冠则为广圆形；生鳞叶的小枝细，向上直展或斜展，扁平，排成一平面。叶呈鳞形，长 1～3 mm，先端微钝，小枝直展或斜展，小枝中央的叶的露出部分呈倒卵状菱形或斜方形，背面中间有条状腺槽，两侧的叶呈船

图 1-1-46 侧柏

形，先端微内曲，背部有钝脊，尖头的下方有腺点。雄球花呈黄色，为卵圆形，长约 2 mm；雌球花近球形，径约 2 mm，呈蓝绿色，被白粉。球果近卵圆形，长 1.5～2.5 cm，成熟前近肉质，呈蓝绿色，被白粉，成熟后木质，开裂，呈红褐色；种子为卵圆形或近椭圆形，顶端微尖，呈灰褐色或紫褐色，无翅或有极窄之翅。花期 3～4 月，球果 10 月成熟。

生长习性：喜光，幼时稍耐阴，适应性强，对土壤要求不严，在酸性、中性、石灰性和轻盐碱土壤中均可生长，耐干旱、瘠薄，萌芽能力强，耐寒力中等，抗风能力较弱。

分布：中国特有树种，华北地区有野生，除青海、新疆外，全国均有分布，人工栽培遍及全国，全国多有百年和数百年以上的古树。

繁殖：主要以种子繁育为主，也可扦插或嫁接。

应用：可用于行道、亭园、大门两侧、绿地周围、路边花坛及墙垣内外绿化，均极美观，叶和枝可入药。

13. 偃柏（*Sabina chinensis*，图 1-1-47）

别名：铺地柏、葡地柏、矮桧。

科属：柏科、圆柏属。

形态特征：常绿乔木，高20 m，胸径可达3～5 m。树冠呈尖塔形，老时树冠呈广卵形。树皮为灰褐色，裂成长条片。幼树枝条斜上展，老树枝条呈扭曲状；大枝近平展，小枝呈圆柱形或微呈四棱；冬芽不显著。叶有两种类型，鳞形叶钝尖，背面近中部有椭圆形微凹的腺体；刺形叶为披针形，三叶轮生，上面微凹，有两条白色气孔带，长0.6～1.2 cm，叶上面微凹。雌雄异株，少数同株。球果近圆球形，2年成熟，呈暗褐色，外有白粉，有1～4个种子。种子呈卵形、扁。花期4月下旬，球果次年10—11月成熟。

图 1-1-47　偃柏

生长习性：喜光树种，较耐阴；喜凉爽、温暖气候，忌积水，耐修剪，易整形，耐寒、耐热；对土壤要求不严，能生于酸性、中性及石灰质土壤中，对土壤的干旱及潮湿均有一定的抗性，但在中性、深厚而排水良好处生长最佳；深根性，侧根也很发达。

分布：产于中国东北南部及华北等地，北自内蒙古及沈阳以南，南至两广北部，东自滨海省份，西至四川、云南均有分布，朝鲜、日本也产。

繁殖：播种繁殖。

应用：树形优美，大树干枝扭曲，姿态奇古，可以独树成景，是中国传统的园林树种；同时可作用材树种，枝、叶及树皮可入药。

图 1-1-48　罗汉松

14. 罗汉松（*Podocarpus macrophyllus*，图1-1-48）

别名：罗汉杉、长青罗汉杉、仙柏、罗汉柏、江南柏。

科属：罗汉松科、罗汉松属。

形态特征：常绿乔木，高达20 m，树冠为广卵形；树皮为灰色，浅裂，呈薄鳞片状脱落；枝较短而横斜密生；叶为条状披针形，两面中脉显著而缺侧脉，叶表呈暗绿色，有光泽，叶背呈淡绿色或粉绿色，叶呈螺旋状互生；种托肉质，呈椭圆形，初时为深红色，后变紫色，略有甜味，可食，有柄；花期4—5月，果实8—9月成熟。

生长习性：半阳性树种，在半阴环境下生长良好；喜温暖、湿润气候和肥沃的沙质土壤，在沿海平原也能生长；不耐严寒，故在华北只能盆栽；寿命长。

分布：产于江苏、浙江、福建、安徽、江西、湖北、湖南、四川、云南、贵州、广西、广东等地，在长江以南各地均有栽培，日本亦有分布。

繁殖：播种或扦插繁殖。

应用：种子与种柄组合奇特，南方寺庙、宅院多有种植，可门前对植，中庭孤植，或于墙垣一隅与假山、湖石相配。罗汉松可作花台栽植，亦可布置花坛或盆栽陈于室内欣赏。

15. 马褂木（*Liriodendron chinense*，图1-1-49）

别名：鹅掌楸、双飘树。

科属：木兰科、鹅掌楸属。

形态特征：落叶乔木，树高达40 m，胸径1 m以上。叶互生，长6～22 cm，宽5～19 cm，每边常有2裂片，背面呈粉白色；叶柄长4～8 cm。叶形如马褂，叶片的顶部平截，犹如马褂的下

图 1-1-49 马褂木

摆;叶片的两侧平滑或略微弯曲,好像马褂的两腰;叶片的两侧端向外突出,仿佛是马褂伸出的两只袖子。花单生枝顶,花被片9枚,外轮3片,萼状,绿色,内两轮花瓣状,黄绿色,基部有黄色条纹,形似郁金香。雄蕊多数,雌蕊多数。聚合果为纺锤形,多数由具翅的小坚果组成。花期6月,果期9月。

生长习性:喜光及温和、湿润气候,有一定的耐寒性,可经受-15 ℃低温而完全不受伤害;喜深厚、肥沃、适湿而排水良好的酸性或微酸性土壤,在干旱土地上生长不良,也忌低湿水涝。

分布:主要分布在江苏、安徽、浙江、福建、湖北、湖南、广西等省。

繁殖:常用播种、扦插、压条繁殖。

应用:树形端正,叶形奇特,是优美的庭荫树和行道树,与悬铃木、椴树、银杏、七叶树并称世界五大行道树种;花为淡黄绿色,美而不艳,最宜植于园林中的安静休息区的草坪上;秋叶呈黄色,很美丽,可独栽或群植,在江南自然风景区中可与木荷、山核桃、板栗等行混交林式种植;是一种非常珍贵的盆景观赏植物,十分稀少;对二氧化硫等有毒气体有抗性,可在大气污染较严重的地区栽植;是国家Ⅱ级重点保护野生植物;其根、树皮可药用,能祛风除湿、止咳,主治风湿关节痛、风寒咳嗽。

16. 白玉兰(*Magnolia denudata*,图 1-1-50)

别名:望春花、玉兰花、玉兰。

科属:木兰科、木兰属。

形态特征:落叶乔木,其树形魁梧,高者可超过 10 m,树冠呈卵形;冬芽密被淡灰绿色长毛,嫩枝及芽外被短绒毛,有大形鳞片;单叶互生,大型叶为倒卵形,先端短而突尖,基部楔形,表面有光泽,嫩枝及芽外被短绒毛;花先叶开放,顶生,花朵大,直径为 12~15 cm,直立,花被 9 片,钟状,芳香,白色,有时基部带红晕,花白如玉,花香似兰;果穗

图 1-1-50 白玉兰

呈圆筒形,褐色,聚合骨葖果,成熟后开裂,种子呈红色;3月开花,6—7月果熟。

生长习性:喜温暖、向阳、湿润而排水良好的地方,要求土壤肥沃、不积水,有较强的耐寒能力,在-20 ℃的条件下可安全越冬。

分布:原产于长江流域,现在庐山、黄山、峨眉山、巨石山等处尚有野生。

繁殖:可用播种、扦插、压条、嫁接等方法繁殖。

应用:中国著名的花木,早春重要的观花树木,是上海、东莞和潮州、潍坊等市的市花;花繁而大,美观典雅,清香远溢,常用于园林观赏,小区、园林、学校、事业单位、工厂、山坡、庭院、路边、建筑物前;盛开时,花瓣展向四方,使庭院青白片片,白光耀眼,具有很高的观赏价值,且清香阵阵,沁人心脾。白玉兰既可供观赏,又是一味传统良药,花蕾入药叫辛夷,是治疗鼻炎、鼻咽癌的良药。白玉兰花还可食用。

17. 樟树（*Cinnamomum bodinieri*，图 1-1-51）

图 1-1-51 樟树

别名：木樟、乌樟、芳樟树、香樟、香蕊、樟木子。

科属：樟科、樟属。

形态特征：常绿乔木，高可达 50 m，树龄可达上千年。树皮幼时为绿色，平滑；老时渐变为黄褐色或灰褐色，纵裂。冬芽呈卵圆形。叶薄革质，呈卵形或椭圆状卵形，长 5～10 cm，宽 3.5～5.5 cm，顶端短尖或近尾尖，基部呈圆形，离基 3 出脉，近叶基的第一对或第二对侧脉长而显著，背面微被白粉，脉腋有腺点。花为黄绿色，圆锥花序腋出，又小又多。球形的小果实成熟后为黑紫色，直径约 0.5 cm。花期 4—5 月，果期 8—11 月。

生长习性：喜光，稍耐阴，喜温暖、湿润气候，耐寒性不强，对土壤要求不严，较耐水湿，但当移植时要注意保持土壤湿度，水涝容易导致烂根缺氧而死，但不耐干旱、瘠薄和盐碱土。

分布：原产于中国南部各省，台湾、越南、日本等地亦有分布。

繁殖：用种子繁殖，应随采随播。

应用：樟树是杭州、宁波、金华、无锡、苏州、南昌、上饶、景德镇、樟树、马鞍山、安庆、长沙、衡阳、鄂州、绵阳、自贡、贵阳等市的市树，也是浙江省和湖南省的省树。樟树为我国重要经济树种，是家具、雕刻的良材。除了用来提炼樟脑，或作为行道树及园景树之外，科学研究证明，樟树所散发出的化学物质有净化有毒空气的能力，有抗癌功效，能过滤出清新干净的空气，沁人心脾。樟树的成熟果实可药用，主治脘腹冷痛、寒湿吐泻、气滞腹胀、脚气。樟树的叶片，鲜用或晒干，可祛风除湿、止痛、杀虫，主治风湿骨痛、跌打损伤、疥癣。樟树的树皮全年可采，鲜用或晒干，可行气、止痛、祛风湿，主治吐泻、胃痛、风湿痹病、脚气、疥癣、跌打损伤。

18. 梅（*Armeniaca mume*，图 1-1-52）

图 1-1-52 梅

别名：梅树、梅花。

科属：蔷薇科、杏属。

形态特征：落叶小乔木，稀灌木，高 4～10 m；树皮呈浅灰色；一年生小枝呈绿色，光滑无毛，单叶互生，叶片呈卵形或椭圆状卵形，叶缘常有小锐锯齿；花单生或有时 2 朵同生于 1 芽内，香味浓，于早春先叶开放；核果近似球形，果肉与核粘贴；核呈椭圆形，花期冬春季，果期 5—6 月（在华北果期延至 7—8 月）。

生长习性：喜温暖稍带湿润的气候，喜阳，略耐阴，不畏寒，土质以轻壤、沙壤而富含腐殖质最佳，在中黏壤土中生长易生刺。

分布：原产于中国西南部，现我国大部分地区有栽培，长江流域栽培较广泛。

繁殖：播种、嫁接、压条繁殖。

应用：梅花既是中国国花，也是武汉和南京等市的市花，位于十大传统名花之首，具有较高的观赏价值，武汉、南京、无锡、苏州等地都建有以梅花为主题的公园。其果、根可入药，具有敛肺止咳、涩肠止泻、除烦静心、生津止渴、杀虫安蛔、止痛止血的作用；花蕾能开胃散郁、生津化痰、活血解毒；果实可以食用，也可酿酒。

19. 合欢（*Albizia julibrissin*，图 1-1-53）

图 1-1-53　合欢

别名：绒花树、马缨花。

科属：豆科、合欢属。

形态特征：落叶乔木，树干呈灰黑色；小枝有棱角，嫩枝、花序和叶轴被绒毛或短柔毛，托叶为线状披针形，较小叶小，早落。二回羽状复叶，总叶柄近基部及最顶一对羽片着生处各有 1 枚腺体，羽片 4～12 对；小叶 10～30 对，线形至长圆形，向上偏斜，先端有小尖头，有缘毛，中脉紧靠上边缘；头状花序在枝顶呈伞房状排列，花呈粉红色，花萼为管状，荚果带状，嫩荚有柔毛，老荚无毛；花期 6—7 月，果期 8—11 月。

生长习性：性喜光，喜温暖，耐寒、耐旱、耐土壤瘠薄及轻度盐碱，宜在排水良好、肥沃沙质土壤中生长，但不耐水涝。

分布：广泛分布于全国南北各地。

繁殖：种子繁殖。

应用：宜作庭荫树、行道树，树皮及花可入药，嫩叶可食，木材可供制造家具等。

20. 刺槐（*Robinia pseudoacacia*，图 1-1-54）

别名：洋槐。

科属：豆科、刺槐属。

形态特征：落叶乔木；树皮呈灰黑褐色，纵裂；枝有托叶刺，小枝呈灰褐色，无毛或幼时有微柔毛，奇数羽状复叶互生，叶轴上面有沟槽；小叶 2～12 对，常对生，呈椭圆形、长椭圆形或卵形，两面光滑无毛；蝶形花，总状花序，花冠呈白色；荚果扁平，种子为扁肾形，呈黑色或褐色，常带较淡色的斑纹；花期 4—6 月，果期 8—9 月。

图 1-1-54　刺槐

生长习性：喜光，不耐庇荫，喜温暖、湿润气候，不耐寒冷。

分布：原产于北美，在国内已遍及华中、华北、西北、东北南部的广大地区。

繁殖：播种、压条和扦插繁殖。

应用：可作为行道树、庭荫树，是工矿区绿化及荒山荒地绿化的先锋树种，其茎、皮、根、叶可入药，刺槐花还可以当蔬菜食用。

21. 枫香（*Liquidambar formosana*，图 1-1-55）

别名：枫香树、枫子树、香枫、白胶香。

科属：金缕梅科、枫香树属。

形态特征：落叶乔木，高达 40 m，小枝有柔毛。单叶互生，叶片呈宽卵形，掌状 3 裂，边缘有锯齿，掌状脉 3～5 条，托叶为红色条形，早落。花单性同株，雄花排成柔荑花序，无花瓣，雄蕊多数，顶生，雌花为圆头状，悬于细长花梗上，生于雄花下叶腋处；子房半下位 2 室，头状果序为圆球形，木质，直径 3～4 cm；蒴果下半部藏于花序轴内，有宿存花柱及针刺状萼齿。种子多数，呈褐色，多角形或有窄翅。果序较大，直径 3～4 cm；孔隙在果面上散放小形种子。花期 3—4 月，果实 10 月成熟。

生长习性：性喜阳光，多生于平地及低山的次生林，在海南岛常组成次生林的优势种，耐火烧，萌生力极强。

分布：分布于我国秦岭及淮河以南各省，北起河南、山东，东至台湾，西至四川、云南及西藏，南至广东。

繁殖：用种子繁殖。

应用：枫香在我国南方低山、丘陵地区营造风景林很合适，在湿润、肥沃的土壤中，大树参天，十分壮丽；可在园林中作为庭荫树，秋季日夜温差变大后叶变红、紫、橙红等，增添园中秋色；可于草地孤植、丛植，或于山坡、池畔与其他树木混植。倘与常绿树丛配合种植，秋季红绿相衬，会显得格外美丽。陆游即有"数树丹枫映苍桧"的诗句。又因枫香具有较强的耐火性和对有毒气体的抗性，因此枫香可用于厂矿区绿化。枫香在园林中为良好的庭荫树种，尤其南方的秋景主要为枫香的红叶。

图 1-1-55　枫香

图 1-1-56　二球悬铃木

22．二球悬铃木（*Platanus acerifolia*，图 1-1-56）

别名：英国梧桐。

科属：悬铃木科、悬铃木属。

形态特征：落叶大乔木，高 30 m，树皮光滑，大片块状脱落。嫩枝密生灰黄色绒毛；老枝秃净，呈红褐色。叶为阔卵形，宽 12～25 cm，长 10～24 cm，上下两面嫩时有灰黄色毛被，下面的毛被更厚且密，以后变秃净，仅在背脉腋内有毛；基部为截形或微心形，上部掌状 5 裂，有时 7 裂或 3 裂；中央裂片为阔三角形，宽度与长度约相等；裂片全缘或有 1～2 个粗大锯齿；掌状脉 3 条，稀为 5 条；叶柄长 3～10 cm，密生黄褐色毛被；托叶中等大，长 1～1.5 cm，基部鞘状，上部开裂。花通常 4 基数。雄花的萼片呈卵形，被毛；花瓣为矩圆形，长为萼片的 2 倍；雄蕊比花瓣长，盾形药隔有毛。果枝有头状果序 2 个，稀为 1 个或 3 个，常下垂；果序直径约 2.5 cm，小坚果之间无突出的绒毛，或有极短的毛。新芽隐藏在叶柄下面，也叫柄下芽。花期 4—5 月，果实 9—10 月成熟。

生长习性：喜光，好温暖、湿润气候，有一定的抗寒能力，在 −15 ℃低温可安全越冬，对土壤适应性强，根系发达。

分布：本种为美国梧桐 *Platanus occidentalis* 和法国梧桐 *Platanus orientalis* 的杂交种，1640 年在英国伦敦育成，后由伦敦引种到世界各大城市。我国引入栽培百余年，北至大连、北京、河北，西至陕西、甘肃，西南至四川、云南，南至两广及东部沿海各省都有栽培。

繁殖：播种和扦插繁殖，以嫩枝条扦插为主，也可用硬枝扦插。

应用：木材结构细致，硬度中等，宜作家具及细木工艺制品等；抗空气污染能力较强，具有较强的净化空气的能力；多用作行道树和庭院绿化树，是世界五大行道树之一，具有世界行道树之王的美称，是我国长江流域城市的主要行道树之一。根据统计，武汉市 90% 以上的悬铃木是英国梧桐。

23．意杨（*Populus euramevicana*，图 1-1-57）

别名：意大利杨、意大利 214 杨。

图1-1-57 意杨

科属：杨柳科、杨属。

形态特征：落叶大乔木，树冠为长卵形；树皮为灰褐色，浅裂；叶片为三角形，基部为心形，有2～4腺点，叶长略大于宽，叶呈深绿色，质较厚，叶柄扁平。

生长习性：生长快速，树干挺直，阳性树种，喜温暖环境和湿润、肥沃、深厚的沙质土。

分布：原产于意大利，我国1958年从东德引入，1965年又从罗马尼亚引入，1972年再由意大利引入。现在我国除热带地区未栽培外，其他省区广泛栽培。

繁殖：扦插繁殖。

应用：意杨树干耸立，枝条开展，叶大荫浓，宜作防风林、绿荫树和行道树；也可在植物配植时与慢长树混栽，能很快地形成绿化景观，待慢长树长大后再逐步砍伐；适用于制作包装箱、复合地板、高密度板、农具和作为农村建筑用材，也是制作火柴盒、造纸等的良好材料。

24. 垂柳（*Salix babylonica*，图1-1-58）

别名：柳树、清明柳、吊杨柳、线柳、倒垂柳、青龙须、垂枝柳、倒挂柳。

科属：杨柳科、柳属。

形态特征：高大乔木，高度可达18 m；树冠为倒广卵形；小枝细长，枝条非常柔软，细枝下垂，长度为1.5～3 m；叶为狭披针形至线状披针形，长8～16 cm，先端渐长尖，缘有细锯齿，表面呈绿色，背面呈蓝灰绿色，叶柄长约1 cm，托叶为阔镰形，早落；雄花有2雄蕊、2腺体，雌花子房仅腹面有1腺体；花期3—4月，果期4—5月。

图1-1-58 垂柳

生长习性：抗寒性强，较耐盐碱，喜光不耐阴，喜温暖、湿润气候及潮湿、深厚的酸性及中性土壤；特耐水湿，但亦能生长于土层深厚的干燥地区；萌芽力强，根系发达；初期生长迅速，寿命较短。

分布：主要分布于长江流域及其以南各地平原地区，华北、东北亦有栽培，垂直分布在海拔1300 m以下，是平原水边常见树种。

繁殖：以扦插为主，也可用播种法、嫁接法繁殖。

应用：在园林绿化中，广泛用于河岸及湖边绿化，常作行道树、庭荫树、固岸护堤树及平原造林树；枝条可编制篮、筐、箱等器具，枝、叶、花、果及须根均可入药。

25. 板栗（*Castanea mollissima*，图1-1-59）

别名：栗子、中国板栗。

科属：壳斗科、栗属。

形态特征：落叶乔木，单叶互生，呈椭圆或长椭圆状，长10～30 cm，宽4～10 cm，叶边缘有刺毛状锯齿；雌雄同株，雄花为直立柔荑花序，雌花单独或数朵生于总苞内；坚果包藏在密生尖刺的总苞内，总苞直径为5～11 cm，1个总苞内有1～3个坚果；花期5—6月，果期9—10月。

生长习性：喜光，光照不足会引起枝条枯死或不结果；对土壤要求不严，喜肥沃温润、排水良好的沙质土壤,对有害气体抗性强;忌积水,忌土壤黏重;深根性,根系发达,萌芽力强,耐修剪,虫害较多。

分布: 分布于北半球的亚洲、欧洲、美洲和非洲,其中主要栽培的是中国板栗,还有欧洲栗和日本栗。

繁殖: 播种或嫁接法繁殖。

应用:

食用价值: 板栗全身是宝,可以加工制作栗干、栗粉、栗酱、栗浆、糕点、罐头等食品,栗子羹则是老幼皆宜、营养丰富的食物。板栗花是很好的蜜源。湖北罗田、河北遵化、河北迁西、河北宽城、北京怀柔都是中国的板栗之乡。

图 1-1-59 板栗

药用价值: 板栗各部分均可入药,板栗能健脾益气、消除湿热,果壳能治反胃,称作收敛剂,树皮煎汤可洗丹毒,根可治偏肾气虚等症。

经济价值: 栗木非常坚固,不容易被腐蚀,颜色发黑,有美丽的花纹,是非常好的装饰和家具用材;栗树皮可以提炼单宁酸和栲胶,是皮革工业的重要原料;树叶可以饲养柞蚕。

图 1-1-60 榔榆

26. 榔榆(*Ulmus parvifolia*,图 1-1-60)

别名: 小叶榆。

科属: 榆科、榆属。

形态特征: 落叶乔木,冬季叶变为黄色或红色,宿存至第二年新叶开放后脱落,高达 25 m,胸径可达 1 m;叶质地厚,呈披针状卵形或窄椭圆形;花秋季开放,3~6 朵在叶脉簇生或排成簇状聚伞花序,花被上部为杯状,下部为管状,花被片 4,深裂至杯状花被的基部或近基部,花梗极短,被疏毛;翅果呈椭圆形或卵状椭圆形,长 10~13 mm,宽 6~8 mm,除顶端缺口柱头面被毛外,其余处无毛,长 1~3 mm,有疏生短毛;花果期 8—10 月。

生长习性: 生于平原、丘陵、山坡及谷地,喜光,耐干旱,在酸性、中性及碱性土壤中均能生长,但以气候温暖、土壤肥沃、排水良好的中性土壤为最适宜的生活环境。

分布: 分布于河北、山东、江苏、安徽、浙江、福建、台湾、江西、广东、广西、湖南、湖北、贵州、四川、陕西、河南等省。

繁殖: 通常播种繁殖,10—11 月种子成熟,次年春季 3 月播种,撒播或条播均可。

应用: 材质坚韧,纹理直,耐水湿,可作为家具、车辆、器具、农具、油榨、船橹等的用材;榔榆的树皮、根皮具有清热利水、解毒消肿、凉血止血之功效;萌芽力强,是制作盆景的好材料;树形优美,姿态潇洒,树皮斑驳,枝叶细密,具有较高的观赏价值;在庭园中孤植、丛植或与亭榭配植均很适宜,作庭荫树、行道树或制作盆景均有良好的观赏效果;因抗性较强,还可选作厂矿区绿化树种。

27. 朴树(*Celtis sinensis*,图 1-1-61)

别名: 黄果朴、白麻子、朴、朴榆。

科属: 榆科、朴属。

形态特征: 落叶乔木,高达 20 m,胸径 1 m;树冠为扁球形;幼枝有短柔毛,后脱落;叶为宽

图 1-1-61 朴树

卵形、椭圆状卵形,先端短渐尖,基部歪斜,中部以上有粗钝锯齿,三出脉,下面沿叶脉及脉腋疏生毛,网脉隆起,叶柄长约 1 cm;花杂性同株,雄花簇生于当年生枝下部叶腋,雌花单生于枝上部叶腋,1～3 朵聚生;核果接近球形,单生叶腋,呈红褐色,直径 4～5 mm,果柄等长或稍长于叶柄;花期 4 月,果期 10 月。

生长习性:喜光耐阴;喜肥厚、湿润、疏松的土壤,耐干旱瘠薄,耐轻度盐碱,耐水湿;适应性强,深根性,萌芽力强,抗风;耐烟尘,抗污染;生长较快,寿命长。

分布:多生于平原耐阴处,分布于淮河流域、秦岭以南至华南各省区,散生于平原及低山区,村落附近习见。

繁殖:播种繁殖,育苗期要注意整形修剪,以养成干形通直、冠形美观的大苗。

应用:树冠圆满宽广,树荫浓郁,最适合公园、庭园作庭荫树,也可以在街道、公路列植作行道树,城市的居民区、学校、厂矿、街头绿地及农村"四旁绿化"都可用,也是河网地区防风固堤树种。

28. 桑树(*Morus alba*,图 1-1-62)

别名:桑。

科属:桑科、桑属。

形态特征:落叶乔木,树皮呈灰白色,全株含乳汁;树冠为倒卵圆形;单叶互生,叶呈卵形或宽卵形,先端尖或渐短尖,基部为圆形或心形,边缘有粗锯齿,幼树之叶常有浅裂、深裂,有时不规则分裂,有光泽,上面无毛,下面沿叶脉疏生毛,脉腋簇生毛;花单性,雌雄异株,穗状花序腋生,雄蕊 4,雌蕊无花柱或花柱极短,柱头 2 裂,宿存;聚花果(桑葚)呈紫黑色、淡红色或白色,多汁味甜,花期 4 月,果期 5—7 月。

图 1-1-62 桑树

生长习性:喜光,对气候、土壤适应性都很强;耐寒,可耐-40 ℃的低温,耐旱,耐水湿,也可在温暖、湿润的环境生长;喜深厚、疏松、肥沃的土壤,能耐轻度盐碱;抗风,耐烟尘,抗有毒气体;根系发达,生长快,萌芽力强,耐修剪,寿命长,一般可达数百年。

分布:原产于我国中部,约有四千年的栽培史,栽培范围广泛,东北至哈尔滨以南,西北从内蒙古南部至新疆、青海、甘肃、陕西,南至广东、广西,东至台湾,西至四川、云南,以长江中下游各地栽培最多。

繁殖:播种、扦插、分根、嫁接繁殖。

应用:桑树树冠丰满,枝叶茂密,秋叶金黄,适应性强,管理容易,为城市绿化的先锋树种,宜孤植作庭荫树,也可与喜阴花灌木配植树坛、树丛或与其他树种混植风景林,果能吸引鸟类,宜构成鸟语花香的自然景观。桑树的枝叶和桑皮都是极好的天然植物染料,桑树的叶可以用来饲蚕、食用,果实可以食用和酿酒,木材、枝条等可以用来编筐、造纸和制作各种器具,同时其叶、根、皮、嫩枝、果穗、木材、寄生物等还是防治疾病的良药。

29. 梧桐(*Firmiana platanifolia*,图 1-1-63)

别名:青桐。

科属：梧桐科、梧桐属。

形态特征：落叶乔木，高达 16 m；树皮呈青绿色，平滑；叶为心形，掌状 3～5 裂，裂片呈三角形，顶端渐尖，基部呈心形，两面均无毛或略被短柔毛，基生脉 7 条，叶柄与叶片等长；圆锥花序顶生，长 20～50 cm，下部分枝长达 12 cm，花为淡黄绿色，花萼 5 深裂至基部，萼片呈条形，向外卷曲，长 7～9 mm，外面被淡黄色短柔毛，内面仅在基部被柔毛；蓇葖果膜质，有柄，成熟前开裂成叶状，外面被短茸毛或几乎无毛，每个蓇葖果有种子 2～4 个，种子为圆球形，表面有皱纹，直径约 7 mm；花期 6—7 月，果期 8—11 月。

生长习性：阳性树种，喜温暖、湿润的环境，喜碱，耐严寒，耐干旱及瘠薄；夏季树皮不耐烈日；在沙质土壤中生长较好；根肉质，不耐水渍，深根性，植根粗壮，萌芽力弱，一般不宜修剪；生长较快，寿命较长，能活百年以上。

图 1-1-63　梧桐

分布：产于我国南北各省，主要分布在浙江、福建、江苏、安徽、江西、广东、湖北等省。

繁殖：播种、扦插、分根繁殖。

应用：梧桐是著名的庭园观赏树种，入秋一片金黄，是观赏秋叶的树种；木材轻软，为制木匣和古琴、古筝等乐器的良材；种子炒熟可食或榨油，油为不干性油；茎、叶、花、果和种子均可药用，有清热解毒的功效。

30. 油茶（*Camellia oleifera*，图 1-1-64）

别名：茶子树、茶油树、白花茶。

科属：山茶科、山茶属。

形态特征：常绿小乔木或灌木，高可达 7～8 m；树皮呈淡褐色，光滑；单叶互生，革质，呈椭圆形或卵状椭圆形，边缘有细锯齿；花顶生或腋生，两性花，呈白色，花瓣为倒卵形，顶端常二裂；蒴果为球形、扁圆形、橄榄形，果瓣厚而木质化；种子为茶褐色或黑色，呈三角状，有光泽；花期 10—12 月，果实翌年秋天成熟。

图 1-1-64　油茶

生长习性：喜温暖，怕寒冷，喜光，要求水分充足，对土壤要求不甚严格，一般适宜土层深厚的酸性土壤，对二氧化硫的抗性强，抗氟和抗氯能力也很强。

分布：北至秦岭-淮河一线，南在北回归线附近，东到台湾，西至云南的怒江流域和青藏高原的东缘都有分布。油茶生长在我国南方亚热带地区的高山及丘陵地带，是我国特有的一种纯天然高级油料，主要集中在浙江、江西、河南、湖南、广西五省。

繁殖：播种、扦插或嫁接繁殖，目前优良品种主要采用嫁接繁殖。

应用：可作冬季观花植物，也是重要的油料作物，与油棕、油橄榄和椰子并称为世界四大木本食用油料植物，在坡度平缓、侵蚀作用弱的地方种植油茶具有保持水土、涵养水源、调节气候的生态效益。

1.2.2 灌木识别

1. 蜡梅($Chimonanthus\ praecox$，图 1-1-65)

图 1-1-65 蜡梅

别名：腊梅、黄梅花、蜡花。

科属：蜡梅科、蜡梅属。

形态特征：落叶灌木，高可达 4～5 m，常丛生；叶对生，纸质，椭圆状卵形至卵状披针形，先端渐尖，全缘，芽有覆瓦状的鳞片；冬末先叶开花，花单生于一年生枝条叶腋，有短柄及杯状花托，花被多为螺旋状排列，黄色，带蜡质，花瓣似古代蜡烛的蜡黄色；花期 12—1 月，有浓芳香，瘦果多数，6—7 月成熟。

生长习性：性喜阳光，能耐阴、耐寒、耐旱，忌渍水。

分布：分布于朝鲜、美洲、日本、欧洲，以及中国的湖南、福建、山东、江苏、安徽、云南、河南、湖北、浙江、四川、贵州、陕西、江西等地区，湖北保康县有野生蜡梅群落分布。

繁殖：常用嫁接、扦插、压条或分株等方法繁殖。

应用：花开于腊月早春，花黄如蜡，清香四溢，为冬季观赏佳品，是我国特有的珍贵观赏花木，是江苏镇江、安徽淮北、湖北鄂州等市的市花，有较好的药用价值。

2. 石榴($Punica\ granatum$，图 1-1-66)

别名：安石榴、若榴。

科属：石榴科、石榴属。

形态特征：落叶灌木或小乔木。枝顶常有尖锐长刺，幼枝有棱角，无毛，老枝近圆柱形。叶通常对生，纸质，呈矩圆状披针形，顶端短尖、钝尖或微凹，基部短尖至稍钝形。花大，1～5 朵生枝顶；萼筒长 2～3 cm，通常为红色或淡黄色，裂片略外展，呈卵状三角形，长 8～13 mm；花瓣通常为大红色、黄色或白色，长 1.5～3 cm，宽 1～2 cm，顶端为圆形；

图 1-1-66 石榴

花丝无毛，长达 13 mm；花柱长超过雄蕊。浆果接近球形，直径 5～12 cm，通常为淡黄褐色或淡黄绿色，有时白色，稀暗紫色。种子多数为钝角形，红色至乳白色，肉质的外种皮可食用。花期 5—6 月，果期 9—10 月。石榴分为花石榴和果石榴，花石榴品种的雌蕊退化不结果。

生长习性：喜温暖、向阳的环境，耐旱、耐寒，也耐瘠薄，不耐涝和荫庇，对土壤要求不严，但以排水良好的夹沙土栽培为宜。

分布：原产于伊朗、阿富汗等国家，现在中国南北各地除极寒地区外，均有栽培。

繁殖：常用扦插、分株、压条等方法进行繁殖。

应用：重瓣的多难结果，以观花为主；单瓣的易结果，以观果为主。花可以治吐血、鼻血，果实有生津止渴、解酒、祛毒之功效，果皮药用可以治疗牙疼、痢疾、月经不调。

3. 紫荆($Cercis\ chinensis$，图 1-1-67)

别名：裸枝树、紫珠。

科属：豆科、紫荆属。

形态特征：落叶灌木或小乔木，小枝无毛；叶片全缘，叶脉为掌状，单叶互生，叶接近圆形，基部为心脏形；花于老干上簇生或成总状花序，先于叶或和叶同时开放，花瓣为紫红色，花两侧对称，花冠为假蝶形，上面3片花瓣较小，花萼为阔钟状；荚果扁平，呈狭长椭圆形，腹缝线处有狭翅；种子扁，数颗；花期4—5月，果期5—10月。

生长习性：喜光照，有一定的耐寒性，喜肥沃、排水良好的土壤，不耐淹。

分布：原产于中国，在湖北西部、辽宁南部、河北、陕西、河南、甘肃、广东、云南、四川等地都有分布。

图 1-1-67　紫荆

繁殖：播种、压条和扦插繁殖。

应用：在园林中广为种植，具有点缀风景之作用；花、树皮和果实均可入药，具有清热凉血、祛风解毒、活血通经、消肿止痛等功效。

4. 小叶黄杨（*Buxus sinica*，图 1-1-68）

别名：瓜子黄杨、黄杨木、锦熟黄杨。

科属：黄杨科、黄杨属。

形态特征：常绿灌木或小乔木。小枝为四棱形。叶革质，单叶对生，呈倒卵形或倒卵状长椭圆形，先端圆或钝，常有小凹口，不尖锐，基部为圆形或急尖或楔形，叶面光亮，中脉凸出。花簇生于叶腋或枝端，无瓣；萼片6,2轮；花柱3,柱头粗厚；花序腋生，头状，被毛，苞片为阔卵形；雄花约10朵，无花梗，外萼片为卵状椭圆形，内萼片接近圆形，无毛；不育雌蕊有棒状柄，末端膨大。蒴果为球形，熟时沿室背3瓣裂。花期3—5月，果期5—6月。

图 1-1-68　小叶黄杨

生长习性：耐阴，喜光，耐旱，耐热，耐寒，对土壤要求不严，秋季光照充分并进入休眠状态后，叶片可转为红色。

分布：主要分布在安徽、广西、四川、江西、浙江、贵州、甘肃、江苏、广东等地。

繁殖：主要有播种和扦插繁殖。

应用：园林中常作绿篱、大型花坛镶边，修剪成球形或其他整形栽培，点缀山石或制作盆景；木材坚硬细密，是雕刻工艺的上等材料；根、茎、叶可入药，具有祛风除湿、行气活血等功能。

5. 红花檵木（*Loropetalum chinense*，图 1-1-69）

别名：红桎木、红檵花。

科属：金缕梅科、檵木属。

形态特征：常绿灌木或小乔木；嫩枝被暗红色星状毛；单叶互生，革质，卵形，全缘，嫩叶为淡红色，越冬老叶为暗红色；花4～8朵簇生于总状花梗上，成顶生头状或短穗状花序，花瓣4枚，淡紫红色，带状线形；蒴果木质，倒卵圆形；种子为长卵形，黑色，光亮；花期4—5月，果期9—10月。

生长习性：喜光，稍耐阴，但阴时叶色容易变绿，适应性强，耐旱，喜温暖，耐寒冷，萌芽力和发枝力强，耐修剪，耐瘠薄，但适宜在肥沃、湿润的微酸性土壤中生长。

图 1-1-69　红花檵木

分布：主要分布于长江中下游及以南地区。

繁殖：用嫁接法繁殖，也可用组织培养及扦插繁殖。

应用：红花檵木为檵木的变种，常年叶色鲜艳，枝盛叶茂，特别是开花时瑰丽奇美，极为夺目，是花、叶俱美的观赏树木，常用于色块布置或修剪成球形，也是制作盆景的好材料；花、根、叶可药用，药用功能同檵木。

6. 珊瑚树（*Viburnum odoratissimum*，图 1-1-70）

别名：日本珊瑚树、法国冬青。

科属：忍冬科、荚迷属。

形态特征：常绿灌木或小乔木；树冠为倒卵形，枝干挺直，树皮呈灰褐色，皮孔为圆形；单叶对生，呈长椭圆形或倒披针形，边缘为波状或具有粗钝齿，近基部全缘，表面为暗绿色，背面为淡绿色，终年苍翠欲滴；圆锥状伞房花序顶生，花为白色，钟状，有香味；核果为倒卵形，先红后黑，核有一深腹沟；花期 5—6 月，果期 10 月。

图 1-1-70　珊瑚树

生长习性：喜温暖、湿润气候，在潮湿、肥沃的中性土壤中生长旺盛，酸性和微酸性土壤均能适应，喜光亦耐阴；根系发达，萌芽力强，特耐修剪，极易整形。

分布：原产于浙江和台湾，长江以南广泛栽培。

繁殖：以扦插繁殖为主，也可播种繁殖。

应用：可作绿篱及绿雕，各地庭园有栽培；能阻挡尘埃，吸收空气中的多种有害气体，降低环境噪音。

7. 火棘（*Pyracantha fortuneana*，图 1-1-71）

别名：火把果、救军粮、救荒粮、红子刺。

科属：蔷薇科、火棘属。

形态特征：常绿灌木，小枝为暗褐色，有枝刺；单叶互生，叶为倒卵形或倒卵状长圆形，有圆钝锯齿；复伞房花序，花为白色，长 1 cm；果接近球形，直径约 5 mm，红色；花期 3—5 月，果期 8—11 月。

生长习性：性喜温暖、湿润而通风良好、阳光充足、日照时间长的环境，最适宜生长温度 20～30 ℃。

分布：分布于中国黄河以南及西南地区。

图 1-1-71　火棘

繁殖：种子繁殖。

应用：火棘树形优美，适合作中小盆景栽培，或在园林中丛植、孤植草地边缘，在庭院中作绿篱以及园林造景材料，在路边可以用作绿篱，美化、绿化环境；火棘果实含有丰富的有机酸、蛋白质、氨基酸、维生素和多种矿物质元素，可鲜食，也可加工成各种饮料，果实打霜后变甜，甚受人们喜爱。

8. 月季（*Rosa chinensis*，图1-1-72）

别名：月月红、月月花、长春花、四季花、胜春。

科属：蔷薇科、蔷薇属。

形态特征：常绿或半常绿灌木，高1～2 m；茎直立，小枝铺散，绿色，无毛，有弯刺或无刺；奇数羽状复叶有小叶3～5片，小叶片为宽卵形至卵状椭圆形，先端急尖或渐尖，基部为圆形或宽楔形，边缘有尖锐细锯齿，表面为鲜绿色，两面均无毛；果为球形，黄红色，直径1.5～2 cm；花期3—11月，果期6—11月。

图1-1-72　月季

生长习性：适应性强，不耐严寒和高温，对土壤要求不严格，但以富含有机质、排水良好的微带酸性沙壤土为最好。

分布：原产于中国，各地广泛栽培。

繁殖：种子繁殖。

应用：花有微香，品种过万，鲜花市场的玫瑰就是现代月季，而非真玫瑰，是世界四大切花之一，也是中国的十大传统名花之一，同时也是北京、天津、荆州等城市的市花，可用于园林布置花坛、花境、庭院，可制作盆景；花可提取香料；根、叶、花均可入药，具有活血消肿之功效。

9. 海桐（*Pittosporum tobira*，图1-1-73）

别名：海桐花、山矾、七里香、宝珠香、山瑞香。

科属：海桐花科、海桐花属。

形态特征：常绿灌木或小乔木，高达3 m；嫩枝被褐色毛；单叶互生，叶多数聚生枝顶，呈狭倒卵形；花有香气，初开时白色，后变黄；蒴果果瓣木质，有棱角，长达1.5 cm，成熟时3瓣裂，露出鲜红色种子；花期5月，果期10月。

生长习性：对气候的适应性较强，能耐寒冷，亦颇耐暑热，在黄河流域以南，可在露地安全越冬。

分布：主要分布在长江以南地区。

图1-1-73　海桐

繁殖：种子繁殖。

应用：通常可作绿篱栽植，也可孤植、丛植于草丛边缘、林缘或门旁，列植在路边，是理想的花坛造景树，或造园绿化树，多作房屋基础种植和绿篱。

10. 大叶黄杨（*Buxus megistophylla*，图1-1-74）

别名：冬青卫矛、正木。

科属：卫矛科、卫矛属。

形态特征：常绿灌木或小乔木。小枝呈四棱形，光滑，无毛。叶革质或薄革质，呈卵形、长椭圆状或倒卵形，先端渐尖，顶钝或锐，基部呈楔形或急尖，叶面光亮，中脉在两面均凸出，侧脉多条。聚伞花序腋生，有短柔毛或接近无毛，花为白绿色，花盘肥大；苞片为阔卵形，先端急尖，背面基部被毛，边缘狭干膜质。雄花8～10朵，外萼片为阔卵形，内萼片为圆形，背面均无毛；雌花萼片为卵状椭圆形，无毛。花期3—4月，果期6—7月。栽培变种有金边大叶黄杨、银边大叶黄杨、斑叶大叶黄杨、金心大叶黄杨。

图 1-1-74 大叶黄杨

生长习性：喜温暖、湿润和阳光充足的环境，耐寒性较强，耐阴，耐干旱瘠薄，宜在肥沃、疏松的沙壤土中生长。

分布：原产于日本南部，我国中部及南部各省栽培甚普遍。

繁殖：可采用扦插、嫁接、压条等方法繁殖。

应用：叶色光亮，嫩叶鲜绿，极耐修剪，为庭院中常见绿篱树种；树皮入药，有活血调经、利尿、祛风湿之功效。

11. 含笑（*Michelia figo*，图 1-1-75）

别名：香蕉花、含笑花、含笑梅、笑梅。

科属：木兰科、含笑属。

形态特征：常绿灌木或小乔木。分枝多而紧密，组成圆形树冠，树皮和叶上均密被褐色绒毛。单叶互生，叶为椭圆形，绿色，光亮，厚革质，全缘。花单生叶腋，花形小，呈圆形，花瓣 6 片，肉质呈淡黄色，边缘常带紫晕，花香袭人，沁人心脾，有香蕉的气味。这种花不常开全，犹如含笑之美人，花期 3—4 月。果呈卵圆形，9 月果熟。

生长习性：性喜暖热、湿润的环境，不耐寒，适半阴，宜在酸性及排水良好的土壤中生长。

分布：原产于华南山坡杂木树林中，现在华南至长江流域各地均有栽培。

繁殖：以扦插为主，也可嫁接、播种和压条。

应用：含笑属于名贵的香花植物，适合在小游园、花园、公园或街道上成丛种植，可配植于草坪边缘或稀疏丛林之中，使游人在休息时常得芳香气味的享受；花可入药，有行气通窍、芳香化湿的功效，主治气滞、腹痛、鼻塞，花蕾可用于治疗女性月经不调、痛经等症。含笑花混合别的花草可以做成有保健功效的花草茶。

图 1-1-75 含笑

图 1-1-76 栀子花

12. 栀子花（*Gardenia jasminoides*，图 1-1-76）

别名：黄栀子、鲜支、栀子、越桃、支子花、玉荷花、白蟾花、碗栀。

科属：茜草科、栀子属。

形态特征：常绿灌木，高可达 3 m；嫩枝常被短毛，枝为圆柱形，灰色；单叶对生，革质，稀为纸质，少于 3 枚轮生，叶为长圆状披针形或椭圆形，两面常无毛，上面亮绿，下面色较暗，托叶膜质；花芳香，通常单朵生于枝顶，萼管为倒圆锥形或卵形，有纵棱，萼檐为管形，膨大，顶部 5～8 裂，通常 6 裂，裂片呈披针形或线状披针形，结果时增长，宿存，花冠为白色或乳黄色，高脚碟状，裂片广展，呈倒卵形或倒卵状长圆形；果为卵形、椭圆形或长圆形，呈黄色或橙红色，有翅状纵棱 5～9 条，种子多数，扁，近圆形而稍有棱角；花期 5—8 月，果期 10 月。

生长习性：喜温暖、湿润、光照充足且通风良好的环境，但忌强光暴晒，适宜在稍庇荫处生长，耐半阴，怕积水，较耐寒，在东北、华北、西北只能作温室盆栽花卉，宜用疏松肥沃、排水良好的轻黏性酸性土壤种植，是典型的酸性花卉。

分布：我国广泛种植。

繁殖：可用扦插、压条、分株或播种繁殖。

应用：常见的观花观叶树种，其根、叶、果实均可入药，有泻火除烦、消炎祛热、清热利尿、凉血解毒之功效。另外，栀子花对二氧化硫有抗性，可净化空气。

13. 山茶（*Camellia japonica*，图 1-1-77）

别名：花牡丹、洒金宝珠、大朱砂、绿珠球、鸳鸯凤冠、赛洛阳、花芙蓉。

科属：山茶科、山茶属。

形态特征：常绿灌木或小乔木，树皮呈灰褐色。单叶互生，叶为倒卵形或椭圆形，长 5～10 cm，宽 2～6 cm，短钝渐尖，基部为楔形，有细锯齿，叶干后带黄色，叶柄长 8～15 mm。花两性，单生于叶腋或枝顶，近无柄，单瓣或重瓣。

图 1-1-77　山茶

花瓣 5～6 片，栽培品种花色有红、粉红、深红、玫瑰红、紫、淡紫、白、黄、斑纹等，气味微香，且多重瓣，顶端有凹缺。蒴果接近球形。花期 9 月至次年 4 月。

生长习性：喜温暖气候，适宜生长温度为 20～25 ℃，在淮河以南地区一般可自然越冬，喜透气性良好的偏酸性土壤。

分布：原产于我国长江、珠江流域和云南，朝鲜、日本、印度也有分布。

繁殖：用扦插、嫁接、压条、播种和组织培养等方法繁殖，通常以扦插为主。

应用：中国十大传统名花之一，也是世界名花之一，是重庆市和昆明市市花；江南地区可丛植或散植于庭园、花径、假山旁、草坪及树丛边缘，也可片植为山茶专类园；北方宜作盆栽，用来布置厅堂、会场，效果甚佳；根、花可入药。

图 1-1-78　孝顺竹

14. 孝顺竹（*Bambusa multiplex*，图 1-1-78）

别名：凤凰竹、慈孝竹。

科属：禾本科、箣竹属。

形态特征：多年生常绿灌木，竿高 4～7 m，直径 1.5～2.5 cm，尾梢近直或略弯，下部挺直，绿色；节间长 30～50 cm，幼时薄被白蜡粉，并于上半部被棕色至暗棕色小刺毛，老时则光滑无毛，竿壁稍薄；节处稍隆起，无毛；分枝自竿基部第二或第三节开始，数枝乃至多枝簇生，主枝稍较粗长。末级小枝有 5～12 叶；叶鞘无毛，纵肋稍隆起，背部有脊；叶耳为肾形，边缘有波曲状细长缝毛；叶舌为圆拱形，高 0.5 mm，边缘微齿裂；叶片为线形，长 5～16 cm，宽 7～16 mm，上表面无毛，下表面粉绿而密被短柔毛，先端渐尖，有粗糙细尖头，基部接近圆形或宽楔形。

生长习性：喜光，稍耐阴，喜温暖、湿润环境，不甚耐寒，喜深厚肥沃、排水良好的土壤。

分布：主要产于广东、广西、福建、西南等省，多生在山谷间、小河旁，长江流域及以南栽培能正常生长。

繁殖：分根或埋条繁殖。

应用: 可栽在道路两旁或围墙边缘作绿篱或丛植庭园观赏,竹秆丛生,四季青翠,姿态秀美,宜于宅院、草坪角隅、建筑物前或河岸种植。若配植于假山旁,则竹石相映,更富情趣。

15. 红叶石楠(*Photinia fraseri*,图 1-1-79)

图 1-1-79 红叶石楠

别名: 酸叶石楠、红罗宾、红唇。

科属: 蔷薇科、石楠属。

形态特征: 石楠属杂交种的统称,因其鲜红色的新梢和嫩叶而得名,其栽培变种很多;常绿灌木或小乔木,高 4～6 m,小枝呈灰褐色,无毛;叶革质,互生,呈长椭圆形、长倒卵形或倒卵状椭圆形;梨果为球形,直径 5～6 mm,呈红色或褐紫色;花期 4—5 月,果期 10 月。

生长习性: 喜温暖、潮湿、阳光充足的环境,耐寒性强,能耐最低温度−18 ℃,喜强光照,有很强的耐阴能力,适宜各类中肥土质,耐土壤瘠薄,有一定的耐盐碱性和耐干旱能力。

分布: 我国长江以南地区常见栽培。

繁殖: 种子繁殖。

应用: 多用于绿篱栽植,嫩叶鲜红如花,形状千姿百态,景观效果美丽。

16. 南天竹(*Nandina domestica*,图 1-1-80)

别名: 红杷子、天烛子、红枸子、钻石黄、天竹、兰竹。

科属: 小檗科、南天竹属。

形态特征: 常绿灌木,株高可达 2 m。茎直立,少分枝,老茎为浅褐色,幼枝为红色。2～3 回奇数羽状复叶,小叶 3～5 片,呈椭圆披针形,长 3～10 cm,小叶为椭圆状披针形。圆锥花序顶生,花小,白色。浆果呈球形,鲜红色,偶有黄色,直径 0.6～0.7 cm,宿存至翌年 2 月,含种子 2 粒,种子为扁圆形。夏季开白色花,大型圆锥花序顶生。花期 5—6

图 1-1-80 南天竹

月,果期 10 月到翌年 1 月。进入秋天、冬天后,大多数品种的南天竹叶片有相当部分会变红,经冬到春而不落叶。

生长习性: 多生于湿润的沟谷旁、疏林中或灌丛中,为钙质土壤指示植物,喜温暖多湿及通风良好的半阴环境,较耐寒,能耐微碱性土壤,强光下叶变红,适宜在湿润肥沃、排水良好的沙质土壤中生长,对水分要求不甚严格,既能耐湿,也能耐旱。

分布: 产于我国长江流域及陕西、河南、河北、山东、湖北、江苏、浙江、安徽、江西、广东、广西、云南、四川等省;日本、印度也有种植。

繁殖: 以播种、分株为主,也可扦插;可于果实成熟时随采随播,也可春播;分株宜在春季萌芽前或秋季进行;扦插以新芽萌动前或夏季新梢停止生长时进行。

应用: 南天竹由于其植株优美,果实鲜艳,对环境的适应性强,常出现在园林应用中。南天竹主要用作园林中的植物配植,作为花灌木,可以观其鲜艳的花果,也可作室内盆栽,或者观果切花;其根可药用,用于治疗感冒发热、眼结膜炎、肺热咳嗽、湿热黄疸、急性胃肠炎、尿路感染、跌打损伤;果可以止咳,用于治疗咳嗽、哮喘、百日咳。

17. 洒金桃叶珊瑚（Aucuba japonica，图1-1-81）

别名: 洒金东瀛珊瑚、花叶青木。
科属: 山茱萸科、桃叶珊瑚属。
形态特征: 常绿灌木,小枝粗圆;叶对生,革质,暗绿色,有光泽,呈椭圆形至长椭圆形,先端急尖或渐尖,基部呈广楔形,叶缘疏生锯齿,叶面散生大小不等的黄色或淡黄色斑点;雌雄异株,3—4月开花,花为紫色,圆锥花序顶生;浆果状核果为短椭圆形,11月成熟,成熟时呈鲜红色。

图1-1-81 洒金桃叶珊瑚

生长习性: 极耐阴,夏日阳光暴晒时会引起灼伤而焦叶,喜湿润、排水良好的肥沃土壤,不甚耐寒,对烟尘和大气污染的抗性强。
分布: 原产于朝鲜半岛和日本,我国广泛栽培,我校3栋学生公寓旁边和环山路以及1栋学生公寓旁边有栽培。
繁殖: 扦插繁殖。
应用: 洒金桃叶珊瑚是十分优良的耐阴树种,特别是它的叶片黄绿相映,十分美丽,宜栽植于园林的庇荫处或树林下,在华北多作盆栽,供室内布置厅堂、会场用。

18. 凤尾兰（Yucca gloriosa，图1-1-82）

图1-1-82 凤尾兰

别名: 凤尾丝兰。
科属: 龙舌兰科、丝兰属。
形态特征: 常绿灌木;茎通常不分枝或少分枝;叶密集,呈螺旋状排列于茎基部,质坚硬,有白粉,剑形,顶端尖硬,边缘光滑,老叶有时有疏丝;圆锥花序,花朵为杯状,花大而下垂,花瓣6,乳白色,常带红晕;蒴果干质,下垂,呈椭圆状卵形,长5～6 cm,不开裂;花期6—10月。
生长习性: 喜温暖、湿润和阳光充足的环境,耐寒,耐阴,耐旱,较耐湿,对土壤要求不严。
分布: 原产于北美东部及东南部,是塞舌尔的国花,现在我国长江流域各地普遍栽植。
繁殖: 扦插或分株繁殖。
应用: 凤尾兰是优良的观赏植物,也是良好的鲜切花材料,常植于花坛中央、建筑前、草坪中、池畔、路旁,或作绿篱栽植;叶纤维洁白、强韧、耐水湿,称为"白麻棕",可作缆绳;对有害气体如二氧化硫、氯化氢、氟化氢等都有很强的抗性和吸收能力。

19. 八仙花（Hydrangea macrophylla，图1-1-83）

别名: 粉团花、绣球、紫绣球、草绣球、紫阳花、绣球花。
科属: 虎耳草科、八仙花属。
形态特征: 落叶灌木,小枝粗壮,皮孔明显。茎常于基部发出多数放射枝而形成一圆形灌丛;枝为圆柱形,粗壮,无毛,有少数长形皮孔。单叶对生,叶纸质或近革质,叶大而稍厚,呈阔椭圆形至宽卵形,边缘有粗锯齿,叶面为鲜绿色,叶背为黄绿色,叶柄粗壮。花大型,由许多不孕花组成顶生伞房花序。花色多变,初时为白色,渐转为蓝色或粉红色。孕性花极少数,有2

图 1-1-83 八仙花

~4 mm 长的花梗；萼筒为倒圆锥状，长 1.5~2 mm，与花梗疏被卷曲短柔毛。萼齿为卵状三角形，长约 1 mm；花瓣为长圆形，长 3~3.5 mm；雄蕊 10 枚，接近等长，不突出或稍突出；花药为长圆形，长约 1 mm。子房多半下位，花柱 3。蒴果为长陀螺状，结果时长约 1.5 mm。花期 6—8 月。

生长习性：喜温暖、湿润和半阴环境。

分布：原产于日本及我国四川一带，欧洲广泛引种栽培，我国普遍栽培。

繁殖：种子繁殖。

应用：花大色美，是长江流域著名的观赏植物；根、叶、花可入药，主治疟疾、心热惊悸、烦躁。

20. 牡丹（*Paeonia suffruticosa*，图 1-1-84）

别名：鼠姑、鹿韭、白茸、木芍药、百雨金、洛阳花。

科属：芍药科、芍药属。

形态特征：多年生落叶小灌木，生长缓慢，株型小，株高多为 0.5~2 m。根肉质，粗而长，中心木质化，长度一般为 0.5~0.8 m。叶互生，叶片通常为二回三出复叶，枝上部常为单叶，小叶片有披针、卵圆、椭圆等形状，顶生小叶常为 2~3 裂。花大型，单生枝顶，直径 10~17 cm；花梗长 4~6 cm；苞片 5，长椭圆形，大小不等；萼片 5，绿色，宽卵形，大

图 1-1-84 牡丹

小不等；花瓣 5 个 1 轮，花瓣 3 轮以上的为重瓣，玫瑰色、红紫色、粉红色至白色，通常变异很大，倒卵形，长 5~8 cm，宽 4.2~6 cm，顶端呈不规则的波状；雄蕊长 1~1.7 cm，花丝为紫红色、粉红色，上部为白色；花盘革质，杯状，紫红色，顶端有数个锐齿或裂片，完全包住心皮，在心皮成熟时开裂；心皮 5，稀更多，密生柔毛。蓇葖果为长圆形，密生黄褐色硬毛。花期 5 月，果期 6 月。花的颜色有白、黄、粉、红、紫红、紫、墨紫（黑）、雪青（粉蓝）、绿、复色十大色。种子接近圆形，成熟时为棕黄色，老时变成黑褐色。

生长习性：喜凉恶热，宜燥惧湿，可耐 −30 ℃的低温，在年平均相对湿度 45% 左右的地区可正常生长，喜阴，少不耐阳，适宜在疏松、肥沃、排水良好的中性土壤或沙质土壤中生长，忌黏重土壤或低温处栽植。

分布：原产于我国西部秦岭和大巴山一带山区，汉中是我国最早人工栽培牡丹的地方，湖北保康县有野生分布，全省各地有栽培。

繁殖：常用分株和嫁接等方法繁殖，也可播种和扦插；移植适期为 9 月下旬至 10 月上旬，不可过早或过迟。

应用：牡丹是我国特有的木本名贵花卉，是中国传统十大名花之一，长期以来被人们当作富贵吉祥、繁荣兴旺的象征。牡丹和梅花是我国国花，牡丹也是洛阳市和菏泽市的市花。牡丹花可供食用，花瓣还可蒸酒，制成的牡丹露酒口味香醇。牡丹花和根含黄芪苷，可入药，用于调经活血。牡丹种子所榨的油是价值极高的保健养生食用油。

21. 茶梅（*Camellia sasanqua*，图 1-1-85）

别名：茶梅花。
科属：山茶科、山茶属。
形态特征：常绿灌木或小乔木，高可达 12 m。树冠为球形或扁圆形。树皮为灰白色，嫩枝有毛。叶革质，椭圆形，长 3～5 cm，宽 2～3 cm，先端短尖，基部为楔形，有时略圆，上面干后呈深绿色，发亮，下面呈褐绿色，无毛，侧脉 5～6 对，在上面不明显，在下面能见，网脉不显著，边缘有细锯齿，叶柄长 4～6 mm，稍被残毛。花大小不一，直径 4～

图 1-1-85　茶梅

7 cm；苞及萼片 6～7，被柔毛；花瓣 6～7 片，阔倒卵形，近离生，红色；雄蕊离生，长 1.5～2 cm，子房被茸毛，花柱长 1～1.3 cm，3 深裂几及离部。蒴果为球形，种子为褐色，无毛。花期 10 月下旬至翌年 4 月。山茶与茶梅同属山茶科、山茶属植物，二者的形状、颜色十分相似，花期均在春节前后，常常被人们混淆。山茶与茶梅两者在外观上的区别为：山茶全株无毛，山茶的花茎和叶片比茶梅的大，叶为椭圆形、卵形或卵状椭圆形，表面有光泽，网脉不显著，叶的颜色较淡，子房表面光滑；而茶梅嫩枝有毛，芽鳞表面有倒生柔毛，叶为椭圆形至长椭圆状卵形，呈深绿色，子房密被白色毛。另外，山茶的花期主要在 1 至 3 月，而茶梅的花期主要在 11 月至翌年 1 月。

生长习性：性喜阴湿，以半阴半阳最为适宜，喜温暖、湿润气候，适生于肥沃疏松、排水良好的酸性沙质土壤中。

分布：主要产于我国江苏、浙江、福建、广东等沿江及南方各省，为亚热带适生树种。

繁殖：可用扦插、嫁接、压条和播种等方法繁殖。

应用：体态玲珑，叶形雅致，花色艳丽，花期长，是赏花、观叶俱佳的著名花卉，适合配植于湖滨、溪流、道路两侧和公园、庭院等较大空间内观赏，也可盆栽，摆放于书房、会场、厅堂、门边、窗台等处，倍添雅趣和异彩。

22. 六月雪（*Serissa japonica*，图 1-1-86）

图 1-1-86　六月雪

别名：满天星、白马骨、碎叶冬青。
科属：茜草科、六月雪属。
形态特征：常绿灌木，高可达 1 m；枝粗壮，呈灰白色；叶对生，或由于小枝短缩而呈丛状，卵形或长椭圆形，长 2～3 cm，宽 7～12 mm，先端钝或钝尖，基部渐狭成 1 短柄，上面中脉、边缘、下面叶脉及叶柄均有白色微毛；花通常数朵簇生于枝顶或叶腋，萼 5 裂，裂片为披针形，边缘有细齿，中肋隆起，长 2 mm，花冠为白色，漏斗状，筒内喉部有毛，5 裂，长约 5 mm，花冠管与萼片接近等长。核果为球形。花期 8—9 月，果期 9—10 月。

生长习性：性喜阳光，也较耐阴，忌狂风烈日，高温酷暑时节宜疏荫，耐旱力强，对土壤要求不严，盆栽宜用含腐殖质、疏松肥沃、通透性强、微酸性、湿润的培养土，生长良好。

分布：产于江苏、安徽、江西、浙江、福建、广东、香港、广西、四川、湖北、云南。

繁殖：种子、扦插繁殖。

应用：枝叶密集，白花盛开，宛如雪花满树，雅洁可爱，是既可观叶又可观花的优良观赏植物；地栽时适宜作花坛、花篱和下木，或配植在山石、岩缝间。

23. 木槿（*Hibiscus syriacus*，图 1-1-87）

别名：木棉、荆条、朝开暮落花、喇叭花。

科属：锦葵科、木槿属。

图 1-1-87　木槿

形态特征：落叶灌木，高 2～5 m。小枝幼时密被黄色星状绒毛，后脱落。叶为菱形至三角状卵形，有深浅不同的 3 裂或不裂，先端钝，基部为楔形，边缘有不整齐的齿缺；叶柄长 5～25 mm，上面被星状柔毛；托叶呈线形。花单生于枝端叶腋间，花梗长 4～14 mm，被星状短绒毛；小苞片 6～8，线形，密被星状疏绒毛；花萼为钟形，裂片 5，三角形；花为钟形，淡紫色；花瓣为倒卵形，外面疏被纤毛和星状长柔毛。蒴果为卵圆形，密被黄色星状绒毛。种子为肾形，背部被黄白色长柔毛。花期 6—9 月，果期 10—11 月。

生长习性：喜温暖、湿润的气候，但也很耐寒，喜光，耐半阴，耐干旱，不耐水湿，适应性强，对土壤要求不严，能在贫瘠的砾质土或微碱性土中正常生长，但以深厚、肥沃、疏松的土壤为宜，萌芽性强，耐修剪。

分布：原产于我国中部各地，华东、中南、西南及河北、陕西、台湾等地均有栽培。

繁殖：常用扦插和播种繁殖，以扦插为主。

应用：通常作绿篱或观赏用，耐修剪，是抗烟尘、抗氟化氢等有害气体的极好植物，也是美化、绿化、净化空气的好树种，是韩国的国花；木槿的花、果、根、叶和皮均可入药，具有防治病毒性疾病和降低胆固醇的功能；木槿花内服可治反胃、痢疾、脱肛、吐血、下血、痔疮、白带过多等，外敷可治疗疮疖。

1.2.3　藤本识别

1. 凌霄（*Campsis grandiflora*，图 1-1-88）

别名：紫葳、五爪龙、红花倒水莲、倒挂金钟、上树龙、堕胎花、藤萝花。

科属：紫葳科、凌霄属。

形态特征：落叶木质藤本，有攀缘气根。叶对生，单数羽状复叶，小叶 7～9 片，叶柄腹面有沟槽；小叶为卵形至卵状披针形，长 2～7 cm，宽 1.5～3 cm，先端渐尖，基部不对称，边缘有锯齿，两面无毛。花大型，三出的聚伞花序集成稀疏顶生的圆锥花序，花梗成十字对生，花下垂；花萼 5 裂

图 1-1-88　凌霄

至中部，裂片为披针形，锐尖头，背面有棱脊；花冠为漏斗状钟形，直径 6～7 cm，鲜橙红色，内面有红色的脉纹，基部与花丝合生处为深红色，花冠中部扩大，有开展的 5 裂，边缘歪斜，裂片先端为圆形。蒴果为长形，革质，先端为钝形。花期 6—8 月，果期 11 月。

生长习性：喜阳，略耐阴，喜温暖、湿润气候，不耐寒，适宜在排水性良好、肥沃湿润的土壤中生长，萌芽力、萌蘖力均强。

分布：产于长江流域各地，以及河北、山东、河南、福建、广东、广西、陕西，在台湾有栽培，我校有种植。

繁殖：扦插、压条、分根繁殖。

应用：良好的藤本园林观赏植物，作药用，有活血祛瘀、通筋祛风的功效。

2. 忍冬（*Lonicera japonica*，图 1-1-89）

别名：金银花、银藤、二色花藤、二宝藤、右转藤、子风藤、鸳鸯藤。

科属：忍冬科、忍冬属。

形态特征：常绿或半常绿藤本；一年生小枝、叶柄、叶下面、花序均有黄灰色短毡毛；叶纸质，呈卵形至矩圆状卵形，有时呈卵状披针形，稀圆卵形或倒卵形，顶端尖或渐尖，基部为圆形或接近心形，有糙缘毛，上面为深绿色，下面为淡绿色；总花梗通常单生于小枝上部叶腋，花冠为白色，

图 1-1-89　忍冬

有时基部向阳面呈微红，后变黄色，唇形，筒稍长于唇瓣；浆果接近球形，熟时呈蓝黑色；花期 4—9 月，果期 10—11 月。

生长习性：喜阳，耐阴，耐寒性强，也耐干旱和水湿，对土壤要求不严，但以湿润、肥沃、深厚的沙质土壤为最佳，每年春夏两次发梢，根系繁密发达，萌蘖性强，茎蔓着地即能生根。

分布：原产于我国，分布各省，我校有种植。

繁殖：种子、扦插繁殖。

应用：为较好的观赏藤本树种，亦可入药，用于清热、解毒、消炎，如金银花露。

图 1-1-90　云南黄馨

3. 云南黄馨（*Jasminum mesnyi*，图 1-1-90）

别名：野迎春、梅氏茉莉、云南迎春、金腰带、南迎春。

科属：木樨科、素馨属。

形态特征：常绿半蔓性灌木，枝条下垂；嫩枝有四棱、沟，光滑无毛；叶对生，三出复叶或小枝基部有单叶，小叶为椭圆状披针形；花呈金黄色，腋生，花冠裂片 6~9，单瓣或复瓣；花期 11 月至翌年 8 月，果期 3—5 月。

生长习性：喜光，稍耐阴，喜温暖、湿润气候。

分布：原产于我国云南，长江流域以南各地普遍栽培，我校 7 栋学生公寓旁有栽植。

繁殖：8—9 月以扦插法繁殖，以沙质土壤为最佳，性喜多湿；亦可分株、压条繁殖。

应用：常用作绿篱，或用于垂直绿化。

4. 络石（*Trachelospermum jasminoides*，图 1-1-91）

别名：石龙藤、万字花、万字茉莉。

科属：夹竹桃科、络石属。

形态特征：常绿木质藤本，枝蔓长 2~10 m，长有气生根，常攀缘在树木、岩石、墙垣上生

图 1-1-91 络石

长。单叶对生,呈椭圆形至阔披针形,长 2.5~6 cm,先端尖,革质,叶面光滑,叶背有毛,叶柄很短。二歧聚伞花序腋生或顶生,花数朵组成圆锥状,与叶等长或较长;初夏 5 月开白色花,花冠为高脚碟状,5 裂,裂片偏斜,呈螺旋形排列,略似"卐"字,或呈风车状,芳香。菁葖果双生,开叉,无毛,呈线状披针形,向先端渐尖,长 10~20 cm;种子多颗,褐色,线形,长 1.5~2 cm,直径约 2 mm,顶端有白色绢质种毛。花期 3—7 月,果期 7—12 月。

生长习性:性喜温暖、湿润、疏荫环境,怕北方狂风烈日,具有一定的耐寒力,在华北南部可露地越冬,对土壤要求不严,但以疏松、肥沃、湿润的土壤栽培较好。

分布:原产于山东、山西、河南、江苏等地,在我校 10 栋学生公寓后面、教工宿舍区以及山林中都有种植。

繁殖:首选方法是压条,特别是在梅雨季节,其嫩茎极易长气根,利用这一特性,将其嫩茎采用连续压条法,秋季从中间剪断,可获得大量的幼苗;也可以播种繁殖。

应用:

药用:是一种常用中药,有祛风通络、凉血消肿的功效,可用于治疗风湿热痹、筋脉拘挛、腰膝酸痛、喉痹、痈肿、跌打损伤。

园林用途:在园林中多作地被或垂直绿化,或盆栽观赏,为芳香花卉。

5. 紫藤(*Wisteria sinensis*,图 1-1-92)

别名:藤萝、朱藤、黄环。

科属:豆科、紫藤属。

形态特征:落叶木质藤本。嫩枝被白色柔毛,老叶无毛。奇数羽状复叶,互生,托叶呈线形,早落;小叶 3~6 对,纸质,呈卵状椭圆形至卵状披针形,上部小叶较大,基部 1 对最小。总状花序呈下垂状,花大,芳香,花冠为紫色,旗瓣呈圆形,先端略凹陷,花开后反折,基部有 2 胼胝体,翼瓣呈长圆形,基部为圆形,龙骨瓣较翼瓣短,为阔镰形。荚果为倒披针形,密被绒毛,悬垂枝上不脱落。花期 4—5 月,果期 5—11 月。

图 1-1-92 紫藤

生长习性:较耐寒,能耐水湿及瘠薄土壤,喜光,较耐阴,主根深,侧根浅,不耐移栽;生长较快,寿命很长。

分布:为我国特产,分布于我国南部各省,华北、华东、华中、华南、西北和西南地区均有栽培,我校 11 栋学生公寓旁边和山林中有种植。

繁殖:以播种、扦插繁殖为主。

应用:一般应用于园林棚架,适栽于湖畔、池边、假山、石坊等处,具有独特风格,盆景也常用;花可以提炼芳香油,并可以解毒、止吐泻。

6. 爬山虎(*Parthenocissus tricuspidata*,图 1-1-93)

别名:地锦、红葡萄藤、趴山虎。

科属:葡萄科、地锦属。

形态特征：多年生落叶大藤本，树皮有皮孔，髓为白色；枝条粗壮，卷须短，多分枝，顶端有吸盘；单叶互生，花枝上的叶为宽卵形，长 8～20 cm，宽 6～16 cm，常 3 裂，或下部枝上的叶分裂成 3 小叶，幼枝上的叶较小，常不分裂；聚伞花序常着生于两叶间的短枝上，长 4～8 cm，较叶柄短，花 5 数，萼全缘，花瓣顶端反折，子房 2 室，每室有 2 胚珠；浆果为小球形，直径 6～8 mm，熟时为蓝黑色；花期 6 月，果期 9—10 月。

图 1-1-93　爬山虎

生长习性：适应性强，性喜阴湿环境，但不怕强光，耐寒、耐旱、耐贫瘠，在暖温带以南冬季也可以保持半常绿或常绿状态；耐修剪，怕积水，对土壤要求不严，阴湿环境或向阳处均能茁壮生长，但在阴湿、肥沃的土壤中生长最佳；对二氧化硫和氯化氢等有害气体有较强的抗性，对空气中的灰尘有吸附能力。

分布：原产于亚洲东部、喜马拉雅山区及北美洲，日本也有分布，我国辽宁、河北、陕西、山东、江苏、安徽、浙江、江西、湖南、湖北、广西、广东、四川、贵州、云南、福建都有分布，我校花房和西边院墙有栽培。

繁殖：主要采用扦插、压条、播种等方法繁殖。

应用：适于配植在宅院墙壁、围墙、庭院入口处，可用于绿化房屋墙壁、公园山石；根、茎可入药，有破瘀血、消肿毒之功效。

【复习思考题】

1. 湖北省常见的裸子植物有哪些？
2. 湖北省早春开花的树种有哪些？
3. 湖北省常见的用材树种有哪些？
4. 湖北省常见的行道树有哪几种？
5. 湖北省常用于垂直绿化的树种有哪几种？
6. 举例说明你所在的地区有哪些重要的乔木、灌木和木质藤本。
7. 举例说明你所在的县(市)一些重要的裸子植物的种类和用途。
8. 举例说明你所在的县(市)常见的园林绿化树种有哪些。
9. 将湖北省常见的观花、观叶、观果、观赏树形的树种各列出 5 种。
10. 湖北省引进的重要的外来树种有哪些？

项目 2　森林生态基础

2.1　认识森林生态

2.1.1　生态学概述

1. 概念

生态学一词由希腊文"oikos"衍生而来,"oikos"的意思是"住所"或"生活所在地"。Haeckel(海克尔)在1869年提出:生态学是研究生物有机体与其周围环境相互关系的科学。

2. 生态学的分支学科

1)生态学分类

(1)按研究对象分。

动物生态学、植物生态学、微生物生态学等。

(2)按栖息地类型分。

森林生态学、草地生态学、海洋生态学、淡水生态学等。

(3)按生态学与其他学科关系分。

按生态学与其他学科相互渗透、交叉形成新的分支学科,生态学又可分为数学生态学、化学生态学、生理生态学、经济生态学、进化生态学等。

(4)按应用领域分。

农业生态学、资源生态学、污染生态学等。

(5)按研究方法分。

理论生态学、野外生态学、实验生态学等。

2)研究对象

生态学有多个分支,各分支分别研究不同的生物学组织水平。

(1)个体生态学。

对个体生物或某一物种的生活史以及它们对其环境的反应进行研究的学科,常称为个体生态学(autecology)。例如鹰的生活史、鹿的食性以及北美黄杉幼苗对温度的耐性等。

(2)种群生态学。

对同类生物群(单物种种群)的多度、分布、生产力或动态进行研究的学科,称为种群生态学(population ecology)。例如,调查人工松林中养分和阳光的竞争状况,研究病害对控制树木害虫数量的作用,研究蛙种群中个体出生率和死亡率等。

(3)群落生态学。

对由不同生物物种形成的某一自然集合的某些方面进行定性或定量分析的有关学科,统称为群落生态学(community ecology)。例如,对森林群落或林型的研究、分类、制图,对某一小湖泊中动物群落的描述,以及对某一地区动植物群落随时间而发生变化的研究等。种群生态学与群落生态学有时统称为群体生态学(synecology)。

(4)生态系统生态学。

同时研究生物群落及其非生物环境的有关学科,统称为生态系统生态学(ecosystem ecology)。这些学科可能主要是描述性研究,例如不同类型生态系统的分类与制图;也可能是功能性研究,例如对植物群落与土壤之间的相互关系,或某一生态系统中能量和养分的分布及流动方式的研究。

3)研究方法

(1)野外观察和定位观测。

野外观察是考察特定种群或群落与自然地理环境的空间分异关系的一种方法,首先有一个划定生境边界的问题,然后在确定的种群或群落生存活动空间范围内,进行种群行为或群落结构与生境各种条件相互作用的观测记录。定位观测是考察某个种群或群落结构功能与其生境相互关系的时态变化的一种方法。定位观测要先设立一块可供长期观测的固定样地,样地必须能反映所研究的种群或群落及其生境的整体特征。如ICSU于1986年建立了国际地圈生物圈计划(IGBP),旨在制定区域和国际政策、讨论关于全球变化及其所产生的影响;美国首先建立了长期生态研究网络[U. S. Long-Term Ecological Research(LTER) network];从20世纪80年代开始,中国科学院也开始启动了"中国生态系统研究网络"的项目。

(2)实验方法。

原地实验和人工控制实验。原地实验是指在自然或半自然条件下,通过某些措施获得某些因素的变化对生物的影响,例如通过围栏研究放牧和不放牧对草原蝗虫群落结构的影响,又如在田间通过罩笼研究自然条件下棉铃虫的发育和死亡等;人工控制实验是指在受控条件下研究各因子对生物的作用,例如应用人工气候箱研究不同的温湿度对昆虫发育和死亡的影响等。

(3)数学模型与数量分析方法。

利用数学模型进行模拟研究是理论研究最常用的方法。数学模型研究的预测,必须通过现实来检验其预测结果是否正确,同时,也可以通过修改参数再进行模拟,使数学模型研究逐步逼近现实。

2.1.2 森林生态学概述

1. 概念

森林是以乔木和其他木本植物为主体的生物群落。构成这个群落的成分除乔木、灌木外,还包括其他植物、动物、微生物,以及其所居住的环境。作为生物群落的森林,并非是树木的简单集合,而是有一定结构、各成分之间相互作用和彼此制约的极其复杂的集合体。森林生态学是研究森林中乔木树种之间、乔木树种与其他生物之间,以及与其所处的外界环境之间的相互关系的学科。

2. 森林生态学的研究内容

森林生态学的研究内容，概括地说，可分为4个方面。

1）个体生态

研究构成森林的各种林木与环境的生态关系，重点研究光、温度、水分、大气、火、土壤和生物等因子的生态意义与其对树木的作用以及树木对这些因子的适应性，森林对这些因子的影响和改造作用。

2）种群生态

研究森林生物种群的形成与变化规律，主要研究种群不会无限制繁殖，而总是保持一定均衡状态的原因。

3）群落生态

研究群落的形成和变化与环境条件的关系；森林群落的结构特征；森林群落由于空间和时间的变化，由一种类型演变为另一种类型的原因和规律性；提供识别和鉴定森林群落类型或立地条件类型的依据。

4）森林生态系统

研究系统中物质与能量的循环与转化，着重研究生态系统内各成分之间的相互依赖和因果关系、物质循环和能量流动及生态系统的功能和稳定性。

3. 森林生态学的研究任务及地位

1）研究任务

从树木与环境相互关系的规律出发，在调节、控制树木与环境之间的关系中更好地发挥作用。既要充分发挥树木的生态适应性，根据环境条件的特点，施行科学的经营管理，使其能最大限度地利用环境，不断扩大森林资源和提高森林的生产力；又要有意识地利用森林对环境的改造作用，调节人类与环境之间物质和能量的交换，充分发挥森林的多种有益功能，以利于维持自然界的动态平衡。

2）地位

森林生态学为国土治理、环境保护、林业发展、农牧业生产、水利交通以及园林生态建设提供理论基础；为人类认识、预测、调控、管理、利用和保护森林环境提供理论依据；为渗透生态平衡理念，促进人类与环境协调发展奠定理论基础。

4. 森林的生态作用和生态建设

1）森林的生态作用

森林是陆地生态系统的主体，是人居环境的重要组成部分，是国家强盛、人民富裕的象征，没有森林，就没有人类，更没有人类文明。森林及森林环境与人类的关系极其密切，对人类生存环境有着巨大的影响，是人类不可缺少的环境条件，是人类生存和发展的基础，也是人类保护和利用的对象。森林是生态平衡的主要调节器，是实现自然生态系统和社会经济系统协调发展的重要纽带；森林能够有效控制污染和酸沉降，改善人类和其他生物的生存环境；森林能够有效保护生物多样性；森林能够有效防治土壤流失和退化；森林可以涵养水源；森林可以有效防治土地荒漠化；森林能够有效缓解温室效应，维护全球碳循环；森林能够防灾减灾，保护农牧业稳产高产。

2)森林的生态建设

(1)中国林业发展的总体战略思想。

森林生态建设是林业生产、林业发展和森林资源管理的一项十分重要的基础性工作,它对发展生态林业、民生林业,建设生态文明和美丽中国具有重要意义。当前,随着全球生态安全形势的日益严峻,实现可持续发展已经成为世界各国共同的追求目标。随着我国经济的快速发展,不断增长的经济和人口对森林造成的压力越来越大,资源约束趋紧、环境污染严重、生态系统退化的现象十分严峻。林业生态建设要树立尊重自然、顺应自然、保护自然的生态文明理念,坚持新世纪中国林业发展的总体战略思想;确立以生态建设为主的林业可持续发展的道路,建立以森林植被为主体、林草结合的国土生态安全体系,建设山川秀美的生态文明社会。

(2)森林生态建设的内容。

建设和保护森林生态系统,管理和恢复湿地生态系统,改善和治理荒漠生态系统,维护和发展生物多样性,实施重大生态修复工程,构建生态安全格局,促进绿色发展,建设美丽中国,应对全球气候变化。

2.2 生物与环境

2.2.1 环境与生态因子

1.环境

1)环境的基本概念

环境是指某一特定生物体或生物群体以外的空间及直接、间接影响该生物体或生物群体生存的一切事物的总和。

2)环境的分类

根据环境范围的大小,生物环境一般可分为小环境和大环境。小环境也称为小栖息地,是指小范围内的特定栖息地;大环境则是指地区环境、地球环境和宇宙环境。大环境的气象条件称为大气候,是指记录离地面1.5 m以上的平均气象条件,包括温度、降水、相对湿度、日照等。

2.生态因子

1)生态因子的基本概念

生态因子是指环境中对生物的生长、发育、生殖、行为和分布有着直接或间接影响的环境要素,如温度、湿度、食物、氧气、二氧化碳和其他相关生物等,也可认为是环境因子中对生物起作用的因子,而环境因子则是指生物体外部的全部环境要素。

2)生态因子的分类

任何一种生物的生存环境中都存在着很多生态因子,这些生态因子在其性质、特性和强度方面各不相同,它们彼此之间相互制约、相互组合,构成了多种多样的生存环境,为各类极不相同的生物的生存进化创造了不计其数的生境类型。

(1)气候因子。

如温度、湿度、光、降水、风、气压和雷电等。

(2)土壤因子。

土壤是在岩石风化后在生物参与下所形成的生命与非生命的复合体。土壤因子包括土壤结构、土壤有机和无机成分的理化性质及土壤生物等。

(3)地形因子。

如地面的起伏、山脉的坡度、阴坡、阳坡等,这些因子对植物的生长和分布有明显影响。

(4)生物因子。

包括生物之间的各种相互关系,如捕食、寄生、竞争和互利共生等。

(5)人为因子。

把人为因子从生物因子中分离出来是为了强调人的作用的特殊性和重要性。人类的活动对自然界和其他生物的影响已越来越大和越来越带有全球性,分布在地球各地的生物都直接或间接受到人类活动的巨大影响。

3)生态因子作用的一般特征

(1)综合作用。

每一个生态因子都是在与其他因子的相互影响、相互制约中起作用的,任何一个生态因子的变化都会在不同程度上引起其他生态因子的变化。如光强度的变化必然会引起大气和土壤温度的改变,这就是生态因子的综合作用。

(2)主导因子作用。

对生物起作用的诸多生态因子是非等价的,其中必有 1~2 个是起主要作用的主导因子。主导因子的改变常会引起许多其他生态因子发生明显变化或使生物的生长发育发生明显变化。如光周期现象中的日照长度和植物春化阶段的低温因子就是主导因子。

(3)不可替代性和互补作用。

生态因子虽非等价,但都不可缺少,一个生态因子的缺失不能由另一个生态因子来替代。但某一个生态因子的数量不足,有时可以靠另一个生态因子的加强而得到调剂和补偿。如光照减弱所引起的光合作用下降可靠二氧化碳浓度的增加来得到补偿。

(4)阶段性作用。

生物在生长发育的不同阶段往往需要不同的生态因子或生态因子的不同强度,因此某一生态因子的有益作用常常只限于生物生长发育的某一特定阶段。如低温对某些作物的春化阶段是必不可少的,但在其后的生长阶段则是有害的。

3. 生物与环境关系的基本原理

1)最小因子定律

任何特定因子的存在量低于某种生物的最小需要量,是决定该物种的最小需要量、决定该物种生存或分布的根本因素。

2)耐性定律

任何一个生态因子在数量或质量上的不足或过多,即当其接近或达到某种生物的耐受限度时,就会影响该物种的生存和分布。

3)限制因子

当生态因子(一个或相关的几个)接近或超过某种生物的忍耐极限而阻止其生存、生长、繁殖、扩散或分布时,这些因子就称为限制因子。

2.2.2 光与森林

1. 太阳辐射

太阳辐射是一种电磁波,通过大气层后,一部分被反射到太空,一部分被大气层吸收,只有一部分投射到地球表面,因而其辐射强度显著削弱。北半球投射到地面的平均太阳辐射强度为大气上层平面强度的47%,其中24%是直接辐射,还有23%是散辐射和漫辐射。

1）光的性质

太阳辐射由各种不同波长的光所组成,通过大气层投射到地球上的太阳散射,波长在0.29～30 μm之间,其中被植物色素吸收、具有生理活性的波段称为生理辐射,在 0.4～0.7 μm之间,这个波段与可见光的波段基本相符,对植物有重要的意义。因此,生态学中往往着重研究可见光与植物之间的关系。

2）光照强度

太阳辐射除了热效应外,可见光还具有光效应。表示光效应的物理量称为光照强度,简称照度。投射到地面的太阳辐射强度随纬度而不同。一般高纬度地区的光照强度低于低纬度地区的光照强度,又因高纬度地区太阳辐射穿过的空气层距离较长,所以散射光、漫射光的比例也比较大。随着纬度的增加,冬夏两季的光照强度与日照时间的差异会增大。在夏季,北方的光照强度虽然较弱,但每天的日照时间却较长,这对北方植物夏季的生长十分有利。海拔较高的地区由于大气层较薄,水汽、微尘较少,大气透明度较高,因此地面的光照强度较大。此外,各地区的气候特点、地形、大气透明度等都直接影响植物生长季中的光照强度。

3）日照时间

从日出到日落之间太阳照射的时间称为日照时间,又称为日照时数,包括可照时数和实照时数。不受任何障碍物和云雾的影响,从日出到日落太阳照射的时间称为可照时数;地面受障碍物和云雾的影响,从日出到日落太阳实际照射时间,称为实照时数。

我国幅员辽阔,地理环境比较复杂,各地太阳辐射资源有很大的差异。太阳辐射随纬度所发生的变化时常要因某一局部地区的日照时间、云量、空气湿度等因素的影响而产生偏差。

2. 光的生态作用

光的强度、性质、日照长短直接影响着树木的各种生理活动、生长发育和形态结构。这些影响随着树种的遗传性、树木在生活周期中所处的阶段及其他环境因子的状态而不同。

1）光质对树木的生态作用

（1）光质对树木形态的影响。

短波光,如蓝紫光、紫外线,能抑制植物的伸长生长,而使植物形成矮粗的形态。紫外线能促进花青素的形成,使花色鲜艳。波长短于 290 nm 的紫外线对生物具有伤害作用,被大气中的臭氧层吸收。长波光,如红光、红外线,有促进延长生长的作用,同时增热效应明显,但会使花色变淡。红、橙、黄为长波光,增热效果好;青、蓝、紫为短波光,增热效果差。花的各部分,尤其是花瓣比较柔嫩,易受高温的伤害,所以它们一般吸收增热效果较差的蓝紫光,而将红橙光反射出去,这就是红、橙、黄色的花较多的缘故;而若吸收增热效果较好的红橙光,就容易受高温伤害,这就是蓝、紫色花较少的缘故。当然,如果全部吸收七色光波,花所受伤害就更大,很难生存,这就是偏黑色花少的原因。

（2）光质对树木光合作用的影响。

树木生长发育所需的干物质积累主要来源于光合作用。光合作用是一个十分复杂的过程，也是一个受多种因素制约的过程，其中光是一个直接参与的最重要的因素。光合作用过程中，一部分光能转变为化学能，贮存在形成的有机物质中。当太阳辐射投射到主要光合作用器官——绿色叶面上时，大约75%为叶片所吸收。叶片对光的吸收是有选择性的。大部分生理辐射被吸收，大部分红外线被反射（波长大于 0.7 μm 的被叶中的水分吸收），大部分紫外线虽被吸收，但被叶片的表皮层所阻挡，进入叶肉组织中的很少。透过叶片的波长则大体上与叶片反射的波长相符。植物叶片所吸收的全部太阳辐射中，只有很少一部分（为 1%～2%）通过光合作用转变为化学能贮存在有机物质中，其余转化为热能，大部分消耗在叶片的蒸腾作用上，剩余部分增加叶温并与周围空气进行热量交换。叶片中的这种能量分配的特点与植物的特性、叶片的形态结构及其他的环境因素有密切联系，并对植物的光合作用及其他的生理活动产生直接的影响。

2）光照强度对树木的生态作用

（1）光照强度对树木形态的影响。

光照较强时，树干较粗，尖削度大，机械组织发达，分枝多，树冠庞大，叶的细胞和气孔通常小而多，细胞壁与角质层厚，叶片硬，叶绿素较少，根系发达，分布较深。如果森林密度较大，侧方光弱，只有上方光，树木会拼命地长高以争夺光照，一旦落后就必然被淘汰。这样的话，树木就保持了良好的干形，达到了人类利用的目的。

（2）光照强度对树木光合作用的影响。

光照强度与光合作用强度有着密切联系。低光照条件下，植物的光合作用较弱，当合成的有机物质恰好抵偿呼吸消耗时，这时的光照强度称为光补偿点。随着光照强度的增加，光合作用强度也随之提高并不断地积累有机物质。但光照强度增加到一定程度后，光合作用增加的幅度就逐渐减缓，最后达到一定的限度，不再随光照强度而增加，这时达到光饱和点。植物的光补偿与光饱和在农林业生产中具有重要的意义。

（3）光照强度与树种耐阴性。

树种耐阴性是指其忍耐庇荫的能力，即在林冠庇荫下，能否完成更新和正常生长的能力。鉴别耐阴性的主要依据是树种在林冠下能否完成更新过程和正常生长。

①喜光树种。

喜光树种是指只能在全光照条件下正常生长发育，不能忍耐庇荫，林冠下不能完成更新过程的树种，例如落叶松、白桦、马尾松等。喜光树种的特性为树冠稀疏，自然整枝强烈，林分比较稀疏，透光度大，林内较明亮，生长快，开花结果早，寿命短。

②耐阴树种。

耐阴树种是指能忍受庇荫，林冠下可以正常更新的树种，例如云杉、冷杉。耐阴树种的特性为树冠稠密，自然整枝弱，枝下高低，林分密度大，透光度小，林内阴暗，生长较慢，开花结果晚，寿命长。

③中性树种。

中性树种是指介于以上两者之间的树种。

3）光照时间对树木的生态作用

（1）光周期性。

光周期性是指植物和动物对昼夜长短日变化和年变化的反应。

（2）植物的光周期性。

根据植物开花所需要的日照长度,植物可分为长日照植物、短日照植物、中日照植物和日中性植物。

①长日照植物。

长日照植物是指较长日照条件下促进开花的植物,日照短于一定长度则不能开花或推迟开花,又称为短夜植物,如小麦、萝卜、菠菜等。

②短日照植物。

短日照植物是指较短日照条件下促进开花的植物,日照超过一定长度便不能开花或推迟开花,又称为长夜植物,如水稻、菊、大豆等。

③中日照植物。

中日照植物是指花芽形成需要中等日照的植物,例如甘蔗。

④日中性植物。

日中性植物是指完成开花和其他生命史阶段与日照长度无关的植物,如黄瓜、番茄等。

大多数短日照植物的原产地是日照时间短的热带、亚热带,大多数长日照植物原产于夏季日照时间长的温带和寒带。如果把长日照植物栽培在热带,由于日照时间不足,长日照植物不会开花。在北方,夏季白昼特别长,因此长日照植物开花早,在结果收获时不会受到低温的影响。在园林实践中,常通过调节光照来控制花期以满足造景需要。

2.2.3 温度因子

1. 关于温度的一些生态概念

太阳辐射是光的来源,也是热量的来源。热量是植物生命活动过程中不可缺少的重要生活条件。它不仅关系着植物的各种生理活动与生长发育,而且每一种植物的地理分布也受到温度的限制。多数植物正常生长所需要的温度,是处于 0～50 ℃这个范围内,超过这一温度范围,植物生命活动将受到抑制。

1)最适温度

最适温度是指植物的生长发育或生理活动得以正常进行的温度范围。

2)低温限度和高温限度

植物生长发育和生理活动的低温限度和高温限度一般为-5 ℃和55 ℃。

3)积温

积温是指植物完成某一生长发育阶段和整个生育期所需要的温度总和,分为有效积温和活动积温。

4)有效积温

有效积温是指植物完成某一生长发育阶段和整个生育期所需要的高于生物学零度以上的温度总和。

5)生物学零度

生物学零度是指植物开始正常生长发育的起点温度(最低临界温度)。

6)活动积温

活动积温是指植物完成某一生长发育阶段和整个生育期所需要的高于物理学零度的温度总和。

7)三基点温度

植物在其整个生命活动过程中所需要的温度称作生物学温度,可用三个温度指标来表示。任何一种生物,其生命活动的每一生理生化过程都有酶系统的参与,酶的活动都有它的最低温度、最适温度和最高温度,相应形成了生物生长的三基点温度。一旦超过生物的耐受能力,酶的活性就受到制约。高温能使蛋白质凝固,酶系统失活;低温引起细胞膜系统渗透改变、脱水、蛋白质沉淀以及其他不可逆的化学变化。不同生物的三基点温度不同:水稻种子发芽最适温度为25~35 ℃,最低温度为8 ℃,45 ℃终止活动,46.5 ℃死亡;雪球藻和雪衣藻只能在冰点温度范围内生长发育;生长在温泉中的生物可以耐受100 ℃的高温等。

2. 温度的变化规律与森林类型

地球表面各地的温度随纬度和地形的不同而有很大的变化。从纬度来说,一般纬度每增大1°(约111 km),年平均温度下降0.5~0.9 ℃(1月份为0.7 ℃,6月份为0.3 ℃)。因此,经赤道向两极,随着温度的降低,可以分成几个热量带。我国以积温(日温≥10 ℃的持续期日平均温度总和)和低温为主要指标,共分为六个热量带(高原和高山除外)。由于每个带内的温度不同,因此都有其相应的树种和森林类型。森林植物种类也由热带的繁多逐渐变为寒带的单纯,形成各带所特有的树种和森林。

1)赤道带

位于北纬10°以南的中国海岛屿地区,积温大致在9000 ℃左右,平均气温超过26 ℃,降雨量超过1000 mm,岛上生长的重要热带植物有椰子、木瓜、羊角蕉及波罗蜜等。

2)热带

积温大于8000 ℃,最冷时气温不低于15 ℃(或最冷月平均气温不低于16 ℃),如雷州半岛、湛江和以南地区。低地植被主要是热带雨林,主要林木为樟科、番荔枝科、龙脑香科、使君子科、楝科、桃金娘科、桑科、无患子科和豆科,绝少针叶植物。热带经济植物如橡胶树、槟榔、咖啡树、波罗蜜等都能生长。

3)亚热带

积温为4500~8000 ℃,最冷时气温为0~15 ℃(最冷月平均气温为1 ℃或0 ℃至16 ℃)。天然植被为常绿阔叶林或混生常绿阔叶树的阔叶林,其中有热带树种,也混有温带树种,针叶树也很普遍。主要林木有壳斗科、樟科、茶科、冬青科等常绿阔叶树,马尾松、柏树、杉木等针叶树,以及柑橘、茶树、棕榈、油桐、毛竹等。本带南部还有香蕉、凤梨、荔枝、龙眼、橄榄等多种热带经济作物。

4)暖温带

积温为3400~4500 ℃,最冷时气温为-10~0 ℃(最冷月平均气温为1 ℃或0 ℃至-8 ℃),是亚热带和温带之间的过渡。常绿阔叶林已经完全没有,也没有亚热带的标志植物如柑橘、茶树、油桐等,但该带所产的苹果、梨、柿子、葡萄等水果品质都很好。

5)温带

积温为1600~3400 ℃,最冷时气温为-30~-10 ℃(或最冷月平均气温为-28~-8 ℃)。苹果、梨、葡萄等水果只有在南部可以看到。天然植被为针叶树与落叶阔叶树混交林,此外为草原与荒漠。

6)寒温带

积温低于1600 ℃,最冷时气温低于-30 ℃(或最冷月平均气温低于-28 ℃)。冬季寒冷程度高于温带且寒冷期更长。天然植被为落叶松林。

每个树种都分布在一定的热量范围内,如杉木不过淮水,樟树不过长江,马尾松北界不过华中区,榕树在一月份平均气温低于 8 ℃的地方不能生长,除了水分、土壤等因子外,主要受低温的限制。

山地条件下,温度随海拔的升高而降低,一般海拔每升高 1000 m,气温下降 5.5 ℃。因为山地温度的变化,树种的分布因而受到限制,在垂直分布上这种界限也很清楚。例如,长江流域和福建省马尾松分布在海拔 1000~1200 m 以下,在这个界限以上,马尾松被黄山松所代替。海拔 1000~1200 m 是马尾松的低温界限,又是黄山松的高温界限。在云南,云南松和思茅松也有类似的分布规律。随着海拔的升高,温度降低,到一定高度后,或由于温度太低,或由于低温时间太长(通常一个地方夏季最热四个月,5—8 月的平均气温低于 10 ℃),乔木就很难生长,原来是乔木的树种也可能成为灌木型。

3.节律性变温对生物的影响

地球表面的大部分地区,温度有昼夜变化和季节变化。季节性变温,纬度越低越不明显,如赤道和热带地区就很不明显,而两极及其附近的昼夜变温不明显。除此以外的广大地区,温度随昼夜和季节发生有规律的变化,这种变化称为节律性变温。温周期现象即植物对温度的昼夜和季节节律性变化的反应。生物长期适应这种变温的结果是,能从生长发育各个方面反映出这种节律性变温的特点。

1)昼夜变温与温周期现象

植物对温度昼夜变化节律的反应称为温周期现象。它的生理基础似乎是:白天和黑夜条件下进行的那些独立而又互相补充的过程(如生长和光合作用)具有不同的基点温度。种子的萌发是温周期现象的一种类型,有些植物种子在恒温下与变化着的温度下发芽同样良好,而对于大多数种子来说,在一定的交替变化的温度下发芽更好些。

昼夜温差比较大,对植物的生长和产品质量均有良好的影响。例如西藏的东部和南部林区的生物生产力与沿海同纬度、同海拔高度相比要高得多。在察隅县云南松每公顷蓄积量达 1000 m^3,波密县附近山谷中,云杉林蓄积量最高可达 2000 m^3,且病腐率较低。其原因除光照强、雨量充沛外,生长期内白天很少出现极端的、不利于林木生长的温度,从而提高了积温的有效性,夜间温度又较低,有利于营养物质的积累,是重要的原因。

2)季节变温与物候

(1)季节变温。

气候上的四季,即春、夏、秋、冬的划分标准:冬季平均气温低于 10 ℃,春、秋季平均气温为 10~22 ℃,夏季平均气温大于 22 ℃。因此,并非任何地方都是一年四季俱全,即使有四季,长短也不一定相同。

(2)物候。

有季节性变化的地区,植物适应气候条件的这种节律性变化的结果,形成了与之相应的发育节律,这种现象称为物候。例如大多数植物在春季开始发芽生长,继而出现花蕾;夏、秋季高温下开花、结和果实成熟;秋末低温条件下落叶,进入休眠,即植物的器官(如芽、叶、花、果)受到当地气候的影响。

①物候期

从形态上所显示的各种变化现象称为物候期或物候相。植物的物候期直接与温度高低有关,每一物候期需要有一定的调度量。例如杉木在福建的物候及气象指标为:树液开始活动—

一般在1月下旬至2月上、中旬,平均气温在11℃以上;芽展开一般在3月中、下旬,平均气温在16℃以上;新枝伸长一般开始于4月上、中旬,平均气温为16~18℃;花芽膨胀,不论雄花还是雌花,均在树液开始流动时呈现顶端微裂,顶芽形成;高生长停止在11月下旬至12月上旬,平均气温在13℃以下;树液停止流动在12月下旬至1月,平均气温在8℃以下。物候在纬度上的差别,可以桃花为例,从广东沿海到北纬26°的福州、赣州一带,南北相距5个纬度,物候相差50天,即每个纬度平均相差10天。物候在海拔高度上的差异,可从唐朝诗人白居易的"人间四月芳菲尽,山寺桃花始盛开"的诗句中得知,桃花的物候期在庐山的山上要比山下约迟一个月。

②物候观察

林木的物候现象是同周围环境条件紧密联系的,它反映了过去一个时期内气候和天气的积累,是比较稳定的形态表现,因此通过长期的物候观测,可以了解林木生长发育季节变化同气候及其他环境条件的相互关系,作为指导林业生产和制定育林措施的科学依据。树木的物候观察包括下列项目:

- 萌动前(休眠中)的状态,如落叶树的芽形、芽色;
- 芽的膨胀、萌发、最盛和完结日期;
- 展叶开始和最盛日期;
- 花芽出现、膨大、开花、盛花和终花日期,传粉时间;
- 侧枝和顶枝的延长生长,形成层的开始活动和终止日期;
- 果实增大过程,始熟、正熟、过熟日期;
- 果实或种子脱落日期(始落、盛落、终落);
- 树叶变色、落叶日期(始落、盛落、终落);
- 冬芽的形成过程;
- 在休眠期(冬季)中对低温的反应(如冻害、寒害等)。

在观察记载上述项目时,若有的物候相不易确定或前后记载不易分清其形态上的变化,最好在用文字记载时再附以形态图(或照片)作为鉴别。在有条件的地方,还需记录一年内的气候变化,特别是温度、湿度、降水量及降水形态(如霜、雪、冰雹等)的变化与物候资料作比较、分析,更能阐明树木生长活动与气候变化的周期性规律。

4. 积温与树木生长

1) 平均温度

温度是植物分布和生长发育的重要因子,所以很早就有人认为可以用温度来说明植物的热量需要。植物所必需的温度条件,可以用它们的分布区域内的年平均温度或者生长期的平均温度、最热的一个月或最冷的一个月的平均温度来表示。例如,有人提出欧洲橡树的分布北界和3℃的年平均温度等温线相一致。我国有人认为榕树的北界是和一月的8℃平均温度等温线相吻合,杉木最适宜生长的地区是年平均气温为16~19℃的地区。用上述温度指标说明植物对热量的要求,显然不够准确,因为用年平均温度不能表明一个地区全年温度的变化情况。两个地区的年平均温度相同或相差很小,但温度特点却可能有很大区别。例如,昆明年平均温度为15.6℃,南京为15.5℃,然而昆明四季如春,生长亚热带森林,树木冬夏常绿,南京却是四季分明,寒暑显著,主要生长落叶林。这两个地区季节温度变化有很大不同:夏季南京7月份平均温度为27.4℃,昆明为20.7℃,而冬季南京1月份平均温度为2.3℃,昆明为9.5℃。

2) 积温

树种对热量的要求,也可用昼夜平均温度或树木机能得以进行的最低温度(生物学零度)以上的总日数或日平均温度总和(有效积温)来确定。据研究,山毛榉要求 5 ℃以上的总日数为 210 天,橡树只要 150 天,而云杉只需要 100 天。温带树种不仅要求一定高温的天数,而且也要求一定低温的天数。比较好的方法是,以具有一定高温和具有一定低温的天数来表示树种与热量的关系。思克威斯特指出:分布于北界的云杉,要求不少于 25 天的高温日(12.5 ℃),在南界则要求不多于 65 天的高温日(24 ℃)和不少于 100 天的低温日(0 ℃以下)。目前以积温来研究树木各个发育时期(或生育期)所需热量的方法应用较广泛,计算方法主要为有效积温和活动积温两种。

(1) 有效积温。

有效积温的计算是从某一时期内的平均温度减去生物学零度,将其结果乘以该时期的天数,即

$$K = N(T - B)$$

式中,K 为某树种完成某个发育阶段或生活周期所需要的有效积温,N 为完成发育阶段或生活周期所经天数,T 为当地该时期的平均温度,B 为某个发育时期或生活周期的起始温度(生物学零度)。

例如,某一树种发育的起始温度为 5 ℃,从平均温度达到 5 ℃时起,到开始开花共需要 30 天,在这段时期内的日平均温度为 15 ℃,该树种完成开花阶段的有效积温为

$$K = 30 \times (15 - 5) \text{ ℃} = 300 \text{ ℃}$$

(2) 活动积温。

活动积温的计算方法就是把生物学零度换成物理学零度。同样以上例为例,它的活动积温为

$$K = 30 \times 15 \text{ ℃} = 450 \text{ ℃}$$

不同植物(或品种)在整个生长发育期内,要求不同的积温总量。例如,柑橘需要有效积温 4000~4500 ℃,椰子需 5000 ℃以上。根据各树种需要的积温,再结合每个地区的温度条件,就能大体上推知这一地区能引种哪些树种和某些树种引种到什么地方为宜。此外,还可以根据各树种对积温的需要量推知树种各发育阶段到来的时间,以便及时安排生产活动。

5. 温度与伤害

1) 低温伤害

(1) 寒害。

寒害指气温在 0 ℃以上植物所受到的伤害。例如,桤木的致死低温为 5 ℃,热带地区的树种在温度为 0~5 ℃时呼吸代谢就会严重受阻。另一方面,低温天气常是突然发生的,发生在不太冷的天气之中,如橡胶树原是常绿植物,但在华南冬季温度虽不太低,但幼树落叶的有很多,这种受害显然不是结冰导致的。

(2) 冻害。

冻害指气温降低到冰点以下,植物组织发生冰冻而引起的伤害。温带冬季寒冷的地方,多年生植物的地上部分都有结冰的可能。植物组织内结冰时,细胞壁外面的纯水膜首先结冰,而后温度每下降 1 ℃,压力增加 12 Pa。温度继续下降,冰晶进一步扩大,结果一方面使细胞失水,引起细胞原生质浓缩,造成胶体物质沉淀,另一方面压力增加,促使细胞膜变性和细胞壁破

裂,最后导致植物死亡。抗寒能力主要取决于植物体内含物的性质和含量。例如,植物体内可溶性碳水化合物、自由氨基酸,甚至核酸的含量和抗寒能力成正比。凡是能诱发上述物质增加的,都能增强植物的抗冻性。抗寒性不仅种间不同,甚至不同品种也有差别。例如,柑橘类中,柠檬的抗寒性最弱,在-3 ℃就会受冻,甜橙在-6 ℃受冻,温州蜜柑、红橘在-9 ℃受冻,金橘的抗寒性最强,在-11 ℃才受冻。同一植物在不同发育阶段,其抗寒性也不同,休眠阶段抗寒性最强,生殖生长阶段抗寒性最弱,营养生长阶段居中。此外,果树中实生的比无性繁殖的抗寒性强,果树衰老、结果过多的抗寒性较弱。降温速度是引起植物伤害的重要因素,降温越快,受害越重。在降温的冬季,植物抵抗降温的能力较强。但当早春天气回暖后,这时突然降温,植物受害更严重。

(3)冻举。

冻举又称冻拔,是间接的低温危害。由于土壤反复、快速冻结和融化,引起强烈的辐射冷却,使土壤从表层向下冻结,升到冰冻层的水继续冻结并形成很厚的垂直排列的冰晶层。冰的体积比水大9%,特别是在第一冰层下再结冰时,就会把土壤连同苗木举起来。解冻时,土壤下陷,苗木则留在原处裸露于地面,倒伏死亡,像被人拔出来似的。通常大苗比小苗受害轻。

(4)冻裂。

冻裂多发生在日夜温差大的西南坡上的林木上。下午太阳直接照射到树干,入夜气温迅速大幅度下降,由于木材导热慢,因此造成树干西南一侧内热胀、外冷缩,形成弦向拉力,使树干纵向开裂。受害程度因树种的不同而不同,通常向阳方向的林缘木、孤立木或疏林易受害。冻裂不会造成树木死亡,但会降低木材质量,使树木生长缓慢,并可能成为病虫入侵的途径。在东北,山杨、胡桃楸、柞树、椴树等受害重;在南方,福建中部的桉树受害很普遍。

(5)生理干旱。

当土壤结冰时,树木根系也在"休眠"中,这时如果地上部分进行蒸腾作用,不断失水而根系又无水分补充,时间长了就会导致枝条干枯死亡,称为生理干旱。冬季因气温低,蒸腾量小,危害并不大。生理干旱多发生在春季,当气温转暖,地上部分开始萌动,而土壤尚未化冻,常造成严重的伤害。

2)高温伤害

热带植物所能适应的最高温度,温带或寒带植物在这种温度条件下短时间内就会死亡。热带沙漠的许多肉质植物(多属仙人掌科和景天科)及热生境的C_4草本植物,能忍受10~60 ℃的高温。植物种类不同,所能忍受的最高温度也不相同。一般旱生植物的耐热性都比中生植物的高。植物的发育期不同,对高温的适应性也不相同。休眠期的种子对高温的抗性大,干燥种子可耐100 ℃以上短时间的高温,但浸水种子在70 ℃时就会死亡。大多数高等植物所能适应的最高温度是35~40 ℃,只比最适温度略高。温度为45~55 ℃,植物就会死亡。温度过高会造成树木皮烧和根茎灼伤的危害。

(1)皮烧。

皮烧是指树木由于受强烈的太阳辐射,温度升高而引起形成层和树皮组织的局部死亡。皮烧多发生于树皮光滑的成年树木上,如成熟、过熟的冷杉常受此害。受害树木的树皮呈现斑点状的死亡或以片状剥落,给病菌的侵入创造条件。

(2)根茎灼伤。

根茎灼伤又称干切。当土壤表面温度升高到一定程度后就会灼伤幼苗柔弱的根茎。松柏科幼苗在土表温度达到40 ℃时就会受害。在炎热的夏季,中午强烈的太阳辐射常使苗床或采伐迹地土表温度达到45℃以上,从而造成这种危害。灼伤表现在根茎处,造成一个几毫米宽的环带,其致死原因是高温直接杀死了输导组织和形成层组织。

2.2.4 水分因子

1. 水分的作用

水分不仅是自然界的动力,而且是生命过程的介质和氢的来源。一切生物学机能都脱离不开这一因子。水是生命存在的先决条件,生命是从水体中形成和演化的。水分在森林的环境因子中占有很重要的地位。水分是构成植物体的主要成分之一,从生活细胞的原生质到树木的种子,都含有不同含量的水分。根、茎等顶端正在生长的部分,水分约占其鲜重的90%;树干的水分含量较少,仅占其重量的一半左右。树木的生命活动要在有水分的条件下才能进行,光合作用需要水分做其原料,水解作用要有水分参与反应。土壤中养分的吸收及其在体内的运转和利用,都离不开水分。

总之,水分既是构成树木的必要成分,又是树木赖以生存的必不可少的生活条件。只有在一定的水分条件下,树木才有可能生长或者有可能形成森林。

2. 不同形态水及其生态意义

水在自然界有气体、液体和固体三种形态,它们对森林的生态意义各不相同,其中以降水的意义最大。

1)降水

降水一般不直接为树木吸收利用。树木吸收的水分主要来自土壤,而土壤中的水分的补充则主要靠降水。生长期内的降水对树木的作用最大。许多资料都证明,生长期内的降水量与树木的直径生长常成正比,与高生长之间的关系则较复杂。不同的树种因其生长特点不同而对降水有不同的反应。油松、栎等树种的年高生长停止较早,故春季降水对其高生长的作用较为显著;而落叶松、水杉、杨树等,在整个生长期内几乎不停生长,因此夏、秋降水的多少,也会影响其高生长。尤其是像落叶松这样的树种,对干旱很敏感,夏季缺雨会引起苗木顶芽提早形成,高生长受到很大的影响。根据东北林业大学的观测材料,在一定范围内,落叶松的生长随降雨量的增加而加快,红松常常在降雨以后出现生长高峰。降水对树木生长的效果还取决于降水的强度和持续的时间。同样的降水量,强度小一些,降水时间长一些,效果较好,反之则较差。对于不同发育时期的树木,降水的意义也不一样。花期阴雨连绵,影响开花和传粉;果实成熟前降水较多,将延长果实的成熟时间,薄皮的果实还易产生裂果现象,而降水太少则会引起落花落果,降低种子质量。降水中的雪具有特殊意义,积极意义有:雪除了补充土壤水分以外,还具有保护土壤、防止冻结过深而伤害树木根系以及保护幼树越冬等作用。但是,下雪可能引起雪压、雪折、雪倒等灾害,有时山坡上还会发生雪崩,危害更大。雪害随林分的特征及环境条件而程度不同,一般常绿树受害重于落叶树,单层林重于复层林,枝条脆弱、根系较浅的树种受害较重。

2)雨凇、雾凇、冰雹

雨凇、雾凇为固体形态水,对树木的危害与雪害相似。雨凇、雾凇融化后能补充土壤水分。雾凇为游离的水汽遇树木的枝条或其他物体的冷却面冻结而成,故有增加当地降水量的作用,有些地方这部分降水约相当于总降水量的9%。冰雹也是固体形态水分,对树木构成很大的损害,冰雹融化后虽然也能增加土壤水分,但这种作用与其对树木的危害相比,则微乎其微。

3)水汽、雾、露水

水汽在大气中的存在常用空气湿度说明,它可以影响光照条件和树木的蒸腾作用及地表的物理蒸发,从而影响树木的水分平衡。空气相对湿度降低,可使蒸发和蒸腾作用增强,进而引起气孔关闭,降低光合效率。空气湿度过大,不利于树木的传粉,但能降低森林火灾的危险性。当水汽以雾的状态运动时,碰到树木或别的植物时,容易凝结到这些树木或植物的表面,成为土壤水分的一种来源,甚至可以被有些植物直接吸收利用。有些山地林区由于雾凝结而形成的降水可占到总降水量的40%。在干旱条件下,雾、露水可以缓和干旱所引起的枯萎,这种作用对沙区植物尤为显著。

4)酸雨

pH<5.6的降雨或降雪称为酸雨。酸雨不仅含有大量的H^+,而且还有高浓度、具有酸化作用的SO_4^-和NO_3^-等阴离子。酸雨的危害主要有:侵蚀树木叶子的角质层,使保卫细胞功能紊乱,损害表皮细胞,引起蒸发和蒸腾作用增强,故对干旱和其他不利条件的敏感性增强;使树木正常代谢和生长受到干扰,表现为光合效率降低,生长发育不良,器官出现坏死斑点或早衰;花粉活力下降,受精过程受到影响,果实、种子产量低,种子发芽率下降;叶和根的分泌过程改变,使叶际和根的微生物种群发生变化;使土壤表层酸化,对浅根植物和萌发的幼株产生不利影响;长期受酸雨影响的森林会降低生长量。

3. 树木对水分不足和过多的适应

1)水分亏缺对树木生长的影响

水分亏缺是树木时常受到的一种威胁,即使是在湿润的地区,树木也需要具有"备旱"的结构和功能,以适应干旱所引起的水分亏缺及其带来的一系列不良后果。水分亏缺严重可引起原生质脱水,从而降低光合作用,还可能引起气孔关闭和叶形变小、叶子老化,使光合面积缩小,碳水化合物的制造和供应受到抑制。水分亏缺容易引起许多生理生化过程发生变化,如淀粉的水解、呼吸作用、原生质的透性、黏滞性的增强等,对树木都可产生不利的影响,最后导致树木生长减退。干旱地区树木大都生长矮小,树木的嫩枝、根部的延伸、粗生长及果实的发育等都将由于得不到充足的水分供应而受到限制。研究表明,在树木的直径、生长方面,水分起着重要作用,它影响年轮的宽窄、早材和晚材的比例、各种木材性质,尤其是木材的密度,与其联系更密切。从树木的年轮可以看到过去气候变化的痕迹,特别是干旱的痕迹。树木年代学常根据年轮变化来研究过去的气候。陕西省气象局和中国气象科学研究院对黄陵县梨园柏树的年轮进行分析,发现过去327年中有旱年记载78次,与之相对应的很窄年轮有67个,相应率达95%。

2)树木对水分的需要

树木对水分的需要是指树木在正常生活过程中所吸收和消耗的水分。树木从土壤中经常吸收大量的水分。有人曾做过比较,一株玉米一天从土壤中约吸收2 kg的水,而一棵橡树一天消耗的水分可达570 kg。树木从土壤中吸收的水分,绝大部分消耗在其蒸腾过程中,用于合成碳水化合物的只是很少一部分,一般不超过1%。树木对水分的需要随树种、树木的发育期、生长状况及环境条件而异。一般来说,针叶树对水分的需要小于阔叶树,处于休眠期的树木对水分的需要小于正在生长的树木。

关于树木对水分的需要,常用蒸腾强度来表示,但蒸腾强度只能反映树木的耗水程度,而对于不同的树种来说,同样重量的水分在利用的有效程度上却并不一样。同一单位重量的水分,有的树种制造的干物质较多,有的则较少。也就是说,有的树种比较节约用水,有的则消耗水分较多。因此,从生产干物质来考虑树木对水分的需要,将是另一种情况。这种关系取决于各种树木的光合作用和蒸腾作用的水平。在植物生理学中常利用植物每生产 1 g 干物质所需的水分来表示其需水量,有时也称之为蒸腾系数。有的学者按照这一指标将树种分为两大类:耗水量低的树种,如云杉、花旗松、水青冈等,每生产 1 g 干物质,平均消耗的水分分别为 231 g、173 g、169 g;耗水量较高的树种,如松、桦、栎,每生产 1 g 干物质,平均消耗的水分分别为 300 g、317 g、344 g。

3)树木对水分条件的适应

树木在自然界中生长在一个复杂、多变、结构很不均匀的环境之中,水分条件随时间和空间的变化极为明显。树木本身对水分的需要同其所在的环境中的水分条件经常处于矛盾之中。各种树木在其生长发育过程中,既要适应水分的不足,有时或者在有的地方还得适应水分的过多。树木对水分条件的长期适应,是各种树木对水分条件所表现出的不同要求的生态学基础。生态学上常按照树木对水分条件的适应,将树种分为耐旱、湿生、中生三类,林业实践中应根据树种的这种特征采取相应的培育措施。

(1)耐旱树种。

在长期干旱的条件下能忍受水分不足,维持正常生长发育的树种称为耐旱树种,例如樟子松、马尾松、圆柏、侧柏、栓皮栎、枣树、梭梭、骆驼刺、木麻黄等。这类树种能在沙漠、草原或干热山坡等干旱地生长。

①植物主要采用以下三种方法来适应干旱:
- 通过降低水势和扩大根系来改进从土壤中吸收水分的能力;
- 及时关闭气孔,以减少水分的散失,利用角质层防止水分蒸发;
- 在植物体内贮存水分并提高输导能力。

②耐旱树种大都具备如下特点:
- 渗透压高。耐旱植物的渗透压一般高达 40~60 个大气压,如白梭梭根系的吸水力高达 51.5 个大气压。有的植物的渗透压可高达 100 个大气压。这类植物的细胞液浓度很高,吸水力特强,细胞内有亲水胶体和多种糖类,抗脱水的能力甚高,故抗旱力强。
- 根系发达。耐旱植物地下部分的长度可以超过地上部分的好几倍,有的根系虽不太深,但水平根系可扩展到很远。柠条的根长为茎的 7~10 倍,骆驼刺的根深可达 30 m,而苜蓿虽为草本,其根深竟可达 40 m。耐旱植物不仅根系发达,而且能使根迅速穿过干旱土层,在干旱来临前到达土壤深层,吸收那里的水分,以满足自身的需要。为此道本迈尔把"在正常季节中至少在 20 cm 以内没有生长水的基质上的那些植物"都称为旱生植物。他在这里所说的生长水是指超过永久凋萎含水率时土壤中的水分,亦即植物容易利用的水。
- 叶器官较不发达,甚至退化或具有控制蒸腾作用的结构。耐旱树种的叶形大都较小,梭梭、柽柳、木麻黄等树种的叶则退化为鳞片叶,有些树种的叶面有发达的角质层、蜡质层或茸毛,有的气孔下陷或气孔数目减少。所有这类结构都有利于降低蒸腾作用。金雀花等木本植物在干旱时可随时落去叶子的五分之一至三分之一。但是,叶子形态上的特征对于表明植物的抗旱性能并不太可靠,而且低的蒸腾强度也不一定就是耐旱植物的标志,在水分供应充足的条件下,耐旱树种的蒸腾作用有时是相当可观的,只是它对这一生理过程比其他生态类型具有更强的控制或调节能力。

(2)湿生树种。

湿生树种是指能够生长在土壤含水量很高,甚至水分过多的、大气湿度较大的环境中的树种,如赤杨、枫杨、落羽杉、水松,其特点主要是渗透压很低,大致为8~12个大气压,根系不发达,控制蒸腾作用的能力甚弱,叶子摘下后常迅速凋萎。

(3)中生树种。

中生树种是指生长于中等水湿条件下,不能忍受过干或过湿条件的树种。这是介于耐旱树种与湿生树种之间的中间类型,大部分森林树种都属于这一生态类型,其渗透压为1~25个大气压。这类树种大都缺乏适应长期干旱或过湿的形态构造和功能。

4. 森林对水分循环的影响

1)森林在水分循环和降水中的作用

水分循环是水在自然界的一种运动形式,它分为两大类,即水分的大循环和水分的小循环。前者指水从海洋以水汽形式被运送到大陆上空,凝结成降水又沿地面或地下流入海洋的过程;后者则指水在陆地上蒸发成水汽,进入大气中又凝结成降水回到地面的过程。水分的小循环是对水分的大循环的一种补充。当海洋中蒸发的水汽向陆地上空运送时,随着向内的继续深入,空气中的水汽含量将变得愈来愈少,降水量也随之减少。水分的小循环在一定程度上弥补了这一不足,通过此过程促进水汽逐步向大陆内深入,使水分条件有所改善。

森林在水分循环中的重要作用已为世人所公认,但森林对降水量的影响长期以来引起人们极大的兴趣和争论。绝大多数观测资料都证明了森林具有增加水平降水的作用。

但是,森林能否增加垂直降水,却存在着不同的看法。认为森林能够增加降水量的论点是以下述理由为根据,即森林地区的空气湿度高,气温较低,森林上空的空气涡动较盛,使空气的交流更为强烈,有利于水汽的凝结;森林减少了地表径流,促使更多的水分通过蒸腾作用进入大气,增加了空气中的水分含量。国内外有许多观测记载,说明森林能够增加当地的降水量。例如:广东省雷州半岛解放以后,经过大面积造林,降水量较造林前增加了二百多毫米;印度南部造林前后比较,年降水量增加了149 mm;美国田纳西河流域东部林区比牧区降水量多了46英寸(约1168.4 mm),比缺少植被的水土保持区多了7.1英寸(约180.34 mm)。同时,森林被破坏以后,气候向干旱发展,降水量显著减少的现象也可以从反面说明森林增加降水量的作用。

2)森林在水土保持中的作用

(1)林冠截留。

林冠截留指降水时有一部分降水被林冠所阻留的现象。林冠阻留的降水除一部分顺枝条沿树干流到林地外,其余的水分以后又被蒸发而回到大气中。因此,林冠下的降水一般较林外的要小。通过控制林冠截留,可调节进入林冠下的降水,从而调节林下土壤的水分状况和涵养水源作用。

林冠截留的降水量占降水总量的15%~40%,它受降水的特点和林木的特征所制约。一般地,林冠对雨水的截留比对降雪的截留久,落叶树种在这方面尤为明显。小雨比大雨被截留得多,阻水的时间愈长,林冠的截留量占降水量的比重愈小。

(2)森林地表蒸发。

森林地表蒸发较无林地显著减少,一般降低2/5~4/5,其原因主要是生长期间林内气温、土温都较低,风速很小,但相对湿度较大。同时,森林地上有死地被物的覆盖,土壤疏松,非毛管孔隙较多,能阻挡土壤向大气散发水汽等。林内地表蒸发量低,有利于保持土壤湿度,减少土壤水分的无效消耗。但幼林中,特别是尚未郁闭以前,地表蒸发仍很可观,应及时采取措施,如中耕除草等,以减少水分消耗。

(3)枯枝落叶对水的吸收。

林内死地被物能吸收大量降水,减少径流。

(4)地下径流。

水分向土壤中渗透的过程,称为入渗。在水分渗入土壤过程中,在初期入渗速率很大,即初渗率很大。初渗率在短时间内会急剧下降,最后趋于稳定,即终渗率。森林土壤疏松,孔隙多,富含有机质和腐殖质,水分容易被吸收和入渗。

(5)地表径流。

林内死地被物能吸收大量降水,减少径流。地表径流受树干、下木、活地被物和死地被物的阻挡,水分流动缓慢,有利于被土壤吸收和入渗。

总之,森林在水土保持中的作用主要体现为削洪补枯:在洪水季节,削减洪峰高度,延长洪峰到来的时间;在枯水季节,森林水缓慢释放,补给枯水季节的水分不足。

2.2.5 土壤因子

1. 土壤的作用

1)土壤的概念

土壤是岩石圈表面能够生长植物的疏松表层,是陆生植物生活的基质和陆生动物生活的基底,它提供生物生活所必需的矿物质元素和水分。

2)土壤的形态

土壤是由固体(无机质和有机质)、液体(土壤水分)和气体(土壤空气)组成的三相复合系统。

3)土壤与生物

生物的活动不断地对土壤的结构和组成进行改造,因此土壤不仅是生态系统中物质与能量交换的重要场所,同时它本身又是生态系统中生物部分与无机环境部分相互作用的产物。土壤无论对植物还是对动物来说,都是重要的生态因子。对于植物,其根系与土壤之间具有极大的接触面,在植物和土壤之间有着频繁的物质交换,彼此相互影响,因此通过控制土壤可控制植物的生长与繁育。

(1)土壤肥力。

土壤及时地满足生物对水、肥、气、热要求的能力,称为土壤肥力。

(2)土壤对植物的重要性。

土壤对植物的重要性表现在固定作用、水分供应、养分供应。

2. 土壤的理化性质

1)土壤的物理性质

土壤的物理性质是指土壤质地、结构、容量、孔隙度等。

(1)土壤质地与结构。

土壤是由固体、液体和气体组成的三相复合系统,其中固相颗粒是组成土壤的物质基础,它占土壤全部重量的85%以上,是土壤的主要组成部分。根据土壤颗粒直径大小,可把土壤分为粗沙(0.2～2.0 nm)、细沙(0.02～0.2 nm)、粉沙(0.002～0.02 nm)和黏粒(0.002 nm以下)。这些大小不等的矿物质颗粒,称为土壤的机械成分,机械成分的组合百分比即称为土壤质地。根据土壤质地,可把土壤分为沙土、壤土和黏土三大类。沙土以粗沙和细沙为主,黏性小,孔隙多,透气透水性强,保水保肥能力差;壤土质地较均匀,是沙粒、黏粒和粉粒大致等量的混合物,通气透水,有一定的保水保肥能力,是比较理想的耕种土;黏土质地黏重,但细小,孔隙细微,通气透水性差。

(2)土壤水分。

土壤水分主要来自降雨、降雪和灌水。土壤水分的适量增加,有利于各种营养物质的溶解,有利于土壤中有机物的分解和合成,也有利于磷酸盐的水解和有机态磷的矿化,这些都能改善植物的营养状况。此外,土壤水分还能调节土壤的温度,灌溉防霜就是这个道理。但水分太多或太少对植物、土壤动物和微生物不利。

(3)土壤空气。

土壤空气基本上来自大气,还有一部分由土壤中的生化过程产生。土壤空气的组成:80%是氮,20%是氧和二氧化碳。

(4)土壤温度。

土壤温度主要来自太阳能。由于太阳辐射强度有周期性的日变化和年变化,所以土壤温度也有周期性日变化和年变化。土壤温度除直接影响植物种子的萌发和扎根生苗外,还对植物根系的生长和呼吸能力有很大影响。大多数作物在 $10\sim35\ ℃$ 的范围内随着土壤温度的升高,其生长加快,这是因为随着土壤温度的升高,根系吸收和呼吸能力增强,同时物质运输加快,细胞分裂和生长速度也随之加快。土壤温度太高和太低都会减弱根系的呼吸能力,不利于其生长。

2)土壤的化学性质

(1)土壤酸碱度。

土壤酸碱度是土壤的很多化学性质,特别是岩基状况的综合反映,它对土壤的一系列肥力性质有重要影响。酸性或碱性环境会直接伤害林木组织,影响养分的有效性和微生物活动,间接影响林木生长。

(2)土壤有机质。

土壤有机质是土壤的重要组成部分,土壤的许多属性都间接或直接与土壤有机质有关。土壤有机质可分为两类:一是非腐殖质,二是腐殖质。土壤有机质含量是土壤肥力的一个重要标志。植物所利用的有效养分,为土壤胶体吸附的养分元素和土壤溶液中的盐类。土壤有机质主要来自绿色植物,其次是土壤中的动物与微生物。木本植物每年主要以地上部分的枯枝落叶覆盖在土壤表面,形成枯枝落叶层。其根系每年输入土壤中的有机物数量较大,且滞留在土壤中。

3. 以土壤为主导因子的植物生态类型

在不同的土壤中生长的植物,由于长期生活在相应的环境中,因而对该种土壤产生了一定的适应性,形成了以各种土壤为主导因子的植物生态类型。以土壤为主导因子的植物生态类型主要有以下几种。

1)盐碱土植物

盐碱土是盐土和碱土以及各种盐化和碱化的总称。盐土是指土壤中可溶性盐含量占土重的1%以上,有的可达3%以上。盐碱土对植物的生长有重要影响,主要表现在盐碱毒害植物的根系,使土壤的理化性质改变,土壤结构被破坏,引起植物生理干旱,伤害植物细胞,引起植物代谢紊乱。在形态上,盐碱土植物多矮小、干瘦,叶子退化或无叶,有的肉质变红,有特殊储水细胞,该细胞不受盐分的伤害而能进行正常的同化作用。此外,盐碱土植物还有许多类似旱生植物的特点,如蒸腾面积缩小,气孔下陷,常有灰白色绒毛,细胞间隙缩小,栅栏组织发达等。在生理上,这类植物也具有适应性特征。干旱地区的盐碱土为碱性。

2)酸性土植物

酸性土植物仅能在pH<6.5的酸性土壤中生长,并对Ca^{2+}及HCO_3^-非常敏感。这类植物主要分布在气候冷湿的针叶林地区和酸性沼泽土中,土壤中的钙及盐被高度淋溶。

3)中性土植物

中性土植物生长在pH为6.5~7.5的中性土壤中,多数为乔木树种,温带果树都属于此类型。其中,有些植物可以耐一定的酸度和碱度。

4)钙质土植物

钙质土植物生长在pH>7.5的碱性土壤中,如柏木、蚬木、金丝李、南天竺、竹叶椒、棕竹、沙拐枣等。钙质土植物适合于钙质土或石灰土中生长,一般在酸性土壤中生长不良。

2.2.6 风因子

1. 风对树木的影响

大气无时无刻不在运动,空气时刻由高压区流向低压区,大气的这种物理运动称为风。风是一个很重要的生态因子,它对树木的影响是多方面的。

1)风对树木形态和解剖构造的影响

在干燥风影响下的植物,因为水分平衡不良,光合作用达不到应有的强度,成熟细胞达不到正常的大小,因此所有器官都矮化,整个植株呈矮态。在靠近海岸、极地、山脊、高山树木线、与大草原相邻的森林边缘,这种矮态现象是很常见的。在经常刮单一风的地方,如果是微风,对树木的影响是轻微的,但在中等以上风速时,树木迎风面的新生枝条常常受到风干燥作用的伤害,在强风作用下,其至会使迎风面的芽枯死,在背风面枝叶继续发育,树枝长得粗壮又长,整株树木或是偏冠,或是树冠集中在树干的一面,呈旗形,或是弯在地面。当树木受风作用而向一边生长时,迎风面年轮又小又密,背风面年轮又粗又宽,整个木材断面是偏心的。美国加利福尼亚的一株柏树,在迎风面只形成50多个年轮,而背风面却有304个。

2)风对树木生理活动的影响

风能改变空气的温度和湿度,从而影响到树木的生理活动。风能吹走气孔间隙中的水蒸气,加强蒸腾作用,使水分与无机物能更迅速地输送到叶子里。仅仅是0.2~0.3 m/s的小风,即能使蒸腾作用加强三倍。但风速较大时,蒸腾作用过分加强,耗水过多,叶子的气孔便会关闭,这时光合作用的强度就会降低。在强风盛行的地区,树木为了适应蒸腾失水,都具有旱生的特点。

旱风能使空气非常干燥,蒸腾作用异乎寻常地大大加强,根向枝叶输送的水分满足不了蒸腾作用的要求,根的给水速度低于蒸腾强度,造成强迫蒸腾,结果导致植物干燥和枯萎。

风能影响空气中二氧化碳的含量,从而影响着植物的同化过程。据研究,在平静无风的天气,空气中二氧化碳的含量等于1.22 mg/L;风力为0.8 m/s时,为0.67 mg/L;风力为1.2 m/s时,为0.54 mg/L。

3) 风对植物生长的影响

强风能降低植物的生长量,风速为 10 m/s 时,树木的直径生长量要比风速为 5 m/s 时的少 1/2,要比无风时的少 2/3。有人做过试验,在风中摇摆的小树,比用支柱架起来的小树树高生长量平均少 25%,质量少 41%,直径也较小。

风对根系的生长也起着重要作用。处在林缘的树木,根系受到更多的风吹影响,风使树液流动受阻,营养物质输送不畅,因而必然影响根系的新生和生长。在主风明显的地方,根向主风向相反的方向延伸并较为发达,这种特性能提高林木的抗风性。

4) 风对树木繁殖的影响

风对树木繁殖的影响主要表现在风媒与风播的作用上。

(1) 风媒。

大多数乔、灌木树种是靠风授粉的,大气的流动能把花粉带到很高的空间和送到几百公里远的地方。松柏科树木授粉时,在风的吹动下,林中的花粉如同黄雾一样,在地面铺上一层硫黄似的粉末。最适宜的风媒条件是微风、干燥的天气。在潮湿的环境下,花药不易张开,花粉粒不能散落出来。当花粉成熟时遇到阴雨连绵的天气,就会影响受粉和收成。风媒植物的花有很长的花丝突露在发育不完全的花被之外,花是典型的单性花,居于树梢,花粉有圆滑的外膜并无黏性,许多裸子植物的花粉粒上还有一对气囊,可使花粉获得更大的浮力。林内经常无风,白天受热后会产生一种上升气流,这种气流在风媒中起着非常重要的作用。松、云杉等的花粉就是靠这种气流,把花粉从下部枝条的雄球花上带到上部枝条的雌球花上的。

(2) 风播。

风的强大力量能把林木的种子和果实传播到很远的距离。小粒种子,如柳、杨、山杨、桦等的种子能被风传播到十几公里远的地方。多数情况下,风传播的距离为 100～150 m。植物种子具有适应风播的构造:有的植物种子很轻、很小,只有 0.002 mg,如同孢子和细菌一样,能顺利地被风吹走,得以广泛传播;有的种子带絮(杨柳科等)、带翅(桦木科、松科、榆科、槭树科……)等。

5) 风对林木的机械损害

风速超过 10 m/s 的大风,能对林木产生强烈的破坏作用。风速为 13～16 m/s 的大风,能使树冠表面每平方米受到 147～196 N 的压力。在强风的作用下,一些浅根性树种能连根刮倒,这种现象称为风倒。受病虫害的、生长衰退的、老龄过熟的林木,能被强风吹折树干,这种现象称为风折。风倒和风折会给森林造成很大的灾害,形成大面积林中空地和使森林毁坏。阵发性的风的破坏力尤其大。

各种树种抗风倒的能力是不同的。树冠浓密且庞大的浅根性树种,易受风倒之害;深根性的树种,一般不易风倒。抗风性大小还取决于环境条件。浅根性树种在肥沃而深厚的土壤中能形成深根,增强抗风性。沼泽地、水湿地、土壤黏重、通气不良的地方的树种多形成浅根系,很容易发生风倒。郁闭的林分内,林内无风,林木稳定。经过采伐,林内通风条件改变,林木风倒的可能性增加。伐区边缘的林木和采伐迹地保留的母树都易风倒。抚育采伐时采伐强度过大,也会造成风倒。热带和亚热带的林木具有繁茂的枝叶、健壮的树干,根系扎得很深,藤本植物较多,互相缠绕,抗风性很强,即使台风频繁的地区,也能免受其害。

2. 森林的防风作用与防护林带

1) 森林对风的阻挡

森林是风的强大障碍,能把大风分散成小股气流,并改变它的方向。风从空旷地向森林接近时,距林缘几百米远时,风速就开始减小。林内经常是无风的或有很弱的风。林外的风进入林内后很快就失去原有的风速。风通过森林后,要经过 500 m,有时甚至经过 1000 m 才能恢复到原来的速度。林内不同高度上的风速各不相同。根据在 25 m 高的阔叶林内的调查,风速在地表面最小,随高度的增加而增大。

2)农田防护林带的防风作用

根据森林的防风作用建造的农田防护林带,起到了显著的防风作用。风从林带通过后的气流特点和风速减小的效果与林带的结构有关。现行的三种林带结构为紧密结构、疏远结构、通风结构。在农田防护林带的作用下,由于风速降低,减少了冷热空气的对流和输送,调节了气温。根据对黑龙江省西部农田防护林的调查,日平均增温 0.6 ℃,夏季有降温作用,秋季三个月平均增温 0.9 ℃。林带还减少了水分蒸发,增加了土壤热容量,提高了土壤含水率,发挥出保证农业高产的作用。

3)林带的防风固沙作用

林带可降低风速,在沙区可以起到固定流沙的作用。新疆莎车县绿洲建造了防护林网,起到了防风固沙的作用,绿洲得到了扩大。新疆吐鲁番林网化后,防风治沙很有成效。如旷野风速为 100%,在通过第一条林带后风速为 62%,通过第二条林带后风速为 58%,通过第三条林带后风速为 48.9%,这说明几条林带所构成的连续防风林带更为有效。由于林带降低了风速,固定了沙丘,改变了气候条件,因此农作物获得了增产。据中国科学院兰州冰川冻土研究所等单位在吐鲁番的调查,小麦千粒重提高了 10.7～11.5 g,有效分蘖增加了 2.3%～6.7%,每平方米植株数增加了 55～94 株,每亩单产提高了 33.25～60.8 kg。

2.3 森 林 种 群

2.3.1 种群的基本概念

种群(population)是指同一物种占有一定空间和一定时间的个体的集合体。种群不仅是构成物种的基本单位,也是构成群落的基本单位。任何一个种群在自然界中都不能孤立存在,而是与其他物种的种群一起形成群落。种群可以作为抽象的概念在理论上加以应用(如种群生态学、种群遗传学理论和种群研究方法),也可以作为具体存在的客体在实际研究中加以应用。种群作为具体的研究对象,又可分为自然种群(如某一湖泊中的鲤鱼和秦岭山地的大熊猫种群等)和实验种群(如实验条件下人工饲养的果蝇和小白鼠种群),单种种群(如以面粉饲养杂拟谷盗,以研究其种群数量动态)和混种种群(如把两种草履虫养在同一容器内,以研究种间竞争)。

2.3.2 种群的基本特征

种群虽然由个体组成,但种群具有个体所不具有的特征,一般以种群密度、种群分布格局、种群年龄结构、种群增长型和种群调节等进行描述。

1. 种群密度

种群密度是以单位面积上的个体数目或种群生物量来表示的。影响种群密度的四个参数是出生率、死亡率、迁入率和迁出率,这些都是统计值。除此之外,种群作为一个更高的研究层次,还具有密度、分布型、扩散、集聚和数量动态等特征,而这些特征是个体所不具备的。

2. 种群分布格局

种群中的个体在水平空间内的分布方式,称为种群分布格局,一般分为三种类型:

1) 随机分布

随机分布是一种偶然分布现象,个体分布的机会均等,彼此独立,任一个体的出现与其他个体无关。出现随机分布的条件是生境对个体的作用相当,某一主导因素呈随机分布,生境条件比较一致。

2) 均匀分布

种群内的个体分布是等距离的,或个体间保持一定的均匀间距,接近于平均株数的林分。均匀分布在自然条件下极为罕见,一般见于人工林。引起均匀分布的可能原因有:种内竞争、优势种成均匀分布而使其伴生种也成均匀分布、地形或土壤物理性状的均匀分布、自毒现象等。

3) 集群分布

种群内的个体的分布极不均匀,常呈群、簇、块、斑点状密集分布,各种群的大小、种群间距离、种群内个体的密度等均不相同,但各种群大多呈随机分布,间或有均匀分布。形成集群分布的原因有:种群的繁殖特点,环境中局部条件的差异,种群间相互关系有可能是直接的有利作用或间接作用(如他感作用)。在同一群落内,可以形成多种分布格局。

3. 种群的出生率和死亡率

种群的出生率和死亡率是影响种群增长的最重要因素。出生率可用生理出生率和生态出生率来表示。生理出生率又叫最大出生率,是种群在理想条件下所能达到的最大出生数量。由于种群不太可能达到生理出生率的水平,所以测定生理出生率没有多大的意义,但与生态出生率相比,生理出生率却是一个很有用的衡量标准。生态出生率又叫实际出生率,是指在一定时期内,种群在特定条件下实际繁殖的个体数量。死亡率同出生率一样,也可以用生理死亡率(或最小死亡率)和生态死亡率(实际死亡率)表示。生理死亡率是指在最适条件下所有个体都因衰老而死亡,即每一个个体都能活到该物种的生理寿命,从而使种群死亡率降至最低。

4. 种群年龄结构

任何种群都是由不同年龄的个体组成的,因此,各个年龄或年龄组在整个种群中都占有一定的比例,形成一定的年龄结构。种群年龄结构是指种群内个体的年龄分布状况。一般以龄级来划分树种,不同的树种有不同的龄级标准。林业中将林木按种群年龄结构分为同龄林和异龄林。同龄林是指组成种群的林木年龄基本相同,如有差异,也是在一个龄级之内;异龄林是指组成种群的林木年龄差异较大,超过一个龄级。从生态学的角度,可以把一个种群分成三个主要的年龄组(即生殖前期、生殖期和生殖后期)和三种主要的年龄结构类型(增长型、稳定型、衰退型)。

5. 生命表

生命表是描述种群死亡过程的具有固定格式的表。它分为两大类:动态生命表和静态生命表。静态生命表又称特定时间生命表,它反映种群在某一特定时刻的状况,依据静态生命表能较容易地看出种群的生存对策和生殖对策。动态生命表又称特定年龄生命表。在林业生产中常采用一种称为产量表的生命表。产量表把林木按年龄分成不同的年龄组,并计算每一年龄组的株数,同时给出树木的直径、基底面积和体积等参数。

2.3.3　种群的增长

1. 种群在无限环境下的指数增长模型

$$dN/dt = rN$$

式中:N 为个体数目;t 为时间;r 为瞬时增长率,是出生率与死亡率之差,表示种群个体的平均变化率。

2. 种群在有限环境下的逻辑斯谛增长模型

$$dN/dt = rN(K-N)/K$$

式中,N 为个体数目,t 为时间,r 为瞬时增长率,N 为种群数量,K 为环境最大容纳量。

2.3.4　种群调节

1. 种群调节理论

种群的数量因空间和资源的限制,不可能无限地增长,而是只能达到环境容纳量。种群数量趋于保持在环境容纳量水平上的现象称为种群调节。种群数量稳定在环境容纳量上时并非是静止的,它在稳定条件下是不断变化的,其变化的形式主要有:基本稳定在环境容纳量上、在环境容纳量上下波动、增幅或减幅振荡。种群数量的变动是出生和死亡、迁入和迁出作用的结果。为揭示种群调节的本质,生态学家提出了种群调节理论。

Howard 和 Fiske 是种群自然调节问题生物学派的先驱,他们主张生物因素(主要是寄生和捕食)是种群数量自然调节的主要因素。与此同时,另一个学派——气候学派也正在形成,F. S. Bodenheimer 是最早主张种群密度主要靠气候来调节的学者之一。涉及种群调节的因素大致可分为密度制约因素和非密度制约因素两大类。密度制约因素对种群变化的影响是随种群密度的变化而变化的,而且种群受影响部分的百分比与种群密度的大小有关;非密度制约因素对种群的影响则不受种群密度的制约,在任何密度下,种群总是在一个固定的百分数受到影响或被杀死。

2. 种群调节的密度制约因素

种群的密度制约调节是一个内稳定过程,当种群达到一定大小时,某些与密度相关的因素就会发生作用,借助于降低出生率和增加死亡率来抑制种群的增长。

3. 种群数量调节的外源性因素

非密度制约因素实际上对种群的增长无法起调节作用,因为调节是一个内稳定反馈过程,其功能与密度有密切关系。但是,非密度制约因素对种群大小有重大影响,能影响种群的出生率和死亡率。非密度制约因素对种群影响很大,可以使任何密度制约因素的影响变得难以察觉。如寒冷的春天可以冻死橡树的花朵,从而使橡树果实的产量大大降低,冬季松鼠就会发生严重的饥荒。一般而言,由环境的年变化或季节变化所决定的种群波动是不规则的,并且多与温度、湿度的变化有关。

1)气候

对种群影响最大的外在因素莫过于气候,特别是极端的温度和湿度。超出种群忍受范围的环境条件可能对种群产生灾难性影响,因为它会影响种群内个体的生长、发育、生殖、迁移和散布,甚至会导致局部种群毁灭。一般说来,气候对种群的影响是不规律的和不可预测的。

2)可获资源量

可获资源量(如食物和生殖场所)具有直接或间接调节种群数量的作用,主要通过种内竞争的形式。在资源短缺的时候,种群内部必然会发生激烈的竞争,并使种群中的很多个体不能存活或不能生殖。个体对资源或食物的竞争可以分为两种不同的类型:一是分摊型竞争(scramble type of competition),二是争夺型竞争(contest type of competition)。

(1)分摊型竞争。

分摊型竞争是指参与竞争的每个个体都有同等的机会分得一部分食物,这样,总食物资源就被分成许多份,当种群密度很大时,每一份食物资源就很少,难以维持个体的生存。显然,在这种情况下,分摊型竞争就会造成资源的浪费,使种群发生剧烈的波动。这种竞争常常会使种群的平均密度远远达不到资源所能允许的水平。

(2)争夺型竞争。

与分摊型竞争相反,在争夺型竞争中,强者可以获得足以维持自身生存和生殖的资源,而弱者则完全得不到资源或食物,因此资源短缺只对种群中的一部分个体产生有害影响。争夺型竞争常常能使种群维持较大的密度,并可防止种群发生剧烈波动。

3)疾病和寄生物

由于传染病和某些寄生物的致病力和传播速度是随着种群密度的增加而增加的,所以可以把它们看成是密度制约因素。植物的疾病主要是由真菌引起的,而真菌是以一种密度制约方式进行传播的。

4)捕食

捕食是一种强有力的外在调节机制。从理论上讲,如果捕食动物的数量和捕食效率能够随着猎物种群数量的增减而增减,那么捕食动物就能够调节或控制猎物种群的大小。也就是说,只有在每个猎物的平均被捕概率随着猎物种群密度的增加而增大的情况下,捕食动物才能发挥调节作用。只要捕食动物主要依赖某一猎物种群为生,同时又不破坏猎物种群的自我更新能力,那么捕食动物和猎物种群便能保持相对稳定,这是一种典型的补偿捕食。

4. 种群内的自我调节机制

种群调节的两个主要学派(气候学派和生物学派)都特别强调外在因素的作用,其基本条件是组成种群的个体是没有差异的,却忽视了个体差异对种群调节的重要性。另有一些生态学家把研究重点放在种群内部的变化上,并认为这种变化对种群数量的调节是十分重要的。表现型和基因型是个体可能发生的两种基本变化形式,虽然生物学派在具体问题上对表现型和基因型个体在种群调节时各有怎样的重要性的认识并不一致,但不管正在起作用的是什么机制,它必定是进化的产物。因此,凡是支持种群自我调节理论的生态学家都非常重视进化方面的论据。

种群内的个体变异,有些是由遗传引起的,有些则是由环境引起的。种群自我调节的实现主要是靠种群内个体之间某种形式的相互干扰,因此种群自我调节理论只适用于那些具有这种相互干扰或空间行为的种群。对这样的种群来说,最重要的环境因素就是种群内其他个体的存在。处在种群分布区边缘的种群,一般不太可能显示自我调节能力,因为在劣质生境中,物理因素常常起着主导作用。因此,当研究种群的自我调节能力时,应当把注意力集中在分布区最典型的生境中,因为只有在那里种群的自我调节能力才表现得最明显。

2.3.5 种群的生态对策

任何生物在某一特定的生态压力下,都可能采用有利于种群生存和发展的对策。在生态对策上,生物对生态环境总的适应对策必然表现在各个方面。

1. 生殖对策

不同类型的植物采用不同的生殖对策。有些植物把较多的能量用于营养结构的生长,而分配给花和种子的能量较少,因此这些植物的生殖能力就比较弱。处于演替后期的多年生木本植物常属于这一类植物,它们的生境比较稳定,因此对这些植物来说,把较多的能量用于树干和树根的生长,可以使它们在拥挤和资源有限的环境中增强竞争能力。另一些植物则把更多的能量用于生殖,以便产生大量的种子,这些植物所占有的生境往往是不太稳定的,或者是处于演替的早期阶段。

植物对生殖能量的再分配也有不同的对策。有些植物的种子很小,但数量很多;另一些植物的种子较大,但数量较少。能量在有性生殖和无性生殖上的分配,不同植物也存在着很大的差异。植物种子的大小和数量变化很大。有些植物(如椰子、棕榈)的种子质量可达 27 000 g,它们主要靠水传播;另一些植物(如某些兰科植物和腐生植物)的种子可以小到只有 0.000 002 g,这些种子很容易被风吹到各处的小生境内萌发生长;其他植物种子的大小则介于这两个极端之间。对植物来说,种子的大小应当最有利于种子的传播、定居和减少动物的取食。如果植物所有的生境很分散、贫瘠,生物之间的竞争又不是很激烈,植物便常常产生大量的小型种子,种子内贮存的营养物质也很少。这些植物种群的生殖对策是靠牺牲大量的种子来保证少量种子的存活。如果植物所在的生境很稳定、很肥沃,生物之间的竞争很激烈,植物便常常产生少量的种子,但种子内贮存的营养物质较多,这些植物种群的生殖对策是靠降低种子的传播能力来增强种子和实生苗的竞争和定居能力。

2. 生活史对策

生活史对策分为 R 对策和 K 对策。R 对策的种群通常是短命的,其生殖率很高,可以产生大量的后代,但后代存活率低,发育快,常靠机会发展;而 K 对策的种群通常是长寿的,种群数量稳定,竞争能力强,个体大,但生殖能力弱,只能产生很少的后代,亲代对子代提供良好的庇护。

2.4 森 林 群 落

2.4.1 森林群落的基本概念

1. 群落的概念及基本特征

1) 群落的概念

在一定空间内,所有动物、植物和微生物的集合体称为群落,或定义为特定空间或特定生境下生物种群有规律的组合。群落内的种群相互作用,具有独特的成分、结构和功能。

2)群落的基本特征

(1)有一定的物种组成。

每个群落都是由一定的植物、动物、微生物种群组成的,因此,物种组成是区别不同群落的首要特征。

(2)不同物种之间的相互影响。

群落的形成和发展必须经过生物对环境的适应和生物种群之间的相互适应。群落并非种群的简单集合。种群组合成群落取决于两个条件:第一,必须共同适应它们所处的无机环境;第二,它们内部的相互关系必须协调、平衡。

(3)具有形成群落环境的功能。

群落对其所处的环境产生重大影响,并形成群落环境,包括光照、温度与土壤等都经过了群落的改造。

(4)具有一定的外貌和结构。

一个群落中的植物个体,分别处于不同高度和密度,从而决定群落的外部形态。

(5)具有一定动态特征。

群落是生物系统中具有生命的部分,生命的特征是不停地运动,群落也是如此。

(6)一定的分布范围。

任一群落都分布在特定的地段或特定的生境中,不同群落的生境和分布范围不同。

(7)群落的边界特征。

在自然条件下,有些群落具有明显的边界,可以清楚地加以区分;有的则不具有明显边界,而是处于连续变化中。

2.群落的组成

群落的组成是指群落由哪些生物种所构成。群落的组成是影响群落特征的一个重要因素。

1)优势种与从属种

(1)优势种。

一般来说,群落中常有一个或几个种群大量控制能流,其数量、大小以及在食物链中的地位,强烈地影响着其他种群的生境,这样的生物种称为群落的优势种。优势种在群落中不仅占有较广的生境范围,利用较多的资源,具有较高的生产力,而且具有较多的能量,即具有个体数量多、生物量大等特点。如果去除群落中的优势种,必然导致群落发生巨大变化。

(2)从属种。

从属种分为两类:一类为依赖性从属种,它们紧密依赖于优势种所提供的条件,如果优势种被去除,则会导致它们在生境中绝灭,因而这些生物种只能在优势种定居于一个地区后才能进入生境;另一类是指那些不论优势种存在与否,都能在该群落生境中存在的生物种,这一类生物种往往是耐阴性的。

2)建群种

建群种是指对形成群落的生境和群落的外部特征起决定作用的生物种,它们的数量不一定很多,但它们往往是主要层的优势种(优势种不一定是建群种)。

3)关键种

(1)关键种的概念和类型。

群落中,在维护生物多样性和生态系统稳定方面起着重要的作用,如果它们消失或减少,整个生态系统就可能发生根本性的变化,这样的生物种称为关键种。关键种的类型有:关键捕食者、关键被捕食者、关键植食动物、关键竞争者、关键互惠共生种、关键病原体/寄生物、关键改造者。

(2)关键种和优势种的区别。

与优势种相比,关键种有两个显著的特点:

①关键种的存在对于维持群落的组成和多样性具有决定性意义;

②同群落中的其他生物种相比,关键种无疑是很重要的,但又是相对的。

4)冗余种与冗余假说

(1)冗余种。

在群落中,有些生物种是多余的,这些生物种的去除不会引起群落内其他生物种的丢失,同时对整个系统的结构和功能不会造成太大的影响,这样的生物种称为冗余种。

(2)冗余假说。

冗余假说认为物种在生态系统中的作用显著不同,某些生物种在生态功能上有相当程度的重叠。因此,某一生物种的丢失并不会对生态功能造成很大的影响。冗余假说的主要依据为:

①化石证据;

②生物量与生产量;

③食物网研究。

3. 群落的结构

1)群落结构的概念

群落的结构指生物在环境中的分布及其与周围环境之间相互作用形成的结构,又可称为群落的格局(pattern)。E. P. Odum 把群落的格局分为:

(1)分层格局,即群落的垂直分层现象。

(2)带状格局,即群落的水平离散现象。

(3)活动性格局,又称时间格局,即群落的周期性。

(4)食物网格局,即群落中食物链的网络组织。

(5)生殖格局,即群落中生物种繁殖方式的组合。

(6)社会格局,即群落中动物的社会性。

(7)协同格局,即群落中生物种间的竞争、抗生、共生、捕食与寄生。

(8)随机格局,即任意或不可知力量影响群落结构的结果。

群落的结构可分为物理结构和生物结构。物理结构是指群落的外貌和形态,包括决定群落外貌的植物生长型、垂直分层结构及群落外貌的昼夜相和季节相三个方面。生物结构是指构成群落的生物种组成和相对多度、种间相互关系、多样性和演替等方面。群落的生物结构取决于物理结构。

2)群落的外貌和生活型

(1)群落的外貌。

群落的形态与结构一般称为群落的外貌(physiognomy)。由于陆地群落的外貌是由组成群落的植物形状所决定的,所以要描述其外貌,首先要描述植物生活型。

（2）生活型。

生活型是反映植物生活环境适应的外在表现。相同的环境条件具有相似的生活型。目前广泛采用的是丹麦植物学家 Raunkiaer 提出的系统,他将休眠芽在不良季节的着生位置作为划分生活型的标准,把高等植物划分为五个生活型。

①高位芽植物:休眠芽位于距地面较高的位置,一般在 25 cm 以上。

②地上芽植物:休眠芽位于土壤表面之上、25 cm 之下,多为半灌木或草本植物。

③地面芽植物:休眠芽位于近地面土层内,冬季地上部分全部枯死,多为多年生草本植物。

④隐芽植物:休眠芽位于较深土层或水中,多为鳞茎类、块茎类和根茎类多年生草本植物或水生植物。

⑤一年生植物:以种子形式度过不利季节。

4. 群落的空间结构

1) 垂直结构

群落的组成在垂直高度上的分化状况称为垂直结构,又称为垂直分层现象。群落的垂直结构取决于植物的生活型——高低、大小、分枝、叶等,主要受光照强度的影响。垂直分层现象的生态学意义在于,通过分层利用资源,减少光照、水分、矿物质营养的竞争,从而扩大群落对资源的利用范围。因此,垂直分层越复杂,对环境利用越充分。群落垂直分层现象是评估生态环境质量的一种指标。

2) 水平结构

根据群落中生物种的分布情况,构造群落的水平结构。陆地群落的水平结构主要取决于植物的内在分布型。除人工林有可能出现均匀型分布外,生长在沙漠中的灌木,因植株间可能太靠近,因此分布比较不均匀。陆地群落中的大多数植物是成群分布的,因此植物的斑块状镶嵌方式就相当重要。若种子成熟后直接洒落在母株周围,就会产生成簇的幼小植物;靠风力传播或鸟兽传播,种子就可散布得很远;植物的荫蔽和分泌的有害物质,可以抑制其他植物的生长。

3) 时间结构

群落的时间结构是群落的动态特征之一。时间结构包括:一是自然环境因素的时间节律引起群落中各生物种在时间上相应的周期性变化;二是群落在长期发展过程中,由一种群落类型转变为另一种群落类型的顺序过程,即群落的发展演替,可分为昼夜相、季节相。

4) 营养结构

营养结构是群落中各生物种之间最重要的联系,是群落赖以生存的基础,主要包括食物链、食物网、生态金字塔、营养物种、同资源种团、群落交错区和边缘效应。

在群落交错区中既可有相隔群落的生物种类,又可有群落交错区特有的生物种类。这种在群落交错区中生物种类增加和某些生物种类密度增大的现象,叫作边缘效应。

5. 群落的种间关系

1) 种间关系的类型

种间关系是指不同种群之间的相互作用。种间关系的主要类型有中性、竞争、偏害、捕食、寄生、偏利、互利。

2) 种间竞争

种间竞争是指几种生物利用同一种有限资源所产生的相互抑制作用。

(1)生态位。

生态位是指某种生物利用食物、空间等一系列资源的综合状况以及由此与其他物种所产生的相互关系,简单地说,就是物种在群落中所占据的位置。生态位相似的物种,其种间竞争很剧烈。

(2)竞争排斥原理。

由于竞争的排斥作用,生态位相似的两种生物不能在同一生境下共存;如果它们能够在同一生境中生活,那么其生态位的相似性必定是有限的,它们肯定在食性、栖息地或活动时间等方面有所不同,这就是竞争排斥原理(competition exclusion principle),也称为高斯假说,是俄罗斯生态学家高斯在 20 世纪 30 年代研究种间竞争的基础上提出的。

3)捕食

捕食是指某种生物消耗另一种生物活体的全部或部分,直接获得营养,以维持自己生命的现象。广义的捕食关系分为食肉动物、昆虫拟寄生物、食植动物、同类相食。根据捕食者的食物类型,可将捕食者分为三类:食肉动物、食植动物、杂食动物。

4)互利

互利是指不同物种个体之间的互惠关系,它能够增加合作双方的适合度。若双方通过自然结合方式共同生存,这种互利称为共生互利。相反,非互利的合作双方则不在一起生存。专性互利是指互利双方的合作是永远的,离开合作对方将使一方或双方不能生存。兼性互利是指双方的合作是机会性的,合作只是提高了双方的生存概率,但并不是必需的。

2.4.2 森林群落演替

1.群落演替的概念

群落演替又称生态演替,是指在一定区域内,群落随时间变化,由一种类型转变为另一种类型的生态过程。Odum(1969)关于群落演替的三个基本观点为:群落的发展是一个有顺序的过程,是有规律地向一定方向发展,因而是能预见的;演替是由群落引起物理环境改变的结果,即演替是由群落控制的;群落演替以形成稳定的生态系统,即以顶极群落形成的系统为其发展顶点。演替过程可分为若干个不同阶段,不同阶段的群落统称为演替系列群落。依据群落发展程度,在演替初期的群落称为先锋期群落,在演替中期的群落称为发展期群落,发展到最后的稳定群落称为顶极或顶极群落。

2.群落演替的一般特征

1)裸地形成

(1)原始裸地的产生。

原始裸地的产生主要包括侵蚀、沉积、陆地上升、陆地下沉和解冻等过程。

(2)次生裸地的产生。

①气候现象

由气候现象产生大多数次生裸地,例如:干旱使定居植物中对其敏感的多数植物孱弱死亡,从而形成开阔地;暴风雨推倒个别或成群的林木;闪电、雷击产生毁灭性的火灾等。

②生物作用

由生物作用形成次生裸地,例如人类耕作、伐木、挖掘、露天开矿、工厂释放的有毒气体、火烧、过度放牧,以及昆虫、真菌、细菌等毁灭植被等。

2)生物入侵、定居及繁殖

(1)入侵。

入侵是指生物有机体的繁殖结构进入栖境或裸地的过程。一般,传播体的入侵导致栖境中零散分布个体,繁殖体的入侵则导致裸地或栖境边缘集群侵占。

(2)定居。

定居是指入侵体生长发育至个体成熟的过程。在最初阶段,虽然可能有大量的繁殖结构到达栖境,然而只有少数能够成功定居,在其生活周期的任何时刻都有可能死亡。

(3)繁殖。

繁殖是指入侵进来的物种增加其个体数量的过程。这种初步建立起来的种群对以后环境的改造和其后相继侵入、定居的同种或异种个体起着极其重要的作用。

3. 演替的类型

1)按基质分

(1)旱生演替。

原生演替中开始于裸岩、沙地等干旱基质上的演替称为旱生演替。旱生演替主要包括苔藓、旱生草本、木本三个阶段。

(2)水生演替。

从积水发生的原生演替称为水生演替。水生演替主要包括沉水植物、浮水植物、沼泽植物或挺水植物、湿生草本植物、木本植物五个阶段。

(3)中生演替。

原生演替中开始于具有一定肥力土壤母质上的演替,称为中生演替。中生演替主要包括裸露矿质土、草本植物、木本植物三大阶段。

2)按演替出现的起始地条件分

(1)原生演替。

开始于原生裸地或原生荒原上的群落演替称为原生演替,如光裸的岩石上、在河流的三角洲或者在冰川上所开始的演替,当达到顶极时,演替便结束。

(2)次生演替。

开始于次生裸地或散生的荒原上的群落演替称为次生演替。这时生态系统虽然被破坏,但并未完全被消灭,原来群落中的一些种子、原生动物、微生物和有机物仍被保留下来,因此这种演替不是从一无所有开始的。所以,次生演替比原生演替更迅速。森林被火烧或被砍伐后经历的演替,就是次生演替。

3)按演替的方向分

(1)进展演替。

植物群落由低级阶段向高级阶段发展的演替称为进展演替。进展演替的主要特征是:土壤肥力增加;群落对生境利用充分,并对生境有较大的改造作用;群落结构复杂、稳定;群落生产力高;群落物种多样性增加。

(2)逆行演替。

植物群落由高级阶段退向低级阶段的演替称为逆行演替。逆行演替的主要特征是:群落结构简单、群落生产率低、群落旱生化和湿生化、群落对外界无改造作用、物种与生境间出现矛盾。

(3)循环演替。

植物群落演替是非定向的,发生在一些局部地区,如美国北方的硬阔叶林中,山毛榉、桦树、糖槭的演替就是循环演替。

4. 顶极群落

1)顶极群落的定义

随着群落演替的发展,最后会出现一个相对稳定的群落阶段,称为顶极群落。它是一个与环境条件取得相对平衡的自我维持系统。

2)顶极群落的类型

顶极群落的特征和性质,取决于影响群落演替的外部环境因子和内在生物的遗传特性及其相互作用的状况。

(1)气候顶极群落。

具有正常地形与土壤特性,而且其特征不为邻近出现的外力所干扰的顶极群落,称为气候顶极群落或正常顶极群落或地带性顶极群落。气候顶极群落能反映气候的特点。

(2)土壤顶极群落

由于土壤偏离正常特征,使生长的植被在演替过程和顶极群落中发生变化,称这类终极群落为土壤顶极群落。

(3)地形顶极群落。

由于局部地形产生一种具有特色的植被,这类植被发展成的顶极群落称为地形顶极群落。

5. 演替顶极群落学说

任何一类演替都经过迁移、定居、群聚、竞争、反应、稳定六个阶段,最终达到稳定阶段,也就是和当地气候条件保持协调和平衡,这是演替的终点,这个终点就称为演替顶极。

1)单元顶极学说

单元顶极学说的要点是:在同一个气候区内,只能有一个顶极群落,而这个顶极群落的特征完全是由当地的气候决定的,因此这个顶极群落又叫气候顶极。

(1)亚顶极。

亚顶极指气候顶极以前的一个相当稳定的演替阶段。

(2)偏途顶极。

偏途顶极也称分顶极或干扰顶极,是指由一种强烈而频繁的干扰因素所引起的相对稳定的群落。

(3)预顶极。

预顶极也称先顶极,是指在一个特定的气候区域内,由于局部气候比较适宜而产生的较优越气候区的顶极。

(4)超顶极。

超顶极又称后顶极,是指在一个特定气候区域内,由于局部气候条件较差(热、干燥)而产生的稳定群落。

2)多元顶极学说

多元顶极学说的理论依据是:一个区域的顶极植被可以由几种不同类型的顶极群落镶嵌而成,而每一种类型的顶极群落都是由一定的环境条件所控制和决定的。单元顶极学说与多元顶极学说的不同之处如下。

(1)单元顶极学说认为,只有气候才是演替的决定因素,其他因素都是第二位因素,但可以阻止群落向气候顶极群落发展;多元顶极学说则认为,除气候外的其他因素也可以决定顶极群落的形成。

(2)单元顶极论认为,在一个气候区内,所有群落都有趋同性的发展,最终形成气候顶极群落;而多元顶极学说不认为所有群落最后都会趋于一个顶极群落。

3)顶极格局假说

顶极格局假说由 Whittaker 于 1953 年提出,它实际上是多元顶极学说的一个变形,也称为种群格局顶极理论。顶极格局假说认为,在任何一个区域内,环境因子都是连续不断地变化的。随着环境梯度的变化,各种类型的顶极群落,如气候顶极学说、土壤顶极学说、地形顶极学说、火烧顶极学说等,不是截然呈离散状态,而是连续变化的,因而形成连续变化的格局。在这个格局中,分布最广泛且通常位于格局中心的顶极群落,叫作优势顶极学说,它是最能反映该地区气候特征的顶极群落,相当于单元顶极学说中的气候顶极学说。

2.4.3 森林群落的分布

1. 植被分布的地带性规律

植被是覆盖在一个地区的所有植物群落的总称。生境差异往往导致植物群落的类型在空间上呈有规律的分布。全球植被分布基本上由气候(水、热)所决定,而由于地球的气候条件沿纬度、经度和海拔呈有规律的变化,所以植被类型也就沿这三个方向呈有规律的更替,于是构成了植被的地带性分布。

1)植被分布的水平地带性规律

水热条件沿纬度和经度呈有规律的变化,使植被也沿经度和纬度呈有规律的变化,这种现象就称为植被的水平地带性分布,它包括由南向北的热量递减和由沿海向内陆的水分条件变化。

(1)纬度地带性。

如热带—亚热带—暖温带—暖带—寒温带—寒带,热带雨林—亚热带常绿阔叶林—常绿落叶阔叶混交—落叶阔叶林—针叶林—苔原。

(2)经度地带性。

与海陆分布、大气环流和地形有密切的关系,一般从沿海往内陆,降雨量逐渐减少,因此在同一热量带,由于水分条件的差异,植被分布就随着水分条件的差异发生明显的规律性变化,而这种变化就称为植被的经度地带性分布。

2)植被分布的垂直地带性规律

植被分布除表现在水平方向上外,还表现出因海拔高度不同而呈有规律的变化。山地植被的分布极其明显。一般而言,从山体的山脚到山顶,海拔每升高 1000 m,温度降低 0.5~0.9 ℃,湿度减小,风力和太阳辐射强度却随海拔的升高而增强。这些因素的综合作用,导致植被随着海拔的升高而产生生境变化,从而依次出现带状分布,这个带状分布大到与等高线相平行,而且不定期地有一定的垂直厚度,这种现象称为植被分布的垂直地带性,依次出现的植被顺序称为植被的垂直带谱。一般来讲,不同的地理位置都有自己独特的垂直带谱。

2. 水平地带性和垂直地带性的关系

1)相似处

植被在山地垂直带的分布和水平(纬度)方向上的带状分布是有相应性的。从湿润地区的植被来看,从平地到山顶和从低纬度到高纬度,植被分布的顺序是相似的。

2)不同处

水平地带性比垂直地带性宽,而且相对较为连续。水平带和垂直带的植被分布顺序,虽在外貌和生活型上是相似的,但在植物的种类和群落的生态结构上是不同的。

3. 我国的森林分布

我国从南沙群岛开始,北至黑龙江,跨纬度49°以上,东临太平洋,西连内陆,南靠印度洋,东西跨经度62°,在此广阔的范围内,表现出明显的森林分布水平地带性。由于纬度的差异,从南向北形成五个热量带:热带、亚热带、温带、寒温带、寒带。由于距离海洋的距离不同,受海洋季风的影响不同,从东到西具有水分条件从湿润到干旱的明显变化。我国地势从西向东海拔逐渐降低,山地多,平原少,地形复杂,所以,我国的植被分布明显地有山南向北和由东向西的地带性规律。我国植被分布分为以下两种。

1)纬度地带性分布

大兴安岭西坡—燕山—吕梁山—子午岭—六盘山—青藏高原东缘(年降雨量为400 mm的等降水线)。这一界线以东是湿润的森林分布区,以西是干旱、半干旱的草原和干旱荒漠分布区。所以,从北边大兴安岭山地开始向南呈现的纬度地带性分布为:大兴安岭针叶林带—小兴安岭、长白山针叶阔混交林带—华北落叶阔叶林带—华中常绿、落叶阔叶混交林带或常绿阔叶林带—华南热带雨林季雨林带。

2)垂直地带性分布

从青藏高原东缘开始到华南沿海,海拔逐渐递减,呈现的垂直地带性分布为:高山灌丛草甸—川西、滇西亚高山针叶林带—中山针阔混交林带和落叶阔叶林带—云贵高原及高原边缘的常绿阔叶林带—广西、台湾、广东南部、滇南热带雨林季雨林带。

3)经度地带性分布

我国从西部内陆到东部沿海,水分条件逐渐丰裕,呈现的经度地带性分布为:高寒植被区—干旱荒漠植被区—半干旱草原植被区—湿润森林植被区。

4. 影响植被分布的因素

影响植被分布的因素包括气候因素和土壤因素,其中最主要的是气候因素。气候因素中的热量与水分,以及二者的配合状况,决定植被成带状分布规律。地球上的气候条件按三个方面改变着,即纬度、经度与海拔高度。

1)纬度

纬度从赤道(低纬度)到极地(高纬度)。随着太阳辐射角的不同,地球表面热量分布不均,从全年地面接收太阳总的辐射量最大的赤道开始,随着纬度的增大,地面受热逐渐减少,这样从南到北就形成了各种热量带,每一个热量带向东西延伸,由南向北依次更替。

2)经度

经度从东到西,即从沿海地区到内陆,因距海远近不同而造成从东到西降雨量不同、水分分布不同,沿海地区降水量大,空气湿润。在同一热量带内,随经度的西移,降水量逐渐减少,这样水分状况由东到西形成带状分布。

3)山地

从平地到山顶,气候差异很大,因为随着海拔的升高,气温会随之下降,湿度也会随之减小,这样就形成了山地垂直方向上的带状分布。

2.5 森林生态系统

2.5.1 生态系统的概念及范围

1. 概念

1) 系统

由相互联系、相互作用的若干要素结合而成的具有一定功能的整体,称为系统。构成系统的三个必备条件如下。

(1) 系统由一些要素组成。要素即系统的组成部分,如森林中有各种植物、动物和微生物。

(2) 要素之间相互联系,相互制约,相互作用,按照一定的方式结合成一个整体,如森林。

(3) 要素之间相互联系和作用之后,必须产生跟各个组成部分不同的新功能。

2) 生态系统

生物在自然界不是孤立、静止的。生物与环境不可分割,自然界的生物群落与非生物环境之间相互制约、相互依存,表现为物质的循环和能量的流动。所谓生态系统,是指在一定的地段上,生物与非生物环境之间通过能量流动和物质循环而相互依存所形成的一个功能单位。

3) 森林生态系统

森林生态系统是指森林生物群落与其环境在物质循环和能量转换过程中形成的功能系统,简单地说,就是以乔木树种为主体的生态系统。森林生态系统是生物圈生态系统中分布最广、结构最复杂、类型最丰富的一种生态系统。

2. 范围

生态系统的概念最早是由英国生态学家 Tanslay 在 1935 年提出的。这个术语的产生是用于强调一定地域中各种生物相互之间以及它们与环境之间在功能上的统一性,也就是说,生态系统是一个功能上的单位,而不是生物学中分类学的单位。生态系统强调系统中各个成员的相互作用,所以它是无所不包的生态网络。事物普遍联系法则是辩证唯物主义哲学的第一基本原则,从这个意义上说,生态学又是一门哲学。因此,随着人们对客观事物认识的逐步深入,国内外对自然生态系统的研究进一步扩展为包括经济系统和社会系统的复合生态系统。自然界大部分自然生态系统有维持稳定、持久、物种间协调共存等特点,这是长期进化的结果,在自然生态系统中寻找这些建立持续性的机理,是研究生态系统规律的主要目的。因此,目前生态系统的概念和原理被许多学科和许多实践领域所接受并应用。

生物圈是地球上所有生物及其生存环境的总和,这一总和是由地球表面的岩石圈、土壤圈、水圈、大气圈和太阳辐射共同构成的。生物一般生活在地上和海面下约 100 m 的范围内,一般的生物圈也指这个生物定居空间,但是广泛意义上的生物圈包括所有生物的空间范围。

2.5.2 生态系统的特征

1. 结构特征

总的来说,生态系统由生物和非生物两部分组成。

1) 生物成分

生物成分按其功能分为：

(1) 生产者(producer)。

生产者主要是绿色植物，它能利用太阳能把简单的无机物质制造成有机物质。

(2) 消费者(consumer)。

消费者主要是各种动物，它们以植物和其他动物为食。

(3) 分解者(decomposer)。

分解者主要是细菌和真菌，它们以死的动、植物为食，可将复杂的有机物质分解成简单的无机物质，被生产者利用。

2) 非生物成分

非生物成分指光、大气、水、土壤、岩石及死的有机物质等生物赖以生存的环境。

2. 功能特征

生态系统内的生产者、消费者和分解者与它们的生存环境相互作用，不断进行着能量和物质交换，产生能量和物质在生态系统中流动，从而保持生态系统的运转，并发挥其正常功能。能量在生态系统中是单向的流失过程，最后以热能的形式损失掉；物质在系统中的流动是循环运动的。生态系统最大的功能特点就是能量的流动和物质的循环产生整体功能。

3. 动态特征

生态系统不是静止的，而是不断运动变化的系统。除了能量和物质不断流动和变化外，生态系统的整个结构和功能也随着时间而发生变化。生态系统有其自身的发育生命周期，并随年份、季节和昼夜时刻变化着。随着时间的推移，一种生态系统的发展总是从比较简单的结构向复杂结构发展，最后达到相对稳定的状态，这种定向性变化称为演替过程。只有了解生态系统的现在，并了解其过去和将来，才能用运动和发展的眼光看问题，注意研究和把握生态系统运动发展方向和趋势，了解和掌握生态系统之间的各种联系，以便合理改善生态系统的结构和功能，充分发挥森林生态系统的整体功能。

4. 相互作用和相互联系的特征

生态系统内的各种生物成分和非生物成分的关系是紧密联系、密不可分的。一个系统之所以成为系统，不仅在于有各个组成成分，还在于各成分之间相互联系和相互作用，任何一个成分的变化都会影响其他成分的变化，同时也受到系统内各环境因子的制约。森林生态系统内，无论生物成分和非生物成分怎样复杂，它们都各有其位置和作用，彼此密切相连。所以，研究林木个体、种群或群落都离不开系统整体，应该上升到系统的高度。

5. 稳定平衡的特征

自然界生态系统的发展总是趋向于内部保持一种平衡关系，使系统内各成分处于相互协调的稳定状态。系统受到干扰时，自身有一种恢复的能力，由稳定到不稳定，再由不稳定到稳定。未受到干扰或少受干扰的稳定生态系统有较强的自动校正平衡能力和自我调节机制，可以抗衡和适应外界的变化。生态系统的稳定主要是通过系统各成分对内部能量和物质的变化所做的自我调整或自我重新分配来实现的。

6. 对外开放的特征

所有生态系统,甚至生物圈都是一个开放的系统,假如将其封闭起来,其中的所有生命将难以生存下去。一个现实的功能生态系统,必须有能量和物质的输入,以及能量和物质的输出。所以生态系统的外部环境也应是系统的一部分。

【复习思考题】

1. 森林生态学研究的主要任务是什么?
2. 简述森林涵养水源保持水土的作用。
3. 比较耐阴树种与喜光树种在形态上的差别。
4. 种群内的个体对资源或食物的竞争可以分为哪几种类型?
5. 简述群落的基本特征。
6. 简述生态系统的结构特征。

项目 3 树 木 生 理

3.1 树木的水分代谢

3.1.1 水的重要性

水是维持树木生存的最重要的物质,树木的生长发育、新陈代谢和光合作用等一切生命过程都必须在水环境中才能进行。在温度允许植物生长的地区,树木的生存主要是由水分供应所控制的。干旱缺水严重影响了我国部分地区植被的恢复,而在其他地区也遭受周期性或难以预期的干旱,如半湿润地区的季节性干旱、西南地区的干旱和干热河谷等,在不同程度上影响了林木的生长。我国干旱半干旱地区面积约占国土面积的58.6%,干旱半干旱地区最突出的问题之一就是降水量少、蒸发强烈、土壤水分严重亏缺,这已成为恢复森林植被、改善生态环境最为主要的限制因子。

树木一方面从环境中吸收水分,以保证生命活动的需要;另一方面又不断地向环境散失水分,以维持体内外的水分循环、气体交换及适宜的体温。树木对水分的吸收、运输、利用和散失的过程,称为树木的水分代谢。通过对林木耐旱机理、蒸腾耗水规律等方面的研究,选择耐旱性强、耗水量少的树种,并探讨土壤水分承载量与林木需水特征之间的关系,在维持林地水量平衡的基础上进行合理的空间和密度配置,才能达到植被建设和恢复的目的。

1. 植物的含水量

植物的含水量因植物种类、器官和生活环境的不同而差异很大。如水生植物的含水量可达鲜重的90%以上,干旱地区生长的地衣类仅占6%;草本植物的含水量占其重量的70%~80%,木本植物稍低于草本植物;根尖、嫩梢、肉果类的含水量可达60%~90%,树干为40%~50%,而干燥的种子的含水量只有10%~14%。一般来说,生长旺盛和代谢活跃的器官的水分含量较高,随着器官的衰老,代谢减弱,其含水量也逐渐降低。

2. 树木体内水分的存在状态

树木体内水分存在状态与植物的生命活动有很大的关系。水分在树木体内通常呈束缚水和自由水两种状态。

由于原生质胶体由蛋白质等大分子化合物组成,其表面带有很多亲水基团,所以能吸附水分子。那些与原生质胶粒紧密结合而不能自由移动的水分子称为束缚水,它们在体内不能移动,不起溶剂作用,不参与代谢活动,但与树木的抗逆性有关。未与原生质胶粒相结合、能自由移动的水则称为自由水。自由水参与生理过程的生化反应,其含量决定了植物的代谢强度。实际上,这两种状态的水分的划分是相对的,它们之间并没有明显的界限。

细胞内的水分状态可以随着代谢的变化而变化,自由水与束缚水的比值亦相应改变。自由水直接参与树木的生理过程和生化反应,而束缚水不参与这些过程,因此自由水与束缚水的比值较高时,植物代谢活跃,生长较快,抗逆性较差;反之,代谢活性低,生长缓慢,但抗逆性较强。例如,休眠种子和越冬植物自由水与束缚水的比例减小,束缚水的相对量增加,虽然其代谢微弱或生长缓慢,但抗逆性很强。在干旱或盐渍条件下,植物体内的束缚水含量也相对增加,以适应逆境。

3. 水在树木生命活动中的作用

树木生命活动中对水分的需要,包括生理需水和生态需水两个方面。生理需水,是指直接由根系吸收、用于生命活动和保持体内水分平衡的水分,包括组成水和消耗水。组成水主要指参与细胞原生质和细胞壁组成,参与光合作用、呼吸作用、有机物合成与分解等生化反应以及作为无机盐溶剂的水分,仅占根系吸收水分的 5% 左右。消耗水是指通过地上部分(主要是通过蒸腾作用)而散失掉的水分,占根系吸收水分的 95% 以上。生态需水是指作为生态因子形成树木所必需的体外环境而消耗的水分,不参与植物体内的代谢,但同样为植物所必需。因此,水在植物生命活动中的作用包括生理作用和生态作用。

1)水是原生质的重要组成成分

原生质的含水量为 70%~90%。水使原生质呈溶胶状态,从而保证了代谢活动的正常进行。水分减少,原生质趋向凝胶状态,生命活动减弱,如休眠种子。如果植物严重失水,可导致原生质破坏而使植物死亡。

2)水是代谢作用的介质

水分子是极性分子,参与生化过程的反应物一般都溶于水,控制这些反应的酶类也是亲水性的。水作为溶剂能够溶解气体和矿物质,水是许多生化反应和物质吸收、运输的良好介质。各种物质在细胞内的合成、转化、运输、分配,以及无机离子的吸收和运输都是在水介质中完成的。

3)水是一些代谢过程的原料

水作为反应物直接参与植物体内重要的代谢过程。在光合作用、呼吸作用、有机物质合成和分解过程中均有水的参与。如种子萌发时,淀粉在水的作用下分解为糖。

4)水能保持细胞的紧张度

水能保持细胞的紧张度,从而使枝叶挺立,有利于受光和气体交换;使花朵张开,有利于授粉;使根系伸展,有利于对水肥的吸收。

4. 水分与树木的关系

1)水分与树木营养生长的关系

水是树木种子萌发的先决条件,种子只有吸收了足够的水分才能萌发。农谚说"活不活在于水,长不长在于肥",树木根、茎、叶等器官体积和质量的增加,由小到大的生长与水分是分不开的。

2)水分与花芽分化和果实发育的关系

花芽分化是指由叶芽的生理和组织状态向花芽的生理和组织状态转化的过程,是植物从营养生长向生殖生长过渡的标志。水分影响树木的花芽分化。一般来说,土壤水分状况较好,树木营养生长较旺盛,不利于花芽分化;而土壤适度干旱时,营养生长停止或较缓慢,有利于花芽分化。因此,树木进入花芽分化期后,通常要适当控水,保持适度干旱。

3.1.2 树木对水分的吸收

1. 植物根系吸水的部位

根系吸水的部位主要在根的尖端,从根尖开始向上约 10 mm 的范围内,包括根冠、分生区、伸长区和根毛区,其中以根毛区的吸水能力最强。这是因为:① 根毛区有许多根毛,增大了吸收面积;② 根毛细胞壁的外层由果胶覆盖,黏性较强,亲水性好,有利于土壤胶体颗粒的黏着和吸水;③ 根毛区的疏导组织发达,对水移动的阻力小,水分转移的速度快。根尖的其他部位吸水较少,主要是因为木栓化程度高或疏导组织未形成或不发达,细胞质浓厚,水分扩散阻力大,移动速度慢。由于植物吸水主要靠根尖,因此,在移栽时,应尽量保留细根,以减轻移栽后植株的萎蔫程度。

2. 根系吸水的途径

植物根系吸水主要通过根毛、皮层、内皮层,再经中柱薄壁细胞进入导管。水分在根内横向运输有质外体和共质体两条途径。质外体途径是指水分通过细胞壁、细胞间隙、胞间层以及导管的空腔组成的质外体部分的移动过程。这种途径不越过任何质膜,所以移动阻力小,移动速度快。但根中的质外体常常是不连续的,它被内皮层的凯氏带分割成两个区域:一是内皮层外,包括根毛、皮层的胞间层、细胞壁和细胞间隙,称为外部质外体;二是内皮层内,包括成熟的导管和中柱各部分的细胞壁,称为内部质外体。水分由外部质外体进入内部质外体时必须通过内皮层细胞的共质体途径才能实现。共质体途径是指水分依次从一个细胞的细胞质经过胞间连丝进入另一个细胞的细胞质的移动过程。因共质体途径运输要跨膜,因此水分运输阻力大。总之,水分在根中可以从一个细胞到另一个细胞,并通过内皮层到达中柱,再通过薄壁细胞进入导管。根部吸水的途径如图 1-3-1 所示。

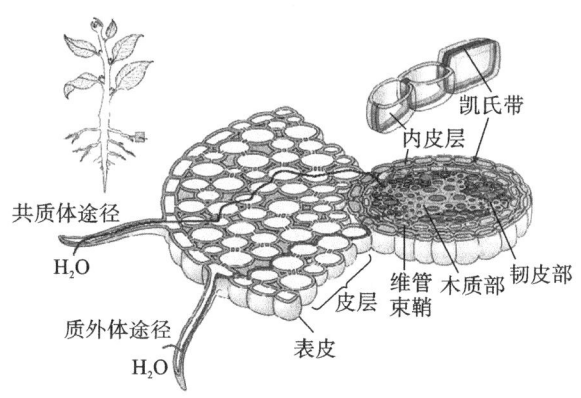

图 1-3-1 根部吸水的途径

3. 根系吸水的机理

根据植物根系吸水动力的不同,可将根系吸水分为两类:主动吸水和被动吸水。

1)主动吸水

由植物根系生理活动而引起的吸水过程称为主动吸水,它与地上部分的活动无关。根的主动吸水主要反映在根压上。根压是指由于植物根系生理活动而促使根系吸收水分并使液流从根部上升的压力。大多数植物的根压为 0.1~0.2 MPa,有些木本植物可达 0.6~0.7 MPa。

伤流和吐水是证明根压存在的两种现象。

伤流是从受伤或折断的植物组织伤口溢出液体的现象。伤流是由根压引起的。把丝瓜茎从地面处切断,伤流现象可以持续数日。从伤口流出的汁液叫伤流液,其中除含有大量水分外,还含有各种无机物、有机物和植物激素等。凡是能够影响植物根系生理活动的因素都会影响伤流液的数量和成分。所以,伤流液的数量和成分可以作为根系生理活动能力强弱的生理指标。

生长在水分充足的土壤、潮湿的环境中的植株,叶片尖端或边缘的水孔向外溢出液滴的现象称为吐水。吐水也是由根压引起的。用呼吸抑制剂处理根系可抑制吐水。作物生长健壮、根系活动强,吐水量也较多。所以在生产上,吐水现象可以作为根系生理活动能力强弱的生理指标,并用以判断幼苗长势的强弱。

根压的产生与根系生理活动和内皮层内外的水势差有关。植物根系可以利用呼吸作用释放的能量主动吸收土壤溶液中的离子,并将其转移到内皮层内,使中柱细胞和导管中的溶质增加,内皮层内水势下降。当内皮层内水势低于土壤水势时,土壤中的水分便可自发地顺着内皮层内外的水势梯度,从外部经过内皮层渗透进入中柱和导管,这时内皮层(由于凯氏带的存在)起着选择透性膜的作用。再者,导管的上部呈开放状态,不产生压力,于是水柱就在指向上方的压力的作用下向上移动,这样就形成了根压。

2) 被动吸水

植物根系以蒸腾拉力为动力的吸水过程称为被动吸水。蒸腾拉力是指因叶片蒸腾作用而产生的使导管中的水分上升的力量。但叶片蒸腾时,气孔下腔周围细胞中的水分以水蒸气的形式扩散到水势低的大气中,从而导致叶片细胞水势下降,这样就产生了一系列相邻细胞间的水分运输,使叶导管失水,压力势下降,最后造成根部细胞水分亏缺,水势降低,根系向土壤吸水。在一般情况下,土壤溶液的水势很高,水分很容易被植物吸收,并输送到数米甚至数百米高的枝叶中。在光照下,蒸腾着的枝叶可通过死亡的根吸水,甚至一个无根的带叶枝条也照常能吸水。可见根在被动吸水过程中,只为水分进入植物体提供通道。当然,发达的根系扩大了与土壤的接触面,更有利于植物对水分的吸收。

4. 影响根系吸水的土壤条件

1) 土壤水分

土壤水分状况与植物根系吸水有密切关系。缺水时,植物细胞吸水,膨压下降,叶片、幼茎下垂,这种现象称为萎蔫。当蒸腾速率降低后,萎蔫的植物可恢复正常,这种萎蔫称为暂时萎蔫。它常发生在气温高、湿度低的中午,此时土壤中即使有可利用的水,也会因蒸腾作用强烈而供不应求,使植物出现萎蔫。傍晚,气温下降,湿度上升,蒸腾速率降低,植物可恢复原状。如蒸腾速率降低以后,仍不能使萎蔫的植物恢复正常,这样的萎蔫称为永久萎蔫。永久萎蔫实质上是土壤的水势低于或等于植物根系的水势,植物根系已经无法从土壤中吸水,只有增加土壤可利用的水分,提高土壤水势,这种现象才能消除。永久萎蔫持续下去,就会引起植物的死亡。

2) 土壤温度

土壤温度与根系吸水关系很大。低温会使根系吸水降低,其原因:一是水分在低温下黏性增加,扩散速率降低,同时由于细胞原生质黏度增加,水分扩散阻力加大;二是低温导致根呼吸速率降低,影响根压产生,主动吸水减弱;三是低温导致根系生长缓慢,不发达,阻碍吸水面积的扩大。土壤温度过高对根系吸水也不利,其原因是土温过高,会提高根的木栓化程度,加速根的老化进程,还会使根细胞中的各种酶蛋白变性、失活。土壤温度对根系吸水的影响,还与植物原产地和生长发育的状况有关。一般喜温植物和生长旺盛的植物根系吸水易受低温影响,特别是骤然降温。例如在夏天烈日下用冷水浇灌,对根系吸水不利。

3)土壤通气

土壤中的 O_2 和 CO_2 的浓度对根系吸水的影响极大。用 CO_2 处理小麦、水稻幼苗的根部,其呼吸量降低 4%~50%;如用 O_2 处理,则吸水量增加。这是因为 O_2 充足,可促进根的有氧呼吸,不但有利于根系吸水,也有利于分生细胞分裂、根系生长、吸水面积扩大。但如果 CO_2 浓度过高或 O_2 不足,则根的呼吸减弱,释放的能量减少,不但影响根压的产生和根系吸水,而且还会因无氧呼吸积累大量的酒精而使根系中毒受伤。在水稻栽培过程中,中耕耘田、排水晒田等措施的主要目的,就在于增加根系周围的 O_2,减少 CO_2 及消除 H_2S 等的毒害,以增强根系吸水和吸肥的能力。

4)土壤溶液浓度

在一般情况下,土壤溶液浓度较低,水势较高,根系容易吸水。但在盐碱地上,水中的盐分浓度高,水势较低,作物吸水困难。在栽培管理中,如施用肥料过多或过于集中,也会使土壤溶液浓度骤然升高,水势下降,阻碍根系吸水,甚至还会导致根细胞水分外流,从而产生"烧苗"现象。

5. 植物体内水分的运输

陆生植物的根系从土壤中吸收水分,通过茎转运到叶及其他器官中,供植物各种代谢的需要或通过蒸腾作用散失到体外。

水分从被植物吸收到蒸腾到体外,大致需要经过以下途径:土壤水→根毛→根皮层→根中柱鞘→根导管→茎导管→叶柄导管→叶脉导管→叶肉细胞→叶细胞间隙→气孔下腔→气孔→大气(见图 1-3-2)。

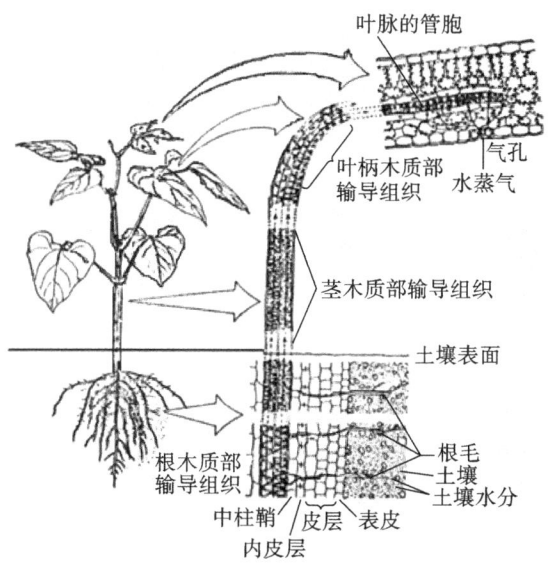

图 1-3-2 水分运输途径

水分从根向地上部分运输有两种途径。一是经过死细胞,即经过维管束中的导管或管胞

（死细胞）和细胞壁与细胞间隙，即质外体部分。水分通过死细胞运输时阻力小，运输速度快，适用于水分的长距离运输。二是经过活细胞，这一途径包括根毛→根皮层→根中柱鞘以及叶脉导管→叶肉细胞→叶细胞间隙。这一途径中的水分以渗透方式进行运输，运输距离短，运输阻力大，不适用于长距离运输。

水分沿导管或管胞上升的动力有两种。一是植物下部的根压。根压不是主要动力，只有多年生树木在早春芽叶没有舒展时，以及土壤温度高、水分充足、大气相对湿度大、蒸腾作用很小时，根压对水分上升才有较大的作用。二是植物上部的蒸腾拉力。蒸腾拉力是水分上升的主要动力。在导管或管胞中，水分向上转运的动力是由导管两端的水势差决定的。由于叶片因蒸腾作用不断失水，水势下降，叶片与根系之间形成一水势梯度，在这一水势梯度的推动下，水分源源不断地沿导管上升。蒸腾作用越强，此水势梯度越大，则水分运转就越快。

水分由根至叶保持连续可用内聚力学说（或称蒸腾-内聚力-张力学说）来解释：一方面，导管中的水流受到水势梯度的驱动而向上运动；另一方面，水流本身具有重力。这两种力的方向相反，故使水柱受到一种张力作用。而水分子间的内聚力（约 30 MPa）远远大于张力（0.5～3.0 MPa），同时水分子与导管内纤维素分子之间还有附着力。所以，导管或管胞中的水流可成为连续的水柱。

3.1.3　植物体内水分的散失

植物吸收的水分只有很少一部分（1%～5%）用于自身组成和代谢，绝大部分以液态或气态形式散失到体外。水分以液态形式散失主要是吐水和伤流现象；水分以气态形式散失是蒸腾作用，这是植物失水的主要方式。

1. 蒸腾作用的部位和方式

蒸腾作用是指植物体内的水分以气态形式从植物体表面散失到大气中的过程。蒸腾作用有多种方式。幼小的植物暴露在地上部分的表面都能进行蒸腾作用；植物长大后，茎枝未木栓化的表面有皮孔，可以进行皮孔蒸腾，但蒸腾量甚微，仅占全部蒸腾量的 1% 左右；植物的茎、花、果实等部位的蒸腾量也极为有限。因此，植物的蒸腾作用绝大部分是靠叶片进行的。

叶片的蒸腾作用方式有两种。一是通过角质层的蒸腾，叫作角质蒸腾。角质层本身不易让水通过，但其中间含有吸水能力较强的果胶质，同时角质层也有空隙，可以让水分子通过。二是气孔蒸腾。这两种蒸腾在叶片的蒸腾作用中所占的比重与植物的生态条件和叶片的年龄有关，实质上就是和角质层的厚薄有关。

2. 蒸腾作用的生理意义

1）蒸腾作用能产生蒸腾拉力

蒸腾拉力是植物被动吸水和运转水分的主要动力。蒸腾作用对于高大的乔木尤其重要。

2）蒸腾作用能促进木质部汁液中的物质运输

土壤中的矿质盐类和根系合成的物质可随着水分的吸收和集流被运输和分配到植物体的各部分。

3）蒸腾作用能降低植物体的温度

这是因为水的汽化热高，在蒸腾过程中可以散失掉大量的辐射热。

4)蒸腾作用能促进气体交换

叶片进行蒸腾作用时,气孔是开放的,有利于CO_2、O_2的进出,从而促进光合作用和呼吸作用的进行。

3.蒸腾作用的指标

1)蒸腾速率

蒸腾速率又称为蒸腾强度,是指植物在单位时间内、单位叶面积上通过蒸腾作用散失的水量,一般用 $g \cdot m^{-2} \cdot h^{-1}$ 或 $mg \cdot dm^{-2} \cdot h^{-1}$ 表示。国际上通用 $mmol \cdot m^{-2} \cdot s^{-1}$ 来表示蒸腾速率。植物在白天的蒸腾速率较高,一般是 $15\sim250\ g \cdot m^{-2} \cdot h^{-1}$,而夜晚的蒸腾速率较低,为 $1\sim20\ g \cdot m^{-2} \cdot h^{-1}$。

2)蒸腾效率

蒸腾效率指植物每蒸腾 1 kg 水时所形成的干物质的克数,或者说在一定时间内干物质的积累量与同期所消耗的水量之比,常用 $g \cdot kg^{-1}$ 表示。一般植物的蒸腾效率为 $1\sim8\ g \cdot kg^{-1}$。

3)蒸腾系数

蒸腾系数又称需水量,指植物每制造 1 g 干物质所消耗水分的质量(g)。它在数值上是蒸腾效率的倒数。大多数植物的蒸腾系数为 $125\sim1000$。木本植物的蒸腾系数比较小,如松树约为 40;草本植物的蒸腾系数较高,如玉米为 370,小麦为 540。蒸腾系数越小,则表示植物利用水的效率越高。

4.影响蒸腾作用的因素

1)影响蒸腾作用的内部因素

(1)气孔频度。

气孔频度为单位面积叶片上的气孔数。气孔频度大,有利于蒸腾作用的进行。

(2)气孔大小。

气孔大,内部阻力小,蒸腾快。

(3)气孔下腔。

气孔下腔容积大,叶内外蒸气压差大,蒸腾快。

(4)气孔开度。

气孔开度大,蒸腾快;反之,则慢。

2)影响蒸腾作用的外部因素

蒸腾速率取决于叶内外蒸气压差和扩散阻力的大小。所以,凡是影响叶内外蒸气压差和扩散阻力的外部因素,都会影响蒸腾速率。

(1)光照。

光对蒸腾作用的影响:首先是引起气孔的开放,减少气孔阻力,从而增强蒸腾作用;其次是光可以提高大气与叶子的温度,增大叶内外蒸气压差,加快蒸腾速率。

(2)温度。

温度对蒸腾速率的影响较大。当大气温度升高时,叶温比气温高出 $2\sim10\ ℃$,因而气孔下腔蒸气压的增加大于空气蒸气压的增加,使叶内外蒸气压差增大,蒸腾速率增大;当气温过高时,叶片过度失水,气孔关闭,蒸腾作用减弱。

(3)湿度。

在温度相同时,大气的相对湿度增大,蒸气压就增大,叶内外蒸气压差就减小,气孔下腔的水蒸气不易扩散出去,蒸腾作用减弱;反之,大气的相对湿度降低,则蒸腾速率加快。

(4)风速。

风速较大,可将叶面气孔外的水蒸气扩散层吹散,代之以相对湿度较低的空气,这样既减小了扩散阻力,又增大了叶内外蒸气压差,从而加快了蒸腾作用。强风可能会引起气孔关闭,内部阻力增大,蒸腾作用减弱。

3.1.4 合理灌溉的生理基础

在正常情况下,植物一方面蒸腾失水,同时又不断地从土壤中吸收水分,这样就在植物生命活动中形成了吸水与失水的连续运动过程。一般把植物吸水、用水、失水三者的和谐动态关系叫作水分平衡。

植物体内的水分平衡是有条件的、暂时的和相对的,而不平衡是经常的和绝对的。如在有利于蒸腾作用的环境中,植物吸水落后于蒸腾作用,其原因是:①蒸腾作用产生的吸水动力,由叶面传到根尖时,需要相当长的时间;②水分在根部运输所受到的阻力比在叶片运输所受到的阻力大,叶片输导系统呈网状,分布在叶肉细胞之间,输导系统末端距离气孔下腔很近,水分容易蒸发到气孔下室;③有时也可能是根部缺乏足够的吸收表面。要维持植物体内的水分平衡,进行合理灌溉,就必须深入了解作物的需水规律,掌握合理的灌溉时期、指标和方法,进行合理灌溉。

1. 树木的需水规律

不同树木的耗水量有很大的差异,在不同年龄阶段也有区别。韩蕊莲等(1994)通过覆盖处理和设置不同的水分供应梯度,对黄土高原适生的6种林木2年苗的耗水量进行研究,该研究表明,在土壤含水量占最大持水量的70%时,杨树、刺槐的月平均耗水总量分别是13.4 kg和10.0 kg,是油松、侧柏的3~4倍,属于高耗水树种;当土壤含水量下降后,各树种的耗水量都呈下降的趋势,高耗水树种和低耗水树种之间的差异减小,但也还相差2~3倍。李吉跃等(2002)对正常水分供应条件下盆栽苗木的耗水量进行研究,该研究表明,1年生阔叶树种(毛白杨、臭椿、火炬树)和5年生针叶树种(侧柏、油松)的耗水量基本一致,单株日平均耗水量为33.5~44.5 g。Wullschleger(1998)综合了以往30年有关树木单株耗水量的测定结果,发现单株日耗水量从法国东部栎林 *Quercus petraea* 的10 kg,到亚马逊雨林林冠上层木 *Euperua purpurea* 的1180 kg,35个属65个树种中的90%(平均树高21 m)的日耗水量为10~200 kg。以上研究说明,不同树种的耗水量有很大的差异;即使同一树种,在不同地区、不同环境条件下,其耗水量也有差异,这表明树种的耗水量与其叶面积、生长状况、年龄、外界环境条件(如温度、相对湿度、土壤水分状况)等有很大关系。干旱半干旱地区土壤水分含量是在一个相对稳定的范围内变化的,对于不同树种,以及不同的生长年龄阶段,土壤水分所能供应的能力是不同的。在进行植被建设时,就要考虑不同情况,设计不同的建设规模,在土壤水分承载量的基础上维持植被的最大生产力,发挥植被的最大生态效益和经济效益。

2. 合理灌溉的生理指标

1)土壤指标

土壤中的水分按物理状态可分为毛细管水、束缚水(或吸湿水)和重力水三种。毛细管水是指由土壤毛细管力保持在土壤颗粒间的毛细管内的水分。由于土壤颗粒吸附毛细管水的力量不大,毛细管水容易被根毛吸收,它是植物吸水的主要来源。束缚水(或吸湿水)是指土壤中被土壤颗粒或土壤胶体的亲水表面所吸附的水分。土粒愈细,比表面积愈大,吸附水就愈多,即束缚水的含量就愈高。由于束缚水被胶体所吸附,因此束缚水不能为植物所利用。重力水是指在水分饱和的土壤中,由于重力的作用,能自上而下渗漏出来的水分。对于旱生作物来说,重力水的作用不大,而且还有害。因为这种水分能占据土壤中的大空隙,造成土壤水多气少,导致植物生长不良,所以在旱地及时排除重力水就显得很重要。但在水稻土中,重力水是水稻生长的重要生态需水。

2）形态指标

我国林农自古以来就有看苗灌水的经验,即根据植物在干旱条件下外部形态发生的变化来确定是否进行灌溉。植物缺水的形态表现为:幼嫩的茎叶在中午前后易发生萎蔫;生长速度下降;叶、茎颜色由于生长缓慢、叶绿素浓度相对增大而呈暗绿色;茎、叶颜色有时变红,这是因为干旱时碳水化合物的分解大于合成,细胞中积累较多的可溶性糖,形成较多的花色素,而花色素在弱酸条件下呈红色。从缺水到引起植物形态变化有一个滞后期,当植物在形态上出现上述缺水症状时,植物在生理上已经受到一定程度的伤害了。

3）生理指标

生理指标可以比形态指标更及时、更灵敏地反映植物体内的水分状况。植物叶片的细胞汁液浓度、渗透势、水势和气孔开度等均可作为灌溉的生理指标。植物在缺水时,叶片是反映植物生理变化最敏感的部位,叶片水势下降,细胞汁液浓度升高、溶质势下降,气孔开度减小,甚至关闭。当有关生理指标达到临界值时,就应及时灌溉。例如棉花花铃期,倒数第4片功能叶的水势值达到$-1.4\ \text{MPa}$时,就应灌溉。

3.2 植物的矿质营养

植物为维持正常的生命活动,除需要大量的水分外,还需要各种矿质元素。植物体内的矿质元素,有的作为植物体的组成成分,有的参与调节生命活动,还有的兼备这两种功能。矿质元素和水一样主要存在于土壤中,由根系吸收,进入植物体内,运输到植物需要的部位,以满足植物生长发育的需要。我们把植物对矿质元素的吸收、运转和同化,以及矿质元素在植物生命活动中的作用,称为矿质营养。

3.2.1 植物体内的必需元素

1. 植物体内的必需元素

1）植物体内元素组成

植物的组成十分复杂,一般新鲜的植物体内含有 75%～95% 的水分和 5%～25% 的干物质。在干物质中有机物占其重量的 90%～95%,其组成元素主要是碳(C)、氢(H)、氧(O)和氮(N)等;余下的 5%～10% 为矿物质,也称为灰分,由很多元素组成,包括磷(P)、钾(K)、钙(Ca)、镁(Mg)、硫(S)、铁(Fe)、锰(Mn)、锌(Zn)、铜(Cu)、钼(Mo)、硼(B)、氯(Cl)、钠(Na)、镍(Ni)、硅(Si)、钴(Co)、铝(Al)、硒(Se)等。一般灰分中不含氮,但氮的来源和吸收方式与矿质元素相似,主要以离子状态被植物根系从土壤中吸收,农业上均作为肥料应用,所以习惯上把氮归并于矿质元素一起讨论。通过灰分分析,在不同的植物中存在七十多种矿质元素,几乎自然界里存在的元素在植物体内都能找到。其中,在植物体内存在较为普遍且含量较高的有十余种。植物体内的灰分含量因植物种类、器官或部位的不同而有很大的差异(见表1-3-1)。年龄和生境的不同也影响到植物体内灰分的含量。

表1-3-1 植物体内的灰分含量

植物(或器官、部位)	植物干重中灰分质量分数/(%)	植物(或器官、部位)	植物干重中灰分质量分数/(%)
水生植物	1左右	中生植物	5～15
盐生植物	最高可达45以上	树叶	3～4
细菌	8～10	树皮	3～8
真菌	7～8	木材	0.5～1
海藻	10～20	种子	约为3
苔藓	2～4	茎和根	4～5
蕨类植物	6～10	叶	10～15

2)植物体内的必需元素

虽然现在已发现植物体内含有七十多种元素,但并不是每一种元素都是植物必需的。所谓必需元素,是指植物生长发育必不可少的元素。国际植物营养学会规定的植物必需元素的三条标准如下。

第一,缺乏该元素,植物不能正常地生长发育,不能完成生活史。

第二,缺乏该元素,植物表现出专一的病症,不能被其他元素替代,只有加入该元素后,才能逐渐恢复正常。

第三,对植物营养的功能是直接作用的,而不是由于改善了植物生长条件所产生的间接作用。

根据以上3条标准,现已确定植物必需的矿质元素(含氮)有14种,它们是氮(N)、磷(P)、钾(K)、钙(Ca)、镁(Mg)、硫(S)、铁(Fe)、锰(Mn)、锌(Zn)、铜(Cu)、钼(Mo)、硼(B)、氯(Cl)、镍(Ni),加上从空气和水中得到的碳(C)、氢(H)、氧(O),共17种。根据植物对这些元素的需求量,把它们分为两大类:

(1)大量元素。

植物对此类元素需求量较大,它们占植物干重的0.1%以上。这些元素是碳、氢、氧、氮、磷、钾、钙、镁、硫等。

(2)微量元素。

植物对此类元素的需求量极微,它们占植物干重的0.01%以下。这些元素是铁、锰、锌、铜、钼、硼、氯、镍等。尽管它们的需求量很小,但缺乏时植物不能正常生长;若稍有过量,反而对植物有害,甚至导致植物死亡。

2.植物体内必需元素的生理作用及缺素症

1)植物体内必需元素的一般生理作用

总的来说,植物体内必需元素的生理作用有以下3个方面。

(1)是细胞结构物质的组成成分。

例如碳、氢、氧、氮、磷、硫等是组成糖类、脂类、蛋白质和核酸等有机物的组成成分。

(2)是植物生命活动的调节者。

一方面,许多金属元素参与酶的活动,或者是酶的组成成分,或者是酶的激活剂,能提高酶的活性,加快生化反应的速度;另一方面,必需元素还是生理活性物质的组成成分,能调节植物的生长发育。

(3)起电化学作用。

例如某些金属元素能维持细胞的渗透势,影响膜的透性,保持离子浓度的平衡和原生质的稳定,以及中和电荷等,如钾、镁、钙等元素。有些大量元素同时具备上述2~3个功能,大多数微量元素只具有酶促功能。

2)大量元素的生理作用及缺素症

多数大量元素都是植物细胞结构物质和生命活动调节物质(酶、激素等)的组成成分。当缺乏某种必需元素时,就会出现特有的病症,这种病症称为缺素症。

(1)氮。

植物主要通过根系从土壤中吸收氮元素,其中以无机氮为主,即铵态氮(NH_4^+)和硝态氮(NO_3^-),也可以吸收利用有机态氮,如尿素等。氮在植物体内所占分量不大,一般只占干重的1%~3%,尽管含量少,氮对植物的生命活动却起着重要的作用。

氮是构成蛋白质的主要成分,占蛋白质含量的16%~18%,而细胞质、细胞核和酶都含有蛋白质,所以氮也是细胞质、细胞核和酶的组成成分。此外,核酸、核苷酸、辅酶、磷脂、叶绿素等化合物中都含有氮,而某些植物激素、维生素和生物碱等也含有氮。由此可见,氮在植物生命活动中占有首要地位,故又称为生命元素。

当氮肥供应充分时,植物叶大而绿,叶片功能期延长,营养体健壮,花多,产量高,籽粒中蛋白质含量高。但氮肥过多时,叶片呈深绿色,植物旺长,细胞质丰富而壁薄,易感染病虫害。

植物缺氮时,植物黄瘦、矮小,花、果易脱落。由于氮在植物体内可以移动,老叶中的氮化物分解后可运到幼嫩组织中重复利用,所以缺氮时的症状通常从老叶开始,逐渐向幼叶扩展,下部叶片黄化后提前脱落。

(2)磷。

磷在土壤中以$H_2PO_4^-$和HPO_4^{2-}的形式被植物的根所吸收,在植物幼嫩组织和种子、果实中含量较多。

当磷进入植物体后,大部分成为有机物,有一部分仍保持无机物形式。磷存在于磷脂、核酸和核蛋白中,磷脂是细胞质和生物膜的主要成分,核酸和核蛋白是细胞质和细胞核的组成成分之一,所以磷是细胞质和细胞核的组成成分。磷是核苷酸的组成成分,核苷酸的衍生物(如ATP、FMN、NAD^+、$NADP^+$和CoA等)在新陈代谢中占有极其重要的地位,因此磷能促进各种代谢正常进行,使植物生长发育良好,同时可提高植物的抗寒性及抗旱性,使植物提早成熟。

缺磷时,代谢过程受阻,植物矮小,茎叶由暗绿渐变为紫红,分枝少,开花期和成熟期都延迟,产量降低,抗性减弱;但施磷过多会影响植物对其他元素的吸收,如阻碍硅的吸收,水溶性磷酸盐可与锌结合,从而减少土壤中有效锌的含量,故施磷过多的植物易产生缺锌症。

磷在植物体内可移动,故能重复利用。所以缺磷时,病症首先出现在老叶上并逐渐向上发展。

(3)钾。

钾在土壤中以KCl、K_2SO_4等盐的形式存在,被植物吸收后,以离子(K^+)状态存在,部分在原生质中处于吸附状态。与氮、磷相反,钾不参与重要有机物的组成。植物体内的钾主要集中在生命活动最活跃的部位,如生长点、幼叶与形成层等。

钾对于参与活体内各种重要反应的酶起着活化剂的作用,是四十多种酶的辅助因子。钾能促进呼吸进程及核酸和蛋白质的形成,对糖类的合成和运输有影响,在蒸腾作用中调节气孔的开闭。

钾供应充分时,糖类合成加强,纤维素和木质素含量提高,茎秆坚韧,抗倒伏。钾供应不足时,茎秆柔弱,易倒伏,抗旱性和抗寒性均差;叶片细胞失水,蛋白质解体,叶绿素被破坏,所以叶子颜色变黄,叶子逐渐坏死。有些叶子叶缘枯焦,生长较慢,而叶中部生长较快,整片叶子呈杯状弯卷或皱缩。

钾很容易从成熟的器官移向幼嫩的器官,因此当植物缺钾时,症状首先出现在老叶上。

(4)钙。

植物从土壤中吸收 $CaCl_2$、$CaSO_4$ 等盐类中的 Ca^{2+}。植物体内的钙有的呈离子状态,有的以盐形式存在,也有与有机物结合的。钙主要存在于老叶或老的器官和组织中,是一种比较不容易移动的元素。钙在生物膜中可作为磷脂的磷酸根和蛋白质的羧基间联系的桥梁,因此钙可以维持膜结构的稳定性。

钙是构成细胞壁的一种元素,细胞壁的胞间层是由果胶酸钙组成的。缺钙时,细胞壁形成受阻,影响细胞分裂,或者不能形成新的细胞壁,出现多核细胞。因此缺钙时植物生长受抑制,严重时幼嫩器官(根尖、茎端)溃烂坏死。胞质溶胶中的钙与可溶性的蛋白质形成的钙调蛋白在代谢中起着"第二信使"的作用。

钙是一种不易移动的元素,缺乏时,病症首先出现在上部的幼嫩部位,幼叶呈淡绿色,叶尖出现典型的症状,随后坏死。

(5)镁。

镁主要存在于幼嫩器官和组织中,植物成熟时则集中于种子中。镁是叶绿素的组成成分之一,缺乏镁,叶绿素合成受阻,叶脉仍保持绿色而叶肉变黄,有时呈红紫色。镁是光合作用和呼吸作用中的许多酶,如 RUBP 羧化酶、乙酰 CoA 合成酶的活化剂。蛋白质合成时,氨基酸的活化需要镁的参与。镁也是染色体的组成成分,若缺镁严重,则会形成褐斑,导致植物坏死。在光合作用和呼吸作用过程中,镁可以活化各种磷酸变位酶和磷酸激酶。同样,镁也可以活化DNA 和 RNA 的合成过程。

镁是一种可移动的元素,缺乏时,病症首先从下部叶片开始。缺镁时,叶片失绿,叶肉变黄,而叶脉仍保持绿色,能见到明显的绿色网状特征。

(6)硫。

植物从土壤中吸收 SO_4^{2-}。SO_4^{2-} 进入植物体后,一小部分保持不变,大部分被还原成硫,进一步同化为含硫氨基酸,而这些氨基酸几乎是所有蛋白质的构成分子,所以硫是细胞质的组成成分,也是 CoA 的成分之一。

硫不足时,蛋白质含量显著减少,叶色变黄绿或发红,植株矮小。

硫不易移动,缺乏时一般在幼叶上出现缺绿症状,且新叶均匀失绿,呈黄白色并易脱落。

3)微量元素的生理作用及缺素症

(1)铁。

植物从土壤中主要吸收氧化态的铁,铁进入植物体内后处于被固定状态,不易转移。铁是许多重要氧化还原酶的组成成分。铁在呼吸作用、光合作用和氮代谢方面的氧化还原(Fe^{3+}、Fe^{2+})中都起着重要作用。铁也是固氮酶中铁蛋白和钼铁蛋白的金属成分,在生物固氮中起作用。缺铁影响叶绿素的形成,华北果树的"黄叶病"就是植物缺铁所致。

缺铁时幼叶缺绿发黄,甚至变为黄白色,而下部叶片仍为绿色。土壤中一般不会缺铁,但在碱性土壤或石灰质土壤中,铁易形成不溶性化合物而影响植物对铁的吸收。

(2)锰。

锰是糖酵解和三羧酸循环中某些酶的活化剂,所以锰能提高呼吸速率。锰是硝酸还原酶的活化剂,植物缺锰会影响它对硝酸盐的利用。在光合作用方面,水的裂解需要锰参与。缺锰时,叶绿体结构会受到破坏甚至解体。

(3)硼。

硼能与游离状态的糖结合,使糖带有极性,从而使糖容易通过质膜,促进运输。硼对植物生殖过程有影响,植物各器官中硼的含量在花中最高,缺硼时,花药和花丝萎缩,绒毡层组织破坏,花粉发育不良。果树花期喷硼,可促进花粉发芽,加快受精速度,提高坐果率。

(4)锌。

锌以 Zn^{2+} 形式被吸收。锌是碳酸酐酶的组成成分,此酶存在于原生质和叶绿体中,因此锌与光合作用、呼吸作用有关。锌也是谷氨酸脱氢酶及羧肽酶的组成成分,在氮代谢中也起着一定的作用。同时,锌与生长素的合成有关,缺锌植物失去合成色氨酸的能力,而色氨酸是吲哚乙酸的前身,因此缺锌植物的吲哚乙酸含量低。锌也是叶绿素合成的必需元素。

锌不足时,植物茎部节间短,呈莲丛状,叶小且变形,叶缺绿,华北地区果树"小叶病"等都是缺锌的缘故。

(5)铜。

铜是某些氧化酶的金属成分,可以影响氧化还原过程。铜又存在于叶绿体的质蓝素中,参与光合电子传递。

缺铜时,叶片生长缓慢,呈蓝绿色,幼叶缺绿,随后发生枯斑,最后死亡脱落。另外,缺铜会使气孔下形成空腔,使水分过度蒸腾,从而使植物发生萎蔫。

(6)钼。

钼是硝酸还原酶的金属成分,起着电子传递的作用。钼又是固氮酶中钼铁蛋白的组成成分,在固氮过程中起着作用。所以,钼的生理功能突出表现在氮代谢方面。

缺钼时,叶较小,脉间失绿,有坏死斑点,且叶缘焦枯,向内卷曲。

(7)氯。

氯在光合作用水裂解过程中起着活化剂的作用,促进氧的释放。根和叶的细胞分裂需要氯。缺氯时植物叶小,叶尖干枯、黄化,最终坏死;根尖粗,生长慢。

(8)镍。

镍是大多数植物生长所必需的微量元素。植物以 Ni^{2+} 的形式吸收镍。镍是脲酶、脱氢酶的金属辅基,也是固氮菌脱氢酶的组成成分。镍还有激活大麦中 α-淀粉酶的作用。镍对于植物氮代谢及生长发育的正常进行都是必需的。缺镍时,植物体内的尿素会积累过多,叶尖坏死,从而对植物产生毒害,使植物不能完成生活史。

当植物缺乏上述必需元素时,植物体内的代谢都会受到影响,进而在植物体外观上产生可见的症状,这就是所谓的营养缺乏症或缺素症。为了便于检索,现将植物缺乏各种必需元素的主要症状归纳如下。

A 较老的器官或组织先出现病症
  B 病症常遍布全株,长期缺乏则茎短而细
    C 基部叶片先缺绿、发黄,变干时呈浅褐色……………………………………氮
    C 叶常为红色或紫色,基部叶片发黄,变干时呈暗绿色……………………………磷

B 病症常限于局部,基部叶片不干焦,但杂色或缺绿
　　　C 叶脉间或叶缘有坏死斑点,或叶呈卷皱状 ·· 钾
　　　C 叶脉间有坏死斑点并蔓延至叶脉,叶厚,但叶形细小,茎短 ························· 锌
　　　C 叶脉间缺绿(叶脉仍绿)
　　　　D 有坏死斑点 ··· 镁
　　　　D 有坏死斑点并向幼叶发展,或叶扭曲 ··· 钼
　　　　D 有坏死斑点,最终呈青铜色 ··· 氯
A 较幼嫩的器官或组织先出现病症
　　B 顶芽死亡,嫩叶变形或坏死
　　　C 嫩叶初期呈典型钩状,后期从叶尖和叶缘向内死亡 ····································· 钙
　　　C 嫩叶基部呈浅绿色,从叶基起枯死,叶捻曲,根尖生长受抑制 ················ 硼
　　B 顶芽仍活
　　　C 嫩叶易萎蔫,叶呈暗绿色或有坏死斑点 ··· 铜
　　　C 嫩叶不萎蔫,叶缺绿
　　　　D 叶脉也缺绿 ··· 硫
　　　　D 叶脉间缺绿,但叶脉仍绿
　　　　　E 叶为淡黄色或白色,无坏死斑点 ··· 铁
　　　　　E 叶片有小的坏死斑点 ··· 锰

需要说明的是,植物缺乏必需元素时的症状会随植物种类、发育阶段及缺乏程度的不同而有不同的表现。此外,同时缺乏数种元素会使病症复杂化。其他环境因素(如各种逆境、土壤pH)都可能引起植物产生与缺乏必需元素类似的症状。因此,在判断植物缺乏哪种矿质元素时,应进行综合诊断。

3.2.2　树木对矿质元素的吸收和运输

1. 根系对矿质元素的吸收

1)根系吸收矿质元素的区域

根系是植物吸收矿质元素的主要器官。根系吸收矿质元素的情况直接影响着植物的生长发育。关于根系吸收矿质元素的部位,放射性同位素(如 ^{86}Rb、^{32}P)实验表明:虽然根毛区积累的离子比较少,但该区的吸收面积大,其表皮细胞未被栓质化,透水性好,又有发达的输导组织,吸收的离子能较快地运出;顶端虽有大量的离子积累,但该部位还未分化出输导组织,离子不易运出。综合离子积累和运出的结果,确定根尖的根毛区是吸收矿质元素的主要部位,这一点和根系吸收水分基本一致。

2)根系吸收矿质元素的特点

植物对矿质元素的吸收是一个复杂的生理过程,它一方面与根系吸水有关,另一方面又有其独立性,同时根系对离子的吸收还具有选择性。

(1)根系对盐分和水分的相对吸收。

盐分和水分两者被植物吸收是相对的,既有关又无关。"有关"表现在盐分只有溶解在水中才能被根系吸收,"无关"表现在两者的吸收机理不同。根系吸水主要是因蒸腾作用而引起的被动过程,而吸收无机盐则是以消耗代谢能量的主动吸收为主,有载体运输,也有通道运输

和离子泵运输,其运输速度和水分的运输速度并不一致。

(2)根系对离子的选择性吸收。

不但植物吸收水分与吸收无机盐表现出相对独立性,而且带有不同电荷的离子是不等量进入植物体的。植物根系吸收离子的数量与溶液中离子的数量不成比例的现象称为离子的选择性吸收。如向土壤中加入$(NH_4)_2SO_4$时,植物对NH_4^+的吸收量远远超过SO_4^{2-},在吸收NH_4^+的同时将H^+置换到土壤中,从而使土壤中SO_4^{2-}和H^+的浓度增大,导致土壤pH值下降,这种盐称为生理酸性盐。如向土壤中加入$NaNO_3$则相反,植物吸收大量的NO_3^-,而使Na^+残留在土壤中,使土壤pH值升高,因此,把$NaNO_3$称为生理碱性盐。如供给NH_4NO_3时,植物对NH_4^+和NO_3^-几乎以同等速度吸收,根部置换的H^+和HCO_3^-相等,并不改变土壤的pH值,这种盐称为生理中性盐。在生产实际中,如果长期施用某一种肥料,就会使土壤酸化和碱化,从而破坏土壤结构。

(3)单盐毒害和离子拮抗。

某种溶液若只含有一种盐分(即溶液盐分中的金属离子只有一种),该溶液即称为单盐溶液。若将植物培养在单盐溶液中,植物不久就会呈现不正常状态,最后死亡,这种现象称为单盐毒害。

在发生单盐毒害的溶液中加入少量含有其他金属离子的盐类,单盐毒害就会减轻或消除,离子间的这种作用称为离子拮抗作用。例如在$NaCl$溶液中加入$CaCl_2$,在$CaCl_2$溶液中加入$NaCl$和KCl,就能减轻单盐毒害。我们把植物必需的元素按一定浓度与比例配成混合溶液,可使植物生长良好。这种能使植物生长良好的溶液称为生理平衡溶液。对海藻来说,海水就是生理平衡溶液;对大多数植物来说,除了盐碱地之外,土壤溶液也比较接近生理平衡溶液。

3)根系吸收矿质元素的方式

根系吸收矿质元素的方式有两种,即被动吸收和主动吸收。

(1)被动吸收。

根细胞对溶质的吸收是顺着电化学梯度进行的,因为这种吸收方式不需要代谢能量,因此称其为非代谢性吸收或被动吸收。被动吸收主要包括单纯扩散和易化扩散。

(2)主动吸收。

根细胞通过呼吸作用提供的能量逆着浓度梯度吸收矿质元素的过程,称为主动吸收。它是根系吸收矿质元素的主要形式。

2.矿质元素在植物体内的运输

1)矿质元素在植物体内运输的形式

根系吸收的氮元素,大部分在根内转化成有机氮化物后再运向地上部分。有机氮化物包括氨基酸(主要有天门冬氨酸、谷氨酸、丙氨酸和蛋氨酸)和酰胺(天冬酰胺和谷氨酰胺),还有少量的氮元素以硝酸根的形式向上运输。磷元素主要以正磷酸盐的形式运输,也有一些在根部转变为有机磷化物(甘油磷酰胆碱、己糖磷酸酯等)向上运输。硫元素主要以硫酸根离子的形式向上运输,少量的硫元素以蛋氨酸及谷胱甘肽等形式运输。大部分金属元素以离子的形式向上运输。

2)矿质元素在植物体内的运输途径和速度

根系吸收的矿质元素经质外体和共质体进入导管以后,随蒸腾液流上升,或按浓度差而扩散。大量实验证明,根系吸收的矿质元素是通过木质部向上运输的,也可以从木质部横向运输到韧皮部,而叶片吸收的矿质元素向上和向下运输都是通过韧皮部进行的。叶片吸收的矿质元素也可以从韧皮部横向运输到木质部,在茎内向上运输通过韧皮部和木质部。矿质元素在植物体内的运输速度为 30～100 cm/h。

3. 叶片对矿质元素的吸收

除根部外,植物的地上部分也可以吸收矿质元素。在生产上常采用给植物地上部分喷施肥料以补充对矿质元素需要的措施称为根外营养。由于地上部分吸收矿质元素的器官主要是以叶片为主,故根外营养又叫叶片营养。喷洒在叶片上的肥料,可以通过气孔和湿润的角质层进入叶脉韧皮部,也可横向运输到木质部,而后再运往各处。

根外追肥具有肥料用量少、见效快的特点,有利于在不同生育期使用,特别是植物生长后期,根系活力降低,吸收机能衰退时效果更佳。当土壤缺水,土壤施肥难以发挥效果时,叶面施肥的意义更大。另外,根外施肥还可避免肥料(如过磷酸钙)被土壤固定而失效和随水流失的弊端。

3.3 树木的光合作用

根据营养方式的不同,生物可分为自养生物和异养生物两大类。地球上绝大多数高等植物和少数微生物属于自养生物,少数高等植物和某些微生物属于异养生物。自养生物利用光能或化学能,将吸收的二氧化碳转变成有机物的过程叫碳素同化作用。碳素同化作用包括细菌光合作用、绿色植物光合作用和化能合成作用三种类型,其中绿色植物光合作用是自然界最重要的碳素同化作用。绿色植物是地球上分布最广泛的自养生物,其光合作用是有机物合成的根本来源,也是生物利用太阳能的重要途径,还是生物界所有物质代谢和能量代谢的基础,对自然界的生态平衡和人类生存发展具有极其重要的意义。

3.3.1 光合作用及其意义

1. 光合作用的概念

绿色植物吸收、利用光能,将二氧化碳和水合成有机物并释放氧气的过程,称为光合作用(photosynthesis)。地球上生物的生命活动所需的能量、有机物、氧气,绝大部分是由绿色植物的光合作用提供的。因此,光合作用不仅对植物自身,而且对整个生物界和人类的生存发展,都具有极其重要的意义。

2. 光合作用的意义

1)光合作用把无机物变为有机物

植物通过光合作用制造有机物的规模非常庞大,据估计,地球上每年光合作用固定约 2×10^{11} t 的碳元素,合成 5×10^{11} t 的有机物,不仅为植物自身的生长发育和生命活动提供了有机营养物质,也为自然界所有的异养生物提供了食物,同时植物也是人类生活的必需品和重要的工业原料,如粮、棉、油、菜、果、茶、药,以及橡胶、木材等。光合作用制造了生物所需的几乎所有的有机物,是规模巨大的将无机物合成有机物的"化工厂"。

2)光合作用将光能转化为化学能

光合作用将光能转化为化学能,完成自然界巨大的能量转变过程。绿色植物通过光合作用将无机物转变为有机物的同时,将吸收的光能转变为化学能贮存在有机物中。有机物中贮存的化学能不仅是植物自身以及其他异养生物生命活动的能源,也是我们人类生产活动的重要能量来源。工农业生产和日常生活所利用的主要能源,如煤炭、石油、天然气、木材等,都是古代或现代的植物光合作用所贮存的能量。光合作用积蓄了生物所需的几乎所有的能量,是一个巨大的"能量转换站"。

3) 光合作用维持大气中 O_2 和 CO_2 浓度的相对平衡

在地球上,由于生物呼吸和燃烧,每年要消耗大约 $3.15×10^{11}$ t 的 O_2,以这样的速度计算,大气层中的 O_2 只够用 3000 年。然而,植物光合作用每年固定约 $3.15×10^{11}$ t 的 CO_2,向大气层释放 $5.35×10^{11}$ t 的 O_2,所以,大气层中的 O_2 含量仍然维持在 21% 左右,从而维持了大气层中 O_2 和 CO_2 浓度的相对平衡。光合作用成为一个自动的空气净化系统,对环境保护起着重要的作用。

目前,人类面临着人口急增、食物不足、能源资源匮乏、环境恶化等问题,这些问题的解决都和光合作用有着密切的联系。因此,深入探讨光合作用的规律,揭示光合作用的机理,使之更好地为人类服务,具有重大的理论和实际意义。

3.3.2 影响光合作用的因素

1. 光合作用的指标

植物的光合作用是在植物体内部和外部条件的相互影响下进行的,表示光合作用的指标有光合速率和光合生产率。

光合作用的强弱通常用光合速率(photosynthetic rate)或光合强度表示,是指单位时间内单位叶面积所吸收的 CO_2 量或释放的 O_2 量,常用单位有 $\mu mol \cdot m^{-2} \cdot s^{-1}$ 和 $\mu mol \cdot dm^{-2} \cdot h^{-1}$。一般测定光合速率的方法有红外线 CO_2 分析仪法、氧电极法、半叶法等。对于叶面积不易测定的植物(如松、柏),可改用叶的干重来代替叶面积。一般测定光合速率时都没有考虑叶片的呼吸,故所得的结果实际是光合作用减去呼吸消耗的差数,称为净光合速率,有时也称为表观光合速率。如果测定真正光合速率,需同时测定其呼吸速率,两者之和则为真正光合速率。

光合生产率也称净同化率(NAR),是指植物在较长时间(如一昼夜或 5~10 d)内,单位叶面积生产的干物质重,常用单位为 $g \cdot m^{-2} \cdot d^{-1}$。光合生产率比光合速率低,因为在夜间叶片呼吸要消耗部分光合产物。

2. 影响光合作用的因素

光合作用是植物整个生命活动的重要生理过程,受多种内外因子的影响。各种环境因子对光合作用的影响以及植物对环境的适应,与作物产量和产品品质有关。不同植物的光合速率由其遗传特性决定;同一植物在不同发育阶段、不同叶位、不同叶龄,其光合速率不同;光合产物的供求状况也直接影响光合作用。

1) 光照

光是光合作用的能量来源,是叶绿体发育和叶绿素合成的必要条件;光还调节着气孔运动和碳同化酶系的活性。所以,光照是影响光合作用的重要因素之一。

光照强度可用照度计测定,其单位是勒克斯(lx)。夏天中午全日照时约10万勒克斯,阴天1万～2万勒克斯,雨天数千勒克斯。

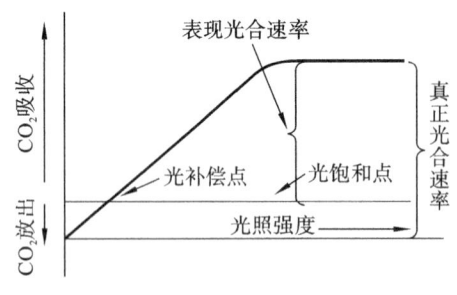

图1-3-3 光照强度对光合作用的影响

(1)光照强度对光合作用的影响。

在光照条件下,随着光照强度的增强,光合速率相应提高,当达到某一光照强度时,叶片的光合速率与呼吸速率相等,此时净光合速率为零,这时的光照强度称为光补偿点。在一定范围内,光合速率随光照强度的增强而成直线增加;但超过一定光照强度后,光合速率增加幅度减缓;当达到某一光照强度时,光合速率就不再增加,这种现象称为光饱和现象(light saturation)。开始达到光饱和时的光照强度称为光饱和点(light saturation point,LSP),此时的光合速率达到最大值(见图1-3-3)。产生光饱和现象的原因很多,主要是由于强光下,光合色素及光化学反应来不及利用过多的光能;另外,CO_2固定及同化的速度较慢,不能与光反应的速率相匹配,出现同化力过剩,从而阻碍色素对光能的继续吸收。

一般来说,阳生植物的光饱和点高于阴生植物,C_4植物的光饱和点高于C_3植物。在一般光照下,C_4植物没有明显的光饱和现象,这是由于植物同化CO_2消耗更多的同化力,而且可充分利用较低浓度的CO_2。而C_3植物的光饱和点仅为全光照的1/4～1/2。所以在高温高光照强度的条件下,C_3植物的光合速率达到一定程度后不再增加,出现光饱和现象,而C_4植物仍保持较高的光合速率,在利用光能方面优于C_3植物。

(2)光合作用的光抑制。

当植物吸收的光能超过光合作用需要的光能时,过剩的光能会导致光合强度降低,这种现象称为光合作用的光抑制。光抑制的特征是PSⅡ光化学效率降低和光合碳同化的量子效率降低,它取决于植物所接受的光能超过其所能利用的量的大小。光抑制是由过量的光照引起的,过量的光照破坏了PSⅡ反应中心,降低了量子效率和光合速率。

光抑制现象在自然条件下是经常发生的。当晴天中午的光照强度超过植物的光饱和点时,许多C_3植物都会出现光抑制现象,轻者使植物光合速率暂时降低,重者叶片变黄,光合活性丧失。当强光与高温、低温、干旱等其他不良环境同时存在时,光抑制现象更严重。

植物已形成了多种避免或减少光抑制现象的保护机制。如通过叶片及叶绿体运动来避开强光直射;通过叶表面的蜡质层和表皮毛等反射光,减少对光的吸收;通过蒸腾作用等加强热耗散过程;通过呼吸等代谢耗散过多的能量等。

(3)光质对光合作用的影响

光质对光合速率也有一定影响。在太阳辐射中,对光合作用有效的光是可见光。用不同波长的可见光照射植物叶片,测得的光合速率不一样,可见不同波长的光对光合速率的影响不同。其主要原因是不同波长的光传递到作用中心的效率并不相同。

2)CO_2

CO_2是光合作用的原料。陆生植物光合作用所需的CO_2,主要来源于空气,通过叶表面的气孔进入叶内,经过细胞间隙到达叶肉细胞的叶绿体。

CO_2经常是光合作用的限制因子。空气中的CO_2浓度一般都不能满足植物光合作用的需求,所以在温度适宜、无风、光照较强的晴朗天气里,植物往往处于CO_2"饥饿"状态;随着CO_2浓度的增加,植物的光合速率不断增大,当植物光合作用吸收的CO_2量和呼吸作用放出的CO_2量相等时,这时外界的CO_2浓度称为CO_2补偿点。当空气中的CO_2浓度超过植物CO_2补偿点后,随着CO_2浓度的增大,植物的光合速率不断增大。但是,当CO_2浓度增至一定程度时,光合速率不再增大,这时的CO_2浓度称为CO_2饱和点。

不同植物的CO_2补偿点不同,植物必须在高于CO_2补偿点的条件下才有同化物积累。不同植物的CO_2饱和点相差很大,C_3植物的CO_2饱和点较高,C_4植物的CO_2饱和点要比C_3植物的低一些。超过CO_2饱和点后再增加CO_2浓度,光合作用便受抑制,其原因可能是:CO_2浓度过高,会引起气孔关闭,阻止CO_2向叶内扩散,甚至引起原生质中毒,抑制正常呼吸进行。

最适CO_2浓度也视光照强度、温度、水分等条件的配合情况而变化。如光照强度加强,植物就能吸收、利用较高的CO_2浓度,CO_2饱和点提高,光合作用加快。

3) 温度

温度主要是通过影响光合碳同化过程中一系列酶的活性来影响光合作用的。温度也可通过影响气孔开闭来间接影响光合速率。光合速率与温度的关系存在着"温度三基点",即最低温度、最适温度和最高温度。温度太低,叶绿体超微结构受损伤,气孔运动失调,CO_2扩散受阻,酶促反应速率降低,从而抑制光合作用。温度过高,叶绿体的结构被破坏,有关的酶钝化、失活;促进蒸腾作用,造成水分亏缺,引起气孔关闭;呼吸(特别是光呼吸作用)速率增大,使净光合速率降低。

光合作用的"温度三基点"因植物种类而异(见表1-3-2)。一般植物可以在10~35 ℃下正常进行光合作用,在35 ℃以上时光合速率就开始下降。

表 1-3-2 在自然的CO_2浓度和光饱和条件下不同植物净光合作用的温度三基点(Larcher,1980)

	植物类群	最低温度/℃	最适温度/℃	最高温度/℃
草本植物	热带C_4植物	5~7	35~45	50~60
	C_3农作物	-2~2	20~30	40~50
	阳生植物(温带)	-2~0	20~30	40~50
	阴生植物(温带)	-2~0	10~20	约为40
	CAM植物(夜间固定CO_2)	-2~0	5~15	25~30
	春天开花植物和高山植物	-7~-2	10~20	30~40
木本植物	热带和亚热带绿阔叶乔木	0~5	25~30	45~50
	干旱地区硬叶乔木和灌木	-5~-1	15~35	42~55
	温带冬季落叶乔木	-3~-1	15~25	40~45
	常绿针叶乔木	-5~-3	10~25	35~42

白天温度较高,日光充足,有利于光合作用的进行;夜间温度较低,可降低呼吸消耗。因此,在一定温度范围内,较大的昼夜温差有利于光合产物的积累。

4) 水分

水是光合作用的原料,但植物用于光合作用合成有机物的水不到其吸收水分的1%。因此,缺水对光合作用的影响主要是间接作用,表现为:缺水会引起气孔开度下降,气孔阻力增大,影响 CO_2 进入叶内,光合速率降低;严重缺水时,叶绿体结构特别是光合膜系统受到损害,rubisco 活性下降,羧化效率下降,PSⅡ失活或损伤,电子传递和光合磷酸化活力降低;缺水时淀粉的水解加强,糖类积累增加,光合产物的输出变慢,既对光合作用产生反馈抑制作用,又促进呼吸作用,使净光合速率降低。

5) 矿质营养

矿质元素与光合作用的关系十分密切,它们直接或间接地影响光合作用。N、Mg、Fe、Mn 等是叶绿素生物合成所必需的;Cu、Fe、S、Mn 和 Cl 参与电子传递和光合放氧过程;K、P、B 对光合产物的运输和转化起促进作用;K、Ca 影响气孔开闭而控制 CO_2 的进出,从而对光合作用产生间接影响。在一定范围内,增加矿质元素有利于光合作用的进行和有机物的积累。

6) 光合速率的日变化

随着光照强度、温度等因素在一天中的变化,植物光合速率也呈现明显的日变化。C_4 植物在晴朗温暖的天气,光合作用的日变化曲线一般与光照强度变化趋势一致,光照最强时,光合速率最大,呈单峰曲线;但 C_3 植物在夏秋炎热天气,光合作用日变化曲线出现双峰,中午光合速率反而下降,这就是光合作用"午休"现象。一般认为中午大气相对湿度较低,导致气孔关闭是引起"午休"现象的主要原因。

影响光合作用的各个因素不是孤立的,而是综合的、相互联系的。例如,水分不足会引起气孔关闭,影响 CO_2 的进入量;CO_2 供应不足,植物不能充分利用光能,使光饱和点下降。CO_2 扩散到叶细胞内的量,不仅取决于 CO_2 浓度,而且受温度、光照及叶细胞含水量等的影响。

3.3.3　植物体内同化物的运输及分配

植物通过光合作用同化环境中的 CO_2 和水来合成植物可利用的光合产物,从产生同化物的光合作用器官到消耗或利用同化物的器官之间有效的物质运输,是保证植物正常生长发育的重要环节。同化物的运输与分配过程是决定作物产量的一个重要因素,因为它直接决定经济器官运输与分配的能力和数量。

1. 植物体内同化物的运输途径

高等植物体中同化物的运输,根据距离的远近可以分为短距离运输和长距离运输。

1) 短距离运输

短距离运输主要是指细胞内与细胞间的运输,距离仅为若干微米到毫米之间,所以又称为胞内运输和胞间运输。

胞内运输是指细胞内各细胞器之间的物质转移或交换。胞内运输通过扩散、原生质环流、囊泡的形成与分泌等方式完成,如细胞器间、细胞器与细胞质间的物质穿梭;高尔基体合成的多糖以囊泡形式输送到质膜处,囊泡与质膜融合,将囊泡内的多糖释放到质膜外,用于胞壁半纤维素等的合成。

胞间运输是指相邻细胞间的物质转移或交换。胞间运输主要通过质外体、共质体及其交替方式完成。胞间连丝和转移细胞在物质运输方面起重要作用。共质体运输中,主要通过胞间连丝进行细胞间物质与信息的交流;同化物在质外体的运输是被动的自由扩散过程,速度较快。相邻细胞之间,一般共质体的运转速率快于质外体的运转速率。在植物组织内,同化物的运输不只局限于质外体或共质体某一种途径,往往是两者交替进行的。在质外体与共质体的转运过程中,转移细胞(transfer cell,又称传递细胞)起着重要的作用。转移细胞的生理功能是源端装入同化产物,库端卸出同化产物。

2)长距离运输

长距离运输主要是指同化物在器官之间进行的运输,其距离从几厘米到几米乃至上百米不等,因为是在器官之间的运输,所以又称为器官间的运输,其主要是通过植物的特化组织——维管束来实现的。植物的维管束主要由木质部和韧皮部构成,木质部主要负责将水分和矿质元素从根部向地上部分运输,而韧皮部则主要负责将光合产物由叶向根部及植物其他部分运输。维管束是植物的"血脉",遍布植物全身,是植物进行长距离运输的基本通道。一旦维管束发生阻塞或者断裂而无法修复,植物就会死亡。在生产实践中,嫁接是否成功在于砧木和接穗之间的维管束能否重新愈合而形成连接。

2. 植物体内同化物的分配及调节

叶片光合作用制造的光合产物有糖类、脂肪、蛋白质和有机酸等。蔗糖是同化物运输的主要形式。同化物进入韧皮部后,可以向上运往正在生长的顶端、幼叶或果实,也可以向下运往根部或地下贮存器官,并且可以同时进行纵向的双向运输。同化物运输的总体方向是由源到库。

1)同化物的分配

(1)同化物源和库。

源,又名代谢源,是指能够制造并输出同化物的组织、器官或部位(功能叶片、萌发种子的胚乳)。库,又名代谢库,是指接纳同化物用于消耗或贮存的组织、器官或部位(幼叶、根、茎、花、果实、种子等)。在同一株植物中,源与库是相对的。在某一生育期,某些器官以制造、输出有机物为主,另一些器官则以接纳为主,前者为源,后者为库;随着生育期的改变,源与库的地位有时会发生变化。因此,植物的源和库可以在生长发育过程中发生相互转化。

虽然同化物运输的基本方向是由源到库,但是在植物体内通常有多个源器官和库器官,同化物在源、库间的运输存在时间和空间上的调节和分工。源制造的光合产物主要供应相应的库,它们之间在营养上相互依赖、相互制约,库对源有依赖作用,库控制源的制造和输出。相应的源与相应的库,以及二者之间的输导系统构成一个源库单位。

源库单位的形成首先要符合器官的同伸规律(根、叶、蘖同时伸长),其次还与维管束走向、距离远近有关,并且决定了同化物分配的特点。

(2)同化物分配的特点。

①由源到库,优先供应生长中心。

植物体内同化物的上下运输,主要取决于源与库的相对位置:源上库下时,向下运输;源下库上时,向上运输。但在植物不同的发育阶段,往往存在多库现象,如不少开花结实期的植物,其花、果实、根系和茎尖都在生长,这时有多个库需要源提供同化物。在源有限的情况下,植物会集中更多的同化物向生长中心运输。所谓生长中心,是指特定发育时期生长最快,获得同化物最多的组织或器官。如营养生长期,根端和茎端的生长点是主要的库,成熟叶片是主要的源,此时成熟叶片的同化物分配到根端和茎端的生长点。当植物体由营养生长转变为生殖生长后,果实逐渐成为主要的库,此时同化物的分配也从向根端和茎端输送转变为主要向果实输送。生产中的植物打顶、摘心和去赘芽等措施都是为了保证生长中心获得更多的同化物。

②就近供应,同侧运输。

源(叶)的光合产物主要运至邻近的生长部位,而且向与它有直接维管束联系的库输送同化物,并且随着源库之间距离的加大而减少。一般来说,植物上部的成熟叶向茎尖和幼叶,下部叶向根系,中部叶则可向上、向下输出同化物。旗叶和果(穗)叶的同化物主要分配给穗子和果实,因此,生产上保护旗叶和果(穗)叶,延长其生理功能对提高产量有重要作用。

③侧向运输,源间互补。

当一个库的原有源(叶)受损或功能下降时,不同侧就近的源或同侧相对近的源可以把部分同化物分配给这个库,使该库能够继续获得同化物而发育。这是因为在不同的维管束之间还有少量的侧向维管束相连。当植物维管束因植物体受到伤害或修剪而被切断时,韧皮部运输也会发生改变。如果源库间直接相连的维管束被切断,维管束间就会发生并接,使源库间的运输可以继续进行。

④同化物的再分配与再利用。

植物体在一定发育时期常发生同化物的再分配与再利用。细胞的内含物,无论是有机物还是无机物,甚至是细胞器都可以发生降解,然后被运出细胞并转移到植物体的生长部位或贮存器官,被重复利用,以避免浪费。例如,在叶片衰老时,大部分的糖和N、P、K等矿质元素都要被运走,重新分配到其他贮存器官或生长组织中去。营养器官的内含物向生殖器官转移。

(3)影响同化物分配的内因。

有机物向植物各器官分配的方向及多少取决于源的供应能力、库的竞争能力和源库间流的运输能力三者的综合影响,其中库的竞争能力通常起着较为重要的作用。

①源的供应能力。

源的供应能力就是指源对光合产物的输出能力。凡是同化物较少,同时本身生长又需要时,同化物不但不输出,反而要输入(如幼叶);当同化物形成较多而超过自身需要时,便有可能外运。同化物越多,输出的潜力越大。叶片制造的同化物超过本身需要的多余部分即为供应能力。

②库的竞争能力。

库的竞争能力是指库对同化物的吸引和"争调"的能力。一个器官的竞争能力愈强,分配给它的有机物就愈多,在所分配的有机物总量中占的比例就愈大。库的竞争能力主要取决于库的容量大小和吸收光合产物强度的高低(二者合称为库强度)。

③源库间的运输能力。

运输能力是指源库之间输导系统的联系、畅通程度、距离远近和动力大小。一般来说,有机物分配到输导系统联系直接的比联系间接的多。输导系统畅通程度高的,有机物分配数量多。就近供应,近库多分,远库少分。

总之,某一部分的同化物先满足自身的需要,有余才外运。通常同化物优先分配给附近的竞争能力大的部分。如果有若干部分的竞争能力相差不大,则以就近供应为主;如果两者距离相差不大,则优先供应竞争能力大的;如果距离远近和竞争能力大小都不同,则以二者影响大小而定。可以说,库的竞争能力起着较为重要的作用,竞争能力大的部分,虽远离同化物合成部位,但仍能获得较多的同化物。

2)同化物运输与分配的调节

影响和调节同化物运输与分配的因素十分复杂,植物几乎所有的生理过程都或多或少地影响同化物的运输与分配,其中糖代谢状况、植物激素等起着重要的作用,环境因素也有着重要的影响。

(1) 代谢调节。

①细胞内蔗糖浓度的调节。

叶内蔗糖浓度高,在短期内可提高同化物的输出速率。例如,通过提高光照强度或增施 CO_2 的方法来提高叶片内蔗糖的浓度,短期内可以提高同化物从功能叶输出的速率。但从长期看,叶片内高浓度的蔗糖则会抑制光合作用。

②能量代谢的调节。

同化物的主动运输需要消耗代谢能量。ATP 酶的活性与物质运输关系密切。物质出膜、进膜都需要 ATP。ATP 的作用有两个方面:一是作为直接的动力,二是通过提高膜透性来起作用。用敌草隆(DCMU)和二硝基苯酚(DNP)抑制 ATP 的形成,会对同化物运输产生抑制作用。

(2) 激素调节。

植物激素对同化物的运输与分配有着重要影响。除乙烯外,其他 4 种内源激素都有促进有机物运输与分配的作用。

关于植物激素促进同化物运输的机制,目前还不十分清楚,有以下几个方面的解释:①生长素与质膜上的受体结合,产生膜的去极化作用,降低膜势,并可能使离子通道打开,有利于离子及同化物的运输;②植物激素能改变膜的理化性质,提高膜透性,如生长素、赤霉素、细胞分裂素均有提高膜透性的功能;③植物激素能促进 RNA 和蛋白质的合成,合成某些与同化物运输有关的酶,如赤霉素诱导 α-淀粉酶合成。

3. 影响同化物运输的因素

同化物运输与分配方向、速度和数量除受内在因素调控外,还受外界环境因素的影响。

1) 温度

温度影响同化物运输的速率。糖的运输速率在 20~30 ℃时最快,高于、低于这个温度,运输速率都会下降。低温对运输的影响,一方面是由于低温降低了呼吸速率,减少了能量供应;另一方面是低温提高了筛管内含物的黏度,减慢了溶液流动速度。高温对运输的影响,一方面是筛板出现胼胝质;另一方面高温会使呼吸作用增强,消耗物质增多。此外,高温还会使酶钝化或破坏,从而影响运输速率。

温度还影响同化物的运输方向。当土壤温度高于气温时,同化物向根部分配的比例增大;反之,当气温高于土壤温度时,光合产物向顶部分配较多。因此,对于块根、块茎作物,适当提高土壤温度有利于更多的同化物运向地下部分。

昼夜温差大小对同化物运输也有影响。在生理温度适宜的范围内,昼夜温差大有利于同化物向籽粒分配。如小麦从开花到成熟期,若适当增加昼夜温差,可使其夜间呼吸消耗减少,穗粒重增大。

2) 光照

光照通过光合作用影响同化物的运输与分配。通常,同化物白天的输出率高于夜间。用 ^{14}C 同化物进行的试验证明,植物照光后,运输速率迅速增加,2~3 h 后达到最高峰,进入黑暗以后又迅速下降。产生这种现象的原因可能是光照下蔗糖浓度升高,合成 ATP 多,运输速率加快。

3) 水分

水既是光合作用的原料,又是物质运输的介质。水分亏缺使光合速率降低,叶片细胞内可运态蔗糖浓度降低,影响同化物向外输出,从而降低了筛管内集流的运输速率。但是,干旱条件下光合作用的减弱并不与同化物向穗部的输出相一致。由于穗是一个竞争力很强的库,同化物的分配受抑制不大,而是向下部节间的分配减少,从而使茎下部叶片与根系衰老死亡。

4)矿质元素

影响同化物运输的矿质元素,主要有氮(N)、磷(P)、钾(K)、硼(B)等。

氮的供给必须适量。若氮肥过多,较多的糖类用于形成植物营养体,不利于同化物向外运输,向籽粒分配的同化物减少;若氮肥过少,则会引起功能叶早衰。

磷肥能促进有机物的运输。可能的原因是:磷促进光合作用,形成较多的同化物;磷促进蔗糖合成,提高可运态蔗糖的浓度;磷是ATP的重要组成成分,而同化物的运输离不开能量。所以,作物成熟期追施磷肥可以提高产量。

钾能促进库内糖分转变成淀粉,维持韧皮部两端的压力差,有利于同化物的运输。

硼能促进植物对蔗糖的运输。硼和糖能结合成有利于透过质膜的复合物,从而促进糖的运输;硼还能促进蔗糖合成,提高可运态蔗糖的浓度。

3.3.4 光合作用与植物生产

植物干物质有90%～95%是来自于光合作用合成的有机物。农林业生产的产品都是光合作用直接或间接的产物。因此,在生产上,如何提高植物的光能利用率,制造更多的光合产物是一个根本性的问题。

1. 植物产量构成因素

植物一生中合成并积累下来的全部干物质的重量,称为生物产量(biological yield),生物产量中有经济价值的部分称为经济产量(economic yield),经济产量与生物产量之比称为经济系数或收获指数(harvest index)。显然,经济系数是由光合产物分配到各器官的比例所决定的。一般来说,经济系数是品种一个比较稳定的性状。在经济系数不变的前提下,提高生物产量成为提高植物产量的重要手段。生物产量是指植物一生中的全部光合产量减去消耗的同化物,而光合产量是由光合面积、光合速率、光合时间这三个因素组成的。它们的关系如下

$$生物产量=光合产量-呼吸消耗$$

$$光合产量 = 光合面积×光合速率×光合时间$$

$$经济产量=生物产量×经济系数=(光合面积×光合速率×光合时间-呼吸消耗)×经济系数$$

植物的经济产量取决于光合面积、光合时间、光合速率、呼吸消耗和光合产物分配五个方面,这五个方面体现了植物的光合性能。

2. 植物的光能利用率

通常把单位土地面积上植物光合作用形成的有机物中所贮存的化学能占照射到该地面上的太阳能的百分率称为光能利用率(efficiency for solar energy utilization),可用下列公式计算

$$光能利用率=\frac{单位土地面积上植物总的干物质所含化学能}{同面积上太阳总辐射能}×100\%$$

在太阳总辐射中,波长为390～770 nm 的可见光能被植物吸收用于光合作用(称为光合有效辐射,PAR),约占40%。PAR中也只有被叶绿体色素吸收的光能,在光合作用中才能转

化为化学能。照射到作物群体的光能,经过叶片的反射、群体漏光、蒸腾热耗散等,最终大约只有5%的光能被光合作用转化贮存在碳水化合物中。生产中作物光能利用率远低于此值,一般不到1%。目前生产上光能利用率低的原因主要有两个。一是漏光损失。作物在生长初期生长缓慢,叶面积小,光能大部分漏射到地面而损失。二是环境条件不良。不良的环境条件,如CO_2不足、水分胁迫、温度过低或过高、矿质营养缺乏及病虫害的影响等,导致光能利用率大大降低。

3. 提高植物光能利用率的途径

由于植物的经济产量取决于光合面积、光合时间、光合速率、呼吸消耗和光合产物分配五个方面,所以,在生产上主要可通过增加光合面积、延长光合时间和提高光合速率等途径来提高植物的光能利用率及产量。

1)增加光合面积

光合面积是指以叶片为主的植物绿色面积。光合面积是光合性能中与产量关系最为密切、变化最大,同时又是较易控制的一个因素。可通过改变株型和合理密植来增加光合面积。合理密植是指植物群体合理发展,有最适的光合面积、最高的光能利用率,并获得最高产量的种植密度。

表示密植程度的指标是叶面积系数(leaf area index,LAI),即植物的总叶面积与土地面积的比值。在一定范围内,叶面积系数愈大,光合产物积累愈多,产量就愈高。

生产上通过合理密植来保证通风良好,促进植物群体内部与外界的气体交换,改善CO_2供应,有利于光合速率的提高,可获得较高的产量。

2)延长光合时间

延长光合时间,可以增加光合产物的积累,提高光能利用率,生产上采用提高复种指数、延长生育期和补充人工光照等措施来实现。提高复种指数可增加收获面积,延长单位土地面积上植物的光合时间,减少漏光损失,充分利用光能。如通过间作、套种、复播等方法,在一年中多种多收,缩短土地休闲时间,从时间和空间上更好地利用光能。

从植物本身考虑,光合时间与叶片寿命及一天中有效光合时间有关。特别是生育后期的叶片早衰,使光合时间减少,对产量造成的影响很大。因此,应重视生育后期,延长叶片功能期,防止其早衰,以维持光合作用能力。

3)提高光合能力

提高光合能力,即提高植物的光合效率。光照、温度、水、肥和二氧化碳等都可以影响单位绿叶面积的光合效率,因此改善田间的通风透光条件、增施有机肥以增强土壤呼吸、增加CO_2供应、合理控制水肥条件、防除杂草和病虫害等,都可改善植物的生长和光合性能,提高光合效率。

4)降低呼吸消耗

植物除了无间断地进行着正常的呼吸作用外,在光照下还进行着光呼吸,特别是C_3植物的光呼吸很显著,其光合产物总量的20%~27%可通过光呼吸消耗掉。利用光呼吸抑制剂和提高田间CO_2浓度,可明显降低光呼吸。在适宜条件下,光合速率比呼吸速率高30倍左右,但当温度过高时,光合速率会明显降低,而呼吸速率则显著提高。因此,要改善田间的通风条件或采取其他措施,以避免温度过高,减少呼吸消耗。

3.4 树木的呼吸作用

呼吸作用是一切生活细胞内经过某些代谢途径使有机物氧化分解,从而释放能量的过程。除了绿色细胞可直接利用太阳能进行光合作用外,一切生命活动所需要的能量都依靠呼吸作用提供。呼吸是活细胞共同的特征。有生命,就有细胞呼吸。

呼吸作用既能释放能量,满足植物各种生理过程的需要,它的中间产物又是植物体合成其他重要物质的原料。植物体内各种有机物之间的相互转变就是通过呼吸作用联系起来的,生物的一切生命活动都离不开能量,呼吸作用是提供能量的主要途径。

3.4.1 呼吸作用的概念及生理意义

1. 呼吸作用的概念及类型

呼吸作用是指生活细胞内的有机物在酶的参与下,逐步氧化分解成简单物质并释放能量的过程。然而,呼吸作用并不一定伴随着氧气的吸收和二氧化碳的释放,呼吸作用的产物因呼吸类型的不同而有所差异。根据呼吸过程中是否有氧气参与,可将呼吸作用分为有氧呼吸和无氧呼吸两大类型。

1) 有氧呼吸

有氧呼吸是指生活细胞在 O_2 的参与下,将某些有机物彻底氧化分解,放出 CO_2 和 H_2O,同时释放能量的过程。这些有机物称为呼吸底物,包括糖类、有机酸、蛋白质、脂肪等。如果以葡萄糖作为呼吸底物,则有氧呼吸的总反应可用下式表示

$$C_6H_{12}O_6 + 6O_2 \xrightarrow{\text{酶}} 6CO_2 + 6H_2O + \text{能量}(2870 \text{ kJ})$$

上述反应式表明,有氧呼吸时,呼吸底物被彻底氧化成 CO_2 和 H_2O,而 O_2 被还原为 H_2O。在呼吸作用中,能量是逐步释放的,有相当一部分的能量以热能的形式释放到大气或土壤中,其余的能量则贮存于 ATP 和 NADH 中,可被其他生理活动所利用。

有氧呼吸是高等植物进行呼吸的主要形式,通常所说的呼吸作用就是指有氧呼吸。

2) 无氧呼吸

无氧呼吸是指生活细胞在无氧条件下,将某些有机物分解成不彻底的氧化产物(如酒精、乳酸等),同时释放能量的过程。微生物的无氧呼吸统称为发酵。例如,酵母菌的无氧呼吸,将葡萄糖分解成酒精,此过程称为酒精发酵,其反应式如下

$$C_6H_{12}O_6 \xrightarrow{\text{酶}} 2C_2H_5OH + 2CO_2 + \text{能量}(226 \text{ kJ})$$

乳酸菌在无氧条件下产生乳酸,此过程称为乳酸发酵,其反应式如下

$$C_6H_{12}O_6 \xrightarrow{\text{酶}} 2CH_3CHOHCOOH + \text{能量}(197 \text{ kJ})$$

有氧呼吸是高等植物进行呼吸的主要形式,但在某些条件下,植物也进行无氧呼吸。植物的无氧呼吸有酒精发酵和乳酸发酵。如香蕉、苹果、甘薯等贮藏久了产生的酒味,是酒精发酵的结果;马铃薯块茎、甜菜块根、胡萝卜等在无氧条件下产生的乳酸,就是乳酸发酵的结果。无氧呼吸底物氧化降解不彻底,而在乙醇、乳酸等降解产物中还含有较丰富的能量,因此无氧呼吸释放的能量比有氧呼吸少得多。

2. 呼吸作用的生理意义

呼吸作用对植物生命活动具有十分重要的意义,主要表现在以下四个方面。

1) 为植物生命活动提供能量

除绿色细胞可直接利用光能进行光合作用外,其他植物生命活动所需的能量都依赖于呼吸作用。呼吸作用将有机物进行生物氧化,使其中的化学能以 ATP 的形式贮存起来。当 ATP 在 ATP 酶的作用下分解时,再把贮存的能量释放出来,以不断满足植物体内各种生理过程对能量的需要(见图 1-3-4),未被利用的能量就转变为热能而散失掉。呼吸放热可提高植物体温,有利于种子萌发、幼苗生长、开花传粉、受精等。

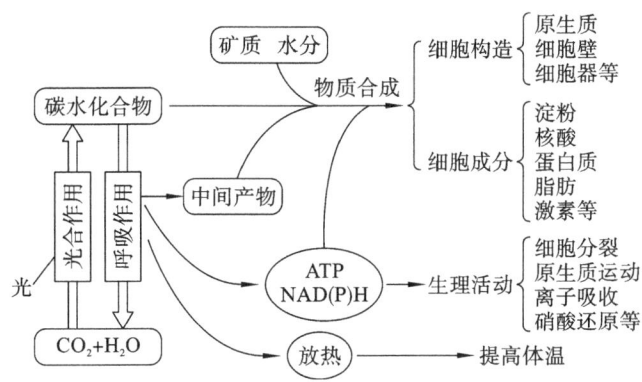

图 1-3-4 呼吸作用的主要功能示意图

2) 为植物体内重要有机物的合成提供原料

呼吸作用在分解有机物过程中会产生许多中间产物,其中有一些中间产物的化学性质十分活跃,如丙酮酸、α-酮戊二酸、苹果酸等,它们是进一步合成植物体内新的有机物的物质基础。当呼吸作用发生改变时,中间产物的数量和种类也会随之改变,从而影响其他物质的代谢过程。呼吸作用在植物体内的碳、氮和脂肪等代谢活动中起着枢纽作用。

3) 增强植物抗病与抗伤害能力

在植物和病原微生物的相互作用中,植物依靠呼吸作用氧化分解病原微生物所分泌的毒素,以消除其毒害。植物受伤或受到病菌侵染时,也是通过呼吸作用来促进伤口愈合,加速木质化或栓质化,以减少病菌的侵染。此外,呼吸作用的加强还可促进具有杀菌作用的绿原酸、咖啡酸等的合成,以增强植物的免疫能力。

4) 为植物代谢活动提供还原力

呼吸过程中形成的 NADPH、NADH、UQH_2 等可为脂肪与蛋白质合成、硝酸盐还原等过程提供还原力。

3.4.2 呼吸作用

1. 呼吸作用的场所

呼吸作用是在细胞的胞基质和线粒体中进行的。一般呼吸代谢的糖酵解及戊糖磷酸途径是在细胞的胞基质中完成的,三羧酸循环及氧化磷酸化过程则是在线粒体中进行的。除了细菌和蓝藻尚未肯定外,其他所有的植物细胞都含有线粒体。一个典型的植物细胞有 500~

2000 个线粒体,代谢微弱的衰老细胞或休眠细胞的线粒体较少。线粒体一般呈线状、粒状或短杆状,并且是可变的。它的化学组成是:65%～70%蛋白质,25%～30%脂类和磷脂,0.5%的 RNA 和少量的 DNA。

2. 呼吸作用中能量的贮存与利用

生物体中能量的获得首先是通过光合作用把日光的辐射能转变为化学能,贮存于有机物中,然后通过呼吸作用把贮存在各种有机物中的化学能释放出来加以利用。

糖的有氧分解是生物体获得能量的最主要途径。一般生物体所需能量的 95% 以上都来自糖的氧化分解。树木通过氧化磷酸化作用和底物水平磷酸化作用(转磷酸作用)生成 ATP。1 mol 葡萄糖经有氧分解,彻底氧化分解成 CO_2 和 H_2O,可产生 36 mol 的 ATP。

在植物生命活动过程中,对矿质营养的吸收和运输、有机物的合成和运输、细胞的分裂和分化、植物的生长、运动、开花、受精及结果等都依赖于 ATP 分解所释放的能量。

3. 光合作用与呼吸作用的关系

光合作用与呼吸作用既相互独立,又相互依存,推动了植物体内物质和能量代谢的不断进行。光合作用制造有机物,贮存能量,而呼吸作用则分解有机物,释放能量。没有光合作用生产的有机物,就不可能有呼吸作用,但没有呼吸作用,光合作用也无法完成。光合作用与呼吸作用的区别如表 1-3-3。

表 1-3-3　光合作用与呼吸作用的区别

作用类型 区别点	光合作用	呼吸作用
原料	二氧化碳、水	氧气、淀粉、己糖等有机物
产物	己糖、淀粉、蔗糖等有机物、氧气	二氧化碳、水等
能量转换	贮存能量的过程 光能→电能→活跃的化学能→稳定的化学能	释放能量的过程 稳定的化学能→活跃的化学能
物质代谢类型	有机物合成作用	有机物降解作用
氧化还原反应	水被光解、二氧化碳被还原	呼吸底物被氧化、生成水
发生部位	绿色细胞、叶绿体、细胞质	生活细胞、线粒体、细胞质
发生条件	光照下才发生	光照下、暗处都可发生

3.4.3　影响呼吸作用的因素

1. 呼吸作用的生理指标

衡量呼吸作用强弱、快慢的生理指标有两个,即呼吸速率(呼吸强度)和呼吸商。

1)呼吸速率

呼吸速率是最常用的生理指标,一般用植物的单位重量(鲜重、干重、原生质)在单位时间内释放的二氧化碳的量或吸收的氧气的量来表示,如

呼吸速率=吸收的氧气的量$(\mu mol)/(g \cdot h)$或呼吸速率=释放的二氧化碳的量$(\mu mol)/(g \cdot h)$

究竟采用哪种单位,应根据具体情况而定,尽可能反映出呼吸作用的强弱变化。

植物的呼吸速率随植物的种类、年龄、器官和组织的不同而不同。

2)呼吸商

呼吸商(简称RQ),又称呼吸系数,是指植物在一定时间内释放的二氧化碳的量与吸收的氧气的量的比值。它是表示呼吸底物的性质及氧气供应状态的一种指标,即

$$呼吸商 = \frac{释放的二氧化碳的物质的量或体积}{吸收的氧气的物质的量或体积}$$

一般呼吸底物不同,呼吸商也不同。

需要指出的是,虽然呼吸商与呼吸底物的性质有关,但事实上植物体内的呼吸底物是多种多样的,糖类、蛋白质、脂肪和有机酸等均可被利用,且氧化过程也可能同时发生。一般而言,植物呼吸通常先利用糖类,其他物质较后才被利用。另外,呼吸商的大小还与环境的供氧状态有关。同样是糖类作呼吸底物,在缺氧条件下,以无氧呼吸为主(如糖类发生酒精发酵),呼吸商就远大于1;当呼吸过程中形成不完全氧化产物(如有机酸)时,吸收的氧气多于放出的二氧化碳,呼吸商就小于1。

2. 影响呼吸作用的因素

1)内部因素对呼吸作用的影响

不同的植物种类、代谢类型、生育特性和生理状况,其呼吸速率各有不同。一般而言,凡是生长快的植物呼吸速率就高,生长慢的植物呼吸速率就低。例如,细菌和真菌繁殖较快,其呼吸速率高于高等植物。在高等植物中,通常喜温植物的呼吸速率高于耐寒植物,草本植物的呼吸速率高于木本植物。

同一植物的不同器官或组织的呼吸速率也有明显的差异。通常生长旺盛的幼嫩器官(根尖、茎尖和嫩叶)的呼吸速率比生长缓慢的年老器官(老根、老茎和老叶)的高,生殖器官的呼吸速率比营养器官的高。花中雌雄蕊的呼吸速率比花萼和花瓣的高,雄蕊中又以花粉的呼吸速率为最高。

一年生植物开始萌发时,呼吸速率迅速提高,随着植物的生长发育变慢,呼吸速率逐渐平稳,并有所下降,开花时又有所提高。多年生植物的呼吸速率表现出季节周期性变化。温带植物的呼吸速率以春季发芽和开花时最高,冬天降到最低点。

此外,植物呼吸速率也表现出周期性变化,与外界环境、体内的代谢强度、酶活性和呼吸底物的供应情况等有关。呼吸底物充足时呼吸强度高,水分含量高时呼吸速率提高。所以粮食贮藏时要晒干,要控制一定的含水量。

2)外界条件对呼吸作用的影响

(1)温度。

温度对呼吸作用的影响主要是温度对呼吸酶活性的影响。在一定范围内,呼吸速率随温度的升高而增大,达到最大值后,继续升高温度,呼吸速率反而下降。呼吸作用有温度三基点,即最低温度、最适温度及最高温度。呼吸作用的最适温度是指呼吸保持稳态的最高呼吸速率时的温度,一般温带植物呼吸速率的最适温度为25~30 ℃。呼吸作用的最适温度总是比同种植物的光合作用的最适温度高。因此,当温度过高和光线不足时,呼吸作用强,光合作用弱,就会影响植物生长。最低温度因植物种类不同而有很大差异。

(2)氧气。

氧气是植物正常呼吸的重要因子,氧气不足直接影响呼吸速率和呼吸途径。当氧气浓度

下降到20%以下时,植物呼吸速率便开始下降;当氧气浓度低于10%时,无氧呼吸出现并逐步增强,有氧呼吸迅速减弱。在缺氧条件下提高O_2浓度时,无氧呼吸会随之减弱,直至消失。一般把无氧呼吸停止的最低氧气含量称为无氧呼吸的消失点。消失点表示无氧呼吸的停止,如水稻和小麦的消失点约为18%,苹果果实的消失点约为10%。呼吸速率(有氧呼吸)随氧气浓度的增大而增强,但氧气浓度增大至一定程度后,氧气浓度对呼吸作用就没有促进作用了,这一氧气浓度称为氧饱和点。氧饱和点与温度密切相关,如洋葱根尖的呼吸作用,在15~20 ℃下,氧饱和点为20%,在30~35 ℃下,氧饱和点则为40%左右。

(3)二氧化碳。

二氧化碳是呼吸作用的最终产物,当外界环境中的二氧化碳浓度增大时,脱羧反应减慢,呼吸作用受到抑制。当二氧化碳浓度高于5%时,呼吸作用明显被抑制,这可在果蔬、种子贮藏中加以利用。土壤中由于植物根系的呼吸作用,特别是土壤微生物的呼吸作用会产生大量的二氧化碳,如土壤板结,深层通气不良,积累的二氧化碳可达4%~10%,甚至更高,若不及时进行中耕松土,就会使植物根系呼吸作用受阻。一些植物的种子由于种皮限制,呼吸作用释放的二氧化碳难以释放出,种皮内积累了高浓度的二氧化碳,抑制了呼吸作用,从而导致种子休眠。

(4)水分。

植物组织的含水量与呼吸作用密切相关。在一定范围内,呼吸速率随组织含水量的增加而增大。干燥种子的呼吸作用很微弱,例如豌豆种子的呼吸速率只有0.000 12 $\mu mol/(g \cdot h)$。当种子吸水后,呼吸速率会迅速增大。因此,种子含水量是影响种子呼吸作用强弱的重要因素。对于整个植物来说,接近萎蔫时,植物呼吸速率有所增大,如萎蔫时间较长,细胞含水量则成为呼吸作用的限制因子。

(5)机械损伤。

机械损伤会显著加快组织的呼吸速率,主要原因是正常情况下,氧化酶与其底物在空间上是隔开的,而机械损伤使原来的间隔破坏,酚类化合物就会迅速地被氧化;而且机械损伤使某些细胞转变为分生组织状态,形成愈伤组织去修补伤处,这些生长旺盛的分生组织的呼吸速率比原来休眠或成熟组织的呼吸速率快得多。因此,在采收、包装、运输和贮藏多汁果实和蔬菜时,应尽可能防止机械损伤。

影响呼吸作用的外界因素除了温度、氧气、二氧化碳、水分、机械损伤外,呼吸底物的含量,如可溶性糖,一些矿质元素,如磷、铁和铜等对呼吸作用也有显著的影响。此外,病原菌感染可使寄主的线粒体增多,多酚氧化酶活性提高,抗氰呼吸和戊糖磷酸途径增强。

3.4.4 呼吸作用的应用

1.呼吸作用与种子贮藏

种子是有生命的有机体,不断进行着呼吸作用。若呼吸速率太快,会引起有机物的大量消耗;呼吸作用释放的水分和能量,都会使呼吸作用进一步加强,最后导致发热霉变,使粮食变质。因此,在贮藏过程中,必须降低呼吸速率,确保贮粮安全。

种子贮藏时,必须降低含水量,晒干,使种子呈风干状态,将呼吸速率降至最低,以减少有机物的消耗。如果种子含水量过高,呼吸作用加强,使贮藏的种子温度上升,反过来又会进一步促进种子的呼吸作用,使种子变坏。

2. 呼吸作用与植物栽培

呼吸作用释放的能量供植物各种生理活动需要,它的中间产物又在植物各主要有机物之间的转变上起着枢纽作用,所以呼吸作用不仅影响植物的无机营养和有机营养,亦影响物质的运输和转变,最终影响新细胞和器官的形成,乃至植物的生长。由于呼吸作用对植物的生理过程有着非常广泛和重大的影响,所以很多栽培和管理措施都是为了保证植物的呼吸作用正常进行。

3. 呼吸作用与果实贮藏

有的果实在贮藏时不能干燥,因为干燥会造成皱缩,使果实失去新鲜状态,呼吸作用反而增强。果实可采用降低温度和氧气浓度的原理进行贮藏。

某些果实,如苹果、梨、香蕉成熟到一定程度,会产生呼吸速率突然增大,而后又迅速降低的现象,这种现象称为呼吸跃变现象。实验证明,乙烯是植物催熟激素,果实的呼吸跃变与乙烯的形成有关。呼吸跃变现象的出现与温度的关系很大。例如,苹果贮藏在22.5 ℃时呼吸跃变出现得早且显著,在10 ℃以下时呼吸跃变出现得稍迟且不显著,而在2.5 ℃时呼吸跃变不出现。因此,在果实贮藏和运输时,可采取调控措施来延长贮藏时间或延迟其成熟。常用的方法:一是降低温度,推迟呼吸跃变的发生,如香蕉贮藏的最适温度是11~14 ℃,苹果是4 ℃;二是利用CO_2/O_2的比值进行"气调",增加环境中CO_2浓度,降低O_2浓度,这样可抑制果实中乙烯的形成,推迟呼吸跃变的发生,也可将果蔬密封在塑料带中,抽去空气,充入N_2,使O_2浓度降至3%~6%。

自体保鲜法是一种简便的果实贮藏法,即将果实密封在塑料袋中,利用自身呼吸产生的CO_2抑制呼吸作用,但CO_2浓度不能超过10%,否则会使果实中毒变坏。

4. 呼吸作用与植物抗病

旺盛的呼吸作用可把病原菌分泌的毒素氧化为CO_2和H_2O或转化为无毒物质。另外,呼吸过程中还可产生一些对病原菌有毒的物质,如酚类化合物;呼吸作用还能促进伤口迅速木质化,加速伤口愈合等。

【复习思考题】

1. 试简述植物根系吸收水分的方式与动力。
2. 植物根系对矿质元素的吸收有哪些特点?
3. 简述植物主动吸收矿质元素的过程。
4. 简述光合作用的生理意义。
5. 呼吸作用的概念、类型及生理意义是什么?
6. 呼吸作用和光合作用有什么联系和区别?

项目 4　林　木　育　种

4.1　林木育种基础

4.1.1　林木育种基础概念

1. 遗传与变异

遗传是指生物子代与亲代相似的现象。"种瓜得瓜,种豆得豆""桂实生桂,桐实生桐"等俗语就反映了遗传现象。

变异是指生物子代个体之间、子代与亲代之间存在差异的现象。"一母生九子,连母十个样""一树之果有苦有甜,一母之子有愚有贤""龙生九子各不同""十个指头伸出来,长短不齐"等俗语就反映了变异现象。

变异又分为可遗传变异,即生物的变异发生后能连续地传递给后代;不可遗传变异,即生物发生变异后,一般不能传递给后代。区分可遗传变异和不可遗传变异是非常重要的。在育种上,我们利用的是可遗传变异,而不可遗传变异对育种而言是没有任何意义的。

遗传与变异是生物界普遍存在的现象;生物个体在生长、发育、繁殖的过程中,既有遗传也有变异。遗传和变异是一对相互联系的矛盾事件,既对立又统一,从而促进生物的不断发展,这种矛盾是通过各种繁殖方式反映出来的。

遗传是相对的、保守的,没有遗传就没有物种的相对稳定。人类利用这种特性重新获得生物的优良特性和特征,培养出来的新品种在一定的时期内不会消失。没有遗传也就不存在变异的问题。

变异是绝对的、发展的,没有变异,生物就不会产生新的性状,也就不能发展、进化。只有具有变异性,我们才可能利用物种的优良变异选出新的品种。

2. 遗传与环境

基因型(genotype)指生物性状的遗传基础,即生物体遗传物质的总和,它是肉眼看不见的。这些物质具有与特殊环境因素发生特殊反应的能力,使生物体具有发育成性状的潜在能力。

表现型(phynotype)指生物体所表现出来的性状,是肉眼可见的,它是基因型与环境共同作用的结果。"橘生淮南则为橘,生于淮北则为枳"很形象地表明了基因型与环境共同作用,最后得到不同的表现型。外界环境条件作用如图1-4-1所示。

只有明白了遗传和环境的关系,才能在育种和生产上得到重要启示。同样一个林木良种,在一个地方表现很好,但到了另外一个地方却不适应,所以任何良种都是有地域性的,这要求

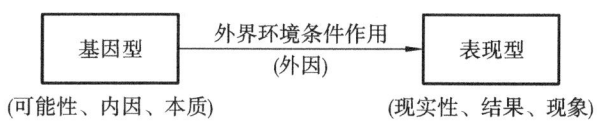

图 1-4-1 外界环境条件作用

根据不同气候环境来选育适应本地的林木品种。在引进外地树种或者良种时,要进行长期的引种试验,才能确定是否适合本地栽培。

3. 选择、选择育种

选择(selection)是指挑选有利的个体或淘汰不利的个体。选择分为自然选择和人工选择。

自然选择(natural selection)即在一定的自然条件下,群体内某些基因型个体与另外一些基因型个体相比,具有更高的成活率和生殖率。自然选择是在生物进化过程中缓慢进行的,所以新的物种的产生要经历漫长的时间。恐龙的灭亡就是自然选择的结果。

人工选择(artificial selection)即在人工的条件下,根据育种目的,选择优良性状的个体,淘汰低劣的个体。为了满足人们对产品品质或数量的需求,通常关心的是选择性状的改善、经济效益的提高,而对非选择性状考虑不多,同时只局限在少数选择个体间进行交配和繁殖,这样常导致选择群体的遗传基础变窄,通常不能在短期内取得重大进展。

选择育种指从天然群体或人工创造的群体中挑选符合人们需要的育种材料(种源、林分、优树、超级苗等),通过比较、测定和繁殖,培育新品种的过程。选择育种是树木改良的主要手段和基本方法,可以在短期内得到人们需要的基因型(类型)。

4. 家系、无性系

由同一植物上采集的种子繁殖的群体称为家系(family)。其中从植物上采集天然的种子所繁殖的群体称为半同胞家系,意思是这个群体有相同的母本,其父本由于是天然杂交则可能不同。如果通过人工控制授粉进行杂交,则母本、父本均相同,这种群体称为全同胞家系。例如,从一棵红椿优树上采集种子进行播种育苗后形成的群体,就称为一个家系。

从一棵树上采下的营养器官,经过无性繁殖而获得的一个群体称为无性系(clone),组成无性系的个体称为无性系分株,用来繁殖无性系的母株称为无性系原株。无性系原株可以是天然存在的,也可以是人工育种获得的。板栗优良无性系早枣红1号就是从湖北省谷城县黄畈村天然实生群体中的早枣红1号母树上采集枝条形成的无性系,中嘉8号则是通过人工杂交所获得的杂交苗经过选择并通过无性繁殖所获得的杨树优良无性系。

5. 品种、植物新品种、树木良种

品种(variety)是指经过人工培育,适应一定的自然和栽培条件,遗传性状比较稳定一致,在产量和品质上符合人类要求的栽培植物群体。品种可以是家系,也可以是无性系。

植物新品种是指经过人工培育或者对发现的野生植物加以开发,具备新颖性、特异性、一致性和稳定性并有适当命名的植物品种,法律上是指国家有关部门根据《中华人民共和国植物新品种保护条例》授权的植物新品种。

林木良种是指国家和省级主管部门良种审定委员会审定通过的良种,分为国家级良种和省级良种,均有认定和审定两个阶段。只有获得林木良种证的品种才能进行推广。认定是临

时性的,期限一般为3年,期限届满后,只有申请并通过审定,才能继续推广,通过审定的良种则是永久性的。

6.种质资源、林木育种

种质资源(germplasm resources)或遗传资源(gene resources)是指以种为单位的群体内的全部遗传物质,或种内基因组、基因型变异的总和。种质资源是育种的物质基础,在选育优良品种过程中可利用的一切繁殖材料即为育种资源(breeding resources)。

林木育种是指通过利用某树种现有种质资源中自然产生的变异,或者利用杂交、辐射等技术手段使之产生变异,选择变异中符合人类要求的可遗传变异,通过筛选、试验,培育新品种的过程。新品种可以是家系,也可以是无性系或者优良种源。培育的新品种可以申请新品种权,以获得保护。培育的林木品种必须通过审定,认定为良种方能正式推广,在林业生产中发挥效益。

4.1.2 试验林设计

1.试验设计术语

试验因素(因子)(experiment factor)是指试验研究的对象,也就是试验中需要考虑的条件。例如,施肥影响农作物的产量,研究肥料对试验结果的影响,那么肥料就是试验因素;又如,生长激素对扦插生根有影响,那么生长激素就是试验因素;研究不同杨树品种在同一立地条件下生长表现出的差异,那么杨树品种就是试验因素。试验因素以外的其他条件就必须予以控制。比如进行杨树品种对比试验时,就必须要求试验苗木、试验地、抚育措施等尽量一致。

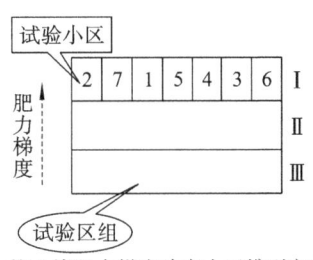

图 1-4-2 试验小区

试验小区(experiment plot)是指一个试验处理(水平)的地块。在杨树品种对比试验中,试验小区就是一个杨树品种栽植的地块。试验小区如图1-4-2所示。

试验区组(experiment block)是指包含若干个试验小区,环境条件相似的地块。在杨树品种对比试验中,试验区组就是包含一部分或者全部杨树品种的试验小区的地块。在随机区组设计中,试验区组数就等于重复数。

重复(replication)是指试验中同一试验处理(水平)种植的小区数。例如在杨树品种对比试验中,每个杨树品种栽植30株,为了控制地块差异带来的误差和统计分析的需要,不能把30株杨树都栽植在一个小区里,而应分成3个、5个或者6个小区,将30株杨树分别栽植在不同小区里,这就是重复。

单点试验(single-locale experiment)是指试验只在一个地点进行。

多点试验(multiple-locale experiment)是指同一试验在不同地点同时进行,如此可以研究同一品种在不同立地条件下的表现,也可以得出其适生区。

2.试验误差来源及控制途径

1)误差概念

误差(error)是指试验中试验处理的观察值与试验处理真值之差。

系统误差(systematic error)是指由于试验处理以外的试验条件明显不一致而产生的误差,例如试验中苗木规格明显不一致、地块肥力差异明显等。

偶然误差(spontaneous error)是指严格控制试验条件以后仍然不能消除的误差,又称为随机误差(random error),例如人员测量误差。

2)误差来源

(1)试验材料本身所存在的差异,例如苗木不一致等。

(2)试验操作和田间管理技术的不一致所引起的差异,例如整地深度不同、施肥不均匀等。

(3)环境条件的差异,例如土壤肥力差异、林缘效应等。

(4)观察、记载时人为产生的误差。

(5)病虫害、人畜危害等因素的影响。

3)控制误差的主要途径

(1)选择性质一致的试验材料。

(2)改进操作管理技术,使之标准化。

(3)控制引起差异的主要外界环境因素。田间试验引起误差的主要外界环境因素是土壤差异。控制土壤差异的主要措施有:

- 选择土壤质地和肥力相对均匀的试验地;
- 采用适当的小区技术,根据肥力梯度安排区组;
- 采用正确的试验设计和相应的统计分析;
- 防治病虫危害,尽量减少人畜危害;
- 采用相同的标准对试验结果进行观察和测量。

3. 随机区组设计

1)设计方法

(1)根据试验地的地形、土壤状况,将试验地划分成等于重复数的区组数。

(2)每个区组中容纳所有的处理(包括对照处理),品种对比试验林中每个区组都包含所有的品种。

(3)各个处理在一个区组中只安排一次,且区组内所有处理随机排列,设计时可用小纸团,每个小纸团写上代表一个处理或者品种的代号,放在一起,随机抽取,依次安排在设计图上。

2)优缺点

随机区组设计的优点:

(1)设计简单,统计分析简单;

(2)富于伸缩性(单因素、多因素试验都可以使用);

(3)能提供无偏误差估计,并有效地减少单向的肥力差异,降低误差;

(4)对试验地要求不严格,必要时不同的区组可以分散设置在不同的地段;

(5)缺区可以补充。

随机区组设计的缺点:

(1)不能安排太多的处理;

(2)只能控制一个方向的土壤差异。

3)应用范围

随机区组设计是一种最常用的设计方法,一般在单因素试验中60%以上的试验采用这种方法,林木品种对比试验绝大部分可以采用这种方法。在地形复杂、不规则的条件下也可以应用,即可以把不同区组分布在不同的地块中,只要求区组内土壤条件一致,不同区组间则可以存在肥力等差异,一般试验处理在20个左右。

10个品种3个重复的随机区组排列如图1-4-3所示。

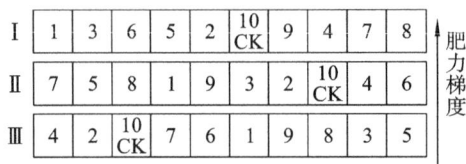

图1-4-3　10个品种3个重复的随机区组排列

4. 试验林设计应该注意的问题

1) 试验地选择

试验地的选择应该满足以下要求：

(1) 地势要平坦，如果是坡地，坡度不能太大，坡度变化不能太复杂，地形要求相对规则。

(2) 立地条件中等，土层厚度和肥力至少在区组内部相对一致。

(3) 交通方便，便于试验地的管理、观察、记载。

(4) 最好有水源，便于排灌。

(5) 试验地权属清楚，长期不会被征用，便于试验林长期保存。

2) 重复数

在试验中重复的次数一般以误差自由度不小于12为标准。在试验林设计中，重复数不要小于3，也不要太多。重复数多，相对而言，其栽植、调查等工作量加大。根据地块形状、参试品种数量以及苗木数量，试验林重复以3~6个重复为宜。

3) 试验材料

(1) 试验材料要真实可靠，尤其是从外地调运试验材料，从运输到栽植一定要专人负责，做到品种清楚无误。

(2) 试验材料要具有代表性。

(3) 试验材料规格相对一致，最好来源于同一苗圃。

(4) 试验材料如果数量很多，需要先进行苗期选择，选择标准要一致。

4) 设置对照

在进行试验时，通常要设置对照，以便与其他参试处理进行比较。例如：引种试验，一般用乡土树种作为对照；扦插试验，研究激素对生根的影响，因为激素是用水做溶液的，为了消除水给试验结果带来的影响，一般用水作为对照。

设置对照的作用：

(1) 在田间对各处理进行观察比较时作为衡量处理优劣的标准。

(2) 估计和矫正试验的误差。

在进行林木品种对比试验时，一般选用相同树种的当地主栽品种作为对照。

5) 设置保护行

保护行是指在试验地的周围栽植一行或者多行树木，用以保护试验林并矫正林缘效应。保护行树种的选择以不影响试验地树木生长为宜，可以是同树种，也可以是生态学特性相近的不同树种。例如杉木试验，用柳杉作为保护行。在当地有主栽品种的情况下，一般选用相同树种的当地主栽品种作为保护行，这跟选择对照树种是同样的道理，这样可以保证树种有较好的生长量。保护行可以是一行，如果土地充足，最好是两行或者两行以上。保护行株行距应该与试验林一致。

6)设置标志

因为田间试验在野外的时间较长,为了观察、管理方便,便于查找,设置地标是必要的。特别是造林试验,一般在试验范围四角埋上水泥桩。试验地入口醒目处要树立牌子,写明试验相关事项,以起到警示和保护作用,也可以起到科普的作用。

4.2 优树选择

4.2.1 优树的概念

优树(plus tree)又称正号树,是指在相似环境条件,如相同立地条件、相同林龄、采取相同营林措施的天然林或人工林中,在生长量、材性及抗性、适应性上表现优良的个体。

优树选择(plus tree selection)是指从天然林或人工林群体中,按选种目标和优树标准选择优良的个体的过程。

4.2.2 优树的标准

1. 生长量标准

1)相对标准

优树的数量标准常按小标准地对比法或优势木对比法进行规定。如采用小标准地法,一般规定应分别超过标准地平均木的150%、15%和50%;如采用优势木对比法,优树的材积、树高和胸径应分别超过优势木平均材积的50%、树高的5%、胸径的20%。

2)绝对标准

根据对大量优树的调查,可为不同立地条件规定优树入选的绝对生长量值。

2. 型质标准

(1)树干通直、圆满。
(2)树冠较窄,冠幅不超过树高的1/4～1/3,最好是塔形。
(3)树干自然整枝良好,枝下高不小于树干总长度的1/3,侧枝较细。
(4)树皮较薄,裂纹通直,无扭曲。
(5)木材比重、管细胞长度、晚材率等要求良好。
(6)树木健壮,无病虫害。
(7)开花结实正常。

4.2.3 优树选择步骤与方法

1. 优树选择步骤

(1)组织选优队伍,培训,统一标准,并且准备选优所用的工具及表格。
(2)选择选优林分。选优林分须具备如下要求。
- 成熟或近成熟林分。
- 实生起源。
- 郁闭度在0.6以上,立地条件中等,林相整齐。
- 未经过上层疏伐或拔"大毛"。

- 以中龄林为宜。
- 非林缘木或孤立木。

(3)在选优林分中踏查,选择候选木。

(4)初选。

(5)复选。

2.优树选择方法——五株优势木对比法

(1)选候选木:选择林分中生长最优良的单株。

(2)选优势木:一亩范围内选择生长仅次于候选木的优势木3~5株。

(3)测量:测量候选木、优势木 H、$D_{1.5}$、$D_{1/2}$,计算材积,求出优势木的平均 H、$D_{1.3}$、V。

(4)评定:生长量评定(候选木 $V>$优势木50%,候选木 $H>$优势木5%;候选木 $D_{1.3}>$优势木20%)、形质评定。

(5)标记:在达到标准的候选木的树干的胸径处用油漆做上记号,并写上编号;在优势木朝向候选木的方向用另一种油漆做上记号,并写上编号。

(6)填表绘图。

3.优树的保护

(1)就地保护。优树分布比较分散,且一般比较偏僻,做起来比较困难,但投入低,一般对选出的优树做上记号,对周围的人群进行宣传,防止被盗,同时伐去周围影响优树生长的其他树木。

(2)异地保存。用无性繁殖的方法,建立优树收集区,将优树集中保存,这样管理和利用比较方便,但投入较高。

(3)建立优树档案。优树档案包括选优方案、优树登记表和照片、优树收集区无性系登记表与配置图,以及优树验收报告、生物学特性观察记录等。这些档案一开始就要统一格式和记载要求,建立完整的优树档案,为今后利用优树创造有利条件。

4.2.4 优树的用途

1.建立种子园

种子园是指由优树无性系或家系为材料建立起来的以生产遗传品质优良的种子为目的的种植园。种子园如图1-4-4和图1-4-5所示。

图 1-4-4 马尾松种子园

(湖北省太子山林场管理局仙女林场,2013.10)

图 1-4-5 水杉种子园

(湖北省潜江市,2014.7)

对于采用实生苗造林的树种,优树通过建立种子园得到利用:优树—嫁接—无性系种子园—良种—造林。湖北省已经建立种子园的树种主要有湿地松、马尾松、水杉等。

2. 建立采穗圃

采穗圃(cutting orchard)是以优树或优良无性系作为材料,生产遗传品质优良的枝条、接穗和根段的良种基地,如图1-4-6所示。

用选择出来的优树的穗条扦插繁殖的扦插苗或种子繁殖的实生苗建立无性系采穗圃或实生苗采穗圃,其利用途径为:优树—无性系—无性系测定—无性系繁殖圃—造林。湖北省建立采穗圃的树种主要为经济林树种,如板栗、油茶、核桃等。

图1-4-6　板栗早枣红1号采穗圃
(湖北省大悟县,2012.9)

3. 用作杂交育种亲本植株

通过从优树上采集花粉或者利用优树作为母本进行杂交育种,从子代中选择具有杂种优势的个体,通过无性繁殖形成新无性系,从而得到利用。其利用途径为:优树—杂交—杂种选择—无性系—无性系测定—无性系繁殖圃—造林。

4.3　种源试验

4.3.1　种源试验的概念

把属于同一个树种的不同地理来源的种子或其他繁殖材料,种植在同样的条件下做比较栽培试验,这种试验称为种源试验(provenance test)。

全分布区种源试验(第一阶段试验):在某一树种的自然分布区的全部范围内取样采种。

局部分布区种源试验(第二阶段试验):一般在全分布区种源试验(第一阶段试验)的基础上,从有希望提供优良种源的地区取样采种;可以改建为采种林分。

4.3.2　种源试验的目的

(1)研究林木地理变异的规律,比如将不同种源的杉木种子在湖北省通山县进行播种试验,通过苗期观察就可以确定不同种源杉木的抗寒性变异规律。

(2)为本地区确定生产力高、稳定性好的种源,选择优良种源进行造林,林木生长快、抗性强、材质好。

(3)为全国种子区划提供科学依据。

(4)为进一步开展选择、杂交育种提供数据和原始材料。

4.3.3　种源试验的过程

1. 种子的收集和处理

(1)种源数的确定:第一阶段试验中,一般收集50~200个种源,依树种分布范围而定;第二阶段试验一般收集20~30个种源,最少不能少于5个种源。

(2)种子的收集:每个种源区采种母树应在30株以上,母树一般为平均木,并且母树分布在 3 个以上的林分中；详细记载采种树所在地区的生态条件及所处的地理位置。

(3)种子的处理：对于收集的种子，要测定其品质，播种前对不同种源区的种子的处理条件要求一致。

2. 苗圃试验

苗圃试验的主要目的是为造林试验提供所需苗木、研究不同种源苗期性状的差异、研究苗期和成年性状间的相关性等。

苗圃设计一般采用随机区组排列，一般每个小区的苗木应不少于 30 株，重复 4~5 次。苗圃阶段的观测指标主要有发芽势、发芽率、场圃发芽率、高生长、地径生长、病虫害、苗木越冬受害状况、物候、生长节律、形态和结构方面的差别等。

3. 造林试验

造林试验也可以采用随机区组排列，一般每个小区的苗木应不少于 10 株，重复 3 次以上。造林试验观察指标为成活率、物候、生长特性、干形、结实特性、抗性、根系、冠幅、木材性能等。

4.3.4 优良种源的用途

(1)直接利用优良种源和优良林分。依据种源试验的结果，推广优良种源和优良林分。直接到优良种源产地去采集种子或者穗条，育苗后造林，一般其遗传增益为 10%~15%。

(2)建立优良种源的种子园。用优良种源建立种子园，可以满足大面积造林的要求，这样只需要到优良种源区去调一次种，就可以长期利用优良种源。或者把第二阶段的种源试验林改建成种子园。

(3)从优良种源区的林分中选择优树建立种子园，这比直接使用优良种源建立种子园可以获得更大的遗传增益。

(4)能用无性繁殖的树种，可用优良种源的种子实生苗或优树建立采穗圃。

(5)作为杂交育种材料。

4.4 引　　种

4.4.1 引种相关概念

在自然分布区内的树种称为乡土树种。湖北主要的乡土树种有马尾松、水杉、杉木、檫木、枫香、香椿、苦楝、泡桐等。

被种植到自然分布区以外的树种称为外来树种。湖北外来树种有日本落叶松、日本柳杉、湿地松、黑杨(俗称意杨)等。

将某一树种引种到其自然分布区以外的地区栽培的过程叫作引种(introduction)。引种分为国外引种和国内引种，前者如日本落叶松，后者如湖北引种浙江楠、北京引种水杉。

在引种过程中，为了使引进的树种适应新的环境条件而采取一定的栽培技术措施，使之能正常生长发育，这种人为干预的过程称为驯化(acclimation)。

4.4.2 引种的意义及引种产生的问题

1. 引种的意义

(1)现有优良资源的直接选择利用，具有简单易行、迅速见效的特点。引种与杂交育种相比,可以大大缩短时间。例如,引种一个杨树品种5~8年即可,而采用杂交育种选育一个杨树品种需要10~15年。

(2)增加林木产品种类,改变引入地的产业与经济结构。如长江中下游20世纪引种黑杨,我国南方引种桉树,都形成了巨大的产业。

(3)引入更好的品种,推进引入地的良种化进程。

(4)引进本地缺乏的种质资源,丰富物种多样性,并选育新的优良品种。

2. 引种产生的问题

(1)由于缺乏严格的论证和足够长的时间的试验观察,经常导致引入地营建人工林失败的现象。

- 在引种的早期成活率和生长都不错,但成林不成材。
- 引种林分有好的保存率和生长速度,但木材不适用。
- 引种的外来树种起初保存率高,生长也好,但后期遭受到病虫侵袭或者不良环境条件的危害,以致林木最终失去了利用价值。
- 由于没有或缺少适宜的菌根,生长量不能令人满意。

(2)引种不当,导致引入地生态环境安全问题。

- 由于引种时缺乏严格检疫,附带有害生物入侵(病虫害)。
- 外来树种威胁乡土树种的生存,导致生态失调和生物多样性减少等。

2013年第二届国际生物入侵大会公布的信息表明,入侵中国的外来生物种类已达544种,其中大面积发生、危害严重的达100多种。生物入侵涉及农田、森林、水域、湿地、草地等几乎所有的生态系统。我国成为世界上遭受生物入侵最严重的国家之一。

加拿大一枝黄花是菊科多年生直立草本植物,原产于北美,我国于20世纪30年代作为观赏植物引进,80年代扩散蔓延成杂草。该作物繁殖能力极强,侵占速度快,生命力极强,被其侵入的区域寸草不生,导致严重的生态破坏和生物污染。

水葫芦原产于南美洲,20世纪初作为一种观赏植物引入我国,后作为猪饲料推广种植,因其大量繁殖,常常布满整个江河湖面,致使大量水生生物因缺氧和阳光不足而死亡,破坏了水中生态平衡。

水花生,学名空心莲子草,1930年传入中国,1950年传入湖北,被列为中国首批外来入侵物种。2004年以来,湖北洪湖、梁子湖、沉湖、荆江、长江流域、四湖流域、三峡库区等多处水域告急,水花生大面积扩散泛滥,严重影响了当地农业、渔业生产和水域生态环境。

4.4.3 引种应该遵循的原则和规律

1. 引种成败的主导因子分析

(1)引种地现实生态条件与原产地生态条件相似的原则(气候相似理论)。

要考虑引种地与原产地温度、光照、季节更替、降雨量、土壤、生物因子等方面是否相似。包括我省在内的长江中下游地区,在20世纪70年代引种意大利I-63杨、I-69杨、I-72杨并获得成功,使其迅速成为我省主要造林速生树种,就是因为长江中下游与地中海地区处于同一纬度,气候相似。

(2)历史生态条件相适应的原则(生态历史分析理论)。

树木引种至历史分布区容易成功。在一亿三千万年前,水杉诞生于北极圈,后来逐渐分布到欧洲、亚洲和北美洲。第四纪冰川过后,水杉仅在湖北、湖南、重庆交界处保留下来,现在全国各地乃至世界各地均成功引种水杉,水杉扩散至其历史分布区。

(3)充分研究种类变异,选择适宜的地理种源(起源中心学说)。

从某一树种的起源中心引种,比较容易成功,切忌到树种自然分布边缘去引种。

2.引种实践规律

(1)海洋气候区的种源不能向大陆气候区调运,大陆气候区的种子向海洋气候区调运略微安全。

(2)气候条件一致、气温和降雨的波动不大的地区的种源不能向气温、降雨波动大的地区调运,即使年平均值和极端气候条件相似。

(3)高纬度、高海拔树种不宜移栽到低纬度、低海拔地区,反之亦然。但高纬度、低海拔与低纬度、高海拔间相互引种,成功的概率较大。

(4)不要把碱性土壤中的树木栽到酸性土壤中,反之亦然;园林绿化中小规模种植通过土壤改良是可以的。

4.4.4 引种程序

当前在引进外来树种方面乱象丛生,很多林农见苗就栽,见种就引,很多林业企业大规模种植也不经过必要的引种试验,甚至林业主管部门在引进某些外来树种时也不经过严格论证和试验,往往导致巨大的经济损失和生态问题。引进外来树种一定遵循论证、引进、苗期试验、造林试验、审认定、推广的技术路线,宁可因为科学慎重慢一点,也不可急功近利。

引种程序图如图 1-4-7 所示。

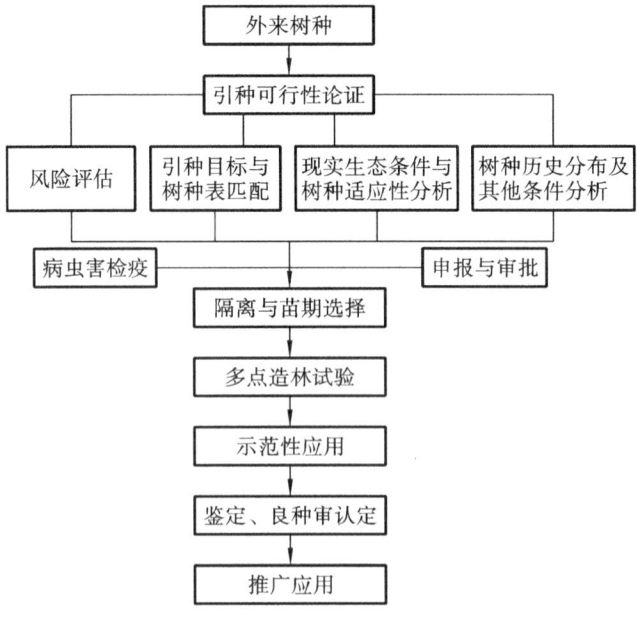

图 1-4-7 引种程序图

4.4.5 引种成功的标准

(1)能适应当地环境条件,不需要采取特殊保护措施,能够正常生长。
(2)不降低原有的经济价值,引入地原有主栽品种的,至少要超出原有主栽品种。
(3)能够用该树种固有的繁殖方式进行繁殖。
(4)没有致命病虫害。
(5)形成了品种。

4.4.6 引种实例

鲁山杨(辽宁杨)、圣山杨(盖杨)、山哈杨(辽河杨)三个家系,是辽宁省杨树研究所陈鸿雕先生,在1982年用I-69/55、I-72/58和I-63/51与山海关杨,通过室内切枝水培杂交获得的。1992年,辽宁省林业厅组织专家对这三个家系进行了鉴定,其水平定为国际领先水平。1994年,该项目成果获得辽宁省科技进步二等奖。

1997年4月8日至9日,国家造林项目小组在辽宁沈阳新民林场(北纬41°48′)召开我国南北方杨树造林协作会议时,通过交流和现场参观新民林场造林试验地,直观感觉到辽河杨等三个家系在当地确实生长不错,超过当地主栽品种沙兰杨。同时因这三个家系的亲本之一分别为I-63/51、I-72/58和I-69/55,因此预测这三个家系能在江汉平原地区良好地生长,于是引进三个家系各50个插穗带回武汉(北纬30°35′)进行试验和观察。

1997—1999年完成了苗期选择,1999—2004年进行多点造林试验,2004年通过鉴定和良种认定,2005年获得湖北省科技进步三等奖(2005J-209-3-115-110)。

鲁山杨、圣山杨在辽宁南部已是广泛应用的优良品种。这两个品种由北纬41°48′引进到北纬30°35′,引种跨度达到11°13′,但由于其母本是南方型黑杨,故能适应南方气候环境,而同时引进的山哈杨,由于其母本是山海关杨,所以不能适应南方气候而表现不佳。这就告诉我们,杨树引种要更加注重考察其母本特性。引种十几年来,从其生长量、材性看,均优于原产地,说明引种是成功的,而且繁殖、栽培技术简单。鲁山杨、圣山杨含有北方型黑杨山海关杨基因,这对改变湖北省杨树基因变异范围狭窄的现状、遏制病虫害的大规模发生、杨树杂交育种的开展,起到了积极作用。

4.5 杂交育种

4.5.1 杂交育种有关概念

杂交(cross,hybridization)是指不同基因型个体间的交配。依据杂交介质,杂交可分为有性杂交和体细胞杂交。生殖细胞相互融合的过程称为有性杂交,体细胞相互融合的过程称为体细胞杂交。依据亲本亲缘关系的远近,杂交分为远缘杂交和近缘杂交。远缘杂交(distant crossing)指亲缘关系较远的亲本间的杂交,一般指种间或属间的杂交。近缘杂交(close crossing)指参加交配的两亲本的亲缘关系比较近,一般将种内杂交称为近缘杂交。

杂种(hybrid)是指杂交产生的后代。杂种优势(hybrid vigor)RH是指杂交第一代在生长势、生活力、繁殖力、抗逆性、产量和品质等方面优于双亲平均数的现象。

杂交育种(cross breeding)是指把遗传基础不同的个体或群体进行人工控制授粉,以获得杂种,从具有杂种优势的子代中选育新的优良品种或新的优良类型的育种方法。1946年,叶培忠教授首次进行了杨树杂交育种工作,现在我国已经在杨树、柳树、杉木、桉树、泡桐、落叶松、马褂木等林木上开展杂交育种工作并取得显著成绩。当前新技术在育种领域应用方兴未艾,但杂交育种仍然是获得林木良种的主要渠道。

4.5.2 杂交技术

1.杂交方式

供应花粉的植株,叫作父本,以符号"♂"表示;接受花粉而发育成果实和种子的植株,叫作母本,以符号"♀"表示;乘号"×"表示有性杂交。一般母本写在前面。

单交指两个个体间的杂交,记作 A×B。

双交指两个单交的杂种再进行杂交,记作(A×B)×(C×D)。

三交指一个单交的杂种再与另一个个体杂交,记作(A×B)×C。

多系混合授粉是指将许多株树木的花粉混合起来对一株树木进行授粉,记作 A×(B+C+D……)。回交指一个单交杂种与亲本之一交配,记作

$$
\begin{array}{cc}
A \times B & A \times B \\
\downarrow & \downarrow \\
A \times F_1 & F_1 \times B
\end{array}
$$

2.亲本的选择

1)亲本组合的选择

(1)选择的亲本组合起来要有目的性状。

(2)双亲的优缺点互补,只能有共同的优点,不能有共同的缺点。

(3)根据亲本性状遗传力的大小进行选配。一般用优点多、性状遗传力高的作为母本,子代更多地继承母本的特性,正所谓"爹矬矬一个,娘矬矬一窝"。

(4)亲本的地理起源和生态适应性要有一定的差异。鲁山杨(辽宁杨)、圣山杨(盖杨)的母本是南方型黑杨 I-69/55 和 I-72/58,父本是北方型黑杨山海关杨,因此子代既有南方型黑杨速生基因,同时又增加了北方黑杨山海关杨基因,抗性强,材质得到改善。

(5)考虑正反交中杂交可配性和性状遗传表现的差异。例如杨属分为 5 个派——白杨派、大叶杨派、青杨派、黑杨派、胡杨派。杨属同派不同种间杂交容易,而派间杂交有难有易。黑杨派与青杨派杂交容易;胡杨派与其他各派杂交都困难。黑杨派、青杨派为母本与白杨派为父本杂交容易,但以白杨派为母本,黑杨派、青杨派为父本,杂交则困难。

2)亲本植株的选择

在确定好亲本组合后,还要精心挑选亲本植株。亲本植株最好到优良种源林分中选择优树。亲本植株要求具备以下条件:

- 生长迅速,材质优良;
- 树干通直、圆满、尖削度小;

- 冠形较窄,匀称,分枝角度合适;
- 生长健壮,无病虫害;
- 树木性状已得到充分发育。

3.杂交的准备工作

(1)树木有性生殖过程的观察:花期及其长短、花器的构造、授粉方式、结果习性等。

(2)杂交工具的准备:毛笔、镊子、花粉采集袋、培养皿、指形管、干燥器及所用的干燥剂和绝缘剂、冰箱、标签、隔离袋、细绳等。

4.花粉采集、储存

杨、柳、榆、白蜡等树种杂交时常采用花枝水培收集花粉。可以提前采集雄花枝,在室内进行水培,如此可以提前收集花粉,以便随时进行授粉。杨树花粉收集如图1-4-8所示。

松、杉等针叶树种,可在雄球花接近成熟散粉时,在树上把雄球花套入透气纸袋,使花粉散落在袋内,从而收集花粉。

花粉保存要求低温低湿,因此可以将花粉放入装有干燥剂的干燥器中,干燥后,移入指形管中,密封,放入冰箱冷藏室中;如长期保存,可以放入超低温冰箱中。不同树种,其花粉活力、保存时间不一样。

图1-4-8 杨树花粉收集

图1-4-9 湿地松树上杂交

(周忠诚2014年7月摄于湖北省荆门市彭场林场)

5.控制授粉

1)树上杂交

树上杂交即在选定亲本植株后,搭设高架,将植株立于高架平台上,给雌花进行杂交授粉操作。树上杂交成本较高,且具有一定的危险性。湿地松树上杂交如图1-4-9所示。

(1)去雄。对于两性花,杂交前将花药用镊子除去,操作要彻底,不能残留花药,但又不能损伤雌蕊。去雄在花粉成熟前,一般与套袋同时进行。

(2)套袋隔离。雄花散粉前套袋。隔离袋要用能防水、透光、透气、坚韧、不易破碎的材料制备,羊皮纸是比较理想的材料。隔离袋的大小要因树种开花特性及花量而异。

(3)授粉。针叶树在雌球花珠鳞张口,阔叶树在雌蕊柱头分泌黏液、发亮时授粉。要在无风的上午授粉。授粉时间的长短,因树种而异。白蜡、栎树、桑树可授粉期为2～8天,松树为4～5天,落叶松为5～7天,冷杉、云杉为2～3天,杨树、柳树为3～5天,鹅掌楸半天到一天。授粉前后要及时标记杂交组合。

(4)去袋。雌球花珠鳞增厚、闭合,柱头枯萎可去袋。

(5)收获种子。果实即将成熟,及时套袋收获,将不同的组合分别收获。

2)室内切枝水培杂交

室内切枝水培杂交即采集母本植株上的雌花枝,在室内水培,完成授粉,并获得杂交种子。室内切枝水培杂交一般适宜于种子小、成熟期短的树种。室内切枝水培杂交成本低,管理方便,其缺点是种子质量可能不如自然成熟的种子。

(1)枝条的采集和修剪

从已选好的母树树冠的中上部剪取1~2年生无病虫害的雌花枝条或雄花枝条。

采条时间:杨树开花需要经历低温,一般约在自然开花前1个月采集枝条。枝条可低温沙藏。

室内修剪:入室前要剪去徒长枝、病虫害枝。杨树雄花枝应尽量保留全部花芽,雌花枝则每枝留1~2个叶芽或3~5个花芽。

(2)培养:插在盛清水的瓦罐等容器中,每隔3~5天换水或修剪枝条基部。生根容易的杨树也可用土培。培养花枝期间保持适宜的温度、湿度。

(3)去雄、隔离和授粉:原则上同树上杂交,也可以在不同密闭空间里进行不同花粉的授粉,以整体隔离代替个体套袋隔离。

(4)果实发育期管理:注意防治病虫害,温度保持在20℃左右,湿度保持在60%左右。枝条顶芽开放后,保留叶片2~3枚。果实成熟后,及时套袋。

3)室外植株斜置法杂交

室外植株斜置法杂交是周忠诚于2005年提出的,并成功应用于杨树杂交中。室外植株斜置法杂交即将用于杂交的杨树母本植株斜置,与地面成一定角度,杨树母本植株斜置后保留部分须根即可存活,在地面进行杂交试验的一种方法,该方法可以避免树上杂交带来的成本高和安全风险等弊端。杨树室外植株斜置法杂交如图1-4-10所示。

4)室外切枝扦插法杂交

室外切枝扦插法杂交即利用杨树枝条极易扦插成活的特性,将带有雌花序的枝条扦插后进行授粉杂交,扦插的雌花枝能够萌发根系、吸收养分并能长出新梢进行光合作用,从而保证杂交种子正常发育并成熟,避免了室内切枝水培杂交繁重的劳动和因营养不够导致的落果等弊端。2005年,周忠诚将其应用于杨树杂交中,并取得较好的效果。杨树室外切枝扦插法杂交如图1-4-11所示。

图1-4-10 杨树室外植株斜置法杂交

(湖北省武汉市,2005)

图1-4-11 杨树室外切枝扦插法杂交

(湖北省武汉市,2005)

5)杂交后代的选育

杂交后代的选育遵循边培育边选择的原则。一般与无性系选择结合起来,F1代中选用杂种优势最强的个体,通过无性繁殖方法,边扩大群体边进行苗期选择,然后进行多点造林试验,筛选出优良品种,最后通过审认定为良种,即可大量生产无性苗木,投入生产。

4.6 新技术育种简介

4.6.1 诱变育种

1. 诱变育种概念

诱变育种(mutation breeding):人工利用物理或化学因素诱使植物或植物材料发生遗传变异,并将优良的变异类型培育成新品种的方法。

诱变育种的优点:
(1)提高突变频率,扩大突变谱;
(2)能在短期内有效改变品种单一的性状,而保持其他优良性状不变;
(3)打破原有的基因连锁,有利于基因重组;
(4)诱变后代分离少,稳定快,育种年限短;
(5)改变植物的育性,提高了结实率。

诱变育种的局限性:
(1)变异的方向和性质难以预测和控制;
(2)改良的性状有限;
(3)变异的性状具有不稳定性。

2. 辐射育种

辐射育种(radiation breeding):利用物理辐射能源处理植物材料,使其遗传物质发生改变,进而从中筛选变异,进行品种培育的育种方法,现在园林植物育种领域应用较多。

外照射是指被照射的种子、球茎、鳞茎、块茎、插穗、花粉、植株等所受的辐射来自外部的某一辐射源。目前外照射常用的是 X 射线、β 射线、快中子或热中子。外照射方法简便安全,可进行大量处理,所以广为采用。

内照射是指辐射源被引进受照射的植物体内部。常用的照射源有 ^{32}P、^{35}S、^{14}C 等放射性元素的化合物。照射方法有:浸泡种子或枝条,注射到植物的茎秆、枝条、芽等部位,施入土壤中使植物吸收,或用放射性的 ^{14}C 供给植物,借助光合作用所形成的产物来进行内照射(即饲养法)。

3. 化学诱变育种

化学诱变育种:利用化学诱变剂诱发植物产生遗传变异,以选育新品种的技术。
化学诱变的特点:
(1)操作简便,价格低廉;
(2)专一性强;
(3)提高了突变频率,扩大了突变谱;

(4)多数为迟发性突变;

(5)诱变后代的稳定过程较短,可缩短育种年限。

4.诱变后的选育

1)种子诱变后代的选育

种子诱变繁殖的代数表示:M1代表接受诱变处理的当代植株,M2代表诱变处理种子产生的子一代,M3代表诱变处理种子产生的子二代。

(1)M1代的培育:对于诱变的当代,很多隐性突变没有表现出来,显性突变也有许多表现成嵌合状态,一般在M1代不进行选择。

(2)M2代的选育:M2代植物产生的隐性突变得以表现,不能遗传的嵌合体得以淘汰。因此,M2代是一个能充分表现出可遗传变异的世代,具有丰富的变异分离类型,是选择优良变异的关键时期。

(3)M3代及以后世代的选育:M2代选留的植株,分单株采种,M3代种植成株系,按照谱系选择育种的方法进行品种的选育。

2)无性繁殖的植物诱变后代的选择

无性繁殖的代数表示:V1(M1V1)代表诱变后的当代,V2(M1V1)代表诱变后无性繁殖的第1代,V3(M1V1)代表诱变后无性繁殖的第2代。

V1代无性繁殖植物诱变以后,会产生许多芽变,因此对诱变后的植物要进行观察,如果发现突变的芽,也会产生一些嵌合体。

许多研究证明,通过诱变处理后的芽长出的初生枝的低位芽最具突变的可能性。因此,通过对M1V1代的植物进行摘心、修剪,促使基部的芽萌发及诱变,产生不定芽。其选择的方法与芽变选种的方法相同。

4.6.2 航天育种

航天育种是指通过返回式卫星或高空气球运载育种材料到达高空环境,利用高空环境对育种材料进行诱变,并在地面进行选育新品种的新技术。我国从1987年开始航天育种,现在比较成功的有水稻、青椒、莲子等。航天育种具有广阔的应用前景。

4.6.3 多倍体育种

1.多倍体育种的概念

选育细胞核中具有3套以上染色体组的优良品种的方法,称为多倍体育种。

2.多倍体的特点

- 细胞巨大,木纤维长度增加,单位木材的纤维细胞数以及细胞表面积减少,木素含量降低;
- 可孕性低;
- 适应性、抗逆性强;
- 生理代谢旺盛,产量提高,体内某些化学物质含量增加;
- 可克服远缘杂交不育性。

1935年,Nilsson Ehle在瑞典发现了一株叶片巨大、生长迅速的巨型三倍体欧洲山杨,引起了世界对多倍体应用价值的广泛关注,由此成为林木多倍体育种的开端。我国朱之悌(1995)利用毛白杨天然未减数 $2n$ 花粉与毛新杨、银腺杨杂交,最终得到人工三倍体,1999年获国家首批林木新品种保护权证书。该三倍体毛白杨品种具有速生、抗性强、材质好等优点。

3. 染色体加倍途径

(1)体细胞加倍:通过机械损伤、高温、低温、辐射、化学试剂等理化处理方法都可以使生物体细胞的染色体加倍。

(2)不同倍性个体间杂交:二倍体×四倍体=三倍体。例如,Einspahr(1984)利用四倍体欧洲山杨与二倍体美洲山杨杂交,获得异源三倍体山杨。

(3)未减数的配子杂交:利用未减数的配子杂交可以获得三倍体。例如,朱之悌(1995)利用毛白杨未减数的配子($2n$)与毛新杨、银腺杨杂交,获得材质优良的三倍体毛白杨。

4. 林木染色体加倍的常用方法

秋水仙素是从百合科植物秋水仙(*Colchicum autumnale*)的根、茎、种子等器官中提炼出来的一种药剂。秋水仙素是淡黄色粉末,纯品是针状无色结晶,性极毒,熔点为155 ℃,易溶于水、酒精、氯仿和甲醛中,不易溶于乙醚、苯。秋水仙素能抑制细胞分裂时纺锤丝的形成,使已正常分离的染色体不能拉向两极,同时还能抑制细胞板的形成,使细胞有丝分裂停止在分裂中期。由于秋水仙素并不影响染色体的复制,因而加倍后的染色体仍处于一个细胞中,从而形成多倍体。处理过后,如用清水洗净秋水仙素的残液,细胞分裂可恢复正常。

秋水仙素只是影响正在分裂的细胞,对于处于其他状态的细胞不起作用。因此,对植物处理的适宜时期是种子(干种子或萌发种子)、幼苗、幼根与茎的生长点、球茎与球根的萌发芽等。如果处理材料发育较晚,被诱变的植物易出现嵌合体。

秋水仙素处理方法有浸渍法、滴定法、注射法等。秋水仙素滴定法处理杨树茎尖如图1-4-12所示。

5. 多倍体后代的鉴定和选择

(1)多倍体鉴定技术。

形态学鉴定:如是否具有巨大性特点。

细胞学鉴定:采集茎尖等组织,切片,在显微镜下观察染色体数目,或者利用流式细胞仪测定单个细胞的DNA含量,推测细胞的倍性。

图1-4-12 秋水仙素滴定法处理杨树茎尖
(湖北省武汉市,2013)

(2)选育方法。

得到多倍体后,选育过程同常规育种。

4.6.4 分子育种(转基因育种)

分子育种(转基因育种)即运用分子生物学技术,将目的基因或DNA片段通过载体或直接导入受体细胞,使遗传物质重新组合,经细胞复制增殖,新的基因在受体细胞中表达,最后从转化细胞中筛选有价值的新类型,构成工程植株,从而创造新品种的一种定向育种新技术。

林木上尚未有商品化的转基因品种,但转基因育种在农业和园艺方面成效显著,转基因大豆油成为餐桌的常客。关于水稻等主粮的转基因品种,在科学界和舆论界分化成挺转派和反转派。

【复习思考题】

1. 根据遗传与变异关系,谈谈先有蛋还是先有鸡?
2. 某林业局要进行一个杨树品种对比试验,该林业局从外地共引进了19个杨树品种(该地区主栽品种为中嘉8号),每个品种60株,试验地呈长方形(长宽比为2∶1),面积约60亩(1亩≈666.67平方米),请为该林业局设计一个试验方案。
3. 你所在地区哪些树种是优树? 如何加强优树的管理和利用?
4. 优树和古树名木有何区别?
5. 你所在地区有哪些树种的种子园? 谈谈种子园的管理。
6. 你所在地区使用实生苗造林的树种有哪些? 其种子从哪里调运?
7. 你所在地区有哪些主要的乡土树种和外来树种?
8. 为什么不能"见种就引,见苗就栽"?
9. 鲁山杨在湖北生长良好,而同时引种的山哈杨表现不佳,这是什么原因?
10. 为什么很多地方重引种、轻育种?
11. 狮虎兽和骡子为什么不能繁育后代?
12. 你对转基因产品有什么看法?
13. 无籽西瓜为何无籽?

模块二　森林培育技术

项目1 林木种苗生产技术

1.1 苗圃的建立与耕作

1.1.1 苗圃的建立

1. 苗圃地的选择

1) 苗圃地的条件

(1) 经营条件。

① 交通条件。苗圃应设在交通方便的地方,以便于育苗所需要的物资材料的运入和苗木的运出。

② 人力条件。大型苗圃需要的劳动力较多,尤其是育苗繁忙季节需要大量的临时工。因此,苗圃应设在靠近居民点的地方,以保证有充足的劳动力来源,同时便于解决电力、畜力和住房等问题。

③ 周边环境。尽量远离污染源,防止污染源对苗木生长产生不良影响。

(2) 自然条件。

① 地形。苗圃应设在地势平坦、排水良好的平地或 1°~3° 的缓坡地上。苗圃忌设在易积水的低洼地、过水地,风害严重的风口,光照很弱的山谷等地段。

② 土壤。土壤的结构和质地,对土壤中的水、肥、气、热状况的影响很大。通常团粒结构的土壤通气性和透水性良好,且温热条件适中,有利于土壤微生物的活动和有机物的分解;土壤肥力较高,土壤地表径流少,灌溉时渗水均匀,有利于种子发芽出土和幼苗根系发育,同时又便于土壤耕作、除草松土和起苗作业。苗圃以选择较肥沃的沙质壤土、轻壤土和壤土为好,沙土、重黏土和盐碱土均不宜作苗圃地。

土壤的酸碱度对土壤肥力和苗木生长也有很大影响。不同的苗木对土壤酸碱度的适应能力不同,有的苗木如油松、红松、马尾松、杉木等喜酸性土壤,有的苗木如侧柏、刺槐、白榆、臭椿、苦楝等耐轻度盐碱,土壤中的含盐量在 0.1% 以上时也能生长。大多数针叶树种则适宜中性或微酸性土壤,多数阔叶树种适宜中性或微碱性土壤。在一般情况下,苗木在弱酸至弱碱的土壤里才能生长良好。当土壤过酸时,土壤中的磷和其他营养元素的有效性下降,不利于苗木生长。在中性土壤中磷的有效性最大。选择苗圃地时必须考虑到土壤的酸碱度要与所培育的苗木种类相适应。

③ 水源。苗圃对水分供应条件要求很高,必须有良好的供水条件。水质要求为淡水,含盐量一般不超过 0.1%,最高不超过 0.15%,还要求水源无污染或污染较轻。最好在靠近河流、

湖泊、池塘和水库的地方建立苗圃,便于引水灌溉。如果没有上述水源条件,就应该考虑打井灌溉。

④病虫害。苗圃育苗往往由于病虫的危害而造成很大的损失。因此,在选择苗圃时,应进行土壤病虫害的调查,尤其应查清蛴螬、蝼蛄、地老虎、蟋蟀等主要地下害虫的危害程度和立枯病、根腐病等病菌的感染程度。病虫危害严重的土地不宜作苗圃地,或者采取有效的消毒措施后再作苗圃地。

2)苗圃面积的计算

苗圃地包括生产用地和辅助用地两部分。直接用于育苗和休闲的土地称为生产用地,通常占80%,大型苗圃所占比例大一些,中小型苗圃所占比例小一些。辅助用地包括道路、房舍、场院、固定排灌渠道、防护林、苗圃地周围壕沟等所占用的土地,一般占苗圃总面积的20%,大型苗圃占15%～20%,中小型苗圃占20%～25%。

2.建立苗圃的方法

1)苗圃地的调查

(1)踏勘。

由设计人员会同施工和经营人员到已确定的苗圃地范围内进行实地踏勘和调查访问工作,概括了解苗圃地的现状、历史、地势、土壤、植被、水源、交通、病虫害以及周围的环境,提出改造各项条件的初步意见。

(2)测绘平面图。

平面图是进行苗圃规划设计的依据。比例尺要求为1/2000～1/500,等高距为20～50 cm。与设计直接有关的山、河、湖、井、道路、房屋、坟墓等地形、地物应尽量绘入。

(3)土壤调查。

根据苗圃地的自然地形、地势及指示植物的分布,选定典型地点挖土壤剖面,观察和记载土层厚度、土壤质地、土壤结构、土壤酸碱度(pH值)、地下水位等,必要时可分层采样进行分析。通过调查,弄清苗圃地土壤的种类、分布、肥力状况和土壤改良的途径,并在地形图上绘出土壤分布图,以便合理使用土地。

(4)病虫害调查。

主要调查苗圃地的地下害虫,如金龟子、地老虎、蝼蛄等。一般采用抽样方法,每公顷挖样方土坑10个,每个面积0.25 m^2,深10 cm,统计害虫数目,并通过前作和周围树木的情况,了解病虫感染程度,提出防治措施。

(5)气象资料的收集。

向当地的气象台或气象站了解有关的气象情况,如生长期、早霜期、晚霜期、晚霜终止期、全年及各月平均气温、最高和最低气温、土表最高温度、冻土层深度、年降雨量及降雨月分布情况、最大一次降雨量及降雨历时数、空气相对湿度、主风方向和风力等。此外,还应向当地群众了解苗圃地的特殊小气候等情况。

2)苗圃区划

(1)生产用地的区划。

①播种区。播种区是培育播种苗的生产区。应选择自然条件和经营条件最有利的地段作为播种区,人力、物力、生产设施均应优先满足播种育苗的要求。具体要求是:地势较平坦,背风向阳,灌溉方便,土质疏松,土层深厚肥沃,靠近管理区。

②营养繁殖区。营养繁殖区是培育插条苗、压条苗、分株苗和嫁接苗的生产区,与播种区要求基本相同,应设在土层深厚、土质疏松而湿润、灌溉方便的地方,但不像播种区那样要求严格。嫁接苗区主要为砧木苗的播种区,土质要好,便于接后覆土;地下害虫要少,以免危害接穗而造成嫁接失败。插条苗区应着重考虑灌溉和遮阴条件。压条、分株育苗法采用较少,育苗量较小,可利用零星地块育苗。

③移植区。移植区是培育各种移植苗的生产区。由播种区、营养繁殖区、设施育苗区繁殖出来的苗木,均需移入移植区中继续培育。移植区内的苗木依规格要求和生长速度的不同,往往每隔2~3年还要再移几次,逐渐扩大株行距,增加营养面积。所以移植区占地面积较大,一般可设在土壤条件中等、地块大而整齐的地方。

④大苗区。大苗区培育植株的体型、苗龄均较大并经过整形的各类大苗的作业区。在本育苗区继续培育的苗木,通常在移植区内进行过一次或多次的移植。在大苗区培育的苗木出圃前不再进行移植,且培育年限较长。

(2) 辅助用地的区划。

①道路系统的设置。苗圃中的道路是连接各种作业区与开展育苗工作有关的各类设施的动脉。一般设有一级路、二级路、三级路和环行路。一级路是苗圃的主干道,多以管理区为中心,应连接管理区和苗圃出入口,位于苗圃中轴线上。一般设置一条或相互垂直的两条主干道,路面宽6~8 m,标高高于作业区20 cm。二级路通常与主干道相垂直,与各作业区相连接,路面一般宽4 m,标高高于作业区20 cm。三级路是作业人员进入作业区的作业路,与二级路垂直,路面一般宽2 m。环行路又称环行道,在大型苗圃中,为了使车辆、机具等机械回转方便,可依需要在苗圃四周防护林带内侧设置环行路,路面一般宽4~6 m。苗圃中道路的占地面积一般应不超过苗圃总面积的7%。

②灌溉系统的设置。灌溉系统包括水源、提水设备和引水设施三部分。水源主要有地面水和地下水两类。地面水指河流、湖泊、池塘、水库等,以无污染又能自流灌溉的最为理想。不能自流灌溉的用抽水设备引水灌溉。一般地面水温度较高,与作业区土温相近,水质较好,且含有一定养分,有利于苗木生长。地下水指泉水、井水等。地下水的水温较低,宜建蓄水池,以提高水温,再用于灌溉。水井应设在地势高的地方,以便自流灌溉。水井还要均匀分布,以便缩短引水和送水的距离。提水设备现在多使用抽水机(水泵),可依苗圃的需要,选用不同规格的抽水机。引水设施有地面渠道引水和管道引水两种。

③排水系统的设置。排水系统由大小不同的排水沟组成。排水沟分为明沟和暗沟两种。排水系统占地一般为苗圃总面积的1%~5%。

④防护林带的设置。防护林带的设置规格,依苗圃的大小和风害程度而异。一般小型苗圃在与主风方向垂直的方向设一条林带;中型苗圃在四周设置林带;大型苗圃除周围设置环圃林带外,还应在圃内结合道路等设置,在与主风方向垂直的方向设置辅助林带。如有偏角,不应超过30°。一般防护林防护范围是树高的15~17倍。

林带的结构以乔、灌木混交半透风式为宜,林带宽度和密度依苗圃面积、气候条件、土壤和树种特性而定,一般主林带宽8~10 m,株距1.0~1.5 m,行距1.5~2.0 m;辅助林带多为1~4行乔木即可。

⑤苗圃管理区的设置。苗圃管理区包括房屋建筑和圃内场院等部分。前者主要指办公室、宿舍、食堂、仓库、种子贮藏室、工具房、畜舍车棚等,后者包括劳动集散地、运动场、晒场、肥场等。苗圃管理区占地一般为苗圃总面积的1%~2%。

3.苗圃施工

1)圃路的施工

施工前,先在设计图上选择两个明显的地物或两个已知点,定出主干道的实际位置,再以主干道的中心线为基线,进行圃路系统的定点放线工作,然后方可进行修建。圃路的种类很多,有土路、石子路、柏油路、水泥路等。大型苗圃中的高级主路可请建筑部门或道路修建单位负责建造,一般在苗圃施工的道路主要为土路。施工是指从路两侧取土填于路中,夯实,两侧修筑整齐的灌溉水渠或排水沟。

2)灌溉渠道的修筑

灌溉系统中的提水设施,即泵房的建造和水泵的安装工作,应在引水灌渠修筑前请有关单位建造。一、二级渠道需用水准仪精确测定,打桩标明,再按设计要求修筑。在渗水力强的沙质土地区,水渠的底部和两侧要求用黏土或三合土加固。管道应按设计的坡度、方向和深度的要求埋设。

3)排水沟的挖掘

一般先挖掘向外排水的总排水沟。中排水沟结合道路的边沟修筑,在修路时即挖掘修成。小区的小排水沟可结合整地进行挖掘,亦可用略低于地面的步道来代替。为防止边坡下塌而堵塞排水沟,可在排水沟挖好后种植一些簸箕柳、紫穗槐、柽柳等护坡树种。

4)防护林的营建

防护林一般在路、沟、渠施工后立即进行营建,以尽早起到防风的作用。最好使用大苗栽植,能尽早起到防风的作用。栽植的株距、行距按设计规定确定,同时应成"品"字形交错栽植。栽植后要注意及时灌水,并注意经常养护,以保证成活。

5)土地平整

坡度不大者可在路、沟、渠修成后结合翻耕进行平整,或待苗圃建成后结合耕作播种和苗木出圃等时节,逐年进行平整,这样可节省建立苗圃时的施工投资,而且使原有土壤表层不被破坏,有利于苗木生长。坡度过大则必须修梯田,这是山地苗圃的主要工作项目,应提早进行施工。总坡度不太大,局部不平者,挖高填低。深坑填平后,应灌水使土壤落实后再进行平整。

6)土壤改良

当苗圃地中有盐碱土、沙土、重黏土或城市建筑废墟地等,土壤不适合苗木生长时,应在苗圃建立时进行土壤改良。对于盐碱地,可采取开沟排水、引淡水冲碱,或刮碱、扫碱等措施加以改良;对于轻度盐碱土,可采用深翻晒土、多施有机肥料、灌冻水和雨后(灌水后)及时中耕除草等农业技术措施逐年改良;对于沙性强的土壤,最好用掺入黏土和多施有机肥料的办法进行改良;对于重黏土壤,则应用混沙、深耕、多施有机肥、种植绿肥和开沟排水等措施加以改良。

1.1.2 苗圃地的耕作

1.土壤耕作的环节

土壤耕作的基本要求是"及时平整,全面耕到,土壤细碎,清除草根石块,并达到一定深度"。土壤耕作主要是耕地和耙地两个环节。

1)耕地

耕地是土壤耕作的中心环节。耕地的季节和时间,应根据气候和土壤条件而定。秋耕有利于蓄水保墒、改良土壤、消灭病虫和除去杂草,故一般多采用秋耕,尤其在北方干旱地区或盐碱地区更为有利。但沙土适宜春耕,山地育苗最好在雨季以前耕地。为了提高耕地的效果,应在土壤不干不湿、含水量为田间持水量的60%~70%时进行耕地。

耕地的深度要根据苗圃地条件和育苗要求而定。耕地深度一般为20~25 cm,过浅起不到耕地的作用,过深苗木根系过长,起苗、栽植困难。一般的原则是播种区稍浅,营养繁殖区和移植区稍深;沙土地稍浅,瘠薄黏重地和盐碱地稍深;在北方,秋耕宜深,春耕宜浅。

2)耙地

一般来说,耕后应立即耙平。尤其是在北方干旱地区,为了蓄水保墒、减少蒸发,就更应如此。但在冬季积雪的北方或土壤黏重的南方,为了风化土壤、积雪保墒、冻死虫卵,耕后应日晒雨淋一些时日,在土壤湿度适宜时耙地或第二年春再耙地。

2. 作业方式

苗床育苗的作床时间应在播种前1~2周,以使作床后疏松的表土沉实。作床前应先选定基线,区划好苗床与步道,然后作床。一般苗床宽100~120 cm,步道底宽30~40 cm。苗床长度依地形、作业方式等而定,一般为10~20 m不等,以方便管理为度。苗床走向以南北向为好。在坡地应使苗床长边与等高线平行。作床的基本要求是"床面平、床边直、土粒碎、杂物净"。苗床一般分为高床和低床两种。

1)高床

高床是指床面高出步道15~25 cm的苗床。高床有利于侧方灌溉及排水。降雨较多的地区和低洼积水、土质黏重的地区多采用高床育苗。

2)低床

低床是指床面低于步道15~25 cm的苗床。低床有利于灌溉,保墒性能好。干旱地区多采用低床育苗。

3. 土壤处理

1)高温处理

常用的高温处理方法有蒸汽消毒和火烧消毒两种。温室土壤消毒时可将带孔铁管埋入土中30 cm深,通蒸汽维持60 ℃,经30分钟后,可杀死绝大部分真菌、细菌、线虫、昆虫、杂草种子及其他小动物。蒸汽消毒应避免温度过高,否则可能会使土壤有机物分解,释放出氨气和亚硝酸盐及锰等毒害植物。

基质或土壤量少的,可放在铁板上或铁锅内,用火烧法处理。厚30 cm的土层,在90 ℃温度下维持6小时可达到消毒的目的。

在苗床上堆积燃烧柴草,既可消毒土壤,又可增加土壤肥力。但此法柴草消耗量大,劳动强度大。

国外用火焰土壤消毒机对土壤进行高温处理,可消灭土壤中的病虫害和杂草种子。

2)药物处理

(1)硫酸亚铁。

可配成2%~3%的硫酸亚铁溶液喷洒于苗床上,用量以浸湿床面3~5 cm为宜;也可与基肥混拌或制成药土撒在苗床上浅耕,每亩用药量为15~20 kg。

(2)福尔马林。

福尔马林用量为50 mL/m^2,稀释100~200倍,于播种前10~15天喷洒在苗床上,用塑料薄膜严密覆盖,播种前一周打开薄膜通风。

（3）辛硫磷。

辛硫磷能有效地消灭地下害虫。可用辛硫磷乳油拌种，药种比例为1∶300；也可用50%的辛硫磷颗粒剂制成药土，预防地下害虫，用量为每公顷30～40 kg；还可制成药饵，诱杀地下害虫。

4. 施基肥和接种工作

1）施基肥

（1）基肥的种类。

①有机肥：由植物的残体或人畜的粪尿等有机物经微生物分解腐熟而成。苗圃中常用的有机肥主要有厩肥、堆肥、绿肥、人粪尿、饼肥等。有机肥含多种营养元素，肥效长，能改善土壤的理化状况。

②无机肥：又称矿质肥料，包括氮、磷、钾三大类元素和多种微量元素。无机肥容易被苗木吸收利用，肥效快，但肥分单一，连年单纯施用会使土壤物理性能变坏。

③菌肥：由从土壤中分离出来，对植物生长有益的微生物制成的肥料。菌肥中的微生物在土壤和生物条件适宜时会大量繁殖，在植物根系上和周围大量生长，与植物形成共生或伴生关系，帮助植物吸收水分和养分，阻挡有害微生物对根系的侵袭，从而促进植物健康生长。

（2）基肥的施用方法。

基肥的施用方法有撒施、局部施和分层施三种。常采用全面撒施的方法，即将肥料在第一次耕地前均匀地撒在地面上，然后翻入耕作层。在肥料不足或条播、点播、移植育苗时，也可以采用沟施或穴施，将肥料与土壤拌匀后再播种或栽植。还可以在整苗床时将腐熟的肥料撒在床面上，浅耕翻入土中。

（3）基肥的施用量。

一般每公顷施堆肥、厩肥37.5～60.0 t，或施腐熟人粪尿15.0～21.5 t，或施火烧土22.5～37.5 t，或施饼肥1.5～2.3 t。在土壤缺磷地区，要增施磷肥150～300 kg；南方土壤呈酸性，可适当增施石灰。所施用的基肥必须充分腐熟，以免发热灼伤苗木或带来杂草种子和病虫害。

2）接种工作

接种的目的是利用有益菌的作用促进苗木的生长。特别是对于一些在无菌根菌等存在的情况下生长较差的树种尤为重要。除少数几种菌根菌通过人工分离培育成菌根菌肥外，大多数树种主要靠客土的办法进行接种。客土接种的方法是指从与所培育苗木相同的树种林分或老苗圃内挖取表层湿润的菌根土，将其直接施入或与适量的有机肥和磷肥混拌后撒于苗床后浅耕入土，或撒于播种沟内，并立即盖土，防止日晒或风干。接种后要保持土壤疏松、湿润。

1.2　林木种子生产

1.2.1　种子的采集

1. 树木结实的间隔期

树木结实的间隔期是指相邻两个丰年间隔的年限。树木结实的丰歉现象，主要是营养不足和某些不良环境因子综合影响的结果。在丰年，树木光合作用的产物大部分为种子发育所消耗，养分运送到根部很少，从而抑制了根系的代谢和吸收功能，反过来又影响了树木枝梢生长和叶的光合作用,造成在花芽分化的关键时期营养不良,从而导致丰年花芽分化量少,翌年就出现歉年。不良环境因子不仅影响树木的光合作用,而且直接造成落花落果,导致歉年。与小年相比,丰年不仅结实量多,而且种子品质好,发芽率高,幼苗的生活力强。生产上应尽量采收丰年的种子用于育苗,同时进行适量贮备,以补歉年之不足。

2. 良种基地的建立

为了保护好种质资源及有计划地供应遗传品质高的树木种子,确保造林绿化的需要,种子生产必须实现基地化、专业化。当前我国的良种基地有母树林、种子园和采穗圃三种。母树林是遗传品质得到一定改良的采种林分,是在天然林或人工林优良林分的基础上,经过留优去劣的疏伐改造,为生产遗传品质较好的林木种子而建立的。母树林是提供造林用种的重要途径之一,在保存遗传资源方面具有重大价值。利用现有的天然林或人工林改建母树林,技术简单,成本低,见效快。种子园是以优树或优良无性系的枝条或优良种子培育的苗木为材料,按合理方式配置,生产具有优良遗传品质的种子的良种基地。建立种子园可使林木现有优良特性得以保存,为林业生产提供品质优良的林木种子。采穗圃是以优树或优良无性系作为材料,生产遗传品质优良的枝条、接穗和根段的良种基地。

3. 树木种子的采集

1) 种子成熟的特征

(1) 种子的成熟。

种子成熟包括生理成熟和形态成熟两个过程。

①生理成熟。当种子内部营养物质积累到一定程度,种胚具有发芽能力时,即达到生理成熟。这时种子含水量高,内部的营养物质还处于易溶状态,生理活性强,种皮不致密,种子不饱满。这种种子采集后不易贮存,常丧失发芽能力。

②形态成熟。当种子内部生物化学变化基本结束,营养物质积累已经停止,种实的外部呈现出成熟的特征时,种子即达到形态成熟。这时种子含水量降低,酶的活性减弱,营养物质转为难溶状态的脂肪、蛋白质、淀粉,种皮坚硬、致密,种粒饱满,耐贮存。

③生理后熟。多数树种在生理成熟之后进入形态成熟。但也有少数树种,如银杏、桂花、假槟榔、白蜡等,虽在形态上已表现出成熟的特征,但种胚还未发育完全,仍需经过一段时间的生长发育才具有发芽能力,这种现象称为生理后熟。

(2) 种子成熟的特征。

种子形态成熟后,在颜色、气味和果皮方面表现出相应的特征。各个树种的种子达到形态成熟时,表现出各自不同的特征。根据其相似性,人们将其归纳为三类。

①球果类:果鳞干燥硬化,由青绿色变为黄色或黄褐色。如杉木、湿地松由青绿色变为黄色,马尾松、油松、侧柏、云杉由青绿色变为黄褐色。

②干果类:果皮干燥硬化(紧缩或开裂),由绿色变为黄色、褐色乃至紫黑色。其中蒴果、荚果的果皮干燥后沿缝线开裂,如乌桕、香椿、泡桐等;皂角等树种果皮上出现白霜。坚果类的栎属树种壳斗呈灰褐色,果皮为淡褐色至棕褐色,有光泽。

③肉质果类:果皮软化,颜色由绿色变为黄色、红色、紫色等。如冬青、火棘、南天竹、珊瑚树多变为朱红色,桂花、樟树、女贞、黄波罗等由绿色变为紫黑色,圆柏呈紫色,银杏、山杏呈黄色。肉质果幼果多为绿色,成熟后果实变软,有香味和甜味,色泽鲜艳,酸味及涩味消失。

2) 采种期与采种方法

(1)立即采集。

种子成熟后需立即采种的有两种情况。一是种粒小和易随风飞散的种子。如杨树、柳树、泡桐、木荷、木麻黄等成熟期与脱落期很接近,种子脱落后不易收集,应在种子成熟后脱落前立即采种。二是色泽鲜艳,易招引鸟类啄食的种子。如樟树、楠木、女贞等的种子的脱落期虽较长,但因成熟的种子易招引鸟类啄食,应在形态成熟后及时从树上采种,不宜拖延。

立即采集的种子一般用高枝剪、采种钩、采种镰、采种梳等工具从树上采摘。树木较矮小,种子容易震落的,用摇落法采种。采种时用采种网或采种帆布等承接种子。

(2)推迟采集。

种子成熟后需推迟采种的也有两种情况。一是大粒种子,如桂花、假槟榔等,一般在种子脱落后,及时从地面上收集,也可从树上采摘或敲落。二是成熟后挂果期较长,鸟不喜食的种子,如苦楝、槐树、马尾松等,可过些时日再从树上采摘。

(3)提前采集。

对于形态成熟后长期休眠的种子,为缩短休眠期,提高种子发芽率,可在生理成熟后形态成熟前采种,采后立即播种或层积处理。

1.2.2 种子的调制

种子调制的目的是获得纯净的适于运输、贮藏或播种的优良种子。种子采集后,要尽快调制,以免发热、发霉,降低种子的品质。种子调制工作包括:脱粒、干燥、净种分级等。

1. 脱粒与干燥

用什么方法脱粒与干燥,取决于种子的安全含水量。安全含水量高的用阴干法,安全含水量低的可日晒,也可阴干。

1)球果类的脱粒与干燥

球果类的脱粒是从球果中取出种子。在自然条件下,成熟的球果渐渐失去水分,果鳞反卷开裂,种子脱出。因此,要从球果中取种,关键是使果鳞干燥开裂。球果类种子安全含水量低,可采用自然干燥法或人工加热干燥法。种子脱出后用日晒法或阴干法干燥,降低含水量,以利贮藏。

自然干燥法即将球果放在日光下暴晒或放在干燥通风的室内阴干而使种子脱出的方法。如侧柏、福建柏、杉木、湿地松和云杉的球果,暴晒3~10天,球果鳞片开裂后,翻动球果或轻轻敲打,种子即可脱出。马尾松的球果含松脂较多,不易开裂,可用沤晒法脱粒。堆沤时用2%~3%的石灰水或草木灰水浇淋球果,约堆沤10天,再进行日晒处理。应用自然干燥法时,必须一边脱粒一边收取种子。自然干燥法经济易行,不会因温度的高低而降低种子质量,但常受天气变化的影响,干燥速度较慢。

脱落后,带翅的种子还应去翅。手工去翅是将种子放在麻袋里揉搓,或将种子放在筛内搓。用去翅机去翅,工效较高。比较简单的去翅机是由铁丝网制成的滚筒,筒内设转动的棕刷,种子从盛种器落入滚筒中,当棕刷转动时摩擦种子而去翅。

2)干果类的脱粒与干燥

(1)阴干法:将果实放在干燥通风的室内阴干,使种子脱出的方法。阴干法适用于坚果类、蓇葖果类、安全含水量高的蒴果类及种粒极小的种子。如桉树、柳树、油茶、板栗等,一般不能暴晒,应放在室内风干3~5天,当多数蒴果开裂后,翻动果实或轻轻敲打脱粒。

(2)日晒法。将果实放在阳光下晒干,使种子脱出的方法。日晒法适用于翅果类(杜仲除外)、荚果类和安全含水量低、种粒不是很小的蒴果类。如紫薇、木槿、相思树、喜树等,直接摊开暴晒3~5天,翻动果实或轻轻敲打脱粒。

3)肉质果类的脱粒与干燥

肉质果类包括核果、仁果、浆果、聚合果等,含有较多的果胶及糖类,容易腐烂,采集后必须及时处理,否则会降低种子的品质。

肉质果类可采用堆沤搓洗法或水浸搓洗法脱粒,脱粒后采用阴干法干燥。

(1)堆沤搓洗法。

将果实堆沤数日,待果肉软化后揉搓掉果肉,再放入水中漂洗干净,然后放在通风干燥的室内将种子阴干。

(2)水浸搓洗法。

将果实水浸数日,待果肉软化后揉搓掉果肉,再放入水中漂洗干净,然后放在通风干燥的室内将种子阴干。

有的果实收集回来后,果肉已软化,如桂花、阴香、罗汉松等,可直接揉搓掉果肉,放入水中漂洗干净,然后放在通风干燥的室内将种子阴干。对于种粒小而果肉厚的果实,如山楂、海棠等,可将果实平摊在地面碾压(不宜摊的太薄,以防种子受伤),边压边翻,使果肉破碎,再放入水中清洗,洗净后取出种子晾干。

2. 净种与分级

1)净种

净种的目的是去掉种子中的混杂物,如果鳞、果皮、果柄、种翅、枝叶碎片、空粒、土块、破碎种子及异类种子等,以利于种子贮藏、运输和播种。

根据种子和夹杂物的比重或大小的不同,可采用风选、筛选、水选和粒选来进行净种。

(1)风选。

风选适用于中、小粒种子,根据饱满种子与夹杂物重量的不同,利用风力将它们分离。风选的工具有风车、簸箕等。

(2)筛选。

利用种子与夹杂物大小的不同,选用各种孔径的筛子清除夹杂物。实际工作中,由于筛选不易分离与种子大小相似的夹杂物,因此还应配合风选、水选来进行净种。

(3)水选。

水选是利用种粒与夹杂物比重不同的净种方法。如银杏、侧柏、栎类、花椒及豆科等树种,可将种子浸入水中,稍加搅拌后良种下沉,杂物及空粒、秕粒、虫蛀粒均上浮,很容易分离。根据种子的比重不同,还可采用盐水、黄泥水、硫酸铜、硫酸铵等溶液选种。

油脂含量高的种子不宜水选。水选的时间不可过久,以免种子吸收过多的水分和上浮的杂物吸水后下沉。经过水选的种子不能日晒,一般阴干后再贮藏。

(4)粒选。

粒选是指从种子中挑选粒大、饱满、色泽正常、没有病虫害的种子。这种方法适用于核桃、板栗、油桐、油茶等大粒种子的净种。

2)种子分级

种子分级是把同一批种子按种粒大小加以分类。种子分级的方法有粒选和筛选。大粒种子,如栎类、核桃、油桐等可用粒选分级;中小粒种子可用不同孔径的筛子进行分级。种子分级是实现种子标准化生产的一项重要技术措施。经过分级的种子,播种后出苗整齐,苗木生长均匀,抚育管理方便,生产成本降低。在同一批种子中,种粒越大,发芽率和发芽势就越高。

1.2.3 种子的贮藏

造林树种,除少数树种的种子随采随播外,大多数树种的种子是秋采春播。另外,结实间隔期明显的树种,歉年没有种子或种子很少,丰年需多贮备种子。因此,必须对种子进行合理的贮藏,才能保证及时供应品质优良的种子,满足育苗和造林绿化的需要。依据种子性质及贮藏条件,种子贮藏方法可分为干藏和湿藏两大类。

1. 干藏

将干燥过的种子贮藏于干燥的环境中称为干藏。这种方法要求一定的低温和适当干燥的环境。凡是安全含水量低的种子都适于干藏。

由于采用的具体措施不同,干藏法又分为普通干藏、低温干藏、密封干藏、低温密封干藏。

1) 普通干藏

大多数树木种子短期贮藏都可用此法。将干燥过的种子装入袋、箱、桶、缸等中,放在干燥、通风、已消毒的室内。对于富含脂肪、有香味的种子,如松、柏等,最好装入加盖的容器中,以防鼠害。易遭虫害的种子必须进行熏蒸灭虫处理。每吨种子用磷化铝片剂5~8片,散放在种子袋的空隙间,用薄膜等覆盖。12~15℃时需5天,16~20℃时需4天,利用药剂自然分解挥发灭虫。灭虫后将库房打开通气,以免中毒。

2) 密封干藏

用普通干藏法易失去发芽力的种子和需长期贮藏的珍贵种子,如杨、柳、桉等,采用密封干藏。方法是将干燥过的种子装入经过消毒的玻璃、金属、陶瓷、聚乙烯复合薄膜等密封容器中,放在干燥、通风、已消毒的室内。这种方法由于种子与外界空气隔绝,能使种子处于干燥状态,种子的生理活动微弱,因而能长期保持种子的发芽能力。

2. 湿藏

湿藏是把种子贮藏在湿润、低温而通气的环境中。凡是安全含水量高的种子都适于湿藏。例如银杏、栎属、栗属、核桃、樟树、黄杨、紫叶女贞、柿、梨、海棠、火棘、玉兰、鹅掌楸、大叶黄杨等的种子,都适于湿藏。深休眠状态的种子经过湿藏还可以逐渐解除种子休眠,播种后发芽迅速而整齐,既保存了种子,又能起到催芽的作用。

湿藏的基本要求是:保持湿润,防止种子干燥;通气良好,防止发热;适度的低温,控制霉菌并抑制发芽。湿藏的具体方法很多,主要有露天埋藏、室内堆藏、窖藏。

1) 露天埋藏

在室外选择地势高、排水良好、土质疏松而又背风的地方,挖深、宽约1 m的贮藏坑。原则上要求将种子放在土壤冻结层以下,地下水位以上。土坑挖好后,先在坑底铺一层小石子,再铺一层粗沙,然后在坑中央插一束高出坑面20 cm的秸秆或带孔的竹筒,以便通气。把种子与湿沙按1∶3的比例(容积比)混拌均匀放入坑内,或一层沙一层种子分层放置,堆到离地面10~30 cm时为止。用湿沙填满坑,再用土堆成屋脊形或龟背形,在坑的四周挖排水沟,在坑上方搭草棚遮阳挡雨。

2) 室内堆藏

选择干燥、通风、阳光直射不到的屋内、地下室或草棚。在地上铺上湿沙后,将种子与湿沙分层堆积或种沙混合后堆积。种子数量较少时,可把种子与湿沙混合后装于木箱、竹箩、花盆、小缸等容器中,放于背阳的室内。种子堆积完毕后,在上面盖一层沙和草帘等覆盖物。是否设通气设备,根据种子和沙的厚度决定。

3) 窖藏

将种子(不混沙)用筐装好放入地窖内;或先在窖底铺竹席或草毯,再把种子倒在竹席或草毯上,窖口用石板盖严,再用土堆封好,四周挖排水沟。

3. 种子的包装和运输

种子的运输实质上是在一个特定的环境条件下的一种短期贮藏,必须做好包装工作,以防种子过湿、发霉或受机械损伤等,确保种子的活力。

安全含水量低的种子,可直接用布袋、麻袋包装运输。每袋不宜过重或过满,这样既可便于搬运,又可减少挤压损伤。安全含水量高的种子和易失水而影响生活力的种子,用塑料布或油纸包好,再放入木箱或箩筐中起运;或用箩筐填入稻草分层包装。对于极易丧失发芽力的种子,在运输过程中,应保持密封条件,可用瓶、桶、塑料袋装运。

种子在运输过程中要注意防止雨淋、暴晒和受冻害,并在包装内外放置标签,以防种子混杂。运达目的地后应立即进行检查,并根据情况及时进行摊晾、贮藏或播种。

1.2.4 种子品质检验

种子品质检验是指对种子的播种品质进行检验。现根据国家质量技术监督局(现合并为国家市场监督管理总局)1999年11月发布的《林木种子检验规程》介绍种子品质检验的方法。

1. 样品的选取

种子品质检验应从被检验的种子中取出有代表性的样品,通过对样品的检验来评定种子的质量。如果样品没有充分的代表性,无论检验工作如何细致准确,其结果也不能说明整批种子的品质。

1) 样品的基本概念

(1) 种子批(种批)。

种子批是指在一个县的范围内,在相似立地条件下或在同一良种基地内,在大致相同的时间内,从同龄级的树木上采集,而且种子的加工和贮藏方法也相同的同一树种的种子。

种批的重量限额,特大粒种子(核桃、板栗、油桐等)为10 000 kg,大粒种子(苦楝、山杏、油茶等)为5000 kg,中粒种子(红松、华山松、樟树、沙枣等)为3500 kg,小粒种子(油松、落叶松、杉木、刺槐等)为1000 kg,特小粒种子(桉、桑、泡桐、木麻黄等)为250 kg。重量超过规定的5%需另划种批。

(2) 初次样品。

从一个种批的不同部位或不同容器中分别抽样时,每次抽取的种子称为一个初次样品。

(3) 混合样品。

从一个种批中取出的全部初次样品均匀地混合在一起所形成的样品称为混合样品。混合样品的重量一般不能少于送检样品的10倍。

(4) 送检样品。

用四分法或分样器法从混合样品中按送检样品规定重量分取的供检验用的种子,称为送检样品。一个种批抽取一份送检样品,并填写送检申请表。同时,取一份含水量送检样品和一份健康状况送检样品。

(5)测定样品。

从送检样品中分取的供某项品质测定用的种子,称为测定样品。

2)取样的技术要求及方法

(1)取样方法和技术要求。

取样方法有取样器法和徒手法。

按照一批种子的总容器件数,计算应取样品的容器数。按《林木种子检验规程》的规定:5袋以下,每袋都抽取,抽取初次样品的总数不得少于5个;6～30袋,每3袋至少抽取1袋,总数不得少于5袋;31～400袋,每5袋至少抽取1袋,总数不得少于10袋;400袋以上,每7袋至少抽取1袋,总数不得少于80袋。

散装或装在大型容器中的种子,500 kg以下,至少抽取5个初次样品;501～3000 kg,每300 kg抽取1个初次样品,但不少于5个初次样品;3001～20 000 kg,每500 kg抽取1个初次样品,但不少于10个初次样品;20 000 kg以上,每700 kg抽取1个初次样品,但不少于40个初次样品。

根据对混合样品的数量规定,首先应判断从每件容器中抽取多少个初次样品,如同一批种子,分装的容器大小不等,则应从较大的容器中抽取较多的初次样品。例如从装100 kg的容器中抽取的初次样品应为装50 kg容器的2倍。

同一容器中的种子,应从上、中、下等不同的部位抽取样品。散装或装在大型容器中的种子,可在堆顶的中心和四角(距边缘要有一定距离)设5个取样点,每点按上、中、下3层取样。冷藏的种子应在冷藏的环境中取样,并应就地封装样品。否则,冷藏的种子遇到潮湿、温暖的空气,水汽便会凝结在种子上,使种子的含水量上升。

(2)分样方法。

①四分法。在光滑的桌子上铺上大的纸,将种子倒在纸上。用分样板从相对应的两侧将种子拨到中间,再从另外两侧将种子拨到中间,重复3～4次,使种子充分混合。然后将种子整成正方形,大粒种子厚度不超过10 cm,中粒种子厚度不超过5 cm,小粒种子厚度不超过3 cm。用分样板沿对角线将种子分为四等份,将对角2份装入容器中备用,另外2份再按前述方法和要求进行混合和分样,直到剩下的2份种子略多于测定样品所需数量为止。

②分样器法。将送检样品倒入分样器,分成重量大致相等的2份,将其中的1份再次分样,直到剩下的1份种子略多于测定样品所需数量为止。分样时,若2份种子重量之差超过平均重量的5%,应调整分样器。注意,在正式分样前,应将种子在分样器中先混合2～3次,使样品均匀。

3)样品的封装、寄送和保存

(1)送检样品一般可用布袋、木箱等容器进行包装。供含水量测定用的送检样品,要装在防潮容器内加以密封。调制时种翅不易脱落的种子须用硬质容器盛装,以免因种翅脱落而加大夹杂物的比重。

(2)每个送检样品必须分别包装,填写2份标签,注明树种、种子采收登记表编号和送检申请表编号等,1份放在包装内,另1份挂在包装外面。

(3)提取送检样品后,应尽快送往种子检验站,不得延误。

(4)种子检验单位收到送检样品后,要进行登记,并及时检验。一时不能检验的样品,须存放在适宜的场所,避免样品的品质发生变化。检验后,送检样品仍需存放在适宜的场所保存 4 个月,以备复验。

2. 检验方法

1) 净度分析

净度(纯度)是指被检验的某一树种种子中纯净种子的重量占供检样品总重量的百分比。净度是种子播种品质的重要指标之一,是划分种子品质等级的标准和确定播种量的主要根据。

2) 重量测定

种子的重量以 1000 粒纯净种子的重量计,故又称千粒重,一般以 g 为单位。千粒重能说明种子大小和饱满程度。

种子重量的测定方法有全量法和重复计数法。全量法即以净度测定后的所有纯净种子作为样品,用数粒器或人工计数,并换算为 1000 粒种子的重量。全量法一般用于粒数少于 1000 粒的纯净种子样品。

3) 含水量测定

种子含水量是指种子中所含水分的重量占种子重量的百分比。种子含水量是影响种子寿命的重要因素之一。测定种子含水量的目的是为妥善贮藏和调运种子时控制种子适宜含水量提供依据。因此,在收购、贮藏、运输前,必须测定种子含水量。种子含水量的测定方法常用的有烘干法、甲苯蒸馏法和水分速测仪测定法等。

4) 发芽率测定

发芽率是种子播种品质中最重要的指标,可以用来确定播种量和一个种批的等级价值。室内测定种子发芽是指幼苗出现并发育到某个阶段,其基本结构的状况表明它能否在正常的田间条件下进一步长成一株合格的苗木。发芽试验一般适用于休眠期较短的种子。

5) 生活力测定

种子生活力是用染色法测得的种子潜在的发芽能力。当需要迅速判断种子的品质时,对于休眠期长和难于进行发芽试验或是因条件限制不能进行发芽试验的种子,可采用染色法来测定。目前测定用的药剂主要有四唑和靛蓝。

(1) 四唑测定。

四唑染色法应用 2,3,5-三苯基氯化(或溴化)四氮唑无色溶液作为检验试剂,以显示活细胞中所发生的还原过程。在活细胞中,2,3,5-三苯基氯化四氮唑经氢化作用,生成一种红色稳定的不扩散的物质,活细胞被染成红色,死细胞不被染色,这样就能根据种胚和胚乳染色的多少和部位鉴别种子是否有生活力及种子生活力的强弱。

四唑测定试剂的浓度为 0.1%~1% 的溶液。浓度高,反应较快,但药剂消耗量大;浓度低,要求染色的时间较长。一般使用浓度为 0.5% 的溶液。溶液随配随用,不宜久存。

(2) 靛蓝测定。

靛蓝是一种蓝色粉末,它能透过死细胞组织而使其染上颜色,但不能透过活细胞的原生质。因此,死细胞被染成蓝色,活细胞不被染色,这样就能根据种胚和胚乳染色的多少和部位鉴别种子是否有生活力及种子生活力的强弱。靛蓝的使用浓度为 0.05%~0.1%,如发现溶液有沉淀,可适当加量。溶液随配随用,不宜久存。

1.3 播种育苗

播种育苗是指将种子播在苗床上培育苗木的育苗方法。用播种繁殖所得到的苗木称为播种苗或实生苗。播种苗根系发达,对不良生长环境的抗性较强,种子来源广,便于大量繁殖,育苗技术易于掌握,可以在较短时间内培育出大量的苗木或嫁接繁殖用的砧木,因此播种育苗在苗木的繁殖中占有重要的地位。

1.3.1 播种前的种子处理

1. 种子精选

种子经过贮藏,可能发生虫蛀和腐烂现象。为了获得纯度高、品质好的种子,确定合理的播种量,并保证幼苗出土整齐和苗木生长良好,在播种前要对种子进行精选。精选的方法有风选、水选、筛选、粒选等,可根据种子特性和夹杂物特性而定。

2. 种子消毒

为消灭种子表面所带病菌,减少苗木病害,在催芽、播种之前要对种子进行消毒灭菌。

1)福尔马林溶液消毒

在播种前1~2 d,把种子放入0.15%的福尔马林溶液中,浸泡15~30 min,取出后密封2 h,然后将种子摊开阴干,即可播种或催芽。

2)硫酸铜溶液消毒

以0.3%~1.0%的硫酸铜溶液浸种4~6 h,取出后阴干备用。生产实践证明,用硫酸铜溶液对部分树种(如落叶松)种子进行消毒,不仅能起到消毒作用,而且还具有催芽作用,能提高种子的发芽率。

3)高锰酸钾溶液消毒

以0.5%的高锰酸钾溶液浸种2 h,或用3%的高锰酸钾溶液浸种30 min,取出后密封0.5 h,再用清水冲洗数次,阴干后备用。注意,胚根已突破种皮的种子不能采用此法。该方法除具有消毒作用外,对种皮也有一定的刺激作用,可促进种子发芽。

4)敌克松粉剂拌种

用药量为种子重量的0.2%~0.5%,先用10~15倍的细土配成药土,再拌种消毒。此法防治苗木猝倒病效果较好。

5)石灰水浸种

用1.0%~2.0%的石灰水浸种24 h,有较好的消毒灭菌效果。

3. 种子催芽

1)水浸催芽

水浸催芽是最简单的一种催芽方法,适用于被迫休眠的种子,如马尾松、侧柏、杉木等。水浸催芽的作用在于软化种皮,促使种子吸水膨胀,使酶的活性增加,促进贮藏物质的转化,以保证种胚生长发育的需要;同时在浸种、洗种时,还可去除一些抑制性物质,有利于打破种子休眠。水浸催芽的做法是:在播种前把种子浸泡在一定温度的水中,经过一定的时间后捞出。种子与水的体积比一般为1∶3,浸种过程中每天换1~2次水。浸种的水温和时间因树种特性而异。

浸种水温对催芽效果有明显影响，一般为了使种子尽快吸水，常用热水浸种。水温可根据种粒大小、种皮厚薄及化学成分而定。凡种皮坚硬、含有硬粒的种子，可用70 ℃以上的高温水浸种，如刺槐、皂荚、合欢、相思树、核桃等的种子；一般种皮较厚的种子，如枫杨、苦楝、国槐等树种的种子，可用60 ℃左右热水浸种；凡种皮薄，种子本身含水量又较低的种子，如泡桐、悬铃木、杨、柳、桑等树种的种子，可用冷水或30 ℃左右的温水浸种。

浸种时间长短视种子特性而定。种皮较薄，可缩短至数小时，如杨、柳为12 h；种皮坚硬，如核桃，可延长到5～7 d。对于大粒种子，可将种粒切开，通过观察横断面的吸水程度来掌握浸种时间，一般有3/5部分吸收水分即可。

水浸处理后，如有必要，可将种子放入筛子中或放在湿麻袋上，盖上湿布或草帘，放在温暖处继续催芽，每天用温水淘洗种子1～2次，并控制环境温度在25 ℃左右，当种子有30%裂嘴露白时播种。

2）层积催芽

层积催芽是把种子和湿润物混合或分层放置于一定的低温、通气条件下，促进其发芽的方法。此法适用于长期休眠的种子。通过层积催芽，种皮得到软化，透性增强，种内的生长抑制性物质逐渐减少，生长激素逐渐增多，种胚得到进一步的生长发育，因此可以促进种子的发芽。

层积催芽要求一定的环境条件，其中低温、湿润和通气条件最为重要。因树种特性不同，对温度的要求也不同，多数树种为0～5 ℃，极少数树种为6～10 ℃。同时，还要求将湿润物和种子混合起来（或分层放置）。常用的湿润物为湿沙、泥炭等，它们的含水量一般为饱和含水量的60%，即以手握湿沙成团，但不滴水，触之能散为宜。层积催芽还必须有通气设备，种子数量少时可用秸秆束通气，种子数量多时可设置专用的通气孔。

(1)一般层积催芽。

根据种子数量的不同，有不同的做法。在处理大量种子时，可采用露天埋藏法或室内堆藏法。做法是先将种子消毒，用45 ℃温水浸泡一昼夜，然后把种子与湿沙按1∶3的比例（容积比）混拌均匀，放入坑内埋藏或在室内堆藏。

当种子数量不多时，在冬季温度不太低的地方，可选冬季不生火的房子，将种沙混合物堆在室内，盖草帘保湿，待入冬后在上面浇一次透水，使其冻结，以防冷空气侵袭，同时可破坏种皮，增加透性，以利于种子萌发。

当种子数量很少时，也可将种沙混合物放在底部有孔的木箱或花盆内，埋入地下或置于比较稳定的低温处即可。

层积催芽的天数是影响催芽效果的重要因素，时间太长或太短对育苗生产均有不利影响。不同树种，要求层积催芽的天数不同。

层积催芽注意事项如下。第一，要定期检查种沙混合物的温度和湿度，一旦发现问题，要及时设法调节。第二，要控制催芽的程度，种子裂嘴达30%左右即可播种。到春季，要经常观察种子催芽的程度，如果已达到所要求的程度，要立即播种或使种子处于低温条件下，以控制胚根的生长；如果种子发芽不够，在播种前1～3周把种子取出，用较高的温度（18～25 ℃）催芽。第三，催过芽的种子要播撒在湿润的圃地上，以防回芽。

(2)变温层积催芽。

变温层积催芽是指采用高温和低温交替来进行催芽的方法。高温和低温是相对的概念，高温一般控制在20～25 ℃，低温一般控制在0～5 ℃。催芽前应对种子进行消毒和浸种，在变温层积催芽过程中要加强水分管理。有些种子用低温层积催芽所需的时间很长,用变温层积催芽可大大缩短催芽时间。如黄栌种子可在30 ℃温水中浸种24 h,混沙后在20~25 ℃的条件下放置4昼夜,再把种沙混合物移到寒冷地方,直到种沙混合物开始结冰时,再把它移到温暖的屋子里,4 d后再移到寒冷的地方,这样反复5次,只需25 d,即可完成催芽过程。用一般层积催芽法,则需要120 d。

3)药剂催芽

用化学药剂、微量元素、植物激素等浸种,可以加强种子内部的生理过程,解除种子休眠,促进种子提早萌发,使种子发芽整齐,幼苗生长健壮。

常用的化学药剂主要是酸类、盐类和碱类,如浓硫酸、稀盐酸、小苏打、溴化钾、硫酸钠、硫酸铜、钼酸铵、高锰酸钾等,其中以浓硫酸和小苏打最为常用。车梁木、黄连木、乌桕、花椒等的种子的种皮上有油质或蜡质的种子,用1%的苏打水浸种,有较好的催芽效果。漆树、凤凰木等的种皮坚硬的种子,可用浓硫酸处理,以腐蚀种皮,增加透性。

植物激素和微量元素,如赤霉素、2,4-D、吲哚乙酸、吲哚丁酸、萘乙酸、激动素,以及硼、铁、铜、锰、钼等,对种子都有一定的催芽效果,但所需浓度和浸种时间要经过试验,催芽时要慎重。

4)其他催芽方法

用各种物理方法擦伤种皮,以利于种子吸水,可大大促进皮厚坚硬的种子发芽。如北京植物园用搅拌机搅拌油橄种子,以磨伤种皮。目前在国外已有专门的种子擦伤机。

4.防鸟防鼠处理

1)防鸟处理

松柏类种子发芽时顶壳出土,往往受到鸟的危害:鸟啄食种壳,折断幼芽。生产中往往用铅丹将种子染成红色,避免出苗时被鸟啄食。铅丹与种子的比例一般为1∶10。另外,在出苗时,采用遮盖幼苗,或驱赶、恐吓等办法防鸟害。

2)防鼠处理

一般壳斗科树种播种后出苗前往往受老鼠的危害。生产中往往用煤油或磷化锌拌种,以减少鼠害。防鼠害的另一措施是先用灭鼠药灭鼠,然后再播种。

1.3.2 播种

1.播种时期

适时播种是培育壮苗的重要措施之一。它可以提高发芽率,使幼苗出土迅速、整齐,并直接关系到生长期的长短、苗木的出圃年限、苗木的产量及幼苗对恶劣环境的抵抗能力。

播种通常按季节分为春播、夏播、秋播和冬播。

1)冬春播

冬末春初是育苗最主要的播种季节,在我国大多数地区,大多数树种都可以在春季播种。冬春土壤湿润,气温适宜,有利于种子发芽,种子出苗后,也可以避免低温和霜冻危害。

2)夏秋播

在当年夏天,种子成熟后立即采下播种。夏播可以省去种子贮藏工序,提高出苗率,但生长期短,当年苗木小。该法适用于种子夏季成熟而又不易贮藏的树种,如杨、柳、榆、桑、桦木,也适宜培育半年生苗。夏秋播时间应尽可能提前,当种子成熟后,立即采下播种,以延长苗木生长期,提高苗木质量,使其安全越冬。由于夏季气温高,土壤易干燥,幼苗易被强光灼伤,因此必须细致管理。

2.苗木密度与播种量

1)苗木密度

苗木密度是指单位面积或单位长度上苗木的数量,它对苗木产量和质量有决定性的影响。苗木培育的目标是在单位面积上获得最大限度的合格苗产量。单位面积上个体数量增加时,在一定限度内合格苗的数量随着群体的增大而增加。因此,培育苗木要注意控制合理的密度。合理密度是一个相对的概念,也是一个复杂的问题,它因树种、苗木种类、环境条件、育苗技术的不同而异。每一个树种都没有什么绝对合理的密度,合理密度是一个适宜的密度范围。

2)播种量

播种量是指单位面积或单位长度播种行上播种的重量,它是决定合理密度的基础。播种量不仅与苗木生长发育有着极为密切的关系,而且在经济上也有一定的意义。播种量过大,浪费种子,增加间苗工作量;但播种量过小,不仅苗木产量低,而且由于过于稀疏,光照过强,或杂草滋生,增加了抚育费用,提高了育苗成本。

3.播种方法与播种技术

1)播种方法

(1)条播。

条播是按一定的行距在播种地上开沟,把种子均匀播在沟内的播种方法。条播一般要求播幅(播种沟宽度)为10~15 cm,行距为20~25 cm。这种方法适于各种中、小粒种子。条播通风透光条件较好,且便于抚育管理和机械化作业,同时节省了种子,起苗也方便。

(2)撒播。

将种子直接均匀地撒播在苗床上或者垄上,称为撒播,它适用于极小粒种子。其优点是可以充分利用土地,单位面积产苗量较高,并且苗木分布均匀,生长整齐一致。

(3)点播。

点播是指在苗床上或大田上,按一定的株行距挖小穴播种,或按行距开沟后,再按株距将种子播入沟内的播种方法,主要适用于大粒种子。点播具有条播的全部优点,但苗木产量较低。点播的株行距可根据树种特性和苗木培育年限而定。点播时,种子应横放,使种子的缝合线与地面垂直,尖端指向同一方向,使幼芽出土快,株行距分布均匀。若在干旱地区播种,种子也可尖端向下,使其早扎根,以耐干旱。

2)播种技术

(1)开沟。

开沟是条播和点播的第一道工序。育苗工作人员按设计的行距和播幅在苗床上横向或纵向开沟,沟深根据土壤性质和所播种子的大小决定。开沟要求沟底平,开沟宽窄深浅一致,以便做到播种均匀及覆土厚薄均匀。

(2)播种。

人工播种是指徒手将种子播在育苗地上。为了做到均匀播种和计划用种,播种前首先要根据事先计算的播种量,按苗床数量等量分开,把种子的数量具体落实到每一个苗床上。小粒和特小粒种子播种前,应对播种沟或苗床进行适当镇压,再将种子均匀地撒在播种沟内或苗床上。为避免出现先密后稀的现象,可分数次播种。播种杨、柳等的小粒种子时,应用适量细沙子或泥炭土与种子均匀混合后再播种。

(3)覆土。

在播种后要立即覆土,覆土厚度一定要适宜,而且均匀。覆土厚度一般为种子直径的2~3倍。

东北地区有些苗圃采用经过腐熟粉碎的马粪作为覆土材料,效果很好。此外,也可用腐殖质土、锯末、谷皮、黄心土或火烧土覆盖。

(4)覆盖。

覆盖材料应就地取材,可用稻草、麦秆、草帘、松针、松柏、锯屑、谷壳等。要求覆盖物不易腐烂,不带杂草种子和病虫害。近些年,生产上采用地膜覆盖,取得了理想的效果。覆盖厚度取决于所采用的材料和当地气候条件,不宜过薄或过厚。覆盖厚度一般以不见土面为度。如用稻草覆盖,其厚度为2~3 cm,每亩约需稻草200~250 kg;如用谷壳、锯末覆盖,厚度为1~1.5 cm。

(5)淋水。

播种后淋透水,促进种子发芽。淋水要小心,不能将种子溅出来。

1.3.3 播种后的管理

将种子播到地里,仅仅是育苗工作的开始,大量的工作是播种后的管理。俗话说"三分种,七分管",在整个育苗过程中,要根据苗木的生长情况,开展一系列的抚育管理工作。

1. 揭盖

当幼苗大量出土时,应及时揭除覆盖物,以防止幼苗黄化、弯曲,形成高脚苗。揭盖最好在傍晚或阴天进行,以免环境突变对幼芽造成不良影响。覆盖物一般一次性揭除,也可分2~3次进行。培育大粒种子的苗木,可将覆盖物移至行间,以减少土壤水分蒸发,防止杂草滋生,直到幼苗生长发育健壮时,再行撤除。如用谷壳、松针、锯屑等细碎材料作为覆盖物,对幼苗出土和生长影响不大的,可不必去除。

2. 遮阴

苗木在幼苗期时组织幼嫩,对炎热、干旱等不良环境条件的抵抗能力较弱。在炎热的夏季,为避免烈日灼伤幼苗,必要时应采取遮阴措施,降低育苗地的地表温度,使苗木免遭日灼。

1)遮阴的应用

遮阴一般用于以下三种情况:一是喜阴的阴性树种和中偏阴树种,此种情况下遮阴时间较长;二是夏季播种育苗,幼苗阶段需遮阴;三是天气干旱,而苗圃的灌溉条件较差,可通过遮阴防止干旱。

2)遮阴的时间

遮阴时间长短因树种和气候条件而异。喜阴的阴性树种和中偏阴树种,一般从苗木幼苗期开始遮阴,停止期各地差异较大。

有条件的苗圃,可在上午9~10点时开始遮阴,下午5~6点撤除,其他时间和阴雨天气或凉爽天气不遮阴。这样做对苗木生长有利,但会增加劳动强度和育苗成本。

3)遮阴的透光度

透光度的大小与苗木质量有密切的关系。在不影响苗木正常生长发育的情况下,为了保证苗木质量,透光度宜大一些,一般为1/2~2/3。

4)遮阴的方法

一般采用苇帘、竹帘、毛草、遮阳网等作为材料,搭设遮阴棚进行遮阴。遮阴基本上有两类,即侧方遮阴和上方遮阴。侧方遮阴即垂直式侧方遮阴,是将遮阴棚设置在苗床的南侧或西侧,与地面垂直。上方遮阴是在苗床或播种带的上方设遮阴棚,遮阴棚可分为斜顶式、水平式、屋脊式和拱顶式4种。

在苗床上插上一些干后不易落叶的杉枝、松枝及蕨类,也可以起到一定的遮阴作用。还可以套种高秆农作物进行遮阴。条件好的苗圃,若能采用间隙喷雾设施和滴灌设施进行灌溉,则不需遮阴,可全光育苗。行间盖草能有效地降低地表温度,同时还可减少土壤水分蒸发,减少松土除草的次数,但在幼苗期易引发病虫害,要谨慎使用。

3. 间苗、补苗和幼苗移植

1)间苗

间苗又叫疏苗,即将部分苗木除掉,目的是使苗木密度调整到适宜的密度。间苗应贯彻"早间苗,迟定苗"的原则。早间苗可保证苗木一直有充足的营养空间,迟定苗则能确保不会因不良因素的影响而造成苗木数量不足的后果。

间苗的时间主要根据幼苗密度、幼苗生长速度而定,一般是在苗木幼苗期,分1~3次进行。大部分阔叶树种,如刺槐、臭椿、榆树等生长迅速,抵抗力强,在幼苗长到5 cm即可间苗,尽量一次间完。但大部分针叶树种,如落叶松、油松、侧柏、杉木等生长较慢,需间苗2~3次。第一次间苗在幼苗出齐后长到5 cm时进行,以后大约每隔20天间苗一次。定苗在幼苗期的后期或速生期初期进行,定苗量应大于计划产苗量的5%~10%。

间苗的原则是留优去劣、留疏去密。间苗对象为受病虫危害的、机械损伤的、生长不良的、过分密集的苗木。

间苗最好在雨后或灌溉后,土壤比较湿润时进行。拔除苗木时,注意不要损伤保留苗,间苗后要及时灌溉,以淤塞被拔苗留下的孔隙。

2)补苗

补苗是从密度过大的地方取苗种植到过疏的地方。补苗可结合间苗进行,一边间苗,一边补苗。补苗最好在阴雨天或傍晚进行,补苗后及时灌水,必要时可进行遮阴。

3)幼苗移植

幼苗移植通常是将培养到约5 cm高的幼苗全部移植到其他圃地上培养,适用于生长速度快的树种、珍贵树种和特小粒种子的育苗。生产中也有结合间苗,将间出的健壮幼苗移植。

4. 中耕除草

除草与松土是苗木抚育最基本的措施之一,在生产中往往结合进行。

中耕的目的就在于破除板结的表土层,改善通气条件,切断毛细管,减少土壤水分的蒸发,因此中耕又叫"无水的灌溉"。中耕与除草一般结合进行。中耕除草的次数应根据土壤、气候、杂草的蔓生程度来决定,原则上是"除早、除小、除了"。一般一年生苗为6~10次,两年生苗为3~6次。

5. 灌水与排水

在种子发芽和幼苗生长发育的过程中,水分具有非常重要的作用。播种后表土干燥,会使种子萌发和幼芽出土受到影响,经催芽萌动的种子缺水容易回芽。播种小粒种子,在幼苗出齐前,要经常保持床面湿润。苗木生长发育也需要大量的水分。植物枝叶生长、高生长、根系生长是通过细胞分裂完成的,新分裂的细胞需要水分。土壤中的矿质营养需要溶于水中才能被苗木根系吸收,植物的蒸腾作用也需要大量的水分。所以,水分不足,苗木生长缓慢或停止。但水分过多,土壤通气不良,土温降低,引起土壤返碱,同样影响苗木出芽和生长发育。因此,灌溉和排水是调节土壤含水量,促进种子发芽和苗木生长,培育优质苗木的重要措施。

1)灌溉

(1)合理灌溉及灌溉量。

合理灌溉指选定最佳灌溉期和灌溉量,做到以最少的灌水量、较低的成本,达到最优的效果。具体应根据当地气候条件、土壤条件和树种的生物学特性以及苗木各个生长发育期的特点而定。

确定每次灌水量的原则是:保持苗木根系的分布层处于湿润状态,即灌水的深度应达到主要根系分布层。因此,要熟悉和掌握各种苗木在不同时期的根系生长和分布的特点,以便确定灌溉时需要湿润的土层深度。所谓土壤处于湿润状态,是指土壤湿度不低于田间持水量的60%。

(2)灌溉的方法。

①侧方灌溉。侧方灌溉适用于高床和高垄作业。这种灌水方法是由灌水渠道把水引入步道或垄沟里,水从侧方渗入床内或垄中。其优点是水从侧方渗入土壤中,床面或垄面不易板结,土壤通气性能良好,可减少松土次数。但耗水量大,苗床较宽时,灌水不均匀。

②畦灌。畦灌又叫漫灌,一般适用于低床和大田平作育苗。做法是将水直接引入作业区,水从床面或地面渗入土壤中。其优点是比侧方灌溉省水,但床面易板结,土壤通气不良,水渠占地较多,灌溉效率低。另外,灌溉流量过大时,容易冲淤小苗的叶片,影响植物的呼吸作用和光合作用。

③喷灌。喷灌是目前苗圃应用较多的一种灌溉方法。其主要优点是工作效率高,灌溉及时、均匀,省水省工,能改善田间小气候,在春季可提高地温,在夏季可降低地温;其主要缺点是投资相对较高,受风的限制较多,在3~4级风力以上时喷灌不均匀。灌溉时,水点应细小,防止将幼苗冲倒、根系裸露或溅起泥土而污染叶面,影响光合作用。

④滴灌与微灌。滴灌是通过管道系统把水滴到土壤表层,然后渗入深层的灌溉方法。滴灌的优点很多,除具备喷灌的优点之外,比喷灌更加节水,一般比喷灌省水30%~35%,比渠道灌溉省水50%以上。另外,由于滴管材料是黑色聚乙烯塑料,能吸收大量太阳辐射热和地面的热量,因此能提高水温和地温。但滴灌设施较复杂,投资较大,有时滴管容易堵塞,增加维修工作量。

微灌是将滴灌的滴水头换成微喷喷头,使水在管道水压的作用下,以雾状喷向苗床进行灌溉的方法。微喷不但节水,还具有提高空气湿度的作用。

2)排水

建立苗圃时,要设置完整的排灌系统,这是做好苗圃排水工作的关键。在每个作业区,都应有排水沟,沟沟相连,直通总沟,将积水彻底排除。特别是在我国南方降雨量大,要注意排水。

6.追肥

追肥是在苗木生长发育期间,施用一些速效性肥料,以满足苗木对养分的大量需要的措施。施肥的方法有土壤追肥和根外追肥两种。

1) 土壤追肥

土壤追肥的方法有浇施、沟施和撒施三种。浇施是将肥料溶于水后浇入苗床,或随水灌入苗床。沟施是在播种行间开沟,施肥后封沟;撒施是把肥料均匀撒于苗床,降雨或灌溉后随水渗入苗床。追肥后要浇水冲洗粘在苗木上的肥料,或用棍棒拨动苗木,使粘在苗木上的肥料落到苗床上,避免产生"烧苗"现象。

2) 根外追肥

根外追肥又称叶面施肥,是在苗木生长期间,将速效性肥料的溶液喷在苗木的茎叶上的施肥方法。它可避免土壤对肥料的固定和流失,用量少而效率高,肥效快,但使用不当会灼伤幼苗。适宜根外追肥的肥料是速效肥,迟效性肥料没有效果。由于每次施用量少,因此根外追肥只能作为补给营养的辅助措施,不能完全代替土壤施肥。根外追肥要掌握好5项技术要求:①浓度小,否则会造成"烧苗"。通常尿素为0.3%~0.5%,过磷酸钙、硫酸铵和硫酸钾为0.5%~1.0%,磷酸二氢钾为0.3%~0.7%,磷酸锌和硫酸锰为0.1%~0.5%,硫酸铜和钼酸钠为0.05%~0.1%,硼酸为0.01%~0.5%。②喷雾量少,叶片上不能形成水珠,否则干燥后易灼伤苗木。③喷于叶片的正面和背面,增大吸收面积。④间隔约1周,连续使用2~3次。因每次的施肥量很少,只施1次难以取得明显效果。⑤掌握天气变化,保证施肥后至少1天不下雨。

7. 截根

截根是指采取人为的措施截断苗木的主根。截根适用于主根发达,而侧根、须根较少的树种,如核桃、栎类、落叶松、油松等。通过截根可以控制主根生长,抑制主根生长优势,促进侧根和须根生长,从而增加根系吸收面积;同时可抑制苗木地上部分生长,促进苗木木质化。截根还可使主根变短,便于起苗。因此,截根能提高苗木质量和苗木移植成活率。

截根的时间要适宜,一年生苗木可在速生期之前进行,使苗木截根后有较长的生长期,以利于侧根生长,过晚则影响苗木生长;二年生苗木可在第一年的秋季,高生长停止以后,土壤尚未冻结以前进行。截根深度根据截根时苗木主根长度决定。另外,可在播种时采取截断胚根的措施来达到截根的效果。

截根的工具,人工切根可采用截根铲,面积较大时可用弓形起苗刀,但要把抬土板取下。也可用锋利的铲子,在苗根一定距离处,与床面成45°角,斜切入土。截根后,应立即灌水,使松起的土壤及苗根落回原处。

8. 病虫害防治

苗木在生长的过程中,常常会受到各种病虫的危害。对苗木的病虫害,要贯彻"防重于治、综合防治"的方针,对种子、芽条、种根、插穗、砧木等繁殖材料,要进行严格检疫,防止病虫蔓延成灾。从提高育苗技术、加强管理措施入手,不断提高苗木质量,以增强抗病虫害能力。另外,一旦发现病虫害,要及时进行防治。特别要强调的是,在幼苗期和速生期初期,对于病害较多的植物,不论有无病害发生,都要定期(一般10天左右)喷洒杀菌剂或保护剂。

9. 苗木防寒

苗木防寒应从两个方面入手:一是提高苗木的抗寒能力,二是采取保护性防寒措施。

1) 提高苗木的抗寒能力

可通过处理种子,对种子进行抗寒锻炼;适时早播,延长生长期,生长后期多施磷、钾肥,及时停止施氮肥和灌溉,使幼苗在寒冬到来之前充分木质化,增强抗寒能力。对于某些停止生长较晚的树种,如榆、桑、刺槐等树种,在8月份可剪去嫩梢或截根,以促进木质化。

2)采取保护性防寒措施

(1)苗木覆盖。

用草或树叶把幼苗全部盖起来,次春再把覆盖物撤除。

(2)设暖棚。

暖棚的构造和倾斜式遮阴棚的相似,但暖棚是南高北低,北侧紧贴地面,不透风。暖棚在晴天风较小时,可昼除夜覆,如遇寒流,可整天覆盖。目前许多地区使用塑料拱罩、塑料大棚或日光温室,上面盖有草帘等,取得了较好的防寒效果。

(3)设防风障。

在冬、春季风大的北方地区,可设防风障。即用高粱或玉米秆等在主风方向垂直埋立成行,第二年春季起苗前把防风障清除。防风障间的距离一般为防风障高度的10倍,这样可以降低风速,使苗木减轻寒害,又能增加积雪,有利于土壤保墒,预防春旱。但费工费料,育苗成本高。

(4)其他防寒方法。

根据不同的苗木和各地的实际情况,亦可采用熏烟、涂白、窖藏等防寒方法。

以上是针对播种当年苗木的抚育管理。培育一年后的留床苗,抚育管理的措施主要是松土除草、施肥、灌溉、病虫害防治和防寒。由于留床苗已有生长良好的根系,地上部分生长健壮,松土除草、施肥、灌溉的做法虽与播种当年苗木的相似,但抚育的次数大大减少。

1.4 营养繁殖育苗

营养繁殖又称无性繁殖,是在适宜的条件下,将植物体的营养器官(如枝、根、茎、叶、芽等)培育成一个完整的新植株的繁殖方法。用这种方法培育出来的苗木称为营养繁殖苗或无性繁殖苗。营养繁殖可保持母本的优良性状,成苗迅速,开始开花结实的时间比实生苗的早,不但可提高苗木的繁殖系数,而且可解决不结实或结实稀少树木的繁殖问题。营养繁殖还可用于繁殖和制作特殊造型的树木,如月季树、龙爪槐、梅桩等。营养繁殖常用的方法有扦插、嫁接、分株、压条。

1.4.1 扦插育苗

扦插育苗是在一定的条件下,将植物营养器官的一部分(如根、茎、枝、叶等)插入土、沙或其他基质中,培育成一个完整的新植株的育苗方法。经过剪截用于扦插的材料称为插穗,用扦插繁殖所得的苗木称为扦插苗。

1.扦插成活原理

扦插成活的关键在于根的形成。扦插育苗以枝插应用较多,插穗上都带有芽,芽向上长成梢,基部分化产生根,从而形成完整的植物。根据插穗不定根发生部位的不同,生根可以分为三种类型:一是皮部生根,二是愈伤组织生根,三是介于两者之间的综合生根。

2.影响插穗生根的因素

1)影响插穗生根的内因

(1)树种的生物学特性。

不同树种的生物学特性不同,因而它们的枝条生根能力也不一样。根据插条生根的难易程度,可将树木分为四种。

①易生根的树种,如柳树、水杉、池杉、杉木、柳杉、连翘、小叶黄杨、月季、迎春、常春藤、南天竹、无花果、石榴、刺桐等。

②较易生根的树种,如侧柏、扁柏、花柏、罗汉松、槐、茶树、茶花、樱桃、野蔷薇、杜鹃、珍珠梅、夹竹桃、柑橘、女贞、猕猴桃等。

③较难生根的树种,如金钱松、圆柏、龙柏、日本五针松、雪松、米兰、秋海棠、枣树、梧桐、苦楝、臭椿等。

④极难生根的树种,如黑松、马尾松、樟树、板栗、核桃、栎树、鹅掌楸、柿树、南洋杉等。

不同树种生根难易程度只是相对而言的,随着科学研究的不断深入,难生根树种也能取得较高的成活率,并在生产中加以推广应用。如桉树以往扦插很难成活,20世纪80年代末,改用组织培养苗作为采穗母株,并使用生根促进剂处理,许多桉树种扦插已不成问题。另外,同一树种的不同品种的生根能力也不一样,如月季、杨树、茶花等。

(2)母树及插穗的年龄。

采枝条母树的年龄和枝条(插穗)本身的年龄对扦插成活均有显著的影响,对于较难生根和难生根树种而言,这种影响更大。

①母树年龄。年龄较大的母树发育慢,细胞分生能力低,而且随着树龄的增加,枝条内所含的激素和养分发生变化,尤其是抑制物质的含量随着树龄的增长而增加,使得插穗的生根能力随着母树年龄的增长而降低,生长也较弱。因此,在选择插穗时,应采自年幼的母树,最好选用1~2年生实生苗上的枝条。如湖北省潜江市林业科学研究所对水杉扦插试验表明,1年生母树上采集的插穗的生根率为92%,2年生母树上采集的插穗的生根率为66%,3年生母树上采集的插穗的生根率为61%,4年生母树上采集的插穗的生根率为42%,5年生母树上采集的插穗的生根率为34%。母树年龄增大,插穗的生根率降低。

②插穗年龄。插穗的生根能力随其本身年龄的增加而降低,一般以一年生枝的再生能力最强,但具体年龄也因树种而异。例如,杨树1年生枝条的成活率高,2年生枝条的成活率低,即使成活,苗木的生长也较差。水杉和柳杉1年生的枝条较好,基部也可稍带一段2年生枝段,而罗汉松带2~3年生枝段的生根率高。一般而言,慢生树种的插穗以带一部分2~3年生枝段成活率较高。较难生根树种和难生根树种以半年生或年龄更小的枝条扦插成活率较高。

另外,枝条粗细不同,贮存的营养物质的数量不同。粗插穗所含的营养物质多,对生根有利。故硬枝插穗的枝条必须发育充实、粗壮、充分木质化、无病虫害。

(3)枝条的着生部位。

树冠上的枝条的生根率低,而树根和干基部萌发枝的生根率高。因为母树根颈部位的一年生萌蘖条最年幼,再生能力强,又因萌蘖条生长的部位靠近根系,得到了较多的营养物质,具有较高的可塑性,因此扦插后易于成活。干基萌发枝的生根率虽高,但来源少。所以,从采穗圃采集插穗比较理想,如无采穗圃,可用插条苗、留根苗和插根苗的苗干。

另外,母树主干上的枝条的生根力强,侧枝尤其是多次分枝的侧枝的生根力弱。若从树冠上采条,则从树冠下部光照较弱的部位采条较好。在生产实践中,有些树种带一部分2年生枝,即采用踵状扦插法或带马蹄扦插法,常可以提高成活率。

硬枝插穗的枝条必须发育充实、粗壮、充分木质化、无病虫害。粗插穗所含的营养物质多,对生根有利。插穗的适宜粗细因树种而异,多数针叶树种为0.3~1 cm,阔叶树种为0.5~2 cm。

(4)枝条的不同部位。

同一枝条的不同部位,根原基数量和贮存营养物质的数量不同,其插穗生根率、成活率和苗木生长量都有明显的差异。一般来说,常绿树种枝条中上部较好,落叶树种硬枝扦插枝条中下部较好。若落叶树种嫩枝扦插,则中上部枝条较好。由于幼嫩的枝条中上部内源生长素含量最高,而且细胞分生能力强,对生根有利,如毛白杨嫩枝扦插梢部插穗最好。

(5)插穗的叶数和芽数。

插穗上的芽是形成茎、干的基础。芽和叶能供给插穗生根所必需的营养物质和生长激素、维生素等,对生根有利。芽和叶对嫩枝扦插及针叶树种、常绿树种的扦插更为重要。插穗留叶多少要根据具体情况而定,从一片到数百片不等。若有喷雾装置,能随时喷雾保湿,可多留叶片。

2) 影响插穗生根的外因

(1)温度。

插穗生根的适宜温度因树种而异。多数树种生根的最适宜温度为 15~25 ℃,以 20 ℃ 最适宜。处于不同气候带的植物,其扦插的最适宜温度不同。土温和气温温差适当,有利于插穗生根。一般土温高于气温 3~5 ℃ 时,对生根极为有利。在生产上可用马粪或电热线等增加地温,还可利用太阳光的热能进行倒插催根,提高插穗成活率。

温度对嫩枝扦插更为重要。温度在 30 ℃ 以下,有利于枝条内部生根促进物质的利用,因此对生根有利。但温度高于 30 ℃,会导致扦插失败。一般可采取喷雾或遮阴的方法来降低温度。插穗活动的最佳时期,也是腐败菌猖獗的时期,所以在扦插时应特别注意采取防腐措施。

(2)湿度。

在插穗生根过程中,空气的相对湿度、基质湿度以及插穗本身的含水量是扦插成活的关键,尤其是嫩枝扦插,应特别注意保持合适的湿度。

①空气相对湿度。空气相对湿度与扦插成活有密切的关系,尤其对难生根的针、阔叶树种影响更大。插穗所需的空气相对湿度一般为 90% 左右,硬枝扦插可稍低一些,但嫩枝扦插的空气相对湿度一定要控制在 90% 以上,以使枝条蒸腾强度最低。生产上可采用喷水、间隔控制喷雾、盖膜等方法提高空气相对湿度,从而提高插穗生根率。

②基质湿度。插穗容易失去水分平衡,因此要求基质有适宜的水分。基质湿度取决于扦插基质、扦插材料及管理技术水平等。

(3)基质通气条件。

插穗生根时需要氧气,通气情况良好的基质能满足插穗生根对氧气的需要,有利于生根成活。通气性差的基质或基质中水分过多,氧气供给不足,易造成插穗下切口腐烂,不利于生根成活。故扦插基质要求疏松透气。

(4)光照。

光照能促进插穗生根,对于常绿树及嫩枝扦插是不可缺少的。但扦插过程中,强烈的光照又会使插穗干燥或灼伤,降低成活率。在实际生产中,可采取喷水或适当遮阴、盖膜等措施来维持插穗水分平衡。夏季扦插时,最好的方法是应用全光照自动间歇喷雾法,这样既保证了供水,又不影响光照。

3. 扦插育苗技术

在植物扦插繁殖中,根据使用的繁殖材料的不同,扦插可分为枝插、根插、叶插等。在苗木的培育中,最常用的是枝插。根据枝条的成熟度,枝插又可分为硬枝扦插与嫩枝扦插。

1)插穗采集

(1)硬枝扦插。

硬枝扦插是利用已经完全木质化的枝条作为插穗进行扦插,通常分为长穗插和单芽插两种。长穗插是指用带两个以上芽的插穗进行扦插;单芽插是指用仅带一个芽的插穗进行扦插,常用于易生根树种和较易生根树种。

①硬枝插穗的选择。一般应选择优良的幼龄母树上发育充实、已充分木质化的 1~2 年生枝条作为插穗。容易生根树种,采穗母树年龄可大一些。常绿树种随采随插。落叶树种在秋季落叶后尽快采集,采条后如不立即扦插,应将枝条剪成插穗后贮藏,贮藏方法有低温贮藏、窖藏、沙藏等。

②硬枝插穗的剪截。一般长穗插条长 15~20 cm,保证插穗上有 2~3 个发育充实的芽。单芽插穗长 3~5 cm。剪截时上切口距顶芽 1 cm 左右,下切口在节下 1 cm 左右。下切口有几种切法:平切、斜切、双面切、踵状切等。一般平切口生根呈环状均匀分布,便于机械化截条。对于皮部生根及生根较快的树种,应采用平切口。双面切与基质的接触面积更大,在生根较难的植物上应用较多。踵状切即在插穗下端带 2~3 年生枝段,常用于针叶树。

(2)嫩枝扦插。

嫩枝扦插是指在生长季节用半木质化的枝条作为插穗进行扦插。嫩枝扦插多采用全光照自动间歇喷雾或阴棚内塑料小棚扦插等,以保持适当的温度和湿度。扦插基质主要为疏松透气的蛭石、河沙等。嫩枝扦插多用于较难生根树种和难生根树种,也可用于易生根树种和较易生根树种。

①嫩枝插穗的选择。针叶树如松、柏等,扦插以夏末剪取中上部半木质化的枝条较好。实践证明,采用中上部的枝条进行扦插,其生根情况大多数好于下部的枝条。阔叶树一般在高生长最旺盛期剪取幼嫩的枝条进行扦插。对于大叶植物,在叶未展开成大叶时采条为宜。

难生根树种和较难生根树种应从幼年母树或苗木上剪取半木质化的一级侧枝或基部萌芽枝作为插穗。难生根树种可以进行黄化处理或环剥、捆扎等处理。

嫩枝插穗采条后应及时喷水或放入水中,以保持插穗的水分。

②嫩枝插穗的剪截。枝条采回后,在阴凉背风处进行剪截。插穗一般长 10~15 cm,带 2~3 个芽,保留叶片的数量可根据植物种类与扦插方法而定。

2)基质选择

选择通气良好的基质是扦插成活的重要保证。不论使用什么样的基质,只要能满足插穗对基质水分和通气条件的要求,都有利于生根。目前所用的扦插基质有以下三种状态。

(1)固态。

生产上最常用的基质有河沙、蛭石、珍珠岩、石英砂、锅炉灰渣、泥炭土、苔藓、泡沫塑料等。这些基质的通气、排水性能良好,是良好的扦插基质,但反复使用后,颗粒往往破碎,粉末成分增加,故要定时更换新基质。一般的土壤也可作为扦插基质,但土壤的通气性、透水性较差,须掺入上述基质来改善土壤的通气条件。

(2)液态。

把插穗插于水中或营养液中使其生根成活,称为液插。液插常用于易生根的树种。由于以营养液作为基质,插穗易腐烂,因此一般情况下应慎用。

(3)气态。

把空气变成水汽迷雾状态,将插穗置于雾汽中使其生根成活,称为雾插或气插。雾插只要控制好温度和空气相对湿度,就能充分利用空间,插穗生根快,育苗周期缩短。但由于插穗在高温、高湿的条件下生根,因此炼苗就成为雾插成活的重要环节之一。

育苗生产中,应根据树种的要求,选择最适宜的基质。在露地进行扦插时,大面积更换扦插土,实际上是不可能的,故通常选用排水良好的沙质壤土。

3)消毒处理

扦插育苗失败的一个很重要的原因是插穗下切口腐烂,因此必须采取综合措施加以预防。一是选择通气、透水性好的基质;二是做好基质和插穗的消毒工作;三是扦插后加强管理。对基质进行消毒,可在扦插前1~2天,用0.5%的高锰酸钾溶液或2%~3%的硫酸亚铁溶液、稀释800倍的多菌灵溶液等喷淋处理,并用塑料薄膜覆盖。对于下切口易腐烂的树种,对插穗也要进行消毒,方法是将插穗放到相同浓度的上述溶液中浸泡10~20分钟。

4)催根处理

催根处理是提高扦插成活率的有效手段,对于较难生根树种和极难生根树种尤显重要。易生根树种和较易生根树种可不催根,但插穗经催根处理后育苗效果会更好。

(1)生长素及生根促进剂处理。

①生长素处理。常用的生长素有萘乙酸(NAA)、吲哚乙酸(IAA)、吲哚丁酸(IBA)、2,4-D等。使用方法如下。一是先用少量酒精溶解生长素,然后配置成不同浓度的药液,浸泡插穗下端,深约2 cm。低浓度(如50~200 mg/L)溶液浸泡6~24小时,高浓度(如500~1000 mg/L)可进行快速处理(几秒钟到数分钟)。二是将溶解的生长素与滑石粉或木炭粉混合均匀,阴干后制成粉剂,用湿插穗下端蘸粉扦插;或将粉剂加水稀释调为糊剂,用插穗下端蘸糊;或做成泥状,包裹插穗下端。处理时间与溶液的浓度随树种和插条种类的不同而异。一般生根较难树种浓度要高一些,生根较易树种浓度要低一些;硬枝浓度高一些,嫩枝浓度低一些。

②生根促进剂处理。目前使用较为广泛的生根促进剂有中国林业科学研究院林业研究所王涛研制的ABT生根粉系列,华中农业大学林学系研制的广谱性植物生根剂HL-43,昆明市园林所等研制的3A系列促根粉等。它们均能提高多种树木,如银杏、桂花、板栗、红枫、樱花、梅、落叶松等,其生根率可达90%以上,且根系发达,吸收根数量增多。

(2)洗脱处理。

洗脱处理一般有温水洗脱处理、流水洗脱处理、酒精洗脱处理等。洗脱处理不仅能降低枝条内抑制物质的含量,同时还能增加枝条内水分的含量。

①温水洗脱处理:将插穗下端放入30~35 ℃的温水中浸泡几小时或更长时间,具体时间因树种而异。某些针叶树,如松树、落叶松、云杉等浸泡2 h,起脱脂作用,有利于切口愈合与生根。

②流水洗脱处理:将插条放入流动的水中,浸泡数小时,具体时间因树种不同而异。多数在24 h以内,有的可达72 h,甚至有的更长。

③酒精洗脱处理:用酒精处理,可有效降低插穗中的抑制物质,大大提高生根率。一般使用浓度为1%~3%的酒精,或者1%的酒精和1%的乙醚混合液,浸泡时间为6 h左右,如杜鹃类。

(3)营养处理。

用维生素、糖类及其他氮素处理插条,也是促进生根的措施之一。如用5%~10%的蔗糖溶液处理雪松、龙柏、水杉等树种的插穗12~24 h,对促进生根效果很显著。若糖类与植物生长素并用,则效果更佳。在嫩枝扦插时,在叶片上喷洒尿素,也是营养处理的一种。

(4)化学药剂处理。

有些化学药剂能有效地促进插条生根,如醋酸、磷酸、高锰酸钾、硫酸锰、硫酸镁等。如生产中用0.1%的醋酸溶液浸泡卫矛、丁香等插条,能显著地促进生根。又如,用0.05%~0.1%的高锰酸钾溶液浸泡插穗12 h,除能促进生根外,还能抑制细菌发育,起到消毒的作用。

(5)低温贮藏处理。

将硬枝放在0~5 ℃的低温条件下冷藏一定时期(至少40天),使枝条内的抑制物质转化,有利于生根。

(6)增温处理。

春天由于气温高于地温,在露地扦插时,往往先抽芽展叶,导致扦插成活率降低。为此,可采用在插床内铺设电热线或放入生马粪等措施来提高地温,促进生根。

(7)黄化处理。

在生长前用黑色的塑料袋将要作为插穗的枝条罩住,使其在黑暗的条件下生长,形成较幼嫩的组织,待其枝叶长到一定程度,剪下后进行扦插,这样能为生根创造较有利的条件。

(8)机械处理。

在树木生长季节,将枝条基部环剥、刻伤,或用铁丝、麻绳或尼龙绳等捆扎,阻止枝条上部的碳水化合物和生长素向下运输,使枝条内贮存丰富的养分。休眠期再将枝条剪下扦插,能显著地促进生根。另外,刻伤插穗基部的皮层也能促进生根。

5)扦插

硬枝扦插在春、秋两季均可进行,以春季扦插为主。春季扦插宜早,宜在树木萌芽前进行。秋季扦插应在秋梢停长后再进行。落叶树待落叶后进行扦插。嫩枝扦插在生长季节进行,又以夏初最适宜。

插穗扦插根据角度的不同,有直插和斜插两种,一般情况下多采用直插。斜插的扦插角度应不超过45°。插入深度应根据树种和环境而定,根插将根全插入地下。落叶树插穗全插入地下,露出一个芽;常绿树种插入地下深度为插穗长度的1/3~1/2。扦插时,根据扦插基质、插穗状态和催根情况等,分别采用直接插入法、开缝插入法、锥孔插入法或开沟浅插封垄法,将插穗插入基质中。

6)插后管理

抓好插后管理是保证扦插成活的又一关键环节,嫩枝扦插尤其要细致管理。一般扦插后应立即灌一次透水,以后注意经常保持基质和空气的湿度。带叶插穗露地扦插时,要搭阴棚遮阴降温,同时每天喷水,以保持湿度。插条上若带有花芽,应及早摘除。插条成活后萌芽条长到5~10 cm时,选留一个粗壮的枝条,其余剪去。

为提高扦插育苗成活率,有条件的地方可采用全光雾扦插技术。在不遮光的条件下,采用自动间歇喷雾设备,维持较高的空气相对湿度,保持插穗水分充足。条件不具备的地方,可采用塑料棚插床,保持扦插小环境的空气相对湿度。

此外,嫩枝扦插、叶插或生根时间长的树种,扦插后必须注意防止插穗腐烂。一方面扦插基质必须排水良好,防止基质内积水,以免插穗腐烂;另一方面,每半个月喷一次多菌灵800倍稀释溶液,或喷2%~3%的硫酸亚铁溶液、1%的波尔多液溶液,防止病菌滋生。

为了补充插穗所需要的养分,插穗生根前,每半个月在叶面上施肥一次;生根后通过土壤施肥,补充养分。另外,根据插床和苗木生长情况,必要时进行松土除草和病虫防治。

1.4.2 嫁接育苗

嫁接是将一种植物的枝或芽接到另一种植物的茎(枝)或根上,使之愈合生长在一起,形成一个独立植株的繁殖方法。供嫁接用的枝、芽称为接穗或接芽,承受接穗或接芽的植株(根株、根段或枝段)叫砧木。用一段枝条作接穗的嫁接称为枝接,用芽作接穗的嫁接称为芽接。通过嫁接繁殖所得的苗木称为嫁接苗。

嫁接是果树培育中的一种很重要的方法。它除具有营养繁殖的特点外,还可利用砧木对接穗的生理影响,提高嫁接苗的抗性,扩大栽培范围;可改变成年植株的品种和植株的雌雄性;可使一树多种、多头、多花,提高其观赏价值;可利用"芽变",通过嫁接培育新品种。

1. 嫁接成活的原理

树木嫁接能够成活,主要是依靠砧木和接穗接合部位伤口周围的细胞生长、分裂和形成层的再生能力。嫁接后伤口附近的形成层薄壁细胞进行分裂,形成愈伤组织,逐渐填满接口缝隙,使接穗与砧木的新生细胞紧密相接,形成共同的形成层,向外产生韧皮部,向内产生木质部,长在一起。这样,由砧木根系从土壤中吸收水分和无机养分供给接穗,接穗的枝叶制造有机养料输送给砧木,二者接合,形成一个能够独立生长发育的新个体。由此可见,嫁接成活的关键是接穗和砧木二者形成层的紧密接合,其接合面愈大,愈易成活。

2. 影响嫁接成活的因素

1)亲和力

亲和力是指砧木和接穗在结构、生理和遗传特性上彼此相似的程度和互相接合在一起的能力。亲和力高,嫁接成活率也高,反之嫁接成活率低。亲和力的强弱与树木亲缘关系的远近有关。一般规律是亲缘关系越近,亲和力越强。同种和同品种之间嫁接亲和力最强,同属不同树种之间嫁接亲和力次之,不同属和不同科树种之间嫁接亲和力较弱。

2)生活力

愈伤组织的形成与植物种类及砧木和接穗的生活力有关。一般来说,砧木和接穗生长健壮,生活力高,体内营养物质丰富,生长旺盛,形成层细胞分裂活跃,嫁接容易成活。

3)生物学特性

如果砧木萌动比接穗稍早,可及时供应接穗所需的养分和水分,嫁接易成活;如果接穗萌动比砧木早,则可能因得不到砧木供应的水分和养分"饥饿"而死;如果接穗萌动太晚,砧木溢出的液体太多,又可能"淹死"接穗。有些树种,如柿树、核桃富含单宁,切面易形成单宁氧化隔离层,阻碍愈合;松类富含松脂,处理不当也会影响愈合。

此外,如果砧木和接穗的细胞结构、生长发育速度不同,嫁接后会出现"大脚"或"小脚"现象。如在黑松上嫁接五针松,在女贞上嫁接桂花,均会出现"小脚"现象。除影响美观外,生长仍表现正常。因此,在没有更理想的砧木时,在苗木的培育中仍可继续采用上述砧木。

4)外界条件

(1)温度。

温度对愈伤组织形成和嫁接成活有很大的影响。在适宜的温度下,愈伤组织形成快,嫁接易成活。温度过高或过低,都不适宜愈伤组织的形成。一般来说,植物在25 ℃左右嫁接最适宜,但不同物候期的植物,对温度的要求不一样。物候期早的比物候期迟的适宜温度要低一些,如桃、杏在20~25 ℃最适宜,而山茶则在26~30 ℃最适宜。春季进行枝接时,各树种嫁接的次序,主要以此来确定。

(2)湿度。

湿度影响嫁接成活。一方面愈伤组织的形成需要具有一定的湿度条件;另一方面,保持接穗的生活力亦需要一定的空气相对湿度。空气干燥会影响愈伤组织的形成和造成接穗失水而干枯。土壤湿度、地下水的供给也很重要。嫁接时,如土壤干旱,应先灌水,增加土壤湿度。

(3)光照。

光照对愈伤组织的形成和生长有明显的抑制作用。在黑暗的条件下,有利于愈伤组织的形成。嫁接后遮光,有利于成活。嫁接后用土埋,既保湿又遮光。

5)技术熟练程度

在嫁接操作中,要求做到平、快、准、紧、湿。平指接穗和砧木的削面要平直、光滑,一刀削成。如果削面不平,砧木和接穗之间的缝隙大,两者形成的愈伤组织难以接触或不能密切接触,则嫁接难以成活;即使成活,也会生长不良。快指嫁接速度快,避免削面风干或氧化变色,从而提高成活率。准指砧木与接穗的形成层对齐,使形成层形成的愈伤组织能很快密切接触。仙人掌类植物嫁接时,应使接穗与砧木的维管束相接。紧指绑扎紧,使砧木与接穗密切接触,减小缝隙。湿指保持接口和接穗的湿润,以维持接穗生活力和有利于接口形成层产生愈伤组织。

3. 嫁接育苗技术

1)培育砧木

(1)选择砧木。

选择性状优异的砧木是培育优良苗木的重要环节。选择砧木的条件是:①与接穗亲和力强;②对接穗的生长和开花有良好的影响,并且生长健壮、丰产、花艳、寿命长;③适应栽培地区的环境条件;④材料来源丰富,容易繁殖;⑤对病虫害抵抗力强。

(2)培育砧木。

砧木一般用播种繁殖,播种繁殖困难的采用扦插繁殖。砧木选定后,提前 0.5～3 年播种育苗或扦插育苗。培育过程中,除常规的管理措施外,还应通过摘心等措施,促进砧木苗地径增粗。同时及早摘除嫁接部位的分枝,以便于嫁接操作。

2)确定嫁接时间

适宜的嫁接时间对提高嫁接成活率意义重大,应根据嫁接方法、树种特性和气候特点灵活掌握。

枝接春季和秋季均可进行,以春季最好。南方春季嫁接宜早,秋季嫁接宜迟;北方春季嫁接宜迟,秋季嫁接宜早。芽接生长季节均可进行,以初夏最为理想。

单宁含量高的植物应在植物的单宁含量较低的季节嫁接,伤流多的植物应在植物伤流较少的季节嫁接。仙人掌类适宜嫁接的时期是 5—6 月。

嫁接时间确定后,还应做好两项准备。一是准备好嫁接刀(或刀片)、枝剪(或手锯)、绑带、接蜡等嫁接用具用品。接蜡用来涂抹嫁接口,以减少接口失水,防止病菌侵入,促进伤口愈合。现在这种方法已逐渐被塑料薄膜绑带绑扎封口所代替。二是对越冬贮藏过的接穗进行生活力检查、活化和浸水。生活力检查是指抽取部分接穗,削新的伤口,然后插入温暖、湿润的沙土中,10 天内形成愈伤组织,则插穗仍有较强的生活力,否则应予以淘汰。经 0 ℃ 以下低温贮藏的插穗,需在嫁接前 1～2 天放在 0～5 ℃ 的湿润环境中活化,然后水浸 12～24 h。

3) 采集接穗

选品种优良纯正、生长健壮、观赏价值或经济价值高、无病虫害的成年树作为采穗母树。一般选择树冠外围中、上部生长充实、芽体饱满的新梢或一年生粗壮枝条。夏季采穗，应立即去掉叶片（只保留叶柄）和生长不充实的梢部，并及时用湿布包裹，以减少水分蒸发。取回的接穗不能及时使用的，可将枝条下部浸入水中，放在阴凉处，每天换水1~2次，可短期保存4~5天。

落叶树春季嫁接，穗条的采集一般结合冬剪进行。采集的穗条包好后吊在井中或放入窖内沙藏，若能用冰箱或冷库在5℃左右的低温下贮藏则更好。常绿树春季嫁接，在春季树木萌芽前1~2周随采随接，其他时间嫁接随采随接。

4) 嫁接

嫁接育苗要根据植物的特性、砧木的大小、育苗的目的和季节等，选择适当的嫁接方法。嫁接方法按所取材料的不同，可分为枝接、芽接。不同的嫁接方法有与之相适应的嫁接时间和技术要求。

(1) 枝接。

用一段枝条作为接穗称为枝接。枝接一般在树木休眠期进行，特别是在春季砧木树液开始流动，接穗尚未萌芽时最好。板栗、核桃、柿树等单宁多的树种，展叶后嫁接较好。枝接的优点是嫁接后苗木生长快，健壮整齐，当年即可成苗，但所需接穗数量大，可供嫁接时间较短。枝接常用的方法有劈接、切接、腹接和插皮接等。

①劈接。接穗基部削成两个长度相等的楔形削面，两削面长约3 cm，外侧稍厚于内侧。将砧木在嫁接部位剪断或锯断，削平切口后，用劈刀在砧木中心纵劈一刀，深3~4 cm。用劈刀将切口撬开，插入接穗，厚侧在外，薄侧向里，并使接穗的外侧形成层与砧木的形成层对准，接穗削面上端微露，然后用薄膜条将所有的伤口全都包严，以防失水过多，影响成活。较粗的砧木可以同时接入两个接穗，有利于伤口的愈合。劈接如图2-1-1所示。

②切接。接穗长5~8 cm，有2~3个饱满芽，过长的接穗萌芽后生长势较弱。将接穗基部削成一长一短两个削面，长削面长2~3 cm，与顶芽同侧，对面的短削面长1 cm左右。砧木在距地面5~8 cm平滑处剪断，削平截面后，选皮层平整光滑面由截口稍带木质部处垂直向下纵切2~3 cm，长削面向里插入接穗，砧穗形成层对准，用薄膜条等绑缚即可。切接如图2-1-2所示。

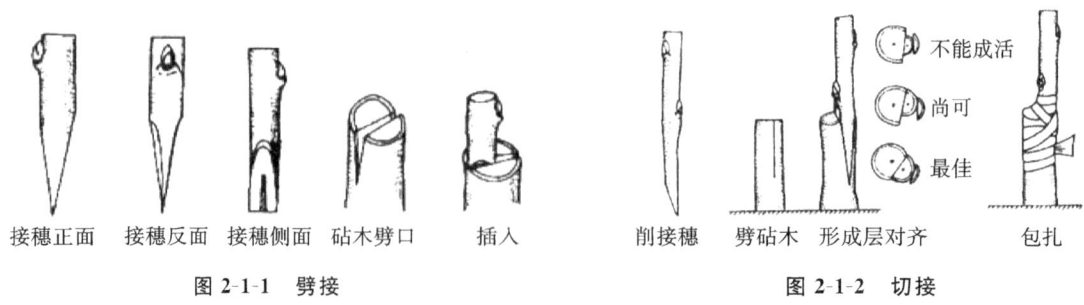

图 2-1-1 劈接　　　　　　　　　图 2-1-2 切接

③腹接。腹接又称腰接，即在砧木腹部枝接。砧木不在嫁接口处剪截，或仅剪去顶梢，待成活后再剪除上部枝条。接穗留2~3个芽，在顶端芽的同侧削长削面，长削面长2~2.5 cm，在顶端芽的对侧削短削面，短削面长1.0~1.5 cm，类似于切接接穗的削面。在砧木嫁接部位选择平滑面，自上向下斜切一刀，切口与砧木约成45°角，深达木质部，约为砧木直径的1/3，将接穗长削面与砧木内切面的形成层对准后插入切口，用薄膜条包扎嫁接口即可。腹接如图2-1-3所示。

④插皮接。插皮接又称皮下接,砧木易离皮时采用。将接穗基部与顶端芽同侧的一面削成长 3 cm 左右的单面舌状削面,在其对面下部削去 0.2~0.3 cm 的皮层,形成一小斜面。将砧木在嫁接部位剪断,削平切口,用与接穗削面近似的竹签自形成层处垂直插下,取出竹签后插入刚削好的接穗,接穗的削面应微露,然后用薄膜条绑缚。插皮接如图 2-1-4 所示。

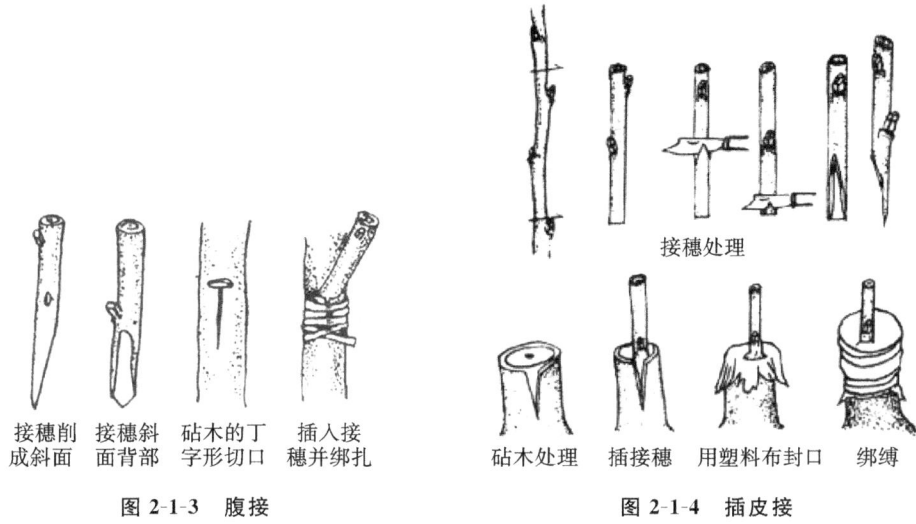

图 2-1-3　腹接　　　　　　图 2-1-4　插皮接

(2)芽接。

芽接是指用生长充实的当年生发育枝上的饱满芽作为接芽,于春、夏、秋皮层容易剥离时嫁接,其中初夏是主要时期。芽接的优点是节省接穗,对砧木粗度要求不高,易掌握,成活率高。根据取芽的形状和接合方式的不同,芽接的具体方法有 T 形芽接、嵌芽接、方块芽接、环状芽接等。

①T 形芽接。T 形芽接又叫盾状芽接和丁字形芽接,在砧木和接穗均离皮时进行。剪取当年生新梢,用手或修枝剪去除叶身,仅留叶柄。接穗上端向上,手持接穗,先在芽上方 0.5 cm 左右处横切一刀,将 1/3 以上接穗皮层完全切断,然后在芽的下方 1~2 cm 处下刀,略倾斜向上推削到横切口,用手捏住芽的两侧,左右轻摇掰下芽片。芽片长度为 1.5~2.5 cm,宽 0.6~0.8 cm,不带木质部。芽体处于芽片正中略靠上。将砧木离地 3~5 cm 处切成 T 形切口,纵切口应短于芽片,宽度应略宽于芽片,用芽接刀柄拨开皮层,插入芽,芽片的上端对齐砧木横切口,切忌留有空隙或与砧木皮层重叠。接芽插入后,用薄膜条从下向上绑紧,越挤越紧,使芽片的上切口与砧木的横切口更好地紧密接触,但要求芽眼和叶柄露出。T 形芽接如图 2-1-5 所示。

②嵌芽接。嵌芽接是带木质部芽接的一种方法,在砧木和接穗不离皮时进行。接穗上端向下,手持接穗,先在接穗的芽上方 0.8~1.0 cm 处向下斜切一刀,长约 1.5 cm,然后在芽下方 0.5~0.8 cm 处斜切成 30°角到第一刀口底部,取下带木质部的芽片。芽片长 1.5~2.0 cm。按照芽片大小,在砧木上由上向下切一切口,切口比芽片稍长,将芽片嵌入切口中,注意芽片上端必须微露出砧木皮层,以利于愈合。尽量使接穗形成层下部和两侧与砧木对齐。若砧木和接穗的粗细不一致,至少一侧要对齐,最后用薄膜条从上向下绑缚,越挤越紧,使芽片的下切口与砧木的下切口更好地紧密接触。嵌芽接如图 2-1-6 所示。

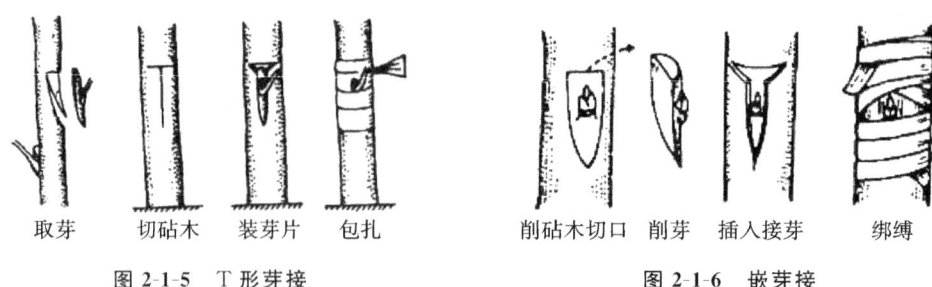

取芽　切砧木　装芽片　包扎　　　削砧木切口　削芽　插入接芽　绑缚

图 2-1-5　T 形芽接　　　　　　图 2-1-6　嵌芽接

5）接后管理

(1) 检查成活。

枝接和根接一般在接后 1 个月进行成活率的检查。成活后接穗上的芽新鲜、饱满，甚至已经萌发生长；未成活则接穗干枯或变黑、腐烂。

芽接一般在半个月后可进行成活率的检查，成活者的叶柄一触即落，芽体与芽片呈新鲜状态；未成活则芽片干枯、变黑。

(2) 解除绑缚物。

在检查时如发现绑缚物太紧，要松绑，以免影响接穗的生长发育。当新芽长至 2～3 cm 时，可全部解除绑缚物。但生长快的树种，枝接最好在新梢长到 20～30 cm 时解绑。过早解绑，接口仍有被风吹干，造成死亡的可能。

(3) 补接。

嫁接未成活应及时进行补接。适宜枝接的枝接，适宜芽接的芽接，视季节、树种特性而定。

(4) 剪砧。

嫁接前没有剪去砧木的，嫁接成活后要及时在接口上方断砧，以促进接穗的生长。一般树种大多采用一次剪砧，即在嫁接成活后将砧木从接口上方 1 cm 处剪去，剪口要平，以利于愈合。

(5) 抹芽、除蘖。

嫁接成活后，砧木常萌发许多萌芽或根蘖，为集中养分供给接穗新梢以使其生长，要及时抹掉砧木上的萌芽和根蘖。如接穗新梢生长较慢，可将部分萌芽枝留几片叶摘心，以促进新梢生长，待新梢长到一定高度再除掉萌芽条。抹芽和除蘖一般要反复进行多次，才能将萌芽、根蘖清除干净。

(6) 立支柱。

嫁接苗长出新梢时，遇到大风，接口易脱落，从而影响成活。故在风大的地方，新梢长到 5～8 cm 时，应紧贴砧木立一支柱，将新梢绑于支柱上。在生产上，此项工作较为费工，通常采用如降低接口、在新梢基部培土、嫁接于砧木的主风方向等其他措施来防止或减轻风折。也可采取二次断砧法，先留一段砧木绑扎新梢，无风害后再在合适的位置断砧。

嫁接成活后，应加强水肥管理，进行松土除草和防治病虫害，促进苗木生长。

1.4.3　分株育苗和压条育苗

1. 分株育苗

有些树木，如刺槐、枣、黄刺玫、珍珠梅、绣线菊、玫瑰、蜡梅、紫荆、紫玉兰、金丝桃等，能在根部周围萌发出许多新株，将这些萌芽、根蘖从母株上分割下来，就能得到一些带有根系的植株。分株育苗是利用树种能够萌生根蘖或灌木丛生的特性，从母株上分割出独立植株的一种繁殖方法。

1）分株时期

分株主要在春、秋两季进行。由于分株育苗多用于花灌木的繁殖，因此要考虑到分株对开花的影响。一般春季开花植物宜在秋季落叶后进行分株，而秋季开花植物应在春季萌芽前进行分株。

2）分株方法

(1)灌丛分株。

将母株一侧或两侧土挖开，露出根系，将带有一定茎干（一般为1～3个）和根系的植株连根挖出，另行栽植。挖掘时注意不要对母株根系造成太大的损伤，以免影响母株的生长发育和萌蘖能力。

(2)掘起分株。

将母株全部带根挖起，用利斧或利刀将植株根部分成有较好根系的几份，每份地上部分有1～3个茎干，这样有利于幼苗的生长。

(3)根蘖分株。

在母株的根蘖旁挖开，露出根系，用利斧或利锄将根蘖株带根挖出，另行栽植。

3）分株苗管理

苗木刚分出来栽植的初期，根系的吸收功能尚不强，苗木容易失水而死亡。这一阶段要加强水分管理，必要时采取遮阴措施，保证移植成活。成活后进行松土除草、施肥，促进苗木迅速生长。

2. 压条育苗

压条育苗是将未脱离母体的枝条压入土内或在枝上包裹湿润物，待生根后把枝条切离母体，成为独立新植株的一种繁殖方法。此法多用于扦插繁殖不容易生根的树种，如玉兰、桂树、樱桃树等。

1）压条时间

压条生根过程中所需水分和养分均由母本提供，因而管理容易，一年四季均可压条育苗。

2）压条方法

(1)低压法。

低压法是将未脱离母体的枝条压入土内繁殖苗木的一种方法。根据压条状态的不同，低压法分为普通压条法、水平压条法、波状压条法及堆土压条法等方法。

①普通压条法：为最常用的方法，适用于枝条离地面比较近而又易于弯曲的树种，如迎春、木兰、大叶黄杨等。在秋季落叶后或早春发芽前，利用发育良好的1～2年生枝进行压条。雨季一般用当年生的枝条进行压条。常绿树种以生长期压条为好。将母株上近地面的1～2年生的枝条弯到地面，在接触地面处，挖一深10 cm左右、宽10 cm左右的沟，靠母树一侧的沟挖成斜坡状，相对壁挖垂直。将枝条顺沟放置，枝梢露出地面，枝条向上弯曲处用木钩固定，待枝条生根成活后从母株上分离即可。对于移植难成活或珍贵的树种，可将枝条压入盆中或筐中，待其生根后再切离母株。

②水平压条法：适用于枝长且易生根的树种，如连翘、紫藤、葡萄等，通常仅在早春进行。即将整个枝条水平压入沟中，使每个芽节处下方产生不定根，上方芽萌发新枝，待成活后分别切离母体栽培。一根枝条可得多株苗木。

③波状压条法：适用于藤蔓类或枝条长而柔软的树种，如紫藤、葡萄等。即将整个枝条波浪状压入沟中，枝条弯曲的波谷压入土中，波峰露出地面。压入地下部分产生不定根，而露出

地面的芽抽生新枝,待成活后分别与母株切离,成为新的植株。

④堆土压条法:也叫直立压条法,适用于丛生性和根蘖性强的树种,如杜鹃、木兰、贴梗海棠、八仙花等。于早春萌芽前,对母株进行平茬截干,促其萌发出较多的新枝。新枝长到30~40 cm高时堆土压埋。一般经雨季后就能生根,翌春将每个枝条从基部剪断,切离母体进行栽植。

(2)高压法。

高压法也叫空中压条法。凡是枝条坚硬不易弯曲或树冠太高,枝条不能弯到地面的树枝,可采用高压繁殖,如桂树、荔枝、山茶、米兰、龙眼等。高压法一般在生长期进行。压条时进行环状剥皮或刻伤等处理,然后用疏松、肥沃土壤或苔藓、蛭石等湿润物包于枝条上,外面再用塑料袋或对开的竹筒等包扎好。以后注意保持袋内湿润物的湿度,适时浇水,待生根成活后即可剪下定植。

3)促进压条生根的技术

对于不易生根或生根时间较长的树种,为了促进压条快速生根,可采用刻伤法、软化法、生长素刺激法、扭枝法、缢缚法、劈开法等阻滞有机营养向下运输,使养分集中于处理部位,刺激不定根形成。还可通过改良土壤促进不定根形成。

4)压条苗管理

压条之后应保持土壤的合理湿度,调节土壤通气和适宜的温度,适时灌水,及时中耕除草。同时要注意检查埋入土中的压条是否露出地面,若露出则需重压。留在地上的枝条如果太长,可适当剪去部分顶梢。

1.5 设施育苗

1.5.1 容器育苗

在装有营养土的容器里培育苗木称为容器育苗。用这种方法培育的苗木称为容器苗。

1.容器育苗的特点

1)容器育苗的优点

(1)繁殖和栽植不受季节限制。

一般容器育苗是在人为控制的水分、养分、温度、光照、气体等环境下进行的,故较少受到外界环境的影响,因此可合理安排用工,一年四季均可进行。另外,容器苗一年四季均可栽培,便于合理安排劳力,有计划地进行分期绿化。

(2)移栽成活率高。

容器苗根系发育良好,移植时根系不会受到损伤,根系吸收功能不受影响,可大大提高栽植成活率。

(3)省种子。

樟子松每公斤种子播种育苗产苗量仅为3万株,用容器育苗产苗量则可达12万株,提高了3倍左右。

(4)节约育苗用地。

容器育苗是在容器中进行的,对苗圃地要求不严,不需要占用肥力较高的土地,只要有一般的空地即可进行繁殖育苗。

(5)缩短育苗年限,并利于机械化育苗。

一般苗床育苗需要 8～12 个月才能移植,但采用容器育苗,只需 3～4 个月或更短的时间即可移植。容器的装土、播种、覆土等过程都可以使用自动化机械进行流水操作,一般 6 个工人在 1 天之中可完成 40 万个营养杯的播种任务,为育苗工厂化开辟了前景。

(6)利于树木生长。

容器苗根系发育好,起苗时不伤根,根系吸收功能不受影响,不仅可大大提高栽植成活率,而且栽植后生长快、发育好。

2)容器育苗的缺点

(1)技术复杂。

容器育苗在培养土的配制、各种规格容器的使用及幼苗施肥和病虫害防治等方面要求较高,育苗技术比较复杂。

(2)成本高。

由于容器育苗需要大量的培养土,加上特制的容器等,因此育苗成本和运输费用等比裸根育苗高。目前,在国外一般高出 0.5～1 倍,而我国则高出 3～5 倍。

2. 容器的种类、形状与规格

1)容器的种类

国内研制、应用的育苗容器种类很多,分为可以和苗木一起植入土中的容器和不能与苗木一同植入土中的容器两类。第一类容器,制作材料能够在土壤中被水和植物根系所分散,并为微生物所分解,如用纸张制造的营养袋、营养杯,用泥土制作的营养钵(杯)、营养砖,用竹编制的营养篮(竹篓)等;第二类容器,制作材料不易被水、植物根系所分散和被微生物所分解,如用无毒塑料薄膜制作的营养袋、用硬塑料制作的塑料营养筒、用多孔聚苯乙烯(泡沫塑料)制作的营养砖等,在栽植时要先将容器去掉,才能进行栽植。

2)容器的形状

容器的形状有六角形、四方形、圆筒形和圆锥形等。另外,容器还有单杯和连杯,有底和无底之区别。其中以无底的六角形和四方形最为理想。因为这两种容器有利于根系舒展。早期采用的圆筒状营养杯,易使根系在容器中盘旋成团,栽植后根系不易伸展。经过改良的圆筒状或圆锥状容器,其内壁表面附有 2～6 个垂直突起的棱状结构,以便使根系向下延伸。

3)容器的规格

目前幼苗培育所用容器一般高 8～25 cm,直径 5～15 cm。容器太小,不利于根系的生长;容器太大,则需培养土较多,会导致分量加重,给苗木的运输带来不便,育苗、栽植费用高。故目前各国仍在探索保证栽植成效所允许的最小容器规格。

3. 容器育苗技术

1)营养土的配制

营养土(基质)要因地制宜,就地取材,最好具备下列条件。

(1)来源广,成本较低,具有一定肥力。

(2)理化性状良好,有较好的保湿、通气、排水性能。

(3)重量轻,便于搬运。

(4)不带病原菌、虫卵和杂草种子。

(5)经过多次灌溉,不易出现板结现象。

容器育苗常用于配制营养土的材料有腐殖质土、泥炭土、山地土、碎稻壳、碎树皮、锯末、蛭石和珍珠岩粉等。其中以腐殖质土为最好,泥炭土、碎稻壳、蛭石和珍珠岩粉也是很好的基质,用于育苗效果好。但在大量育苗的情况下，营养土需要量大，材料来源可能不足，故常与山地土、黄土混合制成营养土。生产中有时甚至用黄土作为配制基质的主要材料，加入适量的化肥或有机肥制成营养土。

配制营养土要注意以下事项。

(1)肥料要适量，避免产生烧苗现象。如果使用的是化学肥料，一般控制在1‰～2‰。

(2)有机肥要充分腐熟后再使用，以减少病菌和避免发热烧苗。

(3)各种成分要混合均匀。如果混合不均匀，也会产生烧苗现象。

(4)营养土充分混合后堆放一段时间再用，以免烧苗。混拌有机肥的营养土要堆沤一个月后再使用。

(5)调节pH值，满足树种的需要。培养土的酸碱度应该根据所培育的树种特性来确定。一般针叶树种要求pH值为4.5～5.5，阔叶树种要求pH值为5.7～6.5。

2)装袋、置床与消毒

(1)装袋。

装袋泛指在容器中填装营养土。装袋时要振实营养土，以防灌水后下沉过多。容器育苗灌水后土面一般要低于容器边口1 cm，防止灌水后水流出容器。

(2)置床。

置床指将装有营养土的容器挨个整齐排列成苗床。一般床宽约1 m，长依地形决定。在容器的下面要有砖块和水泥板做成的下垫面，以防止苗木的根系穿透容器，长入土地中。

在大棚内育苗，将容器排放在容器架上。容器架上下两层应相隔1 m，保证光照条件。

(3)消毒。

置床后应做好消毒工作，严把病虫害关。方法是用多菌灵800倍稀释溶液，或用2%～3%的硫酸亚铁溶液等喷洒，浇透营养土。如果有地下害虫，用50%的辛硫磷颗粒剂制成药饵诱杀地下害虫。

3)移苗、播种及扦插

(1)移苗。

移苗又称上杯。做法是先在苗床上密集播种，小苗长到3～5 cm时将小苗移入容器中培育。小苗培育阶段的播种及管理与播种育苗的相同。移苗是目前容器育苗常用的方式，特别适合于小粒和特小粒种子的容器育苗。

(2)播种。

播种即直接将种子播入容器的育苗方法。育苗所用的种子必须是经过检验和精选的优良种子，播种前应进行消毒和催芽，保证每一个容器中都获得一定数量的幼苗。每个容器的播种粒数根据种子大小和催芽程度决定。大粒种子和经催芽已露白的种子一般播一粒；未经催芽或虽已催芽，但尚未露白的小粒种子一般播2～3粒。目前，这种容器育苗方式正逐渐减少。

(3)扦插。

扦插即将插穗插入容器中的育苗方法。扦插过程和要求与普通的扦插育苗方法相同。在容器中扦插育苗也是目前容器育苗常用的方式。

4)容器育苗的管理

容器育苗的管理措施主要有灌溉、遮阴、盖膜、施肥、病虫害防治等。

(1)灌溉。

灌溉是容器育苗的关键环节之一，其方法一般采用喷灌。在幼苗期水量应充足，促进幼苗生根；速生期的后期要控制灌溉量，促进苗木径的生长，使苗木粗壮，抗逆性强。根据实验证明,由于喷水量和喷水间隔期不同,经过6周后,苗木表现出不同的生根状况。

①喷水过多,营养土经常潮湿,几乎不生侧根。

②喷水不足,仅表面湿润,根生在容器上部,侧根很少。

③采用一般的喷水间隔,生长2～3条侧根。

④喷水、干燥交替进行,即当营养土表面已干燥再进行浇水,则侧根多。

灌溉不宜过急,否则水从容器表面溢出而不能湿透底部。水滴不宜过大,防止营养土流失或溅到叶面上,影响苗木生长。因此,常用滴灌法或喷灌法灌溉。

(2)遮阴。

移苗初期和扦插生根前,若无自动间隙喷雾设施,必须进行遮阴,以减少水分消耗。

(3)盖膜。

盖膜是保持湿度的重要措施。扦插生根前,若无自动间隙喷雾设施,必须采取盖膜与遮阴相结合的措施,保持小环境有较高的空气相对湿度,提高扦插成活率。

(4)施肥。

容器苗施肥一般采用浇施。肥料溶于水后,结合浇水施入。一般7～10天,或10～15天施一次肥。

(5)病虫害防治。

容器育苗的环境湿度较大,应重视病虫害防治。具体方法参见有关专业书籍。

1.5.2 塑料大棚育苗

塑料大棚又称塑料温室,是用塑料作为覆盖材料的温室,为与玻璃温室区别而得名。所用材料可以是塑料薄膜,也可以是塑料板材或是硬质塑料。在塑料大棚内进行育苗称为塑料大棚育苗,又可称为塑料温室育苗。

1. 塑料大棚育苗的特点

1)塑料大棚育苗的优点

(1)能增温增湿,延长苗木的生长期。

塑料大棚内,受外界不良气候的影响小,气温比空旷地区的温度一般能提高2～5 ℃,最高能提高6～8 ℃,提高湿度7%～13%,有利于提早播种、提早发芽,并能延长苗木生长期1个月左右,从而加大苗木的生长量。

(2)便于进行环境条件的控制,利于苗木生长。

在塑料大棚内,便于人为控制温度和湿度,同时可以避免幼苗受风、霜、干旱、大风、污染等的影响,为苗木生长发育提供良好的条件。一般在塑料大棚内生长的苗木,其生长量比同龄露地苗木多1～2倍。

(3)便于运用新技术。

现代化的苗木生产日趋专业化、集中化、标准化,苗木的生产将走向工厂化、车间化。大型塑料温室的发展,形成了生产苗木的大型车间,配合组培育苗、容器育苗、无土栽培以及全光喷雾扦插等技术,可建成大型的现代化苗木生产基地。

2)塑料大棚育苗的缺点

塑料大棚有其他类型的温室不可代替的优点,但其也同样存在不可克服的缺点。

(1)随着塑料大棚运用时间的延长,塑料的老化、硬化、透明度降低等问题也会随之而来。

(2)由于塑料大棚通风换气条件较差,大棚内的病虫害会随之而来。塑料大棚比其他类型的温室容易感染各种病虫害,如白粉病、介壳虫等。

2. 塑料大棚小气候特点

1)光照

(1)可见光透过率低。

大棚顶覆盖有塑料薄膜,当太阳光照射时,一部分被反射,另一部分被吸收,加上覆盖材料老化、尘埃、水滴附着,造成透光率降至50%～80%,在冬季光照不足时,影响植物生长。

(2)光照分布不均匀。

塑料大棚的光照与大棚的设置方向、屋面形状以及屋面的角度等有很大的关系。在大棚北面和东面的光照明显较大棚南面和西面的弱。

(3)寒冷季节光照时数少。

不论何种设施形式(高度自动化的现代大棚除外),冬季都要盖草帘等保温材料,以减少棚内光照时数。

2)温度

(1)棚内温度高于棚外温度。

塑料大棚由于白天的太阳热储藏于土中,晚上地面放热时被塑料覆盖物阻隔,热气不能很快外散,故室内的温度比室外的温度高。若无遮光等控温条件,夏季棚内温度高,除少数耐高温植物可以留在大棚内继续养护外,其他植物必须移至室外荫棚中养护。

(2)晴天昼夜温差大。

塑料大棚内的温度随着外界气温的升降及日照强度发生明显的变化。晴天昼夜温差很大,而在阴天则昼夜温差相对较小。

3)湿度

棚内的湿度状况受棚内土壤中的水分蒸发、植物的蒸腾作用和通风等因素的影响。在一般情况下,棚内空气相对湿度高于外界,尤其是冬、春季节,因多层覆盖和减少通风,棚内一直处于空气相对湿度较高的状态。

4)二氧化碳浓度

大气中的二氧化碳浓度为300 $\mu L/L$,在密闭和通风不良的棚内,由于植物光合作用消耗了二氧化碳,棚内容易出现二氧化碳亏缺,导致植物二氧化碳饥饿,影响光合效率。一天中,由于夜间植物进行呼吸作用释放二氧化碳,棚内早上的二氧化碳浓度较高。日出后,随着光合作用的进行,棚内二氧化碳被大量消耗,浓度迅速下降,甚至出现亏缺现象。

1.6 苗木移植

苗木移植是指将苗木从原来的育苗地挖起来,按照一定的株行距移栽到新的育苗地继续培育的方法,也称换床。经过移植的苗木叫移植苗。苗木移植利于苗木生长,利于培育出根系紧凑、集中的优质苗木,利于培育出规格整齐、树姿优美的苗木,利于节约用地、节省用工,便于管理,提高土地利用率。

1.6.1 移植次数和密度

1. 移植次数

培育大规格苗木要经过多年多次的移植。移植次数取决于树种的生长速度和造林对苗木规格的要求。树种生长速度快或对苗木规格要求低,移植次数就少;反之,若树种生长慢或对苗木规格要求高,则移植次数就多。一般造林的阔叶树种,苗龄满1年后进行移植,培育2~3年后,苗龄达3~4年,即可出圃。若对苗木规格要求更高,则要求进行2~3次移植,移植间隔通常为2~3年。对于生长缓慢的树种,苗龄满2年后进行移植,以后每隔3~5年移植1次,苗龄达8~10年,甚至更长时间方可出圃。采用设施栽培密集扦插的扦插苗,扦插生长成活,根系发育好后即进行第1次移植,移植次数比上述移植多1次。

2. 移植密度

移植密度主要取决于苗木生长速度、气候条件、土壤肥力、苗木年龄、培育年限以及机械作业水平等。总的原则是,在保证苗木有足够营养面积的前提下,尽量合理密植,以提高产苗量,充分利用土地,减少抚育成本。

苗木培育目的不同,移植密度不同。在群体发育的条件下,树木为了争夺阳光和生长空间,苗木向上生长,使树干高而挺拔;如果栽植密度过稀,就会使树木侧枝生长旺盛,导致树冠加大,树干容易弯曲,有的树种在种植密度过稀的情况下甚至容易发生病虫害。因此,若以养干为目的,应密植;以养冠为主要目的,则要求适当稀植。

另外,也可根据移植年限的不同来确定移植密度。生长快的树种移植第1年稍稀,第2年密度适宜,第3年经修枝后,仍能维持1年,第4年出圃;生长慢的树种,第1年稍稀,第2年合适,第3~4年郁闭,第5~6年移植,再培育2~3年出圃。

苗木移植密度通常可根据移植3~4年后苗木冠幅的生长量确定。阔叶树种可考虑3年的生长量,常绿树种可考虑4年的生长量。即根据苗木的生长速度,预测3年或4年后苗木的冠幅,以行距加20 cm、株距加10 cm来确定移植的株行距。

1.6.2 移植时间

1. 春季移植

春季气温回升,土壤解冻,苗木开始打破休眠,恢复生长,故在春季移植最好。移植的具体时间,一般在土壤解冻后到树液流动之前。此时移植,土壤水分条件好,苗木蒸腾作用很弱,体内水分得以保持平衡,从而提高移植的成活率。当苗木地上部分发芽时,根系已开始恢复,可以吸收土壤中的水分,满足地上部分生长的需要,利于移植苗的生长。春季移植应立足一个"早"字,只要没有冻害,便于施工,应尽早开始,其中最好的时期是新芽开始萌动前两周或数周。

移植的具体时间还要考虑树种物候期的早晚。一般讲,发芽早者先移,晚者后移;落叶者先移,常绿者后移;木本先移,宿根草本后移;大苗先移,小苗后移。

2. 夏季移植(雨季移植)

夏季温度高,移植危险性最大,最不保险。但在春旱严重的地方,如华北、西北等地区,应抓住雨水多的有利时机移植,可获得较高的成活率。常绿树种苗木可以在夏初进行移植。因这时土壤水分充足,空气湿度大,易于保持苗木体内水分的平衡,成活率高。

阔叶树种苗木夏季移植时,要起大土球并包装,保护好根系。另外,对树冠要进行修剪,防止水分蒸发过多。移植后要喷水,保持树冠湿润,对于有些苗木,还需要进行遮阴,防止暴晒,使苗木失水。最好在阴天进行移植,不宜在晴天和雨天移植。

3. 秋季移植

秋季也是苗木移植的好季节。因为此时气温下降,地上部分蒸腾量大大减少,无论是落叶树种还是常绿树种,根系仍未停止生长,尚有一定的活动能力,所以移植后根系伤口容易愈合,甚至生出新根,来春生根发芽早,生长健壮,对病虫害和抗旱的抵抗能力也强。秋季移植一般在苗木落叶后到土壤冻结前进行。秋季移植的时间不可过早,若落叶树种尚有叶片,往往叶片内的养分没完全回流,苗木木质化程度较低,不能正常越冬,所以秋季移植稍晚较好。

4. 冬季移植

在比较温暖,冬天土壤不结冻或结冻时间短,天气不太干燥的地区,可冬季移植。冬季移植苗木处于完全休眠之中,环境适宜后可立即开始活动,这一点要比春季移植有利得多。所以凡是能够将春季移植提前到冬季进行的地区和树种,应该尽可能提前。

1.6.3 移植方法

1. 穴植法

穴植法即按一定株行距定点挖坑栽植的方法,适用于大苗移植。在土壤条件允许的情况下,采用挖坑机挖穴可以大大提高工作效率。栽植穴的直径和深度应大于苗木的根系。栽植深度以略深于原土印为宜,一般可略深 2~5 cm。回土时混入适量的底肥,然后填一部分肥土,将苗木放入坑内,再回填部分肥土,之后轻轻向上提一下苗,踩实松土,再填满肥土,浇足水。栽后,较大苗木要设立支架固定,以防苗木被风吹倒。

2. 沟植法

沟植法即先按一定行距开沟,深度应略大于苗根深度,再按株距把苗木放于沟中栽植的方法。栽植时要使苗木根系舒展,严防根系卷曲和窝根。栽植深度一般比原土印深 2~3 cm。栽植后要及时灌透水,过 2~3 天后,再灌一次水,并要及时进行中耕。此法一般适用于移植小苗。

3. 孔植法(缝植法)

孔植法即先按一定的株行距画线定点,然后在点上用打孔器打孔(缝),深度比苗根稍深一点,把苗放入孔中,而后压实土壤的方法。此法简单易行,工效高,但苗根容易变形。孔植法适用于小苗移植。孔植法最好要有专用的打孔机,可提高工作效率。

1.6.4 移植苗的抚育

移植苗能否成活,关键在于苗木体内水分能否保持平衡。适时适量灌水是提高移植成活率的关键。所以,移植后要根据土壤湿度及时灌水。由于苗木是新土定植,灌水后,苗木容易倒伏,等水下渗后要及时扶苗,或采取一定措施固定,并且回土。必要时对苗木进行遮阴,保证移植成活。移植成活后要进行中耕除草、灌溉、施肥、防治病虫害和防寒,做法与留床苗的抚育管理方法相同。另外,移植后应进行整形修剪,培养良好的树形。

1.7 苗木出圃

苗木经过一定时期的培育,达到造林要求的规格时,即可出圃。苗木出圃是育苗作业的最后一道工序,主要包括起苗、分级与统计、假植、包装与运输和检疫与消毒等。为了保证造林苗木的质量,需确定苗木出圃的规格标准。同时,需进行苗木调查,掌握各类苗木的质量和数量,做好苗木的计划供应和出圃前的准备工作。

出圃苗木的质量问题,是关系到造林建设的重要环节。为了使出圃苗木更好地发挥造林效果,出圃苗木必须符合造林用苗的要求,对出圃苗木应制定一定的质量标准。苗木质量直接影响栽植的成活率、养护成本和造林效果,高质量的苗木是造林建设的重要保证。

1. 造林苗木质量

1) 出圃苗木应具备的条件

(1) 苗木根系发达,主要是要求有发达的侧根和须根,根系分布均匀。

(2) 茎根比适当,高粗均匀,达到一定的高度和粗度,色泽正常,木质化程度好。

(3) 无病虫害和机械损伤。

(4) 萌芽力弱的针叶树种要具有发育正常的顶芽。

2) 出圃苗木的规格要求

根据苗木质量标准,将苗木分为三级,Ⅰ、Ⅱ级苗木为合格苗木,可出圃造林;Ⅲ级苗木为不合格苗木,不允许用于造林,予以淘汰或再培育。苗木质量主要用地径和苗高两项指标的尺寸表示。

2. 苗木调查

为了掌握苗木的产量和质量,以便做出苗木的生产计划和出圃计划,一般在苗木停止生长后,按树种或品种、育苗方法、苗木种类、苗木年龄等分别进行苗木产量和质量的调查,为制定生产计划和调拨、供销计划提供依据。

1) 标准地法

标准地法适用于苗木数量大的撒播育苗区。方法是在育苗地上,每隔一段距离均匀地设置若干块面积为 $1\ m^2$ 的小标准地,在小标准地上调查苗木的数量和质量(苗高、地际直径等),并计算出每平方米苗木的平均数量和各等级苗木的数量,再推算全生产区的苗木总产量和各等级苗木的数量。

2) 标准行法

标准行法适用于移植苗区、嫁接苗区、扦插苗区、条播苗区和点播苗区。方法是在苗木生产区中,每隔一定的行数(如 5 的倍数),选出一行或一垄作为标准行,在标准行上进行苗木调查;或全部标准行选定后,再在标准行上选出一定长度的有代表性的地段,在选定的地段量出苗高和地际直径(或冠幅、胸径),并计算调查地段苗行的总长度和每米苗行上的平均苗木数量和各等级苗木的数量,以此推算出全生产区的苗木数量和各等级苗木的数量,标准地或标准行总面积一般占总面积的 2%~4%。

3) 准确调查法

准确调查法又称逐株调查法、计数统计法,适用于数量不多的育苗区。方法是逐株调查苗木数量,逐株或抽样调查苗高、地径(或胸径、冠幅)。

4) 抽样调查法

为了保证苗木调查的精度,苗木数量大的育苗区可采用抽样调查法。要求达到 90% 的可靠性、90% 的产量精度和 95% 的质量精度。这种调查方法工作量小,又能保证调查精度。

3. 苗木出圃

苗木出圃的内容包括起苗、分级与统计、假植、包装与运输及检疫与消毒等。

1) 起苗

起苗又称掘苗。起苗作业质量对苗木的产量、质量和栽植成活率有很大影响,必须重视起苗环节,确保苗木质量。

(1)起苗时间。

起苗时间与栽植季节相结合,要根据当地气候特点、土壤条件、树种特性(发芽早晚、越冬假植难易)等确定。

①春季起苗。

春季是最适宜的植树季节。针叶树种、常绿阔叶树种以及不适于长期假植的根部含水量较多的落叶阔叶树种(如榆树、泡桐、枫树等)的苗木适宜春季起苗,随起苗随栽植。春季起苗宜早,否则芽苞萌动,将降低苗木成活率,同时影响圃地春季生产作业。

②雨季起苗。

春季干旱、风大的西部、西北部地区,有时进行雨季造林,因此,常绿针叶树种苗木可在雨季起苗,随起苗随栽植。

③秋季起苗。

秋季也是植树的好时机。多数树种,尤其是落叶树种可秋季起苗,春季发芽早的树种(如落叶松)更应在秋季起苗。秋季起苗一般在地上部分停止生长开始落叶时进行。起苗的顺序可按栽植需要和树种特性的不同进行合理安排,一般是先起落叶早的(如杨树),后起落叶晚的(如落叶松等)。起苗后可行栽植,也可假植。

④冬季起苗。

在比较温暖,冬天土壤不结冻或结冻时间短,天气不太干燥的地区,冬季也是植树的适宜时期,可随起苗随种植。

(2)起苗方法。

①裸根起苗。

裸根起苗适用于落叶树种大苗、小苗和常绿树种小苗的起苗。大苗裸根起苗要单株挖掘。挖苗前先将树冠拢起,防止碰断侧枝和主梢;然后以树干为中心,按要求的根幅画圆,在圆圈外挖沟,切断侧根。挖到一半深时逐渐向内缩小根幅,挖到要求的深度时缩小至根幅的2/3,使土球呈扁圆柱形。达到深度要求时将苗木向一侧推倒,切断主根,震落泥土,将苗取出,并修剪被劈裂和过长的根系。

②带土球起苗。

带土球起苗适用于容器苗及常绿树木、珍贵树木的大苗和较大的花灌木的非容器苗的起苗。对于容器苗起苗,因苗木根系全部在容器中,将苗木连同容器一起取出,只要运输和栽植过程中不碰碎土球,成活率一般都很高。容器较大或育苗的营养土过于疏松的,起苗后需用绳子进行捆扎。对于常绿树木、珍贵树木的大苗和较大的花灌木的非容器苗的起苗,方法与裸根起苗的相似,使土球呈扁圆柱形。达到要求的深度后用草帘或草绳包裹好,将苗木向一侧推倒,切断主根,将苗木取出。

③冰坨起苗。

东北地区可利用冬季土壤结冻层深的特点进行冰坨起苗。冰坨起苗的做法与带土球起苗的做法大体一致。冰坨起苗在入冬土壤结冻前进行,先按要求挖好土球,挖至应达到的深度时暂不取出苗,待土壤结冻后再截断主根,将苗取出。冰坨起苗,运输路途不远时可不包装。

④机械起苗。

一般由拖拉机牵引床式或垄式起苗犁起苗,生产上应用的4QG-2-46型床(垄)式起苗犁和4QD-65型起大苗犁,不仅起苗效率高,节省劳力,减轻劳动强度,而且起苗质量好,又降低成本,值得大力推广使用。

起苗质量的好坏关系到栽植成活率的高低,在造林中至关重要。起苗时应注意以下 4 个方面。

- 起苗深度适宜。实生小苗深度为 20～30 cm,扦插小苗深度为 25～30 cm。大苗起苗深度(或土球高度)大约为根幅(或土球直径)的 2/3,根幅(或土球直径)按下式计算

$$土球直径(cm)=5×(树木地径-4)+45$$

- 不在阳光强、风大的天气和土壤干燥时起苗。
- 起苗工具要锋利。
- 起苗时避免损伤苗干和针叶树种的顶芽。

2)分级与统计

(1)苗木分级。

苗木分级又称选苗,即按苗木质量标准把苗木分成等级。分级的目的:一是为了保证出圃苗木符合规格要求;二是为了苗木栽植后生长整齐美观,更好地满足设计和施工的要求。

苗木种类繁多,规格要求复杂,目前各地尚无统一和标准化,一般来说,根据苗龄、高度、根颈直径(或胸径、冠幅)来进行分级。造林绿化苗木根据分级标准分为合格苗、不合格苗和废苗三类。

合格苗是达到规格要求的苗木,具体又可分为Ⅰ级苗、Ⅱ级苗。不合格苗(Ⅲ级苗)是达不到规格要求,但仍有培养价值的苗木。废苗是既达不到规格要求,又无培养价值的苗木,如断顶针叶苗、病虫害和机械损伤严重的苗等。

(2)苗木统计。

苗木统计一般结合苗木分级进行。统计时为了提高工作效率,小苗每 50 株或 100 株捆成捆后统计捆数;或者采用称重的方法,由苗木的重量折算出其总株数。大苗逐株清点数量。

3)包装与运输

(1)苗木的包装。

①裸根苗的包装。

造林绿化所用苗多采用浆根的方法包装,绿化用大苗按下述要求包装。

长距离运输(如达一天以上),要求细致包装,以防苗根干燥。生产上常用的包装材料有草包、草片、蒲包、麻袋、塑料袋等。根据包装技术的不同,包装可分为包装机包装和手工包装。先将湿润物(如苔藓、湿稻草和麦秸秆等)放在包装材料上,然后将苗木根对根地放在上面,并在根系间加些湿润物,如此放苗到适宜的重量(20～30 kg)后,将苗木卷成捆,用绳子捆紧。在每捆苗上挂上标签,标明树种、苗龄、数量、等级和苗圃名称。

短距离运输,可在筐底或车上放一层湿润物,将苗木根对根地分层放在湿润物上,分层交替堆放,最后在苗木上再放一层湿润物即可。用包装机包装时也要加湿润物,以保护苗根不致干燥。

在南方,常用浆根代替小苗的包装。做法是在苗圃挖一小坑,铲出表土,将心土(黄泥土)挖碎,灌水拌成泥浆,泥浆中可放入适量的化肥或生根促进剂等。事先将苗木捆成捆,将根部放入泥坑中粘上泥浆即可。裸根大苗最好先浆根,然后再包扎成捆。

②带土球苗木的包装。

带土球的大苗应单株包装。一般可用蒲包和草绳包装,大树最好采用板箱式包装。小土球和近距离运输可用简易的四瓣包扎法,即将土球放入蒲包或草片上,拎起四角包好。大土球和较远距离运输,可采用橘子式、井字式、五角式等方法包扎。

(2)苗木的运输。

苗木的运输是影响植树成活率的重要环节,运苗过程中常易引起苗木根系吹干和枝干、根皮磨损,因此应注意保护苗木,尤其长途运苗时更应注意保护苗木。实践证明,"随掘随运随栽"对植树成活率最有保障。

苗木的运输分为苗木装车、途中管理和苗木卸车三个环节。

①苗木装车。

苗木装车前须仔细核对苗木的品种、规格、质量等,凡不符合要求的,应由苗木基地方予以更换。

装运裸根苗:要尽量将车开到靠近起苗的地方,先在车厢内垫上一层稻草、苔藓、蒲包等轻质材料,在其上洒一点水;装运乔木时应树根朝前,梢向后,顺序排放;车后厢应铺垫草袋、蒲包等物,以防碰伤树皮;树梢不得拖地,必要时要用绳子围绕吊起来,捆绳子的地方须垫上蒲包;装车不要超高(总高度不超过4 m),压得不要太紧;装完后用苫布将树根盖严捆好,以防树根失水。

装运带土球苗:1.5 m以下苗木可以立装,高大的苗木必须放倒,土球向前,树梢向后,并用木架将树头架稳;土球直径大于60 cm的苗木只装一层,小土球可以码放2~3层,土球之间必须排码紧密,以防摇摆;土球上不准站人和放置重物;车后厢应铺垫草袋、蒲包等物,以防碰伤树皮。

②途中管理。

运输途中,押运人员要和司机配合好,经常检查苫布是否漏风。短途运苗中途不要休息;长途行车必要时应洒水浸湿树根,休息时应选择阴凉之处停车,防止苗木风吹日晒。

③苗木卸车。

苗木运达目的地后应及时卸车。卸车时,先将车厢挡板打开,可两人配合,一人站在车缘边,一人站在车下,由上至下、由外向内一棵接一棵顺序进行,要轻拿轻放。土球直径在40 cm以下的苗木可直接搬运,但一定要搬土坨,且轻轻放下,不得提拉树干;土球直径在40 cm以上的苗木,可打开厢板,放上木板,从板上滑下,车上人拉住树干,车下人托住土球,使苗木慢慢滑下,绝不可滚动土球;如土球直径超过80 cm,最好用起重机卸车,若人工卸车,应先用绳索将土球网住,然后多人配合将土球滑下车厢。

【复习思考题】

1. 苗圃地的选择要考虑哪些条件?
2. 如何进行苗圃地区划?
3. 种子的调制有哪些主要内容?
4. 种子的贮藏方法有哪些?
5. 种子品质检验有哪些主要检验方法?
6. 如何进行种子层积催芽?
7. 播种技术有哪些?
8. 影响插穗生根的因素有哪些?
9. 简述主要嫁接方法。
10. 容器苗如何进行管理?
11. 简述苗木移植方法。
12. 苗木出圃的内容包括哪些?

项目 2　森林营造技术

2.1　认识人工林

2.1.1　人工林概述

第八次全国森林资源清查(2009—2013年)结果显示:全国森林面积2.08亿公顷,森林覆盖率21.63%,森林蓄积量151.37亿立方米;人工林保存面积0.69亿公顷,人工林蓄积量24.84亿立方米,人工林面积继续保持世界首位。与第七次全国森林资源清查结果相比,我国的森林资源有了较大的增长,但我国仍是森林资源严重不足的国家,尤其是人均占有森林资源量很低,森林覆盖率远低于全球31%的平均水平,人均森林面积仅为世界人均占有量的1/4,人均森林蓄积量只有世界人均占有量的1/7。从总体上看,我国的森林资源和生态环境与快速发展的国民经济及生态文明建设的需求存在尖锐的矛盾,森林资源的增长依然不能满足社会对林业多样化需求的不断增加,生态问题依然是制约我国可持续发展最突出的问题之一,生态产品依然是当今社会最短缺的产品之一,生态差距依然是我国与发达国家之间的最主要差距之一。

1. 人工林种类

人工林是通过人工造林或人工更新形成的森林。造林是在无林地、无立木林地、疏林地、灌木林地和有林地通过人工措施形成、恢复和改善森林的过程,是在造林地上进行的播种造林、植苗造林和分殖造林的总称,包括人工造林和人工更新。

人工造林是在宜林的荒山、荒地及其他无林地通过人工植树或播种营造森林的过程。人工更新是在各种森林迹地(采伐迹地、火烧迹地)或林冠、林中空地通过人工植树或播种恢复森林的过程。

根据造林目的和人工林所发挥的效益,可把森林划分为不同的种类(简称林种)。林种不同,其造林措施也各有特点。《中华人民共和国森林法》将我国森林划分为五大类,即用材林、经济林、防护林、薪炭林和特种用途林。在分类经营中,常把防护林和特种用途林归为生态公益林,用材林、经济林和薪炭林合称为商品林。

(1)用材林:以生产木材为主要目的的森林。随着国家经济及科学技术的发展以及人民生活水平的提高,木材的用途越来越广,对木材的需求量也越来越大。当前我国的森林资源严重不足,木材的供需矛盾相当突出。由于经济实力和国际市场限制等方面的原因,大量营造用材林是解决这个矛盾的主要途径。用材林的营造和培育是林业工作者最基本的任务。

(2)经济林:以生产除木材以外的其他林产品为主要目的的森林。从经济林产品的形式上看,经济林产品基本上可划分为果品类(包括种子)和特用经济林产品(包括芽叶、皮类、汁液类产品)两大类。以生产果实或种子为经营目的的经济林,其产量与个体和群体结构、肥水条件和栽培措施关系密切,具有园艺化生产的特征;以生产特用经济林产品为栽培目的的经济林,其产量与群体密度、立地条件和栽培技术措施关系密切,具有林业生产的特征,但要求更高。由此可以看出,经济林经营既具有园艺生产的特征,又具有森林经营的特点,其栽培技术要求更为全面。经济林以其周期短、效益高、适宜家户经营的优势,在农村产业结构调整、改善和提高人民群众的生活水平、为工农业生产提供多种原料、增加出口创汇、改善生态条件等方面发挥着越来越重要的作用。

(3)防护林:以发挥森林的防风固沙、涵养水源、保持水土等防护效益为主要目的的森林。防护林根据其主要防护对象的不同,可分为农田防护林、牧场防护林、海岸防护林、防风固沙林、水源涵养林、水土保持林等次级林种。防护林的营造不仅对农林业生产,而且对交通运输、水利设施和国防建设等方面均具有重要意义。

(4)薪炭林:以生产木质燃料为主要目的的森林。世界各国,特别是发展中国家,对木质燃料的消耗量很大,约占世界森林资源消耗量的一半。木质燃料是许多贫困的农村群众赖以生存的廉价燃料,尤其对我国中西部交通不便、经济落后地区的农民来说,薪材仍然是不可替代的生活能源。薪炭林是可再生生物能源资源,是世界公认的洁净能源,有利于环境保护和社会可持续发展。加快发展薪炭林,符合世界发展趋势,符合我国能源建设原则和目标,已被列入《中国21世纪议程林业行动计划》。

(5)特种用途林:以国防、环境保护、科学研究和生产繁殖材料等为主要目的的森林,包括国防林、实验林、母树林、风景林、环境保护林、名胜古迹和革命纪念地的森林和林木。从森林培育的角度看,要根据具体的用途确定其培育特点和采取相应的技术。随着工业发展带来的大气污染问题渐趋严重及不断增长的城市人口对于去郊外林区旅游休息的需求迅速提高,营造环境保护林及风景林已成为森林培育学的重要内容。

林种划分是相对的,每一个林种的功能都不是单一的,都兼有其他方面的效益。

此外,根据社会对森林生态和经济的两大需求,按照森林多种功能主导利用原则,相应地将森林、林木、林地区划为生态公益林和商品林两个不同的森林类别,分别按各自特点与规律运营管理体制和经营模式。

生态公益林以维护和创造优良生态环境、保持生态平衡、保护生物多样性等满足人类社会的生态需求和可持续发展为主体功能,主要是提供公益性、社会性产品或服务的森林、林木、林地。商品林是以生产木(竹)材和提供其他林产品,获得最大经济产出等满足人类社会的经济需求为主体功能的森林、林木、林地,主要是提供能进入市场流通的经济产品。

实施林业分类经营,可以从根本上转变林业经济体制和经济增长方式,实现市场经济条件下的森林资源合理配置,较好地解决林业作为物质生产部门和公益部门双重功能的矛盾,满足社会森林不同功能的多样性需求。

2.人工林特点

根据森林起源的不同,将森林分为人工林和天然林。天然林包括原始林和次生林,它们是自然环境中的植被自行演替形成的森林群落。人工林是在人们有意识地干预下形成和发育的森林群落,更能体现人类对森林的需求。人们可以通过适地适树、选育良种、培育壮苗、密度管理、抚育管理、病虫害防治等集约经营措施,促使人工林达到速生、丰产、优质的目的。

天然林的成材年限都比较长,北方 100～120 年,南方 40～50 年。培育人工林可以大大缩短成材年限。据调查,我国东北地区的红松、落叶松人工林的成材年限比同等条件林地的天然林缩短 2～3 个龄级。南方各省的杉木、马尾松、湿地松人工林 20～30 年可成材利用,桉树、杨树人工林 6～10 年即可采伐利用。

一般较好的天然林达到成熟年龄时,单位面积蓄积量为 200～300 $m^3 \cdot hm^{-2}$,而较好的人工林单位面积蓄积量可达 300～400 $m^3 \cdot hm^{-2}$,福建省南平市溪后材的杉木丰产林甚至达 1000 $m^3 \cdot hm^{-2}$ 以上。

在人工林的培育过程中,人们通过选择树种使人工林的树干通直;通过控制林分结构使林木个体生长均匀,木材规格大小较一致;通过修枝、抹芽和适当密植等措施减少节疤。凡此种种,使得人工林在速生、丰产的同时,能提供优质的木材。

与天然林相比,集约经营的人工林具有生长快、产量高、质量好的特点,更能体现人类对森林的需求。因此,为了更好地发挥森林的经济效益、生态效益和社会效益,更好地满足人类社会对森林不同功能的多样性需求,应大力提倡营造人工林。

3. 人工林结构

人工林结构是指组成林分的林木群体各组成成分的空间和时间分布格局,即组成林分的树种、比例、密度、配置、林层、根系等在时间和空间上的一定的水平分布和垂直分布状况。人工林并不是许多林木的简单组合,而是具有一定结构的林分群体。人工林的群体结构可以事先人为设计和在培育过程中进行调控。合理的群体结构是提高人工林生产率的重要手段,是人工林速生、丰产、优质的重要条件。

人工林结构包括水平结构和垂直结构两类。林分密度和种植点配置决定林分水平结构,树种组成和年龄决定林分垂直结构。树种组成是指构成林分的树种成分及其所占的比例。根据树种组成的不同,可将人工林分为纯林和混交林。由一种树种组成,或虽由多种树种组成,但主要树种的株数或断面积或蓄积量占总株数或总断面积或总蓄积量的 80%(不含)以上的森林称为纯林。由两种或两种以上树种组成,其中主要树种的株数或断面积或蓄积量占总株数或总断面积或总蓄积量 80%(含)以下的森林称为混交林。

用材林理想的结构应是林木分布均匀、密度适中、复层林冠、种间协调的群体结构。这样既能保证林分中的每个个体充分地生长发育,又能最大限度地利用造林地的营养空间,获取更多的物质和能量,发挥林分最大的生产潜力,达到速生、丰产、优质的目的。

4. 适地适树

适地适树是指将树木栽在最适宜它生长的地方,使造林树种的生态学特性与造林地的立地条件相适应,以充分发挥造林地的生产潜力,达到该立地在当前的技术经济和管理的条件下可能达到的高产水平或高效益。适地适树是造林工作的一项基本原则。造林实践中要在适地适树的基础上,选择最适宜当地的优良种源。

1)适地适树的标准和途径

(1)适地适树的标准。

适地适树的标准主要根据造林的目的和要求来确定。对于用材林来说,应达到成活、成林、成材,并对自然灾害有一定的抗御能力,林分有一定的稳定性的要求。从成材这一要求出发,还应当有一个数量标准,即在一定的年限内达到一定的产量指标。

衡量适地适树的数量标准主要有两个:一个是平均材积生长量,另一个是某树种在各种立地条件下的立地指数。

①平均材积生长量。以一个树种在一定的立地条件和密度范围内,采用一定的经营技术,在达到成熟收获时的平均材积生长量作为衡量标准,达到一定的标准即为适地适树,否则,就没有达到适地适树。

②立地指数。立地指数能够较好地反映立地性能与树种生长之间的关系。通过调查了解树种在各种立地条件下的立地指数,尤其是把不同树种在同一立地条件下的立地指数进行比较,就可以较客观地评价树种选择是否做到适地适树。

(2)适地适树的途径。

适地适树的途径可以归纳为如下三条。

①选树适地或选地适树。根据某一个造林地的立地条件选择合适的造林树种,如在干旱地选择耐旱树种;或者是确定了某一个造林树种后选择合适的造林地,如给喜水肥的树种选水肥条件好的造林地。

②改树适地。在地、树之间某些方面不太适应的情况下,通过选种、引种驯化、育种等方法改变树种的某些特性,使它们能够适应当地环境条件。如通过育种措施增强树种的耐寒性、耐旱性或抗盐性,以适应寒冷、干旱或盐渍化的造林地。

③改地适树。在造林地上,通过整地、施肥、灌溉、混交、间种等措施改变造林地的环境状况,使其适应原来不太合适的树种生长的需要。如通过排灌洗盐,使一些不太抗盐的速生杨树品种能在盐碱地上顺利生长。

以上三条途径中,第一条途径是基础,第二、三条途径是补充,只有在第一条途径的基础上辅以第二或第三条途径,才能取得良好的效果。因为改变树种的特性不是一朝一夕之事,而且难度较大;而人们改变造林地环境条件的程度是非常有限的,即使能有很大的改变,也要考虑投入与产出的关系,讲究投资效益。

2)适地适树的方法与步骤

(1)了解造林地特性。

适地适树是造林的基本原则,要做到适地适树必须了解造林地的特性。确定合理的造林密度、选用有效的整地方法、拟订正确的抚育采伐等一系列营林措施都必须以充分了解造林地的特性为基础。生产中通过立地分类,将造林地划分成若干种反映当地实际环境条件的立地,归纳立地类型,描述各立地类型的地形特点、土壤特点、植被特点,来掌握造林地的特性。

(2)了解造林树种特性。

树种特性包括生物学特性和生态学特性。根据造林目的选择树种时考虑的是生物学特性,适地适树考虑的是树种的生态学特性。

自然界中树种千千万万,不同树种的生态学特性是不一样的,适应范围也不相同,有的树种适应范围广,而另一些树种的适应范围较窄。落叶松、樟子松、桉树、马尾松、刺槐、杨树、泡桐、檫树喜光,而云杉、冷杉、棕榈、青冈栎耐阴;桉树、杉木、马尾松、樟树、油茶、毛竹喜温暖,而樟子松、油松、文冠果耐寒冷;杉木、檫树、泡桐、毛竹喜肥,而马尾松、刺槐、臭椿能耐瘠薄;多数树种在微酸性及中性土壤中生长较好,而桉树、油茶、马尾松、茶树喜酸性土,柏树、光桐喜钙质土;多数树种不耐盐碱,而柽柳、柳树、胡杨、刺槐、乌桕、紫穗槐等树种较耐盐碱。每个树种都有一定的生态要求和适应范围,只有在其适宜的生态环境中才能生长良好。因此,选择树种不仅要了解其生物学特性,还必须了解其生态学特性。了解树种生态学特性的方法有以下两种:

◆ 文献法:通过查阅现有的文献资料,摸清造林树种对上述生态因子的要求。

● 调查分析法:在无文献资料可查的情况下,通过对树种分布区内不同地点生态因子和树木生长情况的调查和分析,摸清造林树种的生态要求。

(3)分析地树关系,确定适生树种。

在深刻认识树和地特性的基础上,分析地与树之间的关系是否协调,即分析树种的生态特性与造林地的立地条件是否相一致。

①分析树种对气候因子的要求。气候是限制树种分布的重要因素,一般各树种自然分布的中心是该树种生长最适宜的地区,在生长量、繁殖力、干形、抗性、寿命等方面都比较良好。相反,在愈接近其分布区边缘则生长愈差。在气候条件中,影响林木生长的最重要因子是气温(平均温度、最高及最低温度、有效积温等)和雨量(年降水量及其分布规律等)。此外,日照、空气相对湿度、风等因子也有一定的影响。选择树种时应逐个分析树种对上述气候因子的要求与造林地的相应气候因子是否相符合。

②分析树种对土壤因子的要求。在同一气候带内,土壤与树木生长的关系极为密切,树种不同,对土壤条件的要求也不同。在土壤条件中,影响树种选择的主要因素是土壤的养分、水分、酸碱度及盐渍化程度等。选择树种时应逐个分析树种对上述土壤因子的要求与造林地的相应土壤因子是否相符合。

③分析树种对地形因子的要求。海拔、坡向、坡度、坡位和小地形不同,温度、风、雨水、湿度、日照时间、土壤水分和养分等也不同。选择树种时应逐个分析树种对上述地形因子的要求与造林地的相应地形因子是否相符合。

在分析树种对土壤因子和地形因子的要求时,不应与一块块的造林地块相比较,应与一个个立地类型相比较。这样,划分立地类型才有实际意义,才能提高工作效率。

(4)确定适地适树方案。

通过地树关系分析,在一个经营单位内,同一种立地条件可能有几个适宜树种,同一个树种也可能适用于几种立地条件。不同树种的适应性大小和经济价值、生态价值也有较大差异,应将造林目的与适地适树的要求结合起来综合考虑,确定适地适树的方案,即确定哪些是主要造林树种,哪些是次要造林树种,并确定发展的比例。

主要造林树种应是最适生、最高产、经济价值最大的树种;而次要造林树种则是那些经济价值很高但要求条件过于苛刻,或适应性很强但经济价值稍低的树种,或其他能适应特殊立地条件的树种。

每个经营单位根据经营方针、林种比例及立地条件特点,选定主要造林树种。但是必须注意,在一个经营单位内,树种不能太单调,要把速生树种和珍贵树种、针叶树种和阔叶树种、对立地条件要求严格的树种和广域性树种适当地搭配起来,确定各树种适宜的发展比例,这样既能发挥多种立地条件的综合生产潜力,又能满足经济社会发展多方面的要求,并发挥良好的生态效益。

2.1.2 提高人工林生产力的措施

目前,我国人工林的生产力水平偏低,与国外高产人工林生产力水平有一定的差距,提高我国人工林生产力水平是一项长期的艰巨任务。在人工林培育中,应当采取科学、合理的集约经营措施,充分挖掘人工林的生产潜力。

根据人工林生长发育的客观规律,在总结森林营造正反两方面经验和教训的基础上,我国提出了适地适树、细致整地、良种壮苗、合理结构、科学种植、抚育保护六项造林基本技术措施。

2.2 造林作业设计

2.2.1 造林作业设计准备

1. 造林地

1）造林地种类

造林地是实施造林作业的地段，也称为宜林地。经过林业区划后的同一分区范围内，虽然大气候和地貌类型基本一致，但不同的造林地之间在小气候、地形、土壤、水文、生物等方面仍有较大的差异，为做到适地适树，需要对造林地进行调查和立地分类，以便分类设计，科学造林，提高造林成效。根据造林地环境状况的差异性，将造林地划分为以下四大类。

（1）荒山荒地。

没有生长过森林植被，或森林植被在多年前遭破坏，已被荒山植被更替，土壤失去了森林土壤的湿润、疏松、多根穴等特性的造林地称为荒山荒地。根据植被的不同，荒山荒地又可划分为草坡、灌丛地、竹丛地和荒地。

①草坡。这类造林地草类占优势，大多是多年生的以禾本科杂草为代表的根茎性杂草，其繁殖力强，对幼树的竞争作用很强。

②灌丛地。灌木覆盖度占总盖度的50%以上的荒坡地称为灌丛地。灌丛地的立地条件一般比草坡的好。一方面灌木侧根发达，萌芽性强，生长繁茂，与幼树的竞争作用更强，需进行较大规模的整地；另一方面又可利用林地上原来的灌木来保持水土、改良土壤、给幼树侧方遮阴。

③竹丛地。小竹丛生的造林地称为竹丛地。小竹再生能力极强，鞭根盘结土壤并能迅速蔓延，造林相当困难，必须砍倒后再经全面炼山及连续几年在抽笋成竹时全面砍除，削弱其长势。同时，造林初期还要增加密度，促使幼林早日郁闭，抑制小竹生长。

④荒地。荒地多是不便于农业利用的造林地，如冲刷地、沙地、盐碱地、低湿地、沼泽地、河滩地、海涂等。在这些地区造林都比较困难，需要经过土壤改良或采用特殊的整地造林措施。

（2）农耕地、四旁地及撂荒地。

①农耕地。营造农田防护林及林农间作地的造林地称为农耕地。农耕地一般平坦、裸露、土厚，条件较好。但农耕地耕作层下往往存在较为坚实的犁底层，对林木根系的生长不利，如不采取适当措施，易使林木形成浅根系，容易发病及风倒。造林时最好采用深耕及大穴深栽。

②四旁地。路旁、水旁、村旁、宅旁植树的造林地称为四旁地。在农村，四地旁基本上就是农耕地或与农耕地相似的土地，条件都较好。在城镇地区四旁地的情况比较复杂，有的可能是好地，有的可能是建筑渣土，有的地方有地下管道及电缆，有的地方有高楼挡风、遮阴等影响。

③撂荒地。一定时期停止农业利用的土地称为撂荒地。撂荒多年的造林地，植被覆盖度逐渐增大，与荒山荒地相接近，但造林条件较好。

在农耕地、四旁地、撂荒地上造林时，株行距配置一般不受什么限制，只是在梯田上造林时，要考虑到梯田的宽度及种植点离梯田埂的距离等因素。

（3）采伐迹地和火烧迹地。

①采伐迹地。采伐迹地指采伐森林(指皆伐)后的林地。新采伐迹地光照充足,土壤中腐殖质较丰富,土壤疏松湿润,原有林下植被衰退,而且喜光杂草尚未侵入,此时人工更新条件好,应当争取时间及时清理林地进行人工更新。但新采伐迹地上的伐根尚未腐烂,萌生幼树及枝丫堆占地较多,影响种植点配置。老采伐迹地由于没有及时更新,土壤恶化,喜光杂草大量侵入,有时有草甸化、沼泽化倾向,不利于造林更新,必须较细致地整地。但老采伐迹地上的伐根及枝丫堆都已腐朽,有利于进行机械化作业及均匀地配置种植点。

②火烧迹地。火烧迹地是指森林被火烧后的林地。与采伐迹地相比,火烧迹地上往往有较多的站秆、倒木需要清理。

(4)已局部更新的迹地、低价值幼林地、林冠下的造林地及疏林地。

这类造林地的共同特点是造林地上已长有树木,但数量不足,或质量不佳,或树已衰老,需要补充或更替造林。

①已局部更新的迹地。这类造林地需要进行局部造林,原则上是"见缝插针,栽针保阔",必要时砍去部分原有的低价值树木,使新引入的树木得到均匀的配置。

②低价值幼林地。低价值幼林地是指封山育林或采伐迹地经天然更新而形成的天然林地。由于树种组成或起源不良,或密度太小,分布不均,人工造林由于没有做到适地适树,树种组成不合理,造林密度偏大,或抚育管理不及时等,致使林木长成小老树。这些都需要分别根据具体情况采取适当措施及时加以改造。低价值幼林地改造时,要注意搞好树种搭配。

③林冠下的造林地。这种造林地有良好的土壤条件,杂草不多,但上层林冠对幼树影响较大,适用于幼年耐阴的树种造林,在幼树长到需光阶段时及时伐去上层树木。采用择伐作业的林地,如需进行人工更新,其情况和林冠下的造林地相似。由于造林地上有林木,因此更新作业障碍较多。

④疏林地。疏林地是指稀疏林木(郁闭度小于0.2)的造林地。这种造林地的条件介于荒山荒地与林冠下的造林地之间,实际上更接近于荒山荒地。造林时可采用见缝插针补植的方法,或重新设计造林。

2)造林地立地条件类型

(1)基本概念。

①立地条件:又称立地,指林业用地上体现气候、地质、地貌、土壤、水文、植被、生物等对森林生长有重大意义的生态环境因子的综合。

②立地条件类型:地域上不相连接,但立地条件基本相同,林地生产潜力水平基本一致的地段的组合,简称立地类型,是立地分类中最基本的单位。

③立地分类:对林业用地的立地条件、宜林性质及其生产力的自然分类。然后在此基础上,科学地确定造林营林措施,长期达到造林、营林的生态、经济目的。

(2)立地分类的意义。

立地分类是营林和造林设计及施工的重要基础工作。只有科学地进行立地分类,才能做到适地适树、科学设计和实施造林和营林技术措施,保证造林成功,提高森林生产力,充分发挥林业的生态效益、经济效益和社会效益。

2. 立地分类

1)立地因子

立地因子包括气候、地形、土壤、生物、水文和人为活动六个方面,简述如下。

(1)气候:包括光照、温度、降雨、风等。从南到北,从东到西,气候条件(主要是温度和降雨)的不同,决定了森林和其他植被的有无及森林的地带性分布和森林生产力的高低。如我国从南到北,形成了热带雨林季雨林、亚热带常绿阔叶林、暖温带落叶阔叶林、温带针阔叶混交林和寒带针叶林等森林植被类型。

(2)地形:包括海拔、坡向、坡位、坡度、地形、小地形等。地形引起小气候条件和土壤条件的变化,从而对森林的生长发育产生影响。在海拔高、差异大的情况下,随着海拔高度的升高,森林植被类型也发生类似于由南向北的变化。

(3)土壤:包括土壤种类、土壤厚度、腐殖质层厚度、土壤质地、土壤结构、土壤酸碱度、土壤腐蚀程度、土壤各层次的石砾含量、土壤中的养分元素含量、成土母岩和母岩的种类等。植物生长发育所需水分和矿质养分来源于土壤,造林地土壤的状况对森林的生长起着非常重要的作用。

(4)生物:包括植物群落名称、结构、盖度及其地上地下部分的生长分布状况,病、虫、兽害的状况,有益动物及微生物的存在状况等。在植被未受到严重破坏的地区,植物的状况能反映出立地质量,特别是某些生态适应幅度的指示植物更能反映出立地的特性。

(5)水文:包括地下水位深度及季节变化,地下水的矿化程度及其盐分组成,有无季节性积水及持续期,地表水侧方浸润状况,被水淹没的可能性、持续期和季节等。在平原地区,水文条件尤其是地下水对植被的生长起着重要作用,而在山地则作用较小。

(6)人为活动:包括土地利用的历史及现状、各项人为活动对环境的影响等。不合理的人为活动,如取走林地的枯枝落叶、不合理的整地和间种,将导致造林地生产性能下降,而建设性的生产措施,如合理的整地、施肥和灌溉,能提高土壤肥力和造林地的生产性能。

2)划分方法

(1)主导因子法:选择若干主导环境因子,对每个因子进行分级,按因子、因子水平组合成一张立地条件类型表,具体方法如下。

①进行外业调查:根据地形变化、地形类型和一定的面积划分林班和小班,在每一个小班中开展土壤、植被和地形调查,摸清其性状。

②逐个分析立地因子,找出主导因子:逐个分析海拔、坡向、坡位、坡度、地形、小地形、土壤种类、土壤厚度、腐殖质层厚度、土壤质地、土壤结构、土壤酸碱度、土壤腐蚀程度、土壤各层次的石砾含量、土壤含盐量、土壤中的养分元素含量、成土母岩等与生活因子的关系,找出对生活因子影响面广、作用大、本身差别也大的主导因子,作为划分立地类型的依据。在立地类型区—立地类型亚区—立地类型组—立地类型各级中,应各寻找出一个主导因子或对经营有影响的因子。

③划分立地类型:将系统各级的主导因子进行分级,再组合起来,即得立地类型。立地类型名称通常将系统各级中所依据的主导因子连接起来,再加上土壤种类来命名。

如划分冀北山地立地类型时,根据调查分析,影响林木生长的主导因子是海拔高度、坡向、土壤种类及土层厚度,主导因子分级组合成表 2-2-1 中的类型。

表 2-2-1 冀北山地立地类型表

编号	海拔高度/m	坡向	土壤种类及土层厚度/cm	备注
1	>800	阴坡、半阴坡	褐色土,棕色森林土,>50	—
2	>800	阴坡、半阴坡	褐色土,棕色森林土,25~50	
3	>800	阳坡、半阳坡	褐色土,棕色森林土,>50	

续表

编号	海拔高度/m	坡向	土壤种类及土层厚度/cm	备注
4	>800	阳坡、半阳坡	褐色土,棕色森林土,25~50	—
5	>800	不分	褐色土,棕色森林土,<25	土层下为疏松母质或含70%以上石砾
6	<800	阴坡、半阴坡	褐色土,棕色森林土,>50	—
7	<800	阴坡、半阴坡	褐色土,棕色森林土,25~50	—
8	<800	阳坡、半阳坡	褐色土,棕色森林土,>50	—
9	<800	阳坡、半阳坡	褐色土,棕色森林土,25~50	—
10	<800	不分	褐色土,棕色森林土,<25	土层下为疏松母质或含70%以上石砾
11	不分	不分	褐色土,棕色森林土,<25及裸岩地	土层下为大块岩石

又如,广西柳州沙塘林场划分立地类型时,根据调查分析,影响经营和林木生长的主导因子是坡度、岩石和土层厚度,主导因子分级组合成表2-2-2中的类型。

表 2-2-2 广西柳州沙塘林场立地类型表

立地类型区	立地类型组	立地类型名称	代号	坡度/°	岩石	土层厚度/cm
平丘区	砂岩组	平丘砂岩厚土层红壤类型	I_1	≤15	砂岩	≥100
		平丘砂岩中土层红壤类型	I_2	≤15	砂岩	50~100
		平丘砂岩薄土层红壤类型	I_3	≤15	砂岩	≤50
	砂页岩组	平丘砂页岩厚土层红壤类型	I_4	≤15	砂页岩	≥100
		平丘砂页岩中土层红壤类型	I_5	≤15	砂页岩	50~100
		平丘砂页岩薄土层红壤类型	I_6	≤15	砂页岩	≤50
斜丘区	砂岩组	斜丘砂岩厚土层红壤类型	II_1	>15	砂岩	≥100
		斜丘砂岩中土层红壤类型	II_2	>15	砂岩	50~100
		斜丘砂岩薄土层红壤类型	II_3	>15	砂岩	≤50
	石灰岩组	斜丘石灰岩厚土层红壤类型	II_4	>15	石灰岩	≥100

用主导因子法划分立地类型的优点是方法简单,易掌握,实际应用广;缺点是方法粗放、刻板,难以反映具体情况。改进措施:数学方法(聚类分析、主分量分析、判别分析)归并立地因子。该分类方法较适宜山地。

(2)生活因子法:按对林木成活、生长影响最大的土壤水分和养分两个主要生活因子来划分立地类型,所以又称为水肥双轴网格表法(生态坐标法),具体方法如下。

①进行外业调查:根据地形变化、地形类型和一定的面积划分林班和小班,在每一个小班中开展土壤类型、土壤厚度、土壤水分、植被和盖度调查,摸清其性状。

②划分养分等级和水分等级:按土壤类型、土壤厚度划分若干养分等级,按土壤湿度划分若干水分等级,同时参照植物组成(主要是反映土壤湿度状况的指示植物)和盖度指示水分状况。

③划分立地类型:按养分等级和水分等级组合成立地类型(见表2-2-3)。

按生活因子法划分立地类型的优点是反映的因子比较全面,生态意义明确,其缺点是生活因子不宜直接测定,划分标准不易掌握,微地形小气候因子没有反映出来,个别具体因子(盐渍、酸度、通气)难以反映,因子过多会复杂化。改进措施:因子编码。该分类方法较适用于平原地区。

表 2-2-3 华北石质山地立地类型表

水 分 等 级	养 分 等 级		
	瘠薄的土壤 A(<25 cm,粗骨土或严重的流土)	中等的土壤 B(25~60 cm,棕壤和褐色土或深厚的流土)	中等的土壤 B(>60 cm的棕壤和褐色土)
极干旱 0 (旱生植物,覆盖度<60%)	A_0	—	—
干旱 1 (旱生植物,覆盖度>60%)	A_1	B_1	C_1
潮润 2 (中生植物)	—	B_2	C_2
湿润 3 (中生植物,有苔藓类)	—	—	C_3

此外,划分立地类型的方法还有立地指数法、数量化立地质量评价法等。

2.2.2 造林作业设计过程

1.造林树种选择

1)造林树种选择的意义

造林树种和种源(或品种、类型)选择正确与否是人工造林成败及人工林效益能否正常发挥的关键。

我国是世界造林大国,人工林的数量占世界首位。据第八次全国森林资源清查,全国人工林保存面积达 0.69×10^8 hm^2,人工林在木材生产和发挥多种效益方面起到了极其重要的作用。但是,我国人工林的生产力依然不高,单位面积蓄积量低,为 35.98 m³·hm⁻²,只相当于全国林分平均蓄积量 72.77 m³·hm⁻² 的 49.4%。北方干旱地区栽植的杨树和南方丘陵地区栽植的杉木,有不少形成了"小老头"林,这与树种选择有很大的关系。我国地域辽阔,立地千差万别,种树资源丰富且要求各异,因此应正确选择树种,做到适地适树。

2) 造林树种选择的原则

(1) 生态原则。

首先是树种的生物学特征、生态学特征与造林地条件相适应,即适地适树原则;其次是树种选择应具有多样性,根据经营目标,因地制宜地确定针叶树种和阔叶树种。乔木和灌木比例合理,选择多树种造林,防止树种单一化。

(2) 经济原则。

满足国民经济建设对林业的要求,即根据森林主导功能和经营目标选择造林树种,优先选择生态目的和经济目的相结合的树种。

(3) 林学原则。

林学原则指繁殖材料来源的广泛性、繁殖的难易程度、森林经营技术的成熟性等。

(4) 稳定原则。

优先选择优良乡土树种,慎用外来树种,选择稳定性好、抗性强的树种;对于容易引起地力衰退的树种,种植一、二代后,应更换其他适宜造林树种,使选择的造林树种形成的林分长期稳定。

(5) 可行性原则。

造林应实行经济有利、现实可行的原则。

3) 各林种造林树种的选择

(1) 用材林树种的选择。

① 速生性。树种生长速度快、成材早是选择用材林树种的重要条件。我国的速生树种资源丰富,如桉树、杨树、相思树、杉木、马尾松、落叶松、油松、湿地松、柳杉、水杉、池杉、落羽杉、刺槐、泡桐、檫树、毛竹等都是很有前途的速生用材树种。

② 丰产性,即树种单位面积的蓄积量高。一般树种树形高大,相对长寿,材积生长的速生期维持较长,冠幅小,又适于密植,是获得单位面积木材丰产的重要条件。丰产性与速生性既有联系又有区别。有些树种既能速生,又能丰产,如杉木、桉树、杨树、马尾松、相思树;有些树种只能速生,不能丰产,如苦楝、泡桐、檫树、刺槐;还有些树种,如红松、云杉等有丰产的特性,但不能够速生,如果以培育大径材为目标,在采取适当的培育措施之后,这些树种也可取得相当高的生产率,有时还可以超过某些速生树种。

③ 优质性。良好的用材林树种应该具有树干通直、圆满、分枝细小、整枝性能良好等优良特性,且应具有良好的材性。木材的用途不同,要求木材的材性也不一样。如一般的用材要求材质坚韧、纹理通直、均匀、不翘不裂、不易变形、便于加工、耐磨、抗腐蚀等;家具用材还进一步要求材质致密、纹理美观、具有光泽和香气等;造纸用材则着重要求木材的纤维含量高、纤维长度长等。

在营造人工林时,应尽量选择同时具有速生、丰产、优质特性的树种,但没有一个树种是十全十美的,因此,在选择用材林树种时应做全面分析比较,根据立地条件选择一些木材质量优良,但不具有速生特性的珍贵树种,并重视优良种源的选择。

(2) 经济林树种的选择。

经济林必须选择生长快、收益早、产量高、质量好、用途广、价值大、抗性强、收获期长的优良树种。由于利用部位不同,选择时应着重考虑各产品的具体要求,注意选择具有良好经济性状的品种或类型。与用材林树种选择一样,经济林树种选择也应重视品种或类型的选择。

(3)薪炭林树种的选择。

薪炭林树种要求具有速生、生物量大、繁殖容易、萌蘖力强、易燃、旺火、适应性强,并还应考虑其木材在燃烧时烟少、无毒气产生等特点。

(4)防护林树种的选择。

防护林树种一般应具有生长快、郁闭早、寿命长、防护作用持久、根系发达、耐干旱瘠薄、繁殖容易、落叶丰富、能改良土壤等特点。但由于各种防护林的防护对象不同,因此对选择树种的要求也不一样。

营造农田、苗圃和草(牧)场防护林的主要树种应具有树体高大、树冠适宜、深根性等特点;果园等防护林的树种应具有隔离、防护作用,且没有与果树有共同病虫害或是其中间寄主;风沙地、盐碱地和水湿地的树种应分别具有相应的抗性;在干旱、半干旱地区可分别优先选用耐干旱的灌木树种、亚乔木树种;严重风蚀、干旱地区要注意选择根系发达、耐风蚀、耐干旱的树种。

(5)特种用途林树种的选择。

特种用途林树种应根据不同造林目的进行选择。实验林和母树林可根据实验和采种(条)的需要分别选择适宜的造林树种;名胜古迹和革命圣地也应根据不同的特点选择造林树种;疗养区周围营造以保健为主要目的的人工林,最好选用能挥发具有杀菌物质和美化环境的树种,大部分松属及桉属的树种都具有这种性能;厂矿周围,特别是在有毒气体(二氧化硫、氟化氢、氯气等)产生的厂矿周围,注意选择抗污染性强又能吸收污染气体的树种;在城市附近,为了给人们提供旅游休憩的场所,除了考虑树种的保健性能以外,还要考虑美化、香化、彩化的要求及游乐休憩的需要,且能用不同树种交替配置,相映成趣,而不要形成呆板的环境。

2.造林密度与种植点配置

1)造林密度

(1)造林密度的意义。

造林密度是指单位面积造林地上的栽植点或播种点(穴)数,通常以每公顷多少株(穴)来表示,是在规划设计及施工时确定的。

造林密度影响到林分的生长、发育、稳定性、产量、质量和生态效益,以及造林成本、种苗量、整地工程量、后期抚育管理工作量、资金投入。

研究造林密度的意义在于:充分了解各种密度所形成的群体,以及该群体内个体之间的相互作用规律,从而使林分在发育过程中人为措施控制之下始终形成合理的群体结构。

(2)确定造林密度的原则。

以密度的作用规律为基础,以经营目的、树种特性、立地条件为主要考虑因子。

①经营目的。经营目的体现在林种和材种上。林种、材种不同,在培育过程中所需的群体结构不同,林分的密度也应不同,故确定造林密度应考虑不同的林种、材种对群体结构的需要。

用材林需要林分形成有利于主干生长的群体结构,造林密度不应疏,也不应太密,要根据材种确定适宜的造林密度。

果用经济林要求树冠充分见光,且原则上在培育过程中不间伐,造林密度宜小;皮用经济林的产量与树干的大小相关,故与用材林相似;叶用经济林要求密植,以迅速获得较大的生物量。薪炭林也要求迅速获得较大的生物量,故应密植。

防护林也要求迅速获得较大的生物量,以更好地发挥防护作用,通常应密植,但应随着防护林类型的不同而有所不同。水土保持林和防风固沙林要求林分迅速覆盖林地,宜形成乔灌混交的复层结构,乔木、灌木的总密度要大;农田防护林应根据林带疏透度的要求确定适当的密度。

总而言之,不同林种相比较,果用经济林宜疏,用材林居中,防护林和薪炭林宜密,但必须注意,无论是宜疏还是宜密或居中,都存在合理密度的问题。

②树种特性。林分密度的大小与树种的喜光性、速生性、干形、分枝特点、树冠大小和根系特征等有关。一般而言,喜光树种宜稀,耐阴树种宜密;速生树种宜稀,慢生树种宜密;干形通直树种宜稀,干形不良树种宜密;分枝小、自然整枝良好树种宜稀,分枝大、自然整枝不良树种宜密;树冠宽阔树种宜稀,树冠狭窄树种宜密;根系庞大树种宜稀,根系紧凑树种宜密。现列出一些主要造林树种的造林密度(见表 2-2-4),以供参考。

表 2-2-4 主要造林树种的造林密度表(株/公顷)

树　　种	生态公益林	商　品　林	树　　种	生态公益林	商　品　林
红松	2200～3000	3300～4400	杉木	1050～4500	1650～4500
落叶松	1500～3300	2400～5000	水杉、池杉、落羽杉、水松	1500～2500	1500～2500
樟子松	1000～2500	1650～3300	香樟	600～860	625～6000
云杉、冷杉	1667～6000	2000～6000	檫木	667～1650	600～900
侧柏、柏木	1111～6000	1111～6000	桉树	1200～2500	1200～2500
油松、白皮松、黑松	1111～5000	1111～5000	相思树	1200～3300	1200～3300
核桃楸、水曲柳、黄菠萝	325～3300	500～6600	木麻黄	1500～2500	2400～5000
杨树	250～3300	156～3300	花椒	1650～3300	600～1600
刺槐	1000～6000	833～6000	沙棘、紫穗槐、山皂角、枸杞	800～3300	1240～5000
泡桐	400～900	195～1500	柽柳、沙柳、柠条	1000～5000	1240～5000
枫香、元宝枫、色木槭、黄连木、漆树	625～1500	400～833	山桃、山杏	350～1000	833～1000
马尾松、华山松、黄山松	1200～3000	3000～6750	毛竹	450～600	278
云南松、思茅松、高山松	1667～3300	1667～6750	大型丛生竹	500～825	278
火炬松、湿地松	900～2250	833～1200			

注:摘自《造林技术规程》。

③立地条件。在较为湿润的地区,从单位面积上能容纳一定径阶的林木株数多少来看,立地条件好的地方能容纳得多一些,立地条件差的地方则容纳得少一些,但从经营的角度来看却正好相反。立地条件好的地方林木生长快,且适宜培育大径材,造林密度应小一些;反之,在立地条件差的地方林木生长慢,且适宜培育小径材,造林密度应大一些。

④造林技术。整地细致、苗木质量好、抚育管理及时到位,林木生长就快,应相对疏植;反之,林木生长慢,就要求相对密植。但采用短轮伐期培育小径材的纤维用材林和能源林,虽采取高度集约的栽培措施,但还是要密植。

⑤经济因素。选择造林密度时应计算投入产出比,选择投入产出比最合理的造林密度。如果是农林结合、立体经营,则造林密度还必须以林产品和农产品的综合效益最大作为权衡的标准。

(3)确定造林密度的方法。

①经验法:对过去人工造林的密度进行调查,判断其合理性和进一步调查的方向和范围,从而确定在新的条件下采用的初始密度和经营密度。此法随意性较大,需要试用者有足够的理论知识及生产经验。

②试验法:通过不同密度的造林试验结果来确定合适的造林密度及经营密度。此法准确可靠,但受时间和树种多样性的影响,不易普及,只能对几个主要造林树种在其典型的生长条件下进行密度试验,且通过密度试验得出的是密度作用的生物规律,实际指导生产的密度范围还要做进一步的经济分析。

③调查法:调查不同密度下林分生产发育状况,取得大量数据后进行统计分析,计算各种参数,确定造林密度。此法较易操作,使用较广泛,已得到了不少有益的成果。调查的重点项目有:树冠扩展速度与郁闭期限的关系,密度与直径的关系,初始密度与第一次疏伐开始期及当时的林木生长状况的关系,密度与树冠大小、直径生长、个体体积生长的关系,密度与现存蓄积量、材积生长量和总产量的相关关系等。掌握这些规律之后,就不难确定造林密度。

④密度管理图(表)法:某些主要造林树种已进行了大量的密度规律的研究,并制定了各种地区性的密度管理图(表),可通过查阅相应的图(表)来确定造林密度。

2)种植点的配置和计算

种植点的配置指播种点或栽植点在造林地上的间距及其排列方式。同种造林密度可以由不同的配置方式来体现,从而形成不同的林分结构。

(1)种植点的配置。

①行状配置。这种配置可使林木较均匀地分布,能充分地利用营养空间,树干发育较好,也便于抚育管理,目前应用最为普遍。行状配置又可分为以下三种形式。

- 正方形配置:株距、行距相等,种植点位于正方形的顶点。这种配置栽植和管理都较方便,植株分布和林木生长发育比较均匀、整齐,多适用于平地或缓坡地营造用材林和经济林。
- 长方形配置:行距大于株距。这种配置有利于行间抚育和间作,便于施工和机械作业。但林木发展不够均匀,株间郁闭早,行间郁闭晚,在株距、行距相差悬殊的情况下往往出现偏冠,影响树干的圆满度。山地上长方形配置时种植行的方向应与等高线一致;在风沙地区,行的方向应与主要害风方向垂直;平原地区,南北方向的行比东西方向的行更有利于充分利用光能。
- 三角形配置:行间种植点彼此错开,也称品字形配置。营造水土保持林、防风固沙林,往往采用三角形配置。这种配置有利于树冠均匀发育和发挥防护作用。三角形配置时株与株之间的距离最为均匀,对光照的利用最充分,并且行距小于株距,在株距相同的条件下,株数可比正方形配置多15%。正三角形配置最适用于平地和不进行间伐的经济林、果树栽培和园林绿化等。在山地营造用材林,用这种配置施工比较困难,在间伐后,这种配置方式难于保持,故应用较少。

②群状配置。群状配置也称簇式配置、植生组配置。植株在造林地上呈不均匀的群(簇)分布,群内植株密集(间距很小),而群与群之间的距离较大。群的大小从环境需要出发,从三至五株到十几株或更多。群的排列可以是规则的,也可以是不规则的。这种配置方式可使群内迅速郁闭,有利于抗御外界不良环境因子的危害,但在光能利用以及林木生长发育等方面均不如行状配置,一般在防护林营造、立地条件很差的地区造林、迹地更新及低价值林分改造或风景林营造上有一定的应用价值。

(2)种植点的计算。

种植点的配置方式及株行距确定以后,单位面积种植点的数量可以根据株行距大小和配置形式用表 2-2-5 中的公式计算。

表 2-2-5　单位面积种植点数量的计算公式

配置方式	正方形	长方形	正三角形
计算公式	$N=\dfrac{A}{a^2}$	$N=\dfrac{A}{ab}$	$N=\dfrac{A}{0.866a^2}$ $=1.155\times\dfrac{A}{a^2}$
说明	N——株数 A——面积 a——株距 b——行距		

如果采取群丛植树法,则分别用上述公式再乘以每一群的株数。

必须指出,造林地面积是指水平面积,株行距也是指水平距离,在山地造林定点时,行距应按地面的坡度加以调整。

3. 树种组成设计

1)混交林的特点及应用条件

(1)基本概念。

①人工林组成:构成林分的树种及其所占的比例。

②纯林。由一种树种组成,或虽由一种树种组成,但主要树种的株数或断面积或蓄积量占总株数或总断面积或总蓄积量的80%(不含)以上的森林称为纯林。

③混交林。由两种或两种以上树种组成,其中主要树种的株数或断面积或蓄积量占总株数或总断面积或总蓄积量的80%(不含)以下的森林称为混交林。

(2)混交林的特点。

①混交林的优势。

◆ 充分利用营养空间：利用生态学特性和生物学特性不同的树种进行混交，可以使营养空间得到最大限度的利用，如将喜光和耐阴、深根性与浅根性、速生与慢生、针叶与阔叶、常绿与落叶、宽冠幅与窄冠幅、喜肥与耐瘠薄等树种混交在一起，可以占有较大地上、地下空间，有利于各树种分别在不同时期和不同层次范围内利用光能、水分及各种营养物质，提高林地生产力。例如，杉木与马尾松、杉木与枫香混交。

◆ 有效改善立地条件：混交林所形成的复杂结构，有利于改善林地小气候（光、热、水、气等）；混交林还能缓解纯林中林木对某些土壤营养元素的专一吸收，防止土壤理化性质恶化、地力衰退；阔叶树种（尤其是固氮树种）与针叶树种混交，不仅能够使林分总的落叶量增加，养分回归量增大，而且还可以大大加快枝落物的分解速度，加快养分的积累和循环，提高土壤养分有效化，改善土壤结构，使土壤疏松肥沃。据调查，混交林下土壤腐殖质含量比纯林多 10%～15%，有效磷多 15%～20%。近几年来大量的研究表明，沙棘是一种良好的肥料树种，据辽宁省农业科学院水土保持研究所测定，在小叶杨与沙棘混交林中土壤的含氮量较小叶杨的纯林高，其增加幅度为 1.04%～12.38%，有机质增加了 8.95%～27.83%，混交林中的小叶杨叶片含氮量较毗邻的纯林高 33.63%。

◆ 提高林分产量与质量：不同生物学特性的树种适当混交，能充分地利用营养空间，有效地提高单位面积产量。据俞新妥等人的报道，南方 14 省（自治区）的混交组合中，以杉木为主的有 9 种，以松树为主的有 11 种，以阔叶树为主的有 25 种，木材的单位面积产量均比纯林提高 20% 以上，多的达 1～2 倍。如福建省华安金山国有林场 7 年生的红锥与杉木混交林，总蓄积量明显高于同龄红锥和杉木纯林。

搭配合理的混交林，不仅产量提高，而且由于有伴生树种的辅佐作用，主要树种的主干圆满通直，自然整枝迅速，干材质量好。此外，不同树种混交还有利于生产多种林产品，使长远利益与当前利益结合起来。

◆ 生态效益和社会效益好：当前生态效益已成为森林主要的功能，而混交林在保持水土、涵养水源、防风固沙、净化大气、恢复生态系统等方面的效应更为显著。混交林的林冠结构复杂，层次较多，拦截雨量能力大于纯林，对害风风速的减缓作用也较强，林下枯枝落叶层和腐殖质较纯林的厚，林地土壤质地疏松，持水能力与透水性较强，加上不同树种的根系相互交错，分布较深，提高了土壤的孔隙度，加大了降水向深土壤的渗入量，因此减少了地表径流和表土的流失。如河南大别山 26°南坡同条件的马尾松与麻栎混交林和马尾松纯林相比，在一次降雨持续 4.5 h，降水量 115.9 mm 的条件下，混交林的径流系数为 20%，纯林为 40%。

混交林可以较好地维持和提高生物多样性。由于混交林有类似于天然林的复杂结构，为多种生物创造了良好的繁衍、栖息和生存的条件，总体来说，林地的生物多样性得到了维持和提高。配置合理的混交林还可增强森林的美学价值、游憩价值、保健功能等，使林分发挥更好的社会效益。

◆ 抗各种灾害的能力强：由多树种组成的混交林系统食物链较长，营养结构多样，有利于各种动物栖息和寄生性菌类繁殖，使众多的生物种类相互制约，因而可以控制病虫害的大量发生。如广西柳州沙塘林场附近 20 多年来多次经历马尾松毛虫的危害，马尾松纯林的针叶曾多次被啃光，针阔混交林内虽也受到危害，但危害较轻，依然有大量的针叶。

针阔混交林的林冠层次多，枝叶互相交错，而且根系较纯林的发达，深浅搭配，而在干热季节林内温度低，湿度较大，所以抗风、抗雪和抗火能力较强。

◆ 提高造林成效：由于混交林树种之间的相互辅佐和防护作用，一些营造纯林生长差的树种通过混交能获得成功。樟树、檫树、红豆树、青冈栎等珍贵阔叶树种纯林,产量一般很低,而营造混交林能取得较好的造林效果。如杉木与檫树混交,不仅促进了杉木的生长,也使檫树生长良好,解决了檫树纯林病虫害多、树皮易溃疡、生长不良的问题。

②混交林的局限性。

与纯林相比,混交林也有一定的局限性,主要表现在:

- 造林技术复杂:混交林的造林技术比纯林的复杂,培育难度较大。混交林选择造林树种时不仅要做到地树相适,还要做到树种间关系协调;在出现种间矛盾后既要调节好种间矛盾,又要保持良好的混交状态,因此培育难度增大,特别是我国对培育混交林的科学研究和生产实践历史较短,对混交林树种间关系和林分形成规律等方面尚缺乏深入的认识。相比之下,营造纯林的技术比较简单,容易施工,在培育短轮伐期的速生人工林时这一优势更明显。

- 要求立地条件较高:在立地条件较差的造林地上,能良好生长的乔木树种本来就少,而在有限的树种中树种间关系协调的树种就更少,很难做到合理搭配树种。

此外,不少人认为,由于混交林中单位面积上目的树种株数减少,其产量可能较纯林降低。不过,在混交林营造实践中,也不乏混交林中目的树种产量比纯林高的事例。如广西合浦林业科学研究所试验,采用株间混交营造的 6 年生樟树、台湾相思树混交林和樟树、木麻黄混交林,每公顷总蓄积量分别为 $76.9\ m^2$ 和 $105.3\ m^2$,均高于樟树纯林($25.0\ m^2$),而混交林中樟树的蓄积量分别为 $27.9\ m^2$ 和 $24.6\ m^2$,也略高于或稍低于樟树纯林。因此,只要树种搭配合理、比例适当,主要树种的经济出材率不会受到明显的影响。

(3)混交林的应用条件。

一般在营造混交林时,应考虑下列具体条件:

①造林目的。生态公益林强调最大限度地发挥森林的防护作用和观赏价值,应营造混交林;用材林要求将木材收益与生态效益很好地结合起来,所以用材林只要条件允许应尽量多造混交林;果用经济林要求树冠充分见光,一般不营造混交林(除非是短期混交)。

②立地条件。特殊的造林地,如沙荒地、盐碱地、水湿地、高寒山区或极端贫瘠的地方,只有少数树种能够适应,一般不适合营造混交林。

③树种特性。某些树种直干性强,生长稳定,天然整枝能力良好,单产高,甚至在稀植的条件下,这些优良特性也能表现得很突出,对于这类树种,可营造纯林,也可营造混交林;有些树种造纯林时容易发生病虫害(如马尾松、檫树等),还有一些阔叶树种造纯林时树木多分权、干形较差,因此应混交造林,特别应营造针、阔混交林。

④经营条件。集约经营人工林时,可通过人为的措施来干预林分的生长,故不宜多造混交林;而在经营条件差的地区,则主要通过生物措施来促进林分的生长,如防止病虫害、防火、改善土壤、抑制杂草生长等,应多营造混交林。

2)混交林营造技术

(1)混交类型。

混交林中的树种,依其所起的作用可分为主要树种、伴生树种和灌木树种 3 类。

- 主要树种。主要树种是培育的目的树种,根据林种的不同,或防护效能好,或经济价值高,或风景价值高。它在混交林中一般数量最多,种类有时是 1 个或 2~3 个,是林分中的优势树种。

- 伴生树种。伴生树种是在一定时期与主要树种相伴而生,并为其生长创造有利条件的乔木树种。它是次要树种,在数量上一般不占优势,主要起辅佐、护土和改良土壤等作用,同时也能配合主要树种实现林分的培育目的。

◆ 灌木树种。灌木树种是在一定时期与主要树种生长在一起，并为其生长创造有利条件的灌木。它是次要树种，在林内的数量依立地条件的不同而异，一般立地差则灌木数量多，立地好则灌木数量少，主要作用是护土和改土，同时也能配合主要树种实现林分的培育目的。

(2) 混交林的类型。

混交林的类型指主要树种、伴生树种和灌木树种人为搭配而成的不同组合，主要有以下四种类型。

◆ 主要树种与主要树种混合：又称乔木混合类型，它是指两种或两种以上的目的树种的混交。这种混交搭配组合可以充分利用地力，同时获得多种经济价值较高的木材，并发挥其他有益效能。种间矛盾出现的时间和激烈程度，随树种特性、生长特点等不同。当两个主要树种都是喜光树种时，种间矛盾出现得早而且尖锐，竞争进程发展迅速，调节比较困难，也容易丧失时机。营造此种混交林应采用带状或块状混交，适当加大株行距，并及时调节种间关系。当两个主要树种分别为喜光树种和耐阴树种时，多形成复层林，如喜光树种生长快，种间的有利关系持续时间长，矛盾出现得迟，且较缓和，一般只是到了人工林生长发育的后期，矛盾才有所激化，因而这种林分比较稳定，种间矛盾易于调节。但是，如果喜光树种生长速度慢，则会受到压抑。

◆ 主要树种与伴生树种混交：又称主伴混交类型。这种树种搭配组合，林分的生产率较高，防护效能较好，稳定性较强，林相多为复层林。主要树种一般居第一林层，伴生树种位于其下，组成第二林层或次主林层；也有伴生树种居上层，主要树种居下层的，如杉木与檫树混交。此种混交类型种间关系比较缓和，即使随着年龄的增大种间矛盾变得尖锐时，也比较容易调节。

◆ 主要树种与灌木树种混交：又称乔灌混交类型，目的是利用灌木起到保持水土和改良土壤的作用。这种树种搭配组合，树种种间关系缓和，林分稳定。混交初期，灌木可以给主要树种的生长创造各种有利条件；郁闭以后，因林冠下光照不足，耐阴性强的仍可继续生存，而当郁闭的林冠重新疏开时，灌木又可能在林内大量出现。主要树种与灌木之间的矛盾易于调节，在主要树种生长受到妨碍时，可对灌木进行平茬，使之重新萌发。这种混交类型多用于立地条件较差的地方，而且条件越差，越应适当增加灌木的数量。

◆ 主要树种、伴生树种与灌木树种混交：可称为综合性混交类型，兼有上述 3 种混交类型的特点。这种混交类型可形成多林层的复层结构，防护效益好，多用于防护林。

(3) 选择混交树种。

混交树种泛指伴随主要树种生长的所有树种，包括与主要树种混交的另一主要树种、伴生树种和灌木树种。混交树种选择是营造混交林的关键，应遵循生态要求和生长特点与主要树种协调一致的原则。

混交树种的选择条件：应与主要树种有不同的生态要求；充分利用天然成分(更新幼树、灌木等)；有较高的经济价值和生态、美学价值；具有良好的辅佐、护土和改土作用(选择时可侧重于某一方面)，为主要树种生长创造良好的环境条件；具有较强的适应性、耐火性和抗病虫害性，不与主要树种有相同病虫害；最好萌芽力强、容易繁殖，以便于调整和伐后恢复。

据南方 14 省(自治区)混交林科研协作组报道，1980 年以来，在营造混交林试验中效果较好的有：与杉木混交效果较好的有马尾松、柳杉、香樟、木荷、醉香含笑、毛竹等，与马尾松混交效果较好的有杉木、栎类、栲类(如黧蒴锥)、木荷、台湾相思树、红锥、黄连木、桉树等。

在北方的混交林营造试验中,混交效果较好的有:红松与水曲柳、胡枝子等,油松与侧柏、栎类、刺槐、椴树、桦树、山杨、紫穗槐、沙棘、黄栌、胡枝子等,杨树与刺槐、沙棘、紫穗槐、胡枝子等。

(4)确定合理的混交比例。

混交林中各树种所占的百分比称为混交比例。混交比例直接关系到种间关系的发展趋向、林木生长状况,以及混交效果、经济效益、生态效益、社会效益的发挥。如檫树和杉木混交比例为1:1时,混交效果较差,原因是檫树早期速生,树冠扩展而抑制杉木生长;如杉木与檫树混交比例为3:1,混交效果就不错。因此,在营造混交林时,应确定合理的混交比例,使混交林后期各阶段的组成符合造林的要求,这样才能使三方面效益兼顾,既取得较高的经济效益,又获得较高的生态效益和社会效益。

在确定混交比例时,要考虑到未来混交林的发展趋势,保证主要树种始终处于优势。为此,主要树种的比例要大,因为个体数量是竞争的基础之一。对于竞争力强的树种,在不降低林分产量的前提下,可适当缩小混交比例。如以杉木、马尾松为主要树种的混交林较适合的混交比例有7:3、4:1、3:2。

(5)选择适当的混交方法。混交方法是指混交林中各树种在造林地上的排列形式。同一比例的混交林,可以采用不同的混交方法。混交方法由于影响到种间关系,因此是很重要的混交造林营造技术手段。

①星状混交:一个树种的植株分散地与其他树种的大量植株栽种在一起,或栽植成行内隔株(或多株)的一个树种与栽植成行状、带状的其他树种依次配置的混交方法。

这种混交方法既能满足喜光树种扩展树冠的要求,又能为其他树种创造适度庇荫的生长条件和改良土壤,种间关系比较融洽,经常可以获得较好的混交效果。

目前应用星状混交的树种有:杉木或锥栗造林,零星、均匀地栽植少量檫木;刺槐造林,适当混交一些杨树;侧柏造林,稀疏地点缀在荆条等天然灌木林中等。

②株间混交:又称行内混交、隔株混交,是在同一种植行内隔株种植两个或两个以上树种的混交方法。株间混交时,不同树种间开始出现互相影响的时间较早,如树种搭配适当,能较快地产生辅佐等作用,种间关系以有利作用为主;若树种搭配不当,种间矛盾就比较尖锐,种间关系难调节。

③行间混交:又称隔行混交,是一个树种的单行与其他树种的单行依次种植的混交方法。

采用这种混交方法时,树种间有利或有害作用一般多在人工林郁闭以后才明显出现。种间矛盾比株间混交容易调节,施工也较简便,是一种常用的混交方法。

④带状混交:一个树种连续种植两行以上构成的"带",与其他树种构成的"带"依次种植的混交方法。带状混交的各树种的种间关系最先出现在相邻两带的边行,带内各行种间的关系则出现得较迟。带状混交的种间关系容易调节,栽植、管理也都比较方便。带状混交不同树种种植带的行数可以相同,也可以不同。

⑤行带混交:一个树种连续种植两行以上构成的"带",与其他树种的种植行依次种植的混交方法。这是一种介于带状混交和行间混交之间的过渡类型。它的优点是保证主要树种的优势,削弱伴生树种(或次要树种)过强的竞争能力。

⑥块状混交:又称为团状混交,是将一个树种栽成一小片,将另一树种栽成一小片,依次配置的混交方法,一般分为规则的块状混交和不规则的块状混交两种。

规则的块状混交,是将平坦或坡面整齐的造林地划分为正方形或长方形的块状地,在相邻的地块上栽种不同的树种。块状地的面积原则上不小于成熟林中每株林木占有的平均营养面积，一般其边长可为5～10 m。

不规则的块状混交，是将山地按小地形的变化，在不同的地形部位分别成块栽植不同树种。这样既可以使不同树种混交，又能够因地制宜地安排造林树种，更好地做到适地适树。

块状混交可以有效地利用种内和种间的有利关系，种间关系融洽，混交的作用较明显，造林施工比较方便。

⑦植生组混交：种植点混状配置时，在一小块地上密集种植同一个树种，与相距较远的密集种植另一个树种的小块状地依次配置的混交方法。采用这种混交方法时，块状地内同一个树种具有群状配置的优点，块状地间距较大，种间相互作用出现得很迟，且种间关系容易调节，但造林施工比较麻烦。

(6)控制造林时间。混交林营造和抚育成功的关键，是处理好种间关系，使主要树种始终多受益、少受害。因此，其培育过程中的主要技术措施都要围绕这个中心进行。慎重地选好主要树种、伴生树种及灌木树种，采取适宜的混交类型和方法，造林时通过控制造林时间、造林方法、苗木年龄、株行距等来调节种间关系。对于竞争力强的树种，可推迟造林或用苗龄小的苗木造林，甚至采用播种造林，都可取得明显的效益。许多研究和实践证明，生长速度相差过于悬殊的树种，或耐阴性显著不同的树种，采用相隔时间或长或短的分期造林方法，常可以收到良好的造林效果。如栽植柠檬桉、窿缘桉等喜光、速生树种时，可以先以较稀的密度造林，待其形成林冠，能够遮蔽地面时再栽红锥、樟树、木荷等耐阴树种，使得这些树种得到适当庇荫，并居于林冠下层。

(7)抚育调节种间关系。通过以上控制调节，在相当长的时间内可使种间关系维持相互有利的状态。但是随着年龄的增长，种间及个体之间的竞争将加剧，耐阴树种也有可能超过喜光树种而居于上层，影响混交林的稳定性和混交效果。因此，栽植后除了与纯林一样加强常规抚育管理之外，还要根据具体情况，有针对性地进行抚育调节，在生长过程中，也可采用平茬、抚育伐、环剥等方法来抑制次要树种的生长，以保证主要树种的正常生长，使种间关系继续维持相互有利状态，保证混交成功。

2.2.3 造林作业设计文件编制

1. 造林作业设计文件的组成

造林作业设计文件以造林作业区为单元编制，每个造林作业区编制一套设计文件，采用通用的电脑软件制作。造林作业区文件包括如下几个部分。

1)造林作业设计说明书

造林作业设计说明书是指为完成栽植树木的地块预先编制的工作方案(方法、措施、要求)、计划(时间、地点、劳力、物资)的有关文字说明，内容主要包括：基本情况(地理位置、地形地貌、气象水文、土壤情况等)、设计依据、原则与目标、范围和布局、造林技术设计、施工组织设计、工程量与用工量概算、经费预算与资金筹措、效益分析等。

2)造林作业设计图

造林作业设计图包括：①作业设计总平面图；②栽植配置图；③辅助工程单项设计图。

3)调查和设计表

调查和设计表包括：①造林作业区现状调查表；②造林作业设计表；③造林工程量、用工量及投资概算一览表;④营造林作业设计一览表。

2.造林作业设计各文件的编制要求

1)统一组织、资质认定

①组织。造林作业设计一般在县(市、区、旗)林业行政主管部门统一领导下,由乡镇(苏木)政府、县(市、区、旗)直属林场、乡镇林业站或相当于林场的企业、机构组织编制。

②设计资格与责任。造林作业设计由具有丁级以上(含丁级)设计或咨询资质的单位或机构承担。作业设计实行项目负责人制,项目负责人具有对造林作业设计文件的终审权并承担相应的责任。允许直接聘请具备林业行业高级职称的技术专家编制作业设计,技术专家的责任由聘任合同确认。

2)依据科学、内容完整

依据《造林技术规程》(GB/T 15776—2016)和《造林作业设计规程》(LY/T 1607—2003),造林任务量以落实到小班的总体设计为指导进行设计,确保科学性。设计文件组成应按照《造林作业设计规程》规定,每个造林作业区编制一套内容完整的设计文件,各设计文件应按所规定的项目填列齐全、完整,不得遗漏。

3)设计合理、可行适用

以科学发展观为指导,坚持生态效益优先,兼顾经济效益、社会效益;坚持因地制宜、讲求实效的原则;坚持以提高质量为重点的原则;坚持科技兴林的原则,加大营造林的科技含量,合理进行造林作业设计,确保设计方案可行、实用。

4)上报审批、严格执行

造林作业设计由造林作业区所在县(市、区、旗)以上林业行政主管部门审批,报送省(自治区、直辖市)林业行政主管部门备案。

造林作业设计的审批应充分发挥技术专家的作用,可以委托技术协会、学会、专业委员会组织专家评审。

没有造林作业设计的或设计尚未被批准的不得施工。造林作业设计一经批准,必须严格执行。如因故需要变更的,须由原设计单位或机构变更设计并提交变更原因说明,报原审批部门重新办理审批手续。

2.3 造 林 施 工

2.3.1 造林地整理

1.造林地清理

1)造林地清理的作用

造林地的清理是指在翻耕土壤前,清除造林地上的灌木、杂草、杂木、竹类等植被,或采伐迹地上的枝丫、伐根、梢头、倒木等剩余物的一道工序。造林地清理的作用有以下几个方面。

(1)改善造林地的卫生状况。

造林地上的枯枝落叶、倒木、站秆等采伐剩余物上会附着很多有害生物,它们是滋生病虫害的温床,并且易燃性高,易导致森林火灾。很多病虫害也是先发生在杂草灌木上,而后传播到树木上的。清理后就改善了造林地的卫生状况,减少了病虫害和森林火灾的可能性。

(2)为造林整地施工创造条件。

造林地上的倒木、采伐剩余物给整地施工造成阻力,清除后则方便造林整地施工,提高了造林整地的质量。

(3)为播种、植苗施工创造便利条件。

播种、植苗的操作过程较为复杂,如有大量的灌木枝丫,就会增加施工的难度。需要清除这些障碍物。

(4)为幼林抚育等作业创造便利条件。

幼林抚育主要有除草松土、灌水施肥等项目,适当的林地清理可以减少幼林抚育施工的障碍。

造林地清理适用于杂草、灌木丛生,堆积有采伐剩余物,不进行林地清理无法整地或整地很困难的造林地。因此,在植被比较稀疏、低矮,或迹地上的剩余物数量不多,对土壤翻垦影响不大的情况下,清理可不单独进行,往往与土壤翻垦一并进行。

2)造林地清理的方式

(1)全面清理。

全面清理是在整块造林地上全部清除杂草、灌木和采伐剩余物的清理方式。

全面清理的清理效果好,但用工量大,同时清除了造林地上的所有植被,使造林地失去了保护,易造成水土流失。

全面清理仅适用于有比较严重的病虫害的造林地、集约经营的商品林造林地,如速生丰产林。

(2)团块状清理。

团块状清理是以种植点为中心呈块状地清理其周围植被或采伐剩余物的清理方式。清理团块一般为圆形,半径为 0.5 m。

团块状清理用工量小,成本低,但效果差,在生产上仅用于病虫害少,杂草、灌木稀疏的陡坡造林地或营造耐阴的树种。

(3)带状清理。

带状清理是以种植行为中心呈带状地清理其两侧植被,并将采伐剩余物或被清除植被在保留带堆成条状的清理方式。

带状清理能够产生良好的造地林清理效果,同时保留带的存在可以防止水土流失,保护幼苗幼树,提高造林成活率,有利于幼树的生长,在生产上应用广泛。

3)造林地清理的方法

造林地清理的方法就是清理造林地时所使用的手段和措施。它可分为割除清理法、火烧清理法、堆积清理法和化学药剂清理法四种方法。

(1)割除清理法。

割除清理法就是将造林地上的杂木、杂草、灌木、竹类等割除、砍倒并处理掉的造林地清理法。处理的方法是将割除的灌木、草本植物以及采伐剩余物进行烧除处理或堆积处理;对于有利用价值的小径木,则要运出利用;对于杂草、灌木,也可以运出用作薪柴或其他加工原料。

割除的时间为春季或夏末秋初。

(2)火烧清理法。

火烧清理法就是将被清除物焚烧的造林地清理方法。火烧清理法多用于南方杂草、灌木较多的林地,部分北方地区也有火烧清理造林地的习惯。火烧清理一般分劈山和炼山两步进行。

劈山就是将杂木、灌木、杂草砍倒的施工过程。劈山的季节各地不同,一般以盛夏 7—8 月较为适宜。对于杂草较多的造林地,也可以在干燥季节直接点火炼山而不必劈山。

炼山就是将砍倒的杂草灌木烧掉。炼山一般在劈山后一个月左右,杂草、灌木适当干燥后进行。炼山之前应将周围的杂草、灌木适当向中间堆积,并打出 8～10 m 的防火线,选择无风、阴天的清晨或晚间,从山上坡点火,以减缓火势,防止火灾的发生。炼山时必须有人看管火场,防止走火而引起火灾。

(3)堆积清理法。

堆积清理法就是将采伐剩余物和割除的杂草、灌木按照一定的方式堆积在造林地上任其腐烂和分解的清理方法。堆积清理法主要适用于需要人工更新的采伐迹地,但在采伐剩余物较多和病虫鼠害较严重的造林地上应慎用。

堆积清理法按堆积方法的不同,可分为堆腐法、带腐法、散腐法。

(4)化学药剂清理法。

化学药剂清理法就是采用化学药剂杀除杂草、灌木和杂木的清理方法。

目前使用比较广泛的化学药剂主要有 2,4-D(2,4-二氯苯氧乙酸)、2,4,5-T(2,4,5-三氯苯氧乙酸)、草甘膦、茅草枯、百草枯、五氯酚钠、莠去津、西玛津等,应根据植物的特性、生长发育状况以及气候等条件确定化学药剂。

使用化学药剂时应注意选用适当的化学药剂种类、浓度、用量以及喷洒时间,以防止造成环境污染。

2.造林地整地

1)造林地整地的作用

造林地整地就是翻垦土壤,改善造林地条件的造林地整理工序,是造林前处理造林地的重要技术措施。造林地整地的主要作用有以下五个方面。

(1)改善立地条件。

造林地整地可以改善林地土壤环境,清除地面的杂草等植被,使太阳光可以直接照射到地面,进而提高林内温度。造林地整地还可以使土壤变得疏松,空隙增大,以增加土壤的养分,一方面减少杂草、灌木等自然生长的植物对土壤中水分的消耗,另一方面枯死的杂草可以增加土壤中的有机质。

(2)增强水土保持效能。

在水土流失严重的地区,整地是造林种草这一生物措施中的一个环节。通过把坡面整成一块块的平地、反坡或洼地,从而防止地表径流流量过大和流速过快,防止其过分汇聚,能够拦蓄地表径流,并分散积聚,使其能够渗入地下,增加土壤的含水量,减少水土流失。

(3)提高造林成活率,促进幼林生长。

立地条件的改善为幼林的生长提供了良好的环境,栽植的苗木较容易长出新根,提高了成活率。地温升高会延长林木的生长期,杂草、灌木和石块被清除,为林木根系的生长减小了阻力,有利于根系生长发育,促进幼林生长。

(4)减少杂草和病虫害。

造林地整地清除了种植点周围的植被,可以减轻杂草、灌木与幼苗、幼树的竞争,减少土壤水分和养分的消耗;造林地整地破坏了病虫赖以滋生的环境,减轻了病虫的危害。

(5)便于造林施工,提高造林质量。

土壤经过深翻,人工栽植过程省力、省工。造林地经过认真清理和细致整地,可减少造林时的障碍,便于进行栽植和抚育管理,有利于加快造林施工进度。如整地达到规格要求,可以减少窝根和覆土不足现象,有利于提高造林质量。

2)造林地整地的时间

按自然的季节变化确定的整地季节有春、夏、秋,因各地季节气候条件的变化,整地效果不同。

按整地时间与造林时间的关系确定的整地类型有:随整随造、提前整地。

(1)随整随造。

随整随造也称现整现造,就是整地之后立即造林,甚至一边整地一边造林。因整地与造林的时间间隔较短或基本上没有间隔,整地的有利作用还没有来得及充分发挥,所以这种方式在一般情况下较少采用。在北方一些地区禁止随整随造。但在土壤深厚肥沃、植被盖度较小的新采伐迹地,以及风蚀比较轻的沙地或草原荒地,随整随造也能取得满意的造林效果。这主要是因为新采伐迹地立地条件优越,土壤的肥、水、热条件都有利于林木生长,如过早整地反而可能造成水分散失,带来不利影响,沙地提前整地也增加了造成风蚀的可能性。

(2)提前整地。

提前整地也称为预整地,就是较造林提前至少一个季节进行整地。提前整地有利于植物残体的腐烂分解,增加了土壤中的有机质,改善了土壤结构;有利于改善土壤中的水分状况,尤其是在干旱、半干旱地区提前整地,可以做到以土蓄水、以土保水;对提高造林成活率起到重要作用;便于安排农事。一般春季是主要的造林季节,也是各种农事活动集中的季节,提前整地可以错开这个大忙季节。

提前整地的提前量应适宜,一般为三个月左右。春季造林,可在前一年的夏季或秋季整地;雨季造林,可在前一年的秋季整地,没有春旱的地区也可以在当年春季整地;秋季造林,最好在当年春季整地。春季整地后,可以种植豆科作物,这样既可以避免杂草丛生,还能改善土壤条件,并增加一定收入。

总之,整地季节和造林季节的配合既有生物学的问题,也有技术问题,在实施中需要根据具体情况确定。

3)造林地整地的方式

造林地整地的方式可以分为全面整地和局部整地两种。

(1)全面整地。

全面整地是翻垦造林地全部土壤的整地方式。这种整地方式可以彻底地清除造林地上的灌木、杂草和竹类,能显著地改善造林地的立地条件,便于实行机械化作业或进行林粮间作。此种方式费工多,投资大,易导致水土流失的发生,在施工中还会受到地形条件(如坡度)、环境状况(如石块、伐根、更新的幼树等)和经济条件的限制。

全面整地适用于地形平坦、开阔的造林地,如平原区的荒地、草原、无风蚀危险的固定沙滩地、盐碱地、丘陵土石山区的平整缓坡地、水平梯田等。

全面整地的限定条件是坡度、土壤的结构和母岩。在花岗岩、砂岩等母质上发育的质地疏松或植被稀疏的地方,一般应限定在坡度8°以下;在土壤质地比较黏重和植被覆盖较好的地方,一般坡度也不宜超过15°。

需要说明的是,无论是在南方或者是在北方,全面整地都不宜集中连片。面积过大,坡面过长时,在山顶、山腰、山脚等位置应适当保留原有植被,保留植被一般应沿等高线呈带状分布。另外,在坡度较大而又需要实行全面整地的地方,全面整地必须与修筑水平阶相结合。

(2)局部整地。

局部整地是翻垦造林地部分土壤的整地方式。局部整地包括带状整地和块状整地。

①带状整地。带状整地是在造林地上呈长条状翻垦土壤,并在翻垦部分之间保留一定宽度的原有植被的整地方法。这种方法便于机械化作业,对立地条件的改善作用也较好,不会造成集中连片的土壤裸露,不易造成水土流失,且较省工。

带状整地主要适用于无风蚀或风蚀较轻微的地区、伐根及其他障碍物较少的采伐迹地、坡度平缓或坡度虽大但坡面比较平整的山地和黄土高原、林中空地或林冠下的造林地。平原地区或平坦地区的带状整地多用机械化整地,在山地或采伐迹地的带状整地也有相应的机械设备,但目前使用得还不普遍。

带状整地的具体方法有水平沟、水平阶、反坡梯田、环山水平带、犁沟、高垄等。

②块状整地。块状整地就是以种植点为中心呈块状翻垦土壤、整理地形的整地方式。块状整地灵活性大,较省工,成本低,引起水土流失的可能性小,但改善立地条件的作用也小,适用于各种立地条件,尤其是地形破碎、坡度较大的地段,以及岩石裸露但局部土层较厚的石质山地、伐根较多的迹地、植被比较茂盛的山地等。块状整地还适宜于条件比较恶劣的地段,如风蚀较为严重的固定、半固定沙地,起伏较大的丘陵坡地、盐碱地,以及经营条件较差的边远地区的荒山荒地。

山地应用的块状整地有穴状、块状和鱼鳞坑,平原应用的块状整地有块状、坑状、高台等。

2.3.2 苗木准备

1. 苗木种类、年龄及规格

1)苗木种类

(1)根据苗木的培育方式分。

①实生苗:用种子繁殖的苗木。

②营养繁殖苗:用树木的营养器官繁殖而成的苗木。

(2)按照苗木出圃时根系是否带土分。

①裸根苗:根系裸露不带土,起苗容易,重量小,包装、运输、贮藏都比较方便,栽植省工,是目前生产上应用最广泛的一类苗木;但起苗时容易伤根,栽植后遇不良环境条件常影响成活。

②带土坨苗:根系带有宿土,根系不裸露或基本不裸露的苗木,包括各种容器苗和一般带土苗。这类苗木能够保持完整的根系,栽植成活率高,但重量大,搬运费工,因而造林成本比较高。

(3)按苗圃培育年限及移植情况分。

①移植苗:在苗圃中经过一次或多次移植栽培的苗木,多为大苗,根系发达。用移植苗造林见效快,营造农田防护林、四旁植树等多用移植苗。

②留床苗:从育苗到出圃始终生长在原播种地的苗木。

一般用材林用经过移植的裸根苗,速生丰产林可用带土坨苗,经济林多用嫁接苗,防护林多用裸根苗,四旁绿化和风景林多用移植的裸根苗或带土坨苗,针叶树苗木和困难的立地条件下造林用容器苗。

2)苗木年龄和苗木规格

(1)苗木年龄。

苗圃培育的苗木要求达到一定的苗龄和规格才能出圃造林。苗木过小、过大都会影响成活率。苗木年龄小,适应性强,但抵抗力弱;苗木年龄大,抵抗力强,栽后生长快,但适应性相对差。山地大面积造林多用1~2年生小苗,如速生树种杨树、泡桐等,常用1年生苗木;慢生树种和针叶树种多用2~3年生苗,如落叶松、油松为2年生,樟子松为2~3年生,云杉为3~4年生;营造速生丰产林和防护林常用2~3年生的移植苗,也可用3~4年生的移植大苗,这样造林后,苗木生长更快,发挥防护效益早;经济林可用3~4年生的嫁接苗;四旁绿化和风景林常用3~4年生以上的移植大苗。

(2)苗木规格。

苗木规格应参照《主要造林树种苗木质量分级》(GB 6000—1999)和地方的苗木标准确定。苗木分级以地径为主要指标,以苗高为次要指标。一般应采用Ⅰ、Ⅱ级苗造林。如栽植油松2年生苗,地径大于0.5 cm,苗高大于0.8 cm,根系长大于22 cm,侧根数大于8根。

2.苗木保护和处理

1)苗木保护

苗木保护的目的是保持苗木体内水分平衡,提高植苗造林成活率。因此,从起苗到栽植的各个工序要尽量减少苗木失水,尽量缩短从起苗到造林的时间,保护好苗木根系,不让其受损伤和干燥,同时要防止芽、茎、叶等受到机械损伤。要做到随起苗、随分级、随蘸泥浆(或浸水)、随包装、随运输、随假植、随栽植,避免风吹日晒,使苗木始终保持湿润状态。具体保护措施如下。

(1)细致起苗。遇到干旱、土壤干燥时,起苗前2~3 d灌水,使土壤松软,减少对根系的损坏。起苗后不摔打苗根,尽量保持根系完整,使茎芽不受损伤。

(2)及时分级、蘸泥浆、包装。起苗后,在阴凉处及时分级,分级后的苗木捆为50或100株的小捆,边捆边蘸泥浆,边用湿润物包装或假植。

(3)及时假植。苗木从苗圃起出后不能及时运走,或运至造林地后不能在短时间内栽植完时,要在背阴的地方挖假植沟,将苗木的根系其至整株苗木用湿土、沙等材料覆盖并浇水,以保持苗木体内的水分平衡。

(4)注意保湿。苗木长途运输过程中要覆盖,勤检查,避免苗木发热、发霉,要及时洒水,保持苗木湿润。

(5)用桶装苗。造林时用盛水桶提苗,以保持苗木根系湿润。但已蘸泥浆的苗木,提苗桶不要放水或少放一点水,栽植时边栽边取苗。

(6)及时浇水。栽植后要立即浇水。

2)苗木处理

为了保持苗木体内的水分平衡,在栽植前须对苗木地上部分和地下部分进行适当处理。

(1)地上部分的处理。

①截干。截干就是截去苗木大部分主干,仅栽植带有根系和部分苗干的苗木。截干是干旱、半干旱地区造林常用的重要技术措施之一。其目的在于减少苗木地上部分的水分蒸发,避免植株由于地上部分干枯而造成整个植株的死亡;在苗木质量较差的情况下,截干对提高苗木质量有一定的作用;苗干弯曲或受到损伤时,截干有助于培养干形。截干造林适用于萌芽能力

强的树种,如杨树、刺槐、元宝枫、黄栌等,可将苗干截掉,使主干保留 5~15 cm 长,以减少造林后地上部分的水分散失。

②修枝和剪叶。对常绿阔叶树进行修枝剪叶,可减少地上部分蒸腾失水。

③喷洒蒸腾抑制剂。蒸腾抑制剂的作用是在茎叶表面形成一层薄膜,在不影响光合作用和不过高增加体表温度的前提下,阻止水分从气孔逸散。此类物质主要有叶面抑蒸保温剂、PVO 和京 2B 等,还有石蜡乳化剂、橡胶乳化剂、十六醇、抑蒸剂等。也可通过喷洒化学药剂如有机酸(苹果酸、柠檬酸、脯氨酸、丙氨酸、反丁烯二酸)和 B_9 等,无机类药剂如硝酸铵、磷酸二氢钾、氯化钾等,来减少水分蒸腾,增加束缚水含量,提高原生质黏滞性和弹性,增加苗木生活力及抗旱能力。

(2)地下部分的处理。

①修根。修根就是剪除发育不正常的根、过长的根和起苗时受伤的根。修剪时剪口要平,以使剪口能迅速愈合,恢复吸水功能,同时也便于包装、运输和栽植。

②蘸泥浆。将吸湿性强的黏土附在根系表面,使根系在较长时间保持湿润,防止风干,达到保持苗木生活力的目的。泥浆稀稠要适宜,过稀则不能挂在根系上,过稠则挂泥过多,会增加重量,还可能在根系形成泥壳,影响根系的生理活动,使苗木根系腐烂。一般苗木放入后能蘸上泥浆,以不黏团为宜。这种方法主要适用于针叶树裸根苗以及阔叶树、灌木小苗。

③水凝胶蘸根。利用吸水剂加适量水配置成水凝胶蘸根,可以促进根系的恢复和新根的萌发。这种方法具有保水效果好、重量轻、费用低等优点。

另外,也可以用一定浓度的植物生长调节剂溶液蘸根。常用的植物生长调节剂有:萘乙酸、吲哚乙酸、吲哚丁酸、赤霉素及其复合制剂等。植物生长调节剂处理苗木所用的浓度和时间因树种、药剂种类而定。

④浸水。造林前将苗木根系放在水中浸泡,增加苗木含水量。经过浸水的苗木,耐旱能力增强,发芽早,缓苗期短,有利于提高造林成活率。浸泡时间一般为 1~2 d,杨树要全株浸水 2~4 d,最好用流水或清水浸泡苗木根系。

⑤ABT 生根粉处理根系。苗木栽植前,将 1 g ABT 生根粉用少量酒精溶解后加水 20 kg,浸根 1.5~2 h 即可。1 g ABT 生根粉水溶液可处理苗木 500~1000 株。

⑥接种菌根菌。菌根菌是真菌与植物根系的共生体。菌根菌能扩大根系的吸收面积,有利于苗木根系从土壤中吸水、吸肥,提高苗木的抗逆性,如耐干旱、耐瘠薄、耐极端温度和耐盐碱度,抵抗有毒物质的污染,增强和诱导苗木产生抗病性,提高土壤的活性,改善土壤的理化性质。接种菌根菌可以采取如下方法:

◆ 使用菌根剂处理苗木:所用的菌根剂可以从市场上直接购得,按说明书施用即可。

◆ 用带有造林树种菌根菌的土壤处理苗木:菌土可以取自该树种的林地或培育该树种苗木的苗圃地。

2.3.3 播种造林

播种造林也称直播造林,是把林木种子直接播种到造林地来培育森林的造林方法。

1.播种造林的特点

(1)播种造林能使植株形成发育完全而匀称的根系,避免植苗造林时可能引起的根系损伤。

(2)播种造林的幼林可塑性强,易适应造林地的环境条件。

(3)播种造林有时比植苗造林省工、省经费。

(4)播种造林后,种子、幼苗易遭受鸟、兽、杂草的危害,因此要求较细致的抚育管理。

(5)种子消耗多,在缺种子地区应用受到限制。

(6)造林环境条件要求较严格,干旱、寒冷、风大、杂草、灌木多的地方,造林不易成功。

2. 播种造林的适用条件

(1)土壤湿润疏松、立地条件较好的造林地。

(2)鸟兽害较轻的地区。

(3)具有大粒种子的树种(如橡树、栎树、板栗、核桃、山杏和文冠果等),或者发芽迅速、生长较快、适应性强的中小粒种子的树种(如油松、华山松、柠条、花棒等)。

(4)种子来源丰富、价格较低,幼苗生长快而且适应能力强的树种。

3. 播种前种子处理

1)种子消毒、浸种和催芽

(1)种子消毒:在病虫害比较严重的地区,特别是对针叶树种子,在播种前可利用药剂进行拌种处理,或用药液进行浸种或闷种。

(2)浸种和催芽:春季播种时,对于深休眠种子、被迫休眠种子,要进行浸种和催芽处理。如果造林地比较干旱或晚霜、低温危害严重,则可不浸种、催芽,直接播干种子。雨季一般播干种子,但如能准确地掌握雨情,也可以先浸种再播种;秋季播种时则不宜进行催芽处理。

2)种子包衣

种子包衣是指以精选种子为载体,应用手工或者机械途径在种子外面均匀包裹一层种衣剂。种衣剂包括杀虫剂、杀菌剂、微肥、植物生长调节剂、着色剂、填充剂、成膜剂等材料。包衣的种子种下后,种衣剂遇水吸胀,但几乎不溶解,而是在种子周围形成一个屏障,随着种子的萌动、发芽、成苗,有效成分缓慢、有序地释放,并被根系吸收,传导到幼苗各部分,使药、肥得到充分利用,以增强种子及幼苗对病菌和病虫害的抗性,达到节本增效的目的。种子包衣不仅可以防治病虫害,调控作物生长,从而提高产量,而且省种、省药、省工,减轻了环境污染,提高了效益。

4. 播种量确定

播种量根据树种的生物学特性、种子质量、立地条件和造林密度确定。种粒大、发芽率高、幼苗期抗逆性强的树种,播种量可小一些,反之则应大一些。造林地水热条件好、整地细致、集约经营的造林地,播种量可小一些,反之则应大一些。

目前播种造林多用大粒种子或萌芽力强的中小粒种子,穴播作业。在生产上,核桃、核桃楸、板栗、三年桐等特大粒种子,每穴 2~3 粒;栎树、油茶、山桃、山杏、文冠果等大粒种子,每穴 3~4 粒;红松、华山松等中粒种子,每穴 4~6 粒;油松、马尾松、樟子松等小粒种子,每穴 10~20 粒;柠条、花棒等特小粒种子,每穴 20~30 粒。不同的播种方法,播种量不同。一般穴播的播种量比条播、撒播低 2~3 倍,甚至 10 倍。如穴播柠条、杨柴,每公顷用种 3.75~7.5 kg,花棒、柠条 7.5 kg,而条播柠条每公顷达 22.5 kg。

5. 播种造林季节

播种季节和时间,影响种子出苗率、出土时间和成苗数量,而且关系到苗木木质化程度和抗旱越冬能力。根据造林地区的气候特点,特别是温度、降水条件、灾害性因子及土壤条件,并结合树种的生物学特性和造林技术要求,选定适宜的播种期,这是搞好播种造林工作的基础。就全国范围来说,四季都可以进行播种造林,但北方应把水分和低温作为确定播种期的首要条件,而南方则应将伏旱、高温和降水强度作为主导因素,同时还要分析不同树种在播种方法和技术上的异同,作为最后确定适宜播种季节和时间的依据。

(1)春季播种:在湿润地区或水分条件好的高海拔、高纬度地带的山地或采伐迹地进行,适用于多种树种造林,播种时间最好在土壤水分条件较好的土壤解冻初期。

(2)雨季播种(夏季播种):春旱严重的地区,可利用多雨的夏季播种。这一时期气温高,降水多,水热同期,播种后种子发芽、出土快,播种时间可根据当地的气候特点确定,一般可在雨季开始初期,即6月上旬至7月中旬为宜,适用于小粒种子,如松类、沙棘、柠条、花棒等。

(3)秋季播种:适宜于大粒、硬壳、休眠期长、不耐贮藏的种子,如栎树、核桃、山杏、油茶、油桐、银杏、白蜡等都可以秋季播种。秋播种子在土壤内越冬具有催芽作用,翌春发芽早,生长快。

(4)冬季播种:冬季北方地区天气严寒,土壤冻结,一般没有播种造林条件;而南方某些地区气温较高,土壤也比较湿润,可以进行马尾松、黄山松、云南松、麻栎等树种的造林。

6. 播种方法

播种可分为穴播、条播、撒播、缝播。

(1)穴播:在植穴中均匀地播入数粒种子(大粒种子)至数十粒种子(小粒种子),然后覆土镇压,覆土厚度一般为种子直径的2～3倍。

(2)条播:按一定行距开沟,将种子均匀地撒播在播种沟内,然后覆土镇压。

(3)撒播:将种子直接均匀地撒播在造林地上的造林方法,主要适用于地广人稀、劳力缺乏、交通不便的大面积荒山荒地、沙漠和采伐迹地。全面撒播一般播前不整地,播后不覆土,因而比较粗放。

(4)缝播:又称偷播,在鸟、兽害严重,植被覆盖度不太大的山坡上,选择灌丛附近或有杂草、石块掩护的地方,用锹或刀开缝,播入适量种子,踏实缝隙,地面不留痕迹。此法可避免种子被鸟、兽发现,同时又可借助灌丛、杂草庇护幼苗,防止风吹日晒,但不宜大面积应用。

7. 覆土厚度

覆土厚度对种子发芽、出土及保蓄水分的影响很大,往往是决定造林成败的关键。覆土厚度因种粒大小、播种季节,以及土壤质地和湿度的不同而不同。大粒种子覆土厚度为5～8 cm,中粒种子为2～5 cm,小粒种子为1～2 cm。一般覆土厚度是种子短径的2～3倍。沙性土可厚一些,黏土可薄一些;秋季播种宜厚,春季播种宜薄。播种要均匀,防止重播和漏播。

大粒种子出苗还与放置方式有关,如核桃、核桃楸等,种子的缝合线要与地面垂直,种尖朝向同一侧为最好;而栎类、板栗等则可以横放,使种子缝合线与地面平行。

2.3.4 植苗造林

1. 植苗造林的特点

1)植苗造林的优点

植苗造林是以苗木作为造林材料进行栽植的造林方法,又称栽植造林。植苗造林是目前

人工造林的最主要形式,应用普遍,效果较好,与其他造林方式相比,有如下优点:

(1)初期生长快。

(2)节约种子。

(3)适用于多种立地条件。

(4)新技术发展应用快。如容器苗造林、吸水剂、浸水、草灌覆盖、覆膜、机械植苗、接种菌根菌等先进技术的应用,使植苗造林方法获得显著的效果。

2)植苗造林的缺点

(1)造林成本较高。

(2)根系容易遭受损伤。

2.植苗造林的适用条件

植苗造林的应用几乎不受立地条件和造林树种的限制,尤其在下列情况下采用植苗造林更为可靠:

(1)干旱的盐碱地。

(2)干旱和水土流失严重的造林地。

(3)极易滋生杂草的造林地。

(4)容易发生冻拔害的造林地。

(5)鸟、兽害严重,播种造林受限制的地区。

(6)种子来源困难、价格昂贵的造林树种。

3.植苗造林季节选择

适宜的造林季节应该是温度适宜,土壤水分含量较高,空气相对湿度较大,符合树种的生物学特性,遭受自然灾害的可能性较小。

适宜的造林时机,从理论上讲应该是苗木的地上部分生理活动较弱(落叶、阔叶树种处在落叶期),而根系的生理活动较强,因而根系的愈合能力较强的阶段。

1)春季造林

在土壤化冻后苗木发芽前的早春栽植,最符合大多数树种的生物学特性。因为在温度较低的早春,根系的生理活动旺盛,愈合能力较强,此时苗木的地上部分尚未解除休眠,生理活动较弱,对苗木成活有利。对于比较干旱的北方地区来说,初春土壤墒情相对较好,所以春季是适合大多数树种栽植造林的季节。但是,对于根系分生要求较高温度的个别树种(如臭椿、枣树等),可以稍晚一点栽植,避免苗木地上部分在发芽前蒸腾耗水过多。

2)雨季造林

在春旱严重、雨季明显的地区(如华北地区和云南省),利用雨季造林切实可行,效果良好。雨季造林主要适用于若干针叶树种(特别是侧柏、柏木等)和常绿阔叶树种(如蓝桉等)。雨季高温高湿,树木生长旺盛,利于根系恢复。但是雨季苗木蒸发强度也大,加之天气变化无常,晴雨不定,会造成移植苗木根系难以恢复,影响成活。因此,造林成功的关键在于掌握雨情,一般在下过七场透雨之后,出现连阴天时为最好。

3)秋季造林

进入秋季,气温逐渐降低,树木的地上部分生长减缓并逐步进入休眠状态,但是根系的生理活动依然旺盛,而且秋季土壤湿润,因此苗木的部分根系在栽植后的当年可以得到恢复,翌春发芽早,造林成活率高。秋季栽植的时机应在落叶树种落叶后。有些树种,例如泡桐,在秋季树叶尚未全部凋落时造林,也能取得良好效果。秋季栽植一定要注意苗木在冬季不受损伤。冬季风大、风多、风蚀严重的地区和冻拔害严重的黏重土壤不宜秋植。

4) 冬季造林

在冬季,苗木处于休眠状态,生理活动极其微弱。所以冬季造林实质上可以视为秋季造林的延续或春季造林的提前。

我国北方地区冬季严寒,土壤冻结,不能进行常规造林,但可以进行容器苗造林;中部和南部地区冬季气温虽低,但一般土壤并不冻结,树木经过短暂的休眠即开始活动,是一个常用的造林季节。

4. 植苗造林的栽植方法

植苗造林的栽植方法一般可分为穴植法、缝植法和沟植法三种。其中容器苗可采用穴植法、沟植法,裸根苗可以选用穴植法、缝植法和沟植法。

1) 穴植法

穴植法也称明穴栽植、明穴造林,即在已整地的林地上挖穴栽苗,是一种最细致、应用最普遍的栽植方法。

(1) 栽植深度。

栽植穴深度不可小于苗木主根长度,宽度不可小于苗木根幅。栽植时一般要求培植土高于苗木根颈处原土印 2~5 cm。通常湿润地可以进行浅栽,干旱地要进行深栽;山区的阳坡和陡坡要深栽,阴坡和缓坡要浅栽;黏紧的土壤应浅栽,沙土和轻壤土宜深栽;秋季栽植宜稍深,雨季可略浅;耐水湿树种可深栽,耐干旱树种宜浅栽。

(2) 栽植位置。

人工栽植应保持苗木栽于穴的中央(特别是大苗),这样有利于根系生长发育。西北地区多把苗木栽于穴壁的内侧,称为靠壁栽植。靠壁栽植使苗木根系与结构未被破坏的土壤密接,毛管作用强,能及时吸收水分,适用于各种针叶树小苗。黄土高原造林整地一般为反坡梯田、水平阶、水平沟、鱼鳞坑等,苗木多栽于外侧,外侧土壤疏松,有利于蓄水保墒,由于外高内低,还可以防止苗木被雨水浸淹和泥土淤埋。

(3) 栽植株数。

阔叶树一般每穴 1 株,针叶树每穴 2~4 株或带宿土丛植,每丛 2~4 株。丛植具有对外界不良环境条件的抵抗力强的优点,特别是在杂草竞争中能发挥群体作用。

(4) 栽植技术。

①栽植时暂时不用的苗木应假植在背阴的地方,随栽随取;正在栽的苗木应放在塑料袋或盛有水的小桶中,或用湿草覆盖。当天起的苗木最好当天栽完。

②栽植时要做到"苗端、根舒、稍深、踏实",具体方法是"三埋两踩一提苗"。

③栽植后整穴,留坑蓄水,并覆盖草灌或塑料薄膜,以保持土壤水分,提高造林成活率。

2) 缝植法

在东北东部林区水分充足、土壤深厚的新采伐迹地多采用缝植法(或称保土防冻更新法)。缝植法是指在事先整过地的造林地上,用植苗锹或镢头开缝栽植苗木的方法。先将植苗锹插入土中,达到栽植深度后,把锹向前推,再往后搬,开出窄缝,把苗木放入缝中后取出植苗锹,再在植苗栽植缝一侧 10 cm 的地方,将植苗锹插入土中,深度同前,先推后搬,使植苗缝挤满土。缝植法工效较高,能获得较高的成活率,但栽植时必须把土壤压紧,严防根系"悬空"。此法多用于土壤疏松的采伐迹地、沙地上栽植针叶树或直根性树种的裸根小苗,不适宜容器苗造林。在冻拔害比较严重的高寒山地,用缝植法可以避免冻拔危害。目前大面积荒山造林很少用此法。

3)沟植法

沟植法是指在已经整过地的造林地上,用植树机或畜力按一定行距开沟,并将苗木按一定株距摆放在沟内,再以相反方向开沟翻土覆盖苗根,最后扶正苗木,踏实土壤。这种方法工效较高,但只能在地势较平坦、坡度较缓、土层深厚的地方应用。西北干旱地区在道路和村庄绿化中也经常采用沟植法,即沿道路两侧挖宽 1.0 m、深 0.6~0.8 m 的沟,然后按一定的株距把苗木放入沟内,填土砸实。此法虽然费工,但栽植质量很高。

2.3.5 分殖造林

分殖造林又称分生造林,是利用树木的营养器官(如枝、干、根、地下茎等)作为造林材料,直接栽在造林地上进行造林的方法。

1. 分殖造林的特点及适用条件

分殖造林实际上是营养繁殖,所以它具有营养繁殖的一般特点,如较好地保持母体的优良遗传性状,生长速度较快,多代无性繁殖造成寿命短促、生长衰退等。和播种造林、植苗造林相比,分殖造林省工、省时、成本低。由于分殖造林所用的繁殖材料数量比较多,没有现成的根系,因而要求母树来源丰富,且树种能迅速产生大量不定根,造林地水分条件较好。

2. 分殖造林季节选择

分殖造林的季节因具体树种、地区和造林方法的不同而不同。

插干造林的季节与植苗造林的基本相同。根据树种和地区选择具体的造林时间。常绿树种随采随插,落叶树种随采随插或采条经贮藏后再插。有些地区可以雨季或冬季插植。埋干造林,偏南地区 2—3 月中旬,偏北地区可延迟到 4 月上旬。

竹类造林的季节因竹种的不同而异。散生竹造林一般适宜在秋冬季节进行,如毛竹最佳的造林季节是 11 月至翌年 2 月。早春发笋长竹的竹种,如早竹、雷竹,宜在 12 月造林;4—5 月发笋长竹的竹种,如刚竹、淡竹、红竹、高节竹等宜在 12 月至翌年 2 月造林。梅雨季节移竹造林只适用于近距离移栽。

3. 分殖造林的技术要求

分殖造林因所用的营养器官和栽植方法的不同而分为插条(干)造林、埋条(干)造林、分根造林、分蘖造林及地下茎造林等多种方法。埋条造林类似于埋条育苗,其特点也与插条造林相同;分蘖造林适用于能产生根蘖和桩蘖的树种,如杉木、枣树及一些花木类观赏树种,因繁殖材料有限,仅用于零星植树及小片造林;分根造林主要适用于根系萌蘖能力强的树种,如泡桐、楸树、漆树、白杨派杨树等,近年来逐渐被埋根苗的植苗造林所代替。这里仅介绍插条(干)造林和地下茎造林。

1)插条造林和插干造林

(1)插条造林。

插条造林是截取树木或苗木的一段枝条作为插穗,直接插植于造林地的方法。插穗的年龄、规格、健壮程度和采集时间对造林成活率的影响很大。造林地以富于保水的壤土和黏壤土为宜,干燥的土壤插穗难以成活,如在这样的立地条件下造林,必须选择降水充沛的雨季或具备灌溉条件;黏重的土壤插穗发根不好,也会因透水性差而导致插穗腐烂。

(2)插干造林。

插干造林是将幼树树干或大树粗枝直接插于造林地的造林方法。一般采用2~4年生,直径为3~5 cm的枝干,截成2~4 m备用,插植深度约1 m。近年来,北方地区和华东地区推广的杨树长干深栽,也是一种插干造林方法。具体方法是把2~3年生的大苗自根茎处截断,并剪去部分枝叶,用此茎干深插2~3 m,使之接近地下水,其余部分则露出地面。栽插所用的孔穴,可以人工挖成,也可用专用机械钻成。长干插入土中后,插孔要填土砸实,有条件灌水则更佳。由于深栽的下截口可以直接吸收地下水,插干的下端处于湿润的土层中,所以插干发根快,成活率高,长势旺。长干深栽主要适用于生根比较容易的杨树、柳树等。

2)地下茎造林

地下茎造林是竹类的造林方法之一。中国是世界上最主要的产竹国,无论是竹子的种类、面积、蓄积量,还是竹材、竹笋的产量,都居世界首位。据统计,全世界共有竹类植物70多属1000余种,我国竹类植物有39属500余种。

(1)地下茎概述。

地下茎是竹类孕笋成竹、扩大自身数量和范围的主要结构。来自同一地下茎系统的一个竹丛或一片竹林,本质上是同一个"个体",我们可以把地下茎看成该个体的主茎,竹秆则是主茎的分枝。

根据竹子地下茎的生长状况,可将其分为三种类型。

①合轴型。合轴型竹类的地下茎由秆柄和秆基两部分组成,秆基的芽直接萌笋成竹。这种类型的竹一般不能在地下做长距离的蔓延生长,新竹以短而细的秆柄与母竹相连,靠近母竹,由此形成秆茎较密集的竹丛。具有此种繁殖特性的竹类称为合轴丛生竹类,如龙竹。但是,有的竹类,秆柄可延长生长形成假鞭,顶芽在远离母竹的地点出土成竹,竹秆呈散生状,这种竹类称为合轴散生型竹类。这种假鞭一般为实心,节上无根无芽,仅包被着叶性鞘状物,如箭竹、泡竹。

②单轴型。单轴型竹类的地下茎包括细长的竹鞭、较短的秆柄和秆基三个部分。秆基上的芽不直接出土成竹,而是先形成具有顶芽和侧芽,节上长不定根,并能在地下不断延伸的竹鞭。因此,地面的竹秆之间距离较长,呈散生状态,并能逐步发展成林。具有此种繁殖特性的竹类称为单轴散生型竹类,如毛竹、刚竹、淡竹等。

③复轴型。复轴型竹类的地下茎兼有合轴型和单轴型竹类的地下茎的特性,秆基上的芽既可直接萌笋成竹,又可长距离延伸成竹鞭,再由鞭芽抽笋成竹,因此地面竹秆为复丛状。具有此种繁殖特性的竹类称为复轴混生型竹类,如箬竹、苦竹等。

(2)竹类造林方法。

竹类造林方法可分为6种:移母竹造林、移鞭造林、诱鞭造林、埋节育苗造林、扦插造林和种苗造林。前5种为分殖造林法,但只有前3种属于地下茎造林方法。

①移母竹造林。移母竹造林包括母竹选择、母竹挖掘、运输和栽植等环节。母竹的选择要把好年龄、大小和长势三关。散生竹造林的母竹以1~2龄为佳,因1龄的母竹所连的竹鞭一般都处于壮龄鞭阶段,鞭上着生的健壮、饱满的芽多,竹鞭根系发达。母竹的粗细以胸径

3～4 cm(毛竹等大径竹)或 2～3 cm(小径竹)为宜。母竹应是分枝较低、枝叶茂盛、竹节正常、无病虫害的健康立竹。

散生竹母竹的规格一般要求来鞭长 30～40 cm,去鞭长 50～70 cm,竹秆留枝 3～5 盘,截去顶梢,鞭蔸多留蓄土。挖出的母竹在打梢并妥善包装后运至造林地。

挖穴栽植时,穴宜稍大,在整地的穴上,先将表土垫于穴底,将母竹解除包装后放入穴中,使鞭根下部与土壤密切接触,先垫表土,后垫心土,分层踏实,覆土深度比母竹地上部分深 3～5 cm,穴面壅土呈丘状。

②移鞭造林。移鞭造林就是从成年的竹林中挖取根系发达、侧芽饱满的壮龄鞭,以竹鞭上的芽抽鞭发笋长竹成林。移植的竹鞭要求年龄 2～5 年,鞭段长度 30～50 cm,每个鞭段必须有不少于 5 个具有萌芽能力的健壮侧芽。所挖的鞭段要求保持根系完整、侧芽无损、多带蓄土。远距离运输需进行包装。穴应大于鞭根,栽植时将解除包扎物的竹鞭段平放,让其根系舒展,再填土、压实、浇水,然后盖表土,表土略高于地表面。移鞭造林取鞭简单,运输方便,适合于交通不便的地区造林和长距离引种。

③诱鞭造林。由于散生竹的竹鞭在疏松的土壤中即可延伸,所以在其附近创造适宜延伸的土壤条件就能达到造林的目的。具体做法是:清除林缘的杂草和灌木,翻耕土壤,在翻耕松土时,将林缘健壮的竹鞭向林外牵引,覆以肥土。

④埋节育苗造林。埋节育苗造林是丛生竹分殖造林的重要方法之一,它是利用大多数丛生竹竹秆和枝芽上的部分尚未萌发的隐芽,在适当条件下能萌发生根长竹的特性育竹造林的方法。具体做法是:将母竹竹秆截成段,每段最好有 2 个竹节,直埋、斜埋或横埋在深 20～30 cm 的沟内,节上的枝芽向两侧摆放,覆土、压实、盖草。

2.3.6 幼林抚育管理

1.幼林地土壤管理

1)松土除草

(1)松土除草的作用。

松土除草是幼林抚育最重要的一项工作。在松土的同时清除杂草,改善土壤的通气性、透水性和保水性;促进土壤微生物的活动,加速土壤有机物的分解和转化,从而提高土壤营养水平;清除与幼树竞争的各种植物,保证给予幼树成活和生长的空间,满足其对水分、养分和光照的需要,使其度过成活阶段并迅速进入旺盛生长期。

(2)松土除草的年限、次数和时间。

松土除草的持续年限应根据造林树种、立地条件、造林密度和经营强度等具体情况而定。一般情况下,应从造林后开始,连续进行到幼林全部郁闭为止,需要 3～5 年。在培育速生丰产林和经济林时,松土除草要长期进行,不以郁闭为限。

每年松土除草的次数,受造林地区的气候、立地条件、树种、幼林年龄和当地经济条件等因素的制约。通常造林的当年就要松土除草,第 1、2 年 2～3 次,第 3、4 年 1～2 次,第 5 年 1 次,以后视杂草和林木生长情况决定松土除草的次数。

一般在幼树高生长旺盛期来临前和杂草生长旺盛季节进行松土除草,以减少杂草和灌丛对水分、养分的争夺,促进幼树生长。

(3)松土除草的方式和方法。

松土除草的方式依据整地方式和经济条件的不同而不同。在全面整地的情况下,可以进行全面翻土除草;有机械化条件的,行间可用机械中耕,株苑处松土除草;局部整地的幼林,采取人工松土除草,并逐步扩大松土范围。如采用块状、穴状整地的,通过1~2次扩穴连成水平带;原为带状整地的,可逐年扩带培土,以满足幼林对营养面积日益扩大的需要。

松土除草要做到"三不伤、二净、一培土"。"三不伤"即不伤根、不伤皮、不伤梢,"二净"即杂草除净、石块拣净,"一培土"是把疏松的土壤培到幼树根部。

松土除草的深度应根据幼林生长情况和土壤条件确定。造林初期浅,其后随着幼树年龄的增大而逐步加深;土壤质地黏重、表土板结或幼林长期失管,而根系再生能力又较强的树种,可适当深松;特别干旱的地方,可再深松一些。总之,松土除草要做到:里浅外深;坡地浅,平地深;树小浅,树大深;沙土浅,黏土深;土湿浅,土干深。

夏季酷热、冬季严寒的地区,夏秋两季除草时,应在不影响幼树生长的前提下,根据杂草和灌丛生长的繁茂情况,适当保留一部分杂草和灌丛,为幼树遮阴或防寒;长期荒芜、杂草和灌丛较多的幼林地,以及耐阴树种、播种造林的针叶树幼林,应避免在干旱、炎热的季节除草,以免幼林暴晒死亡。

(4)化学除草剂除草。

利用化学除草剂除草,具有简便、及时、有效期长、效果好、省劳力、成本低、便于机械化作业等优点。因此,在幼林抚育管理中,采用化学除草剂除草也是一种比较好的方法。使用化学除草剂时应特别注意人身安全。

2)水分管理

(1)灌溉。

灌溉是造林时和林木生长过程中人为补充林地土壤水分,提高造林成活率、保存率,促进幼林生长的有效措施。

灌溉有漫灌、畦灌、沟灌、喷灌、滴灌等方法。幼林灌溉可以采取量多次少的方法,以使湿润强度较大,延长灌水间隔期,减少灌溉次数。灌溉后要及时松土,以减少土壤水分蒸发,提高灌溉效益。

(2)排水。

在多雨季节或湖区、低洼地造林,由于雨水过多或地下水位过高,往往会造成林地积水,可采用高垄、高台等降低水位的整地方法造林,同时在林地内修排水沟,多雨季节及时排除积水,增加土壤通气性,促进林木生长。

3)林地施肥

(1)林地施肥的特点。

林地施肥是集约经营森林的重要技术措施之一。林地施肥具有以下特点:

①林木系多年生植物以施长效有机肥为主。

②用材林以长枝叶及木材为主,应施用以氮肥为主的完全肥料,幼林时适当增加磷肥,对分生组织的生长、营养器官的迅速扩大有很大作用。

③林地土壤,尤其是针叶林下的土壤酸性较大,对钙质肥料的需要量较多。

④有些土壤缺乏某种微量元素,在施用 N、P、K 的同时,配合施入少量的 Zn、B、Cu 等,往往对林木的生长和结实极为有利。

⑤幼林阶段林地杂草较多,施肥应与化学除草剂的施用结合起来比较好。

(2)林地施肥的方法。

幼林的施肥方法有手工施肥、机械施肥和飞机施肥等方法。林木是多年生植物，栽培周期长，最好在采伐利用前能进行多次施肥。施肥的时期应以 3 个时期为主，即造林前后、全面郁闭以后和主伐前数年。造林前可在整地时结合施基肥（撒施或穴施），直播造林时可用肥料拌种或结合拌菌根土后播种，实生苗造林时可使用沾根肥。造林后多结合幼林抚育在松土后开沟施肥，但也可全面施肥。全面郁闭以后和主伐前可用人工、机械或飞机全面撒肥。施肥深度一般应使化肥或绿肥埋覆在地表以下 20～30 cm 或更深一些的地方。

4）林农间作

林农间作又称林粮间作，是幼林郁闭前，利用幼林行间的间隙种植各种作物，通过对间种农作物的中耕管理，抚育幼林，达到以耕代抚的目的。这不仅节省了幼林的抚育用工，降低了营林成本，增加了经济收入，而且能够改良林地土壤，促进林木生长。因此，无论从生物学还是经济收益等方面来看，林农间作都有重要的意义。

(1)间作植物的类型。

①林地土壤已熟化，间作植物可选择花生、豆类、油菜及药用草类植物。

②林地土壤尚未熟化，间作植物可选择绿肥、谷子、荞麦等。

③林地土壤较好的缓坡地，可以开成水平耕地，间作植物可选择各种农作物、绿肥等。

(2)间作的方法。

①实行轮作。在同一块林地上如果连年间作同一种农作物，土壤中的某些养分就会缺乏，造成作物生长不良，且易引起病虫害，采取林地轮作农作物的方法可避免这些现象。轮作农作物的方法有两种：一是一年一轮作，如第一年种植药材、小麦，第二年种植大豆、绿肥，第三年种植花生、大麦、小麦等；二是一季一轮作，如春季种植豆科植物，秋季种植绿肥作物，第二年春季间种农作物前，把绿肥翻入土壤中作为基肥。

②掌握距离。林农间作是在幼林的行间进行的，要保持林木与间种作物之间的距离，应以树木能得到上方光照而造成侧方庇荫的条件，且间种作物的根系不与幼树根系争夺水、肥为原则。一般在 1～2 年生幼林中，应距幼树根际 30～50 cm 间作比较合适。

③加强管理。林农间作要及时中耕除草、施肥、灌溉和防治病虫害。在间种作物播、管、收的全过程中，应注意有利于幼树生长，防止对幼树的损伤，坚持做到作物秸秆还地，以增加土壤有机质，促进林木生长。

2.幼树管理

1）间苗

播种造林或丛状植苗造林后，苗木密集成丛，幼林在全面郁闭之前，先达到簇内或穴内郁闭。随着个体的生长，对营养面积的要求不断增大，小群体内的个体开始分化，出现生长参差不齐的现象。因此，必须在造林后及时进行间苗。

间苗的时间、强度及次数，可根据立地条件、树种特性、小群体内植株个体生长情况以及密度确定。若立地条件好，树种生长速度快，小群体内植株个体分化早，密度大，可在造林的第二、三年进行间苗；反之，可推迟到 4～5 年进行间苗。

生长迅速的树种林分，间苗强度宜大一些；生长中速的树种林分，间苗强度应稍小；生长缓慢的树种林分，间苗强度宜更小。在立地条件差的地方，林木保持群体状态更有利于抗御不良环境的影响，也可以不进行间苗。间苗一般为 1～2 次，特别是在小群体内植株数量较多时，不可一次全部间掉，以防环境发生急剧变化而影响保留植株的生存和生长。

2) 平茬

平茬是利用树种的萌芽能力，截去幼树的地上部分，使其重新萌生枝条，培养成优良树干的一种抚育措施。它适用于萌芽能力强的树种，如杨树、泡桐、檫树、刺槐、臭椿、桉树、樟树等。平茬不是必需的抚育措施，只是在造林后，幼树的地上部分由于某种原因（如机械损伤、冻害、旱害、病虫害、动物危害等）而不能成活或失去培养前途时才采取的复壮措施。

平茬应紧贴地面，不留树桩，工具要锋利，切口要平滑，平茬后及时覆土，防止茬口冻伤及损失水分。

平茬一般在幼林时期进行，灌木树种平茬的期限可适当延长。平茬时间以在树木休眠季节为宜，不要在晚春树木发芽后进行平茬，以免伤流量过多而感染病虫害；也不要在生长季节进行平茬，以防萌条组织不充实，越冬遭受寒害。

3) 除蘖

除蘖是除去萌蘖性很强的树种（如杉木、刺槐、杨树等）植株干基部的萌蘖条，以促进主干生长的一项抚育措施。

除蘖一般在造林后 1~2 年进行，但有时需要延续很长时间，反复进行多次，才能取得良好的效果。

4) 抹芽

抹芽是促进幼树生长，培育良好干形的一项抚育措施。当幼树的树干上萌发出来的嫩芽未木质化时，把幼树树干 2/3 以下的嫩芽抹掉，这样可防止树木养分分散，有利于幼树的高生长，同时还可以避免幼树过早修枝，既省工又可培育无节良材。

5) 修枝

修枝是通过人为的措施调整林木内部营养的重要手段。要达到合理修枝，必须注意以下几个方面的问题。

(1) 开始修枝的年限。

树种不同，开始修枝的年限也不同。以用材林树种为例，一般生长较慢的阔叶树和针叶树，要在高生长旺盛时期后进行修枝；对于直干性强的树种，如杉木、落叶松、云杉、水曲柳等，在幼林郁闭前一般不宜修枝，当林分充分郁闭，林冠下出现枯枝时才开始修枝；对于主干不明显，目的在于利用干材的树种和一些速生阔叶树种，如泡桐、白榆、樟树、栎类、黄檗等，修枝要早一些，可以提早到造林后 2~3 年进行。

(2) 修枝的季节。

修枝应该在晚秋和早春树木休眠期进行。但对于萌芽力强的树种，如刺槐、杨树、白榆、杉木等，也可在夏季生长旺盛期修枝，这时树木生长旺盛，伤口容易愈合，修枝后能抑制丛生枝的萌生。切忌在雨天或干热时期修枝，以防伤口渍水而感染病害或很快干燥而影响愈合。伤流严重的树种，如核桃等，应在果实采收后修枝。

(3) 修枝的强度。

合理的修枝强度，应当以不破坏林地郁闭和不降低林木生长量为原则。幼树修枝主要是修去树冠下过多而密的分枝，改善林分的通风、透光条件，以集中养分，促进主干生长。一般常绿树种、耐阴树种和慢生树种的修枝强度宜小，落叶阔叶树种、喜光树种和速生树种的修枝强度可稍大。树种相同，立地条件好、树龄大、树冠发育好，修枝可稍大，否则修枝宜小。通常情况下，在幼林郁闭前后，修枝强度为幼树高度的 1/3~1/2，随着树龄的增长，修枝强度可达到树高的 2/3。以生产果实为目的的经济林树种，修枝是为了促进其开花结实，在定植 2~5 年内,根据不同树种的要求剪去顶枝,使树冠发育均衡,并剪去过密枝、徒长枝、枯枝和病虫害枝,这样有利于树木生长和开花结实。

(4)修枝的方法。

小枝可用锋利的修枝剪或砍刀紧贴树干修剪或由下向上进行剃削,保证剪口和切口平滑,以利于伤口愈合;对于粗大的枝条,用手锯由下向上锯开下口,然后从上往下锯,避免撕破树皮或造成粗糙的切口和裂缝,影响树木生长。

6)幼林保护

(1)封山育林。

封山育林是促进幼林成林的重要措施。在造林后 2~3 年内幼林平均高度达到 1.5 m 之前,应对幼林进行封山育林。造林后除对林地进行抚育以外,还应对幼林实施封山育林管理,严禁放牧、砍柴、割草,加强宣传教育,建立和健全各项管护制度,把封山护林和封山育林结合起来,促进幼林迅速生长。

(2)预防火灾。

人工幼林多处于人为活动比较频繁的地方,防火具有十分重要的意义。特别是森林防火等级较高的地区和林种,更应该注意加强防火工作。根据林区和林种的特点,建立健全、科学的防火体系(组织、制度、设施、手段和方法等),做好幼林的护林防火工作。

(3)生物灾害控制。

幼林生物灾害控制,必须认真贯彻"预防为主,综合治理"的方针,从造林设计和施工时起就应该采取各种预防措施,如营造混交林等;在林木培育过程中,加强抚育管理,改善幼林生长环境条件和卫生状况,促进幼林健壮生长,增强抗性;因地制宜地保护天敌,以生物控制为主,并辅以人工捕杀等物理措施来控制林木有害生物,尽量避免药剂防治,特别是要禁止使用高毒、高残留的化学药剂。同时,要建立和健全森林有害生物的林木检疫机构,认真做好林木检疫和有害生物的监测工作,控制林木有害生物的传播、蔓延和成灾。

(4)防除寒害、冻拔、雪折和日灼危害。

在冬春旱风严重的地区,造林后容易受寒害的树种,可在秋末冬初进行覆土防寒;在排水较差或土壤黏重,容易遭受冻拔危害的地区,可采取高台整地、降低地下水位、林地覆草的方法来减少冻拔害的发生;在容易发生雪折的地区,应注意合理选择树种或合理搭配不同树种;对于容易遭受日灼危害的地区,除注意林分树种组成以外,还应避免在盛夏高温季节进行松土除草。另外,在选择造林地时,应加以注意,选择低海拔山地造林,成林后及时抚育间伐和适当修枝,这样也可减轻各种灾害的危害。

2.4 营造林工程项目管理与监理

2.4.1 造林检查验收

1.造林质量检查验收

1)施工作业检查

原则上要在每项造林施工作业(如造林地清理、整地、苗木出圃、播种或植苗造林、幼林抚育和补植等)完成后,都要进行检查,其中关键是整地及种植造林后的两次检查。检查工作可在自检、互检（如工队间）的基础上，由上级单位派专业人员会同当地技术人员进行检查。检查要以调查设计、施工设计中的规定及相关技术规程要求为标准。

(1) 整地作业检查的主要内容。

整地作业检查的主要内容是整地的规格和质量。在机械化全面整地时，主要检查翻地深度是否合乎设计要求，扣垄是否严密，翻后是否耙平耙细等。在局部整地，特别是在山地带状或块状整地时，主要检查整地的长、宽、深规格，包括地埂或垄沟的规格是否合乎设计要求，整地范围内的土壤是否松碎，石头、树根是否拣净，松土深度是否均匀一致（避免出现锅底形）等。

(2) 造林作业检查的主要内容。

造林（播种或植苗）作业检查的主要内容是造林的面积和质量。

在造林面积不大时，可采用逐块造林地实测检查的方法；在造林面积较大时，可采用抽样实测的抽查方法，一般造林时可用地形图现场勾绘代替实测。抽查时要注意抽样的随机性，并保证抽样的可靠性。抽样实测面积与上报的造林面积之间的差距不能超过一定的界限（一般定为 1%～3%，工程造林从严要求），如超过此界限，应视为上报数字不实，需更改上报数字或采用其他补救办法。造林面积检查可在造林作业完成后进行，也可延至幼林成活率检查时结合进行。

造林质量检查应在造林作业完成后（甚至在造林施工过程中）立即进行，主要检查播种或栽植的质量。在播种造林时，重点检查播种量、播种深度（覆土厚度）、播种位置及间距等是否符合要求，种子质量的好坏及催芽程度如何，播种后覆盖情况及各项作业是否适时等；在植苗造林时，则要重点检查苗木质量（规格及保护情况）的好坏，栽植深度是否适宜，苗根是否舒展并踩（或挤）实，栽植位置及间距是否符合要求，栽植作业是否适时等。

2) 幼林检查验收

(1) 成活率调查。

对于新造幼林，经过一个完整的生长季后，要进行成活率调查。成活率调查必须遍及每一块造林地（小班），采用标准地或标准行的方法，随机或机械布点，抽查面积应不小于每个造林地块（小班）面积的 2%～5%（造林地 100 亩以下时为 5%，500 亩以上时为 2%）。植苗造林和播种造林时，每个种植点（穴）只要有 1 株以上（含 1 株）的苗木成活，即可作为成活点（穴）计数〔有时苗木虽仍活着，但从生长、色泽、硬度等方面看，估计有死去的可能，这样的种植点（穴）列为可疑，统计时只将可疑点（穴）数的 50% 算作成活率〕。埋干造林时，长达 1 m 的间段没有萌条，即算作 1 株死亡数。成活株（穴）数占检查总株（穴）数的百分比即为成活率。各级经营单位的平均造林成活率，要按各小班面积及成活率做加权平均。

经检查确定，造林成活率不足 40% 的小班，要从统计的新造幼林面积中注销，列入宜林地重新造林。成活率为 41%～84% 的小班，要求进行补植。补植应按原设计树种（特殊情况下也可另做专门安排）用大苗及时完成，以免引起幼林的早期分化。在调查成活率时，还要对苗木死亡和种子不萌发的原因进行调查统计分析，有多少是因为种苗质量不好，有多少是因为播种或栽植作业存在问题，有没有病、虫、兽害的干扰，不利气象因素的影响有多大，有没有人为因素（樵采、放牧、践踏等）危害等。

(2) 保存率调查。

一般幼林经 3 年左右的抚育管理，成活已经稳定，此时应再做调查。核实幼林保存面积及保存率，评价其生长状况，提出今后应进一步采用的抚育管理措施。当幼林已达到规定的保存率及生长指标时，可做最后的复查验收，并拨付全部造林投资款或补助款。当幼林达到郁闭成林时可划归有林地,小班全部技术档案列入有林地资源档案。

3)造林工程的竣工验收

对于大的、立项的或受合同约束的造林工程项目,在其全部工程完成以后,要履行竣工验收这个法定手续。验收的主要依据是:①上级主管部门批准的计划任务书及有关文件;②建设单位与主管部门签订的工程合同书;③专为此项目进行的总体规划设计及有关作业设计的成果材料;④国家现行的技术规程及成果评价规范。

造林工程的竣工验收工作,由上级林业主管部门(下达任务单位)组织的由行政负责人及技术专家组成的验收工作组负责进行。竣工验收的标准是:①工程项目按合同规定和规划设计要求全部竣工完毕,达到国家规定的质量标准(平均株数保存率、面积保存率、林木生长指标、经济效益及生态效益的主要指标等);②技术档案齐全,包括总体规划设计资料、作业设计资料、阶段性成果评价资料,以及在此基础上建立的完整的造林技术档案等。除此以外,工程完成的期限也是验收时评价工程的重要因素。

造林工程经验收工作组检查,如确认完全符合计划任务书及总体规划设计要求,验收合格,即可由工程执行单位向主管部门办理竣工手续。竣工验收意味着原来签订的工程合同终止,对于施工单位,即解除了在合同中承担的一切经济责任和法律责任。在验收过程中,如发现有些方面尚存缺陷,需要采用重造、补植、林分改造等措施来补救,可视情况及形成这些情况的原因(施工技术、指挥管理、不可预见的灾害等因素),或按期验收并指明情况,限期整改;或不予验收,暂缓办理竣工手续。

造林工程竣工验收后,人工林即进入正常的经营状态,由森林经营单位接收经营。对于所有已经郁闭的人工林及尚未郁闭的新造幼林,均需为之建立森林资源档案,纳入森林资源管理系统。

2.检查验收程序

造林单位先行全面自查,上级林业主管部门组织复查和核查。

1)县级自查

造林当年,以各级人民政府及其林业行政主管部门下达的造林计划和造林作业设计作为检查验收依据,县级负责组织全面自查,提出验收报告,报市(地)级林业行政主管部门,市(地)级林业行政主管部门审核后,报省级林业行政主管部门。

2)省(市)级抽查

在县级上报验收报告的基础上,市(地)级林业行政主管部门严格按照造林检查验收的有关规定组织抽样复查,省级林业行政主管部门根据实际需要组织抽样复查或组织工程专项检查,汇总报国务院林业行政主管部门。

3)国家级核查

根据省级上报的验收报告、统计上报的年度造林完成面积,国务院林业行政主管部门组织对造林进行核(检)查,纳入全国人工造林、更新实绩核查体系中,并将核(检)查结果通报全国。

3.检查验收方法与内容

1)检查验收方法

采取随机、机械、分层抽样等方法进行抽样,被抽中的小班,以作业设计文件、验收卡等技术档案为依据,按照造林质量标准,实地检查核对、统计评价。

国家级核查比例实行县、省两级指标控制的办法,即以县为基本单元,核查县的数量比例不低于10%,所抽中县的抽查面积不低于上报面积的5%;以省为单位计算,抽查面积不低于上报面积的1%。省(市)级检查,在保证检查精度的原则下,由各地根据实际情况自行确定。

2)检查验收内容

检查验收内容包括作业设计、苗木标准、造林面积、建档情况、混交类型以及"五证"等。具体考核指标为作业设计率、苗木合格率、面积核实率、成活率、面积合格率、抚育率、管护率、混交率、保存率、建档率、检查验收率,以及生长情况、病虫危害情况、森林保护和配套设施施工情况等。

2.4.2 营造林工程项目管理与监理

1. 工程造林

工程造林是指把普通的植树造林纳入国家的基本建设规划中,运用现代的科学管理方法和先进的造林技术,按国家的基本建设程序进行植树造林,即工程造林＝国家基建程序＋现代管理方法＋先进造林技术。工程造林是伴随着社会的进步、现代科学技术的发展和林业的发展战略需要而产生并逐步扩大形成体系的。

2. 招标管理

林业生态工程项目实行招标投标制,这是适应市场经济规律的一种竞争方式,也是与国际惯例接轨的措施,主要包括项目前期的规划设计,主要设备、材料的供应,工程监理,重点工程的施工等方面。

2002年国家林业局(现改为国家林业和草原局)制定的《造林质量管理暂行办法》规定,要推行造林工程项目招标投标制度或技术承包责任制;规定国家单项投资在50万元以上和种子或基础设施等建设项目实行招标投标,推行有资质的造林专业队(工程队、工程公司等)承包造林,其他造林项目由县级林业行政主管部门做好组织、指导、监督和提供技术咨询服务等工作,实行技术承包。

3. 营造林工程项目监理

营造林工程项目监理,就是指在营造林工程项目建设中设置专门机构,指定具有一定资质的监理执行者,依据营造林行政法规和技术标准,运用法律、经济或技术手段,对营造工程项目建设参与者的行为和他们的责、权、利进行必要的约束与协调,保证营造林工程项目建设有序、顺利地进行,达到营造林工程项目建设的目的,并能取得最大投资效益、最佳工程质量的一项专门性工作。我们把执行这种职能的专门机构称为监理单位。

工程监理是指监理单位受项目法人的委托,依据国家批准的工程项目文件,有关工程项目建设的法律、法规和工程项目建设监理合同及其他工程项目建设合同,对工程项目建设实施的监督管理。

项目 3　森林经营技术

3.1　森林抚育间伐

3.1.1　抚育间伐综述及林分透光抚育

1. 抚育间伐综述

抚育间伐具有双重意义,它既是培育森林的措施,又是获得部分木材的手段,但其重点是抚育森林。抚育间伐是过程式的重复采伐,与森林主伐有着本质的区别。抚育间伐有全面抚育、带状抚育、团状抚育三种方法,这些方法将在本项目中分别加以阐述。

1)抚育间伐的概念及种类

抚育间伐又称抚育采伐,指在未成熟林中根据林分生长发育特点、自然稀疏规律及森林培育目标,适时伐除部分林木,调整树种组成和林分密度,改善环境条件,促进保留木生长的一种营林措施。抚育间伐是森林抚育中的一项核心工作。在一般情况下,中幼龄森林结构的调整、森林质量的提高、森林能够正常发挥各种效益,主要靠抚育间伐。世界上一些林业发达的国家很重视抚育间伐,他们采用的抚育间伐的种类与方法往往是根据自己国家森林的情况而定的。各国对抚育间伐的种类与方法所用的名称有的一样,有的不一样,同一方法在内容上有的相似,有的有差别,但总体上的抚育间伐目标基本一致。

进入21世纪,由国家林业局组织编写,国家质量监督检验检疫总局(现改为国家市场监督管理总局)与国家标准化管理委员会于2015年7月3日共同发布的《森林抚育规程》,于2015年11月2日开始实施。《森林抚育规程》提出,森林抚育指幼林郁闭到进入成熟前,围绕培育目标所采取的营林措施的总称,森林抚育仅针对幼龄林开展,近熟林以封育为主。关于抚育间伐的种类,删去了疏伐的概念,中龄林统一采用生长伐方式。调整后的抚育间伐种类是透光伐、生长伐、卫生伐。

(1)透光伐:在林分的幼龄阶段、开始郁闭后进行的抚育间伐。间密留匀,留优去劣,调整林分组成,为保留木留出适宜的营养空间。

(2)生长伐:在中龄林阶段进行的抚育间伐。伐除生长过密、生长不良和影响目标树发育的林木,进一步调整树种组成与林分密度,加速保留木生长,缩短工艺成熟期,提高林分质量和经济效益。

(3)卫生伐:只在遭受自然灾害的森林中进行,选择性地伐除已被危害、丧失培育前途的林木。

同时,《森林抚育规程》为适应林业工作性质的发展变化,强调了森林生态功能的发挥,增加了生物多样性保护的有关规定,如提出在森林抚育中要注意保护野生植物、动物,保留鸟巢或人工鸟巢周围的林木,保护野生动物栖息地,保留林地内珍稀树种和国家、地方重点保护野生植物。

2）抚育间伐的任务、作用、目的

从幼林开始郁闭到近熟林时期是林分生长的主要时期,这个过程有时会很长,这期间抚育间伐是森林培育的主要方式。根据森林起源、树种组成、树种特性,可将森林分为天然林、人工林、混交林、纯林、针叶林、阔叶林、针阔混交林等;根据生长时间的长短,森林可分为幼龄林、中龄林、近熟林、成熟林。在森林需要抚育间伐的生长时期,不同林分、不同种类的抚育间伐的作用、任务有些是相同的,有些是不同的,但目的基本相同。

（1）任务。

①调整林分密度。所有种类的抚育间伐及每一次的抚育间伐,均有调整林分密度的作用。随着林分年龄的增长,每株树木正常生长所要求的营养面积会逐渐增加,接近郁闭时树木之间就开始争夺营养空间。如果不抚育间伐,让其自由竞争,一是林木个体正常的生长速度受到抑制,造成树木个体都长不大;二是经过竞争会出现林木分化、自然稀疏等现象,造成无效消耗及林分培养目标失去控制。及时抚育间伐可避免上述两种情况的出现。通过调整密度,伐去部分生长劣势的林木或非目的林木,扩大生长良好的林木及目的林木的营养空间,并且使林分分布趋于均匀,以促进保留木和林分正常、健康地生长。之后的每次抚育间伐均有调整林分密度的作用。

②调整林分组成。混交林内的树种,根据经营目的可分为目的树种、非目的树种或主要树种、次要树种。天然混交林树种组成比较杂乱,人工混交林随着年龄的增长,林分组成也会出现杂乱。部分混交林树种的存在对目的树种、主要树种在某些生长阶段有促进作用,但是数量必须合理。有些杂乱树种只会抑制目的树种、主要树种的生长。通过抚育间伐,调整林分组成,逐次清除对目的树种、主要树种生长造成不良影响的非目的树种、次要树种及杂乱树种,保持林内目的树种、主要树种的合理比例及优势,使林分向着符合经营要求的方向发展。

（2）作用。

①提高林分质量。自然发展的林分,随着年龄的增长,会有数量不少的林木在自然稀疏中死掉。林分自然稀疏盲目性很大,枯死的未必都是非目的树种、次要树种或劣质林木,保留的也并不都是优质的目的树种或主要树种。通过抚育间伐,按经营目的和要求,有选择性地人工稀疏,取代无目的的自然稀疏,可实现去劣留优、去次留主,提高林分质量。

劣质林木指双杈、伤损、多梢、弯曲、多节、偏冠、尖削度大的林木,生长落后的林木指生长孱弱、低矮、细高、枯梢、枯黄、枝叶稀疏的林木。

②缩短林分成熟年龄　林分成熟分为三种:一是数量成熟,即树木或林分的材积生长量达到最大时的状态,这时的年龄称为数量成熟龄,在此年龄主伐,能保证在单位时间、单位面积上获得最高的木材产量;二是工艺成熟,又称为利用成熟,即树木或林分的目的树种平均生长量达到最大时的状态,这时的年龄称为工艺成熟龄,与数量成熟相比,工艺成熟不仅考虑木材数量的多少,而且还要符合一定长度、粗度和质量的材种(如矿柱材、建筑材等)规格;三是经济成熟,即树木或林分生长达到经济收益最高时的状态,这时的年龄称为经济成熟龄。

根据不同的经营目的,对林分实行抚育间伐,伐除劣质的、非目的的、次要的树木,使林分密度始终较均匀合理,使保留木生长所需的营养面积能得到保证,各个阶段能正常生长或加速生长,促进林分提早成熟。

(3)目的。

①实现早期利用。抚育间伐可以伐掉在自然稀疏过程中行将死亡的林木,使经营单位提前获得一部分中、小径材、薪材,实现早期利用。合理的抚育间伐不仅不降低主伐量,而且可收获相当于主伐蓄积量30%~50%的间伐材,从而提高木材总利用量,达到以林养林、以短养长、长短结合的森林经营效果。

②发挥森林多种效能。森林的多种效能受林分组成、层次、密度等结构特征的影响,特别受生长状况的制约。通过抚育间伐,对结构加以合理的调节,使林分、林木能健康、茁壮地生长,增加、改善、保证森林多种效能的发挥。主要表现在伐除了枯死木、濒死木、感染病虫害木,这样不仅减少了森林病虫害的发生,同时调整了密度,使林间空隙有所增加,保留木因营养空间得到扩大而生长健壮,增加了林木对雪压、雪折、风害的抗性。下层林木是地面火转为树冠火的中间过渡,将其间伐掉,可减少森林火灾,主要是树冠火发生的可能性。适当的间伐,增加了林下透光度,使枯落物分解加快,土壤微生物得以繁殖,土壤养分条件得以改善,林下植物层有了较好的生长条件,这些不仅对保留木生长有利,也有利于生物多样性保护,使林分涵养水源、景观生态、净化空气等作用得到加强。

3)抚育间伐的理论依据

(1)林木自然稀疏规律。

林分内的林木由于个体遗传性以及所处环境的不同,在生长一段时间后会引起分化,林木分化到一定程度就会导致一部分生长落后的林木衰亡,这个过程称为自然稀疏。自然稀疏是由于林分内的个体竞争有限的营养面积而引起的。立地条件好、起始密度大的林分,自然稀疏开始早、强度大。

抚育间伐就是按照自然稀疏规律,在森林生长发育过程中,根据目标树生长对营养面积的要求,适时地采伐部分林木,以人工稀疏取代自然稀疏,减少无效的自然竞争消耗,促使保留木健康、加速生长。

(2)树种竞争规律。

在混交林特别是天然混交林的生长过程中,树种竞争情况通常比较普遍、激烈。一种情况是在树种互相排斥的竞争过程中,通常是质量较差、生长较快的次要树种占据优势,质量较好、生长较慢的树种常有被排挤掉的危险;另一种情况是比较耐阴、价值比较高的树种在林冠下生长时,受到上层喜光的次要树种林冠的压抑,常常生长不良。在自然状态下改变这种状况,要靠森林演替,时间较漫长。通过抚育间伐,采伐掉部分次要树种,在前一种情况下,可以保证质量好的树木免受排挤而占据优势地位;在后一种情况下,通过采伐部分上层林木,可以使质量好的主要树种提前获得良好的生长发育条件,从而保证林分按经营目标方向发展。

(3)叶量与林木生长的关系。

叶子光合作用制造的有机物是树木生长的主要营养,在一定数量范围内,叶子越多,林分生长越快。据研究,当林分充分郁闭后,叶量就不随林木密度和林龄而变化,即充分郁闭的林分,尽管林龄增大、林木密度变化,林分内的叶子总量几乎是不变的。若林分郁闭后密度不变,林木年龄再增长,平均单木叶量仍保持不变,有机物的生产量也保持不变,这样在树高不断增长的情况下,年轮增长就变得越来越慢,势必延长工艺成熟龄。

对林分实施合理的抚育间伐,减少单位面积上的株数,使保留木树冠得以扩张。当林分恢复郁闭时,林分的总叶量与采伐前大致相同,而保留木的单株叶量却有较大的增加,使其生长速度加快,因而可缩短林木培育期。

2. 林分透光抚育

透光抚育又称透光伐。透光伐是在林分幼龄阶段进行的抚育间伐。该项工作开始的时间、间伐的次数、间伐的强度等,对以后林分的生长发育影响很大。要保证林分质量和经营目标的实现,必须从幼龄林的透光伐开始做好森林抚育工作。

1) 幼龄林开始进行透光伐的条件

一般在幼龄林接近郁闭、林木受光不足、出现营养空间竞争、林木开始分化时开始透光伐,或目标树开始受到非目标树、灌木、杂草压抑时开始透光伐。以林分密度及郁闭度、林内树高等作为参照,符合下列情况之一的幼龄林可开始进行透光伐。

(1) 每公顷林分内树高 30 cm 以下的幼苗、幼树超过 6000 株,或 30 cm 以上的天然更新幼树超过 3000 株,幼苗、幼树层的植被总覆盖度在 80% 以上。

(2) 目标树高生长已经受到非目标树压抑,目标树受灌木、杂草排挤。

(3) 人工林林分郁闭度达 0.9,或分布不均,郁闭度在 0.8 以上时。

(4) 分布较均匀的天然林林分郁闭度达 0.8,或分布不均,郁闭度在 0.7 以上时。

2) 透光抚育的采伐对象

具体说来,透光抚育的采伐对象主要有下列四种:

(1) 在天然林中,伐除对象是高大草本、灌木、藤蔓与影响目标幼树生长的萌芽条,以及目标树中生长不良的林木,以调整组成为主,以调节密度为辅。

(2) 在人工纯林中,伐除对象是过密的和质量低劣,无培育前途的林木,主要是调节林分密度。

(3) 在人工混交林中,伐除对象是有碍主要树种生长的次要树种、藤蔓和草本植物,为主要树种生长创造良好的条件。

(4) 在天然更新或人工促进天然更新已获成功的采伐迹地或林冠下造林,新的幼林已经长成,需要砍除上层老龄过熟木,以培育下层新一代的目的树种。

在决定采伐对象时,除了要考虑树种间的相互竞争关系外,还要考虑树种间的相互适应。有些树种或植株虽无长远的培养前途,但暂时保留它们对遮护土壤、减少林地杂草滋生、调节小气候以促进主要树种的生长,均有一定益处。因此,不能一次性将上述砍伐对象全部砍去。

3) 透光抚育的方法

透光抚育的方法有 3 种,即全面抚育、团状抚育和带状抚育。

(1) 全面抚育。

全面抚育是指在全部林地内将抑制主要树种生长的次要树种按一定强度普遍砍除。

(2) 团状抚育。

在主要树种的幼树在林地上分布不均匀、数量又不多的情况下可采用此法。抚育仅在有主要树种的群团内进行,砍除那些影响主要树种幼树生长的次要树种,无主要树种幼树的地方则不进行抚育。

(3) 带状抚育。

将林分分成若干抚育带和保留带,抚育带和保留带间隔排列,通常是等宽,带宽 1~2 m,也可以不等宽。先在抚育带内进行抚育,保留主要树种,清除次要树种,保留带暂不进行抚育。保留带又称间隔带。在抚育带内施行抚育若干年后,如果保留带上的林木妨碍抚育带上林木的生长,则应将那些影响抚育带上树木生长的林木砍去。在进行带状抚育时,应考虑当地的气候与地形条件,以决定带的方向。一般在缓坡及平地,可南北向设带,使幼林能获得较多的光照,以利于林木生长;在气候条件恶劣、土壤干燥地区,宜东西向设带;在经常有大风的地区,带的方向应与主风方向垂直,以防风倒、风折和树干偏斜、弯曲的危害;在山地陡坡,带的方向与等高线平行,以利于保持水土。

4)透光抚育的采伐季节、强度、次数

在多数情况下透光抚育是砍除那些生长速度快、萌芽能力强的非目的树种,因此选择采伐季节具有重要意义。采伐时间在夏初最适宜,一是落叶的非目的树种于春梢已经长成,叶片完全展开,可降低被伐木伐根萌芽能力;二是容易识别各树种之间的相互关系;三是这个时候枝条柔软,采伐时不易砸倒、碰断保留木。在冬季进行透光抚育采伐效果最差,因为冬季幼树枝条较硬脆,采伐上层木时很容易砸伤、碰断保留木;在北方,尤其是刚解除压制的幼树突然遇到初春的旱风,往往会大量死亡;在地势低的地方,保留木易受冻害。

透光抚育的采伐强度,很少用蓄积量或株数计算。因为在幼龄阶段,林分多半由密度较大的小林木组成,单位面积株数虽多,但材积很少;有时也可能砍伐林内混生的个别大的上层木,株数虽少,但单株材积很高。因此,按蓄积量或株数计算采伐强度,在生产上无多大现实意义,因而以采伐后保留的郁闭度为标准。一般天然林透光伐后郁闭度不低于 0.6,人工林不低于 0.7。

透光抚育进行一次往往不够,要根据目的树种幼龄阶段的长短进行多次。一般每隔 2~3 年或 3~5 年再进行一次,速生丰产林的间隔期为 2~3 年。间隔期的长短视间隔期郁闭度恢复情况而定,一般郁闭度恢复到 0.8~0.9 可再次进行透光抚育。

5)透光抚育清除非目的树种及杂草的措施

在进行透光伐与清除次要树种、灌木、杂草时,一般有 3 种具体措施可供选择,或者 3 种措施兼而用之。

(1)用抚育刀或割灌机械伐除。

(2)斩梢抚育,即用镰刀斩去应伐对象的中、上部,这种方法适用于保持水土作用要求较高的地段,且该树种斩梢后不易萌发新枝,如针叶树。

(3)用化学药剂(除草剂)清除灌木、杂草、非目的树幼树等。

3.1.2 林分下层抚育

1. 林分生长抚育概述

从林木速生期开始,直至主伐前一个龄级为止的时期内,树种之间的矛盾焦点集中在对土壤水分、养分和光照的竞争上。生长抚育,即为使不同年龄阶段的林木占有适宜的营养面积而采取的抚育措施。根据树种特性、林分结构、经营目的等因素,林分生长抚育的主要方法有四种:林分下层抚育、林分上层抚育、林分综合抚育和林分机械抚育。这四种方法分为四个小节阐述,本小节介绍第一种方法——林分下层抚育。

1)林分下层抚育的概念

林分下层抚育是指砍除林冠下层的濒死木、被压木,以及个别处于林冠上层的弯曲、分杈等不良木。实施林分下层抚育时,利用克拉夫特林木生长分级法最为适宜。利用此分级法,可以明确地确定出采伐木。一般下层抚育强度可分为三种:弱度下层抚育,只砍除 V 级木;中度下层抚育,砍伐 V 级和 IVb 级木;强度下层抚育,砍伐 V 级和 IV 级木。

此方法的优点在于简单易行,利用林木分级即能控制比较合理的采伐强度,易于选择砍伐木;砍除了枯立木、濒死木和生长落后的林木,改善了林分的卫生状况,减少了病虫危害,从而提高了林分的稳定性。获得的材种以小径材为主,上层林冠很少受到破坏,基本上是用人工抚育代替林分自然稀疏,因而有利于保护和抵抗风倒危害。但此法基本上是"采小留大",若采用弱度抚育,则对稀疏林冠、改善林分生长条件的作用不大。此方法在针叶纯林中应用较方便。我国目前开展的抚育多数采用林分下层抚育法,如杉木、落叶松等。

2) 克拉夫特林木生长分级法

本方法根据林木生长势将林木分为5级。

Ⅰ级木(优势木):树高和胸径最大,树冠很大,且在一般林冠之上,受光最好。

Ⅱ级木(亚优势木):树高和胸径略次于Ⅰ级木,树冠向四周发育且较均匀、对称,树冠略小于Ⅰ级木,并与Ⅰ级木一起构成林分的主林层。

Ⅲ级木(中等或中庸木):树高和胸径较前两级立木差,属于中等,树冠位于Ⅰ、Ⅱ级木之下,位于林冠的中层,树干的圆满度较Ⅰ、Ⅱ级木大。

Ⅳ级木(被压木):树高和胸径生长落后,树冠窄小,受压挤。Ⅳ级木又分为Ⅳa级木和Ⅳb级木。

Ⅳa级木:树冠狭窄,侧方被压,部分树冠仍能伸入林冠层中,但侧枝均匀。

Ⅳb级木:偏冠,侧方和上方被压,只有树冠顶梢尚能伸入林冠层中。

Ⅴ级木(濒死和枯死木):生长极落后,树冠严重被压,完全处于林冠下层,分枝稀疏或枯萎。Ⅴ级木又分为Ⅴa级木和Ⅴb级木。

Ⅴa级木:生长极落后,但还有部分生活的枝叶的濒死木。

Ⅴb级木:基本枯死或刚刚枯死。

从克拉夫特林木生长分级法中可以看出,林分主要林冠层由Ⅰ、Ⅱ、Ⅲ级木组成,Ⅳ、Ⅴ级木则组成从属林冠层。随着林分的不断生长,林木株数逐渐减少,而减少的对象主要是Ⅳ、Ⅴ级木。主林层中的林木株数也会减少,那是这些林木因为林木竞争从高生长级下落到低生长级的结果。处于从属林冠的林木,往往被自然稀疏掉。

在未经间伐和人为尚未干扰的林分内,五个等级木的数量分布呈常态曲线,即Ⅱ、Ⅲ级木数量很多,Ⅰ、Ⅳ、Ⅴ级木数量较少。这种分级方法简单易行,可用来作为控制抚育间伐强度的依据;但其缺点是,这种分级方法主要是根据林木的生长势和树冠形态来分级的,没有考虑树干的形质缺陷。这种分级方法主要应用于壮龄以后的单层同龄林,也可参照用于混交林,但不宜用于幼龄林,因为幼龄林中林木分化不明显,不能分级。

2. 抚育间伐技术指标

为使抚育间伐达到最好的效果,各种抚育方式都包括以下几个技术要素:抚育间伐开始期、抚育间伐强度、抚育间伐重复期等。

1) 抚育间伐开始期

抚育间伐开始期是指什么时候开始抚育间伐。开始太早,对促进林木生长的作用不大,不利于形成优良的干形,也会减少经济收益;开始太晚,则造成林分密度过大,影响保留木的生长。合理确定抚育间伐开始期,对于提高林分生长量和林分质量有着重要意义。

抚育间伐开始期根据经营目的、树种组成、林分起源、立地条件、原始密度、单位经营水平等的不同而异。另外,还必须考虑可行的经济、交通、劳力等条件。

(1) 根据林分生长量下降期确定。

林分直径和断面积连年生长量的变化,能明显地反映出林分的密度状况。因此,直径和断面积连年生长量的变化,可作为是否需要进行第一次抚育间伐的指标。当直径连年生长量明显下降时,说明树木生长营养空间不足,林分密度不合适,已影响林木生长,此时应该开始抚育间伐。当林分的密度合适,营养空间可满足林木生长的需要,则林木的生长量(为了简单,可用直径生长量)不断上升。

(2)根据林木分化程度确定。

在同龄林中林木径阶有明显的分化,当林分分化出的小于平均直径的林木株数达到40%以上,或Ⅳ、Ⅴ级木占到林分林木株数的30%左右时,应该进行第一次抚育间伐。

(3)根据自然整枝高度确定。

林分的高密度引起林内光照不足,当林冠下层的光照强度低于该树种的光合补偿点时,林木下部枝条开始枯死掉落,从而使活枝下高增高。一般当幼林平均枝下高达到林分平均高的1/3(杉木)或1/2(福建柏、柳杉)时,应进行初次抚育间伐。

(4)根据林分郁闭度确定。

这是一种较早采用的方法,以法定间伐后应保留的郁闭度为标准,当现有林分的郁闭度达到或超过法定保留的郁闭度时,即应进行首次抚育间伐。一般树种间伐后应保留的郁闭度为0.7左右。如果林分的郁闭度达到0.9(杉木、福建柏、柳杉)或0.8(马尾松)时,可进行首次抚育间伐。

有时用树冠长和树高之比(称为冠高比)来控制。一般冠高比达到1∶3时,应考虑进行初次抚育间伐。使用这种方式时,必须区别喜光树种和耐阴树种,并且要有实际经验或以其他指标加以校正。

2)抚育间伐强度

(1)抚育间伐强度的概念和表示方法。

抚育间伐时采伐及保留林木的多少使林分稀疏的程度称为抚育间伐强度。不同的抚育间伐强度对林内环境条件产生的影响不同,反映在林木生长上也有不同的影响。抚育间伐强度可直接影响抚育间伐的效果,是抚育间伐技术中的关键问题。抚育间伐强度的表示方法有:

①以株数表示。

$$株数强度 = 采伐株数/伐前林分株数 \times 100\%$$

用株数强度表示,计算比较简单,人工抚育间伐时,常用这种方法表示抚育间伐强度,但这种方法反映不出间伐出材量,所以一般只在透光伐幼林中和不需要计算材积的间伐中采用。

②以蓄积量表示。

$$蓄积强度 = 采伐木蓄积量/伐前林分总蓄积量 \times 100\%$$

(2)抚育间伐间隔期。

①抚育间伐间隔期的概念。

相邻两次抚育间伐所间隔的年限称为抚育间伐间隔期(重复期)。间隔期的长短主要取决于林分郁闭度增长的快慢,而林分郁闭度增长的快慢与抚育间伐强度、树种特性、立地条件、经营目的、经营水平等有关。

②确定因素。

a.树种特性及立地条件。一般来说,喜光、速生树种生长速度快,树冠扩展也较快、较大,间隔期宜短;林龄小的林分要比林龄大的林分间隔期短。壮龄期,林分生长旺盛,树冠恢复郁闭快,间隔期就短;中龄期,林分生长较慢,间隔期可长一些。立地条件好的林分,林木生长迅速,郁闭快,间隔期短。

b.抚育间伐强度。抚育间伐强度直接影响着间隔期。大强度的抚育间伐后,林木需要较长时间才能恢复郁闭,间隔期相应长一些。透光伐间隔期短,疏伐、生长伐间隔期较长。可用如下公式确定间隔期。

$$间隔年数=采伐蓄积/材积连年生长量$$

c.林分生长量。林分年平均生长量大,抚育间伐间隔期短;反之,抚育间伐间隔期长。

d.经济条件。交通方便、劳力充足、缺柴少材、经济条件较好的地方,可执行小强度、短间隔期的抚育间伐,这样有利于培养干形,充分利用地力,容易提高总产量;反之,交通闭塞、劳力缺乏和间伐材无销路、经济条件不好的地方,要求采用强度大而间隔期长的抚育间伐。一般可根据材积生长量、郁闭度、树高和直径增长、密度管理图等确定间隔期。如我国南方的杉木林抚育间伐间隔期一般为5~6年。

(3)抚育间伐结束期及季节。

抚育间伐一般要进行到主伐利用前的一个龄级为止。例如:杉木抚育间伐结束期在主伐前的5年左右;落叶松人工林采伐龄为51年,则最后一次间伐时间确定在40年左右。

抚育间伐后的施工,从全国来说,全年都可进行,但最好在休眠期。我国北方以冬季进行为好,南方则以秋末冬初至早春树液流动前(休眠期)进行为好。但对于需要对采伐木剥皮利用的地方,可在生长季内进行;对于萌芽力强的树种,为了抑制萌条旺盛生长,在北方宜在春夏之交进行,在南方宜在夏季进行。

3.1.3 林分上层抚育

1.林分上层抚育概述

1)林分上层抚育的概念

林分上层抚育以砍除上层林木为主,抚育后林分形成上层稀疏的复层林。在混交林中,尤其是上层林木价值低、次要树种压抑主要树种时,应用此法。实施林分上层抚育时,将林木分成三级:目标树(树冠发育正常、干形优良、生长旺盛)、辅助树(有利于保土和促进优势木自然整枝)、有害树(妨碍优良木生长的分杈木、折顶木、老狼木等)。抚育时首先砍伐有害树,对于生长中等或偏下的目的树种和辅助树种,应适当加以保留,当然过密的辅助树种也应伐除一部分。林分上层抚育时主要砍伐优势木,这样就人为地改变了自然选择的总方向,积极地干预了森林的生活。砍伐上层林木,疏开林冠,为保留木创造与以前显著不同的环境条件,这样能明显促进保留木的生长,但技术比较复杂,同时林冠疏开程度高,特别在抚育后的最初1~2年易受风害和雪害,在混交林中比较适用。

2)三级木分级法

主要根据林木在林内所起的作用以及人们对森林的经营要求,将林木划分为三类。

(1)目标树:树干通直圆满,天然整枝良好,树冠发育正常,生长旺盛,有培育前途的林木。

(2)辅助树:有利于促进优良木天然整枝和形成良好干形,对土壤有保护和改良作用,以及伐除后可能出现林窗或林中空地的林木。

(3)有害树:枯立木、濒死木、病腐木、被压木、弯曲木、多头木、霸王树,以及非目的树种和其他妨碍目标树种、辅助树种生长的林木。

三级木分级法在天然混交林中比较适用,因为天然混交林基本呈钟状分布,可先在各群团中划分植生组(生长位置比较接近,树冠之间有密切关系的一些树木,称为一个植生组),再在各个植生组中划分出上述三级木,然后进行抚育间伐。

2. 抚育间伐施工

1) 施工前的准备工作

(1) 学习抚育间伐文件和作业设计。

应该组织抚育间伐生产人员学习有关森林抚育间伐的政策、技术文件、设计原则,要求明确任务和技术要求,掌握作业区的情况,做到标准统一、质量达标。

(2) 组织专业队。

要组织专业队,通过培训后才能从事抚育间伐生产。打号员由技术员担任。在大规模生产中,培训技术骨干是保证抚育间伐质量的重要方法。伐木、打枝、造材、归楞等的专业人员应落实质量、承包任务。

(3) 准备工具、物资。

根据生产任务,做好生产工具、生活物品、医务、后勤方面的准备工作。生产作业开始前,完成工棚、房舍的维修和重建。

(4) 安全教育。

职工、专业队都要进行劳动保护教育、生产安全教育,制定安全公约和奖惩制度并严格执行,保证生产任务的完成。

2) 采伐木确定

(1) 采伐木确定原则。

采伐木选择决定着林分的发展方向和发展速度,对整个抚育间伐的质量和效果具有决定性的影响。只有正确选择采伐木,才能保证达到抚育间伐的预期目的。

①淘汰低价值的树种。天然混交林中,首先应该淘汰低价值的非目的树种,保留经济价值高的树种。但有符合下列条件者,应酌情保留非目的树种:

- 如果生长不好的主要树种或实生树和生长好的非目的树种或萌芽树距离较近,彼此影响发育,则应伐去前者,而保留后者;
- 如伐去非目的树种而造成林间空地,引起禾本科杂草滋生和土壤干燥,导致林地生产力降低,应适当保留;
- 为了改良土壤,立地条件较差的纯林中的阔叶树应该保留,力求维持混交林状态;
- 对于培育木干形生长有利的辅助木应保留,如橡林中的槭、榆等混生树种。

②砍去品质低劣和生长落后的林木。保留生长快、高大、圆满通直、无节或少节、树冠发育好的林木,砍去弯曲、多节、尖削度大、生长弱、偏冠等品质低劣和生长势弱的林木,提高森林生产力和改善林木品质。

③改善森林卫生环境。将已感染病虫害的林木尽快除去。枯梢或树皮表面异常的植株,应酌情砍掉。如果林分受病虫危害较重,一次采伐的强度应控制为郁闭度不低于0.6。

④维护森林生态系统的平衡。为了给在森林中生活的益鸟和益兽的饲料基地和栖息繁殖场所创造有利的条件,应该保留一些有洞穴但没有感染病虫害的林木,以及筑有巢穴的林木。对于林下的下木,也应尽量保留,以便为鸟兽提供丰富的饲料来源和栖息场所。

⑤根据不同林种,实现培育目的。林种不同,选木对象也不同。例如,为了增加林分的多

样性和美化林分,奇形树木、双杈木、弯曲木、偏冠木等应加以保留。防护林中,主要是清除枯立木、病腐木,兼顾抚育间伐的经济利益。

(2)选木的方法、步骤。

①用材林树种选木。不同的用材林树种,选木的具体标准不同。

• 落叶松林的选木。具体选木标准:通过抚育间伐,应尽量增加阔叶树种的比例,形成以落叶松为主的针阔混交林。

ⅰ. 砍伐落叶松Ⅳ、Ⅴ级木;

ⅱ. 砍伐雪压、雪折的弯曲、折损木(不管什么树种);

ⅲ. 砍伐密集处的白桦次要树种;

ⅳ. 砍伐分杈、折顶的落叶松;

ⅴ. 看强度是否达到,如未达到,还可砍去部分落叶松Ⅲ级木。

• 杉木林的选木。选择砍伐木的标准和顺序是:

ⅰ. 砍去Ⅴ级木和Ⅳ级木;

ⅱ. 砍去感染了病虫害的立木;

ⅲ. 砍去干形不良和受各种损害的立木;

ⅳ. 根据强度的要求砍去部分Ⅲ级木。

②其他林种的选木。

• 农田防护林的选木。

ⅰ. 上、中、下层都选砍伐木,但多砍些中、下层林木;

ⅱ. 砍伐木包括下层灌木;

ⅲ. "保优去劣"仍然适用于防护林的选木;

ⅳ. 以砍小留大为主,病虫害木、风害木、雪害木等最先伐除;

ⅴ. 不同树种有砍伐争议时,砍伐寿命短和更新力弱的树种;

ⅵ. 护牧林的结构紧密一些为好,所以中、下层应少砍伐。

• 水土保持林的选木。

ⅰ. 最先砍伐出现在各层的枯立木,保证林冠郁闭度不减小;

ⅱ. 砍伐出现在各层的病虫害木、风害木和雪害木;

ⅲ. 砍伐过密处的Ⅳ、Ⅴ级木,不能产生林窗;

ⅳ. 对于分杈木、弯曲木及低价值树种,只有在不降低郁闭度时才能砍伐。

• 薪炭林的选木。

ⅰ. 根据需要的小径材规格确定砍伐对象,如用于农具;

ⅱ. 根据需要的小径材径级确定砍伐数量、砍伐次数;

ⅲ. 属于无性起源的树种,在伐桩上定株时,砍伐上部萌条。

ⅳ. 采用平茬技术,保护更新能力,一般只砍伐1～3次。

③不同抚育间伐种类的选木。

• 透光伐的选木。

ⅰ. 砍伐对象首先是杂灌木和高草类;

ⅱ. 然后砍伐次要树种和遮光林木,但要控制郁闭度;

ⅲ. 往往不是单株砍伐,以带状、块状、穴状割除;

ⅳ. 非目的树种有时全部伐除(压抑下层目的树种时)。

- 生长伐的选木。

ⅰ.砍伐木只限定在乔木层,多用于用材林;

ⅱ.只在经过竞争分化后的林分中进行,要利用有益竞争;

ⅲ.注意干形的培育,讲究疏伐方法和林木分级;

ⅳ.追求林木高产,严格控制郁闭度,砍伐次数多。

④不同抚育间伐方法的选木。

- 下层抚育的选木。

ⅰ.人工林中多用克拉夫特林木生长分级法,以砍伐Ⅳ、Ⅴ级木为主;

ⅱ.天然林中多用生长分级法,将林木分为三级,以砍伐Ⅲ级木为主;

ⅲ."砍小留大"是下层疏伐的重要标准,不能变动;

ⅳ.阔叶林中的下层疏伐,以砍伐弱小木为主;

ⅴ.砍伐枯立木、病虫害木、风害木和雪害木;

ⅵ.纯林中,尤其在针叶纯林中,不砍混生(混交)树种。

- 上层抚育的选木。

ⅰ.将林木分为目标树、辅助树和有害树三类,砍伐对象主要是有害树;

ⅱ.砍伐站秆、病虫害木、风害木、雪压木、雪折木;

ⅲ.砍伐次要树种,下层为进展树种时,多砍衰退树种;

ⅳ.砍伐散生木、残留母树(可分几次砍伐);

ⅴ.砍伐霸王木,这类林分多为外力干扰下形成的,往往有残留霸王木;

ⅵ.在控制郁闭度的情况下,砍伐分杈木、弯曲木、折顶木等。

- 综合抚育的选木。

ⅰ.先把林分分为植生组,在植生组内再分为优良木、有益木、有害木;

ⅱ.砍伐对象、砍伐顺序近似上层抚育,只是砍伐木均匀分布在各层;

ⅲ.在纯林,尤其是在针叶纯林中采用综合抚育时,不要砍除阔叶散生树。

⑤机械抚育的选木。

机械抚育是指隔行或隔株机械地砍除林木,是机械选木,实质上没有选木问题。

3)采伐木标定

标定采伐木是施工前必须完成的技术工作,不允许不打号就采伐,不允许非打号员打号。这项工作是按照标准地采伐中确定下来的采伐木标准,根据确定的间伐强度,在生产作业区全面进行的。生产作业中临时打号时,用色笔、粉笔、砍号、号印都可以。砍号只能刮破树皮,不能砍伤木质部。

4)采伐作业

(1)伐木。

采伐前先选好树倒方向,除掉被伐木基部妨碍作业的灌木,打出安全道。打号林木按预定的方向伐倒,不要伤害保留木。

伐木时,端平锯,先锯下口,后锯上口,尽量降低伐根,以不高于基径的1/3为原则。

(2)打枝。

树干基端向梢头打枝。人站在树左侧打右面的枝,人站在树右侧打左面的枝。打枝时要贴近树干,打出平滑的"白眼圈"。不允许逆砍和用斧背砸。

(3)造材。

合理造材,节约木材,增加出材量。下锯前量出长度,看好弯曲、分杈处,按材种规格造林。这项工作由造材员进行。

(4)集材、归楞。

抚育间伐生产中,我国多用人力、畜力集材。集材平车是南方林区常用的集材工具。山区坡陡,抚育间伐时有时用人力集材,造短材下山。

归楞时要区分树种、材种,将大小头分开,整齐堆放,为检尺、装车创造方便。

5)间伐场地清理

抚育间伐以后,对留在伐区的枝丫、梢头、树皮以及病腐木等所有剩余物加以清理的工作称为间伐场地清理。采伐剩余物如果不及时清除而留在伐区上,时间长了,会引起病虫害的发生和蔓延,并且给伐区周围的林分也带来严重的危害。同时,这些采伐剩余物干燥后,又增加了森林火灾的危险。所以及时清理伐区,可以改善采伐迹地的卫生状况,降低火险,同时通过伐区清理的一些措施,还可以改善土壤的物理和化学性质。

间伐场地清理方法主要有运出利用法和腐烂法。在有条件的地区,将大量的采伐剩余物运出林外并加以利用,是提高森林资源利用率和节约木材的重要途径之一。除作为薪炭材、脚手架、小木桩和各种原料外,用机械压碎、干燥、压缩和物理化学综合加工等方法制成块状燃料,不仅发热力高,而且体积小,便于运输且节省运费。

腐烂法是将采伐剩余物截成段并置于林地任其腐烂的方法,这样可以提高土壤有机质的含量,改善土壤结构和提高土壤肥力,减弱林地土壤水分的蒸发和阻拦地表径流。具体操作方法有堆腐法、平铺法、带腐法等。

以上介绍的几种方法各有优缺点。为了把采伐迹地清理工作搞好,清理工人应固定下来,使其专业化,以便熟能生巧,这样既省钱又能达到较好的效果。假定清理工人不能全部固定,也应做到小组长固定或主力队员固定。

3.1.4 林分综合抚育

1. 林分综合抚育的概念

林分综合抚育结合了林分下层抚育和林分上层抚育的特点,既可从林冠上层选伐,也可从林冠下层选伐。

进行林分综合抚育时,将在生态学上彼此有密切联系的林木划分出植生组,在每个植生组中再划分出目标树、辅助树和有害树,然后采伐有害树,保留目标树和辅助树,并用辅助树控制适当的郁闭度。在每次抚育前均应重新划分植生组和林木级别。林分综合抚育是在树木所有的高度和径级中砍伐林木,采伐强度有很大的伸缩性,而且取决于林分的性质、组成、林相和经营目的。采伐后使保留的大、中、小林木都能直接地获得充足的阳光,形成多级郁闭。此法灵活性大,但选木时要求有较熟练的技术,尤其在针叶林中,易加剧风害和雪害的发生,一般适用于天然阔叶林,尤其在混交林和复层异龄林中的应用效果较好。

2. 林分综合抚育间伐影响和效果

1)对生长环境的影响

(1)对光照强度的影响。

抚育间伐以后林冠疏开,林内光照增加,主要是散射光和透过林冠空隙的直射光增加。间伐强度越大,光照增加越多。杉木的试验结果表明:间伐强度为30%(以株数计,下同),林内光照强度比对照区(未间伐)增加3~4倍;间伐强度为40%,林内光照强度比对照区增加10倍;间伐强度为50%,林内光照强度比对照区增加30倍。

林分疏开程度与抚育间伐方法关系很大。在同样的间伐强度的条件下,上层抚育比下层抚育增加的光照百分率高,也高于综合抚育。因为上层抚育以砍去上层林木为主,疏开了遮阴树冠;而综合抚育砍去的上层林木少,以砍去下层林木(Ⅳ、Ⅴ级木)为主,所以林内透进的光照低于上层抚育。

光照强度增加,引起林内温度、湿度(包括土壤温度、湿度)的变化,从而影响到林内下层植物(下木、活地被物)的种类和数量。所以,间伐是调节林内环境的经营措施,而光照条件是综合环境变化的主导因子。

(2)对温度、湿度的影响。

抚育间伐后林木稀疏了,透光率高了,光照强度增加了,这样就使夏季和白天林内气温比未间伐林有所增加,而冬天和夜间气温又较未间伐林低一些,也就是昼夜温差大了。

试验表明,间伐后土壤温度也略有升高,在0.4~0.8 m深处可增加0.6~1.6 ℃。间伐强度为30%,白天温度比对照区升高0.3~0.6 ℃,地温升高1.0 ℃;间伐强度为40%~50%,白天温度比对照区升高1.0 ℃,地温升高1.5~2.4 ℃。这对林木生长很有好处,可使早春根系活动提前10 d左右。

抚育间伐对土壤湿度的影响比较复杂:土壤增湿和减湿两方面资料都有。间伐后林冠截持水减少了,而透过林冠层降到地面的水增加了(可增加5%~10%);但林冠疏开,光照率增加,地表温度升高,促进了地表蒸发。增加土壤水分和减少土壤水分是一对矛盾因素。对土壤湿度的这种影响,要结合具体地区和森林立地加以分析。

抚育间伐后空气相对湿度的变化,与土壤湿度的变化相反:间伐后,林内日照强、温度高,因而空气相对湿度降低。林内空气相对湿度随间伐强度的增加而降低。试验结果表明:间伐强度为30%,空气相对湿度比对照区下降3%~4.4%;间伐强度为40%,空气相对湿度比对照区下降6.6%;间伐强度为50%,空气相对湿度比对照区下降7.6%。

(3)对土壤肥力的影响。

森林土壤肥力较高,主要是枯落物提供了大量的腐殖质,而腐殖质形成的快慢、多少受分解环境(主要是湿度和温度)的影响。抚育间伐对土壤肥力的影响有两种明显不同的情况。

①抚育间伐后土壤肥力提高。这种情况出现在高纬度或高海拔或土壤水分过多的地区。这里枯落物数量多,但因寒冷或多湿,枯落物分解速度慢。一旦抚育间伐,林内光照增加,温度提高,促进了微生物的活动,枯落物的分解速度加快,从而使土壤肥力提高。水分过多、通气不良的低湿地,因缺少微生物的活动,形成并积累了泥炭类有机物。间伐以后,有机物分解加速,土壤肥力会慢慢提高。

②抚育间伐后土壤肥力降低。这种情况发生在气候温暖、分解条件好的地区。由于抚育间伐减少了林内枯落物,引起林内土壤营养元素含量的降低,因此,作为腐殖质来源的枯落物,在疏伐的林下明显地减少了,导致林分中土壤肥力的降低。

(4)对火环境的影响。

抚育间伐对森林火灾的发生和蔓延都有影响,其影响以抑制林火为主,利弊皆有。

①抚育间伐伐除了枯立木、Ⅳ级木、Ⅴ级木和生长不良的林木,间伐后林内枯落物减少,从而减少了林火的发生。

②抚育间伐伐除了下层死亡木和濒死木,有的进行割灌,这样就减小了地表火转为树冠火

的危险性。

③卫生伐和残老林分的改造等,直接改善了林内卫生状况,清除了可燃物,从而降低了林分火险等级,使林火的发生和蔓延都得到了抑制。

④当抚育间伐强度偏大时,林内透光量增加,地表较干燥,杂草、灌木数量增加,尤其是禾本科草类数量增多,在秋末,草类枯黄变成易燃物,增加了林分火灾的危险性。

2)对林木生长的影响

(1)对叶量的影响。

抚育间伐从表面上看,减少了林木株数,也就减少了叶子的数量。但保留木在宽松的环境下,借助保留木生命力强的优势,叶量会赶上和超过间伐前林分的叶量。适当强度的间伐,会增大叶面积指数,并达到较佳的叶面积指数。

(2)对高生长的影响。

抚育间伐对林木高生长的影响是指间伐后对保留木高生长的影响。

据研究,抚育间伐对保留木高生长的影响不明显,一般是增加高生长,增加的快慢与林分结构(层次、组成等)、间伐方法有关。下层抚育以砍除下层Ⅳ、Ⅴ级木为主,对上层林冠无改变,环境改善小,所以间伐后林分高生长变化最小;上层抚育主要伐除了上层木,林冠疏开,对下层环境改变大,间伐后高生长增加明显;综合抚育对林木高生长的影响属于中等状态。

林分如为复层林,下层是目的树种,上层抚育间伐后,下层会迅速增高;林分如为混交林,抚育间伐后树高的变化取决于保留树种的特性。

(3)对直径生长的影响。

抚育间伐对直径生长的影响最为明显。随着间伐强度的增大,保留木的营养空间加大,促进了冠幅生长,而冠幅生长与直径生长成正相关。尤其是一些受压抑的树木,通过抚育间伐,直径生长速度增加得更快。

(4)对材积生长的影响。

抚育间伐通过对保留木直径、高生长、叶量的影响,以及对环境的改变,影响着林木材积(单株木的蓄积量)生长。抚育间伐对单株木材积的增长是肯定的、明显的,其规律近似对林木直径的影响。

①对单株材积的影响。抚育间伐后单株材积生长量明显提高。由于抚育间伐明显地提高了林木的直径生长量,从而也就提高了单株断面积生长量,相应地就能提高单株材积生长量。单株材积生长量与抚育间伐强度成显著的正相关。

②对林分蓄积的影响。林分单位面积材积生长量,取决于林分树高、断面积生长量和单位面积株数三个因素。所以林分蓄积除受单株材积生长量的影响外,也受林分密度的影响。由于采伐后株数减少了,因此采伐强度越大,则林分蓄积越少。

一般认为单位面积材积生长量不随抚育间伐强度的增大而加大,往往中度抚育间伐强度的林分,其单位面积材积生长量增加得最多。

3)对材种规格、木材质量及枝下高的影响

(1)对材种规格的影响。

单株木的直径增加,造材中的大径材比重增加,因此,抚育间伐不但能增加林分直径的生长,提高单株的材积,而且由于单株材积的增加,材种的规格、质量和经济出材率均得到了提高。

(2)对木材质量的影响。

抚育间伐对木材质量的影响表现在不同的方面。

提高林木质量的措施，主要是选木原则决定的"留优汰劣""砍弯留直"等，间伐后林木由优良、通直、健壮的植株组成，质量必然提高。木材质量的提高表现在以下几个方面：

①可促使年轮加宽，增加木纤维长度。

②增加晚材百分率，使木质坚实。

③导管和管胞长度增加，说明疏导组织增强，提高了木材强度。

但是，抚育间伐容易降低树干饱满度，尖削度随着间伐强度的增加而显著增加。

抚育间伐引起树干尖削度增加的原因，是林木和孤立木区别的理论。由于间伐强度大，保留木周围变得空旷，侧方光照增加，下部枝条发达，干形发育朝向孤立木的特点，从而使尖削度增加。间伐后容易引起徒长枝生长，造成干形不良。

(3)对枝下高的影响。

抚育间伐强度大，每株林木树干下部的侧方光照增加，有利于下部枝条的生长，但林木冠幅大、枝下高低、冠高比大。因此，人们应按培育目的决定间伐强度。

4)对主伐量和总产量的影响

(1)对主伐量的影响。

抚育间伐后的林木是优良植株，生长条件得到改善，主伐量会有所增加。但要达到这一结果，必须正确执行间伐的技术要求，例如间伐强度小，间隔期适当长，严格遵守"保优汰劣"的选木原则；反之，如果间伐强度偏大，选木不严格，间隔期短，次数多，会直接减少主伐量。

(2)对总产量的影响

抚育间伐可以增加总产量，不能增加总产量则是由于抚育间伐方法落后。抚育间伐得到的利用材是多种多样的，如薪材、烧炭材、木秆、木桩、农具柄等小径材。疏伐可得到薪材、工具柄材、矿柱、车立柱、枕木、原木、电柱及造纸材等。

5)对林分稳定性的影响

(1)对病虫害的影响。

抚育间伐砍除了病弱受害木以及生活力弱的Ⅳ、Ⅴ级木，改善了森林卫生环境，提高了林木抗性，抑制了病虫害的发生，加速了林木生长。

(2)对抗火性的影响。

抚育强度过大，会引起地表杂草数量增多，不利于森林防火；而改善卫生状况和伐除站秆、清除倒木等，却能明显降低林火的发生率和蔓延速度。砍除Ⅳ、Ⅴ级木，隔断地表草类和树枝条的联系，从而减少地表火转变为林冠火的可能性，这在森林防火中具有重大意义。

(3)对其他灾害的影响。

森林常见的灾害还有风折、风倒、雪压、雪折等。抚育间伐一般有利于抵抗这类灾害。间伐后林木会粗壮些，根系会扩展，从而抗风力增加。因此，小强度、系统地进行间伐，林木抗风力会不断提高。但在密集的林分中，如突然大强度地疏开，短期遇上强风，可能会加剧风害的严重性。

高纬度地区和高山林区，降雪季节长，如未间伐，树冠截持雪量增加，会使侧枝、顶梢甚至树干折断，这称为雪折；林木细弱、密集、树干弹性大时，易发生弯弓、倒状，这称为雪压。间伐后的林分则不易受雪害。风害、雪害的发生和严重程度，都与抚育间伐强度、方法有关。抚育间伐强度大，易使保留木遭风害。综合抚育形成起伏的林冠层，上层林木易受风害，下层低矮林木易受雪害；下层疏伐基本不破坏上层林冠，抗风力强，但截留降雪量大，对抗雪害不利。

6)抚育间伐的经济效益

(1)抚育间伐的木材收益。

抚育间伐是培育森林的措施。通过抚育间伐,可促进林木直径和材积的生长,提高经济出材率,也可以获得间伐材,获得一定的经济收入。经济收入高低,往往是抚育间伐能否开展的重要因素。我国南方林区由于优越的气候条件,雨量充沛,生长期长,加上树种多,所以林分质量高,间伐收益好。

(2)增加生长量、减少枯损量的收益。

除了直接通过抚育间伐获得经济收益外,抚育间伐还可促进林木生长,增加木材生长量和减少枯损量。间伐林分多利用了这些枯损木材积。

(3)间接经济收益。

森林的功能表现在涵养水源、保持水土、调节气候、防风固沙、改良土壤、防止环境污染等方面。抚育间伐带来的间接经济收益,就是增强了森林的这些功能。

①提高木材质量带来的收益。木材质量提高,并非表现在初次间伐木上,而是表现在以后的间伐材和主伐材的木材价格上。

②保证林分组成带来的收益。抚育间伐调整了林分的组成,使目的树种占据足够的空间,在间接经济效益上表现出的效果是很大的。

③缩短工艺成熟龄带来的收益。增加大径材出材率,缩短工艺成熟期和森林培育期,从而降低森林培育成本,间接增加间伐的经济收益。

④增加森林稳定性带来的收益。抚育间伐后,林分抵抗病虫害的能力增强,预防火灾发生和抑制林火蔓延的能力增强,抵抗雪害、风害的能力增强,这些使得森林的间接经济收益增加。

3.1.5 林分机械抚育

1. 林分机械抚育的概念

机械抚育又称隔行隔株抚育、几何抚育。这种方法用在人工林中,是指机械地隔行采伐或隔株采伐,或隔行又隔株采伐。此法基本上不考虑林木的分级和质量的优劣,只需事先确定砍伐行距或株距,采伐时大小林木统统伐去。

这种方法的缺点是砍伐的林木中有优质木,保留木中有不良木,其优点是技术简单,功效高,生产安全,作业质量高,便于清理采伐迹地与伐后松土,多用于过密的幼林。

2. 抚育间伐程序

1)设计资格审查

抚育间伐设计资格必须按《中华人民共和国森林法实施条例》的有关规定进行申报和设计。抚育间伐作业的设计由获得林业调查规划设计资格的单位承担或由县林业主管部门及其授权的基层林业工作站承担。这些部门都是由上级部门授权,具有设计资质,并有正式的授权文件。

2)设计呈报书审批

(1)审批部门。

根据抚育间伐单位的不同隶属关系,由下列有关部门审批。

①没有商品材产出的抚育间伐设计由林业经营单位所在县(市、区、旗)林业主管部门审批,地(市、州)林业主管部门备案。

②有商品材产出的抚育间伐设计由县(市、区、旗)林业主管部门审核,地(市、州)林业主管部门审批,省林业主管部门备案。省、部属林场的这类抚育间伐设计由其上级主管单位审批。

③非林业系统的森林抚育设计由其上级主管部门审批,报当地林业主管部门备案。

④对于突发大面积火灾及其他自然灾害,亟须实行卫生伐的林分,需由省(自治区、直辖市、计划单列市)林业主管部门或由其委托有关单位现场鉴定,签发证书,凭证设计施工。

(2)审批手续。

①林业局、国有林场间伐国有林或采伐集体林时,要提前做好调查设计,提出采伐设计文件,同时提交年度采伐生产计划、上年度伐区作业质量合格验收证明,按规定上报林业主管部门审批。

②其他国有企业、事业和部队单位,间伐本单位经营的森林时,要提交简易的采伐设计文件、年度生产计划、上年度伐区作业质量合格验收证明,按规定上报给林业主管部门审批。

③集体单位间伐集体所有林,个人间伐自留山、承包山森林时,要提交包括间伐地点、面积、树种、蓄积、株数等内容的文件,提前向县林业主管部门或授权的区、乡、镇林业工作站或设计中心审批。

④审批单位接到申请后,要尽快办理完毕(一般在1个月内)。但遇到违反有关规定的(如无证、超证间伐、作业质量达不到标准等),要在弄清情况后根据有关规定处理完后再签发间伐许可证。

(3)审批所需要的材料。

审批所需要的材料有抚育间伐调查设计说明书、抚育间伐设计表、抚育间伐设计图等。

3)抚育间伐检查验收

(1)检查验收程序。

①检查验收目的。林业主管部门召集技术人员等组成检查小组,对照规程要求和生产合同,对审批的抚育间伐设计及施工质量,抽样检查,组织验收。其目的是监督、检查抚育间伐单位是否按每年下达的生产任务及抚育间伐设计规程进行设计,是否按审批的文件进行施工以提高施工质量,对不足之处及时采取措施补救。

②检查项目和方法。抚育间伐检查的主要项目是作业设计质量检查和作业施工质量检查验收。

(2)抚育间伐技术档案。

国有林场、林业采育场、乡(镇)林业站必须建立以作业区(或经营小班)为单位的抚育间伐技术档案,建立档案管理制度,搞好档案管理工作。技术档案主要有:抚育间伐总体规划,作业设计文件、图表,林业部门审批文件,施工报告单和检查验收报告等资料。

3.2 低产低效林改造

3.2.1 低产用材林改造

1.低产用材林改造的概念和意义

1)低产用材林改造的概念

用材林是以培育和提供木材或竹材为主要目的的森林,是商品林中的一个大类。

低产用材林是指因未能遵循适地适树,经营管理不当或受自然、人为等不良因素的影响,造成林木生长慢、质量差,明显低于所在立地条件下应有生产力的用材林林分。

低产用材林改造是指依据造成低产用材林的原因,采取综合性技术措施,将低产用材林改变为高产、优质、结构合理、密度适中的林分的一系列经营活动。

2)低产用材林改造的意义

(1)开展低产用材林改造是适应科学发展现代林业的要求。

积极开展低产用材林改造是发展现代林业的重要内容。通过对低产用材林的改造,不仅可以满足林业产业发展的用地需求,而且每年生产的低次材和剩余物,必然催生以此为原料,以机制炭、活性炭、人造板材为产品的现代林业综合加工利用产业。

(2)开展低产用材林改造是解放和发展农村生产力的必然要求。

长期以来,森林的过度采伐和粗放经营,导致一部分林地演变成残次林和低矮灌木丛,这些林地"远看一片绿,近看弯扭木",不仅经济效益低,而且生态效益也较差,急需改造。低产用材林改造无疑是当前林业改革发展中十分紧迫和现实的重要任务。开展低产用材林改造,培育优质高效森林资源,可以使农民获得更多的优质生产资料,获取更大的经济效益,是农民增收致富的有效途径。低产用材林改造是中低产田地改造从耕地向林地的延伸和拓展,必将进一步解放和发展农村生产力。

(3)开展低产用材林改造是建设生态文明的客观需要。

建设生态文明、维护生态安全是林业发展的首要任务。开展低产用材林改造,有利于建立责权利明晰的森林建设和保护制度,有利于调动广大农民和其他林业经营者发展林业、保护森林的积极性,有利于增强森林应对气候变化和维护生态安全的能力,有利于人与自然和谐发展、经济社会可持续发展和促进生态文明建设。

低产用材林改造是一个颇具争议的话题,因为过去曾出现过因中低产用材林改造而使森林遭到破坏的情况。一些省(自治区)在这方面做出了有益探索,走出了一条独具特色的创新之路。

只有很好地建立责权利明晰的林地建设和保护制度,以及科学规范中低产用材林改造的界定标准、范围和方式,并严格制定和执行低产用材林改造项目检查验收办法,才能真正让中低产用材林改造取得实效。

2. 低产用材林的改造原则

1)因林因地制宜,适地适树和注重改造效果

低产用材林形成的原因多种多样。树种不同,立地条件不同,改造的方法也不同。应根据当地的具体林分状况、立地条件特点,选择既适合于环境条件又能满足经济发展需要的树种。采取切实可行的改造措施,才能取得明显的效果。

2)坚持选用优良品种,优化树种结构

对于成林不成材、产量低、质量差的用材林,应用科技成果,逐步淘汰低质树种,适地、适树、适品种,种植优良乡土树种,适当引进经济价值高的外来树种,充分利用地力、良种、良制、良法、经济效益、生态效益和社会效益兼顾。

3)坚持先易后难,集中连片改造

要突出重点、扬长避短、统筹安排,首先改造集中连片、运作容易、投资效益好、见效快的林分,然后改造运作困难、零散、投资效益不好、见效慢的林分,以中产带低产,分批治理。

4)遵循生物学原理,保护生物多样性

人类的剧烈干扰和森林生境的破坏是造成生物多样性丧失的主要原因,关键物种一旦受到威胁,依赖其生存的许多物种也会有灭绝的危险;遗传多样性的丧失,也是生物多样性丧失的重要方面。因此,低产用材林改造应遵循生物学原理,使生物多样性的保护贯穿于整个低产用材林改造过程中。

3. 低产用材林的界定标准

低产用材林改造的成败,关键之一是标准的界定和改造方式的确定。应参照国家林业局发布的《低产用材林改造技术规程》(LY/T 1560—1999),并明确各省制定的低产用材林改造的总体标准、生态标准与经济标准,把握低产用材林改造的指导思想,制定具体的实施标准。

低产用材林的界定通常采取定性标准与定量标准相结合,在林业经营管理比较粗放的地区以定性标准为主,以定量标准为辅;在林业经营管理比较集约的地区以定量标准为主,以定性标准为辅。

定性标准如下。

(1)未能适地适树,林木生长势衰退、趋于老化、无法成材的林分。

(2)病虫害严重、生长不良、无培育前途的林分。

(3)受自然或人为不良因素影响严重、林相残破的林分。

(4)有培育前途的目的树种,株数不足、适宜密度为40%的林分。

(5)未抚育或抚育不及时而失去价值的中、幼龄林分。

(6)枯立木、濒死木株数占林木总株数50%以上的林分。

(7)干旱或水涝严重影响林木生长的林分。

(8)林木分布不均、部分林地郁闭度过低的林分。

4. 低产用材林改造的方法

1) 皆伐改造

皆伐改造适用于采用任何措施都不能使原用材林正常生长的林分。皆伐改造可分为块状改造和带状改造两种方式。值得注意的是,皆伐改造虽简便易行,便于人工更新,但不利于水土保持,因此仅运用于地势平缓区域的林分改造。

(1)块状改造法。

块形自行规定,随地形布局。山地条件下每块面积一般不超过 3 hm^2,平川或河滩地不超过 10 hm^2,每块之间的距离为改造林分平均高的 2 倍以上。及时更新,待幼树生长稳定后,再改造剩余林分。

(2)带状改造法。

容易引起水土流失的林分,应平行或斜交于等高线设置采伐带,采伐带的宽度不得超过林分平均高的 2 倍,间隔距离不得小于采伐带宽度。及时更新,待幼树生长稳定后,再改造剩余林分。

2) 更新抚育改造

抚育与改造的结合是森林生态系统经营体系的发展趋势。抚育改造是森林生态系统经营的关键性措施。抚育改造适用于能采用间伐、补植、补造等抚育措施来调整树种组成、提高林分质量,可以培育成较高生产力的林分。

(1)抚育间伐改造法。

根据林分情况,对低效纯林、经营不当造成的低效林、病虫害林、目的树种分布均匀的天然次生林(栎类灌木林),通过抚育间伐调整林分组成、密度或结构,扩大单株营养面积和生长空间,促进林木生长。实施抚育间伐时,必须坚持"间密留稀,留优去劣,彻底清除受害木或病源木,确保目的树种合理密度"的原则,一般伐除总株数的15%~50%(栎类灌木林除外),伐后郁闭度不低于0.6。同时,必须进行一次带状垦抚或除草抚育。

(2)补植补造改造法。

补植补造改造适用于低产用材林、低产竹林、低产经济林。根据林地目的树种林木分布现状,确定补植方法。通常有均匀补植(现有林木分布比较均匀的林地)、块状补植(现有林木呈群团状分布、林中空地及林窗较多的林地)、林冠下补植(耐阴树种)等方法。补植树种应根据经营目标确定,用材林一般要考虑通过补植形成混交林。补植数量一般应达到合理初植密度的30%以上;补植密度根据经营方向、现有株数和林分所处年龄阶段而定,一般应达到该类林分合理密度的95%以上。按照补植补造方式实施综合改造时,必须同时进行一次全垦或带状垦抚。

(3)间伐补植改造法。

间伐作业时,应保留生长健壮、中幼龄级的目的树种,伐除生长衰退、受害严重、无培育前途的林木。在林冠下或林中空地,选择适宜树种,按照1000~1500株/公顷的密度补植补造。对新造幼林和保留木及时进行抚育,协调上、下层林木共生关系,形成复层混交林。

(4)林冠下造林改造法。

郁闭度较低的林分,可在林冠下栽植耐阴、经济价值较高的树种,视幼树生长情况,伐去上层林木,形成高产林分。

(5)树种调整改造法。

根据经营方向、目标和立地条件确定调整的树种或品种。可采取抽针补阔(在改造的林分中,伐除部分针叶树木,并于空隙处补植阔叶树苗,达到改善林分树种结构、培育针阔混交林的目的,此种措施主要适用于针叶纯林)、间针育阔(间伐部分针叶树种,采取森林抚育措施,培育林下已有的阔叶幼树,使之形成阔交林,此种措施主要适用于针叶林下有阔叶幼苗更新的林分)、栽针保阔等方法来调整林分树种(品种),将纯林改造培育为混交林。按照树种调整方式实施综合改造,调整强度一般应达到30%以上,同时必须进行一次带状垦抚或除草抚育。

3)复壮现有林木

复壮措施适用于通过其他技术措施和加强林地管理可以恢复正常生长的中幼林。

(1)除杂松土法。

对于长期失抚、林地严重荒芜、杂灌丛生的幼林,铲除影响林木生长的灌丛杂草,扩穴松土,促进幼林复壮。

(2)施肥间作法。

根据林木所缺乏的养分进行施肥,或间作绿肥植物,以改善土壤营养条件,促进林木生长。

对于低产竹林,在9—10月施有机肥,在春季竹笋出土前1个月施速效化肥,在5—6月用注射器向竹腔施肥,这3种施肥方法用1种或几种混用均可。采取施肥方式实施改造的同时,需对竹林实行带状或穴状垦抚。

(3)排涝、防旱法。

对涝湿林地实施挖沟排水工程,排除过多水分。干旱林地采用集水抚育措施,有条件的可灌水抗旱,促进林木恢复正常生长。

(4)嫁接改造法。

对于生长不良、无培育前途并适宜嫁接的幼树,可通过嫁接优良树种,改造成有培育前途的新林。一般以现有树种植株作为砧木,采取芽接、枝接的方法,将目的树种的枝或芽接到现有树种的适当部位,使两者接合成新植株。林木嫁接与松土除杂两项措施同时进行效果更好。

(5)平茬改造法。

萌生能力强的林分,可在休眠期进行平茬,使其萌发新枝条,并对萌发的新枝条及时进行定株、修枝。全垦、施肥、平茬三项措施同时进行效果更好。

(6)封禁改造法。

对于经常遭受人、畜破坏,导致林木不能正常生长,但已有一定数量的目的树种的幼苗幼树的林分,采取封禁措施,使其恢复正常生长。

(7)劈山垦复法。

劈山垦复法适用于低产竹林。根据林分情况,采取劈山除杂、全面或带状垦复、留笋养竹、补植新竹、林缘松土扩鞭、合理间伐等措施实施改造。

湖北省结合本省实际情况,规定低产林综合改造统一按照"补植补造、树种调整、抚育间伐、劈山垦复、施肥、勾梢、嫁接换种、平茬促萌、疏伐修枝"9种方式进行。其中低产用材林可以单独或同时采取补植补造、树种调整、抚育间伐3种方式,低产竹林可以单独或同时采取补植补造、劈山垦复、施肥、勾梢4种方式;低产经济林可以单独或同时采取补植补造、嫁接换种、平茬促萌、疏伐修枝4种方式。

4)低产用材林的改造方法

(1)因滥伐和盗伐而形成的林分的改造。

这类林分一般交通便利,立地条件较好,适宜皆伐改造。有计划地采用块状皆伐或带状皆伐,伐除林地上所有的乔木、灌木和杂草,栽植适生、速生用材树种。也可采取冠下栽针、镶边补沿的办法,伐除非目的树种、灌木和杂草,在林下栽植适宜的针叶树种,如东北林区的红松、云杉等,诱导形成针阔混交林。

(2)因造林树种选择不当而形成的林分的改造。

由于造林地的立地条件不能满足造林树种生态学特性的要求,导致人工林生长不良,难以成林、成材。对于这类低价值的人工林,一般应根据适地适树的原则,更换树种,重新造林。

在更换树种时,可适当保留一些原有树种,以便形成混交林。原有树种比例不宜过大,以不超过50%为宜。有的林分由于调整了树种组成,林分状况有了较好的改善。如有些地区在贫瘠沙地上营造的杨树纯林生长不良,但引进刺槐混交后,则杨树生长有了明显转变。又如,在沿海地区杉木人工纯林中引入柳杉,在较干旱、瘠薄地段的杉木林中引进马尾松或相思树,都能使杉木的生长条件有所改善。

对于由于树种选择不当形成的低产林林分,还可用当地适宜的速生树种进行嫁接。据辽宁省阜新市林业科学研究所在风沙干旱地区的试验,以小叶杨"小老树"作为砧木,嫁接当地适生的优良杨树品种,如加拿大杨、北京杨、彰武小钻杨、群众杨、赤峰杨等,嫁接后高生长提高了1.6倍,直径生长提高了2.4倍。

优化结构能凸显优势,通过改造,可进一步挖掘林地发展潜力,建设以乡土树种为主的速生丰产用材林,这样不但提升了用材林资源优势,也降低了森林资源消耗,同时为森林经营单位发展奠定了基础。

(3)因种源选择不当而形成的林分的改造。

这类低产林林分是由于对种子和苗木的种源管理不严而造成的,解决问题的关键是严格造林苗木"三证"管理,即造林用种子或苗木的种子产地证明、种子或苗木的质量检验证明,种子或苗木的检疫证明。对于已发生的因种源选择不当而形成的低产林,应本着"早发现、早诊断"的原则进行全面改造。改造可采取全面清理场地,伐除原有低产树种,然后进行全面造林的方式;也可采取隔行伐除原有低产树种,然后再进行隔行造林,待新造树种生长郁闭后,再伐去保留的原有低产树种的方式。杜绝这类低产林产生的根本方法就是在当地建立自己的种子园或母树林。

(4)因造林后管理不当或过度放牧而形成的林分的改造。

对于因造林管理不当或过度放牧而形成的林分,应首先加强管理,改变经营状况,否则即使重新造林,也会再次成为低产林。对于造林后保存率低的新植幼林,应适时进行补植,直到达到新成林验收标准为止;对于因放牧而形成的低产林,应尽快封禁,同时辅以林间补植、冠下更新等营林、育林措施,使林地尽快恢复生产力。

(5)生产力过低的林分的改造。

对于因立地条件原因形成的低产林,首先应对这类林分进行早期诊断。低产林早期诊断是根据低产林的形成规律,在林分还未表现出低产林状况时,对其进行预测分析,判断其发展趋势,并对其采取相应的对策和经营管理措施,一般包括单因子分析、判别分析、实例检验三个步骤。

掌握了影响林分生长的主要因子,就要从改变这些因子入手,实现对低产林的改造。如对辽宁省建平县与凌源市交界处的牛河梁地区的低产油松林的改造,就应从改善土层厚度、土壤有机质、土壤全氮含量、土壤含水率和土壤微生物入手,方法有精细整地和合理施肥。通过鱼鳞坑整地造林,改变林木生长的土壤条件和水分条件,间接增加鱼鳞坑内土壤肥力,并可通过压绿肥等营林措施来增加土壤有机质含量和微生物数量,有条件的地区可适当对土壤补充一定数量的氮肥。精细整地是改善幼林生长条件的一道重要工序,如对杉木低产林采取挖大坑造林改植,对沙地杨树的深翻、施肥等。

(6)因经营措施不当而形成的林分的改造。

对于因经营措施不当而形成的低产林,应改变经营措施,变低产为高产。对于密度过大的林分,应尽快进行抚育间伐。对于杨树等萌芽能力强的树种,结合抚育间伐进行松土,使生长衰退的幼树得以复壮,并在抚育间伐时将萌芽能力强的间伐木连根清除,以免间伐后萌生的枝条与保留木争夺水分和养分。

①对于地势平坦的林分,可采取带状抚育采伐。采伐带宽为林分平均高的1/2,保留带宽与采伐带宽一致,也可大于采伐带宽。当保留带边行林木压抑采伐带上新植的幼树时,再适度伐去保留带两边1~2行林木。在对采伐带作业时,应同时对保留带进行下层疏伐,以降低保留带密度,改善林分环境,提高林木生长量。对采伐带结束采伐后应清理场地,补栽与立地条件相适应的树种。

②对于坡地与沙地密度过大、生长不良的林分,可采取群状采伐,以改造林隙。对林隙外围进行下层疏伐,然后在林隙中栽植其他树种。对保存率小的人工林进行补植,在大块空地上补植原有树种,在小块空地上补植耐阴树种。

③有的人工林造林后管理不及时或抚育过于粗放,幼树因人为管护不好而生长不良。对于这类林分,可采取深翻土壤、开沟埋青、施肥、平茬复壮等措施。深翻的时间,在北方以雨季前进行为最好,在南方最好在秋、冬季节进行。深翻的深度,在北方一般为20~25 cm,在南方

为30～40 cm。深翻土壤的间隔期一般为3～4年。在杉木林区常用开沟埋青、施肥等方法改造杉木人工低价值林,具体做法是在行间开宽50～60 cm的壕沟,先将表层30 cm的土壤挖出放置一旁,再用锄在沟底松土20～30 cm深,然后撒放青草、杂肥,再将表土回填沟内。如果改造的低价值树种具有较强的萌芽能力,可采取平茬复壮的方法进行低价值林的改造,如对杨树、刺槐、杉木等的平茬改造。

(7)遭受自然灾害的林分的改造。

如林分遭受火灾,对于毁坏较为严重的,可全面清除林地,重新造林;对于火灾后仍有一定数量的目的树种存活的,应视林分具体情况,及时清理受害林木,进行局部补植或冠下更新。对于遭受雨、雪、凇害的林分,应及时对受害林木进行伐除清理,然后进行补植或冠下更新。对于遭受严重病虫害,且无法复壮的林分,应伐除全部受害林木,选择生长势旺盛、抗性强的乡土树种进行重新造林;对于虽然遭受病虫害,但可通过营林技术手段,使其在一定时间内复壮的纯林,应采取抚育间伐、带状改造、冠下更新等营林措施,选择适宜本地区的其他树种,在采伐带或林冠下进行补植或更新,诱导形成混交林,改善林分环境,提高林分抗病虫害能力。

5. 作业设计

1)设计要求

进行中低产林改造时,要坚持规划先行、按程序报批、分年度实施的原则。湖北省可参照《湖北省低产林改造项目2013年度作业设计编制要求》,以业主为单位编制,以县区市为单位汇总。各县区市低产林改造的总规模要按照上级林业主管部门批准的改造低产用材林计划进行设计。作业设计由业主委托有资质的设计单位以外业调查为基础进行编制,绝不能根据以往资料在室内编制。

(1)目标明确。

要根据明确的设计单位与单元、作业时限、设计内容和本规定确定的改造模式与要求,编制作业设计。其中,小班现状调查与改造设计落实到小班表。作业设计除按照森林经营、人工造林等方面的常规技术要求外,还要根据改造类型、方式及环境,考虑各种改造模式和防治水土流失,以及有害生物源处理技术的作业要求。

依据对象和规程的规定正确确定改造方法,把低产用材林改造成速生丰产林或正常生长的用材林,不能借改造之名单纯取材,乱砍滥伐。

(2)审核(查)审批。

按低改年度作业设计审查要点的规定进行逐级报批。县级林业主管部门要根据产地条件、林分情况和业主愿望及能力,认真把好作业设计审查第一关。作业设计由县(市、区、旗)级林业局初审合格后报市(州)级林业局审批,市(州)级林业局于一季度将作业设计批复文件和设计文本的电子文档送省级林业厅存档备案。

(3)施工管理。

严格按照作业设计和批复文件,做好施工准备和现场管理,落实各项技术措施和监理制度,确保改造过程和技术方法符合要求。作业设计批复、实施后,确因自然灾害等不可抗力影响需要变更地点实施低改的,必须进行变更作业设计。变更作业设计的编制要求和审批程序与作业设计的一样。变更的地点必须符合低改的要求,变更总面积不得超过年度计划的20%。

(4)保护措施。

在低产林综合改造设计和实施过程中,应有针对性地采取以下保护措施:

①注重生物多样性的保护,防止外来物种入侵而导致生物污染;

②尽量控制对现有植被的破坏,采取的作业措施应避免或减少新的水土流失和风沙危害,防止改造过程中对自然环境不利的作用和影响;

③严格控制病虫害源的传播途径,进入改造区的植物材料要进行检疫,改造区的病虫危害木及残余物要及时进行隔离处理;

④适宜林粮间作的要尽可能实行以耕代抚,提高林农收入,增加林地肥力。

2)准备材料

收集相关资料是低产用材林改造工作前的必要程序,要全面了解项目区的地形、地势、土壤、气候、水文等自然条件,收集整理作业区近期的低产用材林改造资料、整理调查设计文件、林相图、地形图等以往资料,尤其是低产用材林改造方面的资料,了解当地交通、工业、农业、农村社会经济发展及劳动力状况等社会经济情况。通过对上述资料的收集、整理及对后续野外实地调查资料的综合分析,根据自身条件,确定低产用材林改造工作应该怎样做、做到什么程度等。

3)外业调查

(1)作业小班测量。

用罗盘仪测量小班的实际边界和面积,闭合差不大于 0.1%。

(2)标准地或样带调查。

每个改造小班设置 1~3 块面积为 20 m×30 m~30 m×40 m 的典型标准地,或设置 20 m 宽的样带,调查立木因子、立木生长、立地条件和植被等。

(3)预备作业。

根据调查资料提出初步设计方案,在标准地或样带内进行预备作业。在作业过程中逐步调整设计,并标定各工序的用工量、作业时间、苗木和种子需要量以及其他物质的消耗量,测定采伐蓄积量、采伐株数、出材量、材种与枝丫等。

4)作业设计

作业设计应包括以下内容:①改造区域自然条件和社会经济条件的调查与分析;②改造区域森林资源的历史情况和现状的调查与评价;③低产林类型、分布与面积;④低产林的改造方式和时间安排(确定到小班);⑤用工量概算、改造费用概算、收支概算及物质消耗计算(落实到小班);⑥生物多样性保护措施、施工作业管理与保障措施。具体设计内容及主要文本要求如下。

(1)编制作业设计表。

作业设计表的主要内容有:改造方式、改造面积、立木因子、出材量、作业设施的数量、工具及种苗等物质的需要量、造价、劳力需要量、作业费用和收支概算等。

(2)编制作业设计图。

根据林相图、地形图与作业小班实测材料,绘制比例尺为 1∶5000 或 1∶10 000 的作业设计图。作业设计图的内容包括:林班、小班界,需改造林分的林相、界限、明显地物标及改造方法。

(3)编制作业设计说明书。

作业设计说明书应包括以下 8 个方面的内容:

①项目提要:包括项目名称、主管单位、业主名称、建设规模、建设期限、种苗用量、材料用

量、投资预算、资金筹措等。

②设计的原则和依据：主要包括国家相关法规，有关部门批准的设计、施工文件，经营管理单位森林经营方案，施工目的对技术指标的要求；因地制宜，量力而行，以经济效益为主，同时兼顾生态效益等。

③业主情况及设计单位情况：业主情况包括申报情况（宣传、公告情况，业主林权证、财力状况等）、资格审查情况（县级主管部门派技术人员到改造地块现场核查，并了解相关实施能力）、业主确认情况（确认过程和核准结果）；设计单位情况要明确分别由哪些单位负责设计、分别负责哪些业主的设计、谁是汇总设计单位。

④作业区的基本情况：包括项目区自然条件和社会经济概况，拟改造地块的森林资源现状、立地条件等基本情况；需要采伐林木的，另按采伐技术规程和采伐限额等采伐要求，进行采伐作业设计，依法办理林木采伐许可证，实行凭证采伐；原则上要求每 667 m^2 平均活立木蓄积量在 1 m^3 以上的小班，不得纳入低改范围；无林木采伐蓄积量的，不进行采伐作业设计，项目建设地点、规模、内容及布局的概括情况。

⑤各改造类型的技术措施。

a.更新造林技术设计：进行立地类型划分、造林典型设计。分典型说明各造林类型的适用立地类型和营造林技术措施，技术措施应包括环境保护设计。如果需要，还应有森林防火设计。如造林典型设计Ⅰ需说明适合于什么立地类型，然后是树种选择、整地方式与规模、造林株行距、混交比例、造林时间、抚育方法与次数、环保措施等。说明完后，再分述典型设计Ⅱ。相同的文字部分可采用同造林典型设计Ⅰ的说明方式。

b.综合改造技术设计：分别说明各类低产林的适用综合改造方式和综合改造技术措施，综合改造技术措施应包括环境保护设计。

⑥改造作业的施工安排及人员组织与物资需要量。

⑦设施的修建。

⑧资金预算与资金筹措：汇总说明各业主投资预算与资金筹措情况。

(4)编制汇总表。

汇总各业主的基本情况、小班设计、改造树种、种苗用量和投资预算等情况，包括但不限于以下表格：

①业主情况登记表；

②更新改造小班调查设计一览表；

③综合改造小班现状调查与改造设计表；

④种苗及主要材料用量汇总表；

⑤投资预算汇总表。

如果有全县（市、区、旗）的立地类型表，还需作为附表附上。

附图包括但不限于以下图纸：

①项目区位置示意图；

②更新造林典型设计图；

③综合改造典型设计图。

5)设计报批

改造作业设计由森林经营单位报上级林业主管部门审查批准。如因特殊原因需要变更设计，须经原审批部门重新批准。

6）设计有效年限

作业设计由批准之日起3个计划年度内有效,过期则需另行设计与报批。

7）设计成果

作业设计由说明书、汇总表、分业主设计三个部分组成,内容要齐全、规范,不得缺项。作业设计图的比例尺为1∶10 000(部分无1∶10 000比例尺地图的边界地区,可用1∶25 000的地形图)。各县(市、区、旗)的作业设计文件汇总装订成册,一律采用A4纸张。

6．施工要求

(1)由专职施工员,按照上级主管部门批准的作业设计组织施工。

(2)采伐木需全部打号后按号采伐。

(3)采伐时要控制树倒方向,并按不同改造方式开设集材道,采伐与集材时要保护好保留木和目的树种幼树。

(4)由专职施工员,按照上级主管部门批准的作业设计组织施工。伐根一般不得高于地面5 cm,平茬、嫁接改造时可以根据需要确定。合理造材,产品按小班分类建立入库手续。

(5)做好清理工作,采伐剩余物要尽可能运出利用,或按长1.5～2 m、宽1 m、高1 m的形状堆积在不影响改造作业处。

(6)做好安全生产和护林防火工作。

7．检查验收

1）检查验收要求

按照低产林工程建设年度检查验收办法规定、综合改造技术规定和作业设计要求,检查验收改造地点、面积、模式、实施情况与效果。各级林业部门应对审批的作业设计和施工质量组织检查验收。

2）检查验收内容

具体检查验收内容包括:改造对象、林分类型、改造方式、改造情况(改造面积、间伐作业、补植补造、种苗规格、抚育管理)、生物多样性、环境保护情况、各项工程技术要求和管理措施执行情况等。

(1)作业设计质量检查的抽样比为原测量标准地数量的5%～10%,小班面积的1%～5%。现场核实标准地的测树因子、作业设计、作业小班区划等。

(2)施工质量检查按作业设计小班进行,主要检查改造方式、改造措施、作业面积、出材量、更新成活率、保存率等。

3）检查验收标准

检查验收应以《低产用材林改造技术规程》(LY/T 1560—1999)、《造林技术规程》(GB/T 15776—2016)、《森林抚育规程》(GB/T 15781—2015)、《森林采伐更新管理办法》的有关规定,以及作业设计的具体要求为标准进行。

4）检查验收组织

作业单位负责自查,县(市、区、旗)林业主管部门或国有林业局负责逐个小班全面检查验收,并将检查验收结果报上一级林业主管部门。省(自治区、直辖市)林业主管部门或森工集团负责抽查,对检查验收合格的单位颁发检查验收合格证,无合格证的单位不能继续施工。

5）检查验收方法

采用随机抽取样地或样行的方法检查。成片面积在5 hm^2 以下的抽取3%,成片面积为5～30 hm^2 的抽取2%。

6)检查验收实施细则

检查验收实施细则由各省(自治区、直辖市)林业主管部门或森工集团制定。

8.建立低产用材林改造技术档案

(1)国有林业局、国有林场或县林业主管部门要以作业小班为单位,建立低产用材林改造技术档案。

(2)档案内容包括改造作业设计文件、图表、技术措施、用工量及投资概算、施工情况、检查验收情况等。

(3)根据改造类型设立固定标准地(含作业的与对照的各1套),定期记载经营活动和林木生长变动情况。

(4)建档单位要确定专人负责,坚持按时填写,不能漏记或中断。技术档案由工程技术人员和业务领导审查签字,纳入森林资源档案。

3.2.2 低效防护林改造

1.低效防护林改造的概念和意义

1)低效防护林改造概述

(1)低效防护林的概念。

①防护林:为了保持水土、防风固沙、涵养水源、调节气候、减少污染所经营的天然林和人工林,是生态公益林的一种。低效防护林是低效林的一类。

②低效林:受人为因素的直接作用或诱导自然因素的影响,林分结构和稳定性失调,林木生长发育衰竭,系统功能退化或丧失,导致森林生态功能、林产品产量或生物量显著低于同类立地条件下相同林分平均水平的林分的总称。根据起源的不同,低效林可分为低效次生林和低效灌木林;根据经营目标的不同,低效林可分为低效防护林和低质低产林。

(2)低效防护林改造的概念。

低效防护林改造是指为改善林分结构,提高林分质量和效益水平,对低效防护林采取的结构调整、树种更替、补植补播、封山育林、林分抚育、嫁接复壮等一系列营林措施。

2)低效防护林改造的意义

防护林是生态公益林的主要类型。林业生产上生态公益林和商品林这两类林分的经营是林业发展的政策取向,商品林也有生态效益,生态公益林同样有经济效益。但由于商品林经营和生态公益林管护存在较大的经济反差,生态公益林管护者缺乏积极性。因此,各地都要认真研究、制定生态公益林保护和合理利用的政策措施,一方面要切实落实公益生态效益补偿,另一方面除自然保护区和其他特种用途林之外,在确保生态公益林性质不变的前提下,允许对限伐区内的生态公益林进行抚育间伐和更新采伐等低效林改造,提高生态公益林的生态效益和自我补偿能力。开展中低产林改造,有利于建立责权利明晰的森林建设和保护制度,有利于调动广大农民和其他林业经营者发展林业、保护森林的积极性,有利于增强森林应对气候变化和维护生态安全的能力,有利于人与自然和谐发展、经济社会可持续发展和促进生态文明建设。

2.低效防护林的类型划分与评判标准

1)低效防护林的类型划分

(1)低效次生林。

低效次生林是指原始林或天然次生林因长期遭受人为破坏而出现生长不良等状况,从而达不到经营目的所形成的低效防护林。

①残次林：受干扰破坏，林相残次，结构失调，郁闭度及植被覆盖度低，林地土壤侵蚀严重，生态功能及经济价值低下的林分。

②劣质林：受不合理的利用，优良种质资源枯竭，保留下来的种群遗传品质低劣，自然发育退化，失去经营培育价值的林分。

(2) 低效灌木林。

低效灌木林是指受干扰破坏，生态功能低下，失去经营培育价值的灌木林。

①低效人工林：人工造林及人工更新等方法营造的森林，因造林或经营技术措施不当而导致的低效防护林。

②低效纯林：生态效益或生物量（林产品产量）显著低于同类立地条件经营水平的单一树种的纯林。

(3) 树种（种源）不适林。

树种（种源）不适林是指因树种或种源选择不当，未能做到适地适树，林木生长极差，功能与效益低，且无培育前途的林分。

(4) 病虫危害林。

病虫危害林是指受有害生物严重危害且难以恢复正常的林分（林带）。

(5) 经营不当林。

经营不当林是指因经营措施不当、管理不善等原因，导致林木生长不良，林分（林带）功能与效益显著低下的林分。

(6) 衰退过熟林。

衰退过熟林是指进入衰老期，丧失更新能力，整体衰退的林分（林带）。

2) 低效防护林的评判标准

(1) 评判基点。

衡量低效防护林各类指标的参照标准是相同立地条件和经营水平的林分的平均值。

(2) 通用标准。

国家林业局2001年颁布的《生态公益林建设 技术规程》(GB/T 18337.3—2001)，对低效公益林作出了明确规定，2017年颁布的《低效林改造技术规程》(LY/T 1690—2017)，规定了低产低效林改造对象。凡符合下列条件之一者，可判定为低效林。

①林相残次，功能低下，并导致森林生态系统退化的林分。

②林分优良种质资源枯竭，具有自然繁育能力的优良林分个体数量小于30株/公顷的林分。

③林分生长量或生物量较同类立地条件平均水平低30%以上的林分。

④林分郁闭度小于0.3的中龄以上的林分。

⑤遭受严重病虫害、干旱、洪涝，以及风、雪、火等自然灾害，受害死亡木（含濒死木）比重占单位面积株数的20%以上的林分（林带）。

⑥经过2次以上樵采，萌芽能力衰退的薪炭林。

⑦因过度砍伐、竹鞭腐烂死亡、老竹鞭蔸充塞林地等原因，导致发笋率或新竹成竹率低的林分。

⑧因未适地适树或种源不适而造成的低效林分。

国家林业局2005年颁布的《森林采伐作业规程》(LY/T 1646—2005)规定，低效防护林改造的采伐对象为下列情况的防护林。

a. 中龄林但仍未郁闭,林下植被覆盖度小于0.4。

b. 单层纯林,尤其是单一针叶树纯林,林下植被覆盖度小于0.2,土壤结构差,枯枝落叶厚度小于0.5 cm。

c. 遭受严重的病虫鼠害或其他自然灾害,病腐木超过20%。

d. 因未适地适树或种质低劣,造林树种或保留的目的树种选择不当而形成的"小老树"林。

e. 因林木生长不良、林分结构(如树种结构、层次结构、密度结构等)差而达不到防护和景观效果的林带。

(3)生态标准。

《低效林改造技术规程》中规定了以生态防护功能为主要经营目的的森林,符合下列条件之一的可判定为低效防护林:

①植被覆盖度小于40%的中龄林以上的林分(降水量低于40 mm以下的区域,植被覆盖度小于30%的中龄林)。

②林地土壤侵蚀模数在中度以上($\geqslant 2500 \ t \cdot hm^2 \cdot a^{-1}$)的林分。

③营建于农田、牧场、海岸、沙区的防护林,连续缺带20 m以上或现有密度小于经营密度20%以上,以及生长、结构不良,防护功能差的林带。

④受中度风蚀,沙质裸露,林相残败的防风固沙林。

⑤组成单一、结构不良、林相残败、防护功能低下、无培育前途的林分。

⑥林分衰退,生态防护功能显著下降的成、过熟林。

(4)经济标准。

《低效林改造技术规程》中规定了以林产品为主要经营目的的森林,符合下列条件之一的可判定为低质低产林。

①树高、蓄积量、生长量较同类立地条件的林分的平均水平低30%以上。

②林分中的目的树种的比重占40%以下。

③商品材预期出材率低于50%。

④生产非木质林产品,连续3年产品产量较同类立地条件的林分的平均水平低30%以上。

⑤生产非木质林产品,林木或品种退化,已不适应市场需求。

3.低效防护林形成的原因

低效防护林既存在于人工林中,也存在于次生林中。在低效防护林中,涉及的树种有很多,如人工林中的杉木、马尾松、油松、落叶松、樟子松、杨树、榆树、刺槐、黄檗、水曲柳等,次生林中的山杨、白桦、黑桦、栎类、落叶松、马尾松、云南松等。由于低效防护林分布广、起源多样、涉及的树种多,其经营直接关系到生态环境建设和社会的稳定与发展,因此,低效防护林改造已成为我国森林经营工作中的一项重要任务,也是林业科学研究中亟待解决的重要课题。形成低效防护林的原因有许多,其大致与低产用材林的相同。

4.低效防护林改造方法与技术要求

1)改造方法

(1)补植。

①改造对象:适用于残次林、劣质林及低效灌木林。

②补植树种:防护林宜考虑通过补植形成混交林,商品林根据经营目标确定补植树种。

③补植方法:根据林地目的树种林木分布现状确定补植方法,通常有均匀补植(现有林木分布比较均匀的林地)、块状补植(现有林木呈群团状分布、林中空地林窗较多的林地)、林冠下补植(耐阴树种)、竹节沟植等方法。

④补植密度:根据经营方向、现有株数和该类林分所处年龄阶段合理密度而定,补植后密度应达到该类林分合理密度的85%以上。

(2)封育。

①改造对象:适用于有目标树种、天然更新幼树幼苗的林分,或具备天然更新能力的阔叶树母树分布,通过封育可达到改造目的的低效林分,改造对象主要为残次林和低效灌木林。

②封育方法:对具备天然更新能力及现状较好的林分采取封禁育林,对自然更新有障碍的林分可辅以人工促进更新措施。

封育按照《封山(沙)育林技术规程》(GB/T 15163—2004)中的有关规定执行。

(3)更替。

①改造对象:适用于残次林、劣质林、树种不适林、病虫危害林、衰退过熟林及经营不当林。

②更新树种:根据经营方向,本着"适地、适树、适种源"的原则确定。

③改造方法:将改造小班一次全部伐完或采用带状改造、块状改造的方法逐步伐完并及时更新,视林分情况,可对改造小班进行全面改造,也可采用带状改造、块状改造等方法,通过2年以上的时间,逐步更替。

④限制条件:位于下列区域或地带的低效防护林不宜采用更替改造:
- 生态重要等级为Ⅰ级及生态脆弱性等级为1、2级区域(地段)内的低效林;
- 海拔在1800 m以上的中、高山地区的低效林;
- 荒漠化、干热、干旱等自然条件恶劣的地区及困难造林地的低效林;
- 其他因素可能导致林地逆向发展而不宜进行更替改造的低效林。

(4)抚育。

①改造对象:适用于低效纯林、经营不当林及病虫害林。

②抚育方法:需要调整组成、密度或结构的林分,可间密留稀、留优去劣,采取透光伐抚育;需要调整林木生长空间,扩大单株营养面积,促进林木生长的林分,可采用生长伐抚育或育林择伐;对于病虫害林,通过彻底清除受害木和病源木来改善林分卫生状况;可望恢复林分健康发育的低效林,可采取卫生抚育和育林择伐。

③抚育强度:参见《森林抚育规程》(GB/T 15781—2015)的规定。

(5)调整。

①改造对象:适用于需要调整林分树种(品种)的低效纯林。

②调整树种:根据经营方向、目标和立地条件确定调整的树种或品种。生产非木质林产品的商品林,侧重于市场需求的调研分析来确定;生产木质林产品的商品林,应充分考虑立地质量和树种生长特性。此外,防护林应通过调整改造培育为混交林。

③改造方法:可采取抽针补阔、间针育阔、栽针保阔等方法调整林分树种(品种)。

④改造强度:一次性间伐强度不宜超过林分蓄积量的25%。

(6)复壮。

①改造对象:适用于通过采取培育措施可望恢复正常生长的中幼龄林。

②改造方法:主要有施肥(土壤诊断缺肥为主要原因导致的低效林)、林木嫁接(品种或市场等其他原因导致的低效林)、平茬促萌(萌生能力较强的树种,因过度砍伐而形成的低效林)、

防旱排涝(以干旱、湿涝为主要原因导致的低效林)、松土除草(抚育管理不善、杂灌丛生、林地荒芜的低效幼龄林)等方法。

(7)综合改造。

①改造对象:适用于残次林、劣质林、低效灌木林、低效纯林、树种不适林、病虫害林及经营不当林。

②改造方法:通过采取补植、封育、抚育、调整等多种方法和带状改造、育林择伐、林冠更新、群团状改造等措施来提高林分质量。

(8)低效林带改造。

执行《生态公益林建设 技术规程》(GB/T 18337.3—2001)中的相关规定。

(9)效应带改造。

执行《生态公益林建设 技术规程》(GB/T 18337.3—2001)中的相关规定。

(10)低效防护林采伐改造。

可参见《森林采伐作业规程》(LY/T 1646—2005)中的相关规定。

采伐方法分为以下三种。

①皆伐改造:遭受严重自然灾害的林分或林带采用皆伐方法进行改造。

②择伐改造:主要以群状或单株的方式采伐低效防护林内的部分林木。

③综合改造:适用于没有成林希望的林分、林带,伐除"小老树",补植适宜树种。

2)技术要求

(1)工作流程。

低效防护林改造要按照以下流程进行,即调查评价—作业设计—查验审批—施工与监理(监理反馈)—检查验收等。

(2)作业面积。

根据林分实际情况和评判标准确定改造作业面积,但采用更新改造时,一次连片作业面积不得大于 20 hm^2。

(3)布局配置。

低效防护林改造应综合考虑改造区域林种、树种及空间上科学、合理的布局与配置,通过改造实施,达到调整、优化林分结构的效果。

(4)技术措施。

通过实地调查与低效防护林评判,针对不同的低效防护林类型、成因和经营培育方向,以小班或林带为经营单元,确定适宜的经营培育方向、改造方法及具体的技术措施。除森林经营、造林等方面的常规技术要求外,在设计和实施过程中还应根据改造类型、方法及环境,考虑以下技术措施。

①树种调整重新配置的作业要求。

②水土严重流失区的集流蓄水、强化入渗的作业要求。

③水土严重流失区、风沙区的乔灌草配置技术、固土固沙技术的作业要求。

④病虫害发生区的林木及有害生物源处理技术的作业要求。

⑤长期水土流失、土地肥力贫瘠改良技术的作业要求。

⑥生产非木质林产品的低效林的品种更换、嫁接、复壮等技术的作业要求。

(5)保护措施。

在低效防护林改造设计和实施过程中,有针对性地采取以下保护措施:

①应注重生物多样性的保护,加强对国家级野生动、植物资源及其栖息地的保护,并防止因外来物种入侵而导致的生物污染。

②尽量控制对现有植被的破坏,采取的作业措施应避免和减少新的水土流失和风沙危害,防止改造对自然环境的不利作用和影响。

③严格控制病虫害的传播,进入改造区的种植材料要做好检疫工作,改造区的病虫害木及残余物要及时进行隔离处理,经检疫符合有关标准后方可流出改造区。

④林地坡度大于25°的低效林,改造时宜采用带状、块状的林地清理方式,以尽量减少改造过程中水土的流失。

⑤改造过程中不宜全面清林和炼山。

(6)低效防护林采伐改造技术要求。

①为防止水土流失,皆伐改造一般以带状进行;在坡度较大的地区,采伐带走向与等高线平行;采伐带上应保留目的树种的幼苗、幼树,同时对保留带进行抚育。对于遭受易传染的病虫害的林分或林带,应采用块状皆伐;对于遭受严重病虫害的低效禁伐林,需要特别审批。

②择伐改造强度应不大于伐前蓄积量的25%。

③林分改造采伐后应及时造林或采取封山育林的措施。

④林带改造采伐后,根据需要进行造林。

5. 作业设计

1)设计要求

(1)设计单元与单位。

低效防护林改造作业设计以小班为基本单元,以乡镇、场所等经营单位为设计文件的申报单位。作业设计需经县级及以上林业主管部门审核批准,并以此作为施工作业、施工监理和检查验收的主要依据。

(2)设计时限。

作业设计的时限是1个作业年度,在批复后至翌年底间实施有效。

2)设计过程

(1)资料收集。

含改造区域的相关资料,包括自然概况、近期森林经营调查、营造林总体规划、林业专项调查及社会经济等文字、图表材料。

(2)外业调查。

①对拟改造林地的林分状况进行全面调查,收集有关森林资源、立地条件、森林病虫害、种质资源、保护物种、作业条件等的资料。

②对拟改造小班,林分应分别设置1~3块面积为20 m×30 m~30 m×40 m的典型标准地或宽20 m,长50~150 m的样带(1 hm²以下的1块,1.01~5 hm²的2块,5 hm²以上的3块);对拟改造的林带,应分别设置1~3段长度为20~50 m的样带,进行林分因子、立地因子等方面的调查。

③作业设计

按照低效防护林评判标准,通过对拟改造林地的立地条件和林分现状的评价,确定低效防护林的类型、改造方法及技术要求,在现场进行初步设计的基础上,根据室内计算、分析与整理,完成各项内容、技术措施的设计,编制设计说明书,并绘制设计图表。

3)设计内容

作业设计内容如下。

①改造区域自然环境和社会经济条件的调查分析。

②改造区域森林资源的历史情况和现状的调查与评价。

③改造区域主要森林类型、立地类型的正常林分与低效防护林,在林分质量、生态功能、经济价值等方面的对比评价,用材林侧重于立地指数评价,非木质林侧重于产量、价值评价,防护林(带)侧重于防护功能评价。

④低效防护林类型、分布与面积。

⑤低效防护林的改造方法和时间安排(确定到小班)。

⑥更新采伐、抚育间伐、卫生采伐的采伐作业设计,包括采伐方式、对象、强度、株数、蓄积量、出材量、材种、伐区清理、病虫害处理及其他技术措施要求(确定到小班)。

⑦补植、更新、调整、复壮等营造林作业设计,包括种苗类型、林地清理、配置方式、作业时间、栽植技术、嫁接技术、复壮技术、抚育管理等方面的内容(确定到小班),具体见《造林技术规程》(GB/T 15776—2016)等相关标准。

⑧用工量概算、改造费用概算、收支概算及物质消耗量的计算(确定到小班)。

⑨生物多样性及环境保护措施(确定到小班)。

⑩施工作业管理与保障措施。

4)设计文件组成

(1)作业设计说明书。作业设计说明书的主要内容包括以下几个方面。

①设计目的、指导思想、主要依据、基本原则。

②设计区概况:包括自然地理条件、社会经济条件、森林经营状况等。

③外业调查说明:主要说明森林资源调查方法,作业区、作业小班划分方法和改造方法及主要技术指标的确定依据和方法等。

④各项技术措施设计:包括各种类型林分的主要特点、森林等级,采取的改造方法和措施、改造强度,作业面积比例,技术要求,树种选择、苗木(种子)等级和规格、林地清理、整地、植苗、播种等的技术要求,作业后的抚育管理,林业有害生物防治等。

⑤成本效益估算:包括采用的主要技术经济指标、说明及依据,消耗蓄积量、出材量、用工量(人力、畜力、机械)的情况,投入、产出情况的比较分析等。

(2)附图。

①低效防护林改造作业区森林资源现状图(林相图),比例尺为1∶5000~1∶10 000,反映区划、林种、树种等资源现状。

②低效防护林改造作业设计图,比例尺为1∶5000或1∶10 000,反映改造方法、采伐、营造林等方面的作业设计。

(3)附表。

①低效防护林小班现状调查与改造设计表。

②低效防护林改造小班作业设计一览表。

③低效防护林改造投资概算表。

6.施工与监理

1)施工

(1)施工准备。

①经审批的作业设计是施工的主要依据,经营单位应根据设计的改造小班(地段)、施工时间安排,组织施工人员进行现场踏勘,核实作业地块、改造方法,以及抚育采伐、营造林、嫁接复壮、生物多样性与环境保护等技术措施的要求,做好器具、材料的准备工作,并明确每个改造小班、地段的作业指导员。

②开展施工人员的上岗培训,包括作业流程、改造方法、林木采伐、营造林等方面的技术要求。

③采取抚育间伐、择伐作业的改造小班,严格按照设计要求,对采伐木逐一进行标记。

④小班中有国家级保护物种的,应在施工卡片上注明保护物种名称、分布、保护措施等。

(2)施工要求。

①严格按照作业设计的区域范围、作业面积、改造方法、营造林方法、生物多样性与环境保护措施等要求开展施工。

②施工人员在每个流程开始时进行现场示范和指导,让作业人员掌握有关技术要求。

③改造作业中清除的带病虫源的林木、枝丫,应及时就近进行隔离处理,防止病虫源的扩散与传播。

④改造过程中采用的种子、苗木均应达到国家标准规定的Ⅰ、Ⅱ级的要求。

⑤按照设计要求,保护好作业区内的国家级保护植物。

⑥做好作业小班、地段的林地清理工作,创造有利于保留木、新植树苗的生长环境。

⑦作业过程中做好护林防火与施工安全工作。

2)监理

低效防护林改造应实施监理制度,以保证作业过程中的过程控制与技术方法符合要求和施工作业的规范进行。

7.检查验收

1)检查验收方法

各省(自治区、直辖市)林业主管部门组织制定检查验收办法或细则,明确检查验收工作的组织及有关要求。

2)检查验收内容

根据设计文件组织检查验收。检查验收的主要内容包括:

(1)作业区的地点、范围、面积。

(2)改造方式。

(3)采伐作业实施情况。

(4)营造林作业实施情况。

(5)生物多样性与环境保护执行情况。

(6)病虫害防治等森林保护措施的实施情况。

(7)其他改造技术、要求的执行情况与效果。

(8)改造作业综合评价。

8.监测与档案管理

1)监测评价

实施低效防护林改造的林地应纳入森林资源监测体系,定期进行调查,掌握林地的动态变化,总结不同改造方法、技术措施的成效与经验。

2)档案管理

(1)档案内容。

①作业设计说明书、图、表、册及批复文件等。

②调查设计卡片。

③小班施工卡片。

④施工监理卡片与报告。

⑤检查验收调查卡片与报告。

⑥财务概算、决算报表。

⑦改造前后及施工过程的影像资料。

⑧监测记录及报告。

⑨其他相关文件、记录及技术资料。

(2)管理体系。

①经营单位档案管理。实施低效防护林改造的经营单位,应建立专项技术档案,落实专人管理。以小班为基本单元建档,类型包括纸质和电子档案两种,并纳入信息化管理。

②主管部门档案管理。县、市、省级林业主管部门也应建立专项技术档案,县级档案以经营单位为基本单位建档;市、省级档案以县为基本单位建档,落实专人管理。

林业主管部门宜侧重于电子信息档案的建立,主要管理设计文件、批复文件及各项总结报告。

3.3 森林主伐更新

3.3.1 森林主伐更新概述

1. 森林主伐更新的概念

培育森林的目的在于获取木材、林副产品和发挥森林的多种功能。当森林达到成熟年龄以后,林木的生长速度和质量将逐渐降低,防护作用也趋于减弱,此时应将老林砍伐利用并培育出生长率更高的新林分。

森林主伐更新是指当森林达到成熟时,对成熟林木进行采伐利用的同时,培育新一代幼林的全部过程。在生产实践中,常把这一过程分为两个部分:一是为获取木材而对用材林中成熟林分和过熟林分或部分成熟林木所进行的采伐作业,称为森林主伐;二是森林采伐后,通过天然或人工方法,使新一代森林重新形成的过程,称为森林更新。森林主伐的目的,一是为了取得木材,满足国民经济各部门的需求;二是为了改善森林的各种有益效能,如水源涵养、保土防蚀等。森林达到成熟年龄以后,木材的生长量和质量均下降,森林的防护效能也开始减弱,这时就需要通过主伐取得木材加以利用或通过主伐改善森林的防护效能,实际上这两者是密不可分的。因为对成熟林木进行采伐利用时,为了扩大再生产,达到永续利用的目的,必须培育新一代幼林。采伐利用成熟林木,是森林更新的一个组成部分。采伐必须更新,更新需要采伐,两者密切相关。所以"主伐"与"更新"可理解为同义语,因此常将二者合称为森林主伐更新。

2. 森林主伐更新的方式。

1) 森林主伐的方式

森林主伐常采取不同的方式。所谓主伐方式,就是在要进行采伐的森林地段内,根据森林更新的要求配置伐区,并在规定的期限内进行采伐的方法和过程。所谓伐区,就是同一年度内用相同采伐方法进行采伐作业、在地域上相连的森林地段,指具体的采伐小班。森林主伐最常用的方式有3种:皆伐、渐伐和择伐。

2) 森林更新的方式

(1) 根据更新与采伐成熟林木的先后顺序,可将森林更新分为伐前更新和伐后更新两种。伐前更新是在林冠下进行更新,是指林下幼树达到一定年龄、一定数量后才伐尽全部成熟林木;伐后更新是指伐尽全部成熟林木后,在采伐迹地上进行更新。

(2) 根据人为参与更新的程度,可将森林更新分为人工更新、天然更新、人工促进天然更新。一般为了提高森林更新的质量和缩短更新期,应多采用人工更新;在能保证森林天然更新能获得成功的林分时,可采用天然更新,以便充分利用自然力,节省成本;当采用天然更新,由于受自然力的限制而难以获得满意的幼林时,必须进行人工促进更新,进行补播、补植、整地松土、除去竞争植物等。

(3) 森林主伐更新的方式。

森林主伐更新方式是指在预定采伐的地段上,根据森林更新的要求,按照一定的方式配置伐区,并在规定的期限内进行采伐和更新的整个过程。更新方式决定着主伐的形式和内容,这是人类在掌握了天然更新规律的基础上,作为定向控制的管理过程而提出来的积极措施。主伐方式根据更新方式的不同,基本上可归纳为三种类型:

① 皆伐更新(伐后更新):一次性采伐全部成熟林木,采取天然更新或人工更新。更新发生在森林采伐后的迹地上。

② 择伐更新(伐前更新):单株或群状伐去已成熟的林木,林地上仍保留一定数量的林木。更新在林冠下进行,在全部成熟林木采伐完以前更新已经完成。

③ 渐伐更新(伐中更新):在较长时间内分若干次伐去伐区的林木,利用保留木下种并为幼苗提供遮阴条件。林木全部采伐完后,林地也完成更新。更新伴随着采伐且发生在采伐过程中。

在选择更新方式时,应当按照优先发展人工更新,人工更新、人工促进天然更新、天然更新相结合的原则,务必使更新与采伐紧密结合,做到更新跟上采伐、采伐更新同时考虑。在采伐后的当年或者次年内必须完成更新造林任务。伐前更新做到采伐完成熟林木后,新一代幼林已经形成。

在更新质量上,对于人工更新,树种选择要适地适树,合乎经营要求,当年成活率应当不低于85%,3年后保存率应当不低于80%;对于天然更新,每公顷要均匀保留目的树种幼树3000株以上,或幼苗6000株以上,更新均匀度不低于60%;对于人工促进天然更新,补植、补播后的成活率和保存率达到人工更新的标准,天然下种前整地的,达到天然更新标准。

3.3.2 森林皆伐更新

1. 皆伐更新的选用条件

皆伐更新是将伐区内的林木在短期内一次伐完或者几乎伐完(后者指保留有母树),并于伐后采用人工更新或天然更新（母树或保留带天然下种）恢复森林的一种作业方式。因为是先采伐成熟林木，后在迹地（已经完成采伐的伐区）上形成新林，所以这种作业方式的更新属于伐后更新。

（1）皆伐更新最适用于全部由喜光树种组成的成、过熟同龄林。例如，樟子松林、落叶松林、油松林、马尾松林、云南松林等都可以选用皆伐更新。对于人工林，除有意诱导成复层异龄林的林分外，大部分宜实行皆伐更新，特别是速生丰产林。

（2）对于耐阴树种组成的林分，在采取保留伐前更新幼树的前提下，可采用皆伐更新，皆伐更新后也能获得良好的天然更新。

（3）预定进行人工更新的林分，或拟更换树种的林分，或准备利用萌芽更新和根蘖更新的林分，均宜采用皆伐更新。皆伐更新是低产林改造的措施之一。对于非目的树种占优势而无培育前途的残林，及林木质量低劣、难以培育成材的林分，为了引进优良树种，常采用皆伐更新。

（4）皆伐更新适用于遭受自然灾害（如火烧、病虫、风折、雪折等）危害的林分。

（5）皆伐更新不适用于沼泽水湿地的林分和水位较高、排水不良土壤上的林分。因为这里原有林木的生存和生长会蒸腾大量的水分，皆伐后蒸腾量大大减少，土壤会变得更湿，造成天然更新、人工更新都很难进行。

（6）在山地陡坡和容易引起土壤冲刷或处在崩塌危险地段的林分，严禁皆伐更新。为了保护山区的生物资源、珍稀鸟兽经常栖居的地方，应禁止皆伐更新。

（7）森林火灾危险性大的地域，如铁路和公路干线两侧，也不宜采用皆伐更新。这里应建立一个异龄林保护带，避免因皆伐更新带来大量易燃的采伐剩余物。

（8）水源涵养林、水土保持林、护岸林、护路林以及其他具有重要防护意义的林分，不宜采用皆伐更新。

皆伐迹地一般采用人工更新，但在目的树种天然更新有保障的皆伐迹地，可采用天然更新或人工促进天然更新。皆伐迹地上形成的森林一般为同龄林。

皆伐更新具有采伐方式简单、采伐时间短、出材相对集中、便于进行机械化作业、木材生产成本较低等特点。皆伐更新在实践中被广泛应用。但皆伐更新环境变化剧烈，森林的防护作用在采伐后的一定时间内受到较大的削弱。

2. 皆伐更新的种类与方法

1）带状皆伐

带状皆伐的具体程序是：将伐区划分成狭长的地带，先皆伐一至数带，在未采伐带的林木侧方下种，等成苗后，再皆伐其他带，直至全林完成更新为止。此法适用于坡度较缓（<25°）、集中成片的成、过熟林地区。为保证天然更新的顺利进行，应注意带状皆伐的一些基本技术环节。

（1）伐区的形状。

在较平坦地区，通常将伐区规划成长方形，山地有时采用梯形。长边为伐区长度，短边为伐区宽度，一般伐区的长度与林班内成熟林分的长度相等，并尽量与林道成直角。根据伐区宽度可将伐区分为窄伐区（<50 m）、中等宽度伐区（50～100 m）和宽伐区（>100 m）3类。伐区的宽度应根据树种及立地条件的不同而不同，既要为森林更新创造条件，又要便于伐材与集材。种子小而轻，并有翅或绒毛，常可散落到很远的地方，幼苗生长快，抵抗不良环境能力强的树种,如桦木、山杨等,可采用较宽的伐区;而松、云杉、冷杉等树种,种子飞散距离较近,这类树种的伐区应窄一些。

另外,还要考虑地形、土壤、气候等条件。在易引起水土流失的山区、洼地,应采用窄伐区;在气候干旱、土壤瘠薄、立地条件差的地区,伐区也宜窄一些。

(2)伐区的面积。

根据我国《森林采伐作业规程》(LY/T 1646—2005)的规定,皆伐面积限度如表 2-3-1 所示。各地森林资源和立地条件不一样,可结合本地情况,规定适合本地的皆伐面积。

表 2-3-1 皆伐面积限度表

坡度/°	≤5	6~15	16~25	26~35	>35
皆伐面积限度/hm²	≤30	≤20	≤10	≤5(南方) 北方不采伐	不采伐

(3)伐区方向。

伐区方向就是伐区的长边方向。在地势平缓的林区,伐区方向应与种子散落期的主风方向垂直,这样一是为了天然下种,二是为了减少风害;在山区,伐区方向一般应平行于等高线,以减少地表径流,有利于防止水土流失,这样的伐区俗称横山带;在坡度比较缓、坡长比较短的丘陵,为了便于采伐作业,伐区方向可垂直于等高线设置,这样的伐区俗称顺山带;若为了既便于采伐作业,又避免造成严重的水土流失,可将伐区方向规划成与等高线成一定的交角,这样的伐区称为斜山带;在河流旁、道路旁的林区,伐区方向应垂直于河岸和道路,以便减少因采伐对森林护路、护岸作用的破坏,有时还要留出护路、护岸的保留带。

(4)采伐方向。

采伐方向是指伐区采伐的先后顺序指向。采伐方向要和伐区方向同时考虑。为了使伐区能获得充分的种子和避免幼苗、幼树受强风危害,在一般情况下,采伐方向总是与伐区方向垂直,并与当地风向相反;在山地条件下,采伐方向应为山坡上部向下,以防止水土流失和损伤幼苗、幼树;缓坡、短坡的采伐方向可由下而上,以方便森林工采伐为主;垂直于河流两岸的伐区,采伐方向应与水流方向相反;当旱风侵袭成为森林更新的障碍时,为保护幼树,伐区方向应与旱风方向垂直,采伐方向则与旱风方向相反;在干旱地区,为了使伐区免受强烈日光的照射,伐区方向可为东西向,采伐方向则应自北向南;在冷湿地区,为了使伐区尽可能多地接受阳光,伐区方向可为南北向。

(5)相邻伐区的采伐间隔期。

相邻两个伐区所间隔的采伐年数叫作相邻伐区的采伐间隔期,简称采伐间隔期。采伐间隔期影响取得木材的速度,进而影响到工效和木材成本。但确定采伐间隔期首先要考虑的,也是最重要、最应该考虑的是森林更新。为了发挥相邻的未采伐伐区中的林木对已采伐伐区的庇护和下种作用以及减少水土流失,应在一个伐区采伐完以后,与其直接相连的伐区需要相隔一定的年限才能采伐。一般不能采伐完前一个伐区紧接着就采伐后一个伐区。从实现好的更新方面考虑,如果以天然下种更新为主,采伐间隔期要等于一个种子年周期。种子年周期指相邻两个种子年间隔的长短。种子年是种子产量高、质量好的年份,又称大年、丰年。一般松类树木的种子年为 3~4 年,云杉、冷杉的种子年为 4~5 年。如果采用人工更新,则要根据播种或栽植苗木需要林墙庇护的程度和水土流失的危险性来决定间隔年限,需待幼林成活率达到要求或幼林郁闭后才能采伐相邻伐区。更新困难的地区和树种,则需要更长的时间,但一般不超过一个龄级期。我国《森林采伐更新管理办法》规定,对于保留的林带、林块,待采伐迹地上更新的幼树生长稳定后方可采伐。一般情况下,北方林区采伐间隔期为3～5年,南方为2～4年。

(6)伐区的排列方式。

伐区的排列方式是指前一伐区与后一伐区的连接顺序,通常有两种形式。

间隔式带状皆伐:又称交互带状皆伐,是将预定要采伐的成熟林区划为若干个带状伐区,在同一时间内,每隔一个伐区采伐一个伐区。先采伐的伐区称为采伐带,它们统称为第一组伐区;后采伐的伐区称为保留带,它们统称为第二组伐区。

连续式带状皆伐:新伐区紧靠前一个伐区设置,将预定要采伐的成熟林规划成若干个伐区,从一端开始采伐,按顺序每次采伐一个伐区,直至全林采伐完毕。这种方式的优点是伐区规划简单,对林墙下种和幼苗保护有利,能继续发挥森林的防护作用,也有利于采伐集材;其缺点是采伐速度缓慢,采伐期限过长。如1 km长的成熟林,伐区宽度按规定设计为100 m,采伐间隔期为3年,则需30年才能伐完。连续式带状皆伐的优越性不如间隔式带状皆伐,现应用得较少。

2)块状皆伐

块状皆伐是我国目前应用较广泛的一种主伐方式。它是一种小面积皆伐,适宜地形复杂的山区或者在不同年龄的林分成片状混交的条件下采用。它的伐区形状不规则,伐区面积大小不一定相等,伐区形状、伐区面积常根据地形条件确定,往往以一个山脊、一条山沟为界,但每个伐区的面积大都不超过5 hm^2。在立地条件好、土地肥沃、森林恢复快的地方,伐区面积可扩大到10 hm^2。伐区形状可近方形、近台形、近扇形等。伐区的排列方式最好是品字形。品字形排列方式有利于森林更新,也能减缓水土流失。但在地形复杂的山区实行块状皆伐时,有时很难规整地划分伐区,在这种情况下,要求同一次采伐的块状伐区较均匀地分散在预定要采伐的森林中。

3. 皆伐迹地的更新

1)天然更新

当种子具有一定的借风传播能力,且种子在自然状态下能够长成树木时,宜采用天然更新。皆伐迹地的天然更新,主要是依靠天然下种来实现更新的,俗称"飞子成林"。

(1)天然更新的种源。

· 来自邻近伐区:主要靠风传播,一般是靠近林墙的地方种子数量多,越向伐区中心种子数量越少。更新幼苗也是离林墙越近越密,越远越稀。东北的落叶松、樟子松,南方的马尾松、云南松及其他种子有一定传播能力的树种均适用这种更新方法。

· 来自采伐木:当采伐作业在合适的年份(种子年)、合适的时间(种子成熟期)进行时,采伐时大量的种子从树上脱落,客观上起到天然下种的作用。这种方法适用于各种喜光树种,更新幼苗一般比较均匀一致。

· 来自地被物:森林土壤和枯枝落叶层中经常储存大量的种子。有些树种的种子能在地被物内保存数年仍不失发芽能力。如油松、云南松林地上经常有较多的种子。红松种子可在枯枝落叶层内保留2～3年,甚至更长时间而不失发芽能力。成熟木采伐后,这些种子在环境条件改变了的情况下,很容易萌发长成新一代树木。

(2)保证更新成功的措施。

- 保留母树:我国《森林采伐更新管理办法》中规定,皆伐迹地依靠天然更新的,每公顷应当保留适当数量的单株母树或者母树群。当母树完成下种更新任务后,应及时伐除,越早越好。因为早伐除,不需遮阴的幼树可得到较充足的光照,有利于其生长。优良母树(树冠扩展的)分布比较均匀时,每公顷要有8~10株;当树冠较小或优良母树分布不均匀时,则要有15~20株。如果留群状母树(每群3株左右),可留3~5群。

- 采伐迹地清理和整地:森林采伐、集材后,堆积着大量的采伐剩余物,加上灌丛、杂草,都是更新的障碍,所以及时清理显得非常重要。可以将枝丫堆集于低洼处,或伐区为坡地时,将枝丫截断,散铺于地面,有条件者可将枝丫运出利用。促进更新采用的整地办法通常有两种:一是人力或机械整地,二是火烧整地。火烧整地一般结合清理迹地、火烧枝丫堆。这种办法通常能取得良好的效果。

- 保留前更幼树:成熟林的林冠下常有较多的幼树。采伐之后保留下来的前更幼树,由于得到充足光照,因此生长良好。所以保留幼树是一项重要的更新措施。

- 补植与补播:当更新效果不理想,即单位面积上的幼树株数太少或分布不均匀时,应采用人工促进天然更新,及时进行补植与补播,使之达到新要求的密度,促使尽快郁闭成林。

2)人工更新

如果树种天然更新能力弱或林分需要更换树种,则应采用人工更新。

人工更新通常采用的方法有:植苗更新和直播更新。通常比较稳妥和最常用的是植苗更新。保障人工更新成功的措施有:

(1)皆伐迹地的更新应充分利用迹地杂草、灌丛较少和土壤疏松的条件,及时采用人工更新,最好当年采伐当年更新,最迟应在第二年更新。

(2)采用人工更新时必须根据立地条件、树种特性,做到适地适树,以确保成活、成林、成材。

(3)人工更新要把握好更新季节。在北方,绝大部分地区适于春季更新。春季更新宜早不宜迟,因为北方春季气温上升快,苗木放芽迅速,需水量骤增,一定要尽快在解冻后的最短时间内更新,做到顶浆栽植(即当土壤化冻到15~20 cm时栽植),稍一拖延就会降低成活率。在南方,虽然更新基本上不受季节限制,但也要根据温度、降水等气象条件选择适宜时间,如在降水前栽植成活率一般比较高。

(4)人工更新在栽苗顺序上要做到"五先五后":先沟外后沟内、先栽已整地后栽现整地、先阳坡后阴坡、先栽萌动早的树种后栽萌动晚的树种、先小苗后大苗。

(5)人工更新应注意培植针阔混交林。纯林容易发生病虫害。针叶纯林发生森林火灾的可能性大,并且发生森林火灾后扑灭难度大。有报道称,针叶纯林还容易使土壤恶化、肥力衰退。

4.皆伐更新的优缺点

1)优点

(1)皆伐更新在时间和空间上都很集中,适于机械化作业,能节省人力、财力,降低生产成本。

(2)皆伐不需要像渐伐和择伐那样进行选择采伐木和确定采伐强度等复杂的工作,只需一次性将伐区内的林木伐光,是三种主伐更新方式中最简便易行的一种,并且伐木和集材、运材比较便利,不考虑是否损伤幼树。

(3)皆伐更新期短,在多数情况下形成同龄林,且林相比较整齐,树木干形圆满,木材的材质较高。

(4)皆伐更新改变了迹地的光照条件,有利于休眠芽萌发和不定芽形成,宜于进行萌芽和根蘖更新。

(5)皆伐更新便于林分改造和引进新树种。

(6)速生丰产林普遍适宜采用皆伐更新。

2)缺点

(1)皆伐更新后迹地小气候条件发生显著变化,尤其是温度变幅增大,增加了幼苗、幼树受日灼和霜冻危害的可能性。

(2)皆伐更新不利于保持水土,伐后森林涵养水源能力降低。

(3)皆伐更新后林相单调,从风景美化角度看,比其他采伐方式显得逊色。

(4)耐阴树种林分、异龄林、混交林不宜采用。

(5)一次性将林木伐尽或几乎伐尽,干扰了森林群落的生态平衡,影响了野生动物的栖息和野生植物的繁衍,不利于生物多样性保护。

5.林木采伐作业

1)伐木作业

伐区木材生产的工艺过程从伐木开始。伐木使树干与树根分离而倒在地上。当前使用机械伐木的劳动消耗量在整个林材生产过程中所占比例还不大,伐木仍是一项繁重、危险性较大的作业。

(1)伐木的基本要求

伐木作业与其他工序有密切的联系。伐木的质量首先影响集材机械的生产效率,也会影响森林资源的利用率和伐区母树、幼树的保存,因此,伐木作业应达到下列要求:

①确定伐木顺序和伐区树倒方向。查看运材道、集材主道、集材支道是否符合规程规定,并根据集材要求确定并标记伐木顺序和作业小班总的树倒方向。严格控制树倒方向,一般应倒向集材道,最好与集材方向成一斜角(30°~45°)。

②选定树木伐倒方向。正确选择和掌握树木伐倒方向是伐木作业的重要问题。伐木必须为打枝创造有利条件。合理的树木伐倒方向,可以减少集材作业的阻碍,充分发挥集材机械设备的效率;正确选择和掌握树木伐倒方向,还能防止砸伤母树和幼树,为森林更新创造有利条件。一般来讲,树木伐倒方向决定于集材方式,同时还要避免砸伤其他树木和摔伤树干。

③降低伐根。降低伐根是充分利用森林资源、节约木材的重要措施之一,且树木根部材质较好,利用价值较大。根据《森林采伐更新管理办法》的规定,伐根要降到0,最高不得超过10 cm。

④减少木材的损伤。在采伐作业中,尽量减少木材损伤是保证原木质量、提高出材率的重要措施。在伐木过程中,必须保证伐倒木的干材完整,避免摔伤、砸伤、劈裂、抽心等现象的发生,最大限度地降低木材损伤率。

⑤保护母树、幼树和林墙。伐区内的母树、林墙是森林更新种子的主要来源,必须保护好母树和林墙。在采伐作业中保护好幼树,可以为森林更新创造有利条件,否则就要增加对森林更新的资源,延长更新年限。采用天然更新的,伐后林地上的幼苗、幼树的保存率应当达到

60%以上。

⑥伐倒规定范围内的所有树木。在伐木过程中,只采好的不采坏的、只采大的不采小的(皆伐时)、只采近的不采远的等不合理做法,是违反国家"合理采伐,合理造材,合理利用"的方针的,这会使森林资源得不到充分利用,也给森林更新和经营管理造成困难。

⑦确保安全生产。采伐作业是在山地露天条件下进行的。由于树干体大笨重,采伐和运输都不方便,加之劳动条件较差,这就要求采伐工人在生产中坚决贯彻"安全为了生产,生产必须安全"的原则,严格遵守操作规程,以防发生事故。

(2)伐木技术。

伐木技术是伐木作业中最关键的环节,它不仅影响木材的利用程度,而且影响伐木者自身的安全和伐区森林更新。

①伐木顺序的确定。从作业范围看,一般应从装车场开始,向远处采伐。对于一个采伐号,伐木顺序是:一采集材道上的树木,二采集材道两侧的树木,三采"丁字树"。应从集材道一侧逐次向里采伐。在采伐集材道两侧树木的同时,在集材道两旁,每隔十几米选留生长健壮的被伐木作为"丁字树",用来控制集材道的宽度不再扩大,尤其在集材道转弯的地方更不可不留。

②伐木方法。开始伐木前,应对树干的弯直、树冠重心的偏正、树干倾斜的大小和方向、集材的方向等进行全面观察,然后确定被伐木的倒向和应采取的伐木技术措施,再根据树根的生长情况确定下锯位置。一般按锯下楂(锯下口)、挂耳子、锯上楂(锯上口)、加楔、留弦等步骤来伐木。但在采伐时,上述步骤不一定都采用。比如,当确定被伐木没有劈裂危险时,可不必采用挂耳子。伐木时应先锯下口,后锯上口。下口应抽片,上口应留弦挂耳子。

为了防止木材劈裂,在树将要起身(树倒)之前,必须控制留弦,加快锯截。树起身时,应立刻把锯抽出,躲入安全道。采伐生长不正常的树木时,应当特别注意安全作业,除要求正确判断树木的自然倒向外,还应根据每棵树生长的具体形态和材质情况采取相应的措施,否则容易发生事故。

2)打枝

打枝是树木伐倒后的第一道工序,是一项比较繁重的工作,有人力打枝和机械打枝两种形式。目前,我国绝大多数林区还是采用人力打枝,国外专用打枝机械的发展也比较缓慢,基本上使用油锯打枝,预计今后将广泛使用打枝—造材联合机或伐木—打枝联合机或伐木—打枝—造材联合机进行打枝作业。

打枝作业不仅直接影响木材产品的质量,而且对集材、装车、归楞等作业都有很大的影响。打枝时,将伐倒木的全部枝丫从根部开始向梢头依次打枝至 6 cm 处,树干上的全部枝丫都要紧贴树干表面砍(锯)平,不得深陷下去,以免损伤木材,也不许留茬凸起。

在同一株伐倒木上,不准有两个人同时操作,以免互相影响,或者斧子从手中滑出而伤到人。对于局部悬空或者成堆的伐倒木,应采取措施,使其落地后再进行打枝作业。打枝人员、清林人员作业时,距离应保持 5 m 以上。在流水作业的情况下,打枝人员应和伐木工保持 50 m 的安全距离。

3)造材

造材是按照国家规定的木材标准和立木的形态特征,将伐倒木截造成不同等级和用途的原木的一项作业。造材时必须考虑树身缺陷,量材使用,合理造材,做到材尽其用,提高出材率和木材售价。

(1)合理造材必须遵守的原则。

①材尽其用原则:认真做好度量成材工作,充分利用原条的全长。

②"三先三后"原则:先造特殊材,后造一般材;先造长材,后造短材;先造优材,后造劣材;并且做到优材不劣造、好材不带坏材,提高经济出材率。

③"三要三杜绝"原则:要做到按计划造材,杜绝按楞造材;要量尺准确,杜绝超长和短尺;要材尽其用,杜绝损失。

(2)合理造材的方法。

①正常健全的原条造材。正常健全的原条是指树干通直,尖削度小,节子小而少,无病腐等其他缺陷的原条。这种原条应优先造成特殊用材,然后造一般加工用材。根部尽量造长材,梢部造柱、桩木、枕木、坑木等。

②多节子原条造材。节子对木材分级有很大的影响。据统计,区分木材的等级,有70%～90%取决于节子。节子在树干上的分布是不均匀的,梢部节子最多,中部节子比较少,但死节和漏节往往在这一部分较多,靠近树干根部节子很少或根本没有。造材时把节子(活节、死节)最多、直径最大的部分尽量造成直接使用的原木和枕木。造加工用原木时,根据节子的密度和尺寸,在提高材质的原则下,应将节子分散在几段原木上或集中在一根原木上。

③腐朽原条造材。腐朽是木材最严重的缺陷,树干的外伤、漏节、夹皮、偏枯等是树木内、外腐的外部特征。对于带病腐的原条,总的造材原则是:尽量把病腐部分集中在一段原木上,不能好材带坏材或坏材带好材,这样做都会在不同程度上浪费木材。

(3)原木检尺与分级。

①原木检尺。

·原木长级:直接使用原木,长级规定不超过5 m的,按0.2 m进级,不足者舍去,超过5 m的,按0.5 m进级,不足者舍去;加工用原木,长级规定按0.2 m进级,不足者舍去。

·原木长级公差:直接使用原木,材长不超过5 m的,允许公差为±3 cm,材长超过5 m的,允许公差为±10 cm;加工用原木,材长不超过2.5 m的,允许公差为±3 cm,材长超过2.5 m的,允许公差为±6 cm。加工用原木的后备长度由各省(自治区、直辖市)根据运输条件自行规定。

·原木长级量测:如果原木的端面偏斜,则原木的实际长度以最小长度为准;如果原木端部有斧口砍痕,当减去斧口砍痕后量得的断面短径不小于检尺径时,材长仍自端头量起,当小于检尺径时,材长应扣除小于检尺径部分的长度;对于弯曲原木,材长以其直线距离为准;如果原木端头有水眼,应扣除水眼至端头的长度。具体按《原木检验》(GB/T 144—2013)标准执行。

·原木径级:按产品标准的规定,原木直径按2 cm进级,不足1 cm的舍去,满1 cm的进级。

·原木径级测量:原木径级是通过原木小头断面中心量得的最短直径经进舍后的尺寸。检尺时尺杆要与树干轴线垂直,不得沿截面偏斜方向测量。量取的直径不包括树皮的厚度。特殊形状原木的测量方法,按《原木检验》执行。

②原木分级。

决定原木等级的主要因子是木材缺陷的数量、分布与发展程度。加工用原木分为一、二、三级,其他原木不分级。原木分级按木材产品标准执行。

4)集材

从采伐地点把分散的木材归集到装车场、伐区楞场、渠道的起点或河边的搬运作业称为集材。集材是伐区生产中的主要工序,其成本约占伐区生产成本的 1/3。合理选择集材方式,是保证伐区生产计划合理、提高企业生产水平的重要一环。

(1)集材方式按木材形态分为三种。

①原木集材:树木伐倒后经过打枝、造材,然后再进行的集材作业。

②原条集材:树木伐倒后只经过打枝,不经过造材,直接进行的集材作业。造材作业放到山下贮木场进行。

③伐倒木集材:树木伐倒后既不打枝,也不造材,带树冠进行的集材作业。

原木集材多用在集材机械动力小的伐区和搬运条件不太好的伐区,原条集材和伐倒木集材多用在伐区内搬运条件好、集材机械动力大的林场。实践证明,伐倒木集材是一种较好的方式,它可以减少采伐的工作量,由于打枝和造材集中在山楞进行,因此可实现机械化和提高工作质量,改善劳动条件,充分利用森林资源。

(2)集材方式按使用的机械设备分为五种。

①拖拉机集材:以各种类型的拖拉机为动力载运或拖运木材。它是当前世界上最广泛采用的一种集材方式。拖拉机集材按运搬木材所处的状态分为全载式集材、半悬式集材、全拖式集材三种。全载式集材即木材全部装在拖拉机上集材;半悬式集材即原条的一端搭在拖拉机上,另一端拖在地上集材;全拖式集材即拖拉机不承担重量,靠其索引拖集木材。我国东北林区从 20 世纪 50 年代初开始采用半悬式小头朝前的原条集材,这种集材方式已成为我国主要的集材方式。

②绞盘机集材:以固定在适当位置的绞盘机为动力,索引钢索拽木材。

绞盘机集材按木材所处的状态分为全拖式集材、半拖式集材、悬空式集材三种。原条或伐倒木在地面上直接拖集称为全拖式集材;原条或伐倒木一端悬起,另一端在地面上的集材方式称为半拖式集材;以架空索道的方式为基础,把原条或原木悬吊起来集材称为悬空式集材。

③架空索道集材:以绞盘机或拖拉机为动力,用吊运车沿着架空的钢索吊运木材。架空索道集材是当前高山林区应用较多的一种集材方式。

④畜力集材:以牲畜索引简易工具载运或拖拽木材。这种集材方式在我国 20 世纪 50 年代广泛使用,以后随着机械化的发展而日渐减少,至今仍有许多林业单位在农闲季节组织农村劳力利用畜力集材。

⑤滑道集材:靠木材自重沿着修建的各种滑道集材。滑道集材在我国东北及西南林区曾被广泛应用,以后因拖拉机集材和架空索道集材的不断发展才逐渐减少。

不同集材方式的适用条件如表 2-3-2 所示。

表 2-3-2 不同集材方式的适用条件

类型	适用条件			备注
	地形	纵坡度/°	出材量/($m^3 \cdot hm^{-2}$)	
拖拉机集材	地势平坦或起伏不大	<15	南方林区:>20 北方林区:>75	工序简单,效力较高,但对地表有一定破坏
绞盘机集材	地势平坦或起伏不大	<25	>120	防止拖曳破坏土壤植被

续表

类 型	适用条件			备 注
	地形	纵坡度/°	出材量/(m³·hm⁻²)	
动力索道集材	丘陵或高山地区	<25	>80	对地表、树木的破坏小,适用于陡坡或复杂地形,但机械设备转移困难
无动力索道集材	丘陵或山岳地区	<15	>50	
板车集材	地势较平坦,岩石较少	<8	>15	
滑道集材	不受地形限制	<25	不限	易造成冲蚀沟
人力、畜力集材	丘陵或高山林区	<20	不限	
运木水渠集材	高山林区,水源充足	<4	>75	

5)清理伐区

森林采伐后,伐区里遗留的枝丫、废材、倒木、打伤木等剩余物的及时清理称为采伐迹地清理。根据迹地的林况、地况、采伐方式等条件,一般宜在采完一定面积后进行清理。将风倒木及该集而未集的采伐木运出迹地。长度为 2 m、小头直径为 6 cm 以上的木材宜全部运出利用。

伐区清理方法,应根据林分的自然条件(林况、林地)、采伐方式和经济条件而定,一般采取以下几种方法。

(1)利用法。

利用法是将采伐迹地上的粗细枝丫、半截头、小径木等经过挑选后分别归堆,然后运到贮木场,根据其可利用程度、用途分别造成小杆、小原木或进行其他加工的方法。这是一种最合理、最经济的清理办法。在少林或靠近村落及有条件的地方,应该首先采用这种方法。

(2)堆腐法。

堆腐法是将采伐剩余物截短堆成小堆,任其自然腐烂的方法。在潮湿地、水湿地、火灾危险性小的地方及幼树较多的皆伐迹地上可采用这种方法。此法经济易行,在生产实践中广泛应用。

(3)带腐法。

带腐法是将采伐剩余物堆成带状,任其自然腐烂的方法,在皆伐迹地可采用此法。它与堆腐法相比具有省工、便于人工更新和有利于保持水土等优点。

(4)散铺法。

散铺法是把采伐剩余物截成 0.5~1.0 m 的小段,均匀地散铺在采伐迹地上,任其自然腐烂的方法。该法适用于土壤瘠薄、干燥,以及陡坡、砂石土质的迹地,以防止土壤干燥和流失,有利于改良土壤。散铺时,应注意厚度要适中。过厚时,在干燥地带易分散,且易引发火灾,又容易成为病虫害的温床,在潮湿处容易引起沼泽化,影响天然更新及幼苗发育成长;过薄时,则不起作用。

(5)火烧法。

病虫害严重的采伐迹地可采用火烧法。火烧法是把采伐剩余物堆集成堆,然后在适宜的季节用火烧掉的方法。这种方法适用于皆伐迹地。其优点是可以有效地防止迹地上的森林火灾和病虫害,改良土壤的理化性质,促进有机质分解,有利于森林更新。焚烧时要有专人看管,并需在冬季、夏季非防火期内进行,以免引起森林火灾。

3.3.3 森林渐伐更新

1. 渐伐更新的概念及选用条件

1) 渐伐更新的概念

渐伐更新是在一定期限内（指1个龄级期以内）将伐区内的全部成熟林分几次伐完，同时形成新一代幼林的主伐更新方法。

渐伐更新的基本特征是在采伐过程中留有较多的母树以提供种源，更新效果比较好。渐伐更新最适于大多数林木均达到采伐年龄的同龄林（包括相对同龄林），渐伐以后，形成的林分基本上仍为同龄林，林木间年龄相差不超过1个龄级期。

2) 渐伐更新的选用条件

(1) 天然更新能力强的成、过熟单层林，应当采用渐伐更新。

(2) 坡度陡、土层薄、容易发生水土流失的地方或具有其他特殊价值的成、过熟同龄林或单层林，以及容易获得天然更新的林分，宜采用渐伐更新。

(3) 渐伐更新对于由幼年需要遮阴的树种形成的林分最适宜。另外，由于渐伐更新的采伐次数和采伐强度具有一定的灵活性，所以除强喜光树种外，其他树种形成的林分也可选用渐伐更新。

2. 渐伐更新的种类

不同地区的林况、气候、地形等自然条件不同，不同林分、不同树种的更新要求也存在差异，所以渐伐更新有多种采伐方式。

1) 按采伐次数分类

(1) 典型渐伐。

对于生长正常、林相较好、郁闭度较高的成熟林分，宜采用典型渐伐。典型渐伐分四次将成熟林木全部采伐完，分别为预备伐、下种伐、受光伐和后伐。每次采伐均应按一定的更新要求进行。

①预备伐：在成熟林分中为更新准备条件而进行的采伐，应在郁闭度大、树冠发育较差、以及林木密集而抗风力弱和活、死地被物层很厚，妨碍种子发芽和幼苗生长的林分中进行。首先伐去病腐和生长不良的林木，目的是促进伐区内保留的优良林木的结实和加速林地死地被物的分解，改善土壤的理化性质，为种子发芽和幼苗生长创造条件。一般伐去林木蓄积量的25%～30%，采伐后林分郁闭度应降为0.6～0.7。如果成熟林林分平均郁闭度为0.5～0.6，则不必进行预备伐。进行过系统间伐抚育的林分，到成熟期林分已适当疏开，也不必进行预备伐。

②下种伐：预备伐几年后，为了疏开林冠，促进结实和创造幼苗生长条件而进行的采伐。下种伐最好结合种子年进行，这样可以使更新所需的种子尽量多地落在渐伐林地上。伐后可在林冠下进行带状或块状松土，以增加种子与土壤的接触机会。下种伐的采伐强度一般为10%～20%，伐后林分郁闭度应保持为0.4～0.6，以保护林冠下的幼苗免受高温、早晚霜和杂草的危害。

③受光伐：为给下种伐后生长起来的幼树增加光照而进行的采伐。下种伐之后，林地上逐渐长起许多幼苗、幼树，它们对光照的需求越来越多，但此时幼树仍需一定的森林环境给予保护，因此林地上还需保留少量的林木。采伐强度可以为10%～25%，伐后郁闭度保持在0.2～0.4。这一期间，采伐强度可以适当提高，因为保留较多林木至后伐，对幼苗、幼树的损害将会增大。从下种伐到受光伐的间隔期内，如林下的幼苗、幼树为耐阴树种，生长缓慢，对高低温差等不良气候因素比较敏感，则需要较长时间（4～6年）；如林下的幼苗、幼树为喜光树种，抵抗

力强,幼苗、幼树生长迅速,如油松、落叶松,则间隔期可以短些(2~4年),甚至可以将受光伐省略,直接进行后伐。

④后伐:受光伐后3~5年,幼树由于得到充足的光照而生长加速,这时老树继续存在,已经成为幼林生长的障碍,因此需要将林地上的所有老树全部伐去,这就是后伐。后伐不得延迟,因为新林逐渐接近或达到郁闭状态,且能抵抗日灼、霜冻和杂草的危害,已不需要老树的保护,且后伐越推迟,幼树越高,幼树在伐木、集材过程中所受伤害越大。在北方,可考虑在冬季进行后伐,以减少对幼树的伤害。

渐伐更新的主要目的在于保证森林更新获得成功。为了不使林下幼苗、幼树的生长条件发生急剧变化,并使幼苗、幼树得到保护,一般应按典型渐伐的四个步骤将成熟林木采伐完并实现更新。但在有的情况下,不一定按部就班地分四次采伐完成熟林木。

(2)简易渐伐。

在实际工作中,通常会对典型渐伐进行简化,省略掉其中的一次或二次采伐,而成为二次或三次采伐的简易渐伐。应根据进行渐伐的林分状况和更新特点决定采伐次数。如林分郁闭度较低,林分已经开始大量结实,或者林下已经生长大量目的树种的幼苗、幼树,这时可将预备伐甚至下种伐省去。当预备伐后林木较长时间不能大量结实,因而无法顺利地进行下种伐,而必须在林冠下进行人工更新时,可以将下种伐省略,待人工更新幼树成活后,直接进行受光伐。同样,如果更新的幼树已经郁闭成林,或虽未郁闭,但幼树已能抵抗裸露环境所带来的各种不良危害,也可以将受光伐省掉,直接进行后伐。在上述情况下,不按照典型渐伐的四个采伐步骤逐次采伐,而以简易渐伐取而代之,不仅是非常必要和合理的,而且可省工省力。另一方面,采伐次数越多,木材生产成本越高。所以,在实践中采用简易渐伐能够达到采伐目的时,就不采用典型渐伐。

我国《森林采伐作业规程》(LY/T 1646—2005)规定,渐伐一般采用二次或三次渐伐法,采伐年龄参照同一树种皆伐测算的主伐年龄。

①上层林木郁闭度小,伐前天然更新等级为中等以上的林分,可进行二次渐伐:受光伐采伐林木蓄积量的50%,保留郁闭度在0.4左右;后伐视林下幼树的生长情况而定,接近或达到郁闭时,伐除上层林木。

②上层林木郁闭度较大,伐前天然更新等级为中等以下的林分,可进行三次渐伐:下种伐采伐林木蓄积量的30%,保留郁闭度在0.5左右;受光伐采伐林木蓄积量的50%,保留郁闭度在0.3左右;后伐视林下幼树的生长情况而定,接近或达到郁闭时,伐除上层林木。

2)按采伐方式分类

以伐区排列方式的不同,渐伐又可分为均匀渐伐、带状渐伐和群状渐伐三种形式。

(1)均匀渐伐。

均匀渐伐又叫广状渐伐,它是指在预定要进行渐伐的全林范围内,同时均匀地进行分次采伐,可根据林分的具体情况,采用二次、三次或四次渐伐。均匀渐伐适用于面积较小的地区,也常在急需大量木材的地区及自然条件较好的林分中应用。带状渐伐和群状渐伐的基本原则与均匀渐伐的相似,下面仅就它们的特点做一点补充叙述。

(2)带状渐伐。

带状渐伐是指将预定进行渐伐的林分规划成若干个带状伐区(若采伐森林面积较大,为了缩短采伐更新期,可规划成几个采伐列区),按一定的方向分带采伐。在一个采伐列区上由一端开始,在第一个伐区(即采伐基点)上进行预备伐,其他带保留不动。经过几年以后,在第一个伐区上进行下种伐,同时在相邻伐区上进行预备伐。再经过几年,在第一个伐区上进行受光伐的同时,于第二个伐区上进行下种伐,在第三个伐区上进行预备伐。以此类推,直至全林伐完为止。若希望加快采伐速度,可在采伐列区上设立若干个采伐基点,从采伐基点开始,同时进行采伐。可根据具体情况,选用四次、三次或二次渐伐。

与均匀渐伐相比,带状渐伐更有利于保护森林环境和保持水土。由于带状渐伐有未采伐林分的侧方保护,在渐伐的伐区上进行第一、二次采伐以后,保留木风倒的危险性大大减少,在进行下种伐的伐带上创造了较好的下种条件。为避免采伐时损伤幼苗,可以通过下种伐的伐带进行集材。带状渐伐能把大面积林地上的林木蓄积分配在一个较长的时期内采伐。带状渐伐的真正目的是为目的树种的更新提供必需的初始条件,既可提供适宜的光照以促进更新,同时又可防止更新的幼苗、幼树在过度裸露的条件下遭到危害,还可避免对幼苗、幼树有危害作用的杂草的入侵。

带状渐伐的伐区宽度、伐区方向,可根据坡向、坡度、受风害侵袭程度,以及幼苗、幼树需要侧方庇护的情况来确定。带宽以种子飞散距离为依据确定,一般为1~2倍树高,如果坡度过陡或风害严重,其宽度可窄一些。通常要求伐区方向与风害方向垂直,采伐方向应与风害方向相反。在地势比较平缓的地区,为避免强烈阳光的危害,可将伐区方向设置为东西向,从北端开始采伐;在山区,伐区一般应水平设置,采伐方向与集材方向均为由上而下;有时为了便于采伐作业,在无水土流失的情况下,也可顺山坡或斜山坡设置伐区,但不能由山坡下方向上方推进。

(3)群状渐伐。

群状渐伐一般是将林冠已疏开、林木较稀疏、林下生长有幼苗和幼树的地段作为基点,先进行采伐,然后由此向四周逐渐分次采伐。群状渐伐比较复杂,一般应用得较少。

3. 渐伐采伐木的选择

渐伐过程长、次数多,又要靠保留木天然下种来实现更新,所以采伐时需要谨慎地选择砍伐木和保留木。在选择采伐木时,应考虑以下几点:

(1)使生长发育健壮、具有优良遗传性状的树木能得到更多的繁殖下一代的机会,避免生长发育不良、有病虫害、遗传性状差的树木繁殖后代,以提高幼林的质量。

(2)在混交林中,必须使主要树种,特别是珍贵树种和稀有树种得到繁衍和发展,要尽量抑制次要树种的繁殖,使新形成的幼林能尽可能多地增加主要树种的比例。

(3)使保留木均匀地散布在采伐地段,以便伐区内能普遍获得天然下种的种子,并给林冠下的幼苗、幼树以适度的庇护。

(4)照顾到木材生产的需要,要注意保留后期生长快的林木,以增加单位面积上的木材产量。

前1~3次或1~2次采伐中都有选木问题。砍伐木的顺序也要认真考虑,一般砍伐木的顺序为:次要树种;病腐木、损伤木;过于庇荫,妨碍种子发芽的灌木;偏冠、平顶、弯曲和易风倒的树木。从预备伐开始,结合每次采伐强度逐次砍伐上述各类树种,并照顾用材的要求。

4. 渐伐的更新

渐伐一般依靠天然更新获得新林。在天然更新难以获得预期的效果时,需采用人工促进更新的措施。如有些渐伐林分可能由于林冠疏开,以致杂草繁茂,阻碍了种子发芽和幼苗的生长;有时可能出现林冠下更新幼树分布不均,部分地区有缺苗现象;有时林下更新幼树的组成不符合森林经营要求等。对于上述情况,可采取松土、整地、补播、补植等人工促进更新的措施。

采伐更新过程一般不超过1个龄级期。

5.渐伐更新的优缺点

1)优点

(1)因渐伐更新有丰富的天然种源和上层林冠对幼苗的保护,所以森林更新既省力,又有质量上的保证。目的树种种粒大,不易传播,或幼树需要老树庇护时,渐伐更新是最适宜的作业方式。

(2)在山地条件下进行渐伐更新,森林的水源涵养作用和水土保持作用不会因采伐而受到很大影响,能保持森林环境的稳定性。渐伐更新适宜在自然条件不良的地区、防护林、风景林、卫生保健林、草原林区应用。

(3)渐伐更新可以有效地利用优良林木增加优质木材的产量。在第一、二次采伐以后,保留下来的优良林木由于林冠疏开,能加速直径生长,成为大径材。

(4)与择伐相比,由于渐伐主要用于单层林与同龄林,因此施工较简单。

(5)渐伐更新由于对成熟林木分几次采伐,每次采伐后剩余物较少,林下有机物容易分解,因此既提高了土壤肥力,又降低了火灾发生的危险性。

(6)渐伐更新可以改善更新条件,获得合乎经营要求的幼林。在山地,特别在坡度较大的林分中,采用皆伐更新会导致水土流失,若采用渐伐更新,可以避免这种现象。

2)缺点

(1)渐伐更新是分2~4次将成熟林木砍完,采伐和集材时对保留木和幼树的损伤较大。

(2)渐伐更新既需要选木,又需要确定各次的采伐强度,所以技术要求较高,采伐、集材费用较高,木材生产成本也较高。

(3)林分稀疏、强度较大(如简易渐伐)时,保留木由于骤然暴露,容易发生风倒、风折和枯梢等现象,尤以一些耐阴树种较为严重。

(4)渐伐更新不便于实行机械化。因为渐伐更新的每次采伐不是要求注意保护保留木,就是要求注意保护幼树,所以施工速度较慢。

3.3.4 森林择伐更新

1.择伐更新的概念及选用条件

1)择伐更新的概念

择伐更新指每隔一定的时间,在林分中将单株或呈群团状的成熟林木采伐,并在伐孔中更新,始终保持伐后林分中有多龄级林木的一种主伐更新方式。择伐更新用于形成或保持复层异龄林的育林过程。实行择伐更新的林分处在有规律地不断采伐、不断更新的过程中,林分的林相基本保持完整,林内始终保持有多龄级或各个年龄级的林木。

择伐更新时,林地上永远有林木庇护,土壤和小气候条件因采伐变化很小,从而使森林的多种效能得以保持。择伐更新的采伐木多数为处于林冠上层的成熟木,采伐后不仅提供了更新空间,为种子发芽、幼苗、幼树成林创造了条件,也使下层未成熟林木获得充分的光照,从而能够加速生长。但在采伐成熟林木的同时,必须伐掉病腐木、虫害木、弯曲木,以及严重影响下层林木生长的霸王木,以改善林中卫生状况,促使更新取得良好的效果,促进保留木的健康、正常生长。

由于择伐更新是渐次、连续地进行的,林内的天然更新也随之连续发生,因此,经过择伐更新的林分必定为复层异龄林。复层异龄林的形成与维持是择伐更新的基本特点。

2) 择伐更新的选用条件

除了强喜光树种构成的纯林与速生人工林外，其他的林分都应大力提倡采用择伐更新。只是在有些条件下必须采用择伐更新，而在有些条件下可以选用择伐更新，也可选用其他作业法。

(1) 择伐更新最适用于由耐阴树种形成的异龄林。无论是用材林、风景林或防护林等，均应根据林分培育目的、林分年龄结构、林分层次结构及林分组成特点，来确定采伐强度与合理选择采伐木。

(2) 由耐阴性不同的树种构成的复层林、针阔混交林的复层林及有一定数量的珍贵树种的阔叶混交林，一般只能采用择伐更新。

(3) 现在全国在进行天然林保护，不但要保护原始林，同时也要大力保护次生林。但保护不等于禁伐，特别是对次生林中那些成熟的林分也应进行采伐，采伐方式主要是择伐更新。通过择伐更新，既可获得木材等经济收益，又可提高林分质量，从而在更高层次上对森林起到保护作用。有些从事多种经营的次生林，可采用择伐更新与其他作业方式相结合的方法对成熟林分进行采伐、培育、利用。

(4) 在陡坡、土层薄、岩石裸露的地区，森林与草原交错区，河流两岸，铁路与公路两侧的森林，无论是防护林或用材、防护兼用林，都只采用小采伐强度的择伐更新，以使森林能较好地发挥保护生态环境的作用，防止水土冲刷，防止林地沼泽化或草原化。

(5) 对于自然保护区与森林旅游区的成熟森林，为了维持其生物多样性、风景价值与生态效能，需要采伐时，只适宜采用小强度的单株择伐。

(6) 雪害与风倒严重地区的林分，采用择伐更新可以减少自然灾害的发生，防止林地环境恶化。

(7) 择伐更新不宜在由极喜光树种组成的林分、速生丰产林中采用。

2. 择伐采伐木的确定

合理的择伐应该是将采伐与育林紧密结合。在选择采伐木时，应遵循以下原则。

(1) 在上层林内，除伐去符合择伐年龄的成熟林木外，同时伐去影响幼壮龄林木生长的径级较大的病虫害木、弯曲木、枯腐木和霸王树，形成有利于幼壮龄林木生长发育的伐后环境。

(2) 在中层林内，应将濒死、枯立、干形不良或冠形不好的林木伐去，这类似于抚育间伐，以利于保留木的生长发育。中层林木是培育对象，这一林层不可过度疏伐。

(3) 在下层林内，伐去不能成材的受害木、弯曲木和多余的非目的树种林木，形成有利于中下层目的树种林木生长的良好条件，起到对幼苗、幼树更好的庇护作用。

(4) 在林木较稀的林分中，采伐强度可以小一些，保留木的径级和年龄可以比一般林木稍大一些，避免森林环境变化过大，对林木生长产生不利影响。

(5) 无论是什么类型的林分，都要注意保护生物多样性，保留珍稀树种，保留有助于益鸟、益兽、珍稀动物栖息和繁殖的林木。

总之，首先确定保留木，将能达到下次采伐的优良林木保留下来，再确定采伐木。竹林采伐后应保留合理密度的健壮大径母竹。择伐采伐木的选择可以概括为"采坏留好、采老留壮、采大留小、采密留匀"。

3. 采伐强度、间隔期与采伐年龄的确定

择伐的采伐强度是指每次的采伐量与伐前蓄积量的比值。一般由年生长量的大小和间隔期的长短来决定采伐强度的大小。年生长量大的林分，每次采伐量可以大一些，即采伐强度大一些。采伐强度的大小又与间隔期的长短密切相关。间隔期短的，采伐量宜小一些；间隔期长的，则采伐量宜大一些。

间隔期是指相邻两次择伐之间所间隔的年数。择伐一般按6～10年的周期反复进行，这个周期就叫间隔期，也叫回归期或回归年。通常以年生长量去除一次采伐的采伐量来计算择伐间隔期。这样做的目的就是要保持森林有稳定的蓄积量，不因采伐而使蓄积量减少。

择伐虽无轮伐期，但可以规定采伐年龄。采伐年龄是指直径达到采伐要求的一定数量树木的平均年龄。

在对一个具体的林分确定采伐量与采伐间隔期时，要参考林分中成熟林木的数量、卫生状况、优势树种生长快慢、林分郁闭度与立地条件等情况。

我国《森林采伐作业规程》(LY/T 1646—2005)规定：凡胸径达到培育目的的林木蓄积量占全林蓄积量的比例超过70%的异龄林，或林分平均年龄达到成熟的成、过熟同龄林或单层林，可以采伐达到起伐胸径指标的林木；择伐后林中空地直径应不大于林分平均高，择伐强度不超过40%，伐后林分郁闭度应当保留在0.5以上；回归年或择伐周期应不少于1个龄级期，下一次的采伐量应不超过这期间的生长量，下一次采伐时林分单位蓄积量应高于本次采伐时的林分单位蓄积量。

各种防护林与风景林进行择伐时，采伐量宜小，并且以单株择伐为主，使其既改善林分状况，又能维护防护效能与观赏游憩价值，同时加强对生物多样性的保护。

4. 择伐的更新

择伐主要靠天然更新，并且以天然下种更新为主。因为择伐后形成的伐孔周围有大量的壮龄树，可以比较充足地提供下种所需的种子。择伐后林地上仍存在大、中、小各径级林木，为种子发芽、幼苗、幼树生长提供了良好环境，所以常能获得比较满意的天然更新。

由于受自然条件的限制，当采伐以后林冠下的目的树种的天然更新不能令人满意，或林地条件较差，如土层较薄、岩石裸露，或大量杂草侵入等，使天然更新受到影响，就要采取人工整地、松土、补播种子、补植苗木，以及除草、砍伐竞争植物等人工促进更新的措施，以保证森林更新的成功。当实行择伐的林分缺乏合乎经营要求的目的树种种源，特别是珍贵树种的种源时，可以人工引种，以优化、更新林分的树种组成，提高林分质量。在阔叶林，特别是在次生阔叶林中进行择伐时，常需要人工引进针叶树种，以便培育合乎经营要求的针阔混交林。

5. 择伐更新的优缺点

1）优点

择伐更新与皆伐更新和渐伐更新相比，有许多优越性，主要表现在：

(1)能长期不间断地发挥各种有益效能。实行择伐作业以后，森林始终保持着较完好的林相，从而能持续地维护森林环境，能较好地涵养水源，防止土壤侵蚀以及滑坡与泥石流的发生。同其他采伐方式相比，择伐更新的环境保护作用是最好的。

(2)有助于保护生物多样性。森林生态系统的平衡状态不会因采伐而受到破坏，森林中各种生物协调平衡，林内的各种动物、植物群落一般不会出现突发性的灾难，也很少发生严重的

灾难,生物种类不会减少。

(3)能充分利用森林的自然更新能力,大大降低更新费用。择伐的天然更新与原始林的自行更新过程相似,林内存在永久的母树种源,幼苗、幼树在老林的庇护下生长发育良好。

(4)森林对光能的利用率高,林分的生产力较高、生物量大。伐后林分为多级郁闭,具有异龄多层的特点,对太阳辐射总的利用率高。

(5)择伐林的林木具有大小参差不齐的多层性,并有单株与群团采伐后形成的林隙,因而风景和美化作用保持得好,旅游与保健价值更高。

(6)由于择伐更新始终是边采伐利用、边更新、边抚育,它是所有森林收获作业方法中最符合森林资源可持续经营的作业方法。

2)缺点

与皆伐更新和渐伐更新相比,择伐更新也有一定的局限性和不足:

(1)对采伐木的选择比较复杂、费劲,需要格外慎重,否则林分难以逐渐转为平衡异龄林或保持为平衡异龄林。

(2)由于采伐是在林分中进行的,因此必须严格选择和掌握树倒方向,不然容易砸伤周围的保留木和幼树,容易产生树木搭挂现象。

(3)择伐的采伐木比较分散,难以发挥机械效能,伐木和集材工作复杂、费用高,再加上采伐强度小、间隔期短,使得木材生产成本较高。

(4)择伐林分不适于选用喜光树种,虽然在大的伐孔中喜光树种可以更新,但其生长受限制,成林成材难度大、效果差;择伐更新难以在速生丰产林中应用。

3.4 封山育林

1. 封山育林的概念及意义

1)封山育林的概念

封山育林是对具有天然下种或萌蘖能力的疏林、无立木林地(分为采伐迹地、火烧迹地等)、宜林地、灌丛地实施封禁,保护植物的自然繁衍生长,并辅以人工促进手段,促使其恢复形成森林或灌草植被;以及对低质、低效的有林地、灌木林地进行封禁,并辅以人工促进经营改造措施,以提高森林质量的一项技术措施。

2)封山育林的意义

封山育林主要依靠自然力恢复森林,既遵循了森林发展规律,又注意了经济效益,是一项多快好省地提高森林覆盖率、发挥林分多种效益的特种育林方式。封山育林具有如下优越性。

(1)有利于稳定和发挥生态系统自我调节功能。

封山育林基本保持了原有的构成生态系统主体的森林植物群落,没有破坏原有物质和能量的循环系统以及林木赖以生存的生态环境。因此,通过封山育林培育出来的林分,一般都具有较强的自动调节能力和较稳定的性状,形成防护性能好、生产力高的森林生态系统。

(2)有利于保护物种资源。

封山育林既可保护原有的树种资源,又能形成混交林,是保护珍稀树种和生物多样性的重要途径。

(3)可以减少森林病虫害。

封山育林使林分结构、林内气候改善,有利于天然繁殖,不利于病虫滋生发展,特别是对控制分布最广的松毛虫危害有重要作用。

(4)省工、成本低、收效快。

实践证明,投入同样的劳动力进行封山育林可以比人工造林面积多 5~10 倍。人工造林进度慢,遇到不利的自然条件成活率没有保证;而封山育林,无论多大面积,几乎都可以同时封育,大大加快了绿化进程,而且在实际工作中又省去了育苗、运输、假植、保护、林地整理、幼苗管理等多项繁杂工序。封山育林到成林成材,成本只有人工造林的 1/10~1/6。

(5)有利于生态效益的发挥。

封山育林保存了原有的浓密植被,可以减少土壤侵蚀,有利于涵养水源和保持水土。同时封山育林形成的是多层结构的混交林,保持了微生物滋生的生态环境,从而具有改良土壤、增加土壤肥力的功能。

(6)有利于尽快发挥经济效益。

很多山区或半山区人力、资金短缺,若全靠人工造林,显然是无能为力的,如果采用封山育林,就可大大加快绿化速度。封山育林既能在短期内使疏林地、灌木林地、采伐迹地和火烧迹地形成新的森林植物群落,又能速生丰产,有助于发挥山区林业生产的优势,增加群众收入。

3)封山育林的常用术语

无林地和疏林地封育:对宜林地、无立木林地、疏林地实施封禁,并辅以人工促进手段,使其形成森林或灌草植被的一项技术措施。

有林地和灌木林地封育:对低质、低效的有林地、灌木林地实施封禁,并采取定向培育的育林措施,即通过保留目的树种幼苗、幼树,适当补植改造,并充分利用生态系统的自我修复能力来提高林分质量的一项技术措施。

封育区:实施封育措施的林地。

在封区:当年正在实施封育的封育区,包括原封区和新封区。

原封区:非当年开始封育且封育时间未达到封育年限的封育区。

新封区:当年新增的封育区。

解封区:达到封育年限后,解除封育措施的封育区。

续封区:达到封育年限后,继续采取封育措施的封育区。

封育年限:达到封育标准所需要的年限。

全封:在封育期间,禁止除实施育林措施以外的一切人为活动的封育方式。

半封:在封育期间,林木主要生长季节实施全封,其他季节按作业设计进行樵采、割草等生产活动的封育方式。

轮封:封育期间,根据封育区具体情况,将封育区划片分段,轮流实行全封或半封的封育方式。

封育类型:通过封育措施,封育区预期能形成的森林植被类型,按照培育目的和目的树种比例分为乔木型、乔灌型、灌木型、灌草型和竹林型五种类型。

2.封山育林的适用条件

1)宜林地、无立木林地和疏林地的封育条件

(1)有天然下种能力且分布较均匀的针叶母树每公顷 30 株以上或阔叶母树每公顷 60 株

以上；如同时有针叶母树和阔叶母树，针叶母树除以 30 加阔叶母树除以 60 之和大于或等于 1，则符合条件。

(2) 有分布较均匀的针叶树幼苗每公顷 900 株以上或阔叶树幼苗每公顷 600 株以上；如同时有针阔幼苗或者母树与幼树，则按比例计算确定是否达到标准，计算方法同 (1)。

(3) 有分布较均匀的针叶树幼树每公顷 600 株以上或阔叶树幼树每公顷 450 株以上；如同时有针阔幼树或者母树与幼树，则按比例计算确定是否达到标准，计算方法同 (1)。

(4) 有分布较均匀的萌蘖能力强的乔木根株每公顷 600 个以上或灌木丛每公顷 750 个以上。

(5) 有分布较均匀的毛竹每公顷 100 株以上、大型丛生竹每公顷 100 丛以上或杂竹覆盖度在 10% 以上。

(6) 不适于人工造林的高山、陡坡、水土流失严重地段，以及沙丘、沙地、海(湖)岛、江河泥质滩涂等经封山育林有望成林(灌)或增加植被覆盖度的地块。

(7) 分布有国家重点保护 Ⅰ、Ⅱ 级树种和省级重点保护树种的地块。

2) 有林地和灌木林地的封育条件

(1) 郁闭度小于 0.5 的低质、低效的有林地。

(2) 有望培育成乔木林的灌木林地。

3. 封育类型

1) 乔木型

因人为干扰而形成的疏林地，以及乔木适宜生长区域内达到封育条件且乔木树种的母树、幼树、幼苗、根株占优势的无立木林地、宜林地应封育为乔木型。此外，有林地和灌木林地应封育成乔木型。

2) 乔灌型

其他疏林地，以及在乔木适宜生长区域内符合封育条件但乔木树种的母树、幼树、幼苗、根株不占优势的无立木林地、宜林地应封育为乔灌型。

3) 灌木型

乔木适宜生长上限符合封育条件的无立木林地、宜林地应封育为灌木型。

4) 灌草型

立地条件恶劣，如高山、陡坡、岩石裸露、沙地或干旱地区的宜林地段，宜封育为灌草型。

5) 竹林型

符合毛竹、丛生竹或杂竹封育条件的地块宜封育为竹林型。

4. 封育方式及年限

1) 封育方式

(1) 全封。

全封即死封，是一种较长期性的育林形式，做法是在封育期内禁止采伐、砍柴、放牧、割草和其他一切不利于林木生长繁育的人为活动。全封的封育期可根据郁闭成林的情况和所需年限加以确定。

全封适用于边远山区、江河上游、水库集水区、水土流失严重地区、风沙危害特别严重地区及恢复植被较困难的地区。

(2) 半封。

半封是在林木生长季节实施封禁，其他季节在严格保护目的树种幼苗、幼树的前提下，有计划、有组织地砍柴、割草。半封分为季节性封和活封两种。季节性封是在封育期内,在不影响森林植被恢复的前提下,在一定季节(一般在冬季休眠期)让群众有计划、有组织地进行樵牧和开展多种经营管理,并坚持只准砍柴、割草,务必保护目的树种的原则;活封就是只封禁目的树种,不封禁非目的树种,注意保护幼苗、幼树。

半封一般适用于有一定目的树种、生长良好、林木覆盖率较大的封育区,适用于封育用材林。

(3)轮封。

轮封是根据群众生产需要,把具备封山育林条件的整个封育区划分片段,轮流封育;在不影响育林要求和水土保持的前提下,再逐段定期开放,实行轮放。

2)封育年限

树种天然更新和成林年限与更新方式和不同树种幼苗、幼树的生长速度密切相关。一般萌芽更新只需 1~2 个生长季即可,而以天然下种为主的更新方式,则常需要 3 个以上的结实大年。成林年限不但与针阔叶树种有关,而且与速生、中生和慢生树种有关,并和林地的自然条件有关,一般以林分在合理密度下达到郁闭,且能生产出小材小料为准。根据封育区所在地域的封育条件和封育目的确定封育年限。封育年限如表 2-3-3 所示。

表 2-3-3 封育年限表

封 育 类 型		封育年限/年
无林地和疏林地封育	乔木型	6~8(南),8~10(北)
	乔灌型	5~7(南),6~8(北)
	灌木型	4~5(南),5~6(北)
	灌草型	2~4(南),4~6(北)
	竹林型	4~5
有林地和灌木林地封育		3~5(南),4~7(北)

5.封山育林规划设计

1)封育区规划

在林业发展规划、土地利用规划及森林经营方案的基础上,结合已有资料或调查资料,进行封山育林规划。规划内容主要包括封育范围、封育条件、经营目的、封育方式、封育年限、封育措施及封育成效预测等。规划成果报请上级林业主管部门或所在县人民政府审批后,作为封山育林作业设计的依据。

2)封山育林作业设计

封山育林作业设计过程一般分为准备工作、外业调查和小班设计等阶段。进行作业设计的单位要根据上级下达的封育任务编制作业设计委托书。

(1)准备工作。

①组建作业设计队伍。

聘请有林业调查规划设计资质的设计队伍完成作业设计,设计单位要确定负责人、参加人员、配合人员,并组织技术培训。

②基本情况收集。

自然环境条件:封育区的气候、地形、地貌、土壤等。

社会经济条件：当地人口分布、交通条件、农业生产状况、人均收入水平、农村生产生活用材、能源和饲料供需条件、当地社区森林管护制度和办法、今后当地发展前景、村民的愿望等。

植被情况：当地曾分布的自然植被类型、现有天然更新和萌蘖能力强的树种分布情况，以及森林火灾和病、虫、鼠害等。

在全面了解封山育林范围内的自然环境、社会经济条件和植被状况的同时，收集以下资料：

- 过往森林资源调查及专业调查的成果材料；
- 过往林业生产经营档案，相关项目的可行性研究、规划设计文件等；
- 有关技术经济指标、定额、相关规定文件。

③仪器工具、图表及其他用品准备。

仪器工具、图表及其他用品包括调查设计用表、办公用品、野外工作手册、卫星影像图及航片、罗盘仪、手持 GPS 等。

(2) 外业调查。

区划作业小班，小班内母树、幼树、幼苗、根株数量与分布状况调查采用小样圆(方)实测方法。

①样圆(方)设置。小班内母树、幼树、幼苗、根株数量与分布状况调查采用小样圆(方)实测方法。在小班内机械布设调查样圆(方)，设置的调查样圆(方)面积以 10 m² 为宜，数量按小班面积确定，具体要求如表 2-3-4 所示。

表 2-3-4　调查样圆(方)数量表

小班面积/hm²	<5	5～10	11～19	>20
样圆(方)数量/个	>6	>8	>10	>15

②样圆(方)调查项目。记载样圆(方)内母树树种、株数，竹类名称、株(丛)数及杂竹覆盖度，灌木树种、丛(株)数、盖度，国家重点保护树种、株数，幼苗和幼树的树种、株数，萌芽乔木树种、蔸数等，具体如表 2-3-5 所示。

表 2-3-5　封山育林小班现状调查记载表

封育单位		村或林班号		小班号	
小地名		图幅号		小班面积/hm²	
地形	海拔	土壤		土壤名称(亚类)	
	坡向			土层厚度/cm	
	坡位			酸碱度 pH	
	坡度			母岩母质	
年平均气温/℃		年平均降水量/mm		立地类型	
林地权属		封育方式		始封年度	
林木权属		封育方式		封育年限	
期初地类		期初郁闭(盖)度		优势树种(组)	
期末地类		预期郁闭(盖)度		工程与类别	

续表

调查年度	现有母树(竹)				现有幼苗、幼树(竹)				灌木			草木		灌草总盖度	郁闭度	保护树种等级
	树种	每公顷株数	平均年龄	平均高/m	平均胸径/cm	树种	每公顷株数	平均年龄	平均高/m	平均胸径/cm	树种	每公顷株(丛)数	覆盖度/(%)	草种	盖度/(%)			

封育措施	年度	措施:
病、虫、鼠害状况		
备注		

调查员：　　　　　　　　　　　　　　　　　　　　　　　　　调查时间：

③统计计算。调查小班的母树、幼树、幼苗、竹丛、灌丛等。

封育区调查应在森林资源规划设计调查研究的基础上，尽量利用已有的种类调查资料，在不能满足需要的情况下进行补充调查。在拟封山育林的重点地域布设调查线路，对土壤、植被、气候、地质、地貌等有针对性地进行详细调查，根据已有的资料和补充调查结果编制封育类型表和封育措施类型表。有补植、补播的编制补植、补播类型表。

封育类型表主要根据立地条件、封育目的和地类编制。

封育措施类型表根据封育对象确定的封育类型编制。

(3)小班设计。

①现地根据封育区条件确定各封育小班的封育类型，对编制的封育措施类型表进行现地套用并核实和修改；

②根据封育区条件，现地确定封禁措施和育林措施，包括机械围栏、生物围栏、检查哨卡、补植补播树种、平茬复壮树种等，并在外业工作手图和封山育林区小班现状调查表上标示和记载；

③根据封育区情况和需要，现地确定主、次防火线位置或设计防火林带，并在外业工作手图上布线；

④对补植、补播的封育区进行种苗供需设计，包括种苗需求测算和种苗供应设计。

(4)设计文件组成。

封山育林作业以封育区为单位，设计文件主要包括以下内容：

①封育区范围：确定封育区面积与四周边界。

②封育区概况：明确封育区自然条件、森林资源和封育地类型与规模等。

③封育类型：根据封育区条件确定封育类型，以小班为单位，按封育类型统计封育面积。

④封育方式：根据当地群众生产、生活需要和封育条件，以及封育区的生态重要程度确定封育方式。

⑤封育年限：根据当地封育条件、封育类型和人工促进手段，因地制宜地确定封育年限。

⑥封山育林建设：内容包括根据封禁措施设置的标牌、围栏(生物围栏和机械围栏)、界桩、

检查哨卡(管护房)、宣传材料(标语)等,根据育林设计的补植、补播、平茬复壮、人工整地面积等,根据森林保护设计的防火线、病虫鼠害防治药器以及人工巡护面积等。

⑦施工组织及进度安排:包括组织管理单位、组织形式、实施单位和资金、人员、设施、防火、病虫害防治以及用工量测算等。

⑧投资概算及封育效益评价:根据封山育林设施建设规模和管护、育林、培育管理工作量进行投资概算,并提出资金来源和筹措办法,按封育目的估测项目实施的生态、经济与社会效益。

⑨保障措施:包括组织保障措施、技术保障措施和质量保障措施等。

封山育林作业设计图以乡(镇、场)为单位编制,面积过大或封育地块分散,一个图幅容纳不下时,可分幅编绘,成图可以不是完整的乡(镇、场),能反映封育地块即可。按《林业地图图式》或其他有关规定标明图式,主要包括封育范围、林班和小班界线、封禁措施及育林措施等,附图比例尺应在1:5000以上,在图面空白处列表标注小班因子主要内容。标注的主要因子为小班号、小班面积、主要培育树种(乔、灌、草、竹)、封育类型、封育方式、封育年限等。

各地可根据本地实际情况增减内容。

6. 封山育林作业

1)封山育林组织管理

(1)封山育林规划设计文件应根据每个项目的不同管理要求,由经营单位或经营者向地方林业主管部门逐次汇总报批后执行。工程项目按工程管理程序进行,一般项目可根据实际需要从简。

(2)以封育区的经营单位或经营者为主实施封育,鼓励多种形式组织联合封育。

(3)封育期间,经营单位或经营者应定期观测封育效果,根据观测情况按有关程序报批后及时调整封育措施。

(4)封育期满后,各级林业主管部门及时负责检查及成效调查验收。

2)封禁措施

(1)警示。

封育单位应明文规定封育制度并采取适当措施进行公示。同时,在封育区周界明显处,如主要山口、沟口、交通路口等应设立坚固的标牌,标明工程名称、封区范围、面积、年限、方式、措施、责任人等内容。封育面积在 100 hm^2 以上的,至少应设立 1 块固定标牌,人烟稀少的区域可相对减少。

(2)人工巡护。

根据封禁范围和人、畜危害程度,设置管护机构和专职或兼职护林员,每个护林员管护面积根据当地社会、经济和自然条件确定,一般为 100~300 hm^2。

(3)设置围栏。

在牲畜活动频繁地区,可设置机械围栏、围壕(沟),或栽植乔、灌木,设置生物围栏,进行围封。

(4)设置界桩。

封育区无明显边界或无区分标志物时,可设置界桩以示界线。

3)人工辅助育林

(1)无林地和疏林地育林。

①人工促进天然更新。对封育区内的乔、灌木有较强的天然下种能力,但因灌草覆盖度较大而影响种子触地的地块,可进行带状或块状除草、破土整地,或有计划、有组织地炼山整地;对于有萌蘖能力的乔、灌木幼树、母树,可根据需要进行平茬或断根复壮,以增强萌蘖能力。

②补植或补播。对于封育区内自然繁育能力不足或幼苗、幼树分布不均匀的间隙地块,应按封育目的、要求进行补植或补播。

③对于特殊封育区,如沙地封育区,可在风沙活动强烈的流动沙地(丘)采取沙障固沙等措施来促进封育;对于干旱的封育区,在有条件的情况下可开展引洪灌溉抚育,促进母树和幼树、幼苗生长。

在封育年限内,根据当地条件,对符合封育目标或价值较高的乔、灌木树种,可重点采取除草松土、除蘖、间苗、抗旱等培育措施。

(2)有林地和灌木林地育林。

对于封育区树木株数少、郁闭度和盖度低、分布不均匀的小班,采取林冠下、林中空地补植补播的人工促进方法来育林;对于树种组成单一和结构层次简单的小班,采取点状、团状疏伐的方法,促进林下幼苗、幼树生长,逐渐形成异龄复层结构的林分。

(3)目的树种定向培育。

在封育期间,对部分珍稀树种和经营价值较高的树种,可重点采取除草松土、除蘖、间苗、抗旱、扶正等培育措施,以促使其生长;在非目的树种有碍封育目的时,可以采取间伐等措施,以促进目的树种生长。

4)灾害防除

在封育年限内,按照"预防为主、因害设防、综合治理"的原则,实施火、病、虫、鼠等灾害的防治措施,避免环境污染、破坏生物多样性,做好相应的预测、预防工作。

7.封山育林检查和成效调查方法

1)检查

(1)自查。

对于工程封山育林项目,在封育期内由当地林业主管部门组织定期自查,检查各项封育措施是否完备以及确认初步的封育成效,写出定期自查工作总结,针对存在的问题提出改进措施。非工程封山育林项目可从简。达到封育年限的在封区,由当地林业主管部门组织全面自查并形成检查验收成果报告。

(2)核查。

在封育期内,上级林业主管部门为掌握封山育林实施情况,应组织人员对在封区进行核实检查。在封区核实合格条件包括:

①满足封育条件,并具备合理、齐全的封育规划和作业设计,建立了封山育林技术档案。

②设置了明晰的固定标志,落实了职责明确的管护机构和人员;

③制定了技术合理的封育制度和封育措施,或已实施或准备实施封育措施。

2)成效调查

(1)调查组织。

在封育区达到封育年限后,先由封育单位全面自查,然后由上级林业主管部门组织成效调查。农户、组、村自行组织的封山育林项目可由林业主管部门指导进行成效调查。调查结果以经营者和分组行政单位通过逐级汇总并逐级进行成效评定来确定。

(2)调查方法。

采用随机抽样调查方法进行调查。按封育类型随机抽取10%的小班调查封山育林成效,要求如下。

①覆盖度和郁闭度可采用小班目测法或样地调查法。

②株数调查采用样圆(方)调查法。在小班内机械或随机布设面积为10 m²[样圆(方)半径为1.79 m]的样圆(方)进行小班因子调查,样圆(方)数量按小班面积确定。

(3)合格标准。

以小班为单位,按无林地和疏林地封育、有林地和灌木林地封育进行成效合格评定。

①无林地和疏林地封育合格标准。

乔木型:小班郁闭度大于或等于0.20,平均有乔木1050株/公顷以上,且分布均匀。

乔灌型:小班郁闭度大于或等于0.20,灌木覆盖度大于或等于30%,平均有乔、灌木1350株(丛)/公顷以上,或年均降水量在400 mm以下的地区,平均有乔、灌木1050株(丛)/公顷以上,其中乔木所占比例大于或等于30%,且分布均匀。

灌木型:小班灌木覆盖度大于或等于30%,平均有灌木1050株(丛)/公顷以上,或年均降水量在400 mm以下的地区,平均有灌木900株(丛)/公顷以上,且分布均匀。

灌草型:小班灌草综合覆盖度大于或等于50%,其中灌木覆盖度大于或等于20%,年均降水量在400 mm以下的地区,灌木覆盖度大于或等于15%,平均有灌木900株(丛)/公顷以上,或年均降水量在400 mm以下的地区,平均有灌木750株(丛)/公顷以上,且分布均匀。

竹林型:小班平均有毛竹450株(丛)/公顷以上,或杂竹覆盖度大于或等于40%,且分布均匀。

②有林地封育合格标准。

有林地封育合格,小班应同时满足下列条件:

- 小班郁闭度大于或等于0.60,林木分布均匀。
- 林下分布有较均匀的幼苗3000株(丛)/公顷以上或幼树500株(丛)/公顷以上。

③灌木林地封育合格标准。

灌木林地封育合格标准为小班的乔木郁闭度大于或等于0.20,乔、灌木总覆盖度大于或等于60%,且分布均匀。

(4)合格率计算方法。

$$合格率=合格小班面积/检查小班总面积×100\%$$

(5)成效调查报告。

成效调查报告的内容包括调查时间、调查地点、组织工作情况、调查方法、样地数量、调查结果、结果分析与评价、存在问题与建议等。

8. 封山育林档案管理

(1)以经营单位的封育区为单元建立档案资料。

(2)封山育林过程中涉及的文件均需归档,并分别用纸质和磁介质保存,由专人负责管理。

(3)封山育林档案材料应包括:小班档案记录卡;各类审批文件;调查规划设计文件,包括图、表(卡)等;封育实施的年终总结;成效调查和检查验收成果;历年封育成林汇总图、表。

(4)在封育期间,若小班森林资源发生变化,应在更新经营档案的同时,及时更新资源档案。

【复习思考题】

1. 透光抚育开始进行的条件和采伐对象是如何确定的?
2. 抚育间伐有几种方法?各适用于什么条件的林分?
3. 低效用材林形成的原因有哪些?如何进行改造?
4. 低效防护林的成因及改造方法是什么?
5. 森林主伐更新有哪几种方式?各种方式的适用条件是什么?
6. 封山育林的类型和适用条件是什么?
7. 抚育间伐的程序有哪些?
8. 简述封山育林规划设计过程。

项目 4　经济林栽培技术

4.1　认识经济林

4.1.1　经济林概述

1. 概念

1）经济林

经济林是我国五大林种之一。《中华人民共和国森林法》将森林划分为用材林、经济林、防护林、薪炭林、特种用途林五大林种。经济林是以生产果品、食用油料、饮料、调料、工业原料和药材为主要目的的林种,木材不是经济林的主要产品。

2）经济林产品

经济林产品包括果实、种子、花、叶、皮、根、树脂、树液、虫胶、虫蜡等。

2. 经济林栽培的意义

(1)经济林不仅为工农业生产提供产品和原料,而且为人民生活直接提供果品、食用油料、粮食、调料、香料、饮料、药材等。

(2)经济林产品及其加工制品可通过综合利用,提取制成各种产品,如香精、芳香油、葡萄糖、果糖、果酸、单宁、酒精等。

(3)经济林具有保护生态安全的作用,能美化城市和农村,绿化荒山、荒滩,保持水土,有利于生态平衡。

3. 经济林在国民经济中的地位和作用

1）经济林是种植业中最旺盛的经济增长点

截至 2014 年,全国经济林种植面积为 3893.33×10^4 hm²,占全国人工林林分面积的 16.20%,实现经济林产量 1.58 亿吨。我国经济林面积、产量均居世界前列,特色干、鲜果品年出口额 3.2 亿美元,成为具有明显国际竞争优势的林业重点产品。

2）经济林在林业产业结构调整中占有重要地位

经济林一、二、三产业产值迅速增长,其中经济林种植和采集产值为 7752 亿元,占林业第一产业产值的 55.4%。全国经济林果品加工、贮藏企业已达 2 万多家,其中大中型企业 1900 多家,年加工量 1600 万吨,贮藏保鲜量 1200 万吨,年加工储藏产值 1600 亿元,比 2005 年增长近两倍。以经济林为依托的观光采摘、休闲度假等蓬勃兴起,有力地促进了农村特别是山区经济的发展。截至 2014 年,经济林产业实现总产值突破 1 万亿元,对林业产业的贡献率占到 1/4

以上。各地按照适地适树、基地化发展、集约化经济的原则调整产业结构,如河北冬枣,京东板栗,河南油桃,浙江、安徽山核桃,宁夏枸杞,慈利杜仲,沧州金丝小枣,武都花椒等。

3)经济林对促进农民收入发挥着重要作用

我国从事经济林种植的农业人口约为1.8亿人,人均经济林种植收入占其人均纯收入的10%左右。其中,从事优势特色经济林种植的农业人口约为1亿人,年人均收入达到1220元,高出全国平均水平的50%。在一些山区大县,农民来自经济林的收入甚至在60%以上。如:山东省从事经济林种植的农业人口达1000万人,蒙阴、沾化等地农民的年人均经济林纯收入都在6000元以上;杭州市郊区的雷竹每年最高收入为6万元/亩;湖北省罗田县农民的年人均经济林纯收入占其总收入的2/3等。大力发展经济林,不仅绿化了荒山,还扩宽了就业门路,增加了收入,为促进经济发展、维护社会稳定做出了突出贡献。

4)经济林具有较好的生态效益

经济林是经济效益、生态效益兼容型林种,在绿化荒山、防沙治沙、保持水土、涵养水源、固碳释氧、净化空气、维护生物多样性等方面的作用突出。随着退耕还林、"三北"防护林工程等的实施,经济林建设速度明显加快,造林质量不断提高,经济林已成为生态建设不可或缺的组成部分。据不完全统计,近5年新造的经济林可以增加大约0.1%的森林覆盖率,对增加有林地面积的贡献很大。发展经济林不仅获得了可观的经济效益,还大大提升了生态产品生产能力,生态服务价值十分可观。

4.1.2 中国经济林资源分类

1.经济林的分类

经济林按植物种类、原料类别和经济用途进行分类,具体分为15类。

1)油料类

(1)食用油类。

如油茶、油橄榄、油棕、椰子、文冠果、元宝枫等。

(2)工业用油类。

如油桐、乌桕、千年桐、麻疯树、黄连木等。

2)芳香油类

如山苍子(樟科)、桉树类、樟树类等。

3)干果类

(1)油脂类干果。

如核桃、山核桃、榛子、香榧、腰果、松籽(华山松、红松)、阿月浑子、巴旦木、仁用杏等。

(2)淀粉类干果(木本粮食)。

如板栗、枣、银杏、橡子等。

4)鲜果类

如甜柿、杨梅、樱桃、猕猴桃、木瓜、柚、杏、柑橘、葡萄、梨、桃、李等。

5)饮料类

如茶、咖啡、可可、苦丁茶(大叶冬青种)、绞股蓝、柿叶茶、银杏茶、杜仲茶、刺梨、沙棘、余甘子、甜茶等。

6)纤维类

(1)编制亚类。

如杞柳、竹、白蜡、紫穗槐等。

(2)造纸亚类。

如青檀、山棉皮(瑞香科)、雪花皮等。

(3)纺织亚类。

如构树、罗布麻(夹竹桃科)等。

(4)绳索亚类。

如棕榈、蒲葵等。

7)蔬菜类

如香椿、竹笋、楤木等。

8)工业原料类

(1)栓皮类。

如栓皮栎、栓皮槠等。

(2)鞣料类。

如黑荆、化香、落叶松等。

(3)染料类。

如苏木(苏木科)、黄栌等。

(4)色素类。

如黄栀。

9)树液、树脂类

(1)胶料类。

如橡胶树、印度榕、杜仲等。

(2)漆料类。

如漆树、野漆树等。

(3)树脂类。

如各种松树、沉香、安息香等。

(4)糖料类。

如糖槭、糖棕等。

10)中药材类

如杜仲、枸杞、厚朴、红豆杉、萝芙木(夹竹桃科)、金银花、辛夷(紫玉兰的花蕾)、山茱萸、槟榔等。

11)农药类

如苦楝、枫杨、臭椿、马桑(马桑科)等。

12)寄主树类

如白蜡树、盐肤木、黄檀等。

13)饲料、肥料类

如榆、桑、栎、胡枝子等。

14)香料、调料类

如桂花、白兰花、八角、肉桂、花椒等。

15）其他类

如维生素类、皂素类等。

2．我国经济林生产的特点

1）种类繁多，资源丰富

我国分布有1000多种树种：木本油料树种400余种，干鲜果树种200余种，工业原料、药用和香料树种400余种。目前广为栽培的有100余种，如油茶、乌桕、油桐、板栗、漆树等。

2）资源分散，分布不均

经济林最多的5个省为湖南（$225.72 \times 10^4 \ hm^2$）、辽宁（$120.59 \times 10^4 \ hm^2$）、江西（$113.04 \times 10^4 \ hm^2$）、广西（$97.92 \times 10^4 \ hm^2$）、山东（$97.72 \times 10^4 \ hm^2$），占全国经济林总面积的40.87%。

3）栽培利用历史悠久，生产经验丰富

在距今7000余年的河姆渡原始社会遗址中，就有成堆的橡子、酸枣。大量的古代文献中都有关于经济林产品利用及栽培技术的记载。我国为世界八大植物起源中心之一，为最丰富的中心，其中，起源于中国的经济林木有油茶、乌桕、银杏、核桃、山核桃、油桐、枣、柿、山楂、杜仲、香榧、榛子、棕榈、漆树等。

4）充分利用土地，开展多种经营

经济林可以多层次开发利用，一是可对林木的各部分器官分别进行加工利用，二是一种产品可以多层次、深入地开发利用。因此，可充分利用土地，开展多种经营。某些林种为了提早收益，选择用适合其经营目的的经济林树种造林，如林业六大工程造林、林农间作和四旁植树。

4.1.3 经济林的分布

1．我国八大经济林区域

1）东北地区

东北地区属北温带和中温带，为针叶林带，主要树种为榛子、麻栎、蒙古栎、核桃等。

2）内蒙古地区

内蒙古地区属中温带，主要树种为文冠果、桑、榆、沙棘、扁桃、蒙古栎、榛子等。

3）甘肃、新疆地区

甘肃、新疆地区属全国最干旱的地区，主要树种为枸杞、沙棘、核桃、榆、枣、花椒、文冠果、阿月浑子、巴旦大等。

4）华北地区

华北地区属南温带，主要树种为板栗、柿、枣、核桃、栓皮栎、银杏、盐肤木、山楂、花椒、文冠果等。

5）华中地区

华中地区属北亚热带和中亚热带，主要树种为油茶、油桐、板栗、杜仲、乌桕、漆树、竹笋、枣、柿、核桃、金银花等。

6）华南地区

华南地区属南亚热带和热带，主要树种为橄榄、椰子、番石榴、木瓜、腰果、槟榔、咖啡、油棕等。

7）康滇地区

康滇地区分为旱季（11月至翌年4月）和雨季（5月至10月），主要树种为栓皮栎、黄连木、滇香樟、滇八角等。

8)青藏地区

青藏地区平均海拔 5000 m 左右,属高原气候区,主要树种为花椒、漆树、核桃、桑等。

2. 我国十大经济林建设开发区

1)津冀辽干鲜果经济林开发区

重点发展板栗、小枣、梨、杏等。

2)晋鲁豫干鲜果经济林开发区

重点发展苹果、核桃、大枣、板栗等。

3)陕甘宁新名优果品、药材、调料经济林开发区

重点发展苹果、巴旦木、枸杞、杜仲、花椒等。

4)浙苏皖沪名优干鲜果和小杂果经济林开发区

重点发展银杏、板栗、柑橘、茶、桑、名优小杂果等。

5)湘赣鄂木本油料、药材、茶叶及果品经济林开发区

重点发展木本食用油料、木本药材、茶叶等。

6)闽粤琼热带果品经济林开发区

重点发展龙眼、荔枝、柑橘、腰果等。

7)川黔工业原料、木本药材、名优果品经济林开发区

重点发展生漆、油桐、五倍子、板栗、核桃、银杏等。

8)桂滇香料、调料和热带干鲜果品经济林开发区

重点发展八角、肉桂、芒果、龙眼等。

9)黑龙江、吉林、内蒙古森林食品和小水果经济林开发区

重点发展果品、山野菜、食用菌、人参等。

10)青藏高原药材和果品经济林开发区

重点发展高原药材、核桃、苹果等。

4.2 乌桕栽培

4.2.1 概况

1. 分布

乌桕是重要的木本油料植物和园林绿化树种,原产于我国,已有 1400 多年的栽培历史,最早见于贾思勰的《齐民要术》,主要分布在长江流域和珠江流域等黄河以南地区,华中地区是乌桕的自然分布中心,在我国年平均气温 15 ℃ 以上,年降雨量 750 mm 以上的山区、丘陵、平原均可种植,垂直分布在海拔 200~800 m。日本、越南、印度、欧洲、美洲、非洲亦有栽培。

2. 用途

乌桕籽含油率为 40% 以上,可榨桕油(梓油),其主要成分为月桂酸、豆蔻酸、棕榈酸、硬脂酸和油酸等,可提取类可可脂,也可转化生物柴油。乌桕籽外被的蜡皮可提取桕脂(皮油),广

泛用于制造肥皂、蜡纸、化妆品、金属涂擦剂、固体酒精、高级香料、硬脂酸、环氧树脂、硝化甘油等。根皮、茎皮、叶均可入药,叶可作农药及杀虫用。木材为白色,坚硬,纹理细致,用途广。秋季叶色红艳夺目,为优良秋色叶树种;冬日白色乌桕籽挂满枝头,经久不凋,颇为美观。乌桕适应性强,为荒山造林、水土保持的优良树种。

4.2.2 主要种类及品种

1. 种类

乌桕又名腊子树、木子树、桕子树,大戟科乌桕属,有葡萄桕、鸡爪桕、长爪桕、鸡葡桕等种。

2. 品种

乌桕共有4个品种群,即葡萄桕品种群、鸡爪桕品种群、长爪桕品种群、鸡葡桕品种群,44个农家品种。优良品种有大粒铜锤桕、大颗葡萄桕、大粒蜈蚣桕、大粒黄葡萄桕、大粒鸡爪桕、大粒过冬青桕、狗尾桕、浙选分水葡萄桕1号、浙选铜锤桕11号、浙选鸡爪桕2号等。

4.2.3 生物学特性

1. 生长环境

乌桕常生于旷野、塘边或疏林中;喜光,不耐阴;喜温暖,不甚耐寒;耐水湿;适生于深厚肥沃、含水丰富的土壤,对酸性土、钙质土、盐碱土均能适应;抗风力强。

2. 生长结果习性

1)根系生长

根系发达,水平分布大于垂直分布,根幅大于冠幅,主要吸收层多分布在土壤10~40 cm处。

2)枝条生长

枝条顶梢细弱,顶芽不发育,或被冻死,由侧芽萌发抽梢,因此无延长枝。新枝一年生长2~3次,幼树可抽枝3~4次,分枝多达4~5级,因此很容易形成树冠。由于习惯折枝采种,因此枝权多,主干弯曲,树冠内枝条紊乱。

(1)春梢。

3月中下旬至4月上旬抽梢,4月中旬后生长加快,5月中旬后花序形成,6月中下旬停止生长。春梢既是当年的结果枝,又是来年的结果母枝。

(2)夏梢。

6月上、中旬开始抽梢,生长期约2个月。粗壮的夏梢,翌年可以成为结果母枝。幼树夏梢可以增加分枝级数,有利于形成树冠。成年树夏梢太多会破坏树冠结构,需要加以控制。

(3)秋梢。

9—10月抽枝生长,幼树秋梢多,成年树秋梢甚少,一般都比较纤弱,冬季易冻死,应设法控制秋梢生长。

3)花序形成和开花

花芽当年分化,当年开花结果。花芽分化期在4月上旬至6月底。花序分化是在当年生枝萌发后较短时间内进行的,花序着生在当年春梢或夏梢顶部。乌桕所开的花为虫媒花,传粉媒介主要为蜜蜂、蚂蚁、苍蝇等。

4) 果实生长与种子发育

果实于6月底至7月上旬形成。果实自形成至成熟有两个明显的发育阶段：

(1) 果实肥大生长期。

幼果一经形成,即进入旺盛的肥大生长期。在幼果形成后的25 d内,果高和果径都达到最大果高和果径的90%以上。

(2) 种子发育时期。

果实肥大生长一结束,生长发育的重心即转向果实内部物质积累和种子发育阶段,种子重量迅速增加。

3. 生命周期

乌桕属速生树种,结果以前生长十分迅速,10年生树,树高可达8~9 m,胸径为18~19 m。乌桕收益期长,盛果期为20~50年,生理寿命可达100年以上,经济寿命为80年左右。

4.2.4 栽培管理技术

1. 繁殖方法

以播种为主,良种采用嫁接、埋根法繁殖。实生苗7~8年、嫁接苗3~5年开始开花结实。

2. 实生砧木培育

1) 采种

10月下旬至11月初,当果壳变黄时种子成熟,采果球晾晒,待果壳开裂后收集种子。采收时将果穗连同结果枝上部一起剪下,仅留果枝基部一段作为明年的结果母枝,一般控制留芽量在5~7个为宜。遵循弱枝强剪、幼壮树弱剪、老树强剪、树冠外围强剪、下部及内部强剪的原则。

2) 种子处理

种子外被蜡质。播前,带蜡种子用60~80 ℃热水浸泡,加入草木灰处理24 h,揉搓种子除去软化了的蜡皮;或采用食用碱(2%的热碱液)浸泡2 d,揉搓种子,再用温水清洗,去除蜡质,晾干后密封干藏。

3) 播种与移苗

2月下旬至3月上旬播种。种子播前用多菌灵或0.2%的高锰酸钾溶液消毒,然后用50 ℃温水浸种10 h。条播,条距为25 cm,每亩播种7 kg左右,播后用土壤覆盖1 cm左右,播种后25~30 d可发芽。幼苗长到12~15 cm时间苗,保留苗木株距8 cm左右,每亩留苗8000~10 000株。间下的苗木可摘叶(顶端留3片叶子)移植。

3. 造林

乌桕为雌雄同株异熟、雌先熟型树种,单一品种的纯林,授粉不良,产量极低。在造林时,特别是在用嫁接苗营造的林分中,尤应注意不同品种的适当搭配,如鸡爪桕和葡萄桕搭配。

4. 经营方式

乌桕经营方式有纯林、混交林、桕农间作林、四旁种植林等多种。提倡采用林、农,林、茶,林、灌等多种农林复合型种植,不仅综合收获效益高,而且生态功能好。常年套种小麦的乌桕林,比不套种乌桕林的平均株乌桕籽产量高22.5%,林下小麦产量比相似旷地小麦产量高

3.5%,同时削减地面径流、涵养水源的作用比旷地小麦农地高出 24.1%。

5.林地管理

1)间作套种,以耕代抚

林下间作、套种,既可以以耕代抚,又能充分利用地力与光能,是林地管理的主要技术措施。

2)冬挖、夏铲、春施肥

冬挖深度在 30 cm 以上;春梢萌发前或初期的 4—5 月施速效肥;夏季果实肥大生长期应除草松土,并增施磷、钾肥。

4.3 油茶栽培

4.3.1 概况

1.分布

油茶原产于我国,栽培历史逾 2000 年;我国长江流域及以南各地广泛栽培,分布于 15 个省 400 多个县;分布区的北界在淮河-秦岭一线,南界大致在北回归线附近,东界为东南海岸和台湾,西界是云南的怒江流域和青藏高原的东缘;垂直分布在东部地区一般海拔 800 m 以下,西部地区可达海拔 2000 m。

2.用途

油茶与油棕、油橄榄、椰子并称为世界四大木本食用油料植物,种子含油 30% 以上,主要用于生产茶油,是我国最古老的木本食用油料植物之一。我国是世界上最大的茶油生产基地,全国已发展油茶面积 347 万公顷,年产油茶籽 566 亿千克,至 2020 年,可发展到 400 万公顷。茶籽粕(茶饼)含有茶皂素、茶籽多糖、茶籽蛋白等,是化工、轻工、食品、饲料工业产品等的原料,可做农药、肥料等。茶籽壳可制成糠醛、木糖醇、活性炭等,它还是一种良好的食用菌培养基。果皮可提制栲胶。叶含有花黄素、茶碱等,是医药工业的原料。木材可做小型农具。叶、根皮、花可入药。花为优良的冬季蜜源植物。油茶是水土保持林、生物防火林带、退耕还林、绿化的理想树种。

4.3.2 主要种类及品种

1.种类

油茶是山茶科山茶属常绿小乔木或灌木,我国栽培面积较大,主要栽培 20 多种,利用价值较高的主要有普通油茶、越南油茶、广宁油茶、攸县油茶、小果油茶、浙江红花油茶等几种,其中普通油茶产量高、适应性强、分布广,占 98% 以上。

2.品种

1)品种类型

(1)按果实成熟期的不同分类。

油茶按果实成熟期的不同,分为秋分籽(9 月下旬采收)、寒露籽(10 月上、中旬采收)、霜降籽（10月下旬采收）和立冬籽（11月上旬采收）4个基本品种群。

(2) 按果实大小分类。

油茶按果实大小可分为大果型、中果型、小果型。

(3) 按果形指数（果径/果高）分类。

油茶按果形指数分为球形、桃形、脐形、橄榄形、橘形。

2) 优良品种

目前通过国家林业局林木品种审定委员会审定的油茶品种共有49个：岑溪软枝油茶、岑软（2号、3号）、亚林（1号、4号、9号）、长林（3号、4号、18号、21号、23号、27号、40号、53号、55号）、湘林（1、104、XLC15）、赣石（83-1、83-4、84-3、84-8）、赣无（1号、2号、11号）、赣（8、190、447）、赣抚20、赣兴（46、48）、赣永（5、6）、GLS赣州油（1号、2号、3号、4号、5号）、赣州油（1号、2号、6号、7号、8号、9号）、桂无（1号、2号、3号、4号、5号）。

4.3.3 生物学特性

1. 生长环境

油茶喜温暖，怕冷，要求年平均气温16～18 ℃，花期平均气温12～13 ℃，突然的低温或晚霜会造成落花、落果；要求阳光充足，否则只长枝叶，结果少，含油率低；要求水分充足，年降水量一般在1000 mm以上，但花期连续降雨会影响授粉；对土壤要求不甚严格，一般适宜于土层深厚的酸性土，而不适于石块多和坚硬的土壤。

2. 生长结果习性

1) 根

油茶为主根发达的深根性树种，根最深可达1.5 m左右。油茶一年中有两次生长高峰：第一次为3—4月份新梢快速生长之前；第二次为9月份花芽分化、果实增长停止以后，开花之前。油茶具有强烈的趋水、趋肥性，较强的愈合力和再生力。

2) 芽

顶芽一般为1～3枚，多的可达10余枚，中间1枚为叶芽，余为花芽。腋芽一般为1～2枚并生，其中1枚为叶芽，余为花芽。叶芽瘦长而扁，青绿色；花芽肥大，圆而粗，呈红色（5月中旬以后）。

3) 花芽分化规律

花芽分化是在春梢生长基本结束后开始的，一般在6月中、下旬开始，到8月下旬基本结束。经营水平高、施肥区花芽分化率高，分化时期早。同一植株上，树冠上、中部的花芽多；同一枝条上，顶端的花芽较多。树冠南向较北向分化率高。花芽分化率以长果枝为最高，约占38%，但就整个植株而言，花芽所占比例以中果枝为最高，短果枝次之，长果枝最少，因为中果枝、短果枝占全树的比例大。

4) 开花结果

油茶的花为两性花，9月中旬为始花期，10月中旬至11月中旬为盛花期，12月为末花期。油茶为异花授粉树种，开花时，前一年的果实刚刚成熟，形成花果并成的奇特现象，称为"抱子怀胎"。3月中旬子房膨大，4—8月果实体积增长较快，8月中旬以后，进入重量增长和油脂转化积累阶段。实生油茶5年开始结果，10年进入盛果期；嫁接苗3年开始结果，6年进入盛果期。管理良好时，盛果期可维持40～50年，油茶寿命长达几十年至数百年。

4.3.4 栽培管理技术

1. 繁殖方法

油茶可以用种子、嫁接、扦插繁殖,以嫁接繁殖为主,种子主要用于生产实生砧木。

2. 芽苗砧嫁接育苗

1)砧木培育

(1)适时采收种子。

油茶成熟期差别大,多数高产品种一般在10月中旬前后成熟。当茶苞发红或发黄,果壳微裂,籽壳变黑发亮,5%左右的果实开裂时采收。采收要在几天内集中完成。

(2)种子贮藏。

茶果采收后,堆放在通风室内,厚度在50 cm以下,让其自然开裂。取出种子后,摊放在阴凉处7~10 d。筛选大粒、饱满、黑色或黑褐色、有光泽、无病害的种子进行贮藏。种子的贮藏采用沙藏法,沙与种子的比例为2∶1,贮藏的厚度约为60 cm,温度为0~5 ℃。

(3)种子催芽。

种子催芽一般在2月上旬至3月上旬。筛选出贮藏种子,用清水冲洗,在室内外平坦的地面垫上15 cm厚的沙子,把种子均匀撒在沙子上面,种子不要重叠,再盖上10~15 cm厚的河沙,用清水浇透后,盖上薄膜或稻草,沙床要保持湿润。

(4)催芽期管理。

保持沙子湿润,4月中旬揭去薄膜。根据嫁接需要,适时调节沙床温度、湿度,出芽慢要延长盖膜时间,出芽快要注意遮阴。如果嫁接时间较长,当砧苗胚芽即将露出沙面时,应及时加盖河沙,以免芽砧老化。

2)嫁接

(1)接穗采集与贮藏。

以上午11点以前、下午3点以后采集为宜,尽量避免阳光暴晒。

(2)接穗要求。

①品种优良。

在良种采穗圃中采穗。

②采穗母树。

采穗母树要生长健壮,无病虫害。

③穗条的标准。

选择发育充实、健壮、腋芽饱满的当年生春梢,枝条长度为15 cm,基部粗度在0.25 cm以上,枝条上至少有2个饱满芽。

(3)接穗采集与贮藏。

采下的枝条要注意保湿,用湿毛巾包裹存放在阴凉处;防压、防热、防晒、保湿,但不能浇水过多;穗条到达目的地后,应及时摊开在阴凉处,注意经常喷雾保湿,上面再盖上薄膜。

(4)芽苗砧嫁接。

①嫁接准备。

嫁接时间为5月上旬到6月上旬,最佳时间为5月中下旬。准备嫁接工具。将催芽的砧木苗从沙床内轻轻挖起,放入竹筐内,再用清水将砧木上的沙子冲洗干净,送到操作间。起砧时要注意不碰掉砧苗上的子叶和损伤根部。

②削穗。

选用接穗上饱满的腋芽和顶芽,在叶芽两侧的下部 0.5 cm 处下刀,削成两个斜面(呈楔形),削面长 0.5~0.8 cm,再在芽尖上部 0.1~0.2 cm 处切断,这样便形成一个接穗。接穗上的叶片可以全部保留,也可以削掉一半,将削好的接穗放在装有清水的盆内待用。最好是随削随用,不能放置过长时间。

③穗条保鲜。

当天接不完的接穗应保鲜,于每天清晨把接穗放在冷水中泡 30 秒至 1 分钟后,甩干水,将 50 枝扎成一捆,装进塑料保鲜袋封口保湿;傍晚时打开封口取出接穗,降温后再次放入冷水中泡 30 秒甩干,装袋封口,经过这样保鲜的接穗可保持 1 周。接穗切好后放入冷水中的时间一次不得超过 4 h。

④削砧。

在子叶柄上 1.8~2 cm 处切断,对准中轴纵切一刀,长 1.0~1.5 cm 深,砧苗根部保留 5 cm 左右,将多余的部分切除。

⑤嫁接和包扎。

将接穗插入砧木的切口内,用铝箔皮(长 2.5~2.8 cm,宽 0.6~0.8 cm)将接口处包扎好,将接好的苗木放在阴凉处以备栽植,上面用湿布盖好,避免日光照射。

(5)嫁接苗栽植。

①栽植。

将嫁接的苗木及时栽植到准备好的营养钵内,每钵一株,栽植深度以把苗砧上的种子刚埋入土内为宜,嫁接口露在土外,然后将土压紧,栽正栽实,用喷壶浇透定根水。

②盖膜保湿、搭荫棚。

在苗床上用竹片搭建拱棚,拱棚高 0.5~0.6 m,拱棚上盖上薄膜,四周用土压紧密封。拱棚上架设荫棚,棚高 1.8~2.0 m,棚上罩遮阴度 80% 以上的遮阳网。

(6)嫁接后管理。

①除萌除草。

栽植后 40 d 左右,接口开始愈合,砧木上会长出一些萌芽枝,在剪除萌芽枝后将膜仍然盖上,同时除草。除萌除草应每隔 20 d 左右进行一次,在后期还应注意除掉接穗上的花芽。

②调节温度、湿度。

容器苗既不能积水也不能缺水。在除萌除草时,每揭开一次薄膜,应补水一次,喷水量根据苗床和容器土面湿度而定。前期要适当少浇,后期要多浇。

③适时适量追肥。

当嫁接苗生长到 3~5 cm 时,每隔 15~20 d 用 0.2% 的氮素肥料追肥一次,可结合除萌除草进行。

④病害防治。

苗期病害主要是油茶炭疽病,防治方法是:发生初期使用 1% 的波尔多液、50% 的可湿性托布津的 400~600 倍稀释溶液、25% 或 50% 的可湿性多菌灵的 1000~1200 倍稀释溶液进行喷雾;每半月喷雾一次,连续二次,可结合除萌除草进行。

⑤揭膜、拆棚。

到 9 月份,苗木根系已较发达,苗木也有一定的高度,气温降低,蒸发减少,这时可将薄膜棚罩两头揭开,过 2~3 d 后再将薄膜全部揭除。10 月气温下降,光照减弱,将荫棚拆除。

(7)嫁接苗出圃。

①出圃苗标准

· 一年生苗:Ⅰ级苗高 11 cm 以上,地径在 0.25 cm 以上;Ⅱ级苗高 7~11 cm,地径为 0.2~0.25 cm。

· 两年生苗:Ⅰ级苗高 40 cm 以上,地径在 0.4 cm 以上;Ⅱ级苗高 30~40 cm,地径为 0.3~0.4 cm。

②出圃检疫。

苗木出圃前必须经过严格的检疫,并按标准做好分级、分品系包扎,附好苗木标签。

3. 造林

1)栽植

春季芽萌动前,选择阴天或小雨天气造林。可根据需要,设计较长期间种密度,如 3 m×4 m。新造林密度不宜过大,适宜长期间作,以间作代替抚育。一般栽后 8~10 年可郁闭成林。

2)幼林土壤管理

应进行中耕除草、施肥、防治病虫害,同时可进行间作,以耕代抚。

3)油茶林地间作

(1)间作。

以耕种代替油茶林的经常性抚育管理,是达到一地多用、熟化土壤、促进油茶林生长发育的好办法。间作品种以豆科作物为最好,如绿豆、豌豆、蚕豆、花生、黄豆、荷兰豆、无藤豇豆等。套种豆类具有高效固氮作用。浙江在油茶里间种花生、油菜,实现"一地三油"(菜油、花生油、茶油),获得了高产;湖南、福建等地在油茶林间套种生姜、半夏、射干、决明、夏枯草、车前、白术、丹皮、田七、太子参等药用植物,效益好。

(2)油茶与果树等混交。

浙江将油茶与胡柚混交,胡柚结果好,收益高,油茶产量不减少,胡柚管理强度高,改善了油茶的树体营养,经济效益、生态效益显著。另外,还可将油茶与乌桕或油桐混交。

4)油茶林地施肥

油茶施肥提倡间作绿肥压青,间作豆科作物,以地养地。施肥结合冬季垦复施农家肥、饼肥、复合肥等(10~20 千克/株),年施 2 次追肥:春季萌芽前、果实膨大期(5 月)。

4.4 枣树栽培

4.4.1 概况

1. 分布

枣树原产于中国,主要分布于亚洲和美洲的热带和亚热带地区,温带也有分布;垂直分布在海拔 100~600 m 的平原、丘陵地带;在中国分布很广,从东北南部至华南、西南,从西北到新疆均有,而以黄河中下游、华北平原栽培最为普遍,山东、河北、山西、陕西、安徽所生产的枣占全国枣总产量的 80% 以上。

2. 用途

枣自古以来就被列为"五果"(桃、李、梅、杏、枣)之一,栽培历史在 3000 年以上。枣果味美,营养价值高,富含维生素 C,有"天然维生素丸"的美誉,并含八种人体不能合成的氨基酸。枣为中药材,滋补养脾,是理想的天然保健食品及病后调养的佳品。枣树花量大,花期长,富含蜜汁,为优良的蜜源植物;木材坚硬细致,不易变形,适合制作雕刻品,枣木擀面杖是质量最好的擀面杖。

4.4.2 主要种类及品种

1. 种类

枣又名枣子、刺枣、贯枣,鼠李科枣属,约有 100 种,中国有 18 种,包括台湾从国外引进的 4 种。用于栽培的种主要是枣和酸枣。

2. 品种

1) 按果形分

枣按果形分为小枣、长枣、圆枣、扁圆枣、葫芦枣等。

2) 按用途分

(1) 制干品种。

制干品种用途最广,经济价值最高,含糖量高,维生素 C 含量低;如金丝小枣(山东、河北)、官滩枣(山西)、灰枣(河南)、锦西木枣(辽宁)、密云金丝小枣(北京)、临潼相枣(陕西)、临泽小枣(甘肃)、义乌大枣(浙江)、观音枣(湖南)、泗洪沙枣(江苏)等。

(2) 鲜食品种。

鲜食品种维生素 C 含量高,如冬枣、疙瘩脆、妈妈枣等。

(3) 蜜枣品种。

蜜枣品种适于机械加工,如白皮马枣、南京枣等。

(4) 兼用品种。

兼用品种如阿拉尔圆脆枣(新疆)、板枣(山西)等。

4.4.3 生物学特性

1. 生长环境

枣树分布广泛,易繁殖,抗性强,结果早;喜温,花期适宜温度为 23~25 ℃,果期适宜温度为 24~25 ℃;对降雨、地下水位要求不严,但开花和果实发育期不宜多雨;喜光,抗风力强,耐烟害,耐旱,耐瘠薄,不耐水湿;土壤适应范围广,pH 值为 4.5~7.5 均可。

2. 生长结果习性

1) 根系

实生苗主根、侧根均发达,垂直根比水平根生长快;茎源根侧根比垂直根发达。侧根上易产生根蘖。

2) 芽

枣树的芽为复芽,分为主芽和副芽两种,着生在同一节位上。

3)枝

(1)枣头。

发育枝或营养枝由主芽萌发而成,生长能力很强,可连续延伸多年,形成树体骨架和结果单位枝。枣头延伸过程中,各节位上的副芽萌发形成二次枝,二次枝呈"之"字形生长。

(2)枣股。

结果母枝随枝龄的增长而伸长,最长达 5 cm,寿命为 15~20 年。

(3)枣吊。

脱落性结果枝生于枣股上,长 10~40 cm,其叶腋间形成花序,开花结果。

4)花

枣树为多花树种,当年分化,单花分化期短(6 d),全树分化持续期长(60~90 d),单花开放 1 d 完成,整株花期 30 d 以上。

5)果实发育

枣树生长晚,落叶早,年生长 160~185 d,果实发育期为 95~100 d。

4.4.4 栽培管理技术

1. 繁殖方法

枣树的繁殖方法有分株、嫁接、扦插、组织培养。

2. 栽植

1)栽植时间

南方栽培区秋栽、春栽均可,北方栽培区以春栽为好。

2)栽培模式

纯枣园 1 m×3 m、2 m×3 m,间作园 1 m×(6~8) m;在栽植过程中,苗木根系需修剪并进行激素处理。

3. 保花保果

枣树落花落果严重,保花保果措施为:施肥、喷激素(GA3、IAA)、疏蕾、疏果、摘心、开甲(环状剥皮)。

4. 采收与贮藏

1)成熟时期

枣的成熟时期分为三个:白熟期、脆熟期、晚熟期。

2)采收时期

(1)蜜枣。

蜜枣的采收时期为果皮为绿白或乳白的白熟期。

(2)鲜食品种。

鲜食品种的采收时期为果肩开始着色转红至全红的脆熟期。

(3)干制品种。

干制品种的采收时期为晚熟期。

3)采收方法

以杆震枣;乙烯利催落:采前 5~7 d 喷洒,适宜浓度为 200~300 ppm。

4) 贮藏

鲜枣用打孔塑料薄膜包装,温度为 (0 ± 1) ℃,空气相对湿度为 90%~95%,CO_2 浓度在 5% 以下,可贮藏 100 d。

4.5 板栗栽培

4.5.1 概况

1. 分布

板栗分布于北半球的亚洲、欧洲、美洲和非洲,是我国栽培最早的果树之一,已约有 3000 年的栽培历史;水平分布于最北的辽宁凤城、河北青龙满族自治县(北纬 40°30′),最南的海南岛(北纬 18°30′);垂直分布于海拔 50 m 以下的沿海平原至 2000 m 的高山。我国板栗的集中产区为黄河流域的华北、长江流域各省,湖北多分布于 1000 m 以下的山坡地。

2. 用途

板栗别名栗子、毛栗,素有"干果之王"的美誉,与桃、杏、李、枣并称"五果"。板栗营养丰富,有"干果之王"的美称。食用板栗可以益气血、养胃、补肾、健肝脾,因此板栗又称为"肾之果"。生食板栗还有治疗腰腿酸疼、舒筋活络的功效。板栗所含的高淀粉质可提供高热量,钾有助于维持正常心跳规律,纤维素则能强化肠道,保持排泄系统正常运作。板栗生食、炒食(糖炒板栗始于宋代)皆宜,还可以加工制作成栗干、栗粉、栗酱、栗浆、糕点、罐头、菜肴等食品。在华北地区,板栗叫作"铁杆庄稼",是绿化结合生产的良好树种;板栗的花是很好的蜜源;树叶可以饲养柞蚕;木材致密坚硬,纹理通直,防腐耐湿,是制造军工、车船、家具等的良好材料。由于板栗生长缓慢,因此大尺寸的栗木非常昂贵。板栗的枝、树皮和总苞富含单宁,可提取栲胶,是皮革工业的重要原料。板栗树冠圆广、枝茂叶大,在公园草坪及坡地孤植或群植均适宜,亦可作为山区绿化造林和水土保持树种。

3. 板栗生产概况

全世界年产板栗 50 万吨,主要分布在欧洲和亚洲;欧洲以意、西、葡、法四国产量最高,占 70%;亚洲以我国、日本、朝鲜、土耳其为主,占 20%。我国板栗产量占世界板栗总产量的 1/10。我国板栗生产河北第一、山东第二、湖北第三、辽宁第四,湖北板栗生产于罗田、麻城、京山、随州、秭归。北方产区以果材兼用为主,实生繁殖树体高大(黄河流域);南方产区以果为唯一目的,嫁接繁殖树体矮小(长江流域)。

4.5.2 主要种类及品种

1. 种类

板栗属于壳斗科栗属。栗属在全世界供食用的约有 8 个种,其中经济栽培的主要有板栗(中国栗)、欧洲栗、美洲栗、日本栗、锥栗、茅栗。

2.品种

1)品种群

我国板栗品种大体可分为北方栗和南方栗两大类。北方栗坚果较小,种皮易剥离,果肉糯性(黏质),适宜于炒食;南方栗坚果较大,果肉偏粳性(粉质),适宜于菜用。按照生态适应性可以将我国板栗品种划分为六大品种群。

(1)华北品种群。

小果型品种占78%,如燕山板栗、太行山板栗。

(2)西北品种群。

产量少,坚果小,适宜于炒食。

(3)东北品种群。

以日本栗为主,坚果大,品质不及板栗,涩皮不易剥离。

(4)长江流域品种群。

果型大,单果大于15 g的品种占半数以上,适宜于菜用。

(5)东南品种群。

果型中等大,不耐储藏。

(6)西南品种群。

果实小,果皮色深而暗。

2)优良品种

浅刺大板栗、深刺大板栗、中迟栗、明栗、顶尖油栗、明拣栗、六月暴、羊毛栗、油栗、魁栗、九家种、燕山早丰、燕山短枝、遵化短刺、华光、无花栗、豫罗红、京山红毛早等。

4.5.3 生物学特性

1.生长环境

板栗喜光,光照不足会引起枝条枯死或不结果;年均温度以10~15 ℃为宜,花期需17 ℃以上的温度,冬季极端低温不得低于-25 ℃;年降水量450~2000 mm均可正常结果,800 mm以上时较易丰产;抗风性较弱,不耐烟害,易受氯、氟危害;对土壤要求不严,喜肥沃湿润、排水良好的沙质土壤,忌积水,忌土壤黏重;土壤pH值以4.5~5.5为宜,不得超过6.5,否则易黄化死亡。板栗为多锰植物,硼不足易出现空苞,山地、平原均可栽植。北方海拔超过800 m不适于板栗生长。

2.生长结果习性

1)根系

板栗具有深根性,根系发达,垂直分布可达120~150 cm,以20~60 cm土层内的根系最多;水平分布广,可达枝展的3~5倍,但集中分布在距主干50~250 cm的范围内,以树冠边缘的分布密度最大。根系愈合能力差,有菌根共生,接种菌根、施有机肥是板栗增产措施之一。土温在17 ℃以上时开始生长,15 ℃以下时停止生长,生长期为4月上旬至10月下旬,共约200 d。两个生长高峰期:6月上、中旬,9月中旬至10上旬。

2)芽

(1)花芽(混合芽)。

芽体大,着生于结果母枝顶端和中上部。混合芽分为完全混合芽和不完全混合芽。

(2)叶芽。

芽体小,着生于长枝的叶腋或结果母枝的中下部,萌发后抽生长枝。

(3)休眠芽。

芽体最小,着生于枝条基部短缩节处,遇刺激能抽生新梢。4月上旬萌芽,4月下旬开始生长新梢。

3)枝

包括结果母枝、结果枝、雄花枝、纤弱枝、徒长枝。

4)开花结果习性

(1)花芽分化。

雌花分化晚(冬季落叶后至翌春新梢抽生前),雄花分化早(6月中旬),雌花偏少。

(2)结果习性。

雌雄异花同株,萌芽后1～1.5个月进入开花期,雄花先开8～10 d,花期为15～30 d;果实发育在6月中下旬开始,历时4个多月。坚果在成熟前10多天才完成充实过程,故不宜早采,应在种苞开裂时采收。

4.5.4 栽培管理技术

1. 繁殖方法

1)播种繁殖

种子通常需要2个月左右的休眠期,实生苗6年左右开始开花结果,开花迟,产量低。

2)嫁接繁殖

生产上常用野生实生苗作为砧木进行嫁接繁殖,收获期可达百年以上。

2. 栽植

1)板栗园地选择

应选择地下水位较低、背风向阳、排水良好的沙质壤土,忌在盐碱土壤、低湿易涝、风大的地方栽植。

2)品种选择

应以当地选育的优良品种为主栽品种;根据食用要求的不同,应以炒栗品种为主,适当发展优良的菜栗品种,同时做到早、中、晚品种合理搭配。

3)合理配置授粉树

板栗树主要靠风传播花粉,但有雌雄花异熟和自花结实现象,单一品种往往因授粉不良而产生空苞,所以栗园必须配植10%以上的授粉树。

4)合理密植

平原栗园以每亩30～40株、山地栗园以每亩40～60株为宜;计划密植栗园每亩可栽60～111株,以后逐步隔行隔株间伐。

3. 土肥水管理

1)土壤管理

冬季深垦一次,夏季浅垦二次,带状垦复,沿等高线交替进行;合理间作豆类等;用生草覆盖树盘,以降低土温。

2)施肥

(1)基肥。

以有机肥为主,结合深翻,施用时间以采果后(11月)秋施为好。

(2)追肥。

以速效氮肥为主,配合磷、钾肥。早春追肥在4月上旬,以施氮肥为主;夏季追肥在6月下旬至7月中旬,即幼果生长旺盛期,以施完全肥为主。

(3)根外追肥。

一年可进行多次,重点要搞好两次:第一次是早春枝条基部叶在刚开展由黄变绿时,喷0.3%~0.5%的尿素加0.3%~0.5%的硼砂,其作用是促进基本叶功能,促进开花;第二次是采收前1个月和半个月间隔10~15 d喷2次0.1%的磷酸二氢钾,主要作用是提高光合效能,促进叶片等器官中的营养物质向果实内转移。

3)灌水

板栗较喜水,一般在发芽前、盛花期、果实迅速增长期各灌水一次,有利于果树正常生长发育和果实品质提高。

4. 整形修剪

板栗为喜光树种,任其生长,易出现结果部位外移,外围枝过多、过密,内膛光照不良,下部小枝枯死,大枝光秃,产量不高的现象。

1)整形

(1)自然开心形。

树冠无中心干,3~4层主枝向外斜生,张开角度为50°~60°,3~4年成形。

(2)主干疏层形。

有中心干,主枝2~3层,树形高大,主枝多,丰产。

2)修剪

(1)修剪时期与方法。

①冬季修剪。

冬季修剪从落叶后到翌年春季萌动前进行,以促进板栗树的长势和雌花的形成。主要方法有短截、疏枝、回缩、缓放、拉枝和刻伤。

②夏季修剪。

夏季修剪主要指生长季节内的抹芽、摘心、除雄和疏枝,这样可促进分枝,增加雌花,提高结实率和单粒重。

(2)结果树的修剪。

促使树冠内外、上下能抽生强健的结果母枝。疏剪纤弱枝、交叉枝、重叠枝和病虫害枝,弱枝应短截,以培养强健的更新枝,控制旺枝不使其徒长。

(3)老树的更新修剪。

剪除大量的枝条,集中养分供应少数枝芽,促发强健的更新枝,培养新树冠。一次不可截去过多的大枝,以免造成减产和大量伤口而难以愈合。

5. 疏花疏果和授粉

1)疏花疏果

摘除后生的小花、劣花,尽量保留先生的大花、好花,一般每个结果枝以保留1~3个雌花为宜。疏果时每节间上留1个单苞。在疏花疏果时,要遵循树冠外围多留、内膛少留的原则。

2)人工辅助授粉

应选择品质优良、大粒、成熟期早、涩皮易剥的品种作为授粉树。

4.5.5 采收和贮藏

1. 采收

1)采收时期及栗果成熟特征

(1)采收时期。

最早熟品种在8月下旬成熟,最晚熟品种在10月底或11月上旬成熟,大部分品种在9月中、下旬到10月上旬成熟。

(2)栗果成熟特征。

刺苞由绿色转为黄褐色,部分针刺枯焦,总苞缝合线呈一、T、十字形开裂,总苞内栗果壳变为褐色,栗果坚实。栗果成熟时期不一致:树冠上部的先熟,树冠下部的后熟;强枝上的先熟,弱枝上的后熟。每早采收一天,单粒重减轻3%～5%;每早采收半个月,单粒重减产30%左右。

2)采收方法

(1)自然脱落拾栗法。

刺苞开裂、坚果果座与总苞分离,坚果自然落地后拾取。特点:坚果充分成熟,耐贮藏;采收时间长,较费工。

(2)打苞法。

苞刺由绿色转为黄褐色,少数开裂时将总苞打落后捡取,必须顺着枝生长的方向打。

(3)拾栗打苞兼用法。

前期拾栗,后期打落。

2. 球苞及坚果处理

1)"发汗"处理

球苞采收后,选择背阴冷凉通风的地方堆积防晒,厚度以20～30 cm为宜,泼水翻动,翻动1～2次,经1周后,大部分刺苞开裂,即可取栗。

2)坚果处理

(1)挑选。

摊开剔除病虫果及损伤果。

(2)杀虫。

①熏蒸法。

- 二硫化碳:每立方米容积为20 mL,密闭熏蒸18～24 h。(二硫化碳易燃)
- 溴甲烷:每立方米容积为40～56 g,密闭熏蒸4～10 h。
- 磷化铝:每立方米容积为18 g,密闭熏蒸24 h。
- 降氧充氮法:密闭条件下氧气降至3%～5%,保持4 d。

②浸水法。

- 干净水浸果24 h,中途换水1次。

- 在 50～55 ℃的水中浸泡 15～30 分钟,在 90 ℃的水中浸泡 10～30 秒。

(3)防止发芽。

①低温冷库:温度为 1～3 ℃,空气相对湿度为 65%～95%。

②钴 60 γ 射线 3～12 千伦琴照射栗果,以抑制其发芽,增强其耐储性。

③栗果(3 月上旬)用 2%的食盐加 2%的碳酸钠的混合水溶液浸洗 1 分钟可抑制发芽。

4.6 核桃栽培

4.6.1 概况

1. 分布

核桃又称胡桃、羌桃,与扁桃、腰果、榛子并称为世界著名的"四大坚果",味美,营养价值高,在国外人称"大力士食品""营养丰富的坚果""益智果",在国内享有"万岁子""长寿果""养人之宝"的美称。

核桃原产于地中海东部沿岸地区(东欧、土耳其一带),目前几乎遍及世界各地,主要分布在美洲(美国)、欧洲(乌克兰、罗马尼亚、法国)和亚洲(中国、伊朗、土耳其)的很多地方,其产量除美国外,即推中国。核桃在我国分布广泛,除黑龙江、上海、广东、海南外,其他地区均有栽培。我国核桃大省有云南、山西、河北、四川,年产核桃均在 30 000 吨以上。云南的漾濞、楚雄,山西的汾阳、孝义,河北的涉县,陕西的商洛等地是我国著名的核桃产区。

2. 用途

1)食用

每 100 g 核桃中含脂肪 20～64 g,脂肪中 71%为亚油酸,12%为亚麻酸,蛋白质为 15～20 g(核桃中的脂肪和蛋白质是大脑最好的营养物质),糖类为 10 g,并含有钙、磷、铁、胡萝卜素、维生素 B2、维生素 B6、维生素 E、胡桃叶醌、磷脂、鞣质等营养物质。核桃既可以生食、炒食,也可以榨油,配制糕点、糖果等。

2)药用

核桃仁可补气养血,温肠补肾,止咳润肺。内服核桃青皮(中药称青衣龙)可治慢性气管炎、肝胃气痛,外用治顽癣和跌打外伤。坚果隔膜(中药称分心木)可治肾虚。核桃是含有抗氧化成分最多的植物食品,可以预防冠心病、各种癌症甚至痴呆症等。核桃堪称"抗氧化之王",是轻身益气、延年益寿的上品;枝叶入药,可治疗多种肿瘤、全身瘙痒。

3)工业原料

木材质地坚硬,纹理细致,伸缩性小,抗冲击力强,不翘不裂,不受虫蛀,是航空、交通、军事工业的重要原料;树皮、树叶、果实青皮含大量单宁,可提取栲胶;果壳可烧制优质活性炭,是国防工业制造防毒面具的优质材料。

4)园林用途

核桃树冠雄伟,树干洁白,枝叶繁茂,绿荫盖地,在园林中可作道路绿化,起防护作用。

4.6.2 主要种类及品种

1. 种类

核桃为胡桃科胡桃属,我国有 18 个核桃种,其中栽培、分布最广的为普通核桃、铁核桃。

核桃按产地分为陈仓核桃、阳平核桃,按成熟期分为夏核桃、秋核桃;按果壳光滑程度分为光核桃、麻核桃;按果壳厚度分为薄壳核桃和厚壳核桃。

2. 品种

1)普通核桃品种

(1)早实核桃。

辽宁1号、香玲、绿波等。

(2)晚实核桃。

晋龙1号、清香、哈特利等。

2)铁核桃品种

大泡核桃、娘青核桃、细香核桃等。

4.6.3 生物学特性

1. 生长环境

1)温度

核桃为喜温树种,适宜年均温度为 8~15 ℃,极端低温不低于 −25 ℃,极端高温在 38 ℃以下。铁核桃适宜生长温度为 12.7~15.9 ℃,极端低温不低于 −4.8 ℃。

2)湿度

耐干燥空气,年降雨量为 600~800 mm,地下水位在 2 m 以下。

3)光照

全年日照不少于 2000 h,低于 1000 h 时,坚果核壳和核仁发育不良。雌花开花期遇低温阴雨天气,极易造成大量落花落果。

4)土壤

核桃为喜钙植物,适于土质疏松、排水良好的沙壤土和壤土,黏重板结的土壤和过于贫瘠的沙地不适合核桃生长,最适 pH 值为 5.5~6.5,在石灰性土壤中生长结果良好。

5)海拔

北方地区生长在海拔 1000 m 以下,纬度越低,海拔分布越高,云贵高原可达 2500 m 左右。

6)地形和地势

背风向阳、土层深厚、水分状况良好。

2. 生长结果习性

1)根系

核桃为深根性树种,主根深度可达 6 m,侧根伸展可达 12~14 m,根系集中在地面以下 20~60 cm 层。

2)枝条

营养枝、结果枝、雄花枝。

3)芽

混合芽(混合花芽)、叶芽(营养芽)、雄花芽、休眠芽(潜伏芽)。

4)叶

奇数羽状复叶,普通核桃小叶 5~9 片,铁核桃小叶 9~11 片。

5)开花坐果

(1)花芽分化。

①雌花。

6月中旬开始分化,翌年4月中、下旬完成分化,全过程约需10个月。

②雄花。

随着当年新梢的生长和叶片的展开进行分化,于4月下旬至5月上旬在叶腋间形成。6月中旬至翌年3月为休眠期,4月伸长为葇荑花序。一般从开始分化至雄花开放约需12个月。

(2)开花特性。

一般雌雄异熟,分为雌先型、雄先型、同熟型;风媒花;存在孤雌生殖现象。

(3)果实生长发育。

果实生长发育需130～140 d,分为如下几个时期。

①果实速长期。

开花后5月初至6月中旬。

②果壳硬化期。

硬核期,6月下旬。

③种仁充实期。

8月上旬停止增长。

④果实成熟期。

青皮逐渐变为黄绿色,容易剥离,至青皮开裂,与坚果分离。

4.6.4　栽培管理技术

1.繁殖

1)播种

(1)采种。

8—9月果熟后采种,脱皮、晾干、干藏。

(2)秋播。

秋季可直接播种。

(3)春播。

3月中旬将种子用冷水浸泡2～3 d,捞出后混湿沙,堆于向阳处。每天洒水1次,保持湿润,晚间盖草帘或薄膜保湿保温,10～15 d果壳开裂、露白即可播种。每天挑选1次,分批播种。

(4)点播。

两条合缝线垂直于地面,深度以果距地表3～5 cm为宜,覆土后压实保墒,播种量为150千克/亩左右,产苗量为6000～8000株/亩。

2)嫁接

嫁接在3月下旬至4月上旬进行。核桃嫁接时有伤流,不易成活,嫁接前12 h内必须在根际部刻伤至木质部"放水",再进行嫁接。嫁接方法:芽接(方块法)、室内嫁接(舌接法)、劈接或插皮接。以核桃作为本砧最普遍,成活率一般达到80%以上;以核桃楸、枫杨作为砧木,成活率、保存率低。一般实生苗需要 5~10 年才能结果,而嫁接苗 2~3 年就可以结果。

2. 营林技术

1) 品种选择

同时选用 2~4 个雌雄花期能够互补的主栽品种。

2) 栽植时期

春栽、秋栽。

3) 栽植形式

圆片式栽植、间作式栽植、零星栽植;早实品种 3 m×5 m 或 5 m×6 m,晚实品种 6 m×8 m 或 8 m×9 m。

3. 林地管理

1) 土壤管理

清除杂草、深翻熟化、水土保持。

2) 施肥

(1) 基肥。

采果后至落叶前,幼树 25~50 千克/株,初果期树 50~100 千克/株,盛果期树 200~250 千克/株。

(2) 追肥。

开花前(占全年量的 50%)、幼果发育期(6 月份,30%)、硬核期(20%),有条件的可在采果后加一次。

3) 浇水

萌芽前后、果实迅速生长期、采收后、封冻水。

4. 树体管理

(1) 整形。

常见树型有疏散分层型、自然开心型。定干高度:晚实核桃在土壤肥力较好并长期间作的情况下,一般为 1.5~2.0 m;早实核桃或土壤肥力较低时,宜为 0.8~1.2 m。

(2) 修剪。

修剪时期以休眠期最好,秋季次之,春季最差。早实核桃侧花芽比例高,适于短截修剪;晚实核桃宜实行以疏为主、短截为辅的方式。隐芽寿命长,伤口愈合能力强,老树更新。背后枝处理:取代原头,疏除、改造成结果枝组。

① 初果期树的修剪。

初果期修剪的主要任务是继续培养主、侧枝,注意平衡树势,充分利用辅养枝早期结果,开始培养结果枝组。主枝和侧枝延长枝,在有空隙和维持从属关系的条件下,继续留头延长生长。结果枝组的培养可以选用背斜枝和背上枝,运用放缩结合,培养各种类型枝组。

② 盛果期树的修剪。

盛果期修剪的主要任务是调节生长与结果的关系,协调营养物质的分配,加强结果枝组的培养和更新,避免大小年现象产生,延长盛果时期。

骨干枝和外围枝的修剪:骨架已定,疏散分层形时可进行"落头";大型辅养枝逐步改造成大型结果枝组;树冠外围枝适当疏间和适时回缩,解决内膛光照。

结果枝组的培养与更新:通过培养,保持合理的结果枝比例,即中果枝86%~92%的坐果率、长果枝78%~80%的坐果率、短果枝60%的坐果率。

③衰老树的更新修剪。

应从加强土、肥、水管理入手,辅之以更新复壮修剪。更新的基本方法是:抑前促后,抬高角度,去老留新,去弱留强。衰老的结果枝组应适当疏间,枝组内进行去弱留强,尽量疏除过多的雄花枝,保留抬头枝。

(3)人工辅助授粉。

核桃属异花授粉果树,且存在雌雄异熟现象,需人工辅助授粉,以提高坐果率。

①采集花粉。

采集基部小花开始散粉的粗壮雄花序,16~20 ℃的温度下阴干,待大部分雄花开放散粉时,筛出花粉,置于2~5 ℃的条件下备用。

②授粉时期。

柱头呈倒八字形张开(2~3 d)。同一株树上雌花期早晚相差7~15 d,有条件的可进行两次授粉。

③授粉方法。

- 抖授:双层纱布袋,内装1∶10的稀释花粉。
- 喷授:1∶5000的花粉水溶液。
- 挂雄花序:将数个散粉的雄花序绑在一起,挂在树冠上部。

(4)人工疏雄。

雄花芽开始膨大时用手掰除,以全树雄花序的90%~95%为宜。

4.6.5 产品收获及采后处理

1.采收期

青皮逐渐变为黄绿色,容易剥离,80%的果实的青皮开裂。成熟期因品种和气候条件的不同而异,早熟品种和晚熟品种的成熟期可相差10~25 d。北方地区的成熟期多在9月上旬至中旬,南方地区相对早一些。

2.采收方法

人工采收、机械采收。

3.果实脱青皮

堆沤法、乙烯利脱皮法、机械脱皮法。

4.坚果洗净与晾晒

不宜在阳光下暴晒,以晾晒为主,晒干的坚果含水量应低于8%,必要时可烘干处理。

5.坚果分级

国际市场上,一等坚果直径大于30 mm,二等坚果直径为28~30 mm,三等坚果直径为26~28 mm,还要求壳面洁白、光滑,种仁含水率不超过5.5%,杂质、腐烂果、破裂果总计不超过10%。

4.7 柑橘栽培

4.7.1 概况

柑橘是热带、亚热带常绿果树,也是脍炙人口的南国水果,与苹果、葡萄和香蕉一起并称"四大水果"。目前世界柑橘产量在各类果树中居首位,是世界农产品市场上的大宗商品之一。柑橘果实营养丰富,色泽鲜美,果汁丰富,清香爽口,风味醇厚,维生素 C 含量高,深受消费者喜爱。柑橘果实除鲜食外,还可加工制成糖水橘片、天然果汁、浓缩果汁、果酱、果酒、蜜饯等,也可制成果胶、酒精和柠檬酸。

我国是世界柑橘主要原产中心之一,是柑橘栽培最早的国家,至少有 4000 多年的栽培历史。我国南起海南岛,北至河南、山东、山西、陕西、甘肃,东至长江入海口的崇明岛,西至西藏的雅鲁藏布江河谷的 20 个省、直辖市、自治区均有栽培。其中栽培历史悠久的著名产区主要分布在北纬 20°~33°、海拔 700 m 以下的地区,以四川、广东、浙江、湖南、福建、广西、湖北、江西、台湾等省(自治区)栽培最多。

4.7.2 主要种类及品种

1. 主要种类

柑橘属于芸香科柑橘属植物。本亚科通常分为 13 个属,其中经济价值大的有 3 属:枳属、金柑属和柑橘属。与栽培有关的种类如下:

1)枳

枳是枳属中的唯一一种,别名枸橘、枳壳。枳常作为柑、橘、橙类的砧木,具有极耐寒、耐旱、耐贫瘠、矮化、早果等优点。枳还易与其他柑橘种类产生属间杂交种,如枳橙、枳柚等也是很好的砧木。

2)金弹

金弹别名长寿金柑,原产于我国,是金柑属中品质最好、耐寒性较强的一种,可鲜食,宜加工,常作盆栽观赏。

3)柑橘属

柑橘属是种类最多、经济价值最高、栽培最广泛的一属。它们绝大多数原产于我国。习惯上常把柑橘属分为 6 大类,即大翼橙类、宜昌橙类、枸橼类、柚类、橙类和宽皮柑橘类,各类又分为若干个种。

2. 优良品种

目前国内栽培的柑橘品种繁多,各地可根据本地资源情况和栽培条件来灵活选用。

1)甜橙类

(1)普通甜橙。

锦橙、雪柑、暗柳橙、香水橙、红江橙、桃叶橙、改良橙等。

(2)脐橙类。

华盛顿脐橙、朋娜脐橙、纽荷尔脐橙、清家脐橙、铃木脐橙、汤姆逊脐橙、罗伯逊脐橙等。

(3)血橙类。

红玉血橙等。

(4)夏橙类。

伏令夏橙、刘勤光夏橙、卡特夏橙、奥林达夏橙、康倍尔夏橙等。

2)宽皮柑橘类

宽皮柑橘类是我国柑橘中分布最广、产量较多的一类,柑和橘同属此类,如芦柑、蕉柑、本地早、南丰蜜橘、温州蜜柑等。其中温州蜜柑原产于浙江黄岩、温州等地,500多年前引入日本后大量种植,形成许多品系,后又几度引回中国,大量发展,成为我国最大的品种,因其成熟期不同分为如下几个品系群。

(1)极早熟品系群。

月协山、宫本、北口等。

(2)早熟品系群。

宫川、兴津、龟井、立间、松山、大浦、石塚等。

(3)中熟品系群。

尾张、山田、林、石川等。

(4)晚熟品系群。

池田等。

3)柚类

文旦柚、坪山柚、四季抛、沙田柚、琯溪蜜柚等。

4)柠檬类

尤力克柠檬、里斯本柠檬等。

5)金柑类

金枣、金橘、金柑等。

4.7.3　生物学特性

1.生长结果习性

1)根

柑橘嫁接树根系分布较深,须根特别发达,一般无根毛,靠菌根代替根毛吸收水分与矿物质。柑橘开始生长的土温为12 ℃左右。结果树一般一年中有三次生长高峰,并与枝梢交替生长。土层深厚、疏松、通气、肥沃有利于根系生长和高产、稳产。

2)芽

柑橘的芽为裸芽,枝梢叶腋内有主芽和副芽。柑橘的芽具有早熟性,因此一年可多次抽梢。芽分为叶芽和花芽,在外部形态上不易区分。花芽为混合花芽,花芽分化一般在果实采收后到第二年萌芽进行,属冬春分化型。也有一年多次分化花芽和多功能次开供给的,如柠檬、金柑等。

3)枝

(1)新梢。

柑橘新梢长到一定时候,靠近顶端几节枯黄脱落,发生"自剪"现象。枝梢顶芽非常饱满。根据柑橘枝梢发生时期,可将枝梢分为如下几类。

①春梢:立春至立夏前(2—4月)抽发。春梢生长缓慢,叶片狭小,先端尖,枝梢较短,但抽

生整齐、数量多。如其上不抽生夏梢、秋梢,它能成为翌年优良的结果母枝。

②夏梢:立夏至立秋前(5—7月)抽生。由于夏梢抽生期处于高温多雨季节,因此夏梢生长快,枝长,节间长,枝粗,横断面呈菱形,有刺,叶片较大,不充实,且不整齐,幼树常利用其扩大树冠,而结果树上抽发的夏梢过多,会引起大量幼果脱落。夏梢也可成为翌年的结果母枝。

③秋梢:立秋至立冬前(8—10月)抽生。秋梢的生长量比春梢的大,但比夏梢的小,枝条断面呈三棱形,叶片大小介于春、夏梢之间,8月抽生的早秋梢是优良的结果母枝。在冬季温度较高的地区常有冬梢抽生,生长期短,无利用价值,修剪时应剪除。

(2)枝梢种类。

①生长枝:也称营养枝,枝上不着生花果,包括普通生长枝、纤细枝、徒长枝三类。

②结果枝:常由结果母枝顶端与附近几节抽出,可分为有叶结果枝和无叶结果枝二类。有叶结果枝上畸形花少,坐果率高,但盛果期树常以无叶结果枝为主。

③结果母枝:能着生混合花芽并抽发结果枝的枝条。柑橘的春、夏、秋梢只要生长健壮,都可进行花芽分化而成为结果母枝。多年生枝也可成为结果母枝,但数量很少;树冠下部荫蔽处枝条往往经数年生长后才能成为结果母枝。

4)叶

柑橘的叶片除枳的叶片为落叶性的三出复叶外,其余均为常绿单生复叶。叶片的生长与枝梢生长同时进行,一年中以春叶最多。一片叶片从展叶到叶片停止生长大约需要60 d,叶片寿命一般为17~24个月,长的可达36个月,正常情况下不同部位的叶片交替脱落。非正常落叶会影响当年的果实产量,对以后的树体发育、越冬和第二年的开花结果也有不利影响。

5)花、果实和种子

柑橘的花为完全花,能自花结实,但因品种的遗传特性、营养和外界条件的影响,柑橘树上的畸形花很多,雌雄单性花能单性结实。柑橘的畸形花坐果率低,生产上其坐果率仅为1%~5%。柑橘大部分品种一般均能自花结实,形成有种子的果实。但也有一些品种不经受精而能形成无籽果实,如温州蜜柑、南丰蜜橘、脐橙等。柑橘果实由果皮、果肉和种子三部分组成。柑橘绝大多数的种类与品种的种子为多胚,但也有少数的种子为单胚。

6)物候期

柑橘的物候期包括发芽展叶期、开花期、幼果期、花芽分化期、果实肥大期、果实成熟期等。

(1)发芽展叶期。

柑橘经过冬季半休眠后,当日平均温度稳定在12.8 ℃时便开始萌芽、抽梢、展叶,一般在2月下旬至3月上、中旬。

(2)开花期。

柑橘花芽萌发后,当结果枝略微伸长,即可出现花蕾,然后肥大直至开花。在长江流域,枳壳3月开花,柚4月中旬开花,甜橙4月下旬开花,温州蜜柑4月底至5月初开花,长寿金柑6—8月间多次开花,柠檬类则全年都能开花。柑橘的花期一般为10~15 d。

(3)幼果期。

从谢花期至生理落果结束为柑橘的幼果期。幼果期果实主要进行旺盛的细胞分裂而增大体积,该时期内有两次生理落果高峰期:第一次生理落果高峰期一般发生在3月底至4月底,第二次生理落果高峰期发生在4月下旬至7月上旬。落果的原因很多:花器发育不全、授粉受精不良、营养不良及外界条件恶劣等。通过农业措施来减轻生理落果,是这一时期的主要工作。

(4)花芽分化期。

柑橘花芽分化期一般在果实采收前后至第二年萌芽之前。决定花芽分化的首要因素是物质基础。当营养物质积累到一定水平时,花芽分化良好。外界条件对花芽分化的影响很大,光照、低温、干旱等外界条件均可影响柑橘的花芽分化。

(5)果实肥大期。

稳果后果实迅速膨大,直至果实转色前,称为果实肥大期。果实肥大前期果皮增至最厚并开始变薄,种子已基本长成并具有发芽力,汁胞已长成定型;果实肥大后期主要是汁胞中的汁液迅速增加和内含物充实,可溶性糖、维生素C不断增加,酸不断减少。此时期是果实发育的重要时期,果实已不易脱落,但会因果肉增长速度太快,果皮速度跟不上而发生裂果。

(6)果实成熟期。

当果汁糖增加速度和酸减少速度显著变慢时,果实便进入成熟期。此时果实增重也显著减慢。一般情况下,果皮和果肉的成熟过程是同步的,当果皮呈现品种固有色泽时,表示果实已成熟,可以采摘上市。但也有一些种类和品种不完全是这样,果肉成熟在果皮着色之前或之后的情况也有,明显的可相差1个月之久。

2. 柑橘对环境条件的要求

1)温度

温度是最主要的气象因子,它决定柑橘的生存与分布,同时也影响果实的产量和品质。柑橘是喜温果树,适合于冬季暖和的地方栽种。不同的柑橘种和品种,其耐寒力不同。栽培地区年平均温度应在15 ℃以上,冬季极端低温一般不低于-7 ℃。低温是影响柑橘正常生长发育和分布的主要因子。

2)光照

柑橘虽然比较耐阴,但在生长发育过程中仍需要较多的光照来进行光合作用。光照好,叶色浓绿,光合产物积累多,树形开展好,果实着色好、品质佳。光照过强也不利,在高温干旱季节,强烈的日光会使外层果实和枝干朝天的树皮被灼伤。温州蜜柑最适宜的光照强度为1.2万~2.0万勒克斯,光的饱和点为3.5万~4.0万勒克斯,光的补偿点为1.3万~1.4万勒克斯。

3)水分

柑橘要求较湿润的环境。柑橘的高产优质栽培需年降水量为1200~2000 mm,土壤持水量为60%~80%。

4)土壤

柑橘对土壤适应性广,但在沙壤土和壤土中栽培最好,其最适宜pH值为4.5~5.5。

4.7.4 栽培技术

1. 育苗

常用嫁接育苗,砧木以枳为主,其次为枳橙、枸头橙、酸橙、血橘、香橙等。根据生产需要,可通过采集充分成熟的砧木果实来取得种子,洗净阴干,可冬播、春播或随采随播。柑橘嫁接方法很多,可于早春树液开始流动至萌芽前进行切接,或于2—11月进行单芽腹接和小芽腹接,或于秋季砧木容易剥皮时进行"T"字形芽接。接穗应从树势健壮、丰产优质、无病虫害的树冠外围中、上部选取一年生已木质化的早秋梢或春梢。嫁接后应加强管理,及早出圃。

2. 建园

1)园址选择

柑橘园地基本要求:无明显冻害、土层深厚、灌溉方便、交通便利等。丘陵、山地栽培柑橘,要求海拔在 800 m 以下,坡度在 25°以下。冬季有冻害的地区应选东南坡,而冬季温暖地区多东北向或北向建园。排水不良的低洼地和冷空气停滞的谷地不能建园。在 5°以下的缓坡平地、江河两岸及南方水稻田建园时,必须注意排水。大水体周围,因温度、湿度变化不剧烈,不易受冻,故可以选择建园。

2)栽植

柑橘一般可在春季 2 月下旬至 3 月中旬春梢萌动前栽植,冬季无冻害地区可在秋冬季 10—11 月中旬栽植。春夏 4—5 月春梢停止生长后至夏梢抽生前的雨季栽植成活率高。容器育苗四季均可栽植。栽植密度一般为:对于平地,柚的株行距为 5 m×6 m,甜橙的株行距为 4 m×5 m,宽皮柑橘的株行距为 3 m×(4~5) m,金柑的株行距为 2 m×3 m;对于山地,可适当密一些。亦可实行"二倍式计划密植"(在永久树的株间加密 1 株)或"四倍式计划密植"(在永久树的株间和行间同时加密 1 株),从而提高前期单位面积产量。在封行后及时进行回缩修剪或间伐、间移。

3. 土、肥、水管理

1)土壤管理

(1)深翻扩穴。

深翻在每年冬季进行,有条件的夏季 7 月份也可深翻。具体做法是:从定植穴或上次扩穴沟的外缘开始挖起,新老沟穴连通,不留隔离层,沟穴深度为 80 cm,宽度为 70 cm,挖好后填入杂草、绿肥,适当加入磷肥和腐熟的厩肥、饼肥等,一层加肥,一层加土,表土放下层,底土放上层,分层压入。2~4 年内完成一次全面的深翻扩穴工作,以后轮流深翻,促进根系生长扩展。

(2)中耕除草。

每年可以中耕除草 5~6 次,中耕深度宜为 15~20 cm,尽量少伤根系。

(3)间作。

幼年柑橘树冠小,行间空地较多,可以在柑橘树冠外缘空地种植叶菜类或豆类,以增加早期收入;也可种植绿肥,以解决有机肥来源问题。间作时应选择低矮作物,控制栽种范围,避免与柑橘争水、争肥、争光,影响柑橘的正常生长。

(4)覆盖与培土。

常利用稻草、树叶、芒萁、绿肥等材料在树盘或全园覆盖,厚度为 10 cm 左右,距离主干留 10 cm 的间隙。覆盖可以稳定土温,高温季节降低土温 6~15 ℃,同时保持土壤疏松透气,减少水分蒸发。培土可以增加柑橘园土层厚度,还可以通过黏土培沙土、通过沙土培黏土,调节土壤结构。培土可以在冬季进行,培土厚度每次以 10~15 cm 为宜。

2)施肥

(1)幼树施肥。

幼树主要以生长枝梢、扩大树冠为目的,施肥以氮肥为主,以"薄肥勤施、梢前多施"为原则。幼树定植 1 个月后新梢开始活动,此时可以施薄肥 1 次,以后在每次萌芽抽梢前 15~20 d 施 1 次薄肥,以促发壮梢,幼梢长出 1 cm 时再施 1 次,当枝梢自剪时再施 1 次,使枝条生长充实,保证 1 年能发梢 3~4 次,全年施肥量大致相当于每株 0.5 kg 尿素。

(2)结果树施肥。

一般每年施肥3~5次,即催芽肥、稳果肥、促梢壮果肥、采前肥和采后肥。

①催芽肥:也称发芽肥、萌芽肥,一般在萌芽前15~20 d(即1月中、下旬至3月上旬)施入,主要目的是催发春梢,提高花芽质量,以速效氮肥为主,每株施尿素0.5 kg、厩肥15 kg、饼肥1.5 kg。

②促梢壮果肥:一般在7—9月抽秋梢前施入,主要目的是促进果实膨大和抽生健壮秋梢,氮、磷、钾肥配合施用,每株施尿素0.5 kg、磷肥0.2 kg、钾肥0.3 kg、厩肥10 kg、饼肥1 kg。

③采果肥:一般在采果前后施,主要目的是及时补充养分,恢复树势,提高树体抗寒越冬能力,以有机肥为主,每株施尿素0.5 kg、厩肥20 kg、人粪尿30 kg。

3)灌水与排水

南方柑橘园着重在下列几个时期进行排水或灌水。

(1)坐果期。

4—6月,此时正逢江南雨季,必须加强柑橘园开沟排水;夏季若遇高温干旱,应注意灌水。

(2)果实迅速膨大期。

7—9月,正值江南干旱季节,如连续干旱1015 d,则必须开始灌水,以后每隔57 d灌水一次。

(3)果实成熟期。

10月至采收,雨水较少,不需灌水;若过于干旱,应适当供水。

(4)停止生长期。

采收后至翌年3月,需水很少,一般不需灌水;若过于干旱或有冻害发生,可适当灌水。

4. 整形与修剪

1)幼树整形修剪

柑橘常用的树形有自然圆头形、自然开心形、矮干多主枝形。一般在苗木20~60 cm处定干,并随时抹去主干上的萌蘖,到第3年至第4年开始留枝整形。

(1)自然圆头形。

主干高25~35 cm,主枝3~5个,与中心主干的夹角约为40°,每个主枝留2~3个副主枝。此树形适用于生长势较强的甜橙、柚和柠檬等品种。

(2)自然开心形。

主干高20~30 cm,主干上着生3个主枝,夹角为30°~45°,主枝两侧均匀配置3~4个副主枝,且相互之间的间距为25 cm左右。此树形适用于生长势较弱、树冠张开的甜橙、温州蜜柑和本地早等品种。

(3)矮干多主枝形。

主干较矮(10~15 cm),主干上有3~5个主枝呈丛生状着生,主枝间距小,夹角也小,多直立向上生长,主枝上斜生着一些副主枝,主枝、副主枝从属关系不明显。此树形适用于椪柑、金柑等丛生、直立性强的品种。

修剪幼树,合理利用夏梢,采取抹放结合的方式,以充实树冠,加速生长;对夏、秋梢摘心、疏除花蕾,促进分枝粗壮;冬季短截延长枝1/3~1/2,剪除无用病虫枝、徒长枝。

2)成年树修剪

(1)各类枝条修剪。

可疏除枯枝、病虫枝。密生枝的修剪原则是"三去一""五去二""留强去弱",如此可使留下的枝梢生长健壮。对于交叉重叠枝,可去弱留强,抑上促下;对于下垂枝,可在其结果后回缩或剪除;无用的徒长枝可剪除,而可利用的要适当短截或摘心;对于衰弱枝,可疏除或于健壮处回缩;缩剪空膛露脚枝,以促进下部发枝;结果枝结果后衰弱的疏除,健壮的可只剪除果柄;结果母枝结果后已衰弱不能抽发新梢的要疏除,能抽生营养枝的需留营养枝短剪。

(2) 不同类型结果树的修剪。

① 大年树的修剪。大年树是指上年结果极少,春秋结果母枝多而壮,当年结果过多的树。修剪的重点是大年结果前的冬季疏除 1/3 弱母枝,短截 1/3 强母枝,蓄留 1/3 中等母枝,以减少开花量,促进抽生营养枝;同时 7 月短截部分结果枝组、落花落果枝组,促进抽生秋梢,增加小年结果母枝。

② 小年树的修剪。小年树是指上年结果过多,形成结果母枝极少,造成当年结果过少的树。处理方法是保留结果母枝,疏剪不结果的密生枝、衰弱枝。

③ 稳产树的修剪。修剪量宜少,应对春、秋梢结果母枝进行短剪、疏剪、蓄留相结合的处理。

④ 衰老树的修剪。

- 枝组更新:分年短截衰弱枝组,如此处理仍有部分产量。
- 露骨更新:回缩所有侧枝、枝组,留下主枝、副主枝。
- 主枝更新:留 7~10 cm 回缩主枝、副主枝,培养新主枝、副主枝。

(3) 不同品种的修剪要点。

① 甜橙:树形较高大,树冠紧凑,枝条分布均匀,内外都能结果,且以春梢作为主要结果母枝;一般多疏剪、短截外围衰退枝组,以改善树冠内部光照;内膛健壮的枝梢要多保留,并逐年短截更新。

② 温州蜜柑:树形较矮,发枝力弱,枝条长而粗,容易张开下垂,春、夏、秋梢均能结果,但以强壮的春、秋梢作为结果母枝较好;修剪宜轻,疏剪丛生枝、结果后的枝组,下垂枝尽量多保留。

③ 椪柑:树势较强,枝梢较直立,且易丛生,外围结果多;细长树整形时要张开大枝夹角,多保留树冠内部小枝;成年树以疏剪为主,少行短截。

④ 柚:树势较强,枝叶厚密,多以内膛弱枝、无叶枝、下垂枝结果,故树冠内下垂枝、弱春梢均要注意保留,只疏剪外围顶部密生强枝组,开天窗增加内膛光照。

5. 优质丰产措施

1) 保花保果

保花保果的主要措施如下。

(1) 加强柑橘土、肥、水管理,培育健壮树势是保花保果的基础。

(2) 加强防治病虫害与防旱、防冻等管理,以防叶的不正常脱落。

(3) 柑橘谢花期到第一次生理落果期(5月上旬),可结合叶面喷 3% 的磷酸二氢钾加 3%~5% 的尿素或硼肥,喷用植物生长素"九二〇"20~40 mg/L 二次(隔半月一次)。

(4) 对于花少梢多的柑橘树,在花前适当控制春梢,第二次生理落果时抹除全部夏梢。

(5) 对于花多梢少的柑橘树,在花前疏去部分密生多花结果母枝,留 4~6 朵花,短剪部分多花结果母枝。

(6) 在 4—6 月对盛花坐果期旺树大枝(4~5 cm)环割两圈或结扎。

(7)高温干旱期如遇5月火南风,应灌水喷雾。

(8)有些品种如沙田柚,要进行人工授粉。

2)疏果

在生理落果后,分两次进行:第一次在6月中、下旬,第二次在7月中旬。根据"因树定产,分枝负担"原则和叶果比进行人工疏果[温州蜜柑叶果比为(25~30):1,甜橙叶果比为(40~60):1,椪柑叶果比为(60~90):1]。先疏去病虫果、畸形果、伤果,再疏小果。

3)果实套袋

以柑橘鲜销为主的果实应进行套袋,特别是大果品种,如柚、脐橙等。套袋可减轻病虫危害,防日灼、防污染,使着色一致、光亮美观,提高品质。套袋时间是稳果之后的7月下旬至8月。套袋方法:于套袋前喷防病虫药剂,用制成的长方形报纸袋或专用袋套好幼果,然后用绑缚材料(细铁丝等)把袋口绑在果枝上。

4)采收

(1)采收时期。

采收时期可依据品种成熟期和果实用途而定,不可过早、过晚。如鲜食用品种应在达到固有色泽、风味和香气时采收,贮藏用的在果面2/3转黄时采收,采种用的在充分成熟时采收,加工制作果酱、果酒、果汁用的应在充分成熟时采收,加工制作蜜饯用的采收期较早;药用的枳、酸橙等多在幼果时采收。

(2)采收方法。

左手握果,右手持果剪,从果蒂上先剪一刀,然后再剪平至果柄。注意在霜、露水未干时采收;大雨3~4d内不宜采收;从外到内,由上而下分批采收;采果人员采前应剪平指甲,轻拿轻放;伤果、落地果、病虫果、粘泥果必须另放,避免引起霉烂。

4.8 梨 栽 培

4.8.1 概述

梨是我国主要水果之一,是我国除苹果、柑橘外最多的第三大果树,全国除海南外南北各地都有种植,其产量面积居世界首位。梨的果实营养丰富,其中含有多种维生素、糖类、蛋白质等人体不可缺少的物质。梨不仅可以鲜食,还可以加工制作罐头、梨酒、梨脯、梨干、梨汁等。另外,梨还有很高的药用价值。梨是我国传统出口创汇的优良果品之一,我国梨果出口占全部水果外销创汇值的20%以上,著名的砀山酥梨、河北雪花梨、河北鸭梨、莱阳茌梨和新疆库尔勒香梨等都是外销的著名品种,在国内外市场上享有很好的声誉。

4.8.2 主要种类及品种

1. 种类

梨在植物分类学上属于蔷薇科梨属植物。目前全世界梨属植物有35种,国内主要作经济栽培的有5个种,分别为秋子梨、白梨、沙梨、洋梨和新疆梨。此外,杜梨(棠梨)、豆梨(鹿梨)、褐梨和川梨等野生种,常被用作梨的砧木。其中秋子梨、白梨适于冷冻干燥的气候栽培,沙梨适于温暖多湿的气候栽培,洋梨要求的气候条件与白梨的相近。

2. 主要品种

适宜南方栽培的梨品种一般为沙梨,也有少量白梨、秋子梨和西洋梨的部分品种,全国大约有3000个品种,如沙梨系统的黄花梨、金水2号梨、幸水梨、二宫白梨、砀山酥梨、长十郎梨、苍溪雪梨等。另外,还有许多优良品种和地方主栽品种,如白梨系统的鸭梨、金川雪梨、苤梨,洋梨系统的巴梨、三季梨、康德梨等。

4.8.3 生物学特性

1. 生长结果习性

1)根

梨树根系属于深根性根系,有成层分布的特点。若土层浅,地下水位高,根系垂直分布为1~2 m,水平分布为3~6 m;若土层深厚,地下水位低,根系垂直分布可达3~4 m,水平分布达6~7 m。因此,加厚土层,降低地下水位,有利于梨树根系生长,使树势生长变旺。

根系活动主要受温度、水分等因素的影响。一般在土温达到0.5 ℃时,根系开始活动,温度升至15~25 ℃时根系生长较快,温度超过30 ℃或低于0 ℃则根系停止生长。当土壤持水量在15%~20%时较适宜根系生长。根系在适宜的条件下可周年生长而无明显的休眠期。

2)芽

梨树枝梢上的芽均为单芽,依其性质分为叶芽和花芽。叶芽瘦小,一般着生于叶腋;花芽为混合芽,形态肥大,一般着生于短果枝顶端,连续几年结果,逐渐膨大成果台,也有部分品种如长十郎梨、苤梨,中、长果枝的腋芽也能分化成花芽,这种芽称为腋花芽。

叶芽依着生位置可以分为顶生叶芽和腋生叶芽两种。80%以上的梨的叶芽均能萌发,但成枝力较弱,仅枝顶1~4芽能长成长枝。梨树的芽具有晚熟性,在形成当年不萌发,只在越冬后第二年春季才萌发,但在华南温暖地区,一年可以连续抽生2~3次新梢。少部分不萌发的芽称为隐芽,隐芽寿命很长,受到刺激则会萌发,故梨树较易更新复壮。

3)枝

梨树的枝条可分为生长枝和结果枝。

(1)生长枝。

生长枝分为4种:普通生长枝,长度为30~60 cm,生长中庸,组织充实,叶芽饱满,是培养结果枝的基枝;纤细枝,长度在30 cm以下,枝体细瘦,侧芽充实;中间枝,长度在3 cm左右,无腋芽而只有顶芽,簇生数叶,如营养充足,生长得当,当年秋冬即成为结果枝,若营养不足,数年伸展后仍为中间枝;徒长枝,长100 cm以上,多直立生长,粗壮,组织不充实,芽较小;新梢长度取决于生长时间的长短。一般短枝或叶丛枝生长7~10 d即开始形成顶芽,中枝生长30~40 d形成顶芽,长枝生长40~60 d形成顶芽。新梢一般在3月中、下旬萌芽,4月中、下旬至5月上旬生长最旺盛。长梢也可长至6月上旬。

(2)结果枝。

梨树的结果枝分为长果枝、中果枝和短果枝3种。

①长果枝:长度在15 cm以上,组织充实,顶芽及附近腋芽为花芽。长果枝在结果的同时,下部的腋芽不可抽生短枝,当年形成花芽。长果枝在初结果的幼树上相对较多。

②中果枝:长度为5~15 cm,顶芽及附近腋芽为花芽,枝上还有明显叶芽。

③短果枝:长度在5 cm以下,发育充实,花芽质量好。盛果期的梨树,短果枝多,结果能力

强,短果枝是梨树主要结果枝。结果后果台能再抽生副梢并形成花芽,最终形成短果枝群,如果有良好的通风透光条件和充足的营养条件,其结果寿命比其他各类枝的均长。

4)花芽分化

梨树花芽分化属于夏秋分化类型。大部分品种在6—7月,长枝停止生长后2周开始花芽分化。休眠前,花芽只发育到雌蕊原始体出现的程度,翌年开花前1个月,再分化出胚珠和花粉粒。花芽质量的好坏,由贮存养分的多少决定,若树体养分积累丰富,则分化的花芽质量好,反之则较差。

5)开花与授粉受精

梨树开花早晚及花期长短,因品种特性和气候情况的不同而异。长江流域的梨树一般在3月下旬至4月上旬开花,花期持续5~10 d。天气晴朗,气温高,花期短,授粉质量高;冷凉阴雨天气,花期长,授粉质量差。梨树花芽萌动后抽生极短新梢,先端着生伞房花序,每个花序有5~9朵花,其花下带叶片的短新梢在生长中膨大为果台,果台一般抽生出1~2个果台副梢,若营养充足,可形成花芽,或者翌年形成花芽。梨树是异花授粉果树,栽植时必须配置授粉树。梨花受精时间长达5~7 d,但以开花后1~2 d受精能力最强。如进行人工授粉,应抓紧在初花期1~2 d内进行。

6)果实

梨树是坐果率较高的树种,凡能正常授粉受精又管理得当的梨树,一般都能达到丰产要求。梨树生理落果有两次:第一次在花谢后一周后,约4月中、下旬,主要是授粉受精不良所致;第二次在花谢后一个月左右,约6月上旬,主要是营养不足造成的。梨树果实为仁果,授粉受精后开始发育,整个发育过程分为三个时期,呈双"S"形,至7—8月份,果实成熟。

2. 对环境条件的要求

1)温度

梨因种类、品种、原产地的不同而对温度的要求差异较大。不同种类的梨对低温适应性不同,秋子梨可耐－30 ℃的低温,华北梨可耐－25 ℃低温,沙梨可耐－23 ℃的低温。梨的不同器官的耐寒力不同,其中以花、幼果最不耐寒。以西洋梨为例,受冻的极限低温:花蕾期为－2.2 ℃,开花期为－1.9 ℃,幼果期为－1.7 ℃。开花期最适宜温度为15~25 ℃。梨树冬季一般要在低于6.2 ℃的低温条件下经过800~1000 h才能打破休眠。温度是我国南部栽培梨树需要考虑的重要因素。

2)水分

梨树对水分需求量较大,如果缺水,枝条生长和果实发育会受抑制;但水分过多,土壤含氧量低于5%,会造成根系生长不良,土壤长期积水会导致植株死亡。不同种类的梨树对雨量要求和耐湿能力不尽相同。南方栽培梨树时,应主要选择耐湿性强的沙梨系统,建园时规划好排灌设施,管理上做好排灌工作。

3)光照

梨树是喜光果树,若光照不足,则枝叶徒长,花芽难于形成;若光照严重不足,植株生长逐渐衰弱,甚至死亡。

4)土壤

梨树对土壤适应性很强,黏土、壤土、沙土均能栽培,以土层深厚、但土质疏松、肥沃、透气、保水性好的沙土为适宜。梨树能适应pH值4.0~7.5,但以pH值4.8~6.0为好。土壤含盐量小于0.2%时,梨树也能正常生长。

4.8.4 栽培技术

1. 育苗与定植

1)品种选择及授粉树配置

(1)品种选择。

必须以区域化、良种化为基础,以市场为导向,选用群众欢迎、市场畅销、丰产优质的品种进行栽培,与此同时还应考虑品种的适应性、抗逆性、商品性、成熟期等。

(2)授粉树配置。

授粉品种应与主栽品种花期相近,花粉量多,亲和力强,经济价值高,丰产,与主栽品种互相授粉。主栽品种与授粉品种的比例一般为(2~3):1。

2)育苗

用作南方梨嫁接的砧木主要是杜梨(棠梨)、豆梨(鹿梨)、沙梨等,广西也用三叶海棠。果实充分成熟后采收,拌以果实重量的1%的石灰并淋湿堆放,待腐烂后挤出种子并装入布袋,在流动水中搓洗,取出晾干即播,或干燥收藏至次年春才播。播种砧苗的苗床宜选疏松、肥沃、湿润、排水良好的沙质土壤。至立夏前后苗高约17 cm时,按株行距15 cm×21 cm分床移植。梨树砧苗一般生势较旺,不宜过密栽植。移植后需加强肥水管理、中耕除草、防旱、防渍、防病虫害,促进砧苗加粗生长。

3)定植

梨树栽植可于春季和秋季进行,长江流域以南各省宜秋栽,一般在11—12月,春季栽植通常在2月进行。提倡矮化密植,以充分利用土地和光能,达到早果、丰产、优质的目的。一般行距为4~5 m,株距为2~3 cm,每公顷栽植660~1245株。

2. 土、肥、水管理

1)土壤管理

深翻改土是梨园土壤管理的重要措施之一。每年9—10月对梨园进行深翻,并施用有机肥,可改善土壤的性质,有利于养分分解,促进根系生长。幼年梨园土壤空隙较多,一般在树盘周围进行适当的中耕翻土,夏秋高温季节进行松土和绿肥覆盖。成年梨园土壤管理方法很多。南方梨区可种两次绿肥,冬季种植蚕豆、紫云英等,翌春开花结荚初期翻埋。夏季再种植绿肥,这对果园降温有显著效果。采用化学剂除草,投工少,效果好。

2)施肥

(1)基肥以有机肥料为主,如堆肥、厩肥等,适当加入磷肥。一般在采收果实后至落叶前进行施肥。通常按1 kg果施1 kg基肥,这样简单易行。我国南方梨产区,秋季温度较高,施基肥后应及时灌水。

(2)全年施肥2~3次,天气干旱时还需结合灌水进行。

①花前肥:在萌芽后开花前进行施肥,施速效氮肥。若用人粪尿、腐熟饼肥,则应在萌芽前10~15 d施。此次施肥对提高坐果率、促进枝叶生长有一定的作用,特别是对弱树、幼树更为有利,肥的用量占全年的20%,旺树、初果树可不施肥。

②壮果肥:在新梢旺盛生长期后,果实第二次迅速膨大时进行施肥,以钾肥为主,配合氮肥、磷肥。

③采前肥：采果前施肥，以速效氮肥为主，用量占全年的20%。此次施肥能迅速恢复树势，积累养分，促进花芽发育充实，为翌年春季萌芽开花作好物质准备。

④根外追肥：目前已普遍采用的补充养分的方法，效果极为显著。常用肥料浓度，尿素为0.3%～0.5%，过磷酸钙为2%～3%，硼砂为0.2%～0.5%，硫酸亚铁为0.5%，锌为0.3%～0.5%。

3）水分管理

梨树需水较多，日本对沙梨系统的菊水梨进行试验，测定每制造1 g干物质，需水分400 g，折算成年降水量为960 mm。长江以南梨产区全年降水可满足需要，但降水通过蒸发流失，仅有1/3被利用，而且降水分布不均，远不能满足梨树生长结果需要，根据南方气候特点，春、夏、秋季常出现旱情，而梨树又是耐旱性较弱的果树，因此需及时灌溉。

3. 整形修剪

1）树形选择

梨树根据栽培密度的不同采用不同的树形：单株面积大于24 m²的稀植园，采用主干疏层形；单株面积为12～24 m²的中密度果园，采用小冠疏层形或开心形。此外，还有延迟开心形、多主枝自然圆头形、开心疏层形等树形。矮化密植是现代梨园发展的趋势，生产上常选用小冠疏层形树形。此树形符合大多数梨树品种的生长发育特征，成形较快，骨干牢固，负载量大，丰产稳产。干高40～60 cm，中心领导干高1.6～1.8 m，树高3～3.5 m，一般有2～3层主枝，主枝有4～6个，每个主枝上有1～2个侧枝，主枝与主干夹角为70°～80°。

2）整形

（1）第一年。

定植的苗木在离地70～90 cm处短截，抹去离地50 cm之内的芽。将剪口下20～40 cm的部分作为整形带，选留6～8个饱满芽。芽萌发后，最上端新梢要继续保证其直立生长，另选2～3个枝作为第一层主枝培养，夏季可以调整其张开角度和伸展方向。其余枝梢可以拉平、摘心，作为辅养枝培养。冬季对剪口芽萌发的直立中心留30～50 cm短截，剪口芽方向与以前的相反，主枝短截1/4左右，剪口芽向外。

（2）第二年。

继续培养直立中心干，第一层主枝芽萌发后，培养延伸枝，扩展树冠，距中心干50～60 cm处培养第一副主枝，其余侧枝继续作为辅养枝培养。冬季直立中心干短截。第一层主枝延伸至40～50 cm处短截，辅养枝若长势强则压，弱则放，使其开始形成花芽。

（3）第三年。

直立中心干继续向上延伸，培养第二层主枝，数量为1～2个，注意层间距保证在80 cm以上。第一层主枝培养第二侧枝，两侧枝间距为30～40 cm，冬季对直立中心干留50 cm短截，对主枝、副主枝各短截1/4左右。

（4）第四年和第五年。

继续选留第三层主枝，数量为1～2个，培养第一、二层主枝上的侧枝，注意枝组培养，树干骨架逐渐形成，形成树高4 m左右，具有6～8个主枝，分3～4层着生，上下层间距合适，主枝位置交叉分开的树形，再经过2～3年的整形修剪，最后封顶落头。

3）修剪

在梨树结果初期，继续培养树形，扩大树冠，为以后丰产打下基础。同时，又可以保留一部分花芽,让其开花结果,形成一定产量。进入盛果期后,修剪重点是缓和树势,调节生长与结果的平衡,培养大量健壮的结果枝组,促进其高产稳产。

(1)主枝和副主枝的修剪。

大多数梨树品种在结果初期枝梢直立生长,难形成花芽,应采用拉、撑、轻剪等方法缓和生长势,促进花芽形成。主枝延伸枝一般留 30~40 cm,若生长势强,短截宜轻;若生长势弱,短截宜重。主枝延伸枝短截时还应考虑副主枝抽生的部位及剪口芽的方位,使剪口下抽生的枝条能符合副主枝的培养要求。对于已封行的梨园,主枝与副主枝已交叉的树冠,延伸枝可回缩到第三年生枝的隐芽部位。

(2)辅养枝的修剪。

幼年树为了营养树体,保留了较多的辅养枝。随着树冠的扩大,对辅养枝应逐步加以控制,一般去直留斜,去强留弱,削弱其长势,控制结果范围。当辅养枝影响树势时,应及时回缩成不同类型的结果枝组。

(3)结果枝组的修剪。

结果枝组有大、中、小三种,具有 2~5 个分枝的为小型枝组,具有 6~15 个分枝的为中型枝组,具有 15 个以上分枝的为大型枝组。不同类型的枝组在一定条件下可以互相转化。小型枝组可任其结果,如长势转弱,可短截,使之转旺;大、中型枝组保持其中庸生长势,若长势强而又有空间发展,可适当延伸,无生长空间则适当控制其生长范围,长势弱则回缩复壮。在枝组内未形成花芽的营养枝通过甩放、扭梢等方法,促其花芽形成。

(4)短果枝群修剪。

梨树的结果量主要来自短果枝群,应根据树势、产量确定短果枝留量。树势转弱,短果枝群结果能力下降时,疏除弱枝弱芽,短截中长果枝,以更新复壮,再结合生长季修剪,提高修剪质量,维持结果量。

(5)衰老树的修剪。

梨树在 30~40 年后树势逐渐衰弱,结果能力逐渐下降,须进行更新复壮。主要方法是对骨干枝回缩。在骨干枝分枝处短截,对余下的结果枝组进行疏剪和缩剪,以便集中养分供应新梢生长,加速新的骨干枝的形成。衰老树的更新,须加强肥、水管理,以利于新梢生长。

4. 花果调控技术

1)疏花疏果

梨树开花量大,落花重,落果轻,坐果率比较高。梨树只有一次生理落果高峰期,多发生在 5 月中、下旬至 6 月上旬,即开花后的 30~40 d。疏花在花序分离期进行,每个花序保留 2~3 朵发育最好的边花即可。如果花序过密,可疏除一部分,花序间距保持在 15~20 cm 比较适宜。疏果在第一次落果后到生理落果前均可进行,早疏比晚疏好,早疏可减少贮藏的营养物质的消耗,最迟也应在 6 月上旬完成疏果。留果量多采用平均间距法确定,一般大果型品种间距拉开至 30 cm 以上,中、小果型品种间距可缩至 20 cm 左右。

2)果实套袋

梨树在 5 月下旬至 6 月进行套袋,根据梨树果实的大小选用不同规格的纸袋,一般纸袋大小为 19 cm×(14~16) cm。为防治黑星病和梨黄粉蚜等,可在套袋之前喷洒杀菌剂和杀虫剂,套袋前认真疏果。

3）果实采收

梨果采收时期依气候条件、种类、品种特性而定，同时考虑市场供应和劳动力分配等因素。供应市场的，应接近充分成熟时采收为宜；贮藏或远距离销售的，在7—8月成熟时采收；加工成果酱、果酒的，应待果实充分成熟后再采收。

果实应在晴天，露水干后的早上或傍晚，依从下向上、从内向外的顺序采摘，对采摘的果实进行初选，剔除病虫果、畸形果、机械损伤果，然后送往包装地点进行分级包装、外运销售或贮藏。

4.9 桃栽培

4.9.1 概述

桃为我国栽培最普遍的果树之一。桃果色香味俱佳，营养丰富，果肉含糖7%～15%、有机酸0.2%～1.0%、蛋白质0.4%～0.8%，还含有脂肪、多种维生素及微量元素；桃仁含油脂45%，可榨取工业用油；根、叶、花、仁可以入药。果实除鲜食外，还可以加工制成罐头、桃酱和桃干等多种制品。桃树姿态优美，花色粉红，果实外观艳丽，有较高的观赏价值，故又是优良的庭院绿化树种。桃树适应性强，栽培比较容易，开始结果早，经济效益高，在民间很受欢迎。

4.9.2 主要种类及品种

1. 主要种类

桃属于蔷薇科桃属植物，共有普通桃、山桃、甘肃桃、光核桃、新疆桃、陕甘山桃6个种。其中普通桃原产于我国陕西、甘肃一带，为桃属中最重要的种，目前世界各国作为经济栽培的主要为普通桃一个种。普通桃有蟠桃、油桃、寿星桃三个变种。

2. 主要品种

桃的分布很广，品种很多，形成了北方品种群、南方品种群、黄肉桃品种群、蟠桃品种群、油桃品种群5个品种群。

4.9.3 生物学特性

1. 生长结果习性

桃为落叶小乔木，树高3～4 m，结果早，一般定植2～3年后开始结果，5～6年后达到盛果期，经济寿命为10～15年，管理水平高的可达25年。桃树易丰产。

1）根

桃为浅根性果树，主根粗而浅，根系集中在40 cm深的土层之内，水平分布范围约为树冠直径的2～3倍。

桃的根系耐旱忌湿，喜疏松、排水良好的沙壤土，黏重土不利于根系生长。桃的根系在早春生长较早，当地温大于5 ℃时就开始发新根，根系生长适宜温度是15～20 ℃，26 ℃时停止生长。桃的根系在生长年周期中有两次生长高峰期：第一次在5—6月，第二次在9—10月。

2）芽

桃的腋芽有单芽与复芽之分。腋芽有叶芽和花芽，枝条顶芽均为单一的叶芽，此为核果类果树的通性。复芽的组合方式有多种,多数为叶芽与花芽混生,芽数为 2~4 个不等。最普遍的是两花芽一叶芽的三复芽,还有一花芽一叶芽的二复芽和两面三刀花芽、三花芽并生而无叶芽的。桃的叶芽有早熟性,生长旺盛的新梢一年可萌发二次枝或三次枝。桃芽萌发力强,除枝梢基部少数芽不萌发而形成潜伏芽外,其余的芽几乎都可萌发。桃的潜伏芽少而且寿命短,不易更新,树冠下部和内膛枝条易衰亡。

3) 枝

枝分为生长枝和结果枝。

(1) 生长枝。

生长枝可分为普通生长枝、徒长枝、叶丛枝。

①普通生长枝:生长中庸,组织充实,芽体饱满,长度为 60 cm,其上多为叶芽,有少量花芽着生于枝条先端,一般着生于树冠外围主侧枝的先端。

②叶丛枝:只有一个顶生叶芽,极短枝条长仅为 1 cm,芽萌发形成叶丛,营养较好的可成为中短果枝,一般利用价值不大。

③徒长枝:枝条生长旺盛且直立,长度超过 1 m,节间长,不充实,其上可萌发二次、三次副梢,生产上多疏除,部分可培养树冠内空缺部位的枝组或骨干枝的更新。

(2) 结果枝。

结果枝分为长果枝、中果枝、短果枝、花束状果枝和徒长果枝。

①长果枝:长 30~60 cm,一般不发二次枝,复芽多,枝上花芽比例大,生长充实,养分积累多,坐果率高,是多数品种的主要结果枝。

②中果枝:长 15~30 cm,单芽、复芽混生,在结果的同时还能抽生生长势适度的拳梢,可以保持连续结果的能力。

③短果枝:长 5~15 cm,单芽多,复芽少,花芽多,生长势弱,常为衰老树的主要结果枝。

④花束状果枝:长 5 cm 以下,多单芽,只有顶芽是叶芽,其侧芽均为花芽,结果后长势弱,易衰老死亡。

⑤徒长果枝:长 60~80 cm,枝的先端有少量二次枝,长势过旺,一般花芽质量较差,坐果率极低,可用其培养大型枝组。

新梢在年周期中有两到三次生长高峰:第一次出现在 4 月下旬至 5 月上旬,第二次出现在 5 月下旬至 6 月上旬,个别生长旺盛的幼树还会出现第三次生长高峰。营养较好的新梢,在其迅速生长的同时,部分侧芽萌发形成二次枝,甚至三次枝。

4) 花

桃的花芽为纯花芽,萌发比叶芽早。长江流域一般 3 月份开花,南部较早,北部较迟,花期一般为 6~12 d。桃大部分品种的花为完全花,自花结果能力强,栽植单一品种也能丰产;少数品种的花粉败育,如白花、砂子早生等,需配植授粉树。桃花雌蕊柱头保持授粉能力的时间一般为 4~5 d。桃花在授粉后,需经 7~14 d 才能完成受精作用。

5) 果实

桃果实为核果,其生长曲线为双 S 形,有两个迅速增长期,其间有一个缓慢生长期:第一期为幼果迅速生长期,从谢花后子房膨大开始到 6 月初果核开始木质化之前,此期一般为 45 d 左右;第二期为果实缓慢生长期(也称硬核期),以果核变硬为结束标志,此期长短因品种成熟期的不同而相差悬殊,早熟品种为 2~3 周,晚熟品种为 6~7 周或更长;第三期是果实迅速膨大期,从硬核之后至果实成熟,一般在采前 10~20 d 果实体积和重量增长最快,此期大约经过

35 d。

6) 花芽分化

桃的花芽分化主要集中在6—8月。一般早熟品种的花芽分化比中、晚熟的开始要早，短果枝比长果枝早，长果枝中、下部的花芽分化比中、上部的早。据研究，在花芽分化前施氮肥和磷肥，有利于花芽分化；夏剪和喷多效唑，能使花芽提前分化。

2. 对环境条件的要求

1) 温度

桃进入自然休眠后，需要一定时间的低温才能解除休眠。桃解除休眠所需要的低温量称为需冷量。低温以低于6.2 ℃的小时数计算。一般栽培品种的需冷量为450～1200 h。我国多数品种在12月中旬至翌年1月中旬已通过休眠。桃是对需冷量较严格的树种。需冷量是南方大棚栽培桃必须考虑的重要因素之一。

桃耐寒性较强，一般品种能耐−25～22 ℃低温，南方品种群适宜的年平均温度为12～17 ℃，开花期和幼果期的受冻温度为−2～1 ℃，花蕾变色期的受冻温度为−1.7～5.6 ℃。

2) 光照

桃喜光性极强，不耐阴。若光照不足，内膛枝易枯死，花芽分化不良，果实着色不好，品质降低，且容易落果。但忌过强的直射光照，避免发生枝干日灼，使树势削弱。

3) 水分

桃喜干燥，比较耐干旱，但在生长期需充足的水分，如新梢迅速生长期、开花期、果实生长发育成熟期等。桃不耐涝，桃园中如有1～3 d积水，桃就会出现黄叶、落叶甚至死亡。

4) 土壤

桃对土壤要求不严，但以疏松透气、有机质丰富的沙壤土为宜，在黏质或肥沃地上栽培，树势过旺，结果迟，易落果，且易发生炭疽病、流胶病等病害。桃在微酸至微碱性土中都可栽培，pH值在5～6时生长最佳。

4.9.4 栽培技术

1. 育苗栽植

1) 育苗

(1) 砧木培育。

桃主要用毛桃作为砧木，种子要经过沙藏层积完成后熟才能萌发。毛桃种壳厚，播种前要用温水浸种2～3 d进行催芽。一般采取春播，用条状点播的方法，大行距60 cm，小行距20 cm，株距8～10 cm，覆土3～5 cm，每畦4～6行。砧苗出土后要中耕除草，勤施薄肥，抹去25 cm以下副梢，以便于嫁接。

(2) 嫁接。

桃在春、夏、秋三季均可嫁接。枝接一般在春季发芽前进行。枝接的接穗必须在冬季剪取并贮藏，如现采现接，多有假活现象，成活率很低。芽接在7—8月茎干加粗期进行。如一年出圃，可提前到5月下旬至6月上旬进行嫁接。嫁接方法有T字形芽接、带木质部芽接、嵌芽接、切接、皮下接、腹接等。

2) 栽植

选择光照好、地势较高、地下水位低、土壤排水良好、不易积水的地方作为桃的建园地点。

前茬种植桃、李、杏的地块要经数年种植其他作物才能种植桃。定植品种最好早、中、晚熟品种合理配植,无花粉品种必须配植授粉树,同地块配植 2～3 个品种,有利于提高结实率。传统桃树栽培,株行距为 (5～6) m×(5～6) m,目前生产上常用的多为 3 m×4 m 至 4 m×5 m 的株行距,密植园常以 2 m×3 m 至 3 m×3 m 的株行距。长江流域以南冬季较温暖,故以秋植为好。定植灌水后,每株覆盖 1 m² 地膜。

2. 土、肥、水的管理

1) 土壤管理

(1) 深翻改土。

栽植后每年应向外扩穴,挖深 40～50 cm 的环形沟,于秋季结合施基肥进行。

(2) 清耕。

早春萌动前深耕 5～10 cm 一次,秋季深耕 10～30 cm 一次,其他时间视具体情况除草或松土。

(3) 间种绿肥。

为提高土壤肥力,桃园应多间种绿肥作物,也可间种豆类或瓜类植物。

2) 施肥

栽后第一年是长树成形的关键时期,勤施淡肥,3—6 月份,每半月施肥一次。栽后第二年及结果以后,每年施肥三次,即基肥、追肥和补肥。桃对氮、磷、钾三种元素需要量的比例为 1.0∶0.4∶1.6,这一比例可以作为施肥的参考。

(1) 基肥。

基肥通常在秋季施用,以迟效有机肥为主,并适量混入过磷酸钙、草木灰、尿素等无机肥,可与深翻改土结合进行。

(2) 追肥。

追肥一般施用速效肥,具体时间及次数要根据树势、产量、品种成熟期等确定,通常有萌芽肥、硬核肥、采果肥三次。前期以氮肥为主,后期以钾、磷肥为主。

(3) 补肥。

采果后可追施一次补肥,以复合肥为主。补肥时间是早熟品种在 7 月下旬,中、晚熟品种在 8 月中、下旬,特别晚熟的可与基肥结合施用。

另外,追肥也可采用叶面喷肥方式,整个生长季均可进行。叶面喷肥种类和浓度一般为:尿素 0.3%、磷酸二氢钾 0.3%～0.5%、硫酸亚铁 0.2%～0.5%、硼砂 0.3%、硫酸锌 0.1%、氨基酸钙 300～400 倍稀释溶液、氯化钙 0.2%～0.3%。

3) 水分管理

桃怕涝,南方春、夏季雨水多,要注意清沟排渍。夏、秋季易发生干旱,对中、晚熟品种的影响很大,应特别注意保水与灌水。灌水要掌握好时间,做到速灌速排,以免积水影响桃的生长结果。

3. 整形修剪

1) 幼树整形

(1) 主要树形。

桃树的树形是依据其生长结果习性和栽培方式等因素确定的。生产常用的树形有自然开心形、两大主枝开心形、纺锤形等。

① 自然开心形:符合桃树生长特性,寿命较长;三大主枝在主干上错落着生,结合牢固;结

果枝分布均匀,光照好。

②两大主枝开心形:桃树宽行(行距为5～6 m)密植(株距为1.5～2.5 m)栽培最适宜的树形,而宽行密植是桃树速生丰产的栽培方式;骨干枝少,通风透光,适于密植,无大型结果枝组;结构简单,易整形。

③纺锤形:应用较普遍的一种密植树形,修剪量小,树冠形成快,枝芽量大,结果早,易丰产,在桃树大棚栽培中采用较多。

(2)整形要点。

自然开心形是桃树中应用最普遍的一种树形,其他树形都是在它的基础上变化而来的。下面介绍此树形的整形过程。

①定干。苗木定植后在离地50～60 cm处短截,剪口下留5～7个饱满芽,离地30～40 cm以内的芽抹除。

②主枝选留。在整形带内选留3个生长健壮、分布均匀、角度适宜的新梢作为主枝培养,冬剪时留50 cm左右,在饱满芽处短截,剪口芽留外侧芽。

③主枝延伸和侧枝培养。主枝顶部选留外侧芽,培养主枝延伸枝,冬季在60～70 cm处短截;主枝上选留位置合适的背斜新梢短截,培养成侧枝。

④扩大树冠,培养树体骨架。继续培养主枝延伸枝和侧枝,一般每个主枝培养2～3个侧枝,各侧枝距离不小于60 cm,成60°～80°张开角度向外延伸。

经过4年左右的培养,形成主干高50 cm,3个主枝均匀分布延伸,各主枝配置2～3个侧枝的自然开心形。各类结果枝组分布均匀,主次关系明显。

2)结果树的冬季修剪

(1)结果枝的冬剪。

一般长果枝留4～9节花芽,中果枝留3～5节花芽,短果枝留2～3节花芽,花束状果枝只疏不截,徒长性果枝密时疏,在培养枝组时留20～30 cm短截。结果枝的更新修剪一般采用单枝更新和双枝更新。

①单枝更新:对果枝适当加重短截,使之既能结果又能发生新梢,作为翌年结果用。

②双枝更新:在同一母枝上选留基部相邻的两个结果枝,上枝修剪长留,下枝留2～3节重截,使其抽生壮梢,作为翌年的截下预备枝。翌年冬剪时,将已结果的枝剪去。预备枝所抽生的两个新梢,选长势好的一个作为结果枝,下部的一个重截作为预备枝,如此每年更新,即为双枝更新。

(2)结果枝组的培养。

大、中、小型结果枝组合理布置,注意更新。在结果枝组中、下部应留预备枝。当结果枝组位置过高时,应及时回缩;当枝组过弱时,应回缩到后部健壮分枝处;当大、中型枝组过强时,疏除上部旺枝,保留中庸枝;当枝组过密时,疏弱留强,疏小留大。

(3)其他枝的修剪。

病虫枝、枯枝、瘦弱枝、过密枝均应疏除;对于徒长枝,可疏除或者短截,留5～7节培养成结果枝组。

3)夏季修剪

夏季修剪一般分三次进行。

(1)第一次。

3—4月,落花后结合夏剪除去病虫枝、枯枝和整形带以下的叶芽,对整形带内与主枝并生或重叠的嫩梢、骨干枝剪口的上位芽、成年树伤口附近及根颈部的萌蘖进行抹芽、除萌,疏去过密枝和竞争枝。

(2)第二次。

5月,定果后套袋前,新梢长至30 cm时进行。主要是通过摘心、剪梢、扭梢、回缩强头、拉梢等措施来控制、利用强梢。

(3)第三次。

6月中、下旬,套袋后,通过疏除过密枝、徒长枝来缓和树势,培养优良结果枝,促进花芽分化。

4. 花果管理

1)疏花疏果

桃开花量大,坐果率高,为了保证稳产优质,宜适当疏花疏果。疏花一般在盛花初期进行较好,方法以复剪为主。利用药剂疏花风险太大,应慎重采用。疏果宜早,南方地区以在5月中旬为宜。大致标准为:短果枝、花束状果枝留1个果,长果枝留2~3个果。常采用人工疏果的方法。

2)套袋

套袋是防治病虫害和提高果实商品性的一项重要措施。套袋一般在定果后,生理落果基本停止,桃蛀螟等产卵高峰期之前进行,6月上旬基本结束。套袋方法是用纸袋套住果实,再用铁丝、塑料袋等把纸袋固定于枝条上。

3)采收

桃的果实的风味在果实充分成熟后才表现出来,故果实不宜过早采收。但果实充分成熟后,皮薄多汁,不耐贮运。因此,果实采收应根据具体情况而定。加工的桃在八九分成熟时采收;远距离运输的桃应在七八分成熟时采收;就近销售的鲜食桃在完全成熟后再采收,以便表现出最佳的色、香、味。

采收一般分批进行。采摘时全掌握桃,均匀用力,稍稍扭转,顺果枝侧上方摘下;也可用采收剪将果柄处的枝条剪断,将果取下。采收顺序是由上往下,由外向内,逐枝采摘。装运时应轻拿轻放,防止刺伤和挤压。

【复习思考题】

1. 简述经济林生产的意义。
2. 简述油茶芽苗砧嫁接操作步骤。
3. 试述枣树枝梢的特点。
4. 板栗叶面喷肥一般用什么肥料可以防止空苞?
5. 核桃为什么要人工授粉?怎样进行人工授粉?
6. 温州蜜柑可以分为几大品系?
7. 试述梨结果枝的特点。
8. 简述桃夏季修剪步骤。

林业基础知识教程（下）

主　审　宋丛文
主　编　白　涛
副主编　肖创伟　王丽珍　李万德　周火明
参　编　胡先祥　章承林　佘远国　周忠诚
　　　　汪　鹏　张霁明　钱　庆　刘　谊
　　　　赵玉清　杨杰峰　朱艾红　钦　松

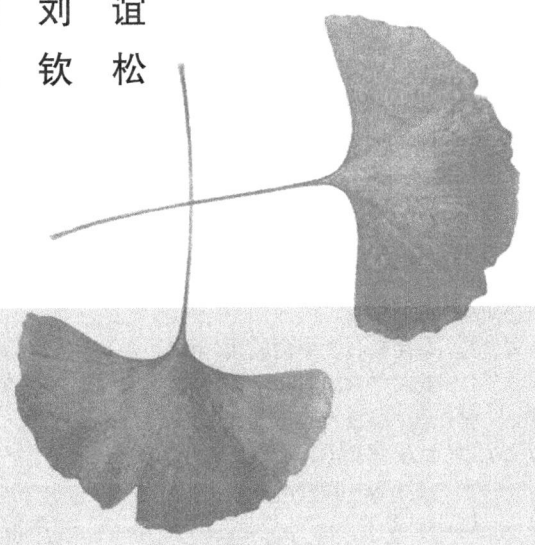

华中科技大学出版社
http://www.hustp.com
中国·武汉

内容简介

本书围绕林业生产和管理环节必须掌握的知识要点来规划编写,内容包括林业基础、森林培育技术、森林资源管理、森林保护与利用、拓展领域五大知识模块。在熟悉林业专业知识之前,了解常见树木的识别,森林生态、树木生理、林木育种的基本知识和原理是必不可少的;林木种苗生产技术、森林营造技术、森林经营技术、经济林栽培技术是森林培育过程中的关键技术;在森林资源管理中介绍了森林调查技术和森林资源经营管理的内容;在森林保护与利用方面介绍了常见林木病虫害识别及防治、森林防火、林业政策与法规、林下经济、森林旅游等内容;为开阔视野,特增加了与林业专业有关的拓展领域内容,包括园林规划设计、湿地保护、野生动物保护、木材工业概述等项目。全书力求简单明了,注重实用,开阔视野,针对性和可操作性强。

本书可作为林业干部职工的培训教材,也可作为高职高专院校、中等职业学校相关专业的教学参考书。

图书在版编目(CIP)数据

林业基础知识教程:全2册/白涛主编.—武汉:华中科技大学出版社,2018.11(2025.7重印)
ISBN 978-7-5680-4343-4

Ⅰ.①林… Ⅱ.①白… Ⅲ.①林业-基本知识-教材 Ⅳ.①S7

中国版本图书馆CIP数据核字(2018)第245193号

林业基础知识教程(上、下) Linye Jichu Zhishi Jiaocheng	白 涛 主编

策划编辑:彭中军
责任编辑:舒 慧
封面设计:孢 子
责任监印:朱 玢
出版发行:华中科技大学出版社(中国·武汉)　　电话:(027)81321913
　　　　　武汉市东湖新技术开发区华工科技园　　邮编:430223
录　　排:华中科技大学惠友文印中心
印　　刷:武汉邮科印务有限公司
开　　本:787mm×1092mm　1/16
印　　张:41.25
字　　数:1083千字
版　　次:2025年7月第1版第5次印刷
定　　价:90.00元(含上、下册)

本书若有印装质量问题,请向出版社营销中心调换
全国免费服务热线:400-6679-118　竭诚为您服务
版权所有　侵权必究

前　言

党的十九大报告指出："建设生态文明是中华民族永续发展的千年大计。必须树立和践行绿水青山就是金山银山的理念……坚定走生产发展、生活富裕、生态良好的文明发展道路……"在生态文明建设中，林业承担着首要任务，广大务林人要充分认识到大力推进生态文明建设的重大意义，同时要深切感受到努力推动现代林业又好又快发展，为建设生态文明和美丽中国贡献力量的一份责任和担当。

发展现代林业、建设生态文明、推动科学发展是新时期林业建设的总方针、总要求。只有大力发展生态林业、民生林业、科技林业、法制林业、开放林业，才能全面开创现代林业发展新局面。加强林业人才和干部队伍的培养，特别是提升基层林业干部职工队伍的综合素质，用新型务林人才经营林业、管理林业，是现代林业建设的根本保障。

近年来，随着林业建设步伐的加快，林业事业对林业人才的需求越来越大，要求越来越高。林业行政部门和基层单位的人才现状已经不能满足林业发展形势的需要，基层务林人对林业知识的渴求越来越强烈。加强和改进林业干部职工队伍的培训教育工作，全面提升基层林业干部的综合素质和创新能力，成为当前林业工作面临的一个重要课题。基于此，我们组织了相关林业教育专家，围绕林业生产和管理环节设定知识模块，编写完成了林业干部培训教材《林业基础知识教程》。

本书包括林业基础、森林培育技术、森林资源管理、森林保护与利用、拓展领域五大知识模块，力求简单明了，注重实用，开阔视野，针对性和可操作性强。

本书由湖北生态工程职业技术学院相关教师编写。白涛担任主编，肖创伟、王丽珍、李万德、周火明担任副主编，胡先祥、章承林、佘远国、周忠诚、汪鹏、张霁明、钱庆、刘谊、赵玉清、杨杰峰、朱艾红、钦松参编。具体分工如下：常见树木识别、森林调查技术部分由周火明编写，森林生态基础、经济林栽培技术部分由佘远国编写，树木生理部分由王丽珍编写，林木育种部分由周忠诚编写，林木种苗生产技术、林下经济（除林菌种植案例）、森林旅游部分（除森林人家的品牌建设与促销）由章承林编写，森林旅游中的森林人家的品牌建设与促销由钦松编写，森林营造技术部分由白涛编写，森林经营技术、森林防火部分由张霁明编写，森林资源经营管理部分由汪鹏编写，常见林木病虫害识别及防治部分由赵玉清编写，林业政策与法规部分由钱庆编写，林下经济中的林菌种植案例由李万德编写，园林规划设计部分由肖创伟、胡先祥编写，湿地保护部分由杨杰峰编写，野生动物保护部分由朱艾红编写，木材工业概述部分由刘谊编写。全书由白涛提出编写提纲并统稿，王丽珍参与统稿修订。

本书由二级教授宋丛文（湖北生态工程职业技术学院）担任主审，对书中内容进行了审阅，并提出了许多宝贵意见。在编写过程中，本书参阅和引用了有关专家、学者的专著、论文及教材等，在此一并致以最诚挚的谢意！

鉴于编者水平有限，书中难免有错漏之处，敬请专家、读者批评指正。

编者

2018.4

目 录

模块三 森林资源管理

项目 1　森林调查技术 (3)
  1.1　直径的测定 (3)
  1.2　树高的测定 (6)
  1.3　伐倒木材积的测定 (9)
  1.4　立木材积的测定 (14)
  1.5　树木生长量的测定 (18)
  1.6　标准地调查 (25)
  1.7　林分调查因子的测算 (29)
  1.8　角规测树 (44)
  1.9　林分生长量测定 (49)
  1.10　森林抽样调查方案的设计 (51)
  【复习思考题】 (58)

项目 2　森林资源经营管理 (59)
  2.1　森林资源经营管理基础 (59)
  2.2　森林区划 (67)
  2.3　森林资源调查 (74)
  2.4　森林资源信息管理 (79)
  2.5　森林经营方案 (81)
  2.6　森林资源资产评估 (85)
  2.7　森林资源实物管理 (90)
  【复习思考题】 (100)

模块四 森林保护与利用

项目 1　常见林木病虫害识别及防治 (103)
  1.1　昆虫识别 (103)
  1.2　病害识别 (120)
  1.3　植物常见病虫害识别及防治 (129)
  【复习思考题】 (174)

项目 2　森林防火 (175)
  2.1　森林火灾概述及成因 (175)
  2.2　森林防火阻隔技术与措施 (183)
  【复习思考题】 (188)

项目 3　林业政策与法规 (189)
  3.1　认知林业政策 (189)

3.2　认知林业行政执法 ……………………………………………………………………（191）
　　3.3　认知森林法律制度 ……………………………………………………………………（196）
　　3.4　认知野生动植物保护与自然保护区法律制度 ………………………………………（209）
　【复习思考题】………………………………………………………………………………（222）
项目4　林下经济 …………………………………………………………………………………（223）
　　4.1　林下种植 ………………………………………………………………………………（223）
　　4.2　林下养殖 ………………………………………………………………………………（231）
　　4.3　林下产品采集加工 ……………………………………………………………………（234）
　　4.4　林菌种植案例 …………………………………………………………………………（234）
项目5　森林旅游 …………………………………………………………………………………（246）
　　5.1　森林人家的创意与定义 ………………………………………………………………（246）
　　5.2　森林人家的品牌建设与促销 …………………………………………………………（248）
　　5.3　森林人家的标准与评定 ………………………………………………………………（250）
　【复习思考题】………………………………………………………………………………（250）

模块五　拓展领域

项目1　园林规划设计 ……………………………………………………………………………（253）
　　1.1　园林要素设计 …………………………………………………………………………（253）
　　1.2　城市道路与广场绿地规划设计 ………………………………………………………（259）
　　1.3　居住区绿地规划设计 …………………………………………………………………（263）
　　1.4　公园绿地规划设计 ……………………………………………………………………（265）
　【复习思考题】………………………………………………………………………………（271）
项目2　湿地保护 …………………………………………………………………………………（272）
　　2.1　认识湿地 ………………………………………………………………………………（272）
　　2.2　湖北省湿地 ……………………………………………………………………………（277）
　　2.3　湿地保护与管理现状 …………………………………………………………………（279）
　【复习思考题】………………………………………………………………………………（289）
项目3　野生动物保护 ……………………………………………………………………………（290）
　　3.1　认识野生动物 …………………………………………………………………………（290）
　　3.2　我国野生动物认知 ……………………………………………………………………（291）
　　3.3　我国珍稀野生保护动物认知 …………………………………………………………（296）
　【复习思考题】………………………………………………………………………………（301）
项目4　木材工业概述 ……………………………………………………………………………（302）
　　4.1　木材的分类与识别 ……………………………………………………………………（302）
　　4.2　木材的干燥与保护 ……………………………………………………………………（302）
　　4.3　人造板的生产与饰面 …………………………………………………………………（305）
　　4.4　木制品概述 ……………………………………………………………………………（312）
　　4.5　木材表面的涂装 ………………………………………………………………………（315）
　【复习思考题】………………………………………………………………………………（317）
参考文献 ……………………………………………………………………………………………（318）

模块三　森林资源管理

项目 1 森林调查技术

1.1 直径的测定

1.1.1 树干直径简介

树木直径:树干横断面外缘两条相互平行切线间的距离。树干直径在测算时分为带皮直径和去皮直径两种。

距根颈向上 1.3 m 处(即距离地面 1.3 m)的直径,称为胸高直径,简称胸径。

其他部位的直径如下。

根径:根颈处的直径。

1/4 处直径:距离根颈 1/4 树高处的直径。

1/2 处直径:距离根颈 1/2 树高处的直径。

3/4 处直径:距离根颈 3/4 树高处的直径。

小头直径:木材小头的直径。

1.1.2 树干直径测定工具

1. 轮尺

1)轮尺的构造

轮尺又称卡尺,是测定树木直径的主要工具,应用广泛。轮尺由木材或铝合金制成,其构造如图3-1-1所示,由固定脚、滑动脚和测尺三部分组成。固定脚固定在测尺的零端,滑动脚套在测尺上,可以自由滑动。测尺的刻度采用米制,最小刻划单位为厘米,估读到毫米。根据滑动脚在测尺上的位置读出树干的直径。

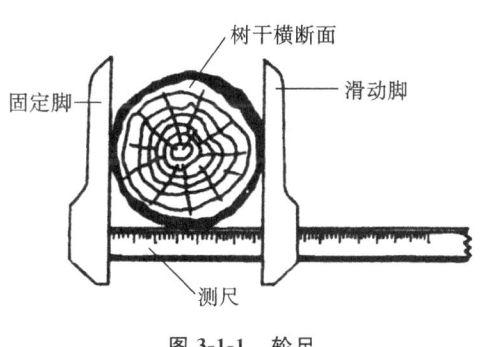

图 3-1-1 轮尺

若测定部位断面形状不规则,则测定相互垂直的两个直径再取平均值。测定部位长有节、瘤时,应在其上下等距位置测定直径再取平均值。

2)测尺刻度

轮尺不仅是测定单株树木直径的工具,也是进行森林调查时测定大量树木直径的工具。因此在测尺上有两种刻划:一种是普通刻划,即从固定脚内侧为零开始,米制按厘米刻划,可以精确到 0.1 cm,用以测量实际直径;另一种是经阶刻划,即当轮尺用于森林调查中测量大量树木直径时,为了读数和统计、计算的方便,不记载每株树木的实际直径,而是按一定的间隔距离

(组距)将所测直径划分为不同的组,这个组叫直径组或径阶,用各径阶的中值(径阶值)来表示直径。这种将实际直径按径阶划分的方法叫直径整化。

2.围尺

围尺(见图 3-1-2)又称直径卷尺,是根据直径与圆周长的关系制作的,是用于测定树木直径的工具。根据制作材料的不同,围尺又有布围尺、钢围尺与篾围尺之分。通过围尺测量树干的圆周长,再换算成直径。围尺一般长 1~3 m。围尺采用双面(或在一面的上、下)刻划,一面刻普通米尺,另一面刻与圆周长相对应的直径读数,也就是根据 $C=\pi D$ 的关系(C 为周长,D 为直径)进行刻划。围尺携带方便,使用简单。当测径位置树干横断面形状不规则时不必测两次。

3.钩尺

钩尺又称检验尺,是直接在树干横断面上量测直径的工具,多用来测定堆积原木的小头直径。钩尺的构造如图 3-1-3 所示。钩尺是一个长 80 cm、宽 3 cm、厚 1 cm 的木尺,尺面上有米制刻度。在刻度零点位置处装有一金属钩,使用尺钩钩住所测断面的边缘,尺身通过断面中心,然后读出断面另一面所对应的刻度值,即为所测断面直径。在钩尺上有按照 2 cm 整化的径阶刻度。

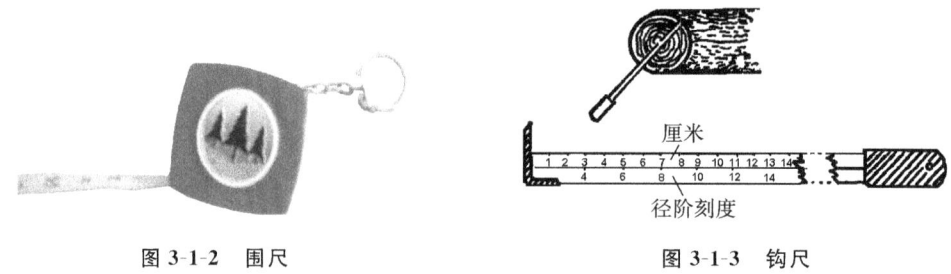

图 3-1-2　围尺　　　　　　　　　图 3-1-3　钩尺

1.1.3　树干直径测定方法

1.胸高位置确定

胸高是指树干距离地面 1.3 m 处的高度,该高度处的树木直径叫作胸高直径,简称胸径。测定立木树干直径时常常测量该位置的直径,它是指成人的胸高位置。各国对此位置的规定略有差异:我国和欧洲大陆取 1.3 m,英国取 1.31 m,美国和加拿大取 1.37 m,日本取 1.1 m。

2.直径测量

1)围尺测量

(1)用围尺测量直径时,围尺要拉紧并与树干保持垂直。用围尺测量的树干直径换算的断面积,一般稍偏大,这是因为树干横断面不是正圆。而在周长相等的平面中,以圆的面积为最大。

(2)记录。

①直径的实值记录。将胸径测量的实际值记录于表 3-1-1 中。

表 3-1-1 胸径测定记录表　　　　　　　　　　　　　（单位：cm）

树号	胸径（围尺测量）		胸径（轮尺测量）					
			左右测直径		前后测直径		平均	
	实际值	径阶值	实际值	径阶值	实际值	径阶值	实际值	径阶值
1								
2								
3								
4								
5								
6								
7								
8								
9								
10								

②径阶整化记录。径阶整化方法：组距通常采用 2 cm 或 4 cm，用上限排外法划分径阶。各径阶代表的范围如表 3-1-2 所示。

表 3-1-2 径阶范围表

径阶/cm	2 cm 径阶范围/cm	径阶/cm	4 cm 径阶范围/cm
2	1.0～2.9	4	2.0～5.9
4	3.0～4.9	8	6.0～9.9
6	5.0～6.9	12	10.0～13.9
8	7.0～8.9	16	14.0～17.9
10	9.0～10.9	20	18.0～21.9
12	11.0～12.9	24	22.0～25.9
……	……	……	……

如测得一断面实际直径为 6.9 cm，按 2 cm 整化时应记作 6 cm 径阶；按 4 cm 径阶整化时记作 8 cm 径阶。径阶整化后，将径阶值记录于表 3-1-1 中。

2）轮尺测量

(1)用轮尺测量直径时，注意两脚和轮尺所构成的平面必须和树干轴垂直；应先读数，再从树干上取下轮尺。

(2)记录。

①直径的实值记录。将胸径测量的实际值记录于表 3-1-1 中。

②径阶整化记录。将轮尺上的刻度直接按径阶的要求进行刻度整化，即在轮尺上将各径阶值移刻在径阶范围的下限位置，如图 3-1-4 所示。例如，若按 1 cm 整化，则 8 cm 径阶的位置在 7.5 cm 处；若按 2 cm 整化，则 8 cm 径阶的刻度位置在 7.0 cm 处；若按 4 cm 整化，则 8 cm 径阶的位置在 6.0 cm 处。测径时只需读最靠近滑动脚内缘的径阶值即可。将径阶值记录于表 3-1-1 中。

3）直径测量注意事项

(1)在坡地测定胸径时，以坡上方 1.3 m 处为准。

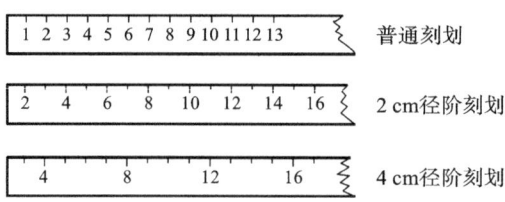

图 3-1-4　测尺与直径整化的关系

（2）当胸高处出现节疤、突出或凹陷，以及其他不规则的形状时，应在胸高上下距离相等而横断面形状较正常处测取两个直径，取其平均数作为胸径。

（3）当胸高断面呈扁圆形状，采用轮尺测量时，应测长径和短径，再取其平均数作为胸径。

（4）若遇到双杈树，当分杈位置在 1.3 m 以下时，应按两株树木测定胸径；当分杈位置在 1.3 m 以上时，应按一株树木测定胸径；当刚好在 1.3 m 处分杈时，应上移至能测量分杈树为止。

1.2　树高的测定

1.2.1　树高的概念

树高指树木从地面上的根颈到树干梢顶之间的距离或高度，是表示树木高矮的调查因子，是主要的伐倒木和立木测定因子。其常见的种类有：全高、任意干高、全长等。

伐倒木的任意长度均可以用皮尺测定，而立木的高度在 2.0 m 以下时可以随便测定，超过 2.0 m 以上的高度，必须借助一定的测高仪器来测定。

1.2.2　树高测定仪器

1. 布鲁莱斯测高器

布鲁莱斯（Blume-Liess）测高器（见图 3-1-5），是德国帕迪（Parde J.）于 1955 年按照三角函数原理设计制作的一种实用的测高器。其主要部件在密封的壳内，指针摆动不受风力的影响，测定精度较高，同时还可以测定较高大的树木的高度。

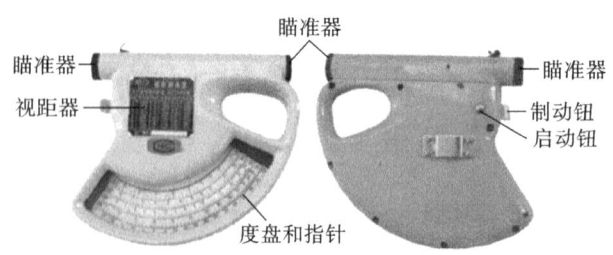

图 3-1-5　布鲁莱斯测高器

1）构造

（1）瞄准器位于测高器上沿的中空圆筒部分（现在有些仪器经过改造后，这一部分已经变成了望远镜），目的是用于瞄准。它的目镜端有觇孔，另一端有两个相对的准星。

（2）制动钮（又称扳机）是在仪器前端的一弯曲金属片，按下制动钮可以固定指针。

（3）启动钮是仪器背面的一金属圆形凸起，按下启动钮可以放松指针。

(4)度盘和指针都安装在仪器下方的玻璃框内。度盘由六条弧形刻度带组成。上面四条为不同水平距离(如 15 m、20 m、30 m、40 m)时不同仰、俯角对应的树高刻度,最小刻度为 0.5 m。最下一条为圆周角,可仰视 60°、俯视 30°,用于测定倾斜角(或坡度)。指针的作用是指示树高或倾角数值。

(5)视距器利用方解石晶体的双折射光学特性,与特制标尺配合进行视距观测。

2)测高原理

在平地测高时,测高原理如图 3-1-6 所示,根据三角学中的正切函数关系,可得

$$N = \frac{N_1 S_1 + N_2 S_2 + \cdots + N_i S_i}{S} \tag{3-1-1}$$

式中,AB 为水平距离,AE 为眼高(仪器高),α 为仰角。

在坡地上测高时,先观测树梢,求得 h_1;再观察树基,求得 h_2。若两次观测符号相反(仰视为正,俯视为负),则树木全高 $h = h_1 + h_2$(见图 3-1-7(a));若两次观测符号相同,则 $h = h_1 - h_2$(见图 3-1-7(b))。

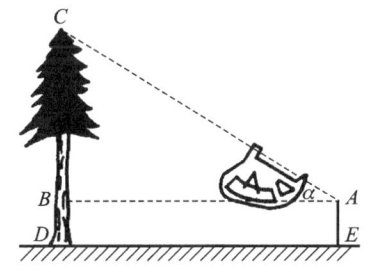

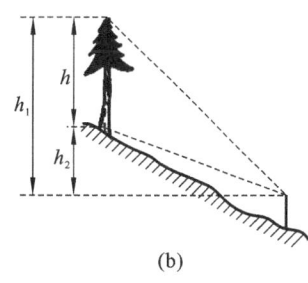

图 3-1-6　布鲁莱斯测高器测高原理　　　　图 3-1-7　在坡地上测高

2. 克里斯登测高器

1)仪器构造

克里斯登测高器为一个长度为 35～60 cm,宽度为 2～3 cm 的金属片,其两端有直角拐角,上面刻有树高刻划,如图 3-1-8 所示。

2)测高原理

克里斯登测高器的原理是几何原理,即"通过一点的许多直线把两平行线截成线段时,其相应的直线成比例",如图 3-1-9 所示。在图 3-1-9 中,ac 为克里斯登测高器,AC 为树木,BC 为立在树干上的 2 m 长的标尺,O 为眼睛的视点。

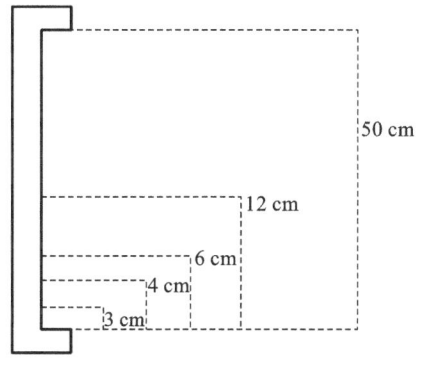

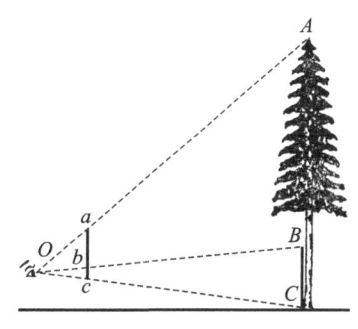

图 3-1-8　克里斯登测高器及其刻度　　　　图 3-1-9　几何测高示意图

当 $ab \parallel AB$ 时,过 O 点的三条直线(即视线 OA、OB、OC)将两条平行线(ac、AC)截成相应的线段,所截的线段成比例。

因为 $ac \parallel AC$,所以 $AC : ac = BC : bc$,则

$$AC = \frac{ac \cdot BC}{bc} \tag{3-1-2}$$

式中,bc 为下拐角到某一树高刻划的距离,ac 为两拐角间的距离,BC 为测杆的长度,AC 为树高。

从式(3-1-2)中可以看出,由于 ac、BC 是常量,因此 bc 和 AC 成反比,若 AC 越大,则 bc 越小,即树高越高,树高刻划距离下拐角越近,刻划越密。

若仪器长 $ac=30$ cm,固定标尺 $BC=2$ m,将不同树高代入式(3-1-2)中,即可求得树高尺的刻度。例如树高 $h=5$ m 时,刻度 $bc = 2 \times \frac{0.3}{5}$ cm $= 12$ cm。克里斯登测高器刻度如表 3-1-3 所示。

表 3-1-3　克里斯登测高器刻度

树高/m	刻度位置/cm
5	12
10	6
15	4
20	3

3)记录

将计算结果记录在表 3-1-4 中。

表 3-1-4　不同工具测定树高记录表

树号	布鲁莱斯测高器				克里斯登测高器
	水平距离	仪器读数		树高	
		树顶	干基		

4)测高注意事项

(1)测高时测点必须同时能看见树顶和树基,同时要注意正确选择和看清树顶(树顶应该指树木最高处的顶芽,而非直立的树叶顶端)。对于平顶树木,不要把树冠边缘当作树顶。

(2)测量者与被测树木的距离不宜过大或过小,一般是水平距离与树高大约相等或水平距离比树高稍大一些,否则会产生较大的误差。

(3)可从两、三个不同方向测定树高,取其平均值作为树高,这样可以减少误差。

(4)在坡地上测高的,测量者最好与被测树木在等高位置或测量者在稍高一些的地方,并宜采用仰俯各测一次计算树高的方法。

1.3 伐倒木材积的测定

1.3.1 树干形状

树木是林分调查、测定的基本对象。按照树木存在的状态,树木分为伐倒木和立木两类。其中生长的树木称为立木,立木伐倒后打去枝丫所剩余的主干称为伐倒木。树木由三部分组成,即树根、树干与树冠(枝条)。其中,树干的材积一般占全树的60%以上,是树木经济价值最大的部分,也是树木经济利用的主要部分。根、枝条、叶、花、果实等部分除了有特殊的经济用途以外,一般很少利用。因此,测定树干的材积是森林调查的主要任务之一。

要想求得树干的材积,首先必须知道树干的形状。树干形状的变化,主要反映在粗度(直径)自下而上的逐渐减小,形成近似某种特定的几何体。初等数学提供了几种规则几何体的计算公式,如圆柱体:$V=g_0 h$;抛物线体:$V=\frac{1}{2}g_0 h$;圆锥体:$V=\frac{1}{3}g_0 h$;凹曲线体:$V=\frac{1}{4}g_0 h$。研究树干形状的目的是寻找精确与合理的计算树干材积的方法和途径。树干形状尽管变化多样,但可归纳为由树干横断面形状和纵断面形状综合而成。

树干的形状通称干形(stem form)。树木的干形一般有通直、饱满、弯曲、尖削和主干是否明显之分。树木的干形除受遗传性、年龄和枝条着生情况等内因的影响外,还受生长环境,如立地条件、气候因素、林分密度和经营措施等外因的影响。一般来说,针叶树和生长在密林中的树木,其净树干较高,干形比较规整饱满;阔叶树和散生孤立木,一般树枝着生多,树冠较大,使得净树干低矮,干形比较尖削且不规整。

1. 树干横断面

1)树干横断面的形状

(1)树干横断面的概念。

假设过树干中心有一条纵轴线,这条轴线称为干轴;与干轴垂直的切面称为树干横断面,其面积称为断面积,记为g_0。所谓树干横断面的形状,是指树干横断面的闭合曲线的形状。

(2)树干横断面形状特征。

在树干的不同位置,由于树根张力的影响不同,使得树干横断面的形状不同,主要表现为圆形(见图3-1-10(a))、椭圆(见图3-1-10(b))、不规则形状(见图3-1-10(c))几种情况。通常树干基部由于受根张力的影响较大,因此其形状多为不规则形状,其他部位的横断面形状一般都近似于圆形和椭圆形。

2)树干横断面面积计算

在实际工作中,不论用圆或椭圆面积公式计算树干横断面面积,都只能得到近似的结果。为便于树干横断面面积和树干材积的计算,通常把树干横断面看作圆形,把树干的平均粗度作为圆的直径。用圆面积公式计算树干横断面面积,其平均误差不超过±3%。这样的误差在测树工作中是允许的。因此,树干横断面面积的计算公式为

$$g=\frac{\pi}{4}d^2 \tag{3-1-3}$$

式中,g为树干横断面面积,d为树干平均直径。

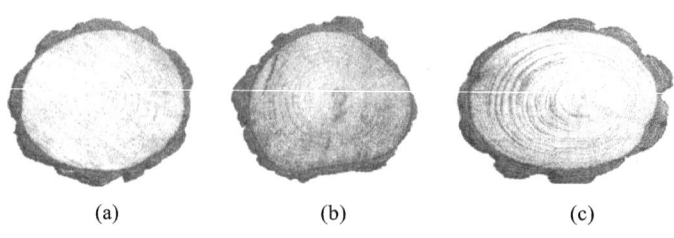

图 3-1-10 树干横断面形状

当树干横断面形状不规则时,为了提高测量精度,可以同时测量相互垂直的两个直径,或测量其最大、最小直径,再代入下面的公式计算树干横断面面积,即

$$g=\frac{\pi}{4}\times\left(\frac{d_1+d_2}{2}\right)^2 \quad (3\text{-}1\text{-}4)$$

式中,d_1、d_2 为相互垂直的两个直径,或最大、最小直径。

2. 树干纵断面

1) 树干纵断面的形状

(1) 树干纵断面的概念。

沿树干中心假想的干轴将其纵向剖开(或沿树干测量许多横断面的直径),即可得树干的纵断面。以干轴作为直角坐标系的 x 轴,以横断面的半径作为 y 轴,并取树梢为原点,按适当的比例作图,即可得出表示树干纵断面轮廓的对称曲线,这条曲线通常称为干曲线。

(2) 树干纵断面形状特征。

干曲线自基部向梢端的变化大致可分为凹曲线、平行于 x 轴的直线、抛物线、相交于 y 轴的直线,共 4 种曲线类型(见图 3-1-11 中的Ⅰ、Ⅱ、Ⅲ、Ⅳ各段曲线)。如果把树干当作干曲线以 x 轴为对称轴的旋转体,则树干就由凹曲线体、圆柱体、抛物线体、圆锥体 4 种几何体组成,如图 3-1-12 所示。这 4 种几何体在同一棵树木上的相对位置是不变的,它们之间的变化是渐变,各自所占比例因树种、年龄、立地条件的不同而有些差异。通常圆柱体和抛物线体在树干中所占比例最大,因此,在计算树木材积时大多数情况下按照抛物线体和圆柱体体积公式计算。

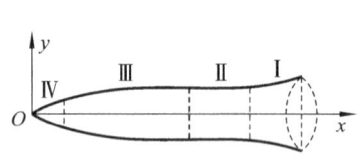

图 3-1-11 树干纵断面与干曲线

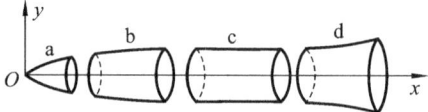

a.相交于干轴的直线,圆锥体;b.抛物线,抛物线体;
c.平行于干轴的直线,圆柱体;d.内凹曲线,凹曲线体

图 3-1-12 树干不同部位的干曲线及其旋转体

2) 孔兹干曲线方程

干曲线是一组曲线,总体比较复杂,而且变化不定。百年来许多林学家在这方面进行研究,旨在寻找一个能够适合干曲线变化的方程。现在常用孔兹(Kunze M.,1873)干曲线方程表示,即

$$y^2 = Px^r \quad (3\text{-}1\text{-}5)$$

式中,y 为树干横断面半径,x 为树干梢头至横断面的长度,P 为系数,r 为形状指数。

式(3-1-5)是一个带参变量 r 的干曲线方程,形状指数(r)的变化一般为 0~3,当 r 分别取

0、1、2、3 时,可分别表示上述 4 种几何体。形状指数不同的干曲线方程及其旋转体如表 3-1-5 所示。

表 3-1-5 形状指数不同的干曲线方程及其旋转体

形状指数	干曲线方程	曲线类型	旋转体
0	$y^2 = P$	平行于 x 轴的直线	圆柱体
1	$y^2 = Px$	抛物线	抛物线体
2	$y^2 = Px^2$	相交于 x 轴的直线	圆锥体
3	$y^2 = Px^3$	凹曲线	凹曲线体

形状指数可按下式计算

$$r = 2\frac{\ln y_1 - \ln y_2}{\ln x_1 - \ln x_2} \tag{3-1-6}$$

式中,x_1、x_2、y_1、y_2 分别为树干某两点距梢端的长度及半径。

研究表明,树干各部分的形状指数一般都不是整数,这说明树干各部分只是近似于某种几何体。因此,孔兹干曲线方程只能近似地表示树干某一段的干形,而不能充分、完整地表示整株树干形状。由于实际树干形状千变万化,故至今仍无一个统一、普遍适用于全树干的干曲线方程。

1.3.2 伐倒木一般求积式

所谓完顶体,是指有完整树梢的树干。设树干的干长为 L,干基的底直径为 d_0,干基的底断面积为 g_0,则由旋转体的积分公式可求得树干材积为

$$V = \int_0^L \pi y^2 \mathrm{d}x = \int_0^L \pi Px^r \mathrm{d}x = \frac{1}{r+1}\pi PL^{r+1} = \frac{1}{r+1}\pi PL^r \cdot L = \frac{1}{r+1}g_0 L \tag{3-1-7}$$

将 $r=0、1、2、3$ 代入式(3-1-7)可得 4 种体型的材积公式,即

圆柱体:$V = g_0 h$ ($r=0$)

抛物线体:$V = \frac{1}{2}g_0 h$ ($r=1$)

圆锥体:$V = \frac{1}{3}g_0 h$ ($r=2$)

凹曲线体:$V = \frac{1}{4}g_0 h$ ($r=3$)

由于式(3-1-7)具有一般性,所以树干完顶体求积式又称为树干的一般求积式。它对于实际树干材积公式的导出有重要理论意义。树木由凹曲线体、圆柱体、抛物线体和圆锥体 4 种几何体组成,其中圆柱体、抛物线体占绝大多数,抛物线体更多一些。因此,在计算树干材积时,将树干近似看作是抛物线体。许多近似求积式是根据抛物线体求积式推算出来的。

1. 平均断面近似求积法

(1)长度和直径测量。

测量伐倒木长度、大头直径和小头直径。

(2)计算伐倒木材积。

司马林(Smalian H.L.)于 1806 年提出平均断面近似求积式,因此该公式又称司马林公

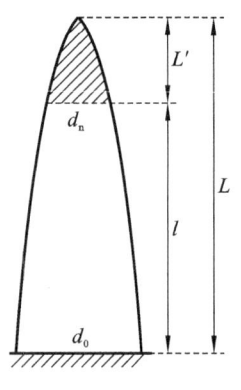

图 3-1-13 平均断面近似求积法

式,它是把树干看作截顶抛物线体来求积的,如图 3-1-13 所示,求积公式如下

$$V=\frac{1}{2}(g_0+g_n)l=\frac{\pi}{4}\left(\frac{d_0^2+d_n^2}{2}\right)l \quad (3\text{-}1\text{-}8)$$

式中,V 为树干材积,g_0 为大头断面积,g_n 为小头断面积,l 为伐倒木长度,d_0 为大头直径,d_n 为小头直径。

例 1.1 某一落叶松,测量树干大头断面直径为 41.0 cm,小头断面直径为 36.0 cm,树干长 6.0 m,用平均断面近似求积式计算其材积。

解 根据题意有

$$g_0=\frac{\pi}{4}d_0^2=\frac{\pi}{4}\times 0.41^2 \text{ m}^2=0.132\ 0 \text{ m}^2$$

$$g_n=\frac{\pi}{4}d_n^2=\frac{\pi}{4}\times 0.35^2 \text{ m}^2=0.096\ 2 \text{ m}^2$$

则

$$V=\frac{1}{2}(g_0+g_n)l=\frac{1}{2}\times(0.132\ 0+0.096\ 2)\times 6 \text{ m}^3=0.684\ 6 \text{ m}^3$$

用平均断面近似求积式计算伐倒木树干材积,由于采用了形状不规整的干基横断面,因此常会产生偏大误差,最大平均误差可达 +10% 以上,精度稍差。若底部断面离干基越远,其误差会越小。平均断面近似求积式一般用于非基部木段和堆积材材积的计算。

(3)记录。

将测量数值、计算结果(保留 4 位小数)填入表中。

2. 中央断面近似求积法

(1)测量长度和直径。

测量伐倒木的长度和中央直径。

(2)计算伐倒木材积。

采用中央断面近似求积式,该式由胡伯尔(Huber B.)于 1825 年提出,故又称胡伯尔公式,求积公式如下

$$V=g_{\frac{1}{2}}L=\frac{\pi}{4}d_{\frac{1}{2}}^2 L \quad (3\text{-}1\text{-}9)$$

式中,V 为伐倒木材积,$g_{\frac{1}{2}}$ 为中央断面积;L 为伐倒木长度,$d_{\frac{1}{2}}$ 为中央直径。

例 1.2 某一落叶松,树干长 6.0 m,中央直径为 37.2 cm,用中央断面近似求积式计算其材积。

解 根据题意有

$$g_{\frac{1}{2}}=\frac{\pi}{4}d_{\frac{1}{2}}^2=\frac{\pi}{4}\times 0.372^2 \text{ m}^2=0.108\ 7 \text{ m}^2$$

则

$$V=g_{\frac{1}{2}}L=0.108\ 7\times 6 \text{ m}^3=0.652\ 2 \text{ m}^3$$

中央断面近似求积式是将树干看作截顶抛物线体,用中央断面积(即树干长度 1/2 处断面积)求积的公式。该公式采用中央断面积计算树干材积,是为了避免形状不规整的干基断面的影响,以减小求积误差。

3. 伐倒木区分材积测定

1)区分分段

根据树干形状变化的特点,可将树干区分成若干等长或不等长的区分段,使各区分段干形更接近于正几何体,分别用近似求积式(如中央断面区分求积式、平均断面区分求积式)计算各分段材积,再把各段材积合计,即可得全树干材积,该法称为区分求积法。在我国林业生产和科研工作中多采用中央断面区分求积式。

在树干的区分求积中,梢端不足一个区分段的部分视为梢头,按圆锥体公式计算其材积,即

$$V' = \frac{1}{3}g'l' \qquad (3\text{-}1\text{-}10)$$

式中,V'为梢头材积,g'为梢底断面积,l'为梢头长度。

在同一树干上,某个区分求积式的精度主要取决于分段个数,分段个数愈多,则精度愈高。

2)区分段长度、直径测量

测量各区分段长度、区分段中央直径、底端直径、顶端直径和梢头底端直径。

3)材积计算(中央断面区分求积法)

将树干按一定长度(通常为 1 m 或 2 m)把树干区分成 n 个分段,如图 3-1-14 所示。利用中央断面近似求积式计算各分段的材积,按圆锥体公式计算梢头材积,则其总材积为

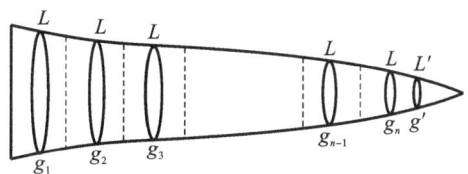

图 3-1-14 材积计算

$$V = V_1 + V_2 + V_3 + \cdots + V_n + V' = g_1 L + g_2 L + g_3 L + \cdots + g_n l + \frac{1}{3}g'L'$$

$$= L\sum_{i=1}^{n} g_i + \frac{1}{3}g'L' \qquad (3\text{-}1\text{-}11)$$

式中,g_i为第 i 区分段中央断面积,L 为区分段长度,g'为梢头底端断面积,L'为梢头长度,n 为区分段个数。

例 1.3 设一树干长 11.1 m,按 2.0 m 区分段求材积,则每段中央位置分别离干基 1 m、3 m、5 m、7 m、9 m。梢头长度为 1.1 m,梢头底断面位置为距干基 10 m 处。各部分直径的测量值如表 3-1-6 所示。

表 3-1-6 树干区分段测量值

距干基长度/m	直径/cm	断面积/m²	备 注
1	18.0	0.025 4	—
3	16.0	0.020 1	—
5	13.2	0.013 7	—
7	8.8	0.006 1	—
9	3.6	0.001 0	—
10(梢底)	2.0	0.000 3	梢长 1.1 m

依据中央断面近似求积式可得此树干材积为

$$V = (0.025\ 4 + 0.020\ 1 + 0.013\ 7 + 0.006\ 1 + 0.001\ 0) \times 2 + \frac{1}{3} \times 0.000\ 3 \times 1.1\ \text{m}^3 = 0.132\ 7\ \text{m}^3$$

在实际工作中，也可将树干区分成不等长度 L_i 的区分段，测量出各区分段的中央直径和梢头底直径，然后利用下式计算该树干总材积

$$V = \sum_{i=1}^{n} g_i L_i + \frac{1}{3} g' L' \tag{3-1-12}$$

1.4 立木材积的测定

1.4.1 单株立木测定特点

立木和伐倒木的存在状态不同，对于树干高（长）度和任意部位的直径测量，立木远不如伐倒木方便，这就产生了适应立木特点的一些测算方法。立木材积的测定方法与伐倒木的比较，具有如下特点。

（1）立木高度除幼树外，一般用测高器测定。

（2）立木直径一般仅限于人们站在地面向上伸手就能方便测量到的部位，普遍取成人的胸高位置，这个部位的立木直径称作胸高直径（diameter at breast height），简称胸径（DBH）。对于立木，主要的直径测定因子是胸高直径，可用轮尺或直径卷尺直接测定。

（3）在立木状态下，是通过立木材积三要素（胸高形数、胸高断面积、树高）来计算材积的。一般是测定胸径或胸径和树高，采用经验公式法计算材积，只有在特殊情况下才增加测定一个或几个上部直径来精确求算材积。

1.4.2 形数和形率

形数和形率是研究树干形状的指标，同时也是测算立木材积的测算因子。

1. 形数

树干材积与比较圆柱体体积之比称为形数（form factor）。该圆柱体的断面为树干上某一固定位置的断面，高度为全树高，如图 3-1-15 所示。形数的数学表达式为

$$f_x = \frac{V}{V'} = \frac{V}{g_x h} \tag{3-1-13}$$

式中，V 为树干材积，V' 为比较圆柱体体积，g_x 为干高 x 处的横断面面积，f_x 为以干高 x 处断面为基础的形数，h 为全树高。

由式（3-1-13）可以得到相应的计算树干材积的公式，即

$$V = f_x g_x h \tag{3-1-14}$$

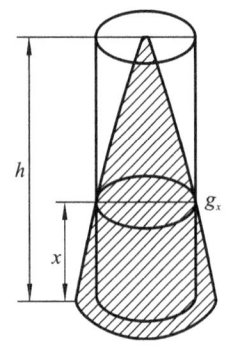

图 3-1-15 树干与比较圆柱体

由式（3-1-14）可以看出，只要已知 f_x、g_x 及 h，即可计算出该树干的材积。

形数主要有以下几种。

1）胸高形数

（1）胸高形数的概念。

胸高形数是指树干材积与以胸高断面积为底面积，以树高为高的比较圆柱体体积之比，以符号 $f_{1.3}$ 表示，其表达式为

$$f_{1.3} = \frac{V}{g_{1.3}h} \tag{3-1-15}$$

式中，$f_{1.3}$ 为胸高形数，V 为树干材积，$g_{1.3}$ 为胸高断面积，h 为树高。

由式(3-1-15)可知，当胸高或树高一定时，饱满树干的材积与比较圆柱体的体积相差较小，形数值较大；反之，尖削树干的材积与比较圆柱体的体积相差较大，形数值较小。形数仅说明相当于比较圆柱体体积的成数，不能具体反映树干的形状。可由式(3-1-15)转换成相应的立木材积计算公式，即

$$V = f_{1.3}g_{1.3}h \tag{3-1-16}$$

根据材积三要素的概念，式(3-1-16)中的 $f_{1.3}$、$g_{1.3}$ 及 h 也可称作以胸高断面积 $g_{1.3}$ 为基础的材积三要素。由于我国在林分调查中习惯上测定树木的胸径，因此，在通常情况下，常将胸高形数 $f_{1.3}$、胸高断面积 $g_{1.3}$ 及全树高 h 称作材积三要素。同时，由式(3-1-17)也可以看出，在计算树干材积时，胸高形数实质上是一个换算系数。

(2)胸高形数的性质。

根据孔兹干曲线方程 $y^2 = Px^r$，可以推导出胸高形数与形状指数 r 和树高 h 的关系式

$$f_{1.3} = \frac{1}{r+1}\left[\frac{1}{1-\frac{1.3}{h}}\right] \tag{3-1-17}$$

由上式可以知道胸高形数有以下特性。

① 当 $h > 1.3$ m 且 $r \neq 0$ 时，$\left[\dfrac{1}{1-\dfrac{1.3}{h}}\right]^r > 1$，所以对于抛物线体，$r=1$，$f_{1.3} > \dfrac{1}{2}$；对于圆锥体，$r=2$，$f_{1.3} > \dfrac{1}{3}$；对于凹曲线体，$r=3$，$f_{1.3} > \dfrac{1}{4}$。对于不同几何体，其胸高形数没有一个确定值，所以胸高形数的大小不能确切地反映树干的形状。

② 当树干干形(形状指数 r)相同时，胸高形数与树高成反比。

③ 当树木高度较大，胸径和树高一定时，胸高形数与体型的关系是：饱满树干的材积与比较圆柱体的体积相差较小，其形数值较大；反之，尖削树干的材积与比较圆柱体的体积相差较大，形数值较小。

胸高形数与胸径的关系是：胸高形数随着胸径的增加而减小，是一种微弱的反比关系。胸高形数的变动范围为 0.32~0.58，只有极低矮的树木会大于 1。当树高为 2.6 m 时，胸高形数的理论值等于 1。

2)实验形数

(1)实验形数的概念。

为了克服胸高形数随树高变化的缺点和正形数测量立木相对高处直径的不便，林昌庚(1961)提出将实验形数(experimental form factor)作为一种干形指标。实验形数的比较圆柱体的横断面为胸高断面，其高度为树高(h)加 3 m(见图 3-1-16)。实验形数以符号 $f_{实}$ 表示，其表达式为

$$f_{实} = \frac{V}{g_{1.3}(h+3)} \tag{3-1-18}$$

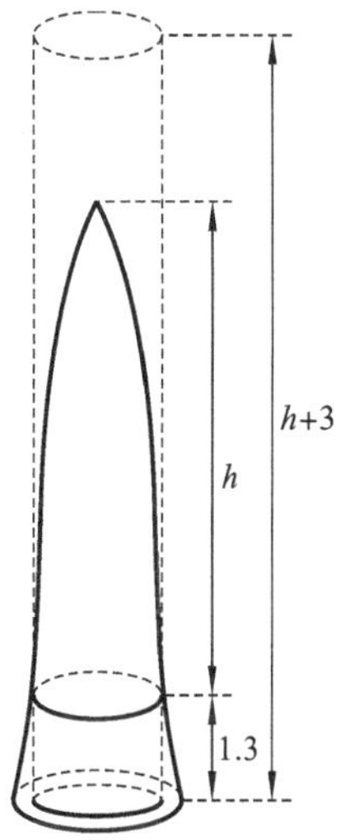

式(3-1-18)推导原理如下。

图 3-1-16 实验形数

设 g_n 为树干某一高度 nh 处的横断面面积，g_n 与 $g_{1.3}$ 之比与 h 成双曲线关系，即 $\dfrac{g_n}{g_{1.3}} = a + \dfrac{b}{h}$，在 $g_{1.3}$ 一定的条件下，g_n 随着 h 的增大而减小，即 $g_n = g_{1.3}\left(a + \dfrac{b}{h}\right)$。

由正形数定义可得

$$V = g_n h f_n = g_{1.3}\left(h + \dfrac{b}{a}\right) a f_n$$

令 $\dfrac{b}{a} = K$，$a f_n = f_实$，则

$$V \approx g_{1.3}(h + K) f_实$$

上式中的 a、b 是说明 $\dfrac{g_n}{g_{1.3}}$ 与 h 相关关系的参数。设想如把 g_n 取在十分接近 $g_{1.3}$ 的位置，在 h 和 $g_{1.3}$ 相同时，g_n 值在不同乔木树种之间的差别不是很大。对于不同树种，可取同一参数 K。在设计 $f_实$ 时，取 g_n 在 $\dfrac{1.3}{20}h$ 位置处，选定许多有代表性的树种，测量一定数量样本树木的 h、$g_{1.3}$ 和 $\dfrac{1.3}{20}h$ 的数值，采用回归方程 $\dfrac{g_n}{g_{1.3}} = a + \dfrac{b}{h}$，就可算出 a、b 值。由云杉、松树、白桦、杨树 4 个树种求得 $K \approx 3$。

(2) 实验形数的性质。

由于实验形数是由胸高形数和正形数转变来的，因此实验形数具有胸高形数的性质，即测量方便（测量胸高断面），还具有正形数的性质，即其值与树高无关，只是随树种变化。因此，对于每一个树种，都可以求出一个实验形数。

经研究，实验形数变化范围为 0.38~0.46，而绝大多数树种集中在 0.40~0.44，变化比较稳定。在实际工作中可按表 3-1-7 查定实验形数。

表 3-1-7　我国主要乔木树种平均实验形数

	平均实验形数	适 用 树 种
针叶树	0.45	云南铁杉、冷杉及其一般强阴性树种
	0.43	实生杉木、云杉及其一般阴性针叶树种
	0.42	杉木（不分起源）、红松、华山松、黄山松及其一般中性针叶树种
	0.41	插条杉木、天山云杉、柳杉、兴安落叶松、西伯利亚落叶松、樟子松、赤松、黑松、油松及其一般阳性针叶树种
	0.39	马尾松、一般强阳性针叶树种
阔叶树	0.40	杨、柳、桦、椴、水曲柳、栎、青冈、刺槐、榆、樟、桉及其一般阔叶树种，海南岛、云南等地的阔叶混交林

3) 胸高形数与实验形数的转换

由胸高形数和实验形数的定义，可得到二者的相互转换关系式为

$$f_{1.3} = \dfrac{h+3}{h} f_实 \tag{3-1-19a}$$

或

$$f_实 = \dfrac{h}{h+3} f_{1.3} \tag{3-1-19b}$$

形数是计算立木材积的换算系数。要确定形数,必须先计算树干材积。因此,形数这一干形指标不能直接测定,需要寻找一个既可以直接测定又能反映干形变化的干形指标——形率。

2. 形率

形率是指树干某一位置的直径与比较直径之比,用 q 表示,其表达式为

$$q = \frac{d_x}{d_z} \tag{3-1-20}$$

式中:q 为形率;d_x 为树干某一位置的直径;d_z 为树干某一固定位置的直径,即比较直径。

由于所取比较直径不同,因此有不同的形率,如胸高形率、绝对形率和正形率。

1) 胸高形率的概念

胸高形率是指树干中央直径($d_{1/2}$)与胸径的比值,用 q_2 表示,其表达式为

$$q_2 = \frac{d_{1/2}}{d_{1.3}} \tag{3-1-21}$$

胸高形率又叫标准形率,是由舒博格(1893)最早提出的,随后奥地利希费尔(1899)正式定名。一般认为胸高形率是描述干形的良好尺度,是研究立木干形的指标,至今胸高形率仍然被广泛应用。

2) 胸高形率的性质

胸高形率的变化规律和形数的相似,也是随着树高和胸径的增大而逐渐减小。胸高形率的变化范围为 0.46～0.85,绝大多数树木的平均胸高形率为 0.65～0.70。但是,形率仍然不能反映树干的实际形状(因为胸径和树高相同,形率也相同,但其干形可能不一样)。要比较全面地描绘干形,只有在树干上一定间隔距离处量取直径,分别求出与胸径的比值,得出一系列的形率,即形率系列。

希费尔(1899)还提出如下形率系列

$$q_0 = \frac{d_0}{d_{1.3}}, \quad q_1 = \frac{d_{1/4}}{d_{1.3}}, \quad q_2 = \frac{d_{1/2}}{d_{1.3}}, \quad q_3 = \frac{d_{3/4}}{d_{1.3}} \tag{3-1-22}$$

式中,d_0、$d_{1/4}$、$d_{1/2}$、$d_{3/4}$ 分别是树干基部、1/4 高处、1/2 高处、3/4 高处的直径。形率系列可以更加全面地描述一株树木的干形。它的性质与胸高形数相同,即在干形相同时,与树高成反比,随树高而变,不够稳定。

3. 形数与形率之间的关系

形数是计算树干材积的一个重要系数,但形数无法直接测出。研究形数与形率的关系,主要是为了通过形率推求形数,这对树木求积有重要的实践意义。形数与形率的关系主要有下列几种。

1) 幂函数关系

$$f_{1.3} = q_2^2 \tag{3-1-23}$$

式(3-1-23)是把树干当作抛物线体而推导出来的,即

$$f_{1.3} = \frac{V}{g_{1.3} h} = \frac{\frac{\pi}{4} d_{1/2}^2 h}{\frac{\pi}{4} d_{1.3}^2 h} = \left(\frac{d_{1/2}}{d_{1.3}}\right)^2 = q_2^2$$

由上式可以看出,凡干形与抛物线体相差越大,其计算结果偏差越大,因为它是求算形数的近似公式。

2)常差关系

$$f_{1.3}=q_2^2-C \quad (3\text{-}1\text{-}24)$$

式(3-1-24)是孔兹于1881年提出的,式中的常数C是回归常数。

C的理论计算公式为$C=q_2-f_{1.3}$,它可由干曲线方程$y^2=Px^r$推导出来,即

$$C=\left[\frac{h}{2(h-1.3)}\right]^{r/2}-\frac{1}{r+1}\left(\frac{h}{h-1.3}\right)^r$$

令$r=1$,将不同的树高值代入上式可以求得C值。

根据大量材料分析,树木在一定高度(18 m)以上的树干形数与形率之间的平均差值基本上接近一个常数(C)。差值(C)因树种的不同而异,如松树为0.20,云杉及椴树为0.21。总的来说,C值接近于0.2。以上C值都是根据各个树种大量材料得出的平均值,用于计算单个树种时可能产生较大的误差,但在计算多株树木的平均形数时,其误差不超过±5%。但是当树干比较低矮时,C值减小幅度大,不宜采用该公式。

3)希费尔公式

$$f_{1.3}=a+bq_2^2+\frac{c}{q_2 h}$$

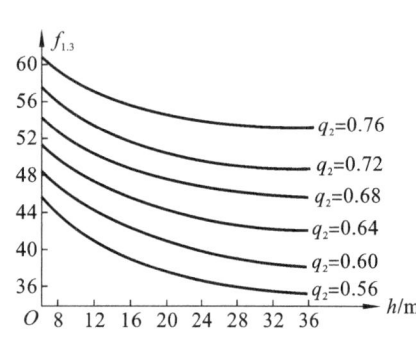

图 3-1-17 胸高形数与形率和树高之间的依存关系

根据形数、形率与树高关系的分析,在形率相同时,树干的形数随树高的增大而减小;在树高相同时,树干的形数随形率的增大而增大。这样,希费尔(1899)据此提出用双曲线方程表示胸高形数与形率和树高之间的依存关系,如图3-1-17所示。希费尔先后用云杉、落叶松、松树和冷杉的资料求得双曲线方程中的a、b、c的值,即得

$$f_{1.3}=0.140+0.66q_2^2+\frac{0.32}{q_2 h} \quad (3\text{-}1\text{-}25)$$

后来发现并证明上式适用于所有树种,且计算的形数平均误差不超过±3%,因此被推荐为一般式(并称为希费尔公式),应用较广。

4)一般形数表

苏联林学家特卡钦柯于1911年根据大量的资料数据对形数做了全面的分析后发现,如果树高相等,形率q_2也相等,则各乔木树种的胸高形数都近似相等。据此他编制了一般形数表。只要知道了树高与形率,就可以从表中查出任何树种的形数。这与希费尔公式计算的结果接近。

根据形数与形率的关系式,只要测定出树高和形率,就可以比较精确地计算出树干材积。

1.5 树木生长量的测定

1.5.1 树木生长量的概念

树木生长量是通过对单株树木测定其树高、胸径、断面积和材积,以时间为标志,分析各种调查因子在一年、某一段时间或树木生长的一生时间里变化的数量。

在森林调查工作中,将树木的种子发芽后,在一定条件下随着时间的变化,其各种调查因

子所发生的变化叫作生长,变化的量叫作生长量。树木的各个调查因子的生长量都是时间的函数。要确定和比较生长量的大小,首先必须确定树木的年龄。常用的年龄符号为 A 或 t。生长量的间隔期通常以年为单位。

时间的间隔是 1 年、5 年、10 年、20 年等,以年为单位。

生长量是时间(t)的函数,以年为时间的单位。如红松在 150 年和 160 年时测定的树高(h)分别为 20.9 m 和 22.0 m,则 10 年间树高生长量为 1.1 m。

在科研工作中,生长量的间隔期也有以月或天为单位的,特别是我国南方的一些速生树种,如泡桐、桉树等。影响树木生长的因子主要有树种的生物学特性、树木的生长时期、立地条件和人为经营措施。

1.5.2 树木年龄的测定

1. 树木年龄的概念

树木年轮(tree annual ring)(见图 3-1-18)的形成是树木形成层受外界季节变化产生周期性生长的结果。所以年轮是在树干横断面上由早(春)材和晚(秋)材形成的同心"环带",是确定树木生长时间的重要标志。

图 3-1-18 树木年轮

树木年龄(tree age)是指树干基部接近地面的根颈处的横断面上所有树木年轮数总和。该年轮数是树木的实际年龄。

2. 确定树木年龄的方法

确定树木年龄的方法很多,现介绍以下 7 种。

图 3-1-19 树皮层年轮

1)查阅造林技术档案或访问法

到当地林业部门查阅造林资料。这种方法对于确定人工林的年龄是简便可靠的。

树皮层年轮如图 3-1-19 所示。

2)查数伐根年轮法

树木在正常生长时会由早(春)材和晚(秋)材形成一个完整的闭合圈,如图 3-1-18 所示。

早(春)材:在温带和寒温带,大多数树木的形成层在生长季节(春、夏季)向内侧分化的次生木质部细胞,具有生长迅速、细胞大而壁薄、颜色浅等特点。

晚(秋)材:在秋季,形成层的增生现象逐渐减缓或趋于停止,使在生长层外侧部分的细胞小、壁厚而分布密集,木质部颜色比内侧显著加深。

由于气象原因或受到严重的病虫害,树木的正常生长受到影响,这时会在一年内形成两个或更多的年轮,这种年轮称为伪年轮。伪年轮可以根据以下特征识别出来。

(1)伪年轮的宽度比相邻的真年轮的小。

(2)伪年轮不会形成完整的闭合环,有断轮现象,且有部分重叠。

(3)伪年轮外侧轮廓不太清晰。

(4)伪年轮不能贯穿整株树木。

在测定树木年龄时一定要剔除伪年轮。

除伪年轮外,有时也有年轮消失的现象发生。这是因为树木被压或受其他灾害而使树木生长迟缓,以至于暂时停止。

年轮识别有困难时,可将圆盘浸湿后用放大镜观察,有时也可用化学染色剂(如茜素红或靛蓝),利用春材、秋材着色的浓度差异辨认年轮。当髓心有心腐现象时,应对心腐部分测量其直径并剔除它的年轮,则树木年龄等于总年轮数加上心腐髓心生长所需年数。树木伐根处年轮数即是树木年龄。

3) 查数轮生枝法

有些树种,如松树、云杉、冷杉、杉木等裸子植物,一般每年自梢端生长出轮生顶芽,逐渐发育成轮生侧枝,可通过查数轮生枝的环数及轮生枝脱落(或修枝)后留下的痕迹来确定树木年龄。此法在确定幼小树木的年龄时很精确。但我国南方的马尾松、杉木,有一年长出两个或两个以上的轮生枝的,因此要注意把次生轮生枝区别出来。次生轮生枝的节间一般比其上、下的要短。

4) 查数树皮层数法

如图 3-1-19 所示,在树皮的横切面和纵剖面上,都可以看出有颜色深浅相间的层次。树皮层次和树干年轮一样,都是随年龄的增加而增多。只要树皮不脱落,树皮层次数和树干年轮数是一样的。所以,可以通过查数树皮层数来确定树木的年龄。

用来观察的树皮,要取自根颈部位。树皮取出后,用利刀削平即可观察,也可沿横切面斜削,使层次显示宽一些,便于观察和查数。

对于树皮层次明显的树种,如马尾松、黑松、湿地松和油松等松科植物,可直接用肉眼观看查数;对于树皮层次结构紧密的树种,如银杏、榆树、枫杨和刺槐等,可用放大镜观察。

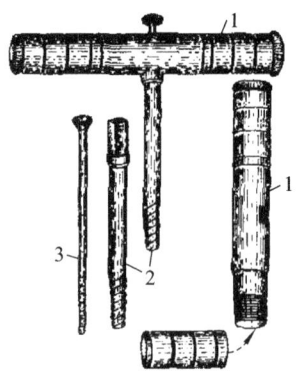

图 3-1-20 生长锥示意图
1. 锥柄;2. 锥管;3. 探舌

5) 生长锥测定法

当不能伐倒树木或不便应用上述方法时,可以用生长锥查定树木的年龄。

如图 3-1-20 所示,生长锥由锥柄、锥管和探舌三部分组成。使用时先将锥管取出,垂直安装在锥柄上,并把固定片扣好,然后垂直于树干将锥管压入树皮,再用力沿顺时针方向锥入树干,边旋转生长锥,边按压探舌,直到应有的深度为止,最后倒转退出锥管,取出探舌,在探舌中的木条上查数年轮。

若要求立木的年龄,应在根颈处钻过髓心。如果在胸径处钻取木条,需加上由根颈至锥点所需的年数。用此法确定树木年龄时,一定要保证锥芯木条质量,防止锥条断裂和挤压,否则推算不准确。

钻取完毕后,需立即将钻孔用无毒泥土或石灰糊堵,以免病虫危害。

对于人工纯林中的立木,可以在附近林中查找最新的伐根年龄作为参考。

1.5.3 生长量的种类

生长量在计算分析上一般分为两类,即实际生长量和平均生长量。实际生长量是指两个时期生长量之差,按时期长短又可分为连年生长量、定期生长量和总生长量三种。平均生长量是指平均每年生长的数量,按时间长短又可分为总平均生长量和定期平均生长量两种。依据调查因子可以把生长量分为直径生长量、树高生长量、断面积生长量、材积生长量和形数生长量等。

1. 总生长量

总生长量是指树木第一年种植开始到调查时整个期间累积生长的总量,它是树木最基本的生长量,其他种类的生长量均可由此派生而来。以材积为例,a 年时的材积为 V_a,则 a 年时的材积总生长量 Z_{aV} 为

$$Z_{aV}=V_a \tag{3-1-26}$$

2. 定期生长量

定期生长量是指一定间隔期内树木的生长量。定期的年数为 5 年、10 年或 20 年等,通常以 1 个龄级作为定期时间。以材积为例,例如现有材积为 V_a,n 年前的材积为 V_{a-n},则 n 年间的材积生长量 Z_{nV} 为

$$Z_{nV}=V_a-V_{a-n} \tag{3-1-27}$$

3. 连年生长量

连年生长量指一年间的生长量,又叫年生长量。以材积为例,连年生长量是用现在的材积减去一年前的材积,即

$$Z=V_a-V_{a-1} \tag{3-1-28}$$

4. 总平均生长量

总平均生长量简称平均生长量,是指树木的总生长量被年龄除所得的商。例如,a 年时的材积为 Δ_{V_a},则总平均生长量 Δ_{aV} 为

$$\Delta_{aV}=\frac{V_a}{a} \tag{3-1-29}$$

5. 定期平均生长量

定期平均生长量 Δ_{nV} 是指树木在某一间隔期的生长量除以间隔的年限所得的商,即

$$\Delta_{nV}=\frac{V_a-V_{a-n}}{n} \tag{3-1-30}$$

对于生长较慢的树种,由于连年生长量变化很小,测定困难,精度不高,因此,常用定期平均生长量代替连年生长量。速生树种可以直接利用连年生长量公式求得。

例 1.4 一株云杉,20 年时材积为 0.053 9 m³,30 年时材积为 0.187 4 m³,试计算各种生长量。

解 30 年材积总生长量 $Z_{aV}=V_a=0.187\ 4\ \text{m}^3$

30 年总平均生长量 $\Delta_{aV}=\dfrac{V_a}{a}=\dfrac{0.187\ 4}{30}\ \text{m}^3=0.006\ 2\ \text{m}^3$

20~30 年间的定期生长量 $Z_{nV}=V_a-V_{a-n}=(0.187\ 4-0.053\ 9)\ \text{m}^3=0.133\ 5\ \text{m}^3$

20~30 年间的定期平均生长量 $\Delta_{nV}=\dfrac{V_a-V_{a-n}}{n}=\dfrac{0.133\ 5}{10}\ \text{m}^3=0.013\ 4\ \text{m}^3$

20~30 年间的连年生长量 $Z=Z_a-Z_{a-1}\approx 0.013\ 4\ \text{m}^3$

1.5.4 连年生长量与平均生长量的关系

连年生长量与平均生长量均从零开始,以后随年龄的增加而增大,达到最大值以后又逐渐

减小。以材积为例,如图 3-1-21 所示,实线表示连年生长量,虚线表示平均生长量,横坐标表示树木的年龄,纵坐标表示树木的材积。从图中可以发现连年生长量与平均生长量有如下关系。

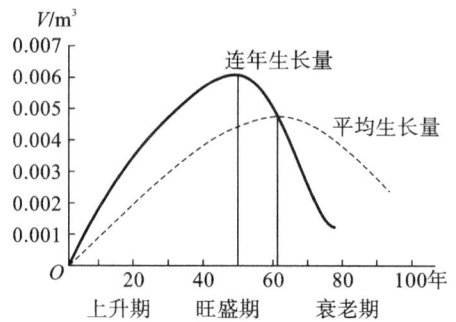

图 3-1-21　连年生长量和平均生长量的关系曲线

(1)当树木在幼年时,连年生长量和平均生长量都随年龄的增加而增加,但连年生长量增加的速度较快。

(2)连年生长量到达最高峰的时间比平均生长量的短。

(3)平均生长量到达最高峰时,连年生长量等于平均生长量,两条曲线相交。在林业生产上将材积平均生长量达到最大值时的年龄称作数量成熟龄。

(4)当平均生长量达到最大值以后,由于连年生长量的衰减速度较快,此后连年生长量一直小于平均生长量。

用数学方法可以证明该关系。

树高、胸径、断面积和材积都存在这种规律,各调查因子平均生长量到达最高峰的年龄是不同的。到达最高峰的年龄由早到晚的排列次序依次是树高、胸径、断面积和材积。

上述是正常情况下的生长规律,如果气候出现异常,如干旱、病虫害等灾害,或者人为经营活动的影响,可能导致两条曲线相交数次或者不相交,因此,可以用连年生长量的变化情况鉴定经营效果、判断灾害的危害程度。

1.5.5　生长率

1. 生长率的概念

树木生长量表示的是树木的实际生长速度,不能反映其生长力的强弱和快慢,预估树木未来的生长潜力常用生长率表示。

生长率是指某项调查因子的连年生长量与该因子原有总量之比,亦叫连年生长率。生长率是描述树木的相对生长速度。

2. 生长率的公式

1)基本公式(以材积为例)

$$P_V = \frac{Z_V}{V_a} \times 100\% \tag{3-1-31}$$

式中,P_V 为材积的生长率,Z_V 为材积连年生长量,V_a 为材积原有总量。上式若换为树高、胸径、断面积、形数,即得对应因子的生长率。一般情况下,材积连年生长量用定期平均生长量代替。

2)普雷斯勒公式(以材积为例)

普雷斯勒公式又称为平均生长率公式,该公式比较符合树木生长实际,而且计算比较简便,所以得到广泛应用。在实际工作中,由于慢生树种连年生长量很小,不便量取,故连年生长量常用定期平均生长量代替,则计算连年生长率的原有总生长量就有两个:一个是 n 年前的总生长量,另一个是现在的总生长量。因此,常把相邻两个龄阶的总生长量的平均值作为该调查因子的原有总量较为合理。

根据生长率公式的定义,可以得出普雷斯勒公式,即

$$P_V = \frac{V_a - V_{a-n}}{V_a + V_{a-n}} \times \frac{200}{n}\% \tag{3-1-32}$$

例 1.5 有一株松树,树龄为 120 年,现在材积为 0.634 7 m³,10 年前材积为 0.479 6 m³,计算材积生长率。

解 $P_V = \frac{V_a - V_{a-n}}{V_a + V_{a-n}} \times \frac{200}{n}\% = \frac{0.634\ 7 - 0.479\ 6}{0.634\ 7 + 0.479\ 6} \times \frac{200}{10}\% = 2.8\%$

普雷斯勒公式适应性较好,是计算生长率的常用公式。将普雷斯勒公式中的材积换为树高、胸径、断面积、形数,即得到对应因子的生长率。

3. 生长率的意义

1)能够预估未来某一间隔期的生长量

用当前的生长率乘以材积得到生长量,可以用该生长量预估未来某段时期的生长量。

2)可以比较树木生长力的强弱

不同大小的树木,不能用连年生长量比较树木生长的快慢,判断它们生长力的强弱用生长率,生长率大的表明生长力强。

例 1.6 有两株树木,第一株材积为 2.37 m³,经测定连年生长量为 0.029 2 m³;第二株材积为 2.84 m³,经测定连年生长量为 0.032 5 m³。试比较这两株树木生长力的强弱。

解 若用连年生长量绝对值比较,则可以直接看出第二株树木的连年生长量较大,但由于原有总量不同,须用生长率进行比较。

$$P_{V1} = \frac{Z_{V1}}{V_1} \times 100\% = \frac{0.029\ 2}{2.37} \times 100\% = 1.23\%$$

$$P_{V2} = \frac{Z_{V2}}{V_2} \times 100\% = \frac{0.032\ 5}{2.84} \times 100\% = 1.14\%$$

经计算比较,$P_{V1} > P_{V2}$,第一株树木的生长力强,相对生长速度大于第二株树木。

1.5.6 各调查因子生长率之间的关系

1)断面积生长率(P_g)与胸径生长率(P_d)的关系

已知 $g = \frac{\pi}{4}d^2$,其中断面积(g)与胸径(d)均为年龄(t)的函数,等式两边求导,得

$$\frac{dg}{dt} = \frac{\pi}{4} 2d \frac{dd}{dt}$$

用 $g = \frac{\pi}{4}d^2$ 同除上面等式的两边,得

$$P_g = 2P_d \tag{3-1-33}$$

即断面积生长率等于胸径生长率的两倍。

2) 树高生长率(P_h)与胸径生长率(P_d)的关系

假设树高生长率与胸径生长率之间的关系满足相对生长式,即

$$\frac{1}{h(t)}\frac{\mathrm{d}h(t)}{\mathrm{d}t}=k\frac{1}{d(t)}\frac{\mathrm{d}d(t)}{\mathrm{d}t}$$

即林木的树高与胸径之间可用如下幂函数表示,即

$$h=ad^k \tag{3-1-34}$$

式中:h 为 t 年时的树高;d 为 t 年前的胸径;a 为方程系数;k 为反映树高生长力的指数,$k=0\sim2$。

因此,由上式可得

$$P_h=kP_d \tag{3-1-35}$$

即树高生长率近似等于胸径生长率的 k 倍。

(1) 当 $k\approx0$ 时,树高趋于停止生长,这一现象多出现在树龄较大的时期,说明树高生长率为零,即 $P_h=0$。

(2) 当 $k=1$ 时,树高生长与胸径生长成正比。

(3) 当 $k>1$ 时,树高生长旺盛。树木的平均 k 值大致在 $0\sim2$ 范围内变化。根据大量材料分析结果表明,林分的平均 k 值与林木生长发育阶段和树冠长度占树干高度的百分数均有关。

3) 材积生长率与胸径生长率、树高生长率及形数生长率之间的关系

依据立木材积公式 $V=ghf$,若把材积的微分作为材积生长量的近似值,则

$$\ln V=\ln g+\ln h+\ln f$$

取偏微分,则有

$$\partial\ln V=\partial\ln g+\partial\ln h+\partial\ln f$$

由此可得

$$\frac{\partial V}{V}=\frac{\partial g}{g}+\frac{\partial h}{h}+\frac{\partial f}{f}$$

即

$$P_V=P_g+P_h+P_f$$

或

$$P_V=2P_d+P_h+P_f \tag{3-1-36}$$

现将树高生长率与胸径生长率的关系式[式(3-1-35)]代入式(3-1-36)中,且假设在短时间内形数变化较小(即 $P_f\approx0$),则材积生长率近似为

$$P_V\approx(k+2)P_d \tag{3-1-37}$$

以上推证的结果为通过胸径生长率测定立木材积生长量提供了理论依据。

在分析材积生长率时,通常假定形数在短期内不变,但实际上形数也在变化,其变化规律大致如下。

(1) 幼、中龄或树高生长较快时,形数的变化大;成、过熟林或树高生长较慢时,形数变化较小。

(2) 一般情况下,形数生长率是负值,但特殊情况下可能出现正值。

(3) 调查的间隔期较短时,形数的变化较小。

所以,式(3-1-37)只适用于年龄较大和调查间隔期较短时确定材积生长率。

1.6 标准地调查

1.6.1 林分的概念

林分是指内部结构特征相同,并与四周有明显区别的森林地段(小块森林)。林分是区划森林的最小地域单位,也是森林经营管理的基本单位和森林测定的基本对象。只有将森林划分成林分,才能正确认识森林以及森林分子在整个生长过程中各种因子的变化及其内部结构规律,才能正确认识和经营、管理好森林。

1.6.2 林分调查因子

为了将大片森林划分为林分,必须依据一些能够客观反映林分特征的因子,这些因子称为林分调查因子。森林经营中最常用的林分调查因子主要有:林分起源、林相(林层)、树种组成、林分年龄、林分密度、立地质量、林木大小(直径和树高)、林木数量(蓄积量)和林木质量(出材量)等。

1.6.3 林分调查因子测定方法

林分调查因子测定方法可分为目测法和实测法,实测法又分为全林实测法和局部实测法。在进行森林资源调查时,通常使用局部实测法。根据选定实测地块方法的不同,局部实测法分为标准地调查法和抽样调查法。

1.6.4 标准地相关知识

1. 标准地的定义和种类

1)标准地的定义

在局部实测时,选定实测调查地块的方法有两种:一种是按照随机抽样的原则设置实测调查地块,这种地块称作抽样样地,简称样地,根据全部样地实测调查结果推算林分总体,这种调查方法称作抽样调查法;另一种是根据人为判断选定能够充分代表林分总体特征平均水平的地块,这种地块称作典型样地,简称标准地,根据标准地实测调查结果推算全林分,这种调查方法称作标准地调查法。

2)标准地的种类

标准地按设置目的和保留时间可分为以下两类:

(1)临时标准地:用于林分调查和测树制表,只进行一次调查,取得调查资料后不需要保留。

(2)固定标准地:用于较长时间内进行科学研究试验,有系统地长期重复观测,以获得连续性的资料,如研究林分生长过程、经营措施效果及编制收获表等。测试要求严格,需要定株定位观测,以取得连续性的数据。

2. 标准地的选设原则

标准地应该是整个林分的缩影,通过标准地调查可以获得林分各调查因子的数量或质量指标,即根据标准地调查结果,按面积比例推算整个林分的调查结果。因此,林分调查的准确程度取决于标准地对该林分的代表性及调查工作的质量。在设置林分调查标准地时,应对待测林分总体进行全面、深入的踏查后,根据以下基本要求确定具体位置。

(1)标准地必须具有充分的代表性;

(2)标准地不能跨越林分;

(3)标准地应避开林缘(至少应距林缘1倍林分平均高的距离)、林班线、防火线、路旁、河边及容易遭受破坏的地段。

(4)标准地内的树种、林木应分布均匀。

3.标准地的形状和面积

1)标准地的形状

标准地的形状以便于测量和计算面积为原则,一般为方形、矩形、圆形或带状。

2)标准地的面积

为了充分反映出林分结构规律和保证调查结果的准确度,标准地内必须要有足够数量的林木株数,因此,应根据要求的林木株数确定其面积大小。我国一般规定:在近熟林和成、过熟林中,标准地内应有200株以上的林木,中龄林250株以上,幼龄林300株以上。在实际工作中,可预先选定400 m²的小样方,查数林木株数,据此推算标准地所需面积。为了便于测量、调查和计算,标准地面积尽可能为整数。

例1.7 一中龄林分,查数400 m²样方内有林木40株,则标准地面积为多大?

解 $S = \frac{250}{40} \times 400 \text{ m}^2 = 2500 \text{ m}^2$

4.标准地境界测量

标准地境界测量就是在地面上标出标准地的范围。标准地的形状为正方形或矩形时,常用闭合导线法进行标准地境界测量。通常用罗盘仪测角,皮尺或测绳测量水平距(林地坡度大于5°时,要将斜距改算为水平距)。要求境界测量的闭合差不超过各边长总和的1/500。为了方便核对和检查,在标准地四角设临时标桩。如为固定标准地,要在标准地四角埋设一定规格的标桩。标桩上标明标准地号、面积和调查日期等。将测量结果填入标准地境界测量记录表中,并绘制标准地略图,便于日后查找。为使标准地在调查作业时保持有明显的边界,应将测线上的灌木和杂草清除,同时在边界外缘树木的胸高处,朝向标准地内标出明显记号,以示界外。

5.标准地调查

标准地的测树工作因调查目的和方法的不同而异,但最基本的内容是每木调查、测定树高、记载和调查环境条件特征因子、测定树木年龄及郁闭度等。

1)每木调查

在标准地内分别测定每株树干的胸径,并按径阶记录、统计,以取得株数分布序列的工作,称为每木调查或每木检尺。如果进行生长、生物量及抚育采伐调查,则活立木还应按生长级进行调查统计。

(1)确定径阶大小。

径阶大小指每木调查时径阶整化范围,它直接影响着株数按直径分布的规律性,同时也影响着计算各调查因子的精确程度。按规定:平均直径在6~12 cm时以2 cm为1个径阶,小于6 cm时以1 cm为1个径阶,大于12 cm时以4 cm为1个径阶;对于人工幼林和竹林,常以1 cm为1个径阶。

(2)划分林层。

如标准地内林木层次明显,上下层林木的树高相差20%以上,每层的蓄积量均达到30 m³以上,平均直径达8 cm以上,主林层疏密度不小于0.3,次林层疏密度不小于0.2,在这种情况下必须划分两个林层,分层进行调查。

(3)确定起测径阶。

起测径阶是指每木调查的最小径阶。由林分结构规律得知:林分的平均直径接近于株数最多径阶,而最小直径是平均直径的0.4或0.5。因此,在实际工作中,常以平均胸径的0.4作为起测径阶。胸径小于最小径阶的树木视为幼树,不进行每木调查。

例如,某林分目测平均胸径为16 cm,则最小胸径约为16×0.4 cm=6.4 cm,如以2 cm为1个径阶,则起测径阶可定为6 cm。

目前,在森林资源清查中起测径阶是:人工幼龄林1 cm,人工中龄林5 cm,天然幼龄林3 cm,天然中龄林5 cm,成、过熟林7 cm。

(4)划分材质等级。

每木调查时,不仅要按树种记载,而且还要按材质分别统计。材质划分是按树干可利用部分长度及干形弯曲、分叉、多节、机械损伤等缺陷进行的。树木按材质划分为经济用材树、半经济用材树和薪材树三类:凡用材部分占40%以上者为经济用材树;凡用材部分长度在2 m(针叶树)或1 m(阔叶树)以上,但不足全树高的40%者为半经济用材树;凡用材部分长度在2 m(针叶树)或1 m(阔叶树)以下者为薪材树。

在实际工作中,一般树木只分为用材树和薪材树,但需记录枯立木和倒木,以供计算枯损量。

(5)每木检尺。

测径时,测径者与记录员要互相配合,测径者从标准地的一端开始,由坡上方沿等高线按S形路线向坡下方进行检尺。测径者每测定一株树木,要把测定结果按树种、径阶及材质类别报给记录员,记录员应同声回报并及时在每木调查记录表的相应栏中用"正"字法记录,如表3-1-8所示。为防止重测和漏测,要在测过的树干上朝着前进方向的一面做记号。正好位于标准地境界线上的树木,本着一边取另一边舍的原则,确定检尺树木。

表3-1-8 每木调查记录表

径阶 /cm	树种:马尾松				枯立木	倒木
	活立木					
	用材树	薪材树	株数合计	断面积合计/m²		
6	正正正					
8	正正正正正正一					
10	正正正正正正正一					
12	正正正正正正正正					
14	正正正正正正下					
16	正正正正					
18	正					
	$\bar{g}$			$\bar{D}$		

2)测定树高

测高的主要目的是确定各树种的平均高,应按树种分别径阶选择测高样木来测定树高和胸径。测高的株数:主要树种应测 20~25 株,一般中央三个径阶选测 3~5 株,与中央径阶相邻的径阶各测 2~3 株,最大或最小径阶测 1~2 株。测高样木的选取方法:沿标准地对角线两侧随机选取或采用机械选取法,即以每木调查时各径阶的第一株树为测高树,以后按每隔若干株(如 5 株或 10 株)选取一株测高树。

凡测高的树木,应实测其胸径,将测得的胸径与树高值记入测高记录表(见表 3-1-9)中。

表 3-1-9 测高记录表

径阶/cm	测高样木 $\dfrac{树高(h_i)}{胸径(d_i)}$ 实测值						$\dfrac{\sum h_i}{\sum d_i}$	$\dfrac{\bar{h}}{\bar{d}}$	
	1	2	3	4	5	6			
6	$\dfrac{7.2}{6.7}$	$\dfrac{7.3}{6.6}$							
8	$\dfrac{8.0}{7.9}$	$\dfrac{8.1}{8.0}$	$\dfrac{8.2}{8.1}$						
10	$\dfrac{10.6}{9.7}$	$\dfrac{10.7}{10.4}$	$\dfrac{10.3}{10.2}$						
12	$\dfrac{13.1}{12.4}$	$\dfrac{13.3}{12.1}$	$\dfrac{13.7}{11.8}$	$\dfrac{13.6}{11.5}$	$\dfrac{13.5}{12.1}$				
14	$\dfrac{14.4}{13.6}$	$\dfrac{14.2}{14.4}$	$\dfrac{14.5}{14.6}$						
16	$\dfrac{15.0}{16.2}$	$\dfrac{14.8}{16.0}$	$\dfrac{15.2}{16.3}$						
18	$\dfrac{15.4}{18.2}$	$\dfrac{16.1}{18.4}$							

在标准地内目测选出 3~5 株最粗大的优势木,目测或用测高器测定其树高,以其算术平均值作为优势木平均树高。将测得的优势木树高值记入优势木(上层木)树高测定表(见表 3-1-10)中。

表 3-1-10 优势木(上层木)树高测定表

树 号	1	2	3	4	5	算术平均 h_T
树 高						

对于混交林中的次要树种,一般仅测定 3~5 株接近于平均直径林木的胸径和树高,以算术平均值作为该树种的平均高。将测得的树高值记入次要树种树高测定表(见表 3-1-11)中。

表 3-1-11 次要树种树高测定表

树种 \ 树号	1	2	3	4	5	算术平均 $\bar{h}$

3)地形地势调查

坡度级：Ⅰ级为平坡00~50，Ⅱ级为缓坡60~150，Ⅲ级为斜坡160~250，Ⅳ级为陡坡260~350，Ⅴ级为急坡360~450，Ⅵ级为险坡460以上。

坡向：在森林调查中将坡向分为东、南、西、北、东南、西南、西北、东北八个坡向。

坡位：分为脊、上、中、下、谷，也可根据情况适当增减。

海拔：可在地形图中查定。

4)土壤调查

在标准地内选择有代表性的位置，挖土坑，记载土壤剖面，采集剖面标本，写出土壤种类、土壤厚度、主要层次的颜色、土壤结构、土壤紧密度、机械组成、草根盘结度等，详见环境因子调查记录表。

5)植被调查

调查下木和活地被物的主要种类、名称、层次、多度、平均高、物候期、生活力及分布特点。

将以上地形地势调查、土壤调查、植被调查的结果填入环境因子调查记录表中。

6)年龄调查

可查阅资料、访问确定，也可用生长锥、查数伐桩年轮、查数轮生枝或伐倒标准木等方法确定。

7)林分起源

主要方法有考查已有的资料、现地调查或者访问等。

8)郁闭度调查

主要采用样点法目测确定。

将以上年龄调查、林分起源调查、郁闭度调查的结果填入标准地调查因子一览表中。

1.7 林分调查因子的测算

1.7.1 同龄纯林胸径及树高的分布规律

林分内的树木并不是杂乱无章地生长着的，不论是天然林还是人工林，在未遭受到严重的干扰（如自然因素的破坏及人工采伐等）的情况下，林分内部许多特征因子都具有一定的分布状态，而且表现出较为稳定的结构规律。在林分结构中，又以同龄纯林的结构规律为基础，而复层异龄混交林的结构规律要复杂得多。这里着重介绍同龄纯林株数随胸径、树高的分布规律。

1. 同龄纯林的胸径结构规律

胸径结构是林分最基本的结构。在同龄纯林中，由于各株树木之间遗传特性和所处的具体立地条件等的不同，因此它们在大小、形状等方面都必然会产生某些差异。当林木株数达到一定数量（200株左右）时，这些差异在正常情况下会相当稳定地遵循一定的规律。

（1）中等大小的林木占多数，向两端（最粗、最细）逐渐减小（见表3-1-12）。株数按直径分布序列可绘成株数分布曲线，它具有近似正态分布的特征，如图3-1-22所示。

表 3-1-12 株数分布序列表

径阶/cm	8	12	16	20	24	28	32	36	合计
株数/株	2	16	36	58	50	31	18	4	215
比例/(%)	0.93	7.44	16.74	26.98	23.26	14.42	8.37	1.86	100

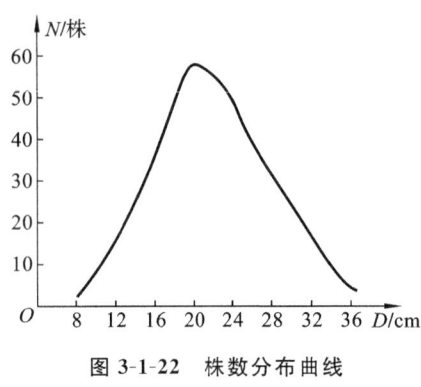

图 3-1-22 株数分布曲线

(2)林分中小于平均直径的林木株数占总数的 55%～64%,一般为 60%。

(3)直径的变动幅度。如果林分平均直径为 1.0,则林分中最粗林木直径一般为林分平均直径的 1.7～1.8 倍,最细林木直径为林分平均直径的 0.4～0.5。幼龄林分的变动幅度一般略大一些,老龄林分的变动幅度一般略小一些。

根据胸径的结构规律可以判断林分是否经过强度择伐,可以检查调查结果是否有明显的可以作为确定起测径阶和目测林分平均直径的依据。

例 1.8 若林木最小径阶为平均胸径的 0.4,最大径阶为平均胸径的 1.7 倍,目测调查林分的最大胸径为 35 cm,试计算林木平均胸径和起测径阶。

解 平均胸径为

$$35 \div 1.7 \text{ cm} \approx 21 \text{ cm}$$

起测径阶为

$$21 \times 0.4 \text{ cm} \approx 8 \text{ cm}$$

因此,以 2 cm 为一径阶时,胸径小于 7 cm 的树木视为幼树,不在检尺范围内。

2. 同龄纯林的树高结构规律

在林分中,不同树高的林木分配状态称作林分树高结构,亦称林分树高分布。为了全面反映林分树高的结构规律及树高随胸径的变化规律,可将林木株数按树高、胸径两个因子分组归纳列成树高-胸径相关表(见表 3-1-13)。由此表可以看出树高有以下的变化规律:

表 3-1-13 树高-胸径相关表

树高/m	径阶株数/株											总计/株
	16	20	24	28	32	36	40	44	48	52	56	
29								1	1			2
28				1	2	4	3	6	2	1	1	20
27				1	8	12	16	8	4	2	1	52
26				7	20	20	21	12	3	1		84
25			4	14	22	24	11	3	1			79
24		1	7	19	21	15	2	1	1			67
23		2	12	14	12	3	2					45
22		4	10	10	3	1						28
21		6	7	3								16
20		4	2									6
19	3	2	1									6
18	1	1										2
17	1											1
合计/株	5	20	43	69	88	79	55	31	12	4	2	408
平均高/m	18.6	21.2	23.0	24.4	25.2	25.7	26.2	26.8	27.0	27.4	27.8	24.8

(1)树高随直径的增大而增高。
(2)在每个径阶范围内,接近径阶平均高的林木株数最多,较高和较矮林木的株数渐少,近似于正态分布。
(3)在全林分内,株数最多径阶的树高接近于该林分的平均高。
(4)树高具有一定的变化幅度。如果林分的平均高为1.0,则林分中最大树高约为平均高的1.15倍,最小树高约为平均高的0.68。

树高结构规律可以辅助目测和检查林分平均高。例如,在同龄纯林中,测得林木最大平均树高为20 m,则林分的平均高为$20 \div 1.15$ m≈ 17 m。

1.7.2 林分调查因子

林分调查和森林经营中最常用的林分调查因子主要有:林分起源、林相(林层)、树种组成、林分年龄、林分密度、立地质量、胸径、树高、蓄积量、出材量等。

1. 林分起源

林分起源是描述林分中乔木的发育来源的标志,是分析林分生长和确定林分经营技术措施的依据之一。

根据林分起源,林分可分为天然林和人工林。由于自然媒介的作用,树木种子落在林地上发芽生根长成树木而形成的林分称作天然林;由人工直播造林、植苗或插条等造林方式形成的林分称作人工林。

无论天然林或人工林,凡是由种子起源的林分都称为实生林;当原有林木被采伐或遭受自然灾害(火烧、病虫害、风害等)被破坏后,有些树种可以由根株萌发或由根蘖中形成林分,这种林分称作萌生林或萌芽林。萌生林大多为阔叶树种,如山杨、白桦、栎类等;少数针叶树种,如杉木,也能形成萌生林。

起源不同的林木,其生长过程也不同。萌生林在早期生长较快,但衰老也早,病腐(主要是心腐)率较高,材质差,采伐年龄一般比实生林的小。因此,对于同一树种而起源不同的林分,不仅采取的经营措施不同,而且在营林中所使用的数表(如材积表、地位级表、标准林分表等)也不相同。所以,林分起源是一个不可缺少的调查因子。

2. 林相(林层)

林分中乔木树种的树冠所形成的树冠层次称作林相或林层。明显只有一个树冠层次的林分称作单层林;具有两个或两个以上明显树冠层次的林分称作复林层。在复林层中,蓄积量最大、经济价值最高的林层称为主林层,其余为次林层。林层的序号通常从上往下用罗马数字Ⅰ、Ⅱ、Ⅲ等表示。

将林分划分林层,不仅有利于经营管理,而且有利于林分调查、研究林分特征及其变化规律。我国规定划分林层的标准是:

(1)次林层平均高与主林层平均高相差20%以上(以主林层为100%)。
(2)各林层林木平均蓄积量不少于30 m^3/hm^2。
(3)各林层林木平均胸径在8 cm以上。
(4)主林层林木疏密度不小于0.3,次林层林木疏密度不小于0.2。

必须满足以上4个条件才能划分林层。

实际调查时,划分林层的主要依据是各树种或各"世代"的平均高,当主、次林层的平均高相差20%以上时,再考虑其他3个条件,最后按上述条件确定是否为复层林。次林层的平均高不足主林层的50%的林木都视为幼树,不单独划分林层,只记录幼树的更新情况。

在林分调查时,应根据林分特点和经营上的要求,因地制宜地划分林层。在林相残破、树种繁多以及林木树冠呈垂直郁闭的林分中硬性划分林层是无实际意义的。

3. 树种组成

组成林分的树种成分称作树种组成。树种组成是说明在同一林层内组成树种的名称、年龄,以及各组成树种蓄积量在林层总蓄积量中所占比重大小的调查因子。

由一个树种组成的林分称为纯林,由两个或两个以上的树种组成的林分称为混交林。在混交林中,蓄积量比重最大的树种称为优势树种;在某种立地条件下最符合经营目的的树种称为主要树种(也称目的树种)。

4. 林分年龄

林分年龄通常指林分内林木的平均年龄,它代表林分所处的生长发育阶段。

由于树木生长及经营周期较长,确定树木准确年龄又很困难,因此,林分年龄往往不是以年为单位,而是以龄级为单位。所谓龄级,就是按一定的年龄间隔(年龄范围、龄级期限)划分的年龄等级。龄级期限是根据树木生长的快慢、栽培技术和调查统计的方便程度确定的,一般慢生树种以20年为1个龄级,如云杉、冷杉、落叶松、红松等;生长速度中等的树种,以10年为1个龄级,如马尾松、栎类等;生长速度较快的树种,以5年为1个龄级,如杉木等;生长速度很快的树种,以1~3年为1个龄级,如泡桐、桉树、白杨等。龄级用罗马数字Ⅰ、Ⅱ、Ⅲ、Ⅳ……表示。

林木年龄完全相同的林分称为绝对同龄林,林木年龄变化在一个龄级范围内的林分称为相对同龄林,变化幅度超过一个龄级或一个"世代"的林分称为异龄林。

为了便于经营活动的开展和满足规划设计的需要,常按各树种的轮伐期把龄级归并为龄组,即幼龄林、中龄林、近熟林、成熟林和过熟林。通常把达到轮伐期的那一个龄级和高一个龄级的林分叫作成熟林,龄级更高的林分称为过熟林,比轮伐期低一个龄级的林分称为近熟林。其他龄级更低的林分,若龄级数为偶数,则一半为幼龄林,一半为中龄林;如果龄级数为奇数,则幼龄林比中龄林多分配一个龄级。我国《森林资源规划设计调查主要技术规定》(2003年)关于龄组的划分如表3-1-14所示。

表3-1-14 我国主要树种龄组的划分

树 种	地区	起源	龄组划分					龄级期限
			幼龄林	中龄林	近熟林	成熟林	过熟林	
红松、云杉、柏木、紫杉、铁杉	北部	天然	60及以下	61~100	101~120	121~160	161及以上	20
	北部	人工	40及以下	41~60	61~80	81~120	121及以上	20
	南部	天然	40及以下	41~60	61~80	81~120	121及以上	20
	南部	人工	20及以下	21~40	41~60	61~80	81及以上	20
落叶松、冷杉、樟子松、赤松、黑松	北部	天然	40及以下	41~80	81~100	101~140	141及以上	20
	北部	人工	20及以下	21~30	31~40	41~60	61及以上	10
	南部	天然	40及以下	41~60	61~80	81~120	121及以上	20
	南部	人工	20及以下	21~30	31~40	41~60	61及以上	10

续表

树　种	地区	起源	龄 组 划 分					龄级期限
			幼龄林	中龄林	近熟林	成熟林	过熟林	
油松、马尾松、云南松、思茅松、华山松、高山松	北部	天然	30及以下	31~50	51~60	61~80	81及以上	10
	北部	人工	20及以下	21~30	31~40	41~60	61及以上	10
	南部	天然	20及以下	21~30	31~40	41~60	61及以上	10
	南部	人工	10及以下	11~20	21~30	31~50	51及以上	10
杨、柳、桉、檫、楝、泡桐、木麻黄、枫杨	北部	人工	10及以下	11~15	16~20	21~30	31及以上	5
	南部	人工	5及以下	6~10	11~15	16~25	26及以上	5
桦、榆、木荷、枫香、珙桐	北部	天然	30及以下	31~50	51~60	61~80	81及以上	10
	北部	人工	20及以下	21~30	31~40	41~60	61及以上	10
	南部	天然	20及以下	21~40	41~50	51~70	71及以上	10
	南部	人工	10及以下	11~20	21~30	31~50	51及以上	10
栎、柞、储、栲、樟、楠、椴、水曲柳、胡杨	南北	天然	40及以下	41~60	61~80	81~120	121及以上	20
	南北	人工	20及以下	21~40	41~50	51~70	71及以上	10
杉木、柳杉、水杉	南部	人工	10及以下	11~20	21~25	26~35	36及以上	5
毛竹	南部	人工	1~2	3~4	5~6	7~10	11及以上	2

5. 平均胸径

林分平均断面积($\bar{g}$)是反映林分林木粗度的指标,但为了表达直观、方便起见,常以林分平均断面积($\bar{g}$)所对应的直径D代替,直径D则称为反映林分林木粗度的平均胸径,它是反映各树种林木特征的主要调查因子。

6. 平均高

平均高是反映林木高度平均水平的数量指标。因调查对象和要求的不同,平均高又分为林分平均高和优势木平均高。

1) 林分平均高 $\bar{H}$

林分平均高是反映全部林木总平均水平的平均高。

2) 优势木平均高 H_T

优势木平均高又称上层木平均高,简称优势高,是指林分林木分级法中所有Ⅰ级木(优势木)和Ⅱ级木(亚优势木)林木高度的算术平均数。实践中常在标准地内选测一些最粗大的优势木和亚优势木的胸径和树高,以树高的算术平均值作为优势木平均高。

优势木平均高常用于鉴定立地质量和进行不同立地质量下的林分生长的对比。因为林分平均高受抚育措施(下层抚育)影响较大,不能正确地反映林分的生长和立地质量,譬如,林分在抚育采伐前后,立地质量没有任何变化,但林分平均高却会有明显的变化,如表3-1-15所示。

表 3-1-15　抚育采伐前后主要调查因子的变化

项　　目	Ⅰ			Ⅱ		
	伐前	伐后	伐后/伐前	伐前	伐后	伐后/伐前
平均胸径/cm	7.5	8.6	1.15	6.6	7.3	1.11
平均高/m	5.5	5.7	1.04	4.1	4.5	1.10
优势木平均高/m	5.9	5.9	1.00	4.8	4.8	1.00
采伐强度/(%)	—	50	—	—	23	—
采伐上层木株数/株	—	4	—	—	—	—

这种"增长"现象称为"非生长性增长",若采用优势木平均高就可以避免这种现象的发生。

7. 立地质量指标

立地质量(又称地位质量)是对影响森林生产能力的所有生境因子(包括气候、土壤和生物)综合评价的一种量化指标。经过多年的实践分析证明,林地生产力的高低与林分高之间有着紧密关系,在相同年龄时,林分高愈高,林地的立地条件越好,林地的生产力越高。而且,林分高反映立地条件最灵敏,也比较容易测定,与平均胸径及蓄积量相比,受林分密度影响较小。所以,以既定年龄林分的平均高作为评定立地质量高低的依据为各国普遍采用。

在我国,常用的评定立地质量的指标有以下两种。

1) 地位级

依据林分平均高($\bar{H}$)与林分年龄(A)的关系编制成的表,称作地位级表。该表将同一树种的林地生产力按林分平均高的变动幅度划分 5~7 级,以罗马数字Ⅰ、Ⅱ……顺序编号,依次表示林地生产力的高低。使用地位级表评定林地的地位质量时,先测定林分平均高($\bar{H}$)和林分年龄(A),从地位级表中即可查出该林地的地位级。如果是复层混交林,则应根据主林层的优势树种确定地位级。

2) 地位指数

依据林分优势木平均高(H_T)与林分年龄(A)的相关关系,用标准年龄林分优势木平均高的绝对值作为划分林地生产力等级的数表,该表称为地位指数表。用此表中的数据所绘制的曲线称作地位指数曲线。地位指数实质上是林分在"标准年龄"(亦称"基准年龄")时的优势木平均高。采用地位指数评定林分地位质量,实际上就是不同的林分都以标准年龄(A_0)时的优势木平均高作为比较林地生产力的依据。使用地位指数时,先测定林分优势木平均高和年龄,从地位指数表中即可查得该林分林地的地位指数级。地位指数越大,立地质量越好,林分生产力就越高。

通过两种立地质量指标的比较,可发现地位指数表有以下优点:

(1) 受林分密度和抚育措施的影响较小,能较确切地反映林地生产力的差别。

(2) 地位指数直接用标准年龄时的树高值表示,能对林木的生长状况有一个具体的数量概念,也便于不同树种的比较。

(3) 使用比较方便,因为优势木平均高的测定比林分平均高的测定容易。

8. 疏密程度指标

林分密度是说明林分中林木对其所占空间的利用程度的指标,是影响林分生长和木材产量的可以人为控制的因子。通过人为对疏密程度的调整,使林分在整个生长过程中保持最佳密度,能够促进林木生长,提高木材质量,使林分达到预期的培育目的。能够用来反映林分密度的指标很多,常用的有以下三种。

1)株数密度

单位面积上的林木株数称为株数密度,简称密度。它直接反映每株树平均占有面积的大小。譬如,每公顷有林木 2500 株,则平均每株林木占地 4.0 m^2。株数密度是造林和抚育工作中常用来评定林分疏密程度的指标。

2)郁闭度(P_c)

林冠的投影面积与林地面积之比称为郁闭度,它可以反映林冠的郁闭程度和树木利用生活空间的程度。

3)疏密度(P)

林分每公顷总胸高断面积(或蓄积量)与相同条件下标准林分每公顷胸高断面积(或蓄积量)之比称为疏密度。它是反映林木利用营养空间程度的指标,也是我国森林调查中最常用的林分密度指标。

所谓标准林分,应理解为某一树种在一定年龄、一定立地条件下最完善和最大限度地利用了所占空间的林分。这样的林分疏密度等于 1.0。记载有标准林分每公顷总断面积和蓄积量依林分平均高变化的数表称为每公顷断面积蓄积量标准表,简称标准表。

9.林分蓄积量(M)

林分中所有活立木材积的总和称作林分蓄积量(M),简称蓄积。林分蓄积是重要的林分调查因子。

1)平均直径

(1)典型抽样法。

在实际工作中,为了快速测定林分平均胸径,在调查点上环顾四周的林木,目测选出大体接近中等大小的树木 3~5 株,测定其胸径,以其算术平均值作为林分的平均直径,即

$$\bar{D} = \frac{\sum_{i=1}^{n} d_i}{n} \quad (3\text{-}1\text{-}38)$$

式中,$\bar{D}$ 为平均胸径,d_i 为第 i 株树木的胸径,n 为测径株数。

(2)转换系数推算法。

根据同龄纯林的胸径结构规律,利用最粗林木胸径($D_{\max}$)、最细林木胸径($D_{\min}$)与平均胸径($\bar{D}$)的关系,量出林分中最粗和最细林木的胸径,据以近似地求出林分平均胸径,作为目测平均胸径的一个辅助手段,即

$$\bar{D} = D_{\max}/1.7 \text{ 或 } \bar{D} = D_{\min}/0.4 \quad (3\text{-}1\text{-}39)$$

(3)平均断面积法。

平均断面积法是根据直径与断面积的关系,根据平均断面积计算平均直径的方法。此法比较精确,在生产和科研工作中应用广泛,计算过程如表 3-1-16 所示。

①根据标准地每木调查材料,统计各径阶的株数(n_i)和总株数 N。

$$N = \sum_{i=1}^{k} n_i \quad (3\text{-}1\text{-}40)$$

表 3-1-16　平均胸径计算表

径阶/cm	株数/株	断面积/m²	断面积合计/m²	计 算 结 果
6	15	0.002 83	0.042 41	$\bar{g}=\dfrac{G}{N}=\dfrac{2.225\ 19}{205}\ \text{m}^2=0.010\ 85\ \text{m}^2$
8	36	0.005 03	0.180 96	
10	41	0.007 85	0.322 01	$\bar{D}=\sqrt{\dfrac{4}{\pi}\bar{g}}=11.8\ \text{cm}$
12	50	0.011 31	0.565 49	
14	38	0.015 39	0.584 96	或 $\bar{D}=\sqrt{\dfrac{\sum n_i d_i^2}{\sum n_i}}=11.8\ \text{cm}$
16	20	0.020 11	0.402 12	

②计算各径阶断面积合计 G_i。

$$G_i = g_i n_i \tag{3-1-41}$$

式中，g_i 为第 i 径阶中值的断面积，n_i 为第 i 径阶林木株数。

③计算总断面积 G。

$$G = \sum_{i=1}^{k} G_i = \sum_{i=1}^{k} g_i n_i \tag{3-1-42}$$

④计算平均断面积 $\bar{g}$。

$$\bar{g} = G/N = \sum_{i=1}^{k} g_i n_i / N \tag{3-1-43}$$

⑤计算平均直径 $\bar{D}$。

$$\bar{D} = \sqrt{\dfrac{4}{\pi}\bar{g}} = 1.128\ 4\sqrt{\bar{g}} \tag{3-1-44}$$

上述直径和断面积的换算可以直接从直径-圆面积表或圆面积合计表中查出，不必用公式计算。此外，平均直径也可用计算器按公式直接计算，公式为

$$\bar{D} = \sqrt{\dfrac{\sum n_i d_i^2}{\sum n_i}} = \sqrt{\dfrac{\sum n_i d_i^2}{N}} \tag{3-1-45}$$

式中，d_i 为第 i 径阶中值，n_i 为第 i 径阶株数，N 为总株数。

2）平均高

(1)林分平均高 $\bar{H}$。

①典型抽样法。

目测选出 3～5 株中等大小的林木，目测或用测高器测定其树高，以其算术平均值作为林分平均高。

$$\bar{H} = \dfrac{\sum_{i=1}^{n} h_i}{n} \tag{3-1-46}$$

式中，$\bar{H}$ 为林分平均高，h_i 为第 i 株树木的树高，n 为测高株数。

②转换系数推算法。

根据同龄纯林树高结构规律，利用最大树高（$h_{\max}$）、最小树高（$h_{\min}$）与林分平均高（$\bar{H}$）的关系，测量林分最大树高和最小树高，据以近似地求出林分平均高，作为目测平均树高的一个辅

助手段。按下式即可计算林分平均高

$$\bar{H} = h_{\max}/1.15 \text{ 或 } \bar{H} = h_{\min}/0.68 \tag{3-1-47}$$

③树高曲线法。

根据各径阶的平均胸径和平均高绘制树高曲线,依据林分平均胸径即可从图中查出林分平均高,该平均高称为条件平均高。树高曲线法的具体步骤如下:

根据标准地树高测定材料,用算术平均法计算各径阶的平均胸径和平均高,在方格纸上以横坐标表示胸径,以纵坐标表示树高,根据测高记录表中的数据,按比例在图中标出各径阶平均直径和平均树高的点位,并注明各点所代表的株数;

按径阶大小顺序用折线连接各点,根据折线走向用活动曲线尺(软质直尺或竹片)绘出一条均匀、光滑的树高曲线。树高曲线应通过点群中心并优先照顾株数多的点,曲线上、下各个点至曲线的距离与该点所代表株数的乘积的代数和最小。

根据林分平均直径由横坐标向上作垂线与曲线相交点的高度即为林分平均高。另外,根据各径阶中值也可由树高曲线查得径阶平均高。

④加权平均法。

加权平均法是指将各径阶林木的算术平均高与其断面积的加权平均数作为林分平均高的一种方法。这种方法一般用于较精确地计算林分平均高,其计算公式为

$$\bar{H} = \frac{\sum_{i=1}^{k} \bar{h}_i G_i}{\sum_{i=1}^{k} G_i} \tag{3-1-48}$$

式中:$\bar{h}_i$ 为第 i 径阶林木的算术平均高;G_i 为第 i 径阶断面积合计;K 为径阶个数,$i=1,2,\cdots,k$。

(2)优势木平均高 H_T。

在标准地内目测选出 3~5 株最粗大的优势木,目测或用测高器测定其树高,以其算术平均值作为优势木平均高。

3)树种组成

林分的树种组成通常用组成式表示。组成式由树种名称的代号及其在林层中所占蓄积量(或断面积)的成数(称为组成系数)构成。组成系数通常用十分法表示,即各树种组成系数之和等于"10"。组成系数的计算方法如下

$$某树种组成系数 = \frac{某组成树种的蓄积量(或断面积)}{总蓄积量(或断面积)} \times 10 \tag{3-1-49}$$

组成系数算出后按以下要求写出组成式。

(1)如果是纯林,组成系数为 10,如马尾松纯林,组成式应写成 10 马。

(2)在混交林中优势树种应写在前面,例如 7 松 3 栎。若两个树种组成系数相同,则主要树种写在前面。

(3)若计算出的组成系数为 0.2—0.5,用"＋"号表示,组成系数小于 0.2 时,用"－"号表示。

(4)复层林分应按层次写出组成式。

例 1.9 一个由落叶松、云杉、冷杉、白桦组成的混交林,写出该混交林的树种组成。

解 落叶松:$\frac{300}{550} \times 10 = 5.5 \approx 6$

云　杉：$\frac{220}{550} \times 10 = 4.0$

冷　杉：$\frac{22}{550} \times 10 = 0.4$

白　桦：$\frac{8}{550} \times 10 = 0.1$

该混交林的树种组成应为 6 落 4 云＋冷一桦。

4）每公顷胸高断面积 $G_\text{实}$

林分每公顷胸高断面积计算方法：通过标准地每木检尺后，在每木调查记录表中按树种统计各径阶株数，查直径圆面积表得到径阶单株断面积，各径阶株数乘以径阶单株断面积得各径阶断面积合计，将各径阶断面积合计相加即得该树种标准地总断面积，各树种标准地总断面积分别被标准地面积除之，即换算成该树种每公顷胸高断面积。

例 1.10　已知马尾松林标准地总断面积为 2.225 19 m²，标准地面积为 0.1 hm²，试计算马尾松林标准地每公顷胸高断面积。

解　马尾松林标准地每公顷胸高断面积为

$$\frac{2.225\ 19}{0.1}\ \text{m}^2 = 22.251\ 9\ \text{m}^2$$

另外，也可采用角规绕测法或通过测定林木平均株行距（尤其是规整的人工林）计算每公顷株数，结合已测得的平均直径值推算每公顷胸高断面积。

5）每公顷株数

林分每公顷株数计算方法：通过标准地每木检尺后，在每木调查记录表中按树种统计各径阶株数，将各径阶株数相加即得该树种标准地总株数，各树种标准地总株数分别被标准地面积除之，即换算成该树种每公顷株数。

例 1.11　已知马尾松林标准地总株数为 205 株，标准地面积为 0.1 hm²，试计算马尾松林标准地每公顷株数。

解　马尾松林标准地每公顷株数为

$$\frac{205}{0.1}\ \text{株} = 2050\ \text{株}$$

另外，也可通过测定林木平均株行距（尤其是规整的人工林）来计算每公顷株数。

6）每公顷蓄积量

(1) 标准表法。

应用标准表确定林分蓄积量时，只要测出林分平均高和每公顷总断面积（G），然后从标准表中查出对应于平均高的每公顷标准断面积（$G_{1.0}$）和标准蓄积量（$M_{1.0}$），按下式计算每公顷蓄积量（M）

$$M = \frac{G}{G_{1.0}} M_{1.0} = p M_{1.0} \tag{3-1-50a}$$

由于 $M_{1.0}/G_{1.0} = H_f$，因此，依林分平均高从形高表中查出形高值后，也可用下式计算林分每公顷蓄积量（M）

$$M = G H_f \tag{3-1-50b}$$

例 1.12　测得某马尾松林分平均高为 12.5 m，每公顷总断面积为 22.251 9 m²，求林分每公顷蓄积量。

解 根据林分平均高从表中查得，$G_{1.0}=33.8\ \text{m}^2/\text{hm}^2$，$M_{1.0}=210.7\ \text{m}^3/\text{hm}^2$，$H_f=6.230$，则该林分每公顷蓄积量为

$$M=\frac{G}{G_{1.0}}M_{1.0}=\frac{22.251\ 9}{33.8}\times 210.7\ \text{m}^3/\text{hm}^2=138.71\ \text{m}^3/\text{hm}^2$$

或

$$M=GH_f=22.251\ 9\times 6.230\ \text{m}^3/\text{hm}^2=138.63\ \text{m}^3/\text{hm}^2$$

(2)平均实验形数法。

先测出林分平均高($\overline{H}$)与总断面积(G)，再从我国主要乔木树种平均实验形数表中查出相应树种的平均实验形数(f_o)值，代入下式计算标准地蓄积量

$$M_1=G(\overline{H}+3)\cdot f_o \tag{3-1-51}$$

例 1.13 经调查，某马尾松林分总断面积 $G=2.225\ 19\ \text{m}^2$，林分平均高 $\overline{H}=12.5\ \text{m}$，从我国主要乔木树种平均实验形数表中查得马尾松树种的平均实验形数 $f_o=0.39$，则该林分每公顷蓄积量为多少？

解 该标准地蓄积量为

$$M_1=G(\overline{H}+3)\cdot f_o=2.225\ 19\times(12.5+3)\times 0.39\ \text{m}^3=13.451\ 3\ \text{m}^3$$

林分每公顷蓄积量为

$$M=13.451\ 3/0.1\ \text{m}^3/\text{hm}^2=134.513\ \text{m}^3/\text{hm}^2$$

(3)材积表法。

根据立木材积与胸径、树高和干形三要素之间的相关关系而编制的，记录有各种大小树干平均单株材积的数表，叫作立木材积表。

在生产实践中，为了提高工作效率，林分蓄积量更多的是应用预先编制好的立木材积表来确定的。

①一元材积表。

根据胸径与材积的相关关系编制的材积数表称为一元材积表。一元材积表的一般形式是分别径阶列出单株树干平均材积，如表 3-1-17 所示。

表 3-1-17 马尾松一元材积表

径阶/cm	6	8	10	12	14	16	18
材积/m³	0.010 8	0.035 1	0.059 7	0.098 1	0.131 1	0.177 2	0.230 9

一元材积表只考虑材积随胸径的变化。但在不同条件下，胸径相同的林木，树高变动幅度很大，对材积颇有影响，因而一元材积表一般只在较小的地域范围内使用，故又称其为地方材积表。一元材积表中只列出树干带皮材积，但也有列出商品材积或附加有各径阶平均高或平均形高的。

利用一元材积表测定林分蓄积量的方法及过程很简单，即根据标准地每木调查结果，根据树种选用一元材积表，按径阶(按径阶中值)从一元材积表中查出各径阶单株平均材积值，再乘以径阶林木株数，即可得到径阶材积。各径阶材积之和就是该树种标准地蓄积量，各树种的蓄积量之和就是标准地总蓄积量。依据这个蓄积量及标准地面积计算每公顷蓄积量，再乘以林分面积，即可求出整个林分的蓄积量。具体计算过程如表 3-1-18 所示。

表 3-1-18　利用一元材积表计算林分蓄积量

径阶/cm	株数/株	单株材积/cm³	径阶材积/m³
6	15	0.010 8	0.162 0
8	36	0.035 1	1.263 6
10	41	0.059 7	2.447 7
12	50	0.098 1	4.905 0
14	38	0.131 1	4.981 8
16	20	0.177 2	3.544 0
18	5	0.230 9	1.154 5
合计	205		18.458 6

树种：马尾松
林分面积：10.6 hm²
标准地面积：0.1 hm²
标准地蓄积量：18.458 6 m³
每公顷蓄积量：$M = 18.458\ 6/0.1\ \mathrm{m^3/hm^2} = 184.586\ \mathrm{m^3/hm^2}$
林分蓄积量：$M_1 = 184.586 \times 10.6\ \mathrm{m^3} = 1956.611\ 6\ \mathrm{m^3}$

②二元材积表。

根据树高和胸径两个因子与材积的相关关系编制的材积数表称为二元材积表。

二元材积表与一元材积表的不同之处主要是，二元材积表考虑了不同条件下树高变动幅度对材积的影响，使用范围较广，又是最基本的材积表，故又叫一般材积表或标准材积表，如表 3-1-19所示。

表 3-1-19　广西马尾松二元材积表（节录）

V/m³　H/m　D/cm	9	10	11	12	13	14	15	16	17	18
6	0.014 7	0.016 1	0.017 6	0.019 0	0.020 5	0.021 9	0.023 3	0.024 7		
8	0.025 1	0.027 6	0.030 1	0.032 6	0.035 0	0.037 4	0.039 8	0.042 2	0.044 6	0.046 9
10	0.038 1	0.041 9	0.045 7	0.049 4	0.053 1	0.056 8	0.060 4	0.064 0	0.067 6	0.071 2
12	0.053 6	0.058 9	0.064 2	0.069 4	0.074 6	0.079 8	0.084 9	0.090 0	0.095 0	0.100 1
14	0.071 4	0.078 6	0.085 6	0.092 6	0.099 5	0.106 4	0.113 2	0.120 0	0.126 7	0.133 4
16	0.091 7	0.100 8	0.109 8	0.118 8	0.127 7	0.136 5	0.145 3	0.154 0	0.162 6	0.171 2
18	0.114 2	0.125 6	0.136 8	0.148 0	0.159 1	0.170 1	0.181 0	0.191 8	0.202 6	0.213 3

材积计算公式

$$V = 0.714\ 265\ 437 \times 10^{-4} D^{1.867\ 010} H^{0.901\ 463\ 2}$$

应用二元材积表测算林分蓄积量，一般是经过标准地调查，得到各径阶株数和树高曲线后，根据径阶中值从树高曲线上读出径阶平均高，再依径阶中值和径阶平均高（取整数或用内插法）从二元材积表中查出各径阶单株平均材积，也可将径阶中值和径阶平均高代入材积计算公式计算出各径阶单株平均材积。径阶材积、标准地蓄积量、每公顷蓄积量及林分蓄积量的计算方法同一元材积表法。利用二元材积表计算林分蓄积量如表 3-1-20 所示。

表 3-1-20 利用二元材积表计算林分蓄积量

株数/株	平均高/m	单株材积/m³	径阶材积/m³	
15	6.0	0.010 2	0.152 8	树种:马尾松
36	8.8	0.024 6	0.886 5	林分面积:10.6 hm²
41	11.0	0.045 7	1.872 5	标准地面积:0.1 hm²
50	12.2	0.070 5	3.523 6	标准地蓄积量:14.405 7 m³
38	14.0	0.106 4	4.042 6	每公顷蓄积量:$M = \dfrac{14.405\ 7}{0.1}$ m³/hm² = 144.057 m³/hm²
20	15.3	0.147 9	2.957 7	林分蓄积量:$M_1 = 144.057 \times 10.6$ m³ = 1527.004 2 m³
5	16.2	0.194 0	0.970 0	
205			14.405 7	

(4)平均标准木法。

林分中胸径、树高、形数与林分的平均直径、平均高、平均形数都相等的树木称为平均标准木。根据平均标准木的实测材积推算林分蓄积量的方法,称作平均标准木法。具体测算步骤如下:

①在标准地内进行每木调查,用平均断面积法计算平均直径;

②实测一定数量树木的胸径、树高,绘制树高曲线,并从树高曲线上确定林分平均高;

③选1~3株与林分平均胸径和林分平均高相接近(一般要求相差不超过±5%)且干形中等的树木作为平均标准木,将该树木伐倒并用区分求积法实测其材积;

④按下式计算标准地蓄积量,再按标准地面积把蓄积量换算为单位面积蓄积量(m³/hm²),具体算例如表 3-1-21 所示。

$$M_1 = \frac{G \sum_{i=1}^{n} V_i}{\sum_{i=1}^{n} g_i} \tag{3-1-52}$$

式中,n 为标准木株数,V_i 和 g_i 为第 i 株标准木材积和断面积,G 和 M 分别为标准地的总断面积和蓄积量。

表 3-1-21 平均标准木法计算蓄积量表

树种:马尾松　　　　　　　　　　　　　　　　　　　　　　　　标准地面积:0.1 hm²

径阶/cm	株数/株	断面积/m²	平均标准木			实际标准木					蓄积量
			断面积/m²	胸径/cm	树高/m	编号	胸径/cm	断面积/m²	树高/m	材积/m³	
6	15	0.042 41									标准地蓄积量:
8	36	0.180 96									$M_1 = \dfrac{G \sum_{i=1}^{n} V_i}{\sum_{i=1}^{n} g_i}$
10	41	0.322 01	$\dfrac{2.225\ 18}{205}$	11.8	12.5	1	11.8	0.010 94	12.6		
12	50	0.565 49	$= 0.010\ 86$			2	12.0	0.011 31	13.0		$= 2.225\ 18 \times \dfrac{0.144\ 9}{0.022\ 25}$ m³
14	38	0.584 96									$= 14.491\ 2$ m³
16	20	0.402 12									林分每公顷蓄积量:
18	5	0.127 23									$M = 14.491\ 2/0.1$ m³/hm²
合计	205	2.225 18						0.022 25		0.144 9	$= 144.912$ m³/hm²

7)材种出材量计算

利用图解法或数式法编制根据胸径确定材种出材率的数表,该表称为一元材种出材率表,如表3-1-22所示。

表3-1-22中各级原木的划分标准和适用材种如表3-1-23所示。

表3-1-22 广西杉木材种出材率表(节录)

径阶/cm	树皮率/(%)	国家规格材				短小材	总计
		大原木	中原木	小原木	小计		
6	22.4					40.8	40.8
8	21.7			12.0	12.0	37.2	49.2
10	21.2			41.5	41.5	20.0	61.5
12	20.7			60.0	60.0	5.7	65.7
14	20.4			69.5	69.5	1.6	71.1
16	20.1			73.8	73.8	0.5	74.3
18	19.8			76.3	76.3	0.5	76.8
20	19.6			77.3	77.3	0.4	77.7
22	19.3		4.4	73.7	78.1	0.4	78.5
24	19.2		18.6	60.1	78.7	0.3	79.0
26	19.0		35.4	43.7	79.1	0.3	79.4
28	18.8		44.5	34.8	79.3	0.3	79.6
30	18.7	11.8	39.5	28.2	79.5	0.3	79.8
32	18.5	20.3	36.1	23.2	79.6	0.3	79.9
34	18.4	29.9	30.5	19.3	79.7	0.3	80.0

表3-1-23 广西杉木各级原木的划分标准和适用材种

类 别	级 别	规 格		适 用 材 种
		原木小头去皮直径/cm	原木长度/cm	
国家规格材	大原木	≥26	≥2	枕资、胶合板材
	中原木	20~26	≥2	造船材、车辆材、一般用材、桩木、特殊电杆
	小原木	6~20	≥2	二等坑木、小径民用材、造纸材、普通电杆、车立柱

8)郁闭度

郁闭度的测定方法有树冠投影法、测线法、样点法(统计法)等。在一般情况下常采用简单易行的样点法,即在林分调查中,机械设置 N 个样点,在各样点位置上采用抬头垂直仰视的方法,判断该样点是否被树冠覆盖,统计被覆盖的样点数(n),利用下式计算出林分的郁闭度 P_c。

$$P_c = \frac{n}{N} \tag{3-1-53}$$

此外,在森林调查工作中,有经验的调查人员可以根据树冠情况、枝叶的透光情况,采用目测法估计林冠空隙的百分比来确定郁闭度。

9)疏密度

疏密度常用如下方法来确定。

(1)通过目测郁闭度来确定。一般情况下,幼龄林的疏密度较郁闭度小 0.1~0.2,中龄林的疏密度与郁闭度相近,成、过熟林的疏密度较郁闭度大 0.1~0.2。郁闭度可根据样点法目测林层的树冠垂直投影而定。

(2)调查现实林分每公顷胸高断面积 $G_实$ 或蓄积量 $M_实$,根据已测得的林分平均高,查标准表得到标准林分每公顷胸高断面积 $G_{1.0}$ 或蓄积量 $M_{1.0}$,然后按下式计算林分疏密度 P

$$P = \frac{G_实}{G_{1.0}} = \frac{M_实}{M_{1.0}} \tag{3-1-54}$$

例 1.14 广西某林场马尾松林分,测得林分平均高为 12.5 m,每公顷胸高断面积为 22.251 9 m^2,根据林分平均高从表中查出标准林分相应的每公顷断面积为 33.8 m^2,则该林分疏密度为多少?

解 该林分疏密度为

$$P = \frac{G_实}{G_{1.0}} = \frac{22.251\ 9}{33.8} = 0.66$$

10)林分平均年龄

林分调查时,通常根据林层按树种调查计算林分的平均年龄,其计算方法一般有两种。

(1)算术平均年龄。

当查定年龄的林木株数较少时,往往采用算术平均年龄,即

$$\bar{A} = \frac{\sum_{i=1}^{n} A_i}{n} \tag{3-1-55}$$

式中:$\bar{A}$ 为林分平均年龄;A_i 为第 i 株林木的年龄;n 为查定年龄的林木株数,$i=1,2,\cdots,n$。

(2)加权平均年龄。

当查定年龄的林木株数较多时,采用断面积加权的方法计算平均年龄,即

$$\bar{A} = \frac{\sum_{i=1}^{n} G_i A_i}{\sum_{i=1}^{n} G_i} \tag{3-1-56}$$

式中:$\bar{A}$ 为林分平均年龄;n 为查定年龄的林木株数,$i=1,2,\cdots,n$;A_i 为第 i 株林木的年龄;G_i 为第 i 株林木的胸高断面积。

11)立地质量

(1)确定地位级。

在调查优势树种的平均高和平均年龄后,利用地位级表确定地位级。

例 1.15 测得红松林分平均高为 15.7 m,平均年龄为 82 年,从地位级表中可查得其地位级为Ⅱ地位级。

(2)确定立地指数。

立地指数是根据优势树种的优势木树高和平均年龄利用立地指数表确定的。

例 1.16 福建某杉木林分优势木平均年龄为 16 年时的平均高为 17.6 m,从表或图中可查得地位指数为"20",说明该林分在标准年龄为 20 年时优势木平均高可达 20 m,表明该杉木林地生产力较高。

上面所介绍的各调查因子的调查技术,在实际工作中不能生搬硬套,因为林木的结构规律是受环境条件影响的。因此,在调查时既要考虑各调查因子之间的关系,又要考虑各调查因子因环境因子的影响而发生的变化。

林分因子测定计算表如表 3-1-24 所示。

表 3-1-24 林分因子测定计算表

标准地号	林层	树种组成	平均直径	平均树高	平均年龄	平均优势高	地位指数	地位级	每公顷胸断面积	郁闭度	疏密度	每公顷株数	每公顷蓄积量			材种出材量
													标准表法	平均实验形数法	二元材积表法	

调查员: 日期: 年 月 日

1.8 角规测树

1.8.1 角规测树的概念

角规是利用一定视角(临界角)设置半径可变的圆形标准地来进行林分测定的一种测树工具。角规测树就是在林分中选择有代表性的地点,按照既定视角测定每公顷胸高断面积。

角规测树理论严谨,方法简便易行,只要严格按照技术要求操作,便能取得满意的调查结果。因此,角规测树是一种高效、准确的测定技术。

1.8.2 角规的种类

1. 水平角规

水平角规亦称简易角规、杆状角规、尺形角规、杆式角规等。其构造很简单,在长度为 L 的木杆或直尺的一端安装一个缺口宽度为 l 的金属片,即可构成一个水平角规,杆的一端中央位置 P 点与缺口为等腰三角形 BPC 的顶点,其腰长为 L,顶角为 α,如图 3-1-23 所示。角规的缺口宽度与杆长之比(l/L)称作角规定比,其顶角称为视角 α,$\alpha=2\arctan(l/2L)$。常用的水平角规定比如表 3-1-25 所示。

表 3-1-25　不同断面积系数的角规定比与视角

角规系数 F_g	缺口固定/cm		尺长固定/cm		视角 α
	L	l	L	l	
0.5	70.71	1	50.00	0.71	0°48′37.1″
1	50.00	1	50.00	1.00	1°08′45.4″
2	35.36	1	50.00	1.41	1°37′14.2″

2. 片形角规

片形角规也称角规片。为便于携带,将水平角规的杆长改为绳长,即在圆形金属薄片上切开几种宽度的缺口,自角规片中央装上不易伸缩的尼龙绳,并标出与不同宽度缺口保持一定比例关系的绳长,以便选用,如图 3-1-24 所示。在使用片形角规时,应注意角规片上缺口的选用。一般角规片上常开三个缺口,其宽度分别为 0.71 cm、1.00 cm 和 1.41 cm,当绳长固定为 50 cm 时,其角规系数 F_g 分别为 0.5、1 和 2。在使用片形角规(角规片)时,应注意绳长的固定,保证有正确的角规系数 F_g 值。

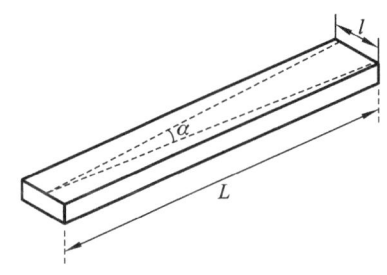

图 3-1-23　杆式角规示意图

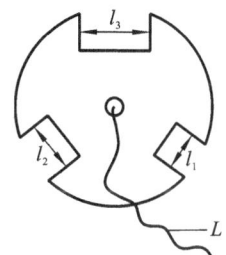

图 3-1-24　片形角规示意图

3. 自平曲线角规

自平曲线角规是一种带自动改正坡度功能的角规测器,通过改变杆长和缺口的比值来实现改正坡度功能。在坡地上进行角规观测时,为能直接观测判断树木是否计数(计数原则同水平角规),可根据角规观测点与观测树干位置之间的坡度(θ),通过增加角规的杆长(即 $L_\theta = L \cdot \sec\theta$)或缩小缺口宽度(即 $l_\theta = l \cdot \cos\theta$)来实现。图 3-1-25 所示是由南通光学仪器厂生产的 LZG-1 型自平曲线杆式角规,它在简易杆式角规的基础上做了以下两点改进。

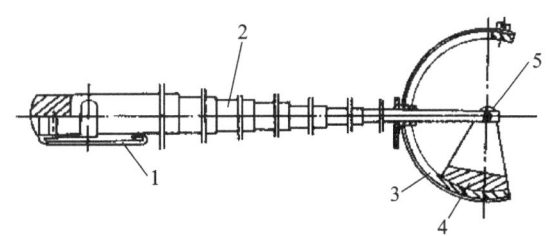

图 3-1-25　自平曲线杆式角规
1.挂钩;2.指标拉杆;3.曲线缺口图;4.平衡座;5.小轴

(1)角规杆改为长度可变,具有两种比例的不锈钢拉杆,不用时拉杆可套缩起来,便于携带;使用时按照选定的角规系数,将拉杆拉到规定的长度,即可观测使用。

(2)具有自动改正坡度的功能,即将角规一端的金属片缺口改为可在上下垂直方向上自动转动的半圆形金属缺口圈,圈的下端附有一个较重的平衡座,以保证金属缺口圈始终与地面垂直。在角规拉杆呈水平状态时,金属缺口圈内与角规杆先端截口相切的缺口宽度为 1 cm,对应的拉杆长度为 50 cm,即角规系数 $F_g=1$。当坡度为 θ 时,拉杆与坡面平行,其倾斜角亦为 θ,金属缺口圈也相应转动 θ,金属缺口圈内的缺口宽度 l_θ 相应变窄为 $l \cdot \cos\theta (l=1.0 \text{ cm})$。用此角规测器观测时,可根据每株树干胸高与观测者立于样点处的眼高之间的倾斜角 θ 逐株自动进行坡度改正,所计数的树木株数就是改正成水平状态后的计数,再乘以角规系数,即得到林分每公顷胸高断面积。这种角规使用起来十分方便。

1.8.3 实训方法与步骤

1. 角规点位置的选择和数量的确定

根据林分树木分布情况、林地视野条件,按典型或随机抽样的原则设置角规点,避免在过疏或过密处设置角规点,所选定的角规点应有一定的代表性,一般不能落入林缘带。当角规点位于林缘带时,样圆有可能超出林地边界范围。因样圆超出林地边界范围而带来的角规绕测误差,称为林缘误差。消除林缘误差的方法是:角规点离林分边界的水平距离应大于或等于最大有效圆半径。可根据林缘附近最粗树木的胸径 $d_{\max}$ 及所用角规的角规系数 F_g,计算出最大有效样圆半径 $R_{\max}$,并以此为据规划出林缘带,不在林缘带内设置角规点。

例 1.17 测得林分边缘最粗树木直径 $d=38$ cm,若用 $F_g=1$ 的角规进行测量,则最大有效样圆半径为多少?

解 最大有效样圆半径为

$$R_{\max} = \frac{50}{\sqrt{F_g}} \cdot d = 50 \times 38 \text{ cm} = 19 \text{ m}$$

角规点的数量应根据林分面积按表 3-1-26 或按照调查目的和精度要求来确定。

表 3-1-26 林分调查角规点数量的确定($F_g=1$)

林分面积/hm²	1	2	3	4	5	6	7~8	9~10	11~15	>16
角规点个数/个	5	7	9	11	12	14	15	16	17	18

2. 角规系数的选择与检查

1)角规系数的选择

根据经验,每个测点的计数株数在 15 株左右较为适宜。在不同的林分测定断面积时,可根据林分平均直径、疏密度、通视条件及林木分布状况等因素选用适当大小的角规系数,具体参见表 3-1-27。

表 3-1-27 林分特征与选用角规系数参数表

林 分 特 征	角规系数(F_g)
平均直径为 8~16 cm 的中龄林;任意平均直径,但疏密度为 0.3~0.5 的林分	0.5
平均直径为 17~28 cm,疏密度为 0.6~1.0 的中、近熟林	1.0
平均直径为 28 cm 以上,疏密度为 0.8 以上的成、过熟林	2 或 4

2)角规系数的检查

角规系数是根据缺口宽度 l 与杆长 L 的比值来确定的。水平角规应检查其杆长 L 与缺口宽度 l 的准确性,片形角规(角规片)重点检查绳长的规范性,以保证角规系数的正确。具体各角规系数的缺口宽度 l 与杆长 L 的比值如表 3-1-25 所示。

3. 角规测定每公顷胸高断面积

1)角规绕测与坡度改正

为了保证观测部位的准确性,可先标示出测点周围有可能观测的树木的胸高位置,分别用水平角规、片形角规(角规片)和自平曲线角规,在测点上将无缺口的一端紧贴于眼下,选一起点,用角规依次观测周围所有林木的胸高部位,顺、逆时针方向绕测周围树木的胸高断面积两次,按角规计数原则分别计数,在符合精度(计数值误差小于 1)后,计算平均计数值。

(1)凡缺口的两条视线与胸高断面"相割"的树木,计数为"1"。

(2)凡缺口的两条视线与胸高断面"相切"的树木,计数为"0.5"。

(3)凡缺口的两条视线与胸高断面"相离"的树木,不计数。

当使用水平角规、片形角规(角规片)进行角规观测时,还应利用测坡器测量该角规点计数范围内林地的平均坡度值(θ)。若坡度 $\theta > 5°$,则绕测计数结果应进行坡度改正,即

$$Z = Z_\theta \sec\theta \qquad (3\text{-}1\text{-}57)$$

当使用自平曲线角规进行绕测时,因可自动进行单株树木的坡度修正,故不必再进行坡度改正。

2)角规控制检尺

通过视角的视线明显相割或相离的树木容易确定,接近相切临界状态的树木往往难以判断,而临界树木又很少,对于难判断相切与否的树木,可进行角规控制检尺,即实测该树木胸径 d,并用皮尺量出测点与树干中心的距离 s,先按临界距公式计算该胸径树木的样圆半径 R,即

$$R = \frac{50d}{\sqrt{F_g}} \qquad (3\text{-}1\text{-}58)$$

或

$$R = \frac{L}{l}d \qquad (3\text{-}1\text{-}59)$$

当角规系数 $F_g = 0.5$ 时,样圆半径 $R = 70.71\ d$;

当角规系数 $F_g = 1.0$ 时,样圆半径 $R = 50.00\ d$;

当角规系数 $F_g = 2.0$ 时,样圆半径 $R = 35.36\ d$;

当角规系数 $F_g = 4.0$ 时,样圆半径 $R = 25.00\ d$。

再根据测点与树干中心的距离 s 与样圆半径 R 的关系来判断:

如果 $s < R$,树木位于样圆范围内,则相割;

如果 $s = R$,树木正好位于样圆边界上,则相切;

如果 $s > R$,树木位于样圆范围外,则相离。

4. 林分平均直径、树高的测定

对于每一角规样点,在其周围根据树种选择 3~5 株大小中等、生长正常的林木,测量其直径和树高,并计算其算术平均值,然后采用每公顷断面积加权平均法计算小班各树种平均直径和平均高,平均直径精确到 0.1 cm,平均高精确到 0.1 m。

5. 林分每公顷胸高断面积、每公顷蓄积量的计算

1）林分每公顷胸高断面积的计算

(1) 计算出各测点经坡度改正后的角规计数值，即 $Z_j = Z_{j\theta} \sec\theta$。

(2) 每个测点经坡度改正后的角规计数值乘以角规系数（F_g），即为该点所测的每公顷胸高断面积，即 $G_j = F_g \cdot Z_j$。

(3) 求出各测点的每公顷胸高断面积的平均值，即为林分每公顷胸高断面积，即 $G = \dfrac{1}{k} \sum\limits_{j=1}^{k} G_j$。

2）林分每公顷蓄积量的计算（形高法）

通过林分平均高 H 和林分每公顷胸高断面积 G，选择当地的标准表，即可计算各角规点的林分每公顷蓄积量，即

$$M = G \dfrac{M_{标}}{G_{标}} \tag{3-1-60}$$

或

$$M = G h_f \tag{3-1-61}$$

式中，$M_{标}$、$G_{标}$、h_f 为由林分平均高 H 查得的标准林分的蓄积量、断面积和形高。

6. 其他因子的测算

1）树种组成的测定

在混交林中进行角规测定时，将角规绕测计数值按树种记录，可推算出林分树种比例。设某树种角规绕测计数株数为 Z_i，则该树种每公顷胸高断面积为 $G_i = F_g Z_i$。

用角规测得的各树种的计数株数 Z_i 或每公顷胸高断面积 G_i 与林分总计数株数 Z 或每公顷胸高断面积 G 的比值，即为各树种组成系数。

2）林分疏密度的计算

利用角规绕测得到的林分每公顷胸高断面积 G 与根据所测定林分的平均高 H，查相应树种的标准表所得到的标准林分每公顷胸高断面积 $G_{1.0}$ 之比，即为林分疏密度 P，即

$$P = G/G_{1.0} \tag{3-1-62}$$

例 1.18 有一马尾松林分，经角规绕测得到林分每公顷胸高断面积为 16.5 m²，测得林分的平均高为 12.5 m，从马尾松树种的标准表中可查得 $G_{1.0} = 33.8 \text{ m}^2/\text{hm}^2$，则该林分疏密度为多少？

解 该林分疏密度为
$$P = G/G_{1.0} = 16.5/33.8 = 0.49$$

3）每公顷林木株数的计算

根据角规测定的林分每公顷胸高断面积 G 和林分平均胸径，按下列公式计算林分每公顷林木株数，即

$$N = \dfrac{G}{g} = \dfrac{4 F_g Z}{\pi \bar{d}^2} \tag{3-1-63}$$

式中，Z 为角规绕测计数株数，$\bar{d}$ 为林分平均胸径。

7. 注意事项

(1) 角规观测点的选取应有一定的代表性,防止在林分过密、过稀处或林缘带上设置角规观测点。

(2) 为了保证角规系数的正确性,在使用角规片时应注意保证绳长的固定。

(3) 角规观测时应将无缺口的一端(杆柄或固定绳长端)紧贴于眼下,并通过缺口观测树木胸高位置,以保证角规系数的正确性。

(4) 严格按角规绕测操作要求进行角规观测,避免重测与漏测。

(5) 野外测定时注意安全,保管好仪器用品。

1.9 林分生长量测定

1.9.1 林分生长的规律

林分的生长与单株树木的生长是不同的。单株树木在伐倒或死亡之前,其直径、树高、材积总是随着年龄的增大而增大;而林分生长量通常是指林分蓄积的生长量,即组成林分的树木材积消长的累积。然而林分生长过程与单株树木生长过程截然不同:单株树木生长过程属于"纯生型";而林分生长过程,由于森林存在自然稀疏现象,所以属于"生灭型"。显然,林分生长要比单株树木生长复杂得多。

林分生长量一般是指林分蓄积量随着年龄的增长所发生变化的量。林分生长与单株树木生长不同。单株树木在伐倒或死亡之前,其直径、树高和材积总是随着年龄的增长而增加。而在林分生长过程中,有消长两种对立的作用同时发生:一方面,活着的林木的材积逐年增加,使林分蓄积量不断增加;另一方面,因自然稀疏或抚育间伐以及其他原因,一部分林木死亡,林分蓄积量减少。当林分处于生长旺盛阶段时,因林木株数减少而减少的蓄积量小于活立木的生长量,故林分蓄积量不断增加;到某个年龄阶段,因林木株数减少而减少的蓄积量与活立木的生长量相等时,林分蓄积量达到最大值;进入衰退阶段,林分蓄积量开始减少,直到林木全部衰亡。因此,林分生长量不但是一定时间内林木生长量的总和,还包含这一期间内因自然稀疏和抚育采伐所减少的树木总量。所以林分生长量实际上是林分中两类林木材积生长量的代数和:一类是使林分蓄积量增加的所有活立木材积生长量,另一类则是使林分蓄积量减少的枯损林木的材积(枯损量)和间伐量。为此,林分的生长发育可分为以下五个阶段(见图 3-1-26)。

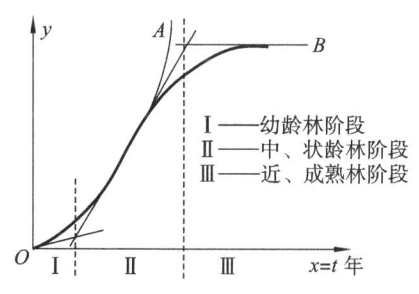

图 3-1-26 林分生长发育曲线图

Ⅰ——幼龄林阶段
Ⅱ——中、状龄林阶段
Ⅲ——近、成熟林阶段

(1) 幼龄林阶段:在此阶段由于林木间尚未发生竞争,林木自然枯损量接近于零,所以林分生长量在不断增加。

(2) 中龄林阶段:林木间的竞争导致自然稀疏现象,但林分蓄积正的生长量仍大于自然枯损量,因而林分生长量仍在增加。

(3) 近熟林阶段:随着竞争的加剧,自然稀疏急速增加,此时林分蓄积正的生长量等于自然枯损量,反映出林分生长量的增加速度逐渐减缓。

(4)成熟林阶段:林分生长量增加速度减缓直至停滞不前。

(5)过熟林阶段:此时林分蓄积正的生长量小于自然枯损量,反映出林分生长量在下降,最终被下一代林木所更替。

测定林分生长量,在森林经营管理上有很重要的意义。林分生长量既能反映立地条件的好坏和森林生产能力的高低,又可以作为判断营林效果以及确定年伐量和主伐年龄的重要依据。

1.9.2 林分生长量

1. 林分生长量的种类

根据测定因子的不同,林分生长量分为平均胸径生长量、平均树高生长量、林分蓄积生长量。在林分生长过程中,林木株数按胸径的分布每年都在发生变化,如果在两次测定期间内所有林木的胸径定期生长量恰好是一个径阶(例如 2 cm),则整个林分的株数按胸径的分布都向右移一个径阶,同时在此期间内林分还发生许多变化:有些林木被间伐,有些林木因受害、被压等原因而死亡,有些林木在期初测定时未达到起测径阶而期末测定时已进入起测径阶,还有不少林木在两次测定期间内增加一个径阶。因此,在期初和期末调查时,林分胸径分布呈现如图 3-1-27 所示的状态。据此,林分生长量大致可以分为以下几类:

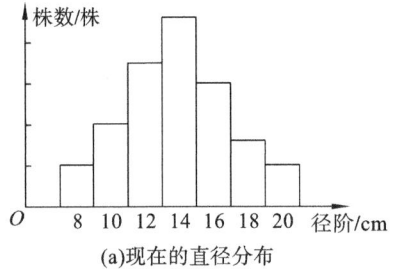 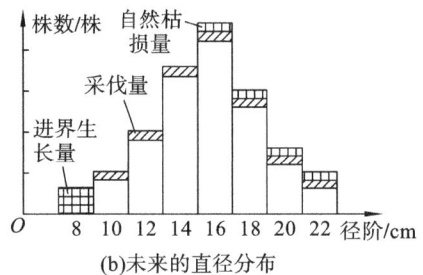

图 3-1-27　林分直径分布的动态转移

(1)毛生长量(gross growth,记作 Z_{gr}),也称粗生长量,它是林分中全部林木在调查间隔期内生长的总材积。

(2)纯生长量(net growth,记作 Z_{ne}),也称净生长量,它是毛生长量减去调查间隔期间内自然枯损量以后生长的总材积,亦即净增量与采伐量之和。

(3)净增量(net increase,记作 Δ),是期末材积(V_b)和期初材积(V_a)之差,即 $\Delta = V_b - V_a$,是通常所用的生长量。

(4)自然枯损量(mortality,记作 M_0),是调查期间内因各种自然原因而死亡的林木材积。

(5)采伐量(cut,记作 C),一般指抚育间伐的林木材积。

(6)进界生长量(ingrowth,记作 I),指期初调查时未达到起测径阶,在期末调查时已长大进入检尺范围内的林木的材积。

2. 林分生长量之间的关系

根据几种生长量的定义可得出,林分各种生长量之间的关系可用下述公式表示。

1)林分生长量中包括进界生长量

$$\Delta = V_b - V_a \tag{3-1-64}$$

$$Z_{ne}=\Delta+C=V_b-V_a+C \tag{3-1-65}$$
$$Z_{gr}=Z_{ne}+M_0=V_b-V_a+C+M_0 \tag{3-1-66}$$

2)林分生长量中不包括进界生长量
$$\Delta=V_b-V_a-I \tag{3-1-67}$$
$$Z_{ne}=\Delta+C=V_b-V_a-I+C \tag{3-1-68}$$
$$Z_{gr}=Z_{ne}+M_0=V_b-V_a-I+C+M_0 \tag{3-1-69}$$

由上面两组公式可知,林分的生长量实际上是两类林木生长量的总和:一类是在期初和期末两次调查时都被测定过的林木,即在整个调查期间都生长着的活立木的生长量(V_b-V_a-I),这些林木在森林经营过程中称为保留木;另一类是在期初和期末两次调查时只被测定过一次的林木生长量(即期初未测定、期末测定的进界生长量 I 和期初测定、期末未测定的采伐量 C 和自然枯损量 $C+M_0$)。因此,这些林木只在调查期间生长了一段时间,但也有相应的生长量存在。

例 1.19 某林场 2010 年、2012 年两次固定样地测定每公顷蓄积量为 121.1 m³、123.6 m³,期间的自然枯损量为 1.496 m³,采伐量为 1.391 m³,进界生长量为 0.136 m³,则此期间(2 年)毛生长量、纯生长量和净增量是多少?

解 (1)包含进界生长量:
$\Delta=V_b-V_a=(123.6-121.1)$ m³ $=2.5$ m³
$Z_{ne}=\Delta+C=(2.5+1.391)$ m³ $=3.891$ m³
$Z_{gr}=Z_{ne}+M_0=(3.891+1.496)$ m³ $=5.387$ m³

(2)不包含进界生长量:
$\Delta=V_b-V_a-I=(123.6-121.1-0.136)$ m³ $=2.364$ m³
$Z_{ne}=\Delta+C=(2.364+1.391)$ m³ $=3.755$ m³
$Z_{gr}=Z_{ne}+M_0=(3.755+1.496)$ m³ $=5.251$ m³

1.10 森林抽样调查方案的设计

1.10.1 森林调查技术概述

1. 森林调查技术的概念

森林调查实质上就是对森林进行数量和质量的评价。森林调查技术是研究、探测和取得森林资源信息的理论和方法的学科。在林业生产建设中,取得可靠的森林资源信息资料、了解森林的资源状况及其变化规律是十分重要的。这是因为林业生产必须依照客观规律进行,才能达到合理地开发、经营和永续利用森林的目的。

2. 森林调查的任务

森林调查的任务是用科学的方法和先进的技术手段,查清森林资源数量、质量及其消长变化状况、变化规律,进行综合分析和评价,为国家、地区制定林业方针、政策提供依据,为林业部门、森林经营单位编制林业区划、规划、计划,指导林业生产提供基础资源数据,同时为林业各学科研究分析提供对树木、森林测定的理论、方法和技术,为实现森林合理经营、科学管理、永续利用、持续发展,充分发挥森林生态效益、经济效益、社会效益服务。森林调查也是合理组织生产的基础、检查经营效果的重要手段。

森林调查的任务取决于森林调查的种类和目的。

从1949年起,我国的森林调查事业开始进入一个崭新的时期。六十多年来,从中央到地方陆续建立了森林资源管理体系,基本查清了全国森林资源。在总结新中国成立以来我国森林调查的经验和教训的基础上,结合国内外森林调查的实践,我国于1982年将森林调查科学地分为三类:

(1)全国森林资源清查(简称一类调查):由国务院林业主管部门组织,以省(自治区、直辖市)和大林区为单位进行;以全国或大林区为调查对象,要求在保证一定精度的条件下,能够迅速、及时地掌握全国或大林区森林资源总的状况和变化,为分析全国或大林区的森林资源动态,制定国家林业政策、计划,调整全国或大林区的森林经营方针,指导全国林业发展提供必要的基础数据。森林资源的落实单位,在国有林区为林业局,在集体林区为县,也可以为其他行政区划单位或自然区划单位。调查的主要内容包括面积、蓄积量、生长量、自然枯损量以及更新采伐等。调查方法主要采用抽样调查并定期进行复查,复查间隔期一般为5年。

(2)规划设计调查(简称二类调查):也称森林经理调查,由省级人民政府和林业主管部门负责组织,以县、国有林业局、国有林场或其他部门所属林场为单位进行,为林业基层生产单位(林业局或林场)全面掌握森林资源的现状及变动情况,分析以往的经营活动效果,编制或修订基层生产单位(林业局或林场)的森林经营方案或总体设计提供可靠的科学数据。因为小班是开展森林经营利用活动的具体对象,也是组织林业生产的基本单位,所以规划设计调查的森林资源数量和质量应该落实到小班。调查的主要内容,除各小班的面积、蓄积量、生长量及经营情况外,还要进行林业生产条件的调查和其他专业调查。调查间隔期为10年或5年。

(3)作业设计调查(简称三类调查):林业基层生产单位为满足伐区设计、造林设计、抚育采伐设计、林分改造等而进行的调查,其目的是清查一个作业设计范围内的森林资源数量、出材量、生长状况、结构规律及作业条件等,为开展生产作业设计及施工服务。作业设计调查是基层生产单位开展经营活动的基础手段,应在二类调查的基础上,根据规划设计的要求在具体作业前进行。森林资源应落实到具体的伐区或一定范围作业地块上。

3. 我国森林调查的现状

从新中国成立到2013年止,我国已进行了1次全国森林资源整理汇总统计,连续进行了8次全国森林资源清查。每次全国森林资源清查成果,都比较客观地反映了当时全国森林资源现状,特别是1978年我国建立了国家森林资源连续清查体系,并开展了全国森林资源监测工作,取得的成果为国家及时掌握森林资源现状、森林资源动态变化,预测森林资源的发展趋势,进行林业科学决策等提供了丰富的信息和可靠的数据支持。

1.10.2 森林抽样调查的概念

森林面积辽阔、地形复杂、种类多、变化大,森林调查中的许多调查因子,如单位面积蓄积量、生长量、自然枯损量等均属于数量标志,多为自然变异,符合数理统计合适的抽样对象的要求,运用抽样调查可以用最少的工作量达到成本低、效率高、精度高的目的。森林抽样调查是以数理统计为理论基础,在调查对象(总体)中,按照要求的调查精度,从总体中抽取一定数量的单元(样地)组成样本,通过对样本的测量和调查,进而推算调查对象(总体)的方法。由于森林调查的目的、要求和任务的不同,以及森林组成、林龄、郁闭度等存在着差异,因此,森林抽样调查的方法很多。但是,无论采用哪种抽样方法,都包括总体踏勘、预备调查、设计相应的抽样方案、抽取相应的样本单元、开展外业样地测定、资源估计和误差分析、成果汇编等几个重要环节。

1. 总体与总体单元

按照研究目的所确定的调查对象的全体称为总体。构成总体的每一个基本单位称为总体单元。将总体划分为单元时,可以采用构成总体的自然单位,也可以采用人为规定的单位。例如,某林场面积为 60 000 hm²,调查其林木总蓄积量时,可以规定以一定面积上的全部林木作为单元。如设以 0.06 hm² 的方形林地上的全部林木作为一个总体单元,那么总体单元数 N 为

$$N = \frac{60\ 000}{0.06} = 1\ 000\ 000$$

即该调查总体包含 100 万个总体单元。

2. 样本与样本单元

进行抽样调查时需要从总体中抽取部分研究对象进行观察或实验。在生产与科学研究中,观察或实验统称为调查。总体中抽取调查测定的部分单元的全体称为样本,样本中的每一个单元称为样本单元。

样本所含单元的个数称为样本单元容量或样本容量,用 n 表示。大样本与小样本没有明确的界限,这与抽样分布有关。在应用时,通常认为 $n \geq 50$ 的属于大样本,$n \leq 50$ 的属于小样本。

样本单元数与总体单元数的比值称为抽样比,用 f 表示,即 $f = \frac{n}{N}$。例如,从含有 100 万个单元的总体中抽取 500 个单元组成样本,则抽样比为

$$f = \frac{n}{N} = \frac{500}{10\ 000\ 00} = 0.000\ 5$$

根据总体所含单元的情况,可将总体分为有限总体与无限总体。含有有限个单元的总体称为有限总体,含有无限个单元的总体称为无限总体。在实际生产中,往往把抽样比很小的有限总体看作无限总体。例如,从由 100 万个单元构成的总体中抽取 500 个单元组成样本,由于抽样比 $f = 0.000\ 5$ 很小,因此可以把该总体看作无限总体。

3. 标志与标志值

进行抽样调查是为了研究总体单元的某项特征。总体单元所具有的某项特征称为标志。如林木的胸径、树高、单位面积上的林木的材积等都是标志,这些标志可以用数值描述,称为数量标志。林木的品种、是否为病腐木等也是林木的标志,但它们不便于直接用数值描述,称为非数量标志或品质标志。总体单元在某项数量标志上的具体数值称为标志值或特征值。样本单元是总体单元的一部分,调查测定的样本单元标志值的全体构成了样本数据资料,如在森林资源连续清查中的每个固定样地的蓄积量、株数及平均树高等。

1.10.3 森林抽样调查方法

等概率抽样是指总体中的每个单元都有相同的被抽中的概率。常用的抽样方法如下。

1. 随机抽样

在以林木为单元的森林总体中,先对每株林木编号,然后按序号随机抽取。在以面积为单

元的大面积森林调查中,多用网点膜片或透明方格膜片来抽取样地。做法是:将一种膜片覆盖到森林图上,统计落在总体范围内的点数或方格交点数。在这些点中,随机抽取需设置的样地点,并在现场找到它们,以每个样点为基准测设样地。

2. 系统抽样

系统抽样又称机械抽样,是等间距抽取样本的方法。即从含有 N 个单元的有限总体中,随机地确定起点以后,按照严格的、预先规定的间隔或图示来抽取样本单元,组成样本,用以估计总体,样本各单元在总体中的分布比较均匀。系统抽样是森林调查中常用的方法。具体做法是:用方格网随机覆盖在林业图上,其方格交点就是样地点。

3. 点抽样

在总体内随机或系统地抽取样点,在每个样点上用角规进行绕测,以相割与相切林木为样本单元,组成样本,用以估计总体的方法叫作点抽样,又称可变样地法、无样地抽样、角规抽样、角规测树等。

1.10.4　森林抽样调查方案设计

1. 森林抽样调查方案

森林抽样调查方案的设计是根据调查目的、主要任务、精度要求和现有资料,完成总体和单元的划分,选择抽查方法进行样本的组织,完成调查样点图的布设及调查技术标准的制定等一系列工作。森林抽样调查方案设计时,对于样地的抽取、测定和估计等,都应力求避免偏差,充分考虑森林总体范围大、交通不便、样地间的转移需花费较多时间的特点,以求提高样地调查的工作效率,尽可能缩小样地间的转移路程。

传统的森林抽样调查方法主要是等概率抽样中的简单随机抽样、系统抽样和分层抽样。现在森林抽样调查方案设计中正越来越多地采用不等概率、多阶、多重的抽样技术,以提高相对效率。研究多目标的抽样估计技术,以满足林业生产的多效益调查要求,是现代林业发展的趋向。本书重点介绍森林资源调查中传统的概率抽样方法。

2. 森林抽样调查方案设计的基本原则与评定指标

在设计森林抽样调查方案时,要充分考虑以下几个问题。

(1)明确林业生产和林业规划的要求,根据要求确定森林抽样调查必须取得哪些成果,需要掌握哪些数据以及这些数据要求达到什么样的精度。

(2)根据森林经营的要求,正确地划分调查对象的总体和单元。

(3)充分掌握和利用过去已有的调查材料,根据生产要求和调查地区的林况、地况等因子,选取合适的抽样调查方法,按要求的可靠性和精度,合理地计算样本单元数,正确组织样本、设计抽样方案。

森林抽样调查方案的评定指标主要有以下几点。

(1)可靠性:调查结果应采用精度指标。抽样调查不仅能客观地估计误差,并有概率保证,一般用 95% 的概率保证即可。

(2)有效性:误差小、效率高、成本低。

(3)连续性:适宜建立森林资源连续清查体系,通过定期复查,能够及时地分析森林资源的消长变化。

(4)灵活性:调查方案可塑性大,适用范围广,能满足林业科学技术发展的要求。在林区进行综合性调查时,要尽量注意设计参数不同的抽样方案,相互嵌套,以提高工效、降低成本。

3.森林抽样调查方案的设计

1)确定总体境界,计算总体面积

明确调查总体,将总体境界线在地形图上准确地勾绘出来,用方格网法或求积仪计算总体面积。若已经建立森林资源地理信息系统的,可直接在电脑中计算总体面积。

2)划分总体单元,确定样地形状和大小

在既定的精度条件下,样地的形状及大小不同,其效率也不同。

(1)样地的形状。

样地的形状一般有方形、圆形和矩形。方形样地边界林木少,灵活性大,测量容易,可用闭合导线法设置。圆形样地也称样圆,设置方法简单,当样地面积相同时,以样圆的周界最短。我国森林抽样调查的样地形状常采用正方形。

(2)样地的大小。

样地的大小实质上是总体单元的大小。总体面积相同,样地面积越大,总体单元数越少。变动系数随样地面积的增大而减小,当增加到一定程度时,变动系数趋于稳定。当样地数相同时,面积大的样地估计精度高,但是面积大的样地增加了人力和成本的消耗,因此,样地最优面积应以变动系数趋于稳定的最小面积为宜,即 $0.06\ hm^2$。

样地面积在我国一般采用 $0.06\sim0.08\ hm^2$,在林分变动较大的林区,可用 $0.1\ hm^2$,幼龄林用 $0.01\ hm^2$ 较适宜。国家森林资源连续清查的样地面积为 $0.066\ 7\ hm^2$(即 1 亩),形状多采用正方形。

3)确定样地数量

样地数量的确定既要满足精度要求,又要使工作量最小。在森林调查中,由于总体面积一般较大,抽样比一般小于 0.05,通常采用重复抽样公式计算样地数量,即

$$n=\frac{t^2S^2}{\Delta^2}=\frac{t^2C^2}{E^2} \tag{3-1-70}$$

式中,S^2 为总体方差估计值,Δ 为绝对误差限,C 为变动系数,E 为相对误差限,t 为可靠性指标。

在生产中,可靠性和抽样误差可以事先给定,但总体方差估计值 S^2 和变动系数 C 是未知的,可查阅以往的调查材料或通过预备调查作出预估。为了保证调查精度,常在确定的样地数量的基础上增加 10%~20% 的安全系数。

在不重复抽样或抽样比大于 0.05 时,采用下式计算样地数量

$$n=\frac{Nt^2C^2}{NE^2+t^2C^2}=\frac{At^2C^2}{AE^2+t^2C^2a} \tag{3-1-71}$$

式中,N 为总体单元数,A 为总体面积,a 为样地面积。

4)布点

(1)确定样地间距。

样地在实地上的间距(单位为 m) $$L=\sqrt{\frac{10\ 000\times A}{n}} \tag{3-1-72}$$

样地在布点图上的间距(单位为 cm) $\qquad l=100L\cdot\dfrac{1}{m}$ (3-1-73)

(2)制作样地布点图。

根据样地在布点图上的间距,在地形图上确定公里网或公里网加密交点。一般先在地形图上随机找一个公里网交点(如图 3-1-28 中的 F 点),再按样地间距沿公里网的方向布点,各交点即为选取的样点。也可按样地在布点图上的间距,将预先制好的网点板或透明方格纸随机覆盖在地形图上,并将抽中的网点刺于地形图的布点图上。布点时要注意避免森林分布的周期性影响,如发现地形、森林分布等周期性影响时,要及时给予纠正,重新布点抽样。

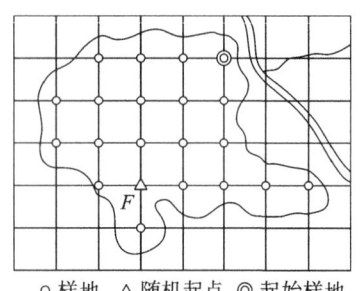

图 3-1-28 样地布点图

对落入总体范围内的样点,按从西向东、由北向南的顺序编样地号,完成系统抽样样点图的制作。

5)编写森林抽样调查方案设计说明书

简述森林抽样调查目的、总体范围及面积、抽样方法、样地形状、大小、数量及布点图、样地调查主要内容。

1.10.5 某林场森林抽样调查方案设计

1. 确定调查总体境界,计算总体面积

根据收集到的材料(地形图或基本图),把调查总体的境界线准确地勾绘出来,作为调查用图,通过透明方格网或地理信息系统计算总体面积(已知某抽样的总体面积为 378.287 hm^2,即 5674.3 亩)。

2. 确定样地形状和大小

样地形状采用正方形,样地面积选用 1 亩(0.066 7 hm^2)。

3. 确定样地数量

1)确定变动系数

通过调查、搜集,获得该林场前期样地调查资料,具体材料如表 3-1-28 所示。

表 3-1-28 某林场前期样地蓄积量 单位:m^3

5.8	4.0	1.8	4.3	1.9	0.9	0.2	0.4	1.7	4.0
10.7	1.2	3.8	0.7	4.1	8.8	5.7	8.7	9.3	6.0
7.8	5.0	8.7	4.6	7.2	3.6	12.3	5.2	13.7	2.1
13.1	1.9	5.2	10.5	2.8	7.4	15.2	5.4	8.8	4.6
6.7	2.8	5.3	0.1	6.5	3.5	4.3	3.8	3.6	8.6
5.2	10.5	2.8	7.4	15.2	13.2	8.7	4.6	7.2	3.6

$$\sum y_i^2 = (5.8^2 + 4.0^2 + 1.8^2 + \cdots + 8.6^2 + 9.7^2)\ \text{m}^6 = 3092.54$$

$$\sum y_i = (5.8 + 4.0 + 1.8 + \cdots + 8.6 + 9.7)\ \text{m}^3 = 371\ \text{m}^3$$

$$\bar{y} = \frac{1}{n}\sum y_i = \frac{1}{62} \times 371 \text{ m}^3 = 5.98 \text{ m}^3$$

$$S^2 = \frac{\sum y_i^2 - (\sum y_i)^2/n}{n-1} = \frac{3092.54 - \frac{371^2}{62}}{62-1} \text{ m}^6 = 14.30 \text{ m}^6$$

$$S = \sqrt{14.30} \text{ m}^3 = 3.78 \text{ m}^3$$

则总体的变动系数为

$$C = \frac{S}{\bar{y}} \times 100\% = \frac{3.78}{5.98} \times 100\% = 63.2\%$$

2）确定可靠性指标

$n=62>50$，属于大样本，根据可靠性要求 95% 查标准正态概率积分表，得 $t=1.96$。

在大样本时，按可靠性要求，由标准正态概率积分表（见表 3-1-29）查得 t 值。

表 3-1-29 标准正态概率积分表

可靠性/(%)	50	68.8	80	90	95	95.4	99
可靠性指标 t	0.67	1.00	1.28	1.64	1.96	2.00	2.58

在小样本时，按可靠性要求 95% 和自由度 $d_f = n-1$ 查小样本 t 分布数值表（见表 3-1-30）得 t 值。

表 3-1-30 小样本 t 分布数值表

d_f	1	2	3	4	5	6	7	8	9	10	11	12
t	12.71	4.30	3.18	2.78	2.57	2.45	2.37	2.30	2.26	2.23	2.20	2.18
d_f	13	14	15	16	17	18	19	20	21	22	23	24
t	2.16	2.14	2.13	2.12	2.11	2.11	2.10	2.09	2.09	2.08	2.07	2.06
d_f	25	26	27	28	29	30	40	60	120			
t	2.06	2.06	2.05	2.05	2.05	2.04	2.02	2.00	1.98	1.96		

3）确定允许误差

由于调查精度要求达到 85%，所以调查的允许误差为 $E = 1 - P = 1 - 85\% = 15\%$。

4）确定样本单元数

因为 $A = 5674.3$ 亩，样地面积 $a=1$ 亩，所以采用重复抽样公式计算样本数量，因此总体单元数为

$$N = \frac{A}{a} = \frac{5674.3}{1} \approx 5675$$

因为抽样比 $f = \frac{n}{N} = \frac{62}{5675} = 0.01 < 0.05$，所以采用重复抽样公式计算样地数量，因此样地数量为

$$n = \frac{t^2 C^2}{E^2} = \frac{1.96^2 \times 0.632^2}{0.15^2} = 68$$

由于该总体为人工林，林相比较整齐，变动系数较小，为了保证系统抽样调查的精度，总体只需增加 3% 的安全系数，于是有

$$n = 68 \times (1 + 3\%) = 70$$

4. 布点,完成样点分布图

计算样地间距。样地在实地上的间距为

$$L = \sqrt{\frac{666.67 \times A}{n}} = \sqrt{\frac{666.67 \times 5674.3}{70}} \text{ m} = 232.5 \text{ m}$$

样地在布点图上的间距为

$$l = 100L \cdot \frac{1}{m} = 100 \times 232.5 \times \frac{1}{10\,000} \text{ cm} = 2.3 \text{ cm}$$

在地形图上按照 2 cm×2 cm 进行公里网加密布点,各交点即为抽取的样地点。对落入总体范围内的样点,按从西向东、由北向南的顺序编样地号。

5. 编写森林抽样调查方案说明书

按要求编写森林抽样调查方案说明书。

【复习思考题】

1. 基本的测树因子有哪些？这些测树因子的常用测定工具有哪些？
2. 简述正确使用轮尺(或围尺)及测高器测定胸径和树高的要点。
3. 伐倒木的求积式有哪些？
4. 简述单株立木材积测定的主要方法。
5. 使用布鲁莱斯测高器测定树高时应注意哪些方面？
6. 在林分调查中选择标准地的基本要求是什么？
7. 简述林分疏密度的确定过程及计算方法。
8. 标准地调查的主要工作步骤及调查内容是什么？
9. 常用的角规有哪几种？自平曲线杆式角规为什么可以自动进行坡度改正？
10. 保证角规测树精度的关键技术是什么？
11. 什么叫角规控制检尺？通过角规控制检尺还能间接计算哪些林分调查因子？
12. 简述用角规测树技术测定林分蓄积量的方法及步骤。
13. 与树木生长相比林分生长的特点是什么？
14. 简述林分生长量的种类以及各生长量之间的关系。
15. 设置和测定固定标准地应注意哪些事项？
16. 林分生长过程中,哪些因子随年龄的增加而增加,哪些因子随年龄的增加而减少？
17. 简述森林抽样调查方案设计的主要工作内容。
18. 森林抽样调查中,如何克服周期性变化的影响？
19. 我国森林资源连续清查系统是何年建立的？采用什么抽样方法布设样地？样地的面积是多少？几年复查一次？

项目 2　森林资源经营管理

2.1　森林资源经营管理基础

2.1.1　森林资源经营管理概述

1. 森林资源的概念

森林资源从狭义上讲,主要指的是树木资源,尤其是乔木资源,这种观点常常不能满足社会发展的需要。我国颁布的《中华人民共和国森林法实施条例》中规定:"森林资源,包括森林、林木、林地以及依托森林、林木、林地生存的野生动物、植物和微生物。森林,包括乔木林和竹林。林木,包括树木和竹子。林地,包括郁闭度 0.2 以上的乔木林地以及竹林地、灌木林地、疏林地、采伐迹地、火烧迹地、未成林造林地、苗圃地和县级以上人民政府规划的宜林地。"由此可以看出,森林资源含义比较广泛,主要包括两个部分:直接资源和间接资源。

直接资源是指林地资源、林木资源、林中其他植物资源、林中野生动物资源、微生物资源、林中的非生物资源。

间接资源主要是指由于森林的存在而产生的环境、气候、观赏、旅游、森林文化等资源及其所伴生的资源。

对于人类来说,森林具有生态环境效益、社会效益、经济效益等直接或间接效益,森林资源的作用与效益主要表现在保护生态环境、提供木材产品和林副产品、提供经济林产品、能源作用、森林旅游文化、生物多样性资源库、最大的生物量生产地、主要的碳储库、维护大气成分的平衡等方面。

2. 森林资源经营管理的概念和内容

森林资源经营管理也可称为森林经营管理,它是对森林资源进行区划、调查、分析、评价、决策、信息管理等一系列工作的总称。

当前,我国森林资源经营管理的主要内容可分为基础管理、利用管理和监督管理三个部分。这三个部分构成完整的管理内容体系。其核心内容是对森林资源进行区划、调查,编制森林经营方案和管理森林资源信息。

基础管理是整个森林资源经营管理的基础,其中心任务是摸清森林资源家底和制定合理的经营方案,为森林资源经营管理的各项工作提供基础资料、科学依据和管理条件。其内容包括森林调查设计及经营方案管理、森林资源档案管理、森林资源法制建设、森林资源管理队伍建设等。

利用管理是整个森林资源经营管理的核心,其根本任务是合理利用森林资源,促进森林资源的永续利用与可持续经营,实现森林资源消长的宏观控制。其内容包括林地管理、森林动植物资源管理、采伐限额管理、伐区管理、更新检查验收管理、造林成效评估等。

监督管理是实现森林资源经营管理的手段,是为贯彻、执行森林法规定所采取的法律的、行政的、经济的、技术的手段和措施。其内容包括资源审计管理、目标考核实施、监督机构及人员管理、调查规划设计成果监督实施、违法处罚等。

森林资源经营管理的对象是森林资源,不仅是对林木资源和林地资源的管理,而且还包括对林区内野生动物、植物等资源的管理。森林资源经营管理的宗旨是实现森林可持续经营。

2.1.2 森林资源经营管理的思想与模式

1. 森林永续利用

1)森林永续利用的概念

森林永续利用是森林资源经营管理建立的核心,是指一个森林经营单位内的森林,能够不断地、越来越多地、越来越好地为国民经济提供需要的木材和相关产品,并持续地发挥森林的各种有利性能,保持自然生态平衡。森林永续利用也称森林永续收获或森林永续作业等。

2)实现森林永续利用的条件

企业和森林经营单位实现森林永续利用必须满足两个条件,即内部条件和外部条件。

(1)内部条件。

内部条件主要指森林资源条件,它包括林地条件和林木条件。

林地条件是从事林业生产、实现永续利用的必备条件。一是最基本的林地数量条件,包括各种用途林地的数量及比重;二是林地质量条件,主要包括林地的土壤、地形地势、水文气候等方面的林地生产能力的基本条件。

林木条件主要是指林木的结构、生长状况等,主要包括树种结构、年龄结构、径级结构、蓄积结构、生长量等情况。

(2)外部条件。

外部条件主要包括经济、社会、政策法规、文化和管理水平等方面的条件。

2. 森林可持续经营

对于林业可持续发展的概念,国内外学者和一些国际组织先后提出了各自的看法。

《关于森林问题的原则声明》中对林业可持续的表述是:"森林资源和森林土地应以可持续的方式管理,以满足这一代人和子孙后代在社会、经济、文化和精神方面的需要。这些需要是森林产品和服务,例如木材和木材产品、水、粮食、饲料、医药、燃料、住宿、就业、娱乐、野生动物住区、风景多样性、碳的汇合库以及其他森林产品。"

森林可持续经营的评价有其标准与指标。国际区域级别的标准与指标体系较为重要,有热带木材组织进程、赫尔辛基进程、蒙特利尔进程、塔拉波托进程、非洲干旱地区进程、近东进程、非洲木材组织进程、中美洲进程、亚洲干旱地区进程等,至目前为止,还没有所有参与国都认可的指标体系。分歧主要分为两个方面:一是如何界定森林经营单位,二是标准与指标的内容。

2.1.3 分类经营

1)林业分类经营

林业分类经营是在社会主义市场经济条件下,根据社会对生态和经济的需求,按照森林多种功能主导利用方向的不同，将森林五大林种相应划分为生态公益林和商品林两大类，分别按各自的特点和规律运营的一种新型的林业经营管理体制和发展模式（《中华人民共和国森林法释义》）。

在市场经济条件下，林业生产两大类产品（或服务）：一类是有价格的各种林产品，它们是可以用于交换的商品，如木材、茶、果等，这些产品可以为经营者独占，并且可以出售、转让、租赁等，从而获得利益，由于有价格信息，因此可以通过市场进行资源配置；另一类是无价格的各种产品（或服务），如保持水土、涵养水源、防风固沙、调节气候、美化环境等服务，这些服务的占有和消费是难以排除他人的，经营者无法通过出售和交换获取利益，也不可能通过市场进行资源配置。

2）森林分类经营

森林分类经营是以林种经营目标为依据的组织经营模式，便于经营管理。《中华人民共和国森林法》第四条规定：森林划分为防护林、用材林、经济林、薪炭林和特种用途林。森林分类是林业分类的基础，而森林分类经营又是林业分类经营的基础。但分类是手段而不是目的。

森林分类经营是指根据森林所处的自然环境和社会经济条件，以及森林的结构特点，将森林分成几种不同类型，按照各自的经营目的，采用相应的经营模式，以便于目标管理。森林分类经营的重点是经营，属于企业行为，可以按照经营主体、管理体制与运行机制、经营制度与经营模式等进行分类。

公益林属于社会公益事业，主要发挥生态效益和社会效益，按公益事业建设管理，由各级财政投资和组织社会力量建设，主要依靠法律手段和行政手段来管理，辅之以必要的经济手段。

商品林属于基础产业，主要追求经济效益，依靠市场调节发展，实行企业化经营，靠经济手段和法律手段管理，按市场需要组织生产，自主经营，自负盈亏。

3）森林生态系统经营

森林生态系统经营作为一种新的资源管理模式，还没有一个公认的明确的概念。

美国林务局、林纸协会、林学会、生态学会对森林生态系统经营的概念有各自的表述，反映了各自不同的立场和观点，但仍有一些共同点，即尊重生态学原理，重视森林的全部价值，考虑人对生态系统的作用和意义。

森林生态系统经营是森林经营模式上的转变。其价值观、理论和方法与传统永续利用有明显区别，特别是在森林价值的选择方面。森林生态系统经营通过满足人类需要与维持计划来增进森林生态系统的健康性和完整性，使人类与自然在一个较大的空间规模和较长的时间尺度上协同、持续与发展。因此，森林生态系统经营是实现林业可持续发展的重要途径。

森林生态系统经营需要在生态合理的基础上，对信息及信息的采集和分析提出更高的要求，需要更综合的经营知识与技术、更大的投入，需要体制、政策、制度和法律的支持，也需要全社会的参与和支持。

有关森林经营模式曾提出过森林永续利用、森林分类经营、森林生态系统经营和森林可持续经营等，其关系可归纳如下。

(1)继承发展与创新的关系。传统永续利用的基本理论和技术要素，如要有计划性（编制森林经营方案）和目标性、时空调整、收获预估、生长量控制采伐量等仍有指导意义。

(2)手段、条件与途径、理论的关系。手段、条件与途径、理论的相互关系如图3-2-1所示。

综上所述，森林资源经营管理理论在深化和发展，可以把上述理论分为两类：一类是以德

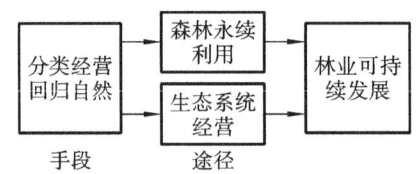

图 3-2-1　各种森林经营模式的关系示意图

国为代表的永续利用与回归自然理论,另一类是以美国为代表的森林效益主导利用与生态系统经营理论。前者有明确的理论及其技术支持体系,而后者还不成熟,正在实验实践中。我们把前者称为德国式经营,把后者称为美国式经营,两者的主要区别如表 3-2-1 所示。

表 3-2-1　两种森林主要经营管理理论模式

类　　型	国　情	林　情	指导思想	文化背景
德国式经营	人多地少	小面积集约经营	遵循自然规律	重视传统环境优先
美国式经营	人少地多	大面积粗放经营	遵循经济规律	多元文化发展优先

2.1.4　森林成熟

1. 森林成熟的概念

森林成熟是指森林在其生长发育过程中达到最符合经营目的的状态。达到这一状态时的年龄称为森林成熟龄。所谓经营目的,是针对国民经济、生态环境、人民生活对木竹材、其他林产品及森林有利性能的需要得到满足的状况而言的。成熟是一种现象,而成熟龄则是这一现象的时间概念。森林成熟是森林经营利用中的一个重要的技术经济指标,是确定林分、林木经营周期的基础。

在确定森林成熟时,必须明确:通常所说的森林成熟,不能直接应用到内容极其复杂的森林综合体上去,它是指个别树木或在经营上属于同一林分的成熟,而不是整个森林的成熟。森林成熟龄只是大体上代表成熟期的年代,因为林木往往在比较长的时期内仍能保持着高度的良好性能。

2. 数量成熟

林分或树木的材积平均生长量达到最大值时,称为林分或树木的数量成熟。达到此状态时的年龄称为数量成熟龄。收获较多的木材是用材林经营的主要目的。

数量成熟龄一般采用生长过程表(收获表)法、标准地法等来确定。

3. 工艺成熟

将林分生长发育过程中目的材种(通过皆伐)的材积平均生长量达到最大时的状态称为工艺成熟,此时的年龄称为工艺成熟龄。工艺成熟主要用于用材林。

一个林分生长到一定阶段时,林木可以用作不同的林种,不同的目的材种有不同的工艺成熟龄。工艺成熟可看成是数量成熟的一个特例,数量成熟只有数量指标,而工艺成熟既有数量指标,还有质量指标。无论是林分或林木,数量成熟通常都会出现,而工艺成熟则不然。

工艺成熟龄一般采用生长过程表加材种出材量表法、标准地法、目的直径法等来确定。

4. 竹林成熟

竹子与一般的乔、灌木的生物学特性不同。它生长迅速，笋出土后一年内高生长和直径生长就基本完成，以后的生长主要是改变竹子物理性能和化学成分，如硬度、韧性、各种成分的比重等。

竹子用途广泛，可用于建筑、编织、造纸、工艺品加工、观赏、竹笋食用等。

竹子种类繁多，用途多样，因此成熟的种类也多种多样，有各种工艺成熟、自然成熟和类似的更新成熟。以毛竹为例：用于造纸和纤维原料的竹材需要用嫩竹，以1年生为宜，在当年竹子新叶展开时即可收获；编织用材以2~4年生最好；建筑用材以6年以上最好；特殊用途的竹材需8年以上。我国竹林种植有"存三去四莫留七"的谚语，意思是说：1~3度（1度为2年，相当于龄级）时留养，4度时抽砍，7度以上则不宜保留。

竹林通常为异龄林，收获一般用择伐。

竹林成熟龄的确定方法有标号法、龄痕法、相秆法等。目前在生产实践中，通常根据外部形态识别年龄，即相秆法。

5. 经济林成熟

经济林是我国五大林种之一，也是近年来发展最快的林种。经济林是以生产和利用干鲜果品、食用油料、饮料、调料、工业原料、香料和药材等为主要目的的林木，在整个生长发育过程中，常在一个相当长的时期内能够多次提供产品，过了这个时期，产量显著降低，需要采伐更新。所以，研究各种经济林产量开始显著降低的时期有着重要意义。

一些木本油料和木本粮食，例如油茶、油桐、核桃、板栗等，其成熟主要反映在结实能力的盛衰上，把树龄分为始果期、盛果期、减果期和衰果期。以南方油茶树为例，一般将树龄划分为果前期（1~6年）、始果期（7~20年）、盛果期（21~50年）、减果期（51~70年）；衰果期（71年以上）。

利用树皮的一些树木，如栓皮栎、肉桂、棕榈等，其成熟主要反映在适宜的剥皮年限上。如栓皮栎，一般需到15年生以上才开始剥皮，而以40年生左右所剥的栓皮质量最好，每隔12~15年再剥皮一次。

利用树液的一些树木，其成熟主要反映在不同年龄阶段树液的流量上。

有些经济林在完成它的主要经营任务之后，木材仍可利用，例如板栗、核桃、油桐等。所以研究经济林成熟时，还应考虑木材利用的成熟问题。

6. 自然成熟

当树木或林分从衰老到开始枯萎阶段时的状态，称为自然成熟，达到此状态的年龄称为自然成熟龄。自然成熟龄是以林木生理上自然衰老的现象为标准的，所以也称为生理成熟龄。在采伐林木时，不应在林木达到自然成熟龄时才采伐，此时它们的经济价值已经很小了。

自然成熟龄在经济上的意义不大，而且难以预测，仅在禁伐区、风景林、名胜古迹林以及森林公园等具有公益作用的森林中应用。

7. 防护成熟

防护林是以发挥森林防护效益为主要目的的森林。当林木或林分的防护效能达到最大后开始明显下降时的状态称为防护成熟，此时的年龄称为防护成熟龄。

防护林一般同时发挥着多种作用,在确定成熟龄时应将多种作用综合考虑。一要研究与防护性能有关的主导因素,二要考虑木材材种出材率的变化,以便把防护性能的发挥和木材的利用结合起来。

8. 经济成熟

在森林生长发育过程中,货币收入达到最多时的状态称为经济成熟,此时的年龄称为经济成熟龄。经济成熟可用于薪炭林、用材林、经济林等林种中。现在有许多人在研究将森林的防护效益、观赏价值、生物多样性效益等用货币量表示,一旦找到客观、公正、准确、可操作的方法,经济成熟也可应用于防护林和特种用途林的经营中。

在实现商品经济和土地有偿使用的条件下,经济成熟有一定的应用价值。

2.1.5 经营周期

1. 轮伐期

1)轮伐期的概念

轮伐期是一种生产经营周期,它表示林木经过正常的生长发育到达可以采伐利用为止所需要的时间。轮伐期就是为了实现永续利用而伐尽整个经营单位内的全部成熟林分之后,可以再次采伐成熟林分的间隔时间,或者说是采伐完一遍经营单位内的全林所需要的时间。它表示这种采伐—更新—培育—再采伐—再更新—再培育,进行周而复始、长期经营、永续利用的生产周期。

采伐年龄是指在同一经营类型里,树木或林分达到成熟而进行主伐的最小年龄,也叫伐期龄,或称为主伐年龄。采伐年龄以龄级符号表示,如Ⅲ、Ⅳ、Ⅵ、Ⅸ,等等,且不考虑更新的年限;而轮伐期则以具体年数表示,如50、70、80、100、120等,它是包括更新期在内的生产周期。

2)轮伐期的作用

(1)轮伐期是确定利用率的依据。在年龄结构均匀的条件下,$P=(2/u)\times 100\%$,即轮伐期越长,则利用率越小;反之,轮伐期越短,则利用率越大。

(2)轮伐期是划分龄组的依据。在林业调查规划中,要划分龄组(幼龄林、中龄林、近熟林、成熟林、过熟林),以表示林分培育和利用的阶段。龄组的划分标准就是轮伐期。通常把达到轮伐期的那一个龄级和高一个龄级的林分叫作成熟林;龄级更高的林分称为过熟林;比轮伐期低一个龄级的林分称为近熟林。其他龄级更低的林分,若龄级数为偶数,则一半为幼龄林,一半为中龄林;如果龄级数为奇数,则幼龄林比中龄林多分配一个龄级。成熟林和过熟林构成了利用资源,或称为利用蓄积。近熟林以下的称为经营蓄积。同一经营类型,只要轮伐期不同,各龄组的面积及其占经营类型面积的百分比就有很大差异。

(3)轮伐期是确定间伐的依据。轮伐期不仅与主伐量有直接关系,而且对间伐量也有影响。林分间伐次数、生产材种、间伐量比重等,都和轮伐期的长短有直接和间接关系。

3)轮伐期的确定

确定轮伐期时,森林成熟是主要的依据,还应考虑经营单位的面积、龄级结构、经营单位的生产力、林况等情况。

一般来说,轮伐期应不低于数量成熟龄。在以利用为主的用材林区,轮伐期应根据工艺成熟龄来确定,同时还应根据不同的更新方式,考虑更新成熟龄;对于防护林,应以防护成熟龄和自然成熟龄为主,同时也要考虑更新成熟龄和工艺成熟龄,最后要用经济观点进行分析,以确定适宜的轮伐期。

当林况（生长状况和卫生状况）不良或病虫害严重时，为迅速伐去劣质林分，应适当缩短轮伐期。

当经营单位内中、幼龄林比重过大时，应规定较长的轮伐期；当成、过熟林过多时，应适当缩短轮伐期，以避免森林资源遭到不应有的损失，但轮伐期应不高于自然成熟龄；当经营单位缺少老龄林，而当地又急需木材时，就应规定较短的轮伐期。

各树种或各经营类型的轮伐期可用公式计算，即

$$u = a \pm v$$

式中，u 为轮伐期，a 为采伐年龄，v 为更新期。

当采用伐前更新时，$u=a-v$；当采用伐后更新时，$u=a+v$；如采伐后及时更新，$u=a$。

当前，我国大都以林场为轮伐单位，往往要为林场确定综合轮伐期或平均轮伐期。可在根据各树种或各经营类型确定轮伐期的基础上，以加权平均法计算，其计算公式如下

$$N = \frac{N_1 S_1 + N_2 S_2 + \cdots + N_i S_i}{S}$$

式中：N 为全林（或经营单位）综合轮伐期；N_i 为某一经营类型（或某树种）的轮伐期，$i=1,2,\cdots,n$；S_i 为某一经营类型（或某树种）的面积，$i=1,2,\cdots,n$；S 为林场（或经营类型）的总面积。

2. 择伐周期（回归年）

异龄林的收获适合采用择伐。在异龄林经营中，采伐部分达到成熟的林木，使其余保留林木继续生长，到林分恢复至伐前的状态时所用的时间，称为择伐周期，也叫回归年。简单地说，两次相邻择伐的间隔期即为回归年。

若异龄林有三个林层，采伐时只收获上层的林木，第二、三层林木保留。经过一段时间后，林分恢复到三个林层的状态，又可进行择伐作业了。这个过程周而复始地进行就能做到永续利用，也可以说在林分水平上做到了可持续经营。

再如，将择伐作业的择伐木胸径规定为 32～44 cm，那么树木生长到 32 cm 时所需年数为 40 年，这叫作择伐作业的最低年龄；而树木生长到 44 cm 时所需年数为 60 年，这叫作择伐作业的最高年龄。根据规定的择伐径级，则择伐周期（回归年）为 20(60－40＝20) 年。因此，两次择伐作业之间相隔的年数，就等于最高年龄与最低年龄之差，也就是择伐作业的生产周期。

在实行集约择伐的林分中，在 5～10 年的较短时间内，经营单位内的所有林分都要轮流择伐一次，经过这一时期之后，就按原来的顺序重复进行择伐，这个时间间隔也称作择伐周期。

由此可见，择伐周期是择伐作业的生产周期。在此周期内，不是像轮伐期那样要恢复整个林分，而是只恢复已经被采伐掉的那部分林木。

2.1.6　森林采伐量

1. 森林采伐量的概念

森林采伐量是指采伐林木的蓄积量或采伐林木所能生产商品材的数量，后者为生产部门常说的采伐量。由于森林采伐性质和采伐方式的不同，森林采伐量的种类和计算方法也不相同。森林采伐量应包括各类森林采伐的总量。

2. 森林采伐量的种类

森林采伐量的种类是根据采伐性质和采伐方式来划分的，主要包括以下几种。

(1)主伐量。对达到主伐年龄的林木进行采伐利用,其收获的数量称为主伐量。

(2)抚育采伐量。在森林达到成熟以前,每隔一定时期,伐去部分林木或灌木,其收获量称为抚育采伐量或间伐量。

(3)卫生采伐量。为了改善森林卫生状况、促进林木生长而进行的采伐称为卫生采伐,所获得的采伐量称为卫生采伐量。

(4)更新采伐量。在各种需采伐的防护林、经济林、特种用途林中,为了改善林况、增强防护作用和充分发挥森林的多种效益而进行的采伐称为更新采伐,所获得的采伐量称为更新采伐量。

(5)低产林改造采伐量。为改善林木组成、提高经济效益,对生长量很低的林分进行全部或局部的采伐,这种采伐称为低产林改造采伐,所获得的采伐量称为低产林改造采伐量。

(6)补充主伐量。对疏林、散生木和采伐迹地上已失去更新下种作用的母树的采伐利用,称为补充主伐,生产木材的数量称为补充主伐量。

其中主伐量和间伐量构成整个森林生产过程中的主要采伐量。

3. 森林采伐量的确定

森林采伐量是根据采伐性质和采伐方式,采用不同的公式进行计算的。在计算的基础上,通过对森林经营单位的社会经济条件、森林资源状况等方面进行分析论证,最后确定一个合理的森林采伐量。在计算和确定森林采伐量时,有以下几项任务。

(1)根据森林经营单位、各经营类型、森林结构特点、采伐方式和森林调整的要求,选择适宜的公式进行采伐量的计算,计算得到的采伐量通常采用面积和蓄积两种指标来表示。

(2)在各公式计算的基础上进行分析论证,统筹考虑经营单位的森林资源状况、社会经济条件及市场需材情况,论证和确定各经营类型在经理期内的采伐量,最后论证确定的采伐量按经营单位汇总,即为该经营单位的标准采伐量。标准采伐量是指在森林资源调查的基础上,采用某些计算方法,通过技术经济论证,确定今后一个经理期内采伐利用的控制数。

(3)按所确定的采伐量,根据所规定的材种出材量表或经验数据,计算经济出材量。

(4)根据森林资源的分布特点和森工采运要求,合理安排伐区,确定采伐顺序。

4. 合理确定森林采伐量的几点要求

根据森林永续利用原则和森林调整的要求,计算和论证采伐量时要努力做到以下几点。

(1)所定的采伐量应该有利于改善经营单位的林分年龄结构和径级结构。

(2)对于成、过熟林占优势的原始林,所定的采伐量既要能及时利用现有的成、过熟林资源,又要能在较长时间内保持采伐量的相对稳定,避免采伐量剧烈变动。

(3)主伐对象只能是成熟林木,即达到主伐年龄的林分。

(4)充分利用可以采伐的疏林、散生木资源,积极扩大间伐利用量。

通常,森林经营管理工作每隔十年进行一次,这一时间间隔称为经营管理期(也称经理期)。同时,参与采伐量计算和确定的小班,只限于近期内准备开发和基本上具备交通运输条件的林区,也就是要根据小班的可及度来确定参与计算确定采伐量的小班范围。

最后确定采伐量时,要根据永续利用的基本原则,综合考虑目前需要和长远利益,结合经济条件与森林资源特点,确定一个较为切合实际的合理采伐量。这个合理的采伐量有利于调整经营单位内的林分龄级结构,有利于安排伐区和确定采伐顺序,使森林经营与森工采伐利益一致。要在较长时间内保持相对稳定的采伐量,尽可能不造成林木大量枯损和过早地采伐未成熟林并有利于改善林况。

最后确定的合理采伐量,是上级主管业务部门下达计算任务的依据,也是生产部门制定年度采伐计划的依据,但在受某些条件的限制或环境发生变化时,实际拨交伐区的采伐量可以在一定的范围内变动。

最终分析论证确定的采伐量可能与任何公式计算的采伐量不一致,但应不小于按林况计算的采伐量,以防止木材质量下降,同时应注意使资源数量增加、质量提高,维护生态平衡。

合理采伐是实现森林林种结构、树种结构和年龄结构调整的一种很重要的手段,确定合理的采伐量则是这一手段的必然程序和必备要素。

2.2 森 林 区 划

2.2.1 森林分类

1. 森林分类的作用和意义

(1)森林分类有利于建立比较完备的林业生态体系和比较发达的林业产业体系两大体系。

(2)实行森林分类可以合理配置林种结构,做到既能按市场需要组织林业生产,又能维护生态效益,是实现社会经济与自然环境协调持续发展的重要途径。

(3)森林分类是森林可持续发展的保障措施,能最大限度地解放林地生产力,为化解木材供需的主要矛盾创造机会与条件。

(4)实行森林分类对理顺政府、社会各部门、林业企业、个人对森林的责、权、利关系以及对林业经营模式的转变具有重要作用。

(5)实行森林分类是实现林业可持续发展的需要。实行森林分类,就把发展林业置于全社会的大背景下,生态公益林建设要由代表全社会利益的各级政府投入,使它做到取之于民,用之于民,促进林业大力发展,使林业逐步实现两个根本性转变。

2. 森林分类

(1)生态公益林按事权等级划分为国家公益林(地)和地方公益林(地)。

国家公益林是指由地方人民政府根据国家有关规定划定,并经国务院林业主管部门核查认定的公益林(地),包括森林、林木、林地。国家公益林具体划定范围(标准)详见《国家级公益林区划界定办法》。

(2)地方公益林(地)是指由各级地方人民政府根据国家和地方的有关规定划定,并经同级林业主管部门核查认定的公益林(地)。地方公益林(地)具体划定范围(标准),根据国家和各级地方人民政府的有关规定划定。

(3)生态公益林按保护等级划分为特殊、重点和一般三个等级。国家公益林(地)按照生态区位差异一般分为特殊和重点生态公益林(地),地方公益林(地)按照生态区位差异一般分为重点和一般公益林(地)。

(4)划分林种。根据《中华人民共和国森林法》规定,把森林划分为防护林、特种用途林、用材林、薪炭林、经济林五大林种。生态公益林(地)包括防护林和特种用途林两大林种,商品林(地)包括用材林、薪炭林、经济林三大林种。

林种的划分及划分标准见《森林资源规划设计调查主要技术规定》。

2.2.2 森林区划

1. 林业区划与森林区划

1）林业区划

所谓区划，就是分区划片，是区域划分的简称。

林业区划，指林业区域划分，是在分析研究自然地域分异规律和社会经济状况的基础上，根据森林生态的异同和社会经济对林业的要求而进行的林业地理分区。林业区划是组织林业建设的一项必不可少的基础工作，也是揭示地域差异规律的一种重要手段，具体内容详见《中国林业区划》。

2）森林区划

森林区划是森林资源经营管理工作的重要内容之一。合理的森林区划，将为森林的可持续发展打下基础。在安排空间秩序时，首先考虑的问题就是森林区划。森林区划又称为林地区划，是针对调查规划、行政管理、资源经营管理以及组织林业生产措施的需要而进行的。将林区在地域上区划为若干个不同的单位，以便于合理经营，是调查规划的基础工作。

2. 森林区划系统

目前，在我国林区中，森林经营区划系统如下。

1）经营单位区划系统

（1）林业局（场）。

林业（管理）局→林场（管理站）→林班→小班。

林业（管理）局→林场（管理站）→营林区（作业区、工区）→林班→小班。

（2）自然保护区。

管理局（处）→管理站（所）→功能区（景区）→林班→小班。

2）县级行政单位区划系统

县→乡→村→林班→小班，或县→乡→村→小班。

3. 林班区划

在进行森林区划时，应根据区划范围内的实际情况，从今后经营管理、开发利用及资源清查工作的需要来考虑。影响区划境界确定的主要因素一般有企业类型、森林资源情况、自然地形和地势以及行政区划。因林业局、林场、营林区的区划在我国已经基本完成，在此不做介绍，下面重点介绍林班区划和小班区划。

林班是在林场范围内，为便于森林资源统计和经营管理，将林地划分为许多面积大小比较一致的基本单位。在开展森林经营活动和生产管理时，大多以林班为单位。因此，林班是林场内具有永久性经营管理的土地区划单位。

区划后的林班及林班线，主要应便于测量和求算面积，清查和统计森林资源，辨认方向，护林防火及林政管理，开展森林经营利用活动及森林资源的多种经营。

林班区划界线应相对固定，无特殊情况不宜更改。林班区划还要考虑森林经理等级要求。林班区划方法有三种，即人工区划法、自然区划法和综合区划法。

1）人工区划法

人工区划法是按方形或矩形进行的人工区划，林班的形状呈规整的图形。此法适用于平坦地区及丘陵地带的林区及部分人工林区。如在东北林区的大、小兴安岭及长白山林区,曾采用过以 1 km×1 km 为一个林班,林班线的方向是北偏西 45°,三十六个林班组成一个分区的人工区划法,如图 3-2-2 所示。

2)自然区划法

自然区划法是以林场内的自然界线及永久性标志,如河流、沟谷、山脊、分水岭及道路等作为林班线划分林班的方法。自然区划的林班多为两面山坡夹一沟,这样便于经营管理。当面积过大时,可以一面坡作为一个林班。林区中的永久性道路,是进行森林经营利用的重要设施及标志,因而多用作林班线。其优点是保持自然景观,对防护林、特种用途林有积极的意义,对自然保护区也有特殊的作用。自然区划法适用于山区,如图 3-2-3 所示。

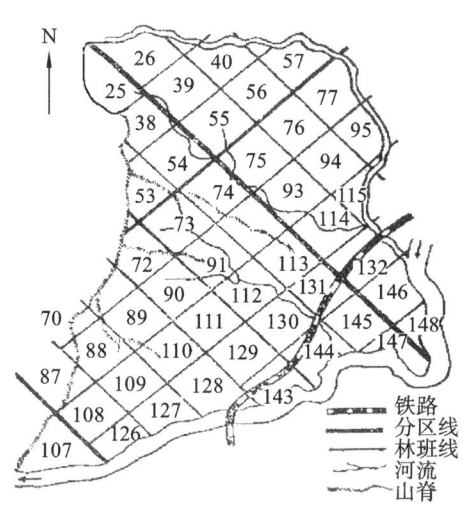

图 3-2-2 人工区划法
(注:引自丁政中,1993)

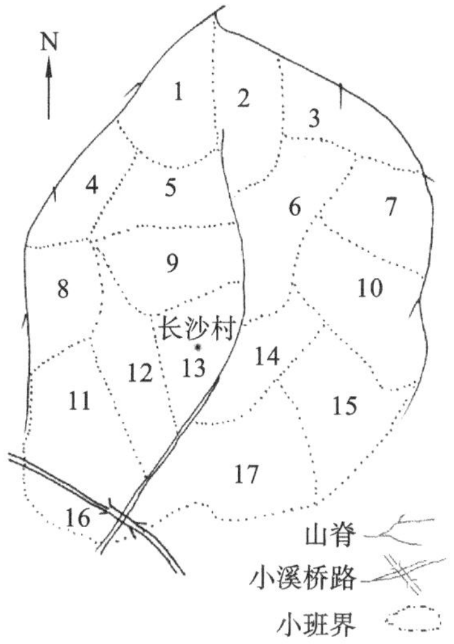

图 3-2-3 自然区划法

3)综合区划法

综合区划法就是自然区划法与人工区划法的综合,一般是在自然区划的基础上加部分人工区划而成的。综合区划法的林班面积大小不一致,但能避免过大或过小,比自然区划法要好一些。综合区划法是山区区划林班的主要方法。综合区划法虽克服了上述两种方法的不足,但在组织实施上,其技术要求比人工区划法复杂一些,现地区划时有时会出现林班线不易正确落实的情况。综合区划法如图 3-2-4 所示。

林班区划原则上采用自然区划法或综合区划法,地形平坦、地物点不明显的地区,可以采用人工区划法。林班面积的大小,应根据经营目的、经济条件、自然历史条件及经营水平而定。林班面积一般为 100~500 hm²,在南方经济条件较好的林区林班面积应小于 50 hm²,在北

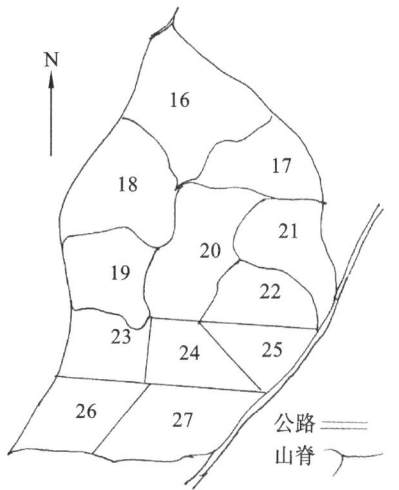

图 3-2-4 综合区划法

方林区林班面积一般为 100~200 hm²。少林地区、自然保护区、东北与内蒙古国有林区、西南高山地区、生态公益林集中地区以及近期不开发林区的林班面积,根据需要可适当放宽标准。

同一林场,林班面积的变动幅度不宜超过要求标准的±50%。在区划林班时,应防止对当时林班划得过大,给以后长期经营带来不便。丰产林、特种用途林的林班面积可小于 50 hm^2。

在具有风景、旅游、自然特殊景观和疗养性质的森林内,林班的大小和形状要尽可能与森林景观及旅游事业的需要结合起来设置,以保持自然面貌为区划林班的原则。

林班的编号和命名一般以林场为单位,用阿拉伯数字由小到大,从林场的西北角起向东南方向从上到下依次编号。当需要附加当地的名称时,应在编号后附上,以免出现同名混乱的现象。

林班区划设计后,应根据设计的林班线,利用地形图、航空照片、卫星照片或测量成果在现地落实,也就是在现地确定林班线及挂树号,也可以利用带颜色的油漆在林班线两侧树上做标记,并在林班线相交处按规定要求埋设林班桩。林班桩的材料以坚实耐用为原则。林班编号后,除特殊情况外,一般不应更改或重新编号,以免引起经营管理上的混乱。

4. 小班区划

因林班的面积太大,其中的土地状况和林分特征有较大的差别,因此必须根据经营要求和林学功能,在林班内划出不同的地段(林地或非林地等),这样的地段(林地)称为小班。划分出的小班,在内部具有相同的林学特征,因此,其经营目的和经营措施是相同的。小班是林场内最基本的经营单位,也是清查森林资源、统计计算和资源管理最基本的单位。

划分小班的原则是每个小班内部的自然特征基本相同并与相邻小班又有显著的差别。

小班区划的方法可分为三种:用航空照片(或卫星照片)判读勾绘、用地形图现地调绘和罗盘仪实测。

林分是根据相近的生物学特性而划分出的森林小区;而小班是根据一定条件,从经营观点出发,在林班中划分出来的小区。林分是划分小班的基础。通常一个小班就是一个林分,也可能包括几个林分。在经营条件好、森林经营强度较高的地区,有可能一个林分就划分成一个小班。反之,在个别林分面积特别小的情况下,可能一个小班就包括几个林分。

小班区划成图后,按要求进行小班编号与面积计算。

小班编号以林班为单位,用阿拉伯数字标记,其编写方法与林班编号相同。

面积计算是在各级区划结束后,采用国际分幅理论面积作为控制面积,逐级进行计算。各级区划单位的面积均以公顷为单位。

原则上凡能引起经营措施差别的一切明显因素,皆可作为区划小班的依据。具体来说,区划小班的依据有以下常见的调查因子。

1)权属

权属可分为土地所有权(山权)和林木所有权。土地所有权分为国有和集体,林木所有权分为国有、集体、个体、合作和其他。同一地区的林地,往往权属是不同的,如国家、集体、厂矿、学校等,在区划小班时,应划为不同的小班。

2)土地类型

土地主要依据土地的现实利用方式和覆盖特征进行分类,如表 3-2-2 所示。

表 3-2-2 土地类型及技术标准

土 地 类 型	技 术 标 准
陆地	常年露出水面的土地和滩涂
森林	由乔木树种构成,郁闭度大于或等于 0.2 的林地,或冠幅大于 10 m 的林带

续表

土地类型	技术标准
针叶林	针叶树蓄积比重大于或等于65%
阔叶林	阔叶树蓄积比重大于或等于65%
针阔叶混交林	由针叶树、阔叶树构成,其蓄积比重都小于65%
竹林	由竹类构成的林分,不含胸径小于2 cm的小杂竹丛
疏林地	由乔木构成,郁闭度为0.10～0.19的林地
乔木生长范围以内的灌木林	立地条件适合某些乔木树种生长的灌木林地
乔木生长范围以外的灌木林	立地条件不适合乔木生长的灌木林地
采伐迹地	采伐后保留林木达不到疏林地标准且未超过5年的迹地
未成林造林地	造林后保存株数不少于造林株数的80%,尚未郁闭但有希望成林的造林地,一般指造林不满3年或飞播后不满5年的造林地
天然更新林地	天然更新等级不低于中等,但未达到森林标准的林地
预备造林地	调查时已经整地但尚未造林的土地
苗圃地	固定用于林木育苗的地块
荒地	调查时尚未利用,其表层为土质,能生长植被的土地
乔木生长范围以内的荒地	立地条件适合某些乔木树种生长的地块
乔木生长范围以外的荒地	立地条件不适合乔木树种生长的地块
农地	各种用于农作物种植和放牧的地块
难利用地	在当前条件下难于利用的土地,主要包括滩涂、盐碱地、沼泽地、裸土地、岩地、荒漠、沙漠、戈壁、苔原等
其他土地	包括城镇、居民点、工矿用地、交通用地以及未列入上述土地类型的土地
内陆水域	内陆自然和人工水域,常年保持正常的水面,包括河流、湖泊、水库、坑塘等水面,林内小溪不属于此类

土地总面积(不含海域)分为陆地(含滩涂)和内陆水域两大一级地类,具体标准见我国《森林资源规划设计调查主要技术规定》。

陆地中用于林业生产的土地称为林业用地(简称林地),林业用地包括有林地(森林)、疏林地、灌木林地、无立木林地和苗圃地。

有林地(森林):由乔木树种构成,郁闭度在0.20以上(含0.20)的林地或冠幅宽度在10米以上的林带,包括针叶林、阔叶林、针阔叶混交林和竹林。

无立木林地:包括采伐迹地、火烧迹地、未成林造林地、天然更新林地和预备造林地,具体标准见我国《森林资源规划设计调查主要技术规定》。

在区划小班时,首先应根据林班内的土地类型区划不同的小班。

3) 林种

根据国民经济的需要和森林的不同效益,将森林划分为生态公益林和商品林。根据《中华人民共和国森林法》中的规定,生态公益林包括防护林和特种用途林两个林种,商品林包括用材林、薪炭林和经济林;防护林分为水源涵养林、水土保持林、防风固沙林、农田牧场防护林、护岸林、护路林及其他防护林等亚林种,特种用途林分为国防林、实验林、母树林、环境保护林、风景林、名胜古迹和革命纪念林、自然保护区林等亚林种,用材林分为短轮伐期工业原料用材林、速生丰产用材林、一般用材林等亚林种,经济林分为果树林、油料林、特种经济林及其他经济林等亚林种。

不同作用的森林,应区划为不同的小班。

4)优势树种(组)

在区划小班时,优势树种组成相差二成的,可划分为不同的小班。

5)林分起源

根据林分生长方式,将林分划分为天然林、人工林两类,同时又可分为实生林和萌生林两种。不同起源的林分,应区划为不同的小班。

6)龄级(组)

同一树种由于龄级(龄组)不同,其相应的生长发育阶段不同,采取的经营措施应有差别。一般Ⅵ龄级以下的林木相差一个龄级、Ⅶ龄级以上的林木相差二个龄级时,可划分为不同的小班。调查时,应确定小班优势树种(组)的平均年龄。

7)郁闭度

郁闭度相差 0.2 以上时即可划分为不同的小班。

8)出材率等级

凡是近、成、过熟林,均要进行出材率等级测定。当出材率等级相差一级时,可按出材率等级来划分小班。出材率等级分为三级,其划分标准如表 3-2-3 所示。

表 3-2-3 出材率等级划分标准表

出材率等级	用材出材量/(%)		用材树占总株数的比重/(%)	
	针叶树	阔叶树	针叶树	阔叶树
1	71 及以上	51 及以上	91 及以上	71 及以上
2	51～70	31～50	71～90	46～70
3	50 及以下	30 及以下	70 及以下	45 及以下

9)立地条件

在进行了林型(或立地条件类型)和地位级(或立地指数)调查的地区区划小班时,可按林型(或立地条件类型)及地位级(或立地指数)的不同区划小班。未进行林型(或立地条件类型)、地位级(或立地指数)划分的,可直接根据坡度、坡向、坡位、土壤厚度等级和地貌等因子的不同区划小班。

(1)坡度。

坡度等级的划分标准:Ⅰ级为平坡 0°～5°,Ⅱ级为缓坡 6°～15°,Ⅲ级为斜坡 16°～25°,Ⅳ级为陡坡 26°～35°,Ⅴ级为急坡 36°～45°,Ⅵ级为险坡 46°以上。坡度等级相差一级的,划分为不同的小班。

(2)坡向。

坡向分为东、南、西、北、东北、东南、西北、西南及无坡向九个方位。

(3)坡位。

坡位分为脊、上、中、下、谷、平地六个坡位。

(4)土壤厚度等级。

土壤厚度等级根据土壤 A 层+B 层的厚度确定。

(5)地貌。

极高山:海拔大于 5000 m 的山地;高山:海拔为 3500~5000 m 的山地;中山:海拔为 1000~3499 m 的山地;低山:海拔小于 1000 m 的山地;丘陵:没有明显的山脉,坡度较缓和,且相对高度差小于 100 m;平原:平坦开阔,起伏很小。

10)小班的最小面积

若按上述条件划分出来的小班的面积都很小,且小班数目很多,这样不仅会使调查工作复杂化,同时也将给今后实施各项经营措施造成不便。因此,小班面积既不能过小,也不应过大,应根据森林情况和经营水平确定,一般为 3~20 hm^2。最小小班面积的确定应以小班的轮廓形状能在地形图(或基本图)上表示出来为原则。生态公益林的小班面积可适当放宽,但一般应不大于 35 hm^2。

2.2.3 组织森林经营单位

在森林区划和森林资源清查的基础上,对林班、小班进行归类,组成一定的经营单位。首先是划分林种区,然后在林种区内再组织经营类型,确定其经营目的,并制定相应的经营制度,即经营措施,使其成为长期的经营单位。因此,组织经营单位就是统一经营目的和经营措施的一种形式,它可体现经营方针和因地制宜、分别对待的原则,从而为技术计算和规划设计打下基础。

1. 区的划分

林种区就是在林业局或林场的范围内,在地域上一般相连接,经营方向相同,林种相同,以林班线为境界的地域范围。

一个林场可能是一个林种区或几个林种区。大多数森林经营及利用措施、规划设计、森林资源统计,均以林种区为单位汇总。其他如经营管理机构、护林防火、开发运输和工程建设等则是从整个林业局或林场的范围来考虑。

在划分林种区时,应根据林种区在组织经营上所起的作用来划分,主要考虑林种的差别和森林经营强度的不同及开发运输条件的差别,林种区划分的细致程度取决于林区的经济条件和自然条件。只有在经营制度上有明显差别时,才划分不同林种区,不应划得过细,以每个林种区面积至少不小于整个林场总面积的 5% 为宜。

林种区的界线通常采用林班线。对于沿铁路、公路的护路林种区,以及沿大河流、湖泊、水库的护岸林种区,如不便以林班线作为界线,可用小班界线或人工区划。在此情况下,林种区的境界必须在外业区划时在现地确定。一般林种区的界线应与行政区划及林业行政管理(营林区)的界线相一致。

林种区的命名是以具体的林种冠之,如用材林种区、护路林种区等。

2. 经营类型(作业级)的组织

经营类型就是在同一林种区内由一些在地域上不一定相连,但经营目的相同,需要采取相同的经营措施和相同的林学技术计算方法的许多小班组合起来的一种经营单位。

确定经营类型后,为便于组织生产,具体落实林种区的经营方向,简化规划设计工作。每一个经营类型均有一套完整的经营制度,设计后就可以在较长时间内根据它开展经营活动。

每一经营类型都有相应于其经营目的的森林作业法,而不是某一阶段性的经营措施。如对于用材林种区来说,经营类型就成为确定主伐年龄、主伐方式、标准年伐量、间伐量以及一切经营措施的单位。

经营类型,对于有林地小班,依据小班的树种、立地质量、森林起源、经营目的来确定;对于无林地小班,则应按其立地条件和经营目的的差异,分别归到相应的经营类型中去,以便在对经营类型设计森林经营管理措施时一并考虑。

一般经营水平越高,经营类型的个数就越多。每一个经营类型均需有一套完整的经营利用措施体系,即从经营目的到主要树种、作业法、轮伐期、经营措施等,各经营类型都应有其特点。如果在经营利用措施上没有显著的差别,则没有必要强求组织过多的经营类型。

在组织经营类型后,同一经营类型中的各个小班,在不同时期(表现在各个龄级中)应实施不同的经济措施,这样就可以按龄级来实施同一经营利用措施,简化了规划设计工作,提高了工作效率,也便于在经理期内按经营措施统计工作量。

组织经营类型的步骤是通过外业的森林资源调查之后,在内业经过森林资源统计分析和论证,确定经营类型,然后按经营类型进行归类统计,计算采伐量以及规划设计各种经营措施等。组织经营类型是龄级法经营森林的基础,目前世界各国经营林业大多采用这种方法。

经营类型一般根据主要树种命名,有时可以在主要树种之前再加上森林起源、立地质量、产品类型及防护性能等名称。

2.3 森林资源调查

2.3.1 森林资源调查概述

1. 森林资源调查的概念

森林资源调查就是对林业的土地进行其自然属性和非自然属性的调查。自然属性主要是指森林资源状况,非自然属性包括森林经营历史、经营条件及未来发展等方面。其目的就是为制定林业方针政策,编制国家、地方和生产单位的林业区划、规划和计划,实现森林资源的合理经营、科学管理和永续利用提供可靠的基础资料,以充分发挥森林的多种效能,更好地为社会主义建设服务。查清森林资源是开展林业生产的先决条件,目的是避免营林和计划工作的盲目性及被动性。

森林资源调查的任务是:及时查清、查准森林资源的数量和质量;掌握其生长、消亡的比例关系和动态变化规律;客观地反映经济、自然条件,并进行综合评估,提出全面、准确的森林资源调查资料、图面材料、统计表格及调查报告。

2. 森林资源调查的种类

世界许多国家把森林资源调查分为三大类,即全国(或大区域)森林资源清查、规划设计调查和作业设计调查。我国林业生产基本沿用这种分类系统,建立起我国森林资源调查体系。

1)全国森林资源清查(简称一类调查)

以全国或大林区为调查对象,能够迅速、及时地掌握全国或大区域森林资源总的状况和变化,为分析全国或大区域的森林资源动态,制定国家林业政策、计划,调整全国或大区域的森林经营方针,指导和控制全国的林业发展提供必要的基础数据。森林资源的落实单位在国有林区为林业局,在集体林区为县,也可以为其他行政区划单位或自然区划单位。调查的主要内容包括面积、蓄积量、生长量、自然枯损量以及更新采伐等。

一类调查一般在国家林业局的组织下定期实施,复查间隔期一般为5年。

2)规划设计调查(简称二类调查)

规划设计调查也称森林经理调查,任务是为林业基层生产单位(林业局或林场)全面掌握森林资源的现状及变动情况,分析以往的经营活动效果,编制或修订林业基层生产单位(林业局或林场)的森林经营方案或总体设计以及特用林(如母树林、风景林等)的规划设计提供可靠的科学数据。二类调查的森林资源数量和质量落实到小班。调查的主要内容,除各土地分类的小班面积、蓄积量、生长量和自然枯损量外,还要进行林业生产条件的调查和其他专业调查。

二类调查的目的是开展全面的森林经理工作,其详细程度(深度、广度和精度要求)取决于调查对象的经济条件、自然条件、经营水平,以及森林在国民经济中的作用等。

此类调查是在国家林业局的统一部署下,由各省(区)林业主管部门组织实施的,调查间隔期为10年。

3)作业设计调查(简称三类调查)

林业基层生产单位为满足伐区设计、造林设计、抚育采伐设计、林分改造等而进行的调查,均属于作业设计调查。其目的是清查一个伐区内或者一个抚育改造林分范围内的森林资源数量、出材量、生长状况、结构规律等,据以确定采伐或抚育改造的方式、采伐强度,预估出材量,以及拟定更新措施、工艺设计等。作业设计调查是基层生产单位开展经营活动的基础手段,应在二类调查的基础上,根据规划设计的要求逐年进行,森林资源应落实到具体的伐区或一定范围的作业地块上。

三类调查一般由县林业主管部门或林业基层生产单位组织实施。

上述三类调查在具体的对象和目的上不一样,它们的具体任务和要求也不完全一致。一类调查是为国家、地区制定林业方针、政策和计划服务,二、三类调查则是为基层林业生产及开展经营活动服务,它们各有自己的目的和任务,因此不能互相代替。

2.3.2 森林经理调查

森林经理调查主要有林业生产条件调查、林业专业调查、小班调查和多资源调查。

1. 林业生产条件调查

调查林业生产条件的目的就在于了解森林经理对象的客观条件,掌握林业生产中的自然规律和经济规律,总结分析过去林业生产活动中的经验教训,掌握本地区的物质技术条件和经营管理水平,为拟定科学的、行之有效的经营方案服务以及合理组织林业生产。林业生产条件调查主要包括自然条件、经济条件和过去的林业生产活动等的调查。

1)自然条件的调查

自然条件是指对当地森林生长发育和经营利用活动有影响的各种自然因素,包括地形地势、地质、土壤、植物、动物以及气象水文等。

2)经济条件的调查

经济条件的调查内容主要有:基本情况、农业情况、工业情况、交通电力条件、林业生产情况、机械设备情况、投资情况、职工生活情况。其中,资金来源是决定方案能否实现的重要条件。

3)林业生产活动的调查

调查了解过去林业生产活动情况,总结以往林业生产的经验教训,掌握生产单位的经营水平,对编制森林经营方案是很有益处的。林业生产活动的调查主要包括以往编制的森林经营方案的内容和执行情况、森林采伐利用情况、多资源利用情况、基本建设情况、企业管理情况、天然林保护和生态林业建设工程的实施情况。

林业生产条件的调查研究应根据不同的内容采取不同的调查方法,一般通过以下几种途径:一是收集现有的文字材料,二是调查访问,三是实地调查。

调查时首先要保证调查数据的真实性和科学性。影响林业生产的因素是多方面的,有经济因素、自然因素和以往经营活动的基础,同时又有方针、政策方面的因素,在分析这些条件或因素时,应从实际出发,找出当地具体情况下影响林业生产的主导因素,以便抓住事物的本质,得出正确的结论。

2. 林业专业调查

林业专业调查是森林经理调查的组成部分和重要基础,其调查项目包括:立地类型调查、林业土壤调查、森林更新调查、森林病虫害调查、森林生长量调查、编制林业数表、森林多种效益计量调查与评价、野生动物和珍稀植物资源调查、林业经济调查、造林典型设计、森林经营类型设计等。从林业专业调查内容来看,有些项目和林业生产条件调查内容相同,但它们在调查的要求和精度上是有区别的。林业专业调查要求更详细些。在实际调查中二者一般是结合在一起的,不做重复调查。一个林业局或林场具体进行哪些林业专业调查,应根据编制森林经营方案的需要而定。

由于林业专业调查包含的内容较多,调查的对象、要求都有所不同,因而在调查方法上不能一样。但就其调查方式来看,主要采取标准地(或样方)调查、标准木或样木调查以及路线调查与标准地调查相结合等调查方法。

3. 小班调查

森林资源数据应落实到小班,只有将各小班的资源调查清楚,才能因林因地制宜,合理组织经营,这也是森林经理工作、编制森林经营方案的依据和要求。

小班调查与小班区划结合进行,调查的详细程度取决于当地森林经理等级和要求。

1) 小班调查前的准备工作

(1) 数表准备。

调查前,应收集下列调查用表,并检验其适用程度和确定是否需要修订或重新编制:一元立木材积表、二元立木材积表、标准表(或形高表)、地位指数表(或地位积表)、收获表(生长过程表)、材积生长率表、材种出材率表等。

根据森林经营、规划的需要,在调查前还应收集、修订或重新编制立地类型表、森林经营类型表、森林经营措施类型表、森林典型设计表等。

不同地区在开展调查时,可根据技术方案的要求和今后经营管理的需要,补充其他调查和经营数表。

(2) 图面材料准备。

图面材料主要包括:基本图或林相图、地形图、森林分类图、卫片或航片。

(3) 文字材料准备。

文字材料主要包括:近期的森林资源档案、上期森林经理调查资料、各项林业工程设计及实施资料。

(4) 物资准备。

物资主要包括森林经理调查所用到的各种测量仪器、工具及表格。

(5)人员准备。

主要是指调查队伍的建立和调查人员的培训工作。

2)小班调查项目

各类小班的调查项目有所不同,主要调查项目的要求如下:

(1)空间位置。记载所在的林业局(总场、县)、林场(分场、乡)、作业区(村)、林班号、小班号。

(2)权属。分别按土地所有权和林木所有权调查记载。

(3)土地分类。按最低级土地分类调查确定。例如,林业用地分为有林地、疏林地、未成林造林地、灌木林地、苗圃地、无立木林地。其中有林地又分为天然林、人工林,无立木林地又分为采伐迹地、火烧迹地、未成林造林地、天然更新林地、预备造林地。

(4)地形地势。调查小班的平均海拔高度、坡度、坡向和坡位。

(5)土壤。调查小班土壤名称(记至土类)、腐殖质层、厚度、土层厚度(A层+B层)、质地、含石率等。

(6)下木植被。调查小班优势和指示性下木,植被的种类、平均高度和总盖度。

(7)立地类型。根据小班有关立地因子(如地形、土壤、植被等)查立地类型表确定小班的立地类型。

(8)地位等级。根据小班优势木平均年龄查地位指数表确定小班的地位指数,或根据小班主林层优势树种平均高和平均年龄确定小班的地位级。对于无立木林地、荒地,可根据小班的有关立地因子查数量化地位指数表确定小班的地位指数。根据小班地位指数或地位级确定地位等级。

(9)天然更新。调查小班天然更新幼林树的种类、年龄、平均高度、平均根径、每公顷株数、分布和生长情况,并评定天然更新等级。

(10)造林类型。对于适合造林的小班,根据小班的立地条件,按照适地适树的原则查造林典型设计表确定小班的造林类型。

(11)经营类型。根据小班的地况、林况以及经营要求查森林经营类型表确定小班的经营类型。

(12)经营措施类型。根据小班的林分状况和经营要求查森林经营措施类型表确定小班的经营措施类型。

(13)林种。按林种划分技术标准调查确定林种。

(14)林层。按林层划分条件确定是否分层,根据小班的经营类型确定主、副林层。

(15)起源。按林分主要生成方式调查确定林分起源。

(16)优势树种(组)。按优势树种(组)划分标准确定优势树种(组)。

(17)树种组成。分别按林层根据各组成树种蓄积所占比例,用十分法表示树种组成,分层记载。

(18)平均年龄。分别按林层调查优势树种(组)的平均年龄,分层记载。

(19)平均树高。分别按林层调查优势树种(组)的平均树高,分层记载。

(20)平均胸径。分别按林层调查优势树种(组)的平均胸径,分层记载。

(21)优势木平均高。在小班内,选择3株最高或胸径最大的立木测定其树高,取其平均值作为小班的优势木平均高。

(22)郁闭度。目测或用仪器测定各林层林冠对地面的覆盖程度。

(23)每公顷株数。调查各林层活力木的每公顷株数。

(24)每公顷蓄积量。分别按林层调查小班内各组成树种的活力木的每公顷蓄积量。

(25)枯倒木蓄积量。调查小班近5年发生的、可利用的枯立木、倒木、风折木、火烧木的蓄积量。

(26)林木病虫害。调查记载林木病虫害的有无以及病虫害种类、危害程度。

(27)森林火灾。调查记载森林火灾的有无以及火灾时间、受害面积、损失面积。

(28)调查日期。记录小班调查的年、月、日。

(29)调查员姓名。由调查员本人签字。

(30)其他应调查项目及要求。

在进行小班调查的同时,应随时将调查因子记载在小班调查记录表中。小班调查记录表的格式多种多样,各地应根据调查的内容和要求自行设计。

3)小班调查方法

根据小班调查地区的森林特点、调查等级、调查目的和要求的不同,可以采用目测法、实测法、回归估计法及其他能达到精度要求的方法来调查每个小班的测树因子。

(1)目测法。

目测法就是调查人员凭目测能力并配合使用一些辅助工具和调查用表对各种调查因子进行计测的方法。此方法简便迅速,但要求有较高的技术水平,因此必须由目测经验丰富并经培训考核合格的调查人员担任测试员。

为了掌握目测调查的规律、统一调查标准、保证调查精度,在外业工作开始前,必须进行目测练习。

(2)实测法。

实测法是指在预定的范围内,通过随机、机械或其他抽样方法,布设圆形、方形、带状或角规样地,在样地内实测各项调查因子,以推算总体的方法。实测法有标准地法和角规调查法。

(3)回归估计法。

回归估测法包括目测与实测的回归估测、角规与实测的回归估测、相片判读与地面实测的回归估测等。

(4)总体蓄积量抽样控制。

森林经理调查要求按小班提供的蓄积量,同时应在总体范围内,采取抽样调查方法设置实测样地进行抽样调查,以控制调查总体的蓄积量精度。

凡调查的小班累计蓄积量同总体抽样蓄积量相差(累偏)小于±1倍允许误差的,即认为符合精度要求,并以累计数字作为总资源数字;累偏在±1倍允许误差至±2倍允许误差的,应进行检查,除找出并纠正误差较大的因素外,应对小班蓄积量进行修正,直至达到精度要求为止;凡累偏大于±2倍允许误差的,应对小班蓄积量重新进行调查。

4. 多资源调查

随着科技的发展和人类对环境的重视,森林资源越来越被人们视为一个庞大的生态系统,森林资源概念也从单一林木产品扩大到森林内的动物、植物、土地、水、气候、地下资源等。为正确评价森林多种效益,发挥森林的各种有效性能,编制林区多资源调查规划设计和森林经营方案,就必须进行多资源调查。

多资源调查是森林可持续经营中逐渐发展起来的森林调查项目,世界各国对多资源调查的类型归属不完全一致,在我国的有关规程中规定,多资源调查仍属于二类调查中的专业范畴。

1)多资源调查的内容

林区的多资源比较复杂,大体可归纳为经济植物资源、野生动物资源、放牧资源、水资源和渔业资源、风景资源、其他资源(建材、矿产、采伐和造材及加工剩余物资源等)。

2)多资源调查的方法

林区多资源调查一般结合森林经理调查同时进行,其调查方法有的适于抽样调查,有的要采用路线调查,有的也可以通过典型调查取得数据,至于哪种资源调查要采取哪种方法,要由森林经理会议确定,以保证调查总体的精度。

2.4 森林资源信息管理

2.4.1 森林资源信息管理概述

1. 森林资源信息管理的概念

森林资源信息管理就是利用先进的技术和手段,对与森林资源管理活动有关的,经过加工的,能反映资源现状、动态及管理指令、效果、效益等活动的一切信息数据进行有效的管理。

信息数据是管理的基础,它们是林业企业计划、核算、调度、统计、定额和分析经济活动等工作的依据,是构成森林资源信息管理系统的最主要因素和管理对象。管理工作的成败取决于管理者决策质量的优劣,而决策质量的优劣又依赖于管理信息准确程度的高低。

2. 森林资源信息管理的方法

1)森林资源信息管理机构

在现行管理体制下,我国国有林区林业行政管理系统为国家林业局→省林业总局→林业管理局→林业局→林场,并在林业局以上单位设置森林资源信息管理专职机构,在林场设置专人从事森林资源信息管理工作;集体林区林业行政管理系统为国家林业局→省(自治区、直辖市)林业厅(局)→县林业局→乡林业工作站,并在县级以上林业主管部门设置森林资源信息管理专职机构。

森林资源信息管理机构的主要职责是:组织管理资源调查、区划、规划、设计及其成果的审批,监督森林经营方案的实施,监督执行国家批准的年森林采伐限额,管理采伐许可证的审核发放,管理伐区拨交和验收,监督造林、更新、抚育、低产林改造工程的检查验收,管理新成林的验收,组织森林资源审计等。地方林业主管部门和国营林业局、国营林场的森林资源信息管理机构,在业务上既受本单位的领导,也受上一级林业主管部门的领导,以上一级林业主管部门的领导为主。

2)森林资源管理信息采集和更新的主要方法

森林资源管理信息主要来源于森林资源调查,由于森林资源调查按照调查目的、调查任务、调查所涉及的范围的不同,其森林资源调查信息的作用就不同。尽管森林资源调查为提供森林资源信息发挥了重要作用,但从总体上看,森林资源调查属于一次性、间断性的调查,从资源信息的时间序列上看,成果缺乏连续性,且不同层次、不同调查系统之间的数据存在着不协调、不兼容的问题,因此需要在森林资源调查的基础上建立起森林资源监测体系。

2.4.2 森林资源统计与图面材料

1. 森林资源统计

森林资源统计是按区划系统由小到大逐级汇总。各种森林资源统计表,均应根据森林资源调查主要技术规定的要求和各地区的具体情况进行编制。各表之间有着密切联系,有关栏目的数据是相同的。因此,编表时,除同一表内的各栏统计数据必须完全正确外,各统计表之间的有关栏目的数据也应逐项核对至无误为止。

2. 森林资源分析

在资源汇总统计的基础上,需要对调查地区的森林资源进行分析,主要包括森林覆盖率的计算与分析,各类土地面积变化的分析,各类蓄积量、生长量、自然枯损量变化的分析,多资源的分析。通过分析,找出一些规律性或实质性的问题,为规划设计工作提供论据。

在进行森林资源统计、分析的同时,对有关专业调查的资料也应进行整理、分析,写出有关专业调查踏勘报告。

3. 图面材料制作

林业用图是林业生产单位开展经营活动不可缺少的材料。林业用图的种类很多,按内容和用途可分为自然资源地图、林业规划和设计地图、林业工程技术地图和林业专题地图四大类。森林调查后需要完成的常见图面材料有基本图、林相图、森林分布图、林场经营规划图等。

2.4.3 森林资源档案管理

1. 森林资源档案的概念

森林资源档案是记述和反映林业生产单位的森林资源变化情况、森林经营利用活动及林业科学研究等方面的具有保存价值的经过归档的技术文件材料,包括规格化的文件和非规格化的文件两种。

森林档案是林业生产单位的技术档案,也是国家全部档案的一个重要组成部分。它是记录和反映本单位科学技术活动的技术文件材料。森林档案的种类很多,可分为森林资源档案、种苗档案、造林档案、森林经营利用档案、基本建设档案、机械设备档案、多种经营综合利用档案、木材生产档案、科学研究档案等。林场的森林档案是上述各种档案的综合。森林档案对上级单位可称为森林资源档案。

森林资源档案主要由小班、林班、林场、图面档案以及固定标准地档案等几大项所组成,有些单位还根据需要建立了一些专门性的档案,如苗圃档案、母树林档案、种子园档案、病虫害防治档案等。

2. 森林资源档案的管理

森林资源档案的建立,仅是档案工作的开始,要达到长期、充分、有效地发挥森林资源档案的作用,必须重视对森林资源档案的管理工作。森林资源档案的管理,是一项细致、认真的工作,特别是要长期坚持,不能间断,否则森林资源档案将会随着时间的推移、森林资源的变化而逐渐降低甚至失去其应有的价值。

2.4.4 森林资源信息管理系统

1. 森林资源信息管理系统的作用

森林资源信息管理系统能完成信息采集、编码、传输、贮存、检索、分发和输出的功能,独立存在或为林业信息管理系统的组成部分。

现代森林资源信息管理系统由计算机信息处理系统和非计算机职能部分组成。非计算机职能部分主要包括信息的采集和编码等方面,林业调查、作业效果评选、数字模型的原始数据采集和林区遥感制图等工作属于这一部分。计算机信息处理系统完成数据贮存、加工、检索、更新和输出等工作。一些森林资源信息管理系统还具有图形处理功能,可按坐标将林业地理信息作为资源信息的组成部分,经过数值化后贮存到计算机系统的地图数据库中,存入的信息通过绘图机输出。

2. 森林资源信息管理系统的功能

对于所有管理人员来说,森林资源信息管理系统满足了日常工作所需要的信息;对于下层管理(执行)人员来说,它能提供制定短期计划、作业设计及执行控制过程所需要的信息;对于中层管理(监督)人员来说,它能提供编制实施森林经营方案及反馈控制所需要的信息;对于上层管理(决策)人员来说,它能提供战略决策及宏观控制所需要的信息。同时,森林资源信息管理系统还能满足森林经营单位内外进行信息交流的需要。

森林资源信息管理系统的主要功能包括:数据管理功能、信息查询功能、统计功能、林业专题图输出功能。

2.5 森林经营方案

2.5.1 森林经营方案概述

1. 森林经营方案的概念

森林经营方案主要是指林业局或林场等经营管理单位的规划设计,它是在一定的林业生产条件和对森林资源等进行调查研究的基础上,根据有关林业方针和政策,为一个林业局或林场拟定的经营方针、经营目标和具体措施。

森林经营方案是指导国营林业局、国营林场保护、发展、合理利用森林资源,实现科学经营、永续利用,提高森林经营管理水平的总体规划设计文件;是编制中长期计划,组织森林经营,确定采伐限额,安排营林生产和投资的依据;是制定考核各级领导干部任期森林资源消长目标,实行经营承包责任制的依据。

森林经营方案中的森林作业、林种规划、树种选择、轮伐期、林区基建等,都是从长远的角度来考虑的长期的规划,也有短期的安排,如年伐量、造林等。

森林经营方案一般每十年编制一次,而后每十年进行一次森林经理复查,根据需要也可提前进行森林经理复查,修订森林经营方案,从而促进经营活动的开展,不断提高经营水平和经营效率,使林业生产逐步走上集约经营的道路。

2. 编制森林经营方案的深度和广度

森林经营方案的编制是一项规划设计工作，有其相应的依据、程序、深度和广度。

1）森林经营方案编制的依据

编制森林经营方案时，应根据林业局、林场等经营管理单位的森林资源状况和生产实际情况，并结合上级有关指示精神，主要依据以下几个方面：

(1)按《森林资源规划设计调查主要技术规定》进行调查，并根据编制森林经营方案前1～2年有关的森林经理调查成果。

(2)按《关于建立和管好森林档案的规定》进行验收批准的当年森林资源档案材料。

(3)按《林业专业调查主要技术规定》进行调查的专业调查成果。

(4)上级林业主管部门下达的设计计划、任务。

(5)经上级主管部门审批的计划（设计）任务书。

(6)当地的林业区划和林业发展规划以及其他有关规划。

(7)有关林业方针、政策、法规，如《中华人民共和国森林法》《森林采伐更新管理办法》《中华人民共和国森林经理规程》《国有林场森林经营方案编制和实施工作的指导意见》，以及其他有关细则、规程等。

(8)有关大、中型项目的可行性研究报告。

(9)过去森林经营利用活动分析资料。

(10)林业科学研究的新成果和生产方面的先进经验。

2）森林经营方案编制的程序

森林经营方案的编制是林业规划设计工作，要遵循一定的设计程序，从计划开始，到完成设计和审批为止，都要遵循这一程序。首先，主管上级下达计划任务书，列入国家或地方计划，然后编制人员根据计划书要求收集资料并做必要的补充调查，经过充分论证分析，提出初步方案，在局、场编制方案领导小组和上级主管部门审议通过后，遵照有关的规程编制森林经营方案，正式完成规划设计后，还应完成审批手续，最后交付施工单位执行。在执行过程中要不断总结，定期修改规划设计，这样才能不断指导生产实践。设计文件的审批要实行分级管理、分级审批的原则。

3）森林经营方案编制的深度和广度

(1)森林经营方案编制的单位和原则。

国营林业局、林场、自然保护区等单位可作为森林经营总体来编制森林经营方案，集体林区以县（市、区）为森林经营总体来编制森林经营方案。

森林经营方案要与区域社会经济发展规划和林业战略发展规划相协调，科学性与实用性相结合，实行分类经营、规模经营，提高综合效益，调整产业结构，优化资源配置。

(2)森林经营方案编制的深度。

根据国家规定，一般建设项目实行两阶段设计，个别设计对象技术复杂而缺乏实际经验时可实行三阶段设计，情况单纯、技术简单的小型企业可实行一阶段设计。

森林经营方案一般实行两阶段设计：第一阶段是长期的、总体的、规划性质的初步设计，设计深度应能满足控制投资、安排年度规划和为作业设计提供依据的要求；第二阶段是施工设计，在林业上称之为作业设计，如造林作业设计、抚育采伐设计、伐区工艺设计等，在设计深度上满足施工的要求，提出施工技术方案以及所需的原料，机械设备，工具的种类、型号和数量，劳动力和经费预算,施工图纸等。

深度是指详细程度。森林经营方案中的营林规划深度往往与经营单位的经营水平(森林经营强度或森林经营集约度)有密切关系,要求按森林经理等级所规定的详细程度进行规划设计。森林经营方案的各项规划设计在时间安排上表现为远期安排较粗放,一般不分年度,近期安排较细致。

森林经营方案中的森工及基建部分属于基本建设问题,其设计的深度反映在规划设计的阶段性上。两阶段设计的森林经营方案属于第一阶段的设计成果,第二阶段的施工设计是在今后执行森林经营方案的过程中进行的。

某些小型国营林场或乡村林场可以执行一阶段设计,在近期1~2年内需要施工的地段进行作业设计,但设计文件仍应分开。

森林经营方案主要解决总体的远景的战略性问题,如果要求森林经营方案中包括今后各年度的施工设计,往往难于预估今后较长时间内的一些具体细节问题,容易产生脱离实际的弊病。所以,在编制森林经营方案时,必须遵循设计程序,它分轻重缓急,不要混淆设计的阶段性。

(3)森林经营方案编制的广度。

森林经营方案所设计的内容(即广度)因林业局(场)的类型、规模及发展方向的不同而有差异。为了搞好规划设计、编制出最优的森林经营方案,无论规划设计内容多与少,都应解决好经营方针、经营规模、生产布局、生产顺序、保证措施等问题。

森林经营方案的基本内容是相对而言的,可根据具体情况及有关规定加以适当增减,而且应有所侧重。

2.5.2 森林经营方案的主要内容

在确定了经营原则的基础上,便可进行具体的规划设计工作,即编制森林经营方案。由于经营单位的类型和条件不同,因而森林经营方案的编制内容和要求不会千篇一律,应当根据不同的情况因地制宜地加以安排。

森林经营方案以林业局、场为对象,以林场为设计单位。除经营原则如作业法、林种划分、目的树种、经营方向等问题着眼于一个轮伐期外,其余均主要安排和解决一个经理期即十年的方针、任务和有关技术措施和原则问题,重点在于林场规模、生产方式和作业顺序;落实材种、确定作业项目、指标和技术原则,林区基本建设布局,组织机构、投资设备和效益预估等工作。

森林经营方案中的各项经营利用措施一般属于规划性质的,可以按类型进行典型设计,在具体实施时,还须再做单项施工设计。

森林经营方案的主要内容包括主伐规划、更新造林规划、森林抚育采伐及低产林改造规划、森林保护规划、母树林和种子园以及苗圃规划、多种经营与综合利用规划、林道和其他基建规划、组织机构及人员和投资概算、经营效果的预估。

2.5.3 集体林区森林经营方案的编制

我国除国有林外,还有大面积的集体所有林。在我国南方主要林区,集体所有的森林占很大比重,如何经营管理好现有集体林,从集体林的特点和实际需要出发,编制森林经营方案,对整个林区生产具有重要的意义。

1. 编制集体林区森林经营方案的指导方针与原则

集体林区森林经营的指导思想,就是依据集体林区的特点,在运用先进技术的基础上,对现实森林进行永续作业,挖掘林地、林木的生产潜力,逐步提高现有林地的生产力,加快林木生长,调整现有森林结构,在扩大森林面积和提高现有林单位面积产量的基础上,保证木材再生产不断扩大及森林特殊效益的充分发挥,实现多效益的永续利用。

在编制经营方案时,要处理好当前与长远、局部与整体、宏观与微观的关系,既搞"千家万户",又要在群众自愿的基础上走联合造林、联合经营的道路,同时要考虑今后林业生产将向专业化、协作化的规模经济发展。此外,编制的经营方案一定要简单、明了、易行,一切从实际出发。

在经营方针上,乡(镇)、村林场要贯彻"以林为主、多种经营、长短结合、以短养长"的方针。要坚持以营林为基础,采育结合,以育为主,综合开发,多种经营,改善管理,提高效益,开放搞活,大力发展商品经济。要推广以林为主,林牧、林农、林茶、林果、林药等多种经营结合的生产结构,打破传统的单一砍伐式或单一造林式的林业体制,因地制宜,选择发展一些资源利用率高、经济效益显著的林副产品和多种经营产品,以提高林业的自养功能和经营活动的能力。

2. 编制集体林区森林经营方案的单位

集体林区森林经营方案的编制单位特别复杂,县(市、区)、乡(镇)、集体林场、林业重点户、林业专业户、联合体等形式多种多样,经营对象多。目前我国集体林区森林经营方案的编制单位,大体上可以归纳为以下几类。

(1)以县(市、区)为单位编制。
(2)以县为单位编制,分乡加以落实。
(3)以乡为单位编制。
(4)以村为单位编制。
(5)以林场或联合体为单位编制。

在确定各地集体林区森林经营方案的编制单位时,要分别对待,不要搞一刀切,应考虑以下条件:①经营单位是一个经济实体,是独立的经济核算单位;②具有一定数量和质量的森林资源,经营方向可以是相同的,也可以是不同的;③对编制森林经营方案及方案的实施具有行政管理能力;④有一定的编制森林经营方案并实施的技术力量。

3. 集体林区森林经营方案的深度和广度

由于集体林区的情况特殊,类型复杂,层次较多,因此集体林区森林经营方案的广度和深度应该有差异,应按不同类型的集体林区森林经营方案编制单位的实际情况而定。

1)集体林区森林经营方案的深度

集体林区森林经营方案的深度应有粗有细、粗细结合:县级方案宜粗不宜细,全县(市、区)指标分解落实到乡(镇);乡级方案指标落实到村,有条件的到林班、小班更好。乡村林场方案宜细不宜粗,规划设计落实到山头地块。各县(市、区)制定的年度计划,各乡(镇)要做作业设计调查,具体落实到山头地块。时间深度,经理期的年度安排,主要内容前五年细,可分年度落实到地块,后五年可一笔账,一般内容则可在总工作量下计算年均工作量。这样,方案的总深度就是有规划、有设计、规划和设计相结合的体系。

2)集体林区森林经营方案的广度

集体林区森林经营方案所涉及的范围,应考虑到全国统计汇总的要求,应该对经营方案有一个共同的规模要求。一些林区生产任务不大,技术力量不足的地方可以先编制简易的经营方案,但必须满足造林、采伐、抚育间伐、低产林改造、森林保护等方面的要求。

各单位编制的森林经营方案的内容,要以营林、经营为主,要因地因林制宜地加以确定,切忌小而全、面面俱到,要有所侧重地体现各地特色,发挥各地的资源优势——名优特产,同时要开发新资源和新产品。至于木材加工、综合利用、森工基建、厂(场)、站建设和伐区设计等项目,视各单位具体条件和可能而定。

4. 集体林区森林经营方案的内容及要点

集体林区森林经营方案的编制单位从理论上讲是经营实体,但是,目前在我国不仅大部分集体林区森林经营实体[如乡(镇)、村林场]还不完善,没有单独编制和实施经营方案的条件,不少乡(镇)还没有专业机构(如林业站)来保证方案的实施。因此,除少部分县(市、区)以乡(镇)为单位编制外,大部分县(市、区)拟以县(市、区)为单位编制。集体林区森林经营方案的主要内容包括:森林资源分析和评价、编制方案的经营方针和经营目标、集体林区划体系与组织经营类型、森林采伐、造林更新。不论是以县(市、区)还是乡(镇)为单位编制,都要注意下列问题。

(1)不论经营方案的内容是什么,它都只是中、长期规划,不能代替作业设计。

(2)经营方案的内容要因需而定,但主要内容必须有更新造林、抚育间伐、采伐利用、多种经营等。

(3)经营方案以经营实体为单位时,设计内容应落实到年度和小班;而以县(市、区)为单位时,自然做不到这一点,但一些重要内容可以分解到乡(镇),并落实到小班。

(4)一个县(市、区)方案由于可变因素较多,为增加方案应变能力和可选性,一些内容可设计两到三个方案和可供选择的内容。

(5)经营方案编制成果主要由森林经营方案说明书、图面材料、附件及有关专业调查报告等部分组成。

2.6 森林资源资产评估

2.6.1 森林资源资产评估概述

1. 森林资源资产评估的概念

1)森林资源资产的概念

森林资源资产是在现有认识和科学水平的条件下,可进行经营利用,能给其产权主体带来一定经济利益的森林资源,它是林业企业赖以生存和发展的物质基础,是生产资料的主要来源。

森林资源资产的一般特征是获利性、占有性和可比性。除此之外,它还具有经营的永续性、再生的长期性、分布的辽阔性、功能的多样性、管理的艰巨性等特性。

森林资源资产按照形态可分为林木资产、林地资产和森林景观资产,按经营管理形式可分为公益性森林资源资产、经营性森林资源资产。

2) 森林资源资产评估的概念

森林资源资产评估是根据特定的目的,遵循社会客观经济规律和公允的原则,按照国家法定的标准和程序,运用科学可行的方法,以统一的货币单位,对具有资产属性的森林资源实体以及预期收益进行的评定估算。

森林资源资产评估所要实现的一般目的是资产在评估时点的公允价值。森林资源资产评估的特定目的是指对某项具体的森林资源资产进行评估时所要达到的具体目的和结果。特定的目的主要是指:①以保障资产所有者的合法权益为目的;②以确定和检查经营者经营状况的责任为目的;③以重新认定资产的现时价值为目的;④以解决资产账面价值与实际价值相背离为目的等。

3) 资金时间价值的概念

资金时间价值又称"货币时间价值",是一定数量的资金经历了一定时间在不同时点上所形成的价值差。它的一般解释是资金(货币)在不同时点上的不同价值,也叫作货币的时间价值,它一般用利率或利息来表示。所谓的资金的时间价值实际上是投入生产领域的资金——资本的增值。商业利率通常由三大部分构成,即纯利率、风险利率和通货膨胀利率。

林业生产成本主要指营林生产成本和木材生产成本。营林生产成本主要指从整地、定植、抚育、间伐、森林保护到森林可采伐为止整个生产过程所发生的生产费用。木材生产成本包括从采伐、收购起,经过不同方式集材、运材,到达最终贮木场或销售点归楞,可供销售为止的全部生产费用。

4) 森林资源资产的界定

森林资源资产评估首先要解决的问题是森林资源资产的界定。森林资源资产的界定首先要明确哪些是森林资源资产,哪些不是森林资源资产,即界定森林资源资产的物质内涵;其次是界定森林资源资产的所有权,即要确定森林资源资产的占有权、使用权、收益权和处分权。简单地说,就是森林资源资产的产权归属明确、具有使用价值、数量明确。森林资源资产的界定应遵循以法律为依据、国家所有权受特殊保护、维护其他非国有经济主体合法地位和谁投资谁占有谁受益等原则。

2. 森林资源资产评估的原则、方法和程序

1) 森林资源资产评估的原则

森林资源资产评估工作要以独立性、客观公正性、科学性为原则。

森林资源资产评估经济技术要坚持预期收益原则、供求原则、贡献原则、替代原则、评估时点原则等。

森林资源资产评估的操作原则主要是:产权利益主体变动原则、资产持续经营原则、替代性原则、公开市场原则、贡献原则、预期原则。

2) 森林资源资产评估的方法

森林资源资产评估以总体、森林类型或小班为单位进行评定估算,主要方法有:市价法、收益现值法、成本法、清算价格法以及其他方法。其他方法主要指经国家林业局、国家国有资产管理局认可的其他评估方法。

森林资源资产评估应根据评估方法的适用条件、评估对象、评估目的,选用一种或几种方法进行评定估算,综合确定评估价值。

3) 森林资源资产评估的程序

(1) 评估立项。

评估立项指进行森林资源资产评估时,应按国家有关规定,向有关部门提交森林资源资产评估立项申请书并附带有关资料的工作。

立项申请书的内容主要包括:森林资源资产占有单位名称、地址、隶属关系,评估目的,评估对象与范围,要求评估的时间,评估的基准日等。

附件主要有:该项经济行为审批机关批准文件、县级以上人民政府颁发的有效产权证明如林权证等。

(2)评估委托。

森林资源资产评估立项经批准后,资产占有单位方可委托森林资源资产评估机构进行资产评估。评估委托应提交评估委托书、有效森林资源资产清单和其他有关材料。

评估委托书的内容包括:评估目的、评估对象与范围、评估基准日、评估时间、评估要求等。

评估机构要对委托方所提供的森林资源资产清单的编制依据、资料的完整性和时效性进行核验,核验合格后方可接受委托,并与委托方签署森林资源资产评估业务委托协议。

(3)资产核查。

森林资源资产评估机构受理委托后,应对委托方提交的资产清单进行核查,核查符合要求方可进行评估。

(4)资料收集。

在进行评定估算前,森林资源资产评估机构必须收集、掌握当地有关的技术经济指标资料。

(5)评定估算。

在有关资料达到要求的条件下,森林资源资产评估机构对委托单位被评估森林资源资产价值进行评定和估算。

(6)提交评估报告书。

森林资源资产评估机构对评定估算结果进行分析确定,撰写评估说明,汇集资产评估工作底稿,形成森林资源资产评估报告书,并提交给委托方。按现行有关规定,森林资源资产评估报告书应该包括资产评估报告书正文、资产评估说明、资产评估明细表及相关附件。森林资源资产评估报告书应具备公正性、守法性和规范性。

(7)验证确认。

委托单位收到评估机构的森林资源资产评估报告书后,应报委托单位行政主管部门审查。国有森林资源资产评估结果经林业行政主管部门审查同意后,报同级国有资产管理行政主管部门验证确认。

(8)建立项目档案。

评估工作结束后,评估机构应及时将有关文件及资料分类汇总,登记造册,建立项目档案,按国家有关规定和评估机构档案管理制度进行管理。

2.6.2 森林资源资产评估方法

1.森林资源资产核查方法

森林资源资产评估机构在森林资源资产评定估算前,必须对委托单位提交的有效森林资源资产清单上所列的森林资源资产进行认真的核查。

1)有效森林资源资产清单

有效森林资源资产清单是森林资源资产占有单位发生森林资源资产产权变动或其他情况

需要进行资产评估时,按规定向受委托的森林资源资产评估机构提出的需要评估的全部森林资源资产的数量、质量和分布情况的真实的详细的材料。除古树名木、珍贵的单株木以外,森林资源资产清单一般以小班为单位编制。

委托方提供的以小班为单位编制的森林资源资产明细表,应当包含小班权属、面积、位置、立地条件和作业条件等数据。如果是有林地,要增加所有的林分因子;如果是即将采伐的成、过熟林,再增加材种出材率情况。被评估对象如果是森林旅游对象,则要包含景观方面的指标;评估对象如果是古树名木或珍贵树木,则还要增加人文历史、特殊经济用途和价值方面的内容。

2)森林资源资产核查步骤

森林资源资产核查应分8步进行。

(1)指导委托方进行森林资源资产清查及编制森林资源资产清单。

(2)对委托方所提供的森林资源资产清单的编制依据、资料的完整性和时效性进行验核。

(3)验证由委托方提供的林权证、林权图,有关森林资源资产所有权、使用权、经营权的协议、合同等文件,确认它们的合法性,剔除不符合法律要求的协议和合同。

(4)对委托方提供的待评估森林资源资产清单上所列小班的权属、林业基本图上的位置,以林权证、林权图,以及有关所有权、使用权的协议、合同为准,逐个小班进行核对。对于无权属证书和权属不清的小班,要求委托单位补充提供有效的权属文件。对于无法提供县级以上人民政府颁发的权属证书或证件的,不能作为资产评估对象,应予以扣除。

(5)对已确认权属的各项森林资源资产进行现地核查,填写核查记录。

(6)对核查通过的森林资源资产清单进行统计,编制各种森林资源资产统计表。

(7)现地核查结束后,按规定计算合格率,确定委托方提供的森林资源资产清单是否合格。如不合格,应及时通知委托方,并商量采取相应的措施。

(8)编写森林资源资产核查报告。

3)森林资源资产核查内容

森林资源资产核查内容一般包括权属、数量、质量和空间位置等,在实际工作中,可根据评估目的和评估对象的具体情况确定。

4)森林资源资产核查方法

森林资源资产的核查方法有抽样控制法、小班抽查法和全面核查法等,可按照评估目的、评估种类、具体评估对象的特点和委托方的要求选择使用。

5)森林资源资产核查报告

森林资源资产核查报告一般由报告书、附表、附图及附件四个部分组成,它是森林资源资产评估的重要文件之一。

2.森林资源资产评估

1)林木资源资产评估

林木资源资产评估要按同林龄和异林龄开展。在同林龄资源资产评估工作中,幼龄林(含未成林造林地)林木资源资产,中龄林和近熟林林木资源资产,成、过熟林林木资源资产要区别对待。在异林龄资源资产评估工作中,要区别对待择伐后异龄林林木资源资产和择伐 n 年后异龄林林木资源资产。

林木资源资产评估中,除活立木和枯立木外,经常还包括风倒木或新近砍倒尚未加工成原木或其他林产品的林木。林木资源资产是森林资源资产最重要的组成部分,也是森林资源资产中的产权交易最活跃的部分,是森林资源资产评估最主要的内容。

2)林地资源资产评估

(1)林地资源资产。

林地资源资产必须具备资产的特性,它是以林地资源为物质财富内涵的财产,具体说明如下。

①作为资源资产的林地必须有明确的产权关系,为特定的法律经济主体所占有,并实施有效的控制。

②作为资源资产的林地必须能够进入市场,用货币计量,并进行货币交换。

林地资源资产除了具有林地的一般特性之外,还具有作为土地资产的特性,即依附性和易变性。

(2)影响林地资源资产使用权价值的因素。

林地是通过生产木材和其他林产品来实现它的价值的。因此,在估计这种价值时必须对这些森林的收获进行长期的测定,即对林地未来的收益(林地本身的贡献)进行预测。在预测林地未来收益时,主要考虑的影响因素有:林学质量、经济质量、森林经营方式及强度、林产品的市场价格、生产周期、有林地与无林地的差别、评估时间与交易案例时间的差异、林地的用途、林地交易的迫切性。

3. 整体林业企事业资源资产评估

1)整体企业森林资源资产评估的含义

整体企业森林资源资产评估是整体企业资产评估的特例,是具有整体企业资产类似特点的企业的局部资产评估,它是对企业资产系统中森林资源资产子系统的整体获利能力的评估,它不是各单项森林资源资产的简单加和。在林业企业的整体资产评估中,其他的资产可按有关的规定进行评估,而森林资源资产评估经常按整体企业森林资源资产进行评估。

根据整体企业森林资源资产的含义和限定条件,在实际森林资源资产评估工作中,整体企业森林资源资产评估的客体主要有企业整体价值、具有独立生产能力和获利能力的森林经营单位的森林资源资产的价值以及企业全部无形资产的价值。

2)整体企业森林资源资产的范围界定

整体企业森林资源资产评估的一般范围是林业企业的所有森林资源资产。在对整体企业森林资源资产进行评估时,必须首先对委托方委托评估的企业森林资源资产进行产权验证,有产权证明的以产权证明为准,产权证明无法证明的要根据国家产权界定的有关法律文件进行产权界定。对于一时难以界定的产权或因为产权纠纷暂时无法做出结论的资产,应划为待定产权,暂不列入整体企业森林资源资产之中。

经过产权界定和资产重组后的企业森林资源资产基本上应纳入整体企业森林资源资产的评估范围内。

3)整体企业森林资源资产评估的方法

整体企业森林资源资产评估的主要方法有:收益现值法、单个森林经营类型的整体森林资源资产评估、多个森林经营类型的整体资源资产评估、整体森林资源资产评估中的加和法。

2.7 森林资源实物管理

2.7.1 林地管理

1. 林地管理概述

1）林地管理的主要内容

林地是开展林业生产必不可少的物质基础之一。

林地管理的主要目的是坚决遏制林地资源的非法流失，防止一切滥用林地现象的发生。县级以上林业主管部门负责对本行政区域内的林地进行管理和监督。林地管理的主要内容包括：

（1）基础管理：包括林地调查，林地统计，林权登记、发证、建档，法规制度建设等。

（2）权属管理：包括权属调查、权属变更、调查登记、调处权属争议等。

（3）开发利用监督：包括林地利用规划、计划、开发利用设计等的审查，占用征用林地管理及林地变化情况的检查监督等。

2）林地权属管理

林地权属管理是指各级林业主管部门依照国家法律、法规和政策，对森林、林木和林地的保护、利用、归属等实行组织、协调、控制、监督等活动，维护其所有者、使用者的合法权益，调整林地关系，合理利用林地资源。林地权属管理是林地管理的基础。

林地权属是指林地的所有权和使用权。《中华人民共和国民法通则》规定，财产所有权是指所有人依法对自己的财产享有占有、使用、收益和处分的权利。

根据《中华人民共和国宪法》《中华人民共和国民法通则》《中华人民共和国土地管理法》《中华人民共和国森林法》等的有关规定，我国林地使用权有多种形式，主要为以下几种：一是国有林地由国有单位使用，该单位依法享有所使用的林地的占有、使用、收益和部分处分的权利，但不拥有所有权；二是国有林地，由集体以合法的形式取得使用权，如采取联营、承包、租赁等形式获得林地的使用权；三是集体林地由国有林业单位使用，该单位没有所有权，但依法拥有使用权；四是公民、法人或其他经济组织以承包、租赁、转让等形式依法获得国有或集体所有林地的使用权，但不拥有所有权。随着改革开放的深入和林地利用形式的多样化，林地使用权形式也将趋向多样化。

3）林地权属保护

林权证是依法经人民政府登记核发，由权利人持有的确认森林、林木和林地所有权或使用权的法律凭证。林权证式样由国务院林业行政主管部门统一规定。林权证中详细记载了地块范围、面积、林木蓄积量等山场情况和森林资源状况，明确了林地所有权或者使用权的拥有者、地上森林或林木所有者、地上森林或林木使用者等权属内容。当权属中任何一项内容发生变更时，需要依法及时办理变更登记手续。县级以上人民政府颁发的林权证，不仅是森林、林木权属的法律凭证，而且也是林地权属的有效法律凭证。

（1）林权登记发证的条件和依据。

根据《中华人民共和国森林法》《中华人民共和国土地管理法》以及其他有关法律、法规的规定，县级以上人民政府林业行政主管部门应当做好本行政区域内国家所有、集体所有的林地和个人使用的林地的清查、登记、统计工作,对符合条件的,报同级人民政府审查批准,核发林权证。

林权登记发证分初始登记、变更登记和注销登记三种。

(2)林权登记发证的工作程序。

申请办理林权证的一般程序是,由使用者向县级以上林业主管部门提出登记申请,由该级人民政府登记造册,核发证书。林权登记发证程序如下:

申请登记→外业勘验→出榜公示→成图、签字、盖章→发放林权证→统计汇总、总结、上报。

《中华人民共和国森林法实施条例》和《林木和林地权属登记管理办法》分别根据不同的情况,对使用国有林地、集体林地以及单位和个人所有的林地的登记发证程序做了明确的规定。

县级以上林业主管部门(登记机关)应当配备专(兼)职人员和必要的设施,建立林权登记档案。

林权登记档案应当包括下列主要材料:申请材料、林权登记台账、异议材料、登记机关的调查材料和审查意见以及其他有关图表数据资料等文件。

登记机关应当公开登记档案,并接受公众查询。

省级林业主管部门(登记机关)应当将当年林权证核发、换发、变更等登记情况统计汇总,并于次年1月份报国务院林业主管部门。

2. 林地保护和开发利用管理

根据《中华人民共和国森林法》《中华人民共和国土地管理法》以及国家其他有关法律、法规的规定,各级人民政府要把林地保护、管理作为重要职责,全面规划、加强保护、严格管理,禁止乱占、滥用和其他破坏林地的行为。

1)林地保护和开发利用管理的内容

林地的保护和开发利用管理,应当坚持土地管理部门统一管理和林业行政主管部门专业管理相结合的原则。县级以上人民政府应当将林地保护利用规划纳入土地利用总体规划中。

县级以上人民政府林业行政主管部门负责本行政区域内林地规划、建设、保护、利用的管理和监督工作。林地保护和利用管理的主要内容包括:

(1)进行林地的调查、统计、监测,建立林地地籍档案;

(2)编制林地建设、保护、利用规划和年度计划;

(3)承办林地权属变更登记工作;

(4)办理占用、征用林地的审核手续,监督占用、征用林地各项补偿费的支付;

(5)查处非法侵占、破坏和违法使用林地的行政案件;

(6)依照人民政府确定的职责,调处林地权属争议;

(7)宣传林地保护管理的法律、法规和政策。

林业行政主管部门应当将林地清查登记情况抄送同级土地行政主管部门和农业行政主管部门。林业、土地、农业、水利、环保、建设、地矿、交通、铁道等有关部门应当依照各自的职责分工,相互配合,共同做好林地保护、管理工作。

2)林地保护和开发利用管理

林地资源是扩大森林资源、增加森林覆被率的物质基础,编制林地利用规划,加强林地利用管理是林业经营工作中非常重要的内容。

林地保护和开发利用规划,应与土地利用总体规划和林业发展长远规划相协调。林地建设、保护、利用规划由林业行政主管部门组织编制,并征得同级土地行政主管部门同意,纳入土地利用总体规划,经依法批准后实施,报同级人民政府批准,并报上一级人民政府林业行政主管部门备案。林地保护和开发利用规划,未经原批准机关同意,不得变更。使用林地的单位和个人,必须严格按照林地保护和开发利用规划确定的用途使用林地。

禁止在未成林造林地、幼林地和封山育林区内放牧、砍柴、狩猎和从事非林业的其他生产经营活动。严禁在二十五度以上陡坡林地开垦种植农作物,已开垦的,应限期退耕还林。

临时使用林地进行勘测、修筑设施、采石、采矿、取土、取沙等活动的单位和个人,应当采取保护林地措施,不得造成滑坡、塌陷、水土流失,不得损毁批准用地范围以外的林地及其附着物。

使用林地的单位和个人,不得擅自将林地用于非林业生产经营活动。确需改变林地用途的,必须依法办理报批手续。联合开发林地的,必须以合同或协议的方式依法确定林地保护和开发利用的权利和义务。

林业主管部门应当加强对林地开发利用的指导、监督和服务。

国有林场和苗圃、自然保护区、森林公园等使用的国有林地,改变其隶属关系的,须经省人民政府林业行政主管部门同意,报省人民政府批准;属于国家级自然保护区的,由省人民政府报国务院批准。

用材林、经济林、薪炭林的林地使用权,用材林、经济林、薪炭林的采伐迹地、火烧迹地的林地使用权,以及国家规定的其他林地的使用权,可以依法转让,也可以依法作价入股或者作为合资、合作造林、经营林木的出资、合作条件。

3. 林地流转管理

林地流转是指在不改变林地所有权和林地用途的前提下,林地所有者或使用者将林地使用权按一定的程序,通过招标、拍卖、协议等方式,有偿或无偿转让给公民、法人及其他组织的经济行为。

1)林地流转的范围

根据《中华人民共和国森林法》的规定,林地使用权依法转让的范围包括:用材林、经济林、薪炭林和竹林的林地使用权,用材林、经济林、薪炭林的采伐迹地、火烧迹地的林地使用权,宜林地(荒山、荒沟、荒丘、荒滩等)的使用权。

防护林、特种用途林的林地使用权不得转让,林地权属不清或有争议的林地也不得转让,不得将林地转为非林地。需要说明的是,林地转让的是使用权,林地所有权不得转让。

2)林地流转的形式

林地流转的形式多种多样,主要有竞价拍卖、招标、协议方式等。

3)林地流转的条件

林地流转应具备以下条件:一是林地权属没有争议,二是有关部门同意林地流转的文件,三是林地转让双方同意转让。

4)林地流转需要提供的材料

申请林地转让应提供下列材料:林地类型、坐落位置、四至界址、面积及地形图;现有林木状况,包括林种、树种、林龄、蓄积量等;基础设施和其他附着物现状;意向书及森林资源管理责任书;林权证;其他应当提供的材料。

5)林地流转的程序

由于林地流转形式的不同,林地流转的程序也有所差别,常见的林地流转程序是:

林地招标流转的操作程序:转让申请→审核→明晰产权→制定方案→资产评估→确定底价、公开招标→签订合同→办理林权变更登记手续。

林地拍卖的操作程序:转让申请→审核→对拟卖林地向社会公告→对买卖人进行资格审查登记→对林地资产进行评估及勘界→现场拍卖、公开竞标→交清钱款、签订合同→办理林权变更登记手续。

协议转让的操作程序:转让申请→审核→转让双方签订转让合同→付费并办理林权变更登记手续。

国有林地的转让不得采取协议的方式,集体林地的转让须经集体经济组织代表会议或村民代表会议讨论通过。

以林地作为合资、合作条件的,合资、合作各方依法签订合同后,到林地所在地的县级以上林业主管部门办理备案手续,但不需办理林地(林木)权属变更登记手续。

国有林地的转让,必须报县级以上林业主管部门审核后,由省级林业主管部门批准。

在林地流转过程中,要处理好林地所有者和经营者、国家、集体和个人的利益关系,各级林业主管部门要适时对森林经营者的经营活动进行规范化、科学化的管理和指导。

林地流转过程中的所有手续一定要规范,特别是流转合同。流转合同一般应包括流转双方单位(姓名)及地址,流转林地的土地分类、面积、地点及四至(附万分之一图面材料),流转的期限和起止日期,流转的用途,流转价款及支付方式,双方当事人的权利、义务和违约责任等。流转合同应当经过公证机关公证。

4. 占用、征用林地管理

1)占用、征用林地的概念

占用林地是指国有企事业单位、机关、团体、部队等单位因勘查、开采矿藏和各项建设工程的需要,依法使用国家所有的林地。占用林地有两个特征:一是林地的所有权没有改变,仍归国家所有;二是林地的使用权发生改变,归依法占用林地的单位享有。

征用林地是指国有企事业单位、机关、团体、部队等单位因勘查、开采矿藏和各项建设工程的需要,依法使用集体所有或个人使用的林地并给予补偿。征用林地也有两个特征:一是林地的所有权发生改变,原为集体所有,经征用后变为国家所有;二是林地的使用权依法改变为征用林地的单位享有。

2)占用、征用林地的条件

占用、征用林地必须具备下列条件。

(1)建设项目通过了具有评审鉴定资质的评审单位或有关专家组成的评审团的可行性研究和论证。

(2)建设项目必须经过国务院主管部门或者县级以上地方人民政府批准。

(3)由具备森林资源资产评估资格的单位对林地、林木价值进行了评估或鉴定。

(4)用地单位与被占用、征用林地单位签订了占用、征用林地协议。

3)占用、征用林地须提交的文件材料

申请占用、征用林地的单位或个人,须提供下列文件材料。

(1)国务院主管部门或者县级以上地方人民政府按国家基本建设程序批准的设计任务书或其他批准文件。

(2)用地单位的申请。

(3)所占用、征用林地的权属证明材料。

(4)被占用、征用林地平面图,林木等地面附着物调查清单。

(5)占用、征用林地项目设计书和按规定交纳林地、林木补偿费,森林植被恢复费协议书。

(6)需采伐林木的,还应提交采伐林木书面申请和采伐作业设计文件等。

4)占用、征用林地的审批程序

根据《中华人民共和国森林法》《中华人民共和国森林法实施条例》的规定,勘查、开采矿藏和修筑道路、水利、电力、通信等工程,需要占用或者征用林地的,用地单位必须依法按程序审批。

占用、征用林地的办理手续基本相同。占用、征用林地的审批程序如下。

申请→审核→收费→审查批准。

5)占用、征用林地的补偿

经批准占用、征用林地的,按规定对占用、征用林地征收各项补偿费用,用于造林营林、恢复植被、补偿损失,保护林地和维护森林经营单位合法权益。根据有关法律、法规的规定,凡是占用、征用林地的,用地单位应按规定支付林地补偿费、林木及其他地上附着物补偿费、森林植被恢复费、安置补助费、占用或征用林地资源保护费等费用。因情况不同,补偿的范围、标准、办法也不同,具体征收办法和标准由各省、自治区、直辖市规定。所收取的各项补偿费用,除规定付给个人的那部分以外,剩余全部纳入林业主管部门和森林经营单位的造林营林资金,专门用于造林营林、恢复森林植被。

2.7.2 林木资源管理

1. 林木经营管理

1)林木经营管理的概念

林木资源是指成片或单株的树木,包括利用木材的树木和利用果、叶、茎、根等非木材的树木。

林木经营管理是指林业主管部门和有关国家机关依据国家法律、法规和政策,对木材的收购、销售和加工活动的管理。

为保障木材流通秩序健康发展,《中华人民共和国森林法》规定:林区木材的经营和监督管理办法,由国务院另行规定。《中华人民共和国森林法实施条例》《国家林业局关于进一步加强木材经营加工监督管理的通知》等对木材经营管理有以下主要规定。

(1)集体林区的木材市场由当地工商行政管理部门领导和管理,林业主管部门协助做好管理工作;应本着方便群众、有利管理的原则,设立固定的木材市场。

(2)集体林区生产的木材,由当地林业主管部门的国有木材经营单位统一管理和进山收购;个别情况特殊,需要进山收购的,须经林业主管部门批准,按规定的时间、地点、树种、材种、数量收购依法采伐的木材;木材经营单位未经国有林业企事业单位批准,不得进入其经营区收购木材;不准私人进入林区收购和贩运木材;禁止任何单位和个人收购无合法证明的木材。

(3)木材生产者出售木材,应出具林木采伐许可证,农村居民出售自留地和房前屋后所产的木材,应出具村民委员会的证明。

(4)在林区经营、加工木材的,必须向县级以上林业主管部门或其授权的单位提出申请,经批准后发给木材经营、加工许可证,凭证到工商行政主管部门办理登记,领取营业执照后才可以经营;审核发放许可证的部门要核定加工规模,不得超过可提供加工木材的数量;任何单位和个人不得无木材经营、加工许可证和无营业执照经营、加工木材。

(5)在国家实施天然林资源保护工程区内不得建立木材交易市场。

2)木材运输管理

木材运输管理是森林资源保护和管理的重要内容之一,是控制森林资源消耗的一项重要措施,是维护林区木材运输的正常秩序,防止和制止非法运输木材的重大举措。

(1)木材凭证运输制度。

加强木材运输管理的关键是实行木材凭证运输制度。木材凭证运输是指从林区运出木材,必须持有县级以上林业主管部门核发的木材运输证件,并按规定的内容进行运输。

需要凭证运输的木材包括原木、锯材、竹材、木片,以及省、自治区、直辖市规定的其他木材。

木材运输证是由法定的林业主管部门根据运输者的申请,经审核后核发的允许其从林区运出木材的合法凭证。木材运输证分为出省木材运输证和省内木材运输证。出省木材运输证式样由国务院林业主管部门规定,统一印制;省内木材运输证式样由省、自治区、直辖市规定,统一印制。木材运输证主要内容包括:所运木材的树种、采种、规格、数量、运输起止地点和有效期限等。

申请办理木材运输证的单位和个人,应当提交下列证明文件:林木采伐许可证或者其他合法来源证明,检疫证明,省、自治区、直辖市林业主管部门规定的其他文件。

(2)木材运输管理。

林区木材运输的监督机构是木材检查站。木材检查站的设立,必须按照统一规划、合理设置的原则,由县级以上地方林业主管部门提出,经省级林业主管部门审核,报省级人民政府批准。

木材检查站的职责是宣传《中华人民共和国森林法》和国家其他有关木材运输监督的法规和政策;依法检查木材运输,维护林区木材运输秩序,制止非法运输木材的行为。

3)林木权属特征及其流转形式和条件

(1)林木权属特征。

林木权属是指森林、林木、林地的所有者或使用者依法对林木的占有、使用、收益和处分的权利。根据林木权属客体的不同,林木权属可以分为森林所有权、林木所有权和林地所有权三种。森林、林地只能是国家或集体所有,而林木可以是国家、集体所有,也可以归个人所有。

(2)林木使用权的流转形式和条件。

林木使用权的流转是指林木的使用权的依法转让。

林木使用权流转的主要形式:一是林木的转让,包括以培育、经营为目的的林木折价转让和林木采伐权转让;二是将林木折价入股或者作为合资、合作的出资条件,可以采取股份合作方式将林木折价入股合作经营,也可以把林木所有权折为公司股本的一部分。林木使用权转让或者作为合资、合作的条件的,转让方或出资方已经取得的林木采伐许可证仍然具有法律效力,也可以同时转让。

林木使用权进行流转必须具备相关条件:要转让的林木权属清晰,不存在林木所有权、使用权权属争议;已经完成了林木资源资产评估工作;林木使用权的有偿转让,转让双方必须遵守森林、林木采伐和更新造林的规定,防止在流转过程中造成森林资源的破坏。

2. 森林采伐限额管理

1) 年森林采伐限额的概念

年森林采伐限额是指制定年采伐限额的部门,依照法定的程序和方法,通过对本行政区内森林、林木进行科学的测算而确定的,并经国家批准的,在一定行政区域或经营区内各单位每年以各种采伐方式对森林资源采伐消耗的最大限量。年森林采伐限额是立木蓄积,而不是伐倒木材积。

年森林采伐限额是国家对森林资源实行限额消耗的法定控制指标。制定了年森林采伐限额的单位都必须严格遵守。凡超限额下达木材生产计划,超限额发放采伐证,超限额批准采伐和进行采伐的,都是违法行为,要受到法律制裁。

森林采伐限额管理是指各级林业主管部门依照国家批准的森林采伐限额,制定合理的年伐计划,实行凭证采伐、合理消耗的森林采伐管理。

制定年森林采伐限额,用材林的主伐和抚育间伐,防护林和特种用途林的抚育及更新性质的采伐,低产林分的改造和"四旁"林木的采伐等,凡人为采伐胸高直径在 5 cm 以上的林木所消耗的蓄积都必须纳入年森林采伐限额内,依法规定不纳入的除外。特种用途林中的名胜古迹、革命纪念林和自然保护区林等森林法规定严禁采伐的森林和林木以及农村居民采伐自留地、屋前屋后个人所有的零星林木,不计算在年森林采伐限额之内。农村居民在自留山种植的林木、个人承包国家所有和集体所有的宜林荒山荒地种植的归个人所有的林木(承包合同另有规定的除外)纳入年森林采伐限额。对于利用外资营造的用材林达到一定规模需要采伐的,可以在国务院批准的年森林采伐限额内,由省(自治区、直辖市)林业主管部门批准,实行采伐限额单列。

2) 年森林采伐限额的制定及审批手续

制定年森林采伐限额的依据主要有两方面:一是经上级林业主管部门批准的森林经营方案确定的合理采伐量;二是尚未编制森林经营方案的,应依据上级林业主管部门审定的最新森林资源调查成果或森林资源档案进行测算。

根据森林法及其实施细则规定,制定年森林采伐限额的法定程序是:由下向上提报建议指标,经各级政府审核平衡批准后再由上级批准,逐级下达。

各级在上报建议指标时,要对测算方法、测算过程中所使用的各项指标、公式、数据等加以文字说明。

3) 森林采伐限额管理的实施

为了加强森林采伐限额管理工作,应建立采伐限额执行情况的检查监督报告制度,以检查采伐数量的真实性、采伐行为的合法性和采伐对象的合理性,加强检查、监督和处理,以保证采伐限额的贯彻落实。

4) 人工用材林采伐管理政策的调整

为促进人工商品林的培育和合理利用,规范人工商品林的采伐管理,增加森林资源总量,提高森林资源质量,国家林业局对森林采伐限额做出了三项重大改革:一是在采伐限额编制单位内,人工商品林年森林采伐限额本年度有节余的,经省级林业主管部门批准,可以结转下年使用;二是人工商品林年森林采伐限额不足的,可以使用天然林或公益林的年商品材采伐限额;三是在县级行政区域内经营人工商品林面积在1500亩以上、年采伐量相对稳定、经营期限超过主要树种两个轮伐期的单位和个人,可以根据其经营方案单独编制年森林采伐限额。

3. 林木凭证采伐制度

林木凭证采伐制度是指任何采伐林木的单位和个人,必须依法向核发林木采伐许可证的部门申请林木采伐许可证,经批准取得林木采伐许可证后,按照采伐许可证规定的地点、数量、树种、方式和期限等进行采伐,并按规定完成采伐迹地的更新。

1)凭证采伐的实施范围

根据《中华人民共和国森林法》的规定,除采伐竹子和不是以生产竹材为主要目的的竹林,以及农村居民采伐自留地、房前屋后自有的林木,可以不申请林木采伐许可证外,其他任何林木的采伐都必须办理林木采伐许可证,并按照林木采伐许可证的规定进行采伐。

2)核发林木采伐许可证的单位

林木采伐许可证是由林业主管部门和有关主管部门根据采伐林木者的申请,依法发放的允许采伐者从事采伐活动的凭证。林木采伐许可证的内容包括采伐地点、面积、蓄积(或株数)、树种、采伐方式、期限和完成更新造林的时间等。林木采伐许可证的式样由国务院林业主管部门规定,由省、自治区、直辖市人民政府林业主管部门印制。

3)申领林木采伐许可证的凭证和程序

申领林木采伐许可证的程序如下。

申请→审核→现场核查→批准、办证。

单位或个人申领林木采伐许可证时应提交的材料,一是申请采伐林木的所有权证书或者使用权证书,二是应提交的其他有关证明文件。

属集体、个人采伐林木的,由乡林木工作站将林木采伐许可证送达采伐申请人;属国有森林经营单位采伐林木的,由发证单位将采伐证直接发给申请采伐单位。

4)伐区拨交和伐区验收

根据国务院有关文件规定:各级森林资源管理部门应加强采伐更新的检查、监督管理工作,严格执行采伐审批、伐区拨交验收和更新造林检查验收制度,对违反《中华人民共和国森林法》规定的单位和个人有权进行处罚。

(1)伐区拨交。

为加强伐区管理,提高作业质量,必须建立伐区拨交制度。伐区拨交就是将要采伐的伐区从经营阶段转到采伐利用阶段的过程,是森林资源管理部门执行凭证采伐的主要手段。

伐区批准采伐后,在施工前,森林资源管理部门、伐区单位或个人到伐区现场进行拨交,由资源管理员介绍伐区四至、面积、采伐方式、出材量及伐区清理等技术要求和责任要求,办理拨交手续,并发给该伐区林木采伐许可证。

伐区拨交量要严格遵守林木采伐许可证规定的采伐期限、地点、强度、数量和范围,不允许超越林木采伐许可证的拨交伐区,做到拨交一号、作业一号、清理验收一号后再拨交新的伐区。

(2)伐区验收。

森林资源管理部门应对伐区的日常管理和作业质量进行检查和监督,在作业结束时,对伐区进行检查验收。

伐区验收的程序是:采伐单位提出验收申请→现场检查验收→签发伐区验收合格证。

2.7.3 生态公益林管理

1. 森林生态效益补偿

为加强重点生态公益林的建设、保护和管理,改善和优化生态环境,促进经济和社会可持续发展,维护重点生态公益林经营者的合法权益,根据《中华人民共和国森林法》《中华人民共和国森林法实施条例》的规定,国家实行生态公益林补偿制度。

1) 森林生态效益补偿制度

(1) 森林生态效益补偿实施制度。

森林生态效益补偿,是指国家为保护森林、充分发挥森林在环境保护中的生态效益而建立的,通过国家投资、向森林生态效益受益人收取生态效益补偿费用等途径设立森林生态效益补偿基金,用于提供生态效益的森林的营造、抚育、保护和管理的一种法律制度。

(2) 森林生态效益补偿实施范围。

根据《中华人民共和国森林法》规定,防护林和特种用途林的经营者,有获得森林生态效益补偿的权利。

目前我国森林生态效益补助的范围只限于天保工程实施范围以外、位于大江大河源头和大型水库周围等重要生态区域的重点防护林和特种用途林中的一部分,仅占全部重点防护林和特种用途林的四分之一左右,也就是说,还有四分之三的重点防护林和特种用途林不能获得生态效益补助。

如用材林、经济林和薪炭林等林种,其商品价值和森林生态效益可以通过价格得到补偿,因此,这些林种一般不在补偿范围之内。

森林生态效益补偿基金的发放对象应是所有公益林经营者,不受经营主体性质的影响。同一地区对于国有林、集体林和私有林主体,同样的森林资源结构和功能应给予相同的补偿标准。

2) 森林生态效益补偿基金管理

森林分类经营既是建立森林生态效益补偿制度的前提,也为建立森林生态效益补偿制度奠定了基础。

森林生态效益补偿基金指各级财政安排用于生态公益林效益补偿的专项基金。

(1) 森林生态效益补偿基金筹集途径。

森林生态效益补偿基金的来源主要有三种:一是政府按公益事业统筹补偿费,二是向享受公益林生态功能的单位征收补偿费,三是向公益林享用个人征收补偿费。

(2) 森林生态效益补偿基金使用对象。

森林生态效益补偿基金分为损失性补偿费和管护经费两部分,因此,森林生态效益补偿基金的使用对象,一是因划定为生态公益林而禁止采伐林木造成经济损失的林地经营者或林木所有者,二是实施生态公益林管理或协调的有关单位或个人。

(3) 森林生态效益补偿基金监督管理。

森林生态效益补偿基金必须专款专用,不得挪作他用。鉴于森林生态效益补偿基金的特殊性,除了林业部门加强管理外,审计部门也要加强对森林生态效益补偿基金使用情况的审计和监督。另外,要定期向社会公布基金使用情况,接受社会监督。

2. 生态公益林的建设和保护管理

我国林业建设的战略目标是建立比较完备的林业生态体系和比较发达的林业产业体系。要实现这一战略目标,必须根据森林的不同功能,实施分类经营、分区突破、总体推进的发展战略。

1)生态公益林建设方法

生态公益林建设是一项社会性、公益性、群众性、长期性的林业生态工程。

生态公益林建设属于社会公益事业性质的环境基础设施建设,应由政府统一规划,以政府、社会为主,分级负责进行管理。生态公益林建设实行三种管理体制:一是政府直接管理,如自然保护区、森林公园、生态林场或专门管理机制(如管理站);二是社会管理,公众事业由社会团体、企事业单位、部队、学校管理,如城镇风景林、公园、企业园林;三是群众自己管理,如自然保护小区等。

生态公益林建设实行政府主导、突出重点、统一规划、分步实施、依法保护、权责明确、分级管理的方针,政府投入与社会投入、生态保护与合理利用相结合的原则。

国有林场、自然保护区或林权所有单位可根据生态公益林的分布特点、保护等级和管护难易程度,按一定面积划定管护责任区,配备专职护林员,并与其签订管护合同。

2)生态公益林采伐更新管理及管护措施

生态公益林在经营上要遵循森林自然演替规律,封、造、补、抚、管相结合,以天然更新为主,辅以人工促进天然更新,做到保护与发展并重,把生态公益林建成树种多样、结构合理、功能齐全、长期稳定的森林生态系统,实现生态效益、经济效益、社会效益的和谐统一,严格控制采伐甚至完全禁止采伐,建立封山管护责任制。

(1)生态公益林采伐更新管理。

一级保护生态公益林不允许进行任何形式的经营活动。

二级保护生态公益林可开展必要的抚育采伐、更新采伐。

三级保护生态公益林在保护的前提下,可进行合理的改造,逐步更替单一树种和单层林分,引导形成复层混交林。

生态公益林中的竹林和果茶,允许按照各自的经营要求进行正常的栽种、培育、管护、组织和采收、加工、出售,但应采取可靠的生态保护措施。

遭受病虫害、火灾、雪压及风折等自然灾害的生态公益林,根据受灾情况,按有关规定,经批准后,可采取必要的采伐方式和强度进行更新或抚育。

生态公益林经营活动,由林权单位提出申请,经县级林业主管部门和县区市林业主管部门审核后,报省级以上林业主管部门批准。

(2)生态公益林管护措施。

生态公益林的保护、经营管理由各级人民政府负总责,各级林业主管部门负责组织实施。县级林业主管部门、自然保护区、国有林场具体负责本辖区内的生态公益林建设、保护管理活动。各级林业主管部门的林政资源管理机构和森林公安负责生态公益林保护、管理、监督和违法案件的查处。鼓励全社会以认种、认管等方式参与重点生态公益林的建设和保护,由林业主管部门与认种、认管单位或个人签订相关协议。

3. 违反生态公益林管理的处罚措施

侵占、截留、挪用森林生态效益补偿基金,尚未构成犯罪的,依法给予行政处分;构成犯罪擅自移动、损害和盗窃生态公益林保护标志的,由县级以上林业主管部门责令限期恢复原状,并赔偿损失。

生态公益林所有者或经营者违反规定,擅自调整生态公益林范围或改变生态公益林性质的,由所在地的林业主管部门收回其获取的森林生态效益补偿基金,并处以罚款。

违反规定,擅自采伐生态公益林或未按照林业主管部门的批准内容采伐生态公益林的,按照《中华人民共和国森林法》《中华人民共和国森林法实施条例》的规定从重处罚。

违反规定,在生态公益林范围内进行开垦、采石、采砂、取土、开矿、修建墓地等行为,致使生态公益林受到毁坏的,由林业主管部门责令其停止违法行为,除补种毁坏株数 2 倍以上 3 倍以下的树木外,还应处以罚款;违反规定,在生态公益林范围内进行砍柴、采脂、放牧、狩猎、挖笋、采种等行为,致使生态公益林受到毁坏的,由林业主管部门责令其停止违法行为,应补种毁坏株数 2 倍以上 3 倍以下的树木。

组织、实施生态公益林保护与管理的经营单位有下列行为之一的,应限期改正,造成严重后果的,依法追究有关部门和当事人的责任,并核减或停止发放森林生态效益补偿基金。

(1) 年度检查验收不合格的。
(2) 挪用、挤占、截留森林生态效益补偿基金的。
(3) 对森林火灾、病虫害防治不力,对盗伐滥伐和乱征滥占林地打击不力以及经营管理不善等人为因素造成生态公益林资源减少、质量下降的。
(4) 在生态公益林区域内出现其他严重破坏森林资源行为的。

【复习思考题】

1. 简述本人所在地的森林资源特点及对森林资源管理的认识。
2. 何谓林业分类经营?何谓森林分类经营?二者有何联系与区别?
3. 轮伐期、主伐年龄、森林成熟之间有何区别和联系?
4. 请简述利用地形图现地对坡目测勾绘小班的步骤。
5. 森林分类有何作用和意义?我国公益林是如何分类和管理的?
6. 如何组织林种区和经营类型?
7. 一、二、三类森林资源调查有何区别和联系?
8. 样地调查和标准地有何区别和联系?
9. 如何开展小班调查?请简述无林地、有林地、竹林小班的调查有哪些不同。
10. 结合生产谈谈森林资源信息管理的主要内容与任务。
11. 森林采伐量由哪些部分组成?请简述标准年伐量与森林采伐限额的差异。
12. 森林经营方案的作用有哪些?国有林区和集体林区的经营方案有哪些不同之处?
13. 如何理解资产评估中资产的含义?森林资产评估的基本步骤有哪些?
14. 什么是整体资产评估?
15. 简述森林生态效益补偿的意义及实施范围。
16. 简述林权登记发证的条件和依据。
17. 简述凭证采伐的意义与实施范围。
18. 林地、林木管理主要有哪些方面?主要管理措施有哪些?

模块四　森林保护与利用

项目1 常见林木病虫害识别及防治

1.1 昆虫识别

1.1.1 植物有害昆虫识别

昆虫属于动物界节肢动物门昆虫纲。昆虫的共同特征如下。

(1)体躯的若干环节分别集合成头部、胸部、腹部3个体段。

(2)头部具有1对触角和3对口器附肢,通常还具有复眼和单眼,因而是昆虫感觉和取食的中心。

(3)胸部由3个体节组成,生有3对足,大多数昆虫在成虫期一般还生有2对翅,因而是运动的中心。

(4)腹部通常由9~11个体节组成,内含大部分内脏和生殖系统,腹末多数具有转化成外生殖器的附肢,因而是昆虫生殖和代谢的中心。

(5)昆虫在一生的生长发育过程中,通常需经过一系列显著的内部及外部体态上的变化(即变态),才能转变为性成熟的成虫。

蝗虫体躯侧面图如图4-1-1所示。节肢动物门主要纲的区别如表4-1-1所示。

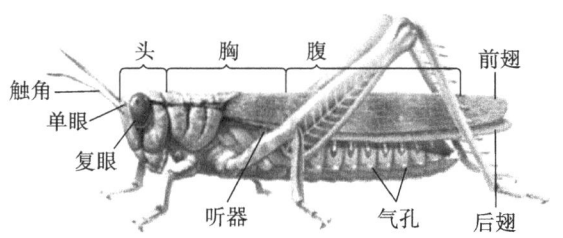

图 4-1-1 蝗虫体躯侧面图

表 4-1-1 节肢动物门主要纲的区别

纲 名	体躯分段	复眼	单眼	触角	足	翅	生活环境	代表种
昆虫纲	头部、胸部、腹部	1对	0~3个	1对	3对	2对或0~1对	陆生或水生	蝗虫
蛛形纲	头部、胸部、腹部	无	2~6对	无	2~4对	无	陆生	蜘蛛
甲壳纲	头部、胸部、腹部	1对	无	2对	至少5对	无	水生、陆生	虾、蟹
唇足纲	头部、胴部	1对	无	1对	每节1对	无	陆生	蜈蚣
重足纲	头部、胴部	1对	无	1对	每节2对	无	陆生	马陆

1. 昆虫的头部特征识别

1）昆虫头壳

头部是昆虫体躯最前面的一个体段,以膜质的颈与胸部连接,头壳坚硬,多呈半球形、圆形或椭圆形。在头壳形成过程中,由于体壁的内陷,表面形成许多沟、缝,通常以缝、沟将昆虫头部分为头顶、额、唇基、颊和后头5个部分。头部的附器有1对触角、1对复眼、1~3个单眼和1副口器。头部是昆虫的感觉和取食中心,如图4-1-2所示。观察图中蝗虫头部的附器和分区情况。

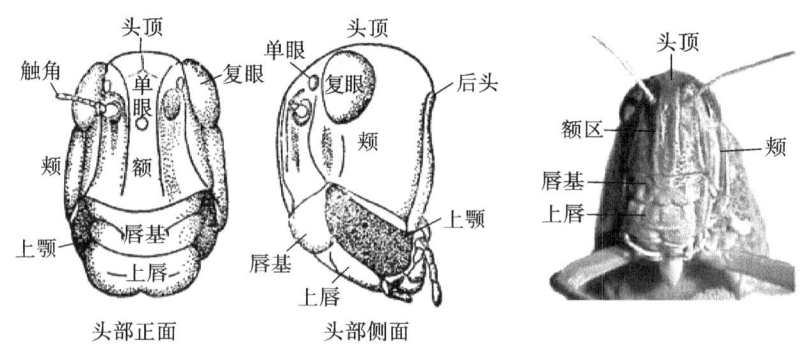

图4-1-2 蝗虫头部的构造

2）昆虫的头式

根据口器在头部着生的位置和方向,昆虫的头式可分为以下三种(见图4-1-3)。

（1）下口式：口器向下,口器着生在头部下方,与身体的纵轴垂直,如蝗虫、蟋蟀、蝶类幼虫等,大多见于植食性昆虫。

（2）前口式：口器向前,口器着生于头部的前方,与身体的纵轴成一钝角或近乎平行。具有这类头式的昆虫大多适于捕食或钻蛀,如草蛉幼虫和钻蛀型幼虫。

（3）后口式：口器向后斜伸,贴在身体的腹面,与身体的纵轴成锐角。这种头式适于刺吸植物或动物的汁液,如蝉、蚜虫、蚧壳虫等。

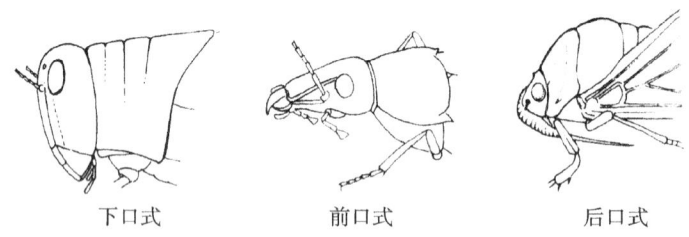

图4-1-3 昆虫的头式

3）昆虫头部附器

（1）触角。

绝大多数昆虫都有一对发达的触角,着生于头部两侧上方的触角窝内。它是昆虫的主要感觉器官,上面生有许多感觉器和嗅觉器,有助于昆虫觅食、避敌、求偶和寻找产卵场所。

昆虫的触角可分为三部分,分别为柄节、梗节、鞭节,如图4-1-4所示。

昆虫触角的形状各异,多因昆虫的种类和雌雄不同而多种多样,大致可分为下列常见基本类型(见图4-1-5)。

①刚毛状:触角很短小,基部1～2节稍粗,鞭节纤细,类似刚毛,如蝉、蜻蜓等的触角。

②丝状:或称线状,触角细长如丝,鞭节各亚节大致相同,向端部逐渐变细,如蝗虫、天牛等的触角。

③念珠状:或称串珠状,触角各节大小相似,近于球形,整个触角形似一串念珠,如白蚁等的触角。

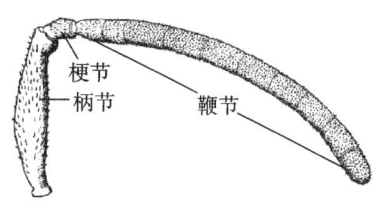

图 4-1-4 昆虫的触角构造

④锯齿状:或简称锯状,鞭节各亚节向一侧突出呈三角形,整个触角形似锯条,如芫菁和叩头虫雄虫的触角。

⑤栉齿状:或称梳状,鞭节各亚节向一侧突出呈梳齿状,整个触角形如梳子,如绿豆象雄虫等的触角。

⑥羽状:又称双栉齿状,鞭节各亚节向两侧突出呈细枝状,整个触角形如篦子或羽毛,如大蚕蛾、家蚕蛾等的触角。

⑦膝状:又称肘状或曲肱状,柄节特别长,梗节短小,鞭节由若干大小相似的亚节组成,基部柄节与鞭节之间呈膝状或肘状弯曲,如胡蜂、象甲等的触角。

⑧具芒状:触角较短,一般分为三节,端部一节膨大,其上生有一刚毛状的构造,称为触角芒,芒上有时还有许多细毛,如蝇类的触角。

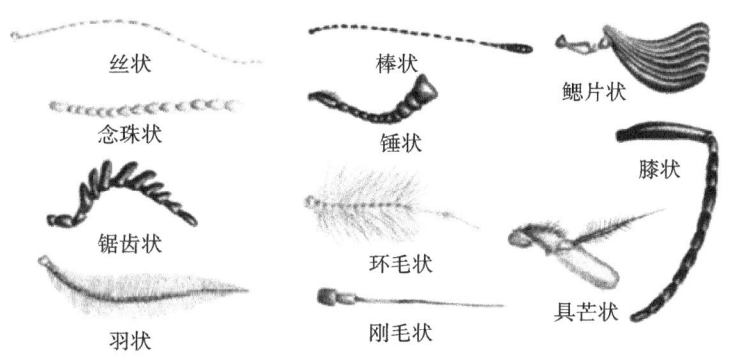

图 4-1-5 昆虫触角类型

⑨环毛状:除触角的基部两节外,鞭节各亚节环生一圈细毛,愈靠近基部,细毛愈长,渐渐向端部逐减,如蚊类的触角。

⑩棒状:或称球杆状,鞭节基部若干亚节细长如丝,端部数节逐渐膨大如球,全形像一棒球杆,如蝶类的触角。

⑪锤状:类似球杆状,但端部数节突然膨大,末端平截,形状如锤,如部分瓢甲、郭公甲等的触角。

⑫鳃片状:鞭节的端部数节(3～7节)延展成薄片状叠合在一起,状如鱼鳃,如金龟甲的触角。

(2)复眼和单眼。

昆虫的视觉器官包括复眼和单眼两大类。

①复眼。昆虫的成虫和不完全变态的若虫及稚虫一般都具有一对复眼。复眼位于头部的侧上方,大多数为圆形或卵圆形,也有的呈肾形(如天牛)。复眼是由若干个小眼组成的。

②单眼。昆虫的单眼又可分为背单眼和侧单眼两类。单眼只能辨别光的方向和强弱,不能形成物像。背单眼具有增加复眼感受光线刺激反应的作用,某些昆虫的侧单眼能辨别光的

颜色和近距离物体的移动。

单眼的有无、数量和位置常被用作分类特征。复眼的大小、形状、小眼面的数量也是昆虫分类的重要依据。

（3）口器。

各种昆虫因食性和取食方式的不同，形成了不同的口器类型。咀嚼式口器是最基本、最原始的类型，其他类型的口器都是由咀嚼式口器演化而来的。

①咀嚼式口器。咀嚼式口器的主要特点：具有坚硬而发达的上颚，用以咬碎食物，并将其吞咽下去。咀嚼式口器的构造：上唇、上颚、下颚、下颚须、下唇、舌，如图4-1-6所示。

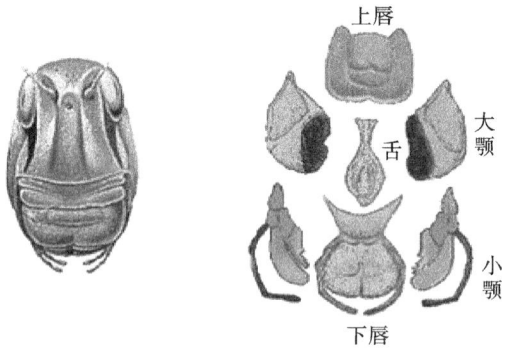

图4-1-6　蝗虫头部及其咀嚼式口器结构

②刺吸式口器。刺吸式口器的主要特点：上颚和下颚延长，特化为针状构造，称为口针；下唇延长成分节的喙，将口针包藏于其中，如图4-1-7所示。

③嚼吸式口器。嚼吸式口器兼有咀嚼固体食物和吸食液体食物两种功能，为一些高等蜂类所特有。

④锉吸式口器。锉吸式口器为蓟马类昆虫所特有，能吸食植物的汁液或软体动物的体液，少数种类也能吸人血。

⑤虹吸式口器。虹吸式口器（见图4-1-7）为多数鳞翅目成虫所特有。

刺吸式口器

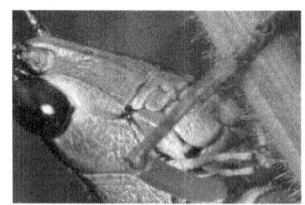

咀嚼式口器

虹吸式口器

图4-1-7　昆虫口器类型

⑥舐吸式口器。舐吸式口器为双翅目蝇类所特有,如家蝇、花蝇、食蚜蝇等。

昆虫的口器类型不同,为害方式也不同,因此对其采取的防治方法也应不同。掌握昆虫口器类型,不仅可以了解昆虫的为害方式,而且对于正确选用农药及合理施药也有重要意义。

2. 昆虫的胸部及附器识别

1) 昆虫胸部的特征及功能

昆虫的胸部是昆虫身体的第二个体段,由三个体节组成,每个体节壁高度骨化,形成四面骨板:在上面的称为背板,在腹面的称为腹板,在两侧的称为侧板。三个体节依次称为前胸、中胸和后胸。每个胸节的侧下方均有一对分节的胸足,依次称为前足、中足和后足。对于大多数昆虫,中胸和后胸的背侧各有一对翅,分别称为前翅和后翅。由于胸部有足和翅,而足和翅又是昆虫的主要运动器官,所以胸部是昆虫的运动中心。

2) 胸足的类型

昆虫胸足由基节、转节、腿节、胫节、跗节和前跗节六部分组成,如图 4-1-8 所示。

各类昆虫中,由于适应不同的生活环境和生活方式,因此胸足特化成了许多不同功能的构造。常见的昆虫胸足类型有以下几种(见图 4-1-9)。

①步行足。步行足是昆虫中最普通的一类胸足,一般比较细长,适于步行。

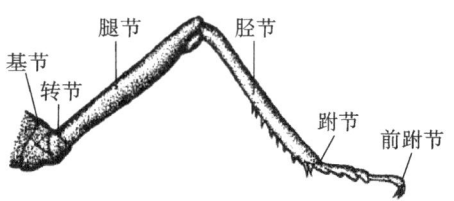

图 4-1-8 昆虫的足的结构

②跳跃足。跳跃足的腿节特别发达,多为后足所特化,用于跳跃,如蝗虫、蚤斯等的后足。

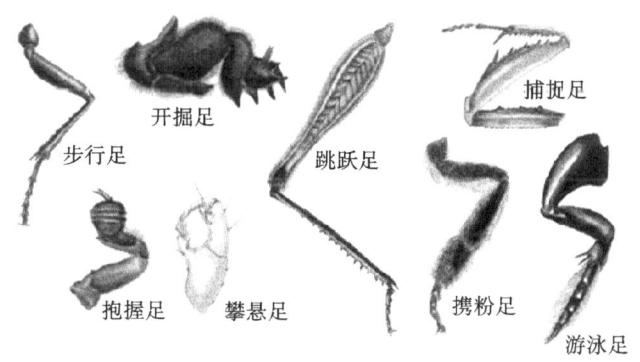

图 4-1-9 昆虫胸足的类型

③开掘足。开掘足呈扁平状,粗壮而坚硬,如蝼蛄、金龟子等在土中活动的昆虫的前足。

④捕捉足。捕捉足的基节通常特别延长,用以捕捉、抓紧猎物,防止其逃脱,如螳螂、螳蛉、猎蝽等的前足。

⑤携粉足。携粉足是蜜蜂类用以采集和携带花粉的胸足,由工蜂后足特化而成。

⑥游泳足。游泳足多见于水生昆虫的中、后足,呈扁平状,生有较长的缘毛,用以划水,如龙虱、仰泳蝽、负子蝽等的后足。

⑦抱握足。抱握足为雄性龙虱所特有。

⑧攀悬足。攀悬足为虱类所特有。

此外,蜂类的前足尚有清洁触角的净角器。

3）翅的类型

昆虫的翅通常呈三角形，具有三条边和三个角。翅展开时，靠近头部的一边，称为前缘；靠近尾部的一边，称为内缘；在前缘与内缘之间，同翅基部相对的一边，称为外缘。前缘与内缘间的夹角，称为肩角；前缘与外缘间的夹角，称为顶角；外缘与内缘间的夹角，称为臀角。翅的结构如图 4-1-10 所示。

昆虫为了长期适应其生活条件，前翅或后翅发生了变异。昆虫常见的翅的类型如图 4-1-11 所示。

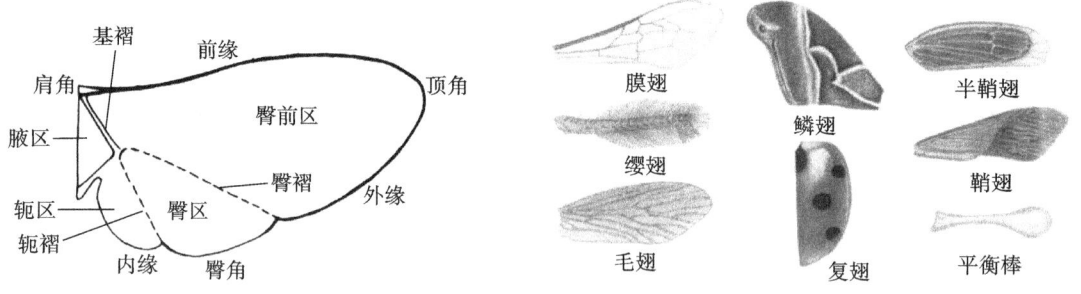

图 4-1-10　翅的结构　　　　　图 4-1-11　昆虫常见的翅的类型

①膜翅。膜翅的质地为膜质，薄而透明，翅脉明显可见，如蜂类、蜻蜓等的前、后翅，甲虫、蝗虫、蝽等的后翅。

②复翅。复翅的质地较坚韧，似皮革，翅脉大多可见，但一般不作飞行用，平时覆盖在体背和后翅上，有保护作用，蝗虫等直翅目昆虫的前翅属于此类型。

③鞘翅。鞘翅的质地坚硬如角质，翅脉不可见，不起飞翔作用，用以保护体背和后翅，甲虫类的前翅属于此类型。

④半鞘翅。半鞘翅的基半部为皮革质，端半部为膜质，膜质部的翅脉清晰可见，蝽类的前翅属于此类型。

⑤鳞翅。鳞翅的质地为膜质，但翅面上覆盖有密集的鳞片，如蛾、蝶类的前、后翅。

⑥毛翅。毛翅的质地也为膜质，但翅面上覆盖一层较稀疏的毛，如石蛾的前、后翅。

⑦缨翅。缨翅质地也为膜质，翅脉退化，翅狭长，在翅的周缘缀有很长的缨毛，如蓟马的前、后翅。

⑧平衡棒。平衡棒为后翅退化而成，形似小棍棒状，无飞翔作用，但在飞翔时有保持体躯平衡的作用。

3. 昆虫的腹部及附器识别

腹部是昆虫体躯的第 3 个体段。消化、排泄、循环和生殖系统等主要内脏器官即位于腹腔内，其后端还生有生殖附肢，因此腹部是昆虫代谢和生殖的中心。

1）腹部的基本构造

昆虫腹部的腹节一般有 10 节，多为纺锤形、圆筒形、球形、扁平或细长。腹部节间伸缩自如，并可膨大和缩小，以帮助呼吸、脱皮、羽化、交配、产卵等活动。腹节有发达的背板和腹板，但没有侧板。在多数种类的成虫中，腹部的附肢大部分都已退化，但第 8、9 腹节常保留有特化为外生殖器的附肢。

2）腹部的附肢

成虫腹部的附肢是外生殖器和尾须。雌性外生殖器称为产卵器，雄性外生殖器称为交配器。

(1)雌性外生殖器。

雌性外生殖器着生于第 8、9 腹节上,是昆虫用以产卵的器官,故称为产卵器。产卵器的结构如图 4-1-12 所示。

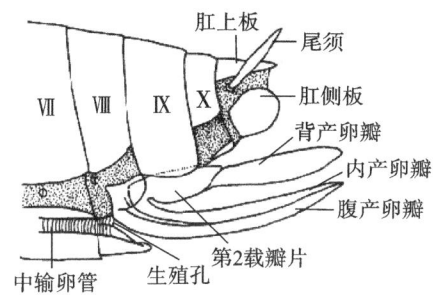 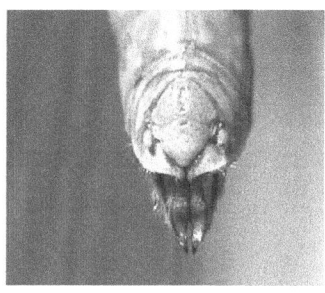

图 4-1-12　昆虫的腹部及产卵器的结构

不同种类的昆虫,其产卵器的类型不同。如蝗虫类的产卵器略呈锥状,将卵产在土内适当的位置;螽斯和蟋蟀类的产卵器为刀状、剑状或矛状,长而坚硬,可将卵产于植物组织或土壤中;姬蜂类等寄生蜂的产卵器十分细长,可将卵产于寄主体内;胡蜂、蜜蜂等的产卵器呈针状,基部与毒液腺相通,特化成能注射毒汁的螫针,这类产卵器通常已失去产卵作用。

根据昆虫产卵器的形状和构造的不同,可以了解害虫的产卵方式和产卵习性,从而采取针对性的防治措施。

(2)雄性外生殖器。

雄性外生殖器的基本构造、形状有很多变化,常见的有宽叶状、钳状和钩状等。有些昆虫的抱握器十分发达,而有些昆虫则没有特化的抱握器。

(3)尾须。

尾须是由第 11 腹节附肢演化而成的 1 对须状外突物。尾须的形状变化较大,有的不分节,有的细长多节呈丝状,有的硬化成铗状。尾须上生有许多感觉毛,具有感觉作用。

(4)幼虫的腹足。

一些幼虫腹部具有可行动的附肢,这种附肢称为腹足。

鳞翅目和膜翅目叶蜂类幼虫具有典型的腹足。鳞翅目幼虫通常有 5 对腹足,分别着生在第 3～6 和第 10 腹节上。第 10 腹节的腹足又称为臀足。膜翅目叶蜂类幼虫的腹足有 6～8 对,有的可多达 10 对。幼虫的腹足呈筒状,构造简单。鳞翅目幼虫腹足末端生有成排的小钩,称为趾钩。趾钩的形状和排列形式是该类幼虫分类最常用的鉴别特征。叶蜂类幼虫无趾钩,借此可以与鳞翅目幼虫相区别。幼虫的腹足及趾钩类型如图 4-1-13 所示。

1.1.2　昆虫的生物学特性

1.昆虫变态

昆虫从卵中孵化后,在生长发育过程中要经过一系列外部形态和内部器官的变化,才能转变为成虫,这种现象称为变态。不同的昆虫有不同的变态类型。最常见的变态类型主要包括不完全变态和完全变态。

1)不完全变态

不完全变态的昆虫,其特点是个体发育过程中要经过卵、幼虫和成虫三个虫期(见

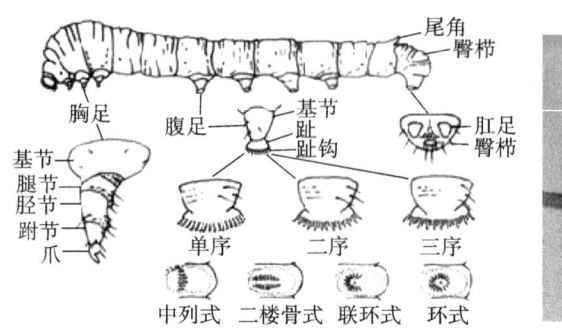
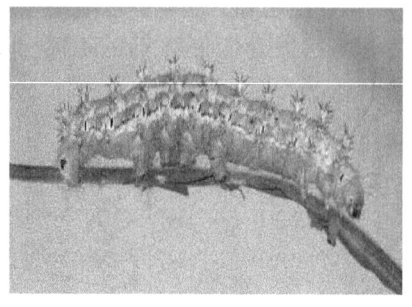

图 4-1-13　幼虫的腹足及趾钩类型

图 4-1-14(a)）。这类昆虫的幼虫期和成虫期在外部形态和生活习性上大体相似，不同之处是翅未发育完全、生殖器官尚未成熟。不完全变态又可分为以下三种类型。

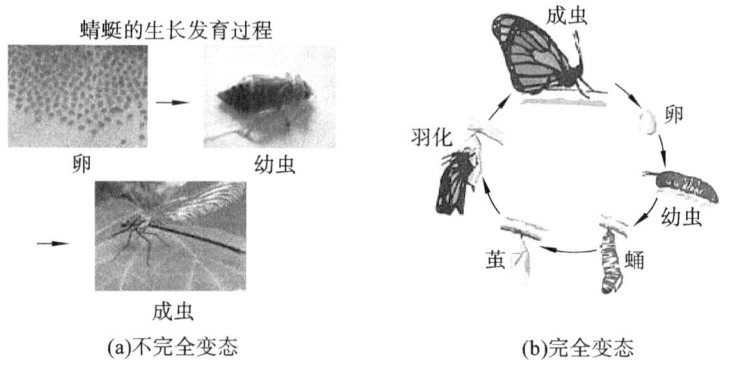

图 4-1-14　昆虫的变态类型

（1）渐变态。

渐变态的特点是幼虫与成虫在体形、习性及栖息环境等方面都很相似，但幼虫的翅发育还不完全，生殖器官也未发育成熟，又称为若虫。所以昆虫发育成成虫后，除了翅和生殖器官完全成熟外，在形态上与幼虫没有其他重要差别。

（2）半变态。

半变态的特点主要是幼虫营水生生活，成虫陆生；成虫与幼虫在体型、取食器官、呼吸器官、运动器官等方面均有不同程度的分化，以致成虫、幼虫间的形态分化较显著。幼虫又称为稚虫。常见的如蜻蜓。

（3）过渐变态。

过渐变态的特点是幼虫与成虫均陆生，形态相似，但末龄幼虫不吃不动，极似完全变态的蛹，故又称为伪蛹或拟蛹。因这类变态比渐变态稍显复杂一些，故称为过渐变态。一般认为该类变态是昆虫由不完全变态向完全变态演化的一个过渡类型。

2）完全变态

完全变态的昆虫一生中要经过卵、幼虫、蛹、成虫四个阶段（见图 4-1-14(b)）。幼虫与成虫在外部形态、内部器官、生活习性和行为活动方面都有很大差别，如蝶、蛾和甲虫类昆虫等。

2.昆虫的个体发育

1）卵

卵期是昆虫个体发育的第一个阶段。昆虫的卵通常很小，平均为 0.5～2.0 mm。卵外层为卵壳,有高度的不透性,一般杀虫剂很难侵入。卵内具有细胞质、卵黄和卵核。胚胎发育在卵内完成后,幼虫或若虫破卵壳而出的过程称为孵化。

昆虫卵的形状是多种多样的,如图 4-1-15 所示。常见的卵是圆形或肾形的,如蝗虫的卵。此外,还有球形的(如甲虫)、桶形的(如蜡象)、半球形(如夜蛾类)、带有丝柄的(如草蛉)、瓶形(如粉蝶类)等。不同的昆虫,其产卵方式和产卵场所常常不同(见图 4-1-16),有的单粒散产(如粉蝶类),有的集聚成块(如斑蛾类),有的产在暴露的地方(如天蛾类),有的产在植物组织内(如叶蝉类),有的产在其他昆虫的卵、幼虫或蛹体内(如各种寄生蜂)。有的卵以卵鞘或雌成虫腹末的绒毛覆盖(前者如螳螂,后者如某些毒蛾)。

图 4-1-15 昆虫卵的形状

图 4-1-16 昆虫的产卵方式

大部分昆虫的卵初产时呈乳白色或淡黄色,以后颜色逐渐加深,呈绿色、红色、褐色等。

2)昆虫的胚后发育

(1)孵化。

昆虫胚胎发育到一定时期,幼虫或若虫冲破卵壳而出的现象,称为孵化。初孵化的幼虫,体壁的外表皮尚未形成,身体柔软,色淡,抗药能力差,随即吸入空气或水(如水生昆虫),使体壁伸展。一些夜蛾、天蛾等的初孵幼虫,常有取食卵壳的习性。

(2)幼虫期。

昆虫幼虫或若虫从卵内孵化、发育到蛹(完全变态昆虫)或成虫(不完全变态昆虫)的整个发育阶段,称为幼虫期或若虫期。

幼虫期的显著特点是大量取食,获得营养,进行生长发育,生长速率是惊人的。芳香木蠹蛾的幼虫在 3 年的生长期内,体重增长 7.2 万倍。对园林害虫来说,幼虫期是主要为害时期,也是防治的重点虫期。

幼虫体外表面有一层坚硬的表皮,限制了它的生长,所以当幼虫生长到一定时期,就要形成新表皮,脱去旧表皮,这种现象称为脱皮。脱下的旧表皮称为蜕。幼虫每脱皮一次,身体即有一定程度的增大。幼虫每脱一次皮则增加一龄,即虫龄=脱皮次数+1。相邻两龄之间的历期,称为龄期。最后一次脱皮后变成蛹(若虫和稚虫则变为成虫)。

(3)幼虫的类型。

幼虫综合为下列几种类型(见图 4-1-17)。

①多足型。多足型幼虫除具胸足外,还具有数对腹足,如鳞翅目和膜翅目叶蜂类幼虫。

②寡足型。寡足型幼虫的主要特点是有发达的胸足,无腹足。

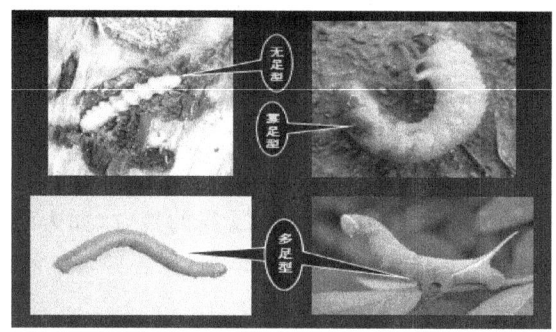

图 4-1-17　幼虫的类型

③无足型。无足型幼虫的特点是既无胸足,又无腹足。一般认为,此类幼虫是由寡足型或多足型幼虫由于长期生活于容易获得营养的环境中,行动的附肢逐渐消失而形成的。

3)蛹期

蛹是完全变态类昆虫在胚后发育过程中,由幼虫转变为成虫时,必须经过的一个特有的静止虫态。蛹的生命活动虽然是相对静止的,但其内部却进行着将幼虫器官改造为成虫器官的剧烈变化。

蛹的抗逆力一般都比较强,且多有保护物或隐藏于隐蔽场所,所以许多种类的昆虫常以蛹的虫态躲过不良环境或季节,如越冬等。蛹及其保护物如图 4-1-18 所示。

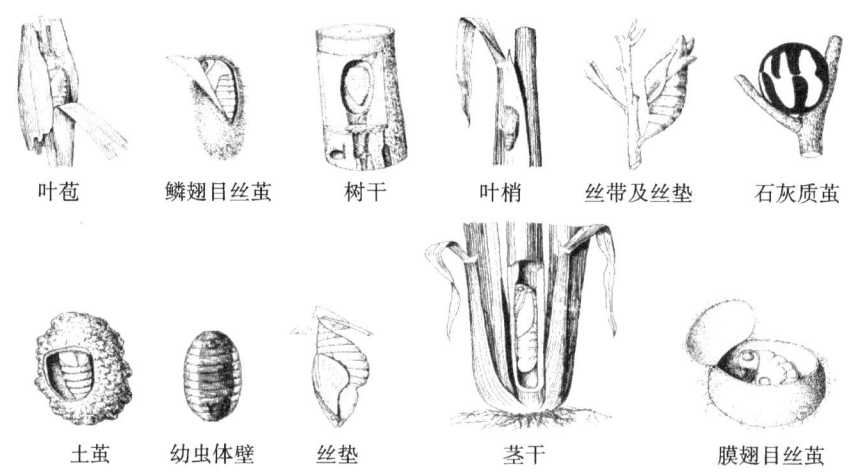

图 4-1-18　蛹及其保护物

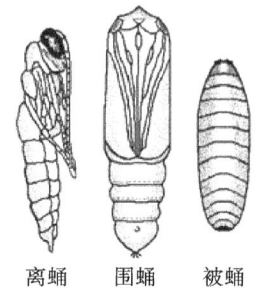

图 4-1-19　昆虫蛹的类型

根据蛹的翅和触角、足等附肢是否紧贴于蛹体上,以及这些附属器官能否活动和其他外形特征,可将蛹分为 3 种类型(见图 4-1-19)。

(1)离蛹。

离蛹又称为裸蛹,其特点是翅和附肢除在基部着生外,还与蛹体分离,可以活动,腹部各节间也能自由扭动。

(2)被蛹。

被蛹的特点是翅和附肢都紧贴于身体上,不能活动,大多数腹节或全部腹节不能扭动。其中以鳞翅目的蛹最为典型。

（3）围蛹。

围蛹是在离蛹体外被有末龄幼虫未脱去的蜕即蛹壳。如蝇类幼虫将第 3 龄脱下的表皮硬化成为蛹壳。

4）成虫

成虫是昆虫个体发育的最后一个虫态和最高级阶段，感觉器官和运动器官达到最高度的发展。昆虫发育到成虫期，雌雄性别已明显分化，具有生殖能力，主要任务是交配、产卵、繁殖后代。成虫从它的前一虫态（蛹或末龄若虫和稚虫）脱皮而出的现象，称为羽化。

（1）雌雄二型及多型现象。

雌雄二型昆虫的雌雄个体之间除内、外生殖器官（第一性征）不同外，许多种类在个体大小、体型、体色、构造等（第二性征）方面也常有很大差异，这种现象称为雌雄二型（见图 4-1-20）。如蚧类、蓑蛾、一些尺蛾雄虫有翅，雌虫无翅；蚊的雄虫触角发达，为羽毛状，雌虫则为环毛状。

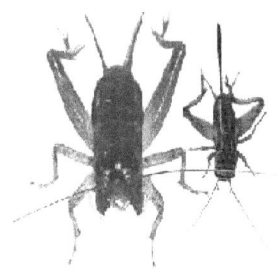

图 4-1-20　昆虫雌雄二型现象

多型现象是指同种昆虫在同一性别的个体中出现不同类型分化的现象。这种现象主要出现在成虫期，但有时也可以出现在幼虫期。如黄峡蝶有夏型和秋型之分，夏型色泽较深而鲜明，翅缘的缺刻较钝圆。蚜虫、飞虱也有多型现象。蚜虫在同一季节里，胎生雌蚜有无翅和有翅两种类型。飞虱在不利的环境条件下出现长翅型，而在有利的环境条件下则出现短翅型。

白蚁的类型更多，常见的主要有六种，即有雌性生殖型三种——长翅型、辅助生殖的短翅型和无翅型，专门负责交配的雄蚁，两种无生殖能力的类型——工蚁和兵蚁。白蚁多型现象图如图 4-1-21 所示。

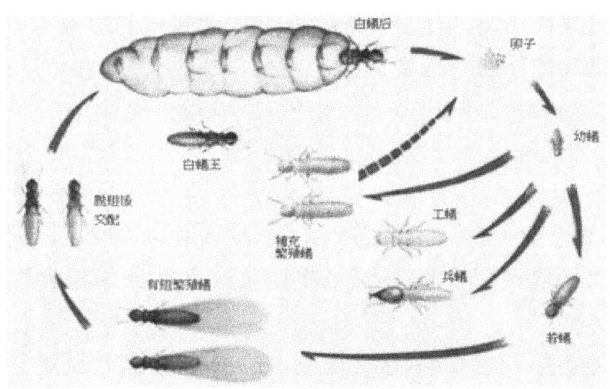

图 4-1-21　白蚁多型现象图

(2)生殖力。

昆虫的生殖力，在不同种类间有很大的差异。但总的来说，昆虫的生殖力是相当高的。如东亚飞蝗平均产6个卵块，每个卵块平均约有70粒卵；黏虫一般产卵500~600粒；白蚁的1只蚁后每分钟可产卵60粒，一生能产5亿粒卵。由此可见，昆虫的生殖力是非常惊人的。

3．昆虫的习性与行为

昆虫的习性和行为，是昆虫的生物学特性的重要组成部分。昆虫的某些习性和行为，是以种或种群为表现特征的，所以并非存在于所有的昆虫种类中。

1)休眠和滞育

昆虫在不良环境条件（如高温、低温、一定的日照等）下，暂时停止活动，呈静止或昏迷状态，以安全度过不良环境，这种停育现象是物种得以保存的一种重要适应性。这一现象呈季节性的周期发生，即所谓的越冬或冬眠、冬蛰和越夏或夏眠、夏蛰。从生理上看，昆虫的停育又可分为休眠和滞育两种状态。

(1)休眠。

休眠是指昆虫在个体发育过程中，因受不良环境条件的影响，常出现形态变化和生理机能上的相对静止状态，这种现象叫休眠。当不良环境条件消除时，昆虫便可恢复生长发育。例如温带或寒温带地区秋冬季节气温下降、食物枯熟，或热带地区的高温干旱季节，都可以引起一些昆虫的休眠。

(2)滞育。

滞育是昆虫长期适应不良环境而形成的种的遗传性。在自然情况下，当不良环境到来之前，昆虫在生理上已经有所准备，即已停止生长发育，即使给予最适宜的环境也不能解除。一旦进入滞育，必须经过一定时间、物理或化学的刺激才能解除。滞育性越冬和越夏的昆虫一般有固定的滞育虫态。

2)昆虫活动的昼夜节律

绝大多数昆虫的活动，如交配、取食和飞翔，甚至孵化、羽化等都与白天和黑夜密切相关，其活动期、休止期常随昼夜的交替而呈现一定节奏的变化规律，这种现象称为昼夜节律，即与自然界中昼夜变化规律相吻合的节律。根据昆虫活动的昼夜节律，可将昆虫分为：日出性昆虫，如蝶类、蜻蜓、步甲和虎甲等，它们均在白天活动；夜出性昆虫，如小地老虎等绝大多数蛾类，它们均在夜间活动；昼夜活动的昆虫，如某些天蛾、大蚕蛾和蚂蚁等，它们白天、黑夜均可活动。有时还把弱光下活动的昆虫称为弱旋光性昆虫，如蚊子等常在黄昏或黎明时活动。

由于大自然中昼夜的长短是随季节而变化的，所以很多昆虫的活动节律也表现出明显的季节性。

3)昆虫的食性

不同种类的昆虫，取食食物的种类和范围不同，同种昆虫的不同虫态也不会完全一样，甚至差异很大。根据昆虫所取食食物的性质，可将昆虫的食性分为植食性、肉食性、腐食性和杂食性四类。

植食性是以植物的各部分为食料，这类昆虫占昆虫总数的40%~50%，如黏虫、菜蛾等农业害虫均属于此类。

肉食性是以其他动物为食料，又可分为捕食性和寄生性两类，如七星瓢虫、草蛉、寄生蜂、寄生蝇等，它们在害虫生物防治上有着重要意义。

腐食性是以动物的尸体、粪便或腐败植物为食料,如埋葬虫、果蝇等。

杂食性是兼食动物、植物等,如蜚蠊。

根据昆虫取食食物范围的广狭,可将昆虫的食性分为单食性、寡食性和多食性三类。

4)昆虫的趋性

趋性是指昆虫对外界刺激(如光、温度、湿度和某些化学物质等)所产生的趋向或背向行为活动。趋向活动称为正趋性,背向活动称为负趋性。昆虫的趋性主要有趋光性、趋化性、趋温性、趋湿性等。

(1)趋光性是指昆虫对光的刺激所产生的趋向或背向活动。趋向光源的反应,称为正趋光性;背向光源的反应,称为负趋光性。多数夜间活动的昆虫,对灯光表现为正趋光性,特别是对黑光灯的趋性尤其强。

(2)趋化性是昆虫对一些化学物质的刺激所表现出的反应,其正、负趋化性通常与觅食、求偶、避敌、寻找产卵场所等有关。如有些夜蛾对糖醋酒混合液发出的气味有正趋化性,菜粉蝶喜趋向含有芥子油的十字花科植物上产卵。

(3)趋温性、趋湿性是指昆虫对温度或湿度的刺激所表现出的定向活动。

5)昆虫的群集性

同种昆虫的大量个体高密度地聚集在一起生活的习性,称为群集性。许多昆虫具有群集性,但各种昆虫群集的方式有所不同,可分为暂时性群集和永久性群集两种类型。

暂时性群集是指昆虫仅在某一虫态或某一阶段的时间内进行群集生活,过后分散。如天幕毛虫、一些毒蛾、刺蛾、叶蜂等的低龄幼虫进行群集生活,老龄后即分散生活。

永久性群集是指终生都群集生活在一起,往往出现在昆虫的整个生育期,一旦形成群集后,很久不会分散,趋向于群居型生活。如东亚飞蝗卵孵化后,蝗蝻可聚集成群,集体行动或迁移,蝗蝻变为成虫后仍不分散,往往成群远距离迁飞。

6)昆虫的扩散和迁飞

(1)昆虫的扩散。

扩散是指昆虫个体经常的或偶然的、小范围内的分散或集中活动,也称为蔓延、传播或分散等。

(2)昆虫的迁飞。

迁飞又称迁移,是指一种昆虫成群地从一个发生地长距离地转移到另一个发生地的现象。它是一种在进化过程中长期适应环境的遗传特性,是一种种群行为。

7)昆虫的假死和隐蔽

(1)假死。

假死是指昆虫受到某种刺激而突然停止活动、佯装死亡的现象。如金龟子、象甲、叶甲、瓢虫和蝽象的成虫以及黏虫的幼虫,当受到突然刺激时,身体蜷缩,静止不动,或从原栖息处突然跌落下来,呈"死亡"状,稍后又恢复常态而离去。因为许多天敌通常不取食死亡的猎物,所以假死是这些昆虫躲避敌害的有效方式。

(2)隐蔽。

隐蔽是指昆虫为了躲避敌害、保护自己而将自己隐藏起来的现象,包括拟态、保护色和伪装。

①拟态。

拟态是昆虫在外形、姿态、颜色、斑纹或行为等方面"模仿"其他生物,以躲避敌害、保护自己的现象。例如君主斑蝶的幼虫因取食萝藦草而使成虫血液中含有一种毒糖苷,能使取食它的鸟类呕吐,而"模仿"君主斑蝶的北美副王蛱蝶无毒。因此,如果鸟类曾先吃过北美副王蛱蝶,那么以后君主斑蝶也会受到袭击;但是,若鸟类先吃过君主斑蝶,鸟类会中毒呕吐,以后就不敢伤害这两种蝴蝶。在蜂类、蚁类中均可见到这种拟态现象。

②保护色。

保护色又称隐藏色,是指一些昆虫的体色与其背景色非常相似,从而躲过捕食性动物的视线而达到保护自己的效果,这种与背景相似的体色称为保护色。如菜粉蝶蛹的颜色因化蛹场所背景颜色的不同而异,在青色甘蓝叶上的蛹常为绿色或蓝绿色,而在灰褐色篱笆或土墙上的蛹多呈褐色。

在一些昆虫中,保护色还经常连同外形和姿态与背景相似,以获得更好的保护效果。例如,枯叶蝶停息时双翅竖立,翅背面极似枯叶,甚至有树叶病斑状的斑点;尺蠖在树枝上栖息时,以腹足和臀足固定在枝条上,身体斜立如枝条;蓝目天蛾的前翅颜色与树皮相似,后翅颜色鲜明并有类似脊椎动物眼睛的斑纹,遇袭时前翅突然展开,露出颜色鲜明而有蓝眼状斑的后翅,将袭击者吓跑。

③伪装。

伪装是指昆虫利用环境中的物体伪装自己的现象。如沫蝉的若虫利用泡沫隐藏自己,一些叶甲的幼虫将蜕黏在体背或腹末上。

1.1.3 昆虫的分类与命名

1. 昆虫命名法

按照国际动物命名法规,昆虫的科学名称采用林奈的双名命名法命名。一种昆虫的种名(种的学名)由两个拉丁词构成,第一个词为属名,第二个词为种名,即"双名"。

种级学名常用斜体,以便识别。属名的第一个字母须大写,其余字母小写,种名和亚种名全部小写;定名人用正体,第一个字母大写,其余字母小写。有时,定名人前后加括号,表示种的属级组合发生了变动。学名举例(前者为双名命名法,后者为三名命名法。),如:

马尾松毛虫　　*Dendrolimus punctatus* Walker
　　　　　　　　属名　　　种名　　　定名人

2. 昆虫的分类及主要类群

分类学家对昆虫分类的意见不同,我国著名的昆虫分类学家蔡邦华教授将昆虫纲分为2个亚纲,34个目。与林业关系密切的目有等翅目、直翅目、缨翅目、同翅目、半翅目、鞘翅目、双翅目、鳞翅目、膜翅目9个目。

1)等翅目

等翅目昆虫通称白蚁,识别特征为:体小至中型,一般较柔弱;头部前口式,口器咀嚼式,触角念珠形;在有些类群中,头部额的中央有一腺口(称为囟)。在一个群体中,有长翅型、短翅型和无翅型之分。长翅型有两对形状、大小和翅脉均相似的翅。黑翅土白蚁如图 4-1-22 所示。

白蚁是典型的社会性巢居昆虫,在绝大多数种类中,一个种群内一般具有形态和功能均不同的三个以上的型(称为品级):繁殖蚁、兵蚁和工蚁。等翅目中的黑翅土白蚁和家白蚁等是危害园林植物的种类。

2) 直翅目

直翅目昆虫，头下口式，口器咀嚼式；前胸发达，前翅革质，后翅膜质；一般产卵器发达；多数种类具有发音器和听器。

直翅目昆虫的卵多产于土中或植物中；多为植食性昆虫；多在白天活动，蟋蟀和蝼蛄在夜晚活动；除飞蝗外，一般飞翔能力不强，多为害虫，如蝗虫、螽斯、蟋蟀、蝼蛄等。直翅目昆虫如图 4-1-23 所示。

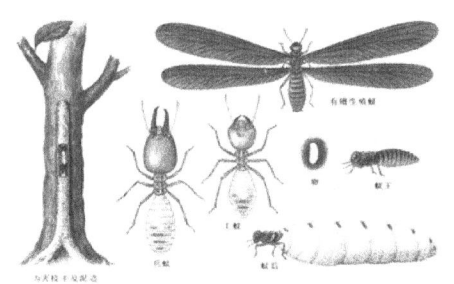

图 4-1-22　黑翅土白蚁

图 4-1-23　直翅目昆虫

3) 缨翅目

缨翅目昆虫通称蓟马，体微小至小形，长 0.5～14 mm，一般为 1～2 mm；口器锉吸式，左右不对称；翅狭长，有少数翅脉或无翅脉，翅缘扁长，有或长或短的毛。

蓟马食性颇为复杂，植食性种类较常见。由于蓟马体小且活动隐蔽，为害初期不易为人们所察觉，往往在造成严重灾害后才被发现，因此，植食性蓟马是农作物、林木、果树、花卉的重要害虫。蓟马以其锉吸式口器刮破植物表皮，口针插入组织内吸取汁液，喜取食植物的幼嫩部位，如芽、心叶、嫩梢、花器、幼果等。叶片被害后常留下黄白色斑点或银灰色条纹，叶片卷曲、皱缩甚至全叶枯萎；嫩芽、心叶被害后呈萎缩状且出现丛生现象；瓜果类被害后，除了引起落瓜落果外，还使瓜果表皮粗糙，出现黑色或锈褐色疤痕，降低瓜果质量。另有不少种类为肉食性的，捕食其他蓟马、蚜虫、粉虱、蚧壳虫及螨类等。蓟马及其危害图如图 4-1-24 所示。

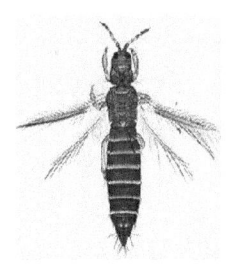

图 4-1-24　蓟马及其危害图

4) 同翅目

同翅目昆虫体小至大型，体形多变；口器刺吸式，触角短，刚毛状或丝状；前翅质地均匀，为革质或膜质，后翅为膜质；有些种类雄虫具有发音器，雌虫具有发达的产卵器，不少种类具有蜡腺或蜜腺；多为渐变态；产卵于植物表面或组织内；生殖方式多样；为植食性昆虫。

同翅目昆虫包括蝉、沫蝉、叶蝉、角蝉、蜡蝉、飞虱、木虱、粉虱、蚜虫和蚧壳虫，是昆虫纲中较大的一个类群。同翅目昆虫均以植物汁液为食，其中许多种类可以传播植物病毒病，是重要的农业害虫；有些种类可以分泌蜡、胶，或形成虫瘿。同翅目昆虫如图 4-1-25 所示。

图 4-1-25 同翅目昆虫

5）半翅目

半翅目昆虫通称蝽象、蝽或臭板虫；体小到中型（个别大型），扁平；口器刺吸式；前翅为半鞘翅，革质区由革片、缘片、爪片和楔片组成，膜质区有翅脉和翅（见图 4-1-26）；渐变态，卵生，只有寄蝽和少数长蝽为卵胎生；栖息环境较为复杂，有陆生、水生和寄生等；杂食性，但多为植食性；有害方面大于有益方面。

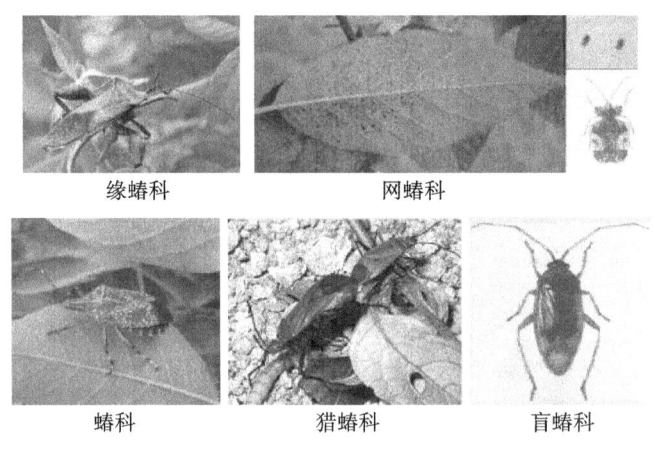

图 4-1-26 不同蝽科

6）鞘翅目

鞘翅目昆虫通称为甲虫，识别特征为：体壁坚硬，前翅角质化；口器咀嚼式；触角形状多变，通常为丝状、鳃片状、膝状等。鞘翅目昆虫如图 4-1-27 所示。

鞘翅目昆虫一般为完全变态，部分为复变态；幼虫体型变化较大，有蛴型、蛴螬型、象甲型等；多数为雌雄异型；裸蛹；一般一年多代；食性有植食性（多数）、肉食性、寄生性、腐食性（粪食性和尸食性）；多数具有假死性，多为农、林、园艺、贮粮害虫，少数为益虫，与人类关系较为密切，如步甲科、虎甲、叩甲、吉丁甲、金龟子、小蠹、叶甲、天牛、瓢甲等。

图 4-1-27 鞘翅目昆虫

7) 双翅目

双翅目昆虫体微小至大型,体上多有细毛和鬃;头小,复眼发达;口器刺吸式或舐吸式;触角多变,翅一对,翅脉简单,后翅特化成平衡棒,前翅后缘基部通常有1~3个小形的翅瓣;中胸发达。

双翅目昆虫为完全变态,幼虫头式有3种。全头式:有明显的头部,头壳骨化,如蚊类;半头式:有明显的头部,头壳略骨化,能缩至前胸内,如虻类;无头式:头部不明显,大部分缩至前胸内,如蝇类、瘿蚊、虻类、食蚜蝇等。双翅目昆虫如图 4-1-28 所示。

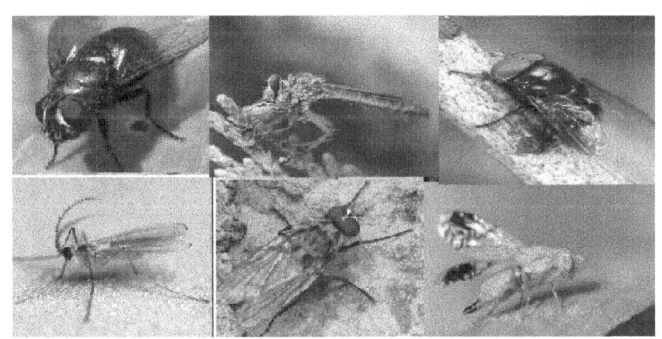

图 4-1-28 双翅目昆虫

8) 鳞翅目

鳞翅目昆虫为口器虹吸式;触角多变,为线状、栉状、羽状、棍棒状等,很多蛾类雌雄触角类型不同;翅两对,为膜质,其上被有鳞毛。

鳞翅目昆虫为完全变态;成虫取食花蜜、果汁、树汁,幼虫多为植食性,少为捕食性(如灰蝶)和寄生性(寄蛾科);陆生;蛾类多在夜晚活动,蝶类多在白天活动;蛾类具有趋光性、趋化性、雌雄二型性;部分蛾、蝶具有迁飞和拟态习性;蛹多为被蛹。

全世界已知的鳞翅目昆虫有 20 多万种,中国已记载近 8000 种,分属 3~5 亚目、28 个总科、158 个科,如蛾类和蝶类。鳞翅目昆虫如图 4-1-29 所示。

9) 膜翅目

膜翅目昆虫包括各种各样的蜂和蚁。它们的共同特点是:成虫具有两对膜质的翅,前翅

图 4-1-29 鳞翅目昆虫

大,后翅小,翅脉较特化,有不同程度的合并和退化;口器为咀嚼式;腹部第一腹节并入后胸,叫并胸腹节,第二腹节缩小成"腰",称作腹柄;雌虫具有针状的产卵器,有的种类具有刺螫能力。

膜翅目昆虫为完全变态,有些为园林植物害虫,而有些则为害虫的捕食性和寄生性天敌。

膜翅目昆虫包含人们常说的蜂和蚁,常见的有蜜蜂、蚂蚁、马蜂、姬蜂、小蜂、叶蜂等。除叶蜂类危害植物外,大多数种类都是有益昆虫。膜翅目昆虫如图 4-1-30 所示。

图 4-1-30 膜翅目昆虫

1.2 病害识别

1.2.1 植物病害症状识别

植物感病后发病的顺序,首先是生理病变(如呼吸作用和蒸腾作用的加强、同化作用的降低、酶活性的改变及水分和养分吸收和运转的异常等),继而是组织变化(如叶绿体或其他色素的增加或减少、细胞体积和数量的增减、维管束的堵塞、细胞壁的加厚及细胞和组织的坏死),最后是形态变化(如根、茎、叶、花、果的坏死、腐烂、畸形等)。发病植物经过一定的病理程序,最后表现出的病态特征称为病害症状。对某些侵染性病原引起的病害来说,病害症状包括寄主植物的病变特征和病原物在寄主植物发病部位上产生的营养体和繁殖体两方面的特征。发病植物在外部形态上发生的病变特征称为病状,病原物在寄主植物发病部位上产生的繁殖体和营养体等结构称为病征。

1. 病状

病状是寄主植物感病后,寄主植物本身所表现出的种种不正常状态,可归纳为以下几种类型。

(1)变色:植物病部细胞内叶绿素的形成受到抑制或被破坏,其他色素形成过多,从而表现出不正常的颜色,常见的有褪绿、黄化、花叶、白化及红化等,如图 4-1-31 所示。叶片因叶绿素均匀减少而变为淡绿或黄绿,称为褪绿;叶绿素形成受到抑制或被破坏,使整个叶片均匀发黄,称为黄化,另外植物营养贫乏或失调也可能引起黄化;叶片局部细胞的叶绿素减少,使叶片绿色浓淡不均,呈现黄绿相间或浓绿与浅绿相间的斑驳(有时还使叶片凹凸不平),称为花叶,花叶是植物病毒病的重要病状;叶绿素消失后,花青素形成过多,叶片变紫或变红,称为红叶。

图 4-1-31　变色

(2)斑点:由于局部组织坏死而形成,主要发生在茎、叶、果实等器官上。根据颜色的不同,斑点一般分为褐斑、黑斑、灰斑、白斑、黄斑、紫斑、红斑和锈斑等;根据形状的不同,斑点分为圆斑、角斑、条斑、环斑、轮纹斑和不规则斑等,如图 4-1-32 所示。

图 4-1-32　斑点

(3)溃疡:局部韧皮部或少量木质部坏死,形成凹陷病斑,其周围常被木栓化愈合组织所包围。

(4)腐烂:病组织的细胞坏死并解体,原生质被破坏,以致组织溃烂,称为腐烂,如根腐、茎腐、果腐、块腐和块根腐烂等。根据病组织质地的不同,腐烂有湿腐(软腐)、干腐之分。

(5)枯萎:根部和茎部的腐烂都能引起枯萎,但典型的枯萎是指植物茎部或根部的微管束组织受害后,大量菌体或病菌分泌的毒素堵塞或破坏导管,使水分运输受阻而引起植物凋萎枯死的现象。

(6)肿病:植物根和枝干局部细胞数目增多而局部肿胀或瘤状突起。

溃疡、腐烂、枯萎、肿病如图 4-1-33 所示。

图 4-1-33　溃疡、腐烂、枯萎、肿病

(7)畸形:植物受病原物侵染后,引起植株局部器官的细胞数目增多,生长过度或受抑制而引起畸形。常见的畸形有:病株比健株细长,称为徒长;植株节间缩短,分蘖增多,病株比健株矮小,称为矮缩;植株节短枝多,叶片变小,称为丛枝;根茎或叶片形成突出的增生组织,称为肿瘤。

(8)疮痂:植物枝叶及果实发病组织呈木栓化隆起,表面粗糙,后期龟裂,甚至凹陷。

(9)流胶或流脂:感病植物细胞分解为树脂或树胶,自树皮流出,常称之为流胶病或流脂病,该类病病原复杂,有生理性因素,也有侵染性因素,或是两类因素综合作用的结果。

(10)白粉:病菌覆盖寄主叶片、嫩枝、花柄和新梢表面而形成一层霜白色粉霉。

畸形、疮痂、流胶或流脂、白粉如图 4-1-34 所示。

(11)黑粉:植物受害部分出现黑粉状物。

(12)霉层:病部表面出现毛霉状物,成层盖住病部。

(13)烟煤:病菌在植物表面形成一层烟煤状物。

(14)覃体:树木腐朽后,常在树上产生伞状或蹄状的繁殖器官。

黑粉、霉层、烟煤、覃体如图 4-1-35 所示。

图 4-1-34　畸形、疮痂、流胶或流脂、白粉

图 4-1-35　黑粉、霉层、烟煤、覃体

2. 病症

病症是病原物在植物病部表面的特征,是鉴定病原和诊断病害的重要依据之一。但病症往往在病害发展过程中的某一阶段才出现;有些病害不表现病症,如病毒病、生理性病害。病症主要有下列六种类型。

(1)霉状物:病原真菌感染植物后,其营养体和繁殖体在病部产生各种颜色的霉层。

(2)絮状物:病部产生大量疏松的棉絮状或蛛网状物。

(3)粉状物:病部产生各种颜色的粉状物。

(4)锈状物:病部表面形成多个疱状物,破裂后散出白色或铁锈色粉状物。

(5)点粒状物:病部产生黑色点状或粒状物,半埋或埋藏在组织表皮下,不易与组织分离;也有全部暴露在病部表面的,易从病组织上脱落。

(6)脓胶状物:病部溢出含细菌的脓状黏液,称为菌脓,干后成黄褐色胶粒或菌膜。

1.2.2 非侵染性病害和侵染性病害的识别

植物病害的发生是有一定的原因的,在病理学上称为病原。根据不同的病原来分,植物病毒一般可分为非侵染性病害和侵染性病害。非侵染性病害是由不适宜的环境条件引起的,其发生的原因很多,最主要的原因是土壤和气候条件不适宜,如营养物质的缺乏、水分失调、高温和干旱、低温和冻害及环境中的有害物质等。侵染性病害是由病原生物引起的,主要包括真菌、细菌、病毒、线虫等。其中,真菌病害是植物病害里最重要的一类,种类和数量也最多。非侵染性病害不产生病症,不互相传染,致病因素消失后则不再发展,不需要药剂防治。但非侵染性病害往往引起植物组织的衰退和死亡,而滋生某些腐生性真菌和细菌,容易被误认为是侵染性病害。

1. 真菌

真菌属于真菌界、真菌门,种类很多,有10万多种,分布很广,绝大多数植物的寄生性病害是由真菌引起的。世界上许多著名的毁灭性病害,如松疱锈病、榆树荷兰病、板栗疫病、根白腐病、猝倒病,以及各种立木腐朽,都是由真菌引起的。

真菌的生长发育包括营养与繁殖两个阶段。营养体为菌丝体,由许多菌丝团聚在一起而形成。低等真菌的菌丝没有隔膜,称为无隔菌丝;高等真菌的菌丝有隔膜,称为有隔菌丝,如图4-1-36所示。菌丝可以生长在寄主细胞内或细胞间隙,从寄主上获得营养。真菌的菌丝可以形成各种组织,常见的有菌核、菌索及子座。

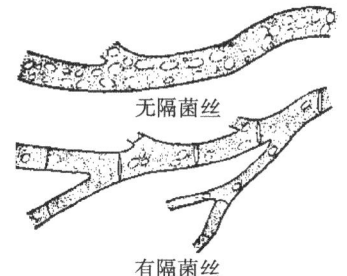

图4-1-36 真菌的菌丝体

真菌的繁殖体包括各种类型、大小的子实体、孢子。有些子实体可比作高等植物的果实,子实体内含有孢子,孢子可比作高等植物的种子。子实体可分为无性和有性两大类,因此,孢子也分为无性孢子和有性孢子两类。

真菌的无性孢子和有性孢子及产生这些孢子的子实体的形态是真菌分类的重要依据之一。一种真菌的生活史只在一种寄主上完成,称为单主寄主;同一种真菌需两种以上的寄主才能完成生活史,称为转主寄生。

2.细菌

细菌是单细胞生物,它们具有细胞壁,但无真正的细胞核(仅有核质而无核膜)。有些细菌细胞壁外有一层胶状的黏液层,通常称为荚膜,其厚度因菌而异。细菌的形状有球状、杆状和螺旋状。植物病原细菌都是杆状菌,一般很小。细菌个体很小,通常要经过染色才能在光学显微镜下观察到。绝大多数植物病原细菌从细胞膜长出细长的鞭毛,能运动。鞭毛数量不一,着生在菌体周围和端部。

细菌引起的植物病害症状主要有斑点、溃疡、腐烂、枯萎、畸形。

植物病原细菌没有直接穿透寄主表皮而侵入的能力,它们主要通过寄主体表的自然孔口和伤口侵入。植物病原细菌的田间传播主要是通过雨水、灌溉水、介体昆虫和线虫等,有些细菌还可通过田间作业活动如嫁接传播,有些则随着种子、球根、苗木等繁殖材料的调运而远距离传播。植物病原细菌没有特殊的越冬结构,必须依附于感病植物,不能离开感病植物而独立存活。因此,感病植物是病原细菌越冬的重要场所,病株残体、种子、球根等繁殖材料以及杂草都是细菌越冬场所,也是初侵染的重要来源。一般细菌在土壤内不能存活很久,当植物残体分解后,它们也渐趋死亡。青枯病和根癌病的病原细菌在土壤中可以长期存活并作为侵染来源。

一般高温、多雨,尤其是暴风雨后,湿度大、施氮肥过多等环境因素,均有利于细菌病害的发生和流行。

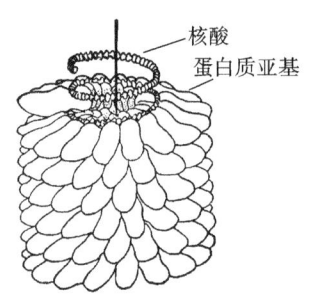

图 4-1-37 病毒粒子的结构

3.植物病原病毒及致病特点

病毒是一类不具有细胞结构的寄生物,体积极小,只有在电子显微镜下才能观察到。病毒粒子结构简单(见图 4-1-37),大多数都只是由蛋白质衣壳和核酸两部分组成。

病毒是活养生物,具有很高的增殖能力,它不能在植物活细胞以外生存,这一特点决定了它的传播方式既不能像其他病原生物依靠自身的主动力量传播,也不能借气流、雨水和流水帮助传播。病毒的传播可分为非介体传播和介体传播两大类。非介体传播是指通过感病植物或带毒体本身的无性繁殖材料或有性繁殖材料来完成的传播方式。介体传播是指由带毒的或本身受感染的其他生物介体来完成的传播方式。

植株受害后,常会全株带毒,能繁殖和传染。许多病毒常能危害很多植物。园林植物病毒病主要是通过叶蝉和蚜虫等刺吸式口器害虫、病株之间的接触和人们的栽培操作活动而传播的。病毒病症状常表现为花叶、黄化、矮化、萎蔫等。许多重要植物都有病毒病的发生,且由于病株与健株之间的传播,通过几个侵染循环,所有苗木都带有一种或多种病毒,一旦受感染,植物一直带毒,而且病毒病没有可行的防治药物。因此,在压制传毒昆虫的基础上,采用无毒苗显得十分重要。

4.植物病原植原体及致病特点

植原体结构(见图 4-1-38)介于细菌与病毒之间,它没有细胞壁,但有一个分为三层的单位膜。植原体的形态多种多样,最常见的有圆形、椭圆形或不规则形等。

植原体与病毒的另一个重要区别是,植原体能在人工培养基上培养。植原体引起病害的主要症状表现为黄化、萎缩、丛生、花变叶,以及花、叶芽变小。

植原体只存在于韧皮部组织中和传毒昆虫体内,通过嫁接或菟丝子、叶蝉、飞虱、木虱等传播。引起的病害属于黄化型系统性病害,对青霉素的抵抗能力很强,而对四环素类抗生素敏感。

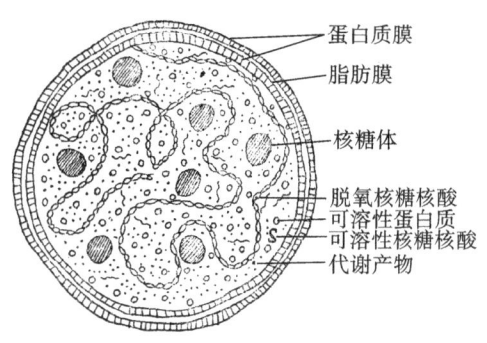

图 4-1-38　植原体结构图

5.植物病原线虫及致病特点

线虫是一种低等动物,属于线形动物门、线虫纲,在自然界中分布广,种类多。线虫(见图 4-1-39)体呈圆筒形,细长,两头稍尖,体长差异较大。所有寄生在植物上的线虫都是非常微小的,一般体长为 0.5～2 mm,宽为 0.03～0.05 mm。大部分线虫两性异体同形,少数线虫两性异形,雌虫发育成近似球形或梨形,体壁常无色透明或呈乳白色。

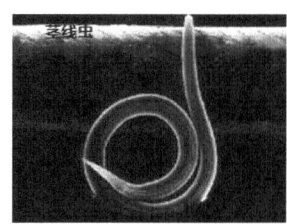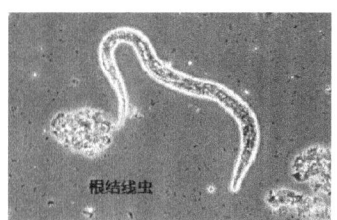

图 4-1-39　茎线虫与根结线虫

线虫的生活史分为卵、幼虫、成虫三个发育阶段。危害植物的线虫,常见的有以下两类。

1)根结线虫属

根结线虫属的成虫为雌雄异形,为内寄生型。由于线虫的刺激,根部肿大呈肿瘤状,称为根结或虫瘿。植株的地上部分表现为生长停滞,叶片变黄早落,甚至植株枯萎死亡。我国常见的有桂花、法桐、梓树、泡桐及柳树等多种花木的根结线虫病。

2)茎线虫属

茎线虫属的两性成虫均呈线形,体长可达 2 mm,雌虫体形极肥胖。本属为内寄生型,可危害茎(包括球茎、鳞茎)、叶和花等器官,引起组织坏死腐烂或植株短化变形。有病鳞茎横断面有褐色环斑。常见的有水仙、郁金香、福禄考等的茎线虫病。

根结线虫危害与茎线虫危害症状如图 4-1-40 所示。

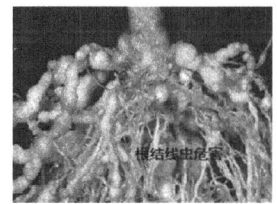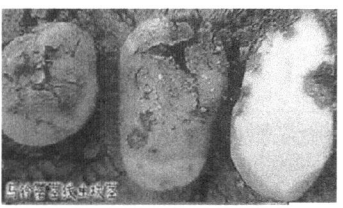

图 4-1-40　根结线虫危害与茎线虫危害症状

植物寄生线虫大部分生活在土壤耕作层。最适于线虫发育和孵化的温度范围为 20～30 ℃,最适宜的土壤温度为 10～17 ℃。适宜的温度和湿度条件有利于线虫的生长和繁殖,多数线虫在沙壤土中容易繁殖和侵染植物。线虫一般以卵和幼虫状态在植物组织内或土壤中越冬。线虫在田间的传播主要通过灌溉、水、土壤、人的操作活动等来实现,而远距离传播则是依靠种子、球根及花木的调运来实现的。

6.寄生性种子植物及致病特点

种子植物大多为自养生物,其中有少数因缺乏叶绿素或某些器官退化而成为异养生物,在其他植物上营寄生生活。根据其对寄主的依赖程度,可以将其分为半寄生性种子植物和全寄生性种子植物两大类。前者有叶绿素,能进行光合作用,自制养分,但无真正的根,以吸根伸入寄主木质部,与寄主的导管相连,吸取寄主体内的水分和无机盐;后者无叶,或叶片退化成鳞片状,没有足够的叶绿素,不能自营光合作用,也没有根,以吸器伸入寄主体内,并与寄主的导管和筛管相连,以吸取寄主植物的无机盐类、水分和有机营养物质。

寄生性种子植物都是双子叶植物,有1700种以上,属于12个科,其中对植物危害严重的主要有桑寄生科和菟丝子科。

1)桑寄生科

桑寄生科包括桑寄生、槲寄生等30属500多种。

桑寄生属多为常绿灌木,少数为落叶性;茎褐色,圆筒形,有匍匐茎;叶全缘,对生或互生;两性花,呈紫红色,花被4~6枚,浆果;寄生于柑、橙、柚、柠檬、油茶、板栗、油桐等植物上。

槲寄生属为常绿灌木,叶革质,对生或互生,小茎呈叉状分枝,不产生匍匐茎;花极小,单性花;雌雄异株,果实为浆果。

桑寄生和槲寄生的浆果,鸟类喜欢啄食,但种子不能被消化,鸟吐出或经消化道排出的种子黏附在树皮上,在适宜条件下萌发,先长吸器,后产生吸根,侵入寄主枝条,发育成绿色丛枝状枝叶。

桑寄生与槲寄生如图4-1-41所示。

(a)桑寄生　　　　　　　　(b)槲寄生

图4-1-41　桑寄生与槲寄生

2)菟丝子科

菟丝子科的丝子缠绕寄生于寄主植物上,没有根和叶,或叶片退化为鳞片状,无叶绿素;藤茎为丝状,呈黄白色或稍带紫红色;花小,为白色或黄色,球状花序;果为开裂的蒴果,内有种子2~4枚。

我国发现的10多种菟丝子科植物中,以中国菟丝子和日本菟丝子最为常见,如图4-1-42所示。中国菟丝子茎细,花少,种子小,危害草本植物,以豆科植物为主;日本菟丝子茎稍粗,花多,种子大,危害木本植物。

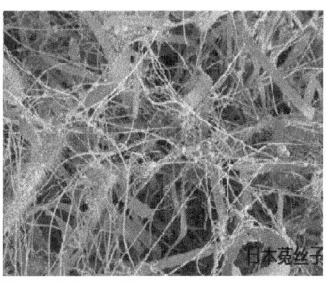

图 4-1-42 中国菟丝子与日本菟丝子

寄生性种子植物的识别比较简单,不论是全寄生性种子植物还是半寄生性种子植物,均与寄主植物有显著的形态区别。危害寄主植物时,半寄生性种子植物都是常绿的,能开花结果。当寄主植物落叶后,树干上明显有几簇丛生的小枝梢。全寄生性种子植物呈金黄色或略带紫红色丝状藤茎,常缠绕寄主植物的部分枝条,甚至整个树冠,一眼就可看到。

1.2.3 植物病害的诊断

1. 植物病害的诊断步骤

1) 植物病害的病情调查

根据症状特点区别是虫害、伤害还是病害,进一步区别是侵染性病害还是非侵染性病害。侵染性病害在田间可看到由点到面逐步扩大蔓延的趋势。虫害、伤害没有病理变化过程,而植物病害却有病理变化过程。注意调查和了解病株在田间的分布情况,以及病害的发生与气候、地形、地势、土质、肥水、农药及栽培管理的关系。

2) 植物病害的症状观察

症状观察是首要的诊断依据,虽然简单,但需在比较熟悉病害的基础上才能进行。诊断的准确性取决于症状的典型性和诊断人的经验。观察症状时,注意是点发性症状还是散发性症状,病斑的部位、大小、长短、色泽和气味,病部组织的特点。许多病害有明显的病状,当出现病征时就能确诊,如白粉病;有些病害外表看不见病征,但只要了解其典型症状也能确诊,如病毒病。

3) 植物病害的病原物显微观察

许多病害单凭病状是不能确诊的,因为不同的病原可产生相似的病状,病害的症状也可因寄主和环境条件的变化而变化,因此有时需进行室内病原鉴定才能确诊。一般来说,室内病原鉴定是借助放大镜、显微镜、电子显微镜、保湿和保温器械设备等,根据不同病原的特性,采取不同的手段,进一步观察病原物的形态、特征特性、生理生化等特点。新病害还须请分类专家确诊病原。

4) 侵染性病原物的分离培养和接种

有些病害在病部表面不一定能找到病原物,同时,即使检查到微生物,也可能是组织死亡之后长出的腐生物,因此,病原物的分离培养和接种是植物病害诊断中最科学、最可靠的方法。柯赫氏法则(又称柯赫氏假设)通常是用来确定侵染性病害病原物的原则:①在病植物上常伴有某种微生物存在;②从病植物上分离得到这种微生物的纯培养;③将纯培养接种到相同品种的健株上,表现出相同症状的病害;④从接种发病的植株上再分离到和②性状相同的微生物上。这一原则对新病害或疑难病害的确诊很重要。

5）提出诊断结论

对上述各步骤的观察鉴定结果进行综合分析,提出诊断结论,并根据诊断结论提出防治建议。

2. 植物病害的诊断要点

植物病害的诊断,首先要区分是侵染性病害还是非侵染性病害。许多植物病害的症状都有很明显的特点,这些典型症状可以成为植物病害的诊断要点。

3. 非侵染性病害的诊断要点

非侵染性病害除了植物遗传性疾病之外,主要是由不良的环境因子所引起的。若在病植物上看不到任何病征,也分离不到病原物,且往往大面积同时出现同一病征,没有逐步传染扩散的现象,则大体上可考虑是非侵染性病害。大体上可从发病范围、病害特点和病史等方面来分析确定病因。下列几点有助于诊断病因。

（1）病害突然大面积同时发生,发病时间短,只有几天,大多是由大气污染、三废污染或气候因子异常引起的病害,例如冻害、干热风、日灼等所致。

（2）病害只限于某一品种发生,多有生长不良或系统性症状一致的表现,多为遗传性障碍所致。

（3）有明显的枯斑或灼伤,枯斑或灼伤多集中在植株某一部分的叶或芽上,无既往病史,大多是由于农药或化肥使用不当所致。

4. 侵染性病害的诊断要点

侵染性病害常分散发生,有时还可观察到发病中心向其周围传播、扩散的趋向。侵染性病害大多有病征(尤其是真菌、细菌性病害)。有些真菌和细菌病害及所有的病毒病害,在植物表面无病征,但有一些明显的症状特点,可作为诊断的依据。

1）真菌病害

许多真菌病害,如锈病、黑粉病、白粉病、霜霉病、灰霉病以及白锈病等,常在病部产生典型的病征,依照这些特征和病征上的子实体形态,即可进行病害诊断。对于病部不易产生病征的真菌病害,可以用保湿培养镜检法缩短诊断过程,即摘取植物的病器官,用清水洗净,放置于保湿器皿内,适温（22～28 ℃）培养1～2昼夜,促使真菌产生子实体,然后进行镜检,对病原体做出鉴定。有些病原真菌在植物病部产生子实体,从表面不易观察,需用徒手切片法切下病部组织进行镜检。必要时应进行病原的分离、培养及接种实验,才能做出准确的诊断。

2）细菌病害

植物受细菌侵染后可产生各种类型的症状,如腐烂、斑点、萎蔫、溃疡和畸形等,有的在病斑上有菌脓外溢。一些产生局部坏死病斑的植物细菌性病害,初期多呈水渍状、半透明病斑。腐烂型的细菌病害的一个重要的特点是腐烂的组织黏滑,且有臭味。萎蔫型细菌病害,剖开病茎,可见维管束变为褐色,或切断病茎,用手挤压,可出现浑浊的液体。所有这些特征,都有助于细菌病害的诊断。切片镜检有无"喷菌现象"是简单易行又可靠的诊断技术,即剪取一小块（4 mm²）新鲜的病健交界处组织,平放在载玻片上,加蒸馏水一滴,盖上盖玻片后,立即在低倍镜下观察。如果是细菌病害,则在切口处可看到大量细菌涌出,呈云雾状。在田间,用放大镜或肉眼对光观察夹在玻片中的病组织,也能看到云雾状细菌溢出。此外,革兰氏染色、血清学检验和噬菌体反应等也是细菌病害诊断和鉴定常用的快速方法。

3) 植原体病害

植原体病害的特点是植株矮缩、丛枝或扁枝、小叶与黄化,少数出现花变叶或花变绿。只有在电镜下才能看到植原体。注射四环素以后,初期病害的症状可以隐退消失或减轻,但对青霉素不敏感。

4) 病毒病害

病毒病害的特点是有病状,没有病征。病状多为花叶、黄化、丛枝、矮化等。撕去表皮进行镜检,有时可见内含体。在电镜下可看到病毒粒体和内含体。感病植株多为全株性发病,少数为局部性发病。田间病株多分散,零星发生,无规律性。如果是接触传染或昆虫传播的病毒,则分布较集中。病毒病害的症状有些类似于非侵染性病害,诊断时要仔细观察和调查,必要时还需采用枝叶摩擦接种、嫁接传染或昆虫传毒等接种实验,以证实其传染性,这是诊断病毒病害常用的方法。此外,血清学诊断技术等可快速做出正确的诊断。

5) 线虫病害

线虫病害表现为虫瘿或根结、胞囊、茎(芽、叶)坏死,以及植株矮化、黄化或类似缺肥的病状。鉴定时,可剖切虫瘿或肿瘤部分,用针挑取线虫制片或用清水浸渍病组织,或做病组织切片镜检。有些植物线虫不产生虫瘿和根结,可通过漏斗分离法或叶片染色法检查。必要时可用虫瘿、病株种子、病田土壤等进行人工接种。

5. 园林植物病害诊断注意事项

园林植物病害的症状是复杂的,每种病害虽然都有自己固定的典型的特征性症状,但也有易变性。因此,诊断病害时,要慎重注意如下几个问题:

(1) 不同的病原可导致相似的症状,如萎蔫性病害可由真菌、细菌、线虫等病原引起。相同的病原在不同的寄主植物上表现出不同的症状。

(2) 相同的病原在同一寄主植物的不同发育期、不同的发病部位表现的症状不同,如炭疽病在苗期表现为猝倒,在成熟期危害茎、叶、果,表现为斑点型。

(3) 环境条件可影响病害的症状,如腐烂病在潮湿时表现为湿腐型,在干燥时表现为干腐型。

(4) 缺素症、黄化症等生理性病害与病毒、植原体引起的病害症状类似。

(5) 在病部的坏死组织上可能有腐生菌,容易混淆病原而误诊。

(6) 注意虫害、螨害和病害的区别。

(7) 注意并发病和继发病。

1.3 植物常见病虫害识别及防治

1.3.1 林木类植物常见病虫害及防治

1. 杨树常见病虫害及防治

1) 杨树病害

杨树常见病害有杨树腐烂病、溃疡病、叶锈病、黑斑病和立枯病等。

(1) 杨树腐烂病。

①病害分析。

在我国北方每年 4 月开始发病,5—6 月为盛发期,7 月以后病势渐趋缓和。发病初期,树干上出现水渍状病斑,用手压时有水渗出,有酒糟味。以后病部皮层腐烂、干缩、下陷,后期长出许多黑色针头小突起,即病菌的分生孢子器。在潮湿天气,有橘红色胶状物挤出,有时病斑扩展很快,当环绕树干 1 周时,会造成树木上部死亡。杨树腐烂病危害症状如图 4-1-43 所示。

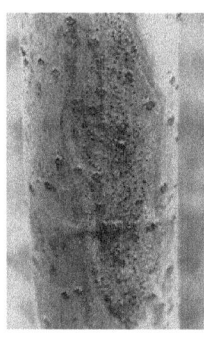

图 4-1-43　杨树腐烂病危害症状

②防治方法。

营造混交林,加强抚育管理,增强树木长势,提高树木抗病力,是预防杨树腐烂病的主要措施。清除病树,烧掉病枝,减少病菌来源。合理整枝并在伤口涂波尔多液或石硫合剂。早春树干涂白,初发病树可在病斑上割纵横相间约 0.5 cm 的刀痕,深达木质部,然后喷杀菌剂。

(2)杨树溃疡病。

①病害分析。

杨树溃疡病又名水泡型溃疡病,主要危害主干和枝梢。早春及晚秋,树皮上出现近圆形的水渍状和水泡状病斑,病斑直径约 1 cm,严重时流出褐水,以后病斑下陷。病斑内部坏死范围扩大,当病斑在皮下连接包围树干时,上部即枯死。来年在枯死的树皮上出现轮生或散生小黑点。每年 3 月下旬开始发病,4 月中旬至 5 月上旬为发病盛期,10 月病害又有发展。杨树溃疡病危害症状如图 4-1-44 所示。

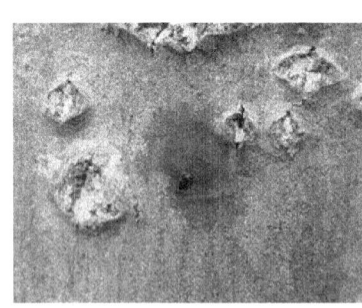

图 4-1-44　杨树溃疡病危害症状

②防治方法。

在起苗、运输、假植、栽植等生产过程中,应尽量减少树干创伤。栽植后及时浇透水,保证栽植苗成活,减少病害。重视苗木来源,严格检疫,清除病枝干。药物防治以秋防为主,与春、秋防治相结合。40%福美肿 50 倍液、50%退菌特 100 倍液、70%甲基托布津 100 倍液、50%多菌灵 200 倍液,以及 Be 石硫合剂、10 倍碱液等均有较好效果。注意选用抗病树种。白杨派、黑杨派、意大利 214 杨、毛白杨、中林 46 等树种的抗病能力较强。

(3)杨树叶锈病。

①病害分析。

每年6月开始发病,7—8月为盛发期,以2年生苗木受害最重。病叶背面密生橙黄色夏孢子堆,后期在叶正面生棕褐色冬孢子堆。病菌在落叶中越冬后,先侵染落叶松针叶,然后从落叶松上传染到杨树上。杨树叶锈病危害症状如图4-1-45所示。

图 4-1-45　杨树叶锈病危害症状

②防治方法。

杨树苗圃不要设在落叶松林附近(相距500 m以上)。及时间苗,避免过密,控制灌水量和氮肥量,增强苗木抗病力。自发病初期起每10～15天喷0.3°～0.5°Be石硫合剂,或敌锈钠200倍液,或65%可湿性代森锌250倍液。

(4)杨树黑斑病。

①病害分析。

病叶背面先生针叶亮点,后扩大成小黑斑,中央有乳白色分生孢子堆。病斑连片时成圆形或不规则形大黑斑,严重时全叶枯死。每年7月初开始发病。7—8月为盛发期。杨树黑斑病危害症状如图4-1-46所示。

②防治方法。

深翻地,多施基肥,及时间苗,合理留苗,以培育壮苗,提高抗病力。及时排水,浇水要量少次多。苗高11 cm以上后,浇水要量大次数少,1～2天1次。尽量换茬育苗,如必须重插,应清除苗圃地枯枝落叶,减少

图 4-1-46　杨树黑斑病危害症状

病菌来源。幼苗2～3片真叶时喷1∶1∶(160～200)波尔多液或65%代森锌250倍液或4%代森锌粉剂。以后隔10～15天喷1次,到发病盛期过后为止。

(5)杨树立枯病(猝倒病)。

①病害分析。

立枯病主要为害播种幼苗。在我国,引起猝倒病的病原是丝核菌和多种镰刀菌。立枯病的症状有四种类型:种芽未露土就腐烂死去,叫种腐型;幼苗刚出土,子叶尖端变为褐色,腐烂钩头死亡,叫梢腐型;幼苗出土不久,苗茎近地面处变色,呈水渍状腐烂缢缩,导致幼苗倒伏而死,叫猝倒病型,这是危害最严重的一种类型;幼苗出土两个月以后,茎基已木质化,幼根受侵腐烂,苗木直立枯死,叫立枯型。

杨树立枯病危害症状如图4-1-47所示。

②防治方法。

• 选择地势平坦、排水良好、疏松肥沃的土地育苗,忌用黏重土壤和前作为瓜类、棉花、马

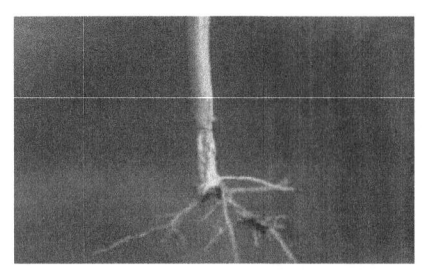

图 4-1-47 杨树立枯病危害症状

铃薯、蔬菜等的土地作为苗圃,选晴天整地,精细筑床,用黄心土垫床厚 1～2 cm,然后播种。

· 精选种子,做好催芽工作,适时播种,及时揭草,旱灌涝排,保证出苗整齐,苗全苗壮。

· 播种时可在苗床或播种沟内撒药土。药土可选用下列农药配制:敌克松每亩 1～1.5 kg,苏农 6401 每亩 2.5～3 kg,五氯硝基苯和代森锌合剂(1∶1)每亩 2.5～3 kg。将农药同 30～40 倍干燥细土混合均匀使用,或每亩用硫酸亚铁 15～20 kg 碾碎撒施。

· 幼苗发病期间,如天晴土干,则可淋洒敌克松 500～800 倍液或 1%～3% 硫酸亚铁溶液,以淋湿苗床土壤表层为度。硫酸亚铁对苗木有药害,施用后应再喷清水洗苗。药土或药液每隔 10 天左右施用 1 次,共 2～3 次,可抑制病害发展。

2)杨树虫害

杨树食叶害虫主要指透翅蛾、杨扇舟蛾、杨小舟蛾、杨尺蠖、杨毒蛾、刺蛾、杨树叶甲、天牛等。

(1)透翅蛾。

①虫害分析。

透翅蛾体长约 20 mm,青黑色,腹部有 5 条横纹。前翅黑褐色,后翅透明,类似胡蜂。幼虫黄白色,足短,1 年发生 1 代。幼虫蛀入树干和顶芽,被害处枯萎下垂,抑制顶芽生长,而徒生侧枝,形成突梢。侵入初期,在木质部与韧皮部之间围绕枝、干蛀食,致使被害处组织增生,形成瘤状虫瘿,后蛀入髓部,使苗木易遭风折。可随苗木调运传播。翌年 4 月初取食为害,盛期 6—7 月上旬。9 月底,幼虫停止取食,以木屑将隧道封闭,丝做薄茧越冬。

透翅蛾虫态及危害症状如图 4-1-48 所示。

②防治方法。

认真做好检疫工作,成虫羽化前用毒泥堵塞虫孔法防治,成虫产卵前避免修枝和机械损伤。还可利用雌蛾于每天下午 2～4 时进行诱杀(性诱剂)。在幼虫化蛹前用注射器在虫瘿上方约 6 cm 处注入 1.6% 敌敌畏乳剂或二硫化碳溶液来毒杀幼虫。

(2)杨毒蛾。

①虫害分析。

杨毒蛾体翅为白色,脚有黑白斑纹,触角主干为纯白色,雄交配器瓣外缘平滑。幼虫为黄色,亚背域有黑线。卵为馒头形,初为灰褐色,孵化前为黑褐色。

杨毒蛾虫态如图 4-1-49 所示。

图 4-1-48 透翅蛾虫态及危害症状

图 4-1-49 杨毒蛾虫态

杨毒蛾和柳毒蛾生活习性近似。1年发生2代,幼龄幼虫在枯枝落叶层中或树洞等处越冬;来年4月开始活动,取食幼芽、嫩叶及下部叶片,剥食叶肉,留下网状叶脉;5月下旬在树干基部等隐蔽处吐丝缠身后化蛹;6月上旬羽化为成虫,产卵于枝、干、叶片等处,卵期10余天。7—8月为第1代幼虫,危害最重;9月初第2代幼虫先后孵化,这代幼虫只把叶片啃成白色透明斑点,危害期短,稍大后即寻找潜伏场所越冬。杨毒蛾和柳毒蛾的不同之处是:杨毒蛾幼虫有较强的避光性,白天不下树,晚上取食;柳毒蛾白天夜间都取食,但以白天为主。

②防治方法。

树干秋季束草或在干基放置木板、瓦块或杂草等,以诱杀幼虫,减轻为害。用杨毒蛾白天下树、晚间上树的习性,在树干上涂毒环,药杀幼虫。用黑光灯诱杀成虫,用90%敌百虫1500倍液喷杀5～6龄幼虫,用50%二溴磷乳剂或50%杀螟松乳剂800～1000倍液喷杀3～4龄幼虫。

(3)杨扇舟蛾与杨小舟蛾。

①虫害分析。

杨小舟蛾成虫有黄褐色、红褐色和暗褐色等色;前翅有3条具有暗边的灰白色横线,内横线似1对小括号( ),中横线像八字形,外横线呈倒八字的波浪形;横脉为一小黑点;后翅臀角有一褐色或红褐色小斑;卵为黄绿色,半球形,呈块状排列于叶面。

杨扇舟蛾虫体为灰褐色;头顶有一个椭圆形黑斑;前翅为灰褐色,扇形,有灰白色横带四条,前翅顶角处有一个暗褐色三角形大斑,顶角斑下方有一个黑色圆点;后翅为灰白色,中间有一横线。幼虫身体为灰赭褐色,每个体节两侧各有四个赭色小毛瘤,环形排列,其上有长毛,两侧各有一个较大的黑瘤,上面生有白色细毛一束。第一、八腹节背面中央有一大枣红色瘤,两侧各伴有一个白点。卵接近孵化时变为紫红色。

杨小舟蛾虫态及危害症状如图4-1-50所示,杨扇舟蛾虫态如图4-1-51所示。

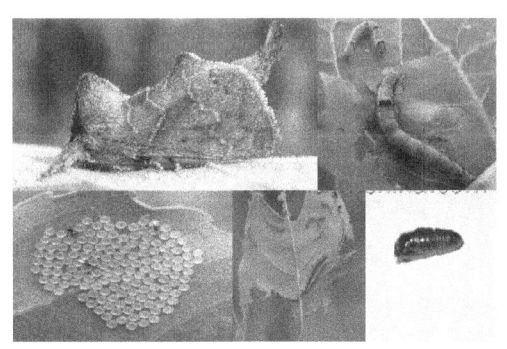

图 4-1-50　杨小舟蛾虫态及危害症状

图 4-1-51　杨扇舟蛾虫态

杨扇舟蛾和杨小舟蛾在我国分布广泛,主要寄生于杨树和柳树上,幼虫啃食杨树叶片为害,常群集为害,将叶片食光,仅留下叶表皮及叶脉。老熟幼虫吐丝缀叶化蛹。杨扇舟蛾在华中地区1年发生5～6代,杨小舟蛾1年发生3～4代,以蛹在树皮裂缝、树洞、土块、落叶、地下植被物、松土内越冬,翌年4月中旬羽化成虫。成虫有趋光性,昼伏夜出,多将卵产于叶片上。各代幼虫的出现期为第一代为4月至5月上旬,第二代为6月中旬至7月上旬,第三代为7月下旬至8月上旬,第四代为9月上、中旬。7、8月高温多雨季节发生严重。幼虫行动迟缓,在夜晚取食,老熟幼虫吐丝缀叶化蛹。10月进入越冬期。

②防治方法。

人工防治：震落和摘虫苞。杨小舟蛾幼虫具有在枝条上停息时固着不牢的习性，可在早晨猛击树干，震落扑杀。杨扇舟蛾多发生于苗圃幼树和幼龄林，根据初龄幼虫在叶片上吐丝结苞、群集的习性，及时摘除虫苞，尤其是第1、2代幼虫虫苞，这对降低虫口密度、减轻危害起着积极作用。

注药防治：在杨扇舟蛾和杨小舟蛾幼虫发生期间，往树干基部注内吸剂类药物。如注50%甲胺磷或40%久效磷，其施药量视树干胸径大小而定。胸径5 cm以下，注甲胺磷原液2～3 mL；胸径6～10 cm，注甲胺磷原液4～5 mL；胸径11～15 cm，注甲胺磷原液6～7 mL；胸径16～20 cm，注甲胺磷原液8～10 mL；胸径21 cm以上，注甲胺磷原液15 mL以上。注久效磷原液时，药量酌减。

喷雾防治：2～3龄树，喷25%灭幼脲Ⅰ号800～1000倍液，或喷80%敌敌畏800～1200倍液，或喷2.5%敌杀死6000～8000倍液。

2.松树常见病虫害及防治

松树在我国分布广泛，且纯林多，因此为害的病害虫种类也相对广泛，容易受到较大的损失。

1）松树病害

（1）松苗叶枯病。

①病害分析。

从松苗下部开始，患病松叶有黄褐色斑点出现，并向松苗上部蔓延。斑点由小不断扩大，直至松苗枯死，呈现暗黑色，病斑上有很多小黑点排列。一般病叶只是枯萎，并不脱落，如果全部针叶发病，松苗便会枯死。叶枯病多由赤松隔尾孢霉菌引起，发病期多在8月，9—10月是病盛期，11月之后逐渐减弱。雨季会加快该病的发展。松苗叶枯病危害症状如图4-1-52所示。

图4-1-52　松苗叶枯病危害症状

②防治方法。

选择合适的种植圃地，要满足土壤肥沃、便于排灌的要求，不要选择发生过叶枯病的土地。种植期间若连年发病，可采取抗病树种轮作的方式，抗病树种有针阔叶树种等。冬季需将病苗彻底清除，深埋土下，促使其尽快腐烂，以减少危害。

加强管理。选择优质苗木，成长过程中加强管理，做好间苗、浇水、施肥、除草等工作。对于质量较差或过于密集的苗木，应适当调整，以提高抗病性，确保苗木能够茁壮成长。一旦染上叶枯病，必须及时检查并解决。如将病苗集中拔除烧毁，以免病害继续扩散；或使用药剂防治，将生石灰、硫酸铜和水按照1∶1∶150的比例混合成波尔多液，每隔15 d喷施1次，药量为80～100千克/亩。若处于发病盛期，可使用50%退菌特800倍液防治。

（2）松苗猝倒病。

①病害分析。

猝倒病多由丝核菌及多种镰刀菌引起,主要为害幼苗,一旦染病,苗木会迅速死亡,所以又叫立枯病,在国内大部分地区都有发生。按猝倒病发病时间,可将猝倒病分为四种:种腐型,即发芽之后还未露出地面就病死;梢腐型,即幼苗破土而出,子叶尖部逐渐变为褐色腐烂而死;猝倒型,危害最为严重,幼苗出土后不久,接近地表的苗茎开始变色,呈水渍状腐烂缢缩,幼苗倒伏而死;立枯型,幼苗出土2个月左右,苗茎的基础已经木质化,幼根被侵蚀并逐渐腐烂,苗木直立枯死。

松苗猝倒病危害症状如图4-1-53所示。

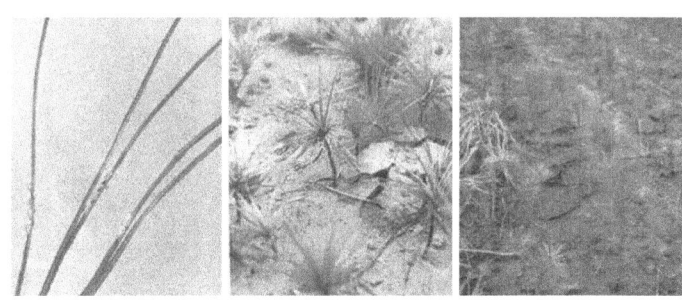

图 4-1-53　松苗猝倒病危害症状

②防治方法。

应保证育苗土地土质肥沃、地势平坦、便于排水,并对土地深耕细整,施用净肥。为促使种子安全成长,播种之前对土壤进行消毒,将硫酸亚铁或敌克松等药土均匀撒入播种沟内,也可使用福尔马林熏蒸,14周之后再进行播种。选择优质、无病害种子,在温度、湿度适宜的季节进行播种,尽量避开低温、多雨天气。发病初期,可拔除病苗,防止病害大面积蔓延;同时使用比例为1∶1∶150的波尔多液或25%百菌灵1000倍液对幼苗的根部进行喷施,以减轻病害;也可将石灰、草木灰等按照适宜的比例混合后撒在幼苗根部。

(3)松疱锈病。

松疱锈病分布范围广,松树寄主广泛,又称干锈病,通常以五针松受害最为普遍且严重。

①发病规律。

在松树上一年有两次发病症状。第一次在春季,松树枝干肿大并有裂缝,从中间向外生长黄白色至橘黄色锈孢子器,锈孢子器可散出锈黄色的锈孢子。老病皮无锈孢子器,仅留下粗糙的黑色病皮,并流出树脂。锈孢子阶段过后,树皮龟裂、下陷。第二次在秋季,枝干上出现初为白色、后变成橘黄色的泪滴状蜜滴,是性孢子与黏液的混合物,有甜味。蜜滴消失后皮下可见血迹斑,此时幼苗及大树松针上产生黄色至红褐色点斑。在转主寄主上,夏季至秋季的症状为:叶背见带油脂光泽的黄色丘形夏孢子堆,最后在夏孢子堆或新叶组织处还可见到刺毛状红褐色冬孢子堆(柱)。

病原以担孢子和锈孢子靠风吹雨溅的方式自然传播,远距离传播主要靠感病松苗、幼树、小径材及新鲜带皮原木的调运。

松疱锈病危害症状如图4-1-54所示。

②防治方法。

- 严格执行检疫制度:划定疫区,禁止疫区的苗木、幼树外运。
- 减少侵染来源:修剪病枝,特别是除去靠近主干的病枝。

图 4-1-54 松疱锈病危害症状

- 药剂治疗:在苗木上使用 1∶1∶100 的波尔多液或代森锌 500 倍液等保护剂,可以预防病菌的侵染;对大树使用 50% 托布津 500 倍柴油溶液、25% 粉锈宁 500 倍柴油溶液、松焦油、硫酸铜 40 倍液及敌锈钠 200 倍液等,涂干治疗有较好的疗效。

2)松树虫害

(1)松毛虫。

①虫害分析。

松毛虫又名毛虫、火毛虫,主要包括落叶松毛虫、赤松毛虫、思茅松毛虫以及马尾松毛虫等。松毛虫在我国各地均有大量分布,并主要以松科、柏科树木为寄主。当前,松毛虫是我国森林害虫中发生量最大、为害面最广的害虫。松树被松毛虫为害后,不仅影响到其正常生长,还会相应降低林木与松脂的产量。

松毛虫多呈灰白色、灰褐色,幼虫体长 45~55 mm,成虫长 25~35 mm。幼虫有毒毛,与人体接触,轻则造成人体关节肿痛,或引起皮炎,重则可能导致残废,对人类健康危害较大。松毛虫多发生于低质松林,在植被覆盖率较高的松林区则很少发生。

松毛虫虫态及危害症状如图 4-1-55 所示。

图 4-1-55 松毛虫虫态及危害症状

②防治方法。

- 应实时掌握松毛虫的虫情,建立健全的监测系统。尤其是虫害多发区,应合理设置样点,及时展开实际调查,包括虫害程度、波及范围、出口密度以及天敌寄生率等。尽快确定虫害部位,及时将虫卵摘除,以免松毛虫继续繁殖而增大防治难度。若发现进入增殖期末,必须加强重视,采取解决对策。幼虫发生时,可采用人工捕捉的方式;成虫盛行时,可借助黑光灯将其诱杀。

- 应使林分质量有所提升。可对固有林种加以调整,加大混交林的培育力度,如采用带状、株间等混交方式。混交树种多样,可选择樟树、枫香、栗树、光皮桦等。同时应培育阔叶树种,改变林分结构,以促进林分内形成良好的森林环境,提高林分抗性。

- 采取生物及化学防治措施。如在温度、湿度较为适宜的季节使用苏云金杆菌或喷洒白僵菌菌液。松毛虫密度较大的地区可使用无公害农药,危害较为严重、发生面积较大的地区可进行飞机喷洒药物。

(2)蛀干害虫。

①虫害分析。

蛀干害虫包括松墨天牛、短角幽天牛、马尾松角胫象等。松墨天牛是松材线虫病的主要媒介昆虫,对马尾松、华山松、湿地松、落叶松等危害极大,是世界多个国家的检疫对象。马尾松一旦被其侵蚀,极易造成松林大面积死亡,带来巨大的经济损失。短角幽天牛、马尾松角胫象对马尾松、小叶松、黄山松危害也尤为严重,成虫经常在夜间活动,行为比较隐蔽。松墨天牛虫态及危害症状如图 4-1-56 所示。

图 4-1-56 松墨天牛虫态及危害症状

②防治方法。

首先要加强检疫检查,对过境木材加强重视,调运进出的松科植物及制品,对其进行严格检验和复检,对于未办理检疫合格手续的,要依法进行检疫,严禁违法调运,控制蛀干害虫的人为传播。其次是人工清理虫害木,定期清除树干上的萌生枝条,保证树干光滑,改善林地通风透光状况。对于病材、病枝、根桩等,用药物熏蒸烧毁,彻底清除病原,防止死树流失。同时开辟无寄主植物的隔离带,其宽度要超过蛀干害虫的最大飞行距离。另外,使用药物防治。在蛀干害虫成虫期和羽化初期、盛期,利用真菌、细菌类病原微生物防治,白僵菌和绿僵菌等丝孢纲真菌在此方面有很大的作用。

(3)松材线虫病。

①危害特征。

松材线虫病又称为松枯萎病,是一种严重的国际检疫性病害,被称为松树的癌症,松树一旦感染松材线虫病,在 40 d 左右即会死亡。由于松材线虫病传播速度快、致病力强且治理难度大,因此该病害已被列为国内外的检疫对象。松材线虫病主要由松材线虫引起,其外部症状的主要特点是针叶失水、褪绿,继而变为褐色,然后整株枯死,其针叶呈红黄色,树脂停止分泌,且在树干上近距离可观察到其入孔或者产卵痕迹。松材线虫病的传播方式有 2 种,近距离主要依靠媒介昆虫松褐天牛进行传播,远距离则主要通过人为调运含有松材线虫的苗木、制品或者天牛进行传播。该病害多发生于每年的 7—9 月,尤其是在干旱和高温的天气条件下,该病害最易发生并蔓延。松材线虫病危害症状如图 4-1-57 所示。

②防治方法。

加强检疫处理。制定严格的检疫制度,严禁疫区的木材、苗木、枝丫等运送到非病区中,且

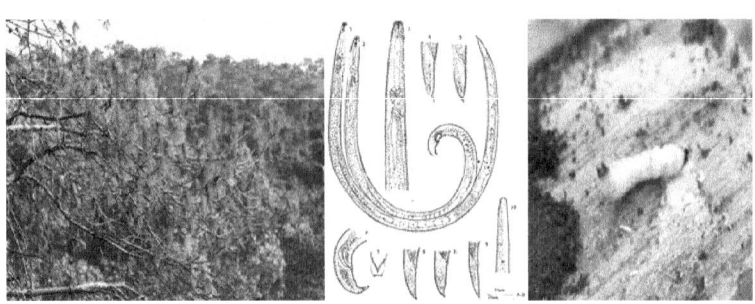

图 4-1-57 松材线虫病危害症状

要求任何单位及个人不得收购、销售和携带松材线虫病发生区没有经过检疫合格的松木及制品。

农业防治措施。包括林地清理,烧毁和砍伐垂死树木和病树,以便对病原的扩散进行有效抑制。设置隔离带,不仅切断了松材线虫的传播途径,而且切断了松褐天牛的食物补给,有效控制了其媒介昆虫的扩散,进一步起到了对松材线虫的防治作用。

化学防治措施。一是清除媒介昆虫松褐天牛。在每年的秋季即 10 月左右,在被害树木表面喷洒适当的油剂或杀螟松乳剂,以杀死松树树皮下的天牛幼虫。天牛羽化后,可喷洒 0.5% 杀螟松乳剂,以防治天牛,并保护松树的树冠免受病害。二是清除松材线虫。在松材线虫侵害松树的最初几周内,在松树的根部土壤中,使用乙拌磷、丰索磷以及治线磷等杀虫剂或杀线虫剂。或者在松树的树干直接注射丰索磷,以有效预防松材线虫的继续侵入与繁殖。

(4)华山松大小蠹。

①虫害分析。

华山松大小蠹主要为害华山松,是华山松的先锋虫种,也为害油松,主要以幼虫为害健康树。受害树株在侵入孔处溢出树脂,将虫孔中排出的木屑和粪便凝聚起来,呈漏斗状,同时树冠渐变枯黄,受害 1~3 年后,树株枯死。

华山松大小蠹主要以幼虫越冬,但也有以蛹和成虫越冬的。该虫主要为害 30 年生以上的活立木,栖居于树干下半部或中下部。成虫蛀入的坑道口有树脂和木屑形成的红褐色或灰褐色大型漏斗状凝脂,母坑道为单纵坑,每一母坑道内有雌、雄成虫各 1 头,子坑道由母坑道两侧向外伸出,开始蛀道不触及边材。随着幼虫体积的增大,蛀道触及边材。幼虫排泄物积于子坑道内,化蛹于子坑道末端的蛹室中。

华山松大小蠹虫态及危害症状如图 4-1-58 所示。

一般中龄林以上林分易受害。华山松大小蠹的为害为其他小蠹虫、天牛及象甲的侵入为害创造有利条件。成虫扩散蔓延范围的一般分布规律为:华山松占林分组成低的大于占林分组成高的,疏密度小的大于疏密度大的,山上部大于中、下部,阳坡大于阴坡。纯林为害重,混交林为害轻;过熟林、成熟林为害重,近熟林次之,中龄林为害轻。

②防治方法。

- 加强检疫,严禁携虫木材调运。
- 加强林区管理。合理规划造林地,选择良种壮苗,增强林木的抗虫性;营造混交林;加强抚育管理,保持林内环境卫生,保护林木免遭其他病害和食叶害虫的为害,以提高林木的生长力和抵抗蛀干害虫的能力;冬、春季砍伐并清除虫害木或进行剥皮,集中烧毁;设置饵木,引诱成虫潜入,进行处理。

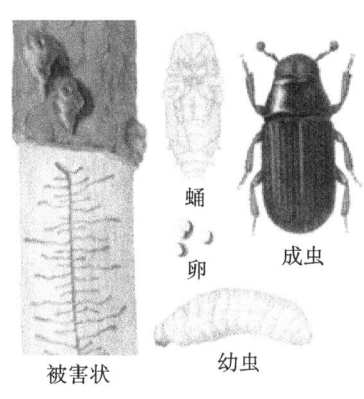

图 4-1-58 华山松大小蠹虫态及危害症状

- 注意保护天敌。保护和利用天敌等。此外,用外激素防治华山松大小蠹正在研究中。

3. 柳树常见虫害及防治

(1)柳厚壁叶蜂。

①虫害分析。

柳厚壁叶蜂又名柳瘿叶蜂,为食叶型害虫,危害各种柳树。柳树一旦受害,树冠枝叶背面呈卵豆状疙瘩,幼枝不堪重负而下垂发黄。危害路段的害株率为60%。该虫一年发生一代,以老熟幼虫在树根周围土壤中结茧越冬,次年四月下旬至五月上旬成虫羽化,并在柳叶边缘组织内产卵。幼虫孵化后,就地啃食叶肉,使叶的上下表皮间逐渐肿起,叶边出现红褐色小虫瘿。随着取食生长,虫瘿增大加厚,向下鼓起,呈椭圆形、肾形,老树虫瘿最后呈紫褐色。幼虫在瘿内危害到九月底至十月初,随叶落地,爬出虫瘿潜入土中,结茧越冬。成虫体长6 mm,呈土黄色,有褐色斑纹,翅脉多为黑色。卵

图 4-1-59 柳厚壁叶蜂虫态及危害症状

为椭圆形,呈黄白色。老熟幼虫为黄白色,稍弯曲,体表光滑,有背皱,胸足3对,腹足8对。柳厚壁叶蜂虫态及危害症状如图 4-1-59 所示。

②防治方法。

- 采用树种混交的方式,减少和尽量避免单一树种纯林,并适量增种蜜源植物,为虫害提供食料补充源和寄主。
- 人工防治:幼树生长期,组织动员当地群众逐树摘除带虫瘿叶片,秋后清除处理落地虫瘿,并焚烧掩埋。
- 药物防治:四月下旬至五月上旬发生严重时,用40%氧化乐果乳油1000~1500倍液或40%菊马合剂2000倍液全树喷施。采用内吸性药剂灌根防治,在树木须根最多处,用3%呋喃丹颗粒或15%涕灭威颗粒剂,干径每厘米用药1.5~2 g进行根埋药剂防治;也可在沟内浇灌40%氧化乐果乳油,按干径每厘米浇氧化乐果1000倍液1.5~2 g,渗完后覆土;还可在树干基部周围注射40%氧化乐果10倍液。

(2)光肩星天牛。

①虫害分析。

光肩星天牛,鞘翅目,天牛科,蛀虫干型害虫。成虫体黑色,有光泽,头部比前胸略小,触角鞭状。初孵化幼虫为乳白色,取食后呈淡红色,头部呈褐色,其前端呈黑褐色。

光肩星天牛主要危害柳树树干,随着虫龄增长,由韧皮部向木质部蛀进。主要危害路段的虫株率为40%。该虫一年一代或两年一代。卵壳内发育安全的幼虫、蛹均能越冬,越冬的老熟幼虫翌年直接化蛹,其他越冬幼虫于三月下旬开始活动取食,四月底至五月初在蛀道上部做蛹室。蛹室呈椭圆形,略向树干外部倾斜,下端用粗木屑堵塞。成虫取食树的叶、叶柄和嫩枝枝干;幼虫取食韧皮部和木质部之间,蛀道可达15 cm长,取食韧皮部面积可达20平方厘米左右,危害极大。被害树木易发生风折和枯梢。

光肩星天牛虫态及危害症状如图4-1-60所示。

图 4-1-60　光肩星天牛虫态及危害症状

②防治方法。

- 人工防治:根据光肩星天牛成虫比较迟钝的特点,在雌成虫产卵前(即6—8月),组织动员当地群众捕捉成虫;或人工砸卵,经常检查树干上有无产卵核槽及木屑或虫粪,发现后,用小刀剥除或把卵砸破,刮皮地方要涂上浓的石灰硫黄合剂,以防病菌侵入。
- 生物防治:在条件适合路段或发现有啄木鸟栖息的路段,采取人工挂鸟巢、设饵木或其他措施,保护和招引啄木鸟,创造适合啄木鸟生存栖息的环境。
- 化学防治:

化学药剂喷施:集中连段危害的林木,可采用地面常量或超低量喷洒绿色威雷150~250倍液、40%氧化乐果乳剂300~500倍液杀灭光肩星天牛成虫,主要部位为树干和大侧枝,以微湿为宜。约在天牛成虫羽化始盛期前(约7月初)进行,其持效期可达40天。喷雾防治困难的林木,在成虫羽化高峰期前1周左右(约7月初),可采用树干打孔注射40%氧化乐果原液、20%康福多等药剂防治成虫。方法是:在树干离地面30 cm处,沿主干各方向均匀打深至木质部的下斜孔,用药量一般为0.3~0.9 mL/cm。

插毒签或堵孔:适宜于零星发生、部位较低的被害树。先用铁丝将虫道内的木屑、虫粪挖出来,再把磷化锌毒签插到虫道深处,然后用泥土封口。也可采用磷化铝片堵孔,将1/6的磷化铝片塞入虫孔内,以毒杀幼虫。

(3)金龟子。

①虫害分析。

金龟子是一种杂食性害虫。金龟子成虫俗称栗子虫、黄虫、瞎眼闯子(鲁南),幼虫统称蛴螬,俗称土蚕、地蚕、地狗子。金龟子除为害柳、桑、樟、女贞等林木外,还为害梨、桃、李、葡萄、苹果、柑橘等。常见的金龟子有铜绿丽金龟子、苹毛丽金龟子等。

金龟子成虫及幼虫如图 4-1-61 所示。

图 4-1-61 金龟子成虫及幼虫

金龟子成虫多为卵圆形或椭圆形,触角为鳃叶状,一般雄大雌小,体壳坚硬,表面光滑,多有金属光泽,前翅坚硬,后翅膜质。有的种类还有拟死现象,受惊后即落地装死。夏季交配产卵,卵多产在树根旁土壤中。幼虫呈乳白色,体常弯曲呈马蹄形,背上多有横皱纹,尾部有刺毛,生活于土中,一般称为"蛴螬"。老熟幼虫在地下作茧化蛹。金龟子生活史较长,除成虫有部分时间出土外,其他虫态均在地下生活,以幼虫和成虫越冬。金龟子有夜出型和日出型两种,夜出型夜晚取食为害,多有不同程度的趋光性,而日出型则白天活动取食。

金龟子为害以啃食树叶为主,将叶片啃食成网状空洞和缺刻,严重时仅剩主脉,群集为害时更为严重。每株虫口密度在 50 头以下的占 50%～60%,最为严重的每株达到 120 头以上,连续危害 3～4 个晚上,整株树的叶子就会被全部食净而造成态株死亡,严重影响柳树的生长发育。

②防治方法。

对于金龟子幼虫(蛴螬),可采用地下防治方法,地面撒地害清 1～2 kg 或地虫克 2～3 kg,破坏蛴螬的适生环境,杀死幼虫;也可于 11 月前后或 5 月上、中旬,适时浇灌大水,淹杀蛴螬。

利用金龟子幼虫上下树的习性,可在春季越冬幼虫上树前,在行道树树干四周缠胶带或刷药带,胶带或药带宽度为 30～50 cm,以便有效阻杀幼虫。

成虫发生危害期,在叶部喷洒 40%氧化乐果 800～1000 倍液或胃毒作用强的金农宝或功夫乳油 1000～1200 倍液。根据金龟子晚上活动的特点,喷洒药剂的最佳时间应是下午 4～5 点(黄昏后)。

(4)柳蓝叶甲。

①虫害分析。

柳蓝叶甲是当前危害柳树的主要害虫,也危害杨树,尤其是柳苗受害最重。成虫为卵圆形,呈深蓝色,具有金属光泽;卵为椭圆形,呈橙黄色;幼虫体扁平,呈灰黄色,头部呈黑褐色;蛹腹部背面有 4 列黑斑。

柳蓝叶甲虫态及危害症状如图 4-1-62 所示。

该虫 1 年发生 4～5 代,以成虫在树干基部、草丛、土缝中越冬,翌年 4 月开始上树取食活动、交配产卵。卵呈块状,多产于叶背。幼虫孵化后群集于叶背,剥食叶表皮至网状。各代具有世代重叠现象,7—9 月为害最重,10 月中、下旬陆续下树。

②防治方法。

在幼虫、成虫严重危害期,防治应采取以下方法:90%晶体敌百虫 600 倍液、40%氧化乐果

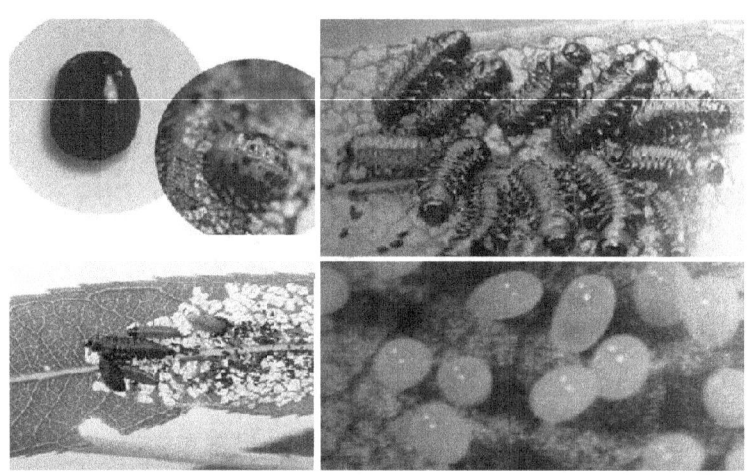

图 4-1-62　柳蓝叶甲虫态及危害症状

800 倍液、30% 龟甲蚧歼杀 1000 倍液或 1.8% 透皮杀 1500 倍液进行叶面喷雾,防治时间最好在下午 4 点以后。

4. 泡桐常见病虫害及防治

泡桐原产于我国,分布各地,为速生林树种,树干通直高大,可以在短时间内长成大经材。泡桐常见病虫害防治方法如下。

1) 泡桐病害

(1) 丛枝病。

①病害分析。

丛枝病对苗木和幼树的生长影响很大,轻者生长缓慢,重者甚至死亡,有病苗木为丛生状,茎叶细小黄化,当年冬季地上部分即枯死。幼树发病后,主杆主枝多形如扫帚或鸟窝。丛枝病危害症状如图 4-1-63 所示。

图 4-1-63　丛枝病危害症状

②防治方法。

- 选用抗病树种、无病壮苗。
- 树枝初发病时及时修除。
- 药物治疗病株。对于发病的植株,用盐酸田环素进行髓心注射,药物配方是水 4.25 kg+25 万单位田环素,用量在 20mL 左右,注射后把叶脉中的丛枝摘除烧掉。5—7 月,喷洒乐果、敌百虫等杀虫剂来杀死媒介昆虫,阻止传病。
- 加强控疫,病区的种根和苗木禁止传入无病区。

(2)炭疽病。

①症状及发生规律。

炭疽病主要为害泡桐苗木的叶片、叶柄、嫩茎,在5—7月多雨和苗木细弱过密时容易发生。病部产生黑色小病斑,潮湿天气在病斑上会形成粉红色分生孢子堆,然后病斑不断扩大并汇成片,使茎叶枯死。4月中、下旬,留床苗开始发病;5月中旬至6月上旬,实生苗开始发病;6—7月为发病盛期,8月底停止为害。在发病季节,遇高温多雨天气,则容易发病;林园积水,排水不良,苗木栽植过密,通风透气不良,也易发病。育苗技术和苗圃管理粗放,树势衰弱,有利于病害发生。炭疽病危害症状及形成的真菌颗粒如图4-1-64所示。

图4-1-64 炭疽病危害症状及形成的真菌颗粒

②防治方法。

因地制宜地选择较抗病品种,加强栽培管理,合理密植,科学施肥灌水,增强树势,提高植株抵抗力,苗圃地避免重茬,冬季彻底清除和烧毁病苗及病枝叶,深翻土地,育苗前还要进行土壤消毒,以减少初次侵染源。最好采用温床塑料薄膜育苗和移栽小苗,这样可减少此病害的发生。

药物防治:5—6月发生期喷洒1∶2∶(150~200)的波尔多液,或65%代森锰锌500倍液,或50%退菌特800倍液2~3次即可。

2)泡桐虫害

(1)根结线虫病。

①虫害分析。

根结线虫侵入泡桐的根部以后,在寄生部位产生疙疙瘩瘩的肿瘤症物,受害根系生长发育受阻,地上部分发育不良,株小黄化。根结线虫病危害症状如图4-1-65所示。

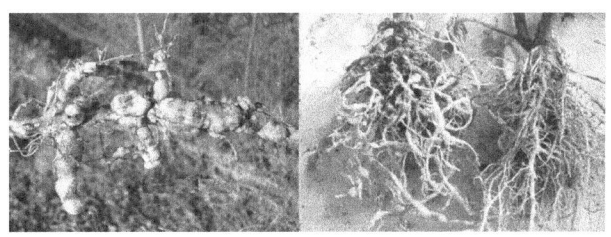

图4-1-65 根结线虫病危害症状

②防治方法。

加强栽培管理:增施有机肥,及时清除田间杂草;合理轮作,重病田改种葱、蒜、韭菜等抗病蔬菜或种植受害轻的速生蔬菜,以减少土壤线虫量,减少病害的发生。最好实行水旱轮作,要求轮作2a以上。收获后彻底清洁田园,将病残体带出田外集中烧毁,以降低虫源基数,减少病害的发生。

药剂防治：种植前，每 667 m² 用 3% 米乐尔颗粒剂 4～6 kg 拌细干土 50 kg 进行撒施、沟施或穴施；在蔬菜发病初期，用 1.8% 虫螨克 1000 倍液灌根，每株灌 0.5 kg，间隔 10～15 d 再灌根 1 次，这样能有效地控制根结线虫病的发生。

（2）泡桐灰天蛾。

①虫害分析。

泡桐灰天蛾翅膀长 90～130 mm，体翅呈灰暗色，胸部背板两侧及后缘有棕黑色条，腹部背线为棕黑色，两侧线为棕色，前翅中部有两条棕褐色波状棕线，中室下方有黑色总线两条，翅顶有一黑色曲线，后翅为棕褐色，后角有灰黑色斑。幼虫体肥大，前胸 3 对，腹足 4 对，尾足 1 对，尾部背面有蛹状突起，体色有两型：绿色型的胶印第 1～8 节两侧各有 1 条白色斜纹；褐色型的胸胶之间和胶印第 7 节背面有一较大的褐色斑块，腹印第 2～6 节两侧的斜纹上各有 2 个三角形的褐色斑块。屋角为褐色，较食叶形成大的缺刻或孔洞。1 年 2 代，幼蛹在土中越冬，翌年 4 月初开始羽化，趋光性强。泡桐灰天蛾虫态及危害症状如图 4-1-66 所示。

图 4-1-66　泡桐灰天蛾虫态及危害症状

②防治方法。

用黑光灯诱杀成虫。幼虫初发生时，喷洒 80% 敌百虫 800 倍液或 80% 敌敌畏 1000 倍液毒杀。冬耕将蛹翻刨至土面上，让鸟等啄食或风干冻死。保护天敌，不要捕杀螳螂等益虫。用竹竿把幼虫打下并杀死。

此外，如发现蝼蛄、地老虎等为害，用 50% 马拉按乳剂 800 倍液，在夜间开沟浇施，以杀死幼虫。蝼蛄、地老虎等可用黑光灯诱杀。

5. 樟树常见病虫害及防治

樟树是重要的绿化树种，常见的病虫害如下。

1）樟树病害

（1）樟树黄化病。

①病害分析。

樟树黄化病又称缺绿病，是一种生理性病害。樟树是喜酸性树种，若长期生长在偏碱性土壤中，就会影响其根系对铁元素及其他微量元素的吸收，使其叶片变黄变白。樟树黄化病主要症状为全株叶色由绿变黄、变薄，叶面有乳白色斑点；腋芽萌生，形成许多细小侧枝，严重时叶色苍白，叶片局部坏死。发病时，嫩叶比老叶表现明显，树顶端比下端突出，冬、春季比夏季更甚。樟树黄化病危害症状如图 4-1-67 所示。

图 4-1-67　樟树黄化病危害症状

②防治方法。

种植前保证土壤质量,对发病植株进行彻底的换土,改变发病植株周围土壤的酸碱度;提高叶片铁元素的含量,可在土壤中施些硫黄粉,在根系周围打孔灌 33.3% 硫酸亚铁溶液,或叶面喷施 0.1%～0.2% 硫酸亚铁溶液。

(2)樟树溃疡病。

①病害分析。

樟树溃疡病的病原菌为囊孢壳菌,其无性世代为大茎点霉,主要发生在尚未长出粗皮的幼龄樟树上和移栽后大树新萌发的部分枝条上。在适宜的条件下,病菌迅速发展,使整个树干或半边树干变黑,老病斑周围的菌丝扩展后变成褐色,最后变成灰白色。若遇到干旱恶劣天气,植株很快变黑枯死。樟树溃疡病危害症状如图 4-1-68 所示。

图 4-1-68　樟树溃疡病危害症状

②防治方法。

樟树溃疡病的病原菌主要从伤口侵入,在管理和移栽时,应尽量减少创伤。苗木剪枝或移栽后可涂 70% 甲基托布津和 40% 多菌灵。孢子释放期喷洒代森锰锌和波尔多液,防治效果较好。对已发病的樟树,涂抹甲基托布津和多菌灵各 2～3 次,可防止孢子萌发和菌丝生长。

2)樟树虫害

(1)褐刺蛾。

①虫害分析。

褐刺蛾是樟树的主要食叶害虫,1 年 2 代。越冬幼虫在 5 月上旬开始化蛹,5 月底至 6 月初成虫羽化、产卵,6 月中旬达到盛期。6 月中、下旬 1 代幼虫出现,8 月下旬 2 代幼虫出现,大部分于 9 月底至 10 月初老熟结茧越冬。各龄幼虫 4 龄前剥食叶肉。老熟幼虫在疏松土壤、草丛、石砾缝、枯落物下结茧化蛹。成虫具有强烈的趋光性,20 时扑灯最盛。卵散产于叶面。褐刺蛾虫态及危害症状如图 4-1-69 所示。

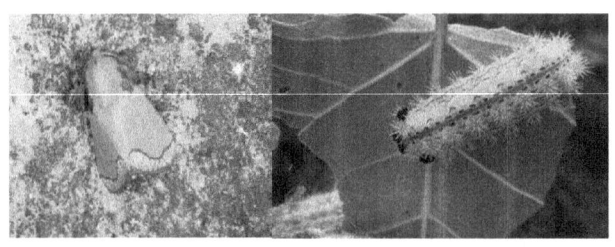

图 4-1-69 褐刺蛾虫态及危害症状

②防治方法。

褐刺蛾的越冬茧或在枝干上,或在树冠附近的浅土、草丛等处,且历期很长,人工摘茧或挖蛹可收到一定效果。但虫茧附有毒毛,应严防中毒。

褐刺蛾老熟幼虫沿树干爬行下地,其腹面保护性能差,可用毒环等办法毒杀下树幼虫。

成虫具有趋光性,有的反应强烈,可设灯诱杀,并可依此预测虫情。

药剂防治:应在幼虫 3 龄以前施药,一般触杀剂都有较好的效果,如 90％敌百虫晶体、25％亚胺硫磷乳油、50％杀螟松乳油、80％敌敌畏乳剂、菊酯类杀虫剂等都可选用。

(2)樟巢螟。

①虫害分析。

樟巢螟 1 年发生 2 代,少数 3 代,以老熟幼虫在树冠下的浅土层中结茧越冬。越冬幼虫于 4 月中、下旬化蛹,5—6 月成虫羽化、交尾、产卵。成虫夜出活动,具有趋光性,卵多产于缀叶内或叶背边缘,呈鱼鳞状重叠排列。6—7 月为 1 代幼虫危害期。6 月中、下旬为幼虫孵化高峰期。幼虫有群集性,吐丝缀叶在其中取食,随着虫龄的增长,其食量变大,将附近的枝叶吐丝缀合,形成鸟巢状的虫苞。2 代幼虫危害期为 8—9 月。孵化高峰期为 8 月下旬。10 月后老熟幼虫陆续下树入土结茧越冬。樟巢螟虫态及危害症状如图 4-1-70 所示。

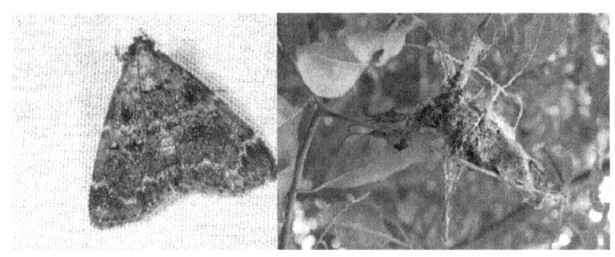

图 4-1-70 樟巢螟虫态及危害症状

②防治方法。

加强营林管理,冬季结合翻耕土壤和整枝、修剪,消灭越冬虫茧。

幼虫活动期间,人工摘除虫苞且及时销毁。

利用樟巢螟的趋光性,进行灯光诱杀成虫。

保护和利用天敌,如茧蜂、草蛉、寄生蝇等。

适时进行药剂防治,6 月下旬樟巢螟孵化率达到高峰,正是防治适期,用 0.3％印楝素乳油 400～600 倍液,或 25％灭幼脲三号 1500～2000 倍液和 36％百草一号 1000 倍液混配喷施。

(3)樟叶蜂。

①虫害分析。

樟叶蜂成虫头为黑褐色,触角为丝状,前胸背板、中胸背板、盾片、翅基片、中胸前侧片均为橘黄色,腹部为蓝黑色,略有光泽。卵为乳白色,半透明,呈肾形。老熟幼虫体长15~18 mm,头为黑色,有光泽,体为浅绿色或黄绿色,全身多皱纹。蛹为长椭圆形,初为淡黄色,后变暗黄色。

樟叶蜂1年发生2~3代,以老熟幼虫在土内结茧变为预蛹越冬,有滞育现象。初孵幼虫群集在叶背为害,取食嫩叶、嫩梢,以后分散取食,可将叶片食成缺刻、孔洞,严重时将树叶食尽。幼虫体上有黏液,能侧身黏附在叶片上以胸足握叶取食。樟叶蜂虫态及危害症状如图4-1-71所示。

图 4-1-71　樟叶蜂虫态及危害症状

②防治方法。

加强苗圃地和造林地管理,适时中耕除草,冬季翻耕,消灭土中虫茧。

保护、利用天敌,如蜘蛛、捕食性蜻蜒、蚂蚁及核型多角体病毒等。发生初期以采用蜘蛛和核型多角体病毒的防治效果最好。

做好预测预报工作,狠抓第1代幼虫防治,于发生前喷药灭虫。实践证明,于4月中、下旬第1代幼虫初孵化前后喷施EC 0.03%~0.05%的溶液、10%广虫立克0.5%的溶液或90%晶体敌百虫0.06%~0.1%的溶液效果良好。

利用幼虫群集的特性,人工捕捉幼虫。

利用老熟幼虫落地化蛹的习性,于4月底至5月初,在苗圃地和林地喷洒农药,毒死下树的害虫。

(4)樟脊冠网蝽。

①虫害分析。

樟脊冠网蝽1年发生4代,以若虫和成虫在樟树叶背刺吸汁液为害。被害叶呈黄白色,叶背有大量粪便及分泌物污染,影响光合作用,导致叶片枯死,降低林木生长量及其绿化效果。樟脊冠网蝽虫态及危害症状如图4-1-72所示。

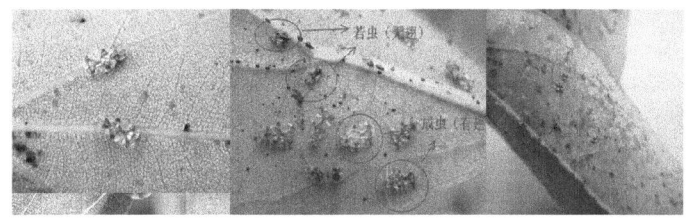

图 4-1-72　樟脊冠网蝽虫态及危害症状

②防治方法。

加强抚育管理,促进林木生长,抑制虫害发生。

用5%吡虫啉乳油2000~3000倍液、1.2%烟碱·苦参碱乳油2000~3000倍液喷雾,防治若虫和成虫。

保护、利用各种天敌，发挥自然控制能力。

冬季修剪被害枝叶和着卵叶，可显著降低来年虫口。

6. 栾树常见病虫害及防治

栾树又名灯笼树，枝叶茂密而秀丽，是重要的行道树及景观树。其病虫害主要有栾树流胶病、日本龟蜡蚧、栾多态毛蚜、六星黑点蠹蛾。

1）栾树病害

栾树流胶病。

①病害分析。

栾树流胶病主要发生于树干和主枝上，枝条上也可发生。发病初期，病部稍肿胀，呈暗褐色，表面湿润，后病部凹陷裂开，溢出淡黄色半透明的柔软胶块，最后变成琥珀状硬质胶块，表面光滑发亮。树木生长衰弱，病害发生严重时可引起部分枝条干枯。栾树流胶病危害症状如图 4-1-73 所示。

图 4-1-73　栾树流胶病危害症状

该病害由多种原因引起，大致可分为生理性流胶（如冻害、日灼）、机械损伤造成的伤口、虫害造成的伤口等，还有侵染性流胶，细菌、真菌都可引起流胶，但致病菌尚不清楚。

②防治方法。

刮疤涂药：用刀片刮除枝干上的胶状物，然后用 10 倍梳理剂廇（一种用多种中药复配的药剂廇）涂抹伤口。

加强管理：冬季注意防寒、防冻，可涂白或涂梳理剂；夏季注意防日灼，及时防治枝干病虫害，尽量避免机械损伤。

药物防治：早春萌动前喷石硫合剂，每 10 天喷 1 次，连喷 2 次，以杀死越冬病菌；发病期喷百菌清或多菌灵 800～1000 倍液。

2）栾树虫害

（1）日本龟蜡蚧。

①虫害分析。

日本龟蜡蚧俗称枣虱子，在栾树上大面积发生严重时，全树枝叶上布满虫体，枝条上附着雌虫，远看像下了雪一样。若虫在叶上吸食汁液，排泄物布满全树，造成树势衰弱。该虫一年一代，雌成虫密集在一二年生小枝上越冬，卵就产在雌虫下。次年 3—4 月间开始取食，4 月中、下旬虫体迅速增大，5 月中、下旬开始产卵。初孵化的若虫多静伏在雌虫的介壳下，经数日后才分散外出，多爬到叶片的叶脉两侧为害，数日后即分泌蜡质，形成介壳，固定不动。雌、雄虫交尾后，雄虫即死亡。日本龟蜡蚧危害症状如图 4-1-74 所示。

②防治方法。

若虫发生期喷乐斯本2000倍液与洗衣粉1000倍液的混合溶液,喷2~3次,间隔7~10天。用25%呋喃丹可湿性粉剂200~300倍液在5月灌根2次,对杀死若虫效果很好。从11月到第二年3月,可刮除越冬雌成虫,将集中刮下来的虫体装入塑料袋后深埋,配合修剪,剪除虫枝。打冰凌消灭越冬雌成虫:严冬时节如遇雨雪天气,枝条上有较厚的冰凌时,及时敲打树枝,震落冰凌,这样可将越冬虫随冰凌一起震落,把打落的冰凌集中处理掉。

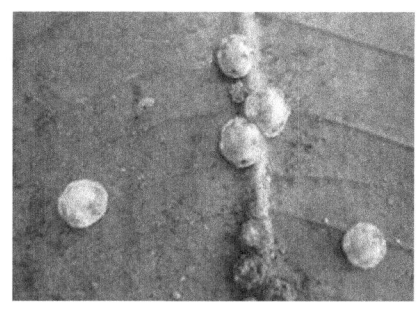

图4-1-74 日本龟蜡蚧危害症状

(2)栾多态毛蚜。

①虫害分析。

栾多态毛蚜的无翅孤雌蚜体长为3 mm左右,长卵圆形,呈黄褐色、黄绿色或墨绿色,胸背有3个深褐色瘤,呈三角形排列,两侧有月牙形褐色斑;有翅孤雌蚜体长为3 mm,头和胸部为黑色,腹部为黄色,体背有明显的黑色横带。越冬卵呈椭圆形,为深墨绿色。若蚜为浅绿色,与无翅成蚜相似。栾多态毛蚜虫态及危害症状如图4-1-75所示。

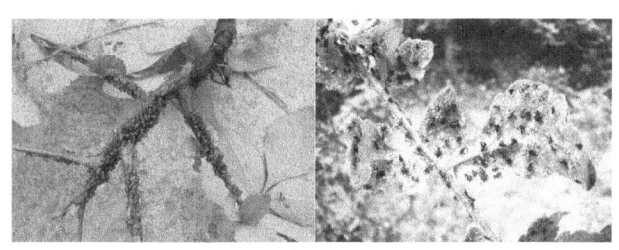

图4-1-75 栾多态毛蚜虫态及危害症状

②防治方法。

对于栾多态毛蚜,可在初春栾树萌发幼叶时喷施10%吡虫啉可湿性颗粒2000倍液进行防治,也可在其发生期喷施1.2%苦烟乳油1000倍液、3%高渗苯氧威乳油3000倍液或1.2%烟参碱800倍液进行防治。如果有杜果蚜发生,可喷施10%吡虫啉可湿性颗粒2000倍液进行防治;如有栾树毡蚧发生,可喷施3%高渗苯氧威乳油3000倍液进行杀灭;如有枣大球坚蚧危害,可在其初孵若虫期喷洒15%吡虫啉微胶囊悬浮剂2000倍液或95%蚧螨灵乳剂400倍液进行防治;对于朱砂叶螨,可在早春发芽前喷3~5波美度石硫合剂,消灭越冬螨体,危害期喷施1.8%爱福丁乳油3000倍液进行防治;如有桑褶尺蛾发生,可喷洒BT乳剂500倍液或20%除虫脲悬浮剂7000倍液来防治幼虫。

(3)六星黑点蠹蛾。

①虫害分析。

一年一代,以幼虫越冬。4月上旬越冬幼虫开始活动为害,5月中旬陆续化蛹,6月上旬成虫羽化交尾产卵,6月下旬幼虫孵化。幼虫可从叶柄基部、叶片主脉后部或直接蛀入枝条内,被蛀枝条先端枯萎。幼虫可转移为害,也可在虫道内掉头,10月幼虫蛀入二年生枝条越冬。该虫钻蛀为害时排出大量颗粒状木屑。受害植株在8—9月出现大量枯枝,严重破坏景观。六星黑点蠹蛾虫态及危害症状如图4-1-76所示。

图 4-1-76 六星黑点蠹蛾虫态及危害症状

② 防治方法。

人工剪除带虫枝、枯枝,也可在幼虫孵化蛀入期喷洒触杀性药剂,如见虫杀 1000 倍液,或用吡虫啉 2000 倍液等内吸性药剂防治。

7. 重阳木常见虫害及防治

重阳木以其树冠圆整、树姿优美、绿荫抗风而深受大众喜爱,是重要的园林绿化树种。

(1)重阳木锦斑蛾。

① 虫害分析。

重阳木锦斑蛾专门为害重阳木,以幼虫取食树木叶片,轻则影响长势,发生严重时每株虫量能在百头以上,树上爬满幼虫,树下虫粪满地。幼虫能在半月内把整株叶片吃光,树冠仅剩丝网、枝丫,甚至导致树木枯萎死亡,严重影响绿化观赏效果,且会吐丝下垂,对树下行人造成一定影响。此虫是重阳木危险性害虫,且防治难度大。重阳木锦斑蛾虫态如图 4-1-77 所示。

图 4-1-77 重阳木锦斑蛾虫态

② 防治方法。

清理枯枝落叶,尽量消灭越冬虫态,越冬前树干束草诱杀或涂白。

在幼虫期,采用杀灭菊酯 2000 倍液、阿维菌素 500~800 倍液喷雾防治。

夏季将落叶集中加以处理,消灭虫茧。

栖息于树干的成虫及由树干向下爬的幼虫,因行动迟钝,均可直接捕杀。

合理保护、利用天敌,如寄生于幼虫的茧蜂、寄生于蛹的姬蜂、鸟类等。

(2)大蓑蛾。

① 虫害分析。

大蓑蛾 1 年发生 1~2 代,各地不尽相同。一般以 3~4 龄幼虫在护囊内越冬,翌年 3 月越冬幼虫开始活动取食,5 月下旬开始化蛹。两代幼虫发生期分别在 6 月上旬至 9 月上旬、9 月上旬至翌年 5 月。11 月以后,幼虫陆续将护囊封闭悬于枝叶上越冬。幼龄幼虫咬食叶片下表皮,留下半透膜斑块,成长以后咬食叶片至不规则形缺刻、孔洞。虫害严重发生时,常将叶片咬食得残缺不齐,甚至啃食树皮,造成枯枝死树。大蓑蛾虫态及危害症状如图4-1-78所示。

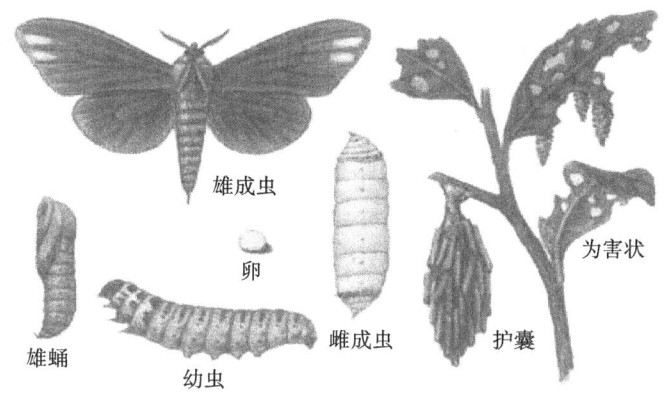

图 4-1-78　大蓑蛾虫态及危害症状

②防治方法。

及时摘除有虫护囊,带出园外集中消灭。

发现危害中心及时剪除,严防扩散。

药剂防治:可在幼龄幼虫期喷洒80%敌敌畏、50%杀螟松或20%杀灭菊酯,或在幼虫低龄盛期喷洒90%晶体敌百虫800～1000倍液、2.5%溴氰菊酯乳油3000倍液,或喷洒每1 g含1亿活孢子的杀螟杆菌或青虫菌。喷药时注意把护囊喷湿。

加强生物防治,注意保护寄生蜂等天敌昆虫。

(3)绿尾大蚕蛾。

①虫害分析。

初孵幼虫群集取食,3龄后幼虫分散为害。1～2龄幼虫在叶背啃食叶肉,取食量占全幼虫期食量的5.7%;3龄后幼虫多在树枝上,头朝上,以腹足抱握树枝,用胸足将叶片抓住取食,取食量占全幼虫期食量的94.3%。低龄幼虫昼夜取食量相差不大,但高龄幼虫夜间取食量明显高于白天。该虫1年发生2代。此虫幼虫个体食叶量大,常将树叶吃光,严重影响树的生长。绿尾大蚕蛾虫态如图4-1-79所示。

图 4-1-79　绿尾大蚕蛾虫态

②防治方法。

人工防治:绿尾大蚕蛾越冬蛹很大,便于人工捕杀;高龄幼虫可长达80 mm,抗性强且食量惊人,化学防治比较困难,可以采取人工捕捉的方法。

化学防治:要注意及早发现、预防,尽可能保证在幼虫3龄前用药,可喷施50%杀螟松乳油800倍液,或80%敌敌畏乳油1000倍液,或90%晶体敌百虫1000倍液,或2.5%溴氰菊酯乳油3000倍液进行防治。

(4)咖啡木蠹蛾。

①虫害分析。

咖啡木蠹蛾孵化幼虫自幼嫩枝条及腋芽钻入,沿木质部向上蛀食,造成枝条枯萎。田间全年可见咖啡木蠹蛾各龄幼虫为害。幼虫有迁移习性,一生共迁移二十四次。老熟幼虫在蛀食枝条的隧道内化蛹,羽化后,蛹壳半露于羽化孔外。除初龄幼虫有聚集倾向外,其他各龄幼虫及卵、蛹均有均匀分布的趋势。咖啡木蠹蛾初孵化幼虫转入幼嫩枝条取食,排粪便于孔道中,后迁移至较粗枝条内,取食木质部;老熟幼虫化蛹于蛀食枝条的隧道内,羽化后,蛹壳半露于羽化孔外。咖啡木蠹蛾虫态及危害症状如图 4-1-80 所示。

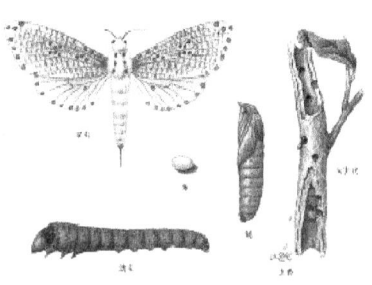

图 4-1-80 咖啡木蠹蛾虫态及危害症状

②防治方法。

化学防治:由于幼虫在枝条内蛀食为害,药液不易渗透到植株内部毒杀该虫,建议于成虫习化期,即 4—6 月及 8—10 月施药处理。

物理防治:掌握成虫羽化期,用黑光灯诱杀。

生物防治:树干涂白,以防成虫产卵,并招引啄木鸟。

8.银杏常见病害及防治

(1)银杏茎腐病。

①病害分析。

银杏茎腐病属于真菌病害,1~2 年生苗木受害后茎基部呈褐色,皮部逐渐皱缩,叶片失去正常绿色,下垂,内皮组织腐烂,呈海绵状和粉末状,灰白色,有许多黑色小菌核,并扩散到木质部、髓部和根部,然后根皮脱落,最后全株死亡。

高温高湿季节,由于灼伤、水涝或机械损伤造成伤口,苗木瘦弱,抗病能力差,土壤中的病原菌从伤口侵入。发病时间常在梅雨季节后 10~15 d,常蔓延到 9 月中旬。

银杏茎腐病危害症状如图 4-1-81 所示。

②防治方法。

培育健壮小苗,高温季节注意遮阴,雨水过多时要及时排水,干旱高温时注意浇水,在行间铺草,可以降温保湿,清洁田园,及时拔除病株。发病期间用硫酸亚铁溶液喷洒,有一定效果。

(2)银杏干枯病。

①病害分析。

银杏干枯病由真菌引起,主要发生于枝干,常致全株死亡。树皮呈现边缘不明显的不规则病斑,逐渐肿大,纵向开裂。春季时树皮上有褐黄色 1~3 mm 的疣状物,6 月下旬开始扩大,7—9 月,病斑显著蔓延,10 月以后减缓。

银杏干枯病危害症状如图 4-1-82 所示。

病原菌于 4 月下旬至 5 月上旬开始出现。分生孢子通过雨水、昆虫、鸟类传播,并多次侵染。10—11 月,树皮与木质部之间有橘红色子囊壳的子座。12 月孢囊孢子成熟,菌丝体在皮层下越冬。

②防治方法。

增强树势,避免造成伤口;清除病枝、病树;调运苗木时,要执行检疫制度;刮去病害树皮后,用浓碱水涂抹。

(3)银杏猝倒病。

①病害分析。

猝倒病在我国各地普遍发生,以危害各种苗木花卉幼苗为主,可导致苗木死亡。

症状:种子或幼芽未出土时遭受浸染后腐烂;在幼苗期

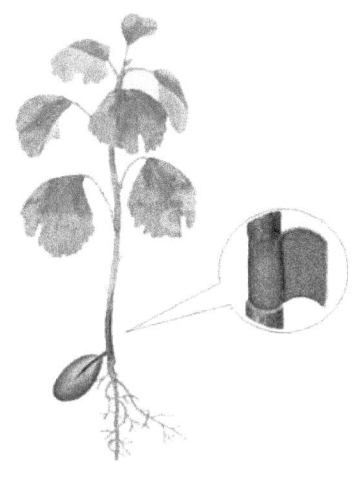

图 4-1-81　银杏茎腐病危害症状

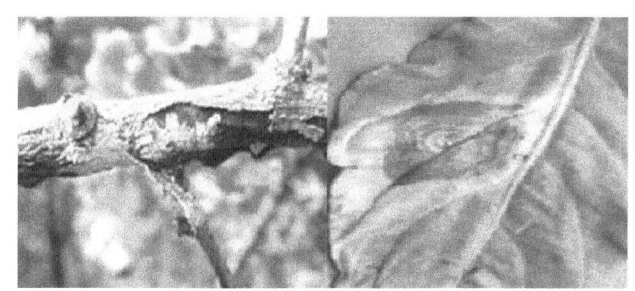

图 4-1-82　银杏干枯病危害症状

发病,地表或地表下茎基部呈现水渍状病斑,病部为黄褐色,缢缩,可向植株上、下部扩展,呈线状;病势发展迅速,组织崩解,幼茎萎蔫倒伏,但短期内叶边缘呈绿色,如果环境潮湿,在病部及其附近土面还会长出白色棉毛状霉。银杏猝倒病危害症状如图 4-1-83 所示。

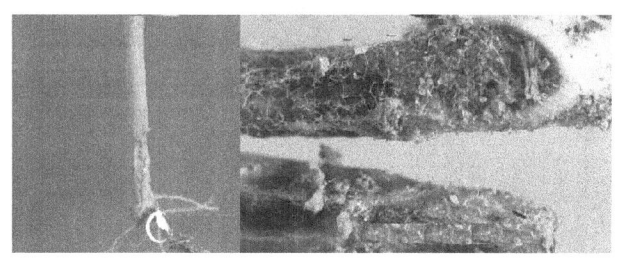

图 4-1-83　银杏猝倒病危害症状

银杏猝倒病由真菌侵染引起,为土传性病害,主要以卵孢子、菌丝体在土壤中的病残体或其他有机物上腐生,混入堆肥中越冬,病菌主要通过水和人的园艺操作传播。高湿度是幼苗发病的主要条件。在我国长江流域,5—6 月有梅雨,这有利于病菌生长发育和传播,但不利于幼苗生长,导致幼苗抗病力下降,病害加重。另外,阳光不足、连作、苗圃地选择不当(如地势低洼、土质黏重、曾发生过猝倒病但未进行彻底消毒)、整地质量差、施用未经高温腐熟的混有病原体的堆肥、播收不当等均会导致发病。

②防治方法。

选择地势较高、排水较好、不黏重、无病地或轻病地作为苗圃,不用旧苗床土。

精细整地,深耕细整,施用净肥。

用福尔马林熏蒸,即在播种3周前,耙松土壤表层,1 m² 苗床土用福尔马林溶液360 mL加水9～27 kg(加水量据床土干湿而定),均匀喷洒后,用塑料薄膜覆盖严密,覆盖1周后揭膜,并耙松土壤,让药充分挥发,至少2周后才能播种。

适期播种,在可能的条件下,应尽量避开低温时期,同时最好能够使幼苗出芽后1个月避开梅雨季节。

在发病初期,先拔除病苗并集中处理,然后向幼苗基部喷洒70%甲基托布津可湿性粉剂1000倍液,或25%百菌灵800～1000倍液,或1:1:(120～170)波尔多液,也可用草木灰和石灰按8:2的比例混匀后撒于幼苗基部。

9.大叶黄杨常见病虫害及防治

1)大叶黄杨虫害

(1)大叶黄杨尺蠖。

①虫害分析。

大叶黄杨尺蠖1年发生3～4代,老熟幼虫于10月下旬入土化蛹过冬,5月上旬成虫羽化,产卵于叶背、枝干、杂草及裂缝处。卵块产,卵期5～6 d。初孵幼虫体为黑色,群集为害,将叶吃光后则啃食嫩枝皮层,3龄后食量大增,食全叶,受害叶片留有缺刻等危害状。幼虫共5龄,各代幼虫发生期为6—10月。成虫飞翔力不强,有趋光性。大叶黄杨尺蠖虫态及危害症状如图4-1-84所示。

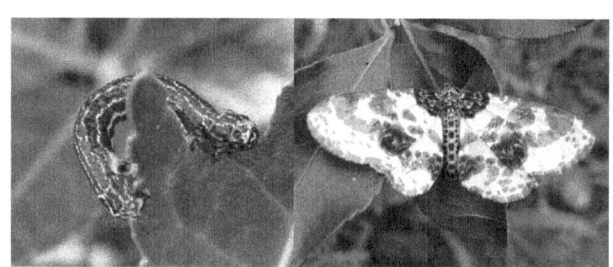

图4-1-84 大叶黄杨尺蠖虫态及危害症状

②防治方法。

产卵期铲除卵块;幼虫危害期喷施50%杀螟松乳油500倍液,或4.5%高效氯氰菊酯2000倍液,或90%敌百虫1500倍液;利用成虫的趋光性,在成虫期进行灯光诱杀;冬季翻根部土壤,杀死越冬虫蛹。

(2)大叶黄杨绢叶螟。

①虫害分析。

幼虫吐丝连接周围叶片、嫩枝作为临时巢穴,然后在其中取食,严重时将叶片吃光,造成苗木死亡。成虫体翅为灰白色,前翅前缘、外缘、后缘有紫褐色宽带,前缘紫褐色宽带上有两个白斑,鳞毛有光泽,紫红色闪光。幼虫头部为黑色,胴部为黄绿色,背线、亚背线及气门上线为深绿色至墨绿色,气门线为橙黄色。大叶黄杨绢叶螟虫态及危害症状如图4-1-85所示。

②防治方法。

人工捕杀:在成虫产卵期,结合苗木修剪,摘除卵块、虫苞,集中烧毁。

图 4-1-85　大叶黄杨绢叶螟虫态及危害症状

幼虫危害严重时,可喷施 50％杀螟松乳剂 1000 倍液,或用 40％氧化乐果＋40％辛硫磷乳液 1000 倍液。

2)主要病害

大叶黄杨易感染叶斑病、疮痂病、白粉病、炭疽病、白绢病、煤污病等病害。

(1)大叶黄杨疮痂病。

①病害分析。

大叶黄杨疮痂病主要危害叶片、枝条,为 0.5～2 mm 的圆形或近椭圆形斑点,褐色,边缘隆起,如疮痂状,发病后期,病斑中央为灰白色,其上产生 1～2 个小黑点,为病原菌的分生孢子盘,后期病斑有可能脱落,形成穿孔。

病菌常在土壤中越冬,植株过密、生长不良、管理粗放,以及风、雨等有利于病害发生和传染。温度高、雨水多、湿度大的条件易造成病害加重。大叶黄杨疮痂病危害症状如图 4-1-86 所示。

图 4-1-86　大叶黄杨疮痂病危害症状

②防治方法。

加强管理,增强苗木生长势,减少发病条件。

结合修剪,剪除病枝、病叶并烧毁。

改善栽植环境,控制植株密度,促进通风透光。

化学防治:用 65％代森锌 500～800 倍液或 50％多菌灵、50％退菌特 600～1000 倍液,百菌清 1000～1200 倍液,甲基托布津 1200 倍液,7～10 d 喷 1 次,连续喷 3～4 次。

(2)大叶黄杨褐斑病。

①病害分析。

大叶黄杨褐斑病主要侵染大叶黄杨叶片。发病初期,叶上有黄色小斑点,然后渐渐地变为黄褐色,扩大为圆形或不规则形病斑。病斑有轮纹,病斑上散布着许多小黑点,严重时病斑连成一片,叶片枯黄脱落。大叶黄杨褐斑病危害症状如图 4-1-87 所示。

图 4-1-87　大叶黄杨褐斑病危害症状

病菌在病落叶上越冬,次年春季形成分生孢子,借风、雨传播,由气孔、剪口、伤口侵入。发病的轻重与气温及降雨的多少有直接关系,一般高温多雨霉湿的季节发病重。管理粗放、多雨、排水不良、栽植过密、通风透光不良时发病重。春季天气寒冷,发病重;夏季炎热干旱,肥水不足,树势生长不良,也会加重病害的发生。

②防治方法。

减少侵染来源,清除病落叶、枯枝,春季发芽前用5波美度的石硫合剂杀死越冬菌源。

加强养护管理,种植密度要适宜,以便通风透光,降低叶片湿度。

化学防治:于6月上旬至7月,喷施50%多菌灵500倍液或75%百菌清500倍液、50%退菌特可湿性粉剂800~1000倍液进行预防,7~10 d喷1次,连喷3~4次。

总之,大叶黄杨病害与虫害具有交互发生的规律,遭受虫害严重、生长不良,植株就容易受到病害的侵染。综合的防治措施是:合理密植,适度修剪,增强树势,加强养护管理,注意场圃清洁卫生,清理、焚毁枯枝落叶,防止二次侵染,避免树种配置单一化,注意采用生物防治法,适时进行化学防治。

10.紫薇常见病虫害及防治

1)紫薇病害

(1)紫薇白粉病。

①病害分析。

紫薇白粉病在我国发生较多,发病后叶片枯黄、脱落,直接影响植株生长态势和观赏效果。该病为真菌性病害,由白粉菌引起,多危害叶片,嫩叶比老叶易被感染,也危害嫩枝和花器。叶片感病后,初现白色小粉斑,扩大后呈圆形或不规则形褪色斑块。其上盖有一层白色粉状霉层,后期霉层变为灰色。花器被侵染后,表面覆被白粉而且畸形,失去观赏价值。植株受害后扭曲、萎缩,叶片不展、变小、枝条矮化、畸形等,严重时整株死亡。紫薇白粉病危害症状如图4-1-88所示。

图 4-1-88　紫薇白粉病危害症状

紫薇白粉病由真菌侵染引起,一般在4月开始发病,6月趋于严重,7—8月会因为天热而趋缓或停止,但9—10月又可能再度重发。该病在雨季或空气相对湿度较高的条件下发生严重,在偏施氮肥、栽植过密或通风透光不良的条件下均有利于发病。

②防治方法。

紫薇萌生力强,对于重病株,可在冬季剪除所有当年生枝条,并集中烧毁,从而清除病原菌。要控制好栽培密度,加强日常管理,注意增施磷肥、钾肥,控制氮肥的施用量,以提高植株的抗病性,同时也要注意选用抗病品种。盆栽紫薇如发现感染白粉病,要及时摘除病叶,并将盆栽放置在通风透光处,以降低湿度。

控制病害发生:发病严重的地区,可在冬、春季萌芽前,喷洒3~4波美度的石硫合剂,消灭越冬病菌;在生长季节发病时,可喷洒80%代森锌可湿性粉剂500倍液或70%甲基托布津可湿性粉剂1000倍液,也可喷洒20%粉锈宁乳油1500倍液。

(2)紫薇煤污病。

①病害分析。

紫薇煤污病也属于真菌病害,不过其病原菌种类很多,各自症状也略有差异,黑色霉层或煤污层是该病的重要特征。病原菌主要侵害叶片和枝条,病症先在叶正面主脉附近产生,后渐渐覆盖整个叶面,严重时叶片表面、枝条甚至叶柄上都会布满黑色煤粉状物。这些黑色煤粉状物阻塞气孔,妨碍叶片正常光合作用,导致紫薇生长衰弱,提早落叶。紫薇煤污病危害症状如图4-1-89所示。

图4-1-89 紫薇煤污病危害症状

紫薇煤污病病原菌在病叶、病枝上越冬。因为紫薇绒蚧和紫薇长斑蚜这两种吸汁害虫排泄的黏液能为紫薇煤污病病原菌提供营养,所以一般在这两种虫害发生后,紫薇煤污病会大量发生。而6月下旬至9月上旬是紫薇绒蚧、紫薇长斑蚜的危害盛期,况且此时的高温、高湿天气也有利于该病发生,故春季(越冬病原菌引起)、秋季(紫薇绒蚧和紫薇长斑蚜引起)是紫薇煤污病的盛发期。

②防治方法。

加强栽培管理,合理安排种植密度,及时修剪病枝、多余枝,以利于通风、透光,从而增强树势,减少发病。家庭盆栽紫薇,采取摘除病叶或用清水冲洗叶面霉层的方法,能起到一定的防治效果。做好紫薇绒蚧、紫薇长斑蚜的防治,是预防紫薇煤污病的关键。对于上年发病较重的地块,可在春季萌芽前喷洒3~5波美度的石硫合剂,以消灭越冬病原菌。对于生长期间遭受煤污病侵害的植株,可喷洒70%甲基托布津可湿性粉剂1000倍液或50%多菌灵可湿性粉剂1000倍液等进行防治。

2)主要虫害

(1)紫薇绒蚧。

①虫害分析。

紫薇绒蚧属于蚧科,在全国许多地区均有发生,已成为园林植物的重要害虫。雌成虫扁平,呈椭圆形,长约 2~3 mm,呈暗紫红色,老熟时外包白色绒质介壳。雄虫为紫红色,体长约 1 mm,翅展约 2 mm。卵呈卵圆形,为紫红色。若虫呈椭圆形,为紫红色,虫体周缘有刺突。雄蛹呈紫褐色,为长卵圆形。外包以袋状绒质白色茧。

紫薇绒蚧 1 年发生 2~4 代,通常是在枝干的裂缝内越冬。每年 6 月上旬至 7 月中旬,8 月中、下旬至 9 月底为孵化盛期。4 月初就能发现第 1 代若虫。紫薇绒蚧在温暖高湿环境下繁殖快,干热对它的发育不利,主要以若虫、雌成虫聚集于小枝叶片主脉基部和芽腋、嫩梢等部位刺吸汁液,常造成植株生长不良、开花异常,且其分泌的大量蜜露会诱发煤污病,导致叶片、小枝发黑、早落,使植株失去观赏价值,甚至全株枯死。紫薇绒蚧虫态及危害症状如图 4-1-90 所示。

图 4-1-90　紫薇绒蚧虫态及危害症状

②防治方法。

结合冬季整形修剪,清除为害严重、带有越冬虫态的枝条。对于虫害发生严重的地区,除加强冬季修剪养护外,可在早春萌芽前喷洒 3~5 波美度的石硫合剂。杀死越冬若虫,在若虫孵化期用药,可喷洒 40% 速扑杀乳油 1500 倍液、48% 乐斯本乳油 1200 倍液、40% 氧化乐果乳油 1000 倍液或 50% 杀螟松乳油 800 倍液等。

(2) 紫薇长斑蚜。

①虫害分析。

紫薇长斑蚜属于蚜总科、斑蚜科,目前报道主要只危害紫薇。有翅孤雌蚜体为黄色,斑纹为黑色,呈三角形;无翅孤雌蚜体为黄绿色,近圆形,长约 1.5 mm,分布有黑点,腹、眼为橘黄色。紫薇长斑蚜 1 年可发生 10 多代,并以卵在芽腋、芽缝及枝杈等处越冬。翌春当紫薇新梢萌发时,开始出现无翅胎生蚜,至 6 月以后,虫口不断增加,并随气温的升高而不断产生有翅蚜,有翅蚜会迁飞而扩散危害。该虫一般是年年发生,常常布满紫薇嫩叶背面,受害新梢扭曲,嫩叶卷缩,凹凸不平,影响花芽形成,并使花序缩短,甚至无花,同时还会诱发煤污病,传播病毒病。紫薇长斑蚜虫态及危害症状如图 4-1-91 所示。

②防治方法。

冬季结合修剪,清除有虫、瘦弱以及过密的枝条,可以起到消灭部分越冬卵的作用。家庭盆栽的还要尽可能做到枝干光洁,注意清除枝丫处翘裂的皮层,并集中烧毁,以减少越冬卵。喷洒 10% 蚜虱净可湿性粉剂 1500 倍液、50% 杀螟松乳油 1000 倍液、40% 氧化乐果乳油 1000 倍液以及 80% 敌敌畏乳油 1000 倍液,可以起到兼治紫薇长斑蚜和紫薇绒蚧等害虫的功效。

图 4-1-91 紫薇长斑蚜虫态及危害症状

1.3.2 果树常见病虫害及防治

1. 柑橘常见病虫害及防治

据资料介绍,柑橘病虫害多达 450 余种,危害严重的有 50 多种,现将柑橘生产中的几种危害较严重的病虫害及其防治方法简要介绍如下。

1) 柑橘病害

(1) 柑橘疮痂病。

①病害分析。

柑橘疮痂病为害状:叶片病斑较小,多在正面凹陷,背面呈圆锥形,木栓化突起,表面粗糙,有灰褐色痂状斑,病斑多时叶片扭曲、畸形;新梢受害与叶片基本相同,但圆锥形突起不如叶片明显,枝梢变短小、扭曲;幼果受害后形成黄褐色圆锥形木栓化的瘤状突起,果早落;受害迟的果实表面粗糙,果小、皮厚、味酸、畸形。柑橘疮痂病危害症状如图 4-1-92 所示。

图 4-1-92 柑橘疮痂病危害症状

病原真菌在被害部位越冬,春天气温在 15 ℃ 以上时通过风雨传播为害。刚抽出的嫩叶、嫩梢及刚谢花后的幼果极易感病。发病的适宜温度为 20~24 ℃。此时如果阴雨连绵、雾重、露多,则更有利于发病。春梢发病较重,其次为秋梢。

②防治方法。

- 冬季剪去病枝叶,清除并烧毁。
- 在春芽不超过一粒米长及落花 2/3 时各喷一次 77% 可杀得 500 倍液或 50% 退菌特 500~600 倍液或 50% 多菌灵 800~1000 倍液。

(2) 柑橘脚腐病(又名裙腐病)。

①病害分析。

柑橘脚腐病为害柑橘主干基部靠近地面处(根基部)。病部皮层呈不规则形腐烂,灰褐色,水渍状,有酒糟味,如果条件适宜,病斑扩展迅速,环绕树干一圈,引起全株枯死,叶片变黄掉落。病原菌为真菌。高温多雨,土壤黏重,排水不良,树干基部皮层受伤,定植过深等,都有利于发病。柑橘脚腐病危害症状如图 4-1-93 所示。

图 4-1-93　柑橘脚腐病危害症状

②防治方法。

- 防止果园积水,及时防治天牛、吉丁虫等害虫,减少根、茎部受伤,嫁接口应露出地面。
- 病树治疗:可扒开病树基部的土壤,刮除腐烂部分,涂 1∶1∶10 的波尔多液、退菌特 500 倍液,每 7~10 天涂 1 次,连续 2~3 次。

2)柑橘虫害

(1)柑橘矢尖蚧。

①虫害分析。

柑橘矢尖蚧为害柑橘的枝、叶、果。枝、叶被害后失绿变黄,影响树势;果实受害后不能充分成熟和完整着色,虫体周围果皮呈绿色,极大地影响其商品价值,严重被害后,造成叶焦枝枯,植株成片枯死。

雌成蚧壳细长,呈椭圆形,由后向前逐渐尖削。介壳为棕褐色,中央有隆起纵脊,周围有白色蜡边。雄性蚧虫体分泌细长的白色绵状蜡粉,其背面有纵脊两条。一年发生三代,受精雌成蚧在枝、叶上越冬,第二年 5 月中、下旬在母体介壳下产卵。第一代幼蚧发生高峰期在 5 月下旬,多为新叶为害;第二代幼蚧在 7 月中旬出现,大部分寄生在果面上,一部分寄生在叶片枝干上;第三代幼蚧在 9 月上旬出现,到枝、叶及果面上为害,固定刺吸取食。柑橘矢尖蚧虫态及危害症状如图 4-1-94 所示。

图 4-1-94　柑橘矢尖蚧虫态及危害症状

②防治方法。

- 冬、春季剪除虫枝、枯枝,集中烧毁,可消灭大量越冬雌成蚧。
- 3—4 月间,喷射机油乳剂 40 倍液对越冬雌成蚧进行防治,间隔 5~7 天喷 1 次,连续喷 2~3 次,可减少第一代幼蚧的数量。

• 全年中,重点抓好第一代第一龄幼蚧的防治,在5月下旬至6月中旬淋洗式喷药,隔10～15天再连续喷2～3次,农药可选用机油乳剂60～70倍液或速扑杀等,药效持久,防治效果好,对天敌安全,高温期应避免使用。7月中旬以后注意保护天敌,进行生物防治,可起到控制作用。

(2)柑橘红蜘蛛。

①虫害分析。

柑橘红蜘蛛又名柑橘全爪螨。成螨、若螨和幼螨刺吸叶片、嫩梢及果实表皮,但以叶片受害最重。被害叶面呈现失绿白斑点,严重时全叶灰白,失去光泽,造成大量落叶,影响树势和产量。柑橘红蜘蛛是柑橘常发性、暴发性的头等重要害虫。

雌成螨为暗红色,呈椭圆形,背部与背侧有瘤状突起,瘤上生有白毛,四对足。雄成螨的身体比雌成螨的略小,为鲜红色,后端较狭,呈倒鸭梨形。一年发生十多代,世代重叠,卵和成螨在叶背越冬。一年中以春、秋两季发生最为严重。4—5月春梢时期,越冬成螨和由越冬卵孵化出来的幼螨、若螨从老叶上迁移至嫩梢、新叶上为害,如不及时防治,即可酝酿成灾。柑橘红蜘蛛虫态及危害症状如图4-1-95所示。

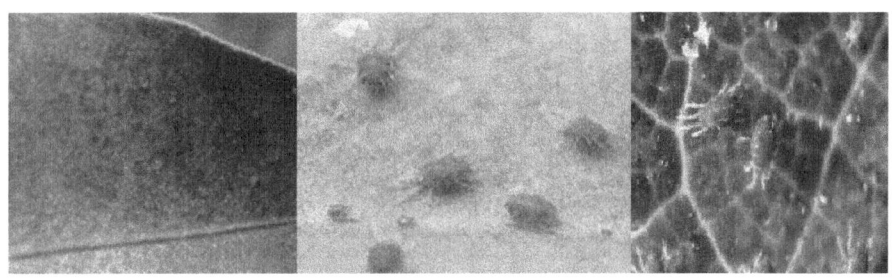

图4-1-95　柑橘红蜘蛛虫态及危害症状

②防治方法。

• 抓好春季的防治,当平均每叶上有成螨、若螨7～8头时应及时喷药。由于柑橘红蜘蛛对有机磷等众多农药已产生抗药性,目前应选用机油乳剂或自制的柴油乳剂40～60倍液,或73%克螨特乳油1500倍液交替使用,采取全株淋洗式喷药防治。

• 保护和利用田间食螨瓢虫扑食。

(3)柑橘潜叶蛾。

①虫害分析。

柑橘潜叶蛾俗称"鬼画符",如图4-1-96所示。幼虫在嫩叶背表皮下钻蛀取食叶肉,形成弯弯曲曲的被食隧道,受害叶片卷缩或变硬,易于脱落,影响生长和发育。

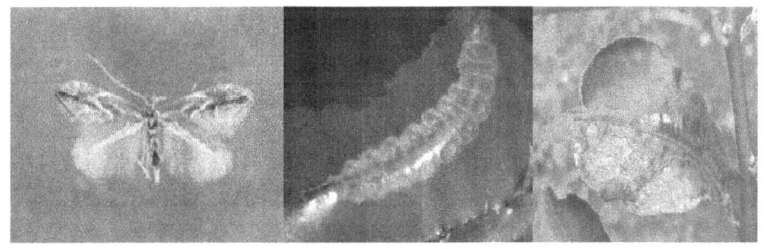

图4-1-96　柑橘潜叶蛾虫态及危害症状

②防治方法。

• 人工摘除夏梢,中断早期发生的柑橘潜叶蛾幼虫的食料来源,减少以后该虫的数量。

• 早发秋梢,采取控梢留齐的原则,一般待 8 月下旬,统一释放秋梢生长,每隔 7 天喷氧化乐果 1000~1500 倍液,直到秋梢停止生长。

(4)柑橘爆皮虫。

①虫害分析。

柑橘爆皮虫成虫为古铜色,有金属光泽,鞘翅上有金黄色细毛所组成的横向状纹。老龄幼虫为淡黄白色,无足,前胸膨大,其背面有"人"字形褐线条,腹部各节近长方形,腹末有一对骨化的尾铗。柑橘爆皮虫尤以老橘园发生较严重。幼虫蛀食枝干皮层,造成皮层蛀空、粗糙爆裂、枝枯树死。柑橘爆皮虫虫态及危害症状如图 4-1-97 所示。

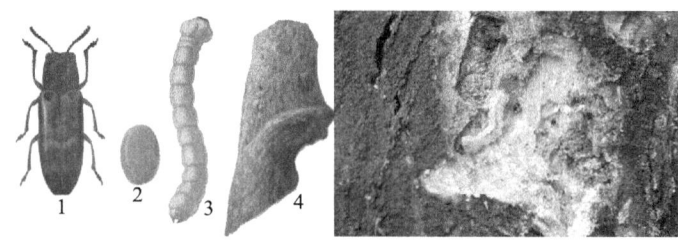

图 4-1-97　柑橘爆皮虫虫态及危害症状

②防治方法。

• 冬、春季砍锯枯枝或枯死橘树,及时烧毁,消灭其中大量的越冬幼虫。

• 成虫出现、补充营养时期,喷射 25% 西维因可湿性粉剂 400 倍液。

• 幼虫刚蛀入后,在有流胶的蛀入孔,用刀往里剜割,深达木质,再涂刷 50% 氧化乐果乳油 50 倍液加少许煤油的混合液,毒杀刚蛀入的幼虫。

(5)柑橘锈壁虱。

①虫害分析。

柑橘锈壁虱以成螨、若螨群集在果面刺吸为害,果面受害后变成褐色至黑褐色,严重影响其商品价值。成虫为橙黄色,呈胡萝卜形,有 4 对足,位于头、胸部,腹部有众多环纹,腹面环纹约为背面的 2 倍,腹足有长毛 1 对。柑橘锈壁虱虫态及危害症状如图 4-1-98 所示。

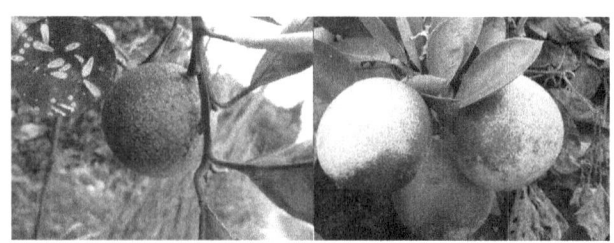

图 4-1-98　柑橘锈壁虱虫态及危害症状

②防治方法。

7—9 月柑橘锈壁虱为害猖獗,从 6 月下旬开始检查,每叶平均有虫 2 头,每果有虫 5 头时喷药防治至 9 月底,药剂用克螨特等杀螨剂。

(6)柑橘大实蝇。

①虫害分析。

柑橘大实蝇为检疫性害虫,为害柑橘类果树的果实,如图 4-1-99 所示。幼虫在果实内穿食肉瓣,常使果实未熟先变黄,提前脱落,而且被害果极易腐烂,严重影响产量和品质。

柑橘大实蝇成虫全身为黄褐色,胸部背面中央有一处深茶褐色"人"字形斑纹,第二腹节前缘有一处宽黑横斑纹,与腹背中央一处黑色条纹相交,呈"十"字形,翅的顶角部位有明显的雾状纹。老熟幼虫为乳白色,无足,头尖细,虫体粗壮,蛹体呈椭圆形,为金黄色,初孵化时为淡黄色。

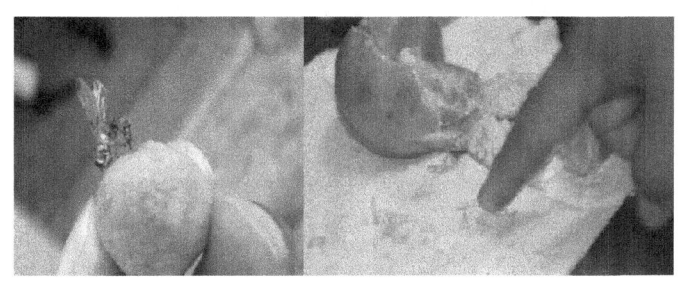

图 4-1-99 柑橘大实蝇虫态及危害症状

②防治方法。

- 组织联防,在落果期应及时拾毁落果,同时对树上有虫果也应及时摘除,将有虫果投入水中煮沸 2~3 分钟或深埋地下 1 米以下。
- 自 6 月开始,在成虫孵化出土期,每隔 10~15 天喷洒敌百虫 1000 倍液加 5%红糖和少许烧酒,一次喷 1/3 的树,隔 7 天再喷一次,连喷 3~4 次。
- 用敌百虫 500 倍液加 3%过滤鱼汤水和少许红糖混合液装瓶挂于橘园内,可大量诱杀成虫而减轻为害。

2. 梨树常见病虫害及防治

1) 梨树病害

(1) 梨黑星病。

①病害分析。

梨黑星病别名疮痂病,为梨树最主要病害之一,为害果实、果梗、叶片、叶柄和新梢等,如图 4-1-100 所示。从落花期到果实近成熟期均可发病,病部形成显著的黑色霉斑,很像一层霉烟,这是最主要的特征。叶片受侵染后,先在正面发生多角形或近圆形的黄斑,而在背面产生辐射状霉层,尤以小叶脉上最易着生,严重时,病叶大量早落。果受害后大多早落或病部木质化并停止生长而发展成畸形果。大果受害可发生几个到十几个病斑,形成疮痂状凹斑,并常发生龟裂,病斑伤口常被其他多种果实腐烂病菌侵染,使全果腐烂。

②防治方法。

早春落花后至 6 月,及时摘除病梢并烧毁,清扫落叶、落果,剪除病梢。临近花期和谢花70%左右时,各喷 1 次 1∶2∶244 的波尔多液或 1∶2∶(200~240)的波尔多液或大生 M45 800 倍液,以保护花序、嫩梢和新梢。5 月中旬、6 月中旬、7 月中旬、8 月上旬各喷 1 次杜邦福星、多霉清 1200 倍液,或大生 M45 800 倍液。

(2) 梨锈病。

①病害分析。

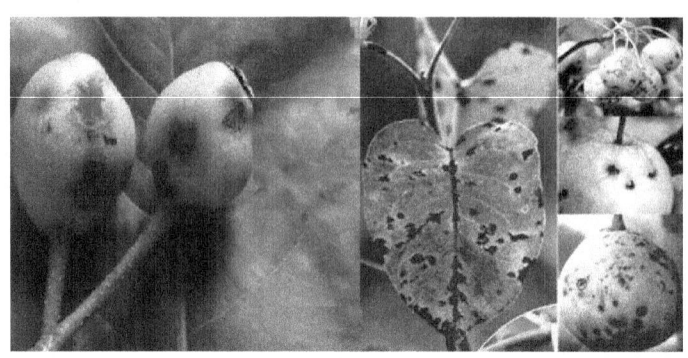

图 4-1-100　梨黑星病危害症状

梨锈病别名赤星病,主要为害叶片和新梢,严重时也能为害幼果。叶片受害时,在叶正面产生有光泽的橙黄色病斑,病斑边缘为淡黄色,中部为橙黄色,表面密生橙黄色小粒点,天气潮湿时,其上溢出淡黄色黏液即性孢子。黏液干燥后,小粒点变为黑色,病斑变厚,叶正面稍凹陷,叶背面稍隆起,此后从叶背病斑处长出淡黄色毛状物,这是本病的主要特征。新梢和幼果染病后也同样产生毛状物,病斑随后凹陷,幼果脱落。新梢上的病斑处易发生龟裂,并易折断。梨锈病危害症状如图 4-1-101 所示。

图 4-1-101　梨锈病危害症状

②防治方法。

清除病叶,在花芽鳞片散开时和花后各喷 1 次大生 M45 800 倍液或粉锈灵 1000 倍液,严重时 2 周后再喷 1 次 0.3~0.5 波美度的石硫合剂。

2)梨树虫害

(1)梨大食心虫。

①虫害分析。

梨大食心虫俗称"吊死鬼",简称梨大,是梨树最主要的害虫,如图 4-1-102 所示。梨大食心虫主要以幼虫越冬,幼虫从花芽基部蛀入,直达花轴髓部。虫孔外有由虫丝缀连的细小虫粪,被害芽干瘪。越冬后的幼虫转芽为害,芽基留有蛀孔,鳞片被虫丝缀连不易脱落。花序分离期为害花序,被害严重时,整个花序全部凋萎。幼果被害时,虫果干缩变黑,果柄被虫丝牢固地缠于果台上,悬挂在枝上,经久不落,故称为"吊死鬼"。

②防治方法。

结合冬季修剪,剪去虫芽。开花后检查受害花簇(受害花簇鳞片不脱落),并及时摘除。5月下旬以前(成虫羽化前)摘除、拾净虫果。越冬幼虫转果期喷 10% 高效灭百可乳油 5000~7000 倍液、40% 水胺硫磷 800 倍液或 40% 氧化乐果。

(2)梨茎蜂。

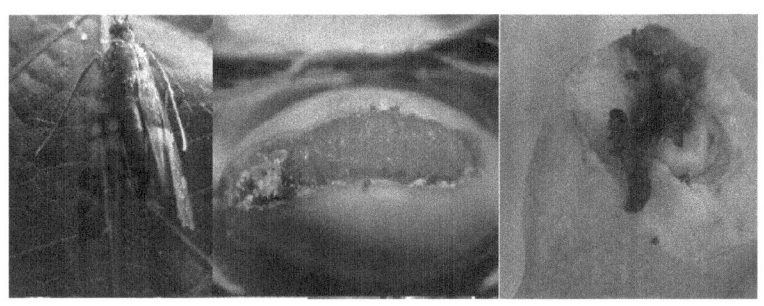

图 4-1-102　梨大食心虫虫态及危害症状

①虫害分析。

梨茎蜂俗名折梢虫、剪枝虫,如图 4-1-103 所示。4 月下旬成虫羽化,以成虫产卵和幼虫蛀食为害枝梢,发生严重时,满园断梢累累,严重影响枝条生长和树冠扩大。成虫产卵在嫩梢中,用锯状产卵器锯伤上部嫩梢及梢上叶柄,受害梢及叶片随即萎蔫下垂,并在数日内干枯脱落。幼虫孵化后向枝条下部蛀食,被蛀食部分变黑干枯,当幼虫食到 2 年生枝时,原来被害的小枝全部干枯。

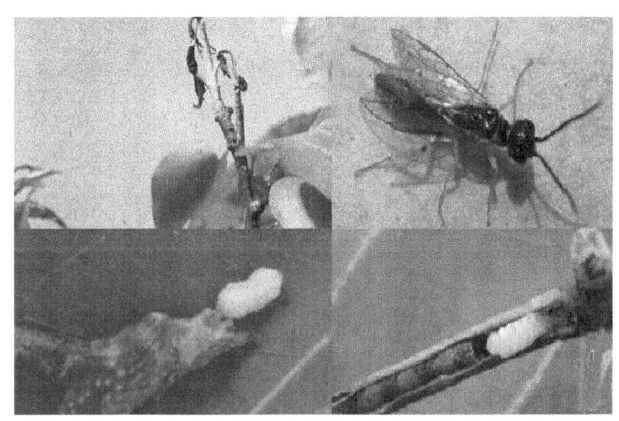

图 4-1-103　梨茎蜂虫态及危害症状

②防治方法。

结合清园,将老翘树皮刮下烧毁,消灭越冬若虫。春季,越冬若虫开始活动尚未扩散到枝梢以前和夏季群栖时,喷 10% 高效灭百可 5000 倍液或 10% 灭扫利 3000 倍液(5 月中旬前后)。

(3)梨木虱。

①虫害分析。

梨木虱又名梨虱子,成虫、若虫多集中于新梢、叶柄为害,夏、秋季多在叶背取食。若虫在叶片上分泌大量的黏液,成虫常群集在芽、叶、嫩梢,并将相邻两片叶片黏合在一起,若虫隐藏在中间为害,可在茎上吸食汁液,以枝梢顶端的嫩叶受害最重。受害叶会诱发煤烟病等。当有大量若虫发生时,大部分若虫钻到蚜虫为害的卷叶内为害,为害严重时叶片伸展不平,由两侧向正面纵卷成筒状,全叶变成褐色。梨木虱虫态及危害症状如图 4-1-104 所示。

②防治方法。

冬季刮粗皮、扫落叶,消灭越冬虫源。3 月中旬越冬成虫出蛰盛期喷药,可选用 1.8% 爱福丁湿性粉剂 5000 倍液、25% 敌杀死 2500 倍液、20% 杀灭菊酯乳油 2000～3000 倍液、5% 阿维

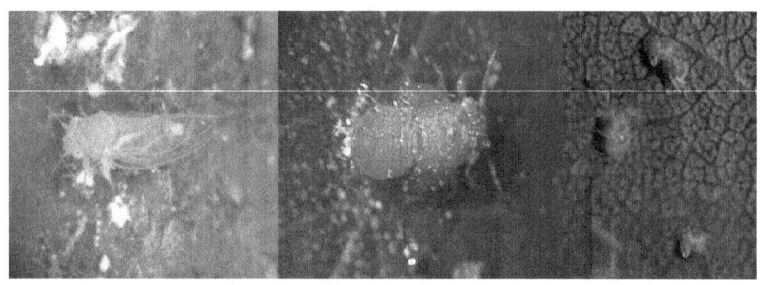

图 4-1-104　梨木虱虫态及危害症状

虫清 5000 倍液等。保护和引放天敌,如瓢虫、草蛉,第 1 代若虫发生期(约谢花 3/4 时)、第 2 代卵孵化盛期的蚜蝇等。

3.核桃常见病虫害及防治

1)核桃病害

(1)核桃腐烂病。

①病害分析。

幼树受害后,病部深达木质部,周围出现愈伤组织,产生暗灰色菱形病斑。后期病斑下陷,继而病斑纵裂。成年树骨干枝受害后,症状隐蔽在韧皮部。

病菌以菌丝体或分生孢子器等在病部越冬,翌年春季从伤口侵入。春、秋两季是发病高峰期,尤其以 4 月中旬至 5 月下旬为害最重。核桃腐烂病危害症状如图 4-1-105 所示。

图 4-1-105　核桃腐烂病危害症状

②防治方法。

冬季刮净腐烂病疤,然后树干涂白。加强综合管理,增施有机肥及中微量元素肥料,一经发现病斑,及时刮治。可用 1.6% 噻霉酮涂抹病斑部位。收获后结合修剪,剪除病虫枝,刮除病皮,并收集、烧毁。

(2)核桃枝枯病。

①病害分析。

核桃枝枯病属于真菌性病害,主要为害枝干,造成树枝枯干,如图 4-1-106 所示。一般植株受害率为 20% 左右,重者可达 90%。一至二年生枝梢或侧枝受害后,从顶端向主干逐渐干枯。叶片黄化脱落,枯枝上产生密集的小黑点,湿度大时,流出黏液,并形成黑色瘤状突起。病菌在病枝上越冬,通过伤口侵入,只为害弱树。

②防治方法。

加强栽培管理,对于土壤结构不良、土壤瘠薄、盐碱重的果园,应先改良土壤,并增施有机肥料,合理修剪。秋季落叶前,对树冠密闭的树疏除部分大枝,生长期间疏除下垂枝、老弱枝,

图 4-1-106　核桃枝枯病危害症状

并对剪锯口用 1% 硫酸铜溶液消毒。适期采收，一般在春季进行刮治病斑，刮后用 4~6 波美度的石硫合剂或 50% 甲基硫菌灵 100 倍液或 60% 腐殖酸钠 50~75 倍液涂抹。刮下的病皮集中烧毁。

冬季树干涂白：冬季前先刮净病斑，然后涂刷白涂剂，以降低树皮温差，减少冻害和日灼，还可防治病虫害。

适时喷施石硫合剂：冬季休眠期全园喷 5 波美度的石硫合剂；若冬季延误，可在开春发芽前喷 2~3 波美度的石硫合剂。

2）核桃虫害

核桃举肢蛾。

①虫害分析。

核桃举肢蛾主要为害核桃，以幼虫蛀食核桃果实和种仁，被害果变黑，常提早脱落。该虫以老熟幼虫于树冠下的土中或杂草中结茧越冬，少数可在干基皮缝中越冬。第一代幼虫多为害果壳和种仁，为害状不明显，但被害果多脱落；第二代幼虫多于青皮内蛀食，被害处变黑，很少落果，为害程度中等。核桃举肢蛾虫态及危害症状如图 4-1-107 所示。

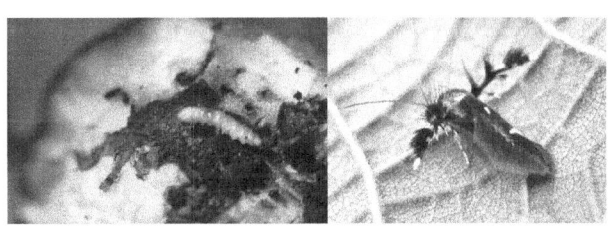

图 4-1-107　核桃举肢蛾虫态及危害症状

核桃举肢蛾成虫昼伏夜出，白天多栖息在核桃下部叶片背部及地面草丛中，夜晚七点前后飞翔。幼虫孵化后在果面爬行 1~3 h 后蛀入果实。早期被害果提早脱落，但幼虫不转果为害。核桃举肢蛾受气候影响较大，4—5 月干旱的年份发生较轻，成虫羽化期多雨潮湿的年份发生严重。

②防治方法。

幼虫脱果前，采摘被害果，剪拾黑果，收集落地虫果，集中深埋，减少翌年的虫口密度。耕翻土壤，土壤封冻前彻底消除树冠下部枯枝落叶和杂草，刮掉树干基部老皮，并对树下土壤进行耕翻。适时进行药剂防治，6 月中旬至 7 月中旬成虫产卵盛期，每隔 10~15 d 喷 1 次 15% 吡虫啉 3000~4000 倍液或 10% 氯氰菊酯乳油 1500~2000 倍液。

4. 板栗常见病虫害及防治

为害湖北省板栗生产的主要病虫害有 140 余种。其中：虫害有 142 种，分属 7 个目、41 个科；病害有 14 种，包括叶部病害 7 种、枝干病害 5 种、果实病害 1 种、根部病害 1 种。

1）板栗病害

为害叶部的主要病害有板栗叶锈病、板栗煤污病、板栗白粉病、板栗褐斑病、板栗叶斑病，为害果实的病害主要是板栗种实腐烂病、板栗炭疽病、栗种仁斑点病，为害枝干的病害主要有板栗干枯病、板栗腐烂病。

板栗干枯病又名板栗疫病、板栗胴枯病、板栗烂皮病，为真菌性病害，我国各主要板栗产区均有发生，是板栗树的主要病害，如图 4-1-108 所示。病原菌多从伤口入侵，主要为害树干和枝条，尤以嫁接口为多。初期不易发现，用小刀轻刮树皮，可见红褐色小斑点，斑点连成块状后，树皮表面凸起成泡状，松软皮层内部腐烂并流出汁液，汁液具有酒味，树皮渐干缩。后期病部略肿大成纺锤形，树皮开裂或脱落，影响植株生长，重者枯死。病菌适宜生长温度为 5～30 ℃，最适宜温度为 25～30 ℃，早春板栗树发芽前后是病害发生最严重的时期。

图 4-1-108　板栗干枯病危害症状

2）板栗虫害

（1）栗瘿蜂。

栗瘿蜂以幼虫为害芽和叶片，形成瘿瘤，发生严重时板栗树很少长出新梢，不能结实，树势衰弱，枝条枯死。一般地势低洼、背风的板栗园受害严重。栗瘿蜂每年发生 1 代，以初龄幼虫在寄主芽内越冬。翌年 3 月底或 4 月初板栗树抽梢时，在新梢枝叶上长出小型瘿瘤。5 月上旬至 6 月下旬幼虫在瘿瘤内化蛹，5 月下旬为成虫羽化盛期。幼虫孵化后在芽内为害一段时间，至 9 月下旬开始越冬。栗瘿蜂虫态及危害症状如图 4-1-109 所示。

图 4-1-109　栗瘿蜂虫态及危害症状

（2）桃蛀螟。

桃蛀螟在湖北各地均有为害，寄主有梨、桃、李、杏、柿、玉米、向日葵、姜科植物等。该虫每年发生 3～4 代，10—11 月以老熟幼虫在板栗堆放处、板栗树皮下、果苞及果实内越冬。在第 3

～4代幼虫出现时，板栗果实被害率将会增加，被害果实中充满虫粪，并有丝状物。在此阶段应严加防治。桃蛀螟虫态及危害症状如图4-1-110所示。

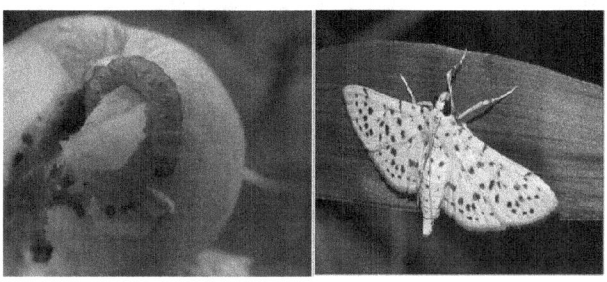

图 4-1-110　桃蛀螟虫态及危害症状

(3)细皮夜蛾。

细皮夜蛾1年发生3代，以老熟幼虫在落地栗蓬刺束间或树皮裂缝中结茧化蛹越冬。翌年5月越冬代成虫羽化，第1、2代成虫分别于7、8月羽化。成虫在刺苞和新梢上产卵，以树冠东南两面的中下部卵量较多，而西北两面及上部的卵量较少。幼虫蛀食刺苞和雄花穗，平均每条幼虫能为害2～3个刺苞或3～5条雄花穗。被害栗蓬上有幼虫吐丝结成的丝网，在蛀孔处的丝网上有粪便，蓬刺变黄、干枯，顶端呈放射状开裂，露出坚果。细皮夜蛾虫态及危害症状如图4-1-111所示。

图 4-1-111　细皮夜蛾虫态及危害症状

5.油茶常见病虫害及防治

油茶又称茶子树，是我国特有的重要木本油料树种之一，也是绿化和防火林带的优良树种。

1)油茶病害

(1)油茶炭疽病。

①病害分析。

一般是4—5月开始发病，但此时落果不多，7—8月病害蔓延发展很快，普遍发生落果，9月出现较大的落果高潮，一直持续到10月，发病的适宜温度为25～28 ℃。油茶炭疽病危害症状如图4-1-112所示。

②防治方法。

定期喷洒赛力散和波尔多液混合液(在1%的波尔多液中加入0.5%的赛力散)，共喷3～4次，即在春季新梢生长时喷一次(3—4月)，在病害中期(6月)喷一次，在发病严重期(7—8月)每隔半个月喷一次。在药液中加入1%～2%的茶枯水，能增加药液黏性，效果更好。如果

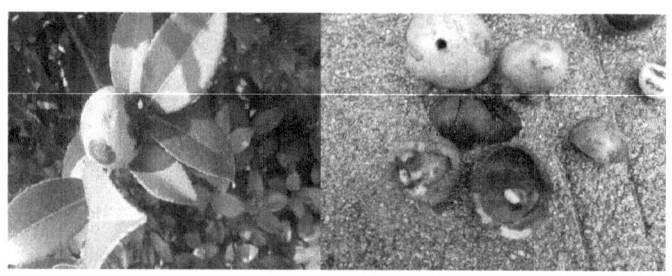

图 4-1-112　油茶炭疽病危害症状

是水源缺乏区,可喷洒 1∶10 的赛力散和石灰。

对种苗进行严格检疫。带菌种苗是油茶炭疽病传播的主要途径,从外地调进的种子,播种前要用 0.2% 赛力散或 50% 退菌特可湿性粉剂 1000 倍液浸种 24 小时。下种之后不要多施氮肥,要多施磷、钾肥。

(2)油茶软腐病。

①病害分析。

叶片在 3 月下旬开始发病,4—5 月阴雨天气时蔓延很快,大量发生,6—8 月出现高峰期,引起落叶、落果,严重时叶、果全部脱落,10 月以后逐渐停止。油茶软腐病危害症状如图 4-1-113 所示。

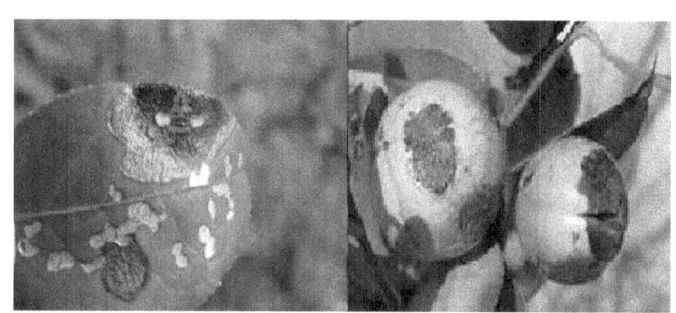

图 4-1-113　油茶软腐病危害症状

②防治方法。

一般在 5 月下旬前喷 0.8% 波尔多液和 0.5% 赛力散,或喷洒 50% 退菌特可湿性粉剂 400~600 倍液 2 次(隔 10 天喷 1 次)。喷施磷、钾肥,提高苗木抗病力。

(3)油茶半边疯。

①病害分析。

油茶半边疯又叫石膏病、白腐病,属于真菌性病害,是由担子菌从伤口入侵引起的,如图 4-1-114 所示。树干发病后,树皮腐烂,木质变色、干枯,出现一层像石膏一样的白色膜状的菌体,最后下陷,形成溃疡,溃疡面四周常见有愈合组织,病状呈长条形。

②防治方法。

加强抚育管理,使油茶生长健壮,增强抗病力,抚育时要避免机械损伤。及时刮除病部,涂刷 1∶3∶15 的波尔多液。修剪时,不要修剪大枝,以免伤口过大而难以愈合,使病菌容易侵入。修剪和机械损伤的伤口,要削光滑,再涂抹波尔多液消毒,然后涂油漆或用塑料包扎,以防病菌入侵,这样做对伤口愈合也有利。

图 4-1-114　油茶半边疯危害症状

2）油茶虫害

（1）油茶毒蛾。

①虫害分析。

油茶毒蛾又叫茶毒蛾、茶毛虫、毛辣虫，一年发生三代到四代，发生较整齐，无世代交替现象，以卵越冬，越冬卵多产于树冠中下层 1 米以下的萌芽枝条或叶片的反面。油茶毒蛾虫态及危害症状如图 4-1-115 所示。

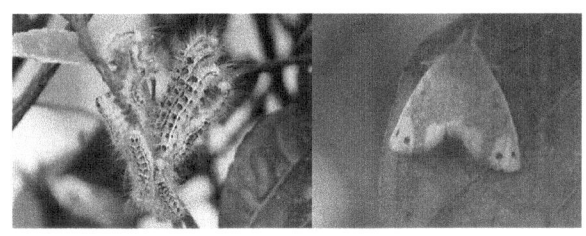

图 4-1-115　油茶毒蛾虫态及危害症状

②防治方法。

- 灭蛹，培土 7～10 厘米，打实，使土中蛹不能羽化。
- 捕杀幼龄幼虫，将枯黄或灰白色膜质被害叶片摘掉，将幼虫放入盛有药粉或石灰的土箕内灭杀。
- 药杀幼虫或用肥皂水浸幼虫。将肥皂或棉油皂切成薄片，用少量水煮溶，加水（不能用井水）配成 150～200 倍液，将有虫枝叶浸入肥皂水内，随即取出，杀虫率可达 100%。

（2）油茶象鼻虫。

①虫害分析。

油茶象鼻虫（见图 4-1-116）又叫茶子象甲，两年发生一代，以成虫及幼虫在土中越冬，入土深 10～20 厘米。8—10 月幼虫从被害茶果里钻出，入土做室，次年在土中滞育，第三年 4—5 月成虫逐渐出土，6 月到 7 月中旬为盛期。

②防治方法。

水淹法：把收摘回来的茶果堆在晒场翻晒，茶果内的幼虫便钻入土中，茶果处理完毕后立即灌水，淹死虫子。

捕捉法：利用油茶象鼻虫有假死的习性和飞翔能力弱的特点，进行人工捕捉消灭。

图 4-1-116　油茶象鼻虫

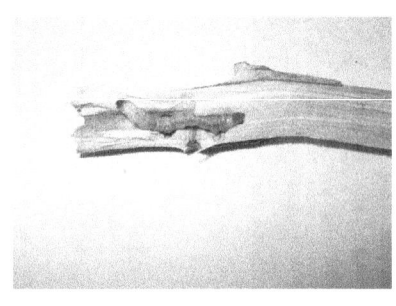

图 4-1-117 油茶蛀茎虫虫态及危害症状

(3)油茶蛀茎虫。

①虫害分析。

油茶蛀茎虫又叫钻心虫,一年发生一代,以大幼虫在被害枝条上越冬。越冬幼虫在次年4月下旬开始化蛹,5月上、中旬为化蛹盛期,5月下旬至6月下旬为成虫羽化盛期。成虫在夜间活动,有趋光性。油茶蛀茎虫虫态及危害症状如图4-1-117所示。

②防治方法。

诱杀:成虫趋光性很强,在羽化盛期,可以在夜间用灯光进行诱杀。

药杀:幼虫期喷洒90%敌百虫500倍液,成虫喷洒90%敌百虫1000倍液、20%乐果乳剂500倍液,效果很明显。

1.3.3 竹类常见病虫害及防治

1. 竹类病害

1)竹煤病

(1)病害分析。

竹煤病发生较普遍,各种竹子都可能发生,病害主要发生在叶片及小枝上。开始时,叶片正面有黑色煤污状斑点,形状不规则,后扩散,使整个叶表面布满黑色煤污层,影响叶片的光合作用。病叶常易脱落,致使竹林生长衰弱。竹煤病危害症状如图4-1-118所示。

图 4-1-118 竹煤病危害症状

竹煤病由蚜虫或蚧壳虫的为害而引起。蚜虫和蚧壳虫的分泌物正是煤病菌的营养来源。因此,蚜虫或蚧壳虫的为害常伴随有竹煤病的发生,在生长细弱而稠密的小竹上常易发生。引起竹煤病的是真菌中的多种煤污病菌,其中以 Meliola sp. 为主。病菌可以通过风、雨水及昆虫传播。

(2)防治方法。

防治竹煤病应以消灭蚜虫和蚧壳虫为主,如用乐果等可防治蚜虫及蚧壳虫的若虫,用松脂合剂可防治蚧壳虫,石硫合剂可杀死蚧壳虫的若虫。适当地砍伐,使竹林通风透光较好,这样可大大减少发病的机会。

2)毛竹烂脚病

(1)病害分析。

毛竹烂脚病又称基腐病,主要危害当年出土的毛竹嫩竹。新竹基部的小病斑迅速连合成大块状斑,当病斑包围竹秆一圈时,病竹便枯死。轻度发病则竹秆基部留下伤疤,易风折。毛竹烂脚病危害症状如图4-1-119所示。

毛竹烂脚病由真菌侵染引起,当竹笋约1.5 m时,笋箨开始解脱,如遇降雨,在离地第3~4节处发病。雨水与发病的关系十分密切。

图4-1-119 毛竹烂脚病危害症状

(2)防治方法。

喷施50%多菌灵可湿性粉剂或70%甲基托布津可湿性粉剂1000倍液,或1%波尔多液,从展叶时起,每隔15天连续喷2~3次。

3)竹笋腐病

(1)病害分析。

丛生竹竹节育苗时为害尖梢嫩叶,发生褐斑腐烂。竹笋腐病危害症状如图4-1-120所示。

图4-1-120 竹笋腐病危害症状

(2)防治方法。

①不选蔬菜、松、杉地作为苗圃地,基肥要腐熟,用2年生健壮竹节育苗。

②发现叶尖、笋尖已腐的竹笋,要立即从基部剪除。

③出苗后(或发病初期)即喷波尔多液50倍液或高锰酸钾50倍液,每10天喷1次,直至竹苗生长健壮为止。

2. 竹类虫害

1)竹类害虫

竹类害虫主要有竹笋夜蛾、笋秀禾夜蛾、竹秀夜蛾、竹象、山竹缘蝽等。

(1)虫害分析。

竹笋夜蛾以幼虫蛀食竹笋为害,造成竹产量下降、品质严重受损。竹象成虫、幼虫都在竹笋内部咬食竹笋,使竹笋难以长成竹子,即使长成竹子、竹笋,也会形成断头竹和烂笋,利用、观赏、食用价值大为降低。山竹缘蝽的若虫和成虫吸食竹子幼嫩部分的汁液,使竹笋、嫩竹生长减弱,严重时使竹笋死亡、嫩竹枯死。

(2)防治方法。

发现有夜蛾科害虫为害时,可采取以下方法:及时挖掉受害笋;每亩竹林喷撒5%毒死蜱颗粒剂2~3 kg,撒在长笋的土表面,然后加盖覆土,消灭残留虫,防止越冬卵孵化。防治竹象:秋、冬季翻耕土壤,每亩竹林撒5%毒死蜱颗粒剂2~3 kg在土里,破坏成虫越冬土室;在产卵孔下方剥开笋壳,杀死卵和幼虫;用40%毒死蜱乳油1000倍液涂刷产卵部位。防治蝽类害虫:在4月早发竹笋被集中为害期和7—8月成虫群集高峰期,用5%锐劲特3000倍液每15~20天喷雾一次。

2)叶部害虫

(1)虫害分析。

叶部害虫有竹蝗、竹螟、毒蛾、舟蛾等。其中竹蝗是为害竹叶的主要害虫,大量发生时,会把竹叶全部吃光,竹林如同火烧过一般成片枯死,轻者也会直接减少下年长笋量;竹螟、舟蛾大量发生时,也可将成片竹叶吃光;毒蛾为害严重时,竹叶被食后,竹株枯死,长笋减少,毒蛾的毒刺还会影响人们的正常生活。

(2)防治方法。

防治竹蝗:可在5—6月竹蝗卵孵化和幼竹蝗出土时,用5%锐劲特3000倍液喷雾;防治竹螟、毒蛾、舟蛾:用5%锐劲特3000倍液在地面喷雾;在竹螟、舟蛾、毒蛾成虫发生时,还可用频振式杀虫灯诱杀成虫。

3)竹株害虫

(1)虫害分析。

竹株害虫主要有竹广肩小蜂、竹小蜂、长尾小蜂等。幼虫在竹梢、竹枝的节间内吸取养料,使节间变密膨大,形成虫瘿。被害竹枝梢下垂,易风折,受害部位叶片变小、枯黄,影响长笋和正常生长,严重时可使竹子死亡。

(2)防治方法。

秋、冬季砍伐受害竹株,将枝叶集中烧毁;成虫在4—5月发生时,用5%锐劲特3000倍液喷雾。

【复习思考题】

1. 简述昆虫纲的特征。
2. 简述昆虫胸部附器的基本结构与类型。
3. 昆虫有哪些习性与行为?
4. 简述侵染性病害和非侵染性病害的区别与诊断方法。
5. 怎样表述植物病害的病状与病症?
6. 简述杨树腐烂病与杨树溃疡病的症状特征及防治方法。
7. 如何识别杨扇舟蛾和杨小舟蛾?
8. 简述华山松大小蠹的危害症状。
9. 简述核桃举肢蛾的危害症状与防治方法。
10. 简述栗瘿蜂的危害特征。

项目 2　森林防火

2.1　森林火灾概述及成因

1. 森林火灾发生发展的一般规律

森林防火是指森林、林木和林地火灾的预防和扑救。森林防火与森林经营有着十分密切的关系。森林防火是森林经营活动的前提和基础，只有搞好森林防火工作，才能更好地经营和保护森林资源；森林防火工作本身需要运用许多已讲述过的森林经营措施，只有把森林防火工作贯穿于整个森林经营活动中，才能取得明显的成效。因此，从广义上说，森林防火属于森林经营的范畴。

我国的森林防火方针是"预防为主，积极消灭"。预防森林火灾需要根据森林火灾发生发展的规律，采取行政、法律、经济和工程相结合的办法，运用科学技术手段进行综合治理，才能最大限度地减少火灾发生次数。本节在阐述森林火灾发生发展条件的基础上，重点介绍森林火灾综合防治的技术和措施。

2. 森林火灾的性质与特征

1) 森林火灾的性质

森林火灾是失去控制，在林地自由扩展、蔓延，烧死烧伤林木、其他植物以及野生动物，破坏森林生态系统平衡，对森林和人类带来一定危害和损失的燃烧现象。森林火灾的本质是森林可燃物剧烈氧化而发光发热的化学反应，是自然界燃烧现象的一种。从根本上说，森林火灾属于自然灾害，是有害的森林燃烧，国际上将大面积森林火灾作为大自然灾害之一。近代由于人们用火不慎导致了更多的森林火灾，使森林火灾的危害更加频繁、更加广泛、更为严重。我国根据森林受害面积的大小，将森林火灾分为四种。

① 森林火警：受害森林面积不足 1 hm^2 或者其他林地起火的。
② 一般森林火灾：受害森林面积在 1 hm^2 以上而不足 100 hm^2 的林火。
③ 重大森林火灾：受害森林面积在 100 hm^2 以上而不足 1000 hm^2 的林火。
④ 特大森林火灾：受害森林面积在 1000 hm^2 以上的林火。

然而，如同煤炭、天然气、汽油等的燃烧一样，不是任何森林燃烧都有害。如果在森林中有计划、有目的地安全用火，确保火在人为控制下燃烧蔓延，火是可以给人类和森林带来有益影响的。我们把这种能达到一定森林经营目的，在人为控制下，在规定的时间、地点和区域内进行的森林燃烧，叫作计划火烧（或称为营林用火）。计划火烧和森林火灾都是发生在林地上的燃烧，一般统称为林火。森林火灾能导致灾害，但计划火烧是森林经营的手段之一。因此，林火具有两重性,森林防火工作应该树立林火管理的理念,通过有效的综合治理,有效地控制林火的发生和危害,发挥林火的有益作用,使火为人类服务。

2)森林火灾的特征

(1)森林火灾是在开放的森林生态系统中进行的,受环境中各种因素的影响,其发生发展的近程具有明显的复杂性、多变性和不确定性,因此,森林火灾具有很大的难控性。

(2)森林火灾是一种移动式燃烧。森林可燃物被点燃后,火常常由起火点向四周扩展,形成森林火场。在森林可燃物从着火、蔓延扩展直至熄灭的整个变化过程中,火表现出许多特征,叫作林火行为。了解林火行为特征,对森林火灾扑救和林火管理十分重要。

(3)森林火灾的燃料是固体有机质,其燃烧过程伴随着吸热和放热的交替出现。森林可燃物燃烧前需要蒸发掉所含水分,并吸收热量分解生成少量挥发性可燃气体,这一阶段称为预热阶段;森林可燃物被点燃后就放出大量的热量,使燃烧持续进行,这一阶段称为放热阶段。放热阶段表现为气体燃烧和木炭燃烧两种方式:气体燃烧可在可燃物四周形成明亮火焰;木炭燃烧没有火焰,而是缓慢进行表面燃烧。气体燃烧对森林火灾的蔓延和发展有着重要的促进作用。

(4)森林火灾是一个迅速释放能量的过程,能将森林植物多年生长过程中通过光合作用贮存的化学能在短时间内迅速释放,因此燃烧能量大,对环境的影响十分深刻。

3)森林火场的特征

一般情况下,森林火场的周边是跳跃前进的火焰,一般呈条带状连续分布,并向四周推进,通常称之为火线;森林火场的内部则零星分布着继续燃烧的明火或暗火,以及未燃尽的可燃物。林火蔓延本质上就是火线的运动,火线成为森林火场中燃烧最剧烈、最活跃的部位,也是控制和扑救森林火灾的关键。

森林火场有火头、火翼、火尾之分。火头是火扩展蔓延最快的部位,蔓延方向和风向一致;火尾的火势较弱,蔓延较慢,火前进方向与风向相反;火翼的火势强弱和蔓延速度介于火头和火尾之间,火前进方向与风向有近于垂直的夹角。风、地形和可燃物是影响森林火场形状的最主要因素。自然条件下,森林火灾的火场形状往往很不规则,火头经常变化。因此,在扑火时应密切注意林火蔓延的方向和速度,根据其变化及时调整扑火方案。

4)森林火灾的燃烧类型

根据森林火灾发展蔓延过程中火的程度、蔓延速度、火焰高度等火行为特点,通常将森林火灾的燃烧类型分为地表火、树冠火和地下火三种。

(1)地表火。

沿林地表面蔓延的林火称为地表火。根据蔓延速度的不同,地表火可分为急进地表火和稳进地表火。

①急进地表火:发生在大风或坡度较大的情况下,火蔓延速度超过 5 m/min,因速度快,一般只烧掉干枯杂草等,常留下未烧的地块,对乔木、灌木危害较轻。

②稳进地表火:发生在风速较小或坡度较缓的情况下,火蔓延速度小于 5 m/min,燃烧较彻底,对林木危害较重。

(2)树冠火。

树冠火通常是由地表火遇强风或特殊地形,向上烧至树冠并沿林冠蔓延和扩展的林火,根据其蔓延情况可分为急进树冠火和稳进树冠火两种。

①急进树冠火：在强风推进下形成，顺风蔓延速度为 8～25 km/h 或更大，蔓延速度快，林下的地表火往往落后林冠的燃烧，火焰在林冠上跳跃前进，形成向前伸展的火舌，又称狂燃火。

②稳进树冠火：顺风蔓延速度为 5～8 km/h，表现为整个森林的立体燃烧，燃烧彻底，危害十分严重，又称遍燃火。

(3) 地下火。

在地表以下蔓延和扩展的火称为地下火，多发生在长期干旱的条件下，有腐殖质层或泥炭层的森林中。一般地表只能看到烟而不见火焰，蔓延速度十分缓慢，燃烧持续时间长。地下火虽然火强度低，但能导致森林植物大面积死亡，也不易扑救，对森林危害很大。

根据我国森林火灾的统计资料，地表火所占比例最大，在南方约占 80%，在东北林区约占 94%；树冠火占 5%～20%；地下火仅占 1%。地表火、树冠火、地下火会相互转化，小面积的地表火如果不加以控制，就可能发展成树冠火，甚至成为高能量火。

3. 森林火灾发生的原因

自然界中任何燃烧现象都必须具备三个要素，即可燃物、助燃物（氧气）和一定温度。如果缺了任何一个要素或破坏了三者之间的联系，燃烧就会终止。森林火灾也不例外，其发生也必须具备森林可燃物、氧气和一定温度三个要素。

1) 森林可燃物

森林可燃物是指森林中的一切有机质，包括植物、动物、菌类物质等。在森林防火实践中，森林可燃物通常指森林植物及其枯落物，包括森林中的乔木、灌木、草本植物、苔藓、地衣、干枯植株、倒木，或凋落地面的叶、枝、皮、果，以及腐殖层、泥炭等。

2) 氧气（助燃物）

森林燃烧需要一定浓度的氧气。通常，1 kg 木材完全燃烧需要氧气 0.6～0.8 m^3，折算为空气需要 3.2～4.0 m^3 的空气，当空气中氧气含量降低到 14%～18%（体积比），燃烧就停止。森林燃烧过程中，若氧气供应充分，火焰明亮且基本无烟雾，燃烧后生成的物质主要是二氧化碳、水蒸气和灰分，不能再次燃烧，释放热量也多，这种燃烧称为完全燃烧；若氧气供应不充分，火焰暗红并伴有大量烟雾，燃烧生成很多还可以再次燃烧的中间产物，如焦油、碳粒子、一氧化碳等，释放热量较少，这种燃烧则称为不完全燃烧。森林火灾的不完全燃烧现象比较普遍。

3) 温度

常温条件下，森林可燃物一般不易燃烧，只有当温度达到燃点，可燃物才会燃烧。所谓燃点，是指某种可燃物在火源作用下开始着火的最低温度。这里着火的含义是，可燃物在受外界火源持续加热时，自身温度逐渐上升并开始进行燃烧，如果移除火源后，可燃物仍能维持燃烧的现象。一般当森林可燃物被点燃后，往往不再需要外界火源，依靠其自身释放的热量就能保持继续燃烧。

森林可燃物的燃点较高，如干枯杂草的燃点为 150～200 ℃，木材的燃点为 250～350 ℃。通常情况下，森林产生自燃的现象（如泥炭自燃）十分罕见，导致森林火灾发生的最低能量一般都来自森林外界，因此，外界火源是森林火灾发生的主导因素。对于休眠期或干旱季节的森林或林地，外界火源就成为林火发生的最主要因素和直接原因。引起森林火灾的火源常常具有很大的随机性和偶然性，掌握一个地区的火源种类、火源出现频率和火源出现的时空规律十分必要。

森林火源一般分为自然火源和人为火源两大类。

(1)自然火源。

自然火源是指一种自然现象,常见的有雷击火、陨石坠落、枯枝落叶发酵生热(地被植物自燃)以及树枝摩擦生热产生的自然现象。常见的森林自然火源是雷击火,多发生在高纬度地区。我国的雷击火约占火源的1%,多发生在大兴安岭和新疆的阿尔泰山地区。

(2)人为火源。

人为火源是森林火灾发生的主要火源,按性质分为三种。一种是生产性火源,包括农、林、牧生产性用火,如烧荒积肥、开垦烧荒、炼山整地、烧防火线、熏粪等;林副业生产用火,如烧炭、狩猎用火、烧砖瓦等;工矿运输生产用火,如汽车、拖拉机喷火等。另一种是非生产性火源,如林内吸烟、弄火取暖、烤干粮、做饭、上坟烧纸、烧香、放鞭炮、小孩玩火等。还有一种是坏人故意放火。

4.影响森林火灾发生发展的因素

森林火灾的发生必须具备森林可燃物、氧气、火源三个基本要素,但仅具备这三个要素,森林火灾未必发生或者即使燃烧也未必致灾。如热带雨林,虽然有大量可燃物,氧气充足,即便有火源,通常也不发生森林火灾。在我国,许多地区生长季节的森林具备了燃烧三要素,一般也不发生森林火灾。因此,在开放的森林生态系统中,森林火灾的发生除了必须具有燃烧三要素外,还受其他许多因素的影响。

1)气候和气象条件

在森林可燃物和火源具备的情况下,林火的发生取决于气候、天气条件和小气候特征的综合作用。森林防火实践中,常采用火险天气的概念来反映有利于森林火灾发生的天气条件。如气温高、降水少、空气相对湿度小、风大、长期干旱的天气条件下,林火容易发生并能造成灾害;反之,火灾就不易发生。

(1)气候与林火。

气候对林火的影响表现在三个方面。

①影响森林火灾在不同气候带的分布。赤道附近属于热带地区,植被常绿,常年高温高湿,降水量多,没有明显的干湿季节,一般不发生森林火灾;极地冻原和极地荒漠没有森林分布,气候极端寒冷,只偶尔发生苔原火。森林火灾一般频繁发生在植物的生长季和非生长季或干季和湿季分明的地带。

②决定了火灾季节的长度。所谓火灾季节,是指一年中具备森林火灾发生条件(主要是气候和植被)的时期。在火灾季节,需要开展有组织的森林防火工作,因此,火灾季节就是防火期。我国地域辽阔,不同省(自治区、直辖市)的火灾季节差异很大,大部分省(自治区、直辖市)的火灾季节在半年以上,有的地方甚至全年都可能发生森林火灾。东北地区的火灾季节分为春季(2—6月)和秋季(9—11月);新疆地区则主要在夏季(5—10月);长江流域因夏季梅雨期过后,有2~3个月的晴好天气,也容易发生火灾,但多数省(自治区、直辖市)的火灾季节为11月至翌年4月。

③影响火险天气出现的时间和频率。受太阳黑子、厄尔尼诺现象等对大气环流的影响,同一地区不同年份间的气候有差异。在一个时间周期内,有些年份比正常年份降水量少,气候干燥,火险天气经常出现,森林火灾严重;而有些年份比正常年份湿润,森林火灾就少。在我国,森林火灾严重的年份有5~6年和10年的准周期性规律。

(2)气象因子与林火。

气象因子是易变因子,它对森林火灾的演变规律和危害程度有明显的影响。与森林火灾关系密切的气象因子主要有降水量、空气相对湿度、气温和风等。

①降水量。降水量直接影响可燃物含水率,特别是死可燃物的含水率。如果一个地区的年降水量超过 1500 mm,且分布均匀,一般不会或很少发生森林火灾。热带地区,若年降水量分布不均,干季易发生森林火灾。每月降水量如果超过 100 mm 时,也不会或很少发生森林火灾。每次降水量如果超过 5 mm,森林火灾危险性明显降低或不发生森林火灾。

②空气相对湿度。空气相对湿度直接影响可燃物含水率。空气相对湿度小,空气越干燥,可燃物含水率越低,森林越容易着火;反之,火灾危险性可降低。

③气温。气温升高能加速可燃物的干燥,提高可燃物本身的温度,使可燃物达到燃点所需热量大大减少,并且还会直接影响空气相对湿度的变化。所以气温高,森林火灾危险性大。人们常将日最高气温作为某地区森林着火与否的主要指标。

④风。风是影响林火蔓延和发展的重要因子。"火借风势,风助火威"就说明了风与火的关系。风能加速可燃物干燥,增大林火发生的可能性;风能补充火场的氧气,促进燃烧,使火更旺;风还能改变热对流,增加火头前方的热量,加速火的蔓延。

2)地形与林火

地形对林火行为的影响十分显著。山地条件下,森林火灾常常形成林木片面燃烧现象,即树干被火烧伤部位均朝山坡一面。在阳坡,日照强、温度高、蒸发快,陡坡、山上部和山脊,降水易流失,林地较干燥,这些地段的可燃物易干燥,容易发生森林火灾;相反,阴坡、缓坡、坡谷地带,林地湿度大,可燃物不易燃烧。

5. 森林火灾的监测技术

森林火灾监测的目的是及时发现火情,监测火灾扩展、蔓延的过程,为迅速控制和扑灭森林火灾提供准确的信息。森林火灾监测方式包括地面巡护、瞭望台定点监测、航空巡护和空间卫星监测四种,只有这四种方式彼此有机结合,构成一个立体的、全方位的森林火灾监测系统,才能迅速、全时段地准确探测森林火灾。

1)地面巡护

地面巡护就是森林防火专业人员如护林员、森林警察等,采用步行或乘坐交通工具对林区、森林进行的巡查。其任务是检查、监督防火制度的实施;控制非法入山人员,制止违章用火,消除火灾隐患;及时发现火情,迅速报告火警;一旦发现火情,积极进行扑救。地面巡护能弥补瞭望台定点监测视域的局限,提高林火监测覆盖率,适用于人工林、森林公园、风景林、游憩林,以及铁路、公路两侧的森林地区的火情监测。地面巡护应注意以下两个方面的问题。

(1)地面巡护路线的确定。地面巡护可由单人或 2 人以上组成的巡逻小组承担,巡逻小组的巡护路线,要根据每个小组管辖区内的森林火险区划等级,以及火源可能出现的次数来确定。巡护路线一般要尽量选择通过高火险地区和火源出现频繁的地段。在高火险天气或火源频繁出现的地区,应增加地面巡护路线长度。

地面巡护路线长度可由下面的公式确定

$$s = tv$$

式中,s 为地面巡护路线长度(km),t 为地面巡护时间(h);v 为步行或乘坐运输工具的速度(km/h)。

(2)地面巡护时间的确定。在防火期内,每天都应进行地面巡护。地面巡护人员可以视火险天气状况和责任地段火险区划等级的高低,增加或适当减少每天巡护的时间。在高火险天气里或在防火戒严期间,对火险高的地段,要进行昼夜巡护。每次巡护的时间一般以3.5~4 h为宜,即在8 h之内,巡逻小组可分两次通过同一巡护地段。巡逻行进的速度应以能够细心观察周围的目标为宜。

2)瞭望台定点监测

瞭望台定点监测是利用地面制高点上的瞭望台(塔),定点进行森林火情观测、火点确定,并能实施报警的一种林火监测方法。瞭望台定点监测可以弥补地面巡护的不足,明显扩大监测覆盖面范围,能及时、准确地探测火情,对于及时组织森林火灾的扑救有着重要的作用。瞭望台定点监测是我国目前探测林火的主要方法。

(1)瞭望台址的选择。瞭望台的选址,应尽量减少盲区,同时还要具备比较方便的生活条件。所谓盲区,是指瞭望台定点监测所不能覆盖的区域。要减少盲区,瞭望台就应设在林区生产经营活动区域的制高点上,并在林场、居民点附近。对于森林面积大、人口较少的林区,应先确定瞭望区,然后再进行瞭望台选址。瞭望区应是森林火灾经常出现、森林火险等级较高、火源多的地块。

(2)瞭望台分布的密度。瞭望台分布的密度,应遵循使每个瞭望台观测半径相互衔接并形成网状,瞭望台网要能覆盖全区,使监测地区基本没有盲区的原则。一般来说,北方林区地势平坦,瞭望台可以每隔15~25 km设置一个;南方林区地势陡峭、复杂,两个瞭望台之间的距离一般为10~15 km,即 $0.78 \times 10^4 \sim 1.76 \times 10^4$ hm^2 面积上设置一个瞭望台。需要特殊保护的森林,两个瞭望台之间的距离可缩小到5~8 km,瞭望台成网覆盖面积约占1/3。

(3)瞭望台的结构与设备。瞭望台可采用钢架结构或砖石结构,短期或临时性的可采用木(竹)结构。瞭望台上应配备以下设备。

- 避雷装置:为了保护台架不受雷击,保护瞭望人员的安全,必须装配避雷装置。
- 通信设备:安装电话、短波或超短波无线电对讲机、太阳能电源或风力发电机,以保证发现火情后能及时传递信息。
- 瞭望观测设备:高倍望远镜(40×、10×)、方位刻度盘、罗盘仪或定位经纬仪、地形图、林相图、计时器等。
- 扑火工具:二号工具、灭火钢刷、铁锹、斧头等。
- 气象观测设备:便携式综合气象观测箱或小气候观测设备。
- 办公用品和生活必需品:包括记录簿、绘图用品、收音机(收听天气预报和森林火险预报)、防御武器及其他生活用品。

(4)瞭望人员的素质要求。

- 身体健康,有良好的视力,精力旺盛。
- 有较强的工作能力,责任心强。
- 有一定的通信和防火知识。
- 能熟练使用和维护瞭望台的仪器设备。
- 具有较好的瞭望技术。
- 熟悉火情报告的基本内容,能记录、分析和整理火情资料。

(5)瞭望台观测技术。

①火情观测方法。通常,在瞭望台上白天大多都是通过观察是否出现烟雾或者烟柱来确定有无火情的。根据烟的态势和颜色等,大致判断林火的种类和距离。但根据烟的态势和颜

色对林火进行判断,在南方与北方林区是有差别的。实际工作中,可以相互参考,综合分析瞭望台监测火情的情况,然后做出判断。

北方林区:根据烟团的动态可判断火灾的距离。烟团升起而不浮动,为远距离火,其距离约为 20 km;烟团升高,顶部浮动,为中等距离火,其距离为 15~20 km;烟团下部浮动,为近距离火,其距离为 10~15 km;烟团向上一股股浮动,为最近距离火,其距离在 5 km 以内。根据烟雾的颜色可判断火势大小和林火种类。白色断续的烟为弱火;黑色加白色的烟,火势一般,有黄色的浓烟,为强火;红色的浓烟为火势猛烈的火。另外,黑烟升起多为上山火,白烟升起为下山火,黄烟升起为草塘火,烟色浅灰或发白为地表火,烟色黑或深暗多为树冠火,烟色稍稍发绿可能是地下火。

南方林区:根据烟的浓淡、粗细、色泽、动态等可判断火灾的各种情况。一般野外人为用火烟色较淡,森林火灾烟色较浓。生产用火烟团较细,烟团慢慢上升;火灾烟团较粗,烟团直冲上天。未扑灭的山火,烟团上冲;扑灭了的山火,烟团保持相对静止。近距离山火,烟团向上直冲,能见到热气流影响烟团摆动,林火颜色明朗;远距离山火,烟团凝聚,火的颜色迷蒙。天气久晴,火的颜色清淡;灌木林起火,烟呈深黄色;茅草山坡起火,烟呈淡灰色。晚上的生产用火,发出红光部位低而宽;晚上的森林火灾,发出红光部位窄而高。

②火情定位。在瞭望台上主要用交会法确定森林火灾的方位和距离。交会法需要 2~3 个瞭望台共同完成。具体做法是:在发现火情后,邻近两个瞭望台同时用罗盘仪观测起火点,记录各自观测的方位,相互通报对方,并报告防火指挥部,防火指挥部根据测定的方位角,在地形图上就可以确定森林火灾发生的地点。

目前,一些先进的技术和手段已应用到瞭望台上,如采用红外探测仪进行夜间或大雾天气尾部下的林火监测,利用超低度摄像机和图像显示系统进行电视探测,采用林火定位仪来确定林火的位置等。一些林火探测的高技术和传统瞭望台的结合,使地面瞭望台在林火监测中的作用更加突出。

3)航空巡护

航空巡护是指利用飞机沿一定的航线在林区上空巡逻,监测火情和定位,并及时报告飞行基地和防火指挥部。我国航空巡护主要在东北、内蒙古和西南重点林区开展,所用机型主要为运-5、运-12 和小松鼠直升机。

6.森林防火通信体系

森林防火通信是森林防火工作的纽带,是保证发现火情后能及时报警,迅速传递火灾信息,快速、有效地组织林火扑救工作必不可少的措施和提高林火管理水平的基础。目前在森林防火实践中应用的通信种类有:有线电话、短波通信、超短波通信、微波接力通信、卫星通信、图像通信等。不同通信方式有各自的优势,如:有线电话使用简便,但受线路制约;短波通信设备简单、成本低廉、机动灵活,但通信易受电离层影响;对讲机(超短波通信)可随身携带,在地面巡护中应用普遍,但通信距离有限;卫星通信能适应复杂地形和偏远林区,但成本较高,技术较复杂。因此,工作中应结合实际需要取长补短,力争构建覆盖全区域的通信体系。

1)森林防火通信网络

(1)网络的构成。森林防火通信网络是利用现有的有线、无线通信方式,在林区不同点位建立通信节点,交织成通信网络,以完成森林防火信息传递、火情报警、调度指挥等工作。根据管理系统、隶属关系和职责范围,全国按四级组网:

一级网:以国家林业局森林防火指挥部办公室为主台,各省(自治区、直辖市)林业局森林防火指挥部为属台。

二级网:以省(自治区、直辖市)林业局森林防火指挥部为主台,各地(市)林业局森林防火指挥部为属台。

三级网:以地(市)林业局森林防火指挥部为主台,各县(市)林业局森林防火指挥部为属台。

四级网:以县(市)林业局森林防火指挥部或防火中心为主台,各县(市)林业局所属基层单位(区、乡、林场、经营所、防火专业队、瞭望台、防火站、监测预报站)及流动台为属台。

临时通信网络应根据实际需要,以便于直接或通过中转信息完成与防火指挥部(防火中心)的联系,选定合理的联络组网方案,实现地对地、空对空、地对空畅通无阻地传递信息。

(2)组建森林防火通信网络的原则。

组建森林防火通信网络时应遵循如下原则。

- 通信网络(点)布局合理,通话质量稳定,技术可靠,突出重点,电源供应充足,不间断。
- 传递信息迅速、准确,安全方便,经济适用。
- 有线通信线路短直,便于施工、养护和维修。
- 通信网络应层次分明,纵横交错,多路由迂回通信,保证信息畅通。
- 与地方电信网络连接时,应符合邮电部门通信质量指标和接口标准,并取得邮电部门同意。
- 在森林防火指挥调度通信网络中,已建有线电通信网络的地区,应充分利用现有设备,以有线电通信为主;没有有线通信网络的地区和林场(经营所),乡林业站以下的森林防火站、经营所、瞭望台、机降点、监测预报站等地点的通信,宜采用无线通信方式。
- 未开发林区、飞播林区,以及林地面积较大、人烟稀少、交通不便的边远林区,应采用无线通信网络。
- 应根据林区的自然地势、通信要求和无线通信特点等组建防火通信网络。有线电通信、短波单边带通信、超短波通信、微波通信、卫星通信等综合在一起组成防火通信网络。

2)森林火场应急通信技术

林火发生的地点具有很大的随机性,并且森林火场变化无常,因此,根据森林火灾发生情况,因地制宜地设置火场临时电台十分必要。火场电台是临时性的,它随火场出现而建立,随扑火结束而撤离,其设置方式有以下几种。

(1)直接通信式:在火场较小、地势比较平坦的地区,扑火前线指挥电台建立高增益天线,其高度超过20 m,就可以覆盖半径为15 km左右的圆形区域,电台频率最好选在同频点上,以保证火场内的电台一呼百应。

(2)间接通信式:森林扑火通信网络随着扑火战斗的进程常常移动较快,尤其在多山地区,电波受地形和障碍物的影响,不能直接通话,因而,临时设置的中继站或者人工传讯台需设立在较高的地点,以减少障碍物的影响。

(3)中远距离复合通信式:当森林燃烧时间较长,火场面积较大,通信距离在短时间内延伸较远时,为了使通信不断,可采取远距离两端用短波单边带电话构成通信电路,前端的火场电台再与超短波电台转接,形成短波与超短波电台直接通话。

(4)折向通信式:森林扑火战斗常发生在山谷中,扑火队伍越过山脊到山谷内扑火,此时通信因高山阻挡而中断联络,可根据当地具体情况,设立转讯台,采取折向通信方式。转讯台不一定设在高山顶上,可以设在通信预案中测定的预备台上,有的可能设在山坡的中间即能通信,从而争取时间,减少通信人员的体力消耗。

(5)多中继台通信式:当扑火战斗发生在高山长坡上时,为克服地形对超短波通信的影响,可以设立台阶式通信电台,分段组织通信联络。

2.2 森林防火阻隔技术与措施

林火阻隔是十分重要的防火措施,它是指利用人为和自然的障碍物,对林火进行阻隔,达到林火控制的目的。其中,人为的障碍物包括防火掩护区、生土带、防火沟、防火线、防火林带等,自然的障碍物包括河流、湖泊、池塘、水库、沼泽、岩石区、河丘等。各类林火隔离设施应连接成网络,形成封闭的隔离区,才能发挥其阻火隔火的作用。

1. 防火线

1)防火线的开设原则

在一定线路上,人工清除一定宽度的乔、灌木和杂草,形成阻止林火蔓延的地带,该地带称为防火线。防火线一般设在国境线、铁路(公路)两侧、林缘,或居民点、贮木场、重要设施、仓库周围等。有些价值较高的森林地段,也采用翻耕土壤的方法开设阴火带,称作生土带。在腐殖质层较厚的林区,为阻截地下火蔓延,也开设防火沟。由于开设难度大,生土带和防火沟一般宽度为 $1\sim2$ m。

开设防火线要尽量考虑现有道路、河流、湖泊、天然或人工障碍物的分布状况,尽量利用这些有利条件;应尽量将防火线设在山脊或地势平缓、地被物少、土质瘠薄的地带,避免沿陡坡、峡谷穿行;尽量利用天然或人工障碍物,如道路、河流、茶果园等,以节省投资。南方山地防火线主要依地形、林型设置,一般沿山脊、林缘、山脚田边、林区道路两侧开设,宽度南方一般为 $10\sim15$ m,北方一般为 $30\sim100$ m。

2)防火线的开设方法

(1)机耕法。

机耕法即用拖拉机耕翻,适用于地势平缓的边境防火线的开设。有条件的地方可在生土带上种植农作物,也可种植耐火植物,形成生物防火带。

(2)割打法。

一般采用人工割打法,即用人工割除杂草、灌木等易燃物质。这种方法耗工多,投资大,一年若不维修即失效。南方林区也采用铲草皮的方法。

(3)化学除草法。

化学除草剂有很多,如 $1\%\sim5\%$ 的氯酸钾、氯酸钠、氯酸钙溶液,可清除深根性多生草类,有效期为 $1\sim2$ 年;$5\%\sim10\%$ 的亚砷酸钙溶液,可消灭一年生草类,能保持 $4\sim5$ 年;$5\%\sim10\%$ 的氯化锌和硫酸铜溶液,除草保持 3 年以上。药品用量每平方米不超过 2 L,施用时间最好在新生植物萌发以前。有些药品有剧毒,要加强安保措施。目前新的除草剂种类很多,如非草隆、茅草枯、草甘膦、林草净、森草净等。

(4)火烧法。

火烧法主要应用于东北林区火烧防火线,主要在铁路和公路两旁进行,其特点是节省时间、速度快、质量好,能真正起到隔火作用,但技术要求高,需要特别慎重。

2. 防火林带（灌木带）

1) 防火林带的树种选择

防火林带树种必须是抗火性强、适应本地生长的树种，应具备以下生物和生态学特点：树叶茂密，含水量大，耐火性强，含油脂少，不易燃烧；生长迅速，郁闭快，适应性强，萌芽力强；下层林木应耐潮湿，与上层林木种间关系相互适应；无病虫害寄生和传播；种源丰富，栽培容易，有较高经济价值。我国植被丰富，可供选择的树种较多。

(1) 乔木：水曲柳、核桃楸、黄波罗、柳树、榆树、槭树、稠李、落叶松、木荷、冬青、山白果、火力楠、大叶相思、交让木、珊瑚树、苦槠、米槠、构树、红楠、红锥、红花油茶、桤木、杨梅、青冈栎、竹柏等。

(2) 灌木：忍冬、卫矛、接骨木、红瑞木、白丁香、油茶、柃木、九节木、茶树、鸭脚木等。

2) 防火林带的规格

因设置位置的不同，防火林带可分为不同类型，相应的规格要求也不一样，其类型和规格有如下几种。

国界防火林带：50～100 m。

林缘防火林带：20～30 m。

林内防火林带：20～30 m。

标准铁路：每侧 30～50 m。

森林铁路：每侧 20～30 m。

林区公路：每侧 8～10 m。

居民点周围防火林带[包括林场址、仓库、居民村（寨）、野外生产作业点等]：30～50 m。

3) 防火林带的营造方法

(1) 人工营造。

防火林带的营造应与造林设计、造林施工同步或在造林前进行。林带营造前应清理林地，应根据造林地条件决定清理方式。杂草繁茂的造林地，应先全面劈山清杂，挖除茅草兜，或采用火烧方法清理，如需采用堆烧，应严防跑火。造林时，一般采用定点挖穴、块状整地的方法，密度宜大，林带边行栽植株距要小，林带中部间树栽植株距适当加大。造林后应坚持每年全面锄草松土 1～2 次，以促进幼林生长，使防火林带尽快郁闭，发挥防火作用。林带充分郁闭后，每 1～2 年适当清除林下凋落物，保留难燃杂草灌木。

(2) 改造现有防火林带。

• 在采伐森林时，伐区应保留山顶、山脊的阔叶树，宽度在 20～30 m 以上，必要时通过补植补播来加大密度，形成带状或块状阻火带，并与人工营造的林带相连接。

• 南方林区中的一些小山脊、冲沟、山洼，水湿条件好，阔叶树经常茂生竞长，可采取透光伐、清除易燃物、补植补播、劈草抚育等育林措施，形成纵向阻火带，使大面积的针叶人工林分隔成若干小块。

• 发挥林区边缘经济林果木（如油茶、茶树、棕榈）本身抗火性强的特点，加强抚育管理，秋后清除枯干杂草或套种瓜果、薯类、金花菜等难燃植物，以耕伐抚，抵制喜光杂草生长，起阻隔林火作用。经济林果木地块尚未衔接的，应开垦种植果树或丛生竹类，以使其连接成带。

对于人工针叶林，可通过抚育间伐，清除林内危险可燃物，并在林下套种较耐阴难燃的阔叶树（如火力楠、竹柏、杨梅、深山含笑等），或选择比较抗火的灌木、草本植物（如儿茶、茶树、砂仁等),形成阻火林(灌木)带。

3. 营林防火措施与计划火烧技术

1)营林防火措施

营林防火措施是指在森林抚育过程中,通过造林、抚育、采伐等措施,调节林分易燃成分,调整林分结构,增强林分抗火性能,从而降低森林燃烧性,预防森林火灾发生的一种绿色防火措施。主要营林防火措施如下。

(1)营造针阔混交林,增加难燃植物成分,增强林分抗火性。

(2)将封山育林、人工造林与天然更新相结合,促使形成半天然的针阔混交林以及栽针保阔或改造利用现有阔叶林为阻火林。

(3)通过对低产林、疏林地等低价值天然次生林进行改造,加大林分密度,改易燃单层针叶林为针阔混交复层林,改变林内环境,提高林分的抗火性。

(4)在针叶幼林地套种耐阴、难燃的灌木,如南方可套种羽扁豆、荸荠,以及山茱萸、仙人草、砂仁等中草药。

(5)加强新造林地的幼林抚育管理,清除幼林中的易燃性杂草,及时清除林内干枯倒木、梢头木。

(6)通过引种木耳、蘑菇、竹荪等食用菌,或通过采取有利于各种低等动物(如蚯蚓等)和微生物大量繁殖的营林措施,提高地表枯落的分解速率,减少可燃物积累,降低森林火灾危险。

2)计划火烧技术

在森林防火实践中,人们常采用计划火烧技术开设防火线、清理采伐剩余物、烧除林内可燃物和沟塘草甸,在扑救森林火灾时也采用以火攻火的方法来扑灭火灾。计划火烧技术难度大、要求高,主要的技术要点如下。

(1)选择安全用火条件。

①用火的季节和时间:一般选择春季雪融后,或秋后第一、二次降霜后,或第一、二次降雪后出现小阳春时,此时草地和空旷地的草本植物干枯,但林下杂草仍然生长,点烧沟塘草甸不引起森林火灾;用火时间一般安排在每天的午后或降雨后。

②用火的天气条件:一般在降水后半天至3天内进行,降水超过5天不宜用火;用火当天风速应保持在3级以内,空气相对湿度应为40%～60%,气温应较低。

③用火的可燃物条件:火烧区的可燃物要分布均匀,可燃物的含水率应为15%～20%。

(2)选择安全用火窗口。

安全用火窗口是指能使火局限在局部范围燃烧蔓延的火烧区域。如东北林区,冬季被积雪覆盖,在2—3月,阳坡林下积雪已经融化,阴坡仍有积雪覆盖,此时的阳坡就是安全用火窗口。又如秋季东北林区防火期降雨后,半天至1天就可以点烧沟塘草甸,由于此时群落结构及所处立地条件不同,群落的保湿程度明显不同,其燃烧性也有明显差异,森林内保持一定的湿度,不易燃烧,所以雨后1天内,沟塘草甸是安全用火窗口。还可采取人为开设防火线、防火带和利用天然防火障碍物形成安全封闭区后,再在安全封闭区内用火,安全封闭区也属于安全用火窗口。

(3)选择适宜的点火方法。

点火方法是计划火烧成功与否的关键一环。常用的点火方法有以下几种。

①逆风点火。

在防火线或控制线一侧,逆风点火,火逆风蔓延,速度缓慢,燃烧时间长,热量高,燃烧彻底。在风向不稳定时,采用这种点火方法容易控制。在湿度比较大的可燃物地段,也可以采用这种点火方法。由于这种点火方法火蔓延速度慢,因此,花费的劳力和经费比较多,成本较高。

②顺风点火。

点火的前方要开设较宽的防火线,点火后,火顺风蔓延,速度快。该方法适用于分布均匀的轻型可燃物地段。顺风火速度快,热量小,但点火距离不宜过长,否则有跑火危险。这种点火方法所需要的劳力少,节省经费,但不适宜点燃重型可燃物。

③侧风点火。

将用火区划分为若干占火带,点火者顶风点火,火向两侧展开,然后相邻带火相连成侧风火。这种点火方法火蔓延速度介于顺风点火与逆风点火之间,适用于轻型可燃物。

④V形点火。

V形点火是一种适合山地的点火方法。点火后,在两山峰马鞍处沿流水线向山下点火,火向两山蔓延,类似侧风火,火形成"V"字形,火蔓延速度取决于沿流水线向下点烧的速度。点烧速度愈快,火蔓延速度愈快;相反,向下点烧速度慢,火蔓延速度就缓慢。这种点火方法只需沿山脊开设一条防火线,将火隔在山的一侧,就不会产生跑火危险。

此外,在山区也可从山顶开始,带状点火,在平原林区或采伐迹地,采用中心点火,使火苗中央向外圈缓慢扩展,相距50~60 m再点一圈火,逐步扩大。

(4)安全用火的注意事项。

①用火前,一要通知相邻地区和有关单位,引起注意并减少烟的影响;二要调查火烧区的植被种类、可燃物载量、火烧区四周防火线、控制线,以及人为、天然防火障碍物的分布状况,绘制计划火烧区的略图;三是确定用火时间及所需开设防火线等;四要报请县级以上防火机构批准后方可实施。

②野外用火前一周,在计划火烧区设置临时气象观察站,测定各类可燃物的含水率,以便进一步掌握用火时机。开始点火前,应配备扑火队伍,以防天气条件发生突变,或火行为指标超过计划用火规定要求,一旦发生上述情况,或风力达到五级以上,应立即将火扑灭。

③用火后要彻底清理余火,以防复燃,并留人看守用火地块。要总结火烧经验,评估火烧的经济效果,提出技术上的改进意见。有条件的还要在火烧区与未烧地段分别设置固定标准地,观察对比生态影响,便于今后进一步分析研究。

3)森林防火行政管理措施

我国的森林防火工作,实行各级人民政府行政领导负责制。各级政府主要负责人员是森林防火工作的第一责任人,分管负责人员是主要责任人,主管部门负责人员是直接责任人。根据《中华人民共和国森林法》,我国建立了完善的森林防火组织体系,包括国家、省、直辖市、县林业局森林防火指挥部,在行政交界的林区建立区域性森林防火联防组织,建立有航空护林站、森林警察部队、林区派出所和专业护林队等专业组织。各级防火组织积极建立并完善各项规章制度,开展以法治火、森林防火宣传教育和火源管理,强化对森林防火工作的管理。

4)森林防火的宣传教育

在我国,98%的森林火灾是由人为火源引起的,其中绝大多数是用火不慎所致。因此,广泛开展森林防火宣传教育,增强群众的防火意识,是做好森林防火工作的重要措施。宣传教育工作要做到经常、细致、普遍,使家喻户晓、人人皆知。新进入林区的单位和个人、林区分散住户更是宣传教育的重点。主要的宣传教育形式有以下几种。

(1)防火期内开展宣传月、宣传周活动。

根据各林区自身的特点,分析林火发生规律和人员活动情况,开展安全无事故竞赛活动。安全月内深入重点林区或城镇繁华区,进行森林法律宣传咨询,向广大群众宣传森林防火的意义及野外用火的规定等。

(2)举行各种会议和集会。

例如,召开森林防火动员大会、经验交流会、表彰会,以及结合各种专业会议,宣传政府发布的森林防火命令、森林防火知识、领导讲话、文章等,开展森林防火教育活动。

(3)开展森林防火知识竞赛有奖征文活动。

通过森林防火知识和法规竞赛,增强全民对森林防火知识的了解和对森林防火法规的认识。森林防火专职人员也可以深入学校,做学生的课外辅导员,提高学生对森林防火的意识。

(4)编印各种宣传材料。

例如,张贴森林防火布告、公告、标语,印发宣传小册子、宣传单、宣传提纲、典型案例等。

(5)建立永久性宣传标志。

在林区人员集中地区或者道路两侧,设立防火标语、标牌、匾、碑等,提醒人们做好森林防火工作。例如,在1987年大兴安岭"5.6"森林大火之后,人们在这场大火的发生处建立标志牌,在漠河市建筑了大火纪念馆,该地区还确定每年5月6日为防火反思日等,起到良好的警示作用。

(6)利用现代传播媒介。

利用广播、电影、电视、报纸、杂志等进行广泛宣传教育,使森林防火宣传教育工作经常化、社会化、群众化、网络化。

5)火源管理措施

控制人为火源是森林防火十分重要的工作。对火源的管理和控制,应采取科学手段和一切有效措施。科学管理火源主要有以下几种方法。

(1)绘制火源分布图与林火发生图。

火源分布图应根据该林区10年或20年森林火灾资料,分别以林业局、林场或一定面积的林地为单位绘制。按照不同火源种类,计算单位面积火源平均出现次数,然后按次数多少划分不同火源出现的等级。火源出现等级可用不同颜色来表示:一级为红色,二级为浅红色,三级为淡黄色,四级为黄色,五级为绿色。也可按月份来划分,绘制更详细的火源分布图,而且要有一定数量的火源资料。采用相同的方法也可以绘制林火发生图。从火源分布图与林火发生图上可以一目了然地掌握火源范围和林火发生的地理分布,以此为依据采取相应措施,有效管理和控制林火的发生。

由于一个地区的火源随着时间、国民经济的发展以及人民群众觉悟程度而发生变化,因此林火发生图、火源分布图要每隔5~10年进行分析修正或者重新绘制。

(2)确定火源管理区。

根据居民分布、人口密度、人类活动等特点,进一步划分火源管理区。火源管理区可作为火源管理的基本单位,同时也可作为森林防火、灭火的管理单位。火源管理区的划分应考虑以下四个方面的问题。

①火源种类和火源数量。

②交通头部、地形复杂程度。

③村屯、居民点分布特点。

④可燃物的类型及其燃烧性。

火源管理区的类型可分为三类。

一类区：火源种类复杂，火源的数量和出现的次数超过该地区火源数量的平均数；交通不发达，地形复杂，易燃森林所占比例大；村屯、居民点分散，数量多，火源难以管理。

二类区：火源种类较多，其数量为该地区平均水平；交通条件一般，地形不够复杂；村屯、居民点比较集中，火源比较好管理。

三类区：火源种类简单，数量少，低于该地区平均水平；交通比较发达，地形不复杂；森林燃烧性低；村屯、居民点集中，火源容易管理。

火源管理区应以林场或乡镇为单位进行划分，也可以县或林业局作为划分单位。划分火源管理区之后，按不同等级制订相应的火源管理、防火、灭火措施，制定火源管理目标，开展目标管理。

此外，可以将火源分为时令性火源、常年性火源、流动性火源、重点火源等，依此可以对火源和林火发生进行预测预报。

（3）开展火源目标管理。

目标管理是一种行之有效的现代经济管理方法，在火源管理中应用此法，效果明显。经过深入调查，先制定火源控制的总目标（如要求某林区火源总次数下降多少），分别制定不同火源管理区、不同火源种类的林火发生次数控制目标，然后根据不同的管理目标，制定相应的管理措施，使各级管理人员明确目标和责任，通过制订各自的管理计划，采取得力措施，有条不紊地实现火源管理及森林防火的总目标。

【复习思考题】

1. 森林火灾发生的原因和特征是什么？
2. 森林火灾阻隔技术与措施有哪些？

项目3 林业政策与法规

3.1 认知林业政策

3.1.1 林业政策概述

1. 林业政策的概念

林业政策是党和国家在一定时期,为保护和合理利用森林和野生动物资源,发展林业生产,改善生态环境,实现我国林业建设目标而制定的行动依据和准则。各级人民政府及其林业主管部门依据林业政策来指导、规范和影响林业的发展,解决和处理林业工作中遇到的各种矛盾和问题。

林业政策一般通过党组织和国家机关的决定、指示、通知,重要会议的决议及党报社论等方式予以公布。

2. 林业政策的制定

林业政策的制定机关,主要包括党中央、国务院、国务院林业主管部门、地方党的委员会、人民政府及其林业主管部门等。

党中央和国务院在宏观上领导和部署全国的林业工作,党中央、国务院联合制定我国林业的总政策以及关系全局的重大林业政策。国务院依据党中央的方针、政策制定全国性的重要的林业基本政策。国务院林业主管部门依据党中央、国务院的政策制定全国性的林业具体政策。各地的党组织、地方人民政府及其林业主管部门,依据党中央、国务院以及国务院林业主管部门的林业政策,结合本地区林业的实际情况,在自己的职责范围内制定适合在本地区贯彻实施的更为具体、操作性更强的林业政策。

制定林业政策的机关,根据需要可以单独制定和发布林业政策文件,也可以由若干个有关机关共同制定、联合发布林业政策文件。但是,下级党组织和国家机关制定的政策不得与上级的相应政策相抵触,并不得超越其职权范围。

3.1.2 林业政策与林业法规的关系

1. 林业政策与林业法规的联系

林业法规是指国家机关制定的有关保护森林、发展林业的法律、行政法规、部门规章,以及地方性法规、地方政府规章等规范性文件的总称。林业法规规定和调整与森林资源有关的各种关系,它与林业政策既有联系又有区别。二者之间的密切联系主要表现在以下几个方面。

(1)党的林业政策是制定林业法规的基本依据。这是由党在国家生活中的地位及党的林业政策在林业建设中的作用决定的,国家机关制定林业法规必须以党的政策为基本依据。

(2)林业法规是林业政策的定型化和法律化。林业发展过程中出现的许多问题,党和国家机关可以先通过制定各种政策来加以规范或进行处理。经过实践检验证明是正确的、行之有效的政策规定,国家机关可以通过一定的立法程序将其制定为林业法规,使之定型化和法律化,从而以国家强制力来保证其更有效地贯彻实施。

(3)实施林业法规必须以党的林业政策为指导。林业法规要依据党的林业政策来制定,但是林业法规并不能包含林业政策的全部内容,它只是一部分林业政策的法律化。因此,只有深刻领会和掌握党的林业政策,才能正确地理解林业法规的立法宗旨,准确把握其精神实质。我国现阶段,林业法规体系虽然已经基本形成,但在许多方面尚未有完善的法律规定。对于某些问题,在暂时没有林业法规可循的情况下,林业政策能起到弥补的作用。

2. 林业政策与林业法规的主要区别

林业政策与林业法规在本质上是一致的,但属于不同的社会现象,两者的主要区别如表4-3-1所示。

表4-3-1 林业政策与林业法规的区别

区 别 点	林 业 政 策	林 业 法 规
制定主体	党组织和国家机关	具有立法权力的国家机关
表现形式	党的会议决议,党和政府的决定、指示、意见、通知等	特定的规范性文件
实施方式	通过宣传、号召、动员和说服教育等方式实施,对违反者给予批评教育或者纪律处分	按照规范性文件的要求和规定适用和执行;由国家强制力保障实施,违反者承担法律责任
内容的广泛性	内容更为广泛。林业法规所调整的社会关系一般都在林业政策调整的范围内	调整的范围不及林业政策的广泛
稳定程度	具有较强的灵活性	具有较强的稳定性

3.1.3 我国现阶段林业政策的主要内容

2001年国务院林业主管部门对原有林业重点工程进行了系统整合,确立了六大林业重点工程,这是经国务院批准并纳入国民经济和社会发展计划纲要的国家重点工程。

1. 天然林保护工程

天然林保护工程是我国实施可持续发展战略的重点林业生态保护建设工程,包括三个层次:全面停止长江上游、黄河上中游地区天然林采伐,大幅度调减东北、内蒙古等重点国有禁区的木材产量,由地方负责保护好其他地区的天然林。按自然条件、地理位置、水系、山脉特征,将林业用地划分为生态公益林、商品林两类。生态公益林根据保护程度的不同,可划分为重点保护的生态公益林和一般保护的生态公益林。

2. "三北"和长江中下游等地区重点防护林建设工程

"三北"和长江中下游等地区重点防护林建设工程是我国涵盖面最大的防护林工程,包括

"三北"(西北、华北北部、东北西部)、沿海、珠江、淮河、太行山、平原地区,以及洞庭湖、鄱阳湖、长江中下游等地区的防护林建设,主要解决"三北"地区的防沙治沙问题和其他地区各不相同的生态问题。

3. 退耕还林还草工程

对陡坡耕地实行退耕还林还草是中央、国务院针对水土流失日益加剧而作出的一项重大战略决策。此项工程是我国从保护和改善生态环境出发,将水土流失严重的耕地,沙化、盐碱化、石漠化严重的耕地,以及粮食产量低而不稳的耕地,有计划、有步骤地停止耕种,因地制宜地造林种草,恢复植被的重点生态建设工程。

4. 环北京地区防沙治沙工程

这是从北京所处位置的特殊性及改善这一地区生态环境出发的特种保护工程,主要解决物种保护、自然保护等问题。此项工程通过划定封禁保护区、种树种草、小流域治理、舍饲圈养、生态移民、合理利用水资源等综合措施,保护和增加林草植被,尽快使首都及主要风沙区的风沙危害得到有效遏制。

5. 野生动植物保护及自然保护区建设工程

此项工程是一个面向未来、着眼长远、具有多项战略意义的生态保护工程,主要解决基因保存、生物多样性保护、自然保护、湿地保护等问题。工程内容包括野生动植物保护、自然保护区建设、湿地保护和基因保存。重点开展特种拯救工程、生态系统保护工程、湿地保护和合理利用示范工程、种质基因保存工程等。

6. 重点地区速生丰产用材林基地建设工程

重点地区速生丰产用材林基地建设工程简称速丰林基地建设工程,这是我国林业产业体系建设的骨干工程。此项工程通过全面加快速丰林基地建设工程,增加森林资源储备和木材有效供给。这项工程不仅有利于解决我国木材和林产品的供应问题,而且有利于减轻其他地区森林资源保护的压力,促进天然林保护等生态工程的建设。

3.2 认知林业行政执法

3.2.1 林业法律法规体系

1. 我国现行立法体制概述

我国现行立法体制是中央统一领导和一定程度分权的多级并存、多类结合的立法权限划分体制。所谓"中央统一领导和一定程度分权",一方面是指最重要的立法权,亦即国家立法权——立宪权和立法律权,属于中央,并在整个立法体制中处于领导地位;另一方面是指国家的整个立法权力由中央和地方多方面的主体行使。所谓"多级(多层次)并存",即全国人大及其常委会制定国家法律,国务院及其所属部门分别制定行政法规和部门规章,拥有立法权的地方国家权力机关和政府制定地方性法规和地方政府规章。全国人大及其常委会、国务院及其所属部门、地方有关国家权力机关和政府,在立法上以及在它们所立的规范性法律文件的效力上有着级别之差,这些不同级别的立法和规范性法律文件并存于现行中国立法体制中。所谓

"多类结合",即上述立法及其所制定的规范性法律文件,同民族自治地方的立法及其所制定的自治法规,以及经济特区和港澳特别行政区的立法及其所制定的规范性法律文件,在类别上有差别。

2. 我国的立法主体及其权限

(1)全国人大及其常委会立法。全国人大修改宪法,制定和修改刑事、民事、国家机构和其他的基本法律;全国人大常委会制定和修改除应当由全国人大制定的法律以外的其他法律,在全国人大闭会期间,对全国人大制定的法律进行部分的修改,但不得同该法律的基本原则相抵触。

(2)国务院及其各部门立法。国务院的立法权是制定行政法规、行政决定等,国务院隶属部门的立法权为制定部门(委)规章。

(3)一般地方人大及其常委会以及同级人民政府立法。拥有立法权的地方人大及其常委会以及同级人民政府的立法权限分别是制定本行政区域内的地方性法规和地方政府规章。

(4)民族自治地方人大及其常委会立法。民族自治地方人大及其常委会的立法权是制定本行政区域内的自治条例、单行条例。

(5)经济特区立法。经济特区的人大及其常委会以及同级人民政府立法权同一般地方人大及其常委会以及同级人民政府立法权相同。

(6)特别行政区立法。特别行政区立法权来源于全国人民代表大会以特别行政区基本法形式所作的专门授权。

3. 林业法律渊源

(1)宪法。宪法是国家的根本法,具有最高的法律效力,其他部门法的制定和相关内容要以其为基础。林业法律法规所涵盖的法律法规条款都要遵从宪法的相关规定,不得与宪法相违背。宪法是林业法律法规体系的基础。

(2)基本法律。基本法律是指全国人大制定的,全面、系统地规范某一方面基本的社会关系的规范性文件。刑事基本法律对林业犯罪作了系统的规定,为林业法律法规的实施提供了有力保障。民事基本法律为林业法律法规中的森林、林木、林地所有权、使用权法律制度,林业承包合同法律制度、林业企业法律制度等的制定和实施提供了依据。林业法律法规中存在大量的行政法律规范,林业行政处罚、林业行政许可、林业行政复议等方面的林业行政法规、部门规章的制定和林业行政执法的实施,都必须以相关行政基本法律为依据。

(3)单行林业法律。单行林业法律是指全国人民代表大会常务委员会制定的,调整林业生产和生态环境保护、培育和合理利用森林资源而形成的各种社会关系的规范性文件。单行林业法律在全国范围内具有普遍约束力,是制定林业行政法规、林业地方性法规、部门规章、地方政府规章等规范性文件的基础,也是林业行政执法的重要依据。

(4)林业行政法规。林业行政法规是国务院根据法律规定、发布的关于林业的规范性文件的总称。林业行政法规在全国范围内具有普遍约束力,是林业行政执法活动的主要法律依据。

(5)林业部门规章。林业部门规章是国务院林业行政主管部门根据林业法律、行政法规制定的规范性文件的总称,是我国林业法规的主要表现形式之一,数量多,涉及面广,是各级林业行政主管部门进行林业行政执法活动的依据。

3.2.2 林业行政执法

1. 林业行政执法的概念

林业行政执法是指林业行政机关和法律法规授权的组织(统称林业行政主体)依照法律规定,对特定的公民、法人或者其他组织作出的具有约束力的具体行政行为。林业行政执法活动是林业行政执法主体执行法律法规,依法行政的过程。林业行政执法行为是各级林业行政主管部门经常、大量、具体的行政行为。

2. 林业行政执法的基本要求和有效要件

1)林业行政执法的基本要求

林业行政执法直接关系到相对人的合法权益,关系到政府的威望和社会主义现代化建设事业的成败。因此,要求林业行政执法机关及其执法人员必须做到正确、合法、及时。

(1)"正确"是指在行政执法活动中,要做到事实清楚、定性准确、处理恰当。

(2)"合法"是指在行政执法中必须严格依法办事。

(3)"及时"是指在正确、合法的前提下,行政执法机关必须提高工作效率,遵守时限,不拖延,不积压,谨慎而又迅速地解决问题。

2)林业行政执法的有效要件

林业行政执法行为有效必须符合法定的条件,否则就会导致该行为无效、可变更或可撤销。林业行政执法行为的有效要件如下。

(1)主体合法,即林业行政执法的主体须是合法成立的,拥有行政管理资格的行政机关或法定授权的组织。

(2)执法程序正当,这不仅是执法行为合法的前提和基础,也是执法效果公正、合理的保障。程序合法包括执法行为符合决定方式,符合法定步骤、顺序和方法,符合法定期限的要求;在无明文规定的情况下,应当符合立法目的、程序正义的法律宗旨、原则和精神。

(3)实体合法,要求具体行政执法行为的内容合法、适当。实体合法包括执法行为所依据的事实清楚,主要证据确凿、充分,执法行为适用法律法规和规章正确,执法效果公平正义,正确行使裁量权,达到法律效果和社会效果和谐统一。

3. 林业行政执法主体与相对人

1)林业行政执法主体的概念和种类

林业行政执法主体是指享有国家行政执法权,能以自己的名义从事林业行政执法活动,并能独立承担由此产生的法律责任的林业行政机关或组织。

林业行政执法主体有不同的分类方法,依据其是否具有行政编制的性质,可以把林业行政执法主体分为国家行政机关和非国家行政机关两类。享有林业行政执法权的国家行政机关,一是依职权而成为行政执法主体的国家行政机关,二是依有权行政机关决定而成为行政执法主体的行政机关。享有林业行政执法权的非国家行政机关是指经法律法规授权而获得以自己名义对外独立进行林业行政执法行为的事业单位。

2)林业行政执法相对人的概念及权利与义务

除行政指导、抽象行政行为等以外,大多数林业行政执法行为均是影响公民、法人和其他组织权利和义务的具体行政行为。被具体行政执法行为影响力直接作用的自然人和组织就是林业行政执法相对人。林业行政执法相对人是指在林业行政执法活动中与林业行政执法主体相对应的,受执法主体的行政行为影响的个人或组织。林业行政执法的顺利实施离不开林业行政执法相对人的积极配合,林业行政执法相对人在林业行政执法活动中具有重要作用。

(1)林业行政执法相对人的权利。

根据有关法律法规的规定,林业行政执法相对人在林业行政执法活动中主要享有下述权利。

①提出申请的权利。林业行政执法相对人有权依法向林业行政执法主体提出实现其法定权利的各种申请。

②知情权。林业行政执法相对人有权依法了解林业行政执法主体的各种行政行为和法律依据,包括林业行政执法主体作出的决定、根据和理由,以及相关的规范性文件、程序和规则等内容。

③要求听证的权利。在林业行政执法主体作出对林业行政执法相对人的权益影响较大的行政之前,林业行政执法相对人有依法提出申辩和要求举行听证的权利。给予林业行政执法相对人充分辩论、申诉、维护自己的合法权益的权利,有利于监督林业行政执法主体作出合法、公正的林业行政执法行为。

④获得救济的权利。林业行政执法相对人对林业行政执法主体作出的具体行政行为不服,有权依照《中华人民共和国行政复议法》的规定申请林业行政复议,或者依照《中华人民共和国行政诉讼法》的规定提起林业行政诉讼。当林业行政执法主体的行政行为违法,侵犯林业行政执法相对人的合法权益并造成损失时,林业行政执法相对人有请求行政赔偿的权利。

⑤抵制违法行政的权利。林业行政执法相对人对林业行政执法主体实施的明显违法的行政执法行为有权依法予以抵制。

(2)林业行政执法相对人的义务。

根据有关法律法规的规定,林业行政执法相对人在林业行政执法活动中应当履行以下义务。

①遵从和配合林业行政执法的义务。依法服从和履行林业行政执法主体作出的生效的林业行政执法处理决定。

②遵从林业行政程序的义务。林业行政执法相对人在请求林业行政执法主体为一定行为或者不为一定行为时,应该遵循相应的法定步骤、手续和时限,否则可能导致不利的法律后果。

③接受林业行政执法监督的义务。林业行政执法相对人在林业行政执法活动中要自觉接受林业行政执法主体依法实施的检查、监督工作。

4.林业行政执法的种类

1)林业行政征收

林业行政征收是指林业行政执法主体根据林业建设与资源保护和发展的需要,依据林业法律法规的规定,依法从林业行政执法相对人处收取一定财物的一种具体行政行为。林业行政征收具有单方性、公益性、强制性和非制裁性的特点。

林业行政征收的种类较多,主要有:育林费、森林植被恢复费、野生动物资源保护管理费、植物检疫费等。

林业行政征收要遵循依法征收、公开征收、及时足额征收和收支分离的原则。

2)林业行政确认

林业行政确认是指林业行政执法主体依法对林业行政执法相对人的法律地位、法律关系或有关的法律事实进行甄别,给予确定、认可、证明,并予以宣告的具体行政行为。林业行政确认的主体是行政机关,包括有关人民政府、林业行政机关和法律法规授权的组织。林业行政确认的内容是对林业行政执法相对人的法律地位和权利、义务的确定。林业行政确认是一种要式行政行为,林业行政执法主体在作出确认行为时,必须以书面的形式作出,参加确认的有关人员还须签署自己的姓名,并由进行确认的林业行政执法主体加盖印鉴,或颁发证书。

3)林业行政检查

林业行政检查是林业行政执法主体及其工作人员依照法律授予的权限,对林业行政执法相对人是否守法的事实进行单方面强制了解的具体行政行为。

林业行政检查的方式主要有实地检查、书面检查、特别检查。

4)林业行政处置

林业行政处置又称即时强制,是指林业行政执法主体对林业行政执法相对人违法标的物采取即时强制、限制措施的具体行政行为,其行为效果暂时制约林业行政执法相对人的权利和义务,是一种特殊的行政行为。目前在林业行政执法中,常见的林业行政处置形式有两种:一是封存,二是暂扣。

5)林业行政许可

林业行政许可是指林业行政主管部门、法律法规授权的组织或者林业行政主管部门委托的行政机关,根据公民、法人或者其他组织的申请,经依法审查,准予符合法定条件的申请人从事某种活动的法律资格或实施某种行为的法律权利的一种具体行政行为。《中华人民共和国行政许可法》于2003年8月27日经第十届全国人民代表大会常务委员会第四次会议通过。林业行政许可作为国家行政许可制度的重要组成部分,要以《中华人民共和国行政许可法》和其他有关林业法律法规为依据,保障和监督行政机关有效实施行政管理。

6)林业行政处罚

林业行政处罚是指县级以上林业主管部门、法律法规授权的组织,对违反林业行政管理秩序,尚未构成犯罪的林业行政执法相对人依法实施的一种行政制裁。

林业行政处罚具体包括:声誉罚,如警告、通报批评;财产罚,具体形式有罚款、没收财物、加收滞纳金、承担相关费用等;行为罚,主要形式有责令停产停业、暂扣或吊销许可证和执照等;人身自由罚,具体形式是行政拘留。

5. 林业行政执法监督

1)林业行政执法监督的概念

林业行政执法监督是指国家机关、企业事业单位、社会团体和人民群众对林业行政机关及其工作人员实施的林业行政执法是否合法进行的监督。1996年9月27日林业部发布的《林业行政执法监督办法》,使林业行政执法监督有法可依、有章可循。林业行政执法监督可分为国家机关监督和社会监督。

2)林业行政执法监督的内容

林业行政执法的国家机关监督包括内部监督和层级监督。内部监督是指各级林业主管部门对本部门的执法机构及其执法人员行使林业行政执法权进行监督的活动。层级监督是指上级林业主管部门对下级林业主管部门及其执法人员行使林业行政执法权进行监督的活动。

林业行政执法监督的内容包括:执法人员是否具备执法资格,执法是否持有有效的执法证件；受委托组织是否在委托范围和权限内依法行使行政执法权；执法人员是否有超越职权、滥用职权、行贿受贿、包庇纵容、徇私舞弊、玩忽职守等违法行为；案件的事实是否清楚，证据是否确凿；适用法律法规和规章是否正确；办案是否符合法定程序；林业行政处罚的执行是否符合法律法规和规章的规定；行政处罚文书的使用和填写是否规范；没收财物是否按规定处置；林业行政复议案件是否依法受理和审理；以及其他需要进行监督的事项。

3）林业行政执法监督的方式

（1）行政复议。

行政复议是目前我国采取的最普遍的一种监督方式，是指有行政复议权的行政机关，根据林业行政执法相对人的申请，对行政机关的具体行政行为进行复查的制度。

（2）行政听证。

行政听证是林业行政执法主体在作出特定案件的林业行政处罚决定前，公开举行听证会，以听取各方有关利害关系人意见的活动。行政所证是由林业行政执法主体自行组织、进行的一种监督方式，旨在检查本单位拟作出处罚决定的合法性、适当性，是林业行政执法主体的自律和他律相结合的监督检查的重要形式。

（3）行政执法检查。

行政执法检查是指上级林业主管部门对下级林业主管部门的行政执法行为进行检查监督的活动，主要检查林业主管部门和法定授权组织及其工作人员是否正确执法。

（4）重大行政处罚案件备案制度。

《林业行政执法监督办法》规定：地方各级行政主管部门对本辖区内责令停产停业、吊销许可证、没收较大数额的违法所得或者非法财物、较大数额罚款等重大复杂的林业行政处罚，应在作出处罚决定之日起15日内，将有关材料报送上一级行政主管部门备案。备案的有关材料包括：处罚案件简要介绍、主要证据材料复印件、处罚决定书复印件等。通过备案，对重大的行政处罚行为的合法性和适当性进行审查，以保护公民、法人或其他组织的合法权益。

（5）林业行政执法过错责任追究制度。

林业行政机关及其执法人员，在林业行政执法中要严格依法办事，避免执法违法，更不能玩忽职守、滥用职权、徇私枉法。因执法过错并造成一定后果的，应当依法追究过错责任并且给予必要的行政处分。

（6）林业行政执法公示制度。

各级林业主管部门将与人民群众密切相关的有关许可证的核发程序、收取林业税费的项目和标准、林业行政处罚的法律依据和处罚程序，在办公场所或者以其他方式向社会公开，接受社会监督。

3.3　认知森林法律制度

3.3.1　森林法概述

1. 森林法的概念

森林法是以保护、培育和合理利用森林资源，加快土地绿化，发挥森林涵养水源、保护水土、调节气候、改善环境和提供林产品的作用，适应社会主义现代化建设和人民生活的需要为目的,调整林业生产和生态环境建设领域内国家机关、企业事业单位、其他组织之间,以及与自然人之间经济关系的法律规范的总称。

广义的森林法泛指一切与森林资源有关的规范性文件,包括法律、行政法规、地方性法规、行政规章、自治条例和单行条例等,也被称为林业法规。狭义的森林法是指由全国人民代表大会常务委员会通过的《中华人民共和国森林法》,此法于1984年9月20日第六届全国人民代表大会常务委员会第七次会议通过,自1985年1月1日起施行,根据2009年8月27日第十一届全国人民代表大会常务委员会第十次会议《关于修改部分法律的决定》修改。

2. 森林资源和森林种类

1) 森林资源

森林资源包括森林、林木、林地,以及依托森林、林木、林地生存的野生动物、植物和微生物。森林法中所说的森林是法律意义上的森林,是具有一定面积的林木的总体,包括乔木林、灌木林和竹林。

2) 森林种类

森林种类即林种,是以培育、保护和利用森林的目的为标准,将森林划分为不同的种类。森林分为以下五类:

(1) 防护林:以防护为主要目的的森林、林木和灌木丛,包括水源涵养林,水土保持林,防风固沙林,农田、牧场防护林,护岸林,护路林等。

(2) 用材林:以生产木材为主要目的的森林和林木,包括以生产竹材为主要目的的竹林。大力发展用材林,对于适应国家建设和人民生活的需要,具有重要的意义。

(3) 经济林:以生产果品、食用油料、饮料、调料、工业原料和药材等为主要目的的林木。

(4) 薪炭林:以生产燃料为主要目的的林木。发展薪炭林,对于解决农村居民的生活需要和森林资源的保护,具有重要的意义。

(5) 特种用途林:以国防、环境保护、科学实验等为主要目的的森林和林木,包括国防林、实验林、母树林、环境保护林、风景林、名胜古迹和革命纪念地的林木、自然保护区的森林。

3.3.2 林权法律制度

1. 林权法律制度概述

1) 林权的概念

林权是森林、林木、林地权属的简称,是指森林、林木、林地的所有权或者使用权。森林、林木、林地的所有权是指所有人依法对森林、林木、林地享有占有、使用、收益和处分的权利。使用权是指根据合同或有关规定,使用国家、集体或者他人的森林、林木、林地的权利。

2) 林权的种类

(1) 森林、林木和林地的所有权主要形式。

根据《中华人民共和国宪法》及《中华人民共和国森林法》等法律的规定,我国森林、林木和林地的所有权主要有三种形式:

①国家的森林、林木和林地的所有权。《中华人民共和国宪法》第九条规定:"矿藏、水流、森林、山岭、草原、荒地、滩涂等自然资源,都属于国家所有,即全民所有;由法律规定属于集体所有的森林和山岭、草原、荒地、滩涂除外。"《中华人民共和国森林法》第三条规定:"森林资源属于国家所有,由法律规定属于集体所有的除外。"

②集体的森林、林木和林地的所有权。根据《中华人民共和国宪法》《中华人民共和国森林法》的规定,法律规定属于集体所有的森林、林木和林地,属于集体所有。集体所有的森林、林木和林地的所有者,是该集体经济组织,而不是该组织的成员。只有集体经济组织才有权依照法律的规定及集体经济组织全体成员的决定来行使对集体所有的森林、林木和林地的占有、使用、收益和处分的权利。集体所有的森林、林木和林地受国家法律保护,任何单位和个人都不得侵占,也不得任意平调和无偿占有。

③公民个人的林木所有权和林地使用权。根据《中华人民共和国森林法》的规定,公民个人享有林木的所有权和林地的使用权,但不享有森林和林地的所有权。

在公有制基础上通过劳动取得林木所有权和林地使用权,是个人林权取得的主要方式,如农民在房前屋后、自留地、自留山上种植的林木,归个人所有;城镇居民在自有房屋的庭院内种植的林木,归个人所有;承包国家所有或集体所有的宜林荒山造林的,除承包合同另有规定以外,所种植的林木归承包的个人所有。此外,还可以通过继承、接受赠予等方式取得个人林木所有权,通过划定自留山、承包山林等形式取得个人林地使用权。

(2)森林、林木和林地的使用权主要形式。

根据《中华人民共和国宪法》《中华人民共和国民法通则》《中华人民共和国土地管理法》《中华人民共和国森林法》的有关规定,我国森林、林木和林地的使用权的形式多种多样,主要有以下几种:

①国家所有的森林、林木、林地由国有单位使用,该单位依法享有对所使用的森林、林木、林地的占有、使用、收益和部分处分的权利,但不拥有所有权。

②国家所有的森林、林木、林地由集体以合法形式(如联营、承包、租赁等形式)取得森林、林木、林地的使用权。

③集体所有的林地由国有林业单位使用,该单位没有所有权,但依法拥有使用权。

④公民、法人或者其他组织以承包、租赁、转让等形式依法取得国家所有或者集体所有林地的使用权,但不拥有所有权。

3)林权登记与确认发放

《中华人民共和国森林法》规定:"国家所有的和集体所有的森林、林木和林地,个人所有的林木和使用的林地,由县级以上地方人民政府登记造册,发放证书,确认所有权或者使用权。"《中华人民共和国森林法实施条例》规定:"国家依法实行森林、林木和林地登记发证制度。"林权证是依法经县级以上人民政府登记核发,由权利人持有的确认森林、林木、林地所有权或使用权的法律凭证,是森林、林木和林地唯一合法的权属证书。

2. 林权流转

1)林权流转的概念

森林、林木和林地的流转,是指森林、林木所有权人或者林地使用权人将其森林、林木的所有权或使用权和林地的使用权依法全部或部分转移给他人的行为。森林、林木和林地的流转依据的规范性文件包括:《中华人民共和国宪法》第十条规定(土地的使用权可以依照法律的规定转让)、《中华人民共和国森林法》、《中华人民共和国农村土地承包法》,以及有关森林、林木和林地流转的地方性法规及林业政策规定等。

2)林权流转的基本特征

依据有关规范性文件的规定,森林、林木和林地的流转具有以下基本特征。

(1)流转主体法定。森林、林木和林地转让方的当事人须是依法取得林权证的公民、法人或其他组织,受让方须是符合法定条件的公民、法人或其他组织。

(2)流转范围特定。森林、林木和林地流转的范围包括:用材林、经济林、薪炭林,用材林、经济林、薪炭林的林地使用权,用材林、经济林、薪炭林的采伐迹地、火烧迹地的林地使用权,国务院规定的其他森林、林木和林地使用权。下列对象依法不得流转:重点生态防护林、特种用途林,未取得林权证或权属有争议的森林、林木和林地,林地所有权,森林内的野生动物、矿藏物和埋藏物。依托森林、林木和林地生存的野生动物、重点保护野生植物以及古树名木的法定保护义务随森林、林木和林地的流转而同时流转。

(3)流转方式多样。《中华人民共和国森林法》第十五条规定,森林、林木、林地使用权转让还可以采用依法作价入股、合资、合作的流转方式。《中华人民共和国农村土地承包法》第三十二条规定:"通过家庭承包取得的土地承包经营权可以依法采取转包、出租、互换、转让或者其他方式流转。"

3. 林权纠纷处理

1)林权纠纷的概念

林权纠纷也称林权争议,是森林、林木和林地的所有者或使用者就如何占有、使用、收益和处分森林、林木和林地问题所发生的争执和纠纷。广义的林权纠纷不但包括林木所有权或者使用权的纠纷,还包括林地所有权或使用权的纠纷。狭义的林权纠纷仅指林木所有权或使用权的纠纷。一般林权纠纷多指广义。

林权纠纷是人们就如何占有、使用、收益和处分森林、林木和林地而产生的纠纷,其性质属于财产权益争议的民事纠纷范畴,因此,解决林权纠纷应当用说服教育的方法和按照法律规定的程序。

2)林权纠纷调处管辖

根据《中华人民共和国森林法》等法律法规的规定,林权纠纷实行属地管辖、分级调处,具体规定如下。

(1)同一乡(镇)内发生的个人之间、个人与单位之间的纠纷,由乡(镇)人民政府调处。

(2)同一乡(镇)内发生的单位之间的纠纷,由乡(镇)人民政府调解,经调解达不成协议的,由县级人民政府作出处理决定。

(3)同一县(县级市、市辖区)内跨乡(镇)行政区域发生的林权纠纷,由县级人民政府林业主管部门调解,经调解达不成协议的,由县级人民政府作出处理决定。

(4)设区的市内跨县级行政区域的林权纠纷,由设区的市人民政府林业主管部门调解,经调解达不成协议的,由设区的市人民政府作出处理决定。

(5)跨设区的市行政区域的权属纠纷,由省级人民政府林业主管部门调解,经调解达不成协议的,由省级人民政府作出处理决定。

(6)因案件重大、案情复杂,经调解后达不成协议,又不便作出处理决定的,有处理权的人民政府可以提出处理意见,报上一级人民政府处理。上级人民政府认为有必要的,可以直接处理下级人民政府有权处理的权属纠纷。

3)林权纠纷调处的方法和程序

林权纠纷调处通常采取以下几种方式,具体程序如下。

(1)双方当事人协商解决。

林权纠纷发生后,纠纷双方当事人应当按照平等互让的原则,积极进行协商决定。一般由当事人一方向对方提出解决纠纷的建议,当事人之间再进行协商和实地调查,最后签订协议。依法达成协议的,当事人应当在协议书及附图上签字或者盖章,并报所在地林权纠纷处理机构备案,由县级以上人民政府办理确认权属的登记手续;经协商不能达成协议的,当事人可以按照有关规定向林权纠纷处理机构申请处理。

(2) 行政解决。

林权纠纷的行政解决是指人民政府依法调处林权纠纷。人民政府调处林权纠纷的程序包括:当事人申请、立案、现场勘验和调查取证、组织调解与协商、作出处理决定、送达处理决定书、颁发林权证书、执行处理决定。

(3) 仲裁解决。

《中华人民共和国农村土地承包法》第五十一条规定:"因土地承包经营发生纠纷的,双方当事人可以通过协商解决,也可以请求村民委员会、乡(镇)人民政府等调解解决。当事人不愿协商、调解或者协商、调解不成的,可以向农村土地承包仲裁机构申请仲裁,也可以直接向人民法院起诉。"《农村土地承包经营纠纷调解仲裁法》第四条规定:"当事人和解、调解不成或者不愿和解、调解的,可以向农村土地承包仲裁委员会申请仲裁,也可以直接向人民法院起诉。"

农村土地承包仲裁委员会,根据解决农村土地承包经营纠纷的实际需要设立。农村土地承包仲裁委员会可以在县和不设区的市设立,也可以在设区的市或者其市辖区设立。农村土地承包经营纠纷申请仲裁的时效期为2年,自当事人知道或者应当知道其权利被侵害之日起计算。

《农村土地承包经营纠纷调解仲裁法》第四十七条规定:"仲裁农村土地承包经营纠纷,应当自受理仲裁申请之日起六十日内结束;案情复杂需要延长的,经农村土地承包仲裁委员会主任批准可以延长,并书面通知当事人,但延长期限不得超过三十日。"

《中华人民共和国农村土地承包法》第五十二条与《农村土地承包经营纠纷调解仲裁法》第四十八条规定,当事人对农村土地承包仲裁机构的仲裁裁决不服的,可以自收到裁决书之日起三十日内向人民法院起诉。逾期不起诉的,裁决书即发生法律效力。

(4) 诉讼解决。

《林木林地权属争议处理办法》第二十二条规定:"当事人对人民政府作出的林权争议处理决定不服的,可以依法提出申诉或者向人民法院提起诉讼。"先由有关人民政府对林权纠纷作出处理决定,是诉讼程序解决林权纠纷的法定必经程序。人民法院受理当事人诉讼的,适用《中华人民共和国行政诉讼法》的规定进行审理并作出裁判。

林权纠纷经人民法院依法审理完毕,由县级以上人民政府根据人民法院的生效判决或者裁定登记造册,核发证书,确认权属,予以保护。

林权纠纷不论是采取当事人协商解决、人民政府处理还是诉讼程序解决,在解决以前,任何一方都不得砍伐有纠纷的林木。有纠纷的林木、林地在纠纷处理过程中,应当保持原状。此外,如果发生以林权纠纷为借口,实施侵权行为或者破坏森林资源行为的,必须依法予以处罚。

4. 占用征用林地管理

1) 占用征用林地一般规定

在保证国家建设用地需要的同时,为了避免非法侵占、破坏林地,法律对占用征用林地作了严格的规定:进行勘查、开采矿藏和各项建设工程,应当不占或者少占林地;必须占用或者征用林地的,应当经林业主管部门审核同意后,依照有关土地管理的法律、行政法规办理建设用地审批手续。

(1) 占用林地。

占用林地是指国有企业事业单位、机关、团体、部队等单位因建设项目的需要,依法使用国家所有的林地。林地被占用后,林地的所有权没有改变,仍归国家所有;林地的使用权发生改变,归依法占用林地的单位享有。

(2) 征用林地。

征用林地是指国有企业事业单位、机关、团队、部队等单位因建设项目的需要,依法使用集体所有的林地。林地被征用后,林地的所有权发生改变,由集体所有变为国家所有;林地使用权也依法归征用林地的单位享有。

征用林地和占用林地都产生林地用途被改变的法律后果。

《中华人民共和国森林法》《中华人民共和国森林法实施条例》《占用征用林地审核审批管理办法》《占用征用林地审核审批管理规范》等法律法规,对确需占用或者征用林地的建设项目的条件、范围、程序等作出了具体规定。

2) 临时占用林地

临时占用林地是指建设项目占用林地的期限不超过2年,而且不在林地上修筑永久性建筑物的情形。占用期满后,用地单位必须恢复林业生产条件。

用地单位需要临时占用林地的,应当根据《中华人民共和国森林法实施条例》和国家林业局颁布的《占用征用林地审核审批管理办法》的规定提出申请,进行审批,支付预收森林植被恢复费。

3) 森林经营单位在所经营的范围内修筑工程设施占用林地

森林经营单位在所经营的范围内修筑直接为林业生产服务的工程设施占用林地,涉及的工程设施有:培育、生产种子、苗木的设施,贮存种子、苗木、木材的设施,集材道、运材道,林业科研、试验、示范基地,野生动植物保护、护林、森林病虫害防治、森林木材检疫的设施,供水、供电、供热、供气、通信基础设施。森林经营单位经批准,在所经营的林地范围内修筑直接为林业生产服务的工程设施的,可不缴纳林地补偿费、林木补偿费、林地安置补助费和森林植被恢复费;修筑不是直接为林业生产服务的其他工程设施的,必须依法办理建设用地的审批手续。

4) 农村居民占用林地建住宅

农村居民按照规定标准修建自用住宅需要占用林地的,应当以行政村为单位编制规划,落实地块,按照年度向县级人民政府林业主管部门提出申请,经县级人民政府林业主管部门依法审查,在逐级上报省(自治区、直辖市)人民政府林业主管部门审核同意后,由行政村依照有关土地管理的法律法规办理用地审批手续。

3.3.3 森林保护法律制度

1. 森林防火法律制度

1) 森林防火概述

为了有效预防和扑救森林火灾,保障人民生命财产安全,保护森林资源,维护生态安全,根据《中华人民共和国森林法》,2008年11月19日国务院第36次常务会议修订通过《森林防火条例》,2008年12月1日发布,自2009年1月1日起施行。森林防火工作继续实行"预防为主、积极消灭"的方针。

森林防火工作实行地方各级人民政府行政首长负责制。国家森林防火指挥机构负责组织、协调和指导全国的森林防火工作。县级以上地方人民政府根据实际需要设立的森林防火指挥机构,负责组织、协调和指导本行政区域的森林防火工作。国务院林业主管部门负责全国森林防火的监督和管理工作,承担国家森林防火指挥机构的日常工作。县级以上地方人民政府林业主管部门负责本行政区域森林防火的监督和管理工作,承担本级人民政府森林防火指挥机构的日常工作。国务院其他有关部门按照职责分工,负责有关的森林防火工作。县级以上地方人民政府其他有关部门按照职责分工,负责有关的森林防火工作。

规定森林防火工作涉及两个以上行政区域的,有关地方人民政府应当建立森林防火联防机制,确定联防区域,建立联防制度,实行信息共享,并加强监督检查。

2)森林防火法律制度的主要内容

(1)预防森林火灾。

预防森林火灾的主要内容有:确定从国家到地方的森林火险区划等级,编制国家及地方的森林防火规划;加强森林防火基础设施建设,保障航空护林所需经费;编制国家及地方的森林火灾应急预案;实现林业建设和森林防火的"四同步",即森林防火设施应当与建设项目同步规划、同步设计、同步施工、同步验收;建立森林防火责任制,完善护林员制度;加强森林火灾扑救应急队伍的定期培训和演练;规定森林防火期和森林高火险期,划定森林防火区和森林高火险区;做好森林火险天气的监测预报。

(2)扑救森林火灾。

扑救森林火灾的主要内容有:规范森林火灾报告程序;启动森林火灾应急预案;扑救森林火灾应以专业火灾扑救队伍为主;武装警察森林部队负责执行国家赋予的森林防火任务;气象、交通、民政、公安、商务、卫生等部门在森林防火工作中积极履行各自职责;因扑救森林火灾的需要,县级以上森林防火指挥机构可以决定采取紧急措施的权力。

(3)森林火灾灾后处置。

森林火灾灾后处置的主要内容有:县级以上地方人民政府林业主管部门应当按照有关要求对森林火灾情况进行统计,报上级人民政府林业主管部门和本级人民政府统计机构,并及时通报本级人民政府有关部门;县级以上人民政府森林防火指挥机构或者林业主管部门向社会发布森林火灾信息,重大、特别重大森林火灾信息由国务院林业主管部门发布;对因扑救森林火灾负伤、致残、牺牲的扑火人员,按照国家有关规定给予医疗、抚恤,当地人民政府可以先行支付扑救森林火灾的相关费用。

2.森林病虫害防治法律制度

1)森林病虫害防治概述

森林病虫害防治是指森林、林木种苗,以及木材、竹材的病虫害的预防和除治,它是保护森林的重要措施。《中华人民共和国森林法》、《中华人民共和国森林法实施条例》和《森林病虫害防治条例》,对森林病虫害防治作了重要规定。

《森林病虫害防治条例》规定,森林病虫害防治实行"预防为主、综合治理"的方针,实行"谁经营、谁防治"的责任制度,地方各级人民政府应当制定措施和制度,加强对森林病虫害防治工作的领导。地方各级人民政府林业主管部门主管本行政区域内的森林病虫害防治工作,其所属的森林病虫害防治机构负责森林病虫害防治的具体组织工作。区、乡林业工作站负责组织本区、乡的森林病虫害防治工作。

2) 森林病虫害防治法律制度的主要内容

(1) 森林病虫害预防。

森林病虫害预防的主要内容有：在森林经营活动中采取预防森林病虫害发生的措施，防止境外森林病虫害传入，建立无检疫对象的林木种草基地，保护好林内各种有益生物，做好森林病虫害预测预报工作，做好森林病虫害防治的设施建设。

(2) 森林病虫害除治。

森林病虫害除治的主要内容有：发现严重森林病虫害时应当及时报告；县级以上地方人民政府或者林业主管部门在发生严重森林病虫害时，应当制定除治森林病虫害的实施计划；经营单位和个人对发生的森林病虫害应及时进行除治。

(3) 落实森林病虫害防治费用。

落实森林病虫害防治费用的主要内容有：贯彻执行"谁经营、谁防治"的责任制度；遵循以地方投入为主、国家适当补助为辅的原则，多渠道筹集资金，形成多渠道、多形式、多层次的投入机制。

(4) 森林病虫害防治奖励制度。

森林病虫害防治奖励制度的主要情形有：严格执行森林病虫害防治法规，预防和除治措施得力，在本地区或者经营区域内，连续五年没有发生森林病虫害的；预报病情、虫情及时准确，并提出防治森林病虫害的合理化建议，被有关部门采纳，获得显著效益的；在森林病虫害防治科学研究中取得成果或者在应用推广科研成果中获得重大效益的；在林业基层单位连续从事森林病虫害防治工作满十年，工作成绩较好的；在森林病虫害防治工作中有其他显著成绩的。

3. 森林植物检疫法律制度

1) 森林植物检疫概述

森林植物检疫是一项政策性、社会性较强的行政执法工作，也是控制危险性病虫害传播蔓延的预防性措施。《中华人民共和国森林法》、《中华人民共和国森林法实施条例》、《植物检疫条例》和《植物检疫条例实施细则（林业部分）》，对森林植物检疫作了重要规定。为了防止国外的森林病虫害在我国境内传播、蔓延，1991年10月第七届全国人民代表大会常务委员会通过《中华人民共和国进出境动植物检疫法》，1996年12月国务院发布《中华人民共和国进出境动植物检疫法实施条例》，各口岸动植物检疫机构对入境的林木种苗、木材等进行检疫。

2) 森林植物检疫法律制度的主要内容

(1) 规定森林植物检疫对象。

凡局部地区发生的危险性大、能随植物及其产品传播的病、虫、杂草，应定为森林植物检疫对象。国内森林植物检疫对象和应施检疫的森林植物及省际调运应施检疫的森林植物及其产品名单，由国务院林业主管部门制定。各省、自治区、直辖市林业主管部门可以根据本地区的需要，制定本省、自治区、直辖市的补充名单，并报国务院林业主管部门备案。未列入上述两种名单的森林植物及其产品的检疫与否，由调入省的森林检疫机构决定。应施检疫的森林植物及其产品包括林木种子、苗木和其他繁殖材料，乔木、灌木、竹类、花卉和其他森林植物，木材、竹材、药材、果品、盆景和其他林产品。

(2) 划定疫区和保护区。

局部地区发生森林植物检疫对象的，应划为疫区，采取封锁、消灭措施，防止森林植物检对象传出；发生地区已比较普遍的，应将未发生地区划为保护区，防止植物检疫对象传入。疫区应根据森林植物检疫对象的传播情况，当地的地理环境、交通状况，以及采取封锁、消灭措施的需要来划定，其范围应严格控制。在发生疫情的地区，森林植物检疫机构可以派人参加当地的道路联合检查或者木材检查；发生特大疫情时，经省、自治区、直辖市人民政府批准，可以设立森林植物检疫检查站，开展森林植物检疫工作。疫区和保护区的划定，由省、自治区、直辖市林业主管部门提出，报省、自治区、直辖市人民政府批准，并报国务院林业主管部门备案。疫区和保护区的范围涉及两省、自治区、直辖市以上的，由有关省、自治区、直辖市林业主管部门共同提出，报国务院林业主管部门批准后划定。疫区、保护区的改变和撤销的程序，与划定时的相同。

(3)进行森林植物及其产品的产地检疫。

生产、经营应施检疫的森林植物及其产品的单位和个人，应当在生产期间或者调运之前向当地森林植物检疫机构申请产地检疫。对于检疫合格的，由森林植物检疫员或者兼职森林植物检疫员发给产地检疫合格证；对于检疫不合格的，发给检疫处理通知单。产地检疫的技术要求按照《森林植物检疫技术规程》的规定执行。林木种子、苗木和其他繁殖材料的繁育单位，必须有计划地建立无森林植物检疫对象的种苗繁育基地、母树林基地。试验、推广的林木种子、苗木和其他繁殖材料，不得带有森林植物检疫对象，必须经森林植物检疫机构实施产地检疫。

(4)进行森林植物及其产品的调运检疫。

调运森林植物和植物产品，属于下列情况的，必须经过检疫：列入应施检疫的森林植物、植物产品名单的，运出发生疫情的县级行政区域之前，必须经过检疫；凡种子、苗木和其他繁殖材料，不论是否列入应施检疫的森林植物、植物产品名单和运往何地，在调运之前，都必须经过检疫。按照规定必须检疫的森林植物和植物产品，经检疫未发现森林植物检疫对象的，发给森林植物检疫证书；发现有森林植物检疫对象，但能彻底消毒处理的，托运人应按森林植物检疫机构的要求，在指定地点做消毒处理，经检查合格后发给森林植物检疫证书，无法消毒处理的，应停止调运。对于可能被森林植物检疫对象污染的包装材料、运载工具、场地、仓库等，也应实施检疫。如已被污染，托运人应按森林植物检疫机构的要求处理。

(5)进行林木种子、苗木和其他繁殖材料的国外引种检疫。

从国外引进林木种子、苗木和其他繁殖材料，引进单位或个人应当向所在地的省、自治区、直辖市森林植物检疫机构提出申请，办理引种检疫审批手续。从国外引进的林木种子、苗木和其他繁殖材料，有关单位或者个人应当按照审批机关确认的地点和措施进行种植。对于可能潜伏有危险性森林病虫的，一年生植物必须隔离试种一个生长周期，多年生植物至少隔离试种二年以上。经省、自治区、直辖市森林植物检疫机构检疫，证明确实不带有危险性森林病虫的，方可分散种植。

(6)实施森林植物检疫员制度。

森林植物检疫员应当由具有林业专业、森林保护专业助理工程师以上技术职称的人员，或者中等专业学校毕业、连续从事森林保护工作两年以上的技术员担任。森林植物检疫员应当经过省级以上林业主管部门举办的森林植物检疫培训班培训并取得成绩合格证书，由省、自治区、直辖市林业主管部门批准，发给森林植物检疫员证。森林植物检疫员执行森林植物检疫任务时，必须穿着森林植物检疫制服，佩戴森林植物检疫标志和出示森林植物检疫员证。森林植物检疫员在执行森林植物检疫任务时有权行使下列职权：进入车站、机场、港口、仓库，以及森林植物及其产品的生产、经营、存放等场所，依照规定实施现场检疫或者复检、查验森林植物检疫证书和进行疫情监测调查;依法监督有关单位或者个人进行消毒处理、除害处理、隔离试种,以及采取封锁、消灭等措施;依法查阅、摘录或者复制与森林植物检疫工作有关的资料,收集证据。

(7)对森林植物检疫工作先进单位和个人的奖励制度。

有下列成绩之一的单位和个人,由人民政府或者林业主管部门给予奖励:与违反森林植物检疫法规行为作斗争事迹突出的,在封锁、消灭森林植物检疫对象工作中有显著成绩的,在森林植物检疫技术研究和推广工作中获得重大成果或者显著效益的,防止危险性森林病虫传播蔓延作出重要贡献的。

4. 其他违反保护森林法规行为

其他违反保护森林法规的行为有:擅自开垦林地;擅自毁林采种或违反操作技术规程采脂、挖笋、掘根、剥树皮及过度修枝;进行采石、采砂、采土、采种、采脂等活动,致使森林、林木受到毁坏的行为;在幼林地和特种用途林内进行砍柴、放牧等行为;擅自将防护林和特种用途林改变为其他林种的行为;擅自移动或者毁坏林业服务标志的行为。

3.3.4　森林采伐利用法律制度

1. 森林采伐限额和木材生产计划

1)森林采伐限额基本制度

(1)森林采伐限额的概念。

森林采伐限额是指国家根据用材林的消耗量低于生长量的原则,严格控制森林年采伐量。国家所有的森林和林木以国有林业企业事业单位、农场、厂矿为单位,集体所有的森林和林木、个人所有的林木以县为单位,制定年采伐限额,由省、自治区、直辖市林业主管部门汇总,经同级人民政府审核后,报国务院批准。

(2)实行采伐限额的范围。

《国家林业局关于切实加强和严格规范树木采挖移植管理的通知》(林资发〔2013〕186号)规定,采挖树木必须办理林木采伐许可证,胸径5厘米以上的树木必须纳入采伐限额管理,但国家和地方有关法律法规禁止采伐的森林和林木,农村居民采伐自留山上个人所有的薪炭林和自留地、房前屋后个人所有的零星林木以及非林业用地上种植的林木不编制采伐限额,不列入采伐限额范围。国务院批准的年森林采伐限额,每五年核定一次。年度商品林采伐限额有节余的编限单位可以结转下一年度使用,具体办法按国家林业局制定的《商品林采伐限额结转管理办法》施行。利用外资营造的用材林达到一定规模需要采伐的,应当在国务院批准的森林年采伐限额内,由省、自治区、直辖市人民政府林业主管部门批准,实行采伐限额单列。

2)年度木材生产计划基本制度

《中华人民共和国森林法》第三十条规定:"国家制定统一的年度木材生产计划。年度木材生产计划不得超过批准的年采伐限额。计划管理的范围由国务院规定。"

《中华人民共和国森林法实施条例》第二十九条规定:"采伐森林、林木作为商品销售的,必须纳入国家年度木材生产计划;但是,农村居民采伐自留山上个人所有的薪炭林和自留地、房前屋后个人所有的零星林木除外。"

年度木材生产计划是法定计划,各级林业主管部门依据上级林业主管部门下达的计划指示进行分解,不得随意增加,不得擅自编制下达,采伐单位和个人对上级林业主管部门下达的计划不得突破。木材生产计划不得下达给没有森林采伐限额的单位,各分项的木材生产计划指标原则上不能相互调剂使用。

2. 林木凭证采伐法律制度

1) 林木凭证采伐法律制度的概念

《中华人民共和国森林法》第三十二条规定:"采伐林木必须申请采伐许可证,按许可证的规定进行采伐。"林木凭证采伐法律制度是指任何采伐林木的单位和个人,必须依法向核发林木采伐许可证的部门申请林木采伐许可证,经批准取得林木采伐许可证后按照林木采伐许可证规定的地点、数量、树种、方式和期限等进行采伐,并按规定完成采伐迹地的更新。林木采伐许可证是采伐单位和个人依照法律规定办理的准许采伐林木的证明文件。采伐林木实行凭证采伐制度,这是保证森林采伐限额和木材生产计划不被突破的重要措施,是《中华人民共和国森林法》规定的一项重要法律制度。

林木采伐许可证的内容包括采伐地点、面积、蓄积(或株数)、树种、采伐方式、期限和完成更新造林的时间等。《中华人民共和国森林法实施条例》第三十一条规定:"林木采伐许可证的式样由国务院林业主管部门规定,省、自治区、直辖市人民政府林业主管部门印制。"

2) 凭证采伐范围

根据《中华人民共和国森林法》的规定,除采伐不是以生产竹材为主要目的的竹林以及农村居民采伐自留地、房前屋后等个人所有的零星林木以外,凡采伐林木,必须申请林木采伐许可证,并按照许可证的规定进行采伐。

凭证采伐的范围,就林木所有权而言,包括国有林业企业事业单位、机关、团体、部队、学校和其他国有企业事业单位的森林和林木,铁路、公路的护路林,集体所有制单位的森林、林木和联营性质的林木,以及个人经营的自留山、责任山的林木和承包经营的林木;就林种而言,包括用材林、经济林、防护林、薪炭林以及特种用途林,也包括以生产竹林为主要目的的竹林;就采伐类型和采伐方式而言,包括主伐、抚育间伐、低产林改造、更新性质的采伐,也包括皆伐、择伐、渐伐等;就采伐目的和用途而言,包括以生产商品林为目的的林木采伐和不以生产商品林为目的的林种结构调整,农民自用林、培植业用材和烧材等林木的采伐,也包括工程建设占用、征用林地的林木采伐,以及因病虫害、火灾受害的林木采伐等;就林木生长地而言,包括除农村居民在自留地、房前屋后等土地上种植的个人所有的零星林木外的其他地方的林木,但对于在农村居民房前屋后和自留地上的国家重点保护的树木和古树名木,按有关规定执行。因扑救森林火灾、防洪抢险等紧急情况需要采伐林木的,组织抢险的单位或者部门应当自紧急情况结束之日起 30 日内,将采伐林木的情况报告当地县级以上人民政府林业主管部门。

3) 审核发放林木采伐许可证的部门及其权限

根据《中华人民共和国森林法》第三十二条和《中华人民共和国森林法实施条例》第三十二条的规定,采伐森林、林木和以生产竹林为主要目的的竹林,林木采伐许可证按不同情况分别由有关部门和单位核发。

国有林业企业事业单位、机关、团体、部队、学校和其他国有企业事业单位采伐林木,由所在地县级以上林业主管部门依照有关规定审核发放林木采伐许可证;铁路、公路的护路林和城镇林木的更新采伐,由有关主管部门依照有关规定审核发放林木采伐许可证;农村集体经济组织采伐林木,由县级林业主管部门依照有关规定审核发放林木采伐许可证;农村居民采伐自留山和个人承包集体的林木,由县级林业主管部门或者其委托的乡、镇人民政府依照有关规定审核发放林木采伐许可证。采伐跨行政区域的森林和林木,由林权所有者所在的县(市、区)林业主管部门核发林木采伐许可证,并告知采伐地所在的县(市、区)林业主管部门。

《中华人民共和国森林法》第三十三条规定:"审核发放采伐许可证的部门,不得超过批准的年采伐限额发放采伐许可证。"

3. 伐区管理法律制度

1) 林木采伐的年龄、类型及方式

(1) 林木采伐的年龄。

森林采伐的前提是森林成熟,森林成熟是确定采伐年龄的基础。正确确定林木采伐年龄,是林木采伐管理的重要内容。森林在生长发育过程中达到最符合经营目的的最佳状态时称为森林成熟,这个时期的年龄称为森林成熟龄。森林成熟龄是合理确定主伐年龄和轮伐期的重要依据之一。森林成熟的种类主要有数量成熟、经济成熟、工艺成熟、防护成熟、自然成熟和更新成熟等。不同的森林或林种有着不同的森林成熟种类,即使是同一林种,也应根据不同的经营目的来研究确定其森林成熟龄。用材林主要以数量成熟、经济成熟、工艺成熟来确定其主伐年龄。林木主伐年龄是测算一个地区或单位年森林合理采伐量、编制森林采伐限额和核发林木采伐证的主要依据。

(2) 林木采伐的类型。

《森林采伐更新管理办法》第七条规定:"对用材林的成熟林和过熟林实行主伐。主要树种的主伐年龄,按《用材林主要树种主伐年龄表》的规定执行。定向培育的森林以及表内未列入树种的主伐年龄,由省、自治区、直辖市林业主管部门规定。"森林采伐包括商品林采伐和公益林采伐。其中,商品林指用材林、薪炭林和经济林,公益林指防护林和特种用途林。《森林采伐更新管理办法》第四条规定:"森林采伐,包括主伐、抚育采伐、更新采伐和低产林改造。"

(3) 林木采伐的方式。

《森林采伐更新管理办法》第八条规定:

用材林的主伐方式为择伐、皆伐和渐伐。

中幼龄树木多的复层异龄林,应当实行择伐。择伐强度不得大于伐前林木蓄积量的40%,伐后林分郁闭度应当保留在0.5以上。伐后容易引起林木风倒、自然枯死的林分,择伐强度应当适当降低。两次择伐的间隔期不得少于一个龄级期。

成过熟单层林、中幼龄树木少的异龄林,应当实行皆伐。皆伐面积一次不得超过五公顷,坡度平缓、土壤肥沃、容易更新的林分,可以扩大到二十公顷。

天然更新能力强的成过熟单层林,应当实行渐伐。全部采伐更新过程不得超过一个龄级期。

毛竹林采伐后每公顷应当保留的健壮母竹,不得少于二千株。

(4) 采伐林木应遵守的规定。

《中华人民共和国森林法》第三十一条、三十五条规定,采伐森林和林木必须遵守下列规定:

① 成熟的用材林应当根据不同情况,分别采取择伐、皆伐和渐伐方式,皆伐应当严格控制,并在采伐的当年或者次年内完成更新造林;

② 防护林和特种用途林中的国防林、母树林、环境保护林、风景林,只准进行抚育和更新性质的采伐;

③特种用途林中的名胜古迹和革命纪念地的林木、自然保护区的森林,严禁采伐。

④采伐林木的单位或者个人,必须按照采伐许可证规定的面积、株数、树种、期限完成更新造林任务,更新造林的面积和株数不得少于采伐的面积和株数。

2)伐区管理

伐区管理是指林业主管部门或者其委托的林业执法单位,依照法律法规及相关技术规定,对公民、法人或者其他组织采伐森林、林木的行为及伐区作业质量进行监督和管理的过程。《中华人民共和国森林法》规定,持有林木采伐许可证的单位和个人必须按照伐区作业规定进行采伐作业,发放林业采伐许可证的部门有权对持证单位的作业情况进行检查,对于伐区作业不符合规定的单位,发放林业采伐许可证的部门有权收缴林业采伐许可证,中止其采伐,直到纠正为止。

伐区管理的任务包括伐区调查设计、伐区拨交、木材生产、伐区清理、迹地更新、伐区采伐质量检查验收等全过程的管理与监督。林区内进行一切森林采伐活动,包括主伐、抚育采伐、更新采伐和低产林改造等,在采伐作业前必须进行伐区调查设计,实行伐区申请、拨交,履行采伐审批手续,经主管部门批准后,方可进入伐区作业。

4. 木材经营(加工)法律制度

根据《中华人民共和国森林法实施条例》及相关法律法规的规定:经营(加工)木材,必须经县级以上人民政府林业主管部门批准;单位和个人经营(加工)木材,必须获得木材经营(加工)许可。纳入木材经营(加工)管理范围的木材包括原木、锯材、竹材、木片,以及省、自治区、直辖市规定的其他木材。木材经营(加工)许可申办程序具体包括申请、受理、审查、决定及申办营业执照几个环节。

根据《中华人民共和国森林法》《中华人民共和国森林法实施条例》等有关法律法规,要切实加强对木材经营(加工)单位的监督管理,进行定期监督检查,对木材经营(加工)单位原料来源进行检查,对木材经营(加工)管理情况进行报告。

5. 木材运输法律制度

1)木材运输法律制度概述

《中华人民共和国森林法》第三十七条规定:"从林区运出木材,必须持有林业主管部门发给的运输证件,国家统一调拨的木材除外。"《中华人民共和国森林法实施条例》第三十五条规定:"从林区运出非国家统一调拨的木材,必须持有县级以上人民政府林业主管部门核发的木材运输证。"核发木材运输证的部门是县级以上的林业主管部门。

《中华人民共和国森林法实施条例》第三十四条规定,需要凭证运输的木材是指原木、锯材、竹材、木片,以及省、自治区、直辖市规定的其他木材。省、自治区、直辖市规定的其他木材的范围是指由省、自治区、直辖市制定的地方性法规或规章确定的木材范围。

《中华人民共和国森林法实施条例》第三十五条规定,木材运输证的式样由国务院林业主管部门规定,全国实行统一的木材运输证。木材运输证是运输木材的合法凭证,自木材起运点到终点全程有效,必须随货同行。没有木材运输证的,承运单位和个人不得承运。

2)木材运输证核发程序

申请办理木材运输证的单位和个人应当向木材所在地县级以上林业主管部门提出申请并提交有关材料。

《中华人民共和国森林法实施条例》第三十六条规定,申请木材运输证,应当提交下列证明文件:林木采伐许可证或者其他合法来源证明,检疫证明,省、自治区、直辖市人民政府林业主管部门规定的其他文件。

林业主管部门对申请根据情况作出处理,核发木材运输证的部门自受理申请后,对申请材料进行审核,经审核后,符合办证条件的,受理木材运输证申请的县级以上人民政府林业主管部门应当自接到申请之日起3日内发给木材运输证。重点林区的木材运输证,由国务院林业主管部门核发;其他木材运输证,由县级以上地方人民政府林业主管部门核发。

3)木材运输监督制度

《中华人民共和国森林法》第三十七条规定,经省、自治区、直辖市人民政府批准,可以在林区设立木材检查站,负责检查木材运输。木材检查站是在林区设立的专门负责木材运输检查的林业基层行政执法机构。

木材检查站必须依法设立。当地县级以上人民政府按照统一规划、合理设置的原则,提出设立木材检查站的申请,逐级上报省级人民政府审核批准。未经省级人民政府批准,任何部门和单位都不得设立木材检查站,也不得撤销已经设立的木材检查站。

木材检查站的职责是负责检查木材运输,维护林区木材运输秩序,制止非法运输木材的行为。对于未取得木材运输证或者物资主管部门发给的调拨通知书而运输木材的,木材检查站有权制止,可以暂扣无证运输的木材,并立即报请县级以上人民政府林业主管部门依法处理。

3.4　认知野生动植物保护与自然保护区法律制度

3.4.1　野生动物保护法律制度

1. 野生动物保护法概述

1)我国野生动物保护立法概况

野生动物保护法是调整人们在保护、管理和利用野生动物资源的过程中所发生的各种社会关系的法律规范的总称。

1988年11月8日通过,1989年3月1日起施行的《中华人民共和国野生动物保护法》,是保护野生动物的基本法,对我国依法保护、管理、发展和合理利用野生动物资源,具有十分重要的意义。《中华人民共和国野生动物保护法》颁布之后,国家和地方出台了多部与之有关的行政法规和规章制度,如1992年2月12日国务院批准,1992年3月1日林业部发布的《中华人民共和国陆生野生动物保护实施条例》等。另外,《中华人民共和国森林法》《中华人民共和国环境保护法》《中华人民共和国自然保护区条例》等法律法规中也设有专门的条款规定了对野生动物的保护,这些均为野生动物保护法律体系的组成部分。为保护地球上的野生动物资源,国际上使用条约的法律形式来约束人们对非国有地区野生动物资源的开发和猎捕,称之为国际野生动物保护法,如我国参加的保护野生动物的国际公约《濒危野生动植物种国际贸易公约》等。

2)野生动物行政管理部门

《中华人民共和国野生动物保护法》第七条规定:"国务院林业、渔业行政主管部门分别主管全国陆生、水生野生动物管理工作。省、自治区、直辖市政府林业行政主管部门主管本行政区域内陆生野生动物管理工作。自治州、县和市政府陆生野生动物管理工作的行政主管部门,由省、自治区、直辖市政府确定。县级以上地方政府渔业行政主管部门主管本行政区域内水生野生动物管理工作。"

《中华人民共和国野生动物保护法》中的陆生野生动物是指主要依靠陆地生存、繁衍的野生动物,包括各种兽类、鸟类、爬行类、昆虫类、部分两栖类;水生野生动物主要是指水生哺乳类、鱼类和部分两栖类野生动物。本书中所说的野生动物除特别注明外,均指陆生野生动物。

国家林业局(厅)执行具体行政管理权力的部门是野生动植物保护司。野生动植物保护司下设野生动物管理处和自然保护区管理处,分别管理有关野生动物和自然保护区的具体事务。

地方野生动物行政管理机构包括各省级林业局(厅)、地方一级林业局和县区级林业局等三级行政管理部门。目前全国的省级林业局(厅)中均设立了专门管理野生动植物和自然保护区的行政机构——野生动植物保护处(站),具体负责本省辖区内野生动植物和自然保护区的管理事务。国家还在一些重点地区的地(市)、县级林业主管部门中设立野生动植物保护科(站),具体管理本行政辖区内的野生动植物保护和自然保护区管理事务。未设立野生动植物保护科(站)的地(市)、县,由林政科或资源科等行政执法部门负责管理。

2. 野生动物保护对象

《中华人民共和国野生动物保护法》规定保护的野生动物,是指珍贵、濒危的陆生、水生野生动物和有益的或者有重要经济、科学研究价值的陆生野生动物。根据《中华人民共和国野生动物保护法》和《中华人民共和国陆生野生动物保护实施条例》,我国将野生动物进行分级保护和管理,所涉及的野生动物可以分为以下几类。

1)国家重点保护野生动物

国家重点保护野生动物,是指国家重点保护的珍贵、濒危的野生动物。这类野生动物通常分布狭窄,野外数量少,濒临灭绝,或是我国特有的物种,亟须加强保护。国家重点保护野生动物分为一级保护野生动物和二级保护野生动物。《国家重点保护野生动物名录》由国务院野生动物行政主管部门制定及调整,报国务院批准公布。该名录于1988年12月10日经国务院批准,1989年1月14日由中华人民共和国林业部、农业部令第1号发布,自发布日起施行。另外,《中华人民共和国陆生野生动物保护实施条例》第二十三条规定,从国外引进的珍贵、濒危野生动物,经国务院林业行政主管部门核准,可以视为国家重点保护野生动物,并依法进行管理。

2)地方重点保护野生动物

地方重点保护野生动物,是指国家重点保护野生动物以外,由省、自治区、直辖市重点保护的野生动物。地方重点保护野生动物名录,由省、自治区、直辖市政府制定并公布,报国务院备案。这一类野生动物从全国范围来看,野外资源比较丰富,但在一定区域范围内则资源较少,生存面临一定威胁,需要地方加以重点保护。另外,《中华人民共和国陆生野生动物保护实施条例》第二十三条规定,从国外引进的其他野生动物,经省、自治区、直辖市人民政府林业行政主管部门核准,可以视为地方重点保护野生动物。

3)有益的或者有重要经济、科学研究价值的陆生野生动物

《中华人民共和国野生动物保护法》第九条规定:"国家保护的有益的或者有重要经济、科学研究价值的陆生野生动物名录及其调整,由国务院野生动物行政主管部门制定并公布。"有益的或者有重要经济、科学研究价值的陆生野生动物(简称国家"三有"动物),是指在国家重点保护野生动物以外,由国家制定名录加以保护的陆生野生动物。这一类野生动物数量较多,不

属于濒危动物,但其具有特殊的价值或作用。因此,这一类野生动物应给予有效保护,以确保合理利用。2000年5月制定了《国家保护的有益的或者有重要经济、科学研究价值的陆生野生动物名录》(简称"三有名录"),于2000年8月1日以中华人民共和国林业局令第7号发布实施。该名录中有些特种与地方重点保护野生动物名录相重复,则按地方重点保护野生动物名录进行管理。

4)国际公约、协定中规定保护的野生动物

国际公约、协定中规定保护的野生动物,是指我国参加的双边或多边国际条约协定中规定保护的野生动物。经国务院批准,我国于1980年12月25日加入《濒危野生动植物种国际贸易公约》(CITES),并于1981年4月8日对中国正式生效。该公约附录Ⅰ、附录Ⅱ中所列的原产地在中国的物种,按《国家重点保护野生动物名录》所规定的保护级别执行,非原产于中国的,根据其在附录中隶属的情况,分别按照国家Ⅰ级或Ⅱ级重点保护野生动物进行管理。例如,黑熊在《濒危野生动植物种国际贸易公约》中被列在附录Ⅰ中,但在《国家重点保护野生动物名录》中被列为国家Ⅱ级重点保护野生动物,所以应按国家Ⅱ级重点保护野生动物进行管理;又如非洲鸵鸟并非原产于中国,但被列入《濒危野生动植物种国际贸易公约》附录Ⅰ中,所以应按国家Ⅰ级重点保护野生动物进行管理。在涉及出口时,按CITES的规定执行。

3. 野生动物资源保护制度

《中华人民共和国野生动物保护法》第八条规定:"国家保护野生动物及其生存环境,禁止任何单位和个人非法猎捕或者破坏。"保护野生动物资源不仅要保护野生动物本身,还要保护其赖以生存的环境。

1)救助野生动物制度

《中华人民共和国野生动物保护法》第十三条规定:"国家和地方重点保护野生动物受到自然灾害威胁时,当地政府应当及时采取拯救措施。"救助野生动物是地方各级政府的法定职责,发生重大自然灾害时,地方政府应该充分履行职责,提供必要的人力、物力、财力,尽力抢救受自然灾害威胁的野生动物。

《中华人民共和国陆生野生动物保护实施条例》第九条规定:"任何单位和个人发现受伤、病弱、饥饿、受困、迷途的国家和地方重点保护野生动物时,应当及时报告当地野生动物行政主管部门,由其采取救护措施;也可以就近送具备救护条件的单位救护。救护单位应当立即报告野生动物行政主管部门,并按照国务院林业行政主管部门的规定办理。"

2)野生动物资源调查制度

《中华人民共和国野生动物保护法》第十五条规定:"野生动物行政主管部门应当定期组织对野生动物资源的调查,建立野生动物资源档案。"

《中华人民共和国陆生野生动物保护实施条例》第七条规定,国务院林业行政主管部门和省、自治区、直辖市人民政府林业行政主管部门,应当定期组织野生动物资源调查,建立资源档案,为制定野生动物资源保护发展方案、制定和调整国家和地方重点保护野生动物名录提供依据。野生动物资源普查每十年进行一次,普查方案由国务院林业行政主管部门或者省、自治区、直辖市人民政府林业行政主管部门批准。

3)宣传野生动物保护制度

野生动物保护工作不是依靠一个部门或者专业人员就能完成,需要提高全民的保护意识,共同参与。《中华人民共和国陆生野生动物保护实施条例》第六条规定："县级以上地方各级人民政府应当开展保护野生动物的宣传教育,可以确定适当时间为保护野生动物宣传月、爱鸟周等,提高公民保护野生动物的意识。"由于我国幅员辽阔,南北气候不同,各地选定的野生动物宣传月和爱鸟周不尽相同。

4) 野生动物生存环境保护制度

《中华人民共和国陆生野生动物保护实施条例》第八条规定："县级以上各级人民政府野生动物行政主管部门,应当组织社会各方面力量,采取生物技术措施和工程技术措施,维护和改善野生动物生存环境,保护和发展野生动物资源。禁止任何单位和个人破坏国家和地方重点保护野生动物的生息繁衍场所和生存条件。"有关保护野生动物生存环境的制度主要有:

(1) 自然保护区制度。

《中华人民共和国野生动物保护法》第十条规定："国务院野生动物行政主管部门和省、自治区、直辖市政府,应当在国家和地方重点保护野生动物的主要生息繁衍的地区和水域,划定自然保护区,加强对国家和地方重点保护野生动物及其生存环境的保护管理。"野生动物类型自然保护区是指为了保护自然资源、生态环境和典型环境系统,以及保护生物多样性和拯救濒危野生动物物种,而由国家依法划定的特殊保护区域。自然保护区对野生动物保护,特别是濒危野生动物保护十分重要。1985年6月21日国务院批准,1985年7月6日林业部公布施行了《森林和野生动物类型自然保护区管理办法》。地方政府也相继公布了地方的行政法规,对自然保护区的管理作出了详细的法律规定。

(2) 禁猎区和禁猎期制度。

禁猎区是为保护狩猎动物或某种濒危动物,在法定的时期内禁止狩猎的特定地区。自然保护区属于禁猎区,另外,地方人民政府或野生动物行政主管部门可以根据本地区野生动物的资源情况,在野生动物资源破坏严重而需要恢复的地区或在适合于野生动物繁殖的区域划定禁猎区。

禁猎期是指按法定程序规定、禁止进行狩猎活动的一定时间期限。禁猎期一般是野生动物的繁殖、生长期。规定禁猎期的目的在于保证野生动物能够保持良好的繁衍环境,使其正常发展,保持并增加种群数量,供人们永续利用。禁猎期由县级以上人民政府或其野生动物行政主管部门按照自然规律规定。

(3) 环境监测制度。

《中华人民共和国野生动物保护法》第十一条规定："各级野生动物行政主管部门应当监视、监测环境对野生动物的影响。由于环境影响对野生动物造成危害时,野生动物行政主管部门应当会同有关部门进行调查处理。"

(4) 环境影响评价报告制度。

《中华人民共和国野生动物保护法》第十二条规定："建设项目对国家或者地方重点保护野生动物的生存环境产生不利影响的,建设单位应当提交环境影响报告书;环境保护部门在审批时,应当征求同级野生动物行政主管部门的意见。"

5) 野生动物猎捕制度

我国对野生动物资源实行严格的保护原则,实际生产生活中,存在科学研究、驯养繁殖、展览等特殊需要,需通过野外获得野生动物资源,因此,国家制定了相应的猎捕制度,具体规定如下。

《中华人民共和国野生动物保护法》第十六条规定："禁止猎捕、杀害国家重点保护野生动物。因科学研究、驯养繁殖、展览或者其他特殊情况,需要捕捉、捕捞国家一级保护野生动物的,必须向国务院野生动物行政主管部门申请特许猎捕证;猎捕国家二级保护野生动物的,必须向省、自治区、直辖市政府野生动物行政主管部门申请特许猎捕证。"

《中华人民共和国野生动物保护法》第十八条规定:"猎捕非国家重点保护野生动物的,必须取得狩猎证,并且服从猎捕量限额管理。持枪猎捕的,必须取得县、市公安机关核发的持枪证。"

《中华人民共和国野生动物保护法》第二十一条和《中华人民共和国陆生野生动物保护实施条例》第十八条规定,禁止使用军用武器、汽枪、毒药、炸药、地枪、排铳、非人为直接操作并危害人畜安全的狩猎装置、夜间照明行猎、歼灭性围猎、火攻、烟熏以及县级以上各级人民政府或者其野生动物行政主管部门规定禁止使用的其他狩猎工具和方法狩猎。

6)因保护野生动物造成损害的补偿制度

野生动物资源属于国家所有,每个公民有保护野生动物资源的责任和义务。由于人类和野生动物共同生活在一个地球上,共同利用自然资源,不可避免会造成一定冲突,法律在保护野生动物的同时不保护公民的合法权益,这种法律有失公平,会打击人民群众保护野生动物的积极性。因此,国家制定了因保护野生动物而受到损失的补偿制度。

《中华人民共和国野生动物保护法》第十四条规定:"因保护国家和地方重点保护野生动物,造成农作物或者其他损失的,由当地政府给予补偿。补偿办法由省、自治区、直辖市政府制定。"

7)外国人在中国考察、猎捕野生动物的规定

《中华人民共和国野生动物保护法》第二十六条规定:"外国人在中国境内对国家重点保护野生动物进行野外考察或者在野外拍摄电影、录像,必须经国务院野生动物行政主管部门或者其授权的单位批准。建立对外国人开放的猎捕场所,必须经国务院野生动物行政主管部门批准。"

4. 野生动物驯养繁殖和经营利用法律制度

人工驯养、繁殖野生动物是保护濒危野生动物、保存或扩大濒危野生动物种群和数量的有效方法。《中华人民共和国野生动物保护法》规定,国家鼓励驯养繁殖野生动物。国家对野生动物实行加强资源保护、积极驯养繁殖、合理开发利用的方针。

1)野生动物驯养繁殖法律制度

《中华人民共和国野生动物保护法》在鼓励驯养繁殖野生动物的同时,还规定了实行野生动物驯养繁殖许可证制度。《国家重点保护野生动物驯养繁殖许可证管理办法》于1991年1月9日由中华人民共和国林业部公布,2011年1月25日中华人民共和国林业局令第26号修改,2015年4月30日中华人民共和国林业局令第37号修改。

《国家重点保护野生动物驯养繁殖许可证管理办法》第二条规定:"从事驯养繁殖野生动物的单位和个人,必须取得《国家重点保护野生动物驯养繁殖许可证》(以下简称《驯养繁殖许可证》)。没有取得《驯养繁殖许可证》的单位和个人,不得从事野生动物驯养繁殖活动。"

(1)申请领取野生动物驯养繁殖许可证应具备的条件。

①有适宜驯养繁殖野生动物的固定场所和必需的设施。

②具备与驯养繁殖野生动物种类、数量相适应的人员和技术。

③驯养繁殖野生动物的饲料来源有保证。

(2)野生动物驯养繁殖许可证的审批部门。

野生动物驯养繁殖许可证实行分级发放制度。凡驯养繁殖国家一级保护野生动物的,由国家林业局审批;凡驯养繁殖国家二级保护野生动物的,由省、自治区、直辖市政府林业行政主管部门审批;凡驯养繁殖非国家重点保护野生动物的,按省、自治区、直辖市制定的规定执行。

(3)野生动物驯养繁殖许可证的审批与变更程序。

申请人持所需材料,向驯养繁殖所在地的县级林业行政主管部门提交申请,县级林业行政主管部门对申请材料进行逐级审核后上报审批部门,审批部门对申请材料进行受理、审查并作出决定。如需要变更驯养繁殖种类、终止驯养繁殖,按程序办理变更和终止手续。

2)野生动物经营利用法律制度

《中华人民共和国野生动物保护法》第二十二条规定:"禁止出售、收购国家重点保护野生动物或者其产品。"《中华人民共和国陆生野生动物保护实施条例》第二十六条规定:"禁止在集贸市场出售、收购国家重点保护野生动物或者其产品。"但因科学研究、驯养繁殖、展览等特殊情况的需要,国家对野生动物或者其产品的经营利用作出了分级核批、分级管理的规定。根据国家及地方野生动物管理办法的相关规定,经营利用野生动物或者其产品的单位和个人必须取得野生动物行政主管部门发给的经营利用许可证,才能从事野生动物及其产品的经营利用活动。

(1)申请领取野生动物或者其产品的经营利用许可证应具备的条件如下。

①野生动物及其来源合法。

②具备人员、技术、资金、设施。

③具有从事经营活动场所、设施的使用权。

(2)野生动物或者其产品的经营利用许可证的审批部门。

野生动物或者其产品的经营利用许可证实行分级发放制度。凡经营利用国家一级保护野生动物的,由国家林业局审批;凡经营利用国家二级保护野生动物的,由省、自治区、直辖市政府林业行政主管部门审批;凡经营利用非国家重点保护野生动物的,按省、自治区、直辖市制定的规定执行。

(3)野生动物或者其产品的经营利用许可证的审批程序。

申请人持所需材料,向野生动物或者其产品的经营利用所在地的县级林业行政主管部门提交申请,县级林业行政主管部门对申请材料进行逐级审核后上报审批部门,审批部门对申请材料进行受理、审查并作出决定。

3)野生动物运输管理制度

对野生动物或者其产品的运输进行监督管理,执行运输证制度,是有效防止非法狩猎、杀害、经营利用野生动物的措施。《中华人民共和国野生动物保护法》第二十三条规定:"运输、携带国家重点保护野生动物或者其产品出县境的,必须经省、自治区、直辖市政府野生动物行政主管部门或者其授权的单位批准。"

(1)野生动物或者其产品运输证的审批部门。

《中华人民共和国陆生野生动物保护实施条例》第二十八条规定:"运输、携带国家重点保护野生动物或者其产品出县境的,应当凭特许猎捕证、驯养繁殖许可证,向县级人民政府野生动物行政主管部门提出申请,报省、自治区、直辖市人民政府林业行政主管部门或者其授权的单位批准。动物园之间因繁殖动物,需要运输国家重点保护野生动物的,可以由省、自治区、直辖市人民政府林业行政主管部门授权同级建设行政主管部门审批。"对于非国家重点保护野生动物或者其产品的运输,按省、自治区、直辖市制定的规定执行。

(2)野生动物或者其产品运输证明的审批程序。

申请人持所需材料,向野生动物或者其产品的经营利用所在地的县级林业行政主管部门提交申请,县级林业行政主管部门对申请材料进行逐级审核后上报审批部门,审批部门对申请材料进行受理、审查并作出决定。

3.4.2 野生植物保护法律制度

1. 野生植物保护法概述

1)我国野生植物保护立法概况

目前我国野生植物资源保护管理的法律体系是以1996年9月30日中华人民共和国国务院令第204号发布、自1997年1月1日起施行的《中华人民共和国野生植物保护条例》为主,各种与保护野生植物有关的法律法规和各种规范性文件、有关国际公约组成的。

《中华人民共和国野生植物保护条例》是一部专门保护野生植物的行政法规,是我国野生植物保护的主要法律依据,1999年国务院批准公布的《国家重点保护野生植物名录》,确定了该条例的保护对象。此外,《植物检疫条例》《野生药材资源保护管理条例》《中华人民共和国进出境动植物检疫法》《植物检疫条例实施细则(林业部分)》均构成了野生植物保护法律体系。

2)野生植物保护主管机构

《中华人民共和国野生植物保护条例》第八条规定:"国务院林业行政主管部门主管全国林区内野生植物和林区外珍贵野生树木的监督管理工作。国务院农业行政主管部门主管全国其他野生植物的监督管理工作。"

国务院建设行政部门负责城市园林、风景名胜区内野生植物的监督管理工作,国务院环境保护部门负责对全国野生植物环境保护工作的协调和监督,国务院其他有关部门依照职责分工负责有关的野生植物保护工作。

县级以上地方人民政府负责野生植物管理工作的部门及其职责,由省、自治区、直辖市人民政府根据当地具体情况规定。

2. 野生植物法律法规的保护对象

《中华人民共和国野生植物保护条例》第二条规定,野生植物是指原生地天然生长的珍贵植物和原生地天然生长并具有重要经济、科学研究、文化价值的濒危、稀有植物。野生植物分为国家重点保护野生植物和地方重点保护野生植物。

国家重点保护野生植物分为国家一级保护野生植物和国家二级保护野生植物。《国家重点保护野生植物名录》由国务院林业行政主管部门、农业行政主管部门(以下简称国务院野生植物行政主管部门),以及国务院环境保护、建设等有关部门制定,报国务院批准公布。

地方重点保护野生植物是指国家重点保护野生植物以外,由省、自治区、直辖市保护的野生植物。地方重点保护野生植物名录,由省、自治区、直辖市人民政府制定并公布,报国务院备案。

3. 野生植物及其环境保护制度

《中华人民共和国野生植物保护条例》第九条规定:"国家保护野生植物及其生长环境。禁止任何单位和个人非法采集野生植物或者破坏其生长环境。"条例规定的保护野生植物及其环境的制度如下。

1)自然保护区(点)制度

《中华人民共和国野生植物保护条例》第十一条规定:"在国家重点保护野生植物物种和地方重点保护野生植物物种的天然集中分布区域,应当依照有关法律、行政法规的规定,建立自然保护区;在其他区域,县级以上地方人民政府野生植物行政主管部门和其他有关部门可以根据实际情况建立国家重点保护野生植物和地方重点保护野生植物的保护点或者设立保护标志。"

2)野生植物环境监测制度

《中华人民共和国野生植物保护条例》第十二条规定:"野生植物行政主管部门及其他有关部门应当监视、监测环境对国家重点保护野生植物生长和地方重点保护野生植物生长的影响,并采取措施,维护和改善国家重点保护野生植物和地方重点保护野生植物的生长条件。由于环境影响对国家重点保护野生植物和地方重点保护野生植物的生长造成危害时,野生植物行政主管部门应当会同其他有关部门调查并依法处理。"

3)环境影响评价制度

《中华人民共和国野生植物保护条例》第十三条规定:"建设项目对国家重点保护野生植物和地方重点保护野生植物的生长环境产生不利影响的,建设单位提交的环境影响报告书中必须对此作出评价;环境保护部门在审批环境影响报告书时,应当征求野生植物行政主管部门的意见。"

4)拯救野生植物制度

《中华人民共和国野生植物保护条例》第十四条规定:"野生植物行政主管部门和有关单位对生长受到威胁的国家重点保护野生植物和地方重点保护野生植物应当采取拯救措施,保护或者恢复其生长环境,必要时应当建立繁育基地、种质资源库或者采取迁地保护措施。"

4. 野生植物采集和经营利用制度

1)野生植物采集制度

《中华人民共和国野生植物保护条例》第十六条规定:"禁止采集国家一级保护野生植物。因科学研究、人工培育、文化交流等特殊需要,采集国家一级保护野生植物的,应当按照管理权限向国务院林业行政主管部门或者其授权的机构申请采集证;或者向采集地的省、自治区、直辖市人民政府农业行政主管部门或者其授权的机构申请采集证。采集国家二级保护野生植物的,必须经采集地的县级人民政府野生植物行政主管部门签署意见后,向省、自治区、直辖市人民政府野生植物行政主管部门或者其授权的机构申请采集证。"

《中华人民共和国野生植物保护条例》第十七条规定:"采集国家重点保护野生植物的单位和个人,必须按照采集证规定的种类、数量、地点、期限和方法进行采集。县级人民政府野生植物行政主管部门对在本行政区域内采集国家重点保护野生植物的活动,应当进行监督检查,并及时报告批准采集的野生植物行政主管部门或者其授权的机构。"

2)野生植物经营利用制度

《中华人民共和国野生植物保护条例》第十八条规定:"禁止出售、收购国家一级保护野生植物。出售、收购国家二级保护野生植物的,必须经省、自治区、直辖市人民政府野生植物行政主管部门或者其授权的机构批准。"

《中华人民共和国野生植物保护条例》第十九条规定:"野生植物行政主管部门应当对经营利用国家二级保护野生植物的活动进行监督检查。"

3) 利用野生植物的涉外规定

《中华人民共和国野生植物保护条例》第二十一条规定,外国人不得在中国境内采集或者收购国家重点保护野生植物。

外国人在中国境内对国家重点保护野生植物进行野外考察的,必须向国家重点保护野生植物所在地的省、自治区、直辖市人民政府野生植物行政主管部门提出申请,经其审核后,报国务院野生植物行政主管部门或者其授权的机构批准;直接向国务院野生植物行政主管部门提出申请的,国务院野生植物行政主管部门在批准前,应当征求有关省、自治区、直辖市人民政府野生植物行政主管部门的意见。

3.4.3 野生动植物进出口法律制度

1. 野生动植物进出口法律制度概述

1)我国野生动植物进出口立法概况

对野生动植物及其产品进出口的管理,除依据野生动植物保护相关的基本法律法规外,2006年4月29日中华人民共和国国务院令第465号公布、2006年9月1日起施行的《中华人民共和国濒危野生动植物进出口管理条例》,2017年发布的《进出口野生动植物种商品目录》使我国野生动植物进出口管理工作得到进一步规范。

2)我国野生动植物进出口工作主管机构

国务院林业、农业(渔业)主管部门(以下简称国务院野生动植物主管部门),按照职责分工主管全国濒危野生动植物及其产品的进出口管理工作,并做好与履行公约有关的工作。

国务院其他有关部门依照有关法律、行政法规的规定,在各自的职责范围内负责做好相关工作。

2. 允许进出口证明书管理

申请人取得国务院野生动植物主管部门的进出口批准文件后,应当在批准文件规定的有效期内,向国家濒危特种进出口管理机构申请核发允许进出口证明书。允许进出口证明书,是对纳入《进出口野生动植物种商品目录》管理范围的野生动植物及其产品实施进出口许可管理,由国家濒管办及其授权办事处签发准予进出口许可证件。

1)野生动植物标本进出口证明书管理范围

我国野生动植物进出口管理对象分为三类:第一类是CITES附录所列野生动植物或其产品,须办理濒危野生动植物种国际贸易公约允许进出口证明书(简称公约证明书);第二类是国家重点保护野生动植物及其产品,须办理濒危物种进出口管理办公室野生动植物种允许进出口证明书(简称非公约证明书);第三类是国务院或国家有关主管部门规定,需要办理允许进出口证明书的野生动植物或其产品,凡列入《进出口野生动植物种商品目录》的,一律要办理允许进出口证明书,即非进出口野生动植物种商品目录物种证明(简称物种证明)。

2)进出口濒危野生动植物及其产品的条件

(1)进口濒危野生动植物及其产品的条件。

《中华人民共和国濒危野生动植物进出口管理条例》第八条规定,进口濒危野生动植物及其产品的,必须具备的条件是:对濒危野生动植物及其产品的使用符合国家有关规定,具有有效控制措施并符合生态安全要求,申请人提供的材料真实有效,国务院野生动植物主管部门公示的其他条件。

(2) 出口濒危野生动植物及其产品的条件。

《中华人民共和国濒危野生动植物进出口管理条例》第九条规定,出口濒危野生动植物及其产品的,必须具备的条件是:符合生态安全要求和公共利益,来源合法,申请人提供的材料真实有效,不属于国务院或者国务院野生动植物主管部门禁止出口的,国务院野生动植物主管部门公示的其他条件。

3) 申请进出口濒危野生动植物及其产品提交材料

《中华人民共和国濒危野生动植物进出口管理条例》第十条规定,进口或者出口濒危野生动植物及其产品的,申请人应当向其所在地的省、自治区、直辖市人民政府野生动植物主管部门提出申请,并提交下列材料:进口或者出口合同,濒危野生动植物及其产品的名称、种类、数量和用途,活体濒危野生动物装运设施的说明资料,国务院野生动植物主管部门公示的其他应当提交的材料。

4) 申请核发允许进出口证明书时应当提交的材料

《中华人民共和国濒危野生动植物进出口管理条例》第十二条规定,申请人取得国务院野生动植物主管部门的进出口批准文件后,应当在批准文件规定的有效期内,向国家濒危物种进出口管理机构申请核发允许进出口证明书。申请核发允许进出口证明书时应当提交下列材料:允许进出口证明书申请表、进出口批准文件、进口或者出口合同。

进口公约限制进出口濒危野生动植物及其产品的,申请人还应当提交出口国(地区)濒危物种进出口管理机构核发的允许出口证明材料;出口公约禁止以商业贸易为目的进出口濒危野生动植物及其产品的,申请人还应当提交进口国(地区)濒危物种进出口管理机构核发的允许进口证明材料;进口的濒危野生动植物及其产品再出口时,申请人还应当提交海关进口货物报关单和海关签注的允许进口证明书。

3.4.4 自然保护区法律制度

1. 自然保护区法律制度概述

1) 自然保护区的概念和类型

(1) 自然保护区的概念。

自然保护区是指对有代表性的自然生态系统、珍稀濒危野生动植物物种的天然集中分布区、有特殊意义的自然遗迹等保护对象所在的陆地、陆地水体或者海域,依法划出一定面积予以特殊保护和管理的区域。

(2) 自然保护区的类型。

按照自然保护区的保护对象和主要功能分类,可以把自然保护区分为三大体系,九种类型。

①生态系统自然保护区系列,是指主要保护具有代表性的生态系统的自然保护区,包括保护植被生态系统的森林、草原与草甸、荒漠等三类自然保护区和保护水体生态系统的内陆湿地与水域、海洋与海岸两类自然保护区。

②野生生物自然保护区系列,是指主要保护对象为珍稀濒危野生生物天然集中颁布区域的自然保护区,包括以保护某些珍贵野生动物资源为主和保护某些珍稀植物资源为主的自然保护区。

③自然遗迹自然保护区系列,是指以特殊意义的地质遗迹和古生物遗迹等作为主要保护

对象的一类自然保护区,包括地质遗迹类型自然保护区和古生物遗迹类型自然保护区。

2)自然保护区立法概况

1994年10月9日中华人民共和国国务院令第167号发布,1994年12月1日起施行的《中华人民共和国自然保护区条例》,是关于自然保护区的综合性行政法规。

根据《中华人民共和国森林法》的有关规定,1985年6月21日国务院批准,1985年7月6日林业部公布施行的《森林和野生动物类型自然保护区管理办法》,主要适用于森林和野生动物类型的自然保护区。

此外,我国政府加入的有关国际条约和组织,如《生物多样性公约》《濒危野生动植物种国际贸易公约》《保护迁徙野生动物物种公约》《关于特别是作为水禽栖息地的国际重要湿地公约》《保护世界文化和自然遗产公约》等,也是我国自然保护区法律保护制度的重要组成部分,其中关于自然保护区的规定对我国政府及单位和个人均有法律约束力。

2. 自然保护区的设立

1)自然保护区的设立条件

(1)自然保护区以及森林和野生动物类型自然保护区的设立条件。

《中华人民共和国自然保护区条例》第十条规定,凡具有下列条件之一的,应当建立自然保护区:

①典型的自然地理区域、有代表性的自然生态系统区域以及已经遭受破坏但经保护能够恢复的同类自然生态系统区域。

②珍稀、濒危野生动植物物种的天然集中分布区域。

③具有特殊保护价值的海域、海岸、岛屿、湿地、内陆水域、森林、草原和荒漠。

④具有重大科学文化价值的地质构造、著名溶洞、化石分布区、冰川、火山、温泉等自然遗迹。

⑤经国务院或者省、自治区、直辖市人民政府批准,需要予以特殊保护的其他自然区域。

(2)森林和野生动物类型自然保护区的设立条件。

《森林和野生动物类型自然保护区管理办法》第五条规定,具有下列条件之一者,可以建立自然保护区:

①不同自然地带的典型森林生态系统的地区。

②珍贵稀有或者有特殊保护价值的动植物种的主要生存繁殖地区,包括国家重点保护动物的主要栖息、繁殖地区,候鸟的主要繁殖地、越冬地和停歇地,珍贵树种和有特殊价值的植物原生地,野生生物模式标本的集中产地。

③其他有特殊保护价值的林区。

2)自然保护区的设立程序

(1)国家级自然保护区的设立程序。

在国内外有典型意义、在科学上有重大国际影响或者有特殊科学研究价值的自然保护区,列为国家级自然保护区。

国家级自然保护区的建立,由自然保护区所在的省、自治区、直辖市人民政府或者国务院有关自然保护区行政主管部门提出申请,经国家级自然保护区评审委员会评审后,由国务院环境保护行政主管部门进行协调并提出审批建议,报国务院批准。

(2)地方级自然保护区的设立程序。

除列为国家级自然保护区以外的其他具有典型意义或者重要科学研究价值的自然保护区,列为地方级自然保护区。

地方级自然保护区的建立,由自然保护区所在的县、自治县、市、自治州人民政府,或者省、自治区、直辖市人民政府有关自然保护区行政主管部门提出申请,经地方级自然保护区评审委员会评审后,由省、自治区、直辖市人民政府环境保护行政主管部门进行协调并提出审批建议,报省、自治区、直辖市人民政府批准,并报国务院环境保护行政主管部门和国务院有关自然保护区行政主管部门备案。

跨两个以上行政区域的自然保护区的建立,由有关行政区域的人民政府协商一致后提出申请,并按照前述程序审批。

3. 自然保护区的管理

1)自然保护区的管理体制

《中华人民共和国自然保护区条例》第八条规定,自然保护区实行综合管理与分部门管理相结合的管理体制。国务院环境保护行政主管部门负责全国自然保护区的综合管理,国务院林业、农业、地质矿产、水利、海洋等有关行政主管部门在各自的职责范围内主管有关的自然保护区。

《森林和野生动物类型自然保护区管理办法》第四条规定:"自然保护区分为国家自然保护区和地方自然保护区。国家自然保护区,由林业部或所在省、自治区、直辖市林业主管部门管理;地方自然保护区,由县级以上林业主管部门管理。"

2)自然保护区的管理机构

《中华人民共和国自然保护区条例》第二十一条规定,自然保护区行政主管部门应当在自然保护区内设立专门的管理机构,配备专业技术人员,负责自然保护区的具体管理工作。《中华人民共和国自然保护区条例》第二十四条规定,自然保护区所在地的公安机关,可以根据需要在自然保护区设置公安派出机构,维护自然保护区内的治安秩序。

《森林和野生动物类型自然保护区管理办法》第十六条规定,根据国家有关规定和需要,可以在自然保护区设立公安机构或者配备公安特派员,行政上受自然保护区管理机构领导,业务上受上级公安机关领导。自然保护区公安机构的主要任务是:保护自然保护区的自然资源和国家财产,维护当地社会治安,依法查处破坏自然保护区的案件。

3)自然保护区的区划管理

《中华人民共和国自然保护区条例》第十八条规定,自然保护区可以分为核心区、缓冲区和实验区。对自然保护区的区划管理主要表现为对这三个区域实行不同的管理。

(1)核心区。

自然保护区内保存完好的天然状态的生态系统以及珍稀、濒危动植物的集中分布地,应当划为核心区,禁止任何单位和个人进入;除依照规定经批准外,也不允许进入从事科学研究活动。

(2)缓冲区。

核心区外围可以划定一定面积的缓冲区,只准进入从事科学研究观测活动。

(3)实验区。

缓冲区外围划为实验区,可以进入从事科学试验、教学实习、参观考察、旅游,以及驯化、繁殖珍稀、濒危野生动植物等活动。

3.4.5 古树名木保护制度

1. 古树名木保护概述

古树名木是国家重要的生物资源和历史文化遗产。根据 2000 年 9 月 1 日中华人民共和国建设部颁布的《城市古树名木保护管理办法》及《全国古树名木普查建档技术规定》,古树是指树龄在一百年以上的树木,名木是指国内外稀有的以及具有历史价值和纪念意义及重要科研价值的树木。古树名木的分级及标准:古树分为国家一、二、三级,国家一级古树树龄在 500 年以上,国家二级古树树龄为 300~499 年,国家三级古树树龄为 100~299 年。国家级名木不受年龄限制,不分级。

我国古树名木实行统一管理、分别养护的原则。在管理体制上,实行分级分部门管理的体制,城市人民政府、园林绿化行政主管部门负责本行政区域内城市古树名木的保护管理工作。综合一些地方性法规,城市规划区以外的古树名木由本行政区域内县级以上人民政府林业行政主管部门负责。在具体保护管理上,古树名木实行属地保护管理,专业养护部门管理和单位、个人保护管理相结合的原则。

2. 古树名木保护管理措施

根据我国有关古树名木保护法规的规定,对古树名木的保护管理措施主要有:普查建档及备案、设立古树名木价值说明和保护标志、落实养护管理责任制及古树名木的特殊保护管理措施。

案例分析

案例 1.[基本案情]2002 年春,居住在某村村边的李某将自己房屋四周的杨树、泡桐等围村林树木砍伐。县林业局接到举报后派执法人员到现场调查,经清点李某滥伐树木 76 棵。县林业局根据李某违法的事实,依法作出林业行政处罚决定,责令补种 380 棵林木,并按滥伐林木价值的 3 倍处以罚款 5600 元。李某以采伐自己房前屋后的林木不需林业主管部门审批为由,不服林业局处罚并诉至县人民法院。法院经过调查审理,维持林业局对李某作出的处罚决定。

[问题]林业局的处理及法院的判决是否正确?如何认定李某的行为?

[分析]根据《中华人民共和国森林法》第三十二条的规定:"采伐林木必须申请采伐许可证,按许可证的规定进行采伐;农村居民采伐自留地和房前屋后个人所有的零星林木除外。"2000 年 9 月 5 日,国家林业局在答复内蒙古林业厅的意见中,对《中华人民共和国森林法》第三十二条规定的"房前屋后个人所有的零星林木"中的"房前屋后"的具体范围进行了解释:"房前屋后"的具体范围一般是指农村居民宅基地的范围;"零星林木"是相对成片林木而言的,一般是指农村居民宅基地范围内的零星分布的林木,对于不在宅基地内的"零星林木"不在"除外"之列。

本案所涉及的林木,是李某所在村庄的围村林,所伐林木不在李某宅基地范围之内,并且李某共采伐林木 76 棵,不应认定为"零星林木"。综上所述,李某所伐林木,不属于《中华人民共和国森林法》第三十二条中的农村居民房前屋后个人所有的零星林木,因此采伐时,必须按照《中华人民共和国森林法》和《中华人民共和国森林法实施条例》的规定,申请林木采伐许可证,凭证进行采伐。否则,无证采伐便构成滥伐,应由林业主管部门依法予以处理。

根据《中华人民共和国森林法》第三十九条规定:"滥伐森林或者其他林木,由林业主管部门责令补种滥伐株数五倍的树木,并处滥伐林木价值二倍以上五倍以下的罚款。"《中华人民共和国森林法实施条例》第三十九条规定:"滥伐森林或者其他林木,以立木材积计算 2 立方米以上或者幼树 50 株以上的,由县级以上人民政府林业主管部门责令补种滥伐株数 5 倍的树木,并处滥伐林木价值 3 倍至 5 倍的罚款。"所以林业局的处理及法院的判决符合法律规定,李某的行为属于滥伐林木,应当服从林业主管部门的处罚。

案例 2.[基本案情]某县居民唐某接到村民张某的电话,说他那里有猴骨和一些药材,让唐某到他家去看看。唐某到张某家支付张某 1000 元后将猴骨架 10 公斤,共 10 具拖走。后其联系了外地买家,准备以 2000 元的价格出售猴骨架 10 公斤,共 10 具。唐某将猴骨架用三轮车运回县城时,被公安机关抓获。经某市野生动物保护机构鉴定,10 具猴骨架全部属于金丝猴骨架,总价值为 500 万元。唐某认为自己没有打金丝猴,只是买卖骨架,没有太大关系,没想到是违法的。

[问题]唐某的行为违反了什么法律规定?应承担什么法律责任?

[分析]唐某的行为违反了《中华人民共和国野生动物保护法》的规定,构成非法收购、运输珍贵、濒危野生动物制品罪。金丝猴是《国家重点保护野生动物名录》确定的国家一级保护野生动物。《中华人民共和国野生动物保护法》第二十二条规定:"禁止出售、购买、利用国家重点保护野生动物及其制品。因科学研究、人工繁育、公众展示展演、文物保护或者其他特殊情况,需要出售、购买、利用国家重点保护野生动物及其制品的,应当经省、自治区、直辖市人民政府野生动物保护主管部门批准,并按照规定取得和使用专用标识,保证可追溯,但国务院对批准机关另有规定的除外。"本案唐某以牟得为目的,非法收购、运输珍贵、濒危野生动物金丝猴骨架 10 具,构成非法收购、运输珍贵、濒危野生动物制品罪。

《中华人民共和国刑法》第三百四十一条规定:非法猎捕、杀害国家重点保护的珍贵、濒危野生动物的,或者非法收购、运输、出售国家重点保护的珍贵、濒危野生动物及其制品的,处五年以下有期徒刑或者拘役,并处罚金;情节严重的,处五年以上十年以下有期徒刑,并处罚金;情节特别严重的,处十年以上有期徒刑,并处罚金或者没收财产。

本案中,唐某虽然非法收购 10 具金丝猴骨架只花了 1000 元,但在计算 10 具金丝猴骨架的价值时,根据《最高人民法院关于审理破坏野生动物资源刑事案件具体应用法律若干问题的解释》第十一条关于"珍贵、濒危野生动物制品的价值,依照国家野生动物保护主管部门的规定核定;核定价值低于实际交易价格的,以实际交易价格认定"的规定,10 具金丝猴骨架的价值应按野生动物保护机构鉴定的结果认定为 500 万元。根据《最高人民法院关于审理破坏野生动物资源刑事案件具体应用法律若干问题的解释》第五条规定,非法收购、运输、出售珍贵、濒危野生动物制品价值在二十万元以上的,属于"情节特别严重"。按《中华人民共和国刑法》第三百四十一条规定,情节特别严重的,处十年以上有期徒刑,并处罚金或者没收财产。

【复习思考题】

1. 简述林业六大重点工程的主要内容。
2. 简述林业法规的主要形式。
3. 简述林业执法主体和林业执法行为的种类。
4. 简述我国森林保护法律制度的主要内容。
5. 简述我国野生动植物保护法律制度的主要内容。

项目 4　林 下 经 济

林下经济是指以林地资源和森林生态环境为依托而发展起来的林下种植业、养殖业、采集业和森林旅游业,既包括林下产业,也包括林中产业,还包括林上产业。农林复合经营的理念是林下经济产生的科学基础,社会的快速发展是林下经济产生的前提,生态环境的改善是林下经济发展的基本要求,促进林农的增收致富是林下经济发展的基本目的。一般认为,林下经济主要有林下种植、林下养殖、林下产品采集加工和森林旅游四个方面的内容。

4.1　林下种植

林下种植是指充分利用林下土地资源和林荫优势,在以乔木为主的林地下种植经济林(水果)、农作物、种苗和微生物(菌类)等,从而使林上林下实现资源共享、优势互补、循环相生、协调发展的一个生态林业模式。林下种植可以达到近期得利、长期得林、远近结合、以短养长、立体化经营的产业化效应。林下种植在林地的选择与准备、栽植苗的密度、林上林下的郁闭度以及品种的选择上都有一定的技术含量。常见的林下种植模式有以下几种。

4.1.1　"一竹三笋"模式

毛竹是我国森林资源重要组成部分,湖北咸宁为毛竹自然分布区的中心产区,多年来都在大力营造毛竹林,并进行大面积低产林改造,"一竹三笋"模式就是在此基础上逐渐成熟起来的典型林下经济模式。这种模式是通过对竹林下土壤的精耕细作和砻糠竹叶覆盖措施,大幅度提高三笋(春笋、冬笋、鞭笋)产量,从而提高经济效益。这是一种特殊的林下种植模式,虽然只种植一种作物,但它与传统的竹材林具有质的差别,具体体现在两个方面:一是管理性质发生了变化,由原来粗放管理为主,转向精细管理,投入明显增加;二是生产目的发生了变化,由原来间伐竹材为主,转向收获竹笋为主,收入显著增加。其关键技术如下。

1. 林地选择

建立高产高效笋用林,首先可在现有的毛竹林中选择。毛竹冬笋、春笋、鞭笋三笋高产高效笋用林,一般在毛竹材用林、低产林基础上改建。新造的毛竹林需要多年培育逐步建立高产高效笋用林。高产高效笋用林对毛竹林的土壤条件、地形条件等立地条件和气候条件生态环境有较高的要求,具体要求是:①林地应地势平缓,坡度在20°以下的山岙、山脚;②土壤疏松肥沃,土层深厚,有效土层厚度达到50 cm;③交通方便,接近水源;④远离污染源,达到绿色农产品的产地环境标准;⑤有一定的规模。

2. 土壤管理

土壤管理包括毛竹林的深翻垦复、调整地下竹鞭结构、松土除草等。全面深翻垦复的时间;一是大年年份出笋留养母竹后的当年梅季5月下旬至6月中旬;二是大年年份的11—12月(翌年春季进入小年),即冬季深翻。全面深翻垦复的深度达到40 cm,清除竹林地的柴草、树根、竹兜、石块等,将老鞭、死鞭、无芽鞭、细弱鞭、跳鞭全部挖去,保留呈黄色至黄铜色的壮龄鞭,浅鞭应深埋。第一年深翻垦复强度要强,通过深翻垦复,为新鞭生长提供有效空间。结合全面深翻垦复,合理调整地下竹鞭结构。在清除老鞭、死鞭(发黑鞭)、无芽鞭、细弱鞭、跳鞭的同时,通过浅鞭深埋,使竹林的竹鞭在土壤中呈立体分布,分上、中、下三层,分层经营。上层即浅鞭层,为10~12 cm,以经营鞭笋为主;中层即中鞭层,为20~30 cm,以经营冬笋为主;下层即深鞭层,在30 cm以下,以经营春笋和留养母竹为主。通过调整地下竹鞭结构,使竹鞭增粗,提高营养物质的贮藏量,使有效鞭芽增加,从而提高竹笋的产量和质量。

3. 肥料管理

毛竹笋用林的施肥种类以农家有机肥和竹笋专用有机肥最好。适时施肥是施肥技术中的一个重要内容,必须根据竹子的需肥规律和肥料分解吸收的情况安排施肥时间。对新开发的三笋笋用林的施肥,在5月下旬至6月中旬全面深翻垦复调整地下竹鞭结构时。以施有机肥为主,一般每亩施农家肥5000~10 000 kg,或竹笋有机复合肥150 kg。对于现有笋用林,一般每年施肥四次。按时间顺序,第一次施肥在1—2月,结合挖掘冬笋时进行,施竹笋专用有机肥50 kg左右。冬笋产量较高的笋用林,挖冬笋时全面垦复翻挖,在翻挖冬笋前,将竹笋专用有机肥均匀地撒在林地上,边挖冬笋,边深翻垦复,挖取冬笋后肥料翻入地下,以促进春笋早发和提高春笋产量;冬笋产量较低的笋用林,见苞挖冬笋,在挖取冬笋后的笋穴中施竹笋专用有机肥,然后覆土耙平。第二次施肥在5—6月,结合松土除草等抚育时进行,施"笋后肥"。笋用林大量挖去竹笋和留养新竹后,林内土壤养分大量消耗,必须施入大量的肥料,以促进新竹和新鞭的生长,施竹笋专用有机肥100 kg左右。施肥方法以沟施为宜,施后盖土。第三次施肥在8—9月,结合挖鞭笋进行。8—9月是鞭笋的生长盛期,挖取鞭笋后,带走了大量的林地土壤营养,需要施肥进行补充,以施人粪尿为宜,用量为1000 kg左右,加水45倍,挖穴浇施。8—9月高温干旱,竹林除需肥外,更需水,施肥与浇水结合效果明显。第四次施肥在11—12月,此时是冬笋长笋期,施农家肥5000 kg左右,铺施,这样既能增加肥力,促进土壤结构疏松,又能保温增热,促进冬笋早出。在1—2月挖冬笋时,与第一次施肥一起将农家肥翻入地下。

4. 水分管理

竹林生长需要水分,长笋行鞭更需大量水分,特别是3—5月的出笋期和7—9月的行鞭、笋芽分化期以及10—11月的冬笋生长膨大期,水分极为重要。水分的多少直接关系到竹笋产量的高低。因此,在上述时间内,若天气干旱少雨,要及时浇灌水分。浇灌的方法:一是引水浇灌,即将水源引入竹林中,每隔4~5 m开水平沟,放水浇灌,最好细水长流,以免水土冲刷,全林灌透为止;二是抽水浇灌,即通过抽水泵抽水,用皮管浇灌全林,浇透为止;三是结合施肥,人工挑水浇灌,即在7—9月干旱期,人工挑水,在水中放入20%~25%的人粪尿,进行挖穴浇施;四是无水源条件的竹林,可以施用抗旱保水剂,即在竹林中,每隔3~4 m开水平沟,将抗旱保水剂与竹笋专用肥混在一起施入,抗旱保水剂能在下雨后吸水,然后慢慢释放水分,这样既提高了林地土壤的含水量,又增加了土壤肥力。平地毛竹林,雨季需及时排水,以免林地积水,引起烂根烂鞭。

与此类似,湖北生态工程职业技术学院自主研究达到国内先进水平的科研成果"雷竹良种筛选与早出丰产栽培技术",也属于一种特殊的林下种植模式。通过选择细叶乌头雷竹良种低产林地,对雷竹林地综合运用土壤耕作、平衡施肥、水分调控、合理采笋留竹、无公害生产等抚育管理技术,改善雷竹生长环境,抚育后可达到高产目的;将经过抚育的雷竹高产林地,通过谷壳或谷壳+稻草等覆盖材料、覆盖厚度25～30 cm、10月20日至11月20日之间进行覆盖,提早出笋56 d,竹笋产量提高67%,达到21 750 kg/hm^2,经济效益增加200%以上。

4.1.2 林苗模式

林苗模式主要是指在苗木培育至销售前期这段时期内,充分利用林下遮阴效果,在林下套种山地小水果或者其他小花木苗的林下经济模式。有人将林苗模式叫作林花模式,有人将其称为林苗一体化模式,虽然名字不同,但内容一致。对于稀疏林,可以培育木本花卉苗,间距大时还可培育喜光的观赏花木;而对于种植密度较大的林分地或果园,多以种植草本花卉为主,如宿根花卉。宿根花卉为多年生草本花卉,一般耐寒性较强,可以露地过冬。宿根花卉又可分为两类:一类是菊花、芍药、玉簪、萱草等,以宿根越冬,而地上部分茎叶每年冬季全部枯死,翌年春季又从根部萌发出新的茎叶,生长开花;另一类是万年青、吉祥草、一叶兰等,地上部分全年保持常绿。下面仅就湖北省太子山林场管理局开展的林下育苗情况,说明其关键技术。

1. 林地选择

以太子山现有林地为基础,选择阳光充足、交通便利、靠近水源、坡度较缓且土质疏松、土壤pH为6.5～7.0的林地进行林下绿化苗木的培育为宜。一般选择林龄为1～3年的新造林地或稀疏林地进行林下育苗,如紫薇、樟树、桂花、红叶石楠、广玉兰、红果冬青、大叶女贞、板栗等林地均可进行林下绿化苗木培育。就太子山林场而言,紫薇和香樟林地利用较为广泛。进行林下园林绿化苗木培育的林地,株行距多为2 m×3 m或3 m×3 m。

2. 林下育苗树种选择

太子山目前进行林下育苗的绿化苗木种类以目前热销品种和京山地区特有品种为主,主要种类有:樟树、栾树、红果冬青、对节白蜡、三角枫、大叶女贞、桂花等。

3. 林下育苗技术措施

1)整地

选定要进行林下育苗的林地后,于冬季对林地进行翻耕,翻耕深度约30 cm,翻耕时注意避开林木,翻耕区域离林木树干保持0.5 m的距离。翌年春天将已翻耕的林地耙平并施足基肥,每667 m^{2}施用2 kg硫酸亚铁和2 kg的3%辛硫磷颗粒剂进行土壤消毒。根据地势起沟作床,坡地作床可稍低,若是平地或降水量大的地区,则应起深沟,作35～50 cm的高床,以利于雨季及时排水。

2)种子处理

种子采收后沙藏保存。红果冬青、对节白蜡、三角枫和桂花均需沙藏1年。播种前将沙藏种子取出消毒,消毒处理方法:可用0.1%新洁尔灭浸种3～4 h或0.5%高锰酸钾溶液浸种30 min后清水漂净。消毒处理后的种子经过催芽处理可以提高种子出苗率和出苗整齐度。不同的绿化苗木种子,其处理的时间和方法有一定的区别。

3)播种时间与方法

林下绿化苗木培育播种时间一般选择在3月上、中旬,不宜过早或过晚。过早易烂种,过晚出苗易感染病害,同时易被太阳灼伤。播种多采用条播方式,以利于后期的苗木管理。播种后覆一层 1.0~2.0 cm 厚的疏松细土,浇水,盖稻草保湿。待苗高 1.0~1.5 cm 时,选择阴天或傍晚撤去全部覆盖物。

4)田间管理技术

出苗后林下苗田要及时进行抚育管理,才能保证生产出优质苗木。

4.1.3 林茶模式

林茶模式属于农林复合经营系统范畴。林茶间作,在空间上,上下配置;在时间上,既有先后又有交叉的发育次序;在产业结构上,林、茶业合理布局;在生物物种上,互利共生,充分利用了自然资源,使系统高效率地输出多种产品,提高了土地利用率和生物能的利用效率。众多研究表明,林茶复合经营能有效提高茶叶的产量和质量,同时也为南方一些地区的低产林改造提供了一种可行的选择。目前,该模式是在湖北省林下经济中采用比较多的一种模式,主要有湿地松+茶模式、泡桐+茶模式、板栗+茶模式、银杏+茶模式、柿树+茶模式和香椿+茶模式等。下面以柿树+茶模式为例,说明其关键技术。

1. 林分选择

在林分选择方面,应把握以下几个原则:一是林分郁闭度与树种,一般林茶复合经营的林分郁闭度以 0.3~0.4 为宜,郁闭度过高或过低都会影响经营效果,树种选择与单作茶园树种选择的原则基本一致;二是土壤与地形,根据茶树的生物学特性,要求土壤厚度在 0.8 m 以上,养分丰富,酸性,透水透气性能好,石砾含量少,林分地形地势一般以坡度在 15°以下为宜,常有冻害的北方茶区,应以南坡或东南坡为宜,在南方冻害轻的茶区,选择南北坡向均可。

2. 种植密度

柿树种植密度的确定:根据《茶叶生产技术规程》(NY/T 5018—2015)的规定,除北方茶区外,其他茶区集中连片的茶园可适当种植遮阴树,遮光率控制在 20%~30%。相关的研究成果表明,适当的遮阴有利于茶树的正常生长,有利于茶叶品质的提高。再结合不同年龄柿树的生长量(主要指冠幅)和产量的变化情况,认为柿树的初植密度以 20 株/亩为宜,即株行距为 8 m×4 m。以这一密度为例,5 年生时,每亩柿树垂直投影面积为 64 m^2,对茶树的遮阴作用还不大;进入 8 年生后,每亩柿树垂直投影面积猛增到 428 m^2,这时可根据经营目标,如以茶叶为主导产品,把柿树的种植密度调整到 10 株/亩,即株行距为 8 m×8 m。这样既提高了柿树在初产期的产量,能较早获得生态效益和经济效益,又便于以后的定植。茶树密度:采用双条栽方式,行距为 1.5 m,株距为 0.25 m×0.25 m,每亩需茶苗 3000~3500 株。茶柿混交方式:在生产实践中,可因地制宜,每间隔 3 行茶树套种 1 行柿树,行内柿树的株距为 8 m;如地块比较狭窄,则柿树种在外侧(坎边树)。

3. 管理

坚持采用以生物防治为主的病虫害综合防治技术。柿树+茶模式下的茶树生长旺盛,病虫害危害轻,但有较多的天敌昆虫,因此病虫害防治应坚持以生物防治为主的综合防治方法。即使存在少量害虫,也不要轻易施用农药,以免误杀害虫天敌,破坏生态环境。应顺其自然,利用自然的力量加以控制,保持其无化学污染的良好环境。幼茶栽种第二年,除在春季进行常规的定型修剪外,应在夏季进行第二次定型修剪,这样可使幼茶二级枝分枝数增加 40%,分枝长度增加 194%,粗度增加 37.5%,有利于增加茶蓬宽度,尽早形成丰产树体结构,提早投产。

4.1.4 林草模式

林草模式是指由森林和草地结合形成的多层次人工植被,是有目的地把多年生木本植物与农业、牧业合在同一土地上,并采取时空分布或短期相间栽种来提高林业经济的一种新型林下经济模式。在郁闭度 0.7 以下的林地,可种植紫花苜蓿、黑麦草等优质牧草,这样既可出售优质牧草,又可放养畜禽。在此模式下,草本植物可以作为纽带,使系统成为自给自足的经济型生态系统。此模式的主要功能:增加地表覆盖,有效抑制幼林地的水土流失;改善树木生长环境,降低盛夏地表温度,减少病虫害发生;地表割刈后可直接作为树木的绿肥;地下根系能改善土壤的理化性质,更有利于保水、保肥;作为饲料供给草食家畜,家畜粪便直接还于林地,提高土壤肥力;土壤有机质含量逐步提高,同时减少了化肥的使用量,减少了对环境的污染。

4.1.5 林粮模式

林粮模式是指根据林木与作物的生物学特性和经营水平的不同,在成林或幼林中间作,如林-农间作、林-蔬菜间作等。在幼年树林下种植番薯、西瓜、玉米、马铃薯、花生、青菜、萝卜等传统粮食,这些看起来很普通,但在森林食品、高山蔬菜越唱越响的今天,人们已重新认识了它们的价值。这些一两年生粮食、蔬菜,种植后几个月就可收获,这一特性使它们能很灵活地合理利用幼年树林的光照和土地空间,并有改善土壤理化性质和林间小气候的作用,对其上的幼年树生长十分有利。该模式虽然直接的经济效益相对较低,但操作比较简单,山区林农都熟悉这类作物的种植技术,很容易获得成功,因此这种模式能广泛在全省各地采用。

4.1.6 林菌模式(食用菌林地野外栽培)

食用菌林地野外栽培是指采用人工接种,培养大量菌丝体,菌丝体成熟后返回到林地等适宜食用菌生长发育的地方,在全天候的天然林温度、湿度、通风、光照的环境中培养出菇,采收子实体。利用郁闭的树林下空气相对湿度大、氧气充足、光线弱、昼夜温差小的特点,种植竹荪、双孢菇、木耳、平菇、香菇、草菇、鸡腿菇等食用菌是湖北省主要的林菌模式,其优势有:①不占用耕地,充分利用现有林地资源;②基础设施标准低,资金投入较少,相对于传统设施农业,林地食用菌对基础设施的要求较低,种植户在基础设施上的一次性投入较少;③生长期短,投资回收快,食用菌生产周期从菌棒投放到收获完毕一般不超过三个月,部分品种生长周期甚至只有一个半月,生产期短,降低了投资风险,加快了林农增收致富的步伐;④促进林木生长,食用菌生长需要喷洒适量的水,大面积的食用菌生产有力地延缓了水分的蒸发,使林木生长对水的需求有了保障,从而促进林木生长。目前比较成功的林菌模式主要有在郁闭的林下种植双孢菇、鸡腿菇、平菇、香菇等食用菌。下面仅就林下种植双孢菇,说明其关键技术。

1. 建棚

选择地势较高的林地(便于排水),建简易拱棚。棚高 1.4 m,宽 2.5 m。用竹竿支撑棚的重心,棚上先盖塑料布,再盖草苫。棚中间留 50 cm 宽的过道,两侧为种植带,用土将过道与种植带隔开。

2. 备料

双孢菇生长的最低温度为 5 ℃,最高温度为 27 ℃,春、秋两季均可种植。种植前先要备料,冬季的 1 月初或夏季的 7 月初开始备料。将玉米秸秆、棉花秆、小麦秸秆或落叶等粉碎后与动物粪便以及磷肥以一定比例(玉米秸秆 500 kg、干鸡粪 100 kg、棉籽饼 25 kg、尿素 2.5 kg、磷肥 15 kg、石灰 12.5 kg)加水混合,发酵 1 个月左右,腐熟后作为底料。

3. 种植

春季 2 月或秋季 8 月底,将底料与水按一定比例均匀搅拌后使底料含水量为 60% 左右,将底料平整地铺于棚内种植带。底料厚度为 20~25 cm,宽 80 cm。再将菌种按 0.6 kg/m² 的量播种于底料中,5 天后覆土 2~3 cm。

4. 管理

1) 控制温、湿度

菌丝体生长的温度范围为 6~32 ℃,最适温度为 22~24 ℃,子实体形成的温度为 6~22 ℃,最适温度为 14~16 ℃。菌丝生长阶段底料含水量为 60%~65%,空气相对湿度在 80% 左右,子实体生长阶段要求底料含水量为 60%~65%,空气相对湿度为 85%~90%,不能超过 95%、低于 70%。温、湿度过高,要及时通风,可以通过棚内或草苫上喷水来调节温、湿度。

2) 光照与通风

菌丝体与子实体的生长均不需要光线,郁闭林内建棚只有散射光照射,这样即能满足双孢菇生长要求。双孢菇属于好气性菌类,需要良好的通风条件,菌丝体、子实体阶段都需要充足的新鲜空气。出菇阶段 CO_2 浓度要控制在 0.1% 以下,否则直接影响双孢菇产量。

3) 控制酸碱度

双孢菇生长宜稍碱性。菌丝体生长阶段 pH 值为 5~8,最适 pH 值为 7.0~8.0。进棚前底料的 pH 值为 7.5~8.0,土粒的 pH 值为 8~8.5。每采收一期双孢菇,喷水时适当放点石灰,以保持较高的 pH 值,抑制杂菌滋生。

4) 病虫害防治

双孢菇棚内生长时易生线虫,用菊酯类药物杀灭即可。

5) 收获与保存

播上菌种 40 d 左右,开始出菇。双孢菇以鲜食营养价值最高。双孢菇常温保存只有 3~5 d,大量采摘可冷藏 10 d 左右。另外可腌制保存:双孢菇煮熟后,用盐以 1∶2 的比例腌制保存。

4.1.7 林药模式

林药模式即在林间空地上间种较为耐阴的中药材,特别是那些怕高温、忌强光的药材,可有利于药材的生长,也可达到"以短养长"的目的。一般选择在用材林、经济林、薪炭林下种植药材,适宜林下种植的药材主要有黄连、天麻、石斛、人参、杜仲、红豆杉、厚朴、芍药、牡丹、茯苓、太子参、草果、柴胡、灵芝、桔梗、甘草、重楼、黄芪、板蓝根、川明参、五味子、丹参、金线莲、菊花、细辛、黄芩、葛根、党参、元胡、玄参、草珊瑚、当归、黄精、苍术、巴戟天、两面针、大黄、肉苁蓉、益智、贝母、何首乌、沙参、前胡、川芎、半夏、地黄、三七、白芷、独活、灵香草、防风、广藿香、淫羊藿、金钱草、草乌等。下面仅就湖北生态工程职业技术学院的研究成果"鄂西南山区林下黄连种植模式优化及栽培技术研究",说明日本柳杉(或杉木)林下黄连种植关键技术。

1. 林地选择与整地

日本柳杉林下栽植完全依靠森林遮阴,故应选在林下郁闭度 0.7 以上,海拔 1200~1800 m,坡度在 15° 以内为宜的日本柳杉林地,且具有土层深厚、肥沃疏松、排水良好、表层腐殖质含量高、下层保水保肥能力强的壤土或沙壤土,地势较平缓,以"早阳山"或"晚阳山"为好。若选日本柳杉幼林地,要求达到树枝相连,有的地方若出现天窗,可用树枝插于黄连四周即可起到遮阴作用。整地前,用木耙把表土上的残枝、落叶、石块耙出林外,林内竹根、小树根以及茅草根要除净,要注意挖时树根不能伤得太狠,切忌深挖。将表层0～20 cm的土堆成堆,熏烧成黑土,然后整细耙平,沿着山地等高线整成宽130～150 cm,高15 cm的高畦(厢),畦沟宽20 cm,畦面呈瓦背形,并在周围开好排水沟,沟底的泥土提放在两边畦上。畦整好后,每1 hm² 施腐熟牛马粪60 000～75 000 kg,捣碎均匀铺于畦面,然后浅挖,与表土拌均匀,再覆盖6 cm左右的熏土。黄连生长发育期间要进行1～2次树旁断根,防止树根深入畦内影响黄连生长;对于过密的树枝,可以进行疏枝,对于过疏的个别地方,可利用藤条把近处较密的树冠拉来调节或通过插树枝补充郁闭度,保证林下有70%～80%的均匀郁闭度。

2. 黄连育苗和移栽

1)黄连育苗

黄连以栽后3～4年生的植株所产的种子质量为好,数量也多。立夏前后,当果实变成紫绿色并出现裂痕时,应及时采收。采种宜选晴天进行,将果穗从茎部摘下,盛入细密容器内,置室内或阴凉地方,经2～3天后搓出种子。黄连种子有胚后熟休眠特性,经3～5 ℃的低温湿沙贮藏5～6个月,即可解除休眠,发芽率可达90%左右。种子寿命受贮藏条件的影响很大,干藏和常温湿沙藏均不易保持种子较长寿命,一般在-2～0 ℃和一定的湿度条件下能保持种子的多年生命力。黄连对土壤要求较严,以上层深厚、肥沃、疏松、排水良好、富含腐殖质的壤土和沙壤土为好。土壤pH值以5.5～7为宜,忌连作,以早晚有斜射光照的半阴半阳的缓坡地最为适宜,但坡度不宜超过30°。整地前进行熏土,方法是:选晴天将土表7～10 cm的腐殖土翻起,拣净树根、石块,待腐殖土晒干后,收集枯枝落叶和杂草进行熏土。此法有利于提高土壤肥力,减少病虫害和杂草。熏土后,耕翻15 cm,拣净树根等杂物,每亩施入农家肥4000 kg左右作为基肥,耙匀整平,做成宽1.3～1.5 m、高30 cm的畦,畦沟宽30 cm,畦面略呈弓形。10—11月用经贮藏的种子播种,因种子细小,可将种子与20～30倍的细土拌匀后撒播于畦面,播后不盖土,盖0.5～1 cm的干细腐熟牛马粪。冬季干旱时,还需盖一层草保湿。到早春化雪后,及时将覆盖物去除,以利于出苗。每667 m² 用种量为2～3 kg。播种后,翌春3—4月出苗,出苗前应及时除去覆盖物。当苗具有1～2片真叶时,按株距1 cm左右间苗,6—7月可在畦面撒一层约1 cm厚的细腐殖土,以稳定苗根。荫棚应在出苗前搭好,一畦一棚,棚高50～70 cm,郁闭度控制在80%左右,如采用林间育苗,必须于播种前调整好郁闭度。

2)黄连移栽

黄连移栽采用2年生苗,可在2—3月、6月或9—10月3个时期进行,尤以6月移栽最好。移栽宜在阴天或雨后晴天进行,取生长健壮、具有4片以上真叶的幼苗,连根挖起,剪去部分须根,留2～3 cm长,按株行距各10 cm,正方形栽植,深度视移栽季节和幼苗的大小而定。春栽或苗小可栽浅一些,秋栽或大苗可稍深一些,一般为3～5 cm,地面留3～4片大叶即可。通常上午挖苗,下午栽种。如起挖的苗,当天未栽完,应摊放阴湿处,第二天栽前,用0.05～0.1 mL/L的ABT生根粉浸根10 min,可明显提高黄连苗移栽成活率,促进其生长发育。

3. 栽后管理

1)补苗

黄连栽种后常有不同程度的死苗脱窝,栽后第一、二、三年秧苗每年有10%～20%死亡,应及时进行补苗。一般进行两次补苗:第一次在当年的秋季,用同龄壮秧进行补苗,带土移栽更易成活;第二次补苗在第二年雪化以后新叶未发前。在湖北利川冬季冰冻较大的高山地区,常把头年秋季栽种的秧苗拱出地面,故在雪化后要详细查看,将拱出地面的秧苗用手按人土内,仍能成活。发现死亡秧苗应进行补栽。此后若发现缺苗,应选用与栽苗相当的秧苗带土移栽,使栽后幼苗生长一致。

2)除草

在黄连栽种当年和次年,每年除草 4~5 次,第 3、4 年每年 3~4 次,第 5 年 1 次,每次在草有 2~3 片叶时,可每 667 m^2 用 250 g 扑草净或 25~30 g 西玛津与 20~30 kg 沙或磷肥混合,在晴天下午或傍晚以及阴天均匀撒施于黄连土中(只算厢面净面积),用竹竿或树枝扫落至地中,然后认真观察,若有没有除净的杂草,人工拔除。

3)施肥培土

栽后 2~3 日内应施 1 次追肥,用稀薄猪粪水或菜饼水,也可每 667 m^2 用 1000 kg 左右细碎堆肥或厩肥撒施。这次肥料称为"刀口肥",能使连苗成活后迅速生长。栽种当年 9—10 月、第 2、3、4、5 年春季 5 月采种后和第 2、3、4 年秋季 9—10 月,应各施追肥 1 次,共 8 次。春季追肥每 667 m^2 用人畜粪水 1000 kg 和过磷酸钙 20~30 kg,与细土或细堆肥拌匀撒施,施后用细竹枝把附在叶片上的肥料扫落。秋季施肥以农家厩肥为主,兼用火灰、油饼等肥料。肥料应充分腐熟弄细,撒施畦面,厚约 1 cm,每次每亩用量 1500~2000 kg。若肥料不足,可用腐殖质土或土杂肥代替一部分。施肥量应逐年增加。干肥在施用时应从低处向高处撒施,以免肥料滚落成堆或盖住叶子;在斜坡上部和畦边易受雨水冲刷处肥力差,应多施一些。黄连的根茎向上生长,每年形成茎节,为了提高产量,第 2、3、4 年秋季施肥后还应培土,在附近收集腐殖质土弄细后撒在畦上。第 2、3 年撒约 1 cm 厚,称为"上花泥";第 4 年撒约 1.5 cm 厚,称为"上饱泥"。培土须均匀,且不能过厚,否则根茎桥梗长,降低品质。在施肥培土的基础上,为了提高产量,还在每一次除草之后施用化学肥料促使其生长。每次每 667 m^2 施用 50 kg 过磷酸钙和 10 kg 碳铵为最佳比例。

4)摘除花薹

黄连开花结实要消耗大量营养物质,为了更好地促进黄连的营养生长,应及时摘除花薹。自第 2 年起于花薹抽出后,应将除需要采种外的黄连花薹及时摘除。

5)修枝调节郁闭度

随着黄连的生长,黄连对光照需求逐渐增加,通过适度修枝间伐,逐步减小日本柳杉林的郁闭度,增加天然透光度,以满足黄连生长对光照的需求。黄连栽后第一年只需 20%~25% 的透光,第二、三年需 35%~40% 的透光,第四年的透光需增加到 60% 左右,第五年全部亮棚,以促进地下干物质的积累,这样就需要逐年削枝。在头二、三年,削除部分树枝不会对树木生长有影响,第四年削枝要增多。对于日本柳杉林,要打落部分树叶或用藤条将枝叶捆起来,以增加林内透光度。也可根据林业技术规程,结合日本柳杉林生长情况进行适当间伐、削枝,间伐应在林木停止生长、黄连尚未打苞发芽时进行,一般以在冬季进行为宜。另外,每年秋、春季将凋落的树叶仔细用手扒到黄连的株行距中间,上面撒少许泥土。

4. 采收和加工

黄连一般在移栽后 5 年收获,宜在 11 月上旬至降雪前采挖。采收时,选晴天,挖起全株,抖去泥土,剪下须根和叶片,即得鲜根茎。鲜根茎不用水洗,应直接干燥。干燥方法多采用炕干,注意火力不能过大,要勤翻动,干到易折断时,趁热放到槽笼里除去泥沙、须根及残余叶柄,即得干燥根茎。须根、叶片经干燥去泥沙杂质后,亦可入药。残留叶柄及细渣筛净后可作为兽药。

4.2 林下养殖

林下养殖主要指在林下养殖畜禽、水产、特种经济动物等,它能充分利用林地闲置空间,提高产品品质,改善林内环境,实现经济效益、社会效益和生态效益"三赢"。林下养殖主要为家禽养殖,禽畜产生的粪便可以为树木的生长提供优质的有机肥料。禽畜还能有效防治树木害虫,节约了饲料费、肥料费和病虫害防治费,形成了以草养牧、以牧促林、以林护牧的良好循环。林下养殖使禽畜食物资源丰富,活动场地大,空气新鲜,两者的有机结合使这个模式有很好的经济效益。

4.2.1 林禽模式

林禽模式是指在林下透光性、空气流通性好的环境条件下,充分利用林下空间及林下丰富的昆虫、杂草等资源,放养或圈养鸡、鸭、鹅等禽类。在林下放养或圈养鸡、鸭、鹅等禽类,利用林下空间,供禽类活动,林下的草木、昆虫可补充鸡、鸭、鹅的饲料,鸡、鸭、鹅的粪便经过处理可作为林地的肥料。林禽模式中以养鸡最多,林下为鸡提供生存环境,鸡食昆虫,不需再喂任何添加剂饲料,同时鸡粪还可以为树木提供肥料,实现了以林"养"鸡,以鸡"育"林。下面以林下养鸡为例,说明其关键技术。

1. 林地选择

林下生态养鸡要充分利用果园、山林、灌丛、草地等环境,因陋就简搭盖鸡舍,能够为鸡提供休息、避风场所。一般可以在山上开辟一块略为平整的地方,利用秸秆、木条、塑料绳编成篱笆墙,或用塑料布、塑料薄膜、油毡围上。一般棚宽 5 m,棚中间高 $1.8 \sim 2.0$ m,长度依据养鸡量而定,以每米 15 只鸡最好。可选用木条、竹竿在鸡舍内顺着养鸡林地方向搭建离地 30 cm 的平台,每隔 1 cm 设 1 平台,供鸡栖息。

2. 管理

鸡的放养密度应按宜稀不宜密的原则,一般每公顷林地放养 1200~1500 只鸡。鸡的放养规模一般以每群 500~800 只鸡为宜,采用全进全出制。根据林地饲料资源和苗鸡日龄综合确定放养时期,一般浅山和川水地区 4 月中旬至 10 月底每 $0.33 \sim 0.75$ hm^2 林地为一个牧区,每个牧区用尼龙网隔开,这样既能防止老鼠、黄鼠狼等对鸡群的侵害和带入传染性病菌,有利于管理,又有利于食物链的建立。待一个牧区草虫不足时,再将鸡群转到另一个牧区放牧,公、母鸡最好分开在不同的牧区放养。为补充放养时期饲料的不足,对放养的鸡要适时补饲,早晚各补饲一次,按"早半饱、晚适量"的原则确定补饲量。为使林下鸡在 130 日龄左右体重达到上市标准又不会太肥,补饲精料的粗蛋白含量要适宜。放鸡的第一天与往常每天第一次喂料时间相同,饲养员先在鸡舍门口投喂一点饲料,让鸡就地吃料,然后手提料桶边投料边往外走,将鸡引出鸡舍门外,不能强行赶出,要让鸡慢慢试探着向外走出,之后逐渐将鸡引出较远的地方,一般三天后鸡就能习惯自由走出鸡舍。在放养期间,要注意每天收听天气预报,密切注意天气变化。如遇阴雨天气或起大风,气温突然下降,应及时将鸡群赶回鸡舍,将鸡舍门窗关闭,放养改为舍饲或中午气温高时放养,早、晚舍饲,防止鸡受寒发病。夏季的晚上,可在林地悬挂一些白炽灯,以吸引更多的昆虫让鸡群捕食。放养初期,每天放牧 3～4 h,以后逐日增加放牧时间。这期间林地杂草丛生,虫、蚁等昆虫繁衍旺盛,鸡群可采食到充足的生态饲料。其他月份则采取圈养为主、放牧为辅的饲养方式。具体放养日龄还应根据季节、鸡的体质、生长发育状况灵活掌握。

为了保证鸡饮水充足,每 50～80 只鸡投放一个饮水器。饮水器要放在鸡常活动的明显地方,天冷时放在太阳下,天热时放在阴凉处。饮水要清洁卫生,饮水器必须每天清洗消毒。日喂量、次数、时间,要因地、因季节、因鸡日龄确定。初期放鸡日龄小,每天早、中、晚喂三次,早料为日量的四分之一,中、晚以鸡吃料不剩为原则。喂料要定时、定点,让鸡养成习惯。十周龄以上的鸡,早、晚各喂一次。利用不同的特定口令,对鸡进行归队训练、领游训练、喂食训练,使鸡有规律地按饲养员的口令活动或行动。野外养鸡要特别注意防老鼠、黄鼠狼、鹰等天敌的侵袭。鸡舍门窗用铁丝网或尼龙网拦好,同时要加强值班和巡查,检查放养场地兽类出没情况。防病措施以预防为主,做到每天观察鸡群吃料、饮水、行走等情况。发现病鸡要立即隔离,清粪工作每周一次,并保持鸡舍干燥通风,经常进行鸡舍和放养场的消毒。雨雪天气严禁放牧,以免打湿鸡羽,使鸡受凉感冒。放牧场地应事先检查,发现死动物立即远弃,以防鸡群中毒。

4.2.2 林畜模式

林畜模式是指在林下种植牧草,再用牧草作为饲料养羊、梅花鹿、菜牛等家畜,这样不仅可大幅度降低饲养成本,而且家畜的肉质好,效益高。在林木成长为中龄林以后,可在林下适度放养猪、羊等家畜。这种模式主要在平原地区地势平坦的用材林中进行,山地不宜发展。林畜模式现在还不是一个广泛推广的模式,虽然在管理良好的情况下,每年的经济效益比较高。新造林地禁放羊或放牛,以免伤害幼树。现在仅就林下养羊,说明其关键技术。

1. 林地选择

林地要离村庄一定距离,交通方便,光照较充足,牧草生长茂密,具有充足的饮用水或饮水设施,坡度在 45°以下,为成熟或近熟的林分,林木较高大,林分郁闭度在 0.6 以下,同时要考虑到羊群对周围农作物可能造成的负面影响。

2. 羊圈建造

位置宜选在放牧区居中地段,要避风平坦,高燥向阳,排水方便,坐北朝南,呈长方形布局,用土墙或砖木及水泥瓦或石棉瓦等建造高 2～2.5 m 的楼台漏缝地板式羊舍,大小根据养羊数量及发展目标而定。

一般羊舍要求门宽 3 m,每只羊占地面积为 1～1.2 m²,羊床离地 1.5～1.8 m。羊床用 7～10 cm 宽的竹片铺钉平整,竹片间留 1～1.5 cm 宽的间隙。舍内设怀孕母羊栏、哺乳带羔栏和肉羊栏等分类围栏,并安装草架和水料槽。舍外设有运动场,并在运动场一端搭建凉棚,设置草架和水料槽,周围用围墙或围栏围起。

3. 品种选择

要选择对高山陡坡环境适应性强、生长性能好、饲养周期短、经济效益高的品种。一般选择多胎、母性好、早熟、四季发情、个体较大的本地山羊为母本,与优质公羊如南江黄羊、波尔山羊等杂交。

4. 羊群结构

群体不宜过大,饲养规模必须从牧区面积、草质草量,以及自身的资金、管理经验等实际情况出发,不能盲目求大,急功近利,一般规模以 100~150 只/群为宜。羊群中要以繁殖母羊为主,母羊比例要达到 65%~70%,其中能繁母羊占 50% 以上,公、母羊比例为 1:(20~30)。公羊要定期更换,避免出现近亲繁殖。

4.2.3 林蜂模式

林蜂模式即利用森林里丰富的蜜源植物,饲养蜜蜂,发展养蜂业,获取蜂蜜资源。森林是良好的蜜源基地,林下养蜂可以改善蜂群内小气候环境,蜜蜂通过采花酿蜜,为树木传授花粉,使树木结出果实和种子,为树木培育子孙后代、提高生物多样性的同时,又为林农增加了蜂蜜财富,具有可观的林业收益。常见的蜜源植物包括粮食作物中的荞麦,油料作物中的油菜、向日葵、红花、芝麻、芝麻菜,纤维作物中的棉花,豆科牧草和绿肥中的紫花苜蓿、草木樨、紫云英、苕子,果树中的柑橘、枣、荔枝、龙眼、枇杷,树木中的椴树、刺槐、蓝果树、桉树、荆条、野坝子等灌木,野草中的香薷、老瓜头、水苏,以及香料植物中的薰衣草、麝香草等,它们是蜂群周期性转地饲养的主要蜜源。林蜂模式适合我省鄂西北、鄂西南、鄂东南和鄂东北广大山区。现仅就湖北山区养蜂,说明其关键技术。

1. 选择场地

蜂场宜建在蜜源植物多、林区边缘有水源的地方,有利于蜜蜂采水、采粉,降低工作强度。

2. 选择蜂种

通过对比发现中蜂较适合采集山区树蜜,为此,在选择蜂种时要注意选择中蜂,并且在进行林下养蜂时,要对中蜂蜂种通过换王等途径与本地野生中华蜜蜂杂交,提高蜂种的适应力。若是平原地区,应选择意蜂。

3. 提前饲喂

枯蜜期应饲喂蜂群。饲喂以糖水为主,花粉为辅,先多后少,至蜜源植物开花量增大时停止,为盛花期培育大量采集蜂。

4. 清除敌害

中蜂的主要敌害为胡蜂、蜘蛛、青蛙、巢虫。对于胡蜂,要对蜂场周边 2 km 的林区进行排查,发现胡蜂蜂窝应及时清除,确保没有胡蜂危害;对于蜘蛛,要注意早上观察,发现蛛网应及时连带蜘蛛一起清除;适当垫高箱底,防止青蛙等有益动物危害;蜂场周围每半个月用"康宽"药液喷洒一次,消灭巢虫。

5. 严控分蜂

在蜜源到来前 10 天及时换王,增强蜂群凝聚力,同时早取蜜,勤取蜜,增加蜂群劳动强度,降低分蜂热,实现高产稳产,增加收入。

4.2.4 林蝉模式

林蝉模式是指在郁闭的林地内浅埋孵化好的蝉卵种条养殖蝉。蝉又叫知了,其蝉蜕及雄蝉都可以入药。刚出土的老龄幼虫营养丰富,虫体蛋白质含量为38%~58%,脂肪含量为10%~32%。目前已把蝉摆上餐桌,作为保健食品,市场需求量越来越大,价格愈来愈高,仅靠野生资源已不能满足需要,目前已开始人工饲养。业内人士预言,蝉将成为人类重要的绿色食品之一。人工养蝉投资小,技术容易掌握,省工时,高效益,无风险,是林农新的致富项目。

除此之外,还有林地内养殖林蛙、蚂蚱等模式。如王大明通过林下养殖中国林蛙技术的研究,确定林蛙养殖区应具备四个条件:①森林植被较好,林木以阔叶为主,郁闭度在0.6以上;②水源充足,四季长流,无污染;③昆虫资源丰富;④以小流域为单元的森林环境条件。

4.3 林下产品采集加工

林下产品采集加工主要指的是利用林地的生态环境以及自然资源,例如中药材、野生菌、山野菜、松香、栲胶、樟脑、林产动植物香料、木本油料等资源,进行合理开发和利用,包括中药材、野生菌、山野菜、森林食品采集加工,水果、坚果采集加工,林产品罐头和蜜饯制造,林产饮料和林产动植物产品如竹、藤、棕、苇等加工。林下产品采集加工形态具有三个特点:第一是投入少,许多林下产品的采集加工不需要投入,直接利用天然的自然资源即可;第二是时间长,林下产品的采集期较长,林农随时可以进行采摘,不会耽误其他农业活动;第三是见效快,林下产品采集加工一般都能当年收获。目前,林下产品采集加工生产形式在湖北主要包括中药材采集、藤芒编织、松脂采集、竹笋采集以及野菜采集等多个主要形式。中药材采集主要采集林下中草药;藤芒编织主要是利用林下富裕的藤、芒进行编织致富;松脂加工主要采割松树流出的松脂,并制作成松香、松香油等产品;竹笋采集主要采集林下种植的麻竹笋、水竹笋;野菜采集主要采集林下的蕨菜、地皮菜、野生菌等山野菜。

4.4 林菌种植案例

4.4.1 林下香菇种植技术

1. 概述

香菇属于担子菌门、伞菌目、光茸菌科、香菇属,是世界上著名的食用菌之一。香菇富含蛋白质、多种人体必需氨基酸、糖类、矿物质、维生素及脂类等营养物质,味道鲜美,营养丰富;同时,香菇也具有很高的药用价值,含有抗肿瘤的香菇多糖,降低胆固醇和防止肝硬化的香菇腺嘌呤及其衍生物,预防感冒、增强抵抗力的双链核糖核酸等。正是由于香菇的食用价值和药用价值,人们才将其誉为"植物性食品的顶峰"、理想的保健食品。我国香菇栽培已有800多年的历史,经历了原木栽培、段木栽培和代料栽培三个主要阶段,栽培技术越来越完善,已成为菇农致富的重要途径之一。

2. 生物学特性

1)形态特征

(1)菌丝体。

香菇的菌丝体呈白色绒毛状,具有横隔和分枝。菌丝体是香菇的营养器官,和其他食用菌一样,可以分为初生菌丝体、次生菌丝体、三次菌丝体等。菌丝体的主要功能是吸收营养物质,同时菌丝片段也能进行无性繁殖。

(2)子实体。

子实体分为单生、丛生和群生。菌盖呈圆形,通常为 3～10 cm,有时达 20 cm,表面为茶褐色、暗褐色,被有深色的鳞片。幼时边缘内卷,有白色或黄色的棉毛,随生长而消失。菌盖下面有菌幕,后破裂,形成不完整的菌环。老熟后盖缘反卷,开裂。菌肉为白色,肉厚,质韧,干菇有特有的香味。菌褶弯生,白色,受伤后产生斑点,生长后期变成红褐色。菌柄中央生或偏心生,内部结实,纤维质,菌环以上部分为白色,菌环以下部分为褐色。

2)生活史

香菇的生活史是指从孢子萌发开始,经过生长发育形成子实体,再产生新一代孢子的生活循环全过程。香菇在生活史中,除了进行由担孢子到担孢子的大循环外,还可以进行无性繁殖的小循环,如初生菌丝→厚垣孢子→初生菌丝,以及双核菌丝→厚垣孢子→双核菌丝两个小循环。

3)生长发育对环境条件的要求

(1)营养。

营养是香菇整个生命过程的能源,是产生大量子实体的物质基础。香菇是一种木腐真菌,所需的主要营养成分是碳水化合物和含氮化合物,少量的无机盐、维生素等。在段木栽培中,香菇菌丝主要从韧皮部和木质部中吸收碳源、氮源和矿质元素。因此,选择边材发达、营养丰富的适宜树种,有利于香菇的菌丝生长和子实体的大量发生。在代料栽培中,所用培养基不仅应满足香菇菌丝生长的需要,而且更重要的是必须满足栽培后期子实体连续发生的需要。培养基适当,则香菇产量高、质量好。

(2)水分。

在适温 24 ℃(22～26 ℃)的条件下,孢子在水中或适宜的培养液中萌发率较高,可达 80%～100%。适宜温度、低湿度,孢子能存活较长时间,温度偏低或偏高,湿度偏高,都显著影响孢子的萌发力。

在锯木屑培养基中,菌丝生长的最适含水量是 60%～70%;在菇木中,菌丝生长的最适含水量为 32%～40%。含水量在 32% 以下,菌丝成活率不高;含水量为 10%～15%,菌丝生育极差。

子实体发生、生长发育都需要水分。培养基含水太多,香菇质地柔软、易腐,菌盖变为深黑褐色;培养基含水量适宜,可以得到质量好的香菇;培养基含水量偏低,则不出菇或出稀疏的劣质菇。

(3)温度。

香菇菌丝发育的温度范围为 5～32 ℃,最适温度为 24～27 ℃,在 10 ℃ 以下和 32 ℃ 以上生长不良,在 35 ℃ 停止生长,在 38 ℃ 以上死亡。菌丝抵抗低温比抵抗高温的能力强,在 −20 ℃ 的条件下,菌丝 3 天也不死亡。

香菇是低温和变温结实性的菇类,原基分化和子实体形成的最适温度随栽培菌株的不同而有所不同。香菇原基在 8～21 ℃ 分化,在 10～12 ℃ 分化最好;子实体在 5～24 ℃ 范围内发育,在 13～18 ℃ 发育最好。同一品种,在适温范围内,较低温度(10～12 ℃)子实体发育慢,不易开伞,多出厚菇,质量好;在高温下香菇发育快,质地柔软,易开伞,多出高脚薄菇,质量差。

(4)空气。

香菇是好气性真菌,足够的新鲜空气是保证香菇正常生长发育的重要条件之一。当空气不流通、不新鲜、氧气不足时,香菇的呼吸过程受到阻碍,菌丝的生长和子实体的发育也就受到抑制并导致香菇死亡。

(5)光线。

香菇是需光性的真菌,强度适合的漫射光是香菇完成正常生活史的一个必要条件。在菌丝营养生长阶段完全不需要光线,强烈的直射光对香菇菌丝有抑制作用和致死作用。在子实体的分化和生长发育阶段则需要光线,没有光线不能形成子实体。分化后的原基在暗处有徒长的倾向,盖小、柄长、色淡、肉薄、质劣。

(6)酸碱度(pH 值)。

香菇是偏酸性环境生长的食用菌,其菌丝生长的 pH 值范围为 3~7。pH 值大于 7.5,菌丝即停止生长,最适 pH 值为 4.7~5.0。pH 值为 3.5~4.5 时,适于香菇原基的形成和子实体的发育。随着菌丝的生长,代谢过程中产生醋酸、琥珀酸、草酸等有机酸,使培养基酸度增加,故在配制培养基时,灭菌后一般将 pH 值控制在 5.0~6.0。

3.栽培与管理

1)香菇的段木栽培

(1)栽培流程。

菌种选择、菇场准备、树木选择→砍树→干燥→截段→接种→发菌→架木出菇→采收。

(2)栽培季节。

根据香菇生长发育对温度的要求,香菇的栽培时间一般安排如下:11 月到次年 2 月选好菇场、砍树、截段、做好菌种准备,2—4 月接种,4—9 月堆放发菌,9—11 月架木出菇。

(3)栽培与管理技术。

①菇场选择。

菇场一般分为一场制和二场制。一场制即培养菌丝体和架木出菇都在同一场地进行;二场制即在发菌场培养菌丝体,在出菇场架木出菇。由于交通不便,机械化程度低,现多为一场制。根据实际情况,要做到选择的场地既利于发菌,又利于出菇。选择的场地要菇木丰富,温、湿度合适,水源好,利于通风,避免或减少病虫害发生。选好的菇场要进行必要的清除杂菌、消毒和灭虫工作。

②段木准备。

选择适宜香菇生长发育的栎、栲和枫等适龄树种,一般 10~25 年直径在 15 cm 左右的比较理想,从树叶三成变黄到菇树将要萌芽为止,均为砍树适期,在冬至前后 10 天砍伐最好,也可以根据接种时间,提前 20~30 天砍伐。砍伐后经 15~30 天的适当干燥,含水量达到 40%~45% 时,就可以去枝、截段,段木长度一般以 1~1.2 m 为宜。

③菌种选择。

优良的香菇菌种应该做到"纯、香、白、壮、润"的标准。纯:菌种纯度高,不能有类似的菌种和杂菌感染;香:有香菇菌种的固有香味,不能有霉味和臭味;白:菌丝色泽洁白,有光泽;壮:菌种生命力强,菌丝粗壮,分枝浓密;润:培养料湿润,不干涸,含水量适宜。除此之外,还应出菇早,产量高。因此,各地在推广利用新品种之前,一定要先做好引种试验,看其是否具备以上优良性状,然后再选用适合本地环境的优良品种。为了延长出菇时间,应适当配备各种温型的菌株进行栽培。对菌种的需要量,接种每平方米的段木,需要 14~20 瓶(750 mL 菌种瓶),木块菌种需要 3~4 瓶(1000 粒/瓶)。

④人工接种。

人工接种就是将菌种植入段木的一种操作方式。在进行人工接种时,要注意以下两个问题:接种时间、接种方式。接种时间:除雨天、严寒和酷暑外,气温在5℃以上、25℃以下,随时都可以进行接种,但以温度为10℃左右接种最为适宜。此温度下,香菇菌丝能够正常生长繁殖,杂菌与害虫较少,不易造成污染。当温度超过20℃时,杂菌生长繁殖快,容易造成污染。香菇生长的最适湿度是70%～80%,因此,在初春接种比较好,一般为2—4月。接种工具可以采用打孔器、电钻和皮带冲等。接种方式:穴深1.5 cm左右,穴距为10～15 cm,接种穴交错呈梅花形,每一穴都应接上菌种,然后用稍大的树皮盖在接种部位,锤平即可,也可涂蜡密封。其他形式的菌种,如棒形菌种,锤入接种穴即可;楔形菌种先用斧在段木砍成45°角,深2 cm的裂口,然后将楔形菌种插入裂口中,轻轻锤紧即可;液体菌种可以采取注射钻接种法。

⑤发菌管理。

接种后的段木称为菇木。菇木发菌管理时主要是搞好上堆发菌、覆盖保菌、检查补菌、翻堆养菌和调水促菌等工作。刚接种的菇木,由于在接种时菌丝受到损伤,生活力下降,因此应将菇木堆放在避风、温暖、湿润和排水良好的树阴下,采取直立式或顺码式进行堆放,上面和四周先用稻草或树枝叶覆盖,再覆薄膜,以保温保湿,防止雨淋。经1个月左右,可根据生长情况进行翻堆,改用井叠式、覆瓦式和蜈蚣式堆放,同时结合检查补菌。以后间隔1～2个月翻一次堆,同时在发菌过程中,要根据季节的变化做好重点管理。

⑥出菇管理。

一般而言,从接种的第二年春季(3—5月)起,每年的春季或秋、冬季都是架木出菇的时间。一根直径为10 cm的栎树菇木可连续产菇3～6年。当菇木达到生理成熟后,用手摸树皮,感觉松软,富有弹性,有的发生"报讯菇",这时便可架木出菇。在架木之前,水分管理是关键,如果没有明显的降雨过程,需要进行人工补水,以便整齐出菇。人工补水可以采用轻喷勤喷的方式,使菇木均匀地吸足水分;也可采用提水的方法,使菇木吸足水分。吸足水分的菇木呈人字形架立,让其出菇。当香菇长至六至八成熟,菌盖边缘仍向内卷时进行采收。

⑦采摘后的菇木管理。

采摘后的菇木管理非常重要。一般春季出菇结束,温度越来越高,菇出得越来越少,当温度超过25℃时就完全停止出菇,此时必须搞好菇木的越夏管理。这时的菇木特征是:很易吸收水分,也易遭杂菌、害虫的侵害,菇木内的菌丝体还易因夏季高温、高湿而衰竭死亡。所以此时的菇木管理重点是防日晒、防干旱、防杂菌病虫、防高温高湿,对荫蔽不足的菇场,要增加挂盖物,加强荫蔽,避免中午太阳直射菇木,有害虫危害时可用0.1%的敌敌畏防治,雨水较多时要注意定时翻堆、清理场地、通风排湿。当秋菇结束,进入冬天时,天气寒冷干燥,菇木不易出菇,此时菇木管理的关键是增温保湿,以利于菌丝在冬天进一步生长,吸足养料。故可将采过秋菇的菇木堆放在避风向阳的地方,适当加以覆盖,起到增温保湿、培菌养菌之作用,到适合出菇的季节,又可催蕾出菇。

2)香菇的代料栽培

(1)栽培流程。

代料栽培在我国发展很快,栽培方式也发展成多种多样,如室内菌种压块栽培、塑料袋园田化栽培、煮料开放式包块栽培、生料栽培等,但其生产工艺流程大同小异,基本过程为:原料→装料→灭菌→接种→菌丝生长阶段管理→出菇阶段管理→采收。

(2)栽培季节。

香菇袋栽一般在9月开始进行;煮料开放式包块栽培在温度下降到20 ℃以下的10月进行;生料栽培在温度降到15 ℃左右时开始进行,在北方10月至次年3月都能进行;室内菌种压块栽培,5—6月制栽培种,9月压块;熟料栽培可以采用越夏栽培,1—2月生产栽培种,3—4月栽培,低温下菌丝愈合长好,越夏后出菇。关于栽培时间,还得灵活掌握,根据本地的气候条件合理确定。

(3)设施与原料准备。

①生产设备和场地准备。

进行香菇代料生产需具备如下设备:原材料加工设备(如切片机、粉碎机等)、拌料机、装袋机、灭菌锅和接种工具等。生产场地要具备20～30 m² 的拌料场、冷却室、接种室、接种箱和培养室等。

②原材料的准备。

一定要在栽培之前准备好所需的锯末。锯末一定要适合香菇生长,否则可能造成发菌慢或不发菌。一般选择栎、栲、枫等的枝丫,经切片、粉碎后使用。生产10 000袋菌袋所需原材料如下:木屑8000 kg、麦麸或米糠2000 kg、糖100 kg、石膏粉100 kg、尿素24 kg、过磷酸钙50 kg。除了需要这些原材料外,还有塑料袋80 kg、贴穴口胶布50筒、粗棉纱线2 kg,同时还需要一些消毒药品,如95%酒精4.0 kg、高锰酸钾2.5 kg、福尔马林5.0 kg、生石灰50～100 kg、多菌灵10.0 kg、硫黄10.0 kg、来苏尔1.0 kg、苯酚1.0 kg。

③菌种选择。

香菇代料栽培发展很快,适宜栽培的香菇菌株也很多,但不同的地方有不同的适宜菌株。因此,在进行大规模代料栽培之前一定要搞好菌种的品比试验工作。如适宜在中原栽培的香菇品种为Cr02、45、856、465、087、7402等中温型代料栽培菌株,低温型代料栽培菌株由于抗杂力弱,容易污染,中高温型代料栽培菌株由于出菇晚,并且非常集中,因此不宜栽培。

(4)栽培与管理方法。

①栽培方式。

• 压块栽培。压块栽培的特点是全部采用熟料栽培,将生产上的栽培种(75 mL菌种瓶)12瓶,在温度适宜时,一般为秋季,压成1尺(1尺=0.333米)见方,厚4.5 cm左右的菌块,重3.6～4 kg,平放在栽培床上,然后进行菌丝培养管理和出菇管理。现在此法采用得较少。

• 袋栽。袋栽有短袋(17 cm×33 cm)栽培和长袋(15 cm×55 cm)栽培。其方法是将配制好的原材料装入塑料袋,然后进行灭菌,常压灭菌100 ℃,12小时,闷一夜,取出冷却,无菌操作接种,搬入培养室培养发菌,菌丝长满,直到生理成熟后搬到室外搭成的简易出菇棚内进行菌丝转色管理和出菇管理。

• 生料栽培。此法省工、省时,经济效益高。具体操作过程是在配好的原材料中接入20%的菌种,采用层播,一层菌种,一层原料,一共四层菌种三层原料,厚5～6 cm。接种结束后,直接放在室内(温度在15 ℃以下)发菌,发菌好后进行出菇管理。

②培菌管理。

生料栽培要在特定的温度条件下进行发菌,温度是关键因素。压块栽培的培菌管理和菌种的培菌管理相同,但压块后的管理和塑料袋栽培的管理几乎相同。

③室内发菌管理。

接种后的菌袋搬入培养室进行培养,根据当时的气温进行堆放。当气温低于20 ℃或更低时,可以采用倾码式堆放10层;当气温在25 ℃左右时,采用"井"字形堆放,每层3～4袋,堆高10层;当气温进一步升高时,应减少堆放层次,堆放时注意不要把接种口部位压着,使之侧位或面向空隙处,以免影响菌丝的呼吸。在培养过程中要勤检查,发现温度超过28 ℃,应马上开窗通风降温;发现杂菌污染,应及时处理。一般50天左右菌丝长透整个培养基。

④脱袋及转色管理。

当菌筒培养60天左右,有瘤状菌丝体,手握菌袋有弹性松软感,在接种口四周出现部分转色现象,这表明菌丝达到生理成熟,是菌筒脱袋的最佳时期。脱袋后排放在栽培场地的菌筒,只有进行良好的转色后才能出好菇。转色前期(3～7天)是保温期,主要是促进菌丝生长,使菌筒表面长出一层白绒菌丝;转色后期(7～13天)是转色期,主要是通过增加氧气和光照、增大干湿差,来促进菌丝倒伏、分泌色素、进行转色。如果温度过高(超过25 ℃),可以采取喷水降温;如果温度在20 ℃左右,半月转色就可以结束。温度太低,转色时间将会拖得很长。

转色直接影响着香菇的产量和质量。转色适宜,菌筒表面形成一层棕褐色,并且有光泽,出菇早、密,朵形适中,产量高;转色淡或一直不转色,则出菇小,肉薄质差,产量低;转色深,菌膜厚,则出菇迟、稀,虽朵形大,但产量低。

⑤出菇管理。

a.催菇。转色的菌筒若一直处于良好的条件下,如水分充足,空气新鲜,温度恒定等,就很难形成子实体。必须给予一定的温差和干湿差刺激,迫使菌丝不能完好地继续进行营养生长,而转入生殖生长,迅速形成子实体原基,进一步生长发育成子实体。迫使香菇转入生殖生长,可以采取如下措施:白天减少通风换气,增加空气相对湿度,同时升高温度,到了夜间十二点以后气温下降,此时揭开薄膜,让冷空气袭击,增大日夜温差,同时空气相对湿度降低,也增大了干湿差,连续3～4天,无菌筒表面就会出现不规则的白色裂纹,紧接着菇蕾就露出来了。此时一定要控制棚内的空气相对湿度在90%左右。结合通气进行喷水保湿,最好是菇棚地面能够保持潮湿,这样就有利于菇蕾进一步生长发育成子实体。

b.秋菇管理。菇筒转色后一直到12月之前的菇都是秋菇。此时菌筒菌丝健壮,菌筒的含水量也较充足,能够满足原基生长,同时气温由高到低,病虫害较少。此时的管理关键是注意出菇温度,调节好出菇湿度。采收一茬菇后,进行偏干管理,加强通风,少喷水或不喷水,使菌丝积累营养,以利于下茬出菇。7天以后,再增大干湿差和温差,3～4天后就形成第二茬子实体,采完后,再采取同样的办法促进第三茬菇产生。

c.冬菇管理。1—2月就是冬菇管理阶段。此时气候寒冷,温度低,菌丝生长缓慢,呼吸强度低,出菇少。子实体生长也慢,菇肉厚,品质好。但此季产量较低,而需求量却很大,因此必须采取措施促使香菇多出菇、出好菇。这时管理关键是增温。增温措施如下:薄膜放低罩严,增加地温,让菇棚吸收光能,在中午前后进行通风;采用温水喷水保湿,如果有条件,可以采用人工加温的方法等,确保温度适宜香菇出菇。

d.春菇管理。3—5月气温回升,温度的管理处于次要地位,关键是水分管理和病虫害防治。菌丝筒过冬以后,已经经过了较长的出菇时间,失水较多,此时应补水催菇。补水的方法是,用8号铁丝在菌筒两端打几个6～15 cm深的孔,然后将菌筒排叠于浸水沟内,盖上木板,以石头等重物压紧,再把清水灌入沟内,半小时之内淹没菌筒为宜。浸水时间应根据菌筒干燥程度、气温高低、菌膜厚薄及不同菌种而定。温度是关键因子。温度高,浸水时间短;温度低,浸水时间长。浸过水的菌筒采取变温变湿管理,以促进出菇。病虫害防治:春季温度越来越高,各种病虫开始活动,危害香菇生长,同时由于出菇时间也很长,菌丝也较弱了,抵抗力下降,容易得病,此时一定要注意消除病原,杀死害虫,保证香菇有一个良好的出菇环境,提高香菇的产量。

(5)采收。

①适期采摘。菇伞八分开,菌褶全伸直,菌盖稍内卷(呈铜锣边形),菌膜刚破裂时采收最好。这时香菇菌肉厚,重量足,色泽好,香味浓。采收过早,香菇尚未成熟,产量低,香味淡;采收过迟,菌盖全部展开,菌褶变色,肉薄,香味减退,品质下降,干重反而减少。采菇要在晴天进行,雨后菇体含水量高,难以干燥。若菇已成熟,遇到连续阴雨,也要采收,以免菇烂掉,造成损失。一般说来,气温高时,菇体生长较快,可适当提早采收;气温低时,菇体生长较慢,可适当晚采。

②采摘方法。用大拇指和食指掐住菌柄基部左右旋转,轻轻扭起,也可用锋利的刀沿基部将菇割下。采摘时,注意不要碰伤周围小菇,也不要损伤树皮,并尽可能使菇形完整。盛菇容器宜用小篮,每个装 5 kg 左右为宜。采满后,及时按大小、厚薄分级散放。

4.4.2 林下茯苓种植技术

1. 概述

茯苓又称松茯苓、茯灵、松木薯等,隶属于担子菌门、多孔菌目、多孔菌科、卧孔菌属(又称茯苓属)。

茯苓是一种名贵的食、药两用真菌。它不仅对多种疾病有治疗功效,而且还有较高的营养价值,常食之有病治病,无病防病,久服能宁心安神、延年益寿。

茯苓除了药用外,还被调配成多种营养食品,如我国市场上常见的"茯苓糕""茯苓饼""茯苓酥""茯苓茶"等。在日本还把它制成"兵粮丸",作为海军士兵的营养品。在美国南部地区居住的黑人和美洲的印第安人等,把茯苓烧熟后直接食用,所以在那些地方,茯苓又被称为"红人面包"或"印第安人面包"。

2. 生物学特性

1)形态特征

(1)菌丝体。

茯苓的菌丝体幼嫩时为灰白色,棉绒状,直径为 $2\sim5~\mu m$,有分枝、有分隔的管状体,到老熟时变为灰棕色至褐棕色。菌丝体是茯苓的营养器官,在生育期,沿着松木、松根和土坡蔓延生长,分解和吸收营养,在生育过程中起着营养的贮存、运输和供给作用。

(2)菌核。

菌核对不良的环境条件有很强的抵抗力,是茯苓贮存营养的主要器官,为药用部分,形状有球形、扁球形、卵形、椭圆形或扁平等不规则形状。随着营养和生育条件的不同,菌核的大小差别很大,小的只有 200 g 左右,最大的可达 $50\sim60$ kg,但一般多为 $2\sim3$ kg。菌核的外壳在较嫩和新鲜时为淡黄棕色、棕色,到老熟时为棕褐色或黑褐色,表面粗糙多皱,较坚硬,能抵御不良的环境条件。菌核的内部为白色或淡粉红色的营养物质,柔软,多浆汁,主要由菌丝体、茯苓聚糖类物质和黏液物质组成。

(3)子实体。

子实体是茯苓的有性繁殖器官,由菌核或双核菌丝产生,木质,无柄,大小不一,厚 $3\sim12$ mm,常平铺于菌核或长满菌丝的松木表面。子实体幼嫩时为白色,老熟或干后呈淡黄色或淡棕色。子实体表面多生蜂窝状菌管,管深 2~3 mm,直径为 0.5~1.2 mm。菌管内壁的子实层上长满担子,每个担子上一般生有 4 个担孢子。担孢子呈椭圆形或近圆柱形,灰白色,顶端有一歪尖,孢子大小为 7.5~8×3.5 μm。

2) 生活史

茯苓在人工培育和栽培的过程中往往只是由菌丝到菌核,正常情况下不会有有性阶段,这样就不是茯苓完整的生活史。茯苓在自然界中的完整生活史是从担孢子到担孢子,其过程为:担孢子在适宜的条件下萌发成单核菌丝,单核菌丝相互进行质配,发育成双核菌丝体,环境条件适宜时形成菌核,双核菌丝体和菌核都可产生子实体,在子实体的子实层上产生担子和担孢子。茯苓的担孢子为有性孢子,在形状上相互无明显区别,但在生理上有着性别的差异,其性别常用"+""−"来表示。茯苓在担子上产生四个担孢子,一般为两个"+"、两个"−",能分别萌发出具有单核、单倍染色体的"+""−"菌丝,这种菌丝称为初生菌丝。同性别的担孢子萌发出的初生菌丝不具有亲和性,不能进行交配融合。属于异宗结合的真菌,必须由"+""−"两种担孢子萌发成的"+"菌丝和"−"菌丝才具有亲和性,才能进行交配融合,发育成双核菌丝,完成其有性繁殖的过程。单核的初生菌丝与双核菌丝在形态上无明显区别,在进行交配时不形成雌、雄生殖器官。首先是菌丝与菌丝进行质配,形成双核菌丝,一般到担子和担孢子形成时再进行核配和减数分裂。因此,在整个营养生长阶段所见到的都为双核菌丝。鉴于茯苓是异宗结合的真菌,在进行有性繁殖的孢子分离过程中,必须采取多孢分离法,否则不能完成其生殖过程。

3) 生长发育所需的条件

(1) 营养。

茯苓在整个生长发育过程中,需要的营养主要有碳素、氮素和矿物质三大类。这些营养主要来自于松木,但有时也存在着含量不足的问题。为了满足生长的需要和提高产量,往往在纯培养中加入一些糖和谷物皮壳类物质来补充、调节营养。

(2) 温度。

菌丝生长的温度范围为 6~32 ℃,最适宜温度为 22~28 ℃。温度为 0~6 ℃时,菌丝即进入休眠状态;温度在 35 ℃以上时,菌丝易衰老死亡。菌核的形成和生长温度为 25~35 ℃,并且昼夜要有较大的温差方可。温度在 25 ℃左右,并伴有 70%以上的空气相对湿度的情况下,易产生子实体。因此,在栽培时,应注意避免这一温、湿度条件同时具备,以便控制子实体的产生,以提高茯苓的产量和质量。

(3) 湿度。

下窖时的段木含水量应在 20%左右。土壤宜干不宜潮,含水量不得超过 60%。茯苓场要求排水畅通,干燥,不积水。

(4) 酸碱度。

茯苓适应微酸性的培养条件,其适应的 pH 值范围为 3~6。因为茯苓生长发育所需要的营养主要靠菌丝分解木质素、纤维素而来,而茯苓所分泌的分解木质素、纤维素的酶类,在微酸性(pH 值为 4~6)的条件下活性最强,所以在栽培茯苓时,应选微酸性土壤作为栽培场。

(5) 光照。

茯苓菌丝的生长和菌核的形成并不需要光照,在无光的情况下都能正常进行。但是,在栽培茯苓时要选择少或无树荫、光照强的地方,主要是利用光照提高地温,增大温差,以利于菌核的形成。子实体的产生则需要一定的光照,所以在人工栽培中,为了控制子实体的产生,在菌核生长过程中,当窖面膨胀出裂缝时,要用土掩埋,避免菌核见光而产生子实体,降低茯苓的产量和质量。

(6)空气。

茯苓属于好氧性真菌,对空气比较敏感,在通气不良时,如果覆土过厚,土质板结或湿度过大,造成透气性差,则不易或不能形成菌核。

3. 栽培与管理

1)栽培方法

(1)松材段木栽培。

从事茯苓生产,除了要培育优良菌种外,在制种的同时,还要选择好适宜的场地,准备好优质的培养材料,其工作程序应为:选育母种→制作培养原种→制作栽培种→选场→挖场清场→开厢挖窖→砍树→修整处理→风干→锯筒→下窖接种。

①场地的准备。

a. 选场。茯苓的栽培场应选择坐北朝南的向阳坡,这样光照强,温度高,温差大,有利于茯苓菌丝的生长和菌核的形成。坡度应为 15°~30°,坡陡难以保湿,坡小易积水,均不宜作为茯苓栽培场。茯苓场的土壤含沙量要求在 50% 以上,pH 值为 4~6。要求以土质贫瘠、松散、未种过庄稼和茯苓的地方作为茯苓场。

b. 场地翻挖和清理。场地选好后,要在冬季进行一次翻挖,深度为 50 cm 左右,要清除杂草、树根、石块等,让其晒干、冻垡,以减少病虫害,并要在场地上部和四周挖好排水沟,防止雨水冲走土壤。

c. 开厢挖窖。在下窖接种前 20~30 天进行开厢挖窖。为了防止泥土被雨水冲走和便于管理,在挖窖前可顺着山坡的等高线在茯苓场上进行开厢,厢宽应为一个茯苓窖长,厢长以茯苓场的横向跨度而定,一般不宜过长。若茯苓场跨度宽,在中间开一道竖向排水沟,将茯苓场划为较短的厢。每厢应分别整平,然后在厢上挖窖。窖长 80 cm,宽 30~40 cm,深 35 cm,窖底要顺坡,窖底的土要翻松,让其暴晒。每厢根据宽度可挖一排或两排窖。

②备料。

a. 树材的选择和砍伐。目前用于茯苓栽培的树种主要为马尾松,其次为云南松、赤松、黑松等。砍伐应在秋冬进行,因为这时的树营养丰富,汁液处于不流动状态,并且此时树材体内水分少,便于干燥。应选 20 年左右的中龄树砍伐,树龄过大则松脂多,不利于发菌,且树材质地疏松,营养差。另外,山脚树比山头树好,肥土上长的树要比瘦土上长的树好,阴坡树比阳坡树好。

b. 修整处理和风干。树砍伐后,削去枝梗和树梢,锯成长 1.5 m 左右的树段,将树段的皮削去两条,让树脂流出,有利于快速、充分干燥。锯断削皮后的段木,可按"井"字形堆码风干。堆码场所要靠近栽培场,应清除杂草,撒施农药(杀虫剂和杀菌剂),消灭白蚁和其他害虫,杜绝污染。垛底要用石块或其他树木垫起,垛顶可用松、杉树枝覆盖。为了保证段木的新鲜和干燥,避免雨淋,也可用薄膜盖顶,但要注意雨天覆盖,晴天揭开。

到了 4—5 月,播种前,将风干的段木再进行削皮留筋处理。方法为:除了砍伐时削去的两条皮外,可再沿树干纵削,削一条,留一条,相间排列,削、留皮的宽度应基本相等,深度到木质部即可。削、留皮的条数应根据树的粗细而定,可分为三方、五方、七方等。处理好后再将段木锯成两段,即为下窖接种栽培的筒料。

③下窖接种。

茯苓栽培,下窖接种的时间一般为5—6月。下料接种时要把好"两干一优"关,即场干、料干,菌种优良(质)。

a.下窖排筒。选择晴天下窖排筒。排筒时要根据料筒的粗细分别排放,大的每窖可放1根或2根,较小的每窖可放5~7根,分别称为独筒窖、双筒窖、多筒窖。料筒在窖内呈顺坡斜卧状,一头高,一头低。

b.接种。栽培时应边排筒边接种边覆土,使菌种能尽快地成活定植。在茯苓栽培中,有用纯菌种进行栽培的,也有用新鲜茯苓菌核肉作种进行栽培的,常分别称为菌引和肉引。菌引的特点是节约种苓,能保持品种的纯度和特性,菌种的扩大繁殖和保存方便,适合大面积推广栽培;肉引是一种传统的栽培方法,其特点是当年产量有保证,茯苓的形态、气味、色泽良好,但要浪费大量种苓,长期传代易引起品种退化。无论是菌引还是肉引,窖内料筒数量不同,接种方式也不同,可分别采用头引、侧引、枕引和扦引。

- 头引。在独筒窖或双筒窖内,用茯苓菌核或菌种接种时多采用头引,方法是:料筒排好后,如果是塑料袋装的菌种,把袋子划开一条口子;如果是瓶装菌种,把瓶底打掉,将露出菌种的部位紧贴于料筒上断面;如是用菌核接种,将茯苓菌核剖开,皮对外,苓肉紧贴于料筒上断面。

- 侧引。侧引适用于独筒窖或双筒窖,不论是木片种、锯末种或茯苓菌核,都可采取侧引进行接种,其方法是:将菌种袋划破或把瓶底打掉,露出菌种,或将茯苓菌核切开后,将菌种或菌核肉紧贴于料筒上半截的侧面。

- 枕引。枕引适用于独筒窖或双筒窖,方法也是使菌种露出或将茯苓菌核切开后,垫在料筒离上断面10 cm左右的底下,坡度较大的茯苓场多采用此法。

- 扦引。扦引适用于多筒窖,方法是:用松木制成一头粗一头细的木扦,粗细以能插进瓶口为宜;下窖时可根据料筒的多少,先铺好底层料筒,然后将木扦细的一头插进菌种瓶或菌种袋内,一般不插到底,只插进2/3即可;再将粗的一头放在料筒中间,使瓶口贴近料筒的断面,放好后,在上面再排料筒,将木扦压住。

c.不论采取哪种方法接种,每窖(20 kg左右干料)的接种量分别为:菌核0.2~0.3 kg,菌种1~2瓶。

d.覆土。排筒接好种后,可用部分松木片将菌种和料筒之间填实盖紧,立即用沙土进行覆盖,厚度为7~10 cm,上面要做成龟背形,以利于排水。

④栽培管理。

a.查窖补种。下窖接种后,10~15天菌丝可萌发生长,正常情况下,菌丝已进入料筒上生长,称为"上引",这时可检查接种成活情况,必要时要进行补种。补种方法是:将窖的上端挖开,露出料筒,如果发现未发菌或菌种老化变色,应及时补接生长健壮的菌种或新鲜茯苓菌核。20~30天时,菌丝可伸长20~30 cm,两个月左右菌丝可长到料筒的下端,3~4个月可形成菌核。

b.清沟排水。在下窖后的管理中,还要做好清沟排水工作,防止窖内积水,影响菌丝生长或烂窖。在覆土的同时,可在茯苓场的上坡和四周挖好排水沟,必要时在茯苓场内适当的位置也要挖排水沟。

c.覆土掩裂。下种后三个月左右开始形成菌核,亦称"结苓"。由于菌核形成后不断增大,土壤膨胀,使窖面形成龟裂纹,因此应及时用沙土掩盖裂纹,以防菌核露出而产生子实体,影响产量,同时还要防止牲畜践踏和侵害茯苓场,留下粪便,造成烂苓烂窖。

d.治虫防病。对茯苓生产危害较大的害虫主要是白蚁类,其防治方法是以防为主,防治结合。首先要正确选择栽培场。白蚁多聚生在枯树、烂叶较多,杂草丛生,阴凉潮湿、迎北风的北向、东北向或西北向的山岗、山坡等地,选场时要避开这些地方。在栽培管理中可在茯苓场周围和蚁路上施药预防和拦截。如果发现蚁穴,要彻底挖掘消灭。用于防治白蚁的农药有亚砒酸、煤油、氯丹粉、西维因等。危害茯苓生产的杂菌有青霉菌、木霉菌、根霉菌、毛霉菌、曲霉菌等,防治方法也是以预防为主:

- 在料筒处理和干燥的过程中,要尽量避免杂菌感染,下窖前料筒要认真挑选,发现有感染杂菌的料筒,不用或经消毒处理后再用。
- 窖不可挖得过深,覆土不可过厚,给苓窖创造一个良好的透气环境。
- 要挖好排水沟,尽可能使排水沟低于窖底,严防窖内积水淹渍。
- 要加强生长期的管理,发现烂苓烂窖现象要及时挖除烂苓,进行消毒处理,以免扩大危害。

(2)松根栽培。

在茯苓生产中,除了用松材段木进行栽培外,在茯苓产区还有不少的药农利用松根进行栽培,这样能减少对松木材的砍伐和充分利用资源。利用松根进行栽培的方法有定根栽培和移位栽培两种。

①定根栽培。

选择适合栽培茯苓的山场(选场同前),在松木材砍伐后利用松根就地栽培。隔年未腐烂、未生虫的和当年砍伐的松根都可利用,其方法为:在栽培接种前20~30天,将松根四周的土进行翻挖,深度为50~60 cm,将土翻到旁边,使松根露出,让其风晒,同时将树桩、主根和较粗的侧根进行削皮留筋处理,将所有较细的侧根砍断,20天后即可进行接种。接种量要根据树根的大小而定,一般1个松根的接种量为1~2瓶。接种方法为:在树桩近地面处,用凿子打孔,将菌种或菌核接在孔内;也可用斧子将树桩或主、侧根之间劈出裂缝,把菌种夹在其中。接好种后进行覆土,覆土厚度为10~15 cm。

②移位栽培。

将混交林中和不适合栽培茯苓的地方的松根挖起,经过削皮留筋处理,风干后进行选场、挖窖栽培,方法同段木栽培。接种可采取枕引、夹引等。

(3)代料栽培。

代料栽培的方法是:用松木屑和松木块作为原料进行栽培。代料栽培的配方为:小松木块50%、松木屑25%、米糠或麦麸18%、玉米粉3.5%、石膏粉1.5%、蔗糖1.7%、磷酸二氢钾0.2%、硫酸镁0.1%。料拌好后,用17 cm×55 cm的塑料袋装料。料要装紧装实,装好后进行灭菌、冷却、接种(两头),接种后在25~28 ℃左右的条件下培养,20~25天菌丝可长满袋,然后同段木栽培一样进行选场、开厢挖窖、排筒栽培。每窖排放6袋,排法为:底层3袋,第2层2袋,第3层1袋。下窖时要将菌筒的塑料袋脱去。菌筒的生产在4月底至5月初进行,5月底至6月初下窖。

利用松根进行栽培和代料栽培,其栽培管理都与段木栽培的相同。

2)采收

采收亦称起窖。茯苓下窖接种后,一般4个月左右开始结苓,8~10个月可成熟,慢者要12~15个月。具体判断成熟的标准如下。

(1)茯苓窖顶不再出现新的裂纹。

(2)根据料筒腐烂情况,料筒由淡黄色变为棕黄色或棕褐色,用手可捏碎。

(3)茯苓菌核变更,表皮由黄白色或淡黄色变为棕黄色或黄褐色,不再有白花裂纹,菌核与苓蒂已松脱。

达到以上三个条件,即标志着茯苓已经成熟,应及时采收,如果长时间不采收,会造成茯苓腐烂。采收茯苓时,应从坡下向上逐厢逐窖地采挖。方法是:首先将窖的表面土挖去,然后仔细地挖掘。一要防止将菌核挖破,二要防止漏挖。茯苓菌核有时通过索状苓蒂(菌索)离开料筒较远的地方生长,常称之为"吊苓",亦称为走边。采挖时要根据窖内菌核生长情况和料筒营养状况进行摘苓。如果窖内菌核成熟一致,料筒的养料已耗尽,开始腐烂,可大小一次性摘下;如果结苓先后不一,成熟不一致,并且料筒为黄色,较硬未腐烂,可摘大留小,采后将料筒和其上面的小菌核埋好,可继续生长和结苓。一般来说,小料筒(多筒窖)基本上可采取一次性采收,大料筒(独筒窖)可采大留小。

项目 5　森林旅游

森林旅游是在林区内依托森林风景资源发生的以旅游为主要目的的多种形式的野游活动。森林旅游为林农增加了就业机会，吸收了农村剩余劳动力，使林农在参与森林旅游活动过程中获得经济收入，生活更加宽裕。同时森林旅游的发展必能带动其他相关产业的发展，例如道路交通、餐饮、娱乐等产业，产生投资与就业的乘数效应，为林农参与旅游、增加收入提供广阔的空间。

森林旅游作为一个新兴产业，是在充分发挥山清水秀、空气清新、生态良好的优势，合理利用森林景观、自然环境和林下产品资源，发展旅游观光、休闲度假、康复疗养等产业，它是林下经济的一个系统开发工程，可结合林下养殖业、种植业及养蜂业，通过森林旅游中的餐饮业、旅游土特产品和纪念品的开发，发展以休闲、度假、观光、考察、探险等主要项目的森林生态旅游业。

森林旅游必须具备以下几个条件：一是无论是人工林、商品林，还是天然林、自然保护区，一定要有优质的森林资源；二是要有相应的基础设施建设，如开发便利发达的交通条件以及游客服务中心、宾馆、停车场、旅游步道等基础设施；三是要科学制定中长期发展目标，合理布局，制定开发与保护的规划和制度，统筹兼顾林下经济的经济、社会和生态效益。在发展森林旅游时，也要坚持分类管理、分区实施策略，特别是对重要生态区位的森林、天然阔叶林及其混交林、自然保护区核心区等森林开发森林旅游时，对基础设施的建设、旅游人数的最大容纳量都应进行科学评估，避免因森林旅游的过度开发而破坏原有的森林生态系统。

森林旅游可打造出具有各个地区特色的森林公园、森林人家、林家乐、林下采摘等模式，将经济和人们需求一同满足，增强林游核心竞争力。湖北省拥有许多旅游价值的林地、自然风景优美的天然环境，利用鄂西南喀斯特地貌的地理优势，发展林下旅游，能够提升农业、旅游业综合发展，带动林农走上致富道路，适宜在近郊且林业区位处于较高的地区发展，如宜昌、十堰、襄阳、恩施、黄冈等地区。下面仅就福建省打造"森林人家"品牌建设做一简单介绍，希望能给大家启迪。

5.1　森林人家的创意与定义

5.1.1　森林人家的提出背景

1. 福建深化林权制度改革的需要

福建省率先在全国开展集体林权制度改革，林改后，全省4294.3万亩的林区变成了公益林，公益林的保护需要投入大量资金，部分林农也因此失去了传统经营林业的条件。但这一部分森林是福建省保护最好、植被类型最多、生物多样性最丰富、生态系统最稳定、生态功能最强、景观最优美的森林。解决生态公益林的保护资金和林农的生活与就业两大问题成为巩固林权改革成果、推进配套改革的核心。森林人家的推出拓展了生态公益林的利用模式,解决了以生态公益林为主的保护区、林场、采育场的职工和林农的生活出路问题,开辟了一条解决生态公益林保护与利用矛盾新的有效途径。

2. 经济社会发展的市场需求

2007年,福建省财政收入突破千亿元大关,全省人均GDP超过2000美元,城市居民生活水平进一步提高,其生活方式发生深刻变化。走进森林,回归自然,已成为人们追求的生活时尚,短线游、自驾游等休闲健康游市场需求日趋旺盛。森林人家的推出顺应了这个强大的市场需求,是社会经济发展到一定阶段的必然产物,是应运而生的新生事物,它的出现正逢其时。

3. 福建发展森林旅游新平台的需要

进入21世纪,福建森林公园与森林旅游发展始终保持着持续、健康、快速的良好态势,同时,依托森林景区的乡村旅游也进入了一个快速发展期。但这些乡村旅游发展规划无序、档次低,出现市场管理混乱、旅游产品无特色和品牌缺失等问题。森林人家的推出适应了福建乡村旅游市场发展的需要,也为福建森林旅游发展开拓了一个全新平台。

5.1.2 森林人家的概念界定与内涵

1. 森林人家的概念界定

森林人家是以良好的森林环境为背景,以有较高游憩价值的景观为依托,充分利用森林生态资源和乡土特色产品,将森林文化与民俗风情融为一体,为游客提供吃、住、娱等服务的健康休闲型品牌旅游产品。

2. 森林人家的内涵

森林人家是具有福建特色的乡村旅游形式,是福建森林旅游的重要组成部分。作为一种旅游发展模式,该品牌在经营主体、依托环境、运营模式、运营效果、文化内涵等方面与现有旅游模式存在较大差别。它强调林农的经营主体地位,注重良好的生态环境,突出休闲的旅游理念,提倡健康的生态旅游形式。这种休闲健康旅游形式融入森林文化与乡风民俗,引导游客用生态保护的旅游态度走进自然、亲近自然、与大自然交流,从而实现城乡互动、人与自然和谐发展的目的。作为乡村旅游的重要组成部分,森林人家是符合福建省资源特色的全新品牌,也是福建新农村建设的一个重要手段,具有广阔的前景和很强的生命力。

3. 森林人家与其他旅游区(点)的关系

1) 森林人家与农家乐的关系

福建林业厅组织专家考察农家乐后认为:农家乐在一段时期内能够迎合游客休闲旅游的需求,但同时存在旅游半径小、层次低的缺点,需要在农家乐的基础上,依托福建省丰富的森林旅游资源,创新出一种有别于农家乐的生态旅游产品,既促进林农增收,又弘扬生态文明,由此在全国范围内首次提出"森林人家"的发展思路。强调森林人家的经营主体是广大林农,注重的是良好的森林生态环境,提倡的是一种生态旅游形式,这种旅游形式融入了森林文化与乡风民俗,引导游客用生态的旅游态度走进自然、亲近自然、与自然交流,实现城乡互动、人与自然和谐相处。可以说,森林人家源于农家乐,但超越了农家乐,是农家乐的创新版。

2) 森林人家与风景名胜区的关系

风景名胜区常常拥有独特的、不可替代的景观资源,是大自然通过几亿年鬼斧神工所形成的自然遗产,而且是世代不断增值的遗产。风景名胜区是我国旅游景区的主体,管理规范、严格,对当地旅游发展起着不可替代的辐射和带动作用。森林人家是一种规模相对较小、经营模式灵活的休闲健康旅游产品,是风景名胜区有益和必要的补充。人们在观赏风景名胜区极具震撼的优美风景后,走进森林人家,品农家风味、乡野风气,使自己的旅程更加轻松、健康、休闲。

3)森林人家与度假区的关系

度假区是旅游中的一种高端产品,经常建设在风景优美的海滨或风景秀丽的旅游区,服务设施装修高档,主要客户是高端收入人群,代表着高层次消费。森林人家作为一种大众化、平民化的健康休闲旅游产品,注重环境优美、健康体验、卫生合格及规范管理,迎合的是普通大众的消费,两者并不矛盾,而是相辅相成的。

4)森林人家与森林公园的关系

森林人家建设是以森林公园为依托,可以建设在森林公园的服务区,从而成为森林公园接待游客的重要组成部分;也可以建设在公园周边,成为森林公园旅游线路上的一个节点。森林人家自主经营,特点鲜明,内容新颖,是森林公园有益的补充和亮点,两者关系是紧密而独立的。

5)森林人家与自然保护区的关系

自然保护区的实验区允许进行旅游开发,森林人家可以依托自然保护区开展休闲健康游产品开发,作为自然保护区开展生态旅游开发的一种有益尝试。

概括起来说,森林人家与其他旅游区(点)的不同在于:一是依托的载体不同,二是旅游的方式不同,三是投入的机制不同,四是品牌的特色不同,五是市场的客源不同。

5.2 森林人家的品牌建设与促销

5.2.1 森林人家的形象策划

森林人家品牌标志是以图形与文字的组合设计而成的,轻松自然,具有良好的亲和力。图形部分用墨渗化形成一个森林背景,巧妙地融合了象形文字"森林"字样,既像文字,又像树枝和树干,从而让人觉得身在自然之中,清新淡雅,恬静安宁,使人感觉到处在当今这个摩登社会的现代人去体会久违的自然神韵,品尝大自然的美味。再加上用书法写出的"forest home"轻松活泼,把寓意西方的现代与传统的中国元素有机结合,极具想象力与冲击力。中间是用抽象的线条组成的一个房子,处于森林自然的怀抱之中,房子与森林代表着民居与大自然有机的融合,充分体现了中国古代"天人合一"的思想精华,图形又像中文"人"字,说明森林人家追求的是以人为本的人性化服务。主色调为橙色,给消费者以温暖、亲切,有一种回家的温馨感觉。森林人家品牌标志整体设计简洁、大方、高雅、自然。

5.2.2 森林人家品牌建设

品牌建设是一项系统工程,为了实现品牌建设的目的,福建省在森林人家品牌建设过程中坚持科学统筹、规划先行,规范建设、统一管理,加大宣传、扩大影响等原则。

1. 制定实施方案

为了推动森林人家休闲健康游的发展,福建省林业厅组织有关人员对浙江、江苏、四川和重庆等地农家乐的经营状况及发展状况进行全面考察;同时,在全省各地开展了专题调研,进一步了解福建省内开展乡村旅游的基本状况,形成了推进森林人家的实施方案。

2. 编制发展规划

规划和设计按照高起点、突出特色的原则，与全省"海峡西岸乡村游"、"5155"计划（即在全省培育和推出50个旅游名镇、100个旅游名村、50个A级旅游区、50个工农业旅游示范点）相对接，指导森林人家建设。

3. 制定管理规范

福建省先后制定了《福建省森林人家管理暂行办法》《森林人家建设指导意见》《省级森林人家示范点扶持资金使用管理办法》等管理规范，同时《森林人家基本条件》与《森林人家等级划分与评定》已通过专家评审，作为福建省地方标准颁布，将森林人家推上统一规划、统一管理、统一标准、统一营销的轨道。

4. 实行授牌经营

由森林人家各级管理部门对森林人家经营户进行资格审核、准入许可，将符合规范的乡村旅游点纳入森林人家管理范畴，实行授权经营。在品牌授权过程中，对经营户实施严格的考察和审批，实行动态跟踪管理，对不符合要求或不达标的经营户实行摘牌处理。在此基础上，开展森林人家等级评定，逐步提升森林人家品牌效应。

5.2.3 森林人家品牌的促销

1. 促销理念

森林人家是一种特殊的以森林景观资源为主题的休闲娱乐形态，市场营销活动受到多种内、外部因素的影响与制约。福建省在森林人家的推广与产品促销上坚持系统的市场营销策略，把森林人家的促销与森林人家品牌建设紧密结合，同时统一配送明显标识的服装、餐具、旗幌、灯笼、饰品等。

2. 促销措施

1）媒体造势宣传

在森林人家商标的征集伊始开始造势，结合平面媒体、广播电视等媒体渠道开展立体宣传。

2）开展专题活动

召开森林人家启动仪式和现场推动会，推出"体验中国顶尖生态"的十佳最值得体验森林人家评选和绿色之旅的线路评选等活动。

3）利用网络资源

通过向社会征集、评审，最终确定并注册森林人家商标。申请注册"森林人家.com"和"森林人家休闲健康游.cn"域名，建设森林人家网站。

4）宣传与推广品牌

通过向社会发布征集森林人家品牌宣传策划方案，邀请专家进行评审，选出森林人家品牌宣传最佳方案。投入专项资金，对森林人家品牌进行系统宣传和推广。同时，将森林人家宣传纳入福建省乡村旅游的推广渠道，开展对森林人家的宣传，逐步提升森林人家品牌的认知。

5）营销旅游产品

由福建省榕树王森林旅行社牵头，组织福建省内具有影响力的旅行社开发森林人家特色旅游线路，进行营销推广。

3. 品牌促销的社会影响

森林人家品牌的一系列促销措施迅速得到了社会的广泛关注,众多省内外主流媒体争相宣传报道森林人家品牌,福建电视台的《新闻启示录》《财富论坛》《热线777》等栏目先后推出森林人家专题访谈与互动体验节目。《福建日报》刊发《"森林人家"品牌初显》《中国绿色时报》刊发《"森林人家"成为福建生态旅游热门品牌》。森林人家品牌的知名度不断提升。

5.3 森林人家的标准与评定

5.3.1 森林人家的准入条件

为了实现福建省森林人家规范化管理,明确森林人家的基本条件,促进森林人家的健康发展,福建省制定了《森林人家基本条件》(DB35/T 730—2007),并于2007年4月27日正式由福建省质量技术监督局颁布,2007年5月1日起正式实施。该标准明确规定了森林人家的定义,并从森林人家从业资格、经营服务场地、接待服务设施、经营管理和从业人员等方面对森林人家设定了准入门槛,使森林人家授牌经营有据可依。

5.3.2 森林人家的等级评定标准制定

为了促进森林人家健康持续发展,规范福建省森林人家等级划分和评定,福建省同时制定了《森林人家等级划分与评定》(DB35/T 731—2007)标准。该标准从等级划分、等级划分指标、等级评定等方面对森林人家等级评定进行规范,使福建省在开展森林人家等级评定方面有据可依。

5.3.3 森林人家的评定

福建省成立森林人家质量评定委员会,依据《森林人家基本条件》(DB35/T 730—2007)标准对森林人家进行授牌与授权经营。同时结合森林人家品牌建设,依据《森林人家等级划分与评定》(DB35/T 731—2007)标准开展森林人家星级评定,对不符合规范的授牌点限期整改,整改后仍不达标的摘牌并向社会公布,实现森林人家健康持续发展。

【复习思考题】

1. 林下种植有哪些主要模式?
2. 在湖北省寻找1~2个林下种植典型案例,说明其关键技术。
3. 林下养殖有哪些主要模式?
4. 在湖北省寻找1~2个林下养殖典型案例,说明其关键技术。
5. 林下产品采集和加工有哪些内容?有何特点?
6. 森林旅游应具备哪些条件?可打造哪些模式?
7. 代料栽培香菇为何用熟料栽培?
8. 简述茯苓栽培技术要点。

模块五 拓展领域

项目 1　园林规划设计

1.1　园林要素设计

各类园林绿地中,不论是大型的风景名胜区,还是宅旁庭院绿地,都由园林地形、道路广场、园林植物与建筑小品等要素构成。在进行园林绿地规划设计时,应对其构成要素进行综合研究,不孤立地考虑某一园林构成要素。

1.1.1　认识园林

1.园林的含义

古今中外,园林的形式虽有不同,但有一些共同的内涵是:在一定的地域范围内,根据功能要求、经济技术条件和艺术布局规律,利用并改造天然山水地貌或人工创造山水地貌,结合植物栽培和建筑、道路的布局,从而构成一个供人们观赏、游憩的环境。园林包括庭园、宅园、小游园、花园、公园、植物园、动物园等。随着园林学科的发展,园林还包括森林公园、风景名胜区、自然保护区或国家公园的游览区以及休养胜地等。

园林既是物质产品,又是精神产品。园林和雕塑、建筑等都属于三维空间的造型艺术,但园林和雕塑、建筑等的根本区别在于它是一个自然物的开放空间。园林的营造是在满足使用功能和生态功能的前提下,艺术地布局,从而形成一个赏心悦目的户外环境,满足大众的精神需求,维护国土安全和环境生态效益的平衡。

2.园林的布局形式

园林布局形式的产生和形成是与世界各国家、各民族的文化传统、地理条件等综合因素的作用分不开的。一般把园林的布局形式分为三类:规则式、自然式和混合式。

1)规则式园林

规则式园林又称整形式、几何式、建筑式园林。整个平面布局、立体造型,以及建筑、广场、道路、水面、花草树木等都要求严格对称。在 18 世纪英国风景园林产生之前,西方园林主要以规则式为主,其中以文艺复兴时期意大利台地园和 19 世纪法国勒诺特平面几何图案式园林为代表。我国的北京天坛、南京中山陵等都采用规则式布局。规则式园林给人以庄严、雄伟、整齐之感,一般用于气氛较严肃的纪念性园林或有对称轴的建筑庭园中。

2)自然式园林

自然式园林又称风景式、不规则式、山水式园林。中国园林从周朝开始,经历代的发展,不论是皇家宫苑还是私家宅园,都是以自然山水园林为源流,发展到清代,保留至今的皇家园林如北京颐和园、承德避暑山庄,私家宅园如苏州的拙政园、网师园等,都是自然山水园林的代表作品。自然式园林从6世纪传入日本,18世纪后传入英国。自然式园林以模仿再现自然为主,不追求对称的平面布局,立体造型及园林要素布置均较自然和自由,相互关系较隐蔽含蓄。这种形式较能适合于有山、有水、有地形起伏的环境,以含蓄、幽雅的意境深远见长。

3)混合式园林

混合式园林主要指规则式、自然式交错组合,全园没有或不形成控制全园的主轴线和副轴线,只有局部景区、建筑以中轴对称布局,或全园没有明显的自然山水骨架,不形成自然格局。混合式园林一般情况下多结合地形布局,在原地形平坦处,根据总体规划需要安排规则式的布局;在原地形条件较复杂,具备起伏不平的丘陵、山谷、洼地时,结合地形规划成自然式。

3. 园林意境创作

意境是中国艺术创作和鉴赏方面的一个极重要的美学范畴。简单说来,意即主观的理念、感情,境即客观的生活、景物。意境产生于艺术创作中此两者的结合,即创作者把感情、理念熔铸于客观生活、景物之中,从而引发鉴赏者类似的情感激动和理念联想。中国的诗画艺术十分强调意境,由于园林与诗画的综合性、三维空间的形象性,其意境内涵的显现比其他艺术门类更为明晰,也更易于把握。

构成园林景物的建筑、山石、水体、植物等,都要服从园林意境的指导,从而决定建筑的形式体量、山水的开合曲折及植物的高矮季相等。园林意境正是通过建筑、山石、水体、植物等造园要素表现出来的。

园林意境的创造是一复杂的过程,也是园林设计的最高境界,要求设计者有深厚的文化艺术素养,对自然物和人类生活无比热爱。其主要创作手法有借景、对比等。

园林中所说的借景,是将有利于风景画面构图和意境渲染的景象组织到观赏视线之中,如远借山峦,近借湖池、植物等。

对比是指通过景观要素形象、体量、方向、开合、明暗、虚实、色彩和质感等方面的差异来加强意境,是渲染景观环境气氛的重要手法,如欲扬先抑、欲高先低、欲大先小、以隐求显、以暗求明、以素求艳、以险求夷、以柔衬刚等手法都是对比的手法。

4. 生态园林的理念

生态园林主要是指以生态学原理(如互惠共生、生态位、物种多样性、竞争、化学互感作用等)为指导所建设的园林绿地系统,在这个系统中,乔木、灌木、草本和藤本植物被因地制宜地配植在一个群落中,种群间相互协调,有复合的层次和相宜的季相色彩,具有不同生态特性的植物能各得其所,充分利用阳光、空气、土地空间、养分、水分等,构成一个和谐有序、稳定的群落。生态园林是城市园林绿化工作最高层次的体现。

生态园林的科学内涵在于以"生态平衡"为主导,合理布局园林绿地系统。生态平衡是生态学的一个重要原则,其含义是指处于顶极稳定状态的生态系统,此时系统内的结构与功能相互适应与协调,能量的输入和输出之间达到相对平衡,系统的整体效益最佳。在生态园林的建设中,强调绿地系统的结构与布局形式与自然地形地貌和河湖水系的协调以及与城市功能分区的关系,着眼于整个城市生态环境,合理布局,使城市绿地不仅围绕在城市四周,而且把自然引入城市之中,以维护城市的生态平衡。近年来,我国不少城市开始了城郊结合、森林园林结合、扩大城市绿地面积、走生态大园林道路的探索。

1.1.2 植物景观设计

植物景观设计也称植物造景,是指应用乔木、灌木、草本及藤本植物来创造景观,充分发挥植物本身形体、线条、色彩等的自然美,配植成一幅幅美丽动人的画面,供人们观赏。植物是园林要素的重要组成部分,它不但能构成空间、引导空间、美化空间,而且作为唯一具有生命力特征的园林要素,能使园林空间体现生命的活力,富有四季的变化。

1. 乔木在园林中的应用及配植

在植物景观设计中,乔木体量大,占据园林绿化的最大空间。因此,乔木树种的选择及其配植形式反映了一个城市或地区植物景观的整体形象和风貌,是植物景观营造首先要考虑的因素。

1) 孤植

孤植一般是指乔木或灌木的单株种植类型,它是中西园林中广为采用的一种自然式种植形式。但有时为了构图需要,同一树种的二株或三株树木紧密地种在一起,以形成一个单元,其远看和单株栽植的效果相同,这种情况还是属于孤植。

孤植树要求姿态优美、色彩鲜明、树体高大、枝叶茂盛、寿命较长、特色显著。孤植树是园林构图中的主景,因而要求栽植地点位置较高,四周空旷,便于树木向四周伸展,并有较适宜的鉴赏视距,中间不要有别的景物遮挡视线。

2) 对植和列植

对植是指用两株或两丛相同或相似的树,按照一定的轴线关系,作相互对称或均衡的种植方式。列植是对植的延伸,是指成行成带地种植树木。与孤植不同,对植和列植的树木不是主景,而是起衬托作用的配景。

3) 丛植

将几株至一二十株同种类或相似种类的树种较为紧密地种植在一起,使其林冠线彼此密接而形成一个整体的外轮廓线,这种配植方式称为丛植。丛植形成的树丛有较强的整体感,个体也要能在统一的构图之中表现其个体美,所以丛植树种选择的条件与孤植树种的相似,必须挑选在树形、树姿、色彩等方面有特殊价值的种类。

4) 群植

将二三十株以至数百株的乔、灌木成群配植称为群植,形成的群体称为树群。树群可由单一树种组成,也可由数个树种组成。

2. 灌木在园林中的应用及配植

灌木在园林植物群落中属于中间层,起着乔木与地面、建筑物与地面之间的连贯和过渡作用。其平均高度基本与人的平视高度一致,极易形成视觉焦点,在园林景观营造中具有极其重要的作用。灌木种类繁多,既有观花的,也有观叶、观果的,更有花果或果叶兼美者。灌木以其自身的观赏特点,既可单株栽植,又可以群植形成整体景观,还可与其他园林植物和园林要素结合配植。如灌木通过点缀、烘托,可以使园林主景的特色更加突出,假山、建筑、雕塑、凉亭都可以通过灌木的配植而显得更加生动。

3. 花卉在园林中的应用及配植

露地栽培的花卉是园林中应用最广的花卉种类,多以其丰富的色彩美化重点部位形成园林景观。根据应用布置方式,大概可以分为花坛、花境、花丛和花群、花台、花钵等形式。

花坛多设于广场和道路的中央分车带、两侧,以及公园、机关单位、学校等观赏地段和办公教育场所,应用十分广泛。花坛主要采取规则式布置,有单独、连续带状及成群组合等类型。花坛内部所组成的纹样多采用对称的图案,并要保持鲜艳的色彩和整齐的轮廓。一般选用植株低矮、生长整齐、花期集中、株形紧密、花或叶观赏价值高的种类,常选用一二年生花卉或球根花卉。

花境是由多种花卉组成的带状自然式布置。这是根据自然风景中花卉自然生长的规律,加以艺术提炼而应用于园林的形式。花境的花卉种类多,色彩丰富,具有山林野趣,观赏效果十分显著。

花丛和花群是将自然风景中的野花散生于草坡的景观应用于城市园林中,从而增加园林绿化的趣味性和观赏性。花丛和花群布置简单,应用灵活,株少为丛,丛连成群,繁简均宜。所选花卉高矮不限,但以茎干挺直、不易倒伏、花朵繁密、株形丰满整齐者为佳。

花台是将花卉栽植于高出地面的台座上,类似花坛,但面积较小,在我国古典园林中这种应用方式较多,现在多应用于庭院中,上植草花作整形式布置。由于面积狭小,一个花台内常只布置一种花卉。

花钵可以说是活动花坛。花卉的种植钵造型美观大方,纹饰以简洁的灰、白色调为宜,从造型上看,有圆形、方形、高脚杯形,以及由数个种植钵拼组而成六角形、八角形、菱形等图案,也有木制的种植箱、花车等形式,造型新颖别致、丰富多彩,钵内放置营养土,用于栽植花卉。

4.草坪与地被植物在园林中的配植

草坪在园林中既可作为主景,也可作为基调的配植,还可与乔木、灌木、山石、水体、建筑等结合布置。例如,大型广场、街心绿地的四周和街道两旁,灰色硬质的建筑与铺装路面缺乏生机和活力,铺植优质草坪,可形成平坦的绿色景观,对广场、街道的美化装饰具有极大的作用。

草坪作基调的配植时,如同绘画一样,草坪是画面的底色,而色彩艳丽、轮廓丰富、变化多样的树木、花卉、建筑、小品等,则是主角和主调,由于有了底色的对比与衬托,主调景观得到了统一的美感,景观效果明显增强。

地被植物与草坪植物一样,都可以覆盖地面,涵养水源,形成视觉景观。一些地被植物耐阴性强,可在密林下生长开花,故与乔木、灌木配植时能形成立体的植物群落景观。

1.1.3 地形山水设计

地形就是地表的外观。就风景区范围而言,地形包括山谷、高山、丘陵、草原以及平原等,这些地表类型一般称为"大地形"。从园林范围来讲,地形包括土丘、台地、斜坡、平地,或由台阶和坡道所引起的水平面变化的地形,这类地形统称为"小地形"。起伏最小的地形叫"微地形",它包括沙丘上的微弱起伏或波纹,或是道路上的石头和石块的不同质地变化。

1.平地

园林中所指的平地,实际上是具有一定坡度的缓坡,其坡度一般为 $0.5\% \sim 5\%$,以利于排水。绝对平坦的地形是没有的。园林中的平地大致有草地、集散广场、交通广场、建筑用地等。园林中保持一定比例的平地是很有必要的,可以用来接纳和疏散人群、组织各种文体活动、供游人游览和休息、造成开朗景观等。

2. 假山与置石

假山是相对于真山而言的,是以造景游览为主要目的,以土、石等为材料,以自然山水为蓝本,并加以艺术的提炼和夸张,创造而成的可观可游的人工景观,它是园林"师法自然"的一个典型例子。假山和自然界中的真山相比,体量不大,然而却有石骨嶙峋、植被苍翠的特征,一样会使人很自然地联想起深山幽林、奇峰怪石等自然景观,体验到自然山林之意趣。假山按堆叠的材料来分,有土山、石山、土石山等。

置石是以山石为材料作独立或附属性的造景布置,主要表现山石的个体美,以观赏为主,有时也兼备一定的使用功能,在我国园林中用途极为广泛,故有"无园不石"之说。

3. 水景

水是园林环境中最有灵性的要素。中国古代就有"智者乐水"的说法,在现代园林中,水仍然是不可缺少的要素之一。水景的营造不仅有利于改善生态环境,而且水景是大众游乐和观赏的重要场所。现代水景有很多,包括湖、池、瀑布、喷泉、跌水、溪涧等。

1.1.4 园路设计

园林道路(简称园路)是园林的脉络,是联系各景区、景点的纽带,在园林中起着较大的作用,主要表现在两个方面。首先,园路起着导游的作用,它组织着园林景观的展开和游人观赏程序,游人沿着园路的方向,使园林景观序列一幕幕地推演着,游人通过对景的观赏,在视觉、听觉、嗅觉等方面获得美的享受。其次,园路具有构景作用,因园路也是造园要素之一,所以它也理应成为园林一景。通过对园路在平面线型、铺装材料、图案、色彩等方面的设计,形成较好的园路景观。同时园路和山水、植物、建筑等有机结合,构成丰富多彩的园林美景。如中国传统园林中的"曲径通幽"就营造了一种隽永含蓄、深邃空远的意境。

园路的布局应主次分明、密度得体。一般根据游人量的大小和其他功能的需要把园路分为主干道、次干道、游步道和小径。主干道要能贯穿园内的各个景区、主要景点和活动设施,形成全园的骨架和回路,必须考虑通行、生产、救护、消防、游览车辆。因此主路最宽,一般为3~6 m,结构上必须能适应管理车辆承载的要求。主路图案的拼装全园应尽量统一、协调。次干道是各个分景区内部的骨架,联系着各个景点,对主干道起辅助作用并与附近的景区相联系,路宽依公园游人量、流量、功能及活动内容等因素而定,一般宽度为2~3 m。园林中的游步道是最能体现艺术性的部分,它以优美婉转的曲线构图成景,与周围的景物相互渗透、吻合,极尽自然变化之妙。小径宽度一般为1~2.5 m,甚至更窄,具体因地因景因人而定,材料多选用简洁、粗犷、质朴的自然石材(片岩、条石、卵石等)。

园路必须结合地形地貌因地制宜地布局设计。道路应形成一个环状网络,四通八达,设计时要做到有的放矢、因景设路、因游设路,不能漫无目的,更不能使游人正在游兴时"此路不通",这是园路设计最忌讳的。

1.1.5 园林建筑小品设计

园林建筑小品是在园林绿地中为市民提供服务功能,方便绿化管理,用作装饰、展示、照明、休息等的小型建筑设施。它的特征是体量较小、造型丰富、功能多样、富有特色。园林建筑小品作为艺术品,本身具有审美价值,一些建筑小品也具有一定的使用功能,还起着分隔空间与联系空间的作用,使不同的园林空间增添了变化和明确的标志。

1. 亭

亭是园林中最多见的眺览、休憩、遮阳、避雨的点景和赏景建筑。亭的形状有多种，从平面形状分有圆亭、方亭、三角亭、五角亭、六角亭、扇亭等；从屋顶形式分有单檐、重檐、三重檐、攒尖顶、平顶、歇山顶、卷棚顶等；从布设位置分有山亭、半山亭、水亭、桥亭，以及靠墙的半亭、在廊间的廊亭、在路中的路亭等。亭的布局既可单独设置，也可组合成群。

现代建筑中采用钢、混凝土、玻璃等新材料和新技术建亭，为建筑创作提供了更多的方便条件。因此，亭在造型上更为活泼自由，形式更为多样，其中包括各种平顶式亭、伞亭、蘑菇亭等；在布局上更多地考虑与周围环境的有机结合；在使用功能上除满足休息、观景和点景的要求外，还适应于园林中其他多种需要，如作为图书阅览、摄影服务等之用。

2. 廊

一般有顶的过道称为廊。在中国古典园林中，廊是指供游人避风雨、遮太阳和游览休息赏景的长形建筑。它通常布置在两个建筑物或两个观赏点之间，成为空间联系和空间划分的一个重要手段；它不仅有交通联系的实用功能，而且对景观的展开起着重要的组织作用。

中国园林中廊的结构常用的有木结构、砖石结构、钢及混凝土结构、竹结构等。廊顶有坡顶、平顶和拱顶等。中国园林中廊的形式和设计手法丰富多样，其基本类型按结构形式可分为双面空廊、单面空廊、复廊、双层廊和单支柱廊五种，按廊的总体造型及其与地形、环境的关系可分为直廊、曲廊、回廊、抄手廊、爬山廊、叠落廊、水廊、桥廊等。

廊在各国园林中都得到了广泛应用。西方古典园林中廊的尺度一般较大，平面形状通常为直线形、半圆形、门字形等。建筑形式采用古典柱式的，称为柱廊。在西方现代园林中，廊的运用十分自由、灵活，柱子较细，跨度较大，造型依环境而变化，多采用平屋顶形式，以钢、混凝土、塑料板等现代建筑材料构筑。

3. 水榭

水榭是供游人休息、观赏风景的临水园林建筑。

中国园林中水榭的典型形式是在水边架起平台，平台一部分架在岸上，一部分伸入水中。平台跨水部分以梁、柱凌空架设于水面之上。平台临水围绕低平的栏杆，或设鹅颈靠椅供坐憩凭依。平台靠岸部分建有长方形的单体建筑（此建筑有时整个覆盖平台），建筑的面水一侧是主要观景方向，常用落地门窗，开敞通透，既可在室内观景，也可到平台上游憩眺望。屋顶一般为造型优美的卷棚歇山式。建筑立面多为水平线条，以与水平面景色相协调。

4. 舫

舫是依照船的造型在湖泊中建造起来的一种船形建筑物。人们在这种建筑物内游玩饮宴、观赏水景、身临其中，颇有乘船荡漾于水中之感。舫的前半部多为三面临水，船首一侧常设有平桥与岸相连，仿跳板之意。通常下部船体用石建，上部船舱则多为木结构，由于像船但不能动，所以亦名"不系舟"。如苏州拙政园的"香洲"、苏州怡园的"画舫斋"、北京颐和园的石舫等，都是较好的实例。

5. 架

架既有廊、亭那样的结构，又不像廊、亭那样密实。架更加空透，更加接近自然。架的材料多种多样，常见的有木架、竹架、砖石架、钢架和混凝土架等。架与攀缘植物搭配，常常形成美丽的花架,常搭配的植物有常春藤、紫藤、凌霄、葡萄等。花架布局灵活多样,形态与自然融为一体。

花架常布设在小径上或一些休闲的环境里。它的平面形式很多,有直线形、曲线形、三角形、四边形、五边形、六边形、八边形、圆形、扇形以及它们的变形图案。从结构形式上看,花架有单柱花架和双柱花架两种。

6. 景观墙

景观墙是园林景观中的一种长形构造物,它既可以划分景观空间,又兼有造景的作用。在景观的平面布局和空间处理中,它能构成灵活多变的空间关系,能化大为小,这也是"小中见大"的巧妙手法之一。设置景观墙时,尽量做到低而透,能不设景观墙的地方尽量不设。

7. 膜结构

膜结构又称景观膜、空间膜,是一种建筑与结构完美结合的结构体系。它是用高强度柔性薄膜材料与支撑体系相结合,形成具有一定刚度的稳定曲面,能承受一定外荷载的空间结构形式。

膜结构一改传统建筑材料而使用膜材,其重量只是传统建筑的三十分之一,而且膜结构可以从根本上克服传统结构在实现大跨度(无支撑)时所遇到的困难,可创造巨大的无遮挡的可视空间。膜结构具有自由轻巧、阻燃、制作简易、安装快捷、节能、易于使用、安全等优点,因而它在世界各地得到广泛应用。这种结构形式特别适用于大型体育场馆、入口廊道、小品、公众休闲娱乐广场、展览会场、购物中心等。

8. 园林雕塑

园林雕塑是指利用一定的手段和方法对天然或人工材料进行改造,形成立体形态的艺术品。园林雕塑实质上是对材料实施加减法的改造,创造出具有独特美感的物体。雕塑作为一种造型语言和形式,是园林设计中不可或缺的重要元素。它虽然体量不大,但它的存在赋予园林鲜明而生动的主题,可以美化环境、装饰建筑,对于一个地区的文化起着画龙点睛的作用。

园林雕塑可分为纪念性雕塑、主题性雕塑和装饰性雕塑等多种形式。雕塑一般设立在园林主轴线上或风景透视线的范围内。也可将雕塑建立于广场、草坪、桥畔、山麓、堤坝旁等。雕塑既可孤立设置,也可与水池、喷泉等搭配。有时,雕塑后方可密植常绿树丛,作为衬托,可使雕塑形象特别鲜明突出。

9. 园林设施与小品

园林设施与小品,主要指一些园林环境中的休闲桌、椅、凳,以及各种游乐设施、照明设施、体育健康设施等。它们在各种公共场所为人们游憩、活动提供直接的服务,因此是最易创造亲切环境的要素之一。

1.2 城市道路与广场绿地规划设计

1.2.1 城市道路绿地设计

道路绿化是指以道路为主体的相关部分空地上的绿化和美化。现代道路绿化是一个城市以至某个区域的生产力发展水平以及公民的审美意识、生活习俗、精神面貌、文化修养和道德水准的真实反映。城市道路绿化主要功能是庇荫、滤尘、减弱噪声、改善道路沿线的环境质量和美化城市。以乔木为主，乔木、灌木、地被植物相结合的道路绿化，防护效果最佳，地面覆盖最好，景观层次丰富，能更好地发挥其功能作用。

1. 城市道路绿化的断面布置形式

1）一板二带式

一板二带式是最常见的绿化形式，中间是车行道，在车行道两侧的人行道上种植行道树。

2）二板三带式

二板三带式即分成单向行驶的两条车行道和两条行道树，中间以一条绿带分隔开。

3）三板四带式

三板四带式利用两条分隔带把车行道分成三块，中间为机动车道，两侧为非机动车道，连同车道两侧的行道树共为四条绿带，故称为三板四带。

4）四板五带式

四板五带式利用三条分隔带将车道分成四条，使各种车辆均形成上下行，互不干扰，保证了行车速度和安全。

2. 行道树绿带设计

按一定方式种植在道路的两侧，造成浓荫的乔木，称为行道树。其生长环境除了具备一般的自然条件，如光、温度、空气、土壤、水分等，另外，它又有其城市的特殊环境，如建筑物、地上地下管线、人流、交通等人为的因素，因此行道树生长环境条件是非常复杂的，选择行道树的树种时应综合考虑到这些因素。湖北地区的香樟、水杉、广玉兰、杜英、栾树等可以作为行道树栽植。

行道树的种植方法分为树带式和树池式两种。在人行道和车行道之间留出一条不加铺装的种植带，为树带式种植形式。这种种植带的宽度一般不小于 1.5 m，以 4~6 m 为宜，可植一行乔木和绿篱或视不同宽度可多行乔木和绿篱结合。一般在交通、人流不大的情况下采用这种种植方式，有利于树木生长。在交通流量较大、行人多而人行道又狭窄的街道上，宜采用树池式。一般树池以正方形为好，大小以 1.5 m×1.5 m 较为合适；若为长方形，以 1.2 m×2 m 为宜；还有圆形树池，其直径不小于 1.5 m。行道树宜栽植于几何形的中心。树池的边石有高出人行道 10~15 cm 的，也有和人行道等高的。

3. 路侧绿带设计

路侧绿带是位于道路侧方，布设在人行道边缘至道路红线之间的绿带。路侧绿带根据其相邻用地性质、防护和景观要求进行规划设计，其可分为开放式绿地、园林景观路、滨河路绿地等。

开放式绿地，即街道休息绿地，俗称街道小游园，以植物为主，可用树丛、树群、花坛、草坪等布置。乔灌木、常绿或落叶树相互搭配，层次要有变化，内部可设小路和小场地，供人们入内休息。有条件的可设一些建筑小品，如亭廊、花架、宣传廊、园灯、水池、喷泉、假山、座椅等，丰富景观内容，满足群众的需要。

园林景观路分为三种类型。一是设在街道中间的林荫路，即两边上下的行车道，中间有一定宽度的绿化带，这种类型较为常见，主要供行人和附近居民作短暂停留之用。此类型多在交通量不大的情况下采用,出、入口不宜过多。二是设在街道一侧的林荫路,减少了行人与车行路的交叉,在交通比较频繁的街道上多采用此种类型,同时也往往因地形而定。如傍山、一侧滨河或有起伏的地形,可利用借景将山、林、湖组织在内,创造更加安静的休息环境。三是设在街道两侧的林荫路与人行道路相连,可以使附近居民不用穿越道路就可到达林荫路内,既安静又使用方便。

滨河路绿地是城市中临河流、湖沼、海岸等水体的道路绿地。滨河路毗邻自然环境,其绿化应区别一般道路绿化,与自然环境相结合,展示出自然风貌。可在滨河路绿地临水边种植耐水湿的树木,如柳树、池杉等。树木种植要注意林冠线的变化,不宜种得过密,要留出景观透视线。除了种植乔木以外,还可种一些灌木和花卉,以丰富景观。绿化除有遮阴功能外,有时还具有防浪、固堤、护坡的作用。斜坡上要种植草皮,以免水土流失,也可起到美化作用。

4. 分车绿带设计

分车带上的绿化,称为分车绿带,也称为隔离绿带。分车带的宽度,依行车道的性质和街道的宽度而定,高速公路的分车带的宽度可达 5~20 m,一般也要 4~5 m,最小宽度不能小于 1.5 m。分车绿带位于道路中间,位置明显而重要,因此在设计时应注意它的技术效果。

分车绿带起到分隔、组织交通与保障安全的作用,机动车道的中央分隔带在可能的情况下要进行防眩种植。机动车两侧分隔带如有可能,应有防尘、防噪声树种,同时分车带中的高大种植对视线的影响会产生道路空间的分隔,从而对街景产生很大的影响。因此,种植方式要和景观的要求统一协调。

分车带的种植有以落叶乔木为主的,有以常绿乔木为主的,有的搭配灌木、草地、花卉等,也有的分车带中只种低矮灌木配以草地、花卉等,这些都需要根据交通与景观来综合考虑。

5. 交叉路口绿地设计

为了保证行车安全,在进入道路的交叉口时,必须在道路转角空出一定的距离,使司机在这段距离内能看到对面开来的车辆,并有充分的刹车和停车时间而不致发生撞车。这种从发觉对方立即刹车到刚好停车的距离,称为"安全视距"。根据两相交道路的两个最短视距,可在交叉口平面图上绘出一个三角形,该三角形称为视距三角形。在此三角形内不能有建筑物、构筑物、树木等遮挡司机视线的地面物。在布置植物时其高度不得超过 0.70 m,或者在视距三角形内不要布置任何植物。

视距的大小随着道路允许的行驶速度、道路的坡度、路面质量情况而定,一般采用 30~50 m 的安全视距为宜。

6. 交通岛绿地设计

交通岛俗称转盘。设置交通岛的目的主要是组织交通,凡驶入交叉口的车辆,一律绕岛作逆时针单向行驶。交通岛多呈圆形,为树带式种植。交通岛的半径,必须保证车辆能按一定速度以交织方式行驶。由于受到环道上交通能力的限制,因此在交通量较大的主干道上,或有大量非机动车或众多行人的交叉口上,不宜设置交通岛。目前我国大中城市所采用的圆形交通岛,一般直径为 40~60 m。

有时虽然交通岛的面积大,但因其主要功能是组织交通,提高交叉口的通行能力,所以也不能布置成供行人休息用的小游园或吸引游人的过于华丽的花坛。通常以嵌花草坪、花坛为主,或以低矮的常绿灌木组成简单的图案花坛,切忌采用常绿小乔木或大灌木,以免影响视线。

但在居住区内部,人、车流比较小,以步行为主的情况下的交通岛,就可以小游园的形式布置,以增加群众的活动场地。

1.2.2 城市广场绿地设计

广场一般是指由建筑物、道路和绿化带等围合或限定形成的开敞的公共活动空间。在我国城市建设高速发展的今天,城市广场正在成为城市居民生活空间的一部分,被越来越多的人喜爱。

1. 城市广场的类型

按照不同的分类方式来划分,城市广场的分类有多种:按照广场形态分为规整形广场、不规整形广场等;按广场剖面形式分为平面型广场和立体型广场,后者又分为上升式广场和下沉式广场;按照广场的主要构成要素可分为建筑广场、雕塑广场、水上广场、绿化广场等;按照城市广场在城市规划结构中的不同地位,可分为城市中心广场、区级中心广场、地方性广场(小区中心、重要地段、建筑物前的广场)三个等级;按广场的功能特征可分为市政广场、纪念广场、交通广场、商业广场、宗教广场、文化休闲广场等类型。

2. 城市广场设计原则

1)生态原则

建立可持续发展的生态原则就是要遵循生态规律,包括生态进化规律、生态平衡规律、生态经济规律,因地制宜,合理布局,扬长避短。一方面,应用园林设计方法,引入自然,再现自然,并与当地特定的生态环境和景观特点相适应,使人们在有限的空间中领略和体会到无限自然带来的自由、清新和愉悦;另一方面,城市广场设计要特别强调其生态小环境的合理性,既要有很充足的阳光、足够的绿化,趋力避害,为市民的活动提供宜人场所,又要做好气候保护和微气候设计,减少城市环境压力。

2)特色原则

城市广场一定要有个性,否则就千篇一律。突出城市广场的个性,一方面要开掘地方文化的资源,展示地方文化的风采,突出民族的地区性、文化的地域性;另一方面,城市广场应突出其地方自然特色,即适应当地的地形地貌和气温气候等。

3. 广场绿地种植设计形式

根据形状、习性和特征的不同,城市广场上绿化植物的配植,可以采取一点、两点、线段、团组、面、垂直或自由式等布局方式,在保持统一性和连续性的同时,显露其丰富性和个性。广场植物的种植形式有排列式种植(可采用对植、列植等种植形式)、集团式种植(可采用林植、篱植等种植形式)、自然式种植(可采用孤植、丛植、群植等种植形式)、广场草坪与地被种植、广场花卉种植等。

1)排列式种植

这种形式属于整形式,主要用于广场周围或者长条形地带,用于隔离或遮挡,或做背景。其特点是整齐庄重,富有序列感,易用于比较规则形的广场。排列式种植主要有对植和列植两种种植方法:对植主要用于强调建筑、道路、广场的出入口,在构图上形成配景和夹景,对植很少做主景;列植景观比较整齐、统一,有气势,多用在广场道路两边和公共设施前,配合建筑形成统一的景观,并形成很好的遮阴效果。

2)集团式种植

集团式种植包括篱植和林植等。

篱植是由灌木和小乔木以近距离的株行距密植,栽成单行或双行的,结构紧密的规则种植形式,又称为绿篱或绿墙。绿篱有组成边界、围合空间、分隔和遮挡场地的作用,也可作为雕塑小品的背景。

林植是较大规模的成片成带的树林状的种植方式。林植常用在铺装广场上,以形成丰富、浑厚的空间效果。做成林荫广场的形式,植物的色彩和生物特性不仅带来很好的生态效益和环境效益,也常提供受人欢迎的活动集会场所。一般来说,选择林荫广场的树种时,要注意乔木要主干挺拔,冠大隐浓,形状美丽,树体洁净,落叶整齐,少病虫害,无飞絮、毒毛、臭味、污染的种子或果实。

3)自然式种植

自然式种植是采用人工模拟自然的植物配植方法。与整形式种植不同,它的种植特点是植物不受统一株行距限制,而是错落有序地布置,形成不同的景致,生动而活泼。

4)广场花卉种植

广场是人群停留、集散相对较多的地方,多需要较开敞的视野。低矮的花卉以及草坪地被植物是广场绿化不可缺少的材料,尤其是花卉。花卉种类繁多,色彩鲜艳,易繁殖,是广场绿化中经常用作重点装饰和色彩构图的植物材料。它在丰富绿地景观方面有独特的效果。在广场上常用各种草本花卉创造形形色色的花池、花坛、花境、花台、花箱等。

1.3　居住区绿地规划设计

1.3.1　居住区的含义

一般所指的居住区,划分为三级:居住区、小区和住宅组团。居住区泛指不同居住人口规模的居住生活聚居地和特指被城市干道或自然分界线所围合,并与居住人口规模(30 000～50 000人)相对应,配建有一整套较完善的、能满足该区居民物质与文化所需的公共服务设施的居住生活聚居地。居住小区一般称为小区,是被居住区级道路或自然分界线所围合,并与居住人口规模(7000～15 000人)相对应,配建有一套能满足该区居民基本的物质与文化生活所需的公共服务设施的居住生活聚居地。居住组团一般称为组团,指一般被小区道路分隔,并与居住人口规模(1000～3000人)相对应,配建居民所需的基层公共服务设施的居住生活聚居地。

1.3.2　居住区的规划布局形式

居住区的规划布局形式是根据居住区的功能要求,为综合地解决住宅与公共服务设施、道路、绿地的相互关系而采取的组织方式,是包括配套含义在内的规划布局结构形式。目前我国居住区规划布局形式主要有以下四种类型:

(1)居住区—小区—组团;
(2)居住区—组团;
(3)小区—组团;
(4)独立式组团。

1.3.3 居住区绿地的组成

居住区绿地由居住区公共绿地、配套公建附属绿地、道路绿地和宅旁绿地等组成,其中包括满足当地植树绿化覆土要求、方便居民出入的地下或半地下建筑的屋顶绿地。

(1)公共绿地指为居住区全体或部分居民提供的公共使用的绿地,包括居住区各级中心绿地(居住区公园、小区游园和组团绿地),以及老龄人、儿童活动场地和其他块状、带状公共绿地等。

(2)配套公建附属绿地指居住区内各类配套公共建筑和公用设施所属绿地,如俱乐部、影剧院、少年宫、中小学、幼儿园、医院、邮电所等公建的绿化用地。

(3)道路绿地指居住区各级道路红线以内的绿化用地。

(4)宅旁绿地指居住建筑四旁的绿化用地,是最接近居民的绿地。

1.3.4 居住区绿地的植物选择

(1)对于大量而普遍的绿化,宜选择生长健壮、管理粗放、少病虫害、有地方特色的优良乡土树种。

(2)注意选择无针刺、无飞絮、无毒、无刺激性和无污染物的树种。尤其在幼儿园和儿童游戏场附近,忌用有毒、带刺以及引起过敏的植物,如夹竹桃、丝兰、枸骨、漆树等,以免伤害儿童;在运动场地、活动场地不宜栽植大量飞毛、落果的树木,如杨树、柳树、悬铃木、构树等。

(3)在夏热冬冷地区,注意选择树形优美、冠大阴浓的落叶阔叶乔木,以利于居民夏季遮阴、冬季晒太阳。

(4)在公共绿地的重点地段或居住庭院中,以及儿童游戏场附近,注意选择姿态优美、花艳芳香、叶色丰富的常绿乔木和观花灌木,以及宿根球根花卉和自播繁衍能力强的一两年生花卉,形成优美的景观效果。

(5)在房前屋后光照不足地段,注意选择耐阴植物,如垂丝海棠、金银木、珍珠梅、桃叶珊瑚等;在院落围墙和建筑墙面,注意选择攀缘植物,实行立体绿化和遮蔽丑陋之物,如地锦、紫藤、凌霄、常青藤、络石等。

(6)注意选择有益居民身体健康的保健植物,如松柏类、香料和香花植物等。

(7)适当配植鸟嗜植物和蜜源植物,如桑树、葡萄、枣树、樱桃、枇杷、枸骨等,吸引动物和微生物,创造人与自然和谐共存的居住环境。

(8)充分运用各类景观和生态植物,如观形、观花、观果、芳香、色叶、宿根地被花卉、水生、岩生、蕨类等植物,以丰富多彩的植物种类形成植物的多样性,从而体现生物的多样性。

1.3.5 居住区的植物配植要求

(1)合理确定各类植物的构成比例:在绿地中乔木和灌木的种植面积比例一般控制在70%,非林下草坪和地被植物种植面积比例宜控制在30%左右;常绿乔木与落叶乔木种植数量比例因地而异,如北京地区一般为1:3~1:4,上海地区一般为1:1~1:2;在快、慢长树的比例中,慢长树所占比例一般不少于40%。

(2)植物种类的搭配要在统一中求变化,在变化中求统一。植物种类既不宜太多,又要避免单调。居住区各类绿地在统一基调的前提下,要有主调的特色植物,力求以植物材料形成特色空间,如玉兰院、桂花路、樱花街等。

(3)因地制宜,乔灌花草合理配植,构成以植物群落为主要特征的多层次复合绿化结构,既可满足生态效益的要求,又可达到优美的景观效果。

(4)植物配植要注重时间和空间景观的有序变化,形成丰富多彩的景观效果。在时间上讲究季相变化以及色彩配合;在空间上注意平面疏密有致、立面高低错落和空间透视线的组织,要有植物景观的总体大小、远近、高低的层次效果。

(5)植物配植方式要多种多样,除道路两侧需要采用行列式栽植外,可多采用孤植、丛植、群植、疏林草地等手法,以打破成行成列住宅组群的单调和呆板感,以植物配植的多种方式,丰富空间的变化。注意结合道路走向、建筑、门洞等形成对景、框景、借景等,创造良好的景观效果。

(6)植物配植应充分考虑住宅的通风、采光、隔热等特定功能,并按有关规范要求处理好与地上、地下工程管线的关系。

1.3.6 居住区中的建筑小品

居住区以植物造景为主,在绿色植物衬映下,适当布置园林建筑小品,能丰富绿地内容,增加游憩趣味,起到点景作用,也能为居民提供停留休息观赏的地方。特别是小区游园,面积小,又为住宅建筑所包围,因此,园林建筑小品要有适当的尺度感,总的说来"宜小不宜大,宜精不宜粗,宜轻巧不宜笨拙",使之起到画龙点睛的效果。小区游园的园林小品主要有雕塑、水池、座椅、园桌凳,以及宣传栏、果皮箱、园灯等。

1.4 公园绿地规划设计

公园是随着近代城市的发展而兴起的。公园是一个城市的生态名片,是一个城市品位的现代象征。对于居住在建筑丛林中的都市人来说,公园提供了一个旅游观光的城市休闲生活地带;对于居住在周边的市民来说,公园提供了一个有着无限生态内涵的居家后花园。公园在城市公共绿地中居首要地位。

1.4.1 公园的类型与特点

(1)综合性公园。

综合性公园一般面积较大,其设施和内容比较完善,如剧场、音乐厅、俱乐部、游泳场、餐馆等。园内有明确的功能分区,还有风景优美的自然环境和丰富的植物种类,四季都有景可赏。

(2)动物园。

动物园是集中饲养、展览和研究野生动物及少量优良品种家禽、家畜的可供人们游览休息的公园。

(3)植物园。

植物园是广泛收集和栽培植物品种,驯化、定向培育、综合利用,并按生物学要求布置的城市特殊绿地。它既是科研和科普场所,又可供群众游览休息。

(4)纪念性园林。

纪念性园林是指在历史名人活动过的地区或烈士就义地、墓地附近建设的具有一定纪念意义的公园。这类公园既有一定的纪念教育意义,同时也是城市居民休息、游览的好去处。

(5)主题公园。

主题公园是指围绕特定主题而规划建造的有特别环境和游乐项目的新型公园,通过建造具有整体感的公园环境和举行各种表演,使公园形成一个整体,它是更高层次的娱乐园。

(6)带状公园。

带状公园是城市中呈线形分布的一种公园形式,其空间场所包括滨水绿带、环城绿带和都市景观大道等。

(7)体育公园。

体育公园的特点是既有各种体育运动设施,又有较充分的绿化布置,既可进行各种体育运动,又可供群众游览休息,如各市、县的露天体育场等。

(8)街头小游园。

街头小游园也称微型公园,面积较小,设施简单,是独立的城市公共绿地,可供居民短时休息、散步之用。

(9)风景名胜公园。

一般风景名胜区都以公园的形式出现,如泰山、黄山等。风景名胜公园建设的首要任务是保护好自然和人文环境,然后才能适量设置一些游憩、服务设施。

(10)湿地公园。

湿地公园的概念类似于小型保护区,但又不同于自然保护区和一般意义公园的概念。根据国内外目前湿地保护和管理的趋势,兼有物种及其栖息地保护、生态旅游和生态环境教育功能的湿地景观区域都可以称之为"湿地公园"。

(11)各类专类公园。

各类专类公园既可以独立公园的形式出现,也可布置在各类综合性公园中,以园中园的形式出现,如盆景园、梅园、岩石园等。

1.4.2 公园出入口安排

公园出入口位置的选择和处理,是公园总体设计中的一项主要工作。一般公园规划时可以确立一个主要出入口,一个或若干个次要出入口及专用出入口。主要出入口的位置应设在城市主要道路和有公共交通的地方,但要尽量减少外界交通的干扰。次要出入口是辅助性的,它的任务是为主要出入口分担人流量,避免附近游人绕弯路入园,也可形成道路系统的回环,避免游人走回头路。专用出入口是根据公园管理工作的需要而设立的,为方便管理和生产及不妨碍园景的需要,多选择在公园管理区附近或偏僻处。专用出入口不供游人使用。

公园出入口设计要充分考虑到它对城市街景的美化作用以及对公园景观的影响。出入口作为游人进入公园的第一个视线焦点,给游人第一印象,其平面布局、立面造型、整体风格应根据公园的性质和内容来具体确定。一般公园大门造型都与其周围的城市建筑有较明显的区别,以突出其特色。

一般公园主要出入口前后都应规划小型广场,以供游人集散,有些入口前的广场同时可作为停车场使用,入口后的广场是从园外到园内集散的过渡地段,往往与主路直接联系,这里常布置公园导游图和游人须知等。

1.4.3 公园的分区规划

所谓分区规划,就是将整个公园分成若干个小区,然后对各个小区进行详细规划。根据分区规划的标准、要求的不同,分区有景色分区和功能分区两种形式。

1. 景色分区

景色分区是将公园中的自然景色与人文景观突出的某片区域划分出来，并拟定某一主题进行统一规划，它是我国古典园林中最常用的分区规划方法。在我国古典园林中常常利用意境的处理方法来形成景区特色，一个景区围绕一定的主题展开，构成主题的因素有山水、建筑、动物、植物、民间传说、匾额对联等。如圆明园四十景、承德避暑山庄七十二景都是较好的范例。在现代公园规划时仍然有采用景色分区这一方法的，尤其是面积大、功能比较齐全的公园和风景游览区，它们的主题因素比较复杂，规划时可设置多个景区。

2. 公园的功能分区

公园用地按活动内容和功能需要来进行分区规划，这就是公园规划中的功能分区。通常分为以下几个功能区：游览休息区、文化娱乐区、儿童活动区、老年人活动区、体育活动区、公园管理区等。

(1) 游览休息区：主要作为游览、观赏、休息、陈列用，是游人最喜爱的区域，因此本区在公园内占的面积较大，是公园的重要组成部分。本区应广布全园，往往选择地形起伏或视野开阔之处，且植被丰富、风景优美。本区应与公园内喧闹的地方隔离，以防止受其他区域声响的干扰。

(2) 文化娱乐区：是人流集中的活动区域。在本区内可开展较多的文化娱乐活动，如跳舞、溜冰、唱歌等，因此需要有一些设施或场所来满足这些活动的需要。一般根据公园的规模大小和内容要求因地制宜地规划一些活动场所，布置一些必要设施。这些场所可以是俱乐部、游戏广场、露天剧场、影剧院、音乐厅、舞池、溜冰场、戏水池、科技活动场地等，一些必要的生活服务设施包括供水、供电、供暖、园桌、园椅等。

文化娱乐区的规划，有两点需要注意：一是要组织好交通，尽可能地在规划条件允许的情况下接近出入口，以快速集散游人；二是应尽可能地利用地形特点，创造出景观优美、环境舒适、投资小、效果好的景点和活动区域。如可利用缓坡地设置露天剧场或演出舞台，利用下沉地形开辟技艺表演或集体活动场所、游戏场等，利用较大水面开展水上活动等。

(3) 儿童活动区：为促进儿童们的身心健康而设立的专门活动区。在本区内可设置学龄前儿童及学龄儿童的游戏场、戏水池、少年宫、运动场、科技活动园地等。用地最好能达到人均 $50 m^2$，并按照用地面积的大小确定所设置内容的多少。用地面积大的，在内容设置上与儿童公园类似；用地面积较小的，只在局部设游戏场。

儿童活动区规划设计应注意以下几个方面：

① 区内的建筑小品和一切设施都要考虑到少年儿童的尺度，形式要活泼，富有教育意义。

② 区内道路的布置要简捷明确，容易辨认，主要路面要能通行童车。

③ 花草树木的品种要丰富多彩、颜色鲜艳，引起儿童对大自然的兴趣，不要种有毒、有刺、有恶臭的浆果植物，不用铁丝网。

④ 规划时要考虑到成人的休息和成人照看儿童时的需要，区内需设置厕所、小商亭等服务设施。

(4) 老年人活动区：要根据老年人的心理和生理等特点，进行合理布局，精心设计。

老年人活动区的活动内容和设施规划要具有主动性、服务性和多样性的特点，要充分考虑到老年人的特点而做一些特殊的安排。如在活动区应多设一些舒适的椅子和扶手等，且以木制和藤制的为宜；在水池和位置较高的亭台处、道路旁应设安全保护栏杆，以防意外；园中道路应平坦而稳当,一般以草路和砖路为好,不宜太滑或起伏多变。

老年人活动区的园林植物规划的主要任务是创造一个使老年人心情舒畅,能修身养性、锻炼身体的良好环境。一般要注意到以下三点:其一,以自然式为主,多用自由曲线,少用直线,以增加轻松、愉快的感觉;其二,多用花灌木和季相明显的色叶木及松、竹、梅等韵味足、观赏价值高的树种,以增添诗情画意的情趣,少用柏类等色深、厚重、沉闷的树种;其三,在种植方式上,多样种植比纯林效果要好,阔叶树比针叶树要好,落叶树比例应占 2/3 较合适。

(5)体育活动区。随着我国城市发展及全民健身意识的增强,在城市的综合性公园中宜设置体育活动区。比较完整的体育活动区一般设有体育场、体育馆、游泳池及各种球类活动设施和场地、健身场地及器材等,较小的体育活动区也应设置一些健身器材及小球活动场地。本区是属于相对较闹的功能区域,应与其他各区有相应分隔,以地形、树丛、丛林进行分隔较好。

(6)公园管理区。本区是为公园经营管理的需要而设置的专用区域,一般设置有办公室、仓库、苗圃、宿舍等。本区一般设在既便于公园管理,又便于与城市联系的地方。规划布局时要考虑适当隐蔽,不宜过于突出,以免影响游人的景观视线。

1.4.4　公园中的地形处理

地形是公园的骨架,其处理效果直接影响到园景质量和投资效益,因而是公园建设中较为重要的一个问题。地形处理时应同时考虑下列因素。

(1)要看原有地形的情况。设计时应充分利用原有地形,地形改造只是辅助手段。要因地制宜,尽量减少土方量,建园时最好达到园内填挖的土方平衡,节省劳动力和建设投资;但对于有碍园林功能发挥的不合理地形,则应大胆地加以改造。

(2)公园中的地形处理要满足游人的功能活动要求和观景要求。如群众文体活动需要平坦的用地;拟利用地形做观众看台时,就需要有一定大小的平地和适当的坡地;安静休息的地段和利用地形分隔空间时,常需要有山岭坡地;进行水上活动时,就需要有较大的水面等。

(3)地形设计时要考虑到植物种植的要求,地形设计应与全园的植物种植规划协调进行。由于植物有喜光、耐阴、水生、沼生、耐旱、耐湿,以及宜生长在平原或山地或水边等生态习性,处理地形时应考虑到植物的这些生态习性,使植物环境符合生态地形的要求。如:古树、大树要保持它们原有地形的标高,以免造成露根或被掩埋而影响植物的生长和寿命;公园中的密林和草坪应在地形设计中结合山地、缓坡创造地形,山林坡度应小于 33%,草坪坡度应不大于 25% 等。

1.4.5　公园中的道路系统规划

公园中的道路就是公园的导游线,它不仅引导游人怎样游览,同时有些道路也是公园的一景。公园中道路的布局要根据公园绿地内容和游人容量大小来定,设计上要求主次分明,便于游人识别方向,同时要因地制宜,和地形密切配合。因此有主干道、次干道、游步道和小径的区别。如:主干道是通往全园各大景区和主要景点的道路,游人量大,单从宽度来说,与其他道路就有明显区别;游步道的线形和铺装设计比较灵活自由,只需容纳少部分人流。再如山水公园的园路要环山绕水,但不应与水平行,因为依山面水,活动人数多,设施内容多,园路与水平行存在一定的安全隐患;平地公园的园路要弯曲柔和,密度可大一点,但不要形成方格网状,以免游人迷路;山地公园的园路纵坡应在 12% 以下,弯曲度大,密度要小,可形成环路,以免游人走回头路。

导游线的布置不是简单地将各景区、景点联系在一起,而是要把众多的景区、景点有机协调组合在一起,使之具有完整统一的艺术结构和景观展示程序。好的导游线布置应有起景高潮—结景这三个方面的处理,具体来说包括序景—起景—发展—转景—高潮—结景。

1.4.6 公园中的铺装场地设计

公园中必须设计一定的铺装场地,以供游人集散、观景、开展各种活动和休息。公园中的下列地方必须设计一定面积的铺装场地。其一,公园的主要出入口。游人进入公园后,一般都要短暂的停留,此处设计铺装场地,可供游人集散,观看导游牌,辨别方向。其二,公园的主要景点周围。主要景点如主题雕塑、大型喷泉周围应该设计铺装场地,以供游人观景、休息。这些地方的人流量较大,游人停留的时间较长,因此应根据景点质量来估算人流量和游人停留时间,进一步确定合适的铺装场地面积。此外,为开展各种群众活动,也可以在公园适当的地方设计各种铺装场地。

公园中铺装场地设计的形式有自然式和规则式两种。自然式场地较为常见,一般作为游憩场地;规则式场地在一些纪念性公园或公园中的纪念性景区中较为常见,一般供游人驻足瞻仰英雄人物的雕像或烈士纪念碑等。

1.4.7 公园中的建筑与园林小品设计

公园中的建筑与园林小品是公园绿地的组成要素,是供开展文化娱乐活动、创造景观和防风避雨等用,虽占地比例很小(占公园陆地面积的1%~3%),但它们关系到是否能与公园空间和环境建立有机、和谐的整体关系,同时为提高功效、节省空间、减少噪音和污染、加强安全感、方便人们的游憩活动发挥重要作用。

公园中的建筑与园林小品的类型多样,包括亭、廊、水榭、舫、厅堂、楼阁、塔、台、园桌、园椅、栏杆、景墙、园灯等。它们在设计和布局上有一些共同的特点,概括起来有如下几点。

(1)公园建筑设计的基本原则是"巧于因借,精在体宜"。要结合地形、地势,"随基势之高下"宜亭则亭,宜榭则榭,并在基址上做风景视线分析,"俗则屏之,嘉则收之"。设计时可根据自然环境、功能要求选择建筑的类型、基址的位置。

(2)在建筑造型的处理上,包括体量、空间组织、细部装饰等,不能仅就建筑自身考虑,还必须注意与周围环境是否协调、景观功能是否能满足要求等问题。一般来说,园林建筑体量要轻巧,空间要通透,如遇功能较复杂、体量较大的建筑物时,可化整为零,按功能的不同分为厅、堂等,再以廊架相连、院墙分隔,组成庭院式的建筑群,可取得功能、景观两相宜的效果。

(3)在建筑风格上,全园应保持统一,既要有浓郁的地方特色,又要与公园的性质、规模、功能相适宜。新建公园要尽可能选用新材料、采用新工艺、创造新形式,达到只有现代景观设计才能具备的质感、透明度、光影等特征。

(4)建筑与园林小品在布局上多处于交通方便、风景视线开阔的地方,有些建筑小品在公园中常成为艺术构图的中心。对于一组建筑物来说,要注意建筑物的朝向与空间组合关系,个体之间要有一定变化、对比等。

1.4.8 公园中的植物景观设计

公园中的植物景观设计是公园规划时较为重要的一项内容,其对公园整体绿地景观的形成、良好生态环境和游憩环境的创造起着极为重要的作用。一般要注意以下几个方面的内容。

(1)植物景观设计首先要满足分区规划的要求,并与山水、建筑、园路等自然环境和人工环境相协调。这方面的例子很多,如公园中的文化娱乐区人流量大,节日活动多,四季人流不断,要求绿化能达到遮阴、季相明显等效果;儿童活动区的植物要求体态奇特、色彩鲜艳、无毒无刺;游览休息区应以生长健壮的几个树种为骨干,突出周围环境季相变化的特色,一般采用自然式配植方式,在林间空地中可设置草坪,在路边或转弯处可设月季园、牡丹园、杜鹃园等专类园;体育运动区宜选择快长、高大挺拔、冠大而整齐的树种,以利于夏季遮阴,不宜用那些易落花、落果、种毛散落的树种。

(2)植物景观设计要以乡土树种作为公园的基调树种。在树种选择上,应该有一个或两个树种作为全园的基调树种,分布于整个公园中。在数量和分布范围上占优势的树种一般是乡土树种,这样植物的成活率高,既经济又有地方特色。

(3)植物景观设计要注意全园的整体效果。怎样注意全园的整体效果呢?除了前述的公园应该配植1~2种基调树种外,公园还应在不同的景区配植不同的主调植物和配调植物,形成不同景区的不同植物主题。这样全园既统一又有变化,以产生和谐的艺术效果。主调植物可以有1~2种,配调植物不宜太多,以免杂乱。配调植物主要起到烘云托月、相得益彰的陪衬作用。

(4)植物配植应重视植物的造景特点。植物造景艺术,不同于建筑艺术、绘画艺术等,植物是有生命的材料,它随着季节的变换产生不同的风景艺术效果,"四时之景不同,而乐亦无穷也"。利用植物的这种特性,可根据不同的景区、景点的主题形成不同的美景。

(5)植物配植应确定种植类型和各类植物的种植比例,如乔木与灌木的比例、常绿植物与落叶植物的比例、密林与疏林的比例、草地与花卉的比例等。由于公园的大小、性质以及所处地理环境的不同,公园规划时所采用的种植类型和植物的种植比例亦不相同。

各种园林景观如图5-1-1至图5-1-8所示。

图5-1-1 西方规则式园林

图5-1-2 自然山水园林

图5-1-3 花坛、树池与小广场设计

图5-1-4 居住区中的小游园与膜结构

图 5-1-5　街头小景——花箱设计

图 5-1-6　景石与植物的和谐搭配

图 5-1-7　公园中的廊形花架

图 5-1-8　校园的景观建筑与小广场

【复习思考题】

1. 请列举几种春花植物、夏花植物、秋花植物、冬花植物。
2. 自然式园林和规则式园林有什么不同？请各举几例说明。
3. 多样统一是最重要的园林艺术原则，请说明植物造景中怎样运用该原则？
4. 收集古今中外的各类亭、廊、建筑小品的图片，并说明它们的特点。
5. 简述综合性公园中植物造景的特点。
6. 简析广场植物配植与居住区植物配植的异同点。

项目 2 湿 地 保 护

2.1 认 识 湿 地

湿地是由喜湿生物和浸水环境构成的独特的自然综合体,是自然界中一类非地带性景观类型。按照景观生态学原理,陆地可以看成是湿地镶嵌的背景基质,湖泊、河流、稻田等是这一背景中的一个个富水的斑块,溪流、江河、渠系等则是联系这些斑块之间的廊道。湿地发育于陆地生态系统(如森林、草地)与水域生态系统(如深湖、海洋),是一种水陆过渡性质的生态系统,它兼有陆地和水域生态系统的某些属性,但又明显不同于原来各自的生态系统。世界自然保护联盟(IUCN)、联合国环境规划署(UNEP)和世界自然基金会(WWF)在编制世界自然保护大纲时,把湿地与森林、海洋一起并称为全球三大生态系统,并将淡水湿地视为濒危野生生物的最后集结地。

2.1.1 湿地的定义与分类

1. 湿地的定义

根据湿地定义外延和内涵的差异,可将湿地定义划分为狭义和广义两种。

狭义的湿地定义把湿地看作是陆地生态系统与水域生态系统的交错区或过渡地带。主要有美国、加拿大、英国、中国、日本等国的学者根据自身研究需求进行了相关定义。在此,介绍美国鱼类及野生生物保护机构于1979年在《美国的湿地深水栖息地的分类》一文中,给湿地所做的定义是:"陆地和水域的交汇处,水位接近或处于地表面,或有浅层积水。"

广义的湿地定义的主要代表者以及世界范围的权威,也是当前全球比较接受和认可的定义,是由《国际重要湿地公约》建立的,本书也采用该定义。

2. 湿地的分类

湿地的分类是湿地研究的基础,从不同的角度出发,可以对湿地进行不同的分类。

1)国际湿地分类标准

《国际重要湿地公约》定义的湿地分类系统(见表5-2-1)是国际上比较通用的分类体系,它是在国际重要湿地公约国第四届成员国大会上制定的。该湿地分类系统的特点是准确性较强,有一定的通用性,类型也比较丰富。但由于湿地分布的地域差异,各国各地区仍没有统一湿地分类系统。

表 5-2-1 《国际重要湿地公约》定义的湿地分类系统

湿地系统	湿地类	湿地型	公约指定代码	说明
天然湿地	海洋/海岸湿地	永久性浅海水域	A	多数情况下低潮时水位小于6 m,包括海湾和海峡
		海草层	B	包括潮下藻类、海草、热带海草植物生长区
		珊瑚礁	C	珊瑚礁及其邻近水域
		岩石性海岸	D	包括近海岩石性岛屿、海边峭壁
		海滩、砾石与卵石滩	E	包括滨海沙洲、海岬,以及沙岛、沙丘及丘间沼泽
		河口水域	F	河口水域和河口三角洲水域
		海涂	G	潮间带泥滩、沙滩和海岸其他咸水沼泽
		盐沼	H	包括滨海盐沼、盐化草甸
		潮间带森林湿地	I	包括红树林沼泽和海岸淡水森林沼泽
		咸水、碱水潟湖	J	有通道与海水相连的咸水、碱水潟湖
		海岸淡水潟湖	K	包括淡水三角洲潟湖
		海滨岩溶洞穴水系	ZK(A)	滨海岩溶洞穴
	内陆湿地	永久性内陆三角洲	L	内陆河流三角洲
		永久性河流	M	包括河流及其支流、溪流、瀑布
		时令河	N	季节性、间歇性、不定期性的河流、溪流、小河
		湖泊	O	面积大于8 hm² 的永久性淡水湖,包括大的牛轭湖
		时令湖泊	P	面积大于8 hm² 的季节性、间歇性的淡水湖,包括河漫滩湖
		盐湖	Q	永久性的咸水、半咸水、碱水湖
		时令盐湖	R	季节性、间歇性的碱水、半碱水、碱水湖及其浅滩
		内陆盐沼	Sp	永久性的咸水、半咸水、碱性沼泽、泡沼
		时令碱、咸水盐沼	R	季节性、间歇性的碱水、半碱水、碱性沼泽、泡沼
		永久性的淡水草本沼泽、泡沼	Tp	草本沼泽及面积小于8 hm² 的泡沼,无泥炭积累,大部分生长季节伴生浮水植物
		泛滥地	Ts	季节性、间歇性泛洪湿地,湿草甸和面积小于8 hm² 的泡沼
		草本泥炭地	U	无林泥炭地,包括藓类泥炭地和草本泥炭地
		高山湿地	Va	包括高山草甸、融雪形成的暂时性水域
		苔原湿地	Vt	包括高山苔原、融雪形成的暂时性水域
		灌丛湿地	W	灌丛沼泽、以灌丛为主的淡水沼泽,无泥炭积累
		淡水森林沼泽	Xf	包括淡水森林沼泽、季节泛滥森林沼泽、无泥炭积累的森林沼泽
		森林泥炭地	Xp	泥炭森林沼泽
		淡水泉及绿洲	Y	—
		地热湿地	Zg	温泉
		内陆岩溶洞穴水系	Zk(b)	地下溶洞水系

续表

湿地系统	湿地类	湿地型	公约指定代码	说　　明
人工湿地		水产池塘	1	鱼虾养殖池塘
		水塘	2	包括农用池塘、储水池塘，一般面积小于 8 hm²
		灌溉地	3	包括灌溉渠系和稻田
		农用泛洪湿地	4	季节性的泛滥农用地，包括集约管理或放牧的草地
		盐田	5	晒盐地、采盐场等
		蓄水区	6	水库、拦河坝、堤坝形成的一半大于 8 hm² 的储水区
		采掘区	7	积水取土坑、采矿地
		废水处理场所	8	污水场、处理池和氧化塘
		运河、排水渠	9	输水渠系
		地下输水系统	Zk(c)	人工管护的岩溶洞穴水系等

2）中国湿地分类标准

为搞好全国湿地资源调查，国家林业和草原局根据中国的湿地资源实际情况以及《国际重要湿地公约》定义的湿地分类系统，起草了《湿地分类》(GB/T 24708—2009)，综合考虑湿地成因、地貌类型、水文特征、植被类型，将我国湿地分为三级（见表 5-2-2）。第 1 级将全国湿地生态系统分为自然湿地和人工湿地两大类。自然湿地往下依次分为第 2 级（4 类）、第 3 级（30 类）；人工湿地相对较为简单，往下仅划分第 2 级，共有 12 个类。整个分类系统共包括 42 类。各级分类依据如下：①第 1 级，按成因进行分类；②第 2 级，自然湿地按地貌特征进行分类，人工湿地按主要功能用途进行分类；③第 3 级，自然湿地主要以湿地水文特征进行分类，包括淹没的时间、水质咸淡程度、湿地水源等特征因子，一些较为复杂的湿地类型，还采用了植被形态特征（如沼泽湿地）和基质性质（近海与海岸湿地）。

表 5-2-2　中国的湿地分类系统

自然湿地				人工湿地
近海与海岸湿地	河流湿地	湖泊湿地	沼泽湿地	
1. 浅海水域	1. 永久性河流	1. 永久性淡水湖	1. 苔藓沼泽	1. 水库
2. 潮下水生层	2. 季节性成间歇性河流	2. 永久性咸水湖	2. 草木沼泽	2. 运河、输水河
3. 珊瑚礁	3. 泛洪湿地	3. 永久性内陆盐湖	3. 灌丛沼泽	3. 淡水养殖场
4. 岩石海岸	4. 喀斯特溶洞湿地	4. 季节性淡水湖	4. 森林沼泽	4. 海水养殖场
5. 沙石海岸		5. 季节性咸水湖	5. 内陆盐沼	5. 农业池塘
6. 淤泥质海滩			6. 季节性咸水沼泽	6. 灌溉用沟、渠
7. 潮间盐水沼泽			7. 沼泽化草甸	7. 稻田/冬水田

续表

自然湿地				人工湿地
近海与海岸湿地	河流湿地	湖泊湿地	沼泽湿地	
8.红树林			8.地热湿地	8.季节性泛洪农业用地
9.河口水域			9.淡水泉/绿洲湿地	9.盐田
10.三角洲/沙洲/海岛				10.采矿挖掘区
11.海岸性咸水湖				11.废水处理所
12.海岸性淡水湖				12.城市人工景观水面和娱乐水面

2.1.2 湿地的功能与效益

1. 湿地的生态功能

1）湿地是"天然的蓄水库"

湿地是"淡水之源",最大的"淡水贮存库"。湿地一般位于本地区的低凹处,含有大量持水性良好的泥炭土、植物及质地黏重的不透水层,使其具有巨大的蓄水能力。湿地作为一种长期存在、有着丰富水资源的自然生态系统,往往与区域地下水含水层有直接水文联系。当湿地水位低于周围潜水面时,就会产生地下水入流;如果湿地的水位高于周围潜水面,地下水就会流出湿地。

2）湿地是"洪水调节器"

湿地因其强大的水文调节和循环功能,又被称为"水资源调节器",发挥着重要的抗旱防涝的作用。我国降水的季节分配和年度分配不均匀,导致旱涝灾害频繁,湿地是一个巨大的蓄水库,是蓄水防洪的天然"海绵"。它可以在暴雨和河流涨水期储存过量的降水,然后经过较长时间均匀地把径流放出,减弱危害下游的洪水,湿地此时发挥着相当于延缓洪水大坝的作用。

3）湿地是"天然保护伞"

湿地有着特殊的植被和潮湿环境,具有控制侵蚀、保护土壤的作用。湿地植物的枝叶及枯枝落叶阻挡了雨水对土壤的冲刷,植物的根系和土壤生物使土壤变得疏松,增加其吸水能力,有利于控制土壤流失、涵养水分。河口、海岸湿地植被可以抵御海浪、台风和风暴的袭击,削弱海浪和水流的冲力和沉降沉积物,湿地植物的根系可起着固定、稳定堤岸的作用,保护沿海工农业生产,防止海浪等对海岸的侵蚀,是海口及海岸带的"天然保护伞"。

4）湿地是"空气净化器"

湿地能够分解、净化环境物,起到"排毒""解毒"的功能,因此被人们喻为"地球之肾"。湿地内丰富的植物群落,能够吸收大量的二氧化碳气体,并释放出氧气,一些湿地植物还具有吸收空气中有害气体的功能,能有效调节大气组分,从而起到净化空气的作用。

5）湿地是"碳汇和碳源"

湿地是世界上十分重要的碳库之一,对于缓解全球气候变暖起着十分重要的作用。湿地中有机质的不完全分解导致碳和营养物质的积累,以及湿地植物吸收大气中的二氧化碳,使之成为巨大的碳库,在全球碳循环中发挥着重要作用。

6）湿地是"污水处理厂"

湿地是高效的"淡水净化器",对所流入的污染物可通过其复杂的界面,产生过滤、沉积、分解和吸附作用。湿地有助于减缓水流的速度,当含有毒物和杂质(农药、生活污水和工业排放物)的流水经过湿地时,流速减慢,有利于毒物和杂质的沉淀和排除。此外,一些湿地植物像芦苇、水葫芦,能有效地吸收有毒物质。

7）湿地是"生命的摇篮"

湿地复杂多样的植物群落,为野生动物,尤其是一些珍稀或濒危野生动物提供了良好的栖息地,同时也是鸟类、鱼类、两栖动物的繁殖、栖息、迁徙、越冬的场所。天然的湿地环境为鸟类、鱼类提供了丰富的食物和良好的生存繁衍空间,对物种保存和保护物种多样性发挥着重要作用。

8）调节小气候

湿地可以影响小气候,它不仅能储蓄大量水分,还能通过植物蒸腾和水分蒸发,把水分源源不断地送回大气中,从而增加空气相对湿度、调节降水,在水的自然循环中起着良好的作用。

2. 湿地的经济功能

1）提供水源

水是人类不可缺少的生态要素,湿地是人类发展工、农业生产用水和地市生活用水的重要来源。我国众多的沼泽、河流、湖泊和水库,在输水、储水和供水方面发挥着巨大效益。湿地常常作为居民生活用水、工业生产用水和农业灌溉用水的水源。溪流、河流、池塘、湖泊中都有能直接利用的水。

2）提供矿产资源

湿地中有各种矿砂和盐类资源。中国的青藏、蒙新地区的咸水湖和盐湖分布相对集中,盐的种类齐全,储量极大。盐湖不仅是赋存大量的食盐、芒硝、天然碱、石膏等普通盐类,还富集着硼、锂等多种稀有元素。中国一些重要油田,大都分布在湿地区域,湿地的地下油气资源开发利用,在国民经济中的意义重大。

3）发展水电及水运

湿地能够提供多种能源,水电在中国电力供应中占有重要地位,我国水能蕴藏占世界第一位,达6亿千瓦,我国沿海、河口、港湾,蕴藏着巨大的潮汐能。湿地有着重要的水运价值,沿海、沿江地区经济的快速发展,在很大程度上受惠于此。中国约有10万公里内河航道,内陆水运承担了大约30%的货运量。

4）提供动植物资源

中国鱼产量和水稻产量都居世界第一位,湿地提供的莲、藕、菱,以及浅海水域的一些鱼、虾、贝、藻类等都是营养丰富的食品,有些湿地动植物还可以入药,有许多动植物还是发展轻工业的重要原材料,如芦苇就是重要的造纸原料。湿地动植物资源的利用还间接带动了轻工业的发展,中国的农业、渔业和牧业生产在相当程度上要依赖于湿地提供的自然资源。

3. 湿地的社会功能

1）旅游与观光

湿地具有自然观光、旅游、娱乐等美学方面的功能,蕴涵着丰富秀丽的自然风光,成为人们观光旅游的好地方,中国有许多重要的旅游风景区都分布在湿地区域。滨海的沙滩、海水是重要的旅游资源,还有不少湖泊因自然景色壮观秀丽而令人们向往,譬如滇池、太湖、洱海、杭州西湖等都是著名的风景区,除可创造直接的经济效益外,还具有重要的文化价值。尤其是城市中的水体,在美化环境、调节气候、为居民提供休憩空间方面有着重要的社会效益。

2)教育和科研价值

湿地拥有复杂的湿地生态系统、丰富的动植物群落、珍贵的濒危物种等,这些在自然科学教育和研究中具有十分重要的作用,它们为教育和科学研究提供了试验材料和场所。一些湿地中所保留的生物、地理等方面演化进程的信息,在研究环境演化、古地理方面有着重要价值。有些湿地还保留了具有宝贵历史价值的文化遗址,是历史文化研究的重要场所。

2.2 湖北省湿地

湖北省位于长江中游,地处我国南北过渡带,省内地貌类型多样,地理环境复杂,气候条件的水平地带性和垂直地带性差异显著。全省河流纵横、湖泊密布、水面宽广,素有"千湖之省、鱼米之乡"的美誉,具有十分丰富的湿地资源,湿地分布非常广泛。

2.2.1 湖北省湿地资源

1. 湖北省湿地资源概况

依据国家林业和草原局制定的《全国湿地资源调查与监测技术规程(试行)》中提出的湿地分类系统,结合湖北省湿地现状,按照湿地类型可将湖北省湿地划分为4类12项,其中自然湿地(包括河流湿地、湖泊湿地、沼泽湿地)75.07万公顷,占湿地总面积的51.99%,人工湿地69.36万公顷,占湿地总面积的48.02%(见表5-2-3)。

表 5-2-3 湖北省湿地类型及其面积

湿 地 类	湿 地 型	面积/hm²	湿地比例/(%)
河流湿地	永久性河流	351 176.87	24.32
	泛洪平原湿地	85 776.88	5.94
湖泊湿地	永久性淡水湖	276 786.79	19.16
沼泽湿地	草本沼泽	34 453.1	2.39
	森林沼泽	283.07	0.02
	灌丛沼泽	241.36	0.02
	藓类沼泽	1279.77	0.09
	沼泽化草甸	659.02	0.05
人工湿地	库塘	306 685.75	21.23
	运河、输水河	104 546.68	7.24
	水产养殖场	282 369.68	19.55
合计		1 444 258.97	100

数据来源:湖北省第二次湿地资源调查报告,2012。

2. 湖北省湿地类型

1)河流湿地

湖北省位居长江中游,长江由西向东贯穿全省,全省境内面积的绝大部分属于长江流域,长江最大支流之一的汉江在湖北省与长江汇合。长江北岸河流与南岸河流组成以长江、汉江为轴线的向心水系。

2）湖泊湿地

湖北省的湖泊具有密集成片分布的特点,多集中在江汉平原,像一颗颗明珠,镶嵌于纵横交错的水网之间,统称为江汉湖群,这些湖泊是整个长江中下游湖泊群中的一个重要组成部分。

3）沼泽湿地

沼泽是指地表过湿或有薄层积水,土壤水分几乎达到饱和,并有泥炭堆积,生长着喜湿性和喜水性沼生植物的地段。

4）人工湿地

湖北省人工湿地面积为69.36万公顷,占湿地总面积的48.02%,主要有库塘、运河、输水河,水产养殖场3种类型。其中有大、中、小型水库5871座,库容量为$506×10^8$ m^3。这些水库是防控洪水不可或缺的物质基础,可起到防洪、蓄水灌溉、供水、发电、养鱼等作用。

2.2.2 湖北省湿地的服务功能

1. 湿地的资源功能

1）物资生产

湖北省湿地孕育着丰富的动植物资源,可为人类的生产、生活提供大量的必需的物资产品。湿地给渔业生产提供了优越的条件。湖北省河流湿地、湖泊湿地、沼泽湿地、人工湿地等面积合计约144.43万公顷,水产资源丰富,是全国重要的水产基地;水生经济植物中莲藕的产量最高,超过其他经济植物总产量的两倍,莲藕、莲籽是湖北省水生经济植物的一大特色,带来了极大的经济效益;芦苇产量仅次于莲藕,位居第二,超过了16万吨。此外还有荸荠、芡实、菱角等具有地方特色的水生经济作物。

2）水源供给、灌溉

长江、汉江及其支流以及大多数湖泊是湖北省居民用水、工业用水、农业用水的水源。湿地是天然的蓄水池,当水从湿地流入蓄水系统时,蓄水层的水就得到了补充,地下水系统为周围地区供水,维持水位或最终流入深层地下系统,成为长期的水源。

3）航道运输

湖北素有"九省通衢""千湖之省"的美称,有着得"水"独厚的优势:通航河流229条,通航里程8385 km,居全国第6位,其中,千吨级以上航道1091 km,港口51个,船舶运力300余万载重吨,港口年综合通过能力1.6亿吨,在全国水路交通布局中具有重要的战略地位,是名副其实的水运大省。

4）能源生产

湖北省江河纵横,水系发达。长江由重庆巫山进入湖北省,自西向东横贯全省,至黄梅县出境,长1051 km;汉江自陕西白河进入湖北省,至武汉市汇入长江,长878 km,是湖北省第二大河流,沿程有堵河、南河、滚河、唐白河等汇入。全省共有中小河流4228条,近$6×10^4$ km。

湖北得天独厚的区位优势使其蕴藏着十分丰富的水电资源。水电同太阳能、风能一样为可再生资源,且具有成本低、规模大、调节性强的特点。

2. 湿地的生态功能

1）固氮产氧

湿地生态系统中的绿色植物具有固定大气中的二氧化碳的作用，从而缓解地球的温室效益，放出氧气调节大气中的空气组成的功能。同时湿地土壤具有较强的固碳作用，已有研究表明湿地土壤的固碳能力远远大于湿地植物的固碳能力，湿地土壤单位面积固碳量是湿地植物的15倍左右。因此，湿地固碳包括植物固碳和湿地土壤固碳。

2）涵养水源、防洪滞沥

水分调节是湿地的重要功能之一。湿地具有巨大的渗透能力和蓄水能力，湿地植物可使降水进入河流的时间滞后，从而达到削洪的目的。湖北省位于长江中游，属于热带季风性温润气候区，降水主要集中在夏季，每逢暴雨，河水向下游宣泄迅猛异常，易造成水灾。湖北湿地宽阔的水域面积可大大削减下游洪水的威胁。

3）滞留沉积物、净化水质

湿地是一个净水器，具有清除和转化毒物和杂质的功能。湿地有助于减缓水流的速度，当含有毒物和杂质（农药、生活污水和工业排放物）的流水经过湿地时，流速减慢，有利于毒物和杂质的沉淀和排除。此外，一些湿地像芦苇能有效地吸收有毒物质。在现实生活中，不少湿地可以用作小型生活污水处理地，这一过程能够提高水的质量，有益于人们的生活和生产。

4）生物栖息地

水草丛生的湿地环境为鸟类提供了丰富的食物来源和营巢、避敌的良好条件。有一些夏候鸟和冬候鸟把湖北湿地作为其生命循环的一部分，在迁徙过程中停歇、休息、取食等，江豚、中华鲟等要借助湿地产卵。

3. 湿地的人文功能

1）教学、科研价值

长江、汉江及湖泊是研究湿地生物的重要科研场所，长江、汉江，以及丹江口水库、洪湖、梁子湖等湿地是科研院所及大专院校用来科学研究的重要湿地。这些湿地同时也是教育的场所，尤其是进行环境保护、生物多样性生态系统教育的好场地。

2）生态旅游价值

目前湖北湿地作为休闲和旅游的类型主要是拥有濒危稀有物种、生境、群落、生态系统、景观、自然过程的湿地类型，如长江三峡库区湿地、洪湖湿地、梁子湖湿地、长江天鹅洲故道湿地以及荆江江滩湿地。

2.3　湿地保护与管理现状

2.3.1　中国湿地保护与管理体系建设

湿地保护与管理体系的构建，是加强湿地保护与管理的重要手段之一。通过将我国丰富而多样的湿地资源逐步纳入国家湿地保护管理体系，进一步建设湿地保护管理体系，充分发挥湿地生态系统的作用和功能，使其更好地满足经济社会可持续发展不断增长的多种需求。

湿地自然保护区和国家湿地公园建设是湿地保护与管理体系的主体。我国已建立各级湿地自然保护区596处（截至2012年底），总面积达到4365.17万公顷；共建立国家湿地公园（试点)569 处(截至 2014 年 12 月),其中浙江杭州西溪等 52 处试点国家湿地公园通过验收,正式成为湿地公园,其余 517 处为国家湿地公园(试点);截至 2013 年 10 月,中国共有国际重要湿地达 46 处。

目前我国已初步形成以湿地自然保护区为主体,湿地保护小区、湿地公园、海洋功能特别保护区、湿地多用途管制区等多种管理形式相结合的湿地保护网络体系。

1. 湿地自然保护区建设

中国从 20 世纪 70 年代开始建立湿地自然保护区。实践证明,建立自然保护区是保护生物多样性以及重要自然与文化遗产的主要措施,是保护生态环境和自然资源的基本方式,具有重大的经济、生态、文化、科学以及美学和娱乐价值,在区域资源与环境协调发展中具有特殊的地位,在维持生物多样性、促进区域经济协调发展方面具有重要作用。湿地自然保护区建设是保护湿地生态系统和湿地生物多样性最直接最有效的手段。

根据国家环境保护局、国家技术监督局于 1993 年发布的《自然保护区类型与级别划分原则》(GB/T 14529—1993)(见表 5-2-4),自然保护区是指国家为了保护自然环境和自然资源,促进国民经济的持续发展,将一定面积的陆地和水体划分出来,并经各级人民政府批准而进行特殊保护和管理的区域。湿地自然保护区是指以湿地为主要自然环境本底,包括湿地生态系统类型和以湿地珍稀动植物为保护对象的自然保护区。

表 5-2-4 自然保护区的类型划分(GB/T 14529—1993)

类 别	类 型
自然生态系统类	森林生态系统类型
	草原与草甸生态系统类型
	荒漠生态系统类型
	内陆湿地和水域生态系统类型
	海洋和海岸生态系统类型
野生生物类	野生动物类型
	野生植物类型
自然遗迹类	地质遗迹类型
	古生物遗迹类型

根据《湿地分类》(GB/T 24708—2009)以及《自然保护区类型与级别划分原则》(GB/T 14529—1993),可将我国湿地自然保护区划分为海洋海岸生态系统类型自然保护区、内陆湿地与水域生态系统类型自然保护区、野生生物类型自然保护区及自然类型自然保护区四个类型。其中海洋海岸生态系统类型自然保护区的保护对象主要为近海及海岸湿地、红树林珊瑚礁湿地、湖泊湿地、沼泽湿地及库塘湿地,野生植物类型自然保护区的主要保护对象为湿地植物及其生境,野生动物类型自然保护区的主要保护对象则包括湿地鸟类、鱼类、兽类和两栖爬行类(水鸟、大鲵、扬子鳄、淡水豚类、中华鲟及麋鹿等)湿地动物及其生境,自然遗迹自然保护区的主要保护对象为地热矿泉、古海岸遗迹及火山堰塞湖等。

中国湿地自然保护区分为国家保护区和地方保护区,其中地方保护区又分为省、市和县三级。目前,我国自然保护区的分级管理制度已基本确立,在全国范围初步形成了一个以国家级、省级为主,市级、县级为辅的自然保护区体系。截至 2015 年 3 月,我国 429 个国家自然保护区中,湿地自然保护区共有113个,占国家自然保护区总数的26.34%。

2. 国家湿地公园建设

建立湿地公园是我国湿地生态系统和生物多样性保护的重要举措之一,也是湿地保护和合理利用的结合体(《全国湿地保护工程"十二五"实施规划》)。目前,我国国家湿地公园的建设按照"申报—试点建设—验收—正式授牌"的程序来开展。截至2014年12月,国家林业局已经正式批准进行试点建设的国家湿地公园有569家,正式授牌的国家湿地公园有52家。

3. 国际重要湿地建设

《关于特别是作为水禽栖息地的国际重要湿地公约》(简称《湿地公约》)确定的国际重要湿地是指在生态学、植物学、动物学或水文学方面具有独特的国际意义的湿地地区。其第二条规定,每个缔约方必须把本国至少一块湿地纳入《国际重要湿地名录》,且被纳入的湿地必须符合标准。1990年、1996年、1999年和2005年的第四次、第六次、第七次和第九次缔约国大会分别对制定国际重要湿地的标准做出了规定和修改,任何湿地只要符合国际重要湿地指定标准中的一项,就可被视为国际重要湿地。

2.3.2 湖北省湿地保护与管理体系建设

1. 湿地自然保护区建设

根据湿地自然保护区分类标准,结合国家生态环境部公布的全国自然保护区名录,统计出湖北省湿地自然保护区共有26个,总面积达31.940 7万公顷(2012年12月统计数据)。其中国家级湿地自然保护区6个,面积为4.643 2万公顷;省级湿地自然保护区10个,面积为19.054 9万公顷;市级湿地自然保护区8个,面积为5.876 0万公顷;县级湿地自然保护区2个,面积为2.366 6万公顷。

2. 国家湿地公园建设

截至2016年1月28日,湖北省试点国家湿地公园总数为57家,居全国之首。

湖北省试点国家湿地公园从2009年开始呈现迅速发展态势,与全国的趋势保持一致。2006年获批大九湖1家,2008年获批1家,2009年获批4家,2010年获批6家,2011年获批5家,2012年获批5家,2013年获批13家,2014年获批11家,2015年获批7家。

从湿地类型来看,湿地公园在湖北主要以人工湿地和湖泊湿地为主。湖泊湿地试点国家湿地公园24家,人工(库塘)湿地试点国家湿地公园18家,河流湿地试点国家湿地公园11家,沼泽湿地试点国家湿地公园2家。

从总面积来看,湖北试点国家湿地公园总面积最大的是荆门漳河国家湿地公园,总面积为11 879.5公顷;总面积最小的是竹溪龙湖国家湿地公园,总面积为221.3公顷。57家试点国家湿地公园平均总面积为2436.05公顷。

从湿地面积和湿地率来看,湿地面积最大的是荆门漳河国家湿地公园,湿地面积为10 815.5公顷,湿地面积最小的是竹溪龙湖国家湿地公园,湿地面积为93.46公顷。湿地率最大的是竹山圣水湖国家湿地公园和武汉安山国家湿地公园,湿地率都是100%,湿地率最小的是夷陵圈椅淌国家湿地公园,湿地率为32.4%。57家试点国家湿地公园平均湿地面积和平均湿地率分别为1769.5公顷和72.4%。

从分布情况来看,全省所有县市均有试点国家湿地公园分布。黄冈地区最多,有9个;其次是宜昌地区,有7个;武汉、荆门、荆州、咸宁、襄阳、孝感均为5个。

3. 国际重要湿地

截至2013年10月,湖北省共有3个湿地纳入《国际重要湿地名录》,分别是洪湖湿地、沉湖湿地、大九湖湿地。

2.3.3 湿地保护与管理法律状况

1. 湿地公约与我国履约状况

《湿地公约》全称为《关于特别是作为水禽栖息地的国际重要湿地公约》,1971年2月2日,18个国家的代表签署于伊朗的拉姆萨尔镇,因此又称《拉姆萨尔公约》。《湿地公约》于1975年12月21日正式生效,它是全球第一个环境公约,其宗旨是承认我们人类同其环境相互依存的关系、协调一致的国际行为,确保全球范围内的各种湿地及其生物多样性得到良好的保护并充分地利用其资源。

中国于1992年7月正式加入《湿地公约》,成为该公约第67个缔约方,在此之前多次以观察员身份出席《湿地公约》缔约方大会。加入《湿地公约》二十多年以来,我国逐步建立起从国家到地方的湿地保护与履约管理机构,为湿地保护提供有力的组织保障。2007年4月,"国家林业局湿地保护管理中心"即"国家林业局湿地公约履约办公室"正式成立,以及由国家林业局担任主任委员单位,15个部委局共同组成的"中国履行《湿地公约》国家委员会"正式成立。此后,各地湿地保护管理专门机构纷纷成立。二十多年来,湿地保护立法工作全面推进,一系列有关自然资源和生态环境保护的法律法规先后颁布实施,19个省市自治区也出台了相应的省级湿地保护条例。为加强湿地保护和管理,国务院还颁布了一系列政策性文件及湿地保护具体规章办法,使得湿地保护纳入了国民经济和社会发展规划。二十多年来,我国不断加大湿地保护资金投入力度,通过建立湿地自然保护区、建设发展湿地公园、建设湿地保护小区等多种方式,对自然湿地进行了有效保护,湿地保护面积进一步扩大。二十多年来,在一系列湿地保护工程和国际合作项目的带动下,湿地生态种养殖、湿地生态旅游等新兴产业的蓬勃发展,为解决群众就业、增加农民收入、改善城乡群众生产生活环境等做出了重要贡献。二十多年来,中国的履约工作取得明显成效,湿地保护成就得到了国际社会的广泛赞誉和认可,中国湿地保护的实践成为发展中国家开展湿地保护的典范。

2. 我国湿地保护立法现状

湿地具有巨大的功能和价值,它不仅为人类生产生活提供各种资源,具有巨大的经济、生态、科学研究和教育等价值,而且在抵御洪水、调节径流、蓄洪防旱、降解污染、调节气候、保护生态多样性等方面发挥着巨大的作用。但长期以来,湿地的功能和价值不为人们所知,无论国内还是国外,往往把湿地当作是无用之地,湿地遭受着严重破坏,湿地生态系统面临着巨大的威胁。

我国湿地面积居亚洲第一、世界第四,湿地资源十分丰富,但我国各种湿地资源的人均拥有量远远低于世界人均水平,且我国湿地依然面临着面积锐减、生物多样性降低、污染加剧等严重威胁。而我国现行立法中却没有一部专门保护湿地的法律法规,现行的环境与资源保护法律体系在湿地保护方面也存在诸多的缺陷,湿地资源没有较好的法律保障,湿地立法体系的不完善,是我国湿地遭受破坏的一个重要原因。

我国于1992年签署了《湿地公约》,依据《湿地公约》第三条第一款规定,缔约国应制定并实施其计划,以促进已列入名册的湿地养护并尽可能地促进其境内湿地的合理利用,这其中就包括专门立法的保护措施。此外,我国还先后加入了《生物多样性公约》《保护世界文化和自然遗产公约》《濒危野生动植物种国际贸易公约》等国际公约。作为国际公约的缔约国,我国肩负着保护湿地生态环境、保护全球生物多样性、保护时间自然遗产的责任和义务。

1982年,我国就已通过明确资源权属的方式将作为湿地类型之一的"水流"以及概念和内涵相对模糊的"荒地"都纳入宪法的调整范围。此后,一系列有关自然资源和生态环境保护的法律法规先后颁布实施。在这些法律条文中均能找到与湿地保护与合理利用有关的法律规定。

此外,我国还出台了一系列与湿地保护有关的行政法规,主要有《风景名胜区管理暂行条例》《中华人民共和国海洋石油勘探开发环境保护管理条例》《中华人民共和国防止船舶污染海域管理条例》《中华人民共和国陆生野生动物保护实施条例》《中华人民共和国水生野生动物保护实施条例》《中华人民共和国基本农田保护条例》《中华人民共和国自然保护区条例》《中华人民共和国野生植物保护条例》。

3. 湖北省湿地保护立法现状

湖北省位于长江中游,洞庭湖以北,境内水系发达、河流纵横、湖泊密布,自古便有"千湖之省、鱼米之乡"的美誉,拥有十分丰富的湿地资源。湿地生态环境将直接影响湖北省经济与社会的可持续发展。因此,近年来,湖北省依据本省的实际情况,出台了一系列与湿地保护、管理相关的地方行政法规,加强各种湿地类型的保护与管理。

此外,湖北省还制定了一系列与湿地相关的总体规划与保护规划,如2001年制定的《湖北省湿地保护与恢复建设工程总体规划(2001—2010)》《湖北省野生动植物保护及自然保护区建设工程总体规划》,2005年制定的《武汉市中心城区湖泊保护规划(2004—2020)》,2010年制定的《湖北省湿地保护总体规划(2010—2029)》《湖北省湿地保护工程中长期实施规划(2010—2020年)》,2011年制定的《湖北省湿地保护实施规划(2011—2015)》《湖北省湿地保护工程"十二五"实施规划》等,编制并实施了长江干流、汉江流域、清江流域、丹江口水库、漳河水库、三峡库区、洪湖、东湖、梁子湖"十二五"水污染防治规划[《湖北省环境保护"十二五"规划纲要(2011—2015)》]。

2.3.4 湿地管理机构与能力建设

我国湿地保护管理机构和保护管理体系逐步健全。2005年中央编办批准成立了国家林业局湿地保护管理中心,以自然保护为主体,湿地公园、湿地保护小区等多种保护管理形式并存的保护管理体系正在逐步形成。

1. 国家湿地管理机构建设

根据《国务院关于决定加入〈关于特别是作为水禽栖息地的国际重要湿地公约〉的批复》(国函〔1992〕1号)的规定,由原林业部负责协调湿地管理工作。1998年国务院机构改革后,决定国家林业局负责组织、协调全国湿地保护有关国际公约的履行工作。因此,在国家层面上,湿地保护管理的政府机构是国家林业局。

2018年正式组建的国家林业和草原局湿地保护管理中心(国际湿地公约履约办公室),作为国家林业和草原局直属司局级单位之一,负责承担、组织、协调全国湿地保护和有关国际公约履约具体工作,主要职责是:组织起草湿地保护的法律法规,研究拟定湿地保护有关技术标准和规定,拟定全国性、区域性湿地保护规划,并组织实施全国湿地资源调查、动态监测和统计;组织实施建立湿地保护小区、湿地公园等保护管理工作;对外代表中华人民共和国开展国际湿地公约的履约工作;开展有关湿地保护的国际合作工作。

与湿地保护管理有关的主要政府职能部门还有:

(1)生态环境部:协调和监督野生动植物保护、湿地保护、荒漠化防治工作;

(2)农业农村部:指导农用地、渔业水域、草原、宜农滩涂、宜农湿地以及农业生物物种资源的保护和管理工作,负责水生野生动植物保护工作;

(3)水利部:负责统一管理水资源;

(4)自然资源部(国家海洋局):负责组织编制和实施国土规划、土地利用总体规划以及海洋资源行政管理。

此外,湿地保护与合理利用工作还与国家发展和改革委员会、财政、外交、对外经贸合作、教育、科技、公安、建设、交通等部门有着密切的联系。

在中国湿地保护与管理中,有许多与湿地保护有关的学术团体,如中国植物学会、中国动物学会、中国生态学学会、中国林学会、中国海洋学会、中国环境科学学会、中国地理学会、中国海洋湖沼学会、中国野生植物保护协会、中国水利学会、中国水产学会、中国藻业协会、中国农业生态环境保护协会、中国动物园协会、中国植物园联盟、中国风景名胜区协会、中国公园协会等学术团体和群众性组织,以及世界自然基金会中国项目办事处、湿地国际-中国办事处、福特基金会、国际鹤类基金会等一些国际性非政府组织,也发挥着重要作用。

2. 湖北省湿地管理机构建设

地方各级人民政府具有管理本行政区域内湿地与合理利用湿地的职责,均设有与中央政府相应的管理机构,在中央各主管部门的业务指导下负责本地区的湿地保护与管理的具体工作。

湖北省林业厅是全省湿地保护管理的主要政府部门,1996年正式成立的湖北省野生动植物保护总站,下设自然保护区与湿地保护管理科,负责全省湿地资源保护、自然保护区建设。2012年,湖北省林业厅设置了湖北省湿地研究中心和湖北省湿地监测中心两个机构,分别挂靠在湖北省林业科学研究院和湖北省野生动植物保护总站,并于8月份报省编办批准成立了"湖北省林业厅湿地中心",负责组织、协调、指导和监督全省湿地保护管理工作,为湖北省加强湿地保护管理提供了很好的组织保障。

湖北省林业部门从省到县已建立了自然保护区和湿地保护的管理机构,负责全省各级各类自然保护区建设和湿地保护。此外,湖北省农业厅下设湖北省水产管理办公司,负责水生动植物和湿地保护区管理工作;湖北省环境保护厅负责监督检查湿地环境保护(湿地环境影响评价等)及湿地自然保护区综合管理工作。

除以上三个部门以外,还有省发展和改革委员会、省水利厅、省国土资源厅等部门在湿地保护管理中发挥相应的重要作用。

2.3.5 湿地保护与管理存在问题及建议

1. 湿地管理部门众多,造成管理冲突、责权不一

目前我国湿地保护与管理实行的是综合管理与分部门管理相结合的体制,即林业部门综合协调,农业、水利、环保、海洋、国土等多个行政部门在各自职责范围内实行湿地资源的分部门管理。各个部门均根据自身权限制定管理制度和立法,部门间缺乏统筹协调,使得湿地资源难以得到有效配置,导致保护经费分散、机构重复建设、管理能力不均衡,降低了保护管理的效果。

2. 湿地资源分部门管理,导致管理混乱、效率低下

湿地是一个由水、土地、野生动植物等多个自然资源要素共同组成的复杂生态系统,按照我国现行的管理体制,湿地保护也应当采取针对不同资源要素的分部门管理模式,这种针对不同资源要素的管理方式,导致了各个湿地资源管理部门多关注于通过开发利用推动资源经济价值的实现,而忽略了对湿地生态系统的保护。

3. 湿地保护法律法规不健全,影响保护措施执行

目前涉及湿地、水、土地、野生动植物等资源保护的法律多达二十多部,但还没有一部针对湿地生态系统的全国性立法。由于立法目的的不同,在湿地资源的管理上,《中华人民共和国土地管理法》、《中华人民共和国水法》和《中华人民共和国渔业法》等法律法规更着重于湿地水、生物及其他资源的经济利用,而忽视了湿地生态功能的发挥,缺乏规范湿地资源开发及生态保护和恢复的具体措施。

4. 湿地监测体系不完善,使得湿地动态信息缺乏

目前,我国湿地保护中监测内容较为单一,较多的是对湿地自然环境、湿地面积、湿地水文水质等常规指标监测,而缺乏对湿地资源和土地利用后湿地生态变化、生物多样性变化的监测,湿地生态监测体系不完善,导致难以全面掌控湿地资源及环境的相关信息。湿地生态监测中心、监测站点等机构建设投入力度不足,建设缓慢;不同湿地保护部门在使用的建设方法、设备上存在差异,尚未建立统一的监测标准,监测的数据难以实现信息共享等。

5. 公众参与湿地保护力度不足,导致公众作用难以发挥

公众既是湿地资源的保护者,也是湿地资源的消费者,公众参与湿地管理的重要性已经被越来越多的国家政府所认可,公众参与是湿地环境可持续发展的不竭动力,公众参与的广度和深度在很大程度上决定着湿地保护的水平。

目前,我国公众参与湿地保护的主要实践包括各级人大、政协、民主党派的相关提案呼吁湿地保护,舆论媒体的宣传报道,非政府环保组织开展湿地保护主题活动,国际间合作开展湿地保护项目以及湿地社区共管模式等。整体而言,现阶段我国公众参与湿地保护的状况不理想,湿地保护与管理还存在着机制不健全、参与缺少法律法规保障、参与意识程度不够高、涉及面较窄、形势与内容单一等问题。

6. 湿地保护资金投入严重缺乏,影响湿地保护工作正常展开

中央财政用于湿地保护、恢复等工作的资金投入缺乏,湿地生态保护资金缺口大,保护管理专项经费严重不足,这与湿地保护和恢复所需要的资金相比还有较大差距。

目前,国家湿地保护资金的投入对象主要是国家级自然保护区,其他类型尤其是市县级别的湿地保护区资金投入严重不足,多数地方湿地保护区没有纳入同级政府预算。在资金投入结构上,投入的资金多用于重点生态保护和恢复工程,而在湿地调查、保护区建设、污水治理、湿地监测、湿地研究、人员培训、队伍建设等方面缺少专门的资金。由于资金短缺,许多湿地保护项目和行动难以实施,已建立的湿地保护区不能发挥其正常的保护功能,必要的湿地基础研究难以进行。

2.3.6 湿地保护与管理对策

1. 尽快建立湿地保护管理部门协调机制

由于湿地生态系统的特殊性,很多国家都建立了跨部门的协调机制,包括政府会议制度、委员会制度、跨部门的府际委员会制度等,手段包括行政指令、说服、建议、紧急磋商等。与现有的许多单一部门管理途径相比,跨部门和流域生态系统的湿地管理途径,如流域尺度管理和沿海地区综合管理途径考虑到了生态系统不同服务功能之间的得失平衡,它们更能确保湿地的可持续发展。

只有加强各政府部门间的统筹协调,才能有效地解决目前我国湿地管理中湿地资源条块分割、多部门管理的矛盾和冲突,变要素式管理为协调式管理,变单部门协调为多部门共同参与,实现湿地资源的可持续管理。

2. 逐步建立健全湿地保护的法律和政策体系

湿地保护专项法律法规是我国进行湿地保护与管理工作的重要依据,应根据我国社会经济发展的形势和客观需求,尽快制定湿地保护专项法律法规,将湿地作为一类专门的生态用地,逐步完善湿地土地权属管理制度、资源合理利用管理制度等。同时,在现有法律法规中引入湿地征用、占用的行政审批,湿地资源利用许可,湿地生态补偿等相关制度,运用制度手段遏制破坏湿地的行为,最终建立一个包含专项法律、政策性文件、规章办法、实施规划等在内的完善的湿地保护与管理的法律政策体系。

3. 划定湿地生态红线,实施综合生态系统管理

生态红线是指为维护国家或区域生态安全和可持续发展,根据生态系统完整性和连通性的保护需求,划定的需实施特殊保护的区域。生态红线的提出是我国生态环境保护进程中的重大突破,是实施综合生态系统管理、加强我国生态环境保护和管理的重要举措,将对维护国家和区域生态安全、保障我国可持续发展能力产生十分明显的作用。划定并严守湿地面积不少于 0.53 亿公顷的湿地生态红线,遏制湿地生态系统不断退化的趋势,维护湿地生态系统服务功能价值。

4. 加强湿地科学研究与监测,完善湿地动态监测体系

加强湿地资源调查、评价与监测方面的研究,能够建立全国湿地资源信息数据库,掌握湿地的变化动态,为湿地保护和利用提供科学依据;加强应用技术的研究,包括湿地保护技术、湿地恢复重建模型、湿地持续利用与管理技术等方面的研究,为湿地的合理保护利用奠定科学基础。

湿地是比较脆弱的生态系统,除了采取一系列具有全局性影响的湿地保护行动外,还要根据湿地生态系统或者物种的状况,采取紧急的、特殊的专项抢救性保护行动。

5. 加强湿地保护宣传,积极鼓励公众参与湿地保护管理工作

湿地保护工作是一个需要全民参与、共同管理的社会工作。各级政府和教育机构等要抓住世界湿地日、世界环境日等契机,加大教育和宣传的力度,提高公众的湿地保护意识。

建立和完善湿地保护的举报和奖励制度,发挥公众在湿地保护中的重要作用;完善对妨碍公众参与湿地保护的制裁,对于妨碍公众参与湿地保护的行为,应予以严厉的打击和制裁;注重发挥湿地保护社团等非政府组织在湿地保护中的作用,积极鼓励引导,使其参与到湿地保护中;运用国家强制力手段,充分保障公众参与在湿地保护中发挥重要作用,这样才能使公众参与机制在湿地保护中更好地运行。

6. 加大湿地保护与管理资金投入力度,完善资金保障机制

湿地保护与恢复是一项长期的系统工程,需要大量而持续的资金投入,而资金投入力度不足是我国目前湿地保护与管理工作中存在的主要问题之一。

鉴于湿地生态系统的重要性以及当前我国湿地破坏的严峻形势,国家应大力增加对湿地保护的资金投入,要把湿地保护、恢复和管理工作经费统一纳入地方各级财政预算体系,建立专项资金,以确保湿地保护工作的顺利进行。多渠道争取湿地保护与恢复项目资金,同时倡导社会资本、民营资本投身湿地保护,鼓励社会企业捐资,同时加强与世界自然基金会(WWF)等国际组织机构的交流与合作,引进湿地保护、恢复项目,争取国际援助资金等,逐步建立、完善多渠道、多元化、多层次的湿地保护资金投入机制。

7. 运用湿地市场化手段,实现湿地资源的合理配置

现阶段我国湿地保护更重视法规和政策手段的实施,经济与市场化手段的缺失是造成我国湿地保护管理低效的原因之一。

运用市场化的手段协调湿地资源保护、利用和利益平衡,通过林业部门征收统一的湿地利用和保护性税费,如湿地征占用税、湿地资源恢复和增值费、湿地排污费等,并通过逐步完善可配额的市场交易、一对一的交易、生态标志等方式,建立健全湿地保护的市场机制。充分利用市场机制实现对湿地资源的合理、有效配置,并通过经济干预的方式消除湿地生态保护中的外部性,纠正市场失灵。

8. 加强湿地国际履约,促进湿地保护的交流与合作

我国是《湿地公约》的缔约国和常委会成员国,必须高度重视并认真做好湿地履约工作,充分发挥中国履行《湿地公约》国家委员会的作用,形成运转高效的部门协调机制。加强与湿地国际、世界自然基金会等国际组织的交流与合作,继续扩大湿地保护国际交流与合作,积极引进和吸收国际上湿地保护的先进理念与技术,同时为国际湿地保护提供有益经验,推动湿地保护事业共同发展。

9. 加快湿地保护管理体系建设,构建全国湿地保护网络

针对目前我国湿地保护的空缺,加快建立以湿地自然保护区为主体,湿地公园、湿地保护小区等多种形式的湿地保护与管理体系。如2007年,长江流域湿地保护网络成立,目前其成员单位已达112个。该网络推动了整个长江流域湿地的有效保护与管理,取得了显著的生态、

经济和社会效益。

建议将长江流域层面上的湿地保护管理协调机制的建设经验,逐步推广到全国,尤其是高原湿地保护网络和滨海湿地保护网络的建立,最终逐步构建由流域湿地、高原湿地及滨海湿地等多类型、多层次保护网络组成的全国性湿地保护网络。

2.3.7 湖北省湿地保护与管理工作

湖北省位于长江中游,纵跨江汉两大水系,境内河流纵横、湖泊密布、水面宽广,享有"千湖之省、鱼米之乡"的美誉,拥有十分丰富的湿地资源。这些湿地维护着荆楚大地的水循环,成为多种水禽鱼类的繁殖地、栖息地和迁徙越冬地,构成了江汉流域的"生命网络"。近年来,湖北省各级政府和有关部门为保护湖北省丰富的湿地资源做出了积极努力,开展了许多卓有成效的保护管理工作,为湿地保护和有效管理做出了巨大贡献。

1. 湿地管理机构建设

湿地的保护与管理工作涉及林业、农业、渔业、水利环保等众多政府管理机构和部门,保护与管理的日常工作包括宣传、法治与体系建设、湿地保护工程以及湿地保护区和湿地公园建设、湿地资源调查与监测等。

湖北省成立了专门的省级湿地管理机构——湖北省林业厅湿地中心,负责组织、协调、指导和监督全省的湿地保护与管理工作,各级林业部门也已建立了从省级到县级的自然保护区和湿地保护的管理机构,负责全省各类自然保护区建设和湿地保护,此外还有省农业厅、省环境保护厅、省水利厅、省国土资源厅等多个政府部门在湿地保护管理中发挥相应的作用,但目前仍未形成省级层面上的湿地保护管理部门协调机制,各个部门在湿地保护与管理中各自为政,多个省级行政部门共同管理下的湿地工作存在着众多问题。

2. 湿地立法体系建设

湿地立法是湿地保护与管理的重要手段之一,完善的政策和法制体系是有效保护湿地和实现湿地资源可持续利用的关键。由于我国湿地立法工作的滞后,许多湿地保护管理制度,如湿地生态补偿制度、补水制度、分级管理制度、用途审批制度等无法建立,湿地保护与管理工作也不能正常、有效地开展。

湖北省湿地保护立法滞后的局面令人担忧。早在1996年湖北省就着手湿地保护立法工作,迄今为止,虽然出台了如《湖北省湖泊保护条例》《关于加强湖泊保护与管理的实施意见》《武汉市湿地自然保护区条例》等一系列与湿地保护、管理相关的地方行政法规条例,但目前仍然缺乏一部专门的省级湿地保护条例,而全国目前已有十九个省(自治区)出台了相应的省级湿地保护条例,湖北省湿地立法工作在全国相对滞后。

3. 湿地科研与生态系统监测

湿地科研是进行湿地保护与管理的重要内容,对湿地生态系统的动态监测是开展湿地保护与管理的必要手段,湿地科研与动态监测有利于及时掌握湿地生态系统的动态变化,实现有效管理。

近年来,湖北省内的中国科学院水生生物研究所、中国科学院测量与地球物理研究所、中国科学院武汉植物园、湖北省林业科学研究院、湖北省水产科学研究所、武汉大学、华中师范大学、湖北大学、中国地质大学(武汉)、湖北生态工程职业技术学院等科研院所及高校,相继开展了一系列的湿地研究与监测工作,研究内容主要包括湿地资源本底调查、湿地生物多样性调查、湿地生态系统定位研究与监测、湿地生态系统评价、重要湿地和湿地保护区综合科学考察与规划等,并先后建成了中国科学院东湖湖泊生态系统试验站(1980 年)、中国科学院洪湖湿地生态试验站(1992 年)、湖北梁子湖湖泊生态系统国家野外科学观测研究站(2005 年)、中国科学院天鹅洲湿地生态系统定位站(2006 年)、三峡水库香溪河野外生态系统试验站(2009 年)、中国科学院丹江口湿地生态系统定位研究站(2011 年)等湿地研究与试验站,对湖北省境内的重要湿地开展了有效监测。

4. 湿地公众参与及保护宣教

公众参与在湿地保护与管理工作中发挥着重要作用,加强湿地保护宣传教育,提高公众的湿地保护意识意义重大。二十多年来,湖北省各级林业部门坚持利用"世界湿地日"、"爱鸟周"和"野生动物宣传月"等契机,大力开展湿地宣教活动,并通过开办不同类型的教育班,利用广播、电视、报刊、网络等新闻机构和宣传媒介,向社会全面介绍湿地的效益和保护湿地的重要意义。湖北省还在全国率先为湿地保护设奖,用于表彰在湖北省湿地保护科技研究、宣传教育和募捐资金等方面做出突出贡献的单位与个人,使全社会湿地保护意识有了明显提高。

5. 湿地保护资金投入

湿地保护与管理是一项长期而艰巨的任务,是一项重要的生态公益事业,需要大量而持续的资金投入。湖北省发展和改革委员会从 2004 年开始,把包括湿地在内的自然保护区基础设施建设纳入投资安排计划,各省级林业、环保、农业等部门也投入了大量资金,在省内一些重要湿地开展了一系列的湿地保护与恢复示范工程。2013 年,湖北省拨款 6212 万元,用于神农架大九湖湿地等六大湿地的保护与修复,为湖北省历年湿地保护投资最多的一次。

湖北省应当将湿地保护经费纳入财政预算,把实现保护规划所需资金纳入"十三五"规划,并积极争取国家对湖北省湿地保护的投入,充分利用世界自然基金会(WWF)、全球环境基金(GEF)等国际机构和组织对中国湿地保护的援助项目,多渠道筹措湿地保护资金,以满足湖北省湿地保护需要。

6. 湿地对外合作与交流

随着湿地保护成为国内外社会关注的热点,湿地保护合作与交流活动日益增多,湖北省通过政府、民间等多种合作形式,引进先进技术、管理经验和资金,合作开展人才培训工作,提高湖北省湿地保护管理水平。近年来,湖北省与世界自然基金会(WWF)多次开展广泛合作,如湖北省湿地保护区网络建设合作协议、"武汉大东湖江湖连通监测评估与湖泊生态修复示范项目"合作协议,共同建立了专家咨询平台,设立了湖北省湿地保护小额基金等。

【复习思考题】

1. 简述湿地的主要特征。
2. 我国的湿地分类有哪些?
3. 简述湿地的价值。
4. 湖北省主要湿地资源有哪些?
5. 湖北省在湿地保护方面主要采取了哪些措施?还存在哪些问题?

项目 3　野生动物保护

3.1　认识野生动物

3.1.1　野生动物的概念

野生动物是指那些生存在天然自由状态下，或来源于天然自由状态，虽经多代人工驯养但尚未产生明显进化变异的各种动物，包括人工养殖的野生动物和生活在野外的野生动物。

珍稀动物是指数量极其稀少、奇缺和珍贵的动物物种，一般是野生动物。

濒危动物是指所有由于物种自身的原因或受到人类活动或自然灾害的影响而濒临灭亡的野生动物物种。

珍稀濒危野生动物，因为濒危，所以更加珍稀；因为珍稀，所以更需要人类关注和保护。

从野生动物管理学角度讲，濒危动物是指《濒危野生动植物种国际贸易公约》附录所列动物，以及国家和地方重点保护的野生动物。

珍稀濒危野生动物具有绝对性和相对性。绝对性是指濒危动物在相当长的一个时期内野生种群数量较少，存在灭绝的危险。相对性是指某些濒危动物野生种群的绝对数量并不太少，但相对于同一类别的其他动物物种来说却很少；或者某些濒危动物虽然在局部地区的野生种群数量很多，但在整个分布区内的野生种群数量却很少。

3.1.2　野生动物的分类

根据不同的分类依据，野生动物有多种分类方法。

按学术分类，野生动物分为脊椎动物的哺乳动物、鸟类、爬行动物、两栖动物、鱼类和无脊椎动物的软体动物、昆虫类等。

按保护价值分类，野生动物可分为国家重点保护野生动物、国家保护的有益的或者有重要经济和科学研究价值的野生动物、地方重点保护野生动物及地方保护的有益的或者有重要经济和科学研究价值的野生动物。

野生动物保护法中所称的"野生动物"是以法律定义的形式出现的（不揭示概念的本质含义，只规定包含或不包含什么），包括"珍贵、濒危的陆生、水生野生动物和有益的或者有重要经济、科学研究价值的陆生野生动物"，具体体现在《中华人民共和国野生动物保护法》第九条之中，即国家重点保护野生动物，地方重点保护野生动物和国家保护的有益的或者有重要经济、科学研究价值的陆生野生动物。除上述三类野生动物外，根据《中华人民共和国野生动物保护法》第四十条和《中华人民共和国陆生野生动物保护实施条例》第二十四条的规定，并经林护通字〔1993〕48号核准，中国参加的国际公约CITES所限制进出口的野生动物也是野生动物保护法所保护的对象。

3.1.3 野生动物的重要价值

野生动物是一种珍贵的不可替代的可再生的自然资源，在维护生态平衡，促进经济发展，满足人民日益增长的物质、文化需求，发展国际合作关系，提高社会主义精神文明等方面发挥着重要作用。野生动物的重要价值主要有以下几个方面。

1. 维护生态平衡

每个物种均具有自身的存在价值，都是生态系统中的重要一员，通过食物链的关系，起到互相依存、互相牵制的作用。一旦食物链的某一环节出现问题，则整个生态系统的平衡就会受到严重影响。20世纪以来，由于乱捕滥猎、乱采滥挖和环境污染的加剧，对野生动物资源的破坏十分严重，很多野生动物种类已濒临灭绝，生态系统的平衡受到了严重影响。又如，由于无节制地猎捕蛇类，致使蛇类资源枯竭，导致森林、草原和农田鼠害在局部地区十分严重。再如，大量使用农药和化肥以及猎捕鸟类活体用作宠物贸易，致使食虫鸟类数量急剧减少，导致松毛虫、蝗虫等森林和农作物病虫害大面积发生。这些自然灾害、鼠害、病虫害都给国民经济特别是农林牧业造成了巨大损失，反过来，也说明了生态失衡的代价之大是无法估量的。

2. 保证科学研究和教育活动的正常开展

野生动物不仅是人类的研究对象，也是科学研究的试验材料，在动物学、植物学、农学、进化学、生态学、遗传学、现代医学、仿生学等学科领域里发挥着重要作用。如，我国驯养繁殖的数万只食蟹猕猴，绝大多数都被用作实验动物或用来生产疫苗；又如，有关科研院所、大专院校、动物园以及博物馆收藏、陈列或展出的野生动物标本，对野生动物科研教学、宣传教育、执法活动等发挥了重要作用。

3. 促进经济发展，满足人民生活需要

绝大多数野生动物都有很高的经济价值或观赏价值，反过来，也正是由于这些价值导致其被大量猎捕采集利用，最终导致其濒临灭绝。因此保护野生动物在我国社会主义市场经济建设中发挥着重要作用。

3.2 我国野生动物认知

3.2.1 我国野生动物资源

中国地处欧亚大陆东南部，自北向南有寒温带、温带、暖温带、亚热带和热带5个温度带。由于国土辽阔、气候多样、地貌类型丰富、河流纵横、湖泊众多，东部和南部又有广阔的海域，复杂的自然地理条件为各种生物及生态系统类型的形成与发展提供了多种生境。第三纪及第四纪相对优越的自然历史地理条件更为中国生物多样性的发展提供了可能，从而使中国成为世界上生物多样性最为丰富的国家之一（排第9位）。

据统计，我国有脊椎动物6481种，占世界种数的14%以上。其中，哺乳类的已知种有581种，约占世界兽类的11%，特有种110种；灵长类在中国至少有16种；鸟类的已知种有1331种，特有种98种；爬行类的已知种有412种，特有种25种；两栖类的已知种有295种，特有种

30 种；鱼类的已知种有 3862 种，特有种 404 种。

中国是世界上鸟类种类最多的国家之一，中国鸟类约占世界鸟类的 13%。其中，雁鸭类在全世界共有 166 种，中国有 46 种，占 28%；鹤类在全世界有 15 种，中国有 9 种，占一半以上。中国有兽类 499 种，这类动物在欧美一些国家完全没有，可见中国野生动物在世界上的重要地位。

1988 年 12 月 10 日国务院批准的《国家重点保护野生动物名录》首批公布了 335 种野生动物。其中包括国家一级保护动物 97 种，如大熊猫、金丝猴、叶猴、长臂猿、虎、豹、羚羊、野马、野驴、野牛、白唇鹿、藏羚羊、丹顶鹤、褐马鸡、黑颈鹤等；列为国家二级保护的动物有 238 种，如小熊猫、穿山甲、黑熊、天鹅、棕熊等；列入省重点保护的野生动物有 258 种。2000 年国家林业局又公布了有益的或者有重要经济、科研价值的陆生野生动物 1591 种。

3.2.2 湖北省野生动物资源

湖北省地处我国南北过渡地带，气候温湿，山地广袤，野生动物资源十分丰富，分布有野生脊椎动物 893 种，占全国种类总数的 14.1%。其中兽类 9 目 27 科 121 种，鸟类 18 目 61 科 456 种，爬行动物 3 目 13 科 62 种，两栖类 2 目 10 科 48 种，鱼类 206 种。属于国家和省级重点保护的野生动物有 258 种，其中国家重点保护野生动物 112 种（国家 I 级 23 种，国家 II 级 89 种），湖北省重点保护野生动物有 146 种，其中兽类 20 种，鸟类 71 种，爬行类 16 种，两栖类 23 种，鱼类 13 种，瓣鳃类 3 种。

湖北省鄂西北、鄂西南为山区，野生动物资源丰富，又以森林类型野生动物为主。主要有神农架、后河、星斗山、七姊妹山、赛武当、十八里长峡等地，分布有金丝猴、豹、林麝、金雕、黑熊等珍稀野生动物，其中神农架的金丝猴种群已发展到 1200 余只，栖息地扩展到周边的巴东、兴山和房县等地。鄂中平原地区湖泊众多，湿地资源丰富，每年是越冬候鸟的重要栖息区和我国重要的候鸟迁飞通道，有洪湖、沉湖、天鹅洲、涨渡湖、梁子湖及长江故道等重要栖息地，分布有白鱀豚、江豚、河麂、白鹤、东方白鹳、黑鹳等珍稀野生动物。其中国家一级保护野生动物麋鹿原是中国特有种，在我国消失后从国外重新引进我省石首，现在已发展到 600 多头，石首被中国野生动物保护协会评为"中国麋鹿之乡"。鄂东南、鄂东北为丘陵及湖泊交错地区，如鄂东南的九宫山、鄂东北的大别山、黄梅的龙感湖地区都是重要的野生动物栖息分布区，分布有白颈长尾雉、云豹、原麝、白头鹤、小天鹅等珍稀野生动物。其中龙感湖的白头鹤最多时达到 400 余只，龙感湖被中国野生动物保护协会评为"中国白头鹤之乡"。

3.2.3 野生动物资源减少的主要原因及对策

1. 我国野生动物资源减少的主要原因

1）栖息地破坏与丧失

下一个五十年，人类的食物总量将增加一倍，光这一点就要毁掉大批的野生动物栖息地。

最关键的问题是人类还要为耕地和饲养家畜不停地攫取土地。据专家预测，全世界的人口数量在 2040 年将达到稳定状态，那时候将比现在多 20 亿～30 亿人口。届时，大概会有 70 亿人足够富裕到要求食用高质量的食物，现在这样的人只有 10 亿左右。所以，人口和富足将会使农田的需要扩大两倍多。

人类出于自身经济发展的需要，乱砍滥伐森林，围湖围海造田，过度放牧草原，直接造成了野生动植物栖息地的丧失,间接导致了野生动植物的濒危。

乱砍滥伐森林、乱采滥挖草原和过度放牧是导致野生动植物,特别是兽类、鸟类、爬行类以及昆虫类濒危的主要原因。森林和草原是野生动植物最主要的栖息地之一,森林的砍伐和紧随其后的开荒种地以及草原过度放牧,既占据了野生动植物固有的家园,又将野生动植物人为地分割成许多孤岛状的小种群,使得野生动植物自下而上的繁衍受到极大的影响。围湖造田和占用滩涂是导致水禽、两栖爬行动物以及鱼类濒危的主要原因。20世纪以来,我省洪湖、梁子湖、龙感湖、网湖等被大量开发成工农业用地,使得依赖于湖泊、滩涂等湿地的动物丧失了其栖息地特别是繁殖地而濒于灭绝。

2)非法猎捕

非法猎捕是威胁野生动物生存的重要因素。收缴猎枪、全面禁猎的保护措施,可使野生动物资源恢复。

3)非法经营利用

非法经营利用是造成许多物种濒危的直接原因。龟鳖类、蛇类、鹰隼类、藏羚羊、观赏鸟类和蛙类是目前遭猎捕最为严重的几类动物。龟鳖类、蛇肉和田鸡腿的美味,野鸟的动听歌声和艳丽身姿,猎隼活体和藏羚羊绒的国际黑市,养熊取胆业的异军突起等,均招来了上述动物被捕杀之祸,致使其野外资源量锐减,不少已处于濒危或极度濒危状态。

4)气候变暖

据报道,全球的气温在渐渐上升,全球温度在过去的三百年上升了 0.7 ℃ 以上。在 20 世纪,地球表面的平均温度至少上升了 0.6 ℃,并预测到 2100 年全球气温比 1990 年时要上升 1.4~5.8 ℃。野生动物对全球气候变化的反应包括:地理分布、生理周期、生活周期、迁徙习性和栖息地发生改变,生存能力降低等。例如,哥斯达黎加的鸟类濒临威胁,坦桑尼亚和印度尼西亚的蚊子向高海拔地区扩展,加利福尼亚的蝴蝶栖息地在丧失,不能耐受霜冻的植物上升到新的海拔高度,英国彩龟后代的性别比例受到 7 月平均温度升高的影响。美国的大部分鸣禽转移其分布区,并提早迁飞。因为鸣禽在维持生态系统方面有着重要作用,这种变化可能导致生态系统失去平衡。按照目前气候变化情况来看,一些脆弱的生态系统,如落基山的高山草甸、沿海湿地和河口可能会消失。东北地区以枫树为主的硬木林将让位于以青冈和针叶树为主的森林。很多野生动物病原体对温度、降雨量和湿度非常敏感,这些因素的共同作用可能会影响到生物多样性。气候变暖可以增加病原体生长率和存活率、疾病的传染性以及寄主的易受感染性。定向的气候变暖对疾病的最明显的影响与病原体传播的地理范围有关。在全球变暖对物种的极端影响下,物种灭绝的可能性及速度将远高于以往。已有大量的证据表明,随着全球气候的变化,物种的分布有沿海拔和纬度梯度移动的趋势。如果全球变暖的趋势得不到有效遏制,到 2100 年,全世界将有 1/3 的动植物栖息地会发生根本性的改变,这将导致大量物种因不能适应新的生存环境而灭绝。

2.野生动物保护措施

针对野生动物资源日益减少的现状,我国采取了下列措施。

1)立法

为了加强野生动物资源保护,国家和湖北省相继制定了较为完善的野生动物资源保护法律法规体系。1988 年 11 月 8 日第七届全国人民代表大会常务委员会第四次会议通过《中华人民共和国野生动物保护法》,1997 年 3 月 14 日第八届全国人民代表大会第五次会议修订了

《中华人民共和国刑法》第六章第六节(破坏环境资源保护罪)第三百四十一条、三百四十四条,1998年4月29日第九届全国人民代表大会常务委员会第二次会议修正了《中华人民共和国森林法》第二十四条、二十五条、三十八条,《最高人民法院关于审理破坏野生动物资源刑事案件具体应用法律若干问题的解释》(法释〔2000〕37号)解释了《中华人民共和国刑法》第三百四十一条中的珍贵濒危野生动物犯罪情节等。同时,我国还加入了《濒危野生动植物种国际贸易公约》(CITES)和《生物多样性公约》。

我省1994年颁布实施了《湖北省实施〈中华人民共和国野生动物保护法〉办法》、《湖北省重点保护陆生野生动物名录》和《湖北省重点保护水生野生动物名录》。

2)建立健全的管理体系和执法队伍

根据相关法律规定,县级以上林业行政主管部门为陆生野生动物管理部门,渔业行政主管部门主管水生野生动物。受工商部门委托,县级以上林业行政主管部门依法行使在集贸市场以外违法经营(包括出售、收购、运输、挟带)国家和地方重点保护陆生野生动物或其产品的行政处罚权。截至目前,我省共有112个野生动植物保护机构,其中有野生动植物保护站、救护中心2个省属机构,29个市属机构,81个县属机构。14个市州设有野生动植物保护科,15个市州设有野生动植物保护站,26个县市区设有野生动植物保护股,55个县市区设有野生动植物保护站。在全省71个野生动植物保护站中,60个与森防站合署办公,11个为单设,其中全额性质的野生动植物保护站有32个,差额性质的野生动植物保护站有25个,自筹性质的野生动植物保护站有14个。我省专门从事野生动植物保护管理工作的人员有1000余人。

3)保护栖息地(保护区、小区、湿地公园)

截至目前,我省共建立林业自然保护区49个,总面积达96.85万公顷,其中国家级自然保护区6个,省级自然保护区10个,市县级自然保护区33个;已建林业自然保护小区176个,面积为12.77万公顷。全省林业自然保护区(小区)总面积达109.62万公顷,占国土总面积的5.9%。全省已建立湿地公园11个,其中有6个国家湿地公园,总面积近3万公顷。

4)拯救繁育濒危物种(专项工程)

(1)迁地保护。

迁地保护,又叫作易地保护。迁地保护指为了保护生物多样性,把因生存条件不复存在、物种数量极少或难以找到配偶等原因,生存和繁衍受到严重威胁的物种迁出原地,移入动物园、植物园、水族馆和濒危动物繁殖中心,进行特殊的保护和管理。迁地保护是对就地保护的补充,是生物多样性保护的重要部分。

迁地保护为行将灭绝的生物提供了生存的最后机会。一般情况下,当物种的种群数量极少,或者物种原有生存环境被自然或者人为因素破坏甚至不复存在时,迁地保护成为保护物种的重要手段。

通过迁地保护,可以深入认识被保护生物的形态学特征、系统和进化关系、生长发育等生物学规律,从而为就地保护的管理和检测提供依据。迁地保护的最高目标是建立野生群落。

通过迁地保护,挽救了许多濒危物种。但毕竟被保护的物种没有生活在原有的生境中,这就势必会带来一些问题,而且迁地保护是由人主导的,那就势必会存在缺点,如人工饲养环境中是不存在天敌的,这对保护动物对天敌的识别能力和野外生存能力产生较大影响。由于迁地保护中物种的数量有限,因此近亲杂交的情况就不可避免,这对被保护物种的延续亦有很大伤害。

(2)濒危动物拯救工程。

拯救珍稀濒危野生动物是当今国际上十分关注的问题,也是我国野生动物保护事业中的一项紧迫任务。近年来,我国在保护和拯救濒危动物方面取得了很大进展,建立了14个濒危动物拯救中心和国家保护工程,积极拯救珍稀濒危野生动物物种。其中七大濒危野生动物保护工程是:大熊猫保护工程、朱鹮拯救工程、扬子鳄保护和发展工程、海南坡鹿拯救工程、野马拯救工程、麋鹿拯救工程、高鼻羚羊拯救工程。

中国为200多种珍稀濒危野生动物建立人工种群,并成功地解决了可持续繁育问题。

国家林业局2001年启动实施了全国野生动植物保护及自然保护区建设工程,目前已建立野生动物拯救繁育基地250多处,野生植物种质资源保育或基因保存中心400多处。

通过濒危动物拯救工程,相当一部分濒危物种的种群数量显著增长。如华南虎人工种群数量发展到68只,东北虎超过1300只,扬子鳄从200多条发展到10 000余条。此外,300多种重点保护的野生动物和130多种重点保护的野生植物的主要栖息地已纳入自然保护区并得到保护。

同时,野化放归工作取得突破性进展。例如,成功地开展了扬子鳄放归自然试验,放归个体在野外存活;野马和麋鹿重归故里和放归自然取得突破,在野外成功繁殖后代并已初步建立起较为稳定的野生种群。

5)调查研究监测

1995—2003年,国家林业局依据《中华人民共和国野生动物保护法》,组织完成了首次全国野生动物资源调查,基本查清了252个珍稀濒危物种的资源状况。按照《中华人民共和国陆生野生动物保护实施条例》中的每隔10年要开展一次野生动物资源调查的规定,国家林业局决定自2009年起,利用5年时间,采用样带法等进行常规调查、专项调查、同步调查,组织开展第二次全国陆生野生动物资源调查。

6)国际保护组织与合作

在珍稀野生动物保护方面,我国积极开展与国际保护组织的合作,取得了显著的成果。

(1)GEF项目资助。

GEF项目资助的"林业持续发展项目保护地区管理部分"是世界银行支持的全球环境基金赠款项目,其宗旨是:通过对一些具有全球意义的自然保护区的管理,采取创新性的自然保护区管理计划制定方法,开发技能,提高工作人员素质,并把当地社区结合到自然保护区管理之中,达到提高自然保护区管理水平、加强生物多样性保护的目的,并为全国自然保护区的管理起到示范作用。

GEF项目建设范围包含了湖北、湖南、四川、云南、贵州、海南和甘肃7省的13个自然保护区,通过制定自然保护区管理计划、社区参与式管理、机构能力建设、加强巡护监测和信息管理系统建设,累计完成投资2017万美元(其中利用GEF赠款报账金额为1600万美元,国内配套资金为417万美元)。实践证明,GEF项目建设不仅增加了我国自然保护的资金投入,而且引进了国际上先进的保护管理理念和技术,探索出许多符合中国实际的自然保护区管理方法和经验,对提高我国自然保护区建设与管理水平发挥了重要作用,呈现出诸多亮点。

(2)WWF项目合作。

WWF在中国的工作开始于保护大熊猫。1980年,WWF作为第一个受中国政府邀请的国际非政府组织,开始在四川进行大熊猫的研究工作。1985—1989年,WWF和国家林业局成功合作开展了第二次全国大熊猫调查,随后制定了全国大熊猫保护计划,并经国务院批准实施。1999年,WWF与国家林业局又共同启动了第三次全国大熊猫及其栖息地调查,所获得的科学数据为中国日后大熊猫保护奠定了基础。此外,WWF还与大学、研究机构合作开展大熊猫栖息地破碎化、大熊猫栖息地恢复及西部开发对项目栖息地影响等研究项目，这些研究为我们的实地保护项目提供了必要的理论基础。

WWF在中国的物种保护并不局限于大熊猫这一旗舰物种，它还协助对虎、鲸豚类、海龟、迁徙水鸟等进行全球范围的物种保护。从1998年开始，WWF对保护青藏高原特有物种藏羚羊开展了广泛的研讨，并在我国最大的保护区西藏羌塘自然保护区（是藏羚羊、野牦牛、西藏野驴、棕熊等的重要栖息地）实施了共管体系建设。

为使更多的较少受到关注的珍稀濒危物种及其栖息地得到有效的保护和适当的关注，WWF还在2001年设立了"中国物种保护小额基金"，支持民间开展实地物种保护活动。"中国物种保护小额基金"自设立以来，得到了保护部门、民间环保组织和社会各界人士的普遍关注和积极参与，每年都有一定数量的优秀项目得到资助，广泛地调动了社会各界参与保护。

3.3 我国珍稀野生保护动物认知

3.3.1 珍稀兽类

1. 大熊猫

大熊猫如图5-3-1所示。

图 5-3-1 大熊猫

学名：$Ailuropoda\ melanoleuca$。

别名：花猫、花熊、华熊、竹熊、花头熊、银狗、大浣熊、峨曲、杜洞尕、执夷、貊、猛豹、猛氏兽、食铁兽、熊猫、白熊、黑白猫，在我国台湾地区也被称为猫熊。

分布范围：

大熊猫生活在中国西南青藏高原东部边缘的温带森林中，竹子是这里主要的林下植物，以及我国长江上游向青藏高原过渡的这一系列高山深谷地带，包括秦岭、岷山、邛崃山，大、小相岭和大、小凉山等山系。

生活习性：

大熊猫栖息于长江上游各山系的高山深谷，为东南季风的迎风面，气候温凉潮湿，其湿度常在80%以上，故大熊猫是一种喜湿性动物。大熊猫活动的区域多在坳沟、山腹洼地、河谷阶地等，一般为20°以下的缓坡地形。这些地方土质肥厚，森林茂盛，箭竹生长良好，构成一个气温相对较稳定、隐蔽条件良好、食物资源和水资源都很丰富的优良食物基地。大熊猫居住于海拔2400～3500米的高山竹林中。其生活环境湿度很大，温差也比较大。除发情期外，大熊猫常过着独栖生活，昼夜兼行。大熊猫的食物主要是高山、亚高山上的50种竹类，偶食其他植物，甚至动物尸体，日食量很大，每天还到泉水边或溪流边饮水。

濒危等级：

CITES：附录Ⅰ。

IUCN：濒危。

国家重点保护等级：一级。

中国濒危动物红皮书等级：濒危。

中国的国宝动物。

2. 川金丝猴

川金丝猴如图 5-3-2 所示。

学名：*Rhinopithecus roxellanae*。

别名：狮子鼻猴、仰鼻猴、金绒猴、兰面猴、洛克安娜猴、长尾子、线子、线狨、马狨、果然兽、果然狨、金线狨。

分布范围：

图 5-3-2　川金丝猴

川金丝猴分布于四川、甘肃、陕西和湖北：四川主要分布于岷山、邛崃山、大雪山和小凉山；甘肃主要分布于文县、舟曲和武都等县的部分林区，属于岷山和邛崃山向北伸延的山地；陕西主要分布于秦岭南坡，包括佛坪、洋县、周至、太白、宁陕等县的部分林区；湖北主要分布于神农架山区，包括房县、兴山和巴东三个县的部分林区，属于大巴山东段。

生活习性：

川金丝猴是典型的森林树栖动物，常年栖息于海拔 1500～3300 m 的森林中。其植被类型和垂直分布带属于亚热带山地常绿落叶阔叶混交林、亚热带落叶阔叶林和常绿针叶林以及次生性的针阔叶混交林。随着季节的变化，它们不向水平方向迁移，只在栖息的生境中作垂直移动。群栖生活，每个大的集群是以家族性的小集群为活动单位，每个家族性的小集群又由一强健的成年雄猴为首领猴和 3～5 只雌猴及 3 岁以下的幼猴和哺乳的仔猴所组成。川金丝猴的食性很杂，但均以植物性食物为主，所食的主要植物达 118 种。性成熟期，雌猴早于雄猴，雌猴为 4～5 岁，雄猴迟至 7 岁左右。全年均有交配，但以 8—10 月三个月为交配盛期。孕期为 6 个月左右，多于 3—4 月产仔，也有在 2 月或 5 月产仔的。成年猴群中，雄雌猴的比例约为 1∶2。天敌有豹、狼、金猫，以及雕、鸢、鹰等。

濒危等级：

CITES：附录 I。

IUCN：易危。

国家重点保护等级：一级。

中国濒危动物红皮书等级：濒危。

3. 白鱀豚

白鱀豚如图 5-3-3 所示。

图 5-3-3　白鱀豚

学名：*Lipotes vexillifer*。

别名：白鱀、白鳍豚、白旗。

分布范围：

白鱀豚主要生活在长江中下游及与其连通的洞庭湖、鄱阳湖、钱塘江等水域中，通常成对或 10 余头一起，喜在水深急流处活动。现有数量稀少，20 年前估计只有 300 头左右，当时就已面临灭绝的危险。

生活习性：

白鱀豚喜欢群居，尤其在春天交配季节，集群行为就更明显。每群一般有 2~16 头。其活动范围广,但对水温条件要求较高,经常在一个固定区域停留一段时间,待水温条件发生改变后,又迁入另一地域。白鱀豚以鱼类为食。白鱀豚喜欢生活在江河的深水区,很少靠近岸边和船只,但时常游弋至浅水区,追逐鱼虾充饥。白鱀豚往往成对或三五成群一起活动,但人们很少有机会看到它们,只有在它们露出水面呼吸时才能瞥见一眼。白鱀豚是用肺呼吸的水生哺乳动物,每次呼吸时,头顶及呼吸孔先浮出水面,接着露出背部和低三角形的背鳍,出水呼吸时间为 1~2 s,潜水时间每次约 20 s,长潜时可达 200 s。成熟个体的最大体长,雌性为 2.5 m,雄性为 2.3 m,体重为 100~150 kg,有恒定体温,总是在 36 ℃左右。

濒危等级:

CITES:附录 I。

国家重点保护等级:一级(1995 年被列为一级濒临灭绝动物)。

IUCN:濒危。

特有种:是。

4. 麋鹿

麋鹿如图 5-3-4 所示。

学名: *Elaphurus davidianus*。

别名: 四不像。

分布范围:

图 5-3-4　麋鹿

麋鹿原产于中国长江中下游沼泽地带,以青草和水草为食物。由于自然气候变化和人类的猎杀,在汉朝末年就近乎绝种;元朝时,蒙古士兵将残余的麋鹿捕捉运到北方以供游猎。到 19 世纪时,只剩下在北京南海子皇家猎苑内的一群,为 200~300 头。1866 年,被法国传教士大卫神甫发现并寄回法国,由法国动物学家米勒·爱德华确定拉丁种名,各国使用贿赂、偷盗等手段,为自己国家动物园搞到几只。1894 年永定河泛滥,冲毁皇家猎苑围墙,残存的麋鹿逃出,被饥民和后来的八国联军猎杀抢劫,从此在中国消失。

生活习性:

麋鹿性好合群,善游泳,喜欢以嫩草和其他水生植物为食。求偶发情始于 6 月底,持续 6 周左右,7 月中、下旬达到高潮。雄兽性情突然变得暴躁,不仅发生阵阵叫声,还以角挑地、射尿、翻滚,将从眶下腺分泌的液体涂抹在树干上。雄兽之间时常发生对峙、角斗的现象。雌兽的怀孕期为 270 天左右,是鹿类中怀孕期最长的,一般于翌年 4—5 月产仔。初生的幼仔体重大约为 12 kg,毛色为橘红色并有白斑,6~8 周后白斑消失。出生 3 个月后,体重将达到 70 kg。2 岁时性成熟,寿命为 20 岁。

濒危等级:

CITES:未列入。

IUCN:濒危。

国家重点保护等级:一级。

特有种:是。

濒危等级:野生绝灭。

3.3.2 珍稀禽类

1. 白头鹤

白头鹤如图 5-3-5 所示。

学名：*Grus monacha*。

别名：锅鹤、玄鹤、修女鹤。

分布范围：

白头鹤繁殖于西伯利亚北部及中国东北，在日本南部及中国东部越冬。

图 5-3-5　白头鹤

生活习性：

白头鹤栖息于河口、湖泊及沼泽湿地，食鱼类、甲壳类、多足类、软体动物、昆虫，以及小麦、莎草科植物等。4 月开始繁殖，筑巢于沼泽湿地。每窝产卵 2 枚。孵卵期约为 30 天，幼鹤 80 天后具有飞翔能力。

濒危等级：

CITES：附录 I。

IUCN：易危。

国家重点保护等级：一级。

中国濒危动物红皮书等级：濒危。

图 5-3-6　白鹤

2. 白鹤

白鹤如图 5-3-6 所示。

学名：*Grus leucogeranus*。

别名：西伯利亚鹤、修女鹤、黑袖鹤。

分布范围：

白鹤繁殖于俄罗斯的东南部及西伯利亚，越冬在伊朗、印度西北部及中国东部。迁徙经由中国东北，冬季有 2000 多只聚于鄱阳湖及长江流域的湖泊越冬。我国鄱阳湖自然保护区为世界上最大的白鹤越冬地，近年来已发现来这里的白鹤有 2896 只之多，占全球白鹤总数的 98% 以上。鄱阳湖成了举世瞩目的白鹤王国。

生活习性：

白鹤栖息于芦苇沼泽湿地，是湿地保护的重要物种，属于国家一级保护动物。白鹤以水生植物根、茎为食，也吃少量的蚌、鱼、螺等。飞行时头颈前伸，两腿后伸，鸣叫声清脆响亮，发音时能引起强烈的共鸣，声音可以传到 3～5 km 以外。

白鹤是候鸟，到秋天和春天时集成大群迁徙，这也给白鹤的生命造成了很大的威胁。白鹤迁徙飞行时排成"一"字形或"V"字形。迁徙时最主要的能量来源就是体内脂肪。所以白鹤要在迁徙前吃饱喝足，不过这还是不够。在食物资源丰富的中途站，白鹤短短几天就可以让体重增加一倍，这种觅食效率是很惊人的。

濒危等级：
CITES：附录Ⅰ。
IUCN：濒危。
国家重点保护等级：一级。
中国濒危动物红皮书等级：濒危。

3.3.3 珍稀两栖爬行类

大鲵

大鲵如图 5-3-7 所示。

图 5-3-7　大鲵

学名：*Megalobatrachus davidianus*。
别名：娃娃鱼、人鱼、孩儿鱼、狗鱼、脚鱼、啼鱼、腊狗。
分布范围：
大鲵除新疆、西藏、内蒙古、吉林、辽宁、台湾未见报道外，其余省区都有分布，主要产于长江、黄河及珠江中上游支流的山涧溪流中，一般匿居在山溪的石隙间，洞穴位于水面以下，叫声似婴儿啼哭，故俗称"娃娃鱼"。
生活习性：
大鲵不善于追捕，只是隐蔽在滩口的乱石间，发现猎物经过时，进行突然袭击。因大鲵口中的牙齿又尖又密，因此猎物进入口内后很难逃掉。大鲵的牙齿不能咀嚼，只是张口将食物囫囵吞下，然后在胃中慢慢消化。大鲵有很强的耐饥本领，甚至二三年不吃也不会饿死。同时大鲵也能暴食，饱餐一顿可增加体重的五分之一。食物缺乏时，还会出现同类相残的现象，甚至以卵充饥。大鲵喜食鱼、蟹、虾、蛙和蛇等水生动物。

濒危等级：
CITES：附录Ⅰ。
IUCN：未定。
国家重点保护等级：二级。

3.3.4 珍稀昆虫类

金斑喙凤蝶

金斑喙凤蝶如图 5-3-8 所示。

学名：*Teinopalpus aureus*。
分布范围：
金斑喙凤蝶是中国的特有物种，极为罕见，仅分布于海南、广东、福建、广西等少数地区。
种群现状：
本种是世界上最名贵、极为罕见的蝴蝶，是中国特有种，长期以来，一直被世界上的蝴蝶专家誉为"梦幻中的蝴蝶"。金斑喙凤蝶珍贵而稀少（野外生存数量远远少

图 5-3-8　金斑喙凤蝶

于大熊猫),是唯一被列为国家一级保护动物的蝴蝶。很多专家提议将其作为中国的国蝶。

保护级别:

国际濒危动物保护委员会:R级(最稀有的一级)。

《濒危野生动植物种国际贸易公约》(CITES)一级保护物种。

国家林业局《国家重点保护野生动物名录》一级保护动物。

【复习思考题】

1. 野生动物有什么重要价值?
2. 简述我国野生动物物种多样性高的主要原因。
3. 我国野生动物资源不断减少的主要原因是什么?
4. 面对目前的野生动物保护形势,谈谈你的观点。

项目4 木材工业概述

木材工业是以木材为原材料,采用机械或化学方法进行加工,其产品仍保持木材的基本特性的相关产业的总称。在整个森林工业体系中,木材加工和林产化学加工同为森林采伐运输的后续工业,是木材资源综合利用的重要部分。

4.1 木材的分类与识别

木材主要取自树木的树干部分,因其具有资源丰富、综合性能优异的特点,自古以来就是一种主要的建筑材料。

4.1.1 木材的分类与性质

木材按树种进行分类,一般分为针叶树材和阔叶树材。杉木如云杉和冷杉,松木如马尾松、红松、湿地松,以及银杏、柏木等都是针叶树材;柞木、水曲柳、香樟、檫木,以及各种桦木、楠木和杨木等都是阔叶树材。

木材的性质主要包括含水率、湿胀干缩性、强度等性能,其中含水率对木材的湿胀干缩性和强度影响很大。

4.1.2 木材的宏观构造与识别

木材主要通过木材的宏观构造和微观构造进行鉴别。用肉眼或放大镜所观察到的木材构造特征,为木材的宏观构造特征;在显微镜下观察到的木材构造特征,为木材的微观构造特征。其研究内容主要包括以下几个方面。

(1)树皮的特征:包括树皮的颜色、形态、厚度、断面结构和质地等。

(2)主要宏观特征:包括心材和边材、生长轮、早材和晚材、管孔、木射线、轴向薄壁组织、胞间道及髓斑和色斑等。此特征一般比较稳定,应该重点掌握。

(3)一些物理特征:包括木材的颜色、光泽、纹理、花纹、结构、材表、气味、滋味、轻重和软硬等。

4.2 木材的干燥与保护

4.2.1 木材干燥原理与工艺

1. 木材干燥原理

通过加热并利用木材内、外水蒸气的压力差,使木材含水率降到适用值的过程称为木材干燥。木材干燥是木材工业中非常重要的生产环节。木材干燥的目的在于:减轻重量,节约调运的劳力和费用;防蛀防腐,延长使用年限;防止变形翘曲,增大弹性,有利于提高木制品质量。

当木材处于加热干燥状态时,木材外部的温度高于内部的温度,温度梯度迫使水分由外部向内部移动;而木材内部的含水率又高于外部的含水率,木材被加热时,含水率梯度迫使水分由内部向外部移动。这两个方向相反的水分移动互相对抗,致使离木材表层不远的地方呈现一个水分移动缓慢区,从而对干燥过程产生阻力。为了避免这种现象,使木材能正常烘干,先用高温、高湿空气(或其他介质)对木材进行预热处理,使木材热透,达到木材含水率梯度和温度梯度都是内部高、外部低的状态,然后逐步降低空气的温、湿度,木材中的水分就开始由内向外移动,从而使木材开始干燥。这就是木材干燥的基本原理。

在保证干燥质量的前提下提高干燥速度是干燥的基本原则。

干燥的质量要求是:已干燥木材的最终含水率及干燥均匀度能满足加工工艺的要求;保持木材的完整性,不发生为工艺规范所不容许的缺陷,不改变木制品应有的性质。

2. 木材干燥工艺

在类型众多的木材干燥窑中,以周期式强制循环型应用最广泛,其操作工艺过程有典型性,分为4个阶段。

(1)准备阶段。在材堆进窑之前,检查干燥窑内通风系统、加热系统、仪表及控制器件等是否正常。材堆入窑后,启动风机和加热系统,使干燥窑内气体加热,然后关闭窑门。

(2)预热阶段。提高木材温度,并使木材内部水分重新分布,以达到均匀。此时为不使水分蒸发,进气门、排气门都需关闭。按木材初始含水率确定介质状态参数,预热时间因树种、材种与季节的不同而异,大致为木材每厚1 cm,预热1~2 h。

(3)干燥阶段。按基准要求调节窑内温、湿度,适时启闭进、排气门。当木材含水率降至纤维饱和点以下时,即进行中期处理,停止水分蒸发。同时通过喷蒸,以调节木材中的水分分布状态,缩减含水率梯度,消除干燥应力。中期处理次数根据树种、厚度、已产生的应力状况而定。

(4)结束阶段。木材干燥到含水率、应力等达到要求时,即可结束干燥过程。此时要进行终了处理,使木材内部水分分布均匀,残余应力消除。处理方法是:提高窑内温度及湿度,处理时间大致按木材每厚1 cm,喷蒸1 h,保持1 h为度;然后使窑内介质状态回到基准表最后阶段所定参数,继续干燥到木材断面水分分布均匀;最后停止加热,通风冷却,卸出材堆。在上述过程中,最主要的问题是根据木材的树种和厚度选择和控制好基准。

4.2.2 木材干燥方法

1. 比较成熟、应用较广的木材干燥方法

(1)大气干燥:简称气干法,将木材堆垛成材堆,上置堆顶,下设堆基,按材种规划材堆与木板之间的距离,以太阳能为热源,利用空气自然对流作用使木材干燥。此法适用性广,成本低,但干燥周期长,占地面积大,只能干燥到和当地气候相应的平衡含水率。木材充分气干后适于制作在当地使用的木器。

(2)强制气干:是气干法的发展,利用风机加快气流通过材堆的速度,有利于热、湿传递。和气干法相比,该方法周期较短,质量较好,但成本较高,适用于板院小而电源较充裕的企业。

(3)常规窑干:又名室干、炉干,以湿空气为传热、传湿介质,温度一般不超过100 ℃,窑内装有加热器及调湿装置,通过材堆的气流一般为强制循环,按照不同树种、不同温度和不同质量要求,分别选用适当基准进行干燥作业。此法应用甚广,若工艺恰当,而且窑的性能良好,可把木材干燥到任何程度,且能保证质量,但投资大,周期虽短于气干法,但仍较长,能源利用率较低,干燥成本较高。

(4)高温窑干:这类方法分为两类,一类是以湿空气为介质,另一类以常压过热蒸气为介质,后者效果优于前者。窑体及设备与常规窑干法的略同,但窑体对气密性与保温性要求较高,加热器的散热面积大。工艺与常规窑干法类似,但使用的介质温度在100 ℃以上。高温窑干适于加工大批量松、杉、椴等木材,干燥速度比常规窑干法快两倍以上,因此窑及设备的投资、建筑用地、能源消耗、干燥成本都相应减少,但透气性差和木射线粗的木材(如栲树、核桃楸等)在高温干燥过程中易产生缺陷。

2. 处于试验阶段,或已初步采用且有发展前途的木材干燥方法

(1)太阳能干燥:置材堆于东、西、南三面有玻璃壁的干燥窑内,以太阳能为主要热源,或用集能器和贮热器提高热能利用率,以燃烧燃料的热气体为辅助热源,用喷水器及通风孔调节湿度,用风机引起强制循环,达到干燥的目的。

(2)真空干燥:把木材置于真空罐内加热,抽真空,造成由木材内部到表面和由表面到外部的水蒸气压力差;又由于木材内的水分在真空下的沸点降低,易于气化,使得水分易从木材中蒸发并从真空罐中抽出。

(3)微波干燥:在谐振腔加热器或曲折波导加热器中,由于受微波管发生的频率为915或2450兆赫的电磁波作用,木材内部因分子间摩擦而产生热量,形成内高外低的蒸气压力差,促使木材快干。该方法可用于珍贵木材的干燥。

(4)红外线干燥:将木材置于辐射板、管的照射范围内,接受近红外(波长为0.76~4 μm)或远红外(波长为4~1000 μm)热射线的辐射,木材中的水分吸收辐射能后产生共振现象,可使温度迅速提高,引起水分蒸发。远红外热射线辐射能的热量转换率优于近红外热射线辐射能的热量转换率。若采用材堆干燥方式,则红外线辐射元件主要起加热器作用。

(5)除湿干燥:从窑内抽出的热湿空气在被强制流过除湿装置的蒸发器时,所含热能被蒸发器内的气态制冷剂吸取,所含水分凝结成水并被排走;冷干空气流过冷凝器时被冷凝器内的液态制冷剂吸取热能,变成热干状态,并在通过电阻丝加热器时进一步提高温度,再入窑作为介质。

3. 曾被采用,但适用范围较窄,或已很少使用的木材干燥方法

现在工业上干燥大批量成材采用的主要方法是气干法和窑干法,发展趋势是用快速窑干技术代替常规窑干技术,用强制循环和太阳能加热的气干技术代替常规的气干技术。

在生产上若采用了不正确的干燥工艺,干燥的木材会由于干缩不均匀、塑化固定变形和内应力的作用等原因而产生各种缺陷。

(1)开裂:按发生开裂部位的不同可分为端裂、面裂、内裂(蜂窝裂)三种,均因干燥不均、各部分水分蒸发速度不一、产生局部应力所造成。防止方法是调整干燥基准,减缓水分蒸发速度。

(2)弯曲:按形状的不同可分为弓弯(顺纹弯曲)和瓦弯(横纹弯曲)。防止方法是正确使用隔条堆装木材,并在材堆顶部放置重物。

(3)翘曲:一种复合型变形,瓦弯、弓弯,以及弯曲、扭转常同时发生,使木材丧失使用价值。采用适当状态的饱和蒸汽处理,可使翘曲程度有所减轻。

(4)皱缩:木材表面过分不均匀地收缩。皱缩往往伴生内裂。采用软基准干燥,适当降低干燥温度,在一定程度上可防止皱缩发生。

4.3 人造板的生产与饰面

人造板(wood based panel),以木材或其他非木材植物为原料,经一定机械加工分离成各种单元材料后,施加或不施加胶黏剂和其他添加剂胶合而成的板材或模压制品。

人造板主要包括刨花板、胶合板、纤维板、细木工板、实木指拼板五类产品,其延伸产品和深加工产品达上百种。

人造板的诞生,标志着木材加工现代化时期的开始,人造板的使用可提高木材的综合利用率,1 m^3 人造板可代替 3~5 m^3 原木使用。

4.3.1 刨花板

刨花板又称碎料板,是将木材加工剩余物、小径木、木屑等物切削成一定规格的碎片,经过干燥,拌以胶料、硬化剂、防水剂等,在一定的温度、压力下压制成的一种人造板材。刨花板按耐水性分为普通刨花板、防潮刨花板、防水刨花板,按刨花在板坯内的铺装排列有定向型刨花板和随机型刨花板两种。

一般常用的是三层结构的刨花板(见图 5-4-1),即两边由细刨花构成,中间由颗粒较大的粗刨花构成。刨花板生产一般采用脲醛树脂胶,胶中含有未完全反应的游离甲醛(国际公认的致癌物质),所以脲醛树脂胶的质量决定了刨花板的环保性能。欧洲国家根据人造板中游离甲醛含量,将刨花板划分为 E0 级、E1 级。E1 级规定板材中游离甲醛含量不超过 9 mg/100 g, E0 级规定板材中游离甲醛含量不超过 3 mg/100 g。

防潮刨花板(见图 5-4-2)与普通刨花板的区别在于:防潮刨花板中加入了绿色防潮剂,板块侧边呈现绿色颗粒,使其能在潮湿环境中使用,是整体橱柜常用的柜体基材。

图 5-4-1 三层结构的刨花板

图 5-4-2 三聚氰胺浸渍纸饰面防潮刨花板

刨花板具有幅面尺寸大、结构均匀、表面平整等外观性能,具有吸音和隔音性能好、握钉力强、静曲强度高等物理性能,具有加工方便、饰面性能好等施工性能。三聚氰胺浸渍纸饰面防潮刨花板广泛应用于板式家具、整体橱柜、整体衣柜的制造。

4.3.2 胶合板

胶合板(见图 5-4-3)是将原木旋切成单板,单板经干燥、拼接、涂胶后按木纹方向纵横交错配成板坯,在高温高压的条件下压制而成的木质板材。配坯一般遵循奇数层原则,纵横交错、对称配置的原则。常用的有三合板、五合板、多层板等。纹理装饰一般采用微薄木饰面。三合板经薄木饰面后制成薄木饰面的胶合板,这种胶合板是家具、整体橱柜、装修常用的实木饰面薄型板材。多层板经饰面后,也可用作整体橱柜的台面材料、门板材料等。

4.3.3 纤维板

目前使用的纤维板以干法纤维板为主,主要包括中密度纤维板和高密度纤维板,其中中密度纤维板在家具制造中应用广泛。

中密度纤维板(见图 5-4-4)是以木质纤维或其他植物纤维为原料,经打碎、纤维分离、干燥后施加脲醛树脂或其他适用的胶黏剂,再经热压后制成的一种人造板材。

图 5-4-3　未饰面的多层胶合板

图 5-4-4　未饰面的中密度纤维板

4.3.4 细木工板

细木工板(见图 5-4-5)俗称大芯板,它由两片单板中间胶压一层实木拼接芯板构成。中间的实木拼接芯板是由天然实木加工成一定规格等厚度的木条,再由拼板机拼接成芯板,木条之间采用平拼,工艺简单快捷,拼接后的芯板两面各覆盖两层优质木单板,再经压制、砂光后制成的木质板材。与刨花板、中密度纤维板相比,细木工板具有天然木材的优良性能,表面饰贴单板,又具有胶合板的外表特征,是家具制造、整体橱柜制造、装饰装修工程理想的基础材料。

4.3.5 实木指拼板

实木指拼板(见图 5-4-6)是指由同一树种、同一厚度的小规格的原木条,端头通过指形榫胶拼,侧面采用平拼,使用专用树脂拼板胶加工而成的一种实木板材。原木条端头采用指形榫胶接结构,解决了木材端向接合强度较低的问题,使得板材具有良好的结合力,又因上、下两面不用覆贴面板,胶的使用量少,产品环保健康。同时实木指拼板又具有木材的天然纹理特征、优良的物理性能和加工性能,是实木板式家具、实木整体橱柜的理想基础材料。

图 5-4-5 细木工板

图 5-4-6 实木指拼板

4.3.6 人造板表面装饰

人造板表面装饰俗称人造板二次加工,是指对人造板的表面进行装饰加工处理的过程。加工处理后的产品,称为人造板二次加工产品或饰面人造板。

人造板二次加工的方法归纳起来主要有三种。

(1)贴面法:贴面材料主要有装饰单板(薄木)、高压三聚氰胺树脂装饰层积板(防火板)、低压三聚氰胺浸渍胶膜纸、预油漆纸、薄页纸、PVC薄膜、软木、金属箔、纺织品等。

(2)涂饰法:有涂饰、直接印刷、转移印刷等。

(3)机械加工法:有模压、镂铣、激光雕刻、手工雕刻、打洞、开槽、刮刷等。

人造板表面装饰加工的作用是:①保护板材表面;②装饰美化表面;③改善板材表面的物理机械性能;④提高板材等级。

人造板表面装饰对基材素板的要求:

(1)含水率均匀,一般为 6%～8%;

(2)表面平滑,质地均匀,饰面前需经 120 号～240 号砂带砂光;

(3)厚度均匀,厚度偏差不大于±0.2 mm;

(4)结构对称、合理,板面平整无翘曲、变形;

(5)具有一定的强度和耐水性;

(6)刨花板、中密度纤维板等素板,要求其表面密度大于 $0.9\ g/cm^3$。

表面贴面装饰是人造板二次加工的主要方法,了解表面饰面材料的性能特点,是掌握饰面人造板的基础。

1. 纸质类表面装饰材料

纸质类表面装饰材料是家具生产的主要材料。由于纸质材料印刷性能、浸渍性能、表面涂饰性能以及和木质板材的胶合性能优异,使得纸质类表面装饰材料花色品种多、质地真实性强、装饰性能优越、表面浸渍或涂饰后使用性能优异,加上纸张幅面宽、质地均匀、韧性好,因此被广泛应用在家具和整体橱柜行业。根据目前使用状况,可将纸质类表面装饰材料分为以下几种。

1)印刷装饰纸(木纹纸、单色纸)

印刷装饰纸(木纹纸、单色纸)是采用优质木浆纸印刷加工而成的一种表面装饰材料。由于其表面没有预先浸渍胶黏剂,因此纸张韧性好,胶合性能、涂饰性能优异,能够用于造型较为复杂的曲线形部件的装饰。但是部件表面装饰后还需装饰油漆涂饰予以保护。中密度纤维板、高密度纤维板是理想的部件基础材料。由于其加工工艺较为复杂，覆纸装饰后还要装饰油漆涂饰。印刷装饰纸在家具行业应用广泛。

2）浸渍装饰纸

浸渍装饰纸是以印刷装饰纸浸胶后干燥加工而成的一种免涂饰的纸质类表面装饰材料。浸渍装饰纸简化了印刷装饰纸覆纸装饰后还要装饰油漆涂饰这一工艺，实现了即贴即用的快速装饰技术。根据所浸渍的胶的不同，常用的浸渍装饰纸有PU装饰纸、三聚氰胺浸渍纸两类。

PU装饰纸采用优良的印刷装饰纸（木纹纸、单色纸），表面经过PU涂布而成。此产品表面具有很好的耐性，例如耐胶带性、耐污染性、耐刮划性、耐磨性等，表面可制作成各种仿实木效果或艺术效果，例如麻面、高光、雅光、立体、仿真等，适用于各种板材的贴面和各种线条的包覆。纸的厚度按克重分为30 g、40 g、45 g、60 g、70 g、80 g等。贴面需采用专用压机、包覆机等。

木纹色、单色、麻面PU装饰纸如图5-4-7所示。

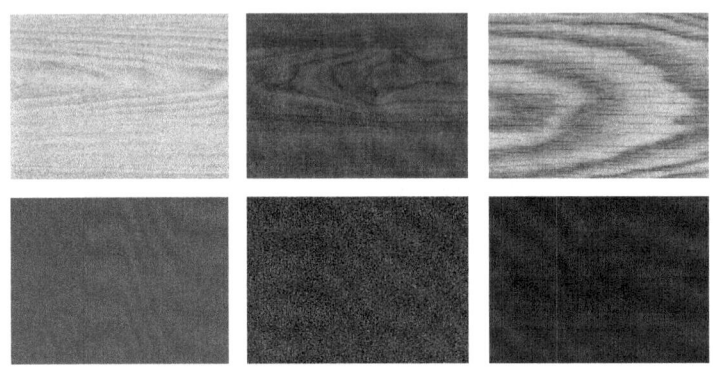

图5-4-7 木纹色、单色、麻面PU装饰纸

三聚氰胺浸渍纸采用优质印刷装饰纸，浸渍三聚氰胺胶水并进行适度固化而制成，适用于各种低压短周期压机生产。三聚氰胺浸渍纸以其木纹层次丰富、纹理清晰逼真、表面质感（麻面、高光、雅光、立体、仿真）优良、与基材贴合牢固、耐磨、耐划痕、耐高温、耐腐蚀、抗污染、防潮、抗紫外线能力强等卓越的理化性能，广泛应用于国内外地板业、家具业、整体橱柜业等。饰面基材可采用刨花板、中密度纤维板、高密度纤维板等。其中高光饰面只能使用中密度纤维板、高密度纤维板。覆面需采用专用热压机加工。

三聚氰胺浸渍纸饰面板是板式家具的主要材料。目前常用的三聚氰胺甲醛树脂胶浸渍纸饰面人造板的品种有以下几种。

（1）三聚氰胺浸渍纸饰面刨花板：基材采用三层结构的刨花板，表面采用三聚氰胺浸渍纸饰面制成的免涂饰人造板材。

（2）三聚氰胺浸渍纸饰面中纤板：基材采用中密度纤维板，表面采用三聚氰胺浸渍纸饰面制成的免涂饰人造板材。

（3）三聚氰胺浸渍纸饰面生态板：基材采用细木工板或者多层胶合板，表面采用三聚氰胺浸渍纸饰面制成的免涂饰人造板材。

常用木纹图案的三聚氰胺浸渍纸如图5-4-8所示。

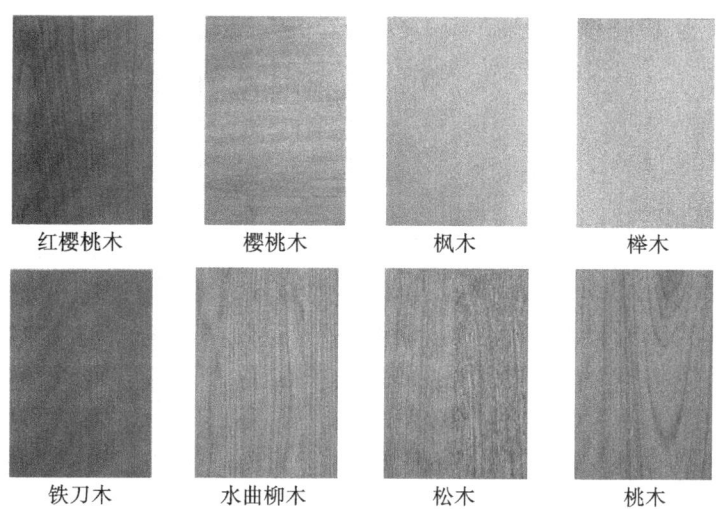

图 5-4-8 常用木纹图案的三聚氰胺浸渍纸

3) 耐火板

耐火板是以表层纸(保护层)、印刷装饰纸(装饰层),浸渍三聚氰胺甲醛树脂胶,以牛皮纸(增厚层)作为底层纸(多层),浸渍酚醛树脂胶(耐水性强的胶),组合后经高温高压压制而成的一种薄型的表面装饰板材。耐火板将浸渍纸加工成板材,满足了装修等现场饰面加工的需求。底层纸的使用,使耐火板的表面光泽、质地较单层的浸渍纸饰面有了更大的提高,脱离了基材的制约。表层纸的使用,使耐火板具有光泽佳、透明性佳、表面硬度高、耐磨、耐高温、耐药品性、耐水性、耐溶剂性等优异性能。表面毛细孔小,不易被污染,防水、防潮性能好,易清洁,电绝缘性、耐电弧性良好,且不易老化。耐火板是综合性能优良的理想的表面装饰材料,广泛应用于整体橱柜、高档办公家具、实验室家具、卫浴家具等。整体橱柜方面,耐火板可用于制作橱柜门板和橱柜台面。

耐火板有平板、弯曲板之分,在外观上它们是一样的,只是弯曲板的厚度一般是 0.7 mm,而平板既有薄板也有厚板。弯曲板的特性是加热到一定的温度时,可以加压弯曲成圆弧形,弯曲程度(俗称 radius,简称 R,即为弯曲半径)最小可达 5 mm,俗称后成型弯曲板,适用于制作弯曲包覆板块侧边的门板、台面等圆边部件。平板只能平面压贴、锯解后封边,制作直边型部件。

后成型耐火板橱柜台面如图 5-4-9 所示。

图 5-4-9 后成型耐火板橱柜台面

2. 薄木类表面装饰材料

薄木类表面装饰材料是指以天然原木为基材，经加工、刨切而成的表面饰面材料。这类材料具有优美的纹理特征，也具有木材的优良性能，饰面的基材可以采用中密度纤维板、高密度纤维板、细木工板、多层板等，是高档家具、高档橱柜的理想的表面饰面材料，在整体橱柜方面主要制作实木橱柜门板。

薄木按厚度分类，厚度大于 0.5 mm 的称为厚薄木，反之则为微薄木；按制造方法分类，可分为刨切薄木、旋切薄木、锯切薄木、半圆旋切薄木，通常情况下用刨切方法制作较多；按形态分类，可分为天然薄木、人造薄木。薄木装饰性能、胶接性能、涂饰性能与天然木材的一样，常用的微薄木韧性、弯曲性能好，所以微薄木饰面时，可以直接胶贴到部件表面，也可以预先贴到基础板材上。薄木饰面都需要油漆涂饰保护，工艺相对复杂。

天然薄木是以珍贵树种的原木为基材，经截断—剖方—软化—刨切—烘干—剪切等一系列工序加工而成的。由于其具有珍贵树种的纹理特性、独特的装饰性能，因此是难得的高档饰面材料。

由于天然珍贵树种优质木材资源日趋枯竭，1965 年意大利和英国相继研制出人造薄木产品，1972 年日本也投入了工业化生产。意大利 Alpi Pietro 公司、日本松下电工生产的人造薄木产品已行销于国内外市场。人造薄木（人造装饰单板）是一种仿真材料，它是以普通树种为原料，经特殊加工制成的仿珍贵树种木材材色、花纹及各种装饰图案的薄型装饰材料，如染色薄木、组合薄木（科技木皮）等。

薄木装饰板是将微薄木胶贴在 3 mm 厚的胶合板和中密度纤维板等基材上而制成的薄型装饰饰面板材，如樱桃木薄木饰面胶合板、白橡薄木饰面胶合板。以 3 mm 厚的薄型饰面板代替薄木装饰使用，更加方便、快捷、质量稳定，更适合于装修、家具等现场饰面施工的要求。

3. 金属类表面装饰材料

金属类表面装饰材料主要有不锈钢板、铝箔、铝塑复合板三类。

1）不锈钢板

不锈钢是指在空气或化学腐蚀中能够抵抗腐蚀的高合金钢，其中铬的含量在 12% 以上。不锈钢表面光洁、耐腐蚀性强、强度高、硬度好、耐磨，是理想的厨房配件、厨房电器、厨房用具和橱柜台面材料，也是装修工程中极具现代感的饰面材料，如柱面、墙面、门面的表面包覆等。不锈钢板根据表面光泽程度分为镜面板、哑光板、浮雕板三种。一般常用的是厚度为 0.6 mm、0.8 mm、1.0 mm 的不锈钢板。

彩色不锈钢板是在不锈钢板上进行技术性和艺术性的加工，使其具有绚丽色彩的不锈钢装饰板，彩色面层能耐 200 ℃ 的温度，耐盐雾、耐腐蚀性能超过一般不锈钢板，弯曲 90°时，彩色面层不会损坏。

不锈钢板因硬度高、加工困难，其应用受到了一定的限制。

2）铝箔

铝箔（厚度为 0.6～1.5 mm）具有低硬度、表面装饰处理（表面印花、表面氧化、表面着色、表面研磨、凸凹成型等）性能优异、易加工、耐水、耐锈、耐腐蚀、耐高温等特点。将其胶压到中密度纤维板表面饰面上，这是近年开发出来的新型装饰板材，广泛应用于整体橱柜、装饰行业。

3）铝塑复合板

铝塑复合板作为一种新型表面装饰材料，自 20 世纪八十年代末九十年代初从韩国引进到中国,以其经济性、可选色彩的多样性、便捷的施工方法、优良的加工性能、绝佳的防火性,迅速受到人们的青睐。国外生产铝塑复合板的企业并不是很多,但生产规模都很大,著名的有总部设在瑞士的 Alusuisse 公司、美国的雷诺兹金属公司、日本的三菱公司、韩国的大明实业公司等。

铝塑复合板是由多层材料复合而成的,上、下层为高纯度铝合金板,中间为无毒低密度的聚乙烯(PE)芯板,其正面还粘贴一层保护膜。对于室外,铝塑复合板正面涂覆氟碳树脂涂层;对于室内,其正面可采用非氟碳树脂涂层,如聚酯涂层或丙烯酸涂层。

铝塑复合板具有剥离强度高、质轻、易加工、防火、耐腐蚀、耐冲击、耐候性强、涂层均匀、色彩丰富、易保养等优异的理化性能,广泛应用于室内外装饰工程、厨房工程等。

4. 塑料类表面装饰材料

1) PVC饰面

PVC,全名为 polyvinyl chloride,主要成分为聚氯乙烯,另外加入其他成分来增强其耐热性、韧性、延展性等的一类薄膜型表面装饰材料。PVC膜的最上层是树脂,中间的主要成分是聚氯乙烯,最下层是背涂黏合剂。PVC膜具有优异的延展性,利用真空成型覆膜技术,可以实现板块部件的三维五面的包覆饰面,是理想的高档橱柜门板材料。PVC饰面模压门板如图 5-4-10 所示。

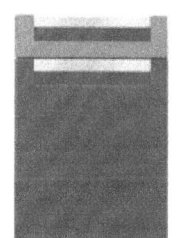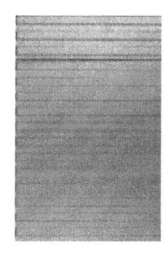

图 5-4-10　PVC饰面模压门板

PVC膜具有良好的印刷性能、延展性、装饰性,具有耐温、防水、防潮、抗静电等优异的理化性能,具有良好的加工性能,广泛用于整体橱柜、家具制造业,是理想的表面饰面材料之一。饰面基材一般只能采用中密度纤维板、高密度纤维板。

2) 亚克力饰面

"亚克力"是一个音译外来词,英文是"acrylic",专指纯聚甲基丙烯酸甲酯(PMMA)材料。通常把 PMMA 板材称作亚克力板,俗称"有机玻璃"。

亚克力板具有极佳的透明度,透光率达 92% 以上;具有优良的耐候性,抗老化性能优异;具有良好的加工性能,既适合机械加工,又易热成型。亚克力板可以染色,表面可以喷漆、丝印或真空镀膜。亚克力板品种繁多,色彩艳丽,光亮似镜,光影装饰性好,无毒、环保、卫生。所以亚克力板是理想的广告装饰材料,也可作为人造板表面的饰面材料。采用亚克力板制作的水晶门板如图 5-4-11 所示。

3) 聚烯烃纤维素聚合薄膜

聚烯烃纤维素聚合薄膜是由聚烯烃和纤维素复合的薄膜,学名为 alkorcell。这种膜不含增塑剂,没有有毒气体排放,而且含有纤维素,有一定的透气性,是一种介于塑料薄膜和纸张之间的产品。这种膜具有如下特点。

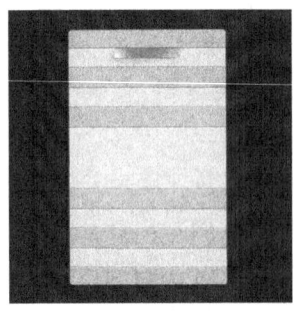 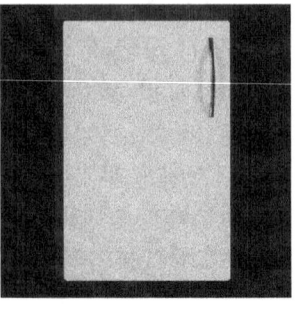

图 5-4-11　采用亚克力板制作的水晶门板

(1)印刷性能好,并可模压浮雕花纹,具有优异的饰面性。
(2)薄膜柔软,可实现表面饰面和侧边包覆饰面一体化。
(3)能保持形状稳定的温度范围为－30～1500 ℃。
(4)耐水,耐污染,耐水蒸气。
(5)薄膜不分层、不脆裂,使用时间长。
(6)遮盖性能优异,定量为 100～150 g/m^2。

5.涂饰类表面装饰材料

人造板表面涂饰饰面主要有直接印刷和转移印刷两种。

(1)直接印刷:在素板表面进行木纹印刷的一种二次加工方法。其工艺流程为:人造板素板—砂光—打腻子—干燥—打腻子—干燥—砂光—涂底涂料—干燥—印刷木纹—涂面涂料—干燥—成品。

直接印刷成本低,能得到美丽的花纹。由于纹理来源于印刷,其真实效果和立体感较差。

直接印刷可选用刨花板或中密度纤维板作为基材,使用前应进行厚度调整和精细砂光,厚度偏差达到±0.2 mm,要求表面光滑,这样才能取得较好的印刷效果。

(2)转移印刷:借助特制的转印薄膜,通过加热、加压使膜上的木纹转印到人造板基材表面的饰面技术。这种印刷方法具有如下优点。

①不仅能转印木纹、图案,还能转印金属箔,而且真实感强。
②不需要使用油墨、涂料和胶黏剂,不会污染环境。
③工艺简单,加工方便。
④印刷时间短,效率高,适于大量生产。
⑤性能优异,具有耐磨、耐热、耐水、抗污染的特点。

4.4　木制品概述

4.4.1　木制家具

木制家具是指以木材和人造板材为原材料生产的家具,按其所使用的材料的不同,可以分为木家具、实木家具、综合类木家具。

(1)木家具(wooden furniture):主要部件中,除装饰件、配件外,其余采用木材、人造板等木质材料制成的家具。

(2)实木家具(furniture made of wood):以实木锯材或实木板材为基材制作的表面经涂饰处理的家具;或在此类基材上采用实木单板或薄木(木皮)贴面后,再进行涂饰处理的家具。实木板材是指指接材、集成材等木材通过二次加工形成的实木类材料。

(3)综合类木家具(wooden furniture made of multiple material):基材采用实木、人造板等多种材料混合制作的家具。

按照家具的结构特征,木制家具可以分为板式家具和框式家具。

(1)板式家具:以人造板材为基材加工成板块,以板块为部件单元,采用连接件接合构成的一类家具。这类家具一般具有可拆装性。板式家具生产工艺简单,适合连续自动化生产。其工艺过程为:生产设计—裁板开料—边部处理—钻孔—其他特殊加工—安装与包装。

(2)框式家具:以实木为基材加工成零件,零件采用榫接合构成家具框架结构,配以镶嵌的板块构成的一类家具。这类家具一般是不可拆装的。框式家具的生产工艺较复杂,其工艺过程如图 5-4-12 所示。

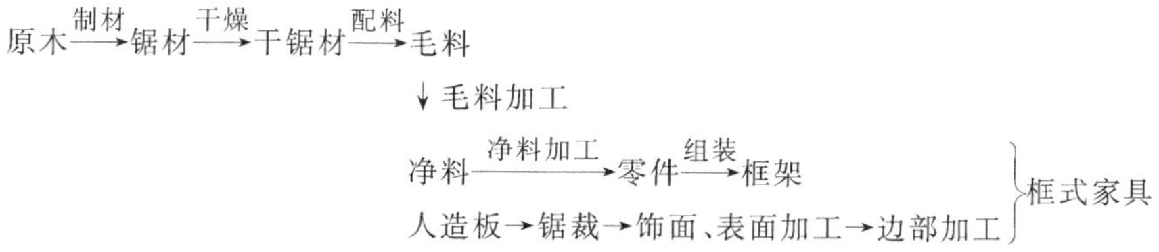

原木 —制材→ 锯材 —干燥→ 干锯材 —配料→ 毛料 → 毛料加工 → 净料 —净料加工→ 零件 —组装→ 框架 }框式家具
人造板 → 锯裁 → 饰面、表面加工 → 边部加工 }

图 5-4-12　框式家具的工艺过程

4.4.2　木质地板

木质地板是指以木材或者木质人造板材为原料加工制成的铺地材料。常用的木质地板包括实木地板、强化复合地板、实木复合地板三类。

1. 实木地板

实木地板是天然木材经烘干、加工后形成的地面装饰材料,又名原木地板,是用实木直接加工成的地板。它具有木材自然生长的纹理,是热的不良导体,具有冬暖夏凉的优良特性,弹性好,脚感舒适,使用安全。实木地板表面为油漆涂饰层,表面硬度不高,耐磨性较差,所以常用于行人不多的场所,如住宅的卧室、客厅、书房等。实木的装饰风格返璞归真,质感自然,在森林覆盖率下降、大力提倡环保的今天,实木地板则更显珍贵。

实木地板的选材要求纹理美观、硬度较高、尺寸稳定性和加工性能优异,如水曲柳、大甘巴豆、马来甘巴豆、水青冈、小叶青、白桦、红桦、苦栎、柞木、榉树、柚木、菠萝格等。

2. 强化复合地板

强化复合地板是以高密度纤维板为基材,表面采用三聚氰胺浸渍纸饰面制成的铺地装饰材料。它由耐磨层、装饰层、基层、平衡层组成。

第一层耐磨层:主要由 Al_2O_3(三氧化二铝)组成,有很强的耐磨性和硬度,一些由三聚氰胺组成的强化复合地板无法满足标准的要求。

第二层装饰层:是一层经密胺树脂浸渍的纸张,纸张上印刷有仿珍贵树种的木纹或其他图案。

第三层基层:是中密度或高密度的层压板,经高温高压处理,有一定的防潮、阻燃性能,基本材料是木质纤维。

第四层平衡层：是一层牛皮纸，有一定的强度和厚度，并浸以树脂，起到防潮、防地板变形的作用。

强化复合地板具有下列优点：

(1)超强耐磨性：为普通漆饰地板的10~30倍。

(2)具有纹理美观、色泽均匀的装饰效果：可用电脑仿真出各种木纹和图案颜色。

(3)材性稳定：彻底打散了原来木材的组织，破坏了各向异性及湿胀干缩的特性，尺寸极稳定，尤其适用于地暖系统的房间。

(4)材质均匀，构成对称，不易变形：具有均质结构的高密度纤维板基材，装饰层和平衡层对称配置，地板应力均衡，不易变形。

3.实木复合地板

实木复合地板由不同树种的板材交错层压而成，一定程度上克服了实木地板湿胀干缩的缺点，湿胀干缩率小，具有较好的尺寸稳定性，并保留了实木地板的自然木纹和舒适的脚感。实木复合地板兼具强化复合地板的稳定性与实木地板的美观性，而且具有环保优势。

实木复合地板分为多层实木复合地板和三层实木复合地板。三层实木复合地板由三层实木结构交错层压而成，其表层多为名贵优质长年生阔叶硬木，材种多用柞木、桦木、水曲柳、绿柄桑、缅茄木、菠萝格、柚木等。柞木由于其纹理特点和性价比而成为最受欢迎树种。芯层由普通软杂规格木板条组成，树种多用松木、杨木等；底层为旋切单板，树种多用杨木、桦木和松木。多层实木复合地板以多层胶合板为基材，以规格硬木薄片镶拼板或单板为面板，层压而成。

实木复合地板表层为优质珍贵木材，不但保留了实木地板木纹优美、自然的特性，而且大大节约了优质珍贵木材的资源；表面大多涂五遍以上的优质UV涂料，不仅有较理想的硬度、耐磨性、抗刮性，而且阻燃、光滑，便于清洗。

实木复合地板芯层大多采用可以轮番砍伐的速生树种材料，也可用廉价的小径材料，各种硬、软杂材等来源较广的材料，而且不必考虑避免木材的各种缺陷，出材率高，成本大为降低，其弹性、保温性能等也完全不亚于实木地板。

实木复合地板具有实木地板的各种优点，弥补了强化复合地板的不足，又节约了大量自然资源，在欧美国家已经成为家装的主流地板，今后我国高档地板的发展趋势必然是实木复合地板。

实木复合地板具有以下特点。

(1)质量稳定，不容易损坏：实木复合地板的基材采用了多层单板复合而成，木材纤维纵横交错成网状叠压组合，使木材的各种内应力在层板之间相互适应，确保了地板的平整性和稳定性，并保留了实木地板的美观性，既能使人们享受到大自然的温馨，又解决了实木地板难保养的问题，是强化复合地板和实木地板的美好结晶。

(2)易于打理清洁：实木复合地板的表面涂饰耐磨性好，地板容易清洁和保养。据了解，市场上好的实木复合地板三年内不打蜡，也能保持漆面光彩如新，这与实木地板的保养形成了强烈的对比。

(3)安装简单：实木复合地板的安装和强化地板的一样，不打地龙骨，只要找平就好，还能提高层高，而且由于安装要求简单，还大大降低了安装带来的隐患。

(4)色泽鲜艳,纹路清晰,花色给人以美感。
(5)环保:实木复合地板多使用甲醛释放量较低的胶黏剂,环保性好。

4.5 木材表面的涂装

4.5.1 油漆的种类与选择

常用的木器漆分为水性木器漆和油性木器漆两大类。

1. 水性木器漆

(1)以丙烯酸为主要成分的水性木器漆:采用丙烯酸乳液作为主要成分,适宜做水性木器底漆、哑光面漆。该产品的主要特点是附着力好,不会加深木器的颜色,但耐磨性及抗化学性较差,由于光泽度差,所以无法制作高光度的漆,而且硬度一般,成膜性能较差,因其成本较低且技术含量不高,故成为市场上的入门级产品。

(2)以丙烯酸与聚氨酯的合成物为主要成分的水性木器漆:其特点除了秉承以丙烯酸为主要成分的水性木器漆的特点外,又增加了耐磨性及抗化学性强的特点,成本比较适中,可以自交联,亦可用于双组分体系,硬度好,干燥快,耐磨,黄变程度低或不变黄,适合做亮哑光漆、底漆、户外漆等。

(3)以聚氨酯为主要成分的水性木器漆:其耐磨性甚至达到油性木器漆的几倍,为水性木器漆中的高级产品,包括芳香族和脂肪族聚氨酯分散体。采用脂肪族聚氨酯分散体作为主要成分的水性木器漆,其耐黄变性优异,更适合户外。以聚氨酯为主要成分的水性木器漆的成膜性能较好,自交联光泽度较高,耐磨性好,不容易产生气泡和缩孔,但硬度一般,价格较贵,适合做亮光面漆、地板漆等。

(4)以水性双组分聚氨酯为主要成分的水性木器漆:该产品采用双组分,其中一个组分是带-OH的聚氨酯水性分散体,另一个组分是水性固化剂,主要是脂肪族的。这两个组分通过混合产生交联反应,可以显著提高水性木器漆的耐水性、硬度、漆膜丰满度、光泽度,综合性能较好,具有较好的抗黄变性能。

水性木器漆具有以下特点。

(1)水溶性涂料,无毒,环保,不含苯类等有害溶剂,不含游离 TDI。
(2)施工简单方便,不易出现气泡、颗粒等油性木器漆常见毛病,且漆膜手感好。
(3)固体含量高,漆膜丰满。
(4)不黄变,耐水性优良,不燃烧。
(5)可与乳胶漆等其他油漆同时施工。
(6)部分水性木器漆的硬度不高,容易出现划痕,这一点在选择时要特别注意。

2. 油性木器漆

(1)硝基漆:目前比较常见的木器及装修用涂料。

优点:装饰作用较好,施工简便,干燥迅速,对涂装环境的要求不高,耐水,柔韧性高,具有较好的硬度和亮度,不含游离 TDI,不易出现漆膜弊病,修补容易。

缺点:固含量较低,需要较多的施工道数才能达到较好的效果,施工复杂,硬度低,耐热性、耐寒性、耐碱性不高,区分优劣的标准是固含量及环保性,在选购时要注意比较。

(2)聚酯漆:用聚酯树脂作为主要成膜物制成的一种厚质漆。

优点:漆膜丰满,光泽度、透明度好,层厚面硬,耐磨性、耐热性、耐水性好。

缺点:涂膜硬而脆,抗冲击力较差,易变黄,附着力差,不易修补。

(3)聚氨酯漆:即聚氨基甲酸酯漆。

优点:漆膜强韧、丰满,光泽度好,附着力强,耐水、耐磨、耐腐蚀,被广泛用于高级木器家具,也可用于金属表面。

缺点:遇潮起泡,漆膜易粉化,与聚酯漆一样,存在着变黄的问题。

4.5.2 木制品涂饰工艺

1.白色不透明涂饰工艺

1)油漆选用

硝基白:硝基漆是单组分树脂漆,其最大优点是漆膜修复性好,磕碰掉了油漆没事,用点油漆在缺陷处涂刷几次就可以修复,所以这种油漆适合于装修现场施工;其缺点是漆膜硬度不高,耐高温性较差,耐磨性较低。这种油漆喷涂、刷、涂均可,漆膜平整度好,手感舒适。

PU白:聚氨酯树脂漆,双组分化学反应固化型油漆,施工时,甲组分与乙组分按照2∶1混合,过滤后施工涂饰,漆膜硬度高,耐磨性好,耐温性好,但是不可修复,宜喷涂施工。

2)施工工艺

(1)基层处理:表面修补,对表面的裂缝、钉眼等较大的孔、缝进行腻子嵌补—表面打磨—表面批灰(两遍)—表面砂磨。

要求:木制品表面细腻平滑。

(2)底漆涂刷:涂刷封闭底漆。

作用:一是起到封闭板材的作用,使板材与空气隔绝,防止板材变形等;二是起到更好的粘连作用。

要求:涂刷底漆后全面打磨,使家具表面平整光滑。

(3)面漆涂饰:面漆涂饰两遍,第一遍面漆涂饰干燥后,表面进行砂磨,达到表面手感光滑细腻的程度,然后表面进行清洁处理,再做最后一遍面漆涂饰。

2.底着色面修色透明涂饰工艺

(1)选材:木制品表面做开孔涂饰,应选择孔眼较深、纹理均匀光滑、材质较硬的木材,如橡木、樱桃木、水曲柳等;木制品表面做闭孔涂饰,则要求木制品表面纹理清晰、光滑即可。

(2)基材处理:

钉眼、孔洞、裂纹等较大的缺陷:用腻子嵌补,干后砂平。

木毛:确保基材干爽、清洁,用240号砂纸打磨,除去木毛。

浮尘:用毛刷式喷枪清理掉表面浮尘。

油渍、污渍:刮、砂去除。

加工不平整:砂纸打磨处理。

(3)涂透明底漆:基材表面处理完毕后,表面涂刷透明底漆,宜薄,厚了就会遮盖纹孔。

(4)底擦色:

①用油漆稀释剂加色精调制所需要的颜色的70%。

②直接在基材上擦拭调制好的颜色。

③擦色后立马用干抹布拭干,注意颜色要均匀,不要擦花。
④待干燥后正常施工。

(5) 涂刷底漆:
①在擦色的基材上涂封闭底漆,最好喷涂。
②将漆按正确配比搅拌均匀后静置 15~20 min,待气泡消除。
③均匀喷涂式刷涂,待干燥后打磨除尘。
④根据需要开放程度,决定底漆的施工次数。

(6) 面漆修色涂饰:
①根据所需要的色彩进行面漆修色。面漆修色采用清漆+色精调色,调配所选择的颜色,涂饰到工件表面来校验颜色,直到调出设计的颜色为止。注意一次调够喷涂一遍所需的油漆,不要分次调色,否则易出现色差。
②面漆喷涂。
③打磨:轻磨,除去表面的粉刺即可,打磨过度易导致颜色不均。

(7) 表面清漆涂饰:保护表面修色,漆膜耐磨性、耐久性更好。

【复习思考题】

1. 木材的性质有哪些?
2. 简述木材的宏观构造与宏观识别。
3. 简述木材干燥原理、木材干燥工艺及木材的常用干燥方法。
4. 分析下列人造板材的性能特点与应用:
   A. 三聚氰胺浸渍纸饰面刨花板   B. 生态板   C. 实木指拼板
   D. 耐火板   E. 中密度纤维板   F. 薄木饰面胶合板
5. 分析下列木制品的性能特点与应用:
   A. 实木地板   B. 实木复合地板   C. 强化复合地板
6. 比较水性木器漆和油性木器漆的性能与特点。

参考文献

[1] 张运山,钱拴提.林木种苗生产技术[M].北京:中国林业出版社,2007.
[2] 邹学忠,钱拴提.林木种苗生产技术[M].2版.北京:中国林业出版社,2014.
[3] 邹学忠,李晓黎.林木种苗生产技术[M].沈阳:沈阳出版社,2011.
[4] 沈国舫.森林培育学[M].北京:中国林业出版社,2001.
[5] 傅书遐.湖北植物志[M].武汉:湖北科学技术出版社,2001.
[6] 中国科学院植物研究所.中国高等植物图鉴[M].北京:科学出版社,1972.
[7] 郑万钧.中国树木志[M].北京:中国林业出版社,1985.
[8] 周火明.简明植物学教程[M].武汉:华中师范大学出版社,2015.
[9] 涂爱萍.实用植物基础[M].武汉:华中师范大学出版社,2011.